中国石化“十三五”重点科技图书出版规划项目
炼油工艺技术进展与应用丛书

常减压蒸馏技术进展与应用

（上册）

赵日峰　主编

中国石化出版社

内 容 提 要

本书系统介绍了常减压蒸馏技术的国内外进展、原料和产品、工艺原理和工艺流程及操作参数、基础工艺计算、流程模拟计算、主要的工艺设备和仪表控制、工业装置操作技术、节能减排与安全环保、工程伦理和职业操守等方面的内容，特别是重点突出了工艺和设备计算的内容。

本书具有很强的实用性和学术性，对从事常减压蒸馏领域科研、设计、生产和管理工作的广大人员及高等院校有关专业师生有较大的学习参考价值。

图书在版编目(CIP)数据

常减压蒸馏技术进展与应用 / 赵日峰主编 . —北京：中国石化出版社，2020.6
(炼油工艺技术进展与应用丛书)
ISBN 978-7-5114-5250-4

Ⅰ. ①常… Ⅱ. ①赵… Ⅲ. ①石油炼制-常减压蒸馏-研究 Ⅳ. ①TE624.2

中国版本图书馆 CIP 数据核字(2020)第 083058 号

中国石化出版社出版发行

地址：北京市东城区安定门外大街 58 号
邮编：100011 电话：(010)57512500
发行部电话：(010)57512575
http://www.sinopec-press.com
E-mail：press@sinopec.com
北京富泰印刷有限责任公司印刷
全国各地新华书店经销

*

787×1092 毫米 16 开本 72.75 印张 1789 千字
2020 年 6 月第 1 版 2020 年 6 月第 1 次印刷
定价：298.00 元

《常减压蒸馏技术进展与应用》
编　委　会

撰　稿　人

第一章　李和杰

第二章　王小伟　胡志海

第三章　李少萍

第四章　李少萍

第五章　李和杰　袁毅夫　陈开辈

第六章　王洪福　段永峰

第七章　李鑫刚

第八章　张海燕

第九章　张　楠　高莉萍

第十章　吕培先

第十一章　郑学鹏

第十二章　李国庆

第十三章　刘贵平

第十四章　冯新国

第十五章　王建平

第十六章　于凤昌　张国信　郑丽群

第十七章　李选民　贾　萍

第十八章　陈平泰　高　娜

第十九章　陈平泰　李　鹏

其他撰稿人　庄肃清　王亚标　陆晓青　杨东明　王　宾
郭立春　祝　琳　刘建春　宋　丹　刘　璐
刘　琼　孙　翠　匡华清　赵恒平　杨彩娟
李　峰　陈玉石

前　言

常减压蒸馏装置是石油化工厂的“龙头”装置。我国常减压蒸馏装置的年加工规模已达到8亿吨，居世界第二位，拥有年加工能力千万吨及以上的蒸馏装置20余套；装置在适应性和可操作性、分割精度、减压深拔、节能降耗、装置大型化、自动控制水平、防腐抗腐、长周期运行、安全和环保等方面均取得了长足的进步，有的达到国际先进水平。

进入21世纪，炼油行业的发展已由注重数量的高速发展转变为注重质量效益的高质量发展，这就迫切需要众多专家型人才。为了适应这一形势，满足广大从事常减压蒸馏领域的研究开发、工程设计、生产操作和运行管理的人员深入了解常减压蒸馏的发展方向、工艺技术、设备技术、工程技术、生产和管理技术的需要，特别是满足生产和管理人员掌握基本工艺计算和设备计算知识的需要，中国石化于2018年、2019年连续举办了两期常减压蒸馏专家培训班，培养了一批常减压蒸馏装置专家，中国石化出版社适时组织授课的专家依据讲授的课件内容编写了《常减压蒸馏技术进展与应用》一书。

全书共19章，系统介绍了常减压蒸馏技术的国内外进展、原料和产品、工艺原理和工艺流程及操作参数、基础工艺计算、流程模拟计算、主要的工艺设备和仪表控制、工业装置操作技术、节能减排与安全环保、工程伦理和职业操守等方面的内容，特别是重点突出了工艺和设备计算的内容。

本书由中国石油化工股份有限公司副总裁赵日峰主编，参与本书编写的作者是多年来一直从事常减压蒸馏领域的教学、科研、设计、生产和管理专家，这些同志都具有较高的理论水平和丰富的实践经验，为本书的质量提供了基本保证。本书具有很强的实用性和学术性，达到较高的技术水平，对从事常减压蒸馏领域科研、设计、生产和管理工作的广大人员及高等院校有关专业师生有较大的实用价值。

本书的编写力求做到理论与实践相结合、工艺与工程相结合，以使本书具科学性、新颖性、系统性和实用性。但由于国外可供参考的有关常减压蒸馏的书籍较少，多数撰写者都有繁忙的本职工作，时间有限，虽经多次审查、讨论和修改，仍难免有不妥和不足之处，敬请广大读者批评指正。

在本书编写过程中，还有一些专家班学员参与了资料收集和编写工作，中国石化集团公司高级专家、广州(洛阳)工程有限公司首席专家、石油化工行业设计大师李和杰对全书进行了修改和审阅，中国石化炼油事业部李鹏和中国石化出版社王瑾瑜对本书的编写、编辑和出版提供了强有力的支持，在此一并表示感谢。

目　录

上册

下册

第一章　绪论

第一节　原油蒸馏装置的地位、作用和特点

石油及石油产品是当今人类社会最主要的能源和石油化工的重要原料。石油是十分复杂的烃类及非烃类化合物的混合物，组成石油的化合物的相对分子质量从几十到几千，相应的沸点从常温到500℃以上，其分子结构也是多种多样。因此，石油不能直接作为产品有效使用，必须经过各种加工过程，将石油炼制成多种在质量上符合使用要求的石油产品。

一、原油蒸馏装置在石油化工厂的地位和作用

(一) 原油蒸馏装置是炼油厂原油加工的“龙头”装置

原油蒸馏(或称常减压蒸馏)是炼油厂原油加工中的第一道必不可少的工艺过程，该过程通过蒸馏的方法将原油分割成各种沸点范围的馏分，以满足不同油品和下游装置原料的规格要求。

由于原油蒸馏装置是原油加工的第一道工序，炼油厂二次加工装置均依赖其提供原料，一个炼油厂或石油化工厂，根据所需产品的种类和生产方案，可以没有某些二次加工装置，但是无一例外都必须有原油蒸馏装置。因此，原油蒸馏装置被誉为是炼油厂和许多石化企业的“龙头”装置。

原油蒸馏装置的处理量即原油一次加工能力，通常作为衡量企业发展进度的标志。现实生活中，小到一个企业的规模大小、企业发展的快慢，常常使用原油蒸馏装置的规模和原油蒸馏装置规模增加的速度来表示，大到一个国家石化产业的发展规模、一个国家经济发展的速度，仍是使用原油蒸馏装置规模和原油消费量来表征。

(二) 直接生产部分石油产品

早期的炼油工业，因环保要求不严，产品质量要求不高，原油蒸馏装置根据加工的原油性质的不同，可直接生产部分石油产品，如直馏汽油可以作为汽油的调和组分，直馏航煤、灯煤、柴油均可以直接作为产品。即使某些指标不能满足要求，通过简单的酸碱精制即可达到质量指标要求。

随着环保要求越来越严格，油品质量要求也不断提高，现代原油蒸馏装置的直馏煤油、直馏柴油需经加氢精制才能作为产品。

对于低硫低酸原油，如果其减压渣油适合作为沥青，则减压渣油可以直接作为沥青产品。有些含高胶质低蜡或高胶质含蜡及含胶质低蜡原油，若其AT(沥青质)$+R$(胶质)$-2.5W$(石蜡)>8(均为质量分数)，则是生产普通道路沥青或重交道路沥青的理想原料，通常可用原油蒸馏的办法，在常减压蒸馏装置塔底直接生产沥青。

现代炼油工业，由于环保要求日益严格，产品质量标准提高，原油蒸馏装置直接生产石油产品的需求不断降低，其产品主要左右下游装置进一步加工的原料。

（三）为下游二次加工装置提供可靠的原料保障

原油蒸馏装置在直接生产部分石油产品的同时，还需为下游二次加工装置提供合适的原料。例如生产的石脑油是蒸汽裂解装置和催化重整装置的原料；所生产的重馏分油（蜡油）是润滑油基础油或催化裂化或加氢裂化装置的原料；所生产的重油（减压渣油或常压渣油）可以是重油催化裂化或溶剂脱沥青或焦化（如延迟焦化、流化焦化等）或固定床加氢处理，如减压渣油加氢脱硫（VRDS）；常压渣油加氢脱硫（ARDS）或沸腾床加氢裂化、悬浮床加氢裂化等装置的原料，还可以是氧化沥青或汽化（POX）装置的原料。

所以说，原油蒸馏装置不但是重要的油品生产装置，而且还是下游几乎所有重要二次生产装置的原料供应和保障装置，在炼油厂中的地位十分重要。

二、原油蒸馏装置的特点

原油蒸馏过程利用原油中各馏分相对挥发度的差异，将原油分离为一定沸点范围的馏分。因原油是烃类和非烃类的复杂混合物，原油体系的加工过程将原油看作是多个“虚拟组分”的混合物，利用多元系的相平衡计算方法进行计算。与常规精馏过程相比，原油蒸馏过程具有十分显著的特点，这些特点会导致实际设计过程的原则和计算方法不同。

（一）工艺过程特点

1. 经验计算方法

因原油是非常复杂的烃类混合物，无法直接利用常规的多元系精馏方法进行计算。原油体系的加工过程利用假组分的切割方法和假多元系来处理石油馏分气液相平衡。假组分将石油或石油馏分按沸程分为一系列的窄馏分，每个窄馏分被看作是一个组分，称为假组分或虚拟组分，同时以窄馏分的平均沸点、密度、平均相对分子质量等表征各假组分的性质。这样，石油馏分这一复杂的混合物就可以看成是由一定数量假组分构成的假多元系混合物，然后按照多元系的相平衡计算方法进行计算。因表征假组分性质准确性的限制，实际计算假多元系混合物气、液相平衡的方法众多，每种方法都具有一定的局限性。

2. 产品精度要求不高

实际原油蒸馏过程中，产品是一个具有一定沸点范围的混合物，因此对分馏精度要求较低，不像常规精馏那样组分明确、产品纯度高。

3. 梯级蒸馏过程

原油体系沸程极宽，沸点低的馏分易汽化，沸点高的馏分已发生裂化和缩合反应。为防止高沸点的馏分发生裂化和缩合，原油蒸馏装置采用梯级蒸馏方法，沸点低的馏分采用常压蒸馏，沸点低的馏分采用减压蒸馏。为防止原油在加热过程中发生裂化和缩合，尽量缩短原料油在加热炉管内的停留时间，原油蒸馏装置普遍采用原料加热炉一次汽化、水蒸气汽提等措施，而不采用常规精馏装置的再沸器。

4. 复杂分馏塔

分馏塔是油品进行传质传热的场所，不同于常规精馏塔，原油蒸馏装置的分馏塔具有以下典型的工艺特征。

(1) 不完整的精馏塔

原油中的高沸点馏分在长时间高温条件下易发生裂化和缩合。为了减少裂解和缩合反应的发生，减少重油的停留时间，常压塔和减压塔均采用无再沸器和无提馏段的加热炉一次汽化工艺，原料经加热炉加热一次汽化从塔底进入，常压塔和减压塔都仅是一个精馏段及塔顶冷凝系统的不完整的精馏塔。

(2) 多侧线精馏段

原油通过常压塔分割为石脑油馏分、煤油馏分、柴油馏分和重油等产品。按照常规精馏原理和精馏塔构成，分离 N 个产品需要(N-1)个精馏塔。由于原油蒸馏产品分离精度不高，原油蒸馏装置采用单塔抽侧线的方法实现产品的分割，降低分馏塔数目。

(3) 塔底汽提和侧线汽提

因常压塔和减压塔都仅是一个精馏段及塔顶冷凝系统的不完整的精馏塔，按照相平衡原理，各侧线产品和塔底重油都会含有一定量的轻质油组分，这些组分会增加馏分宽度和产品间的重叠度，甚至降低产品收率。原油蒸馏装置采用塔底水蒸气汽提方法，降低油品分压，使轻组分得到汽化，从而达到降低塔底重油轻组分含量，控制产品质量的目的。

(4) 恒分子回流假设理论不适用

在二元系和多元系精馏塔计算中，对性质及沸点相近的体系做出了恒分子回流的近似假设，即在无进料和抽出的塔段内，塔的气、液相摩尔流量不随塔高而改变。

原油是复杂的混合物，各组分之间的沸点相差很大，分馏塔顶和塔底温度差达250℃左右，加之各组分的汽化热也相差很大，使得每个塔段摩尔回流量相差较大，恒分子回流假设完全不适用。常压塔内气、液相负荷具有以下规律：从下向上沿塔高方向，气、液相摩尔回流量逐渐增加，在塔顶第一层和第二层塔板之间达到最大；当有侧线抽出时，侧线抽出板上液相回流量有一个突增，突增量近似等于侧线抽出量。

(二) 原料和产品性质特点

1. 原料性质变化大

不同于其他工艺装置，常减压蒸馏装置以原油为原料。原油是以烃类为主的极其复杂的混合物，原油的主要化学元素是碳和氢，这两种元素在原油中的质量分数之和一般在95%以上，其他元素为硫、氮、氧及金属等杂质。为准确描述原油的特点，通常用密度、运动黏度、凝点、倾点、残炭等一般性质来描述原油的类型、流动性、安全性等；用碳、氢、硫、氮、氧、金属等描述原油的元素组成；用单体烃、族组成、结构族组成、碳数分布来描述原油的分子组成。

虽然原油的基本元素类似，但从地下开采的天然原油，在不同产区和不同地层，反映出的原油品种则纷繁众多，不同原油之间性质有着较大的差别。

(1) 原油密度变化大

常规原油在20℃下的密度一般在0.8～1.0g/cm^{3}之间。密度几乎与原油的所有性质有关，密度较小的原油运动黏度、残炭、凝点或倾点、酸值、硫含量、镍、钒含量较低，加工起来相对比较容易；而密度较大的原油性质则刚好相反，这类原油往往酸值、沥青质、残炭含量高，不仅会造成蒸馏前的脱盐、脱水困难，而且给后续加工过程带来很大的麻烦。密度作为重要的指标之一，在原油的分类、加工、定价过程中发挥着重要的作用。

由于不同原油的密度相差较大，工业上根据原油的20℃密度大小，对原油进行分类，可以将原油分为轻质原油、中质原油、重质原油和超重原油。

(2) 元素组成变化大

尽管碳、氢元素在原油中的质量分数之和一般在95%以上，但是不同原油的元素组成仍有较大的变化。

原油中碳的质量分数一般为83.0%~87.0%，氢的质量分数为11.0%~14.0%。原油的氢碳原子比$n(H)/n(C)$是反映原油化学组成的一个重要参数，轻质原油或石蜡基原油具有较高的氢碳原子比。我国大庆原油的氢碳原子比$n(H)/n(C)$为1.83、胜利原油为1.62、辽河原油为1.58，塔河原油只有1.57。

原油中的硫、氮、氧等杂原子总质量分数之和不到5%。一般地，原油中硫的质量分数为0.05%~8.00%，氮的质量分数为0.02%~2.00%，氧的质量分数为0.05%~2.00%。虽然硫、氮、氧等杂原子总质量分数较小，但是这些杂原子的含量往往直接决定原油蒸馏装置的工艺流程和设备、管道等材质的选择。

原油中含的硫会使加工过程中的某些催化剂中毒，部分含硫化合物本身具有腐蚀性，且石油产品中的硫燃烧会生成二氧化硫，从而导致设备腐蚀和环境污染。我国所产大庆类低硫原油硫含量在0.1%左右，而国外高硫原油硫含量达2%~3%，甚至更高。基于不同原油的硫含量相差较大，所以往往把硫含量作为衡量原油及石油产品质量的一个重要指标，根据原油硫含量的高低，将原油分为低硫、含硫和高硫原油。

原油中含的氮对炼油厂的催化加工过程和产品的使用都有不利影响，炼油厂大多数催化剂都具有酸性活性中心，碱性含氮化合物会中和催化剂的酸性，影响催化剂的使用效果。

原油中的含氧化合物主要以有机羧酸的形式存在。在炼油厂加工过程中，酸值高的原油会对装置产生严重腐蚀，其腐蚀形态为点蚀、坑蚀或沟槽状腐蚀，与硫的均匀腐蚀形态有较大差别。不同原油的酸值相差较大，有的原油酸值很低，仅为0.01~0.5mgKOH/g，而有的原油酸值高达3~4mgKOH/g，甚至10mgKOH/g以上。由于原油酸值的巨大差异，通常根据酸值的大小将原油分为低酸原油(酸值<0.5mgKOH/g)、含酸原油(0.5≤酸值<1mgKOH/g)和高酸原油(酸值≥1mgKOH/g)。

(3) 原油及其馏分的分子组成变化大

原油的主要化学元素是碳、氢、硫、氮、氧及金属等，但是原油及其馏分的分子组成极为复杂。随着馏分沸点的增加，所含化合物的种类和碳数也增多，相同碳数化合物的同分异构体呈几何级数增加，如含20个碳的链烷烃同分异构体的理论个数多达36.6万个。人们将原油按沸点切割成气体、石脑油、常压瓦斯油(柴油馏分)、减压瓦斯油(VGO)和渣油等馏分，对各馏分油的烃类族组成进行研究，发现馏分油中的烃类主要由链烷烃、环烷烃和芳香烃以及在分子中兼有这三类结构的复杂烃分子组成。渣油馏分可用液相色谱法把它分为饱和分、芳香分、胶质和沥青质四个组分，也可以用核磁共振分析结构族组成，得出平均分子中芳香碳、环烷碳和烷基碳数的分率(f_A、f_N、f_P)及芳香环数、环烷环数和总环数(R_A、R_N、R_T)。

不同的原油，馏分油中链烷烃、环烷烃和芳香烃以及渣油中饱和分、芳香分、胶质和沥青质四个组分含量相差巨大。大庆类原油的饱和分含量较高，渣油中沥青质含量低，而塔河原油中芳香烃含量较高，渣油中沥青质含量高。工业上根据原油的第一关键馏分和第二关键馏分的组成，常常将原油分为石蜡基原油、环烷基原油和中间基原油三类。

2. 使用馏程和重叠度表示产品精度

在20世纪90年代以前，因产品规格质量指标要求不高，早期的常减压蒸馏装置生产的汽油和柴油经简单的酸碱精制和加入其他添加剂，即可作为产品出售。

随着环保标准的日益严格，现在常减压蒸馏装置几乎不直接生产商用产品，所有产品均作为下游二次加工装置的原料。初馏塔塔顶瓦斯作为轻烃回收原料，生产液化气；塔顶可分出窄馏分重整原料或汽油组分。常压塔塔顶瓦斯作为轻烃回收原料，生产液化气，塔顶生产汽油组分、重整原料、石脑油；常一线出喷气燃料(航空煤油)、灯用煤油、溶剂油、化肥原料、裂解原料或特种柴油；常二线出轻柴油、乙烯裂解原料或特种柴油；常三线出重柴油或润滑油基础油；常压塔底出重油。减压塔塔顶瓦斯经脱硫后可作为燃料；减一线可出重柴油、乙烯裂解原料；减二、三线可出裂解原料；减压各侧线油视原油性质和使用要求可作为催化裂化原料、加氢裂化原料、润滑油基础油原料和石蜡的原料；洗涤油可作为裂化原料或溶剂脱沥青原料；减压渣油可作为延迟焦化、溶剂脱沥青、减黏裂化、渣油加氢的原料，以及燃料油的调和组分和直接生产沥青产品。

由于常减压蒸馏装置主要为下游提供原料，因此，其“产品”与通常商用产品不同，不需非常高的分离精度，只要将原油按照一定的馏分进行切割，满足下游装置进料要求即可。常规的燃料型常减压蒸馏装置产品的规格见表1-1-1。

表1-1-1　常减压装置产品典型规格指标

序号	产品名称	控制指标	备注
1	干气	C_{3^+}<3%(摩尔) H_2S≤10mg/m^3	
2	液化气	C_{5^+}<3%(摩尔) C_{2^-}<0.3%(摩尔) H_2S≤1×10^{-6}，硫醇≤5×10^{-6}	
3	石脑油	C_{4^-}<2%(摩尔) ASTM D86 EP≯175℃	重整原料
4	煤油	密度(20℃)：775~830kg/cm^3 闪点≮38℃ ASTM D86 EP≯280℃	煤油加氢原料
5	柴油	ASTM D86 95%≯365℃ 闪点≮55℃	柴油加氢原料
6	减压蜡油 (减二线+减三线)	D1160 EP≯550℃	加氢裂化原料

3. 产品不含烯烃

常减压蒸馏是利用蒸馏的原理对原油进行切割分离，它将原油按其所含沸点的不同而分离成各种馏分。原油直接切割成的馏分也称直馏馏分，因蒸馏过程是物理过程，没有化学反应，这些直馏馏分最大的特点是不含烯烃。

(三) 工艺流程特点

1. 装置构成不固定

不同于其他工艺装置，常减压蒸馏装置的构成并不固定。典型的常减压蒸馏装置由原油电脱盐部分、初馏部分、常压部分、减压部分和轻烃回收等五部分构成。根据原油的性质和工厂的加工方案，常减压蒸馏装置的构成可以增加或删减。如果加工的原油轻烃组分含量较低或工厂设有统一的轻烃回收装置，则常减压蒸馏装置可不需轻烃回收部分；如果加工低硫石蜡基原油，常压渣油直接作为催化裂化装置原料，则可不设减压蒸馏部分。

2. 工艺流程变化大

常减压蒸馏装置的工艺流程，根据加工原油的性质、生产方案的不同有较大的差别。

(1) 电脱盐系统

电脱盐系统是常减压蒸馏装置的预处理装置，原油电脱盐是脱除原油中的水、无机盐和机械杂质等，不仅对本装置的平稳操作、设备防腐、节能降耗等起着十分重要的作用，而且有利于改善下游装置的原料和产品。

原油经过换热到110~140℃左右，注入破乳剂和注入一定量的洗涤水，经充分混合，溶解残留在原油中的盐类同时稀释原有盐水，形成新的乳化液。然后在破乳剂、高压电场的作用下，破坏原油乳化状态，使微小水滴逐渐聚集成较大水滴，借重力从原油中沉降分离，进入电脱盐罐底部的净水层中，进而被排出罐外，脱后原油由罐顶流出，原油电脱盐过程完成。原油经过电脱盐，脱后含盐要求达到小于3mgKOH/L，脱后含水达到小于0.3%，电脱盐切水含油量达到200mg/L。

国外炼油厂的原油电脱盐通常为独立装置，要求进入原油电脱盐装置的原油含盐量控制在50mgKOH/L以内。

国内为了方便管理，将原油电脱盐作为蒸馏装置的一部分。限于原油资源的获得性和稳定性等因素，国内对进入原油电脱盐的含盐量指标没有要求。

原油电脱盐的流程设置根据原油性质和脱盐深度要求不同而不同，可分为一级电脱盐、二级电脱盐和三级电脱盐等流程。二级电脱盐流程应用最为广泛；当原油中盐含量很低时，可采用一级电脱盐流程；当原油盐含量很高(大于100mgKOH/L)时，通常需要采用三级电脱盐流程。

(2) 初馏(闪蒸)系统

脱盐后的原油再经过换热器换热至200~240℃，此时较轻的组分已经汽化，为了降低系统的压力降、降低能耗、稳定操作、降低投资，通常采用预蒸馏工艺将较轻组分分离出来。而预蒸馏的工艺流程因加工原油性质、生产方案不同，可分为初馏塔流程和闪蒸塔流程。

经换热至200~240℃的脱盐后原油进入初馏塔，从初馏塔顶馏出汽油组分或重整原料，经塔顶泵一部分送回初馏塔顶打回流控制塔顶温度，另一部分作为产品送出装置。初顶回流罐顶部的瓦斯直接作为轻烃回收单元原料。初馏塔底油为拔头原油，由塔初底泵升压经换热后送至常压炉，加热到360~370℃进入常压塔。有些装置为了节能和扩大处理量，初馏塔设置初侧线，抽出油直接进入常压塔上部，也有利于降低常压炉负荷，降低能耗。对于砷含量高的原油，应采用初馏塔流程得到砷含量较低的重整原料。

闪蒸塔流程采用闪蒸塔代替初馏塔，闪蒸塔顶油气直接进入常压塔的适宜位置，闪蒸出来的气相不必经常压炉加热到常压塔的进料温度，降低了常压塔下部的负荷和常压炉的负荷，工艺流程简化。

(3) 常压系统

常压蒸馏是分离原油350℃前的馏分，常压塔是蒸馏装置的主分馏塔和关键设备之一，主要产品从常压塔实现分离，其产品质量和收率是决定工厂效益的重要因素。常压部分流程因工厂加工方案和产品品种不同而异。

典型的装置常压塔设置三条侧线，常压塔顶石脑油作为催化重整装置原料，常一线作为喷气燃料加氢装置原料，常二线和常三线作为柴油加氢装置原料，常底重油进入减压蒸馏部分。如果装置需要生产溶剂油或分子筛料，则可在常一线以上增设一条侧线；如果需要生产变压器料，则可在常三线以下增设常四线。

常压塔剩余热量较大，为了最大限度回收剩余热量，常常设置2~3个中段回流，不同的中段回流个数和位置的设置方案，使得中段回流取热量、取热温位和热回收率有较大的区别。

常压塔顶的回流方式有冷回流、热回流、顶循环回流之分。冷回流可快速调整装置操作；热回流可减缓塔顶局部低温腐蚀；顶循环回流可提高回流温位，降低塔顶系统负荷。

（4）减压系统

常压蒸馏分离原油350℃前的馏分，而350℃以上的常压重油中含有大量的催化原料、裂化原料和润滑油馏分，在常压情况下，需要更高的温度才能分离。但温度过高，油品容易裂解、结焦，影响油品质量。根据油品沸点随系统压力降低而降低的原理，可以采用降低蒸馏塔压力的方法进行蒸馏，在较低的温度下将这些重质馏分蒸出，故一般炼油装置在常压蒸馏之后都继之配备减压蒸馏过程。

常底渣油经减压炉加热至380~410℃进入减压塔，由于减压塔压力低，处于高真空状态，塔顶真空度可高达99kPa，因此常压重油在塔的进料段大量汽化，可分离出减顶瓦斯、减顶油、柴油馏分，蜡油馏分、塔底出减压渣油。

减压蒸馏根据生产任务不同，分为两种类型：燃料型减压塔和润滑油型减压塔。

燃料型减压塔主要生产二次加工原料，抽出侧线个数少，一般设置2~3条侧线，但常常又把这些侧线馏分混合到一起作为下游裂化装置原料。燃料型减压塔采用低压降的内件，降低全塔压降。燃料型减压塔每个侧线均设置中段回流取热，除减一线生产柴油时需内回流和控制最下侧线蜡油质量需内回流外，其他侧线均不设内回流。为防止重组分的夹带，在进料段上方设有洗涤段。

润滑油型减压塔以生产润滑油为主，要求得到颜色浅、残炭值低、馏程较窄、安定性好的减压馏分油；润滑油型减压塔抽出侧线数多，一般设置5~6条侧线。润滑油型减压塔除取热段设置中段循环回流外，抽出侧线一般均设置内回流。为防止重组分的夹带，在进料段上方设有洗涤段。

（5）轻烃回收部分

轻烃回收不是蒸馏装置必不可少的部分。

我国大部分国产原油含有很少或几乎不含C_5以下的轻烃，仅在新疆吐哈等地区所产原油中含轻烃较多。以往，加工国产原油的蒸馏装置的塔顶气绝大部分被引入加热炉作为燃料烧掉，而不回收轻烃；同时部分轻烃溶在汽油中，往往会造成汽油的饱和蒸气压过高，而影响到产品质量不稳定。

随着加工国外含硫、高硫轻质原油的增多，特别是进口中东含硫轻质原油占我国进口原油的大部分时，就必须根据中东原油含硫、轻质的特点，选择合适的加工流程回收其中的轻烃。

轻烃回收根据轻烃的回收率和质量要求的不同，其工艺流程有着较大的区别。

1）单塔稳定流程。轻烃回收最简单的流程为只设置一个稳定塔的单塔流程。自初馏塔和常压塔来的石脑油经换热后进入稳定塔，稳定塔底石脑油去下游重整装置；稳定塔顶液化气经脱硫和脱硫醇后出装置；稳定塔顶不凝气体经脱硫后作为燃料气。单塔流程液化气收率低，不凝气中排放的 C_3、C_4 组分较多。

2）吸收-稳定的双塔流程。单塔稳定轻烃回收流程中，由于不凝气中常带有 C_3、C_4 组分，往往会造成液化气的质量不稳定；而液化石油气中又带有 C_2 组分，其含量直接影响液化石油气的蒸气压。吸收-稳定的双塔流程是在单塔流程的基础上增加一个气体再吸收塔，通过提高稳定塔顶不凝气的排放量控制液化气的蒸气压，利用稳定石脑油做吸收剂对塔顶排出的气体进行再吸收，回收 C_3、C_4 组分。吸收-稳定的双塔流程液化气收率比单塔流程稍高，干气中的 C_3、C_4 组分比单塔流程稍低。

3）稳定-脱乙烷/脱乙烷-稳定的双塔流程。稳定-脱乙烷的双塔流程是在单塔流程的基础上增加一个脱乙烷塔来提高分馏精度，是在单塔稳定流程的基础上后置脱乙烷塔的流程和在脱丁烷塔前置脱乙烷塔流程。后置脱乙烷塔流程称为脱丁烷塔-脱乙烷塔流程；前置脱乙烷塔流程称为脱乙烷塔-脱丁烷塔流程。稳定塔顶控制较高的压力，不排或少排不凝气，含有大量 C_1、C_2 组分的液化气进入脱乙烷塔，脱乙烷塔底分出液化气，脱乙烷塔顶则分出不凝气。

4）吸收-脱吸-稳定的三塔流程。为进一步提高液化石油气的收率，并使液化石油气质量稳定，$\leq C_2$ 组分和 $\geq C_5$ 组分的含量符合要求，就需要控制稳定塔进料组成。即在吸收塔和稳定塔之间增加脱吸塔，形成吸收-脱吸-稳定的三塔轻烃回收流程。三塔流程的液化石油气收率及产品质量较高，但流程较复杂、设备投资高，操作费用大。

5）吸收-再吸收-脱吸-稳定的四塔流程。“干气”不“干”是一般轻烃回收流程中一个普遍存在的问题，“干气”不“干”，不仅降低了装置液化石油气的回收率，而且使下游“干气”脱硫装置的胺液易发泡，增加胺液耗量，增加了“干气”脱硫的成本，影响全厂的经济效益；严重时还可能恶化脱硫装置操作，甚至威胁装置长周期运行。

尽管三塔流程中的吸收塔使干气中的 C_3、C_4 含量大为减少，但仍高达 10.0%(摩尔)左右，为解决轻烃回收流程中的“干气”不“干”的问题，在原三塔流程基础上需增加一个再吸收塔，以构成完整的四塔流程。

四塔流程中的再吸收塔一般采用柴油作为再吸收剂，在原油蒸馏装置中也可用组成近似的常一中作为贫吸收油，吸收后的富吸收油(常一中)仍返回常压塔。这样在进一步提高干气质量的同时，对常压塔的操作影响并不大，而流程可以简化，投资及操作费用可降低。

四塔流程可使干气中 $\geq C_3$ 以上的组分含量符合指标要求，在提高原油中轻烃回收率的同时，还解决了干气不“干”的问题，可为下游干气脱硫装置提供合格的干气。

四塔流程在设计上较为完善，但设备多、流程长、能耗高，而且操作也较复杂。尤其是脱吸塔如何最优操作，对四塔流程的轻烃回收率、产品质量及装置的总能耗有至关重要的作用。

6）设置脱戊烷的回收流程。经稳定的石脑油脱出了 C_{4-} 组分，但仍含有 C_5 和异构 C_6 的组分，这些组分对于催化重整而言是非理想组分。轻烃回收是否设置脱戊烷塔需与催化重整装置统一考虑，如果下游重整装置不设脱戊烷塔，则可在轻烃回收部分设置脱戊烷塔。

3. 原油换热网络复杂

原油换热网络是常减压蒸馏装置热量回收的重要组成部分，提高热回收率是常减压蒸馏装置节能的一个关键措施，而换热又是回收热量的主要手段。原油换热流程一般分为三段：电脱盐前原油换热、电脱盐后原油换热和初底油换热。

原油换热网络是常减压蒸馏装置最复杂的工艺流程。原油加工方案的差别使得分馏塔侧线数目不同；原油馏分收率差异使得侧线抽出流量和抽出温度不同；产品质量控制指标的差异使得中段回流取热量和温位不同；原油性质的差异使得物流的结垢热阻不同；公用工程和钢材性能的差异使得最小传热温差不同；装置规模的大小使得换热路数不同；装置界区条件不同使得物流方热量不同。所有上述因素都将影响原油换热网络的流程。

常减压装置原油换热网络流程复杂，换热设备台数多，原油换热设备近百台，远超过其他炼油装置的数量，冷换设备投资占装置投资的30%左右。

（四）装置操作特点

1. 原油性质、加工方案多变，操作调整频繁

常减压蒸馏装置往往以一种或几种原油按一定的比例（全年加工原油的比例）混合后的性质、一种或两种加工方案作为设计基础。但在装置实际操作时，受原油采购品种、实际原油混合比例的影响，许多常减压蒸馏装置加工的原油性质与设计油种性质差距大，使得装置操作难度加大，操作调整频繁。

1）原油性质变化带来的操作波动和调整。对于不同的原油，影响装置最大的因素是塔顶负荷和重油收率。如设计加工重质原油的装置改为加工轻质原油，常压系统负荷特别是塔顶负荷大幅提高，导致常压系统成为提高加工量的瓶颈，实际加工能力远低于设计加工能力；如设计加工低硫原油的装置，在材质不能满足规范要求的情况下，不能加工高硫、高酸值原油，否则直接影响装置的安全平稳运行和长周期运行；如加工含水量高、乳化严重的原油时导致电脱盐脱后原油含水量高，造成对塔操作的冲击，操作大幅波动。

2）加工方案变化带来的操作波动和调整。初馏塔和常顶油生产重整料与生产石脑油裂解料；常一线生产航煤加氢原料与生产柴油或分子筛料；常二线生产军用柴油与普通柴油；减压渣油有时生产道路沥青与焦化原料和加氢原料等，都必须调整操作方能实现。

3）装置规模大带来的操作波动。装置规模大，原油储罐罐容小，使得装置切换原油罐频繁，引起操作波动。一个10.0Mt/a常减压蒸馏装置，每天加工原油$(3\sim3.5)\times10^4m^3$，对于$10\times10^4m^3$原油罐的原油只能维持3天左右的生产，2~3天需切换一次原油。装置规模大，切换原油置换时间长，装置调整频繁。

2. 设备易腐蚀泄漏

常减压蒸馏装置以原油为加工原料，原油盐、硫、酸含量高，设备腐蚀严重。加工高含硫原油，塔顶低温系统受$HCl-H_2S-H_2O$腐蚀，常顶油换热器、空冷器和管道易发生泄漏，常顶油换热器碳钢管束使用寿命一般不到3年，有时不到2年。常压塔顶部5层塔盘如使用321材质等，使用一个周期后腐蚀严重。高温部位受高硫腐蚀、高温环烷酸和冲刷腐蚀，在材质升级不到位的情况下和装置运行后期，易发生腐蚀泄漏，影响装置安全平稳运行。随着加工原油的劣质化，设备和管道腐蚀日益加剧。

3. 高温油品易自燃

常减压蒸馏装置原料和产品以液体为主，物料有原油、瓦斯气、汽油馏分、煤油馏分、

柴油馏分、蜡油和渣油，均具有火灾危险性。

柴油的自燃点为350～380℃，蜡油的自燃点为300～320℃，渣油的自燃点为230～240℃，常二中、常三线、常四线、减二线、减三线、洗涤油、常底渣油和减底渣油等介质的操作温度处于自燃点范围，较多的设备和管道的操作介质温度高于其自燃点，所以常减压蒸馏装置经常发生因设备、高温机泵、高温换热器、管道、阀门和仪表等泄漏的着火事故。

4. 高温部位易发生结焦

常减压蒸馏装置操作温度高，渣油密度大，沥青质含量高，高温部位易发生结焦。特别是深拔操作的减压塔，减压炉出口温度达到410～420℃，减压炉管易结焦；因减压洗涤油流量小，减压塔塔径大，使得洗涤段填料液相喷淋密度小，造成洗涤段填料易结焦。

5. 分馏塔热量不易调节

与其他分馏塔不同，常减压蒸馏装置的初馏塔、常压塔和减压塔的入塔热量全部由进料带入，分馏塔带入热量固定，其热平衡无法根据产品质量进行调节。分馏塔各侧线的分馏精度和质量调节只能依靠调整中段回流取热量、汽提蒸汽量和侧线抽出量。

减压塔侧线抽出盘采用集油箱结构，除减一线生产柴油需打内回流和为保证最下抽出侧线质量需打内回流作洗涤油外，其他侧线抽出不打内回流。各侧线间因没有内回流而不形成连续精馏过程，各侧线段相当于气相连通的独立塔段，各中段回流取热量与侧线抽出量相关，不能独立调节。

6. 减压塔需保证最小洗涤油流量

减压塔洗涤段的作用是对从闪蒸段上升的气体进行洗涤，脱除上升气体夹带的残炭、沥青质和重金属等重组分，保证最下侧线重蜡油质量符合要求。洗涤段温度高、介质重、塔径大、液相负荷小、气相负荷大，极易结焦。为保证洗涤段填料的最低润湿要求，避免或减缓填料结焦，减压塔操作时，任何时候都必须保证最小洗涤油流量不能低于填料的最小喷淋密度。

（五）主要设备特点

常减压蒸馏装置主要设备有电脱盐、加热炉、分馏塔等设备。

1. 电脱盐设备

原油电脱盐的主要设备包括电脱盐罐、电极组合件、高压配电系统、油水混合器、自控系统等。

电脱盐罐是原油电脱盐系统的重要设备，是原油中微小水滴在电场中聚集成大水滴并沉降分离的场所。电脱盐罐一般采用卧式罐，操作温度为120～150℃，操作压力大多数炼油厂约为2.5MPa，少数炼油厂约为4.0MPa，材质一般采用16MnR。电脱盐罐罐容大，罐内设有多层电极板，常见的电极板形式有水平式电极、立式悬挂电极、单层及多层鼠笼式电极。电极板通入高压电，通过设置不同的电极板间距和调节输入电压，在电极板之间形成不同场强的高压电场。

大多数电脱盐罐采用油水底部进入罐内，脱盐原油从罐顶部离开，含盐污水从罐底排出的流程。因水滴的沉降与原油上升方向相反，只有水滴的沉降速度大于原油上升速度，水滴才能脱除，因此，原油的上升速度对水滴沉降效果影响很大。电脱盐罐设置原油入口分配器，目的是将原油沿罐的水平截面均匀分布，使原油与水的乳化液在电场中匀速上升。电脱盐罐进料分布的均匀性对原油上升速度有着重大影响，直径较大的电脱盐罐或在低负荷下操作的电脱盐罐原油分布均匀性不易保证，因而要求进料分配器具有良好的水力学性能。

变压器是为电脱盐提供强电场的电源设备。为防止原油含水量超高或油水界面超高而引起电源短路，变压器设计为全阻抗变压器，为了使电场强度可调，变压器输出电压具有可在线分档调节的功能。

2. 加热炉

常压炉和减压炉是常减压蒸馏装置的关键设备，为原油蒸馏提供必需的热量。加热炉负荷在40MW以下，炉形多为圆筒炉；加热炉负荷在40MW以上，炉形多为箱式炉。按炉管布置方式分为立管式加热炉和卧管式加热炉，卧管式炉管只有部分经过火焰的高温区，炉管局部过热而造成被加热油品的裂解倾向相对较低。

加热炉设计和生产操作时，加热炉管的油膜温度必须低于所加工油品的裂解温度，使油品加热到所需温度而炉管内不结焦或少结焦，这对于减压深拔加热炉防止炉管结焦尤为重要。大型常压炉通常采用立管箱式炉，利用炉管将炉膛分隔成几个炉膛。靠炉墙的炉管为单排单面辐射，中间为双排双面辐射。减压炉通常采用卧管加热炉或炉管周向不均匀性小的双面辐射炉。双面辐射、减压炉炉管注汽、炉出口炉管多级扩径也是降低油膜温度的重要手段。

加热炉的燃料能耗占装置能耗的75%以上，采用空气预热器降低排烟温度和提高空气温度是提高加热炉效率的主要手段，常用的空气预热器有搪瓷管预热器、热管空气预热器、板式空气预热器、铸铁预热器、水热煤预热器等。大型加热炉的燃料效率在93%左右。大型加热炉均为多路进料，保证加热炉各路出口温度的均匀性对加热炉长周期安全生产至关重要，为此，加热炉出口常采用炉出口温度均衡控制的控制方案。为保证加热炉的安全运行，加热炉须设置完善的安全联锁，使得在燃料参数发生异常致使燃烧器不能正常燃烧、在加热炉炉膛温度压力等参数发生异常和在炉管内冷流介质发生异常时，联锁保护系统能保证加热炉的安全。

3. 分馏塔

分馏塔是常减压蒸馏装置的核心设备，它的基本作用是提供气液两相充分接触的场所，使传热和传质两种传递过程能够迅速有效地进行，并能使接触后的气液两相及时分离。原油在分馏塔中通过传热、传质实现分离，可将原油分离成不同馏分的产品，常减压蒸馏装置三段汽化流程主要包括初馏塔或闪蒸塔、常压塔、常压汽提塔和减压塔，润滑油型装置还包括减压汽提塔。

常压塔一般为板式塔，操作温度高，顶部塔盘和塔体内壁低温腐蚀，高温部位硫和环烷酸腐蚀较严重，筒体通常采用不锈钢复合材料，塔盘采用不锈钢材质，属于一类压力容器；上部塔盘有时会结盐，堵塞塔板和抽出口；产品分离精度要求不高，分离塔板数量相对较少；分馏塔的过剩热量较多，循环回流和产品取热回流数量较多。常压塔塔盘具有操作弹性大、处理能力大的特点。大型常压塔液流路径长，常采用多液流结构。塔进料应用环式分布器，均衡气液相分布。

减压塔一般为填料塔，操作温度高，顶部和塔体内壁低温腐蚀，高温部位硫和环烷酸腐蚀较严重，筒体通常采用合金钢复合材料，填料和内构件采用不锈钢材质。塔体一般为两头小、中间大，塔进料段以上采用高效规整填料及内件，降低全塔压降，提高蒸发层的真空度；设净洗段、低液量分配均匀的液体分布器，降低HVO的残炭和重金属含量，减少塔高；

进料口设置气、液两相进料分布器，使上升气体均匀分布，减少雾沫夹带；采用炉管吸收热胀量技术，减少转油线压降和温降。塔底打入适量的急冷油，以防油品热裂化。采用高效蒸汽抽空器和机械抽空器，提高真空度。

第二节　我国原油蒸馏装置的发展历程

现代炼油工业的建立大约可追溯到19世纪初，1823年俄国杜比宁兄弟建立了世界上第一座釜式蒸馏炼油厂，1860年美国B. Siliman建立了原油蒸馏装置，至今已约150年。一百多年来，炼油工业不论是规模还是技术都取得了极大的发展，而原油蒸馏工艺与工程技术，自始至终一直是伴随着炼油工业的扩大而不断发展与进步的。

炼油工业规模随着社会对油品需求量的增加而不断扩大。据报道，全世界原油加工能力在1997年时为3915Mt/a，2007年底达到4400Mt/a，2019年底已达到4907Mt/a，20年左右时间增加年加工能力近1000Mt。

一、我国原油蒸馏技术发展历程

我国现代炼油工业的发展经历了从无到有、从慢到快、从小到大的发展过程。

1949年前，我国原油工业发展极为缓慢，炼油工业起步较晚，虽在1907年建立了陕西原油官大矿局炼油房，但仅有几个小规模的简单炼油厂。至1949年，全国累计生产的天然石油仅0.677Mt，加上东北地区生产的人造石油2.324Mt，累计石油总产量也不过3.00Mt。

1949年后，随着石油工业原油生产能力的不断增加，炼油规模迅速扩大。到1988年，全国原油一次加工能力达116Mt/a，2008年年底达438Mt/a，2017年年底已达到783Mt/a。预计2020年将达到900Mt/a，2030年将达到950Mt/a。

与此同时，我国广大技术人员一直致力于蒸馏装置的技术开发和工程实践，密切跟踪蒸馏技术的发展进程，根据不同时期的经济发展水平、标准规范，着力解决蒸馏装置的技术难题，使我国原油蒸馏装置的技术水平不断提高。在装置的适应性和可操作性、产品收率和分割精度、减压深拔、节能降耗、防腐抗腐、装置大型化、自动控制水平、长周期运行、安全环保等方面取得了长足的进步，有的达到国际先进水平。

回顾我国蒸馏技术的发展，根据不同时期的任务，大致可以分为以下几个阶段。

（一）起步和发展

我国的蒸馏技术在1949年前几乎是空白，只有在东北日本留下的几个小厂。1949年后，在广大领导和技术人员的努力下，很快恢复了生产，并且新建了几个规模不大的小厂。

1958年9月，兰州炼油厂第一期工程建成，这是我国第一个加工能力1.0Mt/a的大型炼油厂。随着大庆油田和胜利油田等大型油田的发现，为我国炼油工业带来了跨越式的发展。为满足国民经济发展和国防建设的需要，新建了一批现代化炼油厂。截至20世纪80年代，先后建设了大庆、抚顺、锦西（石油五厂）、大连（石油七厂）、燕山（东方红炼油厂）、天津、齐鲁（胜利炼油厂）、高桥（上海炼油厂）、金陵（南京炼油厂）、镇海（浙江炼油厂）、安庆、九江、长岭、荆门、广州、茂名、洛阳、兰州、乌鲁木齐、独山子等一批规模1.0~2.5Mt/a年的常减压蒸馏装置。

20世纪80年代以前，限于当时的经济发展水平、工程建设理念、工程设计工具、设备制造能力、交通运输能力等因素，加之炼油厂当时分属石油部、化工部、纺织部等不同部门，缺乏统一的技术标准，致使我国蒸馏装置的整体技术水平相对较低。在装置轻油收率、总拔出率、油品质量、单套装置规模、能耗指标、自控水平、安全环保水平等方面都有待进一步提高。

但是通过以上装置的建设，为我国常减压蒸馏装置在工艺技术、工程技术、设备制造等方面积累了丰富的经验，为我国蒸馏装置的技术发展打下了坚实的基础。

（二）节能降耗

20 世纪 80 年代以前建设的常减压蒸馏装置，装置能耗普遍较高。原油换热终温一般只有 250~260℃，加热炉效率一般在 80%~85%左右，侧线产品基本上直接冷却出装置，蒸馏装置平均能耗在 25kgEO/t 原油左右，个别装置能耗高达 30kgEO/t 原油。

从 80 年代末开始，我国开展了蒸馏装置大规模的节能降耗活动，取得了巨大成绩。通过优化工艺流程和工艺参数，降低工艺总用能，提高热回收率等措施，极大地降低了常减压装置的能耗。开发形成了“干式减压”蒸馏技术、全填料减压塔技术、交直流电脱盐技术、低温热回收技术、多装置深度热联合技术、高效换热设备等一批行之有效的节能降耗技术和装备，普遍采用“夹点”理论进行换热网络设计。常减压装置的平均能耗从 25kgEO/t 原油大幅度降低，到 2004 年，装置平均能耗 12.0kgEO/t 原油左右，2018 年中国石化所属装置综合能耗平均降低到 8.66kgEO/t 原油。

（三）加工高硫（含硫）原油

随着国民经济的快速发展，我国原油已不能做到自给自足，从 20 世纪 90 年代开始进口国外原油。由于国外原油具有轻烃含量相对较高、硫含量较高的特点，当时常减压蒸馏工艺流程、设备管道材质等级等方面已不能满足加工高硫原油对油品质量、产品收率、设备管道防腐蚀等方面的要求。为了适应这一形势，我国开始了加工高硫（含硫）原油的工艺和工程技术的研究。在完善原有常减压工艺技术的基础上，开发形成了无压缩机回收轻烃技术、轻烃回收工艺技术、防止烟气露点腐蚀技术等；制定了加工高硫原油重点装置主要设备和管道设计选材导则；形成了完整的加工高硫（含硫）原油成套技术。建成了以广州石化 5.2Mt/a 蒸馏装置为代表的一批加工高硫（含硫）原油装置，实现了我国由加工低硫原油向高硫原油的转变。

（四）扩能改造

20 世纪 90 年代中后期，我国原油消费量增长迅速，新建炼油厂的速度不能满足要求，蒸馏装置的能力日显不足。为此，我国掀起了对现有蒸馏装置进行扩能改造的高潮。通过优化工艺流程和操作参数，辅以高性能塔内件等措施相结合，提高装置的处理能力。形成了负荷转移技术、四级蒸馏技术、二级闪蒸技术、高速电脱盐技术等一批行之有效的装置扩能技术。通过采用这些技术，使原来设计规模 2.5Mt/a 的蒸馏装置的加工能力提高 1~2 倍。

福建炼化常减压装置通过采用负荷转移技术进行改造，装置加工能力由 2.5Mt/a 提高到 4.0Mt/a；上海石化第二套常减压装置，通过增加一个常压蒸馏系统，优化减压操作条件，减压塔更换高性能内件，使装置加工能力由 2.5Mt/a 提高到 6.0Mt/a；大连西太平洋石化常减压装置，通过采用负荷转移技术、减压塔参数优化、更换高性能塔内件等技术，在常压塔、减压塔塔径不变的情况下，将原设计能力 5.0Mt/a 的蒸馏装置扩大到 10.0Mt/a；扬子石化通过采用四级蒸馏技术，将原设计能力 2.5Mt/a 蒸馏装置扩大到 6.0Mt/a。

（五）装置大型化

炼油装置的大型化可大幅度降低装置投资和操作费用，据测算，在同等规模下，单套装置与双套装置相比，投资可降低约 24%，装置能耗可降低 19%；相同规模下，3 套装置投资比单套装置增加约 55%，能耗增加约 29%。

长期以来，我国炼油工作者一直致力于炼油厂和常减压装置及其他炼油工艺装置的大型化，虽在 20 世纪 80 年代初建成了我国第一套 5.0Mt/a 洛阳炼油厂常减压装置(由于计划原因，工厂规模按 3.0Mt/a 生产)，但和国外相比，仍有一定差距。1999 年我国 95 座炼油厂加工能力为 217.34Mt/a，蒸馏装置平均规模为 2.29Mt/a，2001 年炼油厂平均规模为 2.38Mt/a，只有大连西太平洋、茂名和镇海等炼油厂具有单套 5.0Mt/a 以上能力的蒸馏装置，没有一套能力达到 10.0Mt/a。

随着我国原油消费量的快速增长，仅依靠扩能改造的途径远不能满足常减压装置加工量增长的需求。为了充分发挥装置的规模效应，提高工厂的总体效益，从 20 世纪 90 年代后期开始，我国蒸馏装置开始了大型化的进程。通过不断努力，解决了大型塔器、大型加热炉的设计、制造和施工技术难题，大型管道应力难题，大型蒸馏装置开停工难题，形成了常减压装置大型化成套技术。1997 年，镇海炼化 8.0Mt/a 常减压装置投产，标志着我国蒸馏装置大型化取得突破，随后大连石化、独山子石化、青岛炼化、天津石化等多套 10.0Mt/a 蒸馏装置相继投产，标志着我国蒸馏装置大型化技术日益成熟。截至 2019 年，我国先后建成 8.0Mt/a 规模蒸馏装置 14 套，10.0Mt/a 以上能力的蒸馏装置 16 套，正在建设 10.0Mt/a 以上能力的蒸馏装置 5 套。

（六）减压深拔

在我国，减压渣油的加工途径主要是延迟焦化，渣油加氢所占比例较小。随着石油消费量的快速增长和油价的走高，渣油的加工能力和加工路线对提高炼油厂的总体经济效益日显突出。如何提高减压拔出率，降低渣油加工装置的负荷压力，提高经济效益，成为当时必须解决的主要技术难题之一。

常减压蒸馏装置总拔出深度通常采用减压渣油的切割点来表示。减压渣油的切割点是指减压渣油收率对应于原油实沸点蒸馏曲线(TBP)上的温度。国外深拔的标准是减压渣油的切割点标准设计为 1050℉，即 565℃，只有减压渣油切割点温度超过 565℃才称为深拔。国内深拔的标准存在一个演变过程。在 20 世纪 80~90 年代，我国曾开展过降低减压渣油收率的活动，目标是将减压渣油的切割点温度由当时的 500~520℃提高到 540℃，此时减压渣油切割点温度达到 540℃就称为深拔。而目前我国所称的深拔主要是指减压渣油切割点达到 565℃及以上。

我国减压深拔技术通过自主开发与消化引进技术相结合的方式，取得了巨大的进展。1997 年投产的镇海炼化 8.0Mt/a 蒸馏装置按照减压切割点 550℃设计，通过提高加热炉出口温度，降低炉管表面热强度不均匀度，提高减压塔真空度，设置进料分配器、高效洗涤段，控制减压塔底温度等措施，实现了设计目标。2004 年大连石化 10.0Mt/a 引进 Shell 公司 Deep Cut 减压深拔技术，随后独山子石化 10.0Mt/a 再次引进 Shell 公司减压深拔技术，2007 年青岛炼化和天津石化新建的 10.0Mt/a 蒸馏装置采用 KBC 公司减压深拔技术。通过总结国内外减压深拔技术的特点和经验，成功开发了国内减压深拔成套技术，在国内新建设的大型蒸馏装置得到了广泛的应用，取得良好的效果，金陵石化 8.0Mt/a 四蒸馏技术标定减压渣油切割点温度达到了 580℃。

二、我国原油蒸馏技术进步的里程碑

经过近 70 年的发展，我国的原油蒸馏技术在各方面都得到了极大的进步，在不同时期形成的技术取得了良好的效果，回顾我国原油蒸馏技术的进步，以下装置的建设具有里程碑的意义。

1）1958 年 9 月，我国第一套现代蒸馏装置——兰州炼油厂 1.0Mt/a 蒸馏装置投产，开启了我国自主建设蒸馏装置的征程。截至 1978 年，先后建成了十几套 0.5~2.5Mt/a 规模的蒸馏装置，为我国蒸馏技术发展奠定了基础。

2）1982 年，采用"干式减压"技术的南京炼油厂二套 2.5Mt/a 常减压装置投产，标志着我国"干式减压技术"取得成功，"干式减压"技术比常规减压技术能耗降低约 0.5kgEO/t 原油。

3）1984 年，国内第一套单系列 5.0Mt/a 常减压装置——洛阳炼油厂常减压装置建成，该装置初馏塔直径 3.2m，常压塔直径 5.0m，减压塔直径 10m。该装置的建成标志着我国单套蒸馏装置能力突破 2.5Mt/a 规模的限制，为大型塔器的设计制造积累了经验。

4）1989 年，大庆石化 2.5Mt/a 润滑油型常减压装置改造完成并投产，该装置采用多项节能降耗措施，换热终温 300℃，装置标定能耗 9.5kgEO/t，能耗水平达到当时最低水平。

5）1991 年，镇海炼化Ⅲ套 1.5Mt/a 加工凝析油蒸馏装置投产，该装置首次采用无压缩机、单塔流程回收轻烃技术。该装置的投产为我国蒸馏装置设置轻烃回收提供了经验，此后无压缩机回收轻烃技术得到了广泛应用。

6）1997 年，广州石化 5.2Mt/a 蒸馏Ⅰ装置投产，该装置改造设计按加工进口含硫原油（阿曼：涠洲原油＝1：1，含硫量 0.8%），采用 3.0Mt/a+2.2Mt/a 二个常压蒸馏和一个与 4.0Mt/a 原油能力配套的减压配置路线。该装置的投产使我国开始进入了加工进口高硫（含硫）原油的时代。

7）1998 年，镇海炼化 8.0Mt/a Ⅲ蒸馏装置改造完成并投产，该装置常压塔直径 6.6m，减压塔直径 9.0m，常压炉负荷 80MW。该装置的投产标志着我国蒸馏装置大型化技术取得了突破。

8）2002 年，采用"四级蒸馏技术"改造的扬子石化 6.0Mt/a 蒸馏装置投产，该装置利旧原初馏塔、常压塔、减压塔塔体，更换内件，增加一级减压塔系统的技术路线，使装置的处理能力大幅度提高。该装置的投产为我国蒸馏装置的扩能改造提供了全新的思路。

9）2003 年，采用"负荷转移技术"进行改造的大连西太平洋石化 10.0Mt/a 蒸馏装置投产，使我国蒸馏装置规模跃上千万吨级台阶。

10）2006 年，大连石化 10.0Mt/a Ⅲ蒸馏装置投产，该装置采用 SHEEL 工艺技术，减压塔真空喷淋，减压塔直径 13.8m，常压炉负荷 100MW。该装置是我国第一套新建的 10.0Mt/a 蒸馏装置，也是我国第一套引进国外技术的蒸馏装置。该装置的投产为我国蒸馏装置的大型化开创了新局面。

11）2008~2012 年，独山子、青岛、天津、惠州、茂名 10.0~12.0Mt/a 常减压装置建成投产，标志着我国千万吨级蒸馏装置得到稳步发展。

12）2008 年，阿尔及利亚 5.0Mt/a 凝析油装置投产，该项目在与日本、法国等公司激烈的技术方案竞争中获胜，该装置的投产标志着我国蒸馏技术第一次向国外输出。

13）2012 年，金陵石化 8.0Mt/a 四蒸馏装置投产，经装置标定，减压切割点温度达到 580℃，使我国减压深拔技术水平跨上了新高度。

14）2019 年，马来西亚 RAPID 炼油厂 15.0Mt/a 常减压装置建成投产，标志着我国蒸馏装置大型化工程技术迈上了更高台阶。

第三节　我国原油蒸馏装置的现状

随着国民经济的快速发展和人民物质文化生活水平的不断提高，对石油石化产品的需求不断增加，我国原油蒸馏生产规模、工艺技术和工程建设能力均取得了较快的发展和进步。截至 2017 年底，我国原油蒸馏装置加工能力达到 783Mt/a，仅次于美国，居世界第二位。与此同时，原油蒸馏装置单套规模大型化，分馏技术水平不断提高，对原油的适应能力不断增强，装置能耗明显降低，自动控制水平不断提升，装置运行周期不断延长，原油蒸馏装置的总体技术水平达到国际先进水平。

一、原油加工能力、加工量和原油种类

（一）加工能力

20 世纪 90 年代以来，我国原油蒸馏工艺技术和装备得到了快速发展，加工能力不断增长，由 1990 年 145Mt/a 提高到 2017 年的 783Mt/a，增加 638Mt/a，加工能力增长 4.4 倍，见表 1-3-1 和表 1-3-2。2019 年在建的大型化原油蒸馏装置 6 套，总加工能力为 65.0Mt/a。

表 1-3-1　我国原油蒸馏装置加工能力的增长　Mt/a

年份	1990	1992	1996	1998	2000	2002	2004	2006	2008	2017
加工能力	145	160	213	245	277	290	318	369	438	783

表 1-3-2　2017 年我国几大公司原油加工能力　Mt/a

公　司	加工能力	公　司	加工能力
中国石化	296.95	陕西延长	17.40
中国石油	181.60	中国兵器	8.40
中国海油	39.10	其他	193.55
中国化工	28.40	全国合计	783.10
中国中化	17.70		

（二）原油加工量

随着国民经济的发展和人民物质文化生活水平的不断提高，对交通运输燃料和石油化工原料的需求不断增加，我国原油加工量大幅度提升，原油蒸馏装置加工量由 1990 年的 107Mt/a 提高到 2018 年的 603Mt/a，增加 496Mt/a，加工量增长 4.6 倍，见表 1-3-3 和表 1-3-4。

表 1-3-3　我国原油加工量的提升　Mt/a

年份	1990	1992	1996	1998	2000	2002	2004	2006	2008	2017	2018
加工量	107	121	142	152	211	219	273	312	342	568	604

表 1-3-4　2018 年我国几大公司原油加工量

公　　司	原油加工量/(Mt/a)	公　　司	原油加工量/(Mt/a)
中国石化	238.47	陕西延长	13.00
中国石油	159.88	中国兵器	5.45
中国海油	41.00	其他	113.77
中国化工	20.00	全国合计	603.57
中国中化	12.00		

（三）原油对外依存度和加工原油品种

20 世纪 80 年代末期，随着国民经济的发展，特别是交通运输业的快速发展和石油化工原料供需矛盾的突出，原油资源不足的矛盾凸现。为了弥补国内原油资源不足，缓解油品市场供需矛盾，增加化工原料发展石油化工，原中国石油化工总公司自 1988 年开始大规模加工进口原油。1988 年进口原油 1.80Mt/a，实际加工 1.72Mt/a，沿江沿海有 10 个炼油企业加工了进口原油。随着我国经济的快速发展，对石油的需求量激增，进口原油量大幅增加，石油对外依存度逐渐增高，2009 年石油对外依存度突破 50%大关，达到 51.3%，2018 年中国的石油进口量为 461.89Mt/a，石油对外依存度升至 69.8%。

巨大的石油进口量使得我国进口原油的品种繁多。1988 年开始进口原油时，主要加工低硫的印尼米纳斯原油、阿塔克原油、马来西亚塔比斯原油、文莱原油和含硫的阿曼原油、伊朗原油等共六七种不同性质的原油。20 世纪 90 年代后期，随着原油劣质化、重质化趋势的加剧，我国原油蒸馏装置加工的进口含硫/高硫原油、含酸/高酸原油比例开始逐年提高。2006 年当年，我国进口含硫原油已经达到 47.63Mt/a，占当年进口原油的 32.81%。2008 年，中国石化集团公司加工进口含硫/高硫原油已经达到 90.26Mt/a，占其当年加工进口原油的 70.36%。2017 年我国进口原油来自 43 个国家，2018 年从 48 个国家或地区进口原油，其中从中东、非洲、俄罗斯和南美洲四大区域进口最多，见表 1-3-5。

表 1-3-5　2018 年中国进口原油量最大的来源

序号	国家和地区	全国进口量/Mt/a	占比/%	序号	国家和地区	全国进口量/Mt/a	占比/%
1	俄罗斯	71.49	15.48	10	刚果(布)	12.58	2.72
2	沙特阿拉伯	56.73	12.28	11	美国	12.28	2.66
3	安哥拉	47.38	10.26	12	阿联酋	12.20	2.64
4	伊拉克	45.05	9.75	13	哥伦比亚	10.77	2.33
5	阿曼	32.90	7.12	14	马来西亚	8.88	1.92
6	巴西	31.62	6.85	15	利比亚	8.57	1.86
7	伊朗	29.27	6.34	16	英国	7.72	1.67
8	科威特	23.21	5.03	17	其他	34.59	7.49
9	委内瑞拉	16.63	3.60	合计		461.89	100

2018 年，中国石化加工原油 246Mt，原油总平均 API 为 30.31，平均硫含量 1.59%，平均酸值 0.41mgKOH/g。其中，国内原油 28.02Mt，进口原油约 218Mt，进口原油总平均 API 为 31.57，平均硫含量 1.63%，平均酸值 0.27mgKOH/g。

2018 年，中国石化共采购加工原油品种 113 种，其中采购量超过 10Mt 的有六种，包括巴士拉轻油（30.29Mt），阿曼（20.36Mt），沙中（18.05Mt），科威特（16.13Mt），伊重（15.63Mt）和沙轻（10.07Mt），小计 110Mt；采购量在 1.0～10Mt 之间的有 36 种，小计 88.90Mt；低于 1.0Mt 的有 71 种，小计 18.48Mt。

进口原油按照硫含量分类，2018 年，中国石化采购高硫原油（S>1.5%）116Mt，含硫原油（0.5%<S<1.5%）40Mt，低硫原油（S<0.5%）60Mt。

进口原油按照酸值分类，2018 年，中国石化采购高含酸原油（TAN>0.5）28Mt，低酸原油（TAN<0.5）197Mt。

二、工艺技术和工艺流程

（一）工艺技术来源

我国原油蒸馏装置主要依靠自有技术建设而成。经过几十年的发展，先后开发了交直流电脱盐技术、高速电脱盐技术、无压缩机回收轻烃技术、干式减压技术、减压深拔技术、换热网络优化技术和节能技术、大型化工程技术、高效传质设备和高效换热设备等工艺和工程技术，形成了国原油蒸馏装置成套工艺技术。利用我国自己掌握的技术建设的装置规模超过总规模的 93%以上。

为了掌握世界蒸馏技术发展方向，也适当引进国一些国外技术，截至 2019 年，我国有 6 套蒸馏装置共引进 3 种国外蒸馏技术，其共同特点是注重装置的安全和长周期操作，减压拔出率高，但能耗偏高。

1. Shell 技术

2004 年大连石化开始建设一套 10.0Mt/a 蒸馏装置，这是我国第一套 10.0Mt/a 蒸馏装置。为了充分吸取国外蒸馏装置的理念、技术和设备，提高装置技术水平，引进了 Shell 蒸馏装置工艺包。该工艺包包括常压蒸馏和减压蒸馏。

Shell 蒸馏技术采用原油预热-电脱盐-原油预热-初馏塔-初底油换热-常压炉-常压塔-减压炉-减压塔的三级蒸馏流程。换热流程采用抑制原油在换热器中汽化技术，为防止油品在换热器中汽化而引起结垢和振动，在原油进初馏塔前设置调节阀。初馏塔采用无压缩机回收轻烃流程。常压塔设置顶循环回流和二个中段回流，常二中回流设置在常三线抽出侧线下方，采用常顶循环回流（无顶回流）控制塔顶温度。减压塔采用 HVU 深拔技术，微湿式操作；减压塔采用空塔喷淋技术，除减一线内回流分馏段和洗涤段设置填料外，其他取热段不设填料；减压洗涤油返回加热炉入口回炼；减压塔不设汽提段。常压炉和减压炉均采用立管立式单排单面辐射和单排双面辐射加热炉，炉出口温度采用复杂的支路平衡控制方案，加热炉采用 BMS 系统，减压炉出口温度高达 420℃；减压转油线保持一定压降；电脱盐采用自动反冲洗流程。

因 Shell 原油蒸馏技术的能耗偏高（装置能耗 14kgEo/t 原油以上），减压深拔具有独特的技术特点，2005 年独山子石化 10.0Mt/a 蒸馏装置只引进了 Shell 减压工艺包。

2. KBC技术

2005年，青岛石化和天津石化10.0Mt/a蒸馏装置引进KBC减压工艺包。KBC减压深拔技术利用丰富的原油数据库资源，通过计算确定渣油的临界结焦曲线，保证加热炉在安全区操作。KBC减压炉采用卧管加热炉，减压塔流程与国内减压塔相同，无特别之处。2009年山东华星石化引进香港博英减压工艺包，其减压深拔技术原理和流程与KBC基本相近。

3. UOP技术

2008年，广西石化10.0Mt/a蒸馏装置引进UOP/PCS公司工艺包。该工艺包所采取的工艺技术路线为原油预热-电脱盐-原油预热-闪蒸罐-闪底油换热-常压炉-常压塔-减压炉-减压塔的加工路线。换热流程采用抑制原油在换热器中汽化技术，为防止油品在换热器中汽化而引起结垢和振动，在原油进闪蒸罐前设置调节阀。闪蒸罐的位置设置靠前，闪蒸罐设置在脱后原油一次换热后，进料温度约152~158℃，最大化减少脱后原油侧压降。常压塔采用较高的操作压力和温度，常压塔顶的压力为0.14MPa(g)，温度为157~161℃，使塔顶温度和露点腐蚀温度之间有足够的温差余量，以避免在塔顶部塔盘使用更高的耐腐蚀材料及塔顶塔体部位使用额外的腐蚀余量；常压塔设置常一中、常二中和常三中三个中段取热回流，塔顶设置热回流，中段回流采用小温差、大流量的方式，而且中段回流和产品在同一层抽出。减压塔下部锥体结构设计，液相自上向下塔径逐级变小，可以减少液体在塔盘上的停留时间，以降低结焦趋势；气相自下向上塔径逐级变大，可以通过增大开孔数以提高有效面积，从而提高汽提效率。为确保低结焦倾向，加热炉炉管采用较高的质量流速，由此导致较高的炉管压降。

(二) 装置工艺流程

我国小型蒸馏装置的工艺流程较为简单，基本上都是初馏(闪蒸)-常压蒸馏-减压蒸馏三塔流程。但我国大型化装置为了实现提高收率、降低能耗、节约投资的目的，工艺流程具有流程多样化的特点。通过合理分配常压、减压系统加工负荷，进行热量整合，优化换热流程，降低能耗，以适应装置大型化和加工原油多样化的要求，完善与开发了多种原油蒸馏工艺流程。

1. 单系列三级蒸馏流程

典型的流程是初馏、常压、减压三级流程。其特点是：流程简单，对原油适应性较强，设备通量大，操作简单灵活。高桥石化8.0Mt/a原油蒸馏装置、大连石化10.0Mt/a原油蒸馏装置等绝大多数蒸馏装置均采用此流程。

2. 两级闪蒸的单系列蒸馏流程

典型的流程是预闪蒸-常压蒸馏-减压蒸馏。预闪蒸可以是一级，也可以是两级及以上。该类流程的特点是：可减少常压炉负荷，并节约能量。镇海炼化5.0Mt/a原油蒸馏装置即采用两级预闪蒸的两级蒸馏。

3. 带预闪蒸的单系列三级蒸馏流程

该类流程的特点是：在单系列三级蒸馏流程中增加预闪蒸系统，预闪蒸气体进入常压塔的特定位置，该类流程可在三级蒸馏的基础上进一步节能(约0.1kgEO/t原油)。该类流程有后闪蒸(初馏塔底油闪蒸)三级蒸馏和前闪蒸(原油闪蒸)三级蒸馏两种。镇海炼化分公司9.0Mt/a原油蒸馏装置为后闪蒸三级蒸馏。

4. 单系列四级蒸馏流程

该类流程的特点是：在常压蒸馏和减压蒸馏之间增加一个真空度较低的减压蒸馏系统。新增的减压系统分担常压系统和减压系统的部分加工能力，主要用于装置扩能改造。具有设备改动较少、增加占地面积少、投资低、施工周期短等特点。但该流程由于增加了一个一级减压系统而增加了操作复杂性和能量消耗。扬子石化 6.0Mt/a 原油蒸馏装置、金陵石化 2# 8.0Mt/a 原油蒸馏装置、镇海炼化 6.0Mt/a 原油蒸馏装置、上海石化 8.0Mt/a 原油蒸馏装置、北海石化 6.58.0Mt/a 原油蒸馏装置均采用此流程。

5. 双系列常压、单系列减压蒸馏流程

该类流程的特点是：常压蒸馏为两个系列，减压部分为一个系列，基本思路是增加一个常压系统。主要用于装置扩能改造，具有设备改动较少、增加占地面积少、投资低、施工周期短等特点。该类流程中，两个常压系统前可以设置预闪蒸或初馏系统。该类装置由于增加一个常压系统而增加了操作复杂性和能量消耗。广州石化 5.2Mt/a 原油蒸馏装置、上海石化 2#6.0Mt/a 原油蒸馏装置采用此流程。

6. 二级减压蒸馏流程

一些项目采用“大渣油加氢”与“小延迟焦化”相结合的渣油加工路线，因减压渣油作为延迟焦化装置原料和作为渣油加氢装置的原料，对其性质的要求不尽一致，一套常减压蒸馏装置要同时满足为渣油加氢装置和延迟焦化装置提供原料，通常的方法是外甩常压重油或深拔减压渣油兑入减压蜡油作为渣油加氢装置的原料。这样将造成装置能耗增加和渣油加氢负荷的增加。

二段减压蒸馏技术可较好地适应上述要求。二段减压蒸馏是指在常规的常减压蒸馏装置流程基础上，将原来一段减压蒸馏系统改为二段减压蒸馏系统串联操作：第一段减压系统按照浅拔操作，第一段减压渣油分为两部分，一部分作为渣油加氢原料，另一部分继续进入第二段减压系统；第二段减压系统采用深拔操作，拔出更多蜡油，第二段减压渣油作为延迟焦化装置原料。这样只需要设置一套常减压蒸馏装置，就可以同时满足渣油加氢装置和延迟焦化装置的进料要求，充分达到了分别设置这两套蒸馏装置的目的，既充分发挥了渣油加氢装置的液收高、产品质量好的优点，又实现了延迟焦化装置加工劣质渣油的装置目的。中化集团泉州 12.0Mt/a 常减压蒸馏装置采用此流程。

7. 常底油闪蒸-减压蒸馏流程

一套常减压蒸馏装置要同时满足为渣油加氢装置和延迟焦化装置提供原料，采用二段减压蒸馏即可满足要求，但是二段减压蒸馏使得工艺流程复杂，投资增加。为了既简化工艺流程又达到同时为两个装置提供原料的目的，开发了适合渣油加氢和延迟焦化双路线的常底油闪蒸-减压蒸馏技术。

常减压蒸馏装置的常底油去向一般为经减压炉加热后直接送减压塔进行分馏，常底油闪蒸技术方案是在此流程上增加闪蒸塔，常底油自常压塔抽出后先进入闪蒸塔，利用常底油与减压塔的压差使常底油在闪蒸塔进行闪蒸，闪蒸出的油气直接进入减压塔，闪蒸后的闪底油一部分直接作为渣油加氢装置原料，另一部分进入减压炉加热然后送至减压塔，采用深拔技术进行分馏，减压塔拔出的蜡油作为加氢裂化原料，减压重蜡油作为渣油加氢原料，深拔后的减压渣油作为延迟焦化装置原料。常底油闪蒸-减压蒸馏技术具有流程简单、能耗低的优点。中国石化中科广东炼油新建 10.0Mt/a 常减压蒸馏装置采用此流程。

三、装置规模及大型化

（一）装置平均规模

1999年我国95座炼油厂总加工能力为217.34Mt/a，蒸馏装置平均规模为2.29Mt/a，2001年炼油厂平均规模为2.38Mt/a。通过扩能改造、新建大型装置和淘汰小型装置等措施，我国蒸馏装置的平均规模逐步提高。

2008年我国已运行的原油蒸馏装置加工能力合计为438Mt/a，其中：中国石化拥有58套原油蒸馏装置，加工能力合计为209.8Mt/a，单套原油蒸馏装置平均规模为3.62Mt/a；中国石油拥有46套原油蒸馏装置，加工能力合计为149.8Mt/a，单套原油蒸馏装置平均规模为3.25Mt/a；中国海洋石油总公司、中国化工集团公司以及地方炼油等企业原油蒸馏装置加工能力合计为78.4Mt/a。

2018年，中国石化拥有58套原油蒸馏装置，总规模为284.3Mt/a，平均规模为4.90Mt/a；中国石油拥有43套原油蒸馏装置，总规模为208.9Mt/a，平均规模为4.86t/a；中国海油拥有14套原油蒸馏装置，总规模为46.0Mt/a，平均规模为3.28Mt/a；中化集团公司拥有1套12.0Mt/a原油蒸馏装置；中国化工集团拥有9套蒸馏装置，总规模为25.0Mt/a，平均规模为2.77Mt/a；延长集团拥有6套原油蒸馏装置，总规模为17.4Mt/a，平均规模为2.90Mt/a；具有原油进口权限的地炼等企业承诺淘汰小型装置后拥有48套原油蒸馏装置，能力144.9Mt/a，平均规模为3.0Mt/a；大连恒力和浙江石化2家大型民企拥有4套原油蒸馏装置，平均规模为10.0Mt/a。

（二）大型化技术

蒸馏装置规模的大型化具有可观的规模效应。自1998年镇海炼化8.0Mt/a蒸馏装置投产以来，建设大型蒸馏装置成为追求的目标。截至2019年年末，我国已投入运行的8.0~10.0Mt/a规模的蒸馏装置14套，10.0Mt/a及以上规模大型化原油蒸馏装置共有16套，2019年在建的大型化原油蒸馏装置6套，规模全部在10.0Mt/a以上。见表1-3-6。

表1-3-6　我国8Mt/a及以上能力的原油蒸馏装置　Mt/a

序　号	装置名称	规　模	备　注
1	中国石化镇海炼化3#原油蒸馏装置	9.0	已投产
2	中国石化高桥石化3#原油蒸馏装置	8.0	已投产
3	中国石化金陵石化3#原油蒸馏装置	8.0	已投产
4	中国石化上海石化3#原油蒸馏装置	8.0	已投产
5	中国石化海南炼化原油蒸馏装置	8.0	已投产
6	中国石化洛阳石化原油蒸馏装置	8.0	已投产
7	中国石油抚顺石化原油蒸馏装置	8.0	已投产
8	中国石化广州石化3#原油蒸馏装置	8.0	已投产
9	中国石化长岭石化3#原油蒸馏装置	8.0	已投产
10	中国石化金陵石化4#原油蒸馏装置	8.0	已投产
11	中国石化齐鲁石化4#原油蒸馏装置	8.0	已投产

续表

序　号	装置名称	规　　模	备　注
12	中国石化扬子石化3#原油蒸馏装置	8.0	已投产
13	中国石化福建联合石化原油蒸馏装置	8.0	已投产
14	中国化工华星石化原油蒸馏装置	8.0	已投产
15	中国石油大连西太石化原油蒸馏装置	10.0	已投产
16	中国石油大连石化3#原油蒸馏装置	10.0	已投产
17	中国石油独山子石化原油蒸馏装置	10.0	已投产
18	中海油惠州石化1#原油蒸馏装置	1.2	已投产
19	中海油洋惠州石化2#原油蒸馏装置	1.0	已投产
20	中国石化青岛炼化原油蒸馏装置	10.0	已投产
21	中国石化天津石化原油蒸馏装置	10.0	已投产
22	中国石化茂名石化5#原油蒸馏装置	10.0	已投产
23	中化集团泉州石化原油蒸馏装置	1.2	已投产
24	中国石油四川石化原油蒸馏装置	10.0	已投产
25	中国石油广西石化原油蒸馏装置	12.0	已投产
26	中国石油云南石化原油蒸馏装置	10.0	已投产
27	恒力石化1#原油蒸馏装置	10.0	已投产
28	恒力石化2#原油蒸馏装置	10.0	已投产
29	浙江石化1#原油蒸馏装置	13.0	已投产
30	浙江石化2#原油蒸馏装置	13.0	已投产
31	中科(广东)炼化原油蒸馏装置	10.0	建设中
32	中国石油揭阳石化原油蒸馏装置	2×10.0	建设中
33	盛虹集团连云港石化原油蒸馏装置	15.0	建设中
34	浙江石化3#、4#原油蒸馏装置	2×13.0	建设中

原油蒸馏装置大型化的技术进展主要表现在如下几个方面：

1. 大型化塔设备技术

装置大型化技术的发展带来了大型化塔设备技术的进步。大型化塔器主要的难题是塔盘液层梯度的均匀、塔盘的支撑、气、液相负荷均匀分配等。对板式塔开发并应用了桁架梁结构支撑、多溢流塔、多边降液管、塔盘分离元件布置结构优化、混合型塔盘、新型板式塔等技术。常压塔的直径可以达到9.0m以上；对填料塔开发并应用了大型减压塔气、液分布、复合填料床层、填料塔桁架梁结构支撑、新型进料分布结构等技术，减压塔的直径可以达到13.0m以上，大连石化10.0Mt/a蒸馏装置(减压部分与15.5Mt/a原油配套)减压塔直降达到13.6m。

2. 大型加热炉技术

原油蒸馏装置的大型化使得加热炉的负荷大幅度提高，单系列10.0~15.0Mt/a原油常减压蒸馏装置的常压加热炉负荷达到80~130MW甚至以上，减压炉负荷达到62~80MW以上，多辐射室卧管立式炉结构得到广泛应用。

3. 大型电脱盐技术

交直流低速电脱盐罐体尺寸已经达到 ϕ5.8m×46m，单系列加工原油 12.0Mt/a，高速电脱盐罐体尺寸已经达到 ϕ5.0×38m，单系列可以加工原油 15.0Mt/a。

4. 大型化工艺管道技术

开发并应用了大型工艺管道的热膨胀及补偿技术、管道支吊架及减震(晃)技术。装置单系列的加工能力已经达到 15.0Mt/a 以上，大型输送管道直径达 2.0m 以上，大连石化 10.0Mt/a 蒸馏装置减压转油线直径达到 4.0m。

5. 大型化冷换设备及强化冷换设备的应用

装置的大型化促进和带动了换热技术的发展。大型(壳径 1.7m 以上)换热器、双壳程换热器、板式换热设备、双弓板换热器、三弓板换热器、螺旋管换热器、螺旋板换热器、折流杆冷凝器、T 形管重沸器、表面蒸发空冷器等强化换热器的广泛应用，大大提高了单位质量换热设备的换热量，在提高热回收率的同时，有效地节省了钢材等的使用量。

6. 大型流体输送设备

1000m^3/h 以上流体输送设备的推广与应用，使装置的动力(如电)消耗进一步得到降低。

7. 电(气)驱动阀门的使用

装置的大型化带来阀门的大型化，为方便生产操作，*DN*400 及以上需要经常操作的阀门多采用电(气)动阀门。

8. 大型化装置开停工技术

装置大型化意味着分馏塔、容器、管道等大型化。大型化装置开停工技术解决了大型装置因系统容量大和管道尺寸大带来的介质置换时间长、管道吹扫困难、产生污油量多等难题。

三、分馏精度、轻油收率和总拔出率

(一) 分馏精度

分馏精度一般用来表示原油蒸馏装置各侧线产品之间的分离情况。常压系统用脱空度或 350℃前含量表示，减压系统用馏分宽度或 350℃、500℃含量表示。原油蒸馏装置分馏精度的控制与产品生产方案、产品流向及炼油企业效益最大化目标有关。由于产品去向不同，对产品分馏精度的要求也有所不同。

重整原料、航煤原料的分馏，应根据企业对重整原料、航煤馏分的产量和质量要求等对分馏精度进行调整；常顶汽油作为重整或化工原料时，还应综合考虑原料中的芳烃组成和收率等。常压塔侧线、减一线生产柴油组分的原油蒸馏装置，应以常压塔和减压塔上部的产品分馏精度能满足产品质量控制要求、尽量减少分馏用能为目标。减压蜡油作为催化裂化、加氢裂化、润滑油基础油原料的蒸馏装置，也是以分馏精度能满足产品质量控制要求，尽量减少分馏用能和提高总拔出率为目标。

国内大部分原油蒸馏装置的常压塔上部分馏精度比较高，常顶汽油馏分 95%点与常一线馏分的 5%点脱空度较高，常一线馏分和常二线馏分的脱空度稍低。2018 年中国石化所属企业，常顶汽油馏分 95%点与常一线馏分的 5%点脱空度平均值为 9℃，最大值 35℃，最小值-9℃；常一线馏分 95%点和常二线馏分 5%点的脱空度平均值为-12～-13℃，最大-38℃，但也有少部分装置这部分馏分能够脱空。

绝大多数炼油企业原油蒸馏装置的常二线馏分和常三线馏分和减一线馏分混合后作为柴油加氢装置原料，因此不必强调常二线馏分和常三线馏分的分馏精度，馏分油重叠度均较大，但能满足柴油组分质量控制要求。

在减压蒸馏系统，大部分企业柴油馏分和蜡油馏分都能得到有效分离，但也有部分装置由于减压塔没有设柴油精馏段和强制外回流，减二线馏分中350℃前含量超过10%，减一、二线的分馏精度不够。因柴油过剩、柴汽比降低等因素，一些企业将减一线作为蜡油馏分。

各原油蒸馏装置由于产品去向不同，对减压侧线产品分馏精度的要求也有所不同。减压侧线的馏分宽度(2%~97%)从30℃到165℃不等。减压蜡油馏分主要生产润滑油原料时，对减压蜡油的馏分宽度控制要求较高，减二线、减三线的馏分宽度均要求在100℃以内，甚至更窄。当减压蜡油馏分主要作为催化裂化或加氢裂化装置原料时，对蜡油馏分宽度要求不高。但是对提供加氢裂化装置原料的减压蒸馏，其蜡油馏分要严格控制残炭、C_7不溶物含量等。

影响分馏精度的因素：一是分馏塔的设计条件，如塔径、塔高、塔内件形式等；二是操作参数，如回流比、全塔热平衡、进料温度和压力、汽化率、汽提效果等。另外，产品质量控制指标要求和装置运行周期过长也会影响分馏精度。

改善分馏精度的措施主要有：调整全塔取热分配，增加常压塔、减压塔顶部回流取热，提高分馏精度；降低常压塔顶和进料段的压力，降低油气分压；减压塔设置柴油精馏段和强制外回流；改进减压塔内件，尤其是进料段和洗涤段的设计等。

（二）轻油收率

轻油收率(以下简称轻收)是指原油经过蒸馏装置分离以后，所获得的<350℃油品，即轻油与原油总量的比例以百分数表示。衡量蒸馏装置轻收水平的标准，可以通过对装置实际轻油收率与原油实沸点350℃前收率(理论轻收)进行比较来判定，也可以从常底油或减二线馏分中350℃前含量来判定。2018年中国石化所属企业平均轻油收率43%，中国石油所属企业平均轻油收率41.95%。

影响原油蒸馏装置轻收的因素有三方面：一是蒸馏装置设计本身问题，如塔的塔径、塔高、塔内件类型、操作压力、真空度，减压塔上部是否设置柴油精馏段和强制外回流等；二是操作问题，是否根据原油性质变化和质量控制要求进行及时调整，包括操作温度、压力、回流比、过汽化率、炉出口温度、塔底吹汽、取热分配等；三是长周期运行带来的影响，主要是长周期运行造成塔内件等设备缺陷，使分馏效率下降。

提高轻收的措施主要有：提高常压炉出口温度，提高过汽化率，增加塔底吹汽量，降低油气分压，尽量提高常压塔拔出率；降低常压塔操作压力；减压塔设置柴油精馏段和强制外回流；优化常压塔回流取热比例和塔板数，合理调配分馏精度与轻收关系；提高减压塔真空度，保证减一线、减二线分馏精度；提高塔设备的制造、安装与维修水平，以保证分馏塔长周期高效运行。

（三）总拔出率

总拔出率是指原油经过蒸馏装置蒸馏分离后，所得除减压塔底产品之外的所有产品与原油总量的比例，以百分数表示。原油蒸馏装置总拔出深度用减压渣油的切割点来表示。减压渣油的切割点是指减压渣油收率对应于原油实沸点蒸馏曲线(TBP)上的温度，实际生产中常常用减压渣油中500℃、530℃前含量，或减压塔最下一条侧线减三线(有的装置是减四线或减五线)产品的质量来判断。

影响常减压蒸馏装置深拔的关键因素有三个：第一，工厂因素，装置加工原油的性质以及减压蜡油和减压渣油的加工路线，也就是炼油厂加工的原油是否适合深拔？减压蜡油和减压渣油的加工路线是否需要深拔？第二，减压蒸馏装置本身的技术水平，也就是减压系统能否提供深拔所需要的能量？拔出的减压蜡油的质量能否满足下游装置对进料的要求？相关设备能否满足深拔条件下对温度、压力和装置长周期安全生产的要求？第三，操作因素，也就是实际生产过程中是否按减压深拔的要求进行操作？这三个因素中任何一个，尤其是第二和第三环节没有做好，都将影响装置的总拔出率。

提高减压深拔水平首先要提高蒸馏装置减压系统的设计水平，主要包括：提高加热炉出口温度和汽化率；改进抽真空系统，提高塔顶真空度；采用新型塔盘、填料等高效、低压降塔内件，降低总压降和汽化段压力；采用微湿式减压蒸馏模式，提高产品质量；设置进料分配器和洗涤段，保证洗涤油量不低于最小要求，减少雾沫夹带，提高减压瓦斯油(VGO)质量；加热炉采用双面辐射，降低炉管表面热强度不均匀系数，采用炉管逐级扩径、合理注汽、合理的转油线设计，防止炉管结焦；控制减压塔底温度，防止塔底结焦等。

提高减压深拔水平还要加强工艺技术管理，优化减压塔操作，主要包括：提高常压拔出率、稳定减顶真空度，确保任何时候洗涤油量不低于最小流量要求。

通过对老装置适当改造和新建装置采用减压深拔技术(见图1-3-1)，我国的蒸馏装置总拔出率水平不断提高。

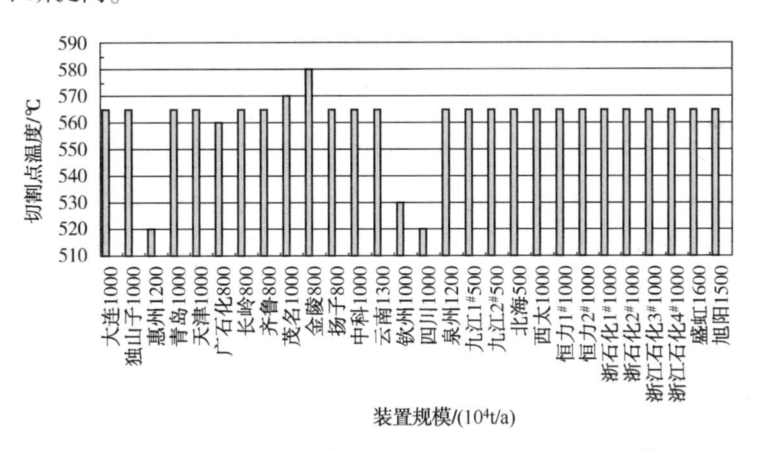

图1-3-1　国内部分大型蒸馏装置减压渣油切割点温度(设计)

2018年中国石化所属企业，减压拔出率平均值为30.6%，装置总拔出率平均值为70%；减压渣油小于500℃馏出量加权平均为5.2%，算术平均值为5.6%，最低值为1.8%。中国石化金陵分公司$4^{\#}$8.0Mt/a蒸馏装置标定结果显示：减压渣油500℃馏出平均值为1.64mL，538℃馏出平均值为3.60mL；在正常满负荷工况下实际总拔分别为71.86%、68.52%、69.85%，平均为70.07%，有1天标定收率比理论总拔(580℃)70.72%高1.15%，相当于深拔到591℃；在最大负荷工况下实际总拔分别为71.63%、69.70%，平均为70.66%，有1天标定收率比理论总拔(580℃)70.72%高0.91%，相当于深拔到589℃。

2018年中国石油所属企业，减压拔出率平均值为21.7%，装置总拔出率平均值为

62.65%；22套装置减压渣油小于500℃馏出量算术平均值为5.11%；大连石化3#10.0Mt/a蒸馏装置最低，只有2%。

四、装置对不同原油加工的适应性

（一）加工进口轻质原油

自1988年，我国大规模加工进口原油以来，针对进口原油与国产原油性质的区别，在原油评价的基础上，对原油蒸馏装置采取了必要的技术改造措施，如：增加三塔顶(初馏塔顶、常压塔顶、减压塔顶)轻烃回收设施；扩大初、常顶产品冷凝、冷却面积，合理调整换热流程，合理安排常压塔的取热负荷；采用适当增大常压系统负荷，充分利用初馏塔(包括开侧线)，多分出一部分轻质油品，以减少常压塔和常压加热炉负荷等措施，提高了原油蒸馏装置加工进口轻质原油的适应性。

（二）加工高硫、高酸原油

20世纪90年代后期，随着原油劣质化、重质化趋势的加剧，我国大部分炼化企业不同程度地加工了国内或进口含硫/高硫原油或含酸/高酸原油。使原油蒸馏装置的适应性再一次受到了考验。装置长周期正常运行面临严峻挑战，腐蚀与防护问题愈来愈显重要。通过对过去几十年原油蒸馏装置腐蚀与防腐经验的总结，特别是近些年的实践和探索，对原油蒸馏装置的腐蚀与防腐有了更加深刻的认识。进一步摸索出了对三塔顶(初馏塔、常压塔、减压塔)以及相应的冷凝、冷却器等中低温部位以工艺防腐为主，即全力做好“一脱三注”(或“一脱四注”)的技术和管理工作，辅以适当的材质升级的方法，中国石化及时发布了《炼油工艺防腐蚀管理规定》实施细则，指导装置生产；对高温部位设备及管道，如抽出线、转油线、塔内件、填料支撑梁、炉管及高温换热器管束等，主要依靠材质升级，选择适宜的防腐材质，必要时使用高温缓蚀剂。对于加工含酸/高酸原油的原油蒸馏装置来说，设备、塔内件及管道的材质选择、升级尤为重要。中国石化根据多年来加工含硫原油所积累的经验，出台了SH/T 3096—1999《加工高硫原油重点装置主要设备设计选材导则》，对原油蒸馏装置如何选材提出了指导性的建议。根据使用效果，对这些导则修订形成了SH/T 3096—2012《高硫原油加工装置设备和管道设计选材导则》和SH/T 3129—2012《高酸原油加工装置设备和管道设计选材导则》。

五、装置能耗

（一）装置能耗

原油蒸馏装置能耗是炼油企业的能耗大户，约占炼油厂综合能耗的15%左右。

20世纪80年代以前建设的常减压蒸馏装置，装置能耗普遍较高。原油换热终温一般只有250~260℃，加热炉效率一般在80%~85%，侧线产品基本上直接冷却出装置，蒸馏装置平均能耗在25kgEO/t原油左右，个别装置能耗高达30kgEO/t原油。

从80年代末开始，我国开展了蒸馏装置大规模的节能降耗活动，取得了巨大的成绩。通过优化工艺流程和工艺参数合理分配蒸馏塔取热比例，控制最佳回流比和过汽化率，降低工艺总用能；采用“窄点”技术优化换热流程，提高换热终温；采用“干式”或“微湿式”减压蒸馏技术，减少蒸汽用量；改进加热炉设计，加强加热炉运行管理，提高加热炉热效率；采用耦合技术或电机变频调速技术以及新型保温材料，提高转换效率降低损失；与下游装置的热联合，充分利用低温余热，提高热回收率等措施，原油蒸馏装置能耗明显降低。2018 年中国石化所属装置综合能耗平均降到 8.66kgEO/t 原油，中国石油所属装置综合能耗平均降到 8.852kgEO/t 原油。见表 1-3-7。

表 1-3-7　我国原油蒸馏装置综合能耗变化　kgEO/t 原油

年　份	2003 年	2004 年	2005 年	2006 年	2007 年	2008 年	2009 年	2010 年
中国石化	11.59	11.48	11.01	10.92	10.49	10.19	9.92	9.47
中国石油	—	9.98	10.11	10.13	10.36	9.91	9.83	9.98
年　份	2011 年	2012 年	2013 年	2014 年	2015 年	2016 年	2017 年	2018 年
中国石化	9.45	9.23	9.15	—	8.97	9.00	8.79	8.66
中国石油	—	—	—	—	—	—	9.1055	8.852

原油蒸馏装置能耗构成中，燃料消耗占比最大，达到 85%左右，其次是蒸汽和电的能耗。

（二）换热终温

提高原油换热终温是降低燃料消耗的主要措施。通过采用“窄点”技术优化换热网络，同时采用板式、波纹管、双弓板，三弓板、螺旋管、螺旋板等高效换热器，使换热网络最经济的窄点温差不断下降，换热终温逐渐提高。

中国石化所属装置 2016 年换热终温平均 294℃，最低 255℃，最高 317℃；2017 年换热终温平均 294℃，最低 271℃，最高 320℃；2018 年换热终温平均 293℃，最低 263℃，最高 326℃。中国石油所属装置 2017 年换热终温平均 291.44℃，最低 258℃，最高 317℃；2018 年换热终温平均 289.7℃，最低 256℃，最高 319℃。见表 1-3-8。

表 1-3-8　中国石化、中国石油所属装置换热终温情况　℃

年　份	2016 年	2017 年		2018 年	
项　目	中国石化	中国石化	中国石油	中国石化	中国石油
最大值	317	320	317	326	319
最小值	255	271	258	263	256
算术平均值	—	292	291.4	292	289.7
加权平均值	294	294	—	293	—

加强装置高温热联合也是提高换热终温的重要措施。过去，蒸馏装置的热联合仅局限于蒸馏装置的热源在装置内换热后以热出料的形式将低温热输出到下游装置，只有少数炼油厂采用高温的催化油浆与初底原油换热，这种普通的热联合基本没有改变换热网络的窄点温度，只是减少了冷却负荷，对提高换热终温贡献不大。

中科(广东)炼化有限公司 10.0Mt/a 蒸馏装置设计采用深度热联合措施，将与蒸馏装置相关的其他装置的冷源和热源作为一个整体系统，在相关装置范围内，所有冷热源都尽可能找到合适的热匹配，以达到最优的能量逐级利用。通过采取进一步提高柴油、蜡油、渣油等产品出装置温度，使之直接进入下游装置，减少下游装置的加热负荷，而下游装置原本用来加热自身原料的高温热源则进入蒸馏装置与原油进行匹配换热等措施，原油换热终温大幅度提高，达到 330℃，降低全厂能耗约 0.60kgEO/t 原油。见表 1-3-9 和表 1-3-10。

表 1-3-9　深度热联合物料进出装置温度变化

序号	物流名称	出装置温度/℃		备注
一	常减压装置物料去下游装置温度			
		普通热联合	深度热联合	
1	柴油	120	180	去柴油加氢装置
2	重蜡油	160	250	去渣油加氢装置
3	减压渣油	160	250	去渣油加氢装置
二	进入常减压、轻烃回收装置进行换热的其他装置热源			
序号	物流名称	进-出装置温度/℃		备注
		普通热联合	深度热联合	
1	催化油浆	—	345~300	自催化装置来
2	精制柴油	—	306~50	自柴油加氢装置来
3	加氢渣油	—	350~180	自渣油加氢装置来

表 1-3-10　不同深度热联合对换热终温的影响

参与热联合的装置名称	换热终温/℃	夹点温度/℃
常减压	300	272
常减压、轻烃回收	260	49
常减压、催化、轻烃回收	286	49
常减压、催化、渣油加氢、轻烃回收	305	49
常减压、渣油加氢、轻烃回收	279	49
常减压、渣油加氢、柴油加氢、轻烃回收	319	281
常减压、催化、柴油加氢、轻烃回收	330	281
常减压、催化、渣油加氢、柴油加氢、轻烃回收	333	336

（三）加热炉效率

提高加热率效率是降低燃料消耗的另一个重要措施。随着国家环保政策的日趋严格，加热炉燃料硫含量大幅降低，加热炉燃料基本以燃料气为主，烟气中 SO_2 含量显著降低；通过采用热管、板式等高效预热器，提高烟气与空气预热效果，降低了排烟温度，有的装置烟气排烟温度降到 100℃以下；通过采用燃料气预热，优化控制过剩氧含量、加强保温等措施，加热炉效率明显提高。中国石化和中国石油所属蒸馏装置加热炉平均热效率均在 90%以上，最高的达到 95.6%，但是也有个别装置加热炉效率偏低，只有 70%左右。见表 1-3-11。

表 1-3-11　中国石化、中国石油所属装置加热炉效率　　%

集团	中国石化						中国石油			
年份	2016 年		2017 年		2018 年		2017 年		2018 年	
项目	常压炉	减压炉	常压炉	减压炉	常压炉	减压炉	常压炉	减压炉	常压炉	减压炉
最大值	94.2	94	95.6	94.5	94.7	94.6	93.87	93.16	93.87	93.44
最小值	89	86.5	88.9	88.3	88.9	88.3	90.1	93.26	90.39	70.21
算术平均值			92.8	92.8	92.9	92.8	89.73	91.60	92.28	91.34
加权平均值	92	92.7	93.1	93	93.2	93.1				

六、自动控制水平与安全联锁

原油蒸馏装置是炼油企业中处理量最大的装置，把自动化控制的重点放在原油蒸馏装置上，其良好的过程控制不仅可以使装置本身能够长周期安全生产、产品质量稳定、能量消耗降低、目的产品收率提高，而且还可以为下游装置的生产创造良好的条件。

1. 自动控制水平不断提升

我国原油蒸馏装置过程控制的发展先于其他炼油装置，其控制方案从简单的单回路PID控制、双参数或多参数的串级控制、复杂控制、先进控制(APC)、优化控制(OPC)到测控/管理/经营一体化多种控制方案并存与发展。控制设备从气动仪表、电动仪表、智能化仪表、可编程仪表到集散型控制系统(DCS)、上联控制型上位计算机、信息管理计算机、网络化多层次计算机，也是多种设备并存与发展。目前我国蒸馏装置普遍采用可编程仪表到集散型控制系统(DCS)进行控制，中国石化和中国石油等大型企业均采用智能化信息管理系统。

2. 集中分散控制(DCS)与先进控制(APC)

集中分散控制(DCS)是计算机技术、控制技术、通信计算和图形显示技术的科学结合，是完成过程控制及过程管理的现代化控制设备。根据原油蒸馏装置工艺流程的不同，一般有控制回路70~100个，工艺检测点240~300个。炉区有小型自动连锁一套，一般DCS配置相应的控制机柜，配置有屏幕显示的操纵台3个。

先进控制通常指以多变量预测控制技术为核心的控制策略。先进控制的目标，是指生产过程受到较大扰动时，使主要参数平稳过渡，直至稳定在最佳状态。我国原油蒸馏装置的先进控制通常选用两个模型预测控制器，即初馏塔/常压塔、减压塔。控制目标通常为提高处理量、提高目的产品产率、提高总拔出率、控制过汽化率、生产窄馏分润滑油料、节能、平稳操作等。

3. 采用分散控制(DCS)与先进控制(APC)的效果

目前，我国原油蒸馏装置中主要采用的控制技术有：加热炉支路出口温度的均衡控制，可以使加热炉各支路出口温差控制在0.5~1.0℃。加热炉燃烧控制，可以提高加热炉热效率2~4个百分点；分馏塔质量闭环控制，可以进一步稳定产品质量，提高目的产品收率；常压塔多变量智能控制，可平稳操作，克服原油品种变化或加热炉出口温度变化引起的扰动和提高目的产品质量；过汽化率控制，应用DCS或计算机进行闭环控制或开环指导，可以将过汽化率控制在2%~3%，即较为适宜的水平。

4. 安全联锁

常减压蒸馏装置具有以下特点：介质重，温度高，泄漏易着火；加热炉负荷大，燃烧器多，易出现熄火现象；工艺调节频繁，分馏塔塔底液位波动大等。通过总结几十年的生产经验和事故教训，蒸馏装置的安全联锁逐渐完善。中国石化针对装置特性发布了《关于切实做好高温油泵安全运行的指导意见》《炼油装置管式加热炉联锁保护系统设置指导意见》，并根据实际情况进行了修订，中国石化所属装置全部按照指导意见完善了安全联锁设施。

七、装置运行周期

原油蒸馏装置的运行周期对炼油企业的生产经营和加工成本具有重要影响。对于大型原油蒸馏装置，其长周期运行对炼油企业效益的影响更为显著。

在长周期运行方面，除了负荷率和全厂生产运行安排的客观影响因素以外，腐蚀问题，特别是三塔顶腐蚀、转油线腐蚀和加热炉烟气露点腐蚀，是制约原油蒸馏装置安全、稳定、长周期运行的主要因素。此外，换热器结垢、换热终温下降、储运能力不足、原油沉降与调和的时间较短、原油调和不均匀使得原油蒸馏装置操作出现波动以及公用工程系统抗干扰能力较差等均会影响安全、稳定、长周期运行。另外，部分原油蒸馏装置因系统电网波动停电，造成非计划停工的事件也时有发生。

我国主要炼油企业在认真总结经验的基础上，通过加强工艺、设备管理和强化“一脱三注”、设备材质升级、实施在线腐蚀监控、防止加热炉露点腐蚀、防止分馏塔顶部结盐、加强原油管理等手段，建立起了原油蒸馏装置设备安全运行保障体系，使装置运行周期明显延长，装置普遍达到“三年一修”的水平，部分装置达到“四年一修”水平，新建装置均按“四年一修”设计。镇海炼化 1# 原油蒸馏装置和大庆石化 3# 原油蒸馏装置运行周期达到 4 年以上；燕山石化 2# 原油蒸馏装置和哈尔滨石化原油蒸馏装置运行周期达到 5 年以上；茂名石化 2# 原油蒸馏装置运行周期达 6 年以上。加工含酸原油的辽河石化原油蒸馏装置、克拉玛依石化原油蒸馏装置运行周期也已经达到 3 年以上。

（一）电脱盐

电脱盐是原油预处理的主要措施，是影响装置长周期的重要因素。我国所有原油蒸馏装置均设有电脱盐系统，大多数采用二级电脱盐，个别加工重质原油采用三级电脱盐。电脱盐技术主体为交直流电脱盐技术，少数大型化装置采用高速电脱盐技术，3 套装置采用双进油双电场脱盐技术，4 套电脱盐采用平流电脱盐技术。原油电脱盐总体效果良好，加工轻质原油或中质原油脱后含盐量达到 3mgNaCl/L 要求，但是加工重质原油电脱盐脱后含盐量偏高。

2018 年，中国石化 29 家炼油企业拥有电脱盐装置 57 套，总能力 283. 7Mt/a，其中 5 套（能力 10. 83Mt/a）停用，实际加工量 238. 014Mt/a。脱前原油含盐量平均 54. 2mgNaCl/L，最高 375. 8mgNaCl/L，最低 8. 3mgNaCl/L；一级脱后原油含盐量平均 12. 37mgNaCl/L，最高 73. 8mgNaCl/L，最低 1. 85mgNaCl/L；二级级脱后原油含盐量平均 3. 94mgNaCl/L，最高 38. 5mgNaCl/L，最低 1. 2mgNaCl/L。含油污水含油量平均 88. 1mg/L，最高 690mg/L，最低 5mg/L。注水量平均 9%，注破乳剂 14. 4mg/kg 原油，电耗 1. 71kW · h/t 原油。

2018 年，中国石油 26 家企业拥有电脱盐装置 46 套，总能力 201. 90Mt/a. 脱前原油含盐量平均 27. 01mgNaCl/L，最高 148. 4mgNaCl/L，最低 3. 7mgNaCl/L；一级脱后原油含盐量平均 7. 11mgNaCl/L，最高 43. 8mgNaCl/L，最低 1. 24mgNaCl/L；二级级脱后原油含盐量平均 2. 28mgNaCl/L，最高 6. 04mgNaCl/L，最低 1. 24mgNaCl/L。含油污水含油量最高 371. 4mg/L，最低 6. 2mg/L。注破乳剂 16. 18mg/kg 原油，电耗 3. 1kW · h/t 原油。

（二）在线除盐

随着原油逐渐变重，电脱盐效果变差，加上原油开采过程中注入的助剂（含有有机氯），致使常压塔系统中的氯离子含量增加，导致常压塔顶部结盐现象严重，影响装置运行周期。

要消除常压塔顶部结盐，除了调整操作参数、提高常顶温度与水露点温度差等措施外，顶循洗盐措施变得较为普遍。早前常顶循洗盐均为人工间断洗盐，对分馏塔操作稳定性影响较大，洗盐效果较差，洗盐后又很快结盐。针对这一状况，开发了常顶在线自动洗盐设施（见图 1-3-2），将常顶循环回流量的 10%引入自动洗盐设施，顶循油与洗盐水经湍流混合器充分混合，经微旋流器萃取器萃取盐分，再经由水深度沉降分离，含盐水排出装置，经洗涤后的常顶循换回流返回常压塔。常顶在线自动洗盐在洛阳石化、青岛石化等炼油厂使用，均取得了较好的效果，有效延长了装置运行周期。

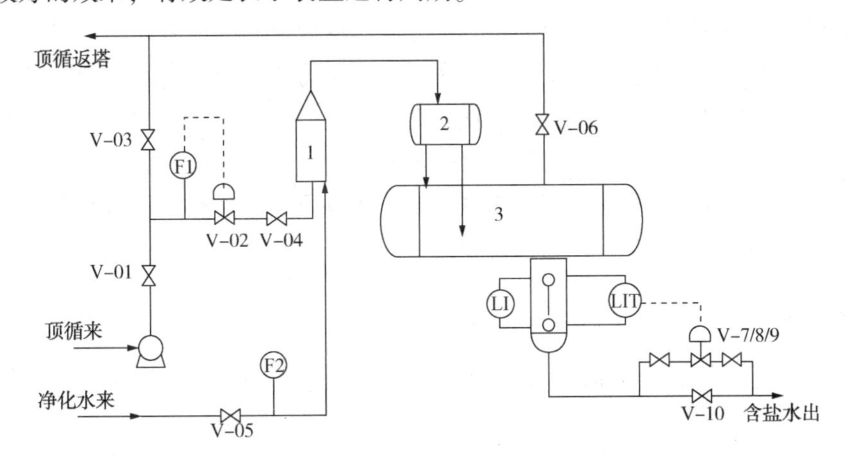

图 1-3-2　分馏塔顶循环在线脱盐防腐技术流程示意图

1—湍旋混合器；2—微旋流萃取器；3—NCT 深度油水分离器

第四节　我国原油蒸馏技术的发展趋势

通过几十年坚持不懈自主创新和快速发展，我国的原油蒸馏技术和装置的整体技术水平得到了很大的提高，总能力可基本满足国民经济发展的需求，在装置的适应性和弹性、轻油收率和总拔出率、产品质量和分馏精、装置大型化、节能降耗、控制水平、长周期运行、安全环保等方面均取得了长足的进步，有的单项指标如装置能耗等处于世界先进水平。

但是蒸馏装置依然面临我国能源资源结构“少油”、原油对外依存度居高的局面；依然面临着装置工艺指标先进与工厂效益最大化相统一和相协调的需求；依然面临着工艺技术的发展与安全环保设施的完善的重任。要较好解决我国蒸馏装置面临的难题，我国蒸馏装置的发展应与工厂其他装置发展协调和统一；应由高速发展向高质量发展和精细化发展转变；应寻求工艺指标的先进性和工厂经济性的平衡；应由注重工艺先进性向工艺先进和安全环保设施配套完善相统一，特别要注意以下方面。

一、装置的适应性

当前，全球能源市场的特点依然是高油价和不稳定油价，化石燃料资源仍将支持产量的增长，经济增长也继续支撑能源消费的增长。国际原油价格高企将成为一个长期的趋势。资源短缺，炼油厂原料供应趋向劣质化、重质化、多元化和不确定性，原油资源将进一步劣质化。据有关资料统计，全球石油产量中含硫原油占 10%以上，高硫原油约占 60%。高硫原油主要产于中东、美洲地区和部分欧洲国家，其中中东原油中高硫原油占 89. 2%，美洲原油中高硫原油占 58. 4%。因此，今后国际原油资源中高硫原油是主要资源。

自 1988 年以来，中国的石油对外依存度持续增加，2018 年对外依存度已超过 60%，对外依存度的居高从国家能源安全角度促使我国进口原油趋向多样化。目前炼油企业原油成本占原料总成本的90%以上，过高油价迫使炼油厂采购加工资源较丰富且价格较低的高硫、含酸重质原油，以降低成本。

原油蒸馏装置是炼油厂的第一道加工装置，面对原油资源的现实性和可获得性，要求我国蒸馏装置需要具有一定的适应性。但是提高适应性不简单等同于增大规模余量，而是根据原油的特点，只在因加工不同原油负荷变化较大的部位适当留有一定的弹性。轻质原油石脑油组分偏多，在蒸馏装置的塔顶系统宜留有一定的余量；重质原油密度高、黏度大，电脱盐系统应有足够的应对措施，不宜采用高速电脱盐；随着原油硫含量、不明来源有机氯含量的增加，设备和管道的材质选择不宜按选材导则中的低限选择。

二、装置的规模

对于国外大型石油公司而言，因其拥有上游大型高产油田，原油供应稳定可靠，原油性质变化不大；而且工厂规模和二次加工装置规模大；加上工厂运行周期较长，原油蒸馏装置大型化可以取得较高的经济效益，大型炼油厂单系列蒸馏装置规模已达到15.0~20.0Mt/a。

我国单系列蒸馏装置目前平均规模小于5.0Mt/a，虽然近几年建设了一批8.0~12.0Mt/a大型装置，但是没有从根本上扭转装置套数多、规模小、不能发挥规模效益的局面。关停小装置、改造和新建大型装置仍应是蒸馏装置的发展方向。

蒸馏装置的规模大小应充分考虑原油的来源和品种、原油储存的罐容和单罐罐容、二次加工装置的规模、机械设备可靠性、工厂检维修安排等因素综合确定。鉴于我国原油的可获得性、工厂的配置现状，加之装置过分大型化后规模效益不明显，而对工厂加工原油适应性降低、机械设备制造能力等因素综合考虑，对于总规模小于10.0Mt/a的炼油厂，单系列蒸馏装置规模不宜超过8.0Mt/a；对于新建设的大型炼化项目，单系列蒸馏装置规模以10.0~15.0Mt/a为宜。

三、装置的运转周期

装置长周期安全运行，是体现装置运行水平的一个重要指标，而且具有巨大的经济效益。国外蒸馏装置的运行周期一般为5~6年，长的8年，而我国蒸馏装置的运行周期普遍为3年，少数装置达到4年，新建炼油厂正在按“四年一修”进行设计。

影响装置长周期运行的主要因素有：设备、管线腐蚀减薄泄漏、加热炉管结焦、换热器结垢堵塞、分馏塔塔板结盐堵塞、高温油品泄漏着火事故和公用工程及电力供应中断事故等。

延长装置运行周期的首要措施是设备材质升级。对于加工高硫原油、高酸原油的装置，应严格按照SH/T 3096—2012《高硫原油加工装置设备和管道设计选材导则》和SH/T 3129—2012《高酸原油加工装置设备和管道设计选材导则》的规定对设备和管道的选材导则进行材质升级，尽量选用导则中的高档材质；特别需要重视开停工管道、副线管道等的材质与工艺条件相匹配。

按照腐蚀机理，低温部位主要是$HCl-H_2S-H_2O$腐蚀。低温部位“一脱三注”(或“一脱四注”)是减缓低温腐蚀的重要措施。但是由于我国蒸馏装置加工原油的品种变化过于频繁，过分依靠工艺防腐措施，无法达到预期效果。对于低温部位，在做好工艺防腐的同时要注重材质升级。

做好低温防腐的首要措施是电脱盐运行平稳可靠。电脱盐的基本原理和过程是：注水破乳分散萃取—小水滴电场聚集—大水滴重力沉降。脱盐效果和原油的性质(密度、黏度、含盐量)、乳化度、原油在电脱盐的均匀分配等工程化问题密切相关。随着原油的劣质化和重质化，电脱盐系统需具有较高的适应性，大型装置应慎重选择电脱盐的形式，高速电脱盐虽可减少占地面积和投资，但弹性较小，第二级电脱盐不宜选择。

分馏塔在线除盐是防止低温结盐、延长装置运行周期的重要措施。由于油田采油过程中注入某些增油助剂，导致原油蒸馏常压塔顶氯离子含量超高，分馏塔顶循环回流在线除盐可以更好地降低塔顶氯离子的含量，降低塔盘结盐趋势，延长装置运行周期。

换热器的结垢除与介质的特性有关外，还与换热器内介质流速密切相关。蒸馏装置的余量过大将导致换热器内介质流速的降低，要延长装置的运行周期，控制装置的余量是一个重要措施。

分馏塔高温部位的液体喷淋密度不但影响侧线产品质量，还直接影响塔内件的结焦速率，生产操作时应确保任何情况下高温部位的液体喷淋密度不小于最大喷淋密度的要求。

四、产品清晰切割

常减压蒸馏装置是原油加工的第一道装置，承担着为下游二次加工装置提供原料的重任。要根据市场需求和二次加工装置的要求，对原油进行清晰切割，最大化地生产出价值高的产品。

通过完善轻烃回收流程和优化操作条件，使得干气中 C_3、C_4 组分严格控制在要求范围内，最大化回收高价值的 C_3、C_4 组分。

常压石脑油需要根据原料性质和下游产品方案，优化常压塔顶控制，调整石脑油收率，使石脑油在满足下游装置干点要求的前提下收率最大化。常一线生产喷气燃料是提高炼油厂总体效益的重要手段，通过调整常一中回流去热比例、常二线汽提蒸汽量，最大限度提高喷气燃料馏分收率。优化常顶循环回流和塔顶回流去热比例，将常顶油和常一线的脱空度提高到10℃以上。

减压渣油作为脱碳类型(特别是延迟焦化)装置原料时，应采取深拔措施，降低减压渣油产率，减压渣油切割点温度达到565~575℃以上。

为使目标产品最大化，大力采用先进控制技术，通过对产品的优化卡边操作，在保证质量的前提下达到高价值产品稳定的最大化收率。

五、节能降耗

原油蒸馏装置是炼油厂耗能大户，节能降耗是蒸馏装置发展的重要方面。经过几十年的发展，我国蒸馏装置能耗已达到领先水平，要在现有能耗基础上再大幅度降低已不太现实。但是做好以下工作仍可使装置能耗进一步降低。

1. 优化工艺参数

节能的首要工作是优化工艺流程和操作参数，降低工艺总用能，提高高温位热源的取热比例。当常二线和常三线混合进入下游装置加工时，应最大限度增加常二中取热比例；当减一线生产柴油时，应优化常压塔底重油中轻组分的控制指标，优化常压塔底汽提蒸汽流量，使汽提蒸汽能耗与加热炉燃料能耗之和最小。

2. 优化换热网络

在降低工艺总用能的同时，应提高装置的能量回收率。应优化换热网络，提高原油换热终温，加工中质或重质原油时，换热终温宜达到310℃以上。换热网络的优化宜与催化裂化、柴油加氢、轻烃回收等装置统筹考虑，充分利用其他装置温位高于窄点温度的热源，提高换热终温；对于窄点附近的换热器，采用板式换热器，降低传热面积。

3. 提高加热炉效率

根据加热炉燃料硫含量降低的趋势，为进一步降低排烟温度，采用高效防露点腐蚀空气预热器，降低烟气排烟温度；应用声波、激波除灰器，除灰清垢等多项综合措施使常、减压加热炉效率提高至约94%。

4. 降低蒸汽消耗

减顶抽真空系统的蒸汽消耗量占装置总蒸汽消耗的50%以上，降低抽真空蒸汽的耗量是降低装置能耗的重要措施。机械抽真空由于效率较高，可有效地降低抽真空蒸汽耗量，采用机械抽真空代替第三级蒸汽抽真空，甚至全部采用机械抽真空，可降低能耗0.2kgEO/t左右，同时减少占地面积。

5. 装置间深度热联合

常减压蒸馏装置直接向下游装置热出料是降低装置冷却负荷和下游装置加热负荷，从而降低能耗的重要手段。装置采用热出料和冷出料按一定的比例方式控制，既保证了装置热出料的连续性，又保证了各装置的液位和流量的平稳，为装置平稳运行和与其他装置热联合创造了良好的条件。

常减压蒸馏装置节能需要与工艺操作等因素综合考虑，不能孤立地看待蒸馏装置的能耗，应当和装置的拔出率、产品质量、轻油收率等一起综合考虑。近年来蒸馏装置能耗的降低是在提高减压拔出率和轻油收率、提高产品质量的基础上取得的，这就更加不容易，也充分反映了蒸馏装置近年来所取得的技术进步。

6. 提高低温位热能利用

充分利用蒸馏装置低温位热源，实施提供自发低压蒸汽和采暖水、与系统软化水管网换热、提高进加热炉空气温度等技术，提高低温位热量利用率。

7. 降低电耗

应用变频、液力/磁力耦合和切削泵叶轮等技术，降低电耗。

六、安全环保

随着工业生产规模的不断扩大和炼油技术的不断发展，提高环境保护水平、实施清洁生产、实现低碳环保、走可持续发展道路就成为必然。“清洁生产”是实施可持续发展战略的最佳模式。

蒸馏装置在使用低硫燃料、加强节能减排、不断削减污染物、采用先进的污染物治理技术和设施、密闭排放、防止恶臭产生、使用低噪声设施、改善运行环境等方面已取得较大的进步，但随着原油劣质化，安全、环保要求越来越严格，炼油化工企业要实现安全、环保、长周期、高效运行也面临严峻考验。蒸馏装置要吸取绿色开停工、运行管理、异常工况处理的经验和教训，提高安全环保意识。

装置停工采取密闭吹扫。装置在加工高硫原油时，塔顶系统瓦斯不凝气、含油污水和电脱盐污水等均含有高浓度的 H_2S 等硫化物，即使少量排入大气，也会产生恶臭，影响环境。通过实施停工初期密闭吹扫和除臭剂除臭，可大大地减轻恶臭污染程度。

电脱盐停运时间安排在停工切断进料前。停工前在电脱盐罐排空线上甩头，连通至电脱盐切水冷却器，接固定管线或临时管线排放至系统低压瓦斯管网线。吹扫时，油气和蒸汽经冷却器冷却后，冷后温度控制为≯60℃，使大量油气冷凝，不凝气则排入低压瓦斯管网。装置常顶瓦斯和减顶瓦斯线和塔吹扫油气经冷却后不凝气进入低压瓦斯管网，吹扫一定时间后，采样分析烃类和硫化氢含量达到指标要求后改为装置放空线排放。同时采用低硫原油停工，实施塔、容器吹扫、水洗带汽凝液、含盐污水、含硫污水及装置除臭污水密闭排放，分级处理，实现停工吹扫期间无污染和无恶臭，实现装置安全检修。

加热炉联锁完善。加热炉燃料系统的故障处理不及时将导致装置非计划停工甚至安全事故，蒸馏装置要完善加热炉系统的连锁设置，加强报警管理，及时发现事故苗头，采取应对措施，保证装置安全。

参 考 文 献

[1] 徐春明，杨超和．石油炼制工程[M].4 版．北京：石油工业出版社，2009.
[2] 李志强．原油蒸馏工艺与工程[M]. 北京：中国石化出版社，2010.
[3] 寿建祥，陈伟军．常减压蒸馏装置技术手册[M]. 北京：中国石化出版社，2016.
[4] 李和杰，甘丽琳，彭世浩．不用压缩机回收轻烃的蒸馏装置设计[J]. 炼油技术工程，1996，26(02)：16~20.
[5] 庄肃清，畅广西，张海燕．常减压蒸馏装置的减压深拔技术[J]. 炼油技术与工程，2010，40(05)：6-11.
[6] 陈春新．负荷转移技术应用于福炼蒸馏装置扩能改造[J]. 福建化工，2002，(03)：19-21.
[7] 俞仁明，胡慧芳．我国第一套千万吨级常减压蒸馏装置的设计与运行[J]. 炼油设计，2000，32(04)：1-4.

第二章　原料与产品

第一节　原油的性质

原油是以烃类为主的极其复杂的混合物，不同原油的性质往往差别较大。为准确把握原油的特点，通常用密度、运动黏度、凝点、倾点、残炭等一般性质来描述原油的类型、流动性、安全性等；用碳、氢、硫、氮、氧、金属等描述原油的元素组成；用单体烃、族组成、结构族组成、碳数分布来描述原油的分子组成，本节重点从这几个方面加以介绍。

一、原油的性质

（一）原油的一般性质

原油的一般性质主要包括密度、运动黏度、凝点、倾点、残炭、酸值、硫含量、氮含量、蜡含量、胶质、沥青质、特性因数、原油类别等。

1. 原油的密度

密度是指单位体积原油的质量，通常用单位 g/cm^3 或 kg/m^3 表示，与测定温度有关，常规原油的20℃密度一般在0.8~1.0g/cm^3之间。密度几乎与原油的所有性质有关，密度较小的原油运动黏度、残炭、凝点或倾点、酸值、硫含量、镍、钒含量较低，加工起来相对比较容易；而密度较大的原油性质则刚好相反，这类原油往往酸值、沥青质、残炭含量高，不仅会造成蒸馏前的脱盐脱水困难，而且给后续加工过程带来很大的麻烦。密度作为重要的指标之一，在原油的分类、加工、定价过程中发挥着重要的作用。

API 度与密度的关系见式(2-1-1)，它是原油密度的另外一种表达形式。从式(2-1-1)可见，*API* 度与原油的相对密度成反比关系，即原油密度越大，*API* 度值越小。

$$API=\frac{141.5}{d_{15.6}^{15.6}}-131.5 \qquad (2-1-1)$$

式中，$d_{15.6}^{15.6}$是15.6℃时的相对密度。

2. 原油的流动性

黏度是评价原油流动性的指标，表示流体运动时分子间摩擦阻力的大小，与测定温度有关，温度越高黏度值越小。一般地，原油的运动黏度越小对加工、运输越有利。在石油产品中常用的黏度是运动黏度，单位是 mm^2/s 或厘斯(cSt)，与石油勘探领域采用的绝对黏度有所不同。如果原油的流动性较好，符合牛顿流体规则，则运动黏度(v)与绝对黏度(μ)和密度(ρ)之间具有如下关系：

$$v=\mu/\rho \qquad (2-1-2)$$

倾点和凝点用来评价原油的低温流动性，只是测定过程有所不同。倾点是指油品在规定的试管中不断冷却，直到将试管平放5s而试样无流动时的温度再加上3℃所得到的温度值；而凝点则是指将试管倾斜45°经1min后液面无移动的最高温度。欧美国家一般使用倾点，而我国和俄罗斯等少数几个国家使用凝点，我国甚至将凝点作为柴油牌号的依据。对同一原油来说，一般倾点比凝点高2~3℃，但也会出现例外。倾点或凝点越高，原油的低温流动性越差，尤其是在管道输送过程中，必须防止凝点或倾点过高造成管道堵塞。一般认为原油的凝点或倾点过高主要由两方面的原因造成：一是由于原油的蜡含量较高，这部分蜡中含有较多长链的正构烷烃，在温度下降的过程中长链正构烷烃等高熔点烃类的结晶不断析出，进而连接形成结晶骨架，使原油失去流动性；另一种情况是尽管原油的蜡含量不高，但含多环环烷烃和多环芳烃的量较多，这部分环状物质在低温下黏度很大，过于黏滞而丧失流动性。

3. 原油的安全性

原油的安全性主要用闪点进行描述，闪点是指在规定的条件下逐渐升温、不断蒸发，当原油与火焰接触时出现闪火现象的最低温度。闪点有开口和闭口之分，开口闪点是在敞开的闪点测定器中测得的，测定时油品的蒸气在空气中自由扩散，较难聚集到可以闪火的蒸气浓度。闭口闪点是在规定的闭口闪点测定器中测得的，测定时油品的蒸气在空气中不能自由扩散，容易聚集到可以闪火的蒸气浓度。因此，对于同一原油，开口闪点的温度往往高于闭口闪点的温度。原油闪点的高低与其轻馏分的多少密切相关，原油中所含轻馏分越多、初馏点越低、闪点越低，反之则越高。

此外，蒸气压也是描述原油安全性的主要指标，它是指在规定条件下当原油气、液两相达到动态平衡时，液相表面形成的饱和蒸气压。原油在37.8℃条件下用雷德式饱和蒸气压测定器所测出的蒸气最大压力，称为雷德饱和蒸气压。蒸气压的大小反映了原油挥发性的强弱，除可以用来估计存储和运输时的挥发损失外，还可以用来预判原油的安全性。

4. 原油的清洁性

描述原油清洁性的指标通常有水、盐和机械杂质。水含量一般用蒸馏法测得，将一定质量的原油和与水不相溶的溶剂共同加热回流，溶剂将原油中的水带出，冷凝后在接收器中计量出水的量，结果用质量分数表示。原油中水过高会带来很多问题，除增加原油在运输、储存、加工等环节的成本外，还会带来蒸馏过程中的操作波动、腐蚀等问题。因此原油在进常减压装置前，一般将水脱到0.5%以下。

盐含量是指原油中可溶于水的氯盐含量，包括氯化钠、氯化镁、氯化钙等，结果折合成氯化钠的量来记，单位是mg/L。盐含量对装置的腐蚀和催化剂寿命均有较大影响，一般须在原油进常减压蒸馏前将盐含量脱至<5mg/L。随着重油催化裂化技术的发展，为了避免钠使催化裂化催化剂失活，需要进行深度脱盐，使盐含量<3mg/L。

5. 原油的腐蚀性

原油常减压蒸馏过程中的腐蚀问题大多数都是硫含量、酸值、盐含量过高造成的。通常认为高含硫原油中含有的硫化氢是造成炼油厂蒸馏装置产生硫腐蚀的直接原因，含硫化合物裂解产生的硫化氢是腐蚀的主要原因，硫的腐蚀形式呈均匀腐蚀。此外，随着环保法规日益严格，要求石油产品中硫含量越来越低甚至无硫，原油硫含量过高则会增加加工的难度和成本，因此在原油贸易市场上，硫含量和密度一起作为原油定价最重要的两个指标。

原油的酸值是指中和1g原油中的酸性物质所需的氢氧化钾的质量(mg)，单位是mgKOH/g。一般石油酸的腐蚀主要发生在常减压装置的高温部位，如柴油馏分段或减压蒸馏侧线，与硫化物的均匀腐蚀不同，石油酸的腐蚀具有鲜明的特征，腐蚀部位有尖锐的孔洞，在高流速区有明显的流线槽，因此腐蚀危险性和防腐难度更大。通常原油酸值越大，对加工装置的腐蚀也越大，同时酸值过高还会造成直馏煤油、柴油等产品性质不合格。由于加工难度大，高酸原油的价格相对便宜，如果能够很好地解决高酸原油加工中的腐蚀与产品质量问题，炼油厂就有可能获得较高利润的机会，因此原油的酸值也成为原油非常重要的性质指标。

6. 原油的可加工深度

原油的加工深度主要由残炭、金属、胶质、沥青质等物性表征。残炭是指在惰性气体氛围中，按规定的温度程序升温到500℃，反应过程中产生的易挥发物质由氮气带走，留下的炭质型残渣的量占原油的质量分数，表示的是原油生成焦炭的倾向。原油中的残炭集中在渣油馏分，残炭值越高，渣油在二次加工过程中越容易在催化剂表面形成积炭，进而造成催化剂失活，因此残炭值越高的原油轻质化难度越大。

原油中的金属种类较多，但含量较高、对加工影响较大、较难脱除的金属主要有铁、镍、钒这三种，蒸馏将原油中的金属组分浓缩在渣油中，渣油中金属元素尤其是镍、钒是催化裂化、加氢处理催化剂的永久性毒物，因此通常将残炭和金属作为评价二次加工性能、选择合适加工工艺的指标依据。

胶质、沥青质是原油中的极性物质，沥青质是指原油中不溶于非极性的小分子正构烷烃而溶于苯的组分，胶质是指除去沥青质的可溶质通过氧化铝液相色谱法分离掉饱和分和芳香分后得到的组分。胶质、沥青质具有相对分子质量大、芳香性高、杂原子含量多的特点，其含量与残炭、密度有相关性，一般胶质、沥青质含量高的原油往往电脱盐脱水困难，经过常减压蒸馏后大部分硫、氮、氧以及绝大部分金属均集中在减压渣油的胶质、沥青质中，不利于二次加工。

（二）原油的蒸发特性

1. 馏程(恩氏蒸馏)

馏程又称恩氏蒸馏或ASTM蒸馏，是采用渐次汽化测定油品沸点范围的方法。由于这种蒸馏是渐次汽化，基本不具有精馏作用，所以随着温度的逐渐升高，不断汽化和馏出组成范围较宽的混合物。因而馏程只是概略地表示该油品的沸点范围和一般蒸发性能，同时只有严格按照所规定的条件进行测定，其结果才有意义，才能相互进行比较。

馏程分为常压馏程和减压馏程。常压馏程的分析是在常压下进行的，主要采用ASTM D86方法，用来描述汽油、柴油、喷气燃料、溶剂油等轻质馏分油和油品的蒸发特性。而减压馏程则是在一定真空度的条件下进行，主要采用ASTM D1160方法，用于测定在常压下蒸馏可能分解、在减压下液体的最高温度达到400℃之前能部分或全部蒸发的石油产品及馏分的蒸发特性，包括减压馏分油、润滑油基础油、重质燃料油及渣油等。馏程数据可用于设计炼油厂蒸馏装置、控制常减压装置及二次加工的分离装置操作条件，而且沸点范围与黏度、蒸气压、热值、平均相对分子质量和许多其他的化学、物理和机械性质有关，因此也是石油产品质量控制的重要指标。

常压馏程测定方法是将100mL油品放入烧瓶中，按规定的速度对油品进行加热，其馏出第一滴冷凝液时的气相温度称为初馏点。随着温度的不断升高，油品馏出量越来越多，依次记下馏出液达10mL、30mL、50mL、70mL、90mL的气相温度，称为10%、30%、50%、

70%、90%馏出温度。50%馏出温度一般称为中沸点。在蒸馏过程接近终了时，温度会有降低现象，在温度开始降低时的最高气相温度称为终馏点，而将馏分蒸馏到最后1滴时的气相温度称为干点。由此可见，将馏程的终馏点称为干点是错误的。

蒸馏曲线是以馏出体积为横坐标，以气相馏出温度为纵坐标作图得到的曲线。根据10%、30%、50%、70%、90%馏出温度 t_{10}、t_{30}、t_{50}、t_{70}、t_{90} 可以计算出石油馏分的体积平均沸点 t_a：

$$t_a = (t_{10}+t_{30}+t_{50}+t_{70}+t_{90})/5 \tag{2-1-3}$$

各个馏出温度点有一定的意义。初馏点表示油品中含有的最轻馏分的沸点，但不能判断轻馏分的含量；10%馏出温度可以表示油品中轻馏分的大致数量；50%馏出温度可以表示油品的平均蒸发性能；90%馏出温度可以表示油品中重质馏分的大致数量，该温度越高说明油品中重质馏分越多，不易保证油品在使用条件下完全蒸发和完全燃烧，从而影响发动机工作。终馏点表示油品中含有的最重馏分的沸点。

值得注意的是，过去常用测定馏程的方法来了解原油中轻质油的含量，但由于馏程测定过程中原油易于裂化，含水原油蒸馏时易发生暴沸，影响仪器和人身安全，而且一般只能得到沸点300℃以下轻质油的收率，因此馏程测定已不再作为原油的常规分析项目。

2. 实沸点蒸馏

实沸点蒸馏又称真沸点蒸馏，是一种评价原油的蒸馏方法。与馏程测定的方法不同，它是用带有一个相当于理论板数为14~18的填充精馏柱的蒸馏装置，在回流比为5∶1条件下进行蒸馏的，因此可以对轻重馏分进行较好的分离。当然，所谓实沸点只是相对而言的，对于原油这样复杂的混合物，用这种方法还不能得到单体化合物的真实沸点，而是一条连续的实沸点蒸馏曲线。

实沸点蒸馏过程中，为确保烃类不发生分解，一般不允许蒸馏釜的温度超过310℃，为此在蒸馏沸点在200℃以上的石油馏分时，必须在减压下操作。参照美国材料与实验协会标准(标准号为ASTM D2892、ASTM D5236)，实沸点蒸馏是分多段进行的，在常压下蒸馏出沸点200℃以下的馏分，在13.33kPa(100mmHg)下蒸馏出200~300℃的馏分，在1.33kPa(10mmHg)下蒸馏出300~350℃的馏分，在0.27kPa(2mmHg)蒸馏出350~400℃的馏分，在26.66~133.32Pa(0.2~1.0mmHg)蒸馏出沸点高于400℃的馏分。每两段之间进行降压切换时，需要降温以免发生暴沸。

3. 模拟蒸馏

模拟蒸馏是指运用气相色谱技术，模拟经典的实验室蒸馏方法，来测定原油和原油产品中的馏程。其测定原理是用具有一定分离度的非极性色谱柱，在线性程序升温条件下测定已知正构烷烃混合物组分的保留时间，然后在相同的色谱条件下，将油样按沸点升高顺利分离，同时进行切片积分，获得对应的累加面积以及相应的保留时间。由累加面积可以计算出油样质量收率(%)，经温度-时间的内插校正，得到对应于质量收率的温度，即馏程。

4. 几种蒸馏方法的相互关系

除以上提到的几种蒸馏方法外，还有平衡汽化法，它是指油品在一定的压力和温度下保持气、液两相处于平衡状态下进行分离。对于同一原油而言，当压力和温度固定时，相应的汽化率也是一个定值。在恒定压力下，当温度升高时其汽化率也增大。这样便可得到表示在该压力下汽化率与温度之间的关系曲线，即平衡汽化曲线。由于平衡汽化试验方法比较复杂、费事，现在一般通过馏程或实沸点蒸馏曲线关联得到。

尽管上述蒸馏方法都可以用来表示原油的蒸发特性，但是相互之间还是有明显的区别。就馏程、实沸点和平衡汽化这三种实际蒸馏方法的曲线斜率而言，平衡汽化曲线最平缓，实沸点蒸馏曲线最陡，馏程曲线介于二者之间。这说明实沸点蒸馏的分离度最高，馏程的次之，而平衡汽化的最差。这是由于实沸点蒸馏属于精馏过程，馏程测定基本是渐次汽化，而平衡汽化为一次汽化所致。

由于模拟蒸馏采用气相色谱方法，色谱柱的分离效率比实沸点蒸馏柱的分离效率高很多，但色谱模拟蒸馏不能直接使用，因此必须依靠采集大量的气相色谱数据和实际蒸馏数据，通过多元逐步回归或多项式建模，间接得到实沸点蒸馏、馏程、平衡汽化的模拟数据。尽管气相色谱分析技术具有数据重复性好、分析速度快、用样量少、自动化程度高等特点，但是往往由于关联模型的局限性，影响了模拟蒸馏的结果。如果有样品的模拟蒸馏数据和实际蒸馏数据，应以实际蒸馏数据为准。

（三）原油的馏分组成

原油是由数目众多、相对分子质量分布很宽的烃类和非化合物组成的复杂混合物，其沸点范围也很宽，从常温一直到500℃以上。所以，无论是对原油进行研究或加工利用，都必须首先用蒸馏分离的方法，将原油按沸点的高低切割成若干部分，即所谓馏分，从原油直接蒸馏得到的馏分称为直馏馏分。这些直馏馏分中有些必须进行再加工，同样也可以得到不同沸点范围的馏分，称为二次加工馏分。另外，根据馏分范围的不同，可将馏分分成窄馏分和宽馏分。

1. 窄馏分

窄馏分是指沸点分布范围较窄的馏分，一般间隔为20℃左右。主要由实验室实沸点蒸馏切割而来，用于原油蒸发特性的研究、原油评价数据库性质曲线的产生及石油馏分性质的关联、原油计划优化和炼油厂设计使用。

2. 宽馏分

根据原油的特性和加工的需要，可将原油切割成沸点范围比较宽的馏分，这些馏分相当于化工原料、二次加工原料和石油产品的沸点范围。切割和分析馏分的性质，主要目的是了解这些馏分是否符合产品和原料的规格要求。表2-1-1是典型燃料型炼油厂宽馏分切割方案。

表2-1-1 燃料型炼油厂宽馏分的切割范围

沸点范围/℃	大致碳数	馏分名称
初馏点~200	$C_1 \sim C_{11}$	汽油、轻油、石脑油
65~145、80~180	$C_6 \sim C_9$，$C_6 \sim C_{10}$	重整原料
145~240	$C_9 \sim C_{13}$	喷气燃料
180~350、200~350、240~350	$C_{10} \sim C_{20}$、$C_{11} \sim C_{20}$、$C_{13} \sim C_{20}$	柴油、常压瓦斯油、中间馏分
350~500	$C_{20} \sim C_{28}$	减压馏分、润滑油馏分、减压瓦斯油、催化裂化原料、蜡油
>350	$>C_{20}$	常压渣油
>500	$>C_{28}$	减压渣油

二、原油的元素组成

尽管不同原油性质差别很大，但是其元素组成基本一致，主要由碳、氢、硫、氮、氧以及微量元素组成。原油中碳的质量分数一般为 83.0%~87.0%，氢的质量分数为 11.0%~14.0%，硫的质量分数为 0.05%~8.00%，氮的质量分数为 0.02%~2.00%，氧的质量分数为 0.05%~2.00%。

（一）碳、氢

碳、氢这两种元素在原油中的质量分数之和一般在 95%以上，而硫、氮、氧等杂原子质量分数之和不到 5%。由于不同原油中杂原子含量相差甚大，所以单纯用碳含量或氢含量不易进行比较。原油的氢碳原子比 $n(H)/n(C)$ 可以作为反映原油化学组成的一个重要参数，一般说来，轻质原油或石蜡基原油的氢碳原子比较高，如表 2-1-2 中的大庆原油，而重质原油或环烷基原油的氢碳原子比较低，如表 2-1-2 中的辽河原油和塔河原油。

表 2-1-2　不同原油的氢碳原子比

原油名称	元素组成				氢碳原子比 $n(H)/n(C)$
	$w(C)/\%$	$w(H)/\%$	$w(S)/\%$	$w(N)/\%$	
大庆	86.1	13.1	0.10	0.13	1.83
胜利	85.7	11.6	1.80	0.47	1.62
辽河	87.3	11.5	0.33	0.64	1.58
塔河	85.8	11.2	2.10	0.47	1.57

对于原油中的烃类而言，氢碳原子比还包含着重要的结构信息，它是一个与其化学结构有关的参数。烷烃的氢碳原子比大于 2，随着相对分子质量的增加而降低，烷烃的变化幅度较小；环状烃的氢碳原子比差别较大，相同碳数时，环数增加其氢碳原子比降低。整体而言，对于不同系列的烃类，在相对分子质量相近的情况下（碳原子数相同），其氢碳原子比大小顺序是：烷烃>环烷烃>芳烃。也就是说，随着原油中烷烃相对分子质量增加以及环烷烃和芳香烃环数的增加，其氢碳原子比逐渐降低。不同馏分的氢碳原子比见表 2-1-3。

表 2-1-3　不同馏分的氢碳原子比

馏　分	$w(H)/\%$	$n(H)/n(C)$
甲烷	25.1	4.0
液化气	17.0~18.0	2.5~2.7
汽油馏分	13.0~13.5	1.8~1.9
柴油馏分	12.0~13.2	1.6~1.8
减压馏分	11.0~12.5	1.5~1.7
减压渣油	10.5~12.0	1.4~1.6
焦炭	1.5~4.5	0.2~0.6

就石油产品而言，从气体产物、轻质馏分油、重质馏分油、渣油至焦炭，其氢含量和氢碳原子比都是逐渐减小的。对于纯粹的脱碳（无外加氢）加工过程，在生成氢碳原子比高的轻质产物的同时，必然得到氢碳原子比低的重质产物，整个加工过程氢碳原子比将保持守恒。

（二）硫

所有原油都含有一定量的硫，但不同原油的硫含量差别很大，从万分之几到百分之几，一般我国和亚太地区所产原油的硫含量较低，而中东地区所产原油硫含量较高。原油中含的硫会使加工过程中的某些催化剂中毒，部分含硫化合物本身具有腐蚀性，而且石油产品中的硫燃烧会生成二氧化硫，从而导致设备腐蚀和环境污染，所以往往把硫含量作为衡量原油及石油产品质量的一个重要指标。硫在馏分中的分布有一定的规律，随着沸点的升高硫含量增加。汽油馏分中的硫含量最低，而减压渣油中的硫含量最高，原油中一般约有70%的硫集中在其减压渣油中。

原油中硫化合物确定存在的形态有单质硫、硫化氢、硫醇、硫醚、二硫化物、噻吩等。按照硫化物的腐蚀情况，可将硫化合物分成活性硫和非活性硫。能与装置材料直接发生腐蚀作用的硫化物称为活性硫，如单质硫、硫化氢、硫醇等。二硫化物很容易受热分解，生成硫醇硫和硫化氢，因此也可以将其归在活性硫这一类。非活性硫主要包括硫醚和噻吩等在原始形态下对金属设备无腐蚀作用的硫化物，但在高温和催化剂环境下，一些非活性硫化物会分解后变成硫化氢等活性硫化物。

（三）氮

总的来说，原油中的氮含量比硫含量低，通常在0.05%～0.5%范围之内。我国大多数原油中的氮含量在0.1%～0.5%之间，属于偏高的。原油中的氮含量也是随着馏分沸程的升高而增加，与硫含量的分布相比，氮在高沸点馏分中的分布更加集中，约有90%存在于其减压渣油中。

对于含氮化合物，一般是按其酸碱性分为碱性含氮化物和非碱性含氮化合物两大类，以在冰醋酸和苯体积分数各占50%的溶液中能否被高氯酸滴定加以区分，按此方法，碱性含氮化合物包括胺类、吡啶类化合物，非碱性含氮化合物主要是酰胺类和部分吡咯类化合物。

含氮化合物对炼油厂的催化加工过程和产品的使用都有不利影响，炼油厂大多数催化剂都具有酸性活性中心，碱性含氮化合物会中和催化剂的酸性，影响催化剂的使用效果。尽管非碱性氮化合物对催化剂的影响要小一些，但在高温下非碱性氮化合物也分解生成氨或生成胶质等，也会使催化剂中毒。此外，含氮化合物易被氧化生成胶质和有色化合物，导致石油产品的安定性变差，故必须予以脱除。

（四）氧

原油中的含氧化合物可以分为酸性的和中性的两大类。酸性含氧化合物包括羧酸类和酚类，而羧酸又包括环烷酸、脂肪酸和芳香酸，通常将原油中的酸性化合物通称为石油酸。原油中酸性化合物的含量用酸值来表示，即中和1g油样中的酸性物质所需要的氢氧化钾的质量(mg)，单位mgKOH/g。一般来说，环烷基原油的酸值较高，而石蜡基原油的酸值较低。原油中氧的分布与硫、氮不同，它主要集中在柴油和蜡油中。汽油馏分中的氧含量极少，多以碳数小于6的脂肪酸形态存在，这是因为相对分子质量最小的环烷酸和芳香酸的沸点也高于200℃。

原油中的含氧化合物主要以有机羧酸的形式存在，通常根据酸值的大小将原油分成低酸原油（酸值<0.5mgKOH/g）、含酸原油（0.5≤酸值<1mgKOH/g）和高酸原油（酸值≥1mgKOH/g）。在炼油厂加工过程中，酸值高的原油会对装置产生严重腐蚀，其腐蚀形态为点蚀、坑蚀或沟槽状腐蚀，与硫的均匀腐蚀形态有较大差别。

（五）微量元素

原油中除了 C、H、S、N、O 外还含有许多其他元素，它们的含量一般只有百万分之几(μg/g)甚至十亿分之几(ng/g)，尽管这些元素含量极少，但对石油加工过程尤其是对有些催化剂的活性影响很大，其中 Ni、V、Fe 在微量元素中的含量较高，对石油加工过程影响相对较大。此外，如果原油尤其是重质原油脱水不彻底，则 Na、K、Ca、Mg 等的含量也较高，对加工也有一定影响。原油中的金属元素比氮更加集中在渣油中，95%以上的 Ni、V 都集中在减压渣油中。

金属 Ni、V、Fe 一部分以卟啉化合物形态存在，另一部分则以非卟啉化合物形态存在。一般在硫含量较高的原油中含 V 较多，而低硫高氮原油中 Ni 含量较多。原油的 Ni/V 比经常用来判断原油的成因：Ni/V>1 是陆相成油特征；Ni/V<1 则为海相成油特征。我国大多数原油的 Ni/V>1，属于陆相成油；而中东地区原油的 Ni/V<1，属于海相成油。

金属化合物的危害主要表现在对催化剂的毒害上。在催化裂化过程中，镍沉积在催化剂载体上会促进非选择性裂化反应，容易发生脱氢反应生成较多的氢和催化碳。钒会转移到沸石位置并与沸石生成低熔点化合物，破坏沸石晶体与催化剂酸性中心，引起催化剂比表面积下降，造成催化剂永久失活。

三、原油及其馏分的分子组成

原油主要是由碳、氢、硫、氮、氧和微量元素组成，但仅对元素组成的认识并不能满足对原油进行研究和加工利用的需求。原油沸点范围宽、化学组成复杂，弄清原油及其馏分的分子组成一直是人们追求的目标。但随着馏分沸点的增加，所含化合物的种类和碳数也增多(见图 2-1-1)，相同碳数化合物的同分异构体呈几何级数增加，如含 20 个碳的链烷烃同分异构体的理论个数多达 36.6 万个。因此人们将原油按沸点切割成气体、石脑油、常压瓦斯油(柴油馏分)、减压瓦斯油(VGO)和渣油等馏分，对各馏分油的烃类族组成进行研究，发现馏分油中的烃类主要由链烷烃、环烷烃和芳香烃以及在分子中兼有这三类结构的复杂烃分子组成。石脑油馏分采用气相色谱技术能分析鉴定出上百种单体烃化合物，可由正构烷烃、异构烷烃、环烷烃和芳香烃来表示其族组成；对于中间馏分油，采用质谱分析，可得到链烷烃、不同环数的环烷烃、不同环数的芳香烃和非烃化合物的族组成信息；渣油馏分，可用液相色谱法把它分成饱和分、芳香分、胶质和沥青质四个组分，也可以用核磁共振分析结构族组成，得出平均分子中芳香碳、环烷碳和烷基碳数的分率(f_A、f_N、f_P)及芳香环数、环烷环数和总环数(R_A、R_N、R_T)。随着分析表征技术的发展，对原油及其馏分的组成分析已逐步深入到分子水平，尤其是对中间馏分油及渣油可以获得包括碳数分布、杂原子类型分布甚至部分单体烃化学物结构与含量的组成信息。

（一）气体和石脑油

原油中沸点最低、碳数最少的是气体馏分，主要含 $C_1 \sim C_5$ 的化合物，这些化合物异构体个数较少，由气相色谱可以分析出各单体化合物的类型和含量。石脑油是原油的轻端馏分，一般由沸点小于 180℃、碳数范围 $C_5 \sim C_{12}$ 的正构烷烃、异构烷烃、环烷烃和芳烃组成。气相色谱分析技术可以对石脑油馏分中各烃类的形态进行分析，研究人员曾将 9 根 50m 长的色谱柱串联，在 130×10^4 有效塔板数的色谱条件下分析汽油，得到了近 970 个单体化合物的色谱峰。虽然在极限条件下鉴定出的单体烃化合物种类很多，但各单体烃的相对含量悬殊，据统计占总量三分之二的化合物只有 20 余种，因此目前普遍采用 50m 的毛细管柱分离得到单体烃色谱图(见图 2-1-2)，由已开发的自动化定性定量方法，分析得到约 200 个单体化合物的分子组成和含量信息，能很好地满足生产需求，从而作为石化行业标准在炼油过程中发挥着重要作用。

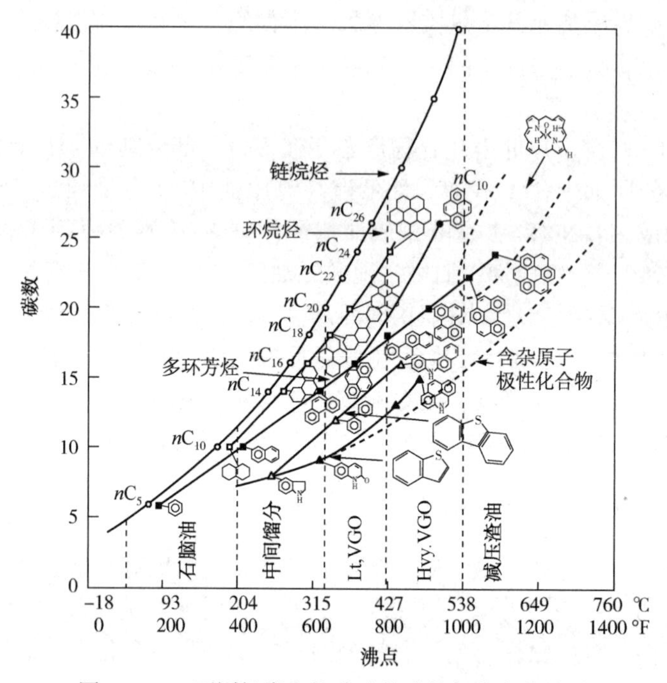

图 2-1-1　不同烃类和馏分油的碳数与沸点的关系

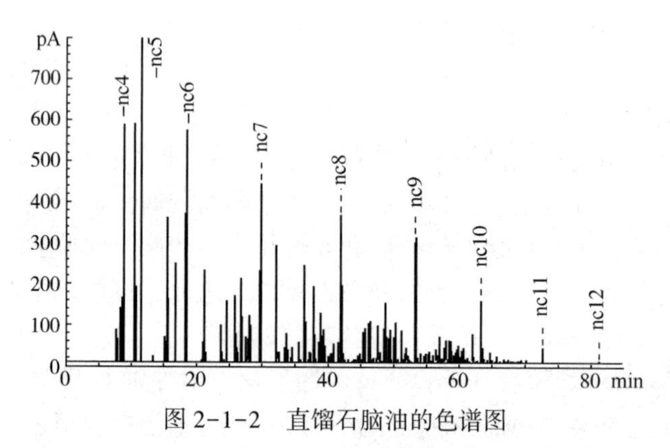

图 2-1-2　直馏石脑油的色谱图

此外，多维色谱是一种新的色谱分离分析方法，可将多维色谱技术应用于石脑油详细组成的分离测定，是得到分子信息的新的有力手段。此外，还有针对石脑油中杂原子化合物的分析方法，如气相色谱-硫化学发光法(SCD)测定石脑油中含硫化合物类型，气相色谱-氮化学发光法(NCD)测定含氮化合物类型。

（二）中间馏分油

中间馏分油主要包括煤油、柴油、蜡油馏分，其中柴油馏分是沸点范围约 180~350℃的中间馏分，碳数在 C_{10}~C_{22}之间，主要由饱和烃和芳香烃组成，还有少量的杂原子化合物。饱和烃由链烷烃和环烷烃组成，链烷烃包括正构烷烃和异构烷烃，环烷烃中烷基环己烷、十氢萘和全氢化蒽是柴油中1~3环环烷烃的代表；芳烃主要有烷基苯、茚满类、茚类、萘类、联苯类、苊类、芴类、苊烯类、菲类、蒽类和环烷菲类等。

对于高碳数的化合物，由于同分异构体数量巨大，无法彻底分析清楚其单体结构。尽管如此，在对族组成认识的基础上，目前结合气相色谱分离、软电离和高分辨质谱技术，可以确定出馏分油中化合物的分子式，进而得到化合物类型和碳数分布的分子水平信息。根据馏分油中化合物元素组成特点，可用通式 $C_cH_hN_nO_oS_s$ 表示，用缺氢数 Z 值表示化合物类型（或同系物），$Z=h-2c$，Z 值由分子中的双键、环数和杂原子决定，每增加一个双键或一个环会使 Z 值减少2个单位，Z 值越负，则分子的芳香度越大。也有用环加双键数DBE表示化合物类型：$DBE=c-h/2+n/2+1$，DBE 与 Z 值之间的关系为 $Z=-2(DBE)+n+2$，DBE 值越大则分子的芳香度越大。对于柴油馏分中的化合物，不同类型化合物 Z 值关系见表2-1-4。

表2-1-4　不同化合物的Z值

Z 值	烃类型	分子式	结构式	Z 值	烃类型	分子式	结构式
2(*n*)	烷烃类	C_nH_{2n+2}	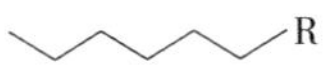 R	−10	茚类	C_nH_{2n-10}	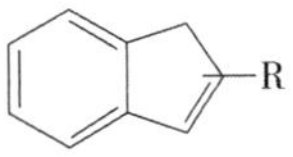 R
2(*i*)	烷烃类	C_nH_{2n+2}	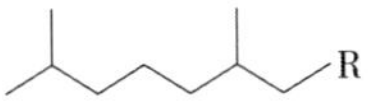 R	−10S	苯并噻吩类	$C_nH_{2n-10}S$	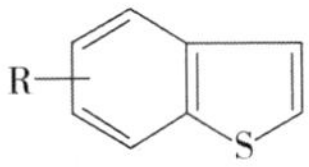 R, S
0	一环环烷类	C_nH_{2n}	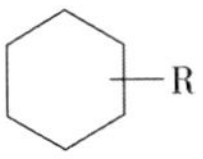 R	−12	萘类	C_nH_{2n-12}	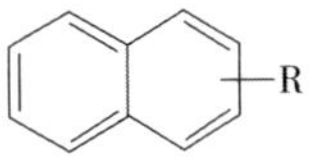 R
−2	二环环烷类	C_nH_{2n-2}	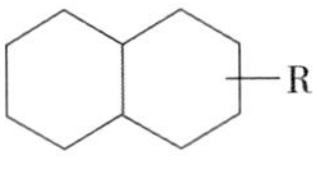 R	−14	二氢苊类和/或联苯类	C_nH_{2n-14}	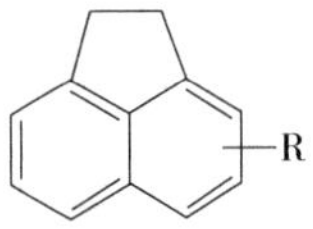 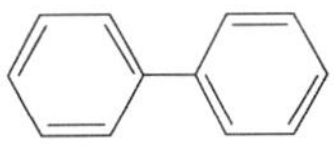 R
−4	三环环烷类	C_nH_{2n-4}	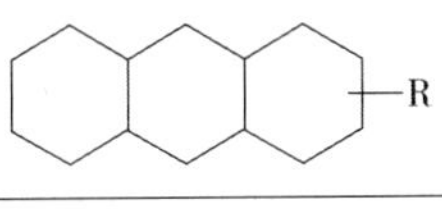 R	−15N	咔唑类	$C_nH_{2n-15}N$	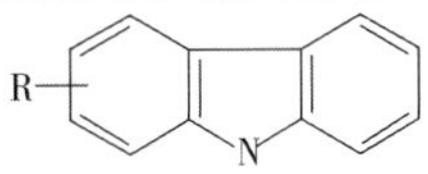 R, N
−6	烷基苯类	C_nH_{2n-6}	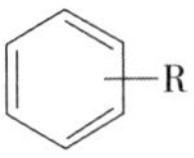 R	−16	苊类	C_nH_{2n-16}	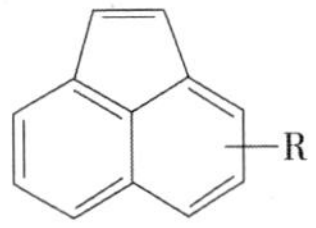 R
−8	茚满和萘满类	C_nH_{2n-8}	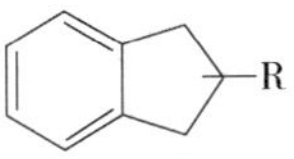 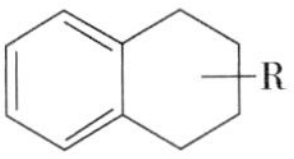 R; R	−16S	二苯并噻吩类	$C_nH_{2n-16}S$	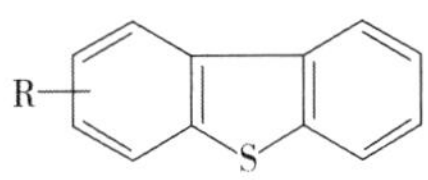 R, S
−9N	吲哚类	$C_nH_{2n-9}N$	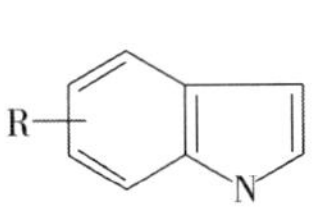 R, N	−18	蒽、菲类	C_nH_{2n-18}	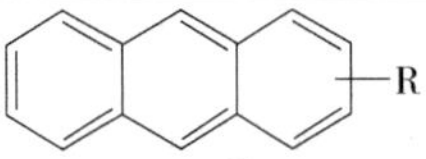 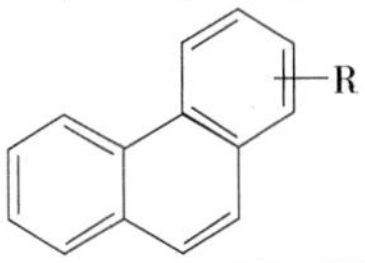 R; R

利用软电离技术，可使化合物产生高强度的分子离子峰或准分子离子峰，结合高分辨质谱可实现对柴油中化合物的分子水平表征。气相色谱、场电离和飞行时间质谱（GC－FI TOFMS）三者结合测定柴油馏分组成，利用气相色谱将烃类按沸点进行分离，采用场电离对色谱流出的饱和烃、芳烃分子进行电离得到分子离子峰，在质量分辨率大于7000、相对分子质量精度3.4mDa的飞行时间质谱检测下得到各分子的碳数、环加双键数和杂原子含量，由此可以得到不同柴油烃类的碳数分布信息，基本可以做到在分子水平上对柴油组成进行表征。由于饱和烃与芳烃即C/12H、芳烃与含硫芳烃化合物 C_2H_8/S 往往只在精确质量上存在差别，相对分子质量越大时需要的分辨率越高，采用高分辨的飞行时间质谱对柴油中的这些重化合物进行分离，能同时得到柴油的烃类化合物和含硫、含氮化合物类型分布和碳数分布（见表2－1－5）。

表2－1－5　GC－FI TOF MS 测燕山直馏柴油中烃类化合物的碳数分布

碳数	*Z* 值											
	+2(*i*)	+2(*n*)	0	−2	−4	−6	−8	−10	−12	−14	−16	−18
9	0	0	0.01	0		0	0	0				
10	0	0	0.03	0		0.01	0	0	0.02			
11	0.05	0.13	0.07	0		0.02	0.03	0	0.21			
12	0.11	0.34	0.12	0.01	0	0.04	0.04	0	1.10	0.01	0	
13	0.37	1.27	0.37	0.09	0.01	0.10	0.25	0.02	1.52	0.06	0.02	
14	2.27	3.05	0.97	0.39	0.13	0.32	0.56	0.08	0.66	0.16	0.08	0.26
15	5.34	5.53	1.97	0.59	0.12	0.48	0.55	0.16	0.27	0.17	0.08	0.25
16	5.34	7.26	2.31	0.88	0.17	0.49	0.43	0.25	0.13	0.15	0.12	0.09
17	5.27	7.38	2.16	0.65	0.15	0.30	0.31	0.20	0.06	0.11	0.03	0.01
18	3.28	7.61	1.74	0.49	0.14	0.30	0.25	0.12	0.04	0.03	0.01	0
19	3.01	6.11	1.05	0.37	0.15	0.09	0.10	0.06	0.02	0.01	0	0
20	0.54	5.30	0.56	0.21	0.06	0.04	0.05	0.02	0.01	0	0	0
21	1.53	1.02	0.19	0.07	0.01	0.01	0.01	0.01	0.01	0	0	0
22	0.07	0.03	0.03	0.01	0	0	0	0	0	0	0	0
23	0	0.10	0.01	0	0	0	0	0	0	0	0	0
24	0	0	0	0	0	0	0	0	0	0	0	0
合计	27.18	45.13	11.59	3.76	0.94	2.20	2.58	0.92	4.05	0.70	0.34	0.61

减压馏分油（VGO）馏分沸点范围一般在350～540℃，碳数主要在 C_{20}～C_{45} 之间，由饱和烃和芳烃组成，还含有少量的胶质和杂原子化合物。饱和烃主要由链烷烃和环烷烃组成，链烷烃主要为 C_{20}～C_{45} 的长链烷烃，包括正构和异构烷烃。环烷烃也是蜡油中含量很高的烃类物质，其环数可多达6个或更多。芳烃化合物除了烷基苯类、茚类，还含有大量的多环芳烃（PAH）以及环烷芳烃，其中多环芳烃一般为2～5环芳烃。由于蜡油中化合物的种类和同分异构体数目庞大，现有分析技术较难实现对该馏分的单体烃分析。尽管如此，随着分析方法的进步和对蜡油分子表征研究的深入，能分析出的化合物信息也越来越丰富，在这个过程中高分辨质谱技术发挥了重要作用。

由于蜡油中含有四环及以上的环烷烃，在精确质量上与部分芳烃分子具有相同的分子式，如四环环烷烃与芳烃具有相同的分子式 C_nH_{2n-6}、五环环烷烃与环烷苯类同为 C_nH_{2n-8}，这种情况下无法实现质谱区分和色谱分离，因此在分析前需对样品进行预分离。采用固相萃取技术将减压馏分油分离为饱和烃和芳烃组分，通过气相色谱-场电离飞行时间质谱联用仪(GC-FI TOFMS)分别进行分析。根据分子离子峰的精确相对分子质量可实现化合物的定性分析，根据峰强度进行定量分析。场电离对于色谱流出的芳烃和饱和烃分子可产生完整的分子离子，对这些分子离子采用质量分辨率大于6000和相对分子质量精度±0.0003的飞行时间质谱来测定，可得到重馏分油分子的化合物类型和碳数分布信息(见图2-1-3和图2-1-4)，但由于分辨率的限制，不能完全区分芳香分中的部分芳烃和含硫芳烃，而将这二者合并在一起，共鉴定出了6类饱和烃和14类芳烃的化合物类型及碳数分布(见表2-1-6、表2-1-7)。

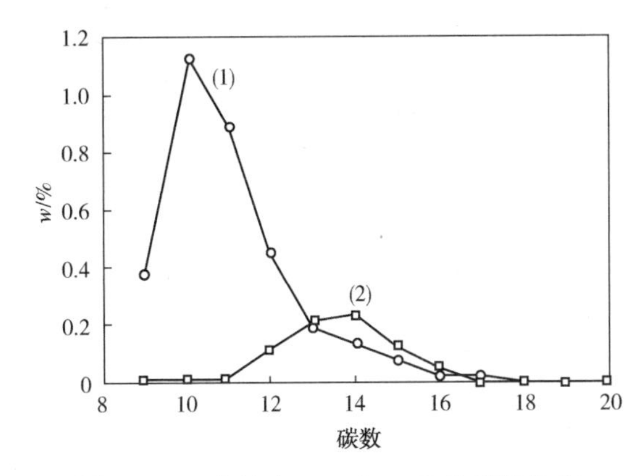

图2-1-3　柴油中-10S和-16S的碳数分布
(1)—10S；(2)—16S

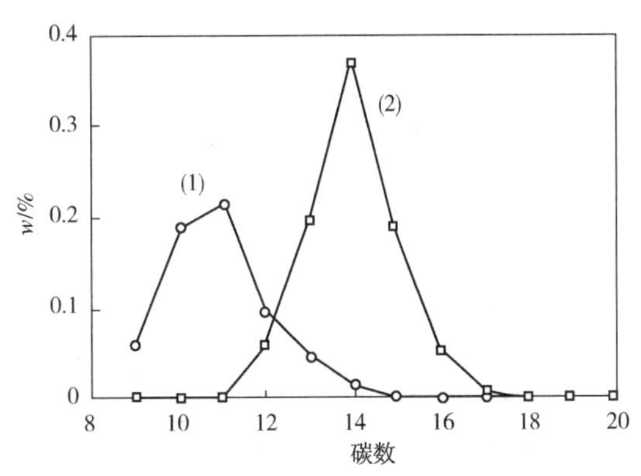

图2-1-4　柴油中-9N和-15N的碳数分布
(1)—9N；(2)—15N

表2-1-6　减压馏分油饱和烃组分中化合物的类型及碳数分布

碳数	Z值						碳数	Z值					
	+2	0	-2	-4	-6	-8		+2	0	-2	-4	-6	-8
13	0.02	0.01	0.01				30	0.81	0.26	0.46	0.51	0.91	0.38
14	0.05	0.02	0.01				31	0.64	0.26	0.36	0.34	0.37	0.27
15	0.09	0.03	0.02	0.01			32	0.65	0.24	0.35	0.31	0.26	0.21
16	0.14	0.05	0.03	0.02			33	0.64	0.23	0.31	0.36	0.22	0.19
17	0.18	0.07	0.01	0.04	0.01		34	0.32	0.20	0.34	0.32	0.16	0.12
18	0.21	0.10	0.05	0.06	0.01		35	0.34	0.19	0.32	0.31	0.13	0.08
19	0.27	0.12	0.08	0.11	0.05		36	0.17	0.15	0.27	0.21	0.09	0.03
20	0.33	0.17	0.11	0.15	0.07		37	0.12	0.12	0.23	0.18	0.07	0.02
21	0.44	0.22	0.17	0.19	0.13		38	0.06	0.08	0.20	0.19	0.05	0.02
22	0.55	0.27	0.24	0.24	0.23	0.01	39	0.04	0.05	0.14	0.11	0.04	0.01
23	0.76	0.31	0.29	0.35	0.22	0.01	40	0.02	0.03	0.11	0.10	0.04	0.02
24	0.85	0.37	0.37	0.41	0.20	0.02	41		0.01	0.09	0.04	0.02	
25	1.06	0.42	0.45	0.43	0.21	0.02	42		0.01	0.04	0.02	0.01	
26	1.08	0.43	0.46	0.49	0.21	0.03	43			0.02	0.02	0.01	
27	1.35	0.40	0.50	0.70	0.65	0.11	44			0.01			
28	1.19	0.42	0.53	0.59	0.68	0.08	45			0.01			
29	1.13	0.36	0.51	0.48	0.87	0.25	合计	13.49	5.59	7.10	7.30	5.90	1.88

表 2-1-7 减压馏分油芳烃组分中化合物的类型及碳数分布

碳数	Z值													
	-6	-8	-10	-12	-14	-16	-18	-20/-10S	-22	-24	-26/-16S	-28	-30	-22S
12	0.04	0.17	0.05	0.18	0.01			0.01						
13	0.06	0.16	0.08	0.23	0.13	0.02		0.01						
14	0.09	0.16	0.14	0.16	0.36	0.07	0.10	0.01						
15	0.11	0.14	0.16	0.10	0.51	0.19	0.23	0.02						
16	0.13	0.13	0.16	0.07	0.46	0.35	0.26	0.20					0.01	0.01
17	0.13	0.13	0.16	0.07	0.35	0.45	0.39	0.54	0.28			0.02	0.01	0.04
18	0.17	0.14	0.16	0.07	0.22	0.53	0.39	0.77	0.51	0.26		0.08	0.01	0.08
19	0.21	0.16	0.16	0.06	0.19	0.56	0.39	0.68	0.63	0.48	0.22	0.22	0.01	0.11
20	0.21	0.16	0.14	0.06	0.19	0.46	0.36	0.50	0.68	0.49	0.32	0.32	0.01	0.14
21	0.25	0.17	0.14	0.07	0.18	0.37	0.31	0.34	0.62	0.44	0.30	0.30	0.04	0.16
22	0.30	0.20	0.16	0.08	0.20	0.32	0.26	0.25	0.51	0.35	0.24	0.24	0.06	0.15
23	0.40	0.26	0.20	0.09	0.20	0.28	0.21	0.20	0.39	0.26	0.20	0.20	0.07	0.15
24	0.45	0.28	0.22	0.10	0.20	0.25	0.18	0.16	0.28	0.19	0.15	0.15	0.06	0.13
25	0.49	0.30	0.22	0.10	0.19	0.22	0.14	0.13	0.20	0.13	0.11	0.11	0.04	0.11
26	0.55	0.33	0.22	0.09	0.19	0.20	0.13	0.11	0.16	0.10	0.08	0.08	0.03	0.08
27	0.57	0.33	0.22	0.09	0.18	0.19	0.12	0.09	0.12	0.07	0.05	0.05	0.02	0.05
28	0.53	0.31	0.20	0.09	0.17	0.17	0.09	0.07	0.09	0.05	0.04	0.04	0.01	0.03
29	0.51	0.28	0.20	0.08	0.16	0.16	0.08	0.06	0.07	0.04	0.02	0.02	0.01	0.02
30	0.47	0.26	0.16	0.07	0.14	0.13	0.07	0.06	0.05	0.03	0.02	0.02	0.01	0.01
31	0.43	0.23	0.14	0.07	0.11	0.11	0.06	0.04	0.04	0.02	0.01	0.01		0.01
32	0.32	0.20	0.12	0.05	0.10	0.10	0.05	0.03	0.04	0.02	0.01	0.01		0.01
33	0.26	0.14	0.10	0.04	0.08	0.09	0.04	0.03	0.03	0.01				
34	0.19	0.11	0.08	0.03	0.07	0.06	0.03	0.02	0.02	0.01				
35	0.13	0.07	0.06	0.02	0.05	0.05	0.02	0.01	0.02	0.01				
36	0.08	0.04	0.04	0.01	0.03	0.03	0.02	0.02	0.02	0.01				
37	0.06	0.03	0.02	0.001	0.02	0.02	0.01	0.01	0.01					
38	0.04	0.01	0.02		0.01	0.02	0.01							
39	0.02		0.02		0.01	0.01	0.01							
40		0.01			0.01	0.01								
合计	7.20	4.91	3.75	2.09	4.72	5.42	3.96	4.37	4.77	2.97	1.77	1.87	0.40	1.29

相对于石脑油和柴油馏分，VGO 馏分中含有更多的杂原子化合物，并且随着馏分碳数和馏分复杂程度的增加，对含杂原子化合物进行分析的难度更大，尤其是区分精确分子质量只差 3.4mDa 的含 C_3/SH_4 结构的芳烃和含硫芳烃化合物，需要更有效的分离手段或者更高的分辨率。傅里叶变换离子回旋共振质谱(FT ICRMS)分辨率能够达到几十万甚至上百万，

可以精确地确定由 C、H、S、N、O 所组成的各种元素组合，将这种超高分辨能力的质谱与适当的电离源相结合，可从分子元素组成层面上研究馏分组成。

电喷雾技术(ESI)与 FT ICRMS 结合，极大地促进了重质油中极性杂原子化合物分析技术的进步。ESI 对绝大多数烃类没有电离作用，而可以选择性地电离微量碱性(主要是碱性氮)和酸性化合物(主要是环烷酸)。Stanford 等[1]分别用正离子和负离子 ESI FTICRMS 分析了轻、中、重减压瓦斯油(轻 295~319℃、中 319~456℃和重 456~543℃)中的酸性和碱性化合物，在不需分离的情况下，可以分析不同馏分的相对分子质量、杂原子类型、芳香性和取代碳数，极大地简化了 VGO 极性化合物的分析过程，正离子模式下测得含 N、N_2、NO 等的碱性化合物中，含 1 个氮的吡啶类化合物比例最大，负电离模式下测得的含 O、O_2、O_3S 等酸性化合物中，以含 2 个 O 的酸性化合物为主(见图 2-1-5)。进一步分析了这些含杂原子化合物的环加双键数(*DBE*)随碳数分布，对比发现，轻质馏分中主要是单环芳烃和低 *DBE* 值的环烷类含杂原子物质，从负离子条件下的结果来看，低相对分子质量的多环环烷酸、单环芳香酸及氧硫化合物(S_xO_y)只是在轻馏分油中，而中质和重质馏分油含有高相对分子质量和高 *DBE* 值的多环芳香类极性物质，如多环芳香酸、芳烃吡咯类以及芳烃酚类等。

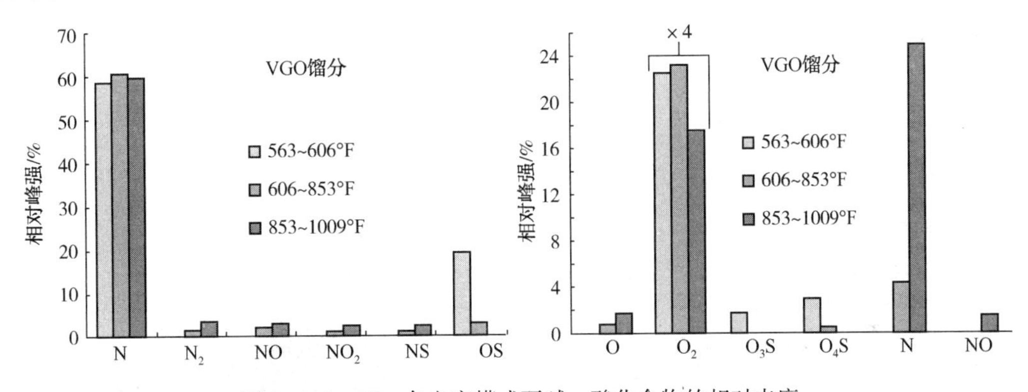

图 2-1-5　正、负电离模式下碱、酸化合物的相对丰度

在大气压光致电离(APPI)离子源条件下，能够直接电离馏分中弱极性与非极性化合物，不需要对样品进行处理，能选择性地电离噻吩类化合物及芳烃。用 APPI 离子源考察不同类型模型化合物，发现 APPI 对噻吩类含硫化合物、芳烃、含氮化合物均有响应，而在此条件下烷烃和硫醚不出峰。由此利用 FT ICRMS 的高分辨率将 VGO 中含硫芳烃和芳烃进行区分，建立了测定 VGO 馏分中噻吩类含硫化合物的分析方法并考察了噻吩类含硫化合物的特点。直馏 VGO 中主要含有 17 类单噻吩环的含硫化合物和 12 类双噻吩环的含硫化合物，碳数范围为 C_{15}~C_{50}，随着馏分沸点的增加，馏分中多环芳烃含硫化合物含量增加，S_2 含硫化合物含量增加。

(三) 渣油

渣油是原油中沸点最高、相对分子质量最大的部分，其中非烃化合物的含量也最多。渣油碳数范围在 C_{35}~C_{100}，50%~80%分子的元素组成中至少含一个杂原子，约 50%的分子中含有一个以上的杂原子。减压渣油饱和分化合物类型分布见图 2-1-6。对渣油的组成，最常用液固吸附色谱法将渣油按极性分成饱和分、芳香分、胶质和沥青质。随着分析技术的不断进步，结合预分离和表征技术，对渣油组成的认识也不断深入。

饱和分是减压渣油中极性最小的组分，化学组成相对简单。Zhu 等采用固相萃取分离出减渣的饱和分后，通过场解析-飞行时间质谱分析其分子组成，发现不同原油减渣的饱和分主要由 C_{30}~C_{75}的链烷烃、1~6 环环烷烃组成。由于饱和分极性小，采用 ESI 或 APPI 电离方法均无法实现电离，FT ICRMS 很难检测其存在，通常需要将饱和分采用前处理方法转化为具有一定极性的化学组分，再进行检测。

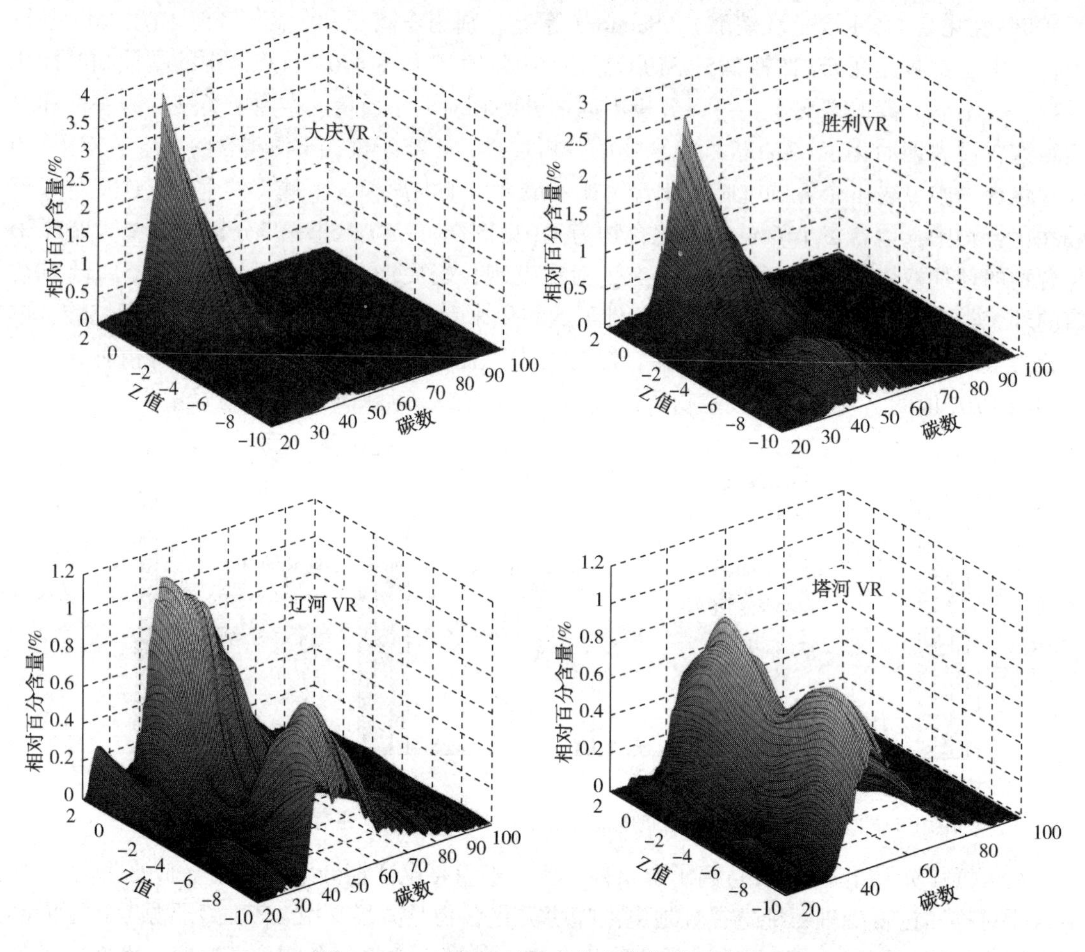

图 2-1-6　减压渣油饱和分化合物类型分布

芳香分、胶质、沥青质的极性依次增大，其杂原子含量、组成复杂程度也增加。Diao 等[2]采用 APPI+FT ICRMS 在分子水平上分析减压渣油芳香分和胶质的组成特点，比较加氢前后组成的变化，结果表明胶质比芳香分中含有更多含杂原子的非烃类化合物，其中以 S、N、S_2、NS 类居多；减压渣油芳香分中 HC 类化合物缺氢数(Z)分布为-6~-58，碳数分布为 C_{30}~C_{80}，胶质中 HC 类化合物缺氢数分布为-20~-66，碳数分布为 C_{25}~C_{50}，说明胶质比芳香分中所含化合物的缩合度更大，碳数更小。沥青质是减压渣油中极性最大、组成最复杂的组分，研究人员对加氢裂化前后俄罗斯减压渣油中沥青质和胶质组分进行表征，分别采用 APPI FT ICRMS 和 ESI FT ICRMS 分析出沥青质中约 26000 个峰和 33000 个峰，共计约 18 组含杂原子的化合物。比较胶质和沥青质中 HC、S、N 类化合物，结果表明沥青质中化合物缩合度大于胶质，而碳数范围分布相差不大。

减压渣油中含有较多高缩合度的化合物(Z 值小于-30)，对于这些高缩合度化合物，

APPI FT ICRMS 根据精确相对分子质量计算出其分子式，可以得到化合物的 Z 值，但高缩合化合物存在着多种芳环结构的排布方式——大陆型和群岛型，不同的排布方式决定着不同的可炼制行为。采用碰撞诱导解离（collision-induced dissociation，CID）FT ICRMS 分析减压渣油的结构组成，让 APPI 产生的分子离子通过充满氩气的碰撞池，使碳数≥2 的脂肪碳—碳键、脂肪碳—杂原子键选择性断裂，而单脂肪碳—芳香碳键和芳香硫键不发生断裂。碰撞断裂之后，对于单核结构的芳烃其产物只发生相对分子质量减少，而缺氢数不变，对于多核结构的芳烃其产物相对分子质量减少的同时缺氢数也会降低。Qian 等[3]将减压渣油采用液相色谱分成主要含单环（ARC）、双环（ARC_2）、三环（ARC_3）和四环及以上（ARC_{4+}）的四个组分，分析表明 ARC_{4+}组分的 Z 值变化最大而 ARC 组分的 Z 值变化最小，其中 ARC_{4+}组分 CID 前后相对分子质量由 300～1500Da 减小至 80～500Da，缺氢数由-6～-66 减小至-6～-50，并且呈双峰分布，说明 Z 值小于-50 的为多核结构稠环芳烃，而 Z 值大于-50 的为同时具有多核和单核结构的稠环芳烃，减压渣油中既有大陆型（单核）结构也有群岛型（多核）结构，并且这样的结构多富集在高芳香性的组分中。Zhang 等[4]采用 ESI+FT ICR MS 结合 CID 方法考察减压渣油中碱性含氮化合物的详细分子组成，分别在全相对分子质量范围和窄相对分子质量范围考察 CID 前后化合类型和碳数分布特点，结果表明 CID 前后化合物的缩合度没有发生明显变化，说明碱性含氮化合物主要是大陆型结构。

第二节　原油评价

原油通过常减压蒸馏生产某些石油产品（如直馏喷气燃料、直馏柴油等）的同时，为催化重整、催化裂化、加氢裂化、润滑油基础油生产和各类重油加工装置提供原料。不同的原油往往性质差别很大，其蒸馏特性以及得到的产物性质会有很大差异，进而会对下游装置造成不同影响，因此需要对原油进行综合评价以了解其基本性质，为制定加工方案提供依据。原油评价是在实验室条件下，采用先进的蒸馏和分析手段对原油及其馏分进行测试，从而全面掌握原油的性质、组成及类别，以及馏分油的产率、性质和组成。

一、原油评价流程

在进行评价前，首先要确定其水含量是否大于 0.5%，若超过 0.5%则必须事先脱水，否则蒸馏过程中由于冷凝水回流容易出现暴沸现象。脱水后的原油评价大致流程如图 2-2-1 所示。

在实沸点切割时，基本原则是将原油以 20℃左右为间隔进行切割，得到各窄馏分。由于原油分类、配制宽馏分等方面的需要，窄馏分的沸点范围有一定程度的变化。

宽馏分既可以由窄馏分配制，也可以直接蒸馏得到。用窄馏分配制宽馏分时，依据的是各窄馏分的收率。切割或配制宽馏分的沸点范围根据具体要求而定。一般气体收集 15℃以下的馏分，直馏汽油收集 15～200℃馏

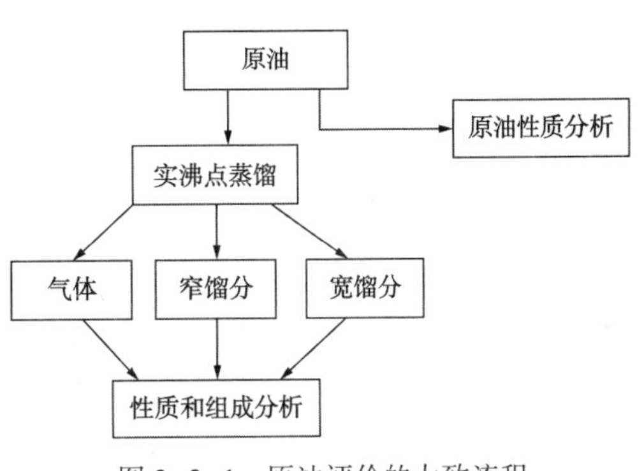

图 2-2-1　原油评价的大致流程

分，重整原料收集60~145℃和80~180℃两个馏分，煤油或喷气燃料收集145~240℃馏分，柴油收集200~350℃馏分，减压瓦斯油(VGO)收集350~540℃的馏分，常压渣油、减压渣油分别为沸点高于350℃和540℃的馏分。如果要考虑润滑油基础油的特性，还需要将VGO馏分细分为350~400℃、400~450℃、450~500℃、500~540℃等多个馏分。这些馏分的切割范围都可以根据实际需要而调整，当然统一切割温度对不同原油间的性质对比有好处。

通过实沸点蒸馏得到的气体、窄馏分、宽馏分和渣油还要进行组成和性质分析。采用的方法尽可能按照国家标准石油及石油产品试验方法、行业标准(SH/SY)以及美国试验与材料协会(ASTM)方法。无标准方法的项目，也要按照成熟、公认的方法进行，这样得出的原油评价数据才具有可比性。

最后是原油评价报告的撰写。高水平的原油评价报告不仅要对数据进行评述，对原油以及二次加工原料的可加工性能进行评价，还应该对加工流程等提出合理化建议。但是，写出这样的评价报告有一定的难度，对作者有很高的专业要求。一般仅对数据做一些简单分析，对原油的总体特征做一些描述。评述的依据是石油产品标准、各种加工方法对原料的要求以及石油加工技术人员对原料认识的经验等。

二、原油评价的内容

原油评价过程中分析项目的选择、馏分切割范围的确定对准确评价一种原油具有重要意义。一般地，可根据原油本身的特点和具体的应用对象来确定。总的来说，原油评价内容应考虑如下因素：原油的流动性、安全性、蒸发性以及化学特性；石油产品的规格要求以及燃料清洁性的要求；二次加工各装置对原料的要求。

(一) 原油的分析项目

原油性质的主要分析项目及方法见表2-2-1。

表2-2-1　原油的主要分析项目及方法

分析项目		试验方法
*API*度		
密度(20℃)①/(g/cm³)		SH/T 0604、GB/T 13377、GB/T 1884、GB/T 1885
运动黏度②/(mm²/s)	××℃	GB/T 265、GB/T 11137
	××℃	
凝点/℃		GB/T 510、SY/T 0541
倾点/℃		GB/T 3535、SY/T 7551
闪点(闭口)/℃		GB/T 261
残炭值/%(质)		GB/T 268、GB/T 17144
硫含量③/%(质)		GB/T 17040、GB/T 17606、SH/T 0689、NB/SH/T 0842
氮含量④/%(质)		SH/T 0657、SH/T 0704
酸值/(mgKOH/g)		GB/T18609、GB/T 7304
水含量/%(质)		GB/T 8929
有机氯含量/(μg/g)		GB/T18612
盐含量/(mgNaCl/L)		GB/T 6532、SY/T 0536

续表

分析项目		试验方法
蜡含量/%(质)		SY/T 0537
胶质含量/%(质)		RIPP7
沥青质含量/%(质)		RIPP7
金属含量/(μg/g)	铁	GB/T 18608、SH/T 0715、RIPP124
	镍	
	钒	
	钙	
	钠	
特性因数		
原油类别		

① 视原油轻重及凝点高低，选择合适的方法；

② 视原油轻重及凝点高低，可在 20℃、40℃、50℃、80℃、100℃中选择两个温度点进行测定；

③ 当硫含量<0.1%时，采用 SH/T 0689 或 NB/SH/T 0842；当硫含量>0.1%时，采用 GB/T 17040 或 GB/T 17606；

④ 当氮含量<0.01%时，采用 SH/T 0657；当氮含量>0.01%时，采用 SH/T 0704。

(二) 窄馏分的分析项目

窄馏分是绘制实沸点蒸馏曲线、性质曲线的基础，为了使曲线绘制得更清楚，窄馏分切割得越窄越好。但切得过窄会增加实沸点蒸馏和性质分析的工作量，尤其是对于密度较大的原油，不容易收集到足够性质分析的窄馏分。因此，窄馏分的切割范围可依具体的油种而定，一般沸点范围间隔为 20℃左右，但要注意以下几个切割点(℃)：60、80、145、180、200、220、240、250、275、300、375、400、425、450、500、540。这些切割点的选择主要是考虑将要配制的宽馏分(如直馏产品、二次加工原料、常压渣油、减压渣油等)、原油分类以及减压蒸馏的需要。

窄馏分的性质分析应包括质量收率、质量累计收率、体积收率、体积累计收率、20℃密度(或相对密度)、*API* 度、折射率、运动黏度(20℃、40℃和 100℃)、凝点、倾点、硫含量、氮含量、苯胺点、酸值等。

(三) 宽馏分的分析项目

直馏石脑油、喷气燃料、直馏柴油、减压瓦斯油(VGO)及渣油的分析项目见表 2-2-2~表 2-2-6。

直馏石脑油推荐的切割范围在初馏点~200℃之间，分析项目除表 2-2-2 所列之外，还有按碳数分布的正构烷烃、异构烷烃、环烷烃、烯烃、单体烃组成。若石脑油用作重整原料，一般有两种切割方案。如果以生产芳烃为目的，可切割 60~145℃范围，因为这个区间是生成苯、甲苯、二甲苯的组分所具有的沸点范围。如果以生产高辛烷值汽油为目的，则切割 80~180℃馏分。因为 80℃以下的馏分具有较高的辛烷值，不需要进行重整，而切割点超过 180℃，重整后汽油的终馏点将会超过标准规定的 205℃。分析项目除了直馏石脑油的所有项目外，还需要增加砷、汞、铜、铅、芳烃潜含量等。

表 2-2-2　直馏石脑油的分析项目及方法

分析项目		试验方法
质量收率/%		GB/T 17280
密度(20℃)/(g/cm^3)		SH/T 0604、GB/T 1884、GB/T 1885
酸度/(mgKOH/100mL)		GB/T 258
硫醇硫含量/(μg/g)		GB/T 1792
腐蚀(铜片，50℃，3h)/级		GB/T 5096
辛烷值(*RON*)		GB/T 5487
硫含量/(μg/g)		SH/T 0689、NB/SH/T 0842/或 SH/T 0253
氮含量/(μg/g)		SH/T 0657
氯含量/(μg/g)		SH/T 1757
质量组成/%	正构烷烃	SH/T 0714
	异构烷烃	
	环烷烃	
	芳烃	
	烯烃	
馏程/℃	初馏点	GB/T 6536
	10%	
	30%	
	50%	
	70%	
	90%	
	终馏点	
特性因数		
相关指数		

表 2-2-3　喷气燃料的分析项目及方法

分析项目		试验方法
质量收率/%		GB/T 17280
密度(20℃)/(g/cm^3)		SH/T 0604、GB/T 1884、GB/T 1885
运动黏度/(mm^2/s)	20℃	GB/T 265
	40℃	
硫含量/(μg/g)		SH/T 0689、NB/SH/T 0842
酸值/(mgKOH/g)		GB/T 7304、GB/T 12574
冰点/℃		GB/T 2430、SH/T 0770
烟点/mm		GB/T 382
硫醇硫含量/(μg/g)		GB/T 1792
腐蚀(铜片，100℃，2h)/级		GB/T 5096

续表

分析项目		试验方法
苯胺点/℃		GB/T 262
闪点(闭口)/℃		GB/T 261
十六烷指数		GB/T 11139
饱和烃含量/%(体)		GB/T 11132
芳香烃含量/%(体)		
馏程/℃	初馏点	GB/T 6536
	10%	
	30%	
	50%	
	70%	
	90%	
	终馏点	

表 2-2-4　直馏柴油的分析项目及方法

分析项目		试验方法
质量收率/%		GB/T 17280
密度(20℃)/(g/cm^3)		SH/T 0604、GB/T 1884、GB/T 1885
运动黏度/(mm^2/s)	20℃	GB/T 265
	40℃	
酸度/(mgKOH/100mL)		GB/T 258
凝点/℃		GB/T 510
冷滤点/℃		SH/T 0248
苯胺点/℃		GB/T 262
闪点(闭口)/℃		GB/T 261
硫含量/(μg/g)		SH/T 0689、NB/SH/T 0842、GB/T 17040
氮含量/(μg/g)		SH/T 0657
铜片腐蚀(50℃，3h)/级		GB/T 5096
倾点/℃		GB/T 3535
碱性氮含量/(μg/g)		SH0162
十六烷指数		GB/T 11139
馏程/℃	初馏点	GB/T 6536
	10%	
	30%	
	50%	
	70%	
	90%	
	95%	
	终馏点	

续表

分析项目		试验方法
族组成/%	链烷烃	SH/T 0606
	环烷烃	
	单环芳烃	
	多环芳烃	

表 2-2-5　VGO 馏分的分析项目及方法

分析项目		试验方法
质量收率/%		GB/T 17475
密度/(g/cm^3)	70℃	SH/T 0604、GB/T 13377、GB/T 1884、GB/T 1885
	20℃	
运动黏度/(mm^2/s)	80℃	GB/T 265
	100℃	
凝点/℃		GB/T 510
碳含量/%(质)		SH/T 0656
氢含量/%(质)		SH/T 0656
硫含量/%(质)		GB/T 17040
氮含量/%(质)		SH/T 0704
碱性氮含量/(μg/g)		SH/T 0162
酸值/(mgKOH/g)		GB/T 7304
残炭值/%(质)		GB/T 17144、GB/T 268
相对分子质量		SH/T 0583
折射率(n_D^{70})		ASTM D1747
质量组成/%	饱和分	NB/SH/T 0509、RIPP10
	芳香分	NB/SH/T 0509、RIPP10
	胶质	NB/SH/T 0509、RIPP10
	沥青质	NB/SH/T 0509、SH/T 0266、RIPP 10
结构族组成	C_P%	SH/T 0729
	C_N%	
	C_A%	
	R_T	
	R_N	
	R_A	

表 2-2-6　渣油的分析项目及方法

分析项目	试验方法
质量收率/%	GB/T 17475
密度(20℃)/(g/cm^3)	GB/T 13377

续表

分析项目		试验方法
运动黏度/(mm^2/s)	80℃	GB/T 11137
	100℃	
凝点/℃		GB/T 510
残炭值/%(质)		GB/T 17144、GB/T 268
闪点(开口)/℃		GB/T 3536、GB/T 267
相对分子质量		SH/T 0583
碳含量/%(质)		SH/T 0656
氢含量/%(质)		SH/T 0656
硫含量/%(质)		GB/T 17040
氮含量/%(质)		SH/T 0704
金属分析/(μg/g)	铁	GB/T 18608、SH/T 0715、RIPP124
	镍	
	钒	
	钙	
	钠	
质量组成/%	饱和分	SH/T 0509、RIPP10
	芳香分	SH/T 0509、RIPP10
	胶质	SH/T 0509、RIPP10
	沥青质	SH/T 0509、SH/T 0266、RIPP10
特性因数		

(四) 试验方法的选择

对于原油评价中涉及的分析项目，当只有一种相应的标准方法时，即采用此方法；当有两种以上的标准方法时，依据标准方法的适用范围、测定结果的准确性、合理性及其他相关因素进行选择。

1. 密度测定方法的选择

常用的密度测定方法包括 SH/T 0604、GB/T 13377 及 GB/T 1884。三种方法的适用范围见表 2-2-7。由表 2-2-7 可知，三种分法分别适用于不同的密度范围、黏度范围的油品。在实际测定过程中，因 SH/T 0604 所需样品量少、操作时间短、自动化程度高而成为首选方法，但喷气燃料、柴油等产品标准中均规定，需要仲裁时需采用 GB/T 1884 进行测定。而常、减压渣油以及凝点较高的原油，可采用 GB/T 13377 方法进行测定。

表 2-2-7　三种密度测定标准方法的比较

标准号	标准名称	适用范围
SH/T 0604	原油和石油产品密度测定法(U形振动管法)	适用于在试验温度和压力下可处理成单相液体，其密度范围为600~1100kg/m^3的原油和石油产品

续表

标准号	标准名称	适用范围
GB/T 13377	原油和液体或固体石油产品密度或相对密度的测定毛细管塞比重瓶和带刻度双毛细管比重瓶法	毛细管塞比重瓶适用于测定固体和煤焦油产品，包括道路沥青、木榴油和焦油沥青或是与石油产品的混合物，不适用于测定按 GB/T 8017 测得雷德蒸气压超过 50kPa 或初馏点低于 40℃的高挥发性液体的密度和相对密度；带刻度双毛细管比重瓶适用于测定除高黏性产品以外的所有产品的密度和相对密度的精确测定，只限于测定按 GB/T 8017 测得的雷德蒸气压不超过 130kPa 及在试验温度下运动黏度低于 50mm^2/s 的液体
GB/T 1884	原油和液体石油产品密度实验室测定法(密度计法)	适用于测定易流动透明液体的密度，也可使用合适的恒温浴，在高于室温的情况下测定黏稠液体，还可用于不透明液体，读取液体上弯月面与密度计干管相切处读数并加以修正

2. 运动黏度测定方法的选择

运动黏度的测定有两种方法，分别为 GB/T 265《石油产品运动黏度测定法和动力黏度计算法》、GB/T 11137《深色石油产品运动黏度测定法(逆流法)和动力黏度计算法》。由方法名称即可以看出，对于一般的石油馏分，可采用 GB/T 265 方法进行测定；对于常压渣油、减压渣油及颜色较深的原油，可采用 GB/T 11137 进行测定。

3. 残炭值测定方法的选择

残炭值的测定目前我国有四种标准方法，分别为 GB/T 268《石油产品残炭测定法(康式法)》、GB/T 17144《石油产品残炭测定法(微量法)》、SH/T 0160《石油产品残炭测定法(兰式法)》、SH/T 0170《石油产品残炭测定法(电炉法)》。康氏法是世界各国均在采用的标准方法；微量法是目前国内外更为广泛应用的一种简便而高效的残炭值测定方法；电炉法源于苏联，使用的国家较少；兰式法因其残炭值与康氏残炭值之间只存在近似关系而很少被采用。推荐采用康氏法和微量法两种方法(目前这两种方法均有采用)。在统计学上，微量法的试验结果在 0.10%~25.0%范围内与康氏法等效，而微量法的精密度较好。

4. 硫含量测定方法的选择

硫含量的测定根据检测原理的不同，有很多不同的方法，目前比较常用的方法见表 2-2-8。由表 2-2-8 可以看出，SH/T 0689、NB/SH/T 0842、SH/T 0253 都可以适用于汽、柴油等轻质石油馏分硫含量的测定，但三种方法的测定原理不同，测定范围也不尽相同。当硫含量为 10~50μg/g 时，测定方法优选顺序为 SH/T 0689、SH/T 0253；当硫含量为 50~200μg/g 时，测定方法优选顺序为 SH/T 0689、ASTM D7039(即 NB/SH/T 0842)、SH/T 0253；当硫含量为 200~1000μg/g 时，测定方法优选顺序为 ASTM D7039(即 NB/SH/T 0842)、SH/T 0689、SH/T 0253。

GB/T 17040 方法和 GB/T 17606 方法同源于 ASTM D4294，就适用范围而言，GB/T 17040 适用于测定包括原油、车用汽油、石脑油、煤油、喷气燃料、柴油、润滑油基础油、液压油、渣油和其他馏分油在内的碳氢化合物中的硫含量，测定范围在 0.0150%~5.00%，比 GB/T 17606 的适用范围更广。因此，对于硫含量在 0.0150%~5.00%的各馏分，特别是硫含量>1000μg/g 的重质石油馏分包括原油、蜡油、渣油等都可采用 GB/T 17040 方法进行测定。

表 2-2-8　硫含量测定标准方法的比较

标准号	标准名称	采标情况	适用范围	测定范围
SH/T 0689	轻质烃及发动机燃料和其他油品的总硫含量测定法(紫外荧光法)	ASTM D5453	沸点范围约 25~400℃、室温下黏度范围约 0.2~10mm²/s 之间的液态烃中总硫含量。总硫含量在 1.0~8000mg/kg 的石脑油、馏分油、发动机燃料和其他油品。测定卤素含量低于 0.35%的液态烃中的总硫含量	1.0~8000mg/kg
NB/SH/T 0842	汽油和柴油中硫含量的测定单波长色散 X 射线荧光光谱法	ASTM D7039	适用于测定单相的汽油、柴油以及炼油厂用于调和汽油、柴油的不同馏分中的总硫含量	2.0~500μg/g
SH/T 0253	轻质石油产品中总硫含量测定法(电量法)	ASTM D3120	适用于沸点为 40~310℃的轻质石油产品	0.5~1000μg/g。对于大于 1000μg/g 硫含量试样，可经稀释后测定
GB/T 17040	石油产品硫含量测定法(能量色散 X 射线荧光光谱法)	ASTM D4294	适用于测定包括柴油、石脑油、煤油、渣油、润滑油基础油、液压油、喷气燃料、原油、车用汽油和其他馏分油在内的碳氢化合物中的硫含量	0.0150%~5.00%
GB/T 17606	原油中硫含量的测定能量色散 X-射线荧光光谱法	ASTM D4294	适用于水含量不超过 0.5%的原油	0.0150%~5.00%

5. 氮含量测定方法的选择

氮含量的测定常见的标准方法有四种，见表 2-2-9。由各标准方法的适用范围及测定范围可以看出，SH/T 0657 方法适用于沸点范围为 50~400℃，总氮含量为 0.3~100μg/g 的石脑油、石油馏分和其他油品；SH/T 0704 方法适用于总氮含量为 40~10000μg/g 的石油馏分油、润滑油在内的液体烃中的总氮含量；SH/T 0656 方法适用于氮含量为 0.1%~2%的石油产品及润滑剂，不适用于氮含量小于 0.75%的轻质材料，不适用于挥发性材料。在原油评价过程中，可以根据馏分特性及总氮含量，合理选择相应的标准方法。而 GB/T 17674 方法与 SH/T 0704 方法同源于 ASTM D5762 且仅适用于原油总氮含量的测定。

表 2-2-9　氮含量测定标准方法的比较

标准号	标准名称	采标情况	适用范围	测定范围
SH/T 0657	液态石油烃中痕量氮的测定氧化燃烧和化学发光法	ASTM D4629	沸点范围为 50~400℃，室温下黏度范围约 0.2~10mm²/s，总氮含量为 0.3~100μg/g 的石脑油、石油馏分和其他油品	0.3~100μg/g
SH/T 0704	石油及石油产品中氮含量测定法(舟进样化学发光法)	ASTM D5762	石油馏分油、润滑油在内的液体烃中的总氮含量	40~10000μg/g。对于氮含量小于 100μg/g 的轻质烃，可采用 SH/T 0657 进行测定
GB/T 17674	原油氮含量的测定　舟进样化学发光法	ASTM D5762	原油	40~10000μg/g

续表

标准号	标准名称	采标情况	适用范围	测定范围
SH/T 0656	石油产品及润滑剂中碳、氢、氮测定法(元素分析仪法)	ASTM D5291	石油产品及润滑剂，不适用于氮含量小于0.75%的轻质材料及挥发性材料，如：汽油、具有含氧化合物的调和汽油或汽油类型的航空涡轮燃料	碳含量为75%~87%、氢含量为9%~16%、氮含量为0.1%~2%

6. 酸值测定方法的选择

我国目前测定酸值的标准方法很多，用不同的方法进行酸值测定，得到的结果可能有所不同。各种酸值测定方法见表2-2-10。由各方法的适用范围可以看出，GB/T 12574适用于喷气燃料酸值的测定，这与我国产品标准的规定一致，因此喷气燃料的酸值测定方法首选GB/T 12574。测定石油馏分的酸值，除非石油产品的规格标准特别规定，都可以采用GB/T 7304或GB/T 4945进行测定。原油和渣油酸值的测定，应采用国际上通用的标准ASTM D664，即GB/T 7304进行测定。GB/T 18609与GB/T 7304同源于D664，因其适用范围仅为原油，也可用于原油酸值的测定。而GB/T 264方法无法测定原油和渣油的酸值，即使在测定石油馏分的酸值时，也存在某些结果偏低的问题，因此尽量不使用此方法测定酸值。

表2-2-10　酸值测定标准方法的比较

标准号	标准名称	采标情况	适用范围	方法概要
GB/T 264	石油产品酸值测定法	—	适用于测定石油产品的酸值	用沸腾乙醇抽出试样中的酸性成分，然后用氢氧化钾乙醇溶液进行滴定
GB/T 7304	石油产品和润滑剂酸值测定法(电位滴定法)	ASTM D664	能够溶解于甲苯和异丙醇混合溶剂中的石油产品和润滑剂中的酸性组分	试样溶解在含有少量水的甲苯异丙醇混合溶剂中，以氢氧化钾异丙醇标准溶液为滴定剂进行电位滴定，所用的电极对为玻璃指示电极-甘汞参比电极。在手绘或自动绘制的电位-滴定剂量的曲线上，仅把明显突跃点作为终点；如果没有明显突跃点，则以相应的新配非水酸性或碱性缓冲溶液的电位值作为滴定终点
GB/T 18609	原油酸值的测定(电位滴定法)	ASTM D664	能够溶解于甲苯和异丙醇混合溶剂中的石油产品和润滑剂中的原油的酸性组分	将试样溶解在由甲苯、异丙酮和少量蒸馏水组成的溶剂中，在使用玻璃电极和Ag/AgCl参比电极的电位滴定仪上，用氢氧化钾异丙醇标准溶液滴定，以电位读数-手动或自动滴定消耗的标准溶液体积作图，取曲线的突跃点为滴定终点，计算原油的酸值。当所得曲线上无明显突跃点时，取碱性(或酸性)缓冲水溶液在电位计上相应的电位值读数为滴定终点

续表

标准号	标准名称	采标情况	适用范围	方法概要
GB/T 4945	石油产品和润滑剂酸值和碱值测定法(颜色指示剂法)	ASTM D974	适用于测定能在甲苯和异丙醇混合溶剂中全溶或几乎全溶的石油产品和润滑剂的酸性或碱性组分	测定酸值或碱值时，将试样溶解在含有少量水的甲苯和异丙醇混合溶剂中，使其成为均相体系，在室温下分别用标准的碱或酸的醇溶液滴定。通过加入的对-萘酚苯溶液颜色的变化来指示终点(在酸性溶液中显橙色，在碱性溶液中显暗绿色)。测定强酸值时，用热水抽提试样，用氢氧化钾醇标准溶液滴定抽提的水溶液，以甲基橙为指示剂
GB/T 12574	喷气燃料总酸值测定法	IP 354/81(87)	喷气燃料	将试样溶解在含有少量水的甲苯和异丙醇混合物中。向所得的均相溶液中通入氮气将其覆盖，并用氢氧化钾异丙醇标准滴定溶液进行滴定，以对-萘酚苯指示剂的颜色变化(在酸性溶液中显橙色；在碱性溶液中显绿色)确定终点

7. 原油盐含量测定方法的选择

原油盐含量的测定目前有两种标准方法，分别是 GB/T 6532 和 SY/T 0536。GB/T 6532 方法修改采用 ASTM D6470，SY/T 0536 方法为行业标准。ASTM D6470 与 SY/T 0536 两种抽提/滴定法的盐含量测定结果多数情况下基本相符，但 ASTM D6470(GB/T 6532)方法更具权威性，可作为首选方法。

8. 原油蜡含量、胶质、沥青质含量测定方法的选择

原油蜡含量、胶质及沥青质含量的测定常用方法见表 2-2-11。其中，SY/T 0537《原油中蜡含量的测定》专门规定了原油蜡含量的测定方法，应作为测定原油蜡含量的首选方法。RIPP 7 方法与 SY/T 7550 方法均适用于原油中沥青质、胶质及蜡含量的测定，方法原理基本一致，但区别在于 SY/T 7550 需先将原油样品经常压蒸馏至 260℃，称取残油进行各组分测定。SH/T 0266 方法是测定沥青质的专门方法，在测定原油沥青质时，与 SY/T 7550 相同，也需除去 260℃之前低沸点馏分。在本标准中，建议采用 RIPP 7 方法(规范性附录 B)测定原油的胶质、沥青质含量。

表 2-2-11　原油蜡含量、胶质、沥青质含量测定标准方法的比较

标准号	标准名称	采标情况	适用范围	方法概要
SY/T 0537	原油中蜡含量的测定	—	水含量不大于 0.5% 的原油	一定量的原油试样用石油醚溶解，通过装有氧化铝的吸附分离柱脱除极性物质，得到的油和蜡混合物溶解在苯-丙酮二元混合液中，在-20℃下脱蜡，脱出的蜡经过滤、洗涤、恒重等操作，最后计算出蜡含量

续表

标准号	标准名称	采标情况	适用范围	方法概要
RIPP 7	氧化铝吸附法测定原油中沥青质、胶质及蜡含量	—	适用于原油中沥青质、胶质及蜡含量的测定	一份试样用正庚烷沉淀出沥青质，并用正庚烷回流除去沉淀中夹杂的油蜡及胶质后，用苯回流溶解沉淀，除去溶剂，求得沥青质的含量；另一份试样经氧化铝吸附色谱分离为油加蜡及沥青质加胶质两部分，其中油加蜡部分以苯-丙酮混合物为脱蜡溶剂，用冷冻析出法测定蜡含量。从沥青质加胶质中扣除沥青质含量，得到胶质含量
SY/T 7550	原油中沥青质、胶质及蜡含量测定法	—	适用于原油中沥青质、胶质及蜡含量的测定；水含量不大于0.5%的原油，对于原油样品，需常压蒸馏至260℃，称取残油进行各组分测定	一份试样用正庚烷溶解，滤出不溶物，用正庚烷回流出去不溶物中夹杂的油蜡及胶质后，用甲苯回流溶解沥青质，除去溶剂，求得沥青质的含量。另一份试样经氧化铝色谱柱分离出油蜡部分，再以甲苯-丙酮混合物为脱蜡溶剂，用冷冻结晶法测定蜡含量，用减差法得到胶质含量
SH/T 0266	石油沥青质含量测定法	参照采用DIN 51595/IP143	适用于柴油、燃料油、润滑油、沥青和除去260℃之前低沸点馏分的原油。含添加剂的油品可能给出错误的结果	将试样溶于正庚烷中，由沥青质和蜡状物组成的不溶物质经慢速滤纸过滤而被分离。用正庚烷在热回流下抽提出蜡状物，再用甲苯分离出沥青质

9. 金属测定方法的选择

金属含量的测定，目前的标准方法有GB/T 18608、SH/T 0715及RIPP 124。各方法见表2-2-12。由表2-2-12可以看出，三种方法均可用于测定原油和渣油中的金属，区别在于，GB/T 18608《原油和渣油中镍、钒、铁、钠含量的测定　火焰原子吸收光谱法》、SH/T 0715《原油和残渣燃料油中镍、钒、铁含量测定法(电感耦合等离子体发射光谱法)》两种方法只可测定原油及渣油中的镍、钒、铁、钠含量；两种方法采用的仪器不同，前者采用火焰原子吸收光谱，后者采用电感耦合等离子体发射光谱；而RIPP 124可同时测定原油及重油中的铁、镍、铜、钒、铅、铝、钙、镁、钠、钾、钴、锰、钼和锌共14种痕量元素。

表2-2-12　金属含量测定标准方法的比较

标准号	标准名称	采标情况	适用范围
GB/T 18608	原油和渣油中镍、钒、铁、钠含量的测定　火焰原子吸收光谱法	修改采用 ASTM D 5863-00a	测定原油和渣油中的镍、钒、铁、钠含量的方法
SH/T 0715	原油和残渣燃料油中镍、钒、铁含量测定法（电感耦合等离子体发射光谱法）	等效采用 ASTM D5708-00	原油和残渣燃料油中镍、钒、铁的含量进行同时检测

续表

标准号	标准名称	采标情况	适用范围
RIPP124	等离子体发射光谱法(ICP/AES)同时测定原油及重油中14种痕量元素	—	适用于测定原油及重油(包括大于350℃的重油、常压渣油、减压渣油)中铁、镍、铜、钒、铅、铝、钙、镁、钠、钾、钴、锰、钼和锌共14种痕量元素的含量

10. 冰点测定方法的选择

目前常用的冰点测定方法有两种，分别为GB/T 2430、SH/T 0770。GB/T 2430《航空燃料冰点测定法》修改采用ASTM D2386；SH/T 0770《航空燃料冰点测定法(自动相转换法)》修改采用ASTM D5972。SH/T 0770方法测定的结果与GB/T 2430方法所测结果一致，方法测定结果精确至0.1℃，与GB/T 2430方法相比，具有精度高、操作时间短和结果易于判断的优点。可根据实验室条件及仪器选择相应的方法。

11. 渣油开口闪点测定方法的选择

国内常用的测定开口闪点的标准方法有两种，均为国家标准，分别是GB/T 267、GB/T 3536。GB/T 267《石油产品闪点与燃点测定法(开口杯法)》源于苏联标准，GB/T 3536《石油产品闪点和燃点的测定　克利夫兰开口杯法》修改采用ISO 2592：2000。两种方法均可用于开口闪点的测定。但我国道路石油沥青技术要求(NB/SH/T 0522—2011)中规定，开口闪点测定采用GB/T 267方法。因此，若用于考察渣油的沥青性能时，宜采用产品标准规定的GB/T 267方法。

12. 渣油四组分测定方法的选择

目前比较常用的渣油四组分分析方法主要有NB/SH/T 0509、RIPP 10。两种方法见表2-2-13。由表2-2-13可以看出，NB/SH/T 0509《石油沥青四组分测定法》与RIPP 10《渣油中沥青质、饱和烃、芳香烃及胶质含量的测定》均可用于渣油四组分的测定，且方法原理基本相同，仅在采用试剂上有细微差别，因此均可用于渣油四组分的测定。从方法的权威性来说，NB/SH/T 0509宜作为首选方法。另外，表2-2-13中还列出了SH/T 0266《石油沥青质含量测定法》，该方法也可用于渣油四组分中沥青质的测定。其方法原理与NB/SH/T 0509、RIPP 10基本一致。但取样量较大，不利于渣油的充分溶解，且当沥青质含量大于2%时，方法的重复性达到算术平均值的10%，方法的精密度较差。当渣油的沥青质含量较高时，不推荐采用此方法测定。

(五)原油评价的分类

根据实际工作的需要，可以将原油评价分成简单评价(简称“简评”)和详细评价(简称“详评”)两种类型。简单评价是指获得的数据满足油田、炼油厂的基本需求的方法，在炼油厂使用较多，主要用于进厂原油性质监控、炼油厂装置操作参数调整等。而详细评价是指能满足多方面的需求的方法，主要用于炼油厂设计、原油加工流程制定、原油评价数据库建设等方面。

表 2-2-13　渣油四组分测定标准方法的比较

标准号	标准名称	采标情况	适用范围	方法摘要
NB/SH/T 0509	石油沥青四组分测定法	JPI-5S-22-83(98)	适用于沥青。渣油可以参照使用	将试样用正庚烷沉淀出沥青质，过滤后，用正庚烷回流除去沉淀中夹杂的可溶组分再用甲苯回流溶解沉淀，得到沥青质。将脱沥青质部分吸附于氧化铝色谱柱上，依次用正庚烷(或石油醚)、甲苯、甲苯-乙醇展开洗出，对应得到饱和分、芳香分、胶质
RIPP 10(规范性附录 E)	渣油中沥青质、饱和烃、芳香烃及胶质含量的测定	—	适用于测定渣油及沥青中的饱和烃、芳烃、胶质和沥青质	渣油或沥青试样用正庚烷沉淀出沥青质，脱沥青质部分用氧化铝吸附色谱分离为饱和烃、芳烃及胶质
SH/T 0266	石油沥青质含量测定法	参照采用 DIN 51595/IP143	适用于柴油、燃料油、润滑油、沥青和除去 260℃之前低沸点馏分的原油。含添加剂的油品可能给出错误的结果	将试样溶于正庚烷中，由沥青质和蜡状物组成的不溶物质经慢速滤纸过滤而被分离。用正庚烷在热回流下抽提出蜡状物，再用甲苯分离出沥青质

原油的简单评价包括如下几方面的内容：原油的性质分析，内容包括脱水前后水含量、盐含量，脱水后密度、黏度、凝点、倾点、硫含量、氮含量、金属含量、蜡含量、胶质、沥青质、酸值、残炭等性质的测定；原油的实沸点蒸馏，即将原油切割成 20℃左右的馏分，并测定窄馏分的密度、黏度、折射率、硫、氮、酸值、凝点、倾点、苯胺点等性质，计算特性因数(*K*)、相关指数(*BMCI*)等常数，根据 250～275℃和 395～425℃两个关键馏分的 *API* 度确定原油的基属；按照油田、炼油厂的需要(如燃料型炼油厂、润滑油型炼油厂、化工型炼油厂)将原油切割成不同的宽馏分，包括常压渣油、减压渣油并进行性质分析。

原油的详细评价应包括油田、燃料型炼油厂、润滑油型炼油厂、化工型炼油厂等需要的所有项目，其中要含有润滑油馏分、沥青质馏分的性质分析数据。另外，要增加窄馏分和宽馏分的数量及性质数据，以满足包括原油评价数据库在内的各方面的需要。

二、原油的分类

原油化学组成复杂，不同产地、不同来源的原油性质差异明显，但在工业实践和科学研究的共同推动下，人们逐渐形成了一些有效的原油分类方法，将原油按一定的指标进行分类，以便大致判断它的性质和加工方案、适宜于生产那些产品、产品质量如何等。现将几种常见的原油分类方法介绍如下。

(一) 按关键馏分分类

关键馏分(key fraction)分类方法是 1935 年由美国矿务局(U. S. Bureau of Mines)提出的。方法首先采用汉柏(Hempel)蒸馏仪器，将原油切割成不同的馏分，然后选取其中轻重两个关键馏分，其中在常压下获得的 250～275℃馏分为轻关键馏分，又称第一关键馏分；在5.33kPa压力下获得的275~300℃馏分（相当于常压下395~425℃的馏分）为重关键馏分，又称第二关键馏分。根据这两个关键馏分的相对密度或*API*度，确定原油的基属，见表2-2-14。由于现在实验室一般没有汉柏蒸馏仪器，因此用实沸点蒸馏得到相当于常压下250~275℃和395~425℃两个馏分的相对密度或*API*度确定原油的基属。但应注意，由于汉柏蒸馏仪器和实沸点蒸馏仪器的分馏效率不完全相同，因此得到的结果有时可能存在差别。

从表2-2-14中可知，轻关键馏分和重关键馏分可以有9种组合，但由于存在石蜡-环烷基和环烷-石蜡基原油的情况极少，因此按照关键馏分，一般将原油分为7类，见表2-2-15。

表2-2-14　关键馏分法原油分类指标

关键组分	指　标	石蜡基	中间基	环烷基
轻关键组分 250~275℃	*API*度	≥40	33.1~39.9	≤33
	$d_{15.6}^{15.6}$	≤0.8251	0.8256~0.8597	≥0.8602
	D_4^{20}	≤0.8212	0.8217~0.8559	≥0.8564
重关键组分 395~425℃	*API*度	≥30	20.1~29.9	≤20
	$d_{15.6}^{15.6}$	≤0.8762	0.8767~0.9334	≥0.9340
	D_4^{20}	≤0.8715	0.8730~0.9299	≥0.9306

表2-2-15　按照关键馏分法的原油类别

编　号	轻关键组分	重关键组分	原油类别
1	石蜡	石蜡	石蜡
2	石蜡	中间	石蜡-中间
3	中间	石蜡	中间-石蜡
4	中间	中间	中间
5	中间	环烷	中间-环烷
6	环烷	中间	环烷-中间
7	环烷	环烷	环烷

（二）按特性因数分类

特性因数（characterization factor）分类法是美国环球油品公司（UOP，Universal Oil Products Co.）提出的一种原油和石油馏分分类方法。特性因数*K*是由石油馏分的体积平均沸点*T*和15.6℃时的相对密度计算而来：

$$K=\frac{1.216\sqrt[3]{T}}{d_{15.6}^{15.6}}$$

式中，*T*为绝对温度，K。根据*K*值大小，可将原油和石油馏分分成如表2-2-16所示的三种类型。

表2-2-16　按美国环球油品公司法划分的原油或石油馏分类别

*K*值	类　别	*K*值	类　别
≥12.1	石蜡基	≤11.4	环烷基
11.5~12.1	中间基		

对于窄馏分，其体积平均沸点可以是初馏点和终馏点的平均值，如180~200℃馏分的平均沸点可以看作是190℃。对于宽馏分，其平均沸点可以按照下式计算：

$$t_v = \frac{t_{10} + t_{30} + t_{50} + t_{70} + t_{90}}{5}$$

式中，t_v、t_{10}、t_{30}、t_{50}、t_{70}、t_{90}分别代表平均体积沸点、10%馏出点、30%馏出点、50%馏出点、70%馏出点、90%馏出点的温度。

对于原油及渣油，由于平均沸点无法求得，一般可从*API*度、运动黏度(50℃或100℃)与*K*值的相关图查出*K*值。

（三）按原油的个别性质分类

由原油的个别性质也可以对原油进行分类。目前，世界上还没有统一的分类标准，下面主要根据中国石化企业标准Q/SH 0564—2017《自产原油》，对原油按密度、硫含量、酸值进行分类。

1. 按照密度分类

根据原油的20℃密度大小，可以将原油分成轻质原油、中质原油、重质原油和超重原油。

轻质原油：*API*≥34，20℃密度≤0.850g/cm^3；

中质原油：*API*=34~20，20℃密度=0.850~0.930g/cm^3；

重质原油：*API*=20~10，20℃密度=0.930~0.970g/cm^3；

超重原油：*API*<10，20℃密度>0.970g/cm^3。

2. 按照硫含量分类

原油硫含量是非常重要的指标之一。在原油贸易、原油输送、原油分配、原油加工等方面发挥着重要作用。根据原油硫含量的高低，将原油分成低硫、含硫和高硫原油。

低硫原油：硫含量≤0.5%(质)；

含硫原油：硫含量0.5%~2.0%(质)；

高硫原油：硫含量>2.0%(质)。

3. 按照酸值分类

原油酸值高低对原油加工过程中的腐蚀性有重要影响。一般根据酸值高低，将原油分成低酸、含酸和高酸原油。

低酸原油：酸值≤0.5mgKOH/g；

含酸原油：酸值0.5~1.0mgKOH/g；

高酸原油：酸值>1.0mgKOH/g。

4. 按照蜡含量分类

原油的蜡含量对石油产品的流动性影响较大。一般低蜡原油可以直接生产喷气燃料和低凝柴油，有些低蜡原油的减压渣油可以用来生产道路沥青；含蜡原油一般也不需要脱蜡而生产夏天用柴油；而高蜡原油必须脱蜡才能生产喷气燃料和柴油。按照吸附法测定的原油蜡含量多少，可将原油分成如下三种类型：

低蜡原油：蜡含量<2.5%；

含蜡原油：蜡含量2.5%~10%；

高蜡原油：蜡含量>10%。

（四）我国实行的原油分类方法

我国一般采用关键馏分分类法，同时附加硫含量指标。按照这种分法，我国三种典型原油的分类见表2-2-17。

表2-2-17　我国三种典型原油的分类

原油名称	原油的相对密度(d_4^{20})	硫含量/%	第一关键馏分相对密度(d_4^{20})	第二关键馏分相对密度(d_4^{20})	原油分类
大庆	0.8619	0.10	0.8151	0.8499	低硫石蜡基
胜利	0.9079	0.85	0.8472	0.9110	含硫中间基
辽河	0.9517	0.34	0.8620	0.9308	低硫石蜡基

第三节　我国原油及进口原油的特点

一、国产原油的特点

（一）国产原油概况

表2-3-1列出了我国油气田或生产企业2012~2017年间的原油产量。在这期间，几家大公司原油产量均呈现出先增加后减少的趋势。中国海油在2012~2015年期间原油产量均增加，尤其是在2015年原油产量较上一年显著增加，但此后2016年、2017年原油产量均有所下降。中国石油原油产量随着2012年、2013年的增产，到2014年原油产量达到最高值，此后2015~2017年期间原油产量均有所下降。中国石化在2012~2014这三年期间原油产量基本稳定，但2015~2017年间原油产量逐年下降。陕西延长石油(集团)有限责任公司在2012~2015年期间原油产量基本稳定，但2016~2017年原油产量有所下降。呈现这一趋势的主要原因主要是国际原油价格自2014年下跌以来，原油价格一直在低位运行有关。

原油产量在1Mt以上的油田或生产企业中，产量有所减少的主要有大庆、吉林、华北、大港、冀东、胜利、中原、江苏、西北等油田；产量先增加后减少的有吐哈、塔里木、长庆、河南油田；产量基本不变的有辽河、新疆等油田。总体来说，我国原油产量达到213Mt的峰值后开始回落，但仍具有一定的增产潜力。

表2-3-1　2012~2017年中国原油产量　　10^4t

油气田/生产企业	2012年	2013年	2014年	2015年	2016年	2017年
大庆油田有限责任公司	4000.0	4000.0	4000.0	3838.6	3656.0	3400.0
吉林油田分公司	575.0	527.0	493.0	466.2	404.5	390.0
辽河油田分公司	1000.0	1001.0	1021.9	1037.1	974.1	1000.1
华北油田分公司	419.0	421.0	422.3	420.1	411.0	403.1
大港油田分公司	478.5	470.4	464.7	444.1	407.9	402.8
冀东油田分公司	165.0	165.0	170.0	160.0	135.0	136.0
浙江油田分公司	5.1	5.1	5.1	5.0	3.0	3.0

续表

油气田/生产企业	2012 年	2013 年	2014 年	2015 年	2016 年	2017 年
新疆油田分公司	1103. 0	1160. 0	1180. 0	1180. 0	1113. 0	1131. 0
吐哈油田分公司	156. 0	171. 0	200. 0	210. 0	200. 0	190. 0
塔里木油田分公司	580. 2	590. 4	590. 2	590. 0	550. 0	520. 2
长庆油田分公司	2261. 0	2431. 9	2505. 0	2480. 8	2392. 0	2372. 0
青海油田分公司	205. 0	214. 5	220. 0	223. 0	221. 0	228. 0
玉门油田分公司	51. 0	51. 0	49. 0	44. 0	38. 0	40. 0
西南油气田分公司	15. 3	20. 1	16. 9	13. 7	10. 0	7. 4
南方石油勘探开发公司	19. 1	26. 5	28. 6	30. 1	29. 5	30. 0
中国石油合计	11033. 2	11254. 9	11366. 7	11142. 7	10545. 0	10253. 6
胜利油田分公司	2755. 0	2776. 2	2787. 1	2710. 0	2390. 2	2341. 6
中原油田分公司	252. 0	243. 0	231. 0	182. 6	147. 8	127. 3
河南油田分公司	226. 0	235. 0	241. 0	231. 0	169. 1	156. 5
江汉油田分公司	96. 9	98. 2	97. 5	88. 5	73. 9	69. 7
江苏油田分公司	171. 0	171. 2	171. 0	155. 5	133. 0	120. 1
西北油田分公司	735. 0	737. 0	735. 5	703. 0	594. 3	630. 0
西南油气分公司	2. 2	2. 2	2. 3	1. 7	0. 7	1. 3
华东油气分公司	23. 5	30. 3	35. 0	35. 0	33. 0	36. 0
华北油气分公司	29. 5	57. 3	50. 6	37. 0	7. 2	8. 6
东北油气分公司	22. 0	21. 7	19. 3	14. 7	3. 5	1. 8
石化集团华北石油局	2. 5	2. 7	2. 9	2. 7	2. 3	1. 4
中国石化合计①	4315. 6	4374. 8	4373. 3	4161. 7	3555. 0	3494. 3
中国海油②	3857. 2	3938. 1	3963. 7	4773. 2	4565. 4	4278. 0
陕西延长石油(集团)有限责任公司	1255. 6	1254. 6	1255. 5	1254. 0	1105. 6	1107. 2
全国合计Ⅰ(公司口径)③	20461. 7	20827. 5	20959. 4	21331. 6	19771. 1	19133. 2
全国合计Ⅱ(统计局口径)④	20747. 8	20991. 9	21142. 9	21455. 6	19968. 5	19150. 6

注：表中的原油产量包括天然气凝析液产量。

①与中国海油在东海合资区块的权益产量未计算在内(2017 年权益产量为 110kt)。

②包含了中国海上各合资区块的全部产量。

③全国合计Ⅰ为以上公司数据的累加。

④全国合计Ⅱ为国家统计局公布的年度数据，其中 2017 年为中国石油和化学工业联合会公布的快报数据。

（二）国产原油的主要特点

表 2-3-2 列出我国产量较大的主要原油性质。从表中可以看出，总体而言，区域相近的原油性质比较接近。来自东北的大庆、吉林原油性质相似，均为中质原油，且凝点较高，均为 32℃，对应的蜡含量也较高，分别是 32. 1%、28. 6%，同时这两种原油的杂质元素硫、氮、金属含量和沥青质含量都较低，均为低硫石蜡基原油，<200℃石脑油收率分别为 9. 79%、10. 75%，<350℃的轻质油收率分别为 29. 51%、31. 72%，轻质油收率也比较接近。

华北、冀东原油的密度非常接近。但由于华北原油的蜡含量(20.3%)比冀东原油蜡含量(14.4%)高，对应的凝点也比冀东原油的凝点高一些。华北和冀东原油的硫含量均不高，分别是0.45%、0.12%，属于低硫原油；酸值分别是0.28mgKOH/g、0.94mgKOH/g，因此华北原油属于低酸原油，而冀东原油属于含酸原油；金属元素中Ni/V比值大于1，属于陆相生油，Ni和V含量之和分别是11.4μg/g、2.8μg/g，两种原油分别为低硫石蜡基和低硫中间基。<200℃石脑油收率分别为12.72%、14.70%，<350℃的轻质油收率分别为35.58%、44.99%，轻质油收率有所差别。

长庆原油来自我国第二大盆地鄂尔多斯盆地，蜡含量为16.3%，属于高蜡原油，对应的凝点也较高，为14℃；硫含量和酸值分别为0.09%、<0.02mgKOH/g，其金属杂质也不高，Ni和V含量之和为4.3μg/g，且Ni/V比大于1，属于陆相生油，该原油为低硫石蜡基原油。<200℃石脑油收率为19.75%，<350℃的轻质油收率为46.29%，轻质油收率较高。

吐哈、塔里木和塔河原油来自新疆，但吐哈原油来自新疆北部吐鲁番-哈密盆地，塔里木和塔河原油来自南疆的塔里木盆地。从性质上来看，吐哈原油密度为0.8667g/cm^3，属于中质原油；硫含量0.16%，酸值0.26mgKOH/g，为低硫中间基原油。吐哈原油的金属Ni和V含量之和为14.1μg/g，且Ni/V比大于1，属于陆相生油。而塔里木和塔河原油的金属Ni/V比小于1，是我国油田中为数不多的海相原油。塔里木和塔河原油的密度分别是0.8636g/cm^3、0.9512g/cm^3，硫含量分别是0.8%、2.1%，酸值分别是0.31mgKOH/g、0.11mgKOH/g，塔里木原油属于含硫中间基原油，塔河原油属于高硫中间基原油，值得注意的是，塔河原油的沥青质含量和金属含量均很高，是典型的劣质原油。塔里木原油和塔河原油<200℃石脑油收率分别为21.73%、8.83%，<350℃的轻质油收率分别为47.51%、27.48%，差别较大。

江汉、中原、江苏原油来自我国中部和华东地区，其性质有相似之处，均为中质原油，密度分别是0.8599g/cm^3、0.8637g/cm^3、0.8716g/cm^3，且均为石蜡基原油；江汉、中原、江苏原油均属于高蜡原油，蜡含量分别是15.4%、21.6%、25.9%，对应的凝点均较高，分别为28℃、30℃、34℃；Ni/V均大于1，均属陆相生油。但也有不同之处，江汉原油的硫含量较高，为1.7%，而中原、江苏原油的硫含量分别为0.48%、0.32%，江汉和江苏原油的金属元素Ni和V含量相对较高，Ni和V含量之和分别为17.9μg/g、13.3μg/g，而中原原油的Ni和V含量之和为7.2μg/g。江汉、中原、江苏原油<200℃的石脑油收率分别为14.89%、11.95%、8.87%，<350℃的轻质油收率分别为36.57%、36.08%、29.47%。

惠州原油来自我国南海地区，密度为0.8381g/cm^3，为轻质原油，蜡含量为19.1%，对应的凝点较高，为32℃。惠州原油的硫含量0.07%，酸值0.07mgKOH/g，金属Ni和V含量较低，二者之和为2.3μg/g，属于低硫石蜡基原油。惠州原油<200℃的石脑油收率为15.80%，<350℃的轻质油收率为46.78%。

辽河、胜利、渤海原油来自环渤海湾地区的陆上及海上，三种原油有诸多相似之处。它们均属于重质原油，密度分别为0.9487g/cm^3、0.9466g/cm^3、0.9589g/cm^3，均为高酸原油，酸值分别为4.26mgKOH/g、2.11mgKOH/g、3.61mgKOH/g，金属Ni和V含量较高，Ni和V含量之和分别为76.2μg/g、26.2μg/g、45.8μg/g。辽河、胜利、渤海原油分别属于低硫中间基、含硫环烷中间基和低硫环烷基，<200℃的石脑油收率分别为4.37%、3.04%、3.17%，<350℃的轻质油收率分别为19.87%、19.28%、22.36%，轻质油收率均很低。

表 2-3-2　国产原油的性质

分析项目	大庆	吉林	华北	冀东	长庆	吐哈	塔里木	塔河
API 度	31. 60	32. 05	30. 26	30. 29	34. 60	31. 02	31. 65	16. 8
密度(20℃)/(g/cm³)	0. 8640	0. 8614	0. 8708	0. 8709	0. 8481	0. 8667	0. 8636	0. 9512
运动黏度(50℃)/(mm²/s)	23. 23	20. 64	8. 83	10. 35	5. 66	34. 03	9. 29	539. 40
运动黏度(80℃)/(mm²/s)	3. 99	4. 69	1. 76	5. 59	3. 35	13. 24	4. 53	177. 84
凝点/℃	32	32	32	18	14	-14	-18	-12
倾点/℃	33	35	33	18	18	-9	-15	-6
残炭/%	3. 18	3. 10	5. 30	3. 81	2. 50	4. 99	5. 9	15. 29
硫含量/%	0. 10	0. 09	0. 45	0. 12	0. 09	0. 16	0. 8	2. 1
氮含量/%	0. 13	0. 15	0. 21	0. 14	0. 22	0. 26	0. 18	0. 47
酸值/(mgKOH/g)	0. 04	0. 06	0. 28	0. 94	<0. 02	0. 26	0. 31	0. 11
蜡含量/%	32. 1	28. 6	20. 3	14. 4	16. 3	7. 9	4. 7	3. 3
沥青质/%	0. 2	0. 1	<0. 1	<0. 1	0. 8	0. 4	3. 1	13. 4
镍/(μg/g)	3. 4	2. 0	10. 8	2. 8	2. 9	13. 4	5. 8	39
钒/(μg/g)	<0. 1	0. 2	0. 6	0. 0	1. 4	0. 7	30. 9	240. 5
<200℃馏分收率/%	9. 79	10. 75	12. 72	14. 70	19. 75	19. 09	21. 73	8. 83
<350℃馏分收率/%	29. 51	31. 72	35. 58	44. 99	46. 29	38. 79	47. 51	27. 48
特性因数	12. 3	12. 3	12. 2	11. 9	12. 1	12. 1	12. 1	11. 6
原油类别	低硫石蜡基	低硫石蜡基	低硫石蜡基	低硫中间基	低硫石蜡基	低硫中间基	含硫中间基	高硫中间基

分析项目	江汉	中原	江苏	惠州	辽河	胜利	渤海
API 度	32. 3	31. 63	30. 1661879	36. 53	17. 10	17. 39	15. 55
密度(20℃)/(g/cm³)	0. 8599	0. 8637	0. 8716	0. 8381	0. 9487	0. 9466	0. 9589
运动黏度(50℃)/(mm²/s)	19. 03	21. 19	30. 13	7. 05	634. 4	794. 3	543. 0
运动黏度(80℃)/(mm²/s)	6. 88	8. 85	6. 88	3. 47	113. 1	398. 2	110. 1
凝点/℃	28	30	34	32	8	8	-2
倾点/℃	30	33	39	33	9	12	-
残炭/%	4. 33	5. 28	4. 31	2. 72	15. 9	8. 55	8. 98
硫含量/%	1. 7	0. 48	0. 32	0. 07	0. 33	1. 80	0. 34
氮含量/%	0. 34	0. 21	0. 28	0. 08	0. 64	0. 47	0. 42
酸值/(mgKOH/g)	0. 39	0. 54	0. 35	0. 07	4. 26	2. 11	3. 61
蜡含量/%	15. 4	21. 6	25. 9	19. 1	8. 4	8. 0	2. 8
沥青质/%	0. 1	<0. 1	<0. 1	0. 9	1. 6	1. 5	2. 0
镍/(μg/g)	16. 8	5	13. 1	2. 2	75	23. 8	44. 7
钒/(μg/g)	1. 1	2. 2	0. 2	0. 1	1. 2	2. 4	1. 1
<200℃馏分收率/%	14. 89	11. 95	8. 87	15. 80	4. 37	3. 04	3. 17
<350℃馏分收率/%	36. 57	36. 08	29. 47	46. 78	19. 87	19. 28	22. 36
特性因数	12. 5	12. 2	12. 3	12. 5	11. 4	11. 7	11. 4
原油类别	含硫石蜡基	低硫石蜡基	低硫石蜡基	低硫石蜡基	低硫环烷基	含硫中间基	低硫环烷基

二、进口原油的特点

（一）进口原油概况

随着我国经济的发展，对原油的需求量也逐年增多。原油进口量从 2010 年的 239Mt，逐年上升至 2017 年的 420Mt。2017 年我国首次超过美国成为全球最大的原油进口国，石油对外依存度已高达 72.5%。因此了解国外原油性质，选好用好国外原油是目前各大炼油企业需要关注的重要方面。我国原油的主要来源情况见表 2-3-3。

表 2-3-3　中国原油进口来源　10^4t

进口来源	2000 年	2005 年	2010 年	2015 年	2016 年	2017 年	比上一年增幅/%	2017 年份额/%
沙特阿拉伯	573.02	2217.89	4463.00	5054.20	5100.34	5218.39	2.3	12.4
伊拉克	318.32	117.04	1123.83	3211.41	3621.64	3686.46	1.8	8.8
伊朗	700.05	1427.28	2131.95	2661.59	3129.75	3115.00	-0.5	7.4
阿曼	1566.08	1083.46	1586.83	3206.42	3506.92	3100.95	-11.6	7.4
科威特	43.34	164.57	983.39	1442.81	1633.96	1824.45	11.7	4.3
阿联酋	43.05	256.77	528.51	1256.97	1218.36	1016.23	-16.6	2.4
也门	361.24	697.85	402.11	155.85	40.26	156.74	289.4	0.4
卡塔尔	159.89	34.32	56.02	26.70	48.03	101.41	111.2	0.2
中东地区合计	3764.99	5999.19	11275.63	17015.96	18299.26	18219.63	-0.4	43.4
安哥拉	863.66	1746.28	3938.19	3870.75	4375.16	5042.99	15.3	12.0
刚果	145.44	553.48	504.83	586.20	694.31	888.54	28.0	2.1
加蓬	45.73	—	42.29	155.83	319.70	381.11	19.2	0.9
加纳	—	—	—	213.26	254.15	349.68	37.6	0.8
南苏丹	—	—	—	660.62	536.50	343.29	-36.0	0.8
利比亚	13.00	225.92	737.33	214.55	101.59	322.30	217.3	0.8
赤道几内亚	91.59	383.89	82.27	201.50	116.68	242.77	108.1	0.6
埃及	12.01	7.98	68.89	142.07	65.61	208.39	217.6	0.5
尼日利亚	118.66	131.02	129.10	65.86	84.84	120.50	42.0	0.3
喀麦隆	42.67	—	35.94	102.29	38.97	79.08	102.9	0.2
苏丹	331.36	662.08	1259.87	139.35	104.32	72.07	-30.9	0.2
民主刚果	—	—	—	12.42	30.14	59.07	96.0	0.1
乍得	—	54.75	96.31	23.07	35.35	58.65	65.9	0.1
南非	—	—	—	26.97	26.44	54.63	106.6	0.1
阿尔及利亚	—	81.64	175.40	30.82	—	26.88	—	0.1
其他国家	30.75	—	14.86	—	—	12.46	—	0.0
非洲地区合计	1694.86	3847.05	7085.27	6445.56	6783.76	8262.40	21.8	19.7

续表

进口来源	2000 年	2005 年	2010 年	2015 年	2016 年	2017 年	比上一年增幅/%	2017 年份额/%
俄罗斯	147.67	1277.59	1524.52	4243.17	5247.91	5979.64	13.9	14.2
英国	104.15	0.00	8.14	197.27	495.70	844.02	70.3	2.0
哈萨克斯坦	72.42	129.00	1005.38	499.10	323.40	250.21	-22.6	0.6
挪威	147.78	51.77	7.86	17.09	82.48	142.18	72.4	0.3
阿塞拜疆	—	0.00	12.75	28.42	95.31	128.17	34.5	0.3
其他国家	—	—	27.42	—	3.60	—	-100.0	0.0
欧洲/苏联合计	472.03	1458.36	2586.08	4985.06	6248.41	7344.22	17.5	17.5
巴西	22.78	134.32	804.77	1391.75	1914.04	2308.31	20.6	5.5
委内瑞拉	—	192.79	754.96	1600.89	2015.67	2177.03	8.0	5.2
哥伦比亚	—	—	200.03	886.66	880.72	945.21	7.3	2.3
美国	10.55	0.00	0.00	6.24	48.56	765.43	>999.9	1.8
厄瓜多尔	—	9.30	81.03	139.73	114.40	146.33	27.9	0.3
阿根廷	—	91.23	113.55	43.69	160.87	142.57	-11.4	0.3
墨西哥	—	—	113.07	81.25	99.90	129.76	29.9	0.3
加拿大	—	0.00	30.84	12.36	16.01	58.64	266.2	0.1
其他国家	—	7.70	5.82	108.57	12.50	—	-100.0	0.0
西半球合计	33.34	435.33	2104.06	4271.14	5262.66	6673.28	26.8	15.9
马来西亚	74.43	34.79	207.95	27.14	240.76	658.83	173.6	1.6
越南	315.85	319.55	68.34	211.66	426.65	236.06	-44.7	0.6
澳大利亚	110.84	23.24	287.04	238.86	323.84	210.11	-35.1	0.5
印度尼西亚	464.11	408.52	139.41	161.55	284.85	148.57	-47.8	0.4
蒙古	0.96	2.17	28.70	110.41	108.67	103.01	-5.2	0.2
泰国	28.51	119.23	23.13	—	88.98	81.23	-8.7	0.2
文莱	27.55	50.15	102.46	15.95	35.93	59.31	65.1	0.1
其他国家	39.06	10.74	23.07	65.84	0.00	0.00	-27.3	0.0
亚太地区合计	1061.31	968.39	880.10	831.41	1509.68	1497.12	-0.8	3.6
进口量合计	7026.53	12708.32	23931.14	33549.13	38103.78	41996.65	10.2	100.0
其中：欧佩克	2970.31	6988.73	15227.26	19933.61	21880.12	23421.84	7.0	55.8
中东所占比例	53.6%	47.2%	47.1%	50.7%	48.0%	43.4%		

从表 2-3-3 来看，我国原油主要来源于中东、非洲、欧洲/苏联和西半球地区，2017 年来自中东、非洲、欧洲/苏联、西半球地区国家的原油占进口量的份额分别是 43.4%、19.7%、17.5%、15.9%。此外，进口量排名前 10 的国家分别是俄罗斯、沙特阿拉伯、安哥拉、伊拉克、伊朗、阿曼、巴西、委内瑞拉、科威特和阿联酋，从这 10 个国家进口的原油

占全部进口原油总量的79.6%，并且排名前10的国家中有6个是中东国家。

（二）进口原油的主要特点

为有针对性地了解进口原油的情况，下面分地区重点考察进口原油的主要性质。

表2-3-4中所列中东地区原油密度分布在0.8187~0.8894g/cm^{3}之间，为轻质或中质原油，原油凝点、黏度、蜡含量均较低，流动性较好；硫含量分布在0.78%~2.92%之间，为含硫或高硫原油；酸值较低，均为低酸原油；沥青质含量、金属元素Ni和V含量较高，且Ni/V比值小于1。轻质油中<200℃的石脑油馏分收率在18.93%~33.78%，平均值24.95%；<350℃馏分收率在40.72%~63.47%，平均值49.85%，轻质油收率较高。总体而言，中东原油具有高硫、高轻质油收率、低酸、低凝的特点。

表2-3-5中所列非洲地区原油的硫含量均不高，除安哥拉达连、安哥拉罕戈、加蓬曼吉原油大于0.5%外，其他均为低硫原油；整体酸值不高，除安哥拉达连和奎都是高酸原油外，安哥拉罕戈、赤道几内亚塞巴、刚果杰诺是含酸原油，其他均为低酸原油；从金属元素来看，非洲地区原油的Ni/V均大于1；此外，来自北非地区利比亚、埃及的原油多为石蜡基原油。

表2-3-6中所列南美地区原油整体密度偏高，基本在0.90g/cm^{3}以上，均为重质原油；从酸值上来看，高酸原油有巴西马利姆、奥斯特拉、荣卡多重质、委内瑞拉BCF-17、玛瑞、奥利诺科、蒂亚胡安娜、哥伦比亚马格达莱纳，含酸原油有巴西帕尔沃、阿根廷埃斯卡兰特为，其他为低酸原油；从硫含量上来看，高硫原油有委内瑞拉BCF-17、玛瑞、奥利诺科、蒂亚胡安娜、厄瓜多尔纳波，含硫原油有巴西马利姆、帕尔沃、荣卡多重质、厄瓜多尔澳瑞特、哥伦比亚卡斯提拉、哥伦比亚马格达莱纳、哥伦比亚瓦斯科尼亚；南美地区原油的金属Ni和V含量均较高。整体而言，巴西原油呈现出高酸原油的特点，委内瑞拉原油为既是高酸又是高硫原油，南美地区的原油整体偏重，对应的其<200℃的石脑油馏分收率和<350℃轻质油收率均较低。2种美国原油均为低硫中间基原油，其中巴肯原油是一种致密油，与普通原油性质相比，属于性质较好的一类。

表2-3-7中所列俄罗斯原油为轻质或中质原油，对应的轻质油<200℃的石脑油馏分收率和<350℃轻质油收率均较高，乌拉尔原油和埃斯坡原油为含硫原油，索克尔原油和威特亚兹原油为低硫原油，所列4种俄罗斯原油均为低酸原油；来自中亚地区的哈萨克斯坦库姆克尔原油和阿塞拜疆阿扎瑞原油均为轻质原油，且硫含量、酸含量均较低，分别是低硫石蜡基原油和低硫中间基原油；来自欧洲地区的英国布伦特原油和福蒂斯原油、挪威奥斯博格原油和斯卡福原油均是轻质原油，除福蒂斯原油外，其他为低硫原油，四种原油均为中间基原油，且为低酸原油，此外金属杂原子中Ni和V含量较低。总体而言，欧洲/前苏联地区原油多为轻质原油，其轻质油收率较高，且硫含量、酸值、金属含量均不高。

表2-3-8中所列亚太地区原油中，总的来说，除印度尼西亚杜里原油外，其硫含量、酸值、残炭、金属含量均较低，且轻质油收率较高，大多数为低硫石蜡基原油。同时，也存在比较少见的低密度、低酸值的环烷基原油，如马来西亚布拉安、文莱钱皮恩、文莱诗里亚轻质原油。

表 2-3-4 中东地区主要原油的性质

原油中文名称	沙特阿拉伯轻质	沙特阿拉伯中质	沙特阿拉伯重质	迪拜阿联酋穆尔班	迪拜阿联酋阿布扎库姆	阿曼
原油英文名称	Arabian Light	Arabian Medium	Arabian Heavy	Murban	Upper Zakum	Oman
API 度	33.1	30.6	26.9	40.5	34	30.8
密度(20℃)/(g/cm^3)	0.8559	0.8690	0.8894	0.8187	0.8509	0.8679
运动黏度(40℃)/(mm^2/s)	6.52	7.3	19.2	3.7	7.13	14.5
运动黏度(50℃)/(mm^2/s)	5.15	5.98	14	3.03	5.64	10.5
凝点/℃	-28	-36	7	-10	-12	-31
倾点/℃	-25	-33	10	-7	-9	-28
残炭/%	4.38	4.72	8.48	2.25	4.13	4.89
硫含量/%	1.84	2.57	2.92	0.78	1.84	1.47
氮含量/%	0.11	0.11	0.17	0.03	0.09	0.13
酸值/(mgKOH/g)	0.07	0.19	0.23	0.07	0.04	0.49
蜡含量/%	4.1	6.4	7.8	4.4	5.8	2.5
沥青质/%	1.6	1.1	5.5	0.5	1.3	0.3
镍/(μg/g)	5.6	7.5	16.7	1.6	5.8	11.1
钒/(μg/g)	16.3	22.0	57.3	2.7	9.4	8.8
<200℃馏分收率/%	25.23	23.25	18.93	33.78	26.91	20.48
<350℃馏分收率/%	51.33	47.22	41.07	63.47	52.03	40.72
特性因数	12.0	12.0	11.9	12.2	12.0	12.1
原油类别	含硫中间基	高硫中间基	高硫中间基	含硫中间基	含硫中间基	含硫中间基

原油中文名称	卡塔尔海上	卡塔尔陆上	伊拉克巴士拉	伊朗重质	伊朗轻质	科威特
原油英文名称	Qatar Marine	Qatar Land	Basrah	Iran Heavy	Iran Light	Kuwait
API 度	32.8	39.1	30.2	29.4	33.7	30.5
密度(20℃)/(g/cm^3)	0.8574	0.8255	0.8711	0.8753	0.8527	0.8697
运动黏度(40℃)/(mm^2/s)	6.7	3.22	9.35	10.1	7.28	10.8
运动黏度(50℃)/(mm^2/s)	5.28	2.68	6.99	7.84	5.6	8.4
凝点/℃	-21	-33	-33	-26	-12	-24
倾点/℃	-18	-30	-30	-23	-9	-21
残炭/%	4.43	1.84	6.17	6.17	4.13	6.83
硫含量/%	1.94	1.34	2.9	2.08	1.45	2.58
氮含量/%	0.06	0.05	0.11	0.23	0.23	0.14
酸值/(mgKOH/g)	0.09	0.03	0.12	0.07	0.06	0.14
蜡含量/%	4.9	10.7	4.1	6.2	6.0	4.7
沥青质/%	1.7	0.3	2.4	3.0	1.5	2.3
镍/(μg/g)	11.3	0.3	11.1	25.2	16.7	9.8
钒/(μg/g)	31.0	2.2	40.6	90.2	54.0	33.4
<200℃馏分收率/%	24.30	33.48	22.17	22.00	25.70	23.17
<350℃馏分收率/%	50.21	62.63	46.71	45.35	51.49	45.94
特性因数	12.0	12.1	11.9	11.9	12.0	12.1
原油类别	含硫中间基	含硫中间基	高硫中间基	高硫中间基	含硫中间基	高硫中间基

表 2-3-5 非洲地区主要原油的性质

原油中文名称	安哥拉卡宾达	安哥拉达连	安哥拉吉拉索	安哥拉罕戈	安哥拉奎都	埃及卡伦
原油英文名称	Cabinda	Dalia	Girassol	Hungo	Kuito	Qarun
API 度	32.6	23.4	30.1	28.1	22.7	34.4
密度(20℃)/(g/cm^3)	0.8582	0.9096	0.8716	0.8829	0.9140	0.8487
运动黏度(50℃)/(mm^2/s)	10.40	31.50	8.06	10.50	42.80	9.29
运动黏度(80℃)/(mm^2/s)	5.45	11.10	3.94	5.41	19.50	4.65
凝点/℃	3	-42	-30	-32	-24	18
倾点/℃	6	-39	-27	-29	-21	21
残炭/%	3.83	4.03	3.04	6.32	6.55	3.53
硫含量/%	0.12	0.52	0.34	0.68	0.73	0.29
氮含量/%	0.19	0.24	0.16	0.23	0.49	0.09
酸值/(mgKOH/g)	0.13	1.59	0.37	0.55	1.50	0.19
蜡含量/%	10.0	2.0	6.0	5.1	2.5	11.8
沥青质/%	0.7	0.7	0.4	0.9	0.9	0.4
镍/(μg/g)	15.5	20.5	11.1	17.9	48.5	6.7
钒/(μg/g)	0.5	8.1	4.5	15.7	45.1	7.2
<200℃馏分收率/%	19.47	8.84	17.56	20.29	13.10	18.00
<350℃馏分收率/%	42.79	35.74	45.64	44.40	36.90	44.46
特性因数	12.2	11.8	12.0	11.9	11.8	12.4
原油类别	低硫石蜡基	含硫中间基	低硫中间基	含硫中间基	含硫中间基	低硫石蜡基

原油中文名称	赤道几内亚塞巴	刚果杰诺	加纳朱比利	加蓬埃塔姆	加蓬曼吉	加蓬拉比
原油英文名称	Ceiba	Djeno	Jubilee	Etame	Mandji	Rabi
API 度	30.0	28.1	36.4	35.7	29.5	32.6
密度(20℃)/(g/cm^3)	0.8720	0.8826	0.8386	0.8421	0.8747	0.8581
运动黏度(50℃)/(mm^2/s)	9.00	19.40	4.04	12.7	14.5	14.2
运动黏度(80℃)/(mm^2/s)	4.28	7.96	2.20	5.61	6.22	6.57
凝点/℃	-48	-3	-6	28	6	30
倾点/℃	-45	0	-3	31	9	33
残炭/%	3.31	5.22	1.92	3.02	4.67	2.3
硫含量/%	0.42	0.35	0.26	0.07	1.10	0.08
氮含量/%	0.16	0.28	0.17	0.08	0.23	0.10
酸值/(mgKOH/g)	0.80	0.69	0.19	0.25	0.44	0.14
蜡含量/%	3.9	7.5	6.8	18.7	7.6	17.7
沥青质/%	0.4	0.5	0.1	0.7	0.9	<0.1
镍/(μg/g)	9.7	25.8	4.7	18.9	58.1	17.7
钒/(μg/g)	4.7	8.1	2.2	0.3	50.0	1.0
<200℃馏分收率/%	19.46	15.17	28.92	15.64	17.79	12.04
<350℃馏分收率/%	46.22	37.80	55.84	39.01	41.48	36.88
特性因数	11.9	12.1	12.1	12.6	12.0	12.5
原油类别	低硫中间基	低硫中间基	低硫中间基	低硫石蜡基	含硫中间基	低硫石蜡基

续表

原油中文名称	利比亚 阿姆纳	利比亚 布阿蒂菲尔	利比亚 萨里尔	尼日利亚 博尼轻质	尼日利亚 幅卡多斯	尼日利亚 卡伊博
原油英文名称	Amna	Bu Attifel	Sarir	Bonny Light	Forcados	Que Iboe
API 度	37.3	42.6	36.9	35.4	30.3	35.7
密度(20℃)/(g/cm^3)	0.8344	0.8084	0.8363	0.8438	0.8708	0.8425
运动黏度(50℃)/(mm^2/s)	6.75	5.25	6.63	2.84	4.46	3.07
运动黏度(80℃)/(mm^2/s)	3.29	2.78	3.39	1.62	2.64	1.91
凝点/℃	13	30	24	-36	-9	13
倾点/℃	16	33	27	-33	-6	16
残炭/%	2.29	0.487	4.65	1.23	1.07	1.07
硫含量/%	0.14	0.02	0.13	0.17	0.16	0.13
氮含量/%	0.09	0.01	0.09	0.09	0.10	0.09
酸值/(mgKOH/g)	0.10	0.10	0.06	0.24	0.41	0.42
蜡含量/%	12.0	19.4	13.8	7.1	4.4	9.2
沥青质/%	<0.1	0.1	0.4	0.1	<0.1	<0.1
镍/(μg/g)	3.2	0.6	4.4	3.8	2.9	3.5
钒/(μg/g)	0.9	0.5	0.7	0.5	0.4	0.3
<200℃馏分收率/%	21.74	18.54	21.66	30.48	21.29	29.96
<350℃馏分收率/%	47.30	48.86	47.96	66.67	63.09	64.53
特性因数	12.5	12.8	12.4	11.7	11.6	11.8
原油类别	低硫石蜡基	低硫石蜡基	低硫石蜡基	低硫中间基	低硫中间基	低硫中间基

表 2-3-6　南美洲和美国地区主要原油的性质

原油中文名称	巴西 马利姆	巴西 奥斯特拉	巴西 帕尔沃	巴西 荣卡多重质	委内瑞拉 BCF-17	委内瑞拉 波斯坎
原油英文名称	Marlim	Ostra	Polvo	Roncador Heavy	BCF-17	Boscan
API 度	19.9	23.1	19.7	18	16.9	10.7
密度(20℃)/(g/cm^3)	0.9307	0.9115	0.9322	0.9428	0.9498	0.9913
运动黏度(50℃)/(mm^2/s)	82.3	42.1	97.1	81.7	151.0	7020
运动黏度(80℃)/(mm^2/s)	23.4	13.7	28.9	23.1	37.9	616.0
凝点/℃	-31	-27	-29	-27	-35	24
倾点/℃	-28	-24	-26	-24	-32	27
残炭/%	7.31	2.21	9.33	6.58	11.00	15.80
硫含量/%	0.70	0.25	1.14	0.69	2.53	5.54
氮含量/%	4520	1380	5170	3570	3580	4810
酸值/(mgKOH/g)	1.17	3.00	0.62	2.76	2.52	1.24
蜡含量/%	1.8	5.4	3.1	2.1	0.9	1.9
沥青质/%	3.4	0.4	7.2	1.9	4.2	12.8
镍/(μg/g)	19.6	5.2	19.2	13.0	48.6	98.6
钒/(μg/g)	22.9	3.7	32.7	20.8	360.0	1050.0
<200℃馏分收率/%	11.49	3.80	9.74	6.46	6.53	3.92
<350℃馏分收率/%	32.00	31.85	28.38	26.94	24.51	16.81
特性因数	11.6	11.9	11.7	11.6	11.6	11.4
原油类别	含量中间基	低硫中间基	含量中间基	含量中间基	高硫中间基	高硫环烷基

续表

原油中文名称	委内瑞拉玛瑞	委内瑞拉奥利诺科	委内瑞拉蒂亚胡安娜	阿根廷埃斯卡兰特	厄瓜多尔纳波	厄瓜多尔澳瑞特
原油英文名称	Mery	Orinoco	Tia Juana	Escalante	Napo	Oriente
API 度	17.8	10.5	11	24.3	17.9	23.1
密度(20℃)/(g/cm^3)	0.9437	0.9927	0.9893	0.9041	0.9431	0.9113
运动黏度(50℃)/(mm^2/s)	81.0	5920	2660	167.0	132.0	32.7
运动黏度(80℃)/(mm^2/s)	23.1	558.0	334.0	37.1	30.6	11.3
凝点/℃	-18	21	9	-1	-33	-24
倾点/℃	-15	24	12	2	-30	-21
残炭/%	11.10	12.70	13.20	8.64	12.90	10.10
硫含量/%	2.59	3.40	2.66	0.19	2.16	1.52
氮含量/%	3650	3310	3220	3040	3810	2920
酸值/(mgKOH/g)	1.50	1.80	4.22	0.64	0.24	0.29
蜡含量/%	4.3	5.9	0.9	9.3	5.1	4.9
沥青质/%	9.1	10.7	8.0	3.2	17.4	8.9
镍/(μg/g)	52.2	88.1	53.2	2.2	93.2	59.7
钒/(μg/g)	217.0	379.0	412.0	3.7	253.0	150.0
<200℃馏分收率/%	10.10	0.10	1.06	10.94	9.83	14.66
<350℃馏分收率/%	31.11	12.81	14.26	29.45	28.04	37.26
特性因数	11.5	11.4	11.5	12.1	11.7	11.8
原油类别	高硫环烷基	高硫环烷基	高硫环烷基	低硫中间基	高硫中间基	含硫中间基

原油中文名称	哥伦比亚卡斯提拉	哥伦比亚马格达莱纳	哥伦比亚瓦斯科尼亚	美国巴肯	美国布莱恩芒德
原油英文名称	Castilla	Magdalena	Vasconia	Bakken	Bryan Mound Sweet
API 度	18.4	20.4	25.6	41.3	35.9
密度(20℃)/(g/cm^3)	0.9399	0.9277	0.8966	0.8146	0.8414
运动黏度(50℃)/(mm^2/s)	105.0	125.0	8.1	1.1	3.5
运动黏度(80℃)/(mm^2/s)	33.9	30.8	3.1	0.8	1.9
凝点/℃	-15	-3	-6	-22	-7
倾点/℃	-12	0	-3	-19	-4
残炭/%	13.30	9.26	6.61	0.75	2.46
硫含量/%	1.81	1.60	0.89	0.16	0.33
氮含量/%	2540	3910	1800	695	1180
酸值/(mgKOH/g)	0.14	2.78	0.31	0.07	0.10
蜡含量/%	6.7	2.4	7.6	7.4	6.4
沥青质/%	11.0	3.7	5.8	0.0	0.4
镍/(μg/g)	78.3	54.5	30.2	1.1	3.3
钒/(μg/g)	295.0	138.0	102.0	0.3	4.1
<200℃馏分收率/%	16.51	13.09	17.15	36.08	28.87
<350℃馏分收率/%	32.73	31.11	44.77	63.96	57.43
特性因数	11.4	11.7	11.7	12.1	12.0
原油类别	含硫环烷基	含硫中间基	含硫中间基	低硫中间基	低硫中间基

表 2-3-7　欧洲/独联体地区主要原油的性质

原油中文名称	俄罗斯 索克尔	俄罗斯 威特亚兹	俄罗斯 埃斯坡	俄罗斯 乌拉尔	哈萨克斯坦 库姆克尔
原油英文名称	Sokol	Vityaz	ESPO	Ural	Kumkol
API 度	38.9	42.3	36.0	31.0	39.2
密度(20℃)/(g/cm^3)	0.8263	0.8101	0.8408	0.8666	0.8249
运动黏度(50℃)/(mm^2/s)	2.0	1.3	4.5	8.7	3.7
运动黏度(80℃)/(mm^2/s)	1.3	1.0	2.3	4.3	2.1
凝点/℃	-27	-78	-40	-7	21
倾点/℃	-24	-76	-37	-4	24
残炭/%	0.42	0.78	2.28	4.20	1.43
硫含量/%	0.19	0.17	0.59	1.33	0.21
氮含量/%	0.05	0.09	0.08	0.18	0.11
酸值/(mgKOH/g)	0.14	0.10	0.06	0.03	0.11
蜡含量/%	5.3	0.7	3.3	10.0	18.2
沥青质/%	0.1	0.3	0.2	1.8	0.2
镍/(μg/g)	1.0	1.4	6.1	12.4	5.3
钒/(μg/g)	0.2	0.6	6.5	44.7	4.2
<200℃馏分收率/%	33.67	53.09	27.17	21.19	26.38
<350℃馏分收率/%	73.36	79.04	54.33	46.84	54.30
特性因数	11.9	11.7	12.1	12.0	12.4
原油类别	低硫中间基	低硫中间基	含硫中间基	含硫中间基	低硫石蜡基

原油中文名称	阿塞拜疆阿扎瑞	英国布伦特	英国福蒂斯	挪威奥斯博格	挪威斯卡福
原油英文名称	Azeri	Brent	Forties	Oseberg	Skarv
API 度	35.8	37.7	38.2	38.5	36.1
密度(20℃)/(g/cm^3)	0.8416	0.8321	0.8299	0.8282	0.8405
运动黏度(50℃)/(mm^2/s)	4.9	3.2	2.6	2.1	3.1
运动黏度(80℃)/(mm^2/s)	2.5	2.0	1.7	1.4	1.8
凝点/℃	-24	3	-8	-13	2
倾点/℃	-21	6	-5	-10	5
残炭/%	1.24	1.78	1.85	2.01	1.43
硫含量/%	0.13	0.38	0.78	0.26	0.34
氮含量/%	0.10	0.11	0.11	0.98	0.64
酸值/(mgKOH/g)	0.36	0.04	0.09	0.25	0.04
蜡含量/%	7.0	4.8	6.6	4.3	7.8
沥青质/%	0.0	0.4	0.2	0.3	0.1
镍/(μg/g)	3.2	1.1	3.5	1.5	0.4
钒/(μg/g)	0.3	7.3	10.8	2.5	1.1
<200℃馏分收率/%	22.35	31.01	33.96	34.52	28.26
<350℃馏分收率/%	54.54	58.34	59.81	62.46	59.23
特性因数	12.1	12.1	12.1	12.0	12.0
原油类别	低硫中间基	低硫中间基	含硫中间基	低硫中间基	低硫中间基

表 2-3-8 亚太地区主要原油的性质

原油中文名称	马来西亚 杜朗	马来西亚 拉布安	马来西亚 塔皮斯	印度尼西亚 辛塔	印度尼西亚 杜里	印度尼西亚 卡吉
原油英文名称	Dulang	Labuan	Tapis	Cinta	Duri	Kaji
API 度	37.6	29.9	42.8	31.3	20.5	37.4
密度(20℃)/(g/cm^3)	0.8326	0.8726	0.8076	0.8651	0.9273	0.8339
运动黏度(50℃)/(mm^2/s)	3.75	3.01	1.80	17.10	177.00	3.42
运动黏度(80℃)/(mm^2/s)	2.04	1.71	1.02	7.24	47.40	2.59
倾点/℃	33	0	12	39	15	24
残炭/%	0.22	0.35	0.78	4.40	6.99	1.70
硫含量/%	0.05	0.08	0.04	0.10	0.22	0.07
氮含量/(μg/g)	61	199	177	2060	3120	431
酸值/(mgKOH/g)	0.42	0.20	0.21	0.66	1.30	0.09
蜡含量/%	14.0	5.0	12.2	18.5	14.9	10.9
沥青质/%	<0.1	<0.1	0.1	<0.1	0.3	0.4
镍/(μg/g)	2.8	<0.1	0.9	15.6	29.6	2.7
钒/(μg/g)	0.1	<0.1	<0.1	1.9	3.0	0.1
<200℃馏分收率/%	13.78	21.74	33.99	12.26	5.06	28.27
<350℃馏分收率/%	64.00	71.48	70.29	33.06	22.01	60.36
特性因数	12.2	11.4	12.2	12.5	11.6	12.0
原油类别	低硫石蜡基	低硫环烷基	低硫石蜡基	低硫石蜡基	低硫中间基	低硫中间基

原油中文名称	印度尼西米 纳斯	印度尼西亚 苇杜里	越南 白虎	越南 大熊	越南 鲁比	越南 黑狮
原油英文名称	Minas	Widuri	Bach Ho	Dai Hung	Ruby	Sutuden
API 度	34.2	32.1	40.8	33.6	37.1	37.4
密度(20℃)/(g/cm^3)	0.8500	0.8608	0.8172	0.8529	0.8353	0.8337
运动黏度(50℃)/(mm^2/s)	12.60	27.80	5.00	5.03	6.69	7.05
运动黏度(80℃)/(mm^2/s)	5.61	10.00	2.15	2.63	3.39	3.75
倾点/℃	36	42	34	15	27	36
残炭/%	2.82	3.31	0.81	2.23	2.86	3.43
硫含量/%	0.09	0.09	0.03	0.10	0.07	0.05
氮含量/(μg/g)	655	1650	434	573	619	862
酸值/(mgKOH/g)	0.06	0.13	0.02	0.60	0.16	0.02
蜡含量/%	19.6	28.4	13.9	13.1	13.5	19.0
沥青质/%	0.5	<0.1	<0.1	0.3	0.5	0.8
镍/(μg/g)	14.6	13.9	0.6	2.2	8.4	3.0
钒/(μg/g)	0.4	0.2	<0.1	0.2	4.7	0.2
<200℃馏分收率/%	13.28	7.65	22.31	23.05	23.52	18.96
<350℃馏分收率/%	38.13	26.64	51.09	55.61	49.35	46.26
特性因数	12.5	12.6	12.6	11.9	12.3	12.5
原油类别	低硫石蜡基	低硫石蜡基	低硫石蜡基	低硫中间基	低硫石蜡基	低硫石蜡基

续表

原油中文名称	泰国 班曲马斯	泰国 坦塔万	文莱 钱皮恩	文莱 诗里亚轻质	澳大利亚 科萨卡	澳大利亚 吉布斯兰德
原油英文名称	Benchamas	Tantawan	Champion	Seria Light	Cossack	Cippsland
API 度	43	47.9	31.7	35.4	48.1	50.3
密度(20℃)/(g/cm³)	0.8068	0.7844	0.8632	0.8438	0.7837	0.7739
运动黏度(50℃)/(mm²/s)	4.22	1.84	3.05	1.93	1.24	1.03
运动黏度(80℃)/(mm²/s)	2.75	1.14	2.10	1.25	0.88	0.74
倾点/℃	32	18	9	-29	-12	-24
残炭/%	1.13	0.66	1.08	0.40	0.40	0.20
硫含量/%	0.04	0.05	0.10	0.08	0.04	0.08
氮含量/(μg/g)	258	115	314	222	393	63
酸值/(mgKOH/g)	0.12	0.07	0.37	0.22	0.02	0.05
蜡含量/%	14.9	11.5	1.1	5.2	4.6	6.8
沥青质/%	0.4	<0.1	0.2	<0.1	<0.1	<0.1
镍/(μg/g)	0.3	0.2	0.5	0.6	1.0	0.1
钒/(μg/g)	0.3	0.1	<0.1	0.1	0.5	<0.1
<200℃馏分收率/%	27.12	40.98	26.99	33.35	49.44	51.84
<350℃馏分收率/%	52.34	75.16	70.69	77.76	79.17	80.37
特性因数	12.6	12.4	11.5	11.5	12.1	12.2
原油类别	低硫石蜡基	低硫石蜡基	低硫环烷基	低硫环烷基	低硫石蜡基	低硫石蜡基

三、典型原油直馏馏分的性质评价

不同类型原油的性质差异较大，蒸馏得到的直馏馏分也存在差异，作为二次加工原料所适应的加工路线和产品方案也不尽相同。为分析不同类型原油的馏分油性质差异，比较其可加工性能，选取各具特点的6种典型原油进行分析，大庆原油为硫含量和酸值均较低的石蜡基原油，胜利原油为含硫和酸值较高的中间基原油，辽河原油为硫含量较低而酸值较高的环烷基原油，塔河原油为硫含量较高而酸值较低的中间基原油，沙特阿拉伯中质(简称沙中)原油为硫含量很高酸值较低的中间基原油，安哥拉吉拉索原油为硫含量和酸值均较低的中间基原油，原油性质见表2-3-2、表2-3-4~表2-3-8。这6种原油的直馏馏分的性质特点如下。

(一) 初馏点~180℃石脑油馏分的性质

6种原油的直馏石脑油的性质见表2-3-9，从表中可以看出，大庆、胜利、辽河、塔河4种国产原油的石脑油收率较低，而沙中、吉拉索石脑油的收率相对较高。直馏石脑油的辛烷值均较低，因此如果用作车用汽油的话，必须要经过催化重整以提高辛烷值。相对而言，胜利、辽河、吉拉索石脑油中环烷烃和芳烃含量较高，具有较大的芳烃指数 $N+2A$ 或芳烃潜含量，是比较好的催化重整原料；而沙中、大庆、塔河石脑油中含有更多的链烷烃，不适合催化重整，更适合裂解生产乙烯。此外，直馏石脑油中均有一定量的杂原子，且胜利、沙中石脑油中有较高的硫醇硫，辽河、胜利、吉拉索石脑油的酸度较高，需注意防腐和适当加氢精制。

表 2-3-9　初馏点~180℃石脑油馏分性质

分析项目		大庆	胜利	辽河	塔河	沙中	吉拉索
质量收率/%		7.97	2.85	3.56	8.04	19.43	13.75
体积收率/%		9.40	3.55	4.45	10.42	23.48	15.93
API 度		60.3	53.4	53.6	61.3	64.7	56
密度(20℃)/(g/cm^3)		0.7332	0.7608	0.7600	0.7294	0.7164	0.7499
酸度/(mgKOH/100mL)		0.3	9.0	13.7	0.4	1.4	5.7
硫含量/(μg/g)		233	1179	131	370	546	108
氮含量/(μg/g)		1.0	3.0	1.9	1.3	1.9	1.6
硫醇硫含量/(μg/g)		93	175	19	66	140	5
质量组成/%	正构烷烃	39.14	18.00	17.38	30.69	41.02	11.14
	异构烷烃	21.78	27.34	25.91	34.94	36.29	26.93
	环烷烃	33.67	41.04	41.00	25.85	13.22	49.36
	芳烃	5.11	13.13	15.57	8.47	9.48	12.57
馏程/℃	初馏点	49.5	78.0	83.1	54.0	61.1	66.2
	10%	87.2	98.0	104.1	86.3	63.59	83.31
	30%	109.2	118.0	117.9	107.7	98.56	100.59
	50%	127.2	134.0	130.0	124.7	117.04	117.4
	70%	143.5	147.0	146.1	141.9	136.32	137.4
	90%	161.0	163.0	162.3	159.6	153.37	155.64
	终馏点	177.0	181.0	176.8	179.1	167.06	167.79
特性因数		12.2	11.8	11.8	12.2	12.25	11.76
相关指数		13.50	25.67	25.27	13.26	11.68	25.93
辛烷值(*RON*)		40.0	52.0	53.9	43.1	47.6	64.2

（二）140~240℃喷气燃料馏分的性质

6 种原油的喷气燃料馏分性质见表 2-3-10，从表中可以看出，4 种国产原油的喷气燃料收率相对较低。影响喷气燃料使用性能的指标主要有冰点、烟点、密度等，理想情况下希望冰点低、烟点高、密度大，这样才能确保喷气燃料有良好的低温性能和燃烧性能，但这几种性质相互制约。要使喷气燃料有较低的冰点，则需要其中多含环烷烃、芳烃组分，但芳烃组分燃烧时容易出现黑烟，会造成烟点不合格。通常将喷气燃料性质与 3 号喷气燃料标准对比，需要其冰点不高于-47℃、烟点不小于 25mm，因此大庆、沙中喷气燃料适合于生产 3 号喷气燃料，而其他几种尤其是辽河、胜利不能满足 3 号喷气燃料的要求，此外标准对密度、酸度、硫醇硫均有要求，一般直馏喷气燃料需适当精制。

表 2-3-10　140~240℃喷气燃料馏分性质

分析项目	大庆	胜利	辽河	塔河	沙中	吉拉索
质量收率/%	9.12	4.65	4.61	8.52	16.06	14.49
体积收率/%	10.07	5.37	5.35	10.21	17.79	15.57

续表

分析项目		大庆	胜利	辽河	塔河	沙中	吉拉索
*API*度		48.3	40.2	40.7	46.9	48.3	42.4
密度(20℃)/(g/cm^3)		0.7829	0.8200	0.8177	0.7892	0.7828	0.8096
运动黏度(20℃)/(mm^2/s)		1.580	1.760	1.890	1.555	1.47	1.59
运动黏度(40℃)/(mm^2/s)		1.170	1.320	1.370	1.166	1.08	1.16
硫含量/%		0.02	0.33	0.04	0.10	0.19	0.03
氮含量/(μg/g)		4.0	17.4	17.1	4.3	0.3	0.2
酸值/(mgKOH/g)		0.007	0.196	0.240	0.011	0.027	0.208
冰点/℃		-49	-60	-42	-58	-53	-64
烟点/mm		31.0	17.5	23.0	23.0	29.4	21.5
硫醇硫含量/(μg/g)		88	103	14	14	124	6
苯胺点/℃		64.5	50.6	56.8	61.6	57.4	54.4
闪点(闭口)/℃		45	48	58	46	51	55
饱和烃/%(体)		92.3	82.0	84.4	88.2	83.7	82.2
芳香烃/%(体)		7.7	18.0	15.6	11.8	16.3	17.8
馏程/℃	初馏点	151.5	158.5	170.0	157.5	161.4	165.7
	10%	168.0	173.6	183.0	167.5	163.0	169.2
	30%	179.0	185.5	192.5	177.5	170.2	179.7
	50%	191.0	197.8	203.0	189.0	182.7	192.0
	70%	204.0	209.8	214.0	203.0	198.0	204.4
	90%	220.0	222.6	226.5	218.0	214.2	216.7
	终馏点	231.5	232.4	235.0	228.0	226.2	227.2
特性因数		12.0	11.5	11.6	11.9	11.9	11.6
相关指数		20.5	36.8	34.5	23.8	21.7	32.8
十六烷指数		48.4	34.5	37.9	43.4	42.2	35.4

（三）180~350℃柴油馏分的性质

6种原油直馏柴油馏分的性质见表2-3-11。从表中可以看出，密度越高的直馏柴油，对应的黏度也越大、十六烷指数也越低，如胜利、辽河柴油馏分的密度较大，分别为0.8642g/cm^3、0.8612g/cm^3，对应的其20℃黏度分别为6.21mm^2/s、6.23mm^2/s，十六烷指数分别是45.4、45.7。此外，目前我国柴油的牌号按凝点划分，分为5号、0号、-10号、-20号、-35号、-50号柴油，因此大庆柴油馏分可用作0号柴油调和组分，胜利、辽河、沙中柴油馏分可用作-10号柴油调和组分，塔河、吉拉索柴油馏分可用作-20号柴油调和组分。当用作车用柴油时，按国Ⅴ柴油标准要求，硫含量不得大于10μg/g、酸度不得大于7mgKOH/g，且对其他性质也有要求，因此这6种原油的直馏柴油均需精制后方可作为相应牌号的柴油。

表 2-3-11 180~350℃柴油馏分性质

分析项目		大庆	胜利	辽河	塔河	沙中	吉拉索
质量收率/%		21.46	16.17	16.23	18.77	26.90	31.02
体积收率/%		22.76	17.72	17.88	21.06	28.13	32.08
API 度		41.6	31.5	32.1	35.7	38.2	35.8
密度(20℃)/(g/cm^3)		0.8135	0.8642	0.8612	0.8421	0.8298	0.8417
运动黏度(20℃)/(mm^2/s)		4.27	6.21	6.23	4.63	3.60	4.08
运动黏度(40℃)/(mm^2/s)		2.77	3.70	3.68	2.90	2.41	2.70
酸度/(mgKOH/100mL)		3.2	49.8	123.2	1.8	6.9	30.5
凝点/℃		-4	-18	-14	-24	-19	-24
倾点/℃		-3	-12	-12	-24	-16	-21
冷滤点/℃		-2	-10	-11	-20	-14	-19
苯胺点/℃		78.9	61.4	64.2	67.4	68.1	65.7
闪点(闭口)/℃		85	86	91	85	88.4	82.5
硫含量/%		0.04	0.78	0.13	0.51	1.00	0.13
氮含量/(μg/g)		26.0	283.1	348.2	122.6	25.8	46.6
特性因数		12.2	11.5	11.6	11.7	11.9	11.7
相关指数		23.0	41.6	40.6	33.4	28.6	33.5
十六烷指数		61.1	45.4	45.7	49.5	50.8	48.0
馏程/℃	初馏点	200.5	206.3	217.0	207.2	210.5	212.1
	10%	227.4	239.9	237.0	227.4	216.3	219.6
	30%	248.9	264.5	260.5	246.8	235.5	240.5
	50%	273.0	287.4	284.0	270.2	258.5	263.8
	70%	295.7	307.0	304.5	293.0	283.4	287.7
	90%	318.3	327.6	325.0	316.8	313.3	314.6
	95%	325.5	336.1	332.5	325.9	321.5	322.4
	终馏点	331.2	342.5	335.0	333.7	329.7	330.0

(四) 350~540℃减压馏分的性质

6 种原油的减压馏分油性质见表 2-3-12。一般减压馏分油用作催化裂化原料时，希望其含有较高的链烷烃、环烷烃，以得到更多的轻质油，表 2-3-12 中所列减压馏分油中，大庆、吉拉索减压馏分的氢含量高、特性因数高、饱和烃含量高，且残炭、硫和氮含量均较低，因此是较好的催化裂化原料。相对而言，胜利、辽河、塔河、沙中减压馏分油的密度大、氢含量低、特性因数小，因此其催化裂化性能会相对差一些。特别需要指出的是，沙中、塔河减压馏分油的硫含量很高，分别是 3.73%、1.73%，会对催化剂和产品性质造成不良影响，而辽河减压蜡油的酸值高达 2.26mgKOH/g，在加工中必须注意酸的高温腐蚀。

表 2-3-12　350～540℃减压馏分性质

分析项目		大庆	胜利	辽河	塔河	沙中	吉拉索
质量收率/%		30.72	33.65	33.87	30.57	26.98	32.50
体积收率/%		30.73	34.15	34.12	30.84	25.35	31.24
API 度		31.5	19.5	18.2	18.9	21.0	24.1
密度(70℃)/(g/cm^3)		0.8294	0.8986	0.9075	0.9022	0.8891	0.8707
密度(20℃)/(g/cm^3)		0.8640	0.9332	0.9420	0.9369	0.9239	0.9057
运动黏度(80℃)/(mm^2/s)		8.09	20.14	30.04	17.83	10.60	11.90
运动黏度(100℃)/(mm^2/s)		5.30	10.70	6.49	9.60	6.48	7.14
凝点/℃		48	34	36	30	28	27
倾点/℃		45	36	39	33	31	31
碳含量/%		86.09	86.28	87.76	86.31	84.60	86.89
氢含量/%		13.56	12.32	12.22	11.95	12.00	12.49
硫含量/%		0.06	1.10	0.28	1.73	3.13	0.40
氮含量/%		0.05	0.24	0.31	0.18	0.07	0.11
残炭值/%		0.09	0.15	0.41	0.14	0.47	0.16
相对分子质量		399.000	370.000	324.000	393.000	377.200	380.200
折射率(n_D^{70})		1.4616	1.4987	1.5048	1.5035	1.5068	1.4834
酸值/(mgKOH/g)		0.04	0.59	2.26	0.04	0.28	0.40
碱性氮含量/(μg/g)		219	786	1130	507	168	343
质量组成/%	饱和分	82.5	62.4	60.0	58.2	53.9	69.7
	芳香分	15.8	33.3	33.9	38.9	43.4	27.4
	胶质	1.7	4.3	6.1	2.9	2.7	2.9
	沥青质	<0.1	<0.1	<0.1	<0.1	<0.1	<0.1
特性因数		12.5	11.7	11.6	11.6	11.7	11.9
相关指数		22.39	54.25	57.93	56.52	50.98	42.58
馏程/℃	初馏点	296	364	342	356	367	367
	10%	393	395	403	380	375	374
	30%	410	427	426	411	405	403
	50%	436	450	450	443	436	433
	70%	466	474	475	476	475	472
	90%	504	508	518	516	517	515
	95%	518	527	537	532	528	527

（五）大于 350℃常压渣油和大于 540℃减压渣油的性质

6 种原油的沸点大于 350℃的常压渣油列于表 2-3-13 中。大庆、胜利、辽河、塔河 4 种国产原油的常渣收率较高，均在 70%以上，而 2 种进口原油沙中和吉拉索原油的常渣收率在 50%左右。这 6 种常渣中，大庆、吉拉索常渣的氢含量、饱和分含量较高，且杂原子硫、氮、金属以及残炭相对较低，因此其裂化性能较好，这也是国内常将大庆常渣直接作为催化裂化原料的原因。胜利、辽河、塔河、沙中原油的常渣残炭值在10.50%～21.70%之间，金属Ni和V含量之和在32.4～355.4μg/g之间，因此需要脱残炭、脱杂原子后才能作为催化裂化原料。

表2-3-13　大于350℃常压渣油性质

分析项目		大庆	胜利	辽河	塔河	沙中	吉拉索
质量收率/%		70.27	80.57	80.05	72.85	52.78	54.36
体积收率/%		67.60	78.13	77.36	68.19	47.04	50.60
*API*度		25.3	13.1	11.8	8.0	12.7	19.0
密度(20℃)/(g/cm^3)		0.8986	0.9747	0.9840	1.0164	0.9783	0.9365
运动黏度(80℃)/(mm^2/s)		50.03	437.8	1572	>20000	167.6	58.85
运动黏度(100℃)/(mm^2/s)		27.27	156.7	453.4	>20000	69.92	28.22
凝点/℃		44	20	26	>50	18	20
残炭值/%		5.15	10.50	13.60	21.70	11.10	5.61
相对分子质量		588	605	728	659	530	495
碳含量/%		86.59	85.19	87.30	86.07	84.18	87.2
氢含量/%		13.06	11.40	11.36	10.40	11.01	12.20
硫含量/%		0.14	2.00	0.38	2.70	4.1	0.56
氮含量/%		0.20	0.62	0.74	0.39	0.22	0.28
金属含量/(μg/g)	铁	0.7	50.7	37.4	19.3	2.1	15.1
	镍	4.6	29.4	102.0	47.0	19.9	8.1
	钒	0	3.0	1.5	308.4	58	6.4
	钙	0.5	86.0	148.0	19.9	2.0	0
	钠	1.3	86.0	10.2	84.7	4.3	2.6
质量组成/%	饱和分	56.2	31.9	33.6	26.6	29	52.7
	芳香分	28.2	34.6	30.9	35.2	47.9	29.2
	胶质	15.5	29.8	34.4	18.1	19.8	17.8
	沥青质	0.1	3.7	1.1	20.1	3.3	0.3

沸点大于540℃减压渣油的性质列于表2-3-14。作为原油中沸点最高的部分，原油所含的硫、氮、金属及胶质、沥青质的绝大部分都集中在减压渣油中，因此减压渣油中非烃化合物的含量非常高，这些非烃化合物的含量对渣油的深度加工有很大影响。由原油及渣油非烃元素含量推算，原油中70%以上的硫、80%以上的氮、95%以上的金属都集中在减压渣油中。从表2-3-14可知，胜利、辽河、塔河、沙中减渣的密度比大庆、吉拉索的密度大，且硫、氮、金属元素含量很高，如沙中减渣的硫含量高达5.30%，胜利、辽河、塔河、沙中减渣的残炭值分布在17.80%～37.50%之间，因此这4种减渣轻质化的难度相对较大。

值得注意的是，塔河常渣和减渣的密度大、黏度高、流动性差，而且硫、氮、金属含量和残炭高，氢含量低，加工比较困难。尤其是它们的高沥青质含量以及低胶质/沥青质比值，导致容易出现沥青质絮凝、沉淀，对整个原油的开采、运输、加工带来严重挑战。例如，沥青质可能在油井中沉积下来，影响原油的开采；在存储和运输过程中沥青质发生絮凝，会影响储运效率；在常减压蒸馏过程中，塔河原油和其他原油混炼可能带来蒸馏装置内构件结垢，在延迟焦化工艺中，容易形成弹丸焦；另外，沥青质在催化剂上的沉积和积炭也会严重缩短催化剂的使用寿命。

表 2-3-14　大于 540℃减压渣油性质

分析项目		大庆	胜利	辽河	塔河	沙中	吉拉索
质量收率/%		39.55	46.92	46.18	42.28	25.80	21.86
体积收率/%		36.87	43.98	43.25	37.35	21.68	19.36
API 度		20.5	8.1	7.7	0.1	4.9	11.8
密度(20℃)/(g/cm^3)		0.9268	1.0099	1.0131	1.0694	1.0337	0.9835
运动黏度(80℃)/(mm^2/s)		302.1	17173	>20000	>20000	>20000	1710
运动黏度(100℃)/(mm^2/s)		129.3	3318	>20000	>20000	3510	482
凝点/℃		24	>50	>50	>50	40	37
残炭值/%		7.96	17.80	22.80	37.50	24.00	13.70
相对分子质量		1093	1185	1299	1508	1186	651.4
碳含量/%		86.70	85.22	86.64	86.03	83.50	87.40
氢含量/%		12.54	10.88	10.65	9.03	10.20	11.30
硫含量/%		0.18	2.60	0.45	3.60	5.30	0.79
氮含量/%		0.33	0.84	0.94	0.59	0.34	0.47
金属含量/(μg/g)	铁	1.3	86.7	64.8	33.2	9.8	36.5
	镍	8.2	50.3	176.6	80.8	40.3	19.6
	钒	<0.1	5.1	2.6	530.1	123.0	15.5
	钙	0.9	147.2	256.2	34.2	2.6	<0.1
	钠	2.3	147.2	17.7	145.6	4.3	6.4
质量组成/%	饱和分	36.1	9.2	8.9	7.1	9.8	25.1
	芳香分	38.6	38.2	35.6	32.2	53.9	40.2
	胶质	25.2	48.0	49.9	24.4	24.8	33.9
	沥青质	0.1	4.6	1.7	36.3	11.5	0.8

第四节　原油快速评价技术

原油进入炼油厂后，炼油厂计划部门需要尽快了解它的性质评价数据进行计划排产。当进厂原油按照加工方案在厂区罐内、管线内混合后，常减压操作人员也希望能及时掌握原油的性质变化进行装置操作。传统的原油评价，即使是简评也需要比较长的分析时间和比较大的人力、物力消耗，不能适应原油品种迅速变化的现实状况。传统的实验室分析方法能迅速得到结果的只有密度、硫含量和酸值等几个性质，导致在安排加工方案时，只能参照之前到厂的同种原油性质，这往往会受到不同批次原油的性质波动影响。为解决这一问题，原油快速评价技术应运而生，近年来随着仪器的发展，近红外光谱分析技术和核磁共振技术作为两种主要分析手段应用于对原油进行快速评价。

一、近红外原油快速评价

近红外光谱是介于紫外可见光和中红外光之间的电磁波，其波长范围为780~2526nm，反映的是含氢基团振动的倍频和合频吸收，非常适合于烃类物质的分析。近红外光谱方法用于快速评价原油在国外已有报道，BP公司的Lavara炼油厂首先用近红外光谱分析技术监测原油的密度及实沸蒸馏数据，根据进厂原油的性质及时调整操作数据，可以最大限度地发挥装置的加工能力，带来可观的经济效益(约190万美元/年)，该技术已经应用于多个炼油厂和输油管线。如：①在采油平台、输出管线油井源及储运码头进行组分测量和质量保证；②在油/气分离设备进行在线组分测量，可以消除油/气分离设备的扰动；③原油贸易，对新到船运原油进行快速检测；④炼油厂对罐区到常减压装置途中的原油进行快速评价，并与优化软件一起使用，优化原油储存和下游过程单元的操作。2004年以后，TOP NIR Systems公司基于近红外原油评价结果选择原油、鉴别原油以及优化原油调和过程，也得到了一定收益。该公司同时完成了一项原油监测及优化工程，这项工程旨在识别和表征整个原油生产网络，可以快速测定混兑原油的比例、各管线中原油的性质数据，其效益也十分可观。

在国内，中国石化石油化工科学研究院长期从事原油评价和近红外光谱分析研究工作，开发了近红外原油快速评价技术。此技术基于“原油近红外光谱相同或相似，则原油性质相同或相似”的原理来实现。近红外原油快速评价通过如下方式判断原油近红外光谱是否相同，即待测原油样品同库中原油近红外光谱通过计算移动相关系数进行一对一比较，满足设定的识别成功条件即认为一致；如果在库中找不到相同的原油，则用库中原油的近红外光谱按照一定比例拟合出与未知原油样品光谱一致的拟合光谱。通过如下方式得到待测原油的快评性质：如果识别成功，则待测原油性质即与其光谱一致的库中原油的原油性质；如果拟合成功，则待测原油性质即参与拟合的库中原油的性质利用拟合系数进行加权而获得。

近红外原油快速评价系统既适用于纯原油，也可用于混合原油。该系统主要由近红外光谱仪器、原油快评软件、原油近红外光谱数据库以及辅助的原油评价数据库等4部分组成。系统按如下步骤工作：按照调度指令，人工对码头、储罐和管线内的原油采样，经近红外分析仪测量光谱后，依据原油近红外光谱数据库和辅助的原油评价数据库，使用原油快评软件处理可快速得到原油性质数据，并上传至实验室信息管理系统(LIMS)。整个近红外原油快速评价系统如图2-4-1所示。

石油化工科学研究院开发的近红外原油快速评价技术，覆盖了近800个原油品种(含部分混合原油)，绝大部分是国内近年来实际加工过的油种，其产地覆盖了世界各地及我国各大油田所产原油，这些原油样本中石蜡基原油、环烷基原油及中间基原油的分布也较均匀。该技术采用比色皿进样，可连续测量多个原油，不同原油分析之间无须等待清洗测量附件的时间；从采集光谱到输出分析结果全部由一个一体化的原油快评软件实现，对单个原油的分析时间小于8min；可以测定原油的密度、硫含量、酸值、残炭、氮含量、蜡含量、胶质、沥青质和23个实沸点馏分段收率(TBP蒸馏曲线)，共计31个分析项目。该技术已在燕山石化、石家庄炼化、锦州石化和镇海炼化投入工业应用，并已平稳运行超过5年，累计提供

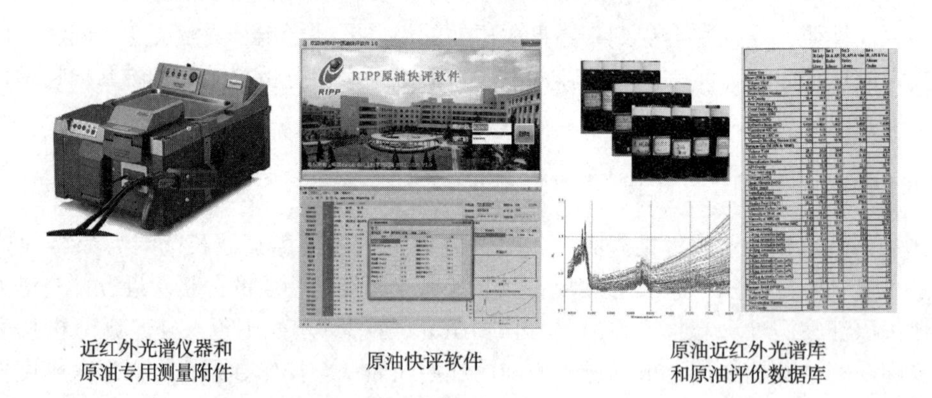

图 2-4-1　原油快评的系统组成

了上千个原油数据，有效地减少了工作人员的工作量。在镇海炼化，该技术的实施与原油调和系统相结合，据初步评估已取得了上千万元的经济效益。

此外，南京富岛信息工程有限公司(富岛科技)从 Intertek 公司引进近红外原油快速评价系统，并从 Haverly 公司引进 H/CAMS 和 Chevron 数据库配合使用。该近红外原油快速评价系统完成原油分析耗时不超过 30min，原油样品经预处理系统脱水、除杂后恒温进入近红外光谱仪进行扫描。得到的原油近红外光谱图经 PT5 Crude 软件与光谱库结合建立的拓扑学模型进行分析，得到原油样品的关键物性数据，该数据再经 H/CAMS 和 Chevron 数据库计算处理，可获得该原油样品的详细原油评价数据。该技术也已在国内多家炼油厂投入应用。

二、核磁共振原油快速评价技术

国外已有将核磁共振技术用于原油快速评价的应用实例，据有关资料介绍，Invensys 公司针对原油调和提出了解决方案，主要达到以下两个目的：一是对原油进行优化调和，满足用户对常减压蒸馏装置原油进料性质稳定的要求；二是满足一些特定的原油物性要求(如蜡含量、硫含量)。该解决方案采用核磁共振分析仪分析原油的一些关键性质，包括 *API* 度、5 个实沸点蒸馏收率(38℃、105℃、165℃、365℃和 565℃)，硫含量以及 C_5～C_{10}组分石蜡含量。据有关资料介绍，Qualion 公司的核磁共振技术可以对调和原油的 *API* 度、硫含量以及实沸点蒸馏收率进行分析，实现原油常减压蒸馏的最优化稳定操作，但关于明确的应用文献报道还不多见。另外据相关文献报道，Caribben 炼油厂实施了一个原油调和项目，利用核磁共振分析仪测定原油的实沸点蒸馏收率。国内燕山石化和九江石化也利用核磁共振原油快速评价技术对常减压装置原油进料进行快速评价。

核磁共振波谱是将核磁共振现象应用于分子结构测定的一门综合学科，它从物理原理出发，以电子技术和计算机技术作为手段，获取化学和生物学等各学科所需的图谱信息。核磁共振分析仪工作时，样品受到一个极低能量(约 1W)的射频脉冲激发，激发信号保持一定时间的延续(5～15ms)，以便有足够的时间使净磁向量能够相对于外加磁场方向偏转 90°。射频结束后，受激发的磁旋子产生一个电磁信号，又称为自由感应衰减信号(FID)。自由振荡衰减期间，受激发的原子核释放能量，自旋方向重新排列，最后返回到与外加磁场一致的初始位置。用于为样品提供射频激励信号的线圈，同样用来接收激励信号去除后释放相位期间样品发出的射频信号。核磁分析仪接收到的自由感应衰减(FID)信号是一个按指数规律进行衰减的信号，它是样品中所有原子核自旋衰减信号的叠加。FID 信号每隔一定的时间(毫秒级)，就会被模数转换器记录并数字化处理一次。经过记录并数字化处理的时域信号通过傅里叶变换运算法则转换成核磁共振的频域谱图。

核磁共振分析仪测量原油样品时，待测原油样品放入样品管中，将样品管放入核磁分析仪样品腔。首先通过一个精确控制的磁场使得样品中所有旋转质子按照磁场方向排列。然后向原油样品发射脉冲电磁波能量，使这些原油中的所有质子排列方向发生偏移，去除射频信号后，质子释放能量并最终返回其最初轴线，在此过程中，它们会产生按指数规律衰减的射频信号，并且被接收器所感应，该射频时域模拟信号经计算机过滤、处理并转换为频域图谱，即得到待测原油样品的核磁共振波谱图。基于化学计量学方法将核磁共振分析仪测定的原油核磁共振谱图和标准方法得到的原油性质进行关联建立分析模型，即可对原油性质进行快速分析。

基于(58±1)MHz 的核磁共振分析仪和优化后的核磁共振谱图测量条件，石油化工科学研究院测定了近 300 余种原油的核磁共振谱图，原油品种基本覆盖了世界上的主要产油地区。原油的评价数据如密度、酸值、残炭值、硫含量、氮含量、蜡含量、胶质含量和沥青质含量以及实沸点蒸馏曲线 TBP 收率等均由现行的国标测定。基于原油核磁共振谱图和相应原油性质，利用偏最小二乘方法初步建立了通过原油核磁共振谱图快速分析原油密度、酸值、残炭值、硫含量、实沸点蒸馏收率等性质的分析模型，验证了原油核磁共振分析模型对原油性质快速分析的准确性，并对原油核磁共振分析重复性进行评价。在建立拥有自主知识产权的原油核磁共振谱图数据库的基础上，开发了适用于中国石化常加工原油的核磁共振原油快速评价技术。

第五节 原油蒸馏产品特点及与下游装置的关系

一、石脑油馏分

石脑油是指原油中从常压蒸馏开始馏出的温度(即初馏点)到 200℃(或 180℃)之间的馏分，由于原油产地不同，原油性质不同，直馏石脑油的收率相差很大，低收率仅为原油的 2%～3%，高收率可达 30%～40%。中国原油一般较重，石脑油收率为 5%～15%。其烃类碳数主要分布在 C_4～C_{10}之间，主要组成为正构烷烃、异构烷烃、环烷烃和芳烃。

目前，石脑油在炼油工业中的用途主要有 3 种：①用作乙烯裂解原料；②用作催化重整的原料，生产高辛烷值汽油或芳烃产品；③用于车用燃料汽油的调配，但石脑油中含有大量的正构烷烃，辛烷值较低。

(一) 石脑油与蒸汽裂解装置的关系

石脑油是蒸汽裂解制乙烯的重要原料，我国乙烯裂解装置原料中石脑油的用量已经超过 60%。蒸汽裂解制乙烯的工艺中，烯烃收率与石脑油中正构烷烃含量呈线性关系，石脑油正构烷烃含量越高越好。中国石化乙烯装置要求石脑油中正构烷烃和异构烷烃含量之和大于 65%，正构烷烃超过 30%即为优等乙烯原料。为了提高直馏石脑油中的烷烃比例，通常采用分馏的方法，根据石脑油的组成进行合理利用，例如，在重整装置中，需将 60℃以前的馏分拔掉，通常称这一部分被拔出的初馏点～60℃的馏分为拔头油。拔头油主要是 C_3～C_6烃类，是优质的乙烯裂解原料。

（二）石脑油与催化重整装置的关系

直馏石脑油中芳潜含量较高，是较好的催化重整原料。催化重整用于生产高辛烷值汽油时，进料为宽馏分，沸点范围一般为80~180℃；用于生产芳烃时，进料为窄馏分，沸点范围一般为60~145℃。石脑油中的砷、铅、铜、硫、氮等杂质会使催化重整催化剂中毒而丧失活性，需要在进入重整反应器之前经重整预加氢装置除去。

二、煤油馏分

煤油馏分的馏程一般为150~300℃。该馏分主要用于生产下列产品：①在我国绝大部分(约80%)用于生产喷气燃料(或称航空煤油)，此时所用原料馏分的馏程一般为150~260℃；②照明用煤油(俗称灯油)，其原料馏程一般为180~300℃；③用于生产液体正构烷烃(即液体石蜡)的原料。生产轻液体石蜡时，原料馏程约为180~250℃；生产重液体石蜡时，原料馏程约为200~300℃。本节讨论煤油馏分的性质和加工处理时在不特别注明下，均指以生产喷气燃料为目的的加工过程。

喷气燃料的组成中，最理想的组分是环烷烃和支链烷烃，它们具有优良的燃烧性能、热安定性和低温流动性，其含量一般为60%~70%。直链烷烃的燃烧性也很好，但含量高时对油品的低温流动性有负面影响，其含量一般为10%~15%。芳烃的燃烧性能不好，且含量高时对以聚合物弹性体为材料的机件有负面影响，故要限制其含量(特别是双环以上的多环芳烃含量)。烯烃易氧化，聚合时会产生胶质和漆状物，也应限制含量。硫化物是煤油馏分中常见的、含量相对较高的非烃类，其含量过高时对发动机燃烧室的清洁性有负面影响。硫醇是一种活性硫化物，它对飞机零件有腐蚀性，而且使油品有臭味，因而喷气燃料规格中对总硫和硫醇硫含量均有限制。

尽管直馏煤油馏分常被冠以煤油产品的名称，但并不是最终产品，还需要经过适当的精制和调配才能成为合格的产品。直馏煤油馏分精制方法可分为两大类：一类是非临氢加工工艺技术，另一类是临氢加工工艺技术。非临氢加工工艺是国外最早用于直馏喷气燃料馏分生产喷气燃料的方法，经过多年发展，其优点是：加工装置固定资产投资少、操作费用低，因此生产成本低。但它们的缺点也是显而易见，都存在着不同程度的环境污染，加工过程中产生的废料不易处理；对原料油的适应性差，易出现产品不合格，导致其加工费用大幅度上升。而通过加氢处理工艺技术能有效地使直馏喷气燃料中的硫、氮、氧等非烃化合物氢解，生成各种烃和H_2S、NH_3、H_2O等物质，从而很容易被分离脱除，在对环境友好的前提下显著改善喷气燃料的产品质量，并且对原料适应性强，在现代喷气燃料馏分精制过程中得到广泛应用。

加氢处理是脱出烃类物料中非烃类组分和少量污染杂质的有效方法。加氢深度的不同，反应进行的程度也不一样，因此得到的喷气燃料质量也有差别。在实际应用中一般有三种不同深度的加氢处理工艺：浅度加氢处理、常规加氢处理、深度加氢处理工艺，尽管加氢深度有所不同，但其工艺流程基本相同，常规加氢精制工艺流程如图2-5-1所示。

当原料直馏煤油馏分质量较好时，可以采用缓和的工艺条件进行加氢处理，此时加氢装置的投资可以显著降低。当原料油质量欠佳，其中的硫、氮、烯烃、芳烃含量较高时，可以改变操作条件、更换催化剂，提高加氢深度，从而显著改善油品性能，使之符合规格要求。

因此，加氢工艺对原料油的适应性要强得多，而且加氢装置易于操作，易于实现先进控制和清洁生产，氢耗量低，因而其应用不断扩大，并有取代传统非加氢工艺的趋势。但是加氢处理方法也有不足，如装置投资仍相对较高。当加氢深度较深时，由于油料中的天然抗氧、抗磨等极性物质被完全脱除，油品的抗氧化安定性、润滑性变差，为此必须在生产装置的产品出口及时加入适当的添加剂才能确保产品质量。不同精制工艺的综合比较见表 2-5-1。

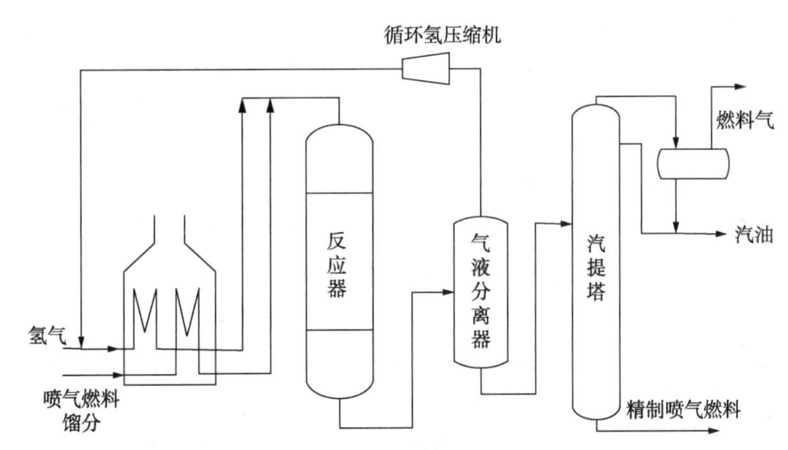

图 2-5-1　喷气燃料馏分加氢精制工艺流程示意图

表 2-5-1　不同工艺生产航煤的综合比较

工艺	原料油	工艺条件	原料适应性	环境影响	投资成本	加工成本/(元/t)
非临氢	直馏喷气燃料	常压、非临氢	差	差	低	20~40
低压临氢脱硫醇	直馏喷气燃料	压力 1.3~2.0MPa、温度 230~260℃、50~60(体积比)、空速 4~6h^{-1}	较好	好	较低	20~30
普通加氢精制	直馏喷气燃料	压力约 4.0MPa、温度 260~300℃、150~300(体积比)、空速 2~4h^{-1}	好	好	较高	40~50

三、柴油馏分

（一）直馏柴油馏分特性

原油常减压蒸馏生产的柴油馏分又称为直馏柴油，其中的烃类化合物主要包含链烷烃、环烷烃和芳烃，非烃类化合物主要包括硫化物、氮化物、含氧化合物和金属组分。与催化裂化装置产生的催化裂化柴油、焦化装置产生的焦化柴油相比，直馏柴油具有硫含量较低、氮含量低、烯烃和芳烃含量低、十六烷值高等特点，是生产车用柴油的理想原料。目前，直馏柴油主要用于生产车用柴油，但随着国内石油市场近年来汽油消费量上升、柴油消费量下降，有的炼化企业已经开始着手将包括直馏柴油在内的多种柴油馏分通过加氢裂化的方式生产石脑油、喷气燃料等产品。

原油常减压蒸馏得到的直馏柴油无论是通过加氢精制装置生产车用柴油，还是通过加氢裂化生产石脑油和喷气燃料都需要通过加氢反应将其中的非烃类化合物含量降低到一定程度。因此，了解直馏柴油加工装置，首先要了解直馏柴油中的非烃类化合物。

硫化物是直馏柴油中含量最多的非烃类化合物，根据原油的性质不同，常减压装置生产的直馏柴油硫含量有较大差异，硫含量范围大致在500～20000μg/g。柴油中的硫化物主要包括硫醇类、噻吩类、苯并噻吩类和二苯并噻吩类硫化物，随着柴油沸点的提高，硫醇类和噻吩类硫化物比例逐渐下降，苯并噻吩类和二苯并噻吩类硫化物比例逐渐增加。直馏柴油用于生产车用柴油，需要通过加氢精制装置将柴油中的硫含量脱除至10μg/g以下。直馏柴油用于加氢裂化生产石脑油，加氢裂化装置对柴油产品中的硫含量没有明确的控制指标，但柴油产品的硫含量一般都小于10μg/g。

氮化物同样是直馏柴油中重要的一类非烃类组分，它能影响柴油产品的安定性。直馏柴油中氮含量相对较低，根据原油的性质不同，常减压生产的直馏柴油氮含量范围大致在50～500μg/g。

天然原油中含氧化合物较少，直馏柴油中几乎不存在含氧化合物，有的直馏柴油中含有少量环烷酸类的含氧化合物，在下游的加氢装置中能够很容易被脱除。

（二）直馏柴油与柴油加氢精制、加氢改质/裂化装置的关系

绝大部分的柴油被用于生产车用柴油。对于大部分的直馏柴油，由于其芳烃含量较低、十六烷值高等特点，一般通过加氢精制技术，将硫含量降低至10μg/g以下，就可以生产满足标准要求的车用柴油。

直馏柴油的链烷烃含量高、芳烃含量低，通过加氢改质技术，还可以最大量生产喷气燃料。直馏柴油的馏程一般集中在200～360℃的馏分段，而喷气燃料产品的馏程一般在150～300℃的馏分段。直馏柴油碳原子数在10～25之间，相对分子质量在140～350之间；喷气燃料产品碳原子数在8～16之间，相对分子质量在110～220之间。为了生产喷气燃料，关键是对大分子特别是C_{16}～C_{25}的馏分段进行裂化，使之能够进入到喷气燃料馏分段，提高喷气燃料馏分的质量收率。

直馏柴油的链烷烃含量高、芳烃含量低，通过加氢改质技术，还可以最大量生产乙烯原料或者化工原料。该类技术以直馏柴油为原料，将富含的链烷烃保留到未转化柴油中，而将芳烃通过选择性开环、断侧链反应，转化到重石脑油中。最终使得未转化柴油的链烷烃含量达到60%以上，轻石脑油链烷烃含量达到90%以上，作为优质的裂解制乙烯原料；重石脑油芳潜达到50%以上，作为优质的重整原料。

近年来，特别是面对化工市场的持续发展，柴油馏分还可以通过加氢裂化技术最大量生产重石脑油。该类技术通过加氢裂化催化剂和工艺过程优化，可高选择性地将柴油馏分中的大分子芳烃和环烷烃转化为小分子环烷烃和芳烃，从而最大量地生产重石脑油馏分，为下游的重整装置和芳烃抽提装置提供优质原料。

四、蜡油馏分

原油通过常减压装置生产的蜡油馏分通常称为减压瓦斯油（VGO），是指减压侧线350～535℃馏出油；根据原油类型的差异，蜡油馏分性质差异较大，几种不同种类原油的减压蜡油馏分性质见表2-5-2。石蜡基蜡油原料性质最优，加工难度最低，是优质的催化裂化、催化裂解或加氢裂化装置原料，直接作为催化裂化或催化裂解原料，催化单元的产品分布优于其他种类蜡油原料经过加氢处理后的加氢蜡油。中间基和环烷基蜡油原料也可直接作为催化裂化单元进料，但催化裂化单元的汽油收率较低，产品性质较差，剂耗较高，且烟气中的SO_x和NO_x含量较高，必须设置脱硫脱硝设施才能满足现有环保法规要求，所以这两种蜡油原料一般经过加氢处理后作为催化裂化单元进料。中间基和环烷基蜡油原料作为加氢裂化单元进料时，相比石蜡基原料，加氢裂化单元的工艺条件苛刻度大幅提高，加工中间基蜡油原料的加氢裂化装置一般要求氢分压高于13.0MPa，加工环烷基蜡油的加氢裂化装置一般要求氢分压高于15.0MPa。

蜡油原料中的金属和沥青质含量是影响蜡油加氢和加氢裂化装置运转周期和产品性质的关键数据。较高的金属含量必须匹配较多的脱金属剂才能满足装置的长周期运转；如果原料中的金属铁和金属钙含量较高，更易在一床层催化剂的外表面结盖，导致压降上升，严重时必须停工撇头处理。原料的沥青质含量是影响加氢装置操作苛刻度的另一关键因素。中压等级的蜡油加氢处理装置加工的蜡油原料沥青质含量一般小于0.1%，才能满足装置3~4年的运转周期(周期还与产品性质的要求相关)；沥青质含量提高到0.1%甚至更高，必须匹配高压的反应条件，才能达到3~4年的运转周期；常规加氢裂化装置加工的原料沥青质含量一般小于0.05%，如果沥青质含量超过0.1%，装置设计的操作氢分压一般高于15.0MPa。

表2-5-2　不同种类原油的VGO主要性质

项　　目	大庆VGO	沙特VGO	孤岛VGO
原油类型	石蜡基	中间基	环烷基
20℃密度/(g/cm^3)	0.8509	0.9235	0.9328
硫含量/%(质)	0.072	3.10	1.06
氮含量/(μg/g)	540	1100	2400
碱氮含量/(μg/g)	142	312	925
氢含量/%	13.45	11.61	11.55
凝点/℃	44	31	32
残炭值/%	0.04	0.23	0.20
沥青质/%	0.02	0.05	0.15
金属Ni+V/(μg/g)	<1	1.2	1.5
馏程/℃			
初馏点	227	305	313
10%	368	379	372
50%	436	446	443
90%	507	508	521
链烷烃/%	52.0	15.9	7.5
环烷烃/%	34.6	37.1	48.0
单环芳烃/%	7.6	20.2	16.8
芳烃/%	13.4	42.3	34.6
胶质/%	0.0	4.7	9.9

近年来随着减压深拔技术的不断进步，很多炼油厂为了进一步提高蜡油产品收率，均对常减压装置进行改造或新建减压深拔装置。以中间基原油为例，减压深拔前后的蜡油原料性质见表2-5-3。从表2-5-3可知，经过减压深拔后，蜡油原料的馏程变重，密度、氮含量和残炭值提高显著。加工减压深拔蜡油，特别是减压深拔后的减三线油，一般是作为蜡油加

氢处理装置进料，这种原料较难作为加氢裂化原料或直接作为催化裂化装置进料。

表 2-5-3　中间基原油减压深拔蜡油性质

项　目	未深拔蜡油	减压深拔蜡油
20℃密度/(g/cm^3)	0. 9235	0. 9383
硫含量/%(质)	3. 10	3. 2
氮含量/(μg/g)	1100	1700
碱氮含量/(μg/g)	312	608
氢含量/%	11. 61	11. 57
残炭/%	0. 23	0. 42
沥青质/%	0. 05	0. 12
金属 Ni+V/(μg/g)	<1	1. 5
馏程/℃		
初馏点	305	312
10%	379	375
50%	446	442
90%	508	521
95%	528	545
链烷烃/%	15. 9	15. 5
环烷烃/%	37. 1	25. 9
单环芳烃/%	20. 2	21. 1
芳烃/%	42. 3	53. 1
胶质/%	4. 7	5. 6

五、渣油馏分

渣油是一种黑色黏稠物质，是通过原油的常压或减压蒸馏获得的，常压塔底油为常压渣油(AR)，减压塔底油为减压渣油(VR)。在室温下它可能是液体(一般指 AR)，或者几乎是固体(一般指 VR)，这取决于原油的性质。渣油密度高，减压渣油密度一般在 1.0g/cm^3左右。渣油黏度大，不同种类渣油黏度差别较大，其 100℃黏度一般有几百 mm^2/s，有些可以高达上万 mm^2/s。渣油是石油中组分最复杂的部分，在研究渣油的组成和结构时，常采用族组成和元素分析相结合的方法。

目前的族组成分析方法是，用溶剂处理及液相色谱将渣油分离成饱和分、芳香分、胶质、沥青质的四组分分析方法。不同来源的渣油，其四组分组成不同。中东渣油的芳香分含量高、饱和分含量少，大庆、胜利渣油的饱和分含量高，沥青质含量低。从宏观上看，渣油可以视为胶体系统。分散相胶束包括胶质和沥青质，这是胶体的核心。其外层为芳香分，最外层是饱和分，它们共同组成稳定的胶体体系。

从元素组成看，除碳、氢外，渣油中还有硫、氮、氧及金属等杂原子。

渣油集中了原油中大部分的含硫化合物、绝大部分的含氮化合物和胶质，以及全部的沥青质和金属，其中胶质沥青状的非烃化合物含量达一半左右。

渣油中的硫含量范围为0.15%~5.5%，是含量最高的杂原子。渣油中含硫化合物种类多、结构复杂，其中包括硫醚硫、噻吩硫和沥青质中胶束团中硫。

渣油中含氮化合物可分为三类：脂肪胺及芳香胺类；吡啶、喹啉类型的碱性杂环化合物；吡咯、茚及咔唑类非碱性杂环氮化合物。氮在渣油中分布很不均匀，一半以上集中在胶质和沥青质中。

渣油中金属主要有镍、钒、铁、钙、钠等金属。渣油中铁以水溶性和油溶性两种化合物形式存在。渣油中的钙以金属氧化物、硫化物、硫酸盐及油溶性化合物形式存在。镍和钒为渣油中主要金属，渣油中的镍和钒多以卟啉和非卟啉两类化合物形式存在。一般来讲，在高含硫、少含氮的石油中钒卟啉含量较高，中东油就属于此类；而少含硫、高含氮的石油中，镍卟啉含量较高，我国大多数原油都属于此类。

（一）渣油与催化裂化的关系

蒸馏装置常压塔底渣油（AR）如果硫、重金属含量、残炭值较低，可直接作为催化裂化原料，如大庆原油、中原原油；反之，则需要先通过加氢精制得到ARDS（常压渣油加氢脱硫）重油作为催化裂化原料，如中东地区的高硫原油。

一般情况下，蒸馏装置减压塔底渣油（VR）不单独作为催化裂化原料，而是与馏分油掺合在一起或经过加氢脱硫（VRDS）处理后才能作为催化裂化进料。

（二）渣油与焦化的关系

焦化过程是在没有催化剂存在的条件下，单纯靠加热提高反应温度促使渣油进行深度热裂化和缩合反应的热转化过程，反应产物包括焦化干气、焦化液化气、焦化石脑油、焦化柴油、焦化蜡油和石油焦。焦化过程可将渣油中的绝大多数重金属（如镍、钒等）和难于加工的稠环芳烃（如沥青质）浓缩在石油焦中，通过脱碳的方式除去非理想组分（杂质），最大限度地得到高价值的轻质液体石油馏分，最终达到提高全厂轻质油收率的目的。焦化过程包括延迟焦化、流化焦化和灵活焦化等工艺过程。由于流化焦化产生大量难于处理的低价值焦粉、灵活焦化产生的低热值灵活气后续利用困难等因素限制了流化焦化和灵活焦化的发展，目前，工业上应用最多的是延迟焦化工艺。

焦化干气经过脱硫后可作为炼油厂的燃料或制氢原料。焦化液化气经过脱硫、脱硫醇后可以直接作为液化气产品。由于焦化液化气中含有30%~40%的丙烯和丁烯，因此焦化液化气也可以生产部分丙烯产品或作为催化叠合、烷基化生产高辛烷值汽油组分的原料。焦化石脑油经过加氢精制后可作为蒸汽裂解制乙烯或催化重整生产高辛烷值汽油组分的原料。焦化柴油经过加氢精制后可作为车用柴油的调和组分。焦化蜡油送往加氢裂化或催化裂化装置进一步加工，最终生产汽油、喷气燃料和柴油产品。低硫石油焦可用于炼钢工业中制作普通功率石墨电极、炼铝工业中制作铝用炭素和化学工业中制作碳化物等，高硫石油焦和弹丸焦只能作为固体燃料或气化原料。

延迟焦化过程不需要催化剂，几乎可以加工炼油厂所有的直馏渣油和二次加工重油，是炼油厂中原料适应性最强的重油转化工艺。延迟焦化过程的主要缺点是石油焦产率高及液体产品质量差。由于石油焦产率高、售价低，严重影响了延迟焦化过程的经济性。

延迟焦化过程的产品收率及产品质量在很大程度上取决于渣油原料的性质，如残炭值、密度、烃组成、硫含量和金属含量等。残炭值是评价焦化原料生焦倾向的主要指标，残炭值越高，石油焦收率也越高，石油焦产率一般为渣油残炭值的1.3~2.0倍。硫含量是影响焦化产品质量的主要指标，原料硫含量越高，焦化产品的硫含量也越高，硫含量决定了石油焦的利用价值和焦化蜡油加工方案的选择。焦化原料中的金属几乎全部浓缩在石油焦中，将直接影响石油焦的利用价值。高残炭值、高沥青质、高金属含量的劣质渣油采用常规焦化工艺加工时容易生成弹丸焦，将影响装置操作的安全性，同时也降低了石油焦的价值。

加热炉是延迟焦化装置的核心设备，决定着延迟焦化装置的运行周期。高沥青质、高金属含量的劣质渣油在加热过程中生焦速度快，加快了加热炉管的结焦速度，将导致加热炉管的频繁清焦操作。渣油中所含的盐类也是影响加热炉管结焦的因素之一。在加热炉管中由于渣油的分解、汽化，使其中的盐类沉积在管壁上，加剧了结焦，为了延长延迟焦化装置的开工周期，必须限制焦化原料中的盐含量。一般焦化原料中的盐含量要求低于15μg/g。

（三）渣油与溶剂脱沥青的关系

溶剂脱沥青技术最初是应润滑油基础油生产的需要而开发的一种溶剂萃取过程，主要用于生产润滑油光亮油。应用轻烃溶剂(如丙烷或丙丁烷混合)高效脱除减压渣油中的胶质和沥青质，生产高黏度指数的重质润滑油。

随着原油价格的升高及催化裂化(FCC)、加氢处理等深加工技术的普及推广，从每桶原油中得到最大量的深加工原料的需要日益强烈。因此，为了从减压渣油中得到较多的深加工原料，或者为了使馏出油收率最大化，溶剂脱沥青技术得到迅速推广。溶剂脱沥青是通过溶剂的作用把减压渣油中很难转化的沥青质和稠环化合物以及对催化裂化或加氢处理/裂化过程有害的重金属、硫和氮化合物等脱除出去，而把质量较好的脱沥青油作为催化裂化和加氢处理/裂化的进料。因此，溶剂脱沥青是劣质渣油的重要预处理过程之一。

溶剂脱沥青过程是液-液萃取的物理分离过程。是基于烃类溶剂对渣油中的组分有不同溶解度的原理进行分离，从中得到质量较好的油分。

在溶剂脱沥青过程中，溶剂的相对分子质量越大，脱沥青油的收率越高，溶剂比较小，操作温度较高，但脱沥青油的质量较差；溶剂的相对分子质量越小，脱沥青油的收率越低，溶剂比较大，操作温度较低，脱沥青油的质量较好。在相同的脱沥青油收率下，采用较轻溶剂的脱沥青油质量较好，或者说，在相同脱沥青油收率的条件下，采用较轻的溶剂脱沥青油质量更好。丙烷溶剂适合生产润滑油料，丁烷或丙丁烷混合溶剂适合于生产催化裂化料，戊烷溶剂脱沥青与加氢脱硫组合工艺则可以提供更多的催化裂化料。

脱沥青的关键是选择合适的溶剂，它对装置的性能、灵活性和经济性有很大的影响。目前，工业上广泛采用的溶剂是C_3~C_5的轻质烃类，在不很高的压力下便可以液化，在适中的温度和压力下可以脱除渣油中的沥青质，热容较小，且性质稳定。

在溶剂脱沥青的烃类溶剂中，丙烷的选择性最好。在温度38~66℃的范围内与烷烃完全互溶，而把胶质和沥青质沉析出来，因而脱沥青油的镍及氮化合物很少。以丙烷为溶剂从渣油中得到的脱沥青油，其质量是最好的，收率也是最低的。戊烷溶剂的选择性与丙烷和丁烷相比更差一些，它从渣油中脱除的有害杂质是最少的。但它适合加工重质、高黏度的原料，其脱沥青油的收率有时比丙烷高2~3倍。戊烷脱沥青油含有较多的金属，残炭也较高，一般不宜直接作为催化裂化原料，多采用把它与减压馏分油掺合在一起进行加氢处理后去催化裂化。

图2-5-2是收集了由多种渣油的脱沥青结果并取其平均值所绘制出的脱沥青油收率与杂质含量的关系。对特定的渣油而言，在具体的含量上会有差别，但变化规律是一致的。

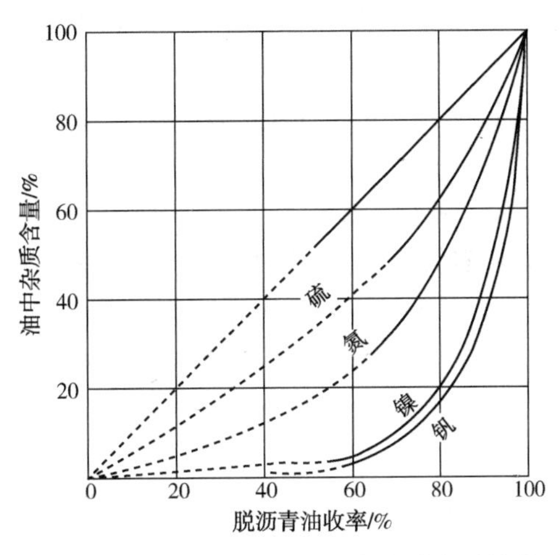

图 2-5-2　脱沥青油收率与油中杂质含量的关系

为了更好地利用/加工日趋重质化、劣质化的原油，自 20 世纪 80 年代后期开发了各种重油转化技术。但由于重油性质的多样性和目的产品要求的多变性，任何一种单独的重油加工工艺都难以满足重油资源有效转化的要求。以溶剂脱沥青为先导的组合工艺，可以充分利用脱沥青工艺脱除渣油中劣质组分(这些被脱除的组分是最难利用的)，为其他深加工技术提供更多的原料，同时也降低了与之组合工艺的苛刻度。

第六节　下游主要工艺装置对原油蒸馏产品的要求

一、催化重整对石脑油的质量指标要求

(一) 对石脑油中杂质的要求

催化重整所用的贵金属催化剂对硫、氮、砷、铅、铜等化合物的中毒作用十分敏感，因此对原料中杂质的限制要求也极其严格。催化重整装置对石脑油中杂质含量的要求指标见表 2-6-1。

表 2-6-1　催化重整装置对石脑油中杂质含量指标要求

项　　目	指　　标	项　　目	指　　标
硫含量/(μg/g)	<0.5	铅含量/(ng/g)	<10
氮含量/(μg/g)	<0.5	铜含量/(ng/g)	<10
氯含量/(μg/g)	<0.5	水含量/(μg/g)	<5
砷含量/(ng/g)	<1	其他金属/(ng/g)	<20

大部分石脑油原料的硫含量、氮含量等不符合重整进料要求，因此石脑油作为重整原料时，需要对其硫、氮等杂质进行处理，通常设置预加氢装置采用加氢精制的方法脱除硫、氮等杂质。而直馏石脑油中所含有的砷、硅等对预加氢催化剂而言是毒物，当预加氢催化剂上砷的沉积量达到 0.1%时其活性降低 50%；当预加氢催化剂上硅的沉积量达到 3%~5%时，其活性将显著降低。因此当直馏石脑油中砷含量或硅含量较高时，需设置专用脱砷剂或脱硅

剂以保护主催化剂。而直馏石脑油中所含有的氯则会危及预加氢装置的稳定运行，氯化物含量小于 7μg/g 时，可不控制；氯化物含量为 10~20μg/g 时，需要采取措施；氯化物含量>20μg/g 时，必须采取措施，防止腐蚀。具体措施是在预加氢反应器后增设脱氯反应器，装填专用脱氯剂。

（二）对石脑油组成的要求

催化重整工艺是以 C_6~C_{11} 石脑油为原料，在一定的操作条件和催化剂的作用下，原料分子结构发生重新排列，使环烷烃及烷烃转化为芳烃或异构烷烃。现有的催化重整装置主要生产高辛烷值汽油调和组分或芳烃。产品目标不同，对石脑油的馏程范围和碳数分布具有不同的要求。

1. 对馏程和碳数要求

当催化重整装置以高辛烷值汽油为目标产品时，要求石脑油进料馏分较宽，沸点范围一般为 80~180℃；碳数分布为 C_6~C_{11}。因为馏分的终馏点过高会导致重整催化剂上结焦过多，使催化剂失活快，降低运转周期或增加运转成本。

当催化重整装置以芳烃为目标产品时，因为芳烃产品主要为苯、甲苯和二甲苯，碳数为 C_6~C_8，主要烃类的沸点为 60~145℃，因此，当生产芳烃时，重整原料的馏程一般选择 60~145℃。沸点小于 60℃的烃类分子不能增加芳烃产率，只会降低装置的有效处理能力或加快积炭速率。

2. 对石脑油组成的要求

石脑油的组成对重整反应有重要影响，在重整过程中，根据碳原子数以及结构的不同，其转化为芳烃的速度存在着较大差异。因此，原料的组成对重整生成油中芳烃含量和产品分布有较大影响。通常用芳潜作为重整装置进料的性能指标。芳潜是指物料中烷烃可以转化成芳烃的潜在含量，具体是指石脑油中全部环烷烃转化为芳烃时所能产生的芳烃量和原料油中原有芳烃之和，芳潜越高，产品中芳烃含量越高。

二、柴油加氢精制对柴油质量指标的要求

柴油加氢精制作为生产车用柴油的主要技术方式，其主要目的是降低硫含量，完成不饱和烃类的加氢饱和，提高产品的氧化安定性，同时降低产品的多环芳烃含量，提高产品的十六烷值，使产品具有良好的清洁燃烧性。柴油加氢精制反应条件与加工原料的性质密切相关，常减压装置的波动导致直馏柴油的性质波动，将造成柴油加氢装置产品性质出现波动。

一般而言，柴油加氢精制装置对直馏柴油中的硫含量、氮含量等并无特殊要求，但在产品质量要求相同的条件下，对于不同硫、氮含量的直馏柴油，加氢苛刻度会有不同，以满足产品硫含量小于 10μg/g 的要求。

1. 硫含量

柴油中的硫化物主要包括硫醇类、噻吩类、苯并噻吩类和二苯并噻吩类硫化物，如图 2-6-1所示，随着柴油馏程变重，柴油中所含主要硫化物的类型发生明显的变化，而这些硫化物的加氢脱硫反应速率逐渐降低，尤其在馏程超过 366℃的馏分中，4，6-二甲基二苯并噻吩的含量大幅增加，柴油脱硫难度大幅提高。一旦常减压装置的柴油馏分出现拖尾，终馏点温度提高，这部分极难脱除的硫化物进入柴油馏分，将导致柴油加氢精制装置产品硫含量增加，装置需要更高的反应温度，催化剂的运转周期缩短。因此，保证常减压装置的稳定操

作，尤其是保证柴油馏分不出现拖尾，对于下游柴油加氢的稳定运行有极为重要的意义。

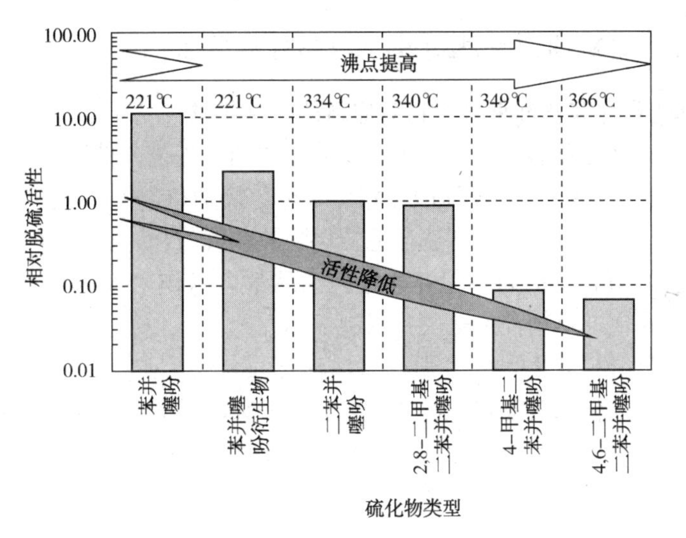

图 2-6-1　不同硫化物沸点和相对脱硫活性的关系

（催化剂：$CoMo/Al_2O_3$；$T=350℃$；$p=10MPa$）

2. 氮含量

氮化物按其酸碱性大小分为碱性和非碱性两大类。直馏柴油中的氮化物一般含有 70% 的非碱性氮化物(如吲哚、咔唑类)，其余为碱性氮化物(如喹啉类)。氮化物的存在对催化剂的脱硫活性具有明显的抑制作用。氮化物对脱硫反应的抑制作用可能与催化剂活性位上硫化物与氮化物发生竞争吸附有关。对于其他性质相同、仅氮含量不同的原料，在相同的反应条件下得到的产物硫含量与原料氮含量关系如图 2-6-2 所示。由图中可以看出，随着原料中氮含量的降低，在相同工艺条件下，反应产物的硫含量相应降低，表明氮化物对加氢脱硫有直接的影响。

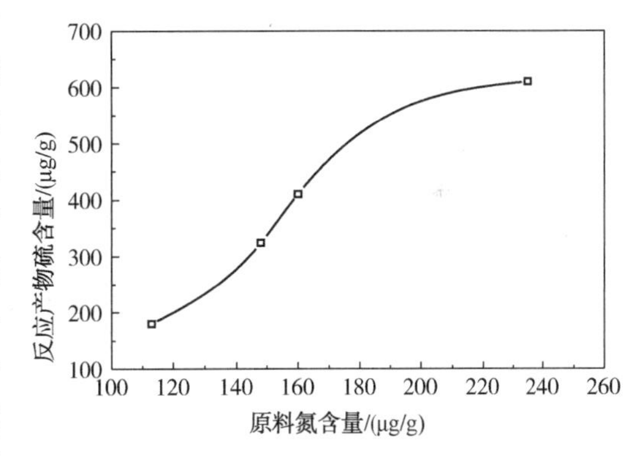

图 2-6-2　原料氮含量对加氢产物硫含量的影响

3. 金属含量

直馏柴油中含有一定量的 As、Cu、Fe、Ca、Mg、Si 等，绝大多数金属经过催化剂时，沉积在催化剂表面，并且其沉积是从反应器的催化剂上层开始，逐步下移。原料中 Fe 离子很容易生成硫化物而沉积在催化剂颗粒表面及粒间空间，引起床层压降的上升。为了避免催化剂微孔被硫化铁堵塞，需要增加保护剂的体积。与此相类似，Ca 和 Mg 含量高也会导致催化剂表面的金属沉积。Ni、V、Cu、As、Na 等金属极易引起催化剂中毒，此类金属的存在会导致催化剂永久失活，缩短装置的运转周期，必须提高反应温度以补偿催化剂的失活。金属含量高也会导致一部分催化剂不能通过再生恢复活性。因此需要对直馏柴油中的金属含量进行监控，一般要求总金属含量小于 0.1μg/g，对于金属含量较高的原料，需要在加氢装置反应器上部装填脱金属保护剂，使金属沉积在保护剂上，避免沉积在催化剂表面造成催化剂中毒。

三、催化裂化对蜡油或常压重油质量指标的要求

(一) 蜡油催化裂化和重油催化裂化对原料的指标要求

催化裂化工艺一直是石油炼制工业中重要的二次加工工艺。催化裂化工艺能够使用减压蜡油(VGO)、常压渣油(AR)、减压渣油(VR)、焦化蜡油(CGO)、脱沥青油(DAO)等重质原料，在固体酸催化剂的作用下，有选择地转化为液化气(LPG)、汽油、柴油等轻质燃料及轻烯烃(尤其是丙烯)等化工原料。但并非任何油品都可以作为催化裂化装置的原料，原料的密度、残炭、金属含量及氢含量是主要限制指标。

国外主要石油公司对催化裂化特别是重油催化裂化的原料提出了一些限制指标。法国IFP的R2R重油催化裂化工艺要求原料油残炭<8%(质)，氢含量>11.8%(质)，重金属(Ni+V)<50μg/g。Kellogg公司于20世纪70年代曾对催化裂化原料提出的指标见表2-6-2。UOP公司在20世纪80年代初曾提出的指标见表2-6-3。

表 2-6-2 Kellogg 公司提出的原料指标

残炭/%(质)	金属(Ni+V)/(μg/g)	措　施
<5	<10	使用钝化剂，常规再生
5~10	10~30	使用钝化剂，再生器取热，可完全再生
10~20	30~150	需加氢处理
>20	>150	进焦化装置加工

表 2-6-3 UOP 公司提出的原料指标

残炭/%(质)	金属(Ni+V)/(μg/g)	密度(20℃)/(kg/m³)	措施
<4	<10	<934.0	可改造现有馏分油催化裂化装置，用一段再生
4~10	10~18	934.0~1000	RCC技术，用二段再生
>10	100~300	>965.9	要预脱金属

从表2-6-2和表2-6-3可以看出：

① 原料油性质不同，要有不同的预处理措施，如加氢脱硫、脱金属等，且随着催化裂化技术的进步，原料油适用范围逐步拓宽。

② 将密度、残炭、金属含量列为主要限制指标。

我国催化裂化技术经过50多年的研究和生产实践，除了已充分掌握馏分油催化裂化技术外，还开发了一整套重油催化裂化技术，拥有一大批处理高残炭和高金属含量原料的重油催化裂化装置，处理的原料包括常压渣油、减压渣油、掺渣油的重质原料以及加氢重油，见表2-6-4。关于我国催化裂化装置加工原料的情况可作如下说明：

① 催化裂化装置一般可加工残炭为4%~5%(质)的常压渣油和掺渣油的重质原料，有的催化装置也处理过残炭含量为7%~8%(质)的减压渣油。

② 我国绝大多数原油含重金属以镍为主，含钒极少，这是由于我国绝大部分原油系陆相生油的缘故。目前已能成功地处理镍含量小于10μg/g的重油原料，有的装置还处理过镍含量25μg/g和钒含量小于1μg/g的原料。随着原油对外依存度增加，需注意重油的钒含

量，因为钒含量在一定程度上左右装置再生方式：对于完全再生，钒含量需小于8μg/g；对于不完全再生，钒含量可适当放宽。

③ 由于我国大多数原油是石蜡基原油，氢含量较高，因而一般重油原料都能保持氢含量大于12%(质)，密度一般要求小于920kg/m³，但对馏程没有限制。

④ 随着原油对外依存度增加，部分催化原料来自加氢处理重油，加氢重油一般氢含量在12%(质)左右，密度大于920kg/m³，芳烃含量较高，可裂化性能变差。重油原料的密度不宜大于945kg/m³。

⑤ 焦化馏分油虽然不属于重油，但碱性氮对转化率影响显著，故氮含量不高于0.35%也成为限制指标。

表2-6-4　我国催化裂化装置已达到的渣油掺炼水平

炼油厂简称	石家庄	洛阳	九江	武汉	济南	燕山	茂名
原油	大庆、华北	中原	管输	管输	临商管输	大庆	中东
常渣掺炼比/%(质)	100	100					
减渣掺炼比/%(质)			32.4	40.9	36.3	85	100(VRDS)
原料残炭/%(质)	7.24	6.5	6.24	5.87	6.12	8.0	6.11
(Ni+V)/(μg/g)	25.0	5.4	14.0	13.0	10.1	7.0	25.6

(二) 催化裂解工艺对原料指标的要求

催化裂解技术可以加工常规FCC的各种重质原料，包括减压瓦斯油(VGO)、脱沥青油(DAO)、焦化蜡油(CGO)、加氢减压蜡油(HT-VGO)、常压渣油(AR)以及掺入减压渣油(VTB)的减压瓦斯油混合油(blending of VGO and VTB)，且优选石蜡基原料时产品分布更优。表2-6-5列出了不同原料催化裂解技术低碳烯烃产率，催化裂解技术对不同原料都表现出了较好的适应性。

表2-6-5　不同原料催化裂解技术烯烃产率

炼　油　厂	大庆	安庆	济南
原料	VGO+ATB	VGO	VGO+DAO
	石蜡基	中间基	中间基
密度/(kg/m³)	862.1	893.0	886.2
UOP *K* 值	12.6	12.0	12.2
氢含量/%(质)	13.62	12.56	12.94
反应温度/℃	545	550	564
乙烯产率/%(质)	3.7	3.5	5.3
丙烯产率/%(质)	23.0	18.6	19.2
丁烯产率/%(质)	17.3	13.8	13.2
异丁烯产率/%(质)	6.9	5.7	5.2

对于催化裂解蜡油进料，一般情况下要求20℃密度不大于900kg/m³，氢含量不小于12.8%(质)，UOP *K* 值不小于12.0。特性因数值高的原料中烷烃含量较高，有利于选择裂化多产丙烯，理想的催化裂解装置进料饱和烃的质量分数可达到65%以上。

近年来，炼油厂采购原油种类更加多样性，催化裂解装置也进一步发展，开发出 DCC-plus、MCP、SHMP 等新工艺，新建装置加工渣油比例提高，或者全部加工加氢渣油，催化裂解对原料的适应性更好。对于常压渣油，一般要求 20℃ 原料密度不大于 915kg/m^3，氢含量不小于 12.6%(质)，UOP *K* 值不小于 11.8，金属(Ni+V)不大于 5μg/g。

四、蜡油加氢精制和加氢裂化对蜡油质量指标的要求

(一) 蜡油加氢精制对蜡油原料质量指标的要求

蜡油原料的质量对蜡油加氢处理装置的工艺条件和产品性质影响较大。其中原料的密度、氢含量、馏程、金属和沥青质含量均是影响蜡油加氢装置长周期稳定运转的关键原料性质指标。

蜡油原料的馏程与其密度、沥青质和金属含量等性质均相关，馏程越重，原料的密度越高，沥青质和金属含量也越高(见深拔减压蜡油)。

蜡油原料的金属和沥青质是影响装置运转周期的关键性指标。蜡油原料中的金属通过在催化剂表面沉积部位的不同分为两种：一种是 Ni 和 V 等金属，这种金属在蜡油加氢催化剂的内表面发生沉积，并导致催化剂的不可逆失活，是影响蜡油加氢催化剂活性的主要金属元素；另一种是 Fe 和 Ca 等金属，这种金属主要在蜡油加氢催化剂的外表面发生沉积，对催化剂床层压降影响较大，严重时必须停工撇头处理。针对不同类型金属的含量，蜡油加氢单元必须匹配不同种类的加氢保护剂和加氢脱金属催化剂，以确保装置的运转周期和产品性质。沥青质是导致催化剂表面积炭失活的另一主要因素，所以沥青质也是影响装置稳定运转的关键指标。为避免沥青质在催化剂表面的积炭失活，主要通过催化剂的级配和工艺条件的调整来实现。沥青质含量低于 500μg/g 的原料，装置的操作压力在 8.0~10.0MPa，即可实现 3~4 年的运转周期(根据产品性质的要求有所区别)；沥青质含量在 500~1000μg/g，装置的操作压力在 10.0~12.0MPa，可实现 3~4 年的运转周期；沥青质含量在 1000μg/g 以上，装置的操作压力在 12.0MPa 以上，才能满足运转 3~4 年的周期要求。

(二) 加氢裂化对蜡油质量指标的要求

加氢原料的性质对加氢反应效果有明显的影响，主要表现在催化剂的运转周期、氢耗、反应温度、产品收率和性质等方面，因此需对原料油性质有较为严格的限定。以下就加氢裂化装置对直馏蜡油质量的要求进行讨论。

1. 馏程

蜡油的馏程对蜡油性质影响很大。一般地，蜡油馏程越重，氮和金属等杂质含量就越高，密度也越大。同时馏程越重，加氢脱硫、加氢脱氮和加氢裂化等反应越难。因此蜡油馏程变重将引起脱氮率和裂化转化率的下降。这时需要提高反应温度以补偿原料油质量变差。另外，蜡油馏程变重，沥青质、金属含量、残炭等增加，催化剂的结焦趋势越严重，催化剂的运转周期越短。所以应该严格控制蜡油馏程，一般情况下，加氢裂化装置对原料的终馏点要求小于 573℃(ASTM D1160)，具体要求因装置条件和原料各异，应以加氢裂化装置要求的限定值为准。

2. 氮

蜡油中氮含量的升高，往往意味着蜡油变重、变劣，如稠环化合物、芳烃含量增加，其他杂质含量上升，使得原料油难以加氢处理。因此，蜡油中的氮含量增加需要增加反应温

度，以补偿加氢反应深度的下降，加氢裂化装置的氮含量一般在500~2000μg/g。

加氢裂化催化剂通常含有分子筛，尤其是裂化活性较高的加氢裂化催化剂。因此，当蜡油中氮含量增加时，应相应地增加加氢精制催化剂反应温度来保证脱氮达到要求。同时，高的氮含量也将引起较高的氨分压，这对裂化催化剂的裂化活性也有一定的抑制作用，要达到转化率的要求，反应温度也需要适当增加。因此，氮含量变化时，为保证产品分布平稳和产品质量合格，加氢裂化装置需及时调整。过高的氮含量会使加氢裂化装置反应温度增加，对装置长周期运转产生不利影响。

3. 硫

蜡油的硫含量高对产品收率影响较小，氢耗将略有增加，产品硫含量会有少量的增加。但是当蜡油的硫含量发生较大波动时，其他性质往往也会发生较大的变化。加氢裂化装置硫含量一般在0.3%~3.0%，蜡油中所含的硫经加氢脱硫反应后，以硫化氢的形式存在于循环氢中，过高的硫含量使硫化氢分压增加，与加氢裂化反应中间体的加氢反应形成竞争，对加氢裂化产品的深度脱硫产生不利影响，加氢裂化产品的硫含量上升，尤其是重石脑油产品，进而影响下游的重整装置。同时，过高的硫含量也不利于装置的防腐。另外，由于加氢脱硫反应较快，又是强放热反应，因此硫含量增加将引起反应器入口催化剂床层温升明显增加，如不及时加以控制和调整，这个升高的温度进入下面的床层，将引发过度的加氢反应发生，甚至造成反应器超温。

4. 残炭

蜡油中的残炭(CCR)含量与原料油的馏程、芳烃含量及沥青质含量有关，残炭增加虽然对产品收率影响较小，但若长期在较高的残炭下运转，会使催化剂结焦速率加快，催化剂的运转周期缩短。加氢裂化装置通常要求原料的残炭值不超过0.3%。

5. 沥青质

沥青质是高沸点的多环分子，是一种主要的结焦前驱物，极易引起催化剂的迅速失活，即使是微量地增加沥青质含量，也会使催化剂失活速率大幅度增加，使得反应温度需要快速提高，缩短运转周期。此外，沥青质往往与其他毒物如金属结合在一起而存在，因此，必须严格控制原料油中的沥青质含量。

沥青质是高沸点的分子，控制沥青质含量的关键是终馏点不能高于设计值。沥青质对产品收率影响较小，但会影响尾油的颜色，严重时产品变黑。对于常规加氢裂化装置，通常要求进料中的沥青质含量必须低于100μg/g。

6. 金属

加氢裂化装置通常要求加氢装置进料中总金属的含量不大于2μg/g。对于金属含量较高、馏程较重的蜡油，加氢裂化装置采用在催化剂上部装填保护剂和脱金属剂的方法，使原料在接触到主催化剂前对金属进行充分的脱除。对于此类加氢裂化装置，应按照金属含量的限定值进行操作。蜡油原料中的金属主要包括铁、镁、钙、钠和重金属等。

随原料带来的Fe离子是一种比较麻烦的催化剂毒物，它对催化剂活性的影响较小，但Fe离子很容易成为硫化物而沉积在催化剂床层表面，而且由于其反应速度快，因此一般以结壳的形式出现在催化剂床层的顶部，引起床层压降的上升。当床层压降达到一定的程度时，将会造成影响循环压缩机的运转、压碎催化剂、反应器内物流混乱等情况，并导致装置停工。Fe离子以两种形式存在于原料中：一种是以悬浮粒子形式，这种形式的铁可以通过安装进料过滤器，使进入催化剂床层的铁粒子（如铁氧化物）减到最小；而另一种形式是与烃类化合形成油溶性物质（如环烷酸铁），不能用过滤方法解决，需要增加保护剂的体积。Fe 的来源也有两种：一种是本身存在于原油中的油溶性环烷酸铁；另一种则是在原油储运、常减压蒸馏等过程中由于设备腐蚀而进入馏分油中的。通常要求加氢装置进料中铁的含量不大于 1μg/g。

与 Fe 相类似，Ca、Mg、Na 金属含量高也会导致催化剂床层表面的金属沉积。但由于 Ca、Mg、Na 等离子在原油后续加工中生成的可能性较小，油中的此类金属大部分来自于原油，因此只要操作好原油脱盐等工艺，基本上可以保证进料质量。

7. 重金属

特别是镍（Ni）、钒（V）、铜（Cu）、铅（Pb）等，将会沉积在催化剂的孔隙中，覆盖催化剂表面活性中心，因而降低催化剂的活性，必须通过提高反应温度以补偿催化剂的活性损失。

Ni、V 等金属极易引起催化剂中毒，痕量的此类金属的存在也会导致催化剂永久失活，缩短装置的运转周期。同时 Ni、V 等金属是永久性毒物，不能通过催化剂再生恢复活性，因此在催化剂经过第一周期运转之后，即使通过常规的烧焦后，其加氢活性仍不能满足要求，必须更换因金属失活的催化剂。

控制蜡油中的金属含量是保证催化剂运转周期的重要手段之一。由于重金属一般是与重质烃类分子化合（形成卟啉镍、卟啉钒），因此严格控制蜡油的 95%馏出点温度或终馏点是控制重金属含量的主要方法。

砷（As）和硅（Si）是加氢催化剂的毒物，催化剂上即使沉积少量的砷和硅，也会造成活性大幅度下降。虽然到目前为止，对于加氢裂化装置进料中砷含量指标到底应控制在什么范围一直有所争议，但人们普遍认为催化剂上 0.2%~0.3%的砷可以引起活性下降 20%~30%。硅主要由上游装置进入加氢原料油中，如焦化装置注消泡剂引起焦化汽油、焦化柴油和焦化蜡油中含硅。加氢裂化原料中的硅不容易完全脱除，但即使是少量的硅沉积在催化剂上，也可以使催化剂表面孔口堵塞、催化剂活性下降、床层压降上升、装置运转周期缩短，并使得催化剂无法再生使用。虽然原油中的砷和硅含量较少，但也存在原油开采过程中助剂使用不当而引入，因此对蜡油中的砷和硅也应加以控制。

8. 氯

原料油中一般会含有微量的有机氯化物，若原油在开采过程中使用氯含量较高的助剂，则原油中的氯含量会达到较高的水平。原油中的氯化物在加氢反应器中生成氯化氢，氯化氢一方面对加氢催化剂的加氢-酸性功能进行调变，影响催化剂的选择性；另一方面氯化氢和加氢反应中产生的氨化合生成氯化铵，这些物质容易在进料/反应流出物换热器沉积，降低换热效率，堵塞、冲蚀管道，并可能造成设备严重腐蚀。因此要加强原油的电脱盐，并对进料和新氢中的氯含量经常进行分析，保证氯含量不超过设计值。一般情况下加氢裂化原料的氯含量建议值不大于 1μg/g。

五、渣油加氢精制和渣油加氢裂化对渣油质量指标的要求

（一）渣油加氢工艺类型

渣油加氢主要有固定床、沸腾床、浆态床和移动床 4 种工艺类型。固定床渣油加氢和移动床渣油加氢属于渣油加氢精制工艺，沸腾床渣油加氢和浆态床渣油加氢属于渣油加氢裂化工艺。多种工艺还可以相互结合，形成多种、可适应不同需要的渣油改质方案。主要目的可以归

纳为3个方面：①生产低硫燃料油；②脱除渣油中硫、氮和金属等杂质，降低残炭值，为下游渣油催化裂化(RFCC)或者焦化提供优质原料；③渣油加氢裂化生产轻质馏分油。渣油加氢工艺可以转化各种劣质渣油，液体产品收率高、油品质量好，不产生低价值副产物，环境友好。

(二) 渣油加氢工艺对渣油质量指标要求

渣油中含有固体颗粒物，主要包括焦炭粒、砂子、硫化铁(FeS)等污染物。环烷酸含量高的原油，在加工过程中会腐蚀设备和管线，并产生环烷酸铁等腐蚀物。环烷酸铁在 H_2 气氛下与 H_2S 反应极快，生成FeS。各种颗粒物及FeS沉积于最先接触的催化剂表面而堵塞催化剂颗粒间空隙，引起催化剂结块。所以渣油加氢原料油进入反应器之前要经过过滤，渣油加氢装置过滤器一般采用25μm的滤芯。

渣油加氢原料油中的盐分主要包括钠、钾、钙及镁的卤化物。卤化物在 H_2 气氛下反应会放出卤化氢，从而加速设备的腐蚀。此外，盐分中的金属离子会使催化剂活性降低。因此原油必须经过多级电脱盐，确保渣油加氢原料中盐含量尽可能低，一般小于3μg/g。

影响加工工艺选择的渣油性质中最主要的有金属(通常指Ni、V)含量、残炭值及黏度等。图2-6-3为119种原油的AR和VR的残炭值与金属含量分布，将渣油按残炭值和金属含量分为易加工、不难加工、稍难加工、难加工、极难加工5类。表2-6-6给出了各类渣油的分界线以及它们所适合的加工工艺。119种原油中的AR有25%属于性质较好的，可以直接作重油催化裂化(RFCC)的原料；64%的AR和74%的VR属于不难加工和稍难加工类型，可以采用固定床加氢工艺加工。

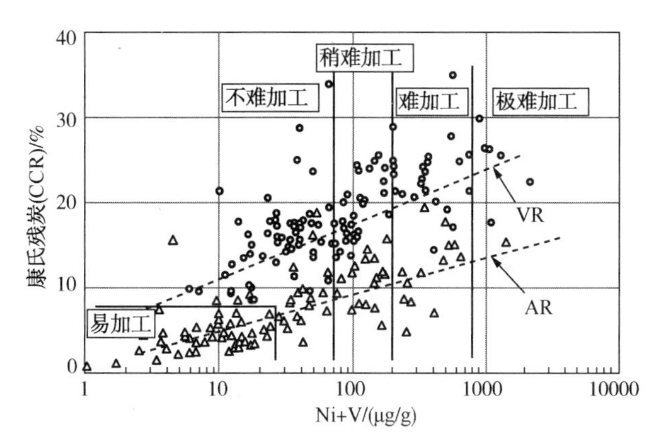

图2-6-3　世界渣油分类

表2-6-6　渣油原料分类及其适合的加工工艺

渣油分类	渣油原料性质			比例(119种)		加氢改质工艺			
	Ni+V/(μg/g)	CCR/%	硫/%	AR/%	VR/%	固定床	移动床	沸腾床	浆态床
易加工	<25	<7	<0.5	25	0				
不难加工	<70	7~10		48	49	•	•		
稍难加工	70~200	10~20		16	25	•	•	•	•
难加工	200~800	>20		10	21			•	•
极难加工	>800			1	5				•

渣油分子大、黏度高，在催化剂颗粒孔内扩散速度慢，内扩散是渣油加氢过程的控制步骤。一般固定床渣油加氢，不直接加工减渣，需要在原料中掺入一定量的VGO、轻循环油（LCO）、回炼油等。固定床渣油加氢原料100℃黏度一般控制在200mm²/s以内。

沸腾床渣油加氢工艺，若杂质含量较高，会加大催化剂的磨损损失，催化剂利用率较大程度降低，但其原料适应性总体较好。浆态床渣油加氢工艺原料适应性很强，可以加工任何劣质渣油。

六、润滑油生产对蜡油质量指标的要求

矿物润滑油潜含于石油的高沸点部分，即沸点高于350℃的常压渣油中。然而，常压渣油不能直接作为润滑油原料进行进一步精制、脱蜡，而必须从常压渣油中分离出所需要的润滑油料来。

一般通过热分离方法，即减压蒸馏工艺，分馏出润滑油料，并按黏度级别分割成沸点范围不同的3~5个馏分的润滑油料，经过进一步加工得到基础油。如果希望获得光亮油等高黏度的基础油，则需要利用溶剂脱沥青工艺，进一步从减压渣油中分离出沸点范围更高、相对分子质量更大的光亮油料，经加工可得到光亮油。

与燃料型减压蒸馏不同，润滑油型减压蒸馏工艺具有一些区别于常规蒸馏的特点，可概括为“高真空、低炉温、窄馏分、浅颜色”。

表2-6-7展示了润滑油型和燃料型减压蒸馏在分离任务、分离目标、设备配置、操作参数等方面的差异和特征。

表2-6-7 润滑油型与燃料型减压蒸馏的区别

比较项目	润滑油型	燃料型
分离任务	润滑油原料	催化裂化或加氢裂化原料
分馏精确度	窄馏分3~5个	宽馏分2~3个
分割深度	原油实沸点535℃左右，不求深度切割	希望深度切割，达565℃，或更高，达585℃
汽提	需要通过汽提调整润滑油油料的闪点和馏程宽度	无需要
雾沫控制	控制中馏分颜色与残炭值	控制裂化原料残炭值与金属含量
减压塔特征	多用分馏塔板	多用填料
	理论板数较多	理论塔板数较少
	塔高/塔径比较大	塔高/塔径比较小
减压蒸馏类型	多采用湿式减压蒸馏工艺，也有用二级减压蒸馏	多采用干式减压蒸馏工艺，一般不用二级减压蒸馏工艺
加热炉温度	较低，一般为380~400℃	较高，一般为380~420℃
处理规模	较小	较大

由减压蒸馏得到的不同馏分的润滑油料进一步经高压加氢处理，即异构脱蜡/加氢后精制生产不同黏度级别的润滑油基础油。加氢处理的工艺目的主要是实现润滑油料的脱硫、脱氮、芳烃饱和以及多环环烷烃的开环裂化。经过加氢处理的润滑油原料，除了满足下游异构脱蜡催化剂对硫、氮等杂质的进料限定性要求外，同时还要满足最终产品基础油对黏温性能

的要求，使黏度指数符合产品标准，满足内燃机润滑油对基础油黏度指数的要求。因此，润滑油加氢过程对原料性质的要求应从保证装置的正常运行、催化剂的活性稳定性以及保证产品的质量和收率等多方面因素予以考虑。

(一) 原料性质对催化剂活性和稳定性的影响

大量工业应用经验证明，在加氢过程中，上游装置流出的物料质量直接影响下游装置催化剂的活性和稳定性。因此，催化剂在使用上要对其加工物料(包括气、固、液物料)的质量提出要求或限定。在这些限定的因素中，有的一旦超限就会使催化剂瞬间丧失活性，有的则累积一段时间后才会使催化剂有明显的活性损失，并且活性不能完全恢复。因此，无论在装置设计或是装置操作中，都应当遵守这些限定指标，从而保证装置运行的稳定性，而这些因素往往与蒸馏过程的工艺及操作密切相关。

对于硫化态加氢催化剂而言，原料油中影响催化剂活性的主要因素包括原料油中的正庚烷不溶物(或沥青质)、残炭、水、氯化物以及金属杂质。润滑油加氢处理对于原料的限定指标见表 2-6-8。

表 2-6-8　进料共同限定指标

项　　目	限定指标	分析方法
水/(μg/g)	<300	GB/T 260
砷/(μg/g)	<200	SH/T 0629—1996
盐/(mg/L)	<1.0	GB/T 6532
氯离子/(μg/g)	<2.0	ASTM D7536
铁离子/(μg/g)	<1.5	GB/T 18608
总金属/(μg/g)	<2.0	GB/T 18608
正庚烷不溶物/(μg/g)	≯50	ASTM D3279—2012e1

(二) 原料性质对基础油产品质量和收率的影响

润滑油加氢处理催化剂对原料油的硫、氮、芳烃含量没有特殊限制。但是为了使加氢处理生成油满足异构脱蜡段进料要求以及所需的运动黏度、黏度指数等产品质量指标的要求，原料中的硫、氮、芳烃含量应尽可能低，否则产品要达到同一黏度指数时所需要的操作条件就越苛刻，从而导致黏度和收率的降低，因此最好将硫质量分数控制在≯2.0%、氮质量分数≯0.2%、芳烃质量分数≯30%。

一般来说，随着加氢处理深度增加，加氢处理生成油中的芳烃含量降低、饱和烃含量增加，同时单环芳烃在芳烃总量中的比例也逐渐增加；由于开环和脱烷基等加氢裂化反应有所加强，沸程也随之前移。因为芳烃量的减少及侧链断裂，使润滑油黏度降低，带长侧链的单环环烷或芳烃的增多使润滑油的黏度指数增加，大分子裂化成低沸点小分子使润滑油收率下降。一般说来，基础油黏度指数每提高 1 个单位，其收率将降低 1%。因此，应挑选黏度指数相对较高的原料作为加氢处理原料。

由于工业上往往需要生产不同黏度、但黏度指数相近的基础油，因此，如果采用宽馏分进料时，会引起收率和黏度的大幅下降，或达不到生产各种黏度等级基础油的目的。例如，采用混合馏分进料时，如要得到高黏度指数的轻质基础油，则重质基础油和光亮油部分就会不必要地过度裂化，从而损失了高黏度的基础油。这说明对混合馏分进行加氢处理时，加工深度不易掌握：如按其中难裂解馏分的要求来确定加工深度，则易裂解馏分必定遭受过度裂化，从而使基础油总收率降低；如按其中易裂解馏分确定加工深度，则难裂解馏分的黏度指数必定不够高。因此，润滑油加氢处理进料应分割成若干窄馏分切换进料，并使其在最宜加工深度下分别处理。

参 考 文 献

[1] Stanford L A, Kim S, Rodgers R P, et al. Characterization of compositional changes in vacuum gas oil distillation cuts by electrospray ionization Fourier transform-ion cyclotron resonance(FT-ICR) mass spectrometry[J]. Energy & Fuels, 2006, 20(4): 1664-1673.

[2] Rui D, Wei W, Naixin W, et al. Molecular Characterization of Hydrotreated Atmospheric Residue Derived from Arabian Heavy Crude by GC FI/FD TOF MS and APPI FT-ICR MS[J]. China Petroleum Processing & Petrochemical Technology, 2012, 14(4): 80-88.

[3] Qian K, Edwards K E, Mennito A S, et al. Determination of Structural Building Blocks in Heavy Petroleum Systems by Collision-Induced Dissociation Fourier Transform Ion Cyclotron Resonance Mass Spectrometry[J]. Analytical Chemistry, 2012, 84(10): 4544-4551.

[4] Zhang L, Zhang Y, Zhao S, et al. Characterization of heavy petroleum fraction by positive-ion electrospray ionization FT-ICR mass spectrometry and collision induced dissociation: Bond dissociation behavior and aromatic ring architecture of basic nitrogen compounds[J]. Science China Chemistry, 2013, 56(7): 874-882.

[5] 魏然波. 乙烯裂解原料组成的选择与优化[J]. 中外能源, 2013(11): 63-66.

[6] 林崇德, 姜璐, 王德胜, 等. 中国成人教育百科全书[M]. 南海出版公司, 1994.

[7] 李雪琴, 曹利, 于胜楠, 等. 石脑油高效资源化研究进展[J]. 化工学报, 2015, 66(9): 3287-3295.

[8] 徐承恩. 催化重整工艺与工程[M]. 北京: 中国石化出版社, 2006.

[9] 马伯文. 催化裂化装置技术问答[M]. 北京: 中国石化出版社, 2003.

[10] 吴翔. 重整装置原料优化调整及效果[J]. 石油化工技术与经济, 2014, 30(4): 11-15.

[11] 徐春明, 杨朝合. 石油炼制工程[M]. 4版. 北京: 石油工业出版社, 2009.

[12] Houalla M, Broderick D H, Spare A V, et al. Hydrodesulfurization of methyl-substituted dibenzothiophenes catalyzed by sulfide Co-Mo/γ-Al_2O_3, J. Catal. 61(1980): 523-527.

[13] Nag N K, Spare A V, BroderickD H, et al. Hydrodesulfurization of polycyclic aromatics catalyzed by sulfide Co-Mo/γ-Al_2O_3: the relative reactivities, J. Catal. 57(19790)509-512.

[14]李大东, 聂红, 孙丽丽. 加氢处理工艺与工程[M]. 北京: 中国石化出版社, 2016.

[15] 李生华. 从石油溶液到碳质中间相 I. 石油胶体溶液及其理论尝试[J]. 石油学报, 1995, (1): 55-59.

[16] 周鸿. 几种渣油加工工艺的对比与选择[J]. 齐鲁石油化工, 2018, 46(1): 63-67.

[17] 水天德. 现代润滑油生产工艺[M]. 北京: 中国石化出版社, 1997.

第三章　石油及其产品的物理性质

石油及其产品的物理性质，是评定石油产品质量和控制石油炼制过程的重要指标，也是设计石油炼制工艺装置和设备的重要依据。

石油及其产品的物理性质是组成它的各种化合物性质的综合表现。石油及其产品是各种化合物的复杂混合物，化学组成不易直接测定，而且许多物理性质没有可加和性，所以石油及其产品的物理性质需采用规定的、条件性的试验方法来测定。离开专门的仪器和规定的试验条件，所测油品的性质数据就毫无意义。

在实际工作中，往往是根据某些基本物性数据借助图表查找或借助公式计算得到其他物性数据。这些图表和公式是依据大量实测数据归纳得到的，是经验性的或半经验性的。由于计算机技术的广泛应用，人们将各种物性之间的关联用数学式表示，方便了物性数据的计算。

第一节　蒸　气　压

在一定的温度下，液相与其上方的气相呈平衡状态时的压力称为饱和蒸气压，简称蒸气压。它表征液体在一定温度下蒸发和汽化的能力，蒸气压愈高的液体愈容易汽化。

一、纯烃的蒸气压

纯烃的饱和蒸气压是温度的函数，随温度的升高而增大。同一温度下，不同烃类具有不同的蒸气压。对于同一族烃类，相对分子质量较大的烃类蒸气压较小。

当体系的压力不太高时，液相的摩尔体积与气相的摩尔体积相比可以忽略，温度远高于临界温度时，气相可看作理想气体，纯化合物的蒸气压与温度间的关系可用 Clapeyron-Clausius 方程表示：

$$\frac{\mathrm{d}\ln p}{\mathrm{d}T}=\frac{\Delta H_{\mathrm{V}}}{RT^{2}} \tag{3-1-1}$$

式中　ΔH_{V}——摩尔蒸发热，J/mol；

R——摩尔气体常数，8.3143J/(mol·K)；

T——温度，K；

p——纯物质在 T 时的蒸气压，Pa。

当温度变化不大时，ΔH_{V} 可视为常数，则 $\ln p$ 与 $1/T$ 呈线性关系，将上式积分得：

$$\ln\frac{p_1}{p_2}=\frac{\Delta H}{R}\left(\frac{1}{T_2}-\frac{1}{T_1}\right) \tag{3-1-2}$$

在实际应用中，一般用其他计算公式或烃类蒸气压图(考克斯图)求纯烃的蒸气压。比较简单的计算公式有 Antoine 方程：

$$\ln p = A - \frac{B}{T+C} \tag{3-1-3}$$

式中 A、B、C 是与烃类性质有关的常数，可从有关数据手册查得，此式的使用范围为1.3~200kPa。

当已知烃类的临界性质和偏心因子时，建议用下式计算其蒸气压：

$$\ln p_r^* = (\ln p_r^*)^{(0)} + \omega(\ln p_r^*)^{(1)} \tag{3-1-4}$$

$$p_r^* = p^* / p_C$$

$$T_r = T / T_C$$

$$(\ln p_r^*)^{(0)} = 5.92714 - 6.09648/T_r - 1.28862\ln T_r + 0.169347 T_r^6$$

$$(\ln p_r^*)^{(1)} = 15.2518 - 15.6875/T_r - 13.4721\ln T_r + 0.43577 T_r^6$$

式中 p_r^*——对比蒸气压；

p^*——蒸气压，kPa；

p_C——临界压力，kPa；

ω——偏心因子(表征分子大小和形状的参数)；

T_r——对比温度；

T——温度，K；

T_C——临界温度，K。

式(3-1-4)仅适用于非极性化合物，对比温度要大于0.3，且不能用于冰点以下温度。当对比温度大于0.5时本法最为可靠。

图3-1-1是烃类蒸气压图。此图可以查找烃类在不同温度下的蒸气压，或不同压力下的沸点。该图查出的纯烃蒸气压数值，误差在2%以内。

[**例3-1-1**] 当压力为6.67kPa时，某烷烃的沸点为110℃，求该烷烃在常压下的沸点。

解：在图3-1-1中6.67kPa(50mmHg)处作一水平线，在横坐标110℃处作一垂直线，交点位于“27”(十一烷)线上，在此线上查出与纵坐标101kPa的交点，其横坐标温度为195℃，此即常压101kPa下十一烷的沸点。

二、烃类混合物及石油馏分的蒸气压

混合物蒸气压是温度和组成的函数。对于组分比较简单的烃类混合物，当体系压力不高，气相近似于理想气体，与其相平衡的液相近似于理想溶液时，其总的蒸气压可用Dalton-Raoult定律求得：

$$p = \sum_{i=1}^{n} p_i x_i \tag{3-1-5}$$

式中 p，p_i——分别为混合物和组分 i 的蒸气压，Pa；

x_i——平衡液相中组分 i 的摩尔分数。

式(3-1-5)中的 x_i 随着汽化率的不同而改变，因此，算出的蒸气压只是在某个平衡条件下平衡液相的蒸气压。烃类混合物的蒸气压不仅与体系的温度有关，而且与该条件下的汽化率有关。

石油及其馏分是各种烃类的混合物，组成极为复杂，单体烃的组成难以测定，无法用式

(3-1-5)计算其总蒸气压。但与简单的烃类混合物一样，蒸气压仍然是温度和组成的函数。在一定温度下，馏分越轻，越易挥发，其蒸气压越大。馏分的组成是随汽化率不同而改变的，一定量的油品在汽化过程中，由于轻组分易挥发，因此当汽化率增大时，液相组成逐渐变重，其蒸气压也会随之降低。

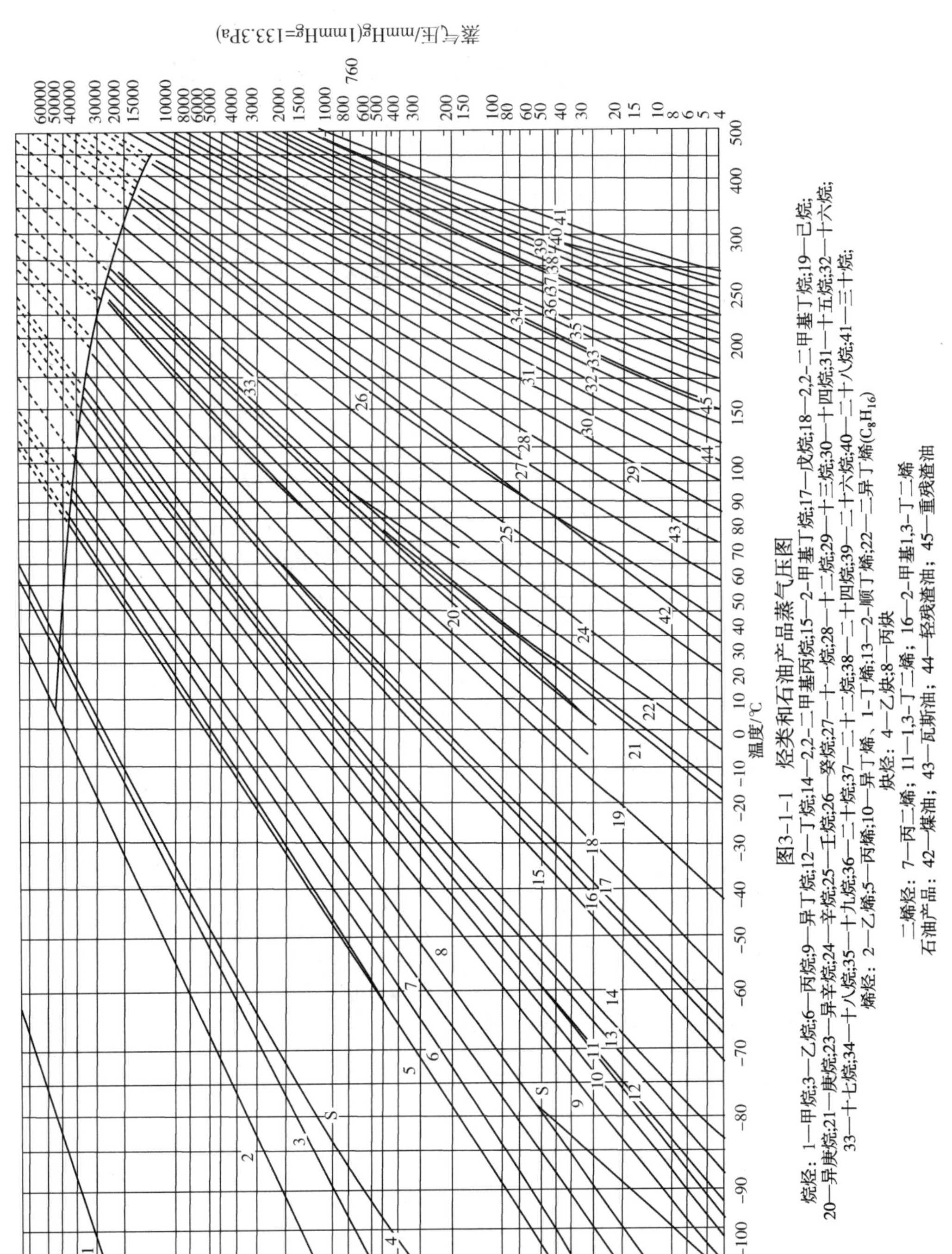

图3-1-1　烃类和石油产品蒸气压图

烷烃：1—甲烷;3—乙烷;6—丙烷;9—异丁烷;12—丁烷;14—2,2-二甲基丙烷;15—2-甲基丁烷;17—戊烷;18—2,2-二甲基丁烷;19—己烷;20—异庚烷;21—庚烷;23—异辛烷;24—辛烷;25—壬烷;26—癸烷;27—十一烷;28—十二烷;29—十三烷;30—十四烷;31—十五烷;32—十六烷;33—十七烷;34—十八烷;35—十九烷;36—二十烷;37—二十一烷;38—二十二烷;39—二十四烷;40—二十六烷;41—三十烷;

烯烃：2—乙烯;5—丙烯;10—异丁烯、1-丁烯;13—2-顺丁烯;22—二异丁烯(C_8H_{16})

炔烃：4—乙炔;8—丙炔

二烯烃：7—丙二烯；11—1,3-丁二烯；16—2-甲基1,3-丁二烯

石油产品：42—煤油；43—瓦斯油；44—轻残渣油；45—重残渣油

对实沸点蒸馏温度差小于30℃的窄石油馏分，蒸气压可根据特性因数和平均沸点由图3-1-2或图3-1-3求定。如果特性因数$K \neq 12$，需对平均沸点进行校正，但校正又需要知道蒸气压，所以需用试差法求定石油窄馏分的蒸气压。也可用图3-1-4求石油窄馏分的蒸气压，但误差较大。

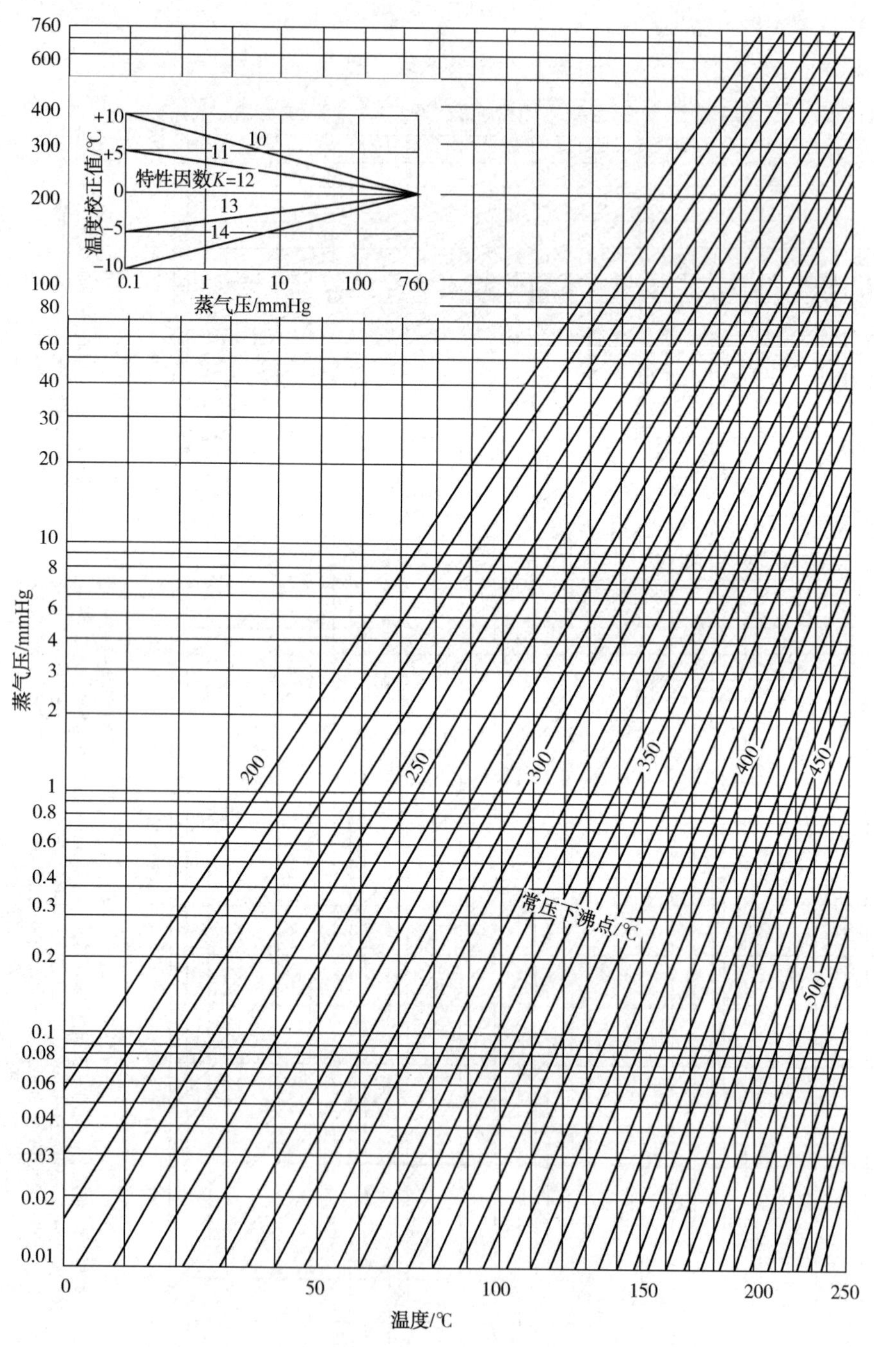

图3-1-2　烃类与石油窄馏分蒸气压图(0~250℃)

(1mmHg=133.3Pa，下同)

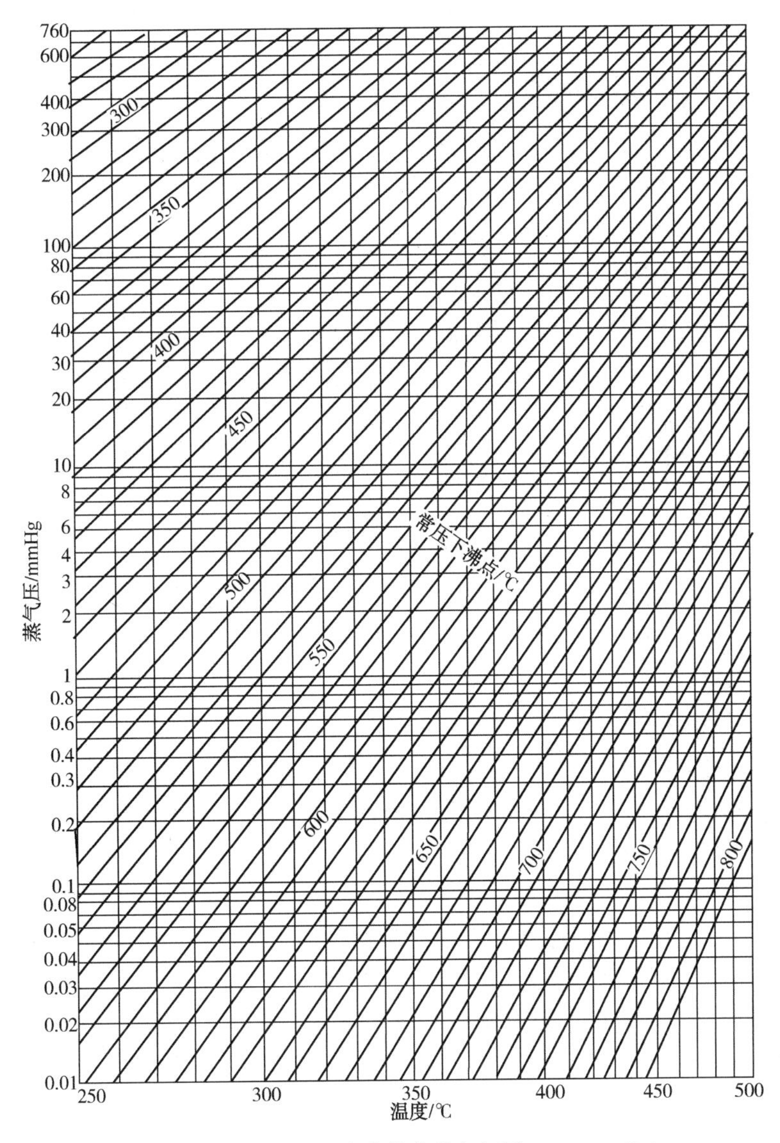

图 3-1-3　烃类与石油窄馏分蒸气压图(250~500℃)

[例 3-1-2]　计算四氢萘在 70℃时的蒸气压。已知其常压沸点 $t_b=207.6$℃，特性因数 $K=9.78$。

解：①设 $t'_b=t_b=207.6$℃。由图 3-1-2 查得 70℃时蒸气压为 667Pa(5mmHg)，再由左上角小图，根据 667Pa(5mmHg)、$K=9.78$ 查得沸点校正值为 6.4℃，故校正至 $K=12$ 的常压沸点应为：

$$t'_b=t_b-\Delta t=207.6-6.4=201.2℃$$

② 用 $t'_b=201.2$℃从图 3-1-2 查得 70℃蒸气压为 867Pa(6.5mmHg)，再由左上角小图根据 867Pa(6.5mmHg)和 $K=9.78$ 查得 $\Delta t=5.8$℃，则 $t'_b=207.6-5.8=201.8$℃。

③ 用 $t'_b=201.8$℃从图 3-1-2 查得 70℃蒸气压为 840Pa(6.3mmHg)，再由左上角小图根据 840Pa(6.3mmHg)和 $K=9.78$ 查得 $\Delta t=5.9$℃，则 $t'_b=207.6-5.9=201.7$℃。此值与

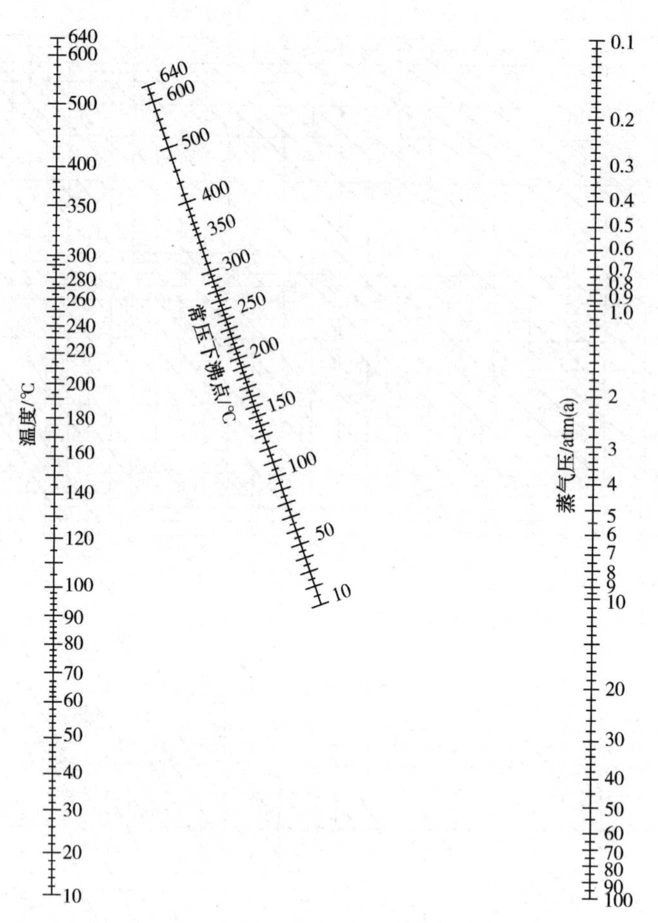

图 3-1-4　烃类蒸气压与常压沸点关系图(10~10000kPa)
(1atm=101kPa)

201.8℃只差0.1℃，故认为所求蒸气压为840Pa(6.3mmHg)。

石油窄馏分的蒸气压还可用迭代法计算。由于计算机技术的发展，使应用复杂的迭代公式进行繁琐的迭代过程计算变得简单、快捷、准确。

对于纯烃化合物或沸点范围较窄的石油馏分(指实沸点蒸馏温度差小于30℃的馏分)，可根据其特性因数 K(为一种表征石油馏分烃类组成的参数)和平均沸点，利用下列各式通过迭代法计算其蒸气压。

① 当蒸气压 $p^* < 0.27$kPa($X > 0.0022$)时：

$$\lg p^* = \frac{3000.538X - 6.761560}{43X - 0.987672} - 0.8752041 \tag{3-1-6}$$

② 当 $0.27\text{kPa} \leqslant p^* \leqslant 101.3\text{kPa}$($0.0013 \leqslant X \leqslant 0.0022$)时：

$$\lg p^* = \frac{2663.129X - 5.994296}{95.76X - 0.972546} - 0.8752041 \tag{3-1-7}$$

③ 当 $p^* > 101.3$kPa($X < 0.0013$)时：

$$\lg p^* = \frac{2770.085X - 6.412631}{36X - 0.989679} - 0.8752041 \tag{3-1-8}$$

式中，X 是温度(T，K)和沸点(T_b，K)的函数，由下式计算：

$$X=\frac{\frac{T'_b}{T}-0.00051606T_b}{748.1-0.3861T'_b} \tag{3-1-9}$$

其中 T'_b 是校正到特性因数 $K=12$ 时的沸点，其校正式如下：

$$T'_b=T_b-1.39f(K-12)\lg\left(\frac{p^*}{101.3}\right) \tag{3-1-10}$$

式中，f 为校正因子。对蒸气压小于 0.1MPa 和沸点高于 204℃的物质，其 $f=1$；对沸点低于 93℃的物质，其 $f=0$；对蒸气压大于 0.1MPa 和沸点在 93~204℃的物质，其 f 值由下式算得：

$$f=\frac{T_b-366.5}{111.1} \tag{3-1-11}$$

当蒸气压接近常压时，此方法较为可靠。

石油馏分的蒸气压通常有两种表示方法：一种是汽化率为 0%时的蒸气压，称为泡点蒸气压或真实蒸气压(汽化率为 100%时的蒸气压称为露点蒸气压)，它在工艺计算中常用于计算气液相组成、换算不同压力下烃类的沸点或计算烃类的液化条件；另一种是雷德蒸气压，它是用特定仪器在规定条件下测定的油品蒸气压，主要用于评价汽油的使用性能。通常，泡点蒸气压要比雷德蒸气压高。

雷德蒸气压测定器如图 3-1-5 所示。用 GB/T 8017—2012 标准方法测定蒸气压时，是将冷却的试样充入蒸气压测定器的燃料室，并将燃料室与 37.8℃的空气室相连接(燃料室与空气室的体积比为 1∶4)。将该测定器浸入恒温浴(37.8℃±0.1℃)中，定期振荡，直到安装在测定器上压力表的压力读数稳定，此时的压力表读数经修正后，即为雷德蒸气压。

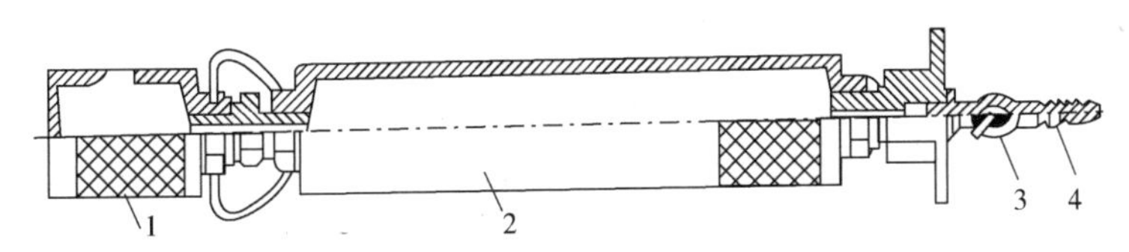

图 3-1-5　雷德蒸气压测定器

1—燃料室；2—空气室；3—活栓；4—接头

第二节　馏分组成与平均沸点

一、沸程与馏分组成

纯液体物质在一定温度下具有恒定的蒸气压。温度越高，蒸气压越大。当纯液体饱和蒸气压与外界压力相等时，液体表面和内部同时出现汽化现象，这一温度称为该液体物质在此压力下的沸点。如不加说明，物质的沸点一般都是指其在常压下的沸点，也称常沸点。

石油馏分是一个复杂的混合物，在一定外压下其沸点与纯液体不同，它不是恒定的，其沸点表现为一个很宽的范围。石油馏分中轻组分相对挥发度大，在蒸馏时首先汽化，当蒸气压等于外压时，石油馏分开始沸腾，随着汽化过程的不断进行，液相中的较重组分逐渐富集，沸点会逐渐升高。所以，石油馏分是一个沸点连续的多组分混合物，没有恒定的沸点，只有一个沸腾温度范围。在外压一定时，石油馏分的沸点范围称为沸程。

石油馏分沸程数据因所用的蒸馏设备不同而不同。对于同一种油样，采用分离精确度较高的蒸馏设备蒸馏时沸程较宽，反之则较窄。在石油加工生产和设备计算中，常常是以馏程来简便地表征石油馏分的蒸发和汽化性能。

实验室常用比较粗略而又最简便的恩氏蒸馏装置来测定石油馏分的馏程。恩氏蒸馏装置如图 3-2-1 所示。

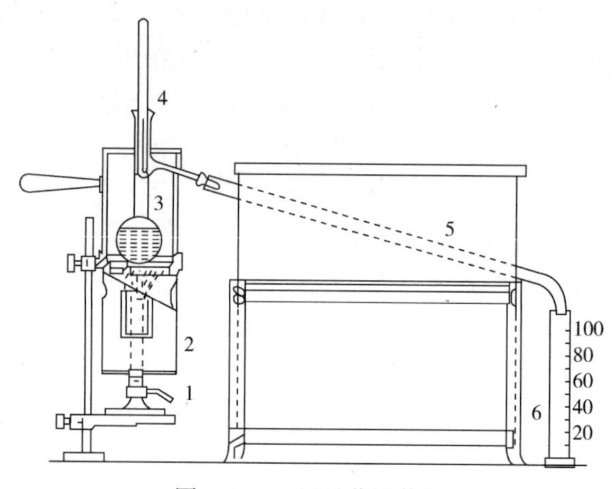

图 3-2-1　恩氏蒸馏装置

1—喷灯；2—挡风板；3—蒸馏瓶；4—温度计；5—冷凝器；6—接收器

按 GB 6536—2010 的标准方法(ASTM D86)进行恩氏蒸馏时其测定过程如下：将 100mL(20℃)试样在规定的试验条件下，按产品性质不同，控制不同的蒸馏操作升温速度。当冷凝管流出第一滴冷凝液体时所对应的气相温度称为初馏点。继续加热，温度逐渐升高，组分由轻到重逐渐馏出，依次记录馏出液为 10mL、30mL 直至 90mL 时的气相温度，分别称之为 10%、30%、……、90%回收温度(馏出温度)，简称为 10%点、30%点、……、90%点。蒸馏过程中气相温度升高到一定数值，不再上升而开始回落，这个最高的气相温度称为终馏点。蒸馏烧瓶底部最后一滴液体汽化的瞬间所测得的气相温度称为干点，此时不考虑蒸馏烧瓶壁及温度计上的任何液滴或液膜。由于终馏点一般在蒸馏烧瓶全部液体蒸发后才出现，故与干点往往相同。有时也可根据产品规格要求，以 98%或 97.5%时的馏出温度来表示终馏温度。

从初馏点到终馏点这一温度范围叫作馏程，而在某一温度范围内蒸馏出的馏出物称为馏分。温度范围窄的称为窄馏分，温度范围宽的称为宽馏分，低温范围的称为轻馏分，高温范围的称为重馏分。馏分仍是一个混合物，只不过包含的组分数目少一些。

馏出温度与馏出量(体积分数)相对应的一组数据，称为馏分组成。如初馏点、10%点、30%点、50%点、70%点、90%点、终馏点等，生产实际中常统称为馏程。根据恩氏蒸馏馏分组成数据，以馏出温度为纵坐标，馏出体积分数为横坐标作图，得到油品的恩氏蒸馏曲线。图 3-2-2 为大庆原油汽油馏分的恩氏蒸馏曲线。恩氏蒸馏曲线的斜率表示从馏出量 10%到馏出量 90%之间，每馏出 1%沸点升高的平均度数。斜率体现了馏分沸程的宽窄，馏分越宽斜率越大。恩氏蒸馏曲线的斜率常用式(3-2-1)计算。

$$\text{斜率 } S=\frac{90\%\text{馏出温度}-10\%\text{馏出温度}}{90-10}\ ℃/\% \tag{3-2-1}$$

馏程可判断石油馏分组成，可作为建厂设计的基础数据，也是炼油装置生产操作控制的依据，另外可以评定某些油品的蒸发性，判断其使用性能。但石油馏分恩氏蒸馏是间歇式的简单蒸馏，基本不具有精馏作用，石油馏分中的烃类并不是按各自沸点逐一蒸出，而是在温度从低到高的渐次汽化过程中，以连续增高沸点的混合物形式蒸出。也就是说，在蒸馏时既有首先汽化的轻组分携带部分沸点较高的重组分一同汽化的过程，同时又有留在液体中的一些低沸点轻组分与高沸点组分被一同蒸出的过程。因此，馏分组成数据仅可以粗略地判断油品的轻重及使用性质。

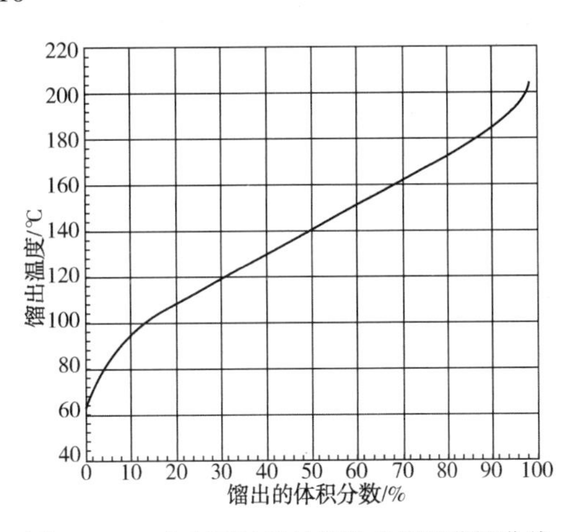

图 3-2-2　大庆原油汽油馏分的恩氏蒸馏曲线

温度超过 350℃时，重质馏分易发生分解。因此，较重的石油馏分需要在减压条件下蒸馏，以降低馏出温度。蒸馏时的液相温度一般不能超过 350℃。蒸馏结束后，将减压下测得的馏分组成数据换算为常压馏分组成数据。

二、平均沸点

馏程和馏分组成主要用在油品评价以及油品规格标准上，在工艺计算中不能直接应用。为此引入平均沸点的概念。严格说来平均沸点并无物理意义，但在工艺计算及求定各种物理参数时却很有用。石油馏分平均沸点的定义有以下 5 种：

1. 体积平均沸点

$$t_{体}=\frac{t_{10}+t_{30}+t_{50}+t_{70}+t_{90}}{5} \tag{3-2-2}$$

式中　$t_{体}$——体积平均沸点,℃；

t_{10}、t_{30}、t_{50}、t_{70}、t_{90}——恩氏蒸馏 10%、30%、50%、70%、90%的馏出温度,℃。

2. 质量平均沸点

$$t_{重}=\sum w_i t_i \tag{3-2-3}$$

式中　$t_{重}$——质量平均沸点,℃；

w_i——i 组分的质量分数；

t_i——i 组分的沸点,℃。

3. 实分子平均沸点

$$t_{分}=\sum N_i t_i \tag{3-2-4}$$

式中　$t_{分}$——实分子平均沸点,℃；

N_i——i 组分的摩尔分数；

t_i——i 组分的沸点,℃。

4. 立方平均沸点

$$t_{立} = \left(\sum V_i t_i^{\frac{1}{3}} \right)^3 \tag{3-2-5}$$

式中 $t_{立}$——立方平均沸点，K；

V_i——i 组分的体积分数；

t_i——i 组分的沸点，K。

5. 中平均沸点

$$t_{中} = \frac{t_{分} + t_{立}}{2} \tag{3-2-6}$$

式中 $t_{中}$——中平均沸点，℃。

$t_{分}$——实分子平均沸点，℃；

$t_{立}$——立方平均沸点，℃

这5种平均沸点各有其相应的用途，涉及平均沸点时必须注意是何种平均沸点。体积平均沸点主要用于计算其他难于直接求得的平均沸点；质量平均沸点用于计算油品的真临界温度；实分子平均沸点用于计算烃类混合物或油品的假临界温度和偏心因子；立方平均沸点用于计算油品的特性因数和运动黏度；中平均沸点用于计算油品氢含量、特性因数、假临界压力、燃烧热和平均相对分子质量等。

体积平均沸点可根据石油馏分恩氏蒸馏数据直接计算；其他几种平均沸点，由体积平均沸点和恩氏蒸馏曲线斜率从图3-2-3中查得校正值，间接计算求得。对于沸程小于30℃的窄馏分，可以认为各种平均沸点近似相等，用50%点馏出温度代替不会有很大误差。

图3-2-3为平均沸点校正图，在一般情况下该图只适用于恩氏蒸馏斜率小于5的石油馏分。

平均沸点在一定程度上反映了馏分的轻重，但不能看出油品沸程的宽窄。例如沸程为100~400℃的馏分和沸程为200~300℃的馏分，它们的平均沸点都可以在250℃左右。

[**例3-2-1**] 已知某油品的恩氏蒸馏数据如下；

馏出体积	初馏点	10%	30%	50%	70%	90%	终馏点
馏出温度/℃	38	54	84	108	135	182	196

求此油品的各种平均沸点。

解：此油品的体积平均沸点为；

$$t_{体} = \frac{54+84+108+135+182}{5} = 112.6(℃)$$

恩氏蒸馏10%~90%曲线斜率为：

$$S = \frac{t_{90} - t_{10}}{90-10} = \frac{182-54}{80} = 1.6(℃/\%)$$

根据恩氏蒸馏体积平均沸点和斜率数据，查图3-2-3得质量平均沸点校正值、立方平均沸点校正值、中平均沸点校正值、实分子平均沸点校正值分别为+4.5℃、-4.1℃、-11℃、-18℃，则：

$t_{质} = 112.6 + 4.5 = 117.1(℃)$

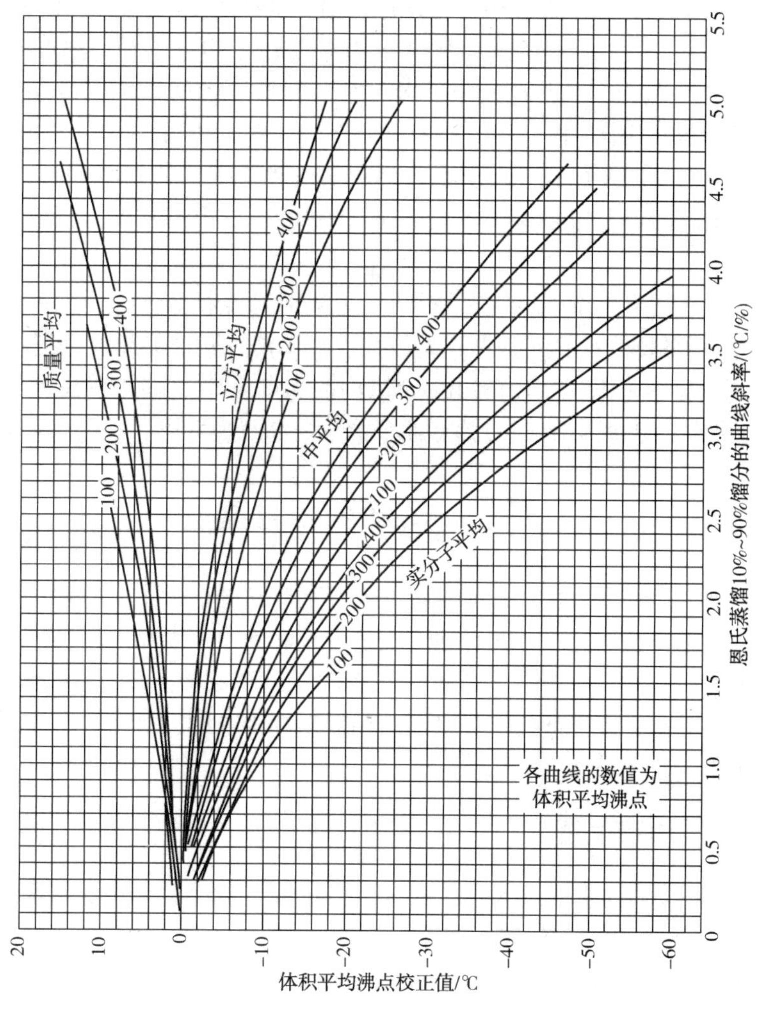

图 3-2-3　平均沸点温度校正图

$t_{立} = 112.6 - 4.1 = 108.5(℃)$

$t_{中} = 112.6 - 11 = 101.6(℃)$

$t_{实} = 112.6 - 18 = 94.6(℃)$

考虑到油品在加热过程中的裂化作用，当恩氏蒸馏馏出温度高于 246℃时，需用式(3-2-7)进行校正。但馏出温度若是从减压蒸馏数据算出来的，则无须进行校正。

$$\log D = 0.00852t - 1.436 \tag{3-2-7}$$

式中　D——温度校正值(加到馏出温度 t 上),℃;

t——高于 246℃的恩氏蒸馏馏出温度,℃。

周佩正根据石油馏分的体积平均沸点 t_V 及其馏程的斜率 S，将这 5 种平均沸点关联如下：

$$t_W = t_V + \Delta_W,\ \ln\Delta_W = -3.64991 - 0.027060 t_V^{0.6667} + 5.16388 S^{0.25} \tag{3-2-8}$$

$$t_m = t_V - \Delta_m,\ \ln\Delta_m = -1.15158 - 0.011810 t_V^{0.6667} + 3.70684 S^{0.3333} \tag{3-2-9}$$

$$t_{cu} = t_V - \Delta_{cu},\ \ln\Delta_{cu} = -0.82368 - 0.089970 t_V^{0.45} + 2.45679 S^{0.45} \tag{3-2-10}$$

$$t_{Me}=t_V-\Delta_{Me}, \ \ln\Delta_{Me}=-1.53181-0.012800t_V^{0.6667}+3.64678S^{0.33333} \qquad (3-2-11)$$

式中　Δ_W，Δ_m，Δ_{cu}，Δ_{Me}——分别表示质量平均沸点 t_W、实分子平均沸点 t_m、立方平均沸点 t_{cu} 及中平均沸点 t_{Me} 的校正值，℃。

例如，某石油馏分馏程的 t_{10}、t_{30}、t_{50}、t_{70} 及 t_{90} 相应为 64.9℃、109.9℃、138.9℃、162.9℃及 188.4℃，用以上的式子可求得其体积平均沸点 t_V、质量平均沸点 t_W、实分子平均沸点 t_m、立方平均沸点 t_{cu} 及中平均沸点 t_{Me} 的计算值相应为 133.0℃、115.9℃、129.1℃、137.1℃及 121.9℃。

工艺设计和生产过程中经常要进行不同压力下的沸点换算。图 3-1-4 适用于压力在 10~10000kPa范围内的沸点换算，该图误差较大，也不能针对油品组成进行校正。图 3-1-2 及图 3-1-3 适用于压力在 1.33~101323Pa 范围内的沸点换算。用图 3-1-2 及图 3-1-3 换算比较精确，用于纯烃及沸程小于 28℃的石油窄馏分的沸点换算时，平均误差为 4%。

第三节　密度和相对密度

石油及其石油产品密度和相对密度与石油及石油产品的化学组成有密切的内在联系，是石油和石油产品的重要特性之一。在炼油厂工艺设计和生产、油品储运、产品计量等方面都经常用到相对密度。石油产品规格中对相对密度有一定的要求；有的石油产品如喷气燃料，在质量标准中对相对密度有严格要求。以油品相对密度为基础，可关联出油品的其他重要性质参数，建立实用的数学模型。

一、石油及石油产品密度和相对密度

密度是单位体积物质的质量，单位为 g/cm^3 或 kg/m^3。油品的体积随温度变化，但质量并不随温度变化，同一油品在不同温度下有不同的密度，所以油品密度应标明温度，通常用 ρ_t 表示温度 t℃时油品的密度。我国规定油品 20℃时密度作为石油产品的标准密度，表示为 ρ_{20}。

液体石油产品的相对密度是其密度与规定温度下水的密度之比。因为水在 4℃时的密度等于 $1g/cm^3$，所以通常以 4℃水为基准，因而油品的相对密度与同温下油品的密度在数值上是相等的。

油品在 t℃时的相对密度通常用 d_4^t 表示。我国及东欧各国常用的相对密度是 d_4^{20}。欧美各国常用的相对密度是 $d_{60°F}^{60°F}$（$d_{15.6}^{15.6}$），即 60℉油品的密度与 60℉水的密度之比。d_4^{20} 与 $d_{15.6}^{15.6}$ 之间可利用表 3-3-1 根据式(3-3-1)进行换算。

$$d_4^{20}=d_{15.6}^{15.6}-\Delta d \qquad (3-3-1)$$

式中，Δd 为油品相对密度校正值。

表 3-3-1　$d_{15.6}^{15.6}$ 与 d_4^{20} 换算表

$d_{15.6}^{15.6}$ 或 d_4^{20}	Δd	$d_{15.6}^{15.6}$ 或 d_4^{20}	Δd	$d_{15.6}^{15.6}$ 或 d_4^{20}	Δd
0.700~0.710	0.0051	0.780~0.800	0.0046	0.870~0.890	0.0041
0.710~0.730	0.0050	0.800~0.820	0.0045	0.890~0.910	0.0040
0.730~0.750	0.0049	0.820~0.840	0.0044	0.910~0.920	0.0039
0.750~0.770	0.0048	0.840~0.850	0.0043	0.920~0.940	0.0038
0.770~0.780	0.0047	0.850~0.870	0.0042	0.940~0.950	0.0037

也可以直接按杨朝合给出的拟合公式计算得到，计算值可以精确到查表值的小数点后第4位。拟合公式为：

$$\Delta d=\frac{1.592-d_4^{20}}{176.1-d_4^{20}} \tag{3-3-2}$$

工艺计算时 d_4^{20} 与 $d_{15.6}^{15.6}$之间也可利用经验式(3-25)进行换算。

$$d_{15.6}^{15.6}=0.99417\times d_4^{20}+0.009181 \tag{3-3-3}$$

美国石油协会还常用相对密度指数(*API* 度)来表示油品的相对密度，它与 $d_{15.6}^{15.6}$的关系为：

$$\text{相对密度指数}(API\text{ 度})=\frac{141.5}{d_{15.6}^{15.6}}-131.5 \tag{3-3-4}$$

由式(3-3-4)可见，相对密度越小，其 *API* 度越大；而相对密度越大，其 *API* 度越小。

二、液体油品相对密度与温度、压力的关系

温度升高油品受热膨胀，体积增大，密度和相对密度减小。在 0~50℃ 温度范围内，不同温度(t℃)下的油品相对密度可按式(3-3-5)换算。

$$d_4^t=d_4^{20}-\gamma(t-20) \tag{3-3-5}$$

式中，γ 为油品体积膨胀系数或相对密度的平均温度校正系数，即温度改变1℃时油品相对密度的变化值。γ 可由表 3-3-2 查得。

表 3-3-2　油品相对密度的平均温度校正系数

d_4^{20}	γ/[g/(mL·℃)]	d_4^{20}	γ/[g/(mL·℃)]	d_4^{20}	γ/[g/(mL·℃)]
0.7000~0.7099	0.000897	0.8000~0.8099	0.000765	0.9000~0.9099	0.000633
0.7100~0.7199	0.000884	0.8100~0.8199	0.000752	0.9100~0.9199	0.000620
0.7200~0.7299	0.000870	0.8200~0.8299	0.000738	0.9200~0.9299	0.000607
0.7300~0.7399	0.000857	0.8300~0.8399	0.000725	0.9300~0.9399	0.000594
0.7400~0.7499	0.000844	0.8400~0.8499	0.000712	0.9400~0.9499	0.000581
0.7500~0.7599	0.000831	0.8500~0.8599	0.000699	0.9500~0.9599	0.000568
0.7600~0.7699	0.000813	0.8600~0.8699	0.000686	0.9600~0.9699	0.000555
0.7700~0.7799	0.000805	0.8700~0.8799	0.000673	0.9700~0.9799	0.000542
0.7800~0.7899	0.000792	0.8800~0.8899	0.000660	0.9800~0.9899	0.000529
0.7900~0.7999	0.000778	0.8900~0.8999	0.000647	0.9900~1.0000	0.000518

在温度变化范围较大时，可根据 GB/T1885—1998(ASTM D1250—2013)，将测得的油品密度换算成标准密度；如果对相对密度数值上的准确性只要求满足一般工程上的计算，可以由图 3-3-1 换算。

[**例 3-3-1**]　在 28℃下测得某油品的相对密度为 0.8591，试求该油品 20℃和 300℃时

的相对密度。

解：从表 3-3-2 查得相对密度为 0.8591 时温度校正值为 0.000699，代入式(3-3-5)得：

$$d_4^{20}=d_4^{28}+\gamma(28-20)=0.8591+0.000699\times(28-20)=0.8647$$

然后根据 $d_4^{20}=0.8647$，查表 3-3-1 得到 $\Delta d=0.0042$，根据式(3-3-1)换算，$d_{15.6}^{15.6}=0.8689$，查图 3-3-1 求得 300℃时该油品相对密度为 0.665。

液体受压后体积变化很小，压力对液体油品密度的影响通常可以忽略。只有在几十兆帕的极高压力下才考虑压力的影响。

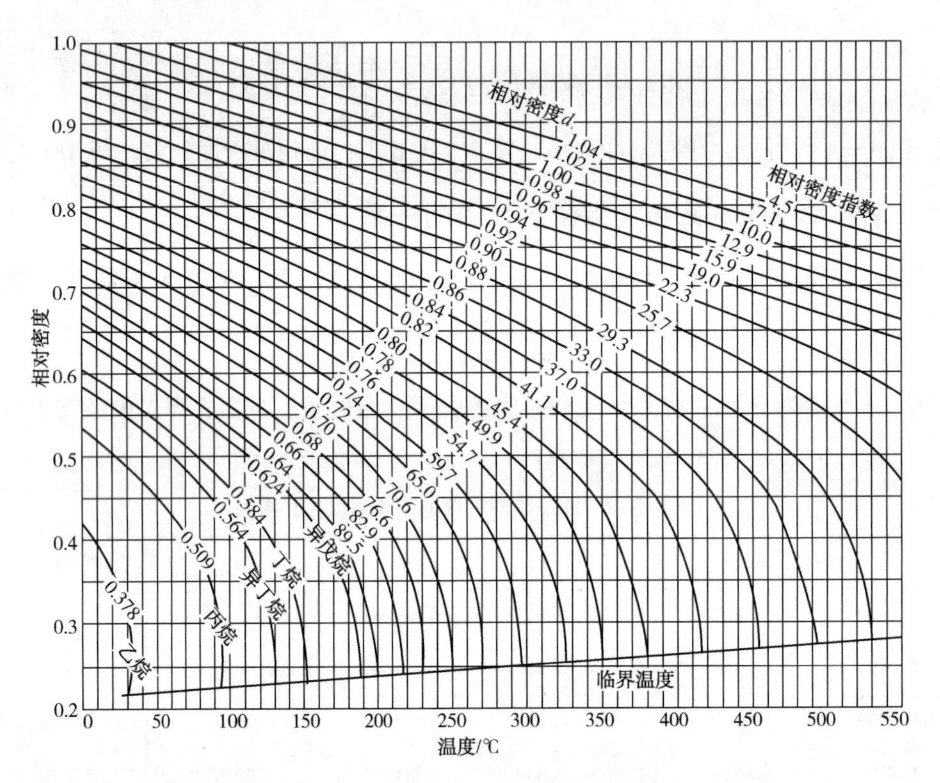

图 3-3-1 油品相对密度与温度的关系图

三、油品相对密度与馏分组成和化学组成的关系

油品相对密度与烃类分子大小及化学结构有关。表 3-3-3 为各族烃类的相对密度。

表 3-3-3 各族烃类的相对密度(d_4^{20})

烃类	C_6	C_7	C_8	C_9	C_{10}
正构烷烃	0.6594	0.6837	0.7025	0.7161	0.7300
正构 α-烯烃	0.6732	0.6970	0.7149	0.7292	0.7408
正烷基环己烷	0.7785	0.7694	0.7879	0.7936	0.7992
正烷基苯	0.8789	0.8670	0.8670	0.8620	0.8601

从表 3-3-3 可以看出，碳原子数相同的各族烃类，因为分子结构不同，相对密度有较大差别。芳香烃的相对密度最大，环烷烃次之，烷烃最小，烯烃的稍大于烷烃的；正构烷烃、正构 α-烯烃和正烷基环己烷，其相对密度随碳原子数的增多而增大。正烷基苯则不然，它们的相对密度随碳原子数的增大而减小，这是由于烷基侧链碳原子数增多，苯环在分子结构中所占的比重下降所致。

表 3-3-4 为原油及其馏分相对密度的一般范围。对同一原油的各馏分，随着沸点上升，相对分子质量增大，相对密度也随之增大。表 3-3-5 为不同原油部分馏分的相对密度。数据表明，若原油性质不同，相同沸程的两个馏分的相对密度会有较大的差别，这主要是由于它们的化学组成不同所致。环烷基原油的馏分中环烷烃及芳香烃含量较高，所以相对密度较大；石蜡基原油的相应馏分中烷烃含量较高，因而相对密度较小。对于沸点范围相近的石油馏分，根据密度大小可大致判断其化学属性。

表 3-3-4　原油及其馏分相对密度的一般范围

原油及其馏分	原油	汽油	喷气燃料	轻柴油	减压馏分	减压渣油
相对密度(d_4^{20})	0.8~1.0	0.74~0.77	0.78~0.83	0.82~0.87	0.85~0.94	0.92~1.00

表 3-3-5　不同原油各馏分的相对密度(d_4^{20})

馏分(沸程)/℃	大庆原油	胜利原油	孤岛原油	羊三木原油
初馏点~200	0.7432	0.7446	—	0.7650
200~250	0.8039	0.8206	0.8625	0.8630
250~300	0.8167	0.8270	0.8804	0.8900
300~350	0.8283	0.8350	0.8994	0.9100
350~400	0.8368	0.8606	0.9149	0.9320
400~450	0.8574	0.8874	0.9349	0.9433
450~500	0.8723	0.9067	0.9390	0.9483
>500	0.9221	0.9698	1.0020	0.9820
原油	0.8554	0.9005	0.9495	0.9492
原油基属	石蜡基	中间基	环烷-中间基	环烷基

在工程计算中，可由图 3-3-2 查得该石油馏分任意温度下的密度。

四、混合物的密度

1. *液体油品混合物的密度*

属性相近的油品混合时，混合油品的密度可近似地按可加性进行计算。

$$\rho_{混} = \sum_{i=1}^{n} v_i\rho_i = \frac{1}{\sum_{i=1}^{n}\frac{w_i}{\rho_i}} \tag{3-3-6}$$

式中　v_i 和 w_i——组分 i 的体积分数和质量分数；

ρ_i 和 $\rho_{混}$——组分 i 和混合油品的密度，kg/m^3。

在一般情况下，油品混合的体积变化不大时，利用式(3-3-6)计算混合油品的密度误差不会很大，可满足工程上的需要。在计算混合油品密度时，各组分的密度必须是同一温度条件下的数值。

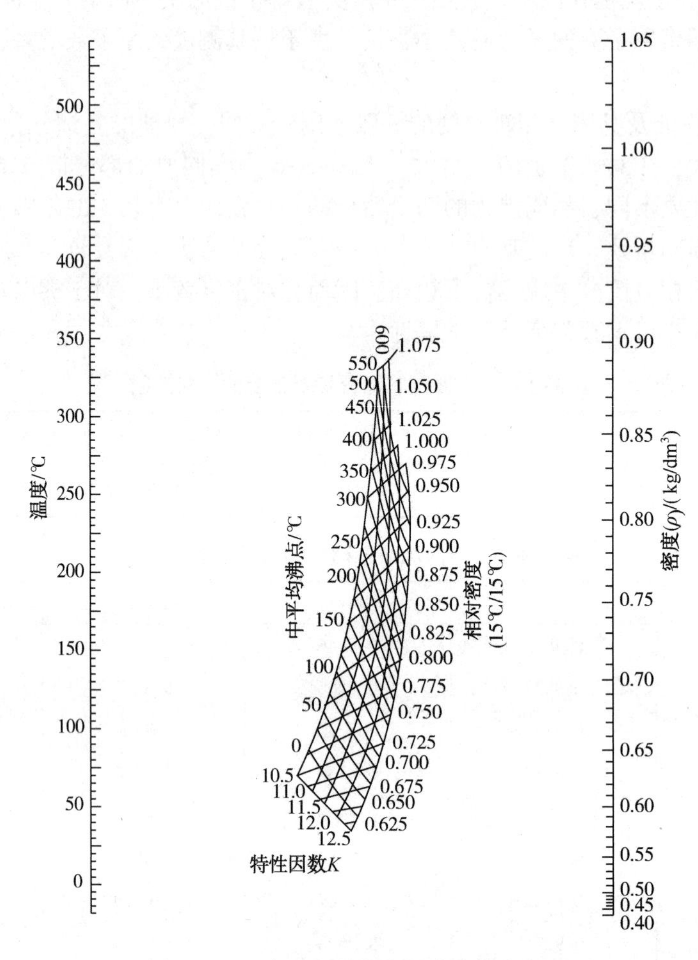

图 3-3-2　常压下的石油馏分液体密度图

低相对分子质量烃类与原油混合时其体积可能收缩，可用下式计算其收缩因子：

$$S=2.14\times10^{-3}\phi_1^{-0.0704}R^{1.76} \quad (3-3-7)$$

$$R=\frac{141.5(d_h-d_i)}{d_h d_i} \quad (3-3-8)$$

式中　S——收缩因子，以轻组分体积分数计；

ϕ_1——轻组分在混合物中的体积分数；

R——相对密度的函数；

d_h——原油在 15.6℃时的相对密度；

d_i——轻组分在 15.6℃时的相对密度。

高黏度油品的密度难于直接测定。利用油品密度的可加性，用等体积已知密度的煤油与之混合，然后测定混合物的密度，便可利用式(3-3-6)算出高黏度油品的密度。

2. 气液混合物的密度

在炼油生产过程中，油品有时处于气液混合状态。如果已知气相和液相的质量流率及密度或已知油品汽化率和气相、液相密度，则可按下式计算气液混合物的密度。

$$\rho_{混}=\frac{G_{混}}{V_{气}+V_{液}}=\frac{G_{混}}{\dfrac{G_{气}}{\rho_{气}}+\dfrac{G_{液}}{\rho_{液}}} \tag{3-3-9}$$

式中　$\rho_{混}$——气、液混合物的密度，kg/m³；

$\rho_{气}$、$\rho_{液}$——分别为气相和液相的密度，kg/m³

$G_{混}$——气、液混合物的质量流率，kg/h；

$G_{气}$、$G_{液}$——分别为气相和液相质量流率，kg/h；

$V_{气}$、$V_{液}$——分别为气相和液相体积流率，m³/h。

油品密度的测定主要有密度计法和密度瓶法。密度计法在生产中应用最为广泛，密度瓶法主要用于油品的科学研究。

第四节　特性因数

特性因数是表征石油及石油馏分化学组成的一个重要参数。它是石油及其馏分平均沸点和相对密度的函数。人们根据大量的数据，将石油及其馏分的相对密度、平均沸点、特性因数关联起来，得出特性因数的数学表达式：

$$K=\frac{(T°\mathrm{R})^{\frac{1}{3}}}{d_{15.6}^{15.6}}=1.216\frac{(T\mathrm{K})^{\frac{1}{3}}}{d_{15.6}^{15.6}} \tag{3-4-1}$$

式中，T 为油品平均沸点的绝对温度。当式中 T 为立方平均沸点，得到 UOP K 值；当式中 T 为中平均沸点时，得到 Watson K 值。

对同一族烃类，沸点高，相对密度也大，所以同一族烃类的特性因数很接近。在平均沸点相近时，相对密度越大，特性因数越小。当相对分子质量相近时，相对密度大小的顺序为芳香烃>环烷烃>烷烃。所以，特性因数的顺序为烷烃>环烷烃>芳香烃，烷烃的 K 值一般>12，环烷烃的 K 值为 11～12，芳香烃的 K 值<11。

相对密度对特性因数的影响比平均沸点更大些，所以对同一族烃类或同一原油的不同馏分，分子越大，馏分越重，特性因数越小。

特性因数不能准确表征含有大量烯烃、二烯烃、芳香烃的馏分的化学组成特性。

在工艺计算中，常用图表求石油馏分的特性因数。图 3-4-1 是石油馏分特性因数和平均相对分子质量图。只要已知图中任意两个性质的数据，即可直接从图中查得石油馏分的特性因数。但其中碳氢比及苯胺点这两条线的准确性较差。

对于平均相对分子质量较高的石油馏分，由于难以取得可靠的平均沸点数据，常用易于得到的相对密度指数和黏度数据，从图 3-4-2、图 3-4-3 查得特性因数。

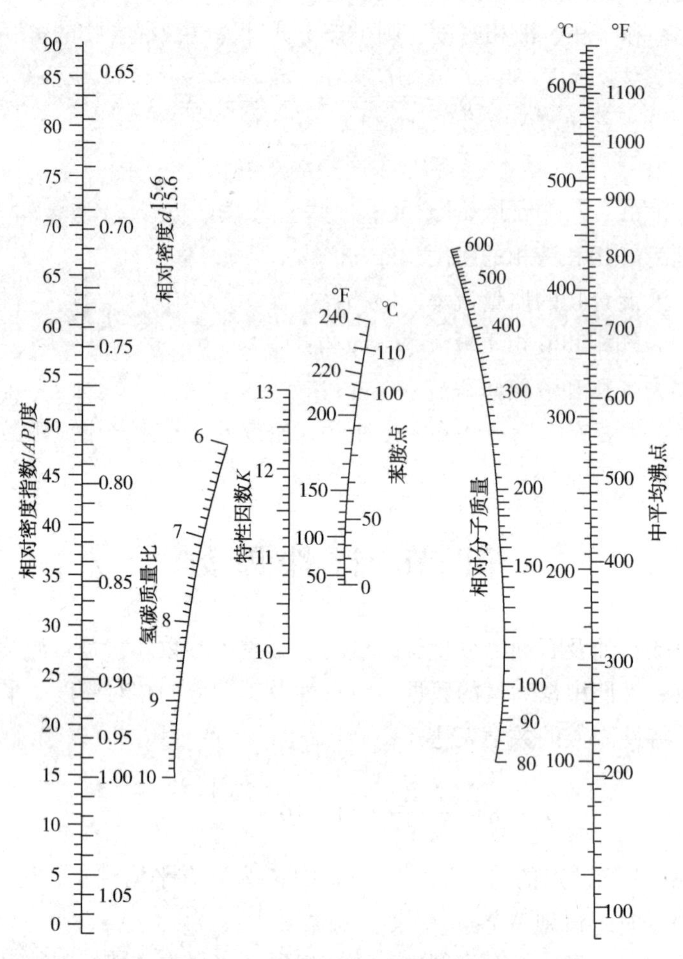

图 3-4-1　石油馏分特性因数和相对分子质量图

除特性因数外，相关指数 *BMCI*(即美国矿务局相关指数)也是一个与相对密度及沸点相关联的指标，其定义如下：

$$BMCI=\frac{48640}{t_V+273}+473.7\times d_{15.6}^{15.6}-456.8 \quad (3-4-2)$$

对于烃类混合物，式(3-4-2)中的 t_V 为体积平均沸点,℃；对于纯烃，t_V 即为其沸点,℃。对于不同烃类芳香烃的相关指数最高(苯约为 100)，环烷烃的次之(环己烷约为 52)，正构烷烃的相关指数最小，基本为 0。其关系正好与 *K* 值相反，油品的相关指数越大，表明其芳香性越强；相关指数越小，则表示其石蜡性越强。*BMCI* 指标广泛用于表征裂解制乙烯原料的化学组成。

表 3-4-1 列出了某些原油窄馏分的特性因数和相关指数，由表中可以看出，这两种指标都可大体反映原油的化学属性。

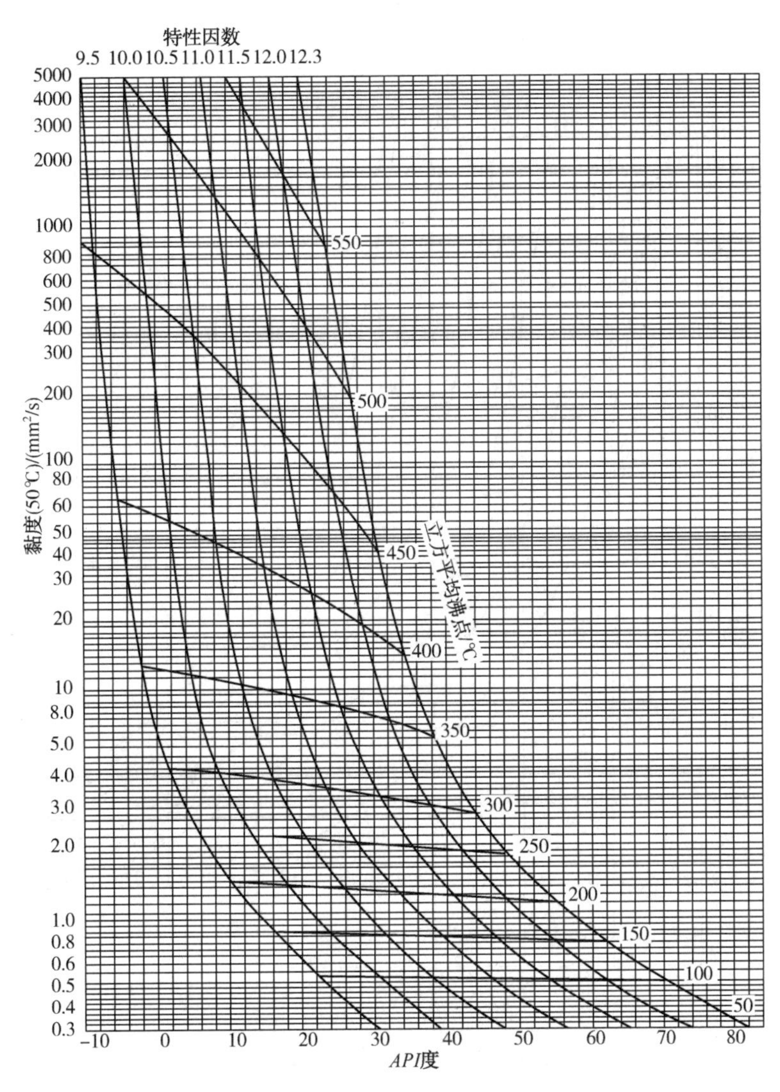

图 3-4-2　油品特性因数与黏度关系(一)

表 3-4-1　各原油实沸点窄馏分的物性参数范围

原　　油	特性因数 K	相关指数 $BMCI$	原 油 基 属
大庆	12. 0~12. 6	17~24	石蜡基
华北	11. 9~12. 5	14~33	石蜡基
中原	11. 7~12. 6	17~29	石蜡基
新疆	11. 8~12. 4	19~32	石蜡-中间基
胜利	11. 2~12. 2	14~39	中间基
辽河	11. 4~11. 9	28~47	中间基
孤岛	11. 1~11. 7	36~57	环烷-中间基
羊三木	11. 1~11. 7	49~62	环烷基

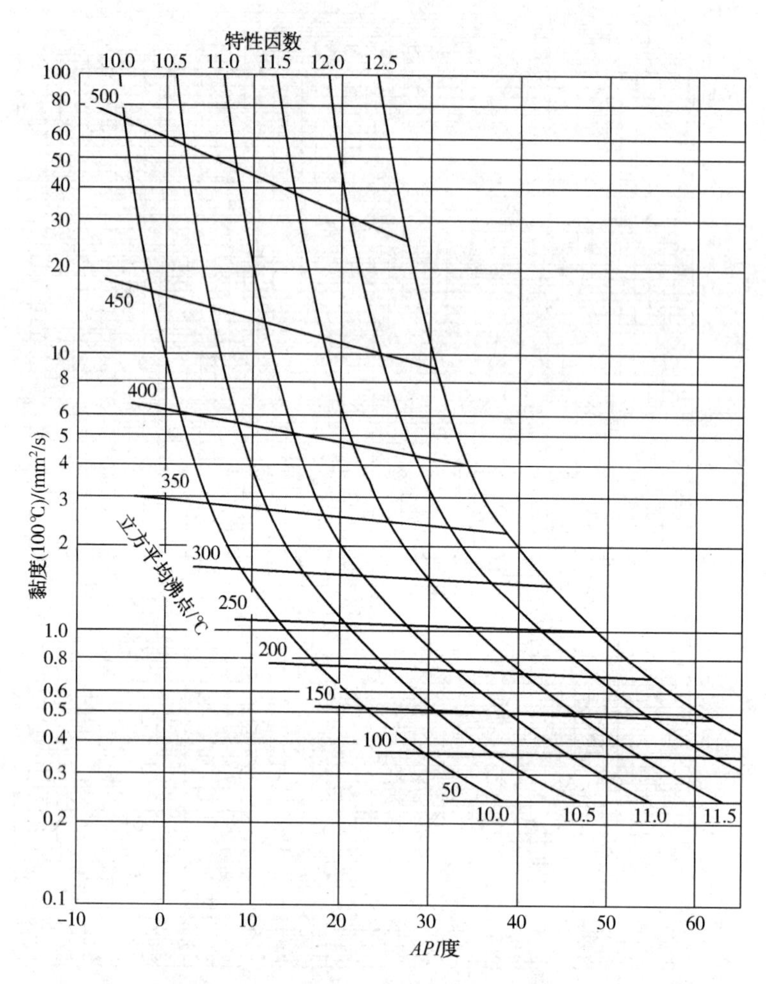

图 3-4-3　油品特性因数与黏度关系(二)

第五节　平均相对分子质量

石油和石油馏分是各种烃类的复杂混合物，所含化合物的相对分子质量各不相同，范围很宽。石油馏分相对分子质量用平均值来表征，称为平均相对分子质量。石油馏分的平均相对分子质量在工艺计算中是必不可少的原始数据。在炼油工艺计算中所用的石油馏分的相对分子质量一般是指其平均相对分子质量。

表 3-5-1 为某些原油不同馏分的平均相对分子质量数据。石油馏分的平均相对分子质量随沸点升高而增大。由于各原油的化学组成特性不同，相同沸程石油馏分的平均相对分子质量有一定差别。石蜡基原油的平均相对分子质量最大，中间基原油的次之，环烷基原油的最小。

表 3-5-1　某些原油馏分的平均相对分子质量

沸点范围/℃	大庆原油	胜利原油	欢喜岭原油
200~250	193	180	185
250~300	240	205	190
300~350	270	244	234
350~400	323	298	273
400~450	392	374	337
450~500	461	414	362
>500	1120	1080	1030
原油基属	石蜡基	中间基	环烷基

尽管如此，石油各馏分的平均相对分子质量还是有个大致的范围：汽油馏分 100~120，煤油馏分 180~200，轻柴油馏分 210~240，低黏度润滑油馏分 300~360，高黏度润滑油馏分 370~500。

计算石油馏分平均相对分子质量的经验关联式很多，下式是常用的关联式之一。

$$M=a+bt_{分}+ct_{分}^{2} \tag{3-5-1}$$

式中　M——平均相对分子质量；

$t_{分}$——实分子平均沸点,℃；

a、b、c——与特性因数有关的常数，见表 3-5-2。

表 3-5-2　常数 *a*、*b*、*c* 与特性因数关系

常数	特性因数				
	10.0	10.5	11.0	11.5	12.0
a	56	57	59	63	69
b	0.23	0.24	0.24	0.225	0.18
c	0.0008	0.0009	0.001	0.00115	0.0014

当两种或两种以上油品混合时，混合油品的平均相对分子质量可用加和法计算：

$$M_{m}=\frac{\sum_{i=1}^{n}W_{i}}{\sum_{i=1}^{n}\frac{W_{i}}{M_{i}}} \tag{3-5-2}$$

式中　M_{m}、M_{i}——混合油和组分 i 的平均相对分子质量；

W_{i}——组分 i 的质量。

在工艺计算中，常用图表来求定平均相对分子质量。已知石油馏分的相对密度、中平均沸点、特性因数、苯胺点等性质中任意两种性质数据，由图 3-4-1 即可求定平均相对分子质量，平均误差<2%。

重质石油馏分的平均相对分子质量可根据该馏分的黏度查图 3-5-1 求定。润滑油馏分的平均相对分子质量可根据该馏分的黏度和相对密度查图 3-5-2 求定。

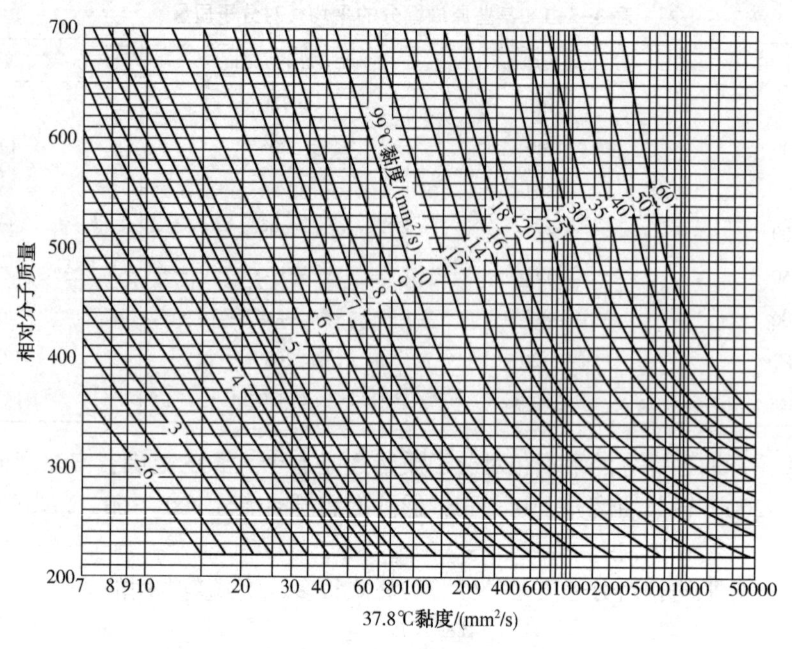

图 3-5-1　重质石油馏分平均相对分子质量图

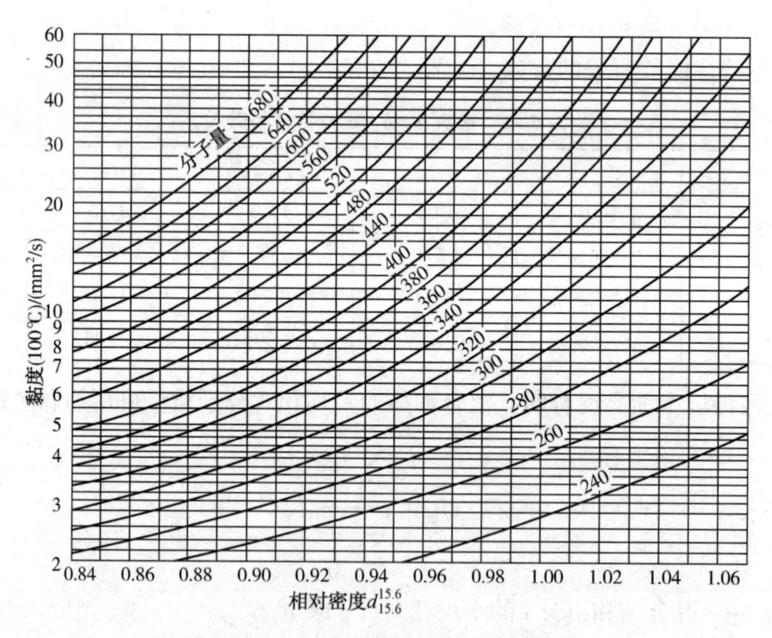

图 3-5-2　润滑油平均相对分子质量图

第六节　油品的黏度

当流体在外力作用下流动时，相邻两层流体分子间存在的内摩擦力将阻滞流体的流动，这种特性称为流体的黏性，衡量黏性大小的物理量称为黏度。黏度值用来表示流体流动时分子间摩擦产生阻力的大小。

油品黏度反映了油品的流动性能，所以常用黏度评定油品的流动性。黏度是油品特别是润滑油质量标准中的重要项目之一。在油品流动及输送过程中，黏度对流量、压降等参数影响很大，因此黏度也是工艺计算中重要的物性参数。

一、黏度的表示方法

黏度的表示方法有动力黏度、运动黏度以及恩氏黏度、赛氏黏度、雷氏黏度等。

1. *动力黏度*

动力黏度又称绝对黏度，可表示为：

$$F=\mu S\frac{\mathrm{d}\nu}{\mathrm{d}x} \tag{3-6-1}$$

式中　F——相邻两层流体作相对运动时产生的内摩擦力(剪切力)，N；

S——相邻两层流体的接触面积，m^2；

$\mathrm{d}\nu$——相邻两层流体的相对运动速度，m/s；

$\mathrm{d}x$——相邻两层流体的距离，m；

μ——流体内摩擦系数，即该流体的动力黏度，Pa·s。

动力黏度不随剪切速度梯度 $\mathrm{d}\nu/\mathrm{d}x$ 变化的流体称为牛顿型流体。大多数石油产品在浊点以上时都是牛顿型流体，有蜡析出的油品、加入高分子聚合物添加剂的稠化油、含沥青质较多的重质燃料油等是非牛顿型流体。非牛顿型流体的动力黏度随 $\mathrm{d}\nu/\mathrm{d}x$ 变化，不符合式(3-6-1)的规律。

动力黏度的物理意义是：两液体层垂直相距1m，其面积各为$1m^2$，以1m/s相对速度运动时所产生的内摩擦力。

有些图表或手册中常用P(泊)或cP(厘泊)来表示动力黏度，1P=100cP=0.1Pa·s。

2. *运动黏度*

运动黏度是动力黏度与同温度、同压力下该液体的密度之比。

$$\nu_t=\frac{\mu_t}{\rho_t} \tag{3-6-2}$$

式中　ν_t——t℃时的运动黏度，m^2/s；

μ_t——t℃时的动力黏度，Pa·s；

ρ_t——t℃时液体的密度，kg/m^3。

实际生产及工艺计算中常以mm^2/s作为油品质量指标中的运动黏度单位，$1m^2/s=10^6 mm^2/s$。有些图表或手册中常用St(斯)或cSt(厘斯)来表示运动黏度，1St=100cSt=$100mm^2/s$。

液体石油产品运动黏度的测定按GB/T 265—88《石油产品运动黏度测定法和动力黏度计算法》规定的试验方法进行，主要仪器是玻璃毛细管黏度计。油品的运动黏度与一定体积的该油品流经毛细管的时间成正比，对于一定型式的黏度计，运动黏度可由下式求得：

$$\nu_t=c\tau \tag{3-6-3}$$

式中　c——黏度计常数，m^2/s^2；

τ——一定体积的流体在某温度下流过毛细管所需的时间，s。

毛细管黏度计只能用来测定牛顿型体系的油品黏度。每支毛细管黏度计均有特定的黏度常数，它与黏度计的几何形状有关，需用已知黏度的标准油样加以标定。对于非牛顿型体系的流体，由于其黏度是剪切速率的函数，不能用毛细管黏度计测量，需用旋转式黏度计来测量。

3. 条件黏度

石油商品规格中还有各种条件黏度，如恩氏黏度、赛氏黏度、雷氏黏度等。它们都是用特定仪器在规定条件下测定的，称为条件黏度。

恩氏黏度是试样在 t℃时，从恩氏黏度计中流出 200mL 的时间与 20℃同体积的蒸馏水流出的时间之比。用符号°*E* 表示。

赛氏黏度是试样在 *t*℃时，从赛氏黏度计中流出 60mL 的时间(s)。赛氏黏度有赛氏通用黏度和赛氏重油黏度。

雷氏黏度是试样在 *t*℃时，从雷氏黏度计中流出 50mL 的时间(s)。

欧美各国常用条件黏度，见表 3-6-1。

表 3-6-1 各种黏度计的使用范围

黏度计种类	单位	主要采用国家和地区	测定范围		使用温度范围/℃	
			最大	常用	最大	常用
运动黏度计	mm^2/s	国际通用	1.2~15000	2~5000	-100~250	20~100
恩氏黏度计	°E	俄、德及部分欧洲国家	1.5~3000	6.0~300	0~150	20~100
赛氏(通用)黏度计	s	英美等英制国家	1.5~500	2.0~350	0~100	37.8~98.9
赛氏(重油)黏度计	s	英美等英制国家	50~5000	5~1200	25~100	37.8~98.9
雷氏 1 号黏度计	s	英美等英制国家	1.5~6000	9.0~1400	25~120	25~100
雷氏 2 号黏度计	s	英美等英制国家	50~2800	120~500	0~100	0~100

条件黏度可以相对衡量油品的流动性，但它不具有任何物理意义，只是一个公称值。各种黏度可用图 3-6-1 及图 3-6-2 换算，误差在 1%以内。各种黏度之间的近似比值为：运动黏度(mm^2/s)：恩氏黏度(°E)：塞氏通用黏度(SUS)：雷氏黏度(RIS)= 1：0.132：4.62：4.05。

二、油品黏度与组成的关系

烃类的黏度与烃类分子的大小和结构有密切关系。通常，当碳原子数相同时，各种烃类黏度大小排列的顺序为：正构烷烃<异构烷烃<芳香烃<环烷烃。也就是说，当相对分子质量相近时，具有环状结构的烃类分子的黏度大于链状结构的，而且烃类分子中的环数越多其黏度也就越大；烃类分子中的环数相同时，侧链越长黏度越大。对于同一系列的烃类，除个别情况外，随烃类的相对分子质量增大，分子间引力增大，则黏度也越大。

石油馏分的黏度与馏分组成也是密切相关的。对于同种原油，馏分越重，黏度越大；不同原油的相同馏分中，含环状烃多的(*K* 值小)油品比含烷烃多的(*K* 值大)具有更高的黏度。

三、油品黏度与温度的关系

温度升高时液体分子间距离增大，分子间引力相对减弱，所以液体的黏度随温度的升高而减小；石油产品也一样，油品黏度随温度升高而减小，最终趋近一个极限值，各种油品的

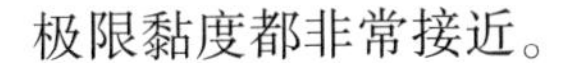
极限黏度都非常接近。

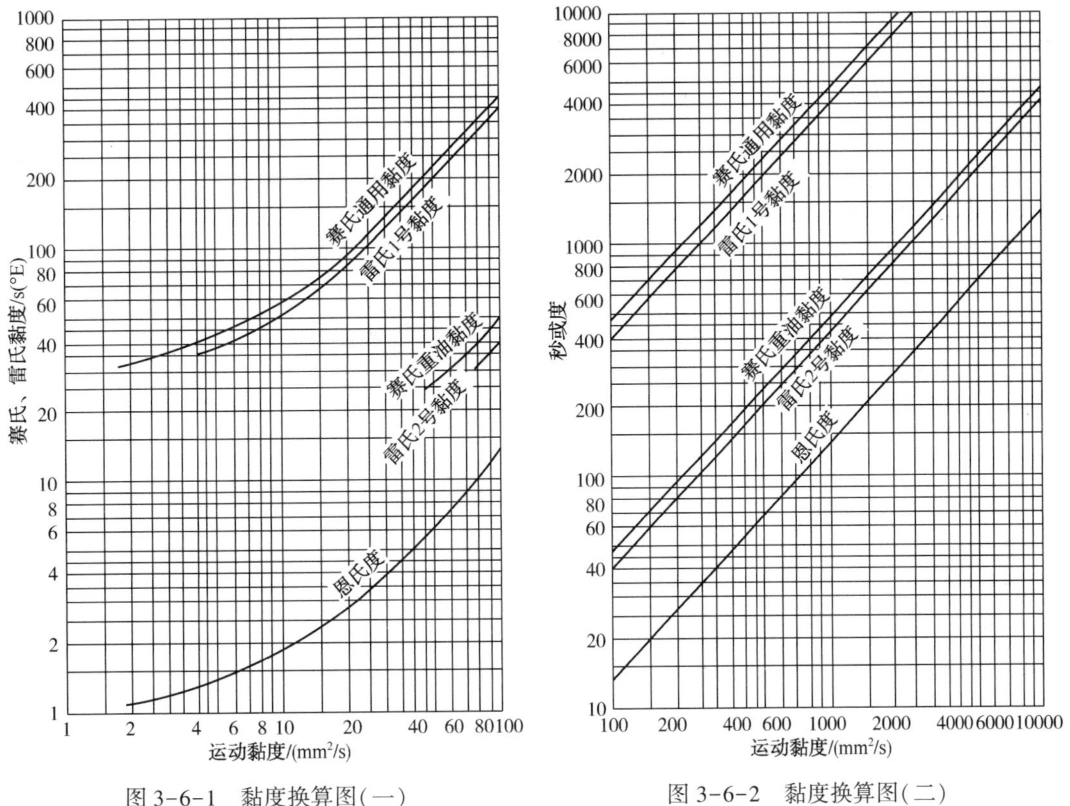

图 3-6-1　黏度换算图(一)

图 3-6-2　黏度换算图(二)

1. 油品黏度随温度变化的关系式

油品黏度与温度的关系一般用以下经验式关联：

$$\lg\lg(\nu_t+a)=b+m\lg T \qquad (3-6-4)$$

式中　ν_t——油品的运动黏度，mm^2/s；

T——油品的绝对温度，K；

a、b、m——与油品性质有关的经验常数。国外油品常取 $a=0.8$，我国油品取 $a=0.6$ 较为适宜。

根据式(3-6-4)，若已知某油品在两个不同温度下的黏度，即可算出 b 和 m，从而可计算该油品任意温度下的黏度。也可以 $\lg T$ 为横坐标，$\lg\lg(\nu_t+0.6)$ 为纵坐标的作图法求取。此法比较简便，但由于取了两次对数，使许多黏温性质相差很大的油品在图上看来直线斜率相差很小，所以误差较大，直线外延过远时误差更大，而且只适用于牛顿体系的液体。

2. 黏温特性

油品黏度随温度变化的性质称为黏温特性。黏温特性是衡量润滑油产品性质的重要质量指标。油品黏温特性的表示方法有许多种，最常用的有黏度比和黏度指数。

(1) 黏度比

黏度比是油品两个不同温度下的黏度之比。通常用 50℃ 和 100℃ 运动黏度比值(ν_{50}/ν_{100})来表示。有时也用-20℃和 50℃运动黏度之比。

对于黏度水平相当的油品，黏度比越小，表示油品的黏度随温度变化越小，黏温性质越好。这种表示法比较直观，可以直接得出黏度变化的数值。但有一定的局限性，它只能表示油品在50~100℃或-20~50℃范围内的黏温特性。但对黏度水平相差较大的油品，不能用黏度比来比较黏温性质的优劣。

（2）黏度指数

黏度指数(*VI*)是目前世界上通用的表征黏温性质的指标，是表示油品黏温性质较好的方法。黏度指数越高，表示油品的黏温特性越好。

选定两种油作为标准：其一为黏温性质好的H油，黏度指数规定为100；另一种为黏温性质差的L油，其黏度指数规定为0。将这两种油切割成若干窄馏分，分别测定各馏分在100℃及40℃的运动黏度，在两组标准油中分别选出100℃黏度相同的两个窄馏分组成一组，列成表格。试样油品与两种标准油比较计算出黏度指数。表3-6-2为两种标准油某些组的黏度数据。

表3-6-2　标准油某些组的黏度数据(*L*、*H*、*D*)

运动黏度(100℃)/(mm^2/s)	运动黏度(40℃)/(mm^2/s)		
	L	H	$D=L-H$
8.60	113.9	66.48	47.40
8.70	116.2	67.64	48.57
8.80	118.2	68.79	49.75
8.90	120.9	69.94	50.96
9.00	123.3	71.10	52.20

欲确定试油的黏度指数，先测定试油在40℃和100℃时的运动黏度，然后在表中查得100℃运动黏度与试油相同的标准油的数据，按式(3-6-5)计算。

对于$VI \leq 100$的油品：

$$VI=\frac{L-U}{L-H}\times 100 \tag{3-6-5}$$

式中　U——试油在40℃的运动黏度，mm^2/s；

L——与试油100℃运动黏度相同，黏度指数为0的标准油在40℃时的运动黏度，mm^2/s；

H——与试油100℃运动黏度相同，黏度指数为100的标准油在40℃时的运动黏度，mm^2/s。

对于$VI>100$的油品：

$$VI=\frac{(10^N)-1}{0.00715}+100 \tag{3-6-6}$$

$$N=\frac{\lg H-\lg U}{\lg \nu_{100}} \tag{3-6-7}$$

试油在100℃时的运动黏度在2~70mm^2/s内，可由表3-6-2直接查得L和H值后利用公式(3-6-5)直接计算。若数据落在所给两个数据之间，可采用内插法求得L和D值，再代入公式计算；试油100℃的运动黏度大于70mm^2/s时，按下列两式计算L和H值后，再代入公式计算试样的黏度指数。

$$L=0.8353\nu_{100}^{2}+14.67\nu_{100}-216 \quad (3-6-8)$$

$$H=0.1683\nu_{100}^{2}+11.85\nu_{100}-97 \quad (3-6-9)$$

[例 3-6-1]　已知某试样在 40℃和 100℃时的运动黏度分别为 73.3mm²/s 和 8.86mm²/s，求该试样的 *VI*。

解：由 100℃时的运动黏度 8.86mm²/s，查表 3-6-2 并用内插法计算得：

$$L=118.2+\frac{8.86-8.80}{8.90-8.80}\times(120.9-118.2)=119.94$$

$$D=49.75+\frac{8.86-8.80}{8.90-8.80}\times(50.96-49.75)=50.48$$

则 $VI=\frac{L-U}{D}\times100=\frac{119.94-73.30}{50.48}\times100=92.39$

黏度指数的计算结果要求用整数表示，所以本例中 $VI\approx92$。

上述黏度指数的计算方法可用图 3-6-3 表示。L 标准油、H 标准油以及试油在 100℃时的黏度相同，温度降低黏度增大，但三种油的黏温性质不同，所以黏度增大程度不同。图中三条直线的斜率反映了三种油品黏度随温度变化的程度差异。

对于黏温性质很差的油品，其黏度指数可以是负值。

更简便的方法是测定油品 50℃和 100℃运动黏度，通过 GB/T 1995—2004(ASTM D 2270—2004)附录 A 所给的黏度指数计算图直接查出黏度指数。

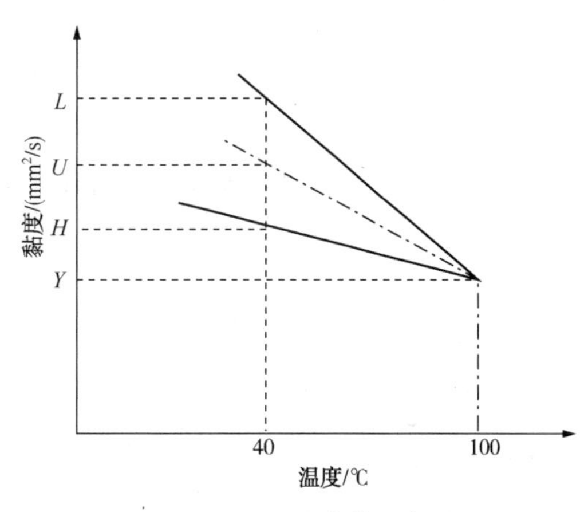

图 3-6-3　黏度指数示意图

3. 油品黏温性质与化学组成的关系

烃类的黏温性质与分子的结构有密切的关系。表 3-6-3 为某些烃类的黏度指数。从表中可以看出：正构烷烃的黏温性质最好，异构烷烃的黏温性质比正构烷烃差，分支程度越大，黏温性质越差；环状烃的黏温性质比链状烃差，分子中环数越多，黏温性质越差，甚至黏度指数为负值；烃类分子中环数相同时，烷基侧链越长黏温性质越好，侧链上有分支也会使黏度指数下降。

综上所述，正构烷烃的黏温性质最好，少环长烷基侧链的烃类黏温性质良好，多环短侧链的环状烃类的黏温性质很差。

表 3-6-3　烃类的黏度指数

烃类	黏度指数 *VI*	烃类	黏度指数 *VI*	烃类	黏度指数 *VI*
$n-C_{26}$	177	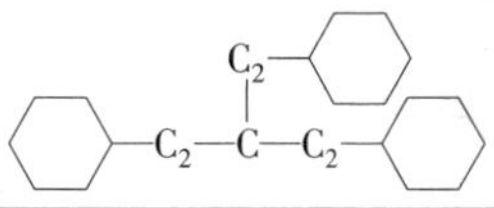 C_2 / —C_2—C—C_2—	-6	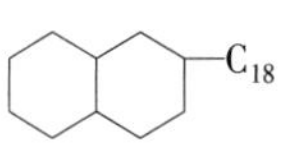 —C_{18}	144

续表

烃类	黏度指数 *VI*	烃类	黏度指数 *VI*	烃类	黏度指数 *VI*
$C_5-C(C_5)-C_4-C(C_5)-C_5$	72	$C_8-C(C_8)-C_2-$苯环	108	三个稠合环己烷环$-C_{14}$	40
$C_8-C(C_8)-C_2-$环己基	101	$C_8-C(C_2-$苯环$)-C_2-$苯环	77	四个稠合环己烷环$-C_8$	-70
$C_8-C(C_2-$环己基$)-C_2-$环己基	70	苯环$-C_2-C(C_2-$苯环$)-C_2-$苯环	-15	—	—

石油及石油馏分的黏温性质也与化学组成有关。烷烃和少环长侧链的环状烃含量越多，黏温性质越好。石蜡基原油馏分的黏温性质最好，中间基的次之，环烷基的最差。这是因为石蜡基原油中含有较多黏温性质良好的烷烃和少环长侧链的环状烃，而在环烷基原油中则含有较多黏温性质不好的多环短侧链的环状烃。表 3-6-4 为某些原油减压馏分油的黏度比和黏度指数。

表 3-6-4　某些原油减压馏分油的黏度比和黏度指数

原油	沸程/℃	ν_{50}/(mm²/s)	ν_{100}/(mm²/s)	黏度比 ν_{50}/ν_{100}	黏度指数 *VI*
大庆（石蜡基）	350~400	6.91	2.66	2.60	200
	400~450	15.82	4.65	3.40	140
	450~500	—	8.09	—	—
新疆（中间基）	350~400	13.00	3.70	3.51	80
	400~450	39.74	7.45	5.33	70
	450~500	128.8	16.20	7.96	60
孤岛（环烷-中间基）	350~400	16.03	3.99	4.02	40
	400~450	102.0	12.15	8.40	12
	450~500	219.3	19.22	11.41	0
羊三木（环烷基）	350~400	23.27	4.72	4.93	0
	400~450	146.3	13.66	10.71	-35
	450~500	356.9	23.37	15.27	<-100

四、油品黏度与压力的关系

液体所受的压力增大时，分子间的距离缩小，引力增强，导致黏度增大。4MPa 以下的压力对石油产品黏度的影响不大，4MPa 以上时影响较大，高于 20MPa 时有显著的影响。例如在 35MPa 的压力下，油品的黏度约为常压下的 2 倍；当压力进一步增加时，黏度的变化率增大，直至使油品变成膏状半固体。黏度的这种性质对于重负荷下应用的润滑油特别重要。压力在 4MPa 以上时，应对油品黏度做压力校正。

油品黏度随压力变化的性质与分子结构有关。分子构造复杂，环上的碳原子数越多，黏度随压力的变化率就越大。沥青质和环烷-芳香族油品的黏度随压力增高而变化要比石蜡基油品快。在500~1000MPa的极高压力下，润滑油因黏度增大而失去流动性，变为塑性物质。

五、油品黏度的求定

油品常压下50℃、100℃的黏度可分别从图3-4-2、图3-4-3查得，37.8℃和99℃的黏度可从图3-6-4查得。其他温度下的黏度可利用油品黏度与温度的关系式(3-6-4)换算。

高压下油品的黏度的一般估算可从图3-6-5查得。更准确的高压黏度数据可由式(3-6-10)计算得到，该式不宜用于压力高于70MPa的体系：

$$\lg\frac{\mu}{\mu_0}=0.0147p(0.0239+0.01638\mu_0^{0.278}) \tag{3-6-10}$$

式中　μ——温度t℃及压力p下的黏度，MPa·s；

μ_0——温度t℃及常压下的黏度，MPa·s；

p——系统压力，10^5Pa。

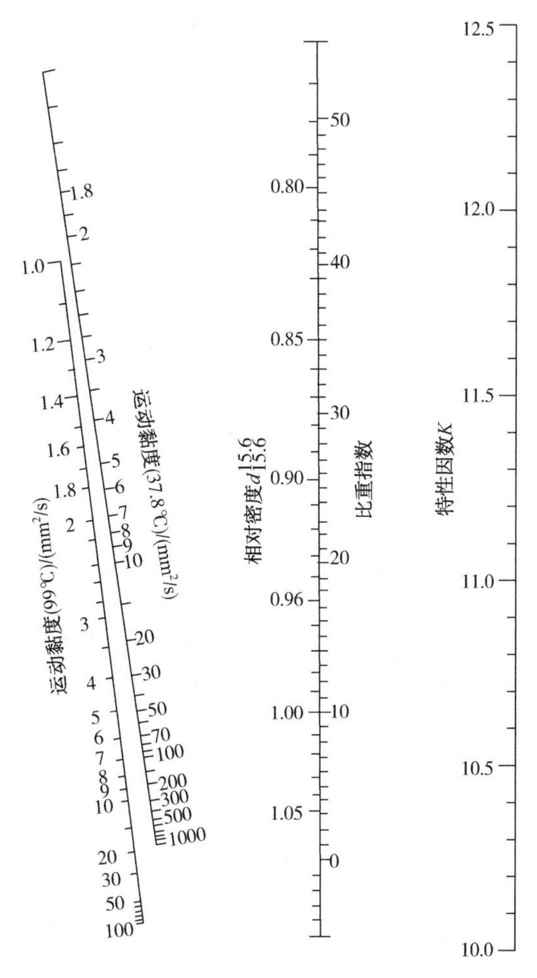

图3-6-4　石油馏分常压液体黏度图

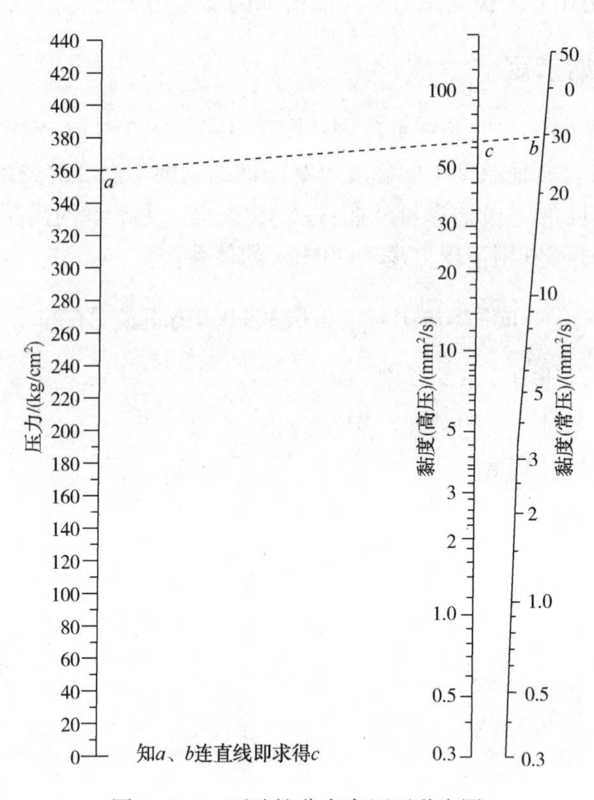

图 3-6-5　石油馏分在高压下黏度图

利用油品的性质参数从图表上查得的黏度误差高达 20%，因此，工艺计算和工业生产中应尽可能采用实测的数据。

六、油品的混合黏度

润滑油等产品常常用两种或两种以上馏分调和而成，因此需要确定油品混合物的黏度。

黏度没有可加性，混合的两组分其组成及性质相差越远，黏度相差越大，则混合后的黏度与用加和法计算出的黏度两者相差就越大。混合油品的黏度最好实测，不便实测时，可用经验公式和图表求取。图 3-6-6 可用于求取油品任意混合组成的黏度，也可根据两种油品的黏度和混合油的黏度求两种油品的调和比。

［**例 3-6-2**］　两种润滑油恩化黏度分别为 $35°E_{20}$及 $6.5°E_{20}$，欲得到 $20°E_{20}$的混合油，试求二者的混合比例。

解：将两种润滑油的黏度值 $35°E_{20}$及 $6.5°E_{20}$分别标于图 3-6-6 中 A、B 两侧的纵坐标上，两点间连一直线。从 20°E 点作一直线平行于横坐标轴，与上一直线相交。过交点作一直线垂直于横坐标轴，直线与坐标轴的交点上行即为组分 A 的体积分数 70%，下行即为组分 B 的体积分数 30%。所以欲得到 $20°E_{20}$的混合油，只要将 70%(体)的 $35°E_{20}$的油与 30%(体)的 $6.5°E_{20}$的油混合即可。

［**例 3-6-3**］　已知油品 A 的恩化黏度为 $2°E_{100}$，油品 B 的恩化黏度为 $20°E_{100}$，按 26%

(体)A 和 74%(体)B 的比例调和，求混合油黏度。

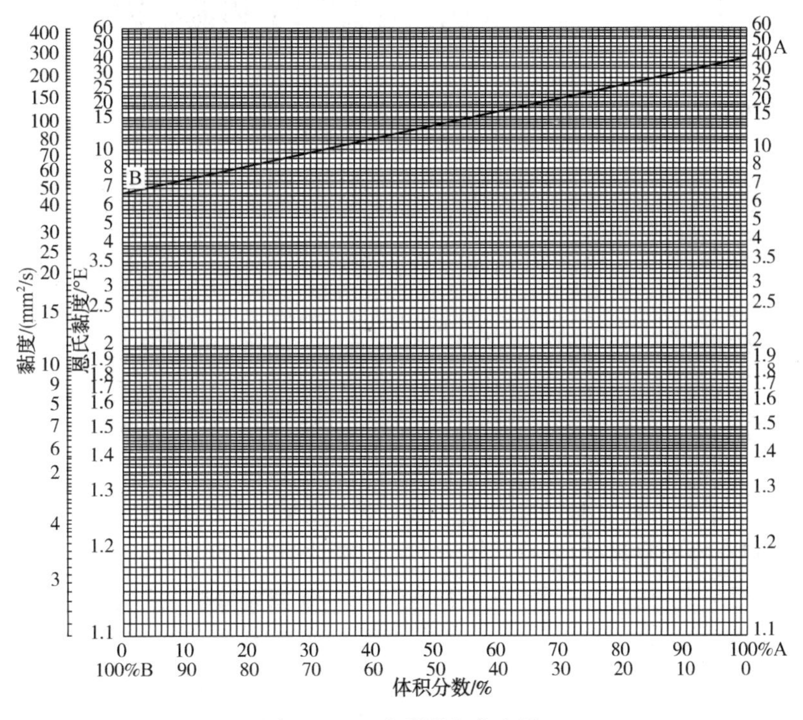

图 3-6-6　油品混合黏度图

解：将两种油品的黏度值 2°E_{100}及 620°E_{100}分别标于图 3-6-6 中 A、B 两侧的纵坐标上，两点间连一直线。从 A 油为 26%处作垂线与上一直线相交，自交点作水平线与纵轴的交点 9°E_{100}即为混合油品的黏度。

七、气体的黏度

气体的黏滞性与液体有本质区别。液体的黏滞性源于其分子间的引力，当温度升高时其分子能量增高，从而更易相互脱离，导致黏度变小。而气体的黏滞性取决于分子间的动量传递速度。当温度升高时，气体分子的运动加剧，其动量传递速度加快，从而导致在相对运动时其层间阻力增大。所以，气体的黏度是随着温度的升高而增大的。

在工程计算中，当压力较低时，不同温度下石油馏分蒸气的黏度可从图 3-6-7 中查得。

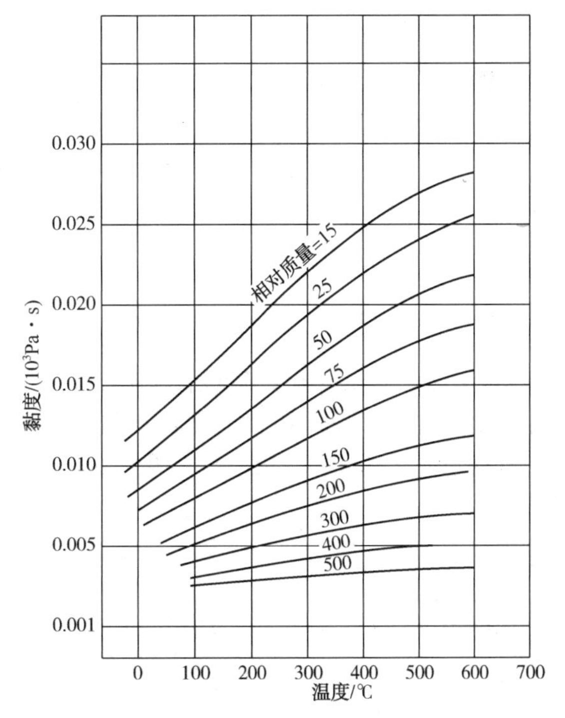

图 3-6-7　石油馏分蒸气黏度图

第七节　临界性质、压缩因子和偏心因子

一、临界性质

为了制取更多的高质量燃料和润滑油等石油产品，常要将石油馏分在高温、高压下加工。在高压状态下，实际气体不符合理想气体分压定律，实际溶液也不符合理想溶液蒸气压定律，因此在高压条件下应用理想气体和理想溶液定律时需要校正，这就要借助于临界性质。

纯物质处于临界状态时，液态与气态的界面消失，气体和液体无法区别。温度高于临界点时，无论压力多高也不能使气体液化，因而临界点的温度是实际气体能够液化的最高温度，称为临界温度 T_C；在临界温度下能使该实际气体液化的最低压力称为临界压力 p_C；实际气体在其临界温度与临界压力下的摩尔体积称为临界体积 V_C。

纯物质的临界常数可从有关图表集或手册中查到。

(一) 二元混合物的临界性质

石油馏分及烃类混合物的临界点的情况很复杂。下面先分析二元系统的临界状态。

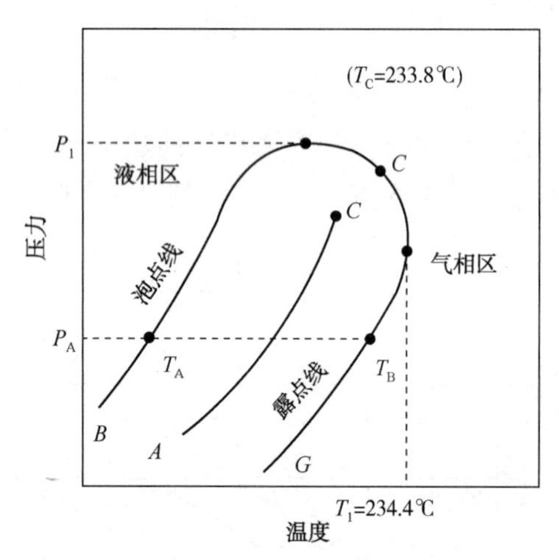

图 3-7-1　正戊烷-正己烷的 p-T 关系图

图 3-7-1 是含正戊烷 47.6%(质)和正己烷 52.4%(质)的二组分混合物的 p-T 关系图。

图中在 BT_AC 线上是液体刚刚开始沸腾的温度，称为泡点线；在 GT_BC 线上是气体刚刚开始冷凝的温度，称为露点线。泡点线左方是液相区，露点线右方是气相区，两曲线之内是两相区。此混合物在某一压力 p_A 下加热，温度升至 T_A时开始沸腾，但一经汽化，液相中正戊烷的组分浓度就减少了，为保持饱和蒸气压仍为 p_A，必须相应地提高液相温度。随汽化率的增大，体系的温度也逐步升高。温度达到 T_B时，混合物全部汽化。T_A ~ T_B 是该混合物在压力 p_A 下的沸点范围。泡点线与露点线的交点 C 称为临界点。与纯烃不同，C 点不是气液相共存的最高温度 T_1点，也不是气液相共存的最高压力 p_1点。对于纯化合物，这三个点是重合的，如 AC'线上的 C'点。

这就是说，混合物在高于其临界点的温度下仍可能有液体存在，直到 T_1点为止。T_1点的温度称为临界冷凝温度。在高于临界点的压力下仍可能有气体存在，直到 p_1点为止。p_1点的压力称为临界冷凝压力。临界点 C 随混合物组成变化而改变。

混合物的临界点 C 是根据实验测定的，通常称为真临界温度 T_C 与真临界压力 p_C。

在图 3-7-1 中，如果用一种挥发度与二元混合物相当的纯烃作蒸气压曲线 AC'，C'点即称为该二元混合物的假临界点(或称虚拟临界点)，$T_C{}'$与 $p_C{}'$表示假临界点的温度和压力。当涉及混合物的物性关联时，常用假临界常数。

假临界常数定义如下：

$$假临界温度\ T_{C'}=\sum_{i=1}^{n}x_iT_{Ci} \tag{3-7-1}$$

$$假临界压力\ p_{C'}=\sum_{i=1}^{n}x_ip_{Ci} \tag{3-7-2}$$

式中　T_{Ci}、p_{Ci}——混合物中 i 组分的临界温度与临界压力，MPa；

x_i——混合物中 i 组分的摩尔分数,%。

石油馏分体系比二元混合物体系复杂得多，但基本情况大致是相似的。石油馏分也有真、假临界常数。石油馏分的假临界常数是一个假设值，是为了便于查阅油品的一些物理常数的校正值而引入的一种特性值。

石油馏分的真临界常数和假临界常数的数值不同，在工艺计算中用途也不同。在计算石油馏分的汽化率时常用真临界常数。假临界常数则用于求定其他一些理化性质。

表 3-7-1 是几种油品的临界常数。从表中数据可见，油品越重，临界温度越高，而临界压力越低。

表 3-7-1　某些油品的临界常数

油　　品	密度/(g/cm³)	沸点范围/℃	临界温度/℃	临界压力/MPa
汽油	0.759	54~220	216	3.47
汽油	0.755	96~120	227	3.14
煤油	0.823	224~315	432	2.21
煤油	0.836	188~316	436	2.11
粗柴油	0.836~0.887	—	453~478	~1.03
润滑油	0.834	—	455	—

（二）石油馏分临界常数的求取方法

石油馏分临界常数的实际测定比较困难，一般常借助其他物性数据用经验关联式或有关图表求取。

1. 图表法

石油馏分的真、假临界温度(T_C、T_C')从图 3-7-2 和图 3-7-3 查得。假临界压力(p_C')从图 3-7-4 求取，真临界压力(p_C)可从图 3-7-5 根据真临界温度与假临界温度的比值以及假临界压力来求定。

2. 经验公式计算法

(1) 石油馏分的真、假临界温度。石油馏分的真临界温度可用下列经验式计算：

$$t_C=85.66+0.9259D-0.3959\times10^{-3}D^2 \tag{3-7-3}$$

$$D=d(1.8t_v+132.0) \tag{3-7-4}$$

式中　t_C——石油馏分的真临界温度,℃；

t_v——石油馏分的体积平均沸点,℃；

d——石油馏分的相对密度($d_{15.6}^{15.6}$)。

而石油馏分的假临界温度 T_C'(K)则可用下列经验式求得：

$$T_C'=17.1419[\exp(-9.3145\times10^{-4}T_{Me}-0.54444d+6.4791\times10^{-4}T_{Me}d)]\times T_{Me}^{0.81067}d^{0.53691} \tag{3-7-5}$$

式中　T_{Me}——石油馏分的中平均沸点，K。

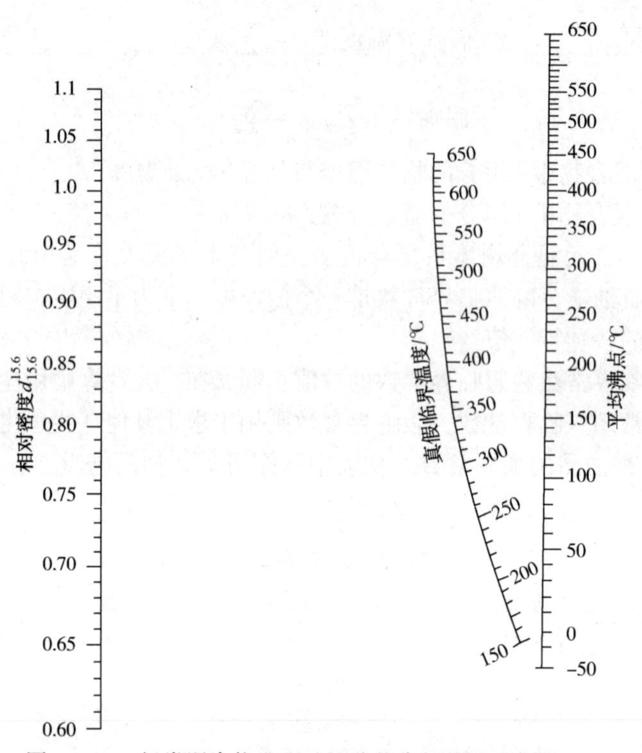

图 3-7-2　烃类混合物和石油馏分的真假临界温度图(一)

注：求真临界温度时用质量平均沸点，求假临界温度时用分子平均沸点相对密度小于 0.6 时用图 3-7-3

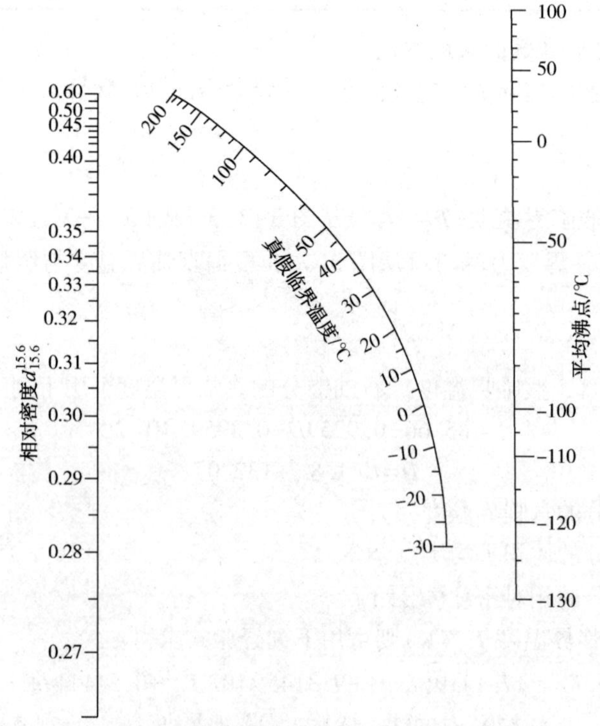

图 3-7-3　烃类混合物和石油馏分的真假临界温度图(二)

注：求真临界温度时用质量平均沸点，求假临界温度时用分子平均沸点相对密度大于 0.6 时用图 3-7-2

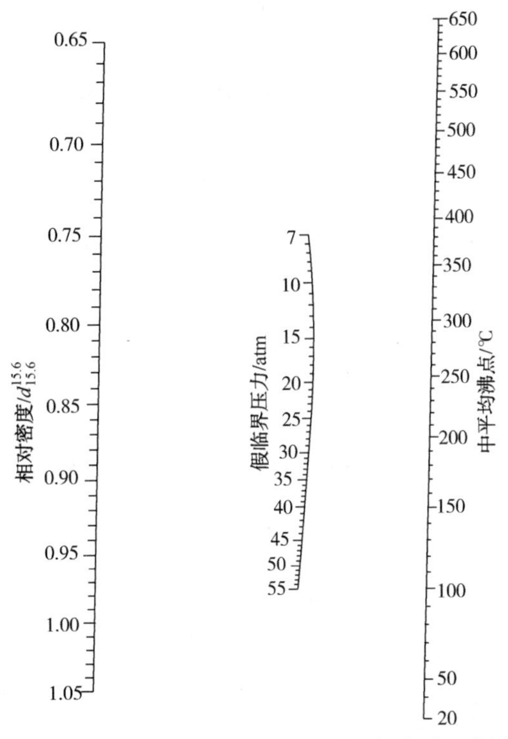

图 3-7-4 烃类混合物和石油馏分的假临界压力图

(1atm = 101.3kPa)

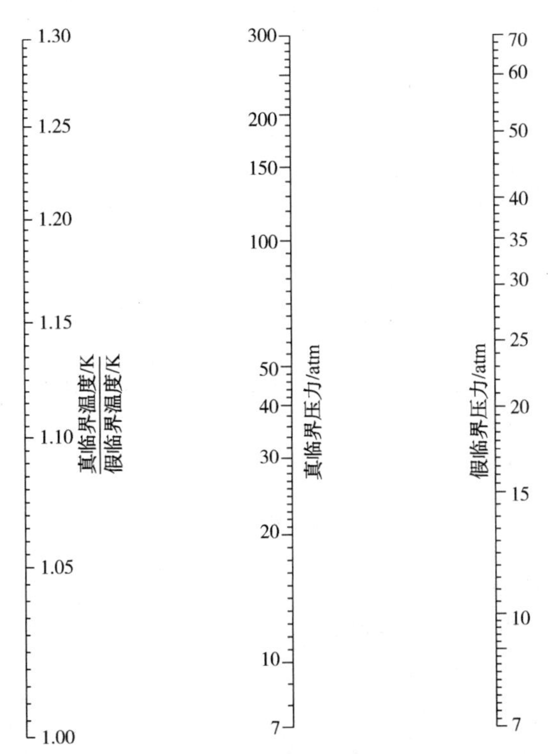

图 3-7-5 烃类混合物和石油馏分的真假临界压力图

(1atm = 101.3kPa)

（2）石油馏分的真、假临界压力。石油馏分的假临界压力 p_C'（MPa）可用下列经验式计算：

$$p_C' = 3.195\times10^4[\exp(-8.505\times10^{-3}T_{Me}-4.8014d+5.7490\times10^{-3}T_{Me}d)]T_{Me}^{-0.4944}d^{4.0846} \quad (3-7-6)$$

石油馏分的真临界压力 p_C（MPa）则可从其假临界压力 p_C'等用下式求得：

$$\lg p_C = 0.052321+5.656282\lg\frac{T_C}{T_C'}+1.001047\lg p_c' \quad (3-7-7)$$

$$T_C = t_C + 273.15$$

式中　T_C——石油馏分的真临界温度，K。

二、压缩因子

理想气体方程最简单地表征了气体的 P、V、T 关系。压缩因子是用理想气体方程表征实际气体 P、V、T 关系而引入的校正系数，它表示实际气体与理想气体偏差的程度。所以，实际气体 P、V、T 关系可用以下方程描述：

$$PV = ZnRT \quad (3-7-8)$$

式中，Z 为压缩因子，它的数值大小与气体的性质及状态有关。

气体处于临界状态时，压缩因子称为临界压缩因子 Z_C。各种气体在临界状态时的压缩因子 Z_C 具有近似相同的数值，大多数气体的 Z_C 在 0.25~0.31 之间。

物质所处的状态与其临界状态相比称为对比状态。对比状态用对比温度、对比压力、对比体积等参数来表征。对比状态的参数定义如下：

$$T_r = T/T_C \quad (3-7-9)$$

$$p_r = p/p_C \quad (3-7-10)$$

$$V_r = V/V_C \quad (3-7-11)$$

式中　T_r、p_r、V_r——分别为对比温度、对比压力和对比体积。

对比状态用来表示物质所处的状态与临界状态的接近程度。在对比状态下，各种物质有相似的特性，这时的压缩因子不受物质性质的影响。各种不同物质，如果具有相同的对比温度 T_r 及对比压力 p_r，那么它们的对比体积 V_r 和压缩因子 Z 值也接近相同。这就是对比状态定律。

压缩因子可以根据对比状态定律，用对比温度和对比压力来求取。图 3-7-6 是物质的对比状态与压缩因子的关系图。

混合物的压缩因子也可按下式计算：

$$Z_{混} = \sum_{i=1}^{n} x_i Z_i \quad (3-7-12)$$

式中　$Z_{混}$——混合物的压缩因子；

x_i——混合物中 i 组分的摩尔分数，%；

Z_i——混合物中 i 组分的压缩因子。

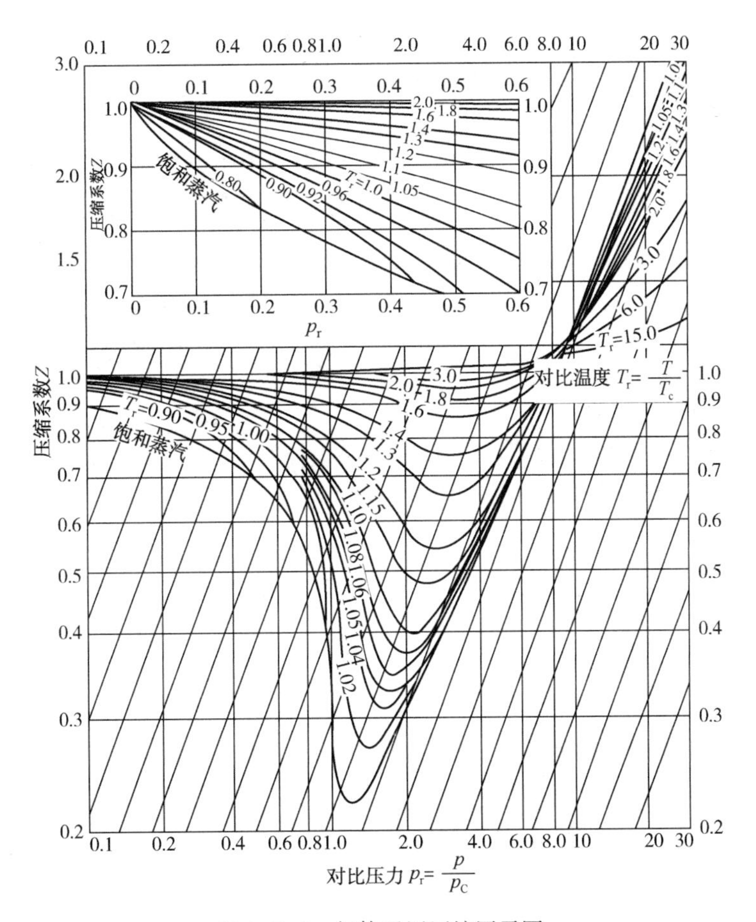

图 3-7-6　气体通用压缩因子图

注：①此图只有在 $T_r<2.5$ 时才能用于氢气、氦气和氖气，此时 $T_r=\frac{T}{T_C+8}$；$p_r=\frac{p}{p_C+8}$。

②对于气体混合物 $T_r=\frac{T}{T'_C}$；$p_r=\frac{p}{p'_C}$。

三、偏心因子

偏心因子是反映物质分子形状、极性和大小的参数。对于小的球形分子如氩、氪、氙等惰性气体，其偏心因子 $\omega=0$，这类物质称为简单流体。其余的物质称为非简单流体，它们的偏心因子 $\omega>0$。

简单流体在升高压力条件下物质分子间引力恰好在分子中心，其压缩因子只是 T_r 与 p_r 的函数。非简单流体在升高压力的条件下物质分子间的引力不在分子中心，分子具有极性或微极性，压缩因子是 T_r、p_r 和 ω 的函数。

非简单流体的压缩因子 Z 用下式表示：

$$Z=Z^{(0)}+\omega Z^{(1)} \tag{3-7-13}$$

式中　Z——非简单流体的压缩因子；

$Z^{(0)}$——简单流体的压缩因子，其 $\omega=0$；

$Z^{(1)}$——非简单流体压缩因子校正值，其 $\omega>0$；

ω——偏心因子。

简单流体的压缩因子 $Z^{(0)}$ 和非简单流体压缩因子校正值 $Z^{(1)}$ 以及偏心因子 ω 可从有关图表中查得。

对于同一系列烃类，相对分子质量越大，其偏心因子也越大；当分子中的碳数相同时，烷烃的偏心因子较大，环烷烃和芳香烃的较小。对于实际体系，应引入偏心因子，否则会引起较大误差。

混合物的偏心因子可由下式计算：

$$\omega = \sum_{i=1}^{n} x_i \omega_i \tag{3-7-14}$$

式中 n——混合物中组分数；

x_i——组分 i 的摩尔分数；

ω_i——组分 i 的偏心因子。

石油馏分的偏心因子也可用以下经验式进行估算：

$$\omega = \frac{3}{7}\left(\frac{T_{MC}}{T_C - T_{MC}}(\lg p_C + 1)\right) - 1.0 \tag{3-7-15}$$

式中 p_C——临界压力，MPa(a)；

T_C——临界温度，K；

T_{MC}——中平均沸点，K;。

偏心因子在石油加工设备设计中应用很广泛，可用于求取石油馏分的压缩因子、饱和蒸气压、热焓、比热容等，以及用于某些物性参数的关联。

第八节 热 性 质

在石油加工过程中，石油及其馏分的温度、压力和相态都可能发生变化，这就涉及体系的能量平衡。石油加工工艺的设计计算和装置核算都要进行能量平衡计算，这就必须要知道石油及其馏分的质量热容、汽化潜热、焓等热性质。在有化学反应发生时，还必须知道反应热、生成热等。这里只讨论石油及其馏分发生物理变化时的热性质。

一、质量热容

1. 质量热容

单位质量物质温度升高 1℃所吸收的热量称为该物质的质量热容 c，也称比热容，单位为 kJ/(kg · ℃)。质量热容随温度升高而增大。质量热容的严格定义应为：单位质量物质在某一温度 T 下，所吸热量 dQ 与温度升高值 dT 之比。即：

$$c = \frac{dQ}{dT} \tag{3-8-1}$$

工艺计算中常采用平均质量热容 $\bar{c}$。单位质量物质的温度由 T_1 升高到 T_2 时所需的热量为 Q，其平均质量热容 $\bar{c}$ 为：

$$\bar{c} = \frac{Q}{T_2 - T_1} \tag{3-8-2}$$

温度变化范围不大时，可近似地取平均温度$(T_1+T_2)/2$的质量热容为平均质量热容。温度范围越小，平均质量热容越接近于真实质量热容。

质量热容也与体系的压力和体积的变化情况有关。体积恒定时的质量热容称为质量定容热容或比定容热容c_v，压力恒定时的质量热容称为质量定压热容或比定压热容c_P。对于液体和固体，质量定压热容和质量定容热容相差很小；对于气体，两者相差较大，差值相当于气体膨胀时所做的功；对理想气体，两者的差值为气体常数：

$$c_P-c_V=R \tag{3-8-3}$$

2. 烃类的质量热容

烃类的质量热容随温度和相对分子质量的升高而逐渐增大。压力对于液态烃类质量热容的影响一般可以忽略；但气态烃类的质量热容随压力的增高而明显增大，当压力高于0.35MPa时，其质量热容需作压力校正。

相对分子质量相近的烃类中，质量热容的大小顺序是烷烃>环烷烃>芳烃；同一族烃类，分子越大，质量热容越小；烃类组成相近的石油馏分中，密度越大，质量热容越小。

液相石油馏分的质量热容可根据温度、相对密度和特性因数从图3-8-1查得。

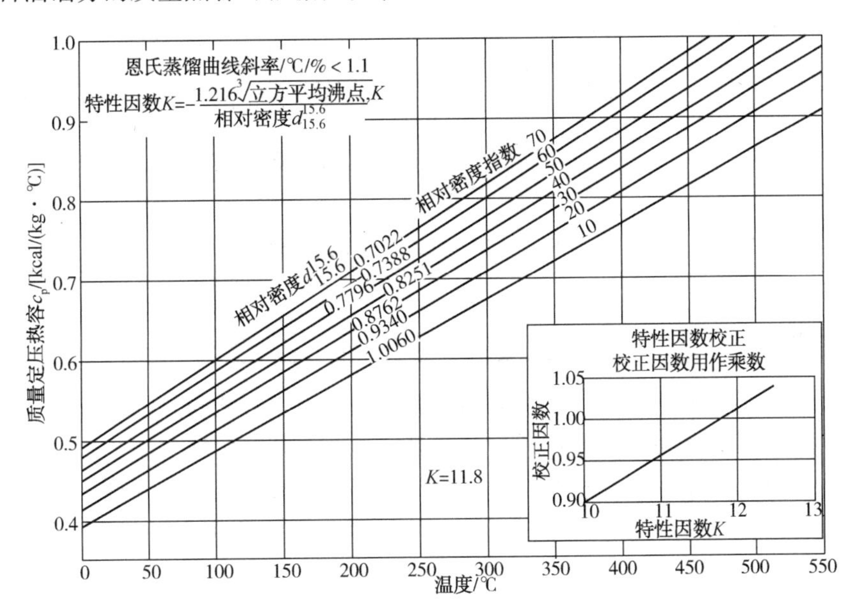

图3-8-1　石油馏分液相质量热容图

1kcal/(kg·℃)=4.1868kJ/(kg·℃)

气相石油馏分的质量定压热容可根据温度和特性因数从图3-8-2中查得。该图仅适用于压力小于0.35MPa且含烯烃和芳香烃不多的石油馏分蒸气。当压力高于0.35MPa时，可根据有关图表及公式对气相石油馏分的质量定压热容进行压力校正。

二、汽化热

单位质量物质在一定温度下由液态转化为气态所吸收的热量称为汽化热，单位为kJ/kg。物质的汽化热随压力和温度的升高而逐渐减小，至临界点时，汽化热等于零。如不特殊说明，物质的汽化热通常是指在常压沸点下的汽化热。

某些油品常压下的汽化热见表3-8-1。由表中数据可知，烃类的汽化热随相对分子质量的增大而减小。当相对分子质量相近时，烷烃与环烷烃的汽化热相差不多，而芳香烃的汽化热稍高一些；油品越重也即沸点越高，其汽化热越小。

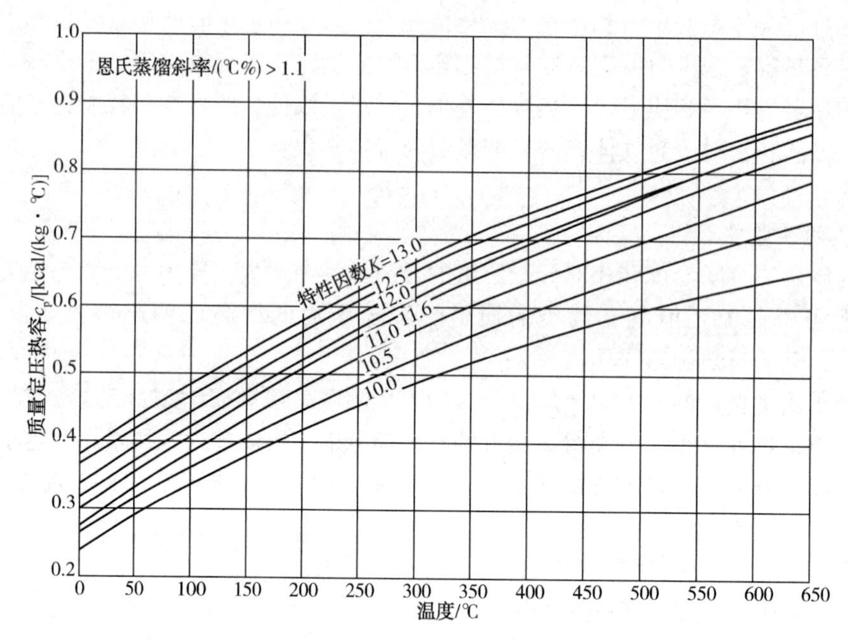

图 3-8-2　石油馏分气相质量定压热容图

1kcal/(kg · ℃) = 4.1868kJ/(kg · ℃)

表 3-8-1　某些油品常压下的汽化热

油品名称	汽　油	煤　油	柴　油	润滑油
汽化热/(kJ/kg)	290~315	250~270	230~250	190~230

纯烃和烃类混合物的汽化热可从有关图表中查得。对于石油馏分，可查图或计算获得在相同条件下气相和液相的焓值，气相和液相的焓值差即为其汽化热。

石油馏分的常压汽化热还可根据其中平均沸点、平均相对分子质量和相对密度三个参数中的两个从图 3-8-3 中查得。对其他温度、压力条件下的汽化热，可以用图 3-8-4 查取其校正因子 ϕ 后按下式进行校正：

$$\Delta h_T = \Delta h_b \phi \frac{T}{T_b} \tag{3-8-4}$$

式中　Δh_T、Δh_b——分别为温度 TK 和常压沸点 T_bK 时的汽化热，kJ/kg；

ϕ——由图 3-8-4 查得的校正因子。

三、焓

1. 焓的定义

焓是物系的热力学状态函数之一，通常用 H 表示。定义如下：

$$H = U + pV \tag{3-8-5}$$

式中　U、p、V——分别代表体系的内能、压力、体积。

对热力学性质计算来说，重要的不是物系焓的绝对值，而是焓的变化值。焓的变化值只与物系的始态和终态有关，而与变化的途径无关。在恒压且只做膨胀功的条件下，物系焓值的变化等于体系所吸收的热量。

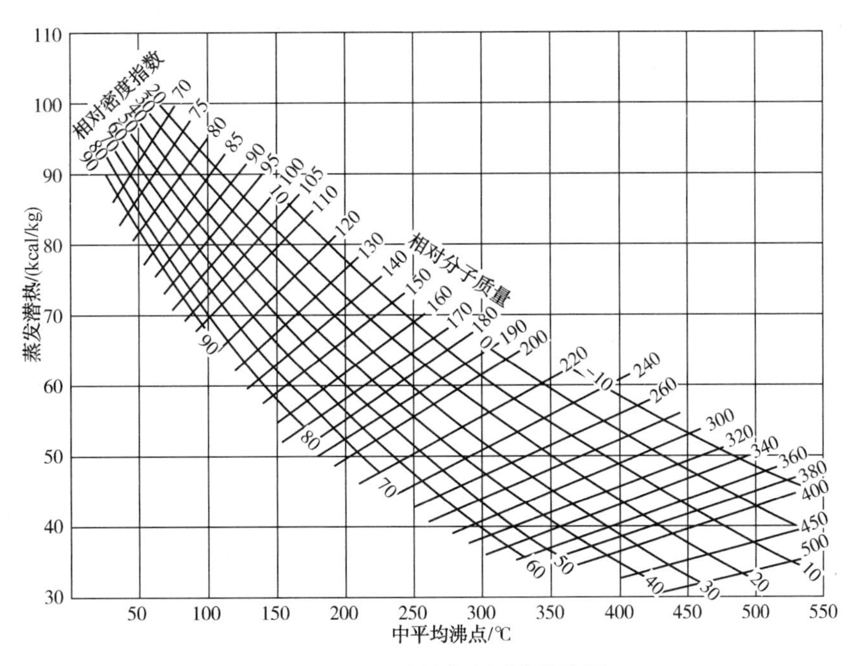

图 3-8-3　石油馏分常压汽化热图

1kcal/(kg · ℃) = 4.1868kJ/(kg · ℃)

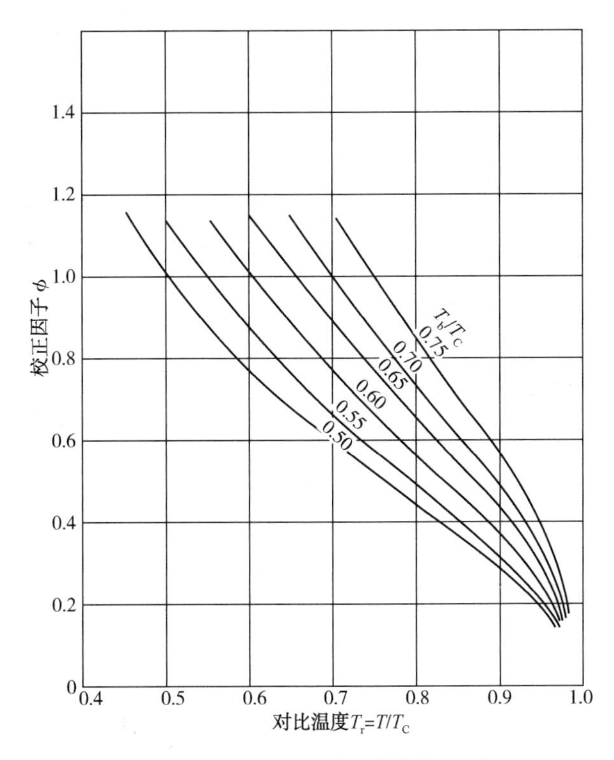

图 3-8-4　石油馏分汽化热校正图

$$\Delta H = H_2 - H_1 = \Delta U + p\Delta V = Q_p \tag{3-8-6}$$

式中　ΔH——物系焓变；

H_1——物系始态的焓；

H_2——物系终态的焓；

ΔU——物系内能的变化；

ΔV——物系体积的变化；

p——物系压力；

Q_p——物系恒压热。

物系内能的绝对值无法测得，因此焓的绝对值也无法确定，只能测定焓的变化值。为了便于计算，人为地规定某个状态下的焓值为零，称该状态为基准状态，而将物系从基准状态变化到某状态时发生的焓变称为该物系在该状态下的焓值。在焓值的计算中，其基准状态下的压力通常选用常压，即 0.1013MPa(1atm)；其基准温度可有多种选择，如-17.8℃(0℉)、0℃或 0K。工程上焓的单位常为 kJ/kg 或 kJ/kmol。

焓值随所选基准状态的不同而不同，只具有相对意义。所以，在计算某个物系物理变化的焓变时，物系的始态和终态焓值的基准状态必须相同，否则无法比较。

2. *石油馏分焓值的求定*

油品的焓值是油品性质、温度和压力的函数。在同一温度下，相对密度小及特性因数大的油品具有较高的焓值，烷烃的焓值大于芳香烃的焓值，轻馏分的焓值大于重馏分的焓值。压力对液相油品的焓值影响很小，可以忽略；但压力对气相油品的焓值影响较大，在压力较高时必须考虑压力对焓值的影响。

(1) 石油馏分焓值查图法

在工艺计算中，一般是查图求石油馏分的焓值。图 3-8-5 是石油馏分焓图。该图基准温度为-17.8℃，是由特性因数 K=11.8 的石油馏分在常压下的实测数据绘制而成。图中有两组曲线，上方的一组曲线为气相石油馏分的焓值，下方的一组曲线为液相石油馏分的焓值。石油馏分的 K 值不等于 11.8 时需要校正。液相焓对 K 的校正查右边中间的小图，校正因数用作乘数。气相焓对 K 的校正查正上方的小图，校正值用作减数；当压力高于 0.5MPa 时，气相焓要进行校正，气相焓对压力的校正查左上方小图，校正值用作减数。压力高于 7.0MPa 时，无法用该图进行焓的压力校正。

油品处于气、液混相状态时，应分别求定气、液相的性质，在已知汽化率的情况下按可加性求定其焓值。

对恩氏蒸馏曲线斜率小于 2 的石油窄馏分，相同温度时查得的气、液相的焓值之差，即为该窄馏分在同一温度下的汽化热。

[例 3-8-1]　某石油馏分 d_4^{20}=0.7796、K=11.0。从 100℃、101.3kPa 下加热并完全汽化至 316℃、2.76MPa。试求加热 100kg 油品所需的热量。

解：①求液相油品的焓：由图 3-8-5 右下角局部放大图查得液相油品 d_4^{20}=0.7796、K=11.0、100℃时的焓为 58kcal/kg。由右边焓的特性因数校正小图查得 K=11.0 时的校正因数为 0.955。校正后的焓为 58×0.955=55.4kcal/kg。

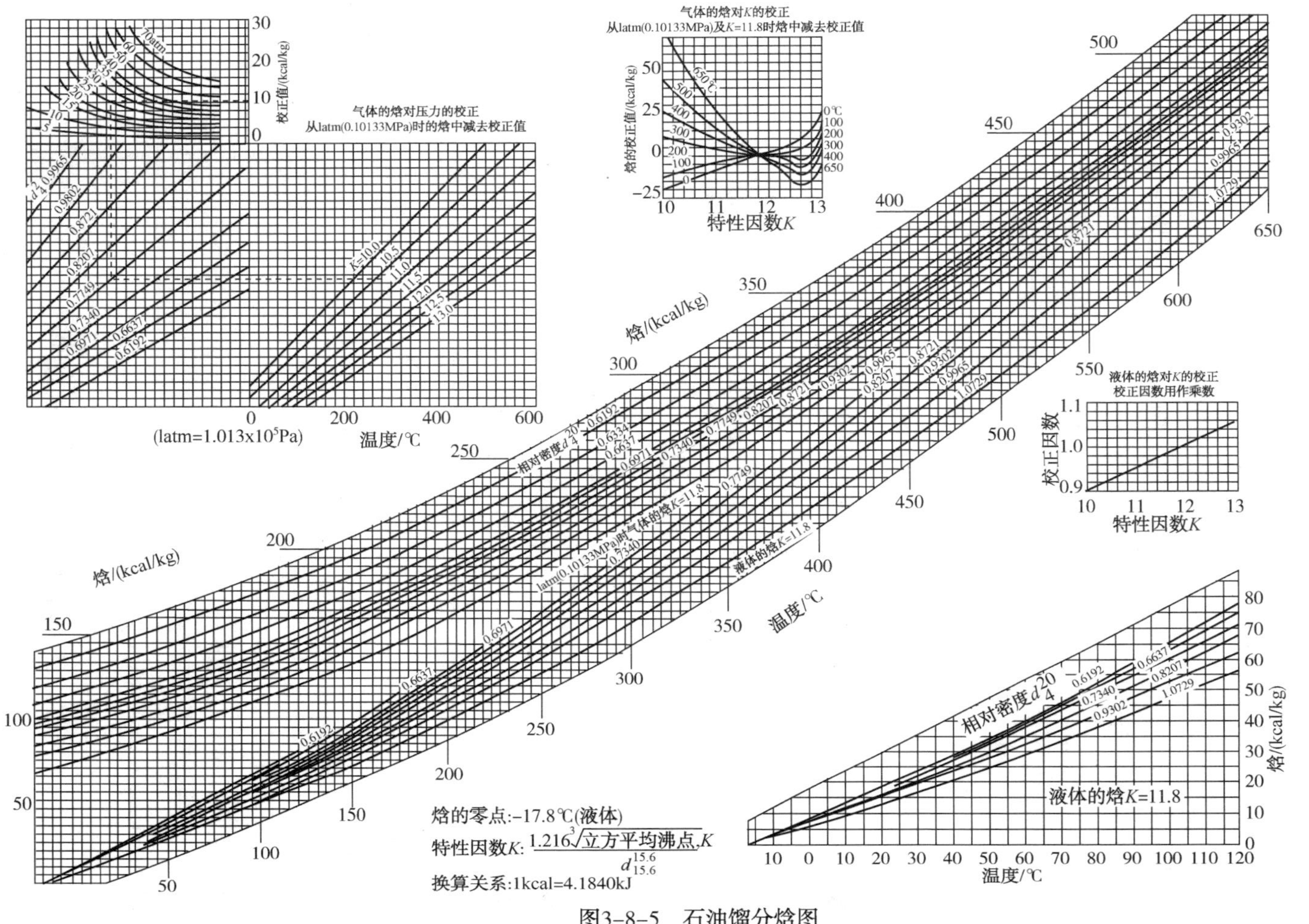
气体的焓对压力的校正
从1atm(0.10133MPa)时的焓中减去校正值
校正值/(kcal/kg)
(1atm=1.013x10^5Pa)
温度/℃
气体的焓对K的校正
从1atm(0.10133MPa)及K=11.8时焓中减去校正值
焓的校正值/(kcal/kg)
特性因数K
焓/(kcal/kg)
相对密度d_4^{20}
1atm(0.10133MPa)时气体的焓K=11.8
液体的焓K=11.8
温度/℃
液体的焓对K的校正
校正因数用作乘数
校正因数
特性因数K
焓的零点:-17.8℃(液体)
特性因数K: $\frac{1.216\sqrt[3]{立方平均沸点,K}}{d_{15.6}^{15.6}}$
换算关系:1kcal=4.1840kJ
液体的焓K=11.8
图3-8-5　石油馏分焓图

② 求气相油品的焓：由图 3-8-5 主图上一组曲线查得 $d_4^{20}=0.7796$、$K=11.8$、$t=316$℃常压下气相油品的焓为 251kcal/kg。由左上方焓的压力校正小图查得压力为 2.76MPa 时的校正值为 12kcal/kg，又由正上方焓的特性因数校正小图查得 $K=11.0$ 的校正值为 6kcal/kg，所以 $K=11.0$、$d_4^{20}=0.7796$、$t=316$℃、$p=2.76$MPa 时的气相焓为 251-12-6=233kcal/kg。

③ 加热 100kg 油品所需的热量 Q 为：

$$Q=100\times(233-55.4)=17760\text{kcal}=74360\text{kJ}$$

上述查图求石油馏分焓值的方法比较简便，但不够准确。当压力超过 7.0MPa 或接近体系的临界点时，无法用此图求石油馏分焓值。

(2) 石油馏分焓值公式计算法

石油馏分焓值也可用计算法求取。计算法求石油馏分焓值一般涉及临界常数、偏心因子等参数，计算过程复杂繁琐，一般要借助计算机进行。

已知温度、压力及油品的特性因数和 *API* 度，可用以下各式求得石油馏分焓值，该法广泛用于工艺计算。

$$Z=\sum_{i=0}^{2}\sum_{j=0}A_{ij}X^iY^j(i+j<2) \tag{3-8-7}$$

式中，X、Y、Z、A_{ij}的意义见表 3-8-2：

表 3-8-2　X、Y、Z、A_{ij}的意义

Z	X	Y	A_{00}	A_{01}	$A_{02}\times10^2$	A_{10}	$A_{11}\times10^2$	$A_{20}\times10^3$
H_L^*	T	*API* 度	3.8192	0.2483	-0.2706	0.3718	0.1972	0.4754
$H_V^{\#}$	T	*API* 度	78.12202	0.3927	-0.1654	0.3059	0.0996	0.4630
$H_V^{=}$	T	K_{UOP}	24.2206	-20.5617	158.570	0.8623	-7.5500	0.0672
G_{V1}	H_V^*	K_{UOP}	-1557.437	408.4433	-1906.32	4.6660	34.8260	0.1010
G_{V2}	G_{V1}	*API* 度	512.0600	-8.6401	3.0160	-0.2497	1.8720	0.5582
H_V^-	G_{V2}	p	24.4700	-0.3327	0.0128	-0.1578	0.1762	0.2387

$$H_L=H_L^*\times(0.0533\times K_{UOP}+0.3604) \tag{3-8-8}$$

$$H_V^*=H_V^{\#}-H_V^{=} \tag{3-8-9}$$

$$H_V=H_V^*-H_V^- \tag{3-8-10}$$

式中　H_L，H_V——液相、气相热焓，kcal/kg，1kcal/kg=4.187kJ/kg；

K_{UOP}——油品的 UOP 特性因数。

需要强调的是上述关联拟合式未计算反应热。

第九节　低温流动性

石油产品在低温下使用的情况很多，例如我国北方，冬季气温可达-30～-40℃，室外的机器或发动机启动前的温度和环境温度基本相同。对发动机燃料和润滑油，要求具有良好的低温流动性能。油品的低温流动性对其输送也有重要意义。

油品在低温下失去流动性的原因有两个：含蜡量少的油品，当温度降低时黏度迅速增加，最后因黏度过高而失去流动性，这种情况称为黏温凝固；对含蜡较多的油品，当温度逐渐降低时，蜡就逐渐结晶析出，蜡晶体互相连接形成网状骨架，将液体状态的油品包在其中，使油品失去流动性，这种情况称为构造凝固。

油品并不是在失去流动性的温度下才不能使用，在失去流动性之前析出的结晶，就会妨碍发动机的正常工作。因此对不同油品规定了浊点、结晶点、冰点、凝点、倾点和冷滤点等一系列评定其低温流动性能的指标，这些指标都是在特定仪器中按规定的标准方法测定的。

浊点：试油在规定的试验条件下冷却，开始出现微石蜡结晶或冰晶而使油品变浑浊时的最高温度。

结晶点：在油品到达浊点温度后继续冷却，出现肉眼观察到结晶时的最高温度。

冰点：试油在规定的试验条件下冷却至出现结晶后，再使其升温至所形成的结晶消失时的最低温度。

浊点、结晶点和冰点是汽油、煤油、喷气燃料等轻质油品的质量指标之一。

凝点：油品在规定的试验条件下冷却到液面不移动时的最高温度。

倾点：油品在规定的试验条件下冷却，能够流动的最低温度。倾点也称为油品的流动极限。

冷滤点：油品在规定的试验条件下冷却，在 1min 内开始不能通过 363 目过滤网 20mL 时的最高温度。

凝点和倾点是评定原油、柴油、润滑油、重油等油品低温流动性能的指标。

倾点是油品的流动极限，凝点时油品已失去流动性能。倾点和凝点都不能直接表征油品在低温下堵塞发动机滤网的可能性，因此提出了冷滤点概念。冷滤点是表征柴油在低温下堵塞发动机滤网可能性的指标，能够反映柴油低温实际使用性能，最接近柴油的实际最低使用温度。

油品的低温流动性取决于油品的烃类组成和含水量的多少。在相对分子质量相近时，正构烷烃的低温流动性最差，即倾点和凝点最高，其次是环状烃，异构烷烃的低温流动性最好。对同一族烃类，相对分子质量越大，低温流动性越差。

第十节　燃烧性能

石油产品绝大多数是易燃易爆的物质，因此研究油品与着火、爆炸有关的性质如闪点、燃点和自燃点等，对石油及其产品的加工、储存、运输和应用的安全有着极其重要的意义。石油燃料燃烧发出的热量是能量的重要来源。

一、闪点

闪点是石油产品等可燃性物质的蒸气与空气形成混合物，在有火焰接近时，能发生瞬间闪火的最低温度。

在闪点温度下的油品，只能闪火不能连续燃烧。这是因为在闪点温度下，液体油品蒸发速度比燃烧速度慢，油气混合物很快烧完，蒸发的油气不足以使之继续燃烧。所以在闪点温度下，闪火只能一闪即灭。

闪火是微小的爆炸，但闪火是有条件的，不会随意闪火爆炸。闪火的必要条件是混合气中烃类或油气的浓度要有一定范围。在这一浓度范围之外不会发生闪火爆炸，因此这一浓度范围称为爆炸极限。能发生闪火的最低油气浓度称为爆炸下限，最高浓度称为爆炸上限。低于下限时油气不足，高于上限时空气不足，均不能发生闪火爆炸。

测定油品的闪点，通常是达到爆炸下限的温度。汽油则不同，室温下密闭容器中的汽油并不发生闪火，而冷却到一定温度则可发生闪火。这是因为汽油的蒸气压高，容易蒸发，室温下密闭容器内的汽油蒸气浓度已大大超过爆炸上限，只有冷却降温使汽油的蒸气压降低，从而降低汽油蒸气浓度，才能达到发生闪火的浓度范围，故测得汽油的闪点是汽油的爆炸上限温度。

油品的闪点与馏分组成、烃类组成及压力有关。馏分越重，闪点越高。但重馏分中混有极少量轻馏分时，可使闪点显著降低。例如原油，由于有汽油馏分，所以闪点很低；润滑油在使用过程中若混入少量轻质油品，闪点会大大降低。烯烃的闪点比烷烃、环烷烃和芳香烃的都低。闪点随大气压力的下降而降低。

测定油品闪点的方法有两种：一为闭口闪点，油品蒸发在密闭的容器中进行，对于轻质石油产品和重质石油产品都能测定；另一为开口闪点，油品蒸发在敞开的容器中进行，一般用于测定润滑油和残油等重质油品的闪点。测定油品开口闪点时，油品蒸发速度必须大于油蒸气的自由扩散速度，杯内油蒸气才可能达到闪火的浓度范围，所以同一油品的开口闪点值比闭口闪点值高。

二、燃点和自燃点

测定油品开口闪点时，达到闪点温度以后，继续加热提高温度，当到达某一油温时，引火后生成的火焰将不再熄灭，持续燃烧(不少于5s)。油品发生持续燃烧的最低油温称为燃点。

测定闪点和燃点需要从外部引火。如果将油品隔绝空气加热到一定的温度，然后使之与空气接触，则无须引火，油品即可自行燃烧，这就是油品的自燃。发生自燃的最低油温，称为自燃点。

闪点、燃点与油品的汽化性有关，自燃点与油品的氧化性有关。轻馏分分子小、沸点低、易蒸发，所以馏分越轻，其闪点和燃点就越低。馏分越轻越难氧化，越重越易氧化，所以轻馏分自燃点比重馏分的高。

烷烃比芳香烃容易氧化，所以烷烃的自燃点比芳香烃低，环烷烃介于两者之间。含烷烃多的油品自燃点较低，含芳烃多的油品自燃点较高。

某些可燃气体及油品与空气混合时的爆炸极限及闪点、燃点、自燃点数据见表3-10-1。

表3-10-1　某些可燃气体及油品与空气混合时的爆炸极限、闪点、燃点和自燃点

名　称	爆炸极限/%(体)		闪点/℃	燃点/℃	自燃点/℃
	下限	上限			
甲烷	5.0	15.0	<-66.7	650~750	645
乙烷	3.22	12.45	<-66.7	472~630	530
丙烷	2.37	9.50	<-66.7	481~580	510

续表

名　称	爆炸极限/%(体)		闪点/℃	燃点/℃	自燃点/℃
	下限	上限			
丁烷	1.36	8.41	<-60(闭)	441~550	490
戊烷	1.40	7.80	<-40(闭)	275~550	292
己烷	1.25	6.90	-22(闭)	—	247
乙烯	3.05	28.6	<-66.7	490~550	540
乙炔	2.5	80.0	<0	305~440	335
苯	1.41	6.75	—	—	580
甲苯	1.27	6.75	—	—	550
石油气(干气)	~3	~13	—	—	650~750
汽油	1	6	<28	—	510~530
灯用煤油	1.4	7.5	28~45	—	380~425
轻柴油	—	—	45~120	—	
重柴油	—	—	>120	—	300~330
润滑油	—	—	>120	—	300~380
减压渣油	—	—	>120	—	230~240
石油沥青	—	—	—	—	230~240
石蜡	—	—	—	—	310~432
原油	—	—	-6.7~32.2	—	~350

在石油加工装置中，重质油品的温度较高，往往超过了自燃点，泄漏出来会很快自燃。所以，轻质油品和重质油品都有发生火灾的危险，都要注意安全生产。

三、热值(发热量)

单位质量油品完全燃烧时所放出的热量，称为质量热值，单位为kJ/kg；单位体积油品完全燃烧时所放出的热量，称为体积热值，单位为kJ/m^3。

由于氢的质量热值远比碳高，因此，氢碳比越高的燃料其质量热值也越大。在各类烃中，烷烃的氢碳比最高，芳烃最低。因此对碳原子数相同的烃类来说，其质量热值的顺序为：烷烃>环烷烃、烯烃>芳香烃。但对于体积热值来说，其顺序正好与此相反：芳烃>环烷烃、烯烃>芳香烃。这主要是由于芳烃的密度较大，而烷烃密度较小的缘故。对于同类烃而言，随沸点增高，密度增大，则其体积热值变大，而质量热值变小。

石油和油品主要是由碳和氢组成。完全燃烧后主要生成二氧化碳和水。根据燃烧后水存在的状态不同，热值可分为高热值和低热值。

高热值又称为理论热值。它规定燃料燃烧的起始温度和燃烧产物的最终温度均为15℃，且燃烧生成的水蒸气完全被冷凝成水所放出的热量。

低热值又称为净热值。它与高热值的区别在于燃烧生成的水是以蒸汽状态存在。如果燃料中不含水分，高、低发热值之差即为15℃和其饱和蒸气压下水的蒸发潜热。石油产品中的各种烃类的低热值约在39775~43961kJ/kg之间。

在生产实际中，加热炉烟囱排出烟气的温度要比水蒸气冷凝温度高得多，水分是以水蒸气状态排出，所以工艺计算中均采用低热值。

热值是加热炉工艺设计中的重要数据，也是喷气燃料等燃料的质量指标。

油品的热值可用实验方法测定，也可以用经验公式及图表来求取。

第十一节　其他物理性质

一、溶解性质

1. 苯胺点

苯胺点是在规定的试验条件下，油品与等体积苯胺达到临界溶解的温度。苯胺点是石油馏分的特性数据之一。

烃类与溶剂的相互溶解度与烃类分子结构及溶剂分子结构有关，两者的分子结构越相似，溶解度也越大。升高温度能增大烃类与溶剂的相互溶解度。在较低温度下将烃类与溶剂混合，由于两者不完全互溶而分成两相。加热升高温度，溶解度随之增大，当加热至某温度时，两者就完全互溶，界面消失，此时的温度即为该混合物的临界溶解温度。临界溶解温度低，也就反映了烃类和溶剂的互溶能力大。溶剂比不同，临界溶解温度也不同，苯胺点就是以苯胺为溶剂，与油品以 1∶1(体)混合时的临界溶解温度。

各族烃类的苯胺点高低顺序为：烷烃>环烷烃>芳烃。对于环状烃，多环环状烃的苯胺点远比单环的低。在同一族烃类中，苯胺点随着相对分子质量增大而升高，但上升的幅度很小。油品的苯胺点可以反映油品的组成特性。苯胺点高的油品表明其烷烃含量较高，芳烃含量较低。根据油品的苯胺点可以求得油品的柴油指数、特性因数、平均相对分子质量等参数。

2. 水在油品中的溶解度

水在油品中的溶解度很小，但对油品的使用性能影响很大。油品的吸水量与化学组成有关。通常水在各族烃类中的溶解度大小顺序为：芳香烃>烯烃>环烷烃>烷烃。温度升高，溶解于油品中的水也增多。

二、光学性质

油品的光学性质对研究石油的化学组成具有重要的意义。利用光学性质可以单独进行单体烃类或石油窄馏分化学组成的定量测定，也可与其他方法联合起来研究石油宽馏分的化学组成。油品的光学性质中以折射率为最重要。

折射率即光的折射率，又称折光率，是真空中光的速度(2.9986×10^{8}m/s)和物质中光的速度之比，以 n 表示。各族烃类之间的折射率有显著区别。碳数相同时，芳香烃的折射率最高，其次是环烷烃和烯轻，烷烃的折射率最低。在同族烃类中，相对分子质量变化时折射率也随之在一定范围内增减，但远不如分子结构改变时的变化显著。烃类混合物的折射率服从可加性规律。

折射率与光的波长、温度有关。光的波长越短，物质越致密，光线透过的速度就越慢，折射率就越大。温度升高，折射率变小。为了得到可以比较的数据，通常以 20℃时钠的黄色光(波长5892.6Å)来测定油品的折射率，以 n_D^{20} 表示。对于含蜡润滑油，一般测定70℃时的折射率，用 n_D^{70} 表示。有机化合物在20℃时的折射率一般为1.3~1.7。某些烃类的折射率如表3-11-1所示。

表3-11-1　某些烃类的折射率

烃类名称	折射率(n_D^{20})	烃类名称	折射率(n_D^{20})	烃类名称	折射率(n_D^{20})
戊烷	1.3575	环戊烷	1.4064	苯	1.5011
己烷	1.3749	甲基环戊烷	1.4097	甲苯	1.4969
庚烷	1.3877	环己烷	1.4262	乙苯	1.4959
辛烷	1.3974	甲基环己烷	1.4231	异丙苯	1.4915

油品的折射率常用以测定油品的族组成，也用以测定柴油、润滑油的结构族组成，例如n-d-M法和n-d-ν法。

石油馏分的折射率可由其沸点、密度和相对分子质量用下式推算：

$$n=\left(\frac{1+2l}{1-l}\right)^{0.5} \tag{3-11-1}$$

$$I=3.587\times10^{-3}T_{Me}^{1.0848}\left(\frac{M}{\rho}\right)^{0.4439} \tag{3-11-2}$$

式中　n——20℃时的折射率；

I——20℃ Hnang特性参数；

T_{Me}——中平均沸点，K；

M——相对分子质量；

ρ——20℃时的密度，g/cm³。

三、电性质

纯净的油品是非极性介质，呈电中性，不带电、不导电，电阻很大，是很好的绝缘体。如变压器油是变压器和油开关等电器中很好的绝缘介质。但石油产品不可避免地含有某些杂质，杂质含量以及杂质分子极性强弱影响着油品导电性的大小。

油品中的杂质包括各种氧化物、胶质、沥青质、有机酸、碱、盐以及水分等。这些杂质分子都能电离，极性越强越易电离。这些活性化合物只要极低的浓度，就可使液体介质带电。所以油品一般都有一定的导电性。

石油产品由于搅拌、沉降、过滤、摇晃、冲击、喷射、飞溅、发泡以及泵送等相对运动，会产生电荷。如果油品含杂质较多，导电性好，就能把电荷及时带走；如果油品较纯净，设备、管线、容器等的接地不好，电荷就会积聚。这种积聚在油品中的电荷称为静电。在一定的条件下，油品会产生放电现象，产生电火花，从而引起油品的燃烧和爆炸。据统计，石油的火灾爆炸事故约有10%属于静电事故。因此，在生产中要重视静电的危害，做好设备、管线、容器等的接地，使电荷及时导入地下，确保生产和储运的安全。

四、表面张力及界面张力

在石油加工过程中，蒸馏、萃取、吸收等工艺过程常涉及有关表面张力及界面张力的问题。界面张力也是变压器油等石油产品的质量指标之一。

1. 表面张力

液体表面分子与其内部分子所处的环境不同，存在一种不平衡力场。内部分子所受到其他分子的引力各方向相同，相互平衡，合力为零。表面分子受上方气相分子的引力远小于受下方液相分子的引力，合力不等于零，形成一个垂直于表面指向液体内部的内向力。这个内向引力使液体有尽量缩小其表面积的倾向。

表面张力定义为：液体表面相邻两部分单位长度上的相互牵引力，其方向与液面相切且与分界线垂直，单位为N/m，常用符号σ表示。表面张力还可定义为：液体增大单位表面积时所需要的能量(J/m^2)，也称为液体的表面能或表面自由能。液体表面张力的大小与液体的化学组成、温度、压力以及与所接触气体的性质等因素有关。

烃类等纯化合物的表面张力数据可从有关图表集中查得，如表3-11-2所示。当温度相同、碳原子数相同时，芳香烃的表面张力最大，环烷烃的次之，烷烃的最小。正构烷烃的表面张力随相对分子质量的增大而增大，环烷烃则不一定如此，芳香烃的表面张力随相对分子质量变化的程度较小。烃类的表面张力均随温度的升高而减小。温度趋近临界温度时表面张力趋近于零。

表3-11-2　烃类在不同温度下的表面张力

烃类		表面张力/(10^{-3}N/m)			
		20℃	40℃	60℃	80℃
正构烷烃	正戊烷	16.0	13.9	11.8	9.7
	正己烷	18.0	16.0	14.0	12.1
	正庚烷	20.2	18.2	16.3	14.4
	正辛烷	21.5	19.6	17.8	16.0
环烷烃	环戊烷	22.0	19.6	17.2	14.9
	环己烷	25.2	22.9	20.6	18.4
	甲基环己烷	23.5	21.5	19.5	17.5
	乙基环己烷	25.2	23.3	21.5	19.6
芳香烃	苯	28.8	26.3	23.7	21.2
	甲苯	28.5	26.2	23.9	21.7
	乙苯	29.3	27.1	25.0	22.9
	丙苯	29.0	27.0	24.9	23.0

液体的表面张力随压力的增高而减小，减小的幅度随所接触气体性质的不同而不同。

石油馏分在常温下的表面张力一般在24×10^{-3}~39×10^{-3}N/m之间。汽油、煤油、润滑油的表面张力约分别为26×10^{-3}N/m、30×10^{-3}N/m和34×10^{-3}N/m。未经精制的石油馏分中还含有一些具有表面活性的非烃类物质，这些物质富集在表面而使表面张力降低。

石油馏分的表面张力可由石油馏分的特性因数、温度、临界温度查图求取，或用经验公式计算求得。

原油和石油馏分的表面张力可用下列经验式求取：

$$\sigma=\left\{673.7\left[\frac{T_C-T}{T_C}\right]^{1.232}/K\right\}\times10^{-3} \tag{3-11-3}$$

式中　σ——液体的表面张力，N/m；

T_C——临界温度，K；

T——体系温度，K；

K——特性因数。

2. 界面张力

界面张力是指每增加一个单位液-液相界面面积时所需的能量。与液体的表面张力相似，两个液相界面上的分子所处的环境和内部分子所处的环境不同，因而受力情况和能量状态也不同。界面张力的单位也是 N/m。界面张力对于萃取等液-液传质过程有重要影响。温度和压力对于界面张力都有影响，但温度的影响要大得多。

石油及石油馏分在生产和应用过程中常与水接触，如原油的脱盐脱水、油品酸碱精制后的水洗、柴油乳化等。油-水界面上的界面张力受两相化学组成及温度等因素的影响。油水体系中少量的表面活性物质会显著影响其界面张力，可增加或降低其界面膜的强度，从而导致油水乳状液的稳定或破坏。原油电脱盐工艺中的破乳，就是利用表面活性物质(破乳剂)破坏油水乳状液界面膜的好例子。

对于烃类与水的界面张力可近似用下式计算：

$$\sigma_{HW}=\sigma_H+\sigma_W-1.10(\sigma_H\times\sigma_W)^{\frac{1}{2}} \tag{3-11-4}$$

式中　σ_{HW}——烃、水间的界面张力，N/m；

σ_H——烃类的表面张力，N/m；

σ_W——水的表面张力，N/m。

式(3-11-4)主要适用于包含 5 个或更多碳原子的饱和烃，当烃相的 $T_r>0.53$ 时，此法的精度迅速下降。

参考文献

[1] 沈本贤．石油炼制工艺学[M]．北京：中国石化出版社，2015.

[2] 北京石油设计院．石油化工工艺计算图表[M]．北京：烃加工出版社，1985.

[3] 汪文虎，秦延龙．烃类物理化学数据手册[M]．北京：烃加工出版社，1990.

[4] 梁汉昌．石油化工分析手册[M]．北京：中国石化出版社，2000.

[5] 黄乙武．液体燃料的性质和应用[M]．北京：烃加工出版社，1985.

[6] 梁文杰．石油化学[M]．北京：北京大学出版社，1995.

[7] 李淑培．石油加工工艺学(上册)[M]．北京：中国石化出版社，1991.

[8] 徐春明，杨朝合．石油炼制工程[M]．4 版．北京：石油工业出版社，2009.

[9] 邬国英，杨基和．石油化工概论[M]．北京：中国石化出版社，2000.

[10] 刘长久，张广林．石油和石油产品中非烃化合物[M]．北京：中国石化出版社，1991.

第四章　原油蒸馏原理及工艺计算

原油是极其复杂的混合物，通过原油的蒸馏可以按所制定的产品方案将其分割成直馏汽油、煤油、轻柴油或重柴油馏分及各种润滑油馏分和渣油等。蒸馏过程得到的这些半成品经过适当的精制和调和便成为合格的产品，也可以按不同的生产方案分割出一些二次加工过程所用的原料，如重整原料、催化裂化原料、加氢裂化原料等。借助于石油蒸馏可以提高原油中轻质油的产率，改善产品质量。

第一节　石油蒸馏原理

一、原油及其馏分蒸馏类型

（一）平衡汽化

液体混合物加热并部分汽化后，气液两相一直密切接触，达到一定程度时，气液两相才一次分离，此分离过程称为平衡汽化，又称一次汽化。在一次汽化过程中，混合物中各组分都有部分汽化，由于轻组分的沸点低，易汽化，所以一次汽化后的气相中含有较多轻组分，液相中则含有较多重组分。

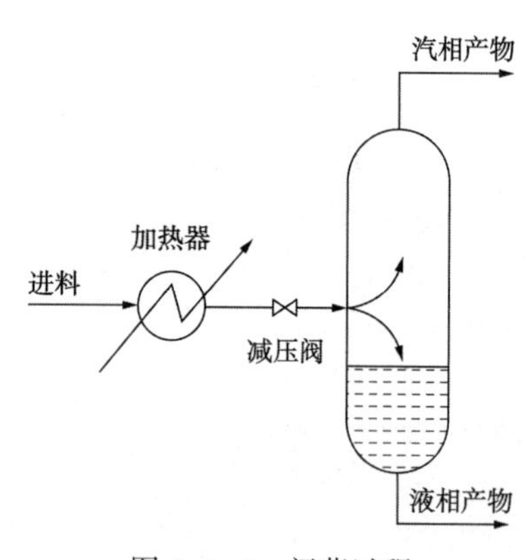

图 4-1-1　闪蒸过程

工业生产上有一种应用较广泛的蒸馏类型称为闪蒸。所谓闪蒸是指进料以某种方式被加热至部分汽化，经过减压设施，在一个容器(如闪蒸罐、蒸发塔、蒸馏塔的汽化段等)的空间内，在一定的温度和压力下，气、液两相迅即分离，得到相应的气相和液相产物的过程，如图 4-1-1所示。

在上述过程中，如果气、液两相有足够的时间密切接触，达到了平衡状态，则这种汽化方式称为平衡汽化。在实际生产过程中，并不存在真正的平衡汽化，因为真正的平衡汽化需要气、液两相有无限长的接触时间。然而在适当的条件下，气、液两相可以接近平衡，因而可以近似地按平衡汽化来处理。

平衡汽化的逆过程称为平衡冷凝。例如常压塔顶气相馏出物，经过冷凝冷却进入塔顶产品回流罐进行分离，此时汽油馏分冷凝为液相，而不凝气和一部分汽油蒸气则仍为气相。

平衡汽化和平衡冷凝都可以使混合物得到一定程度的分离，气相产物中含有较多的低沸点轻组分，而液相产物中则含有较多的高沸点重组分。但是在平衡状态下，所有组分都同时存在于气、液两相中，而两相中的每一个组分都处于平衡状态，因此这种分离是比较粗略的。

（二）简单蒸馏——渐次汽化

简单蒸馏是实验室或小型装置上常用于浓缩物或粗略分割油料的一种蒸馏方法。如图4-1-2所示，液体混合物在蒸馏釜中被加热，在一定压力下，当温度到达混合物的泡点温度时，液体即开始汽化，生成微量蒸气。生成的蒸气当即被引出并经冷凝冷却后收集起来，同时液体继续加热，继续生成蒸气并被引出，这种蒸馏方式称为简单蒸馏或微分蒸馏。

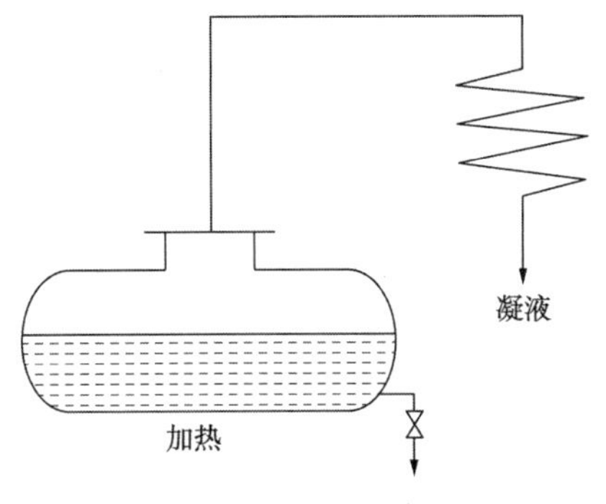

图4-1-2　简单蒸馏

在简单蒸馏中，每个瞬间形成的蒸气都与残存液相处于平衡状态（实际上是接近平衡状态），由于形成的蒸气不断被引出，因此，在整个蒸馏过程中，所产生的一系列微量蒸气的组成是不断变化的。最初得到的蒸气中轻组分最多，随着加热温度的升高，相继形成的蒸气中轻组分的浓度逐渐降低，而残存液相中重组分的浓度则不断增大。但是对在每一瞬间所产生的微量蒸气来说，其中的轻组分浓度总是要高于与之平衡的残存液体中的轻组分浓度。由此可见，借助于简单蒸馏，可以使原料中的轻、重组分得到一定程度的分离。

从本质上看，上述过程是由无穷多次平衡汽化所组成的，是渐次汽化过程。与平衡汽化相比较，简单蒸馏所剩下的残液是与最后一个轻组分含量不高的微量蒸气相平衡的液相，而平衡汽化时剩下的残液则是与全部气相处于平衡状态，因此简单蒸馏所得的液体中的轻组分含量会低于平衡汽化所得的液体中的轻组分含量。换言之，简单蒸馏的分离效果要优于平衡汽化。

简单蒸馏是一种间歇过程，而且分离程度不高，一般只在实验室中使用。广泛应用于测定油品馏程的恩氏蒸馏，可以看作是简单蒸馏。严格地说，恩氏蒸馏中生成的蒸气并未能在生成的瞬间立即被引出，而且蒸馏瓶颈壁上也有少量蒸气会冷凝而形成回流，因此，只能把它看作是近似的简单蒸馏。

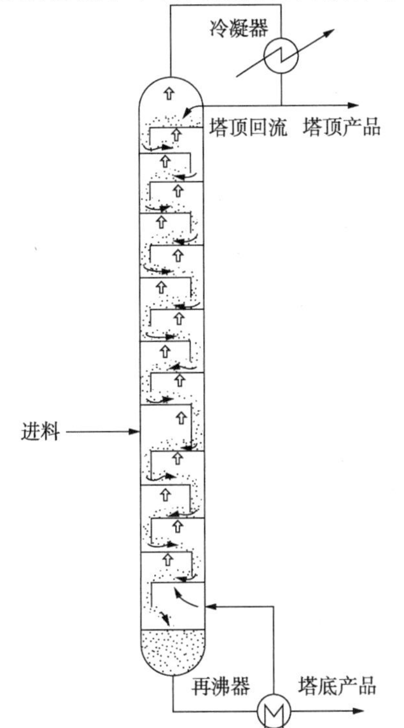

图4-1-3　连续式精馏塔

（三）精馏

精馏是分离液相混合物很有效的手段，有连续式和间歇式两种，现代石油加工装置中全部采用连续式精馏；而间歇式精馏则由于它是一种不稳定过程，而且处理能力有限，因而只用于小型装置和实验室（如实沸点蒸馏等）。

图4-1-3是一连续式精馏塔，它有两段：进料段以上是精馏段，进料段以下是提馏段，因而是一个完全精馏塔。精馏塔内装有提供气、液两相接触的塔板或填料。塔顶送入轻组分浓度很高的液体，称为塔顶回流。通常是把塔顶馏出物冷凝后，取其一部分作为塔顶回流，而其余部分作为塔顶产品。塔底有再沸器，加热塔底流出

的液体以产生一定量的气相回流，塔底气相回流是轻组分含量很低而温度较高的蒸气。由于塔顶回流和塔底气相回流的作用，沿精馏塔高度建立了两个梯度：①温度梯度，即自塔底至塔顶温度逐级下降；②浓度梯度，即气、液相物流的轻组分浓度自塔底至塔顶逐级增大。由于这两个梯度的存在，在每一个气、液接触级内进行传质和传热，达到平衡而产生新的平衡的气、液两相，使气相中的轻组分和液相中的重组分分别得到提浓。如是经过多次的气、液相逆流接触，最后在塔顶得到较纯的轻组分，而在塔底则得到较纯的重组分。这样，不仅可以得到纯度较高的产品，而且可以得到相当高的收率。这样的分离效果显然远优于平衡汽化和简单蒸馏。

由此可见，精馏过程有两个前提：一是气、液相间的浓度差，是传质的推动力；二是合理的温度梯度，是传热的推动力。

精馏过程的实质是不平衡的气、液两相，经过热交换，气相多次部分冷凝与液相多次部分汽化相结合的过程，从而使气相中轻组分和液相中的重组分都得到了提浓，最后达到预期的分离效果。

为了使精馏过程能够进行，必须具备以下两个条件：

① 精馏塔内必须要有传质元件(通常为塔板或填料)，它是提供气液充分接触的场所。气、液两相在塔板上达到分离的极限是两相达到平衡，分离精度越高，所需塔板数越多。例如，分离汽油、煤油、柴油一般仅需4~8块塔板，而分离苯、甲苯、二甲苯时，塔板数达几十块以上。

② 精馏塔内提供气、液相回流，是保证精馏过程传热传质的另一必要条件。气相回流是在塔底加热(如重沸器)或用过热水蒸气汽提，使液相中的轻组分汽化上升到塔的上部进行分离。塔内液相回流的作用是在塔内提供温度低的下降液体，冷凝气相中的重组分，并造成沿塔自下而上温度逐渐降低。为此，必须提供温度较低、组成与回流入口处产品接近的外部回流。

借助于精馏过程可以得到一定沸程的馏分，也可以得到纯度很高的产品，例如纯度可达99.99%的产品。对于石油精馏，一般只要求其产品是满足规定沸程的馏分，而不是某个组分纯度很高的产品，或者在一个精馏塔内并不要求同时在塔顶和塔底都出很纯的产品。

二、原油及原油馏分的蒸馏曲线及其换算

原油和原油馏分的气-液平衡关系可以通过三种实验室蒸馏方法来取得：恩氏蒸馏、实沸点蒸馏和平衡汽化。在这三种蒸馏方法中，恩氏蒸馏数据最容易获得，实沸点蒸馏数据次之，平衡汽化数据最难获得。在实际工艺过程的设计计算中常遇到平衡汽化的问题，往往需要从较易获得的恩氏蒸馏或实沸点蒸馏曲线换算得到平衡汽化数据。此外，有时也需要在这三种蒸馏曲线之间进行相互转换。

(一) 原油及原油馏分的三种蒸馏曲线

1. 恩氏蒸馏曲线

恩氏蒸馏是一种简单蒸馏，它是以规格化的仪器和在规定的试验条件下进行的，故是一种条件性的试验方法。将馏出温度(气相温度)对馏出量(体积分数)作图，就得到恩氏蒸馏曲线，如图4-1-4所示。

恩氏蒸馏的本质是渐次汽化，基本上没有精馏作用，因而不能显示油品中各组分的实际

沸点，但它能反映油品在一定条件下的汽化性能，而且简便易行，所以广泛用作反映油品汽化性能的一种规格试验。由恩氏蒸馏数据可以计算油品的一部分性质参数，因此，它也是油品最基本的物性数据之一。

2. 实沸点蒸馏曲线

实沸点蒸馏是一种实验室间歇精馏。如果一个间歇精馏设备的分离能力足够高，则可以得到混合物中各个组分的量及对应的沸点，所得数据在一张馏出温度-馏出分数的图上标绘，可以得到一条阶梯形曲线。实沸点蒸馏设备是一种规格化的蒸馏设备，规定其精馏柱应相当于15~17块理论板，而且是在规定的试验条件下进行，它不可能达到精密精馏那样高的分离效率。另外，石油中所含组分数极多，而且相邻组分的沸点十分接近，而每个组分的含量却又很少。因此，油品的实沸点曲线只是大体反映各组分沸点变迁情况的连续曲线，如图4-1-5所示。

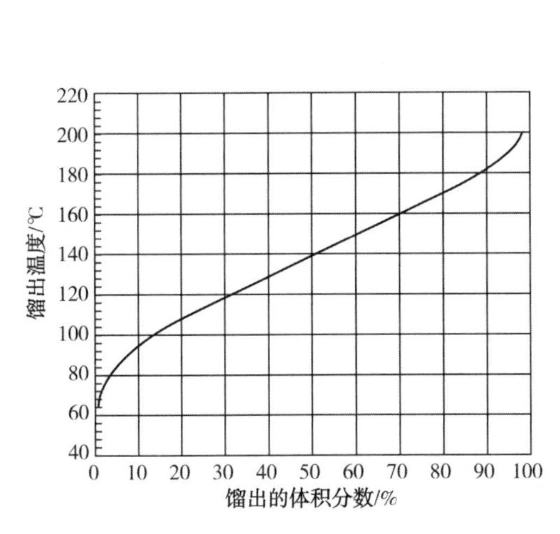

图4-1-4 某汽油馏分恩氏蒸馏曲线

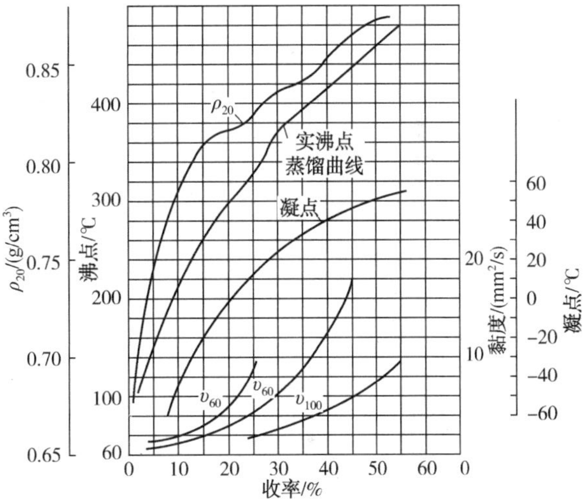

图4-1-5 中百分比性质曲线

实沸点蒸馏主要用于原油评价。原油的实沸点蒸馏实验是相当费时间的，为了节省实验时间，出现了用气相色谱分析来取得原油及其馏分的模拟实沸点数据的方法。其中有的是采用转化色谱的方法。气相色谱法模拟实沸点蒸馏可以节约大量实验时间，所用的试样量也很少，但是用此方法不能同时得到一定的各窄馏分数量以供测定各窄馏分的性质之用。因此，在作原油评价时，气相色谱模拟法还不能完全代替实验室的实沸点蒸馏。

3. 平衡汽化曲线

在实验室平衡汽化设备中，将油品加热汽化，使气、液两相在恒定的压力和温度下密切接触一段足够长的时间后迅即分离，即可测得油品在该条件下的平衡汽化分率。在恒压下选择几个合适的温度(一般至少要5个)进行试验，就可以得到恒压下平衡汽化率与温度的关系。以汽化温度对汽化率作图，即可得油品的平衡汽化曲线。

根据平衡汽化曲线，可以确定油品在不同汽化率时的温度(如精馏塔进料段温度)、泡点温度(如精馏塔侧线温度和塔底温度)和露点温度(如精馏塔顶温度)等。

4. 三种蒸馏曲线的比较

图 4-1-6 是同一种油品的三种蒸馏曲线。由图中可以看到：就曲线的斜率而言，平衡汽化曲线最平缓，恩氏蒸馏曲线比较陡一些，而实沸点蒸馏曲线的斜率则最大。这种差别正是这三种蒸馏方式分离效率差别的反映，即实沸点蒸馏的分离精度最高，恩氏蒸馏次之，而平衡汽化则最差。

通常在标绘蒸馏曲线时所用温度都是指气相馏出温度，如图 4-1-6 所示。

为了比较三种蒸馏方式，以液相温度为纵坐标进行标绘，可得到图 4-1-7 所示的曲线。由图 4-1-7 可见：为了获得相同的汽化率，实沸点蒸馏要求达到的液相温度最高，恩氏蒸馏次之，而平衡汽化则最低。这是因为：实沸点蒸馏是精馏过程，精馏塔顶的气相馏出温度与蒸馏釜中的液相温度必然会有一定的温差，这个温差在原油实沸点蒸馏时可达数十度之多；恩氏蒸馏基本上是渐次汽化过程，但由于蒸馏瓶颈散热产生少量回流，多少有一些精馏作用，因而造成气相馏出温度与瓶中液相温度之间有几至十几度的温差；至于平衡汽化，其气相温度与液相温度是一样的。

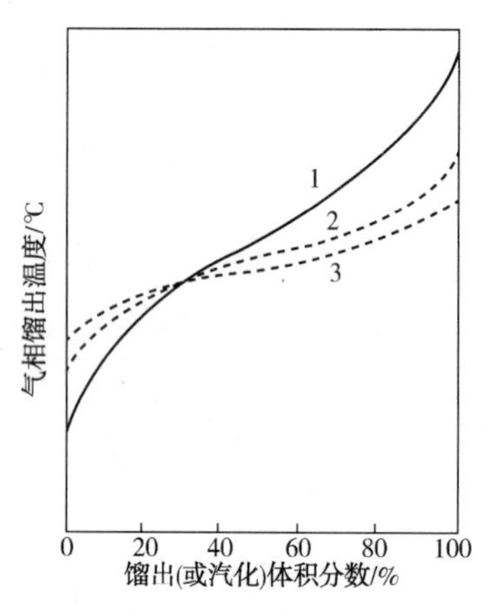

图 4-1-6 三种蒸馏曲线比较

1—实沸点蒸馏；2—恩氏蒸馏；3—平衡汽化

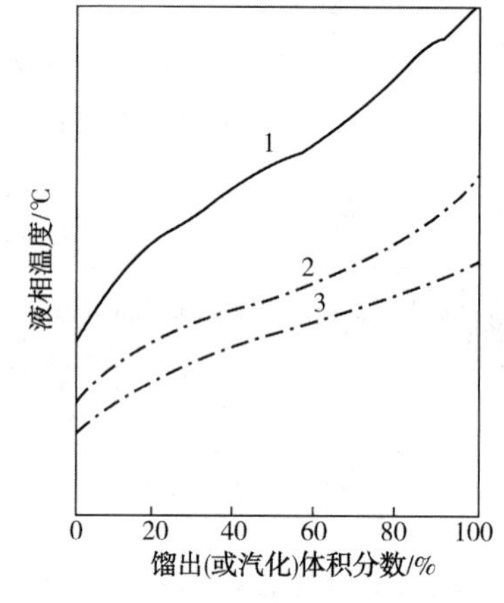

图 4-1-7 用液相温度为坐标的三种蒸馏曲线

1—实沸点蒸馏；2—恩氏蒸馏；3—平衡汽化

由此可见，在对分离精确度没有严格要求的情况下，采用平衡汽化可以用较低的温度而得到较高的汽化率。这一点对炼油过程具有重要的实际意义，不但可以减少加热设备的负荷，而且也减轻或避免了油品因过热分解而引起降质和设备结焦。这就是为什么平衡汽化的分离效率虽然最差却仍然被大量采用的根本原因。

（二）蒸馏曲线的相互换算

三种蒸馏曲线的换算主要借助于经验的方法。通过大量实验数据的处理，找到各种曲线之间的关系，制成若干图表或关联公式以供换算之用。由于各种石油和石油馏分的性质有很大的差异，而在做关联工作时不可能对所有的油料都进行蒸馏试验，因而所制得的经验图表和公式不可能有广泛的适用性，而且在使用时也必然会带来一定的误差。因此，在使用这些经验图表和公式时必须严格注意它们的适用范围以及可能的误差。只要有可能，应尽量采用实测的实验数据。下面介绍的换算一般都是以体积分数来表示收率。图 4-1-8 介绍了常用的蒸馏曲线换算路径和方法。

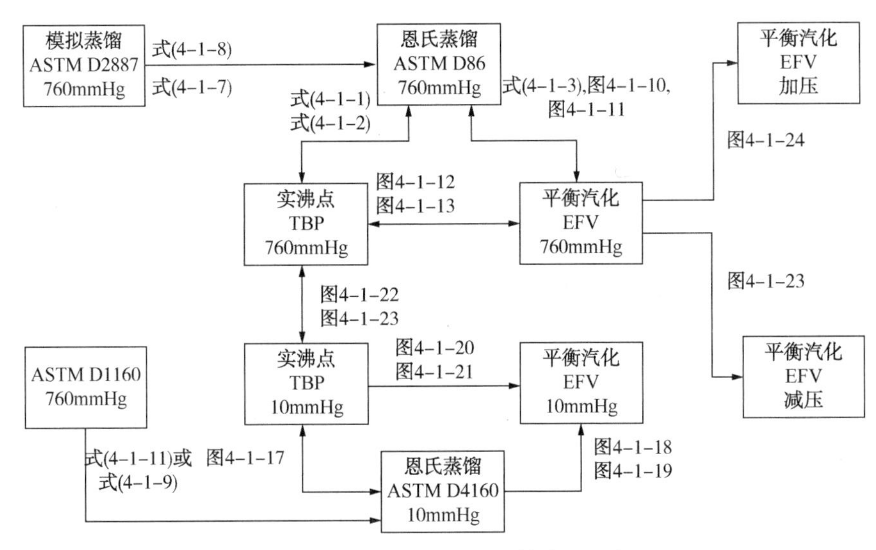

图 4-1-8　各种蒸馏曲线换算路径和方法

1. 常压蒸馏曲线的相互换算

(1) 常压恩氏蒸馏曲线和实沸点蒸馏曲线的相互换算

式(4-1-1)和式(4-1-2)应用于常压下 ASTM D86 与常压下实沸点(TBP)蒸馏曲线的换算，公式适用于 ASTM D86 在 22.8~398.9℃之间、TBP 在-45.6~423.3℃之间使用，并认为不能超出上述使用温度范围。

$$t_{\mathrm{TBP}}=a\ (t_{\mathrm{D86}})^{b} \tag{4-1-1}$$

$$t_{\mathrm{D86}}=a^{(-1/b)}\ (t_{\mathrm{TBP}})^{(1/b)} \tag{4-1-2}$$

式中　t_{D86}——ASTM D86 各馏出体积下的温度，K；

t_{TBP}——常压各馏出体积下的 TBP 温度，K；

a、b——与馏出体积有关的关联数据，数值列于表 4-1-1。

表 4-1-1　关联系数 a、b 的值

系数	馏出量(体)						
	0~5%	10%	30%	50%	70%	90%	95%~100%
a	0.917675	0.5564	0.7617	0.90230	0.88215	0.955105	0.81767
b	1.001868	1.090011	1.042533	1.017560	1.02259	1.010955	1.03549

图 4-1-9 被认为是与式(4-1-1)或式(4-1-2)等效的，可用于 ASTM D86 和常压实沸点蒸馏曲线之间的换算。

(2) 常压恩氏蒸馏曲线和平衡汽化曲线的相互换算

常压恩式蒸馏曲线和平衡汽化曲线的相互换算可以采用图 4-1-10 和图 4-1-11 进行。该图适用于特性因数 K=11.8、沸点低于 427℃的油品。据若干实验数据核对，计算值与实验值之间的偏差在 8.3℃以内。采用图 4-1-10，由 ASTM D86 50%点温度和 10%点与 70%点温度之间的斜率求得平衡汽化 50%点温度的换算，再将 ASTM D86 蒸馏曲线分为若干线段(如 0~10%、10%~30%、30%~50%、50%~70%、70%~90%、90%~100%)，以两种蒸馏曲线 50%点温度或温差为基点，然后采用图 4-1-11 进行相应温差的换算。

也可以使用 Raizi 提出的公式(4-1-3)实现常压恩氏蒸馏 ASTM D86 曲线与常压平衡汽

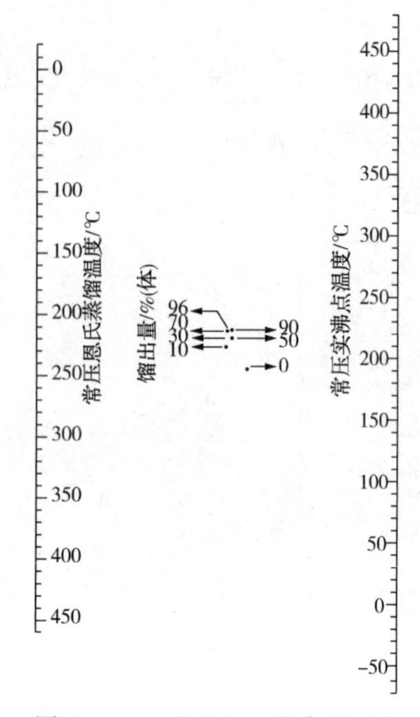

图 4-1-9 ASTM D86 和常压 TBP 蒸馏馏出温度的转换

化曲线的相互换算：

$$t_{EFV}=\alpha\,(t_{D86})^{b}S^{c} \tag{4-1-3}$$

$$t_{D86}=\alpha^{\left(-\frac{1}{b}\right)}(t_{EFV})S^{(-c/b)} \tag{4-1-3a}$$

式中 t_{D86}——ASTM D86 各馏出体积下的温度，K；

t_{EFV}——常压平衡汽化曲线各馏出体积下的温度，K；

S——相对密度(15.6℃/15.6℃)；当缺乏相对密度数据，同时又不能使用其他密度推算方法估算，并且属于未加工的馏分时，可以使用下列公式估算：

$$S=0.083423\,(t_{D86,10})^{0.10731}(t_{D86,50})^{0.26288} \tag{4-1-4}$$

$$S=0.091377\,(t_{EFV,10})^{-0.01534}(t_{EFV,50})^{0.36844} \tag{4-1-5}$$

式中 $t_{D86,10}$——ASTM D86 馏出 10%体积下的温度，K；

$t_{D86,50}$——ASTM D86 馏出 50%体积下的温度，K；

$t_{EFV,10}$——EFV10%体积下的温度，K；

$t_{EFV,50}$——EFV50%体积下的温度，K；

a、b、c——与馏出体积有关的关联系数，数值列于表 4-1-2。

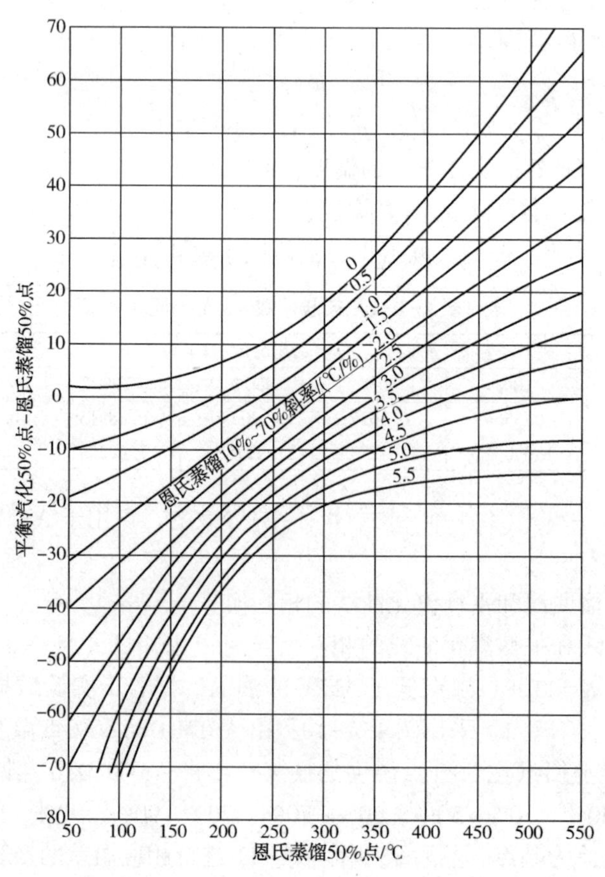

图 4-1-10 常压恩氏蒸馏 50%点与平衡汽化 50%点换算图

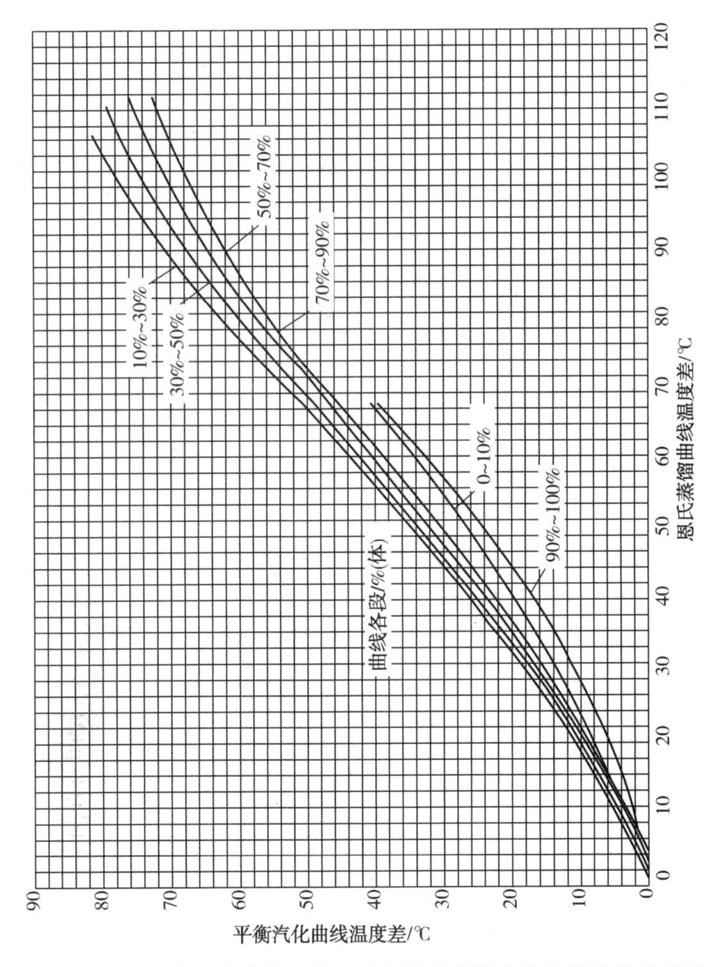

图 4-1-11　平衡汽化曲线各段温差与恩氏蒸馏曲线各段温差关系图

表 4-1-2　关联系数 *a*、*b* 和 *c* 的值

系数	馏出量(体)						
	0~5%	10%	30%	50%	70%	90%	95%~100%
a	2. 97481	1. 44594	0. 85060	3. 26805	8. 28734	10. 62656	7. 99502
b	0. 8466	0. 9511	1. 0315	0. 8274	0. 6871	0. 6529	0. 6949
c	0. 4208	0. 1287	0. 0817	0. 6214	0. 9340	1. 1025	1. 0737

当恩氏蒸馏温度超过 246℃时，换算时需考虑热裂化作用，需使用式(4-1-6)进行温度校正：

$$\lg D = 0.00852t - 1.691 \qquad (4-1-6)$$

式中　D——温度校正值,℃；

t——超过 246℃的恩氏蒸馏温度,℃。

本换算方法仅适用于表 4-1-3 温度范围，偶尔在端点处会发生严重误差。使用文献数据评价平衡汽化估算值和实验值之间的温度偏差见表 4-1-3。

表 4-1-3　式(4-1-3)适用温度范围和平衡汽化(EFV)测试温度偏差

馏出量(体)/%	适用温度范围/℃		测试 EFV 偏差温度/℃
	ASTM D86	EFV	
0	10～265.6	48.9～298.9	10.0
10	62.8～322.2	79.4～348.9	4.4
30	93.3～340.6	97.8～358.9	4.4
50	112.8～354.4	106.7～366.7	6.1
70	131.1～399.4	118.3～375.6	7.2
90	162.8～465.0	133.9～404.4	5.6
100	187.8～484.4	146.1～433.3	6.1(95%)

(3) 常压实沸点蒸馏曲线与平衡汽化曲线的相互换算

常压实沸点蒸馏曲线和平衡汽化曲线的相互换算可以采用图 4-1-12 和图 4-1-13 进行，首先将实沸点蒸馏曲线 50%点温度和 30%～10%点之间温差求得平衡汽化曲线 50%点的温度，再将该蒸馏曲线分为若干线段(如 0～10%、10%～30%、30%～50%、50%～70%、70%～90%和 90%～100%)，以两种蒸馏曲线 50%点温度或温差为基点，进行相应温差的换算。

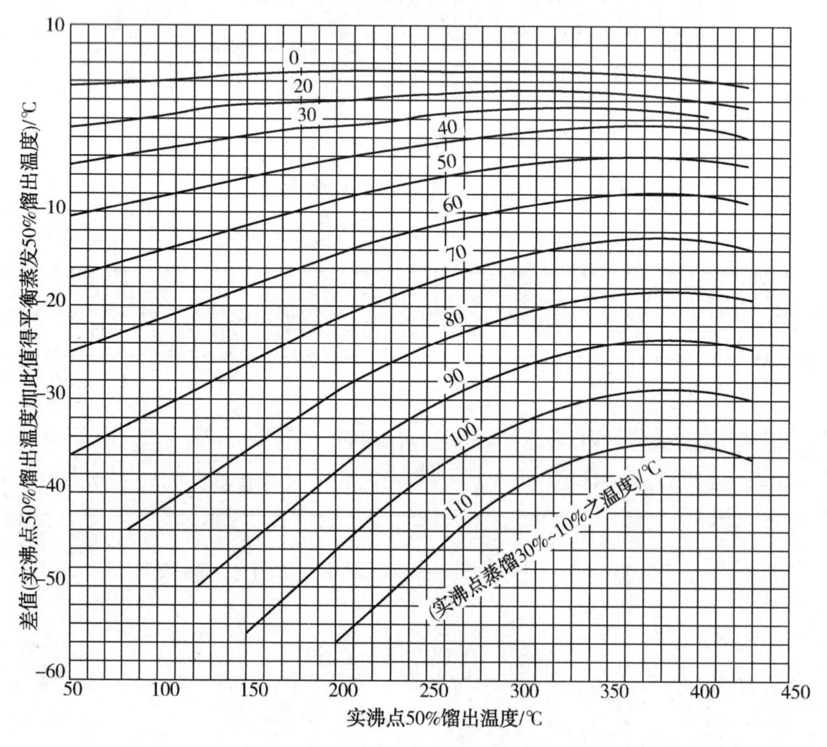

图 4-1-12　常压实沸点曲线 50%点与平衡汽化曲线 50%点关系图

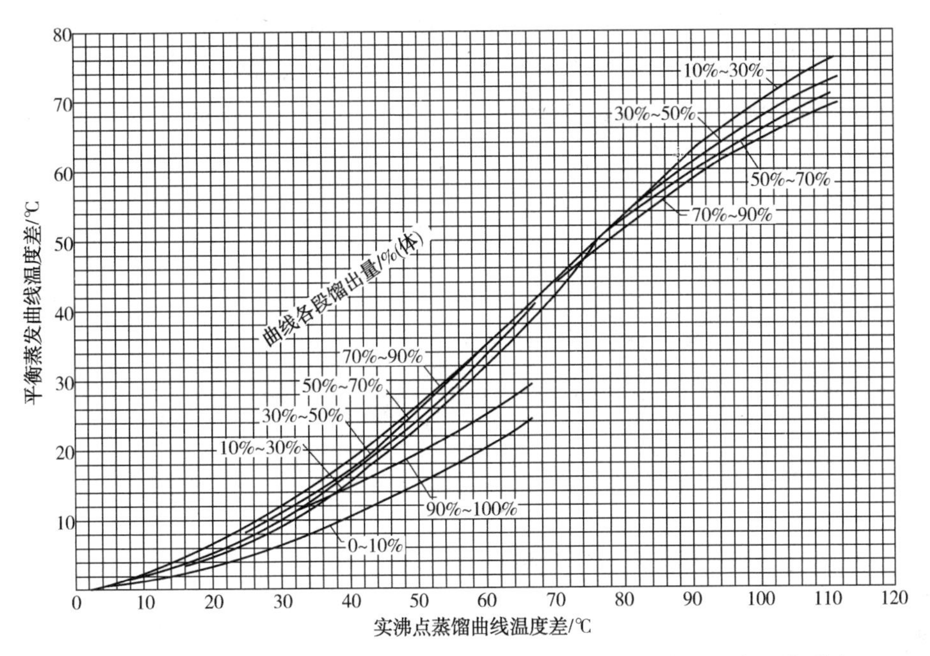

图 4-1-13　常压平衡汽化曲线各段温度差与实沸点蒸馏各段温度差关系图

需要指出的是，从 1987 年起美国石油学会编制的《石油炼制技术数据手册》不再发布由常压实沸点蒸馏曲线直接转换为常压平衡汽化曲线的图表或关联式，要完成这样的转换，需要先由常压实沸点蒸馏曲线转换为常压恩氏蒸馏 ASTM D86 曲线，然后再由 ASTM D86 曲线转换为常压平衡汽化曲线。

(4) 模拟蒸馏(ASTM D2887)曲线转换成恩氏蒸馏曲线

使用式(4-1-7)把每个馏分 ASTM D2887 温度单向转化成相应的 ASTM D86 温度。

$$t_{D86}=a(t_{D2887})^{b}F^{c} \tag{4-1-7}$$

$$F=0.0141126(t_{D2887,10}^{0.05434})(t_{D2887,50}^{0.6147}) \tag{4-1-8}$$

式中　t_{D86}——ASTM D86 各馏分体积分数下的温度，K；

t_{D2887}——ASTM D2887 各馏分质量分数下的温度，K，下标 10 和 50 表示馏出质量分数分别为 10%和 50%时的 ASTM D2887 温度；

a、b、c——与馏出质量分数相关的常数，见表 4-1-4。

式(4-1-7)的使用温度范围在-45.6~405.6℃之间。考核 117 个馏分数据后，转换的计算温度与实验值的温度偏差在 3.4~12.5℃之间，不过，当继续进一步转换为 TBP 温度时，计算温度与实验值的偏差在 4.6~6℃之间。

表 4-1-4　常数 a、b、c 的值

系数	馏出量(体)						
	0~5%	10%	30%	50%	70%	90%	95%~100%
a	5.176848	3.745186	4.27493	18.44507	1.07510	1.08494	1.79920
b	0.74446	0.794429	0.771928	0.54253	0.98671	0.98344	0.9007
c	0.28793	0.26713	0.345035	0.713175	0.048551	0.03542	0.06251

图 4-1-14 被认为是与式(4-1-7)等效的算图，用于由模拟蒸馏 ASTM D2887 曲线与常压恩氏蒸馏 ASTM D86 曲线的转换。而图 4-1-15 被认为是与式(4-1-8)等效，用于由 ASTM D288710%和 50%馏出点温度估算参数 F。

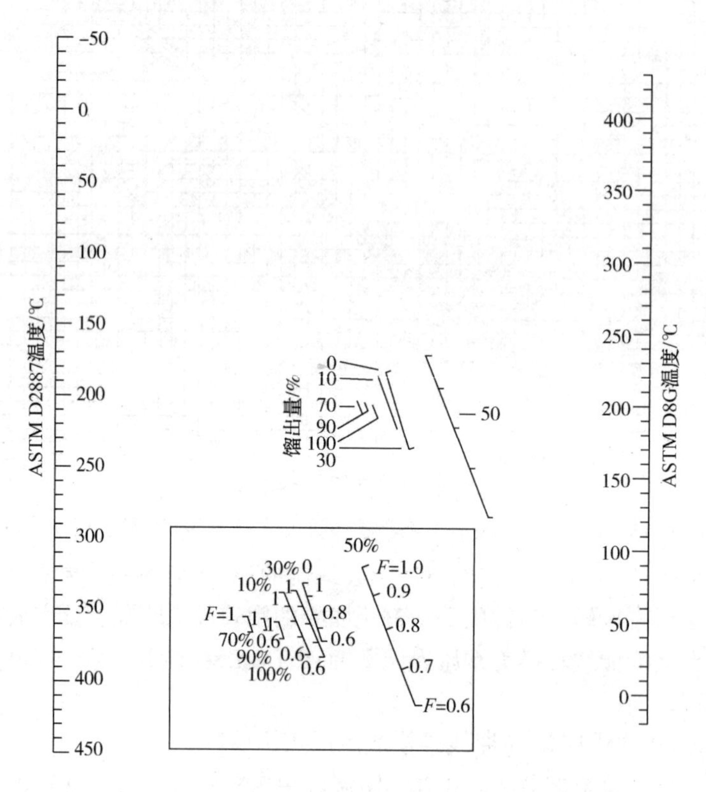

图 4-1-14　常压模拟蒸馏 ASTM D2887 转换为 ASTM D86

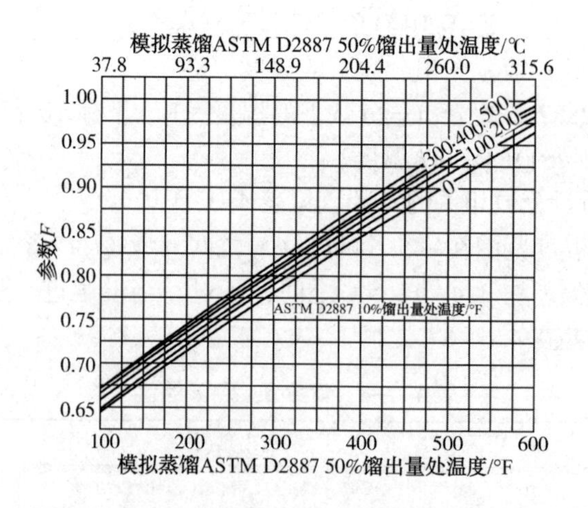

图 4-1-15　ASTM D2887 转换为 ASTM D86 时参数 F 的计算图

应该注意不能用式(4-1-7)把 ASTM D86 温度转换成 ASTM D2887 温度。并且需要注意 D2887 总是使用质量分数的温度曲线，而其他曲线一般是体积分数曲线。

［例 4-1-1］　已知某石脑油馏分的常压模拟蒸馏 ASTM D2887 数据如下：

馏出量/%(质)	0	10	30	50	70	90	100
温度/℃	11.1	58.3	102.2	133.9	155.6	178.3	204.4

求：①将其换算为常压恩氏蒸馏 ASTM D86 曲线；②将其换算为常压实沸点蒸馏曲线；③将其换算为常压平衡汽化曲线；④将②得到的实沸点蒸馏曲线直接换算为常压平衡汽化曲线。

解：①换算为常压恩氏蒸馏 ASTMD86 曲线。

a. 首先将摄氏温度转化成开氏温度。

馏出量/%(质)	0	10	30	50	70	90	100
温度/℃	11.1	58.3	102.2	133.9	155.6	178.3	204.4
温度/K	284.3	331.5	375.4	407.0	428.7	451.5	477.6

b. 由式(4-1-8)计算参数 F。

$F=0.0141126(t_{D2887,10}^{0.05434})(t_{D2887,50}^{0.6147})=0.0141126x(331.5)^{0.05434}\times(407.0)^{0.6147}=0.7775$

c. 根据式(4-1-7)和表 4-1-4 的系数，将 ASTM D2887 转化为 ASTM D86。

馏出量/%(质)	0	10	30	50	70	90	100
D2887/K	284.3	331.5	375.4	407.0	428.7	451.5	477.6
D86/K	323.1	352.1	380.7	401.5	420.1	438.8	458.4
D86/℃	49.9	78.9	107.5	128.4	146.9	165.6	185.3

将其中 50%点的计算作为演示，由式(4-1-7)和系数值，得到：

$$t_{D86,50}=a(t_{D2887,50})^{b}F^{c}=18.44507\times407.0^{0.54253}\times0.7775^{0.713175}=401.52(K)$$

② 由 ASTM D86 恩氏蒸馏曲线换算为常压实沸点蒸馏曲线。

由 ASTM D86 数据使用式(4-1-1)和表 4-1-1 的系数计算的实沸点数据。

馏出量/%(体)	0	10	30	50	70	90	100
D86/K	323.1	352.1	380.7	401.5	420.1	438.8	458.4
TBP/K	299.7	332.1	373.3	402.5	424.7	447.9	465.9
TBP/℃	26.6	58.9	100.2	129.4	151.6	174.8	192.8

将其中 50%点的计算作为演示，由式(4-1-1)和表 4-1-1 系数值，得到：

$$T_{TBP,50}=a\ (t_{D86,50})^{b}=0.9023\times401.5^{1.01756}=402.51(K)$$

③ 将 ASTM D86 恩氏蒸馏曲线换算为常压平衡汽化曲线。

a. 用式(4-1-4)，由 ASTM D86 10%和 50%馏出温度计算相对密度 S。

$$S=0.083423\ (t_{D86,10})^{0.10731}(t_{D86,50})^{0.26288}=0.083423\times(331.5)^{0.10731}\times(407.0)^{0.26288}=0.7569$$

b. 根据式(4-1-3)和表 4-1-2 的系数，将 ASTM D86 转化为常压平衡汽化曲线。

馏出量/%(体)	0	10	30	50	70	90	100
D86 温度/K	323.1	352.1	380.7	401.5	420.1	438.8	458.4
EFV 温度/K	352.3	368.7	381.7	392.1	405.4	415.1	419.0
EFV 温度/℃	79.2	95.5	108.5	119.0	132.3	141.9	145.9

将其中50%点的计算作为演示，由式(4-1-3)和系数值，得到：

$$t_{\mathrm{EFV},50}=a\ (t_{\mathrm{D86},50})^{b}S^{c}=3.26805\times401.5^{0.8274}\times0.7569^{0.6214}=392.12(\mathrm{K})$$

④ 常压下的实沸点蒸馏曲线换算为平衡汽化曲线。

用解②求得的实沸点蒸馏数据；

馏出量/%(体)	0	10	30	50	70	90	100
TBP/℃	26.6	58.9	100.2	129.4	151.6	174.8	192.8

根据实沸点蒸馏50%点温度129.4℃和实沸点蒸馏30%~10%温度差41.3℃，查图4-1-12得到：

平衡汽化50%点=实沸点蒸馏50%点+(-7.4)

故：

平衡汽化50%点=129.4-7.4=122.0(℃)

根据实沸点蒸馏各段温度差，由图4-1-13查得平衡汽化曲线各段温差。

曲线线段馏出量/%(体)	实沸点蒸馏温差/℃	平衡汽化温差/℃
0~10	32.3	8.0
10~30	41.3	16.8
30~50	29.2	10.1
50~70	22.2	8.1
70~90	23.2	8.8
90~100	18.0	3.8

由50%点及各线段温差推算平衡汽化曲线的各点温度。

30%EFV 温度=122.0-10.1=111.9(℃)

10%EFV 温度=111.9-16.8=95.1(℃)

0%EFV 温度=95.1-8.0=87.1(℃)

70%EFV 温度=122.0+8.1=130.1(℃)

90%EFV 温度=130.1+8.8=138.9(℃)

100%EFV 温度=138.9+3.8=142.7(℃)

得到的平衡汽化数据。

馏出量/%(体)	0	10	30	50	70	90	100
EFV 温度/℃	87.1	95.1	111.9	122.0	130.1	138.9	142.7

与解③得到的平衡汽化数据相比，出现了一定偏差。自1987年起美国石油学会已不推荐解④的方法。此外运用这个方法进行换算，只是为了获得一个直接比较的结果。

将[例4-1-1]将ASTM D86、常压TBP和常压EFV三类曲线的馏出温度对馏出体积分数准确地标绘在图4-6-16中，可以看到同一个油品不同曲线的斜率情况。也将模拟蒸馏ASTM D2887曲线标在同一个图中，以获得感性认识。

2. 减压1.33kPa(残压10mmHg)蒸馏曲线的相互换算

1.33kPa恩氏蒸馏(ASTM D1160)和实沸点蒸馏曲线互换可用图4-1-17进行。使用该图时，假定恩氏蒸馏50%点温度与实沸点蒸馏50%点温度相同。依靠图由一种蒸馏曲线相邻馏出点的温度差找出第二种馏出曲线的相应馏出点的温度差，然后依据50%馏出点温度相等的假定，以50%馏出点温度为基准进行加和，从而获得另一蒸馏曲线的数据。原文献指出该法的温度偏差在13.9℃之内，不过由于当时缺乏实际的实验数据故未进行该图的定量评估。

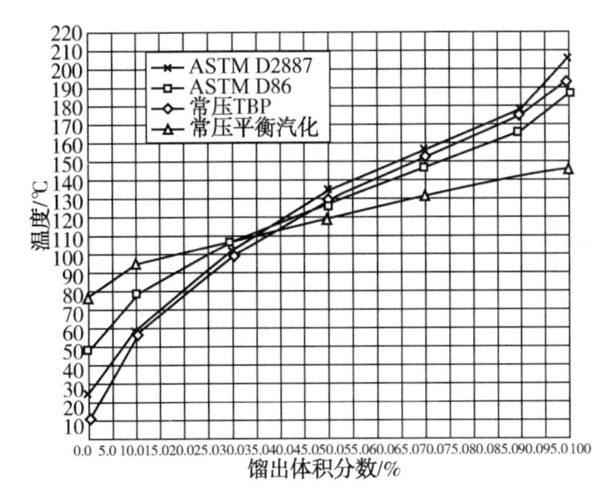

图4-1-16　[例4-1-1]三类曲线的比较

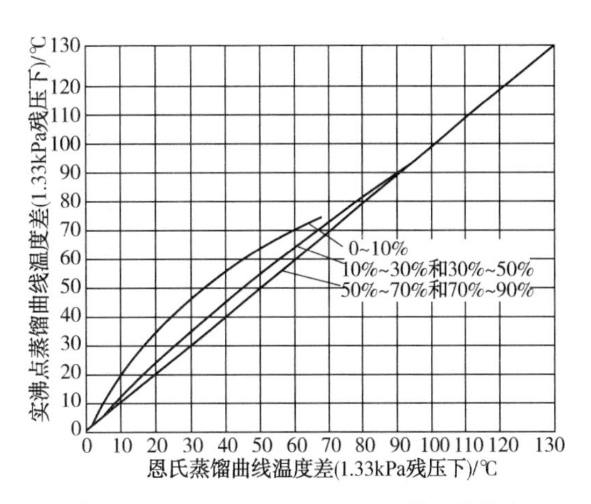

图4-1-17　1.33kPa(10mmHg)恩氏蒸馏与实沸点蒸馏曲线各段温差换算

1.33kPa恩氏蒸馏和平衡汽化曲线互换用图4-1-18和图4-1-19。图4-1-18用于1.33kPa平衡汽化50%馏出点温度换算，图4-1-19用于确定ASTM D1160蒸馏的相邻馏出点温度差和相应平衡汽化馏出点温度差换算关系。经考核认为使用这两个算图的温度误差在8.3℃之内，但偶尔会产生严重误差。

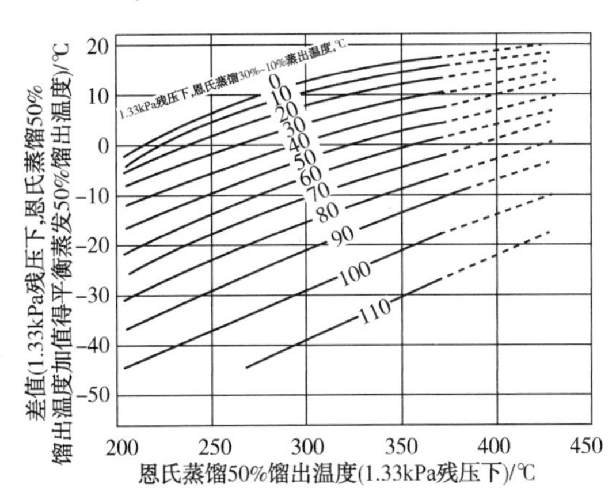

图4-1-18　1.33kPa(10mmHg)恩氏蒸馏与平衡汽化50%点换算

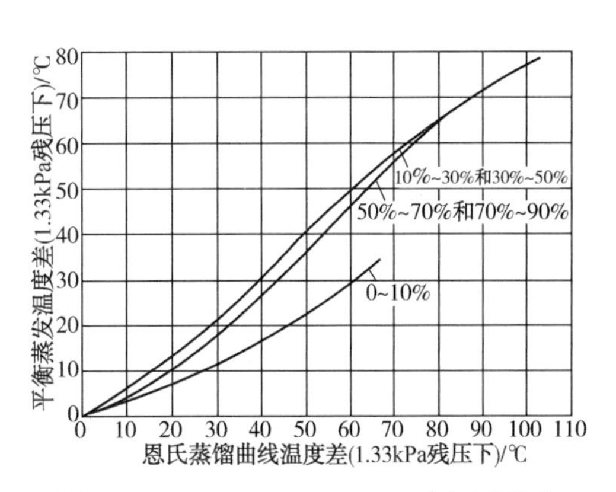

图4-1-19　1.33kPa(10mmHg)恩氏蒸馏与平衡汽化曲线段温差换算

实沸点蒸馏和平衡汽化曲线互换用图4-1-20和图4-1-21。依据图4-1-20由1.33kPa实沸点蒸馏曲线50%馏出点温度与该曲线30%~10%馏出点温度差得到1.33kPa平衡汽化馏出率50%时的温度。图4-1-21用于确定1.33kPa实沸点蒸馏曲线的相邻馏出点温度差与相应平衡汽化馏出点温度差的换算关系。原文献指出该法的换算得到的温度与实际值的温度误差在 13.9℃之内，不过由于当时缺乏实际实验数据而未进行两个图的定量评估。

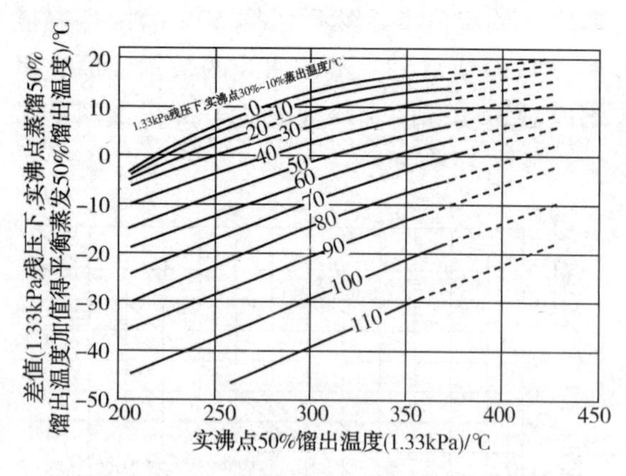

图 4-1-20　1.33kPa(10mmHg)实沸点蒸馏与平衡汽化 50%点换算

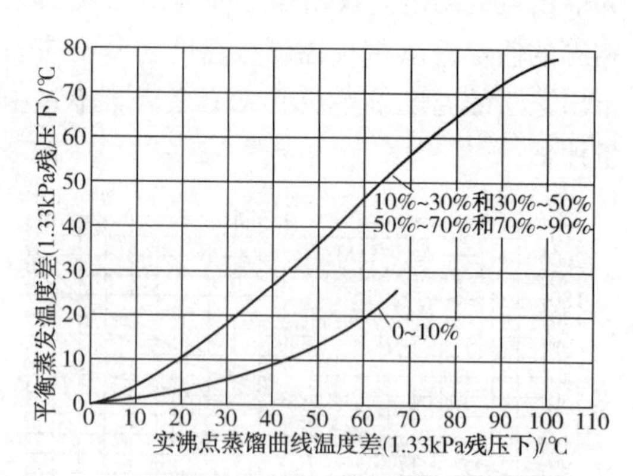

图 4-1-21　1.33kPa(10mmHg)实沸点蒸馏与平衡汽化曲线各段温差换算

这套换算图是根据若干重残油的实验数据归纳而得，当然只适用于重残油。据校验，使用这些图表换算的误差约在 14℃以内。它们的用法同常压恩氏蒸馏与实沸点蒸馏曲线的换算图的用法相似。

[例 4-1-2]　已知某石油馏分在 1.33kPa 绝压下恩氏蒸馏(ASTM D1160)数据如下：

馏出量/%(体)	0	10	30	50	70	90
温度/℃	88.5	148.9	204.4	246.1	287.8	343.3

求：①将其换算为 1.33kPa 绝压下的实沸点蒸馏曲线；②将其换算为 1.33kPa 绝压下平衡汽化曲线；③将①得到的实沸点蒸馏曲线换算为 1.33kPa 绝压下平衡汽化曲线。

解：①将 ASTM D1160 数据换算为 1.33kPa 绝压下的实沸点蒸馏曲线。

a. 计算 ASTM D1160 蒸馏曲线各段温度差，用图 4-1-17 查得 1.33kPa 绝压下实沸点蒸馏曲线各段温差：

曲线线段馏出量/%(体)	ASTM D1160 温度差/℃	1.33kPa 实沸点蒸馏温度差/℃
0~10	60.4	71
10~30	55.5	59
30~50	41.7	46
50~70	41.7	41.7
70~90	55.5	55.5

b. 根据转换方法的认定，1.33kPa 绝压下 ASTM D1160 和 TBP 在 50%点馏出温度相同，则实沸点 50%点的馏出温度也认定是 246.1℃。因此，实沸点其他各点的馏出温度由 50%馏出温度为基准加和各段温度差得到：

30%馏出温度=246.1-46=200.1(℃)

10%馏出温度=200.1-59=141.1(℃)

0%馏出温度=141.1-71=70.1(℃)

70%馏出温度=246.1+41.7=287.8(℃)

90%馏出温度=287.8+55.5=343.3(℃)

得到的1.33kPa实沸点蒸馏曲线数据：

馏出量/%(体)	0	10	30	50	70	90
1.33kPa实沸点温度/℃	70.1	141.1	200.1	246.1	287.8	343.3

② 将ASTM D1160数据换算为1.33kPa绝压下平衡汽化曲线。

a. 计算1.33kPa绝对压力下平衡汽化50%点馏出温度：

计算ASTM D1160 10%和30%馏出点温度差为55.5℃，由此数值与ASTM D1160 50%点馏出温度246.1℃，查图4-1-18得到50%点两个蒸馏曲线温度差值等于-14.0℃，从而得到：

1.33kPa平衡汽化50%点=ASTM D1160 50%点+(-14.0)

故：

1.33kPa绝压下平衡汽化50%点馏出温度=246.1-14.0=232.1(℃)

b. 计算相邻馏出点的温度差：

根据ASTM D1160蒸馏各段温度差，由图4-1-19查得1.33绝对压力下平衡汽化曲线各段温差：

曲线线段馏出量/%(体)	ASTM D1160温度差/℃	1.33kPa平衡汽化温度差/℃
0~10	60.4	29.4
10~30	55.5	46.0
30~50	41.7	31.6
50~70	41.7	28.1
70~90	55.5	42.2

c. 以50%点为基准，由各段温差计算1.33kPa绝压下平衡汽化曲线的各馏出点温度。

30%馏出温度=232.1-31.6=200.5(℃)

10%馏出温度=200.5-46.0=154.5(℃)

0%馏出温度=154.5-29.4=125.1(℃)

70%馏出温度=232.1+28.1=260.2(℃)

90%馏出温度=260.2+42.2=302.4(℃)

得到的平衡汽化数据：

馏出量/%(体)	0	10	30	50	70	90
EFV温度/℃	125.1	154.5	200.5	232.1	260.2	302.4

③ 将①得到的实沸点蒸馏曲线换算为1.33kPa绝压下平衡汽化曲线。

馏出量/%(体)	0	10	30	50	70	90
1.33kPa实沸点温度/℃	70.1	141.1	200.1	246.1	287.8	343.3

a. 计算 1.33 绝压下平衡汽化 50%点馏出温度：

计算 1.33kPa 实沸点蒸馏曲线 10%和 30%馏出点温度差为 59.0℃，由此数值与 1.33kPa 实沸点蒸馏曲线 50%点馏出温度 246.1℃，查图 4-1-20 得到 50%点两个蒸馏曲线温度差值等于-22.0℃，从而得到：

1.33kPa 平衡汽化 50%点=1.33kPa 实沸点蒸馏 50%点+(-22.0)

故：

1.33kPa 绝压下平衡汽化 50%点馏出温度=246.1-22.0=224.1(℃)

b. 计算相邻馏出点的温度差：

根据 1.33kPa 实沸点蒸馏曲线各段温度差，由图 4-1-21 查得 1.33 绝压下平衡汽化曲线各段温度差：

曲线线段馏出量/%(体)	1.33kPa 实沸点蒸馏温度差/℃	1.33kPa 平衡汽化温度差/℃
0~10	71	34.5(估计值)
10~30	59	45.0
30~50	46	32.3
50~70	41.7	28.3
70~90	55.5	41.5

c. 以 50%点为基准，由各线段温差计算 1.33kPa 绝压下平衡汽化曲线的各馏出点温度。

30%馏出温度=224.1-32.3=191.8(℃)

10%馏出温度=191.8-45.0=146.8(℃)

0%馏出温度=146.3-34.5=111.8(℃)

70%馏出温度=224.1+28.3=252.4(℃)

90%馏出温度=252.4+41.5=293.9(℃)

得到的平衡汽化数据：

馏出量/%(体)	0	10	30	50	70	90
EFV 温度/℃	111.8	146.8	191.8	224.1	252.4	293.9

可以观察到，两条路径得到的 1.33kPa 绝压下 EFV 温度相差达到 8℃左右，端点的温度差能达到 13℃。应该说，这样的偏差是在方法说明的误差之内。但是，除非特别说明(如常压 TBP 曲线转换为常压 EFV)，一般情况下，使用者应尽量减少数据转换的次数。

3. 1.33kPa 绝压下蒸馏曲线换算为常压蒸馏曲线

实际工作中，这类换算主要是指 ASTM D1160 和 1.33kPa(绝压 10mmHg)实沸点蒸馏曲线转换为常压实沸点和 ASTM D86 蒸馏曲线。

(1) 减压实沸点蒸馏曲线换成常压实沸点蒸馏曲线

应用图 4-1-22(a)、图 4-1-22(b)和图 4-1-23 实现减压和常压实沸点蒸馏曲线的转换。实际上这两个图是由式(4-1-9)方程组产生，且该方程组的使用范围更宽。

$$\lg p^* = \frac{3091.909X - 8.860275}{43X - 0.987672} \quad (X > 0.022,\ p^* < 266.644\text{Pa})$$

$$\lg p^{*}=\frac{2866.610X-8.060861}{95.76X-0.972546}(0.0013\leqslant X\leqslant 0.0022,\ 266.644\text{Pa}\leqslant p^{*}\leqslant 101325\text{Pa})$$

$$\lg p^{*}=\frac{2846.581X-8.514964}{36X-0.989379}(X<0.0013,\ p^{*}>101325\text{Pa}) \tag{4-1-9}$$

$$X=\frac{\frac{T'_{b}}{T}-0.0005161T'_{b}}{748.1-0.3861T'_{b}}$$

$$T_{b}=T'_{b}+1.39f(K_{WAT}-12)\lg(p^{*}/101325)$$

$$f=(1.8T_{b}-659.7)/200$$

式中　p^{*}——气体压力，Pa；

X——与 T'_{b} 和 T 相关的参数；

T'_{b}——在 $K=12$ 时正常沸点，K；

T——对应 p^{*} 压力下的绝对温度，K；

K_{WAT}——石油特性因子；

f——校正因子，对于处于负压下或正常沸点温度高于 204.4℃的物质，$f=1$；对于正常沸点低于 93.3℃的物质，$f=0$；对于压力高于常压并且正常沸点介于 93.3～204.4℃的物质使用式(4-1-9)的 f 关系式。

式(4-1-9)方程组使用时，经常需要进行猜算的迭代求解，更适合于使用计算机进行运算求解。

该方法原用于纯烃和沸程小于 27.8℃(50℉)窄馏分的温度和压力的换算。美国石油学会(API)推荐应用于石油蒸馏曲线转换的恩氏蒸馏曲线或实沸点蒸馏曲线从一个压力转换到另一个压力，压力最高至常压。在蒸气压大于 133.322Pa(1mmHg)时测试的平均误差为8%，当接近大气压时的互相转换则该法非常可靠。

(2) ASTM D1160 曲线转换为常压 TBP 蒸馏曲线

1.33kPa(10mmHg)减压蒸馏 ASTM D1160 曲线转换为常压实沸点曲线按两个步骤进行：

1) 1.33kPa 恩氏蒸馏 ASTM D1160 曲线转换成 1.33kPa 实沸点蒸馏曲线，如图 4-1-17 所示；

2) 1.33kPa 实沸点蒸馏曲线转换成常压实沸点蒸馏曲线，按上述(1)换算方法进行。

4. ASTM D1160 曲线转换为 ASTM D86 曲线

1.33kPa(10mmHg)减压恩氏蒸馏 ASTM D1160 曲线转换为常压恩氏蒸馏 ASTM D86 曲线时需要按三个步骤进行：

1) 1.33kPa 恩氏蒸馏 ASTM D1160 曲线换成 1.33kPa 实沸点蒸馏曲线，如图 4-1-17 所示；

2) 1.33kPa 实沸点蒸馏曲线转换成常压实沸点蒸馏曲线，按上述 3 第(1)个换算方法进行。

3) 常压实沸点蒸馏曲线换成常压恩氏蒸馏曲线，使用式(4-1-2)。

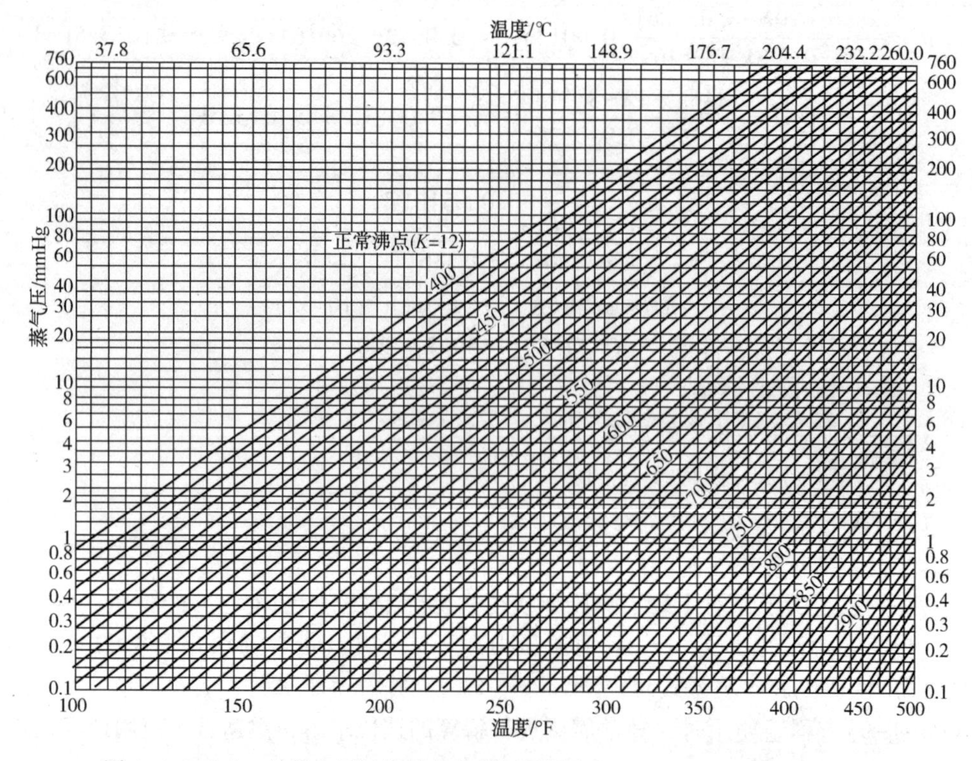

图 4-1-22(a)　纯烃和石油窄馏分的蒸气压图[37.8~260.0℃(100~500℉)]

(1mmHg=133.322Pa)

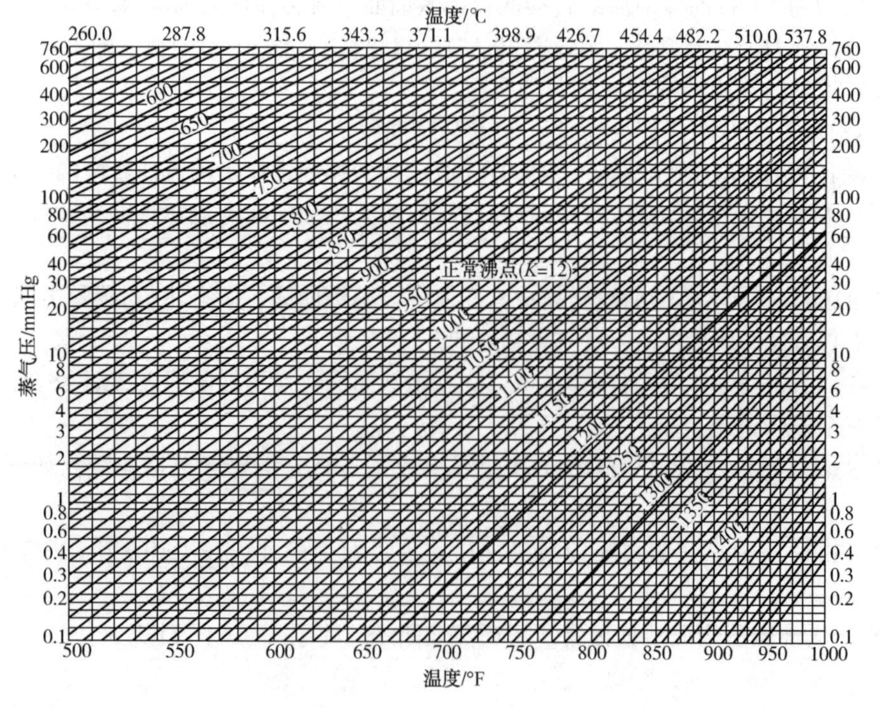

图 4-1-22(b)　纯烃和石油窄馏分的蒸气压图[260.0~537.8℃(500~1000℉)]

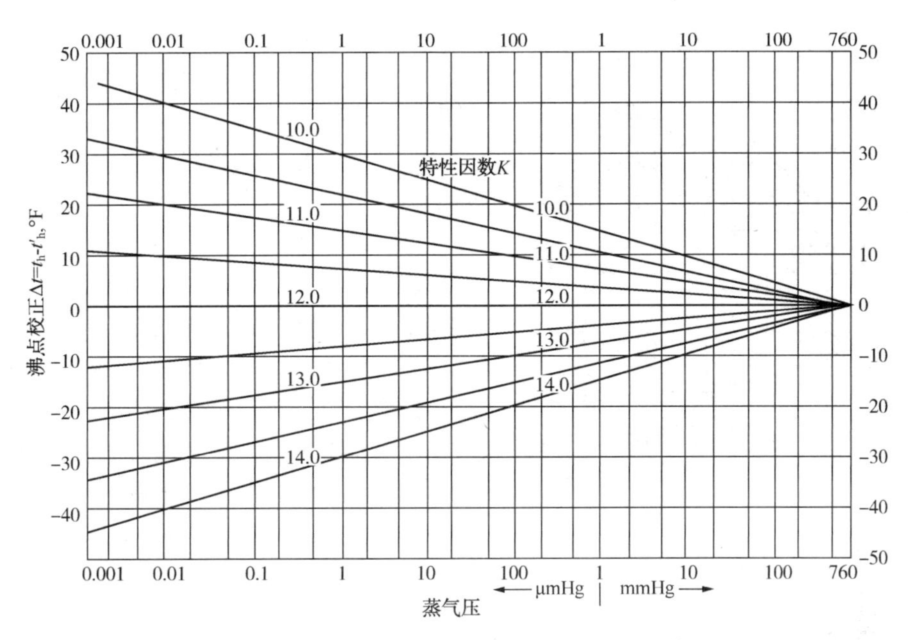

图 4-1-23 纯烃和石油窄馏分的蒸气压图的 K_{WAT} 值校正

(1mmHg=133.322Pa；1μmHg=0.133322Pa)

5. 常压 ASTM D1160 曲线转换为常压实沸点曲线

常压 ASTM D1160 曲线转换成常压 TBP 曲线需经三个步骤：首先，把常压 ASTM D1160 曲线转换成 1.33kPa(10mmHg)压力下的数据；然后，在 1.33kPa 压力下，将 ASTM D1160 转化为该压力下的 TBP；最后，将 1.33kPa 压力下的 TBP 转化为常压 TBP。

ASTM D1160 曲线由常压向 1.33kPa 压力的转换，采用了给定正常沸点时估计不同压力下计算沸点温度的方法。可以使用式(4-1-9)方程组。为方便使用，对 API 方法简化，通过回归得出如下关系，见式(4-1-10)、式(4-1-11)。式(4-1-10)和式[4-1-10a)]分别表示为沸点参数 X 和压力间关系，采用该关系式可以容易地估计不同压力下的沸点参数 X，也可以用于估计不同沸点参数 X 时的压力，再通过式(4-1-11)反推出沸点。

考虑到已有 1.33kPa 压力下 TBP 转化为常压 TBP 的方法，因此，首先需要将常压 ASTM D1160 数据转化为 1.33kPa 压力下的 ASTM D1160 数据。因此按照式(4-1-9)，计算出沸点参数 X 为 0.001949438。

$$X=2.87366\times10^{-3}-2.73986\times10^{-4}\lg p^{*}-6.96693\times10^{-6}(\lg p^{*})^{2} \tag{4-1-10}$$

或 $$\lg p^{*}=8.55423-2372.396\times X-212638.07\times X^{2} \tag{4-1-10a}$$

$$t_{10}=\frac{t_{760}}{748.1X-t_{760}\times(0.3861X-0.0005161)} \tag{4-1-11}$$

式中 p^{*}——蒸气压，Pa；

X——沸点参数；

t_{760}——常压下沸点，K；

t_{10}——1.33kPa 压力下沸点，K。

1.33kPa 压力下的 ASTM D1160 曲线换算成 1.33kPa 压力下的 TBP 曲线如图 4-1-17 所

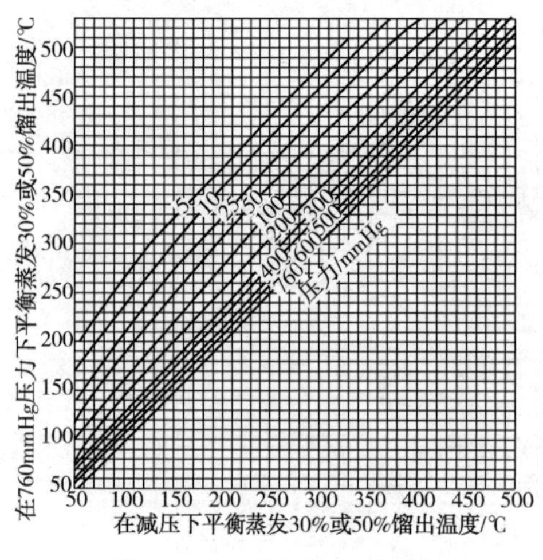

图 4-1-24 常压与减压平衡闪蒸 30%或 50%馏出温度

（1mmHg=133.322Pa）

示，1.33kPa 压力下 TBP 曲线转换成常压 TBP 曲线采用图 4-1-22(a)、图 4-1-22(b)和图 4-1-23。

6. 常压平衡汽化曲线换算为减压平衡汽化曲线

利用常压平衡闪蒸 30%或 50%馏出温度，可以求取减压平衡闪蒸 30%或 50%馏出温度的关系图，再求取减压条件的平衡闪蒸数据。当油气分压低于 101.3kPa 时，可用算图(图 4-1-23)进行平衡闪蒸数据的换算。进行换算时首先将常压平衡闪蒸 30%或 50%点的温度换算成规定压力条件下对应馏出量的闪蒸温度，油品进行闪蒸时减压条件下各段温差与常压条件下基本相等，根据减压条件下 30%或 50%馏出温度参照常压平衡闪蒸各段温差很容易推算出减压平衡闪蒸时各点的闪蒸温度。

［**例 4-1-3**］ 某油料在 1.33kPa(10mmHg)绝压下的平衡汽化数据如下：

汽化率/%(体)	10	30	50	70	90
温度/℃	158.3	190.2	214.2	232.7	263.4

确定它在 13.33kPa(100mmHg)下的平衡汽化曲线。

解：在图 4-1-23 的横坐标 214.2℃处作一垂直线，与 1.33kPa(10mmHg)等压线交于一点。由此点作水平线与 13.33kPa(100mmHg)等压线交于一点。并由此点再作垂直线交横坐标于 288℃，此即为 13.33kPa(100mmHg)绝压下平衡汽化 50%点温度。

1.33kPa 平衡汽化曲线各段温差为：

线段	10%~30%	30%~50%	50%~70%	70%~90%
温度/℃	31.9	24.0	18.5	30.7

此亦即 13.3kPa(100mmHg)平衡汽化曲线的各段温差。

由此可得 13.33kPa(100mmHg)平衡汽化数据：

50%点温度=288℃

30%点温度=288-24.0=264.0℃

10%点温度=264.0-31.9=232.1℃

70%点温度=288+18.5=306.5℃

90%点温度=306.5+30.7=337.2℃

某油料在 13.33kPa(100mmHg)绝压下的平衡汽化数据如下：

汽化率/%(体)	10	30	50	70	90
温度/℃	232.1	264.0	288.0	306.5	337.2

7. 常压平衡汽化曲线换算为高压平衡汽化曲线

高于常压的压力下平衡汽化曲线可通过图 4-1-24 由常压恩氏蒸馏曲线和常压平衡汽化曲线得到。具体步骤如下：

① 计算 ASTM D86 的 10%至 90%馏出点的斜率和体积平均沸点。

$$S_L = \frac{t_{D86,90\%} - t_{D86,10\%}}{90-10} \tag{4-1-12}$$

$$t_V = \frac{t_{D86,90\%} + t_{D86,70\%} + t_{D86,50\%} + t_{D86,30\%} + t_{D86,10\%}}{5} \tag{4-1-13}$$

式中　S_L——ASTM D86 的 10%至 90%馏出点的斜率，℃/%；

$t_{D86,X\%}$——ASTM D86x%馏出点温度，℃；

t_V——ASTM D86 体积平均沸点，℃。

② 由式(4-1-14)计算 ASTM D86 的体积平均沸点对斜率的比值。

$$R_{tS} = (1.8\,t_V + 32)/(1.8\,S_L + 16) \tag{4-1-14}$$

式中　R_{tS}——ASTM D86 的体积平均沸点对斜率的比值。

③ 由图 4-1-24 确定该馏分的焦点位置：从 ASTM D86 体积平均沸点开始水平往左与 *API* 度线相交；由此交点作垂直线与 ASTM D86 的 10%~90%馏出点的斜率线相交；然后再从此交点往左水平与 R_{tS} 相交，相交点即为该馏分的焦点。

④ 由图 4-1-24，在常压(或某恒定压力)线位置标绘出常压平衡汽化各个馏出点温度。

⑤ 直线连接焦点与常压平衡汽化各个馏出点，获得等体积分数汽化线，完成该馏分平衡汽化的温度-压力关系图的制备。在等体积分数汽化线上，得到所要换算压力下的平衡汽化温度。

该方法只能应用在临界点以下，因此在使用之前应先确定临界温度，避免在临界点区域附近使用。且该图不可在低于 101.33kPa(1atm)的压力下使用。图 4-1-24 得到的焦点仅仅是温度-压力关系图上等体积汽化线的交点，并不表示为临界点位置的指标。

一般情况下，该法估算的平衡汽化率 10%、30%、50%、70%和 90%各点温度与实验值的偏差取决于所用平衡汽化数据的类型。如果使用常压平衡汽化实验曲线，则相同馏出体积下估算受压下的平衡汽化温度与实验值的偏差在 11℃以内。如果原始平衡汽化曲线是使用经验方法推算得到的，则换算的温度偏差在 14℃以内。不过该法偶尔会产生严重误差。

[例 4-1-4]　某稳定汽油的 *API* 度为 61.6，且 ASTM D86 蒸馏数据和估算的常压平衡汽化数据如下：

馏出量/%(体)	10	30	50	70	90
D86 温度/℃	47.2	85.6	115.0	141.7	172.2
EFV 温度/℃	51.1	76.1	92.8	106.7	122.2

试建立该汽油的平衡汽化温度-压力关系图。

解：分别计算 ASTM D86 的 10%~90%馏出点的斜率(S_L)，ASTM D86 的体积平均沸点(t_V)和 ASTM D86 的平均沸点对斜率的比值(R_{tS})；

$$S_L = (172.2-47.2)/(90-10) = 1.56(℃/\%)$$

$$t_V = (47.2+85.6+115.0+141.7+172.2)/5 = 112.3(℃)$$

$$R_{tS}=(1.8\times112.3+32)/(1.8\times1.56+16)=12.4$$

在图 4-1-25 中查到并标绘出焦点，如图中虚线和箭头所示。然后按照上述方法在图 4-1-25上标注常压平衡汽化各体积下的馏出点，直线连接这些点与焦点，获得该稳定汽油压力高于常压下的平衡汽化曲线温度-压力关系图。

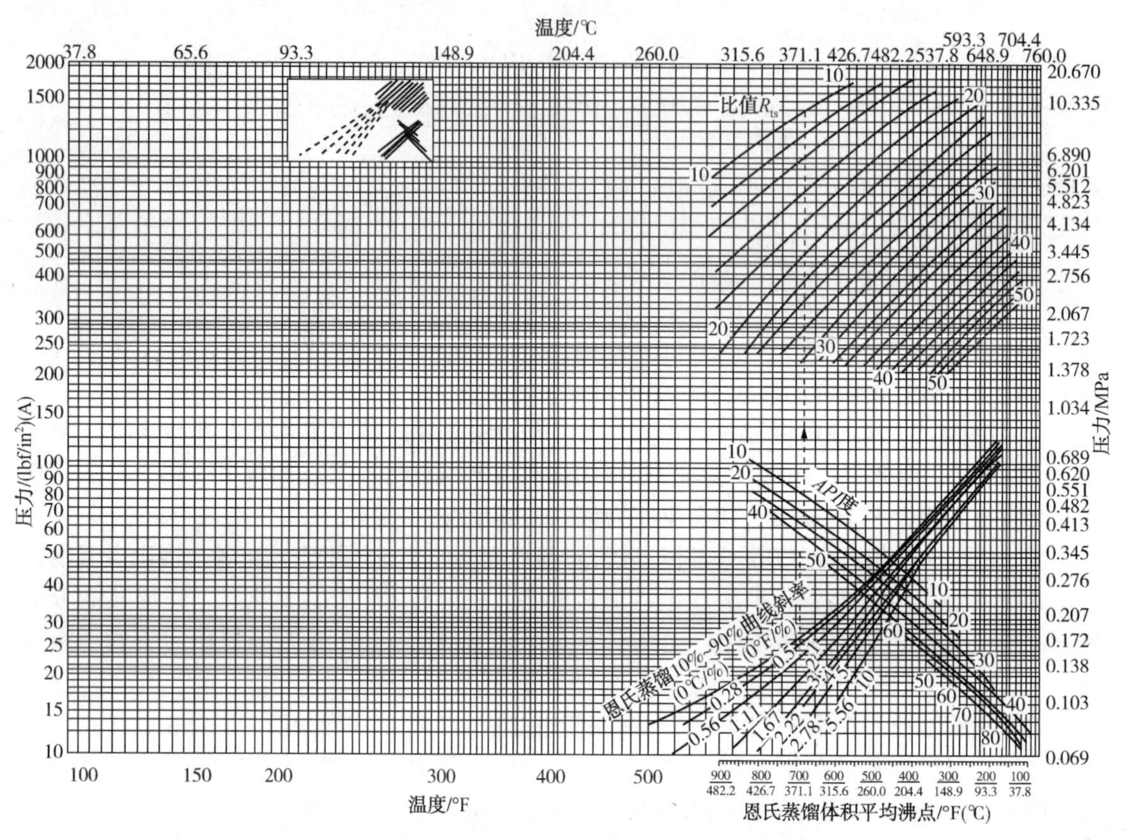

图 4-1-25　常压和高于常压下平衡汽化数据换算图

($1lbf/in^2=0.006895MPa$)

(三) 曲线换算应用思路

对一种新的原油进行原油蒸馏装置以及其他炼油厂二次加工装置设计时，应根据原油评价资料进行。因此必须知道原油的实沸点蒸馏数据，以此作为蒸馏曲线换算的出发点，首先将油品的实沸点蒸馏数据换算成为恩氏蒸馏数据，根据油品的密度以及恩氏蒸馏数据通过算图或算式可以求取相对分子质量、特性因素、临界参数、热焓、黏度、表面张力、焦点温度和焦点压力等物性参数。然后将原油的实沸点蒸馏曲线换算出常压平衡闪蒸曲线及数据。

在生产现场装置的标定核算中求取油品的物性参数，以及按照原油评价资料提供切割方案分割出来的油品求取物性参数时，一般都有油品的密度以及恩氏蒸馏数据，可以此为出发点求得相关的一般物性参数和常压平衡闪蒸数据。按照原油评价资料以及在生产现场收集到的油品物性数据中的恩氏蒸馏数据(主要是参照油品质量要求提供的数据)，从计算的角度来看数据不全，在工艺计算时可通过在恩氏蒸馏数据坐标纸上做辅助线的办法来求取。恩氏蒸馏数据坐标纸(见图 4-1-26)其纵坐标表示馏出温度，其横坐标表示馏出体积分数，是按正态概率分布的。将一组恩氏蒸馏数据标绘在坐标纸上，然后进行连线，可以看出各点均靠近所连直线附近。因此可以用该坐标纸将已知2~3点数据标在图上，然后连成直线，很容易通过该直线求取所需其他各点的馏出温度。

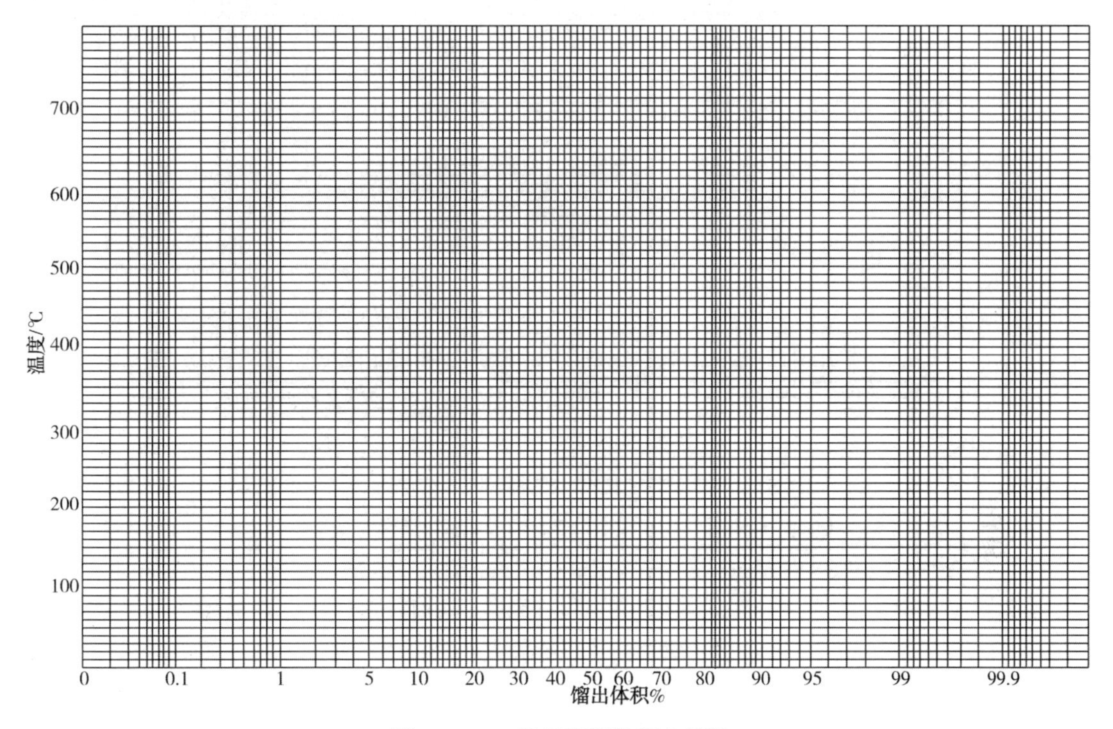

图4-1-26 恩氏蒸馏数据坐标纸

依靠实沸点蒸馏或恩氏蒸馏数据换算出常压平衡闪蒸数据之后，和实际工程设计应用尚有一段距离。以常减压蒸馏装置为例，在常压蒸馏过程中常压炉出口油气分压肯定比101.3kPa高，常压塔进料段的油气分压绝大多数情况下也是高于101.3kPa，常压塔顶油气分压存在着高于或者低于101.3kPa的两种可能性，常压塔抽出侧线油气分压绝大多数情况下低于101.3kPa。减压炉出口、减压塔进料以及各抽出侧线的油气分压肯定都是远远低于101.3kPa，因此需要求取其他油气分压条件下的平衡闪蒸数据，以便用于炼油厂蒸馏过程的工艺计算。

平衡蒸发坐标纸用于油气分压高于101.3kPa的情况，根据常压平衡闪蒸数据求取操作油气分压情况下的平衡闪蒸数据。在图4-1-27和图4-1-28中标绘出某油品的平衡闪蒸图(习惯称为*P-T-e*图)，利用该图进行运算时可以根据0%线很容易求取任意油气分压下对应的泡点温度，根据100%线很容易求取任意油气分压下对应的露点温度，可以根据特定的油气分压(例如151.95kPa)、特定的汽化率(例如30%)很容易通过作图的方法求取相应的平衡闪蒸温度。以上的方法在塔的工艺计算求取塔内各点温度时常被采用。

当油气分压低于101.3kPa时，可用算图(图4-1-23)进行平衡闪蒸数据的换算。进行换算时首先将常压平衡闪蒸30%或50%点的温度换算成规定减压条件下对应馏出量的闪蒸温度，油品进行闪蒸时减压条件下各段温差与常压条件下基本相等，根据减压条件下30%或50%馏出温度参照常压平衡闪蒸各段温差很容易推算出减压平衡闪蒸时各点的闪蒸温度。

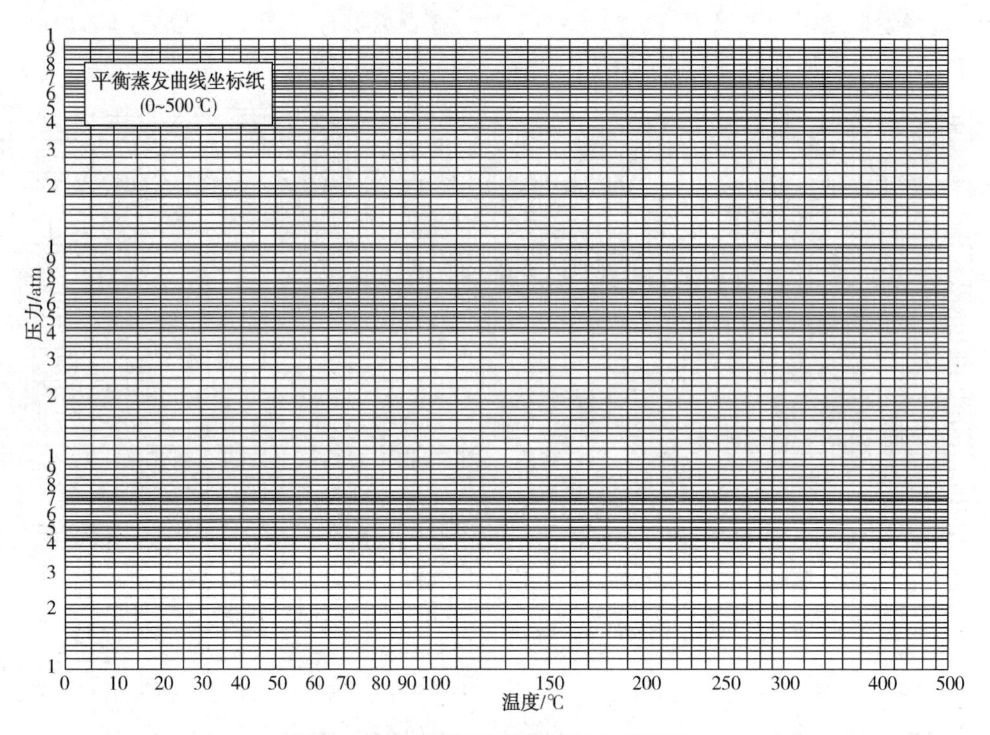

图 4-1-27　平衡汽化坐标纸(0~500℃)

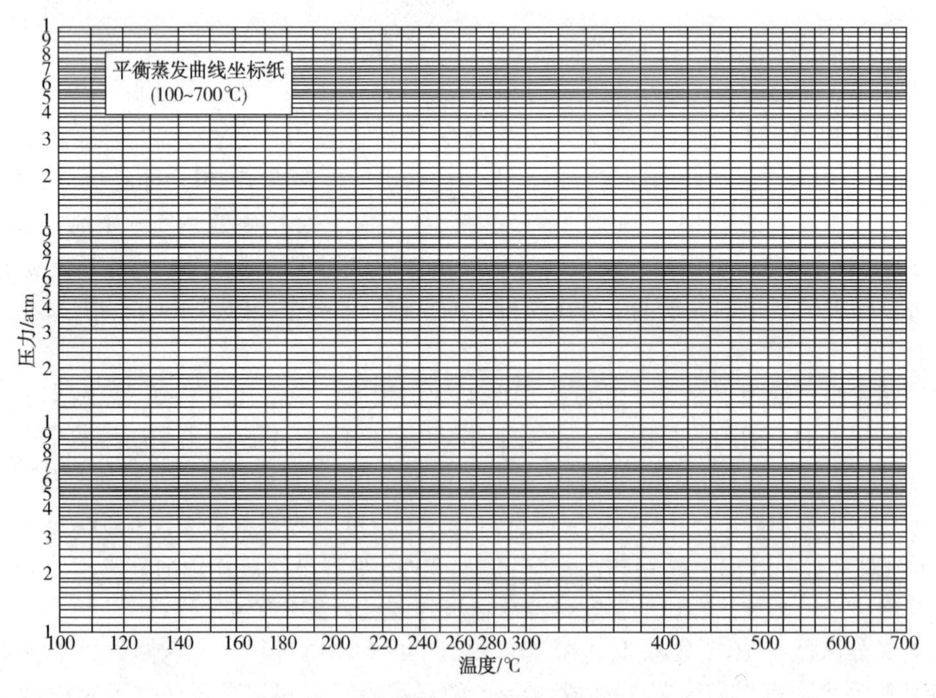

图 4-1-28　平衡汽化坐标纸(100~700℃)

三、原油及其馏分的气液相平衡常数

原油及其馏分的气液相平衡采用图表计算方式主要是适合早期手工工艺计算。随着计算机辅助工艺设计的发展，又基于对原油及其馏分性质的详细了解和化学工程学科的发展，石油及其馏分的半微分描述已能准确地反映它自身的性质并适合运用现代计算工具进行运算。当原油及其馏分采用虚拟组分法处理后，就转变成一组类似真实烃类组分的组分组，因此，原油及其馏分的气液相平衡常数的计算实质上就转变成烃类多组分体系的相平衡计算，称为假多元系相平衡计算。

（一）气液相平衡的判断

当体系中气液两相呈平衡时，整个相平衡体系的温度和压力都必然是均匀的。热力学第二定律指出：处在相同的温度和压力下的多相体系，其平衡条件是各相中每一个组分的化学势 μ_i 相等。对于气液相平衡体系：

$$\mu_{iV}=\mu_{iL} \tag{4-1-15}$$

式中　μ_{iV}、μ_{iL}——气相和液相中组分 i 的化学势。

由于恒温下逸度 f_i 与化学势 μ_i 存在着如下关系：

$$d\mu_i=RTd\ln f_i \tag{4-1-16}$$

故可导出：

$$f_{iV}=f_{iL} \tag{4-1-17}$$

式中　f_{iV}、f_{iL}——气相和液相中组分 i 的逸度。

式(4-1-17)也是我们在处理气液相平衡问题时使用的最基本的关系式。

对于各种不同的情况，式(4-1-17)可以表示为不同的形式。

当气相和液相都是理想溶液时，按路易士-兰道尔定则：

$$f_{iV}=f_{iV}^0 y_i \tag{4-1-18}$$

$$f_{iL}=f_{iL}^0 x_i \tag{4-1-19}$$

式中　f_{iV}^0——在体系平衡温度和压力下，纯组分 i 呈气态时的逸度；

f_{iL}^0——在体系平衡温度和压力下，纯组分 i 呈液态时的逸度，在压力 不太高时，等于纯组分 i 在体系温度及其饱和蒸气压力下的气态逸度。

因此，在体系达到相平衡时，其气液相关系可写成：

$$f_{iV}^0 y_i=f_{iL}^0 x_i \tag{4-1-20}$$

当气相是理想气体(液相仍是理想溶液)时，式(4-1-20)可以简化。理想气体的逸度系数等于1，即组分的逸度可以用其分压来代替。因此，运用道尔顿-拉乌尔定律即可由式(4-1-20)导出：

$$py_i=p_i^0 x_i \tag{4-1-21}$$

式中　p——体系总压，kPa；

p_i^0——纯组分 i 在体系温度下的饱和蒸气压，kPa；

y_i、x_i——组分 i 在气相和液相中的摩尔分数。

对于非理想溶液，则组分的逸度应当代以活度来处理相平衡关系，例如，f_{iL}应代之以 $\gamma_{iL}f_{iL}^0 x_i$，其中γ_{iL}为组分 i 在液相溶液中的活度系数。

（二）气液相平衡常数及几种经验求取方法

在气液相传质过程中，气液相平衡常数 K 的应用极为广泛。

$$K_i=y_i/x_i \tag{4-1-22}$$

K 与物质的属性有关，还取决于温度与压力，有时还是混合物组成的函数。因此，严格来说，K 并非常数，称为平衡分配比更为确切一些。

从前述的气液相平衡关系可以导出计算相平衡常数的计算式。例如，当气相为理想气体、液相为理想溶液时，相平衡关系式为：

$$py_i = p_i^0 x_i$$

$$K_i = y_i / x_i = p_i^0 / p \tag{4-1-23}$$

依此类推，可以求得各种不同情况下的相平衡常数的计算式，如表 4-1-5 所示。

表 4-1-5　各种条件下的相平衡常数的计算式

气相				液相				关系式	相平衡常数
状态	γ_{iV}	f_{iv}^o	f_{iv}	状态	γ_{iL}	f_{iL}^0	f_{iL}	$f_{iV} = f_{iL}$	$K_i = y_i / x_i$
理想气体 理想溶液	1.0	p	Py_i	理想 溶液	1.0	$p_i^0 x_i$	$p_i^0 x_i$	$p_{yi} = p_i^o x_i$	p_i^o / p
理想气体 理想溶液	1.0	p	Py_i	非理想 溶液	$\neq 1.0$	$\neq p_i^0$	$\gamma_{iL} f_{iL}^0 x_i$	$p_{yi} = \gamma_{iL} f_{iL}^0 x_i$	$\gamma_{iL} f_{iL}^0 / p$
非理想气体 理想溶液	1.0	$\neq p$	$f_{iv}^o y_i$	理想 溶液	1.0	$\neq p_i^o$	$f_{iL}^o x_i$	$f_{iv}^0 y_i = f_{iL}^0 x_i$	f_{iL}^0 / f_{iv}^o
非理想气体 理想溶液	1.0	$\neq p$	$f_{iv}^0 y_i$	非理想 溶液	$\neq 1.0$	$\neq p_i^0$	$\gamma_{iL} f_{iL}^0 x_i$	$f_{iV}^0 y_i = \gamma_{iL} f_{iL}^0 x_i$	$\gamma_{iL} f_{iL}^o / f_{iv}^o$
非理想气体 非理想溶液	$\neq 1.0$	$\neq p$	$\gamma_{iv} f_{iv}^o y_i$	非理想 溶液	$\neq 1.0$	$\neq p_i^o$	$\gamma_{iL} f_{iL}^0 x_i$	$\gamma_{iV} f_{iV}^0 y_i = \gamma_{iL} f_{iL}^0 x_i$	$\gamma_{iL} f_{iL}^0 / \gamma_{iV} f_{iV}^0$

由表 4-1-5 可见，相平衡常数可以通过有关的热力学参数求取。但实际上，有些热力学参数(例如活度系数)的求取比较复杂，而且数据也很不完备。因此，在许多情况下，常用一些经验方法来求取相平衡常数。下面简要介绍几种经验方法。

1. *p-T-K* 列线图法

图 4-1-29 是轻质烃的 *p-T-K* 列线图，反映了相平衡常数与压力和温度的关系。此法求得的相平衡常数值只是温度和压力的函数，而与混合物的组成无关。显然，此法只适用于气相和液相都是理想溶液的体系。此法的精确度虽然不是很高，但是对一般工程计算是适用的，而且方法简捷。

2. 会聚压法

对于非理想溶液中混合物组成对相平衡常数的影响，除了采用活度系数模型以外，还可以引入参数——会聚压来校正。尤其是预测低压下非明确组分的重质烃类体系的气液相平衡常数 K，在此用 Braun K_{10} 模型显得尤为重要。

(1) 相平衡体系的会聚压

下面以一个由组分 A(轻组分)和 B(重组分)组成的二元混合物为例，说明什么是体系的会聚压。作 A 和 B 在恒温下的相平衡常数和压力的双对数曲线，见图 4-1-29 所示。

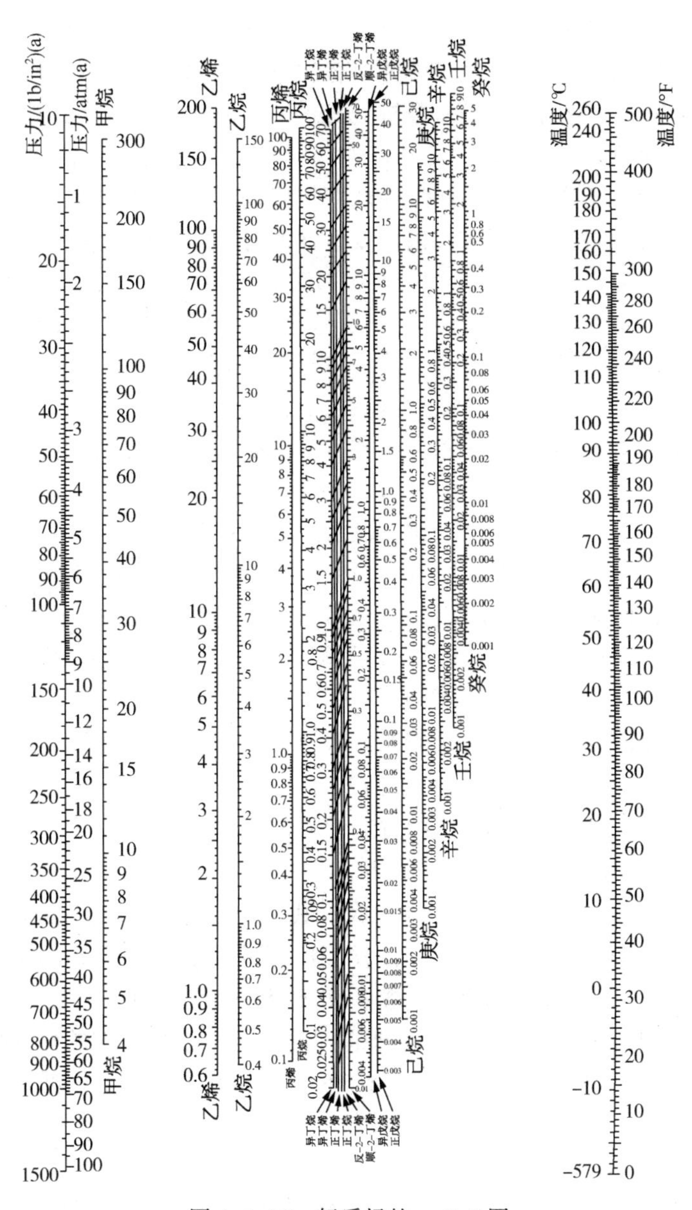

图 4-1-29　轻质烃的 p-T-K 图

（1 lb/in² = 6.894kPa；1atm = 101.325kPa）

如果体系是理想溶液，则 A 和 B 是两条不会相交的直线，然而在高压下，实际体系必然是非理想溶液，两条曲线在 K=1.0 处会聚于一点，对应于这个会聚点的压力就称为混合物的会聚压。实验证明，实际体系只要温度不高于混合物中最重组分的临界温度，就会出现会聚现象，只是温度不同时，体系的会聚压数值不同。如果所选的温度条件正好是混合物的临界温度，则此时的会聚压就等于体系的临界压力。因此，利用临界温度和临界压力可以表示体系的会聚压。

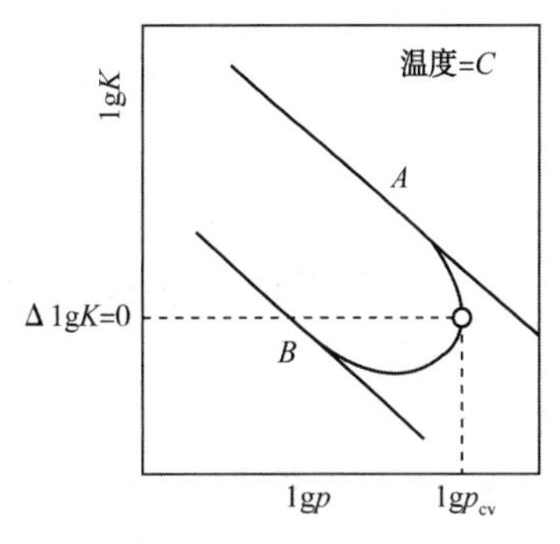

图 4-1-30　会聚现象

会聚压是混合物组成和温度的函数，因此，在一定温度下，会聚压被看成表示混合物特性的一个因数，它在一定程度上反映了混合物各组分之间的相互影响。因此可以利用会聚压作为一个参数，对理想溶液的相平衡常数进行校正，求取非理想溶液的相平衡常数。

（2）Braun K10 模型

Braun K10 模型是由 Cajander 等人于 1960 年提出的。该模型认为，低压体系相平衡常数是温度、压力、会聚压和组成的函数。由于 4 个参数对作图法来说显得异常繁笨，因此用压力为 0.06895MPa(10psi)(a)或会聚压为 34.475MPa(5000lb/in^2)(a)的平衡常数 K_{10} 作为中间变量来取代会聚压和组成两个相关变量。在这种条件下，K_{10} 仅仅是组分和温度的函数，因此，任意压力下的平衡常数即可定义为 K_{10}、压力 p 和会聚压 p_{CV} 的函数。

$$K=f(K_{10},\ p,\ p_{CV}) \tag{4-1-24}$$

式(4-1-24)可以表示为 K 与 K_{10} 的关系，见式(4-1-25)，其中 α、β 为仅与压力和会聚压力相关的常数。

$$\lg K=\alpha\lg K_{10}+\lg\beta \tag{4-1-25}$$

定义 K_{10} 可以大大减少 4 个参数之间的大量换算关系，而且可以用气体压力数据预测缺少经验数据烃类的相平衡常数。当给定一个组分的常压沸点后，就能计算出在系统温度和 0.06895MPs(10lb/in^2)(a)压力下的气、液相平衡常数 K_{10}，然后利用相关的图表对 K_{10} 值进行压力修正即可。

当压力小于 0.172375MPa(25lb/in^2)(a)，K_{10} 用式(4-1-26)推算：

$$K_{10}=\frac{p_i^S/0.172375}{10}=\frac{p_i^S}{1.72375} \tag{4-1-26}$$

式中　p_i^S——纯烃或未知组分的蒸气压，MPa。

当压力大于 0.172375MPa(25lb/in^2)(a)时，式(4-1-26)给出的结果偏大。当体系中有大量酸性气体或轻烃类存在时，会影响到该模型应用的准确性。但 Braum K_{10} 模型还是可以较好地适用于减压塔、催化裂化和焦化分馏塔气液相平衡计算的。

定义 K_{10} 后还有其他一些优点，比如对于同系物，可以根据已知的 K_{10} 曲线类似地推断整个的曲线；而对没有实验数据而且 K_{10} 小于 2.5 的烃，可用蒸气压数据通过式(4-1-26)进行推算。

3. K 值的内插和外延

在缺乏所需平衡常数资料的情况下，可以根据已有的数据进行内插和外延，但应注意限度。

同样分子特征的化合物，如同系物，在温度和压力一定时，它们的 $\lg K$ 与相对分子质量 M 的关系是一条直线。因此，已知几个同系物的 K 值，可以用内插法或在不大的范围内外延的办法来求取其他同类化合物的 K 值。

在恒温下，将 $\lg K$ 对总压力作图也可得一直线，在对比压力 $p_r<0.4$ 的范围内，可以延长直线以估算其他压力下的 K 值。

在恒压下，将 $\lg K$ 对温度作图所得的曲线，可以延到对比温度 $T_r=0.5$ 处，从而得到其他温度下的 K 值。

（三）气液相平衡常数 K 的模型计算

原油蒸馏工艺过程基本上属于低压和带压的烃类蒸馏分离过程，适用于这类体系的相平衡模型主要包括理想模型、状态方程模型、液体活度模型和专有模型。

1. 理想 *K* 模型

理想 *K* 模型认为相平衡常数 *K* 仅仅是温度和压力的函数，与其他组分没有关系。

(1) 以乙烷和庚烷为参考流体的理想 *K* 模型

当体系的压力为 0.1~1.0MPa 时，以乙烷 C_2 和庚烷 C_7 为参考流体，对石油馏分的 *K* 值可表示为：

$$K = K_{c_7}^{(b+1)} / K_{c_2}^{b} \tag{4-1-27}$$

式中，K_{C_2} 和 K_{C_7} 可表示为温度和压力的函数，见式(4-1-28)。

$$\ln K_{c_2或c_7} = a_0 + \frac{a_1}{t} + \frac{a_2}{t^2} + \frac{a_3}{t^3} + \frac{a_4}{p} + \frac{a_5}{p^2} + \frac{a_6}{tp} + \frac{a_7}{t^2 p} + \frac{a_8}{t^3 p} \tag{4-1-28}$$

式中 t——体系温度,℃;

p——体系压力，atm(1atm = 101325Pa);

a_0、a_1、……、a_8——模型常数，见表 4-1-6;

b——挥发度指数，由式(4-1-29)计算。

$$b = -0.723 + 0.0629\, t_b - 2.91 \times 10^{-4} t_b^2 + 2.63 \times 10^{-6} t_b^3 \tag{4-1-29}$$

式中 t_b——虚拟组分的平均沸点,℃。

表 4-1-6　式(4-1-28)多项式的常数

常　数	K_{C_2}	K_{C_7}	常　数	K_{C_2}	K_{C_7}
a_0	1.750	2.708	a_5	−2.156	−2.198
a_1	3.608×10^2	-6.377×10^2	a_6	-1.386×10^2	-1.723×10^2
a_2	-6.260×10^4	4.032×10^3	a_7	2.192×10^4	2.328×10^4
a_3	2.702×10^6	8.807×10^5	a_8	1.060×10^6	-8.993×10^5
a_4	4.750	4.782			

(2) 理想 *K* 模型

对于烃类组分：

$$T_r = T/T_C \tag{4-1-30}$$

式中 T_r——组分的对比温度；

T——体系的温度，K;

T_C——组分的临界温度，K。

$$p_r = p/p_C \tag{4-1-31}$$

式中 p_r——组分的对比压力；

p——体系的压力，Pa;

p_C——组分的临界压力，Pa。

$$K = 0.5726 \times \lg(1/p_r) + 9.996 \times (1+\omega) \times (1 - 1/T_r) \times D \tag{4-1-32}$$

式中 K——组分在温度 T 和压力 p 下的相平衡常数；

ω——组分的偏心因子；

D——与 T_r 和 p_r 有关的因子。

$$D=0.7221/T_r-0.6131-0.8041\times T_r+1.5489\lg(T_r)-0.1211p_r \tag{4-1-33}$$

当假多元系混合物与理想溶液有显著的偏差或计算精度要求相当高时，必须按非理想体系进行严格计算。

2. 状态方程模型

在原油蒸馏工艺过程中。主要应用 RKS 和 PR 等立方型状态方程模型，此外 BWR 和 BWRS 等多参数方程模型也可应用。本书以讨论 RKS 方程模型为例。

1949 年，Redish 和 Kwong 提出了著名的 RK 方程，其状态方程的原形见式(4-1-34)。

$$p=\frac{RT}{V-b}-\frac{a}{V(V+b)T^{1/2}} \tag{4-1-34}$$

并且，定义：

$$a=\left(\sum_{i=1}^{n}x_i a_i^{0.5}\right)^2\Rightarrow\begin{cases}a_i=\Omega_a\dfrac{R^2T_{Ci}^{2.5}}{P_{Ci}}\\ \Omega_a=0.42748\end{cases}\quad b=\sum_{i=1}^{n}x_i b_i\Rightarrow\begin{cases}b_i=\Omega_b\dfrac{RT_{Ci}}{P_{Ci}}\\ \Omega_b=0.08664\end{cases} \tag{4-1-35}$$

式中　p——体系压力，Pa；

T——体系温度，K；

V——摩尔体积，m^3/kmol；

R——气体常数，8314.3 m^3 · Pa/(kmol · K)；

x_i——组分 i 摩尔分数；

a——混合物的引力参数，Pa/kmol；

a_i——组分 i 的引力参数，Pa/kmol；

b——混合物的体积参数，m^3/kmol；

b_i——组分 i 的体积参数，m^3/kmol。

Ω_a和 Ω_b——方程的无因次常数。

1972 年，Soave 发现 RK 方程对纯组分和混合物蒸气压预测精度差的主要原因是引力修正参数 a 未能考虑与温度的关系。由气液相平衡准则，依据某些烃类蒸气压实验数据，在进行适当关联后，提出了 a 的预测方程式(4-1-36)。采用 Saove 改进 a 预测关联的 RK 方程形式不变，因而称为 Redlich- Kwong- Soave 方程，简称 RKS 方程。

$$a_i=\eta_i\Omega_a\frac{R^2T_{Ci}^{2.5}}{p_{Ci}} \tag{4-1-36a}$$

$$\eta_i^{0.5}=1+m_i(1-T_{ri}^{0.5}) \tag{4-1-36b}$$

$$m_i=0.480+1.574\omega_i-0.176\omega_i^2 \tag{4-1-36c}$$

式中　a_i——组分 i 的引力修正参数，Pa/kmol；

η_i——组分 i 校正温度函数；

Ω_a——方程的无因次常数；

R——气体常数，8314.3 m^3 · Pa/(kmol · K)；

T_{Ci}——组分 i 的临界温度，K；

p_{Ci}——组分 i 的临界压力，Pa；

m_i——RKS 方程组分 i 校正温度函数 η_i对 T_{ri}标绘的斜率；

T_{ri}——组分 i 的对比温度；

ω_i——组分 i 的偏心因数。

对于含氢系统的计算，Soave 规定氢气的临界性质和偏心因子为：

$$T_C = 33.21\text{K}$$

$$p_C = 1.298\text{MPa}$$

$$\omega = -0.220$$

对于混合物，最初 Soave 依旧采用 RK 方程的混合规则[见式(4-1-35)]，后来为提高烃-非烃系统预测的精度，Soave 修改参数 a 的混合规则，引入二元交互作用参数，保持参数 b 的混合规则不变，见式(4-1-37)和式(4-1-38)。这个混合规则在目前计算中得到广泛采用。

$$a = \sum_i \sum_j x_i x_j a_{ij} \tag{4-1-37}$$

$$a_{ij} = (1 - k_{ij})(a_i a_j)^{1/2} \tag{4-1-38}$$

$$b = \sum_i x_i b_i \tag{4-1-35}$$

式中 a——混合物 RKS 状态方程引力参数，Pa/kmol；

x_i——组分 i 摩尔分数；

a_{ij}——组分 i 和 j 二元混合物引力参数，Pa/kmol；

a_i——组分 i 的引力参数，Pa/kmol；

k_{ij}——组分 i 和 j 的二元交互作用参数；

b——混合物的体积参数，m^3/kmol；

b_i——纯组分的体积参数，m^3/kmol。

二元交互作用参数用于改善气液平衡预测的精度，在多组分混合物中，对每个二元混合物都要求一个二元交互作用参数，例如，对于 CO_2、H_2S 和甲烷的三元混合物，要求三个交互作用参数，它们是 CO_2-H_2S、H_2S-CH_4 和 CO_2-CH_4。为了获得最好的结果，二元交互作用参数的确定应该来自应用于设计计算中相似条件下的实验数据。对于一般计算，二元交互作用系数可以由以下方法确定：

1) 使用式(4-1-39)~式(4-1-43)估算 H_2S、N_2、CO、CO_2 和 H_2 与烃类的未知的交互作用参数。

2) 使用式(4-1-44)估算甲烷与含有 10 碳或 10 碳原子以上化合物的交互作用参数。

3) 所有其余的烃-烃交互作用系数一般取为 0，$k_{ij}=0$。

$$H_2S：k_{ij}=0.02843 + 0.401827|\delta_i - \delta_j| \tag{4-1-39}$$

$$N_2：k_{ij}= -0.02133 + 0.07122|\delta_i - \delta_j| - 0.01028|\delta_i - \delta_j| \tag{4-1-40}$$

$$CO：k_{ij}=0 \tag{4-1-41}$$

$$CO_2：k_{ij}= 0.11316-0.0715|\delta_i - \delta_j| + 0.03515|\delta_i - \delta_j| \tag{4-1-42}$$

$$H_2：k_{ij}= 1+\frac{0.056(T_{rH_2}-1)-1}{1+0.13615(1-\sqrt{T_{rH_2}})} \tag{4-1-43}$$

$$CH_4：k_{ij}=-0.03512+0.04016|\delta_i - \delta_j| \tag{4-1-44}$$

式中 k_{ij}——组分 i 和 j 的二元交互作用参数；

δ_i——组分 i 的溶解度参数，$(kJ/m^3)^{0.5}$；

T_{rH_2}——氢气的对比温度。

利用立方型状态方程的形式，开发更普遍化的校正温度函数和研制预测型的混合规则是拓展状态方程应用范围和提高其预测准确性的热门课题，并已开发了相当出色的状态方程。

若令 $A=ap/(R^2T^2)$，$B=bp/(RT)$，则 RKS 方程可表示成压缩因子 z 的形式。

$$z^3-z^2+z(A-B-B^2)-AB=0 \tag{4-1-45}$$

式中　z——压缩因子；

a——混合物 RKS 状态方程引力参数，Pa/kmol；

b——混合物的体积参数，m^3/kmol；

p——体系压力，Pa；

T——体系温度，K；

R——气体常数，8314.3 m^3 · Pa/(kmol · K)。

应用式(4-1-45)就可以推导出计算混合物中 i 组分在气、液两相中的逸度系数 ϕ_i 的方程，见式(4-1-46)。

$$\ln\phi_i=\ln\frac{f_i}{Px_i}=\frac{b_i}{b}(z-1)-\ln(z-b)-\frac{A}{B}\left[2\left(\frac{a_i}{a}\right)^{0.5}-\frac{b_i}{b}\right]\ln\left(1+\frac{B}{z}\right) \tag{4-1-46}$$

式中　$A=ap/(R^2T^2)$；

$B=bp/(RT)$；

f_i——组分 i 的逸度，Pa；

P——体系总压，Pa；

x_i——组分 i 的摩尔分数；

z——压缩因子；

a——混合物 RKS 状态方程引力参数，Pa/kmol；

a_i——组分 i 的引力修正参数，Pa/kmol；

b——混合物的体积参数，m^3/kmol；

b_i——组分 i 的体积参数，m^3/kmol。

式(4-1-45)为压缩因子 z 的一元三次方程，对该方程进行求解，可以得到 z 的三个根，其中最大实根 z_{max} 是气相混合物的压缩因子，最小实根 z_{min} 是液相混合物的压缩因子，中间 z 值的根无意义。

将求得的(z_{max}, y_i)和(z_{min}, x_i)分别代入式(4-1-46)，可分别计算出 i 组分的气、液相的逸度 f_{iV} 和 f_{iL}。

按照相平衡准则，当气、液两相达到相平衡时，i 组分的气相逸度和液相逸度相等，即由式(4-1-47)所表示的：

$$f_{iV}=f_{iL} \tag{4-1-47}$$

按照气、液相逸度的定义：

$$f_{iV}=p\phi_{iV}y_i \tag{4-1-47a}$$

$$f_{iL}=p\phi_{iL}x_i \tag{4-1-47b}$$

将式(4-1-47a)和式(4-1-47b)代入相平衡准则式(4-1-17)，则：

$$K_i = \frac{y_i}{x_i} = \frac{\phi_{iL}}{\phi_{iV}} \tag{4-1-48}$$

式中　f_{iV}——气相组分 i 逸度，Pa；

f_{iL}——液相组分 i 逸度，Pa；

P——体系总压，Pa；

ϕ_{iv}——汽相组分 i 的逸度系数；

ϕ_{iL}——液相组分 i 的逸度系数；

K_i——组分 i 相平衡常数；

y_i——组分 i 在气相的摩尔分数；

x_i——组分 i 在液相的摩尔分数。

RKS 方程用于烃类体系相平衡预测具有很高的精度，但该方程对液相密度的预测精度相对较差，用于蒸馏过程计算会引起气、液负荷计算的偏差，在原油蒸馏工艺过程的计算中应当结合其他液体密度的计算方法，如 API 石油密度计算方法。

RKS 方程、PR 方程、BWRS 方程和 Le- Kesler 方程等状态方程模型及其各种改进模型是构成通用流程模拟软件物性方法的基本模型。它们的应用一般不受温度和压力范围的限制，由于同一个方程同时应用于气、液两相，因而具有良好的数据一致性，得到极其广泛的应用。在原油蒸馏工艺过程计算中，除了可用于油品分馏部分的计算外，尤其适合于轻烃回收部分的工艺计算。

3. *液体活度模型*

液体活度模型是由如下基本方程出发：

$$\varphi yp = xf^o \tag{4-1-49}$$

式中　φ——组分气相逸度系数；

y——组分气相摩尔分数；

p——系统总压，Pa；

γ——组分液相活度系数；

x——组分液相摩尔分数；

f^o——组分标准态逸度，Pa。

$$K = y/x = \gamma f^o/\varphi p \tag{4-1-50}$$

式中　K——组分的相平衡常数；其他符号的意义同式(4-1-49)。

在烃类体系的相平衡计算中，液体活度模型主要是指 Chao- Seader(CS)模型和 Grayson Streed 关联式(GS)以及它们各种改进的模型。Chao 和 Seader 在 1961 年提出的模型中，将式(4-1-49)中 f^o/p 定义为组分作为纯液体在系统条件下的逸度系数 υ^o，并由实验数据关联得到它的计算关联式，在当时条件下解决了烃类体系液体标准态逸度计算的难题，使烃类体系的相平衡预测迈上一个新台阶。1963 年，Grayson 和 Streel 根据氢压下石油馏分气、液平衡数据，修改了 υ^o 的关联式，使模型更适合含氢体系的计算，同时扩大了模型的使用范围。

Chao- Seader 模型和 Grayson- Streed 关联式将式(4-1-50)演变为：

$$K = y/\ \ = \upsilon^o \gamma/\varphi \tag{4-1-51}$$

式中　K——组分的相平衡常数；

y——组分在气相的摩尔分数；

x——组分在液相的摩尔分数；

v^{o}——纯组分在液相中的逸度系数；

γ——组分在液相中的活度系数；

φ——组分气相逸度系数。

对于气相体系的非理想性按照逸度模型考虑，液相的非理想性按照活度系数模型进行修正。

（1）纯组分液相逸度系数

按照 Pitzer 的三参数对应状态理论，纯组分的热力学性质可以用简单流体的热力学性质和非简单流体的校正值来计算，即纯组分的液相逸度系数 v^{o} 可以表示为，

$$\lg v^{o} = \lg v^{(o)} + \omega \lg v^{(1)} \tag{4-1-52}$$

式中 v^{o}——纯组分的液相逸度系数；

$v^{(o)}$——组分简单流体的液相逸度系数；

ω——组分的偏心因子；

$v^{(1)}$——组分非简单流体的液相逸度系数校正值。

$v^{(o)}$和$v^{(1)}$都是组分对比温度 T_r和对比压力 p_r的函数，分别由式(4-1-53)和式(4-1-54)所示关联式表示。

$$\lg v^{(o)} = A_0+A_1/T_r+A_2T_r+A_3T_r^2+ A_4T_r^3+(A_5+ A_6T_r+A_7T_r^2)p_r+ (A_8+ A_9T_r)p_r^2 \tag{4-1-53}$$

$$\lg v^{(1)} = -4.23893 + 8.65808T_r-1.22060/T_r-3.15224 T_r^3-0.025(p_r- 0.6) \tag{4-1-54}$$

式中 T_r——组分的对比温度，见式(4-1-30)；

p_r——组分的对比压力，见式(4-1-31)；

A_i——系数，列于表 4-1-7。

表 4-1-7　式(4-1-53)中系数 A_i的值

常数	简单流体		甲烷①		氢气		氦气	二氧化碳	硫化氢
	CS 法	GS 法	CS 法	GS 法	CS 法	GS 法	GS 法	GS 法	GS 法
A_0	5.75748	2.05135	2.43840	1.36822	1.96718	1.50709	2.7366	-30.06087	3.05812
A_1	-3.01761	-2.10899	-2.24550	-1.54831	1.02972	2.74283	-1.9818	6.14099	-2.649191
A_2	-4.98500	0	-0.34084	0	-0.054009	-0.0210	-0.51487	45.26323	0.3745795
A_3	2.02299	-0.19396	0.00212	0.02889	0.0005288	0.00011	0.042471	-27.303	-1.46471
A_4	0	0.02282	-0.00223	-0.01076	0	0	-0.0028144	5.91525	0.457348
A_5	0.08427	0.08852	0.10486	0.10486	0.008585	0.008585	-0.0294747	0.368384	-0.957217
A_6	0.26667	0	-0.0369	-0.02529	0	0	0.02149584	-0.679168	1.427265
A_7	-0.31138	-0.00872	0	0	0	0	0	0.155464	-0.502422
A_8	-0.02655	-0.00353	0	0	0	0	0	0	0.33859
A_9	0.02883	0.00203	0	0	0	0	0	0.89563	-0.266785

① 氧气和一氧化碳使用与甲烷相同的系数。

对氢和甲烷，由于一般体系的温度远远超过它们的临界点，故需采用表中的专用常数值，在计算时，甲烷和氢的偏心因数均取为零。在某些体系条件下，纯组分不能以液相存在，此时可作为虚拟的液相组分处理。

纯组分液体逸度系数 υ^{o} 在数值上一般接近由组分饱和蒸气压按拉乌尔定律计算得到的理想相平衡常数。

(2) 液相活度系数

CS 法把烃类溶液按正规溶液处理，其活度系数 γ 按式(4-1-55)和式(4-1-56)计算，

$$\ln\gamma = \upsilon^{L}(\delta - \delta_{av})^{2}/RT \tag{4-1-55}$$

$$\delta_{av} = \sum_{i=1}^{n} x\,\upsilon^{L}\delta / \sum_{i=1}^{n} x\,\upsilon^{L} \tag{4-1-56}$$

式中 γ——组分活度系数；

υ^{L}——组分的液体摩尔体积，$m^3/kmol$；

δ——组分的溶解度参数，$(kJ/m^3)^{0.5}$；

δ_{av}——液体混合物的溶解度参数，$(kJ/m^3)^{0.5}$；

R——气体常数，8.3143kJ/(kmol · K)；

T——体系温度，K；

x——组分的液体摩尔分数。

常用烃类化合物的 δ、υ^{L} 和 ω 的数值可查有关的手册和资料，本书列出部分与原油蒸馏过程有关的一些组分的数值，见表 4-1-8。δ 是温度的函数，根据正规溶液理论，当组分确定时，$RT\ln\gamma$ 是常数，因此，δ 和 υ^{L} 可以取任意一个温度的数值进行计算，但是必须使用同一个温度下的 δ 和 υ^{L}。

表 4-1-8 纯组分的溶解度参数和摩尔体积

组 分	ω	$\delta/[(J/cm^3)^{0.5}]$	$\upsilon^{L}/(cm^3/mol)$
氢	0	6.65	31
烷烃			
甲烷	0	11.62	52
乙烷	0.1064	12.38	68
丙烷	0.1538	13.09	84
异丁烷	0.1825	13.77	105.5
正丁烷	0.1953	13.77	101.4
异戊烷	0.2104	14.36	117.4
正戊烷	0.2387	14.36	116.1
新戊烷	0.195	14.36	123.3
烯烃			
乙烯	0.0949	12.44	61
丙烯	0.1451	13.16	79
1-丁烯	0.2085	13.83	95.3
顺-2-丁烯	0.2575	13.83	91.2
反-2-丁烯	0.2230	13.83	93.8
异丁烯	0.1975	13.83	95.4
1,3-丁二烯	0.2028	14.20	88.0

续表

组　分	ω	$\delta/[(J/cm^3)^{0.5}]$	$\upsilon^L/(cm^3/mol)$
1-戊烯	0.2198	14.42	110.4
顺-2-戊烯	0.206	14.42	107.8
反-2-戊烯	0.209	14.42	109.0
2-甲基-1-丁烯	0.200	14.42	108.7
3-甲基-1-丁烯	0.149	14.42	112.8
2-甲基-2-丁烯	0.212	14.42	106.7
环烷烃			
环戊烷	0.2051	16.59	94.7
非烃类			
氮	0.0403	9.08	53.0
氧	0.0218	8.18	28.4
一氧化碳	0.0663	6.40	35.2
二氧化碳	0.2276	14.57	44.0
硫化氢	0.0827	18.01	43.1
二氧化硫	0.2451	12.28	45.2

（3）气相逸度系数

Chao- Seader 模型在开发时，在当时条件下采用两参数 Redlich-Kwong(RK)方程计算气相逸度系数。其计算式如下：

$$\ln\varphi_i = (z-1)\frac{B_i}{B} - \ln(z-BP) - \frac{A^2}{B}\left(2\frac{A_i}{A} - \frac{B_i}{B}\right)\ln\left(1+\frac{Bp}{z}\right) \tag{4-1-57}$$

$$Z = \frac{1}{1-h} - \frac{A}{B}\left(\frac{h}{1+h}\right) \tag{4-1-58}$$

$$h = Bp/z \tag{4-1-59}$$

$$B = \sum_i y_i B_i,\ B_i = 0.0867\frac{T_{Ci}}{P_{Ci}T} \tag{4-1-60}$$

$$A = \sum_i y_i A_i,\ A_i = \left(0.4278\frac{T_{Ci}^{2.5}}{p_{Ci}T^{2.5}}\right)^{0.5} \tag{4-1-61}$$

式中　φ_i——组分 i 的气相逸度系数；

z——气相混合物的压缩因子；

p——系统总压，Pa；

T_{Ci}——组分 i 的临界温度，K；

p_{Ci}——组分 i 的临界压力，Pa；

y_i——组分 i 的摩尔分率；

T——系统温度，K；

h、A、B、A_i、B_i——方程的中间参数，h 无因次、A_i的因次为$(Pa)^{0.5}$、B_i的因次为Pa^{-1}。

对于非极性或轻微极性和非缔合性组分，CS 法计算气液平衡常数所得结果一般比较符合实际情况。CS 和 GS 的适用范围见表 4-1-9。Grayson- Streed 根据氢压下石油馏分的气液平衡实验数据，修改纯组分液相逸度系数的关联式系数后，扩展了使用范围，更适用于含氢石油馏分体系 K 值的计算，且在对比温度 $T_r>1.0$ 时，按 $T_r=1.0$ 计算组分非简单流体的液相逸度系数校正值 $v^{(1)}$ 的值。

表 4-1-9　CS、GS 法的适用范围

方法	温度/℃	压力/kPa	T_{ri} 和 T_{rm}
CS	-73～260	<13600	$0.5<T_{ri}<1.3$，$T_{rm}<0.9$
GS	-73～427	<21000	$0.5<T_{ri}$，T_{rm} 无限制

注：对比温度 T_r 下标 i 和 m 分别表示组分和混合物。

Chao- Seader 模型和 Grayson-Streed 关联式经常用于常压和加压原油蒸馏塔的计算中，具有较可靠的精度，为许多通用流程模拟软件所采用。在原油蒸馏过程工艺计算中，可应用于油品分馏部分的计算。

4. BK10 性质方法

1960 年，Cajander 提出 Braun K_{10} 模型后，习惯上称它为 BK_{10} 模型或性质方法。以往这个方法都是使用 K_{10} 系列图表查用，适合手工计算。在自主开发或通用流程模拟软件中，BK_{10} 模型采用 Braun K_{10} 的 K 值关联式。该关联式是由真实组分和石油馏分的 K_{10} 图拟合得到，可以采用扩展 Antoine 蒸气压方程的形式关联各个组分的系数。真实组分包括 70 种烃和轻气体。石油馏分的沸程范围为 450～700K(177～427 ℃)。对于较重的馏分(如 427～827 ℃)需要开发专有的关联式。程序中包括相关的插值和外推算法，以适合更多有关组分的使用。由于各个关联式是各个组分所特有的，因此一般 BK_{10} 性质方法的参数都是内置的，用户不需要提供外部参数，从而使该性质方法的使用非常方便。

BK_{10} 模型适合于减压和低压(最多几个大气压)应用。K_{10} 图应用的温度范围一般可在-140～527 ℃。当具有适用于较重馏分的专有关联式时，温度范围可以扩展至 827 ℃。对于一标准沸点范围为 450～700K 的纯脂肪族或纯芳香族混合物的预测，该法能得到最好的结果。对于脂肪族和芳香族组分的混合物或环烷烃混合物，则计算精度有所下降。

在炼油工艺中，BK_{10} 模型得到广泛使用，适合于常压蒸馏塔、减压蒸馏塔、催化裂化分馏塔和焦化分馏塔等气液相平衡计算。在原油蒸馏工艺计算中可应用于闪蒸塔、常压塔和减压塔等塔器和有关的相平衡工艺计算。

第二节　石油蒸馏塔的工艺特征、热平衡及气液负荷

一、石油蒸馏塔的工艺特征

(一) 原油常压蒸馏塔的工艺特征

石油蒸馏塔共有的一些工艺特征可以用原油常减压蒸馏装置常压塔来代表，如图 4-2-1 所示。常压塔系统实际上是一个相当于图 4-2-2 的常压蒸馏四塔分离方案的组合流程。它的主蒸馏塔——常压塔实际上是由以下几个部分组成的：

1）原油进料段(又称汽化段)下方是常底重油的提馏段。

2）在原油进料段上方是相当于四个精馏段重叠布置而成的，每个精馏段相互连通，能够这样连接的原因主要是石油蒸馏产品分离要求不高，一般抽出3~5个侧线产品，其总板数不超过45块，将这些塔重叠布置，既可节省占地面积，又可省去不少机泵，可以节约能耗。

3）在主塔内除了顶部打入冷回流之外，在塔侧还设置了若干个循环回流。循环回流是从塔侧抽出经换热后再从抽出板上部打入塔内的。

图4-2-1的侧面的汽提塔相当于图4-2-2中2、3、4三个精馏塔的提馏段重叠布置而成，三个提馏段是互相隔绝的。值得注意的是，在石油蒸馏塔的提馏段常常采用水蒸气汽提，水蒸气通入塔内降低了汽提塔内的油气分压，从而使侧线中的轻质油品得以挥发出来，保证了抽出侧线油品的闪点及其他质量指标，石油精馏塔侧线产品的提馏之所以用水蒸气汽提，而不是像常规精馏塔那样采用重沸器，主要是石油蒸馏侧线抽出温度较高，热源难以解决，而采用水蒸气在炼油厂简单易行。但是用水蒸气进行汽提由于水的汽化潜热大，是一般油品汽化热的10倍以上，故而在生产气提蒸气以及在塔顶将其冷凝都要大量耗能。此外，水的相对分子质量低，采用水蒸气提馏将会使塔内气相负荷显著增加。有些产品(例如，喷气燃料)，当少量水分混入油品中时，将会使其冰点显著上升；灯用煤油混入水分以后也会影响其浊点，故此对这些油品最好采用重沸方式进行提馏。国外也有个别炼油厂将常压炉少量出口热油返回初馏塔底作为提馏介质的工艺方案。

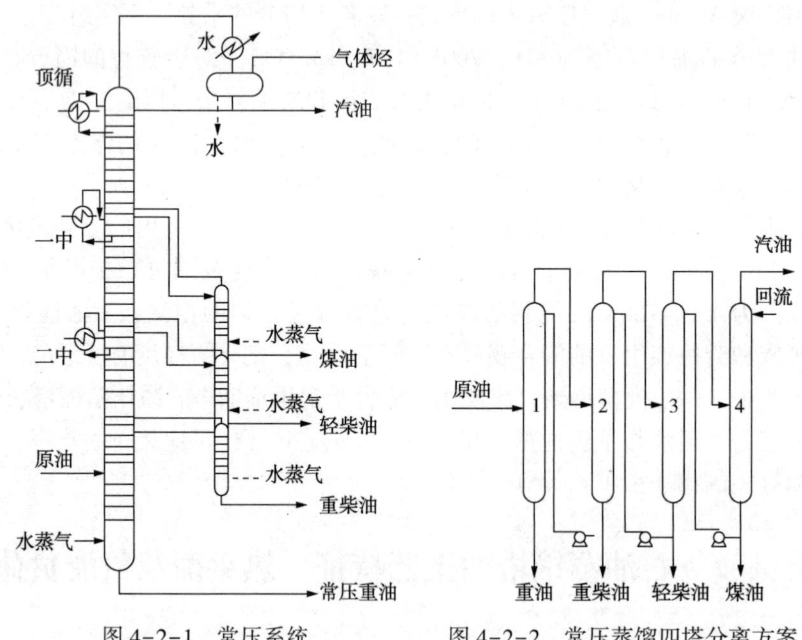

图4-2-1　常压系统　　　　图4-2-2　常压蒸馏四塔分离方案

(二) 减压蒸馏塔的工艺特征

减压蒸馏塔就其生产用途来划分，可分为燃料型减压塔和润滑油型减压塔两类。

燃料型减压塔主要是为催化裂化或加氢裂化装置提供原料，一般只有2~3个侧线，除在下部控制残炭含量之外，在馏分切割上没有十分严格的要求。实际上在塔内没有严格意义的精馏段，每个抽出侧线抽出以后一部分油品返回该段顶部进行循环回流取热，故可以将其视为直接接触的冷凝器，侧线也不设汽提塔。润滑油型减压塔的主要任务是将沸点在350~520℃的石油馏分切割成为轻重不同的4~5个产品，以适应生产不同黏度要求的润滑油基础油。每个润滑油基础油馏分的沸点范围不得过宽，因此分割要求相对比较严格，每个精馏段都设置了4~6块精馏塔板(或填料)，当需要用循环回流取热时，另外还需要增设塔板。为了改善分割效果，每个侧线都设有汽提塔，采用水蒸气进行汽提。故而润滑油型减压塔绝大部分都是湿式减压蒸馏，而燃料型减压塔可以是干式减压蒸馏。

燃料型减压蒸馏塔和润滑油型减压蒸馏塔可分别如图4-2-3和图4-2-4所示，要实现减压蒸馏必然不能离开抽真空设备。干式减压蒸馏采用三级抽真空的工艺流程，湿式减压蒸馏由于真空度要求不高，一般都采用二级抽真空工艺流程。为了在真空条件下能顺利排除在抽空器后冷凝器中产生的冷凝水，在工程设计时一般将冷凝器放在比较高的位置，下面连接高度在9m以上的排水管，排水管的下端插没在水面下方，以免空气漏入设备内。减压塔抽空系统的流程如图4-2-5所示。

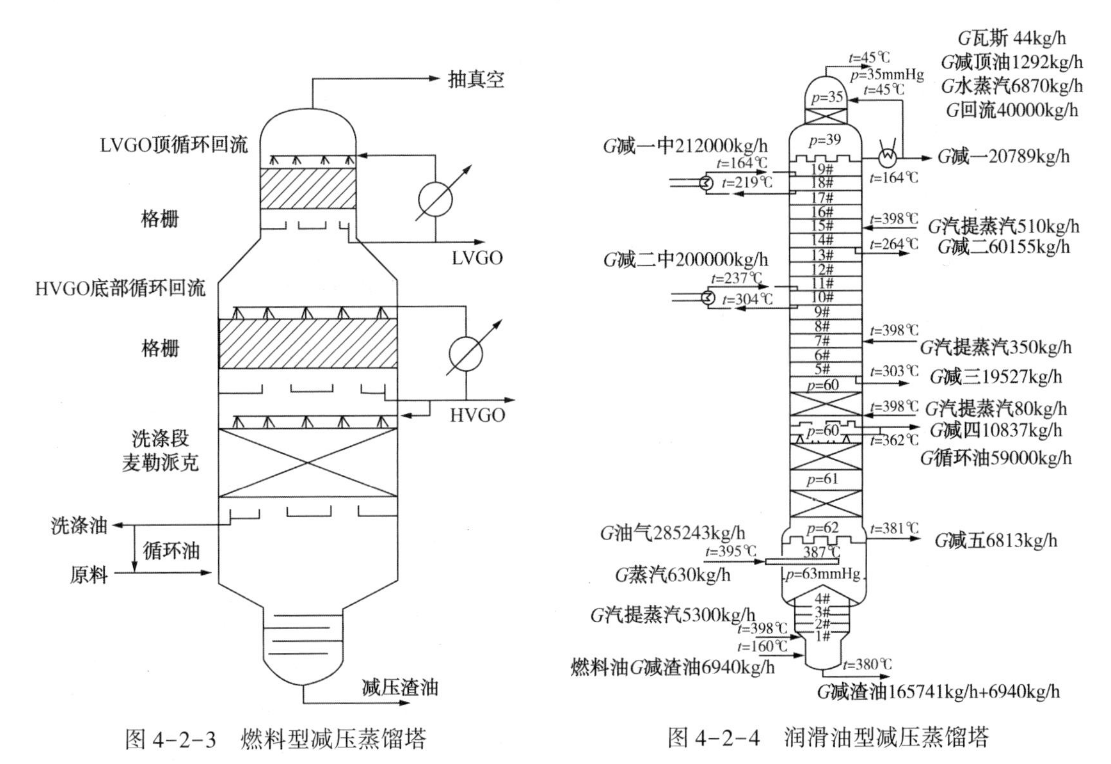

图4-2-3　燃料型减压蒸馏塔　　　　图4-2-4　润滑油型减压蒸馏塔

二、蒸馏塔的物料平衡与热平衡

(一) 蒸馏塔的物料平衡

蒸馏塔的物料平衡是计算蒸馏塔尺寸、操作条件以及决定相关设备工艺条件的主要依据，是分析生产、找出生产中存在问题的重要手段之一。

原油蒸馏塔的物料平衡，可分为全塔和局部物料平衡。全塔的物料平衡如图4-2-6所示。

蒸馏塔物料平衡计算首先要画好草图，然后取好要求确定物料平衡部位的隔离系统，如

图 4-2-6 中的虚线为计算全塔物料平衡时的隔离系统。另外，计算前还应确定计算基准，常以每小时的流量作为基准。图中的塔顶回流和汽提塔汽提出的油蒸气属于塔内部循环，其流量大小不计入物料平衡内。最后，可列出物料平衡计算式或列表。

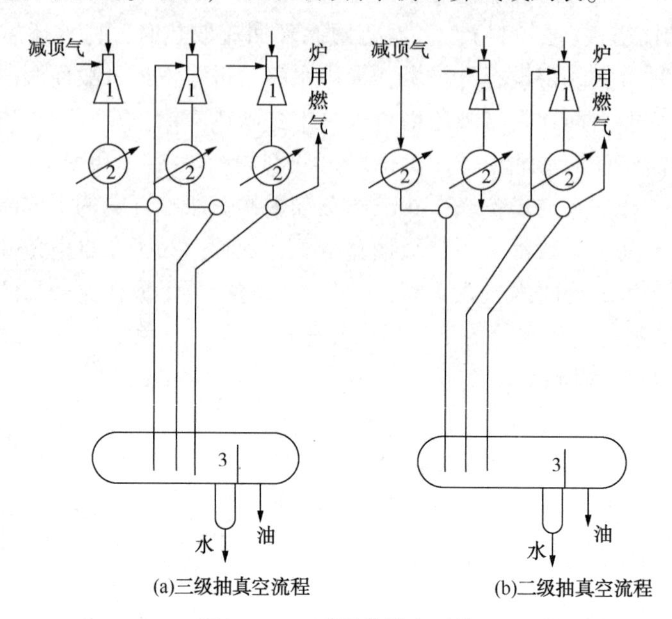

图 4-2-5　减压塔抽空系统

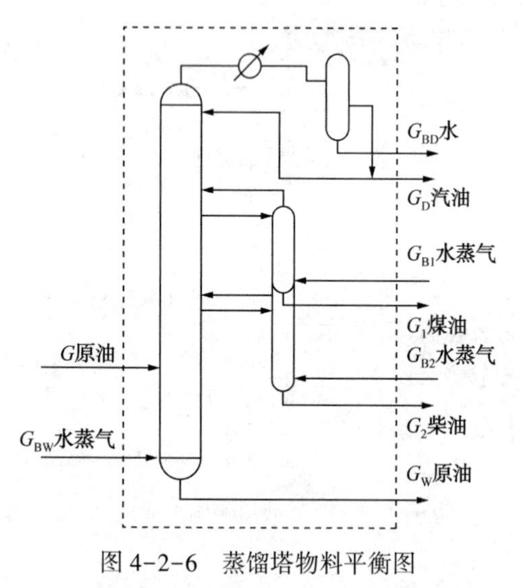

图 4-2-6　蒸馏塔物料平衡图

进入隔离系统物料(入方)有：

G——原油进塔量，kg/h；

G_{BW}——塔底气提水蒸气量，kg/h；

G_{B1}——一侧线汽提水蒸气量，kg/h；

G_{B2}——二侧线汽提水蒸气量，kg/h。

离开隔离系统物料(出方)有：

G_D——塔顶产品量，kg/h；

G_1——一侧线产品量，kg/h；

G_2——二侧线产品量，kg/h；

G_W——塔底产品量，kg/h；

G_{BD}——塔顶冷凝水，kg/h。

根据物料平衡，总进料量等于总出料，即入方=出方，故：

$$G+G_{BW}+G_{B1}+G_{B2}=G_D+G_1+G_2+G_W+G_{BD} \tag{4-2-1}$$

蒸馏塔的局部物料平衡可按以上同样方法求定。

(二) 全塔热平衡

热量平衡也是确定设备工艺条件和工艺尺寸所必须进行计算的内容，同时还是分析生产的重要依据。

蒸馏塔的热量平衡分为全塔热平衡和局部热平衡。下面以全塔热平衡为例，介绍确定热平衡的方法。原油蒸馏塔全塔热平衡如图 4-2-7 所示。

热平衡计算步骤与物料平衡计算步骤基本相同：首先，画出草图；其次，取好隔离体系，在草图上标出进、出口物料流量、温度、压力等已知或未知条件；最后，建立热平衡方程式（或列表）。

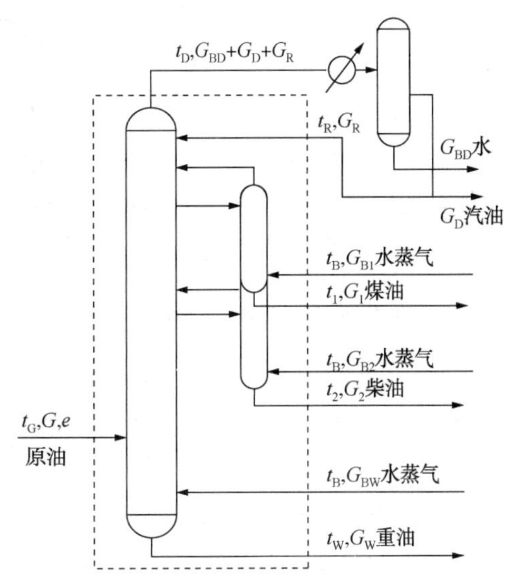

图 4-2-7　蒸馏塔热平衡隔离系统图

入塔热量：

$$Q_{入}=Geh_{t_G}^{V}+G(1-e)h_{t_G}^{L}+G_{BD}h_{t_B}^{V}+G_Rh_{t_R}^{L} \tag{4-2-2}$$

式中　$Q_{入}$——进入蒸馏塔的总热量，kJ/h；

G——原油进塔量，kg/h；

G_{BD}——进入蒸馏塔的水蒸气量，kg/h

e——原油在进料处的汽化率；

G_R——塔顶回流量，kg/h；

t_G——原油进料塔温度,℃；

t_B——水蒸气的温度,℃；

t_R——塔顶回流温度,℃；

$h_{t_G}^{V}$——进塔原油中气相的热焓，kJ/kg；

$h_{t_G}^{L}$——进塔原油中液相的热焓，kJ/kg；

$h_{t_B}^{V}$——水蒸气的热焓，kJ/kg；

$h_{t_R}^{L}$——冷回流的热焓，kJ/kg。

出塔热量：

$$Q_{出}=G_Dh_{t_D}^{V}+G_Rh_{t_D}^{V}+G_1h_{t_1}^{L}+G_2h_{t_2}^{L}+G_Wh_{t_W}^{L}+G_{BD}h_{t_{BD}}^{V} \tag{4-2-3}$$

式中　$Q_{出}$——出蒸馏塔的总热量，kJ/h；

G_D——塔顶汽油量，kg/h；

G_1——一侧线产品量，kg/h；

G_2——二侧线产品量，kg/h；

G_W——塔底产品量，kg/h；

G_{BD}——离开蒸馏塔顶的水蒸气量，kg/h；

t_D——汽油馏出温度,℃；

t_1——一侧线的温度,℃；

t_2——二侧线的温度,℃；

t_w——塔底油温度,℃；

$h_{t_D}^{V}$——塔顶汽油的气相热焓，kJ/kg；

$h_{t_1}^{L}$——一侧线油的液相热焓，kJ/kg；

$h_{t_2}^{L}$——二侧线油的液相热焓，kJ/kg；

$h_{t_W}^{L}$——塔底油的液相热焓，kJ/kg；

$h_{t_{BD}}^{V}$——塔顶水蒸气的热焓，kJ/kg。

若不考虑塔的散热损失，则 $Q_{入}=Q_{出}$，整理后得：

$$[G_e h_{t_G}^V + G(1-e)h_{t_G}^L + G_{BD}h_{t_B}^V] - (G_D h_{t_D}^V + G_1 h_{t_1}^L + G_2 h_{t_2}^L + G_W h_{t_W}^L + G_{BD}h_{t_{BD}}^V) - G_R(h_{t_D}^V - h_{t_R}^L) \tag{4-2-4}$$

式中，$G_R(h_{t_D}^V - h_{t_R}^L)$ 为全塔剩余的热量，也就是回流应取走的总热量，即全塔回流热。为了提高回流热的利用率，回流热可采用塔顶回流和中段回流的方式取出，回流热大致按以下比例分配：塔顶回流取热为 40%～50%（包括顶循环回流），中段循环回流取热为 50%～60%，各厂家根据实际情况决定。

三、原油蒸馏塔内气液负荷分布规律

原油蒸馏塔内上部和下部物流的平均相对分子质量差别较大，因此，塔内的气、液相摩尔流量在每层塔板上是不相同的。蒸馏塔内气、液相负荷是蒸馏塔设计与操作的重要依据。

为了分析原油蒸馏塔内气、液相负荷沿塔高的分布规律，可以选择几个有代表性的截面，作适当的隔离体系，然后分别作热平衡计算，求出它们的气、液负荷，从而了解它们沿塔高的分布规律。下面我们以常压精馏塔为例进行分析。在以下计算分析中所用的符号意义如下：

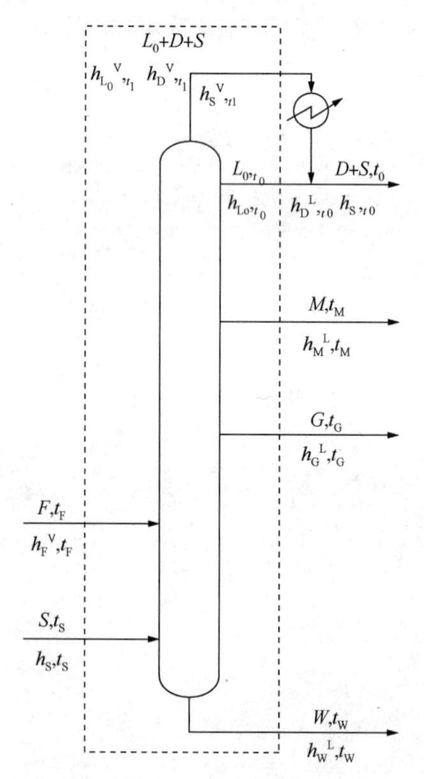

图 4-2-8　常压蒸馏塔全塔热平衡示意图

F、D、M、G、W——分别为进料、塔顶汽油、侧线煤油、柴油和塔底重油的流量，kmol/h；

t_D、t_M、t_G、t_w——分别为 D、M、G、W 的温度，℃；

t_F，t_1——分别为进料和塔顶的温度，℃；

L_0，——塔顶回流量，kmol/h；

e——进料汽化率，摩尔分数；

S——塔底汽提蒸汽用量，kmol/h；

t_S——汽提用过热水蒸气温度，℃；

t_0——塔顶回流的温度，℃；

h——物流焓，kJ/kmol，上角标 V 代表汽相，L 表示液相。

（一）塔顶气、液相负荷

图 4-2-8 是常压蒸馏塔全塔热平衡示意图。对虚线框出的这个隔离体系作热平衡。为简化计，侧线汽提蒸汽量暂不计入。

先不考虑塔顶回流，则进入该隔离体系的热量 $Q_{入}$ 为：

$$Q_{入}=Fe\,h_{F,t_F}^V + F(1-e)h_{F,t_F}^L + S\,h_{S,t_s}^v \tag{4-2-5}$$

离开隔离体系的热量 $Q_{出}$ 为：

$$Q_{出}=Dh_{D,t_1}^V + Sh_{S,t_1}^V + Mh_{M,t_M}^V + Gh_{G,t_G}^L + Wh_{W,t_W}^L \tag{4-2-6}$$

令：$Q=Q_{入}-Q_{出}$

则 Q 显然是为了达到全塔热平衡必须由塔顶回流取走的热量，亦即全塔回流热。温度

为 t_0、流量为 L_0 的塔顶回流入塔后，在塔顶第一层塔板上先被加热至饱和液相状态，继而汽化为温度 t_1 的饱和蒸汽，自塔顶逸出并将回流热 Q 带走。

$$Q=L_0(h^{\mathrm{V}}_{L_0,t_1}-h^{\mathrm{L}}_{L_0,t_0})$$

所以塔顶回流量：

$$L_0=\frac{Q}{h^{\mathrm{V}}_{L_0,t_1}-h^{\mathrm{L}}_{L_0,t_0}}$$

塔顶气相负荷：

$$V_1=L_0+D+S$$

（二）汽化段气、液相负荷

如果将过汽化量忽略，则汽化段液相负荷（即精馏段最低一层塔板 n 流下的液相回流量）为：

$$L_n=0$$

实际计算中应将过汽化量计入，此时 L_n 不等于零，L_n 的计算方法类似于下面介绍的塔中部某层塔板下的内回流量的计算方法。

气相负荷（从气化段进入精馏段的气相流量）为：

$$V_{\mathrm{F}}=D+M+G+S+L_n$$

（三）最低侧线抽出板下方的气、液相负荷

图 4-2-9 是汽化段至柴油侧线抽出板下的塔段示意图。

先考察 L_{n-1}。为此作隔离体系Ⅰ，暂不计液相回流 L_{n-1} 在 n 板上汽化时焓的变化，则进、出隔离体系的热量为：

$$Q_{\text{入},n}=D\,h^{\mathrm{V}}_{\mathrm{D},t_{\mathrm{F}}}+M\,h^{\mathrm{V}}_{\mathrm{M},t_{\mathrm{F}}}+G\,h^{\mathrm{V}}_{\mathrm{G},t_{\mathrm{F}}}+S\,h^{\mathrm{V}}_{\mathrm{S},t_{\mathrm{F}}}$$

$$Q_{\text{出},n}=D\,h^{\mathrm{V}}_{\mathrm{D},t_n}+M\,h^{\mathrm{V}}_{\mathrm{M},t_n}+G\,h^{\mathrm{V}}_{\mathrm{G},t_n}+S\,h^{\mathrm{V}}_{\mathrm{S},t_n}$$

在精馏过程中，沿塔自下而上有一个温度梯度，即 $t_F>t_n$。

所以　$Q_{\text{入},n}>Q_{\text{出},n}$

令　$Q_n=Q_{\text{入},n}-Q_{\text{出},n}$

则 Q_n 就是液相回流 L_{n-1} 在第 n 板上汽化所取走的热量，称为 n 板上的回流热，所以其回流量为：

$$L_{n-1}=\frac{Q_n}{h^{\mathrm{V}}_{L_{n-1},t_n}-h^{\mathrm{L}}_{L_{n-1},t_{n-1}}}$$

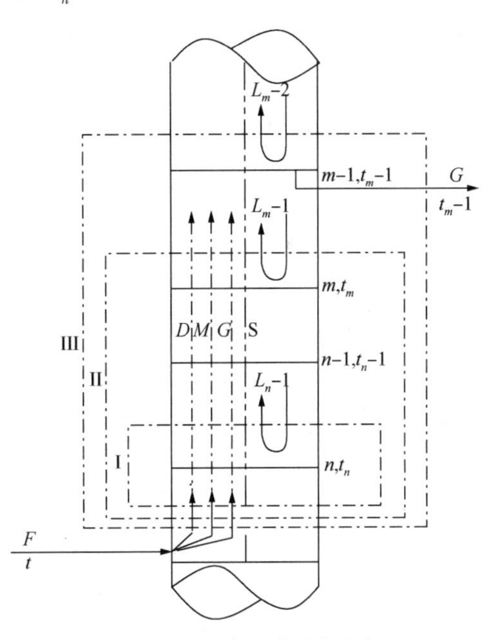

图 4-2-9　常压塔汽化段与精馏段的气、液相负荷

上式的分母项是由该回流在温度 t_n 时的千摩尔汽化潜热和回流由 t_{n-1} 升温至 t_n 时吸收的显热所组成，前者占主要部分。

可见，即使在汽化段处没有液相回流的情况下，汽化段上方的塔板上已有回流出现，若没有这个回流，温度为 t_{F} 的上升蒸气在第 n 板是不会降低到温度 t_n 的。

第 n 板上的气相负荷：

$$V_n = D+M+G+S+L_{n-1}$$

现在再考察柴油抽出板(第 $m-1$ 板)下的 V_m 和 L_{m-1}。

在图 4-2-9 作隔离体系Ⅱ，并作该体系热平衡。进出该隔离体系的热量如下：

$$Q_{入,m} = D\,h^{V}_{D,t_F} + M\,h^{V}_{M,t_F} + G\,h^{V}_{G,t_F} + S\,h^{V}_{S,t_F} = Q_{入,n}$$

$$Q_{出,m} = Dh^{V}_{D,t_m} + Mh^{V}_{M,t_m} + Gh^{V}_{G,t_m} + Sh^{V}_{S,t_m}$$

令 m 板上的回流热为 Q_m，则：

$$Q_m = Q_{入,m} - Q_{出,m}$$

而 $Q_n = Q_{入,n} - Q_{出,n}$

由于 $t_m < t_n$，故 $Q_{出,m} < Q_{出,n}$

所以 $Q_m > Q_n$

即汽化段以上，沿塔高上行，须由塔板上取走的回流热逐板增大。

从第 $m-1$ 板流至第 m 板的液相回流量为：

$$L_{m-1} = \frac{Q_m}{h^{V}_{L_{m-1},t_m} - h^{L}_{L_{m-1},t_{m-1}}}$$

上式中的分母项仍可看作回流 L_{m-1} 的摩尔蒸发潜热与由 t_m 降至 t_{m-1} 显热之和。烃类的摩尔汽化潜热随着相对分子质量和沸点的减小而减小，而沿塔高每层塔板上的回流越来越大，这样，以摩尔数表示的液相回流量沿塔高是逐渐增大的，即：

$$L_n < L_{n-1} < L_m < L_{m-1}$$

现在分析气相负荷。

自第 n 板上升的气相负荷应为：

$$V_n = D+M+G+S+L_{n-1}$$

自第 m 板上升的气相负荷为：

$$V_m = D+M+G+S+L_{m-1}$$

将 V_m 与 V_n 比较，既然 $L_{n-1} < L_{m-1}$，显然 $V_m > V_n$。与液相回流的变化规律一样，以摩尔流量表示的气相负荷也是沿塔高的高度自下而上渐增。

(四) 经过侧线抽出板时的气、液相负荷

以柴油抽出板 $m-1$ 板为例，按图 4-2-9 对隔离体系Ⅲ作热平衡，暂不计回流。

$$Q_{入,m-1} = Q_{入,n} = Q_{入,m}$$

而 $Q_{出,m-1} = Dh^{V}_{D,t_{m-1}} + Mh^{V}_{M,t_{m-1}} + Gh^{L}_{G,t_{m-1}} + Sh^{V}_{S,t_{m-1}}$

上式可写成：

$$Q_{出,m-1} = Dh^{V}_{D,t_{m-1}} + Mh^{V}_{M,t_{m-1}} + Gh^{V}_{G,t_{m-1}} + Sh^{V}_{S,t_{m-1}} - G(h^{V}_{G,t_{m-1}} - h^{L}_{G,t_{m-1}})$$

第 $m-1$ 板上的回流热：

$$Q_{m-1} = Q_{入,m-1} - Q_{出,m-1}$$

故由第 $m-2$ 板流至第 $m-1$ 板的液相回流量为：

$$L_{m-2} = \frac{Q_{m-1}}{h^{V}_{L_{m-2},t_{m-1}} - h^{L}_{L_{m-2},t_{m-2}}}$$

由以上分析不难看出，经过柴油抽出板 $m-1$ 块板时，除了因为塔板温度的下降而引起的回流热的少量增加以外，回流热还有一个突然的较大增加。这个突增值就是 $G(h^{V}_{G,t_{m-1}} - {}^{L}_{G,t_{m-1}})$，它相当于柴油馏分的冷凝潜热。与回流热的突增情况相对应，流到柴油抽出板上的液相回流量L_{m-2}也要比自该抽出板流下去的液相回流量L_{m-1}要多出一个较大的突增量。多出的回流量可以看作是由两部分组成的：一部分是由于塔板自下而上的温降所需的回流量，这一部分和没有侧线抽出的塔板是类似的；另一部分则相当于上述回流热的突变，即该侧线馏分(如柴油)的冷凝潜热须由这部分回流在抽出板上汽化而带走。正是由于这部分突增回流的变化，才能使柴油馏分蒸气在抽出板上冷凝下来，并从抽出口抽出。

由此可得出这样的结论：沿塔高自下而上，每经过一个侧线抽出塔板，液相回流量除由于塔板温降所造成的少量增加外，还有一个突然的增加。这个突增量可以认为等于侧线抽出量，因为L_{m-2}与柴油的组成和物性(如汽化潜热)可以近似地看作是相同的。至于侧线抽出板上的气相负荷，则情况与液相负荷有所不同。柴油抽出板上的气相负荷为：

$$V_{m-1}=D+M+S+L_{m-2}$$

与V_m相比较，V_{m-1}中减少了G，但是L_{m-2}却比L_{m-1}除了因塔板温降而引起的少量增加外，还增加了一个突增量，这个突增量正好相当于G。因此，在经过侧线抽出板时，虽然液相负荷有一个突然的增量，而气相负荷却仍然只是平缓地增大。

(五)塔顶第一、二层塔板之间的气、液相负荷

前面讨论的从汽化段往上的液相回流分布情况所涉及的回流都是热回流。到了塔顶第一板上，情况发生了变化，进入塔顶第一板上的液相回流不是热回流而是冷回流，即是温度低于泡点的液体。因此，在第一板上的回流量的变化不同于其下面各板上回流变化的规律。下面我们分析一下回流量在一、二层板之间的变化情况。图4-2-10示出塔顶部的物流及其温度。

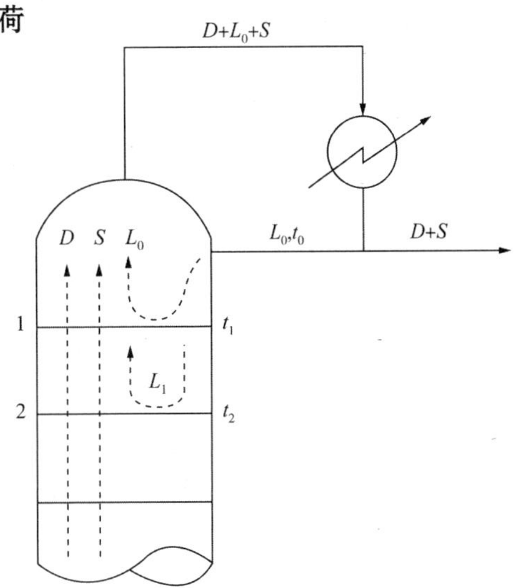

图4-2-10　塔顶部气、液相负荷

塔顶回流量为L_0，温度为t_0，塔顶第一层塔板温度为t_1，而$t_0<t_1$。Q_2为第二层塔板的回流热，Q_1为第一层塔板上的回流热。从第一板流至第二板的回流量L_1为：

$$L_1=\frac{Q_2}{h^{\mathrm{V}}_{L_1,t_2}-h^{\mathrm{L}}_{L_1,t_1}}$$

塔顶冷回流量为：

$$L_0=\frac{Q_1}{h^{\mathrm{V}}_{L_0,t_1}-h^{\mathrm{L}}_{L_0,t_0}}$$

当不设中段循环回流时，Q_1也就是全塔回流热。

一般来说，相邻两层塔板的温降是不大的，回流热的增长也不多，液相回流组成和蒸发潜热的变化不会很显著。因而可近似地认为$Q_1\approx Q_2$，$t_1\approx t_2$，$h^{\mathrm{V}}_{L_1,t_2}\approx h^{\mathrm{V}}_{L_0,t_1}$，但$t_0$明显低于$t_1$，故$h^{\mathrm{L}}_{L_0,t_0}\ll h^{\mathrm{L}}_{L_0,t_1}$，所以$L_1>L_0$。

既然　$V_1=D+S+L_0$

而　$V_2=D+S+L_1$

显然　$V_2 > V_1$

可见，在塔顶第一、二层塔板之间，气、液相负荷达到最高值，越过塔顶第一板后，气、液相负荷急剧下降。

综合以上对各塔段的分析，原油精馏塔内的气、液相负荷分布规律可归纳如下(不考虑汽提水蒸气)：

原油进入汽化段后，其气相部分进入精馏段。自下而上，由于温度逐板下降引起液相回流量逐渐增大，因而气相负荷也不断增大。到塔顶第一、二层塔板之间，气相负荷达到最大值。经过第一板后，气相负荷显著减小。从塔顶送入的冷回流，经第一板后变成了热回流(即处于饱和状态)，液相回流量有较大幅度的增加，达到最大值。在这以后，自上而下，液相回流量逐板减小。每经过一层侧线抽出板，液相负荷均有突然的下降，其减少的量相当于侧线抽出量。到了汽化段，如果进料没有过汽化量，则从精馏段最末一层塔板流向汽化段的液相回流量等于零。通常原油入精馏塔时都有一定的过汽化度，则在汽化段会有少量液相回流，其数量与过汽化量相等。

进料的液相部分向下流入汽提段。如果进料有过汽化度，则相当于过汽化量的液相回流也一齐流入汽提段。由塔底吹入水蒸气，自下而上地与下流的液相接触，通过降低油气分压的作用，使液相中所携带的轻质油料汽化。因此，在汽提段，由上而下，液相和气相负荷愈来愈小，其变化大小视流入的液相携带的轻组分的多寡而定。轻质油料汽化所需的潜热主要靠液相本身来提供，因此液体向下流动时温度逐板有所下降。

图 4-2-11 示出常压塔精馏段的气、液相负荷分布规律。

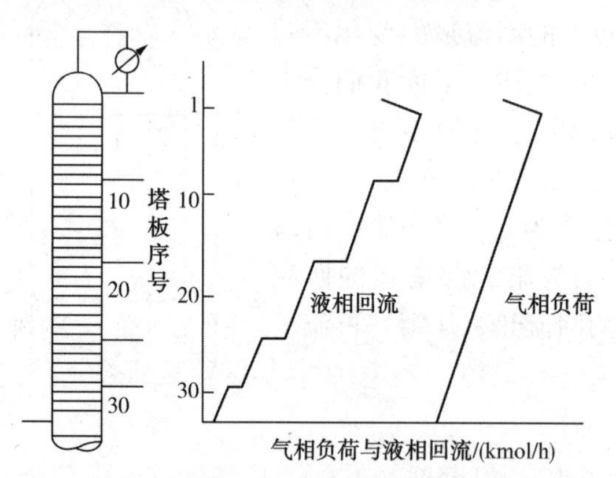

图 4-2-11　常压塔精馏段的气、液相负荷分布图

塔内的气、液相负荷分布是不均匀的，即上大下小，而塔径设计是以最大气、液相负荷来考虑的。对一定直径的塔，处理量受到最大蒸汽负荷的限制，因此经济性差。同时，全塔的过剩热全靠塔项冷凝器取走，一方面需要庞大的冷凝设备与大量的冷却水，投资、操作费用高；另一方面，低温位的热量不易回收和利用。因此采用中段循环回流可以来解决以上的问题。

四、回流的作用和回流方式

石油蒸馏过程中在一个重叠组合的塔内同时馏出几个油品，因此石油蒸馏塔的回流方式与常规精馏塔有显著的不同。

塔内回流的作用：一是提供塔板上的液相回流，造成气液两相充分接触，达到传热、传质的目的；二是取走塔内多余的热量，维持全塔热平衡，以控制、调节产品的质量。

从塔顶打入的回流量，常用回流比来表示：

$$回流比=\frac{回流量}{塔顶产品流量}$$

回流比增加，塔板的分离效率提高；当产品分离程度一定时，加大回流比，可适当减少塔板数。但是增大回流比是有限度的，塔内回流量的多少是由全塔热平衡决定的。如果回流比过大，必然使下降的液相中轻组分浓度增大，此时，如果不相应地增加进料的热量或塔底的热量，就会使轻组分来不及汽化，而被带到下层塔板甚至塔底，一方面减少了轻组分的收率，另一方面也会造成侧线产品或塔底产品不合格。此外，增加回流比，塔顶冷凝冷却器的负荷也随之增加，提高了操作费用。

根据回流的取热方式不同，回流可分为以下几种方式。

（一）冷回流

冷回流是塔顶气相馏出物以过冷液体状态从塔顶打入塔内。塔顶冷回流是控制塔顶温度、保证产品质量的重要手段。冷回流入塔后，吸热升温、汽化，再从塔顶蒸出。其吸热量等于塔顶回流取热，回流热一定时，冷回流温度越低，需要的冷回流量就越少。但冷回流的温度受冷却介质、冷却温度的限制。冷却介质为循环水时，冷回流的温度一般不低于冷却水的最高出口温度，常用的塔顶冷回流温度一般为30~45℃。

（二）塔顶循环回流

它的主要作用是塔顶回流热较大，考虑回收这部分热量以降低装置能耗。塔顶循环回流的热量的温位(或者称能级)较塔顶冷回流的高，便于回收；如塔顶馏出物中含有较多的不凝气(例如催化裂化主分馏塔)，使塔顶冷凝冷却器的传热系数降低，采用塔顶循环回流可大大减少塔顶冷凝冷却器的负荷，避免使用庞大的塔顶冷凝冷却器群；降低塔顶馏出线及冷凝冷却系统的流动压降，以保证塔顶压力不致过高(如催化裂化主分馏塔)，或保证塔内有尽可能高的真空度(例如减压精馏塔)。

在某些情况下，也可以同时采用塔顶冷回流和塔顶循环回流两种形式的回流方案。

石油蒸馏塔顶回流方式通常有三种，见图4-2-12。

1. 冷回流

冷回流是炼厂和化工厂最常见的回流方式，它具有设备少、流程简单、操作容易等优点，但是此方案多数情况下产品及回流冷凝热全被冷却介质带走，能耗高。

2. 二级冷凝冷却回流

二级冷凝冷却回流，塔顶馏出物进入冷凝器后，将回流蒸气全部冷凝，产品蒸气到二级冷凝冷却器中冷却至较低的温度进入产品罐。在第一级冷凝后由于要求塔顶产品呈泡点状态，故而冷凝后温度较高，传热温差大，而且纯冷凝过程传热系数很大，在保障所需回流量及取出相应回流热的条件下，所需传热面积减少很多。这种方案特别适合于生产规模大且回流比高的石油蒸馏塔的应用。

3. 顶循环回流

目前较常应用的是顶循环回流方案，对塔顶馏出物气体数量比较多的蒸馏塔如催化裂化分馏塔、焦化分馏塔多使用顶循环回流取热方案。回流不经过塔顶管线和冷凝冷却器可以使

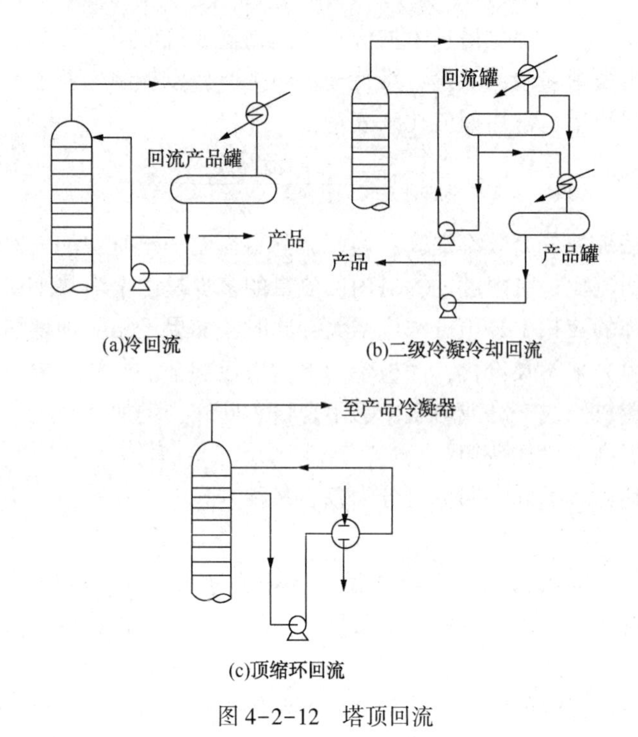

图 4-2-12　塔顶回流

其阻力降减少，并能显著减少冷凝冷却器面积，节约投资。同时，由于采用顶循环回流时回流抽出温度要比塔顶温度高 20～30℃，可以通过换热回收热量，在经济上显示其优越性。减压塔顶为了保持塔内较高真空度，减少塔顶冷凝器的阻力降是十分重要的。因此减压塔顶的回流目前几乎全部采用顶循环回流的方式。

(四) 中段循环回流

循环回流从塔内抽出经冷却至某个温度再送回塔中，回流在整个过程中都是处于液相，而且在塔内流动时一般也不发生相变化，它只是在塔里塔外循环流动，借助于换热器取走回流热。

循环回流如果设在精馏塔的中部，就称为中段循环回流。它的主要作用是：使塔内的气、液相负荷沿塔高分布比较均匀；石油精馏塔沿塔高的温度梯度较大，从塔的中部取走的回流热的温位显然要比从塔顶取走的回流热的温位高出许多，因而是价值更高的可利用热源。

大、中型石油精馏塔几乎都采用中段循环回流。当然，采用中段循环回流也会带来一些不利之处：中段循环回流上方塔板上的回流比相应降低，塔板效率有所下降；中段循环回流的出入口之间要增设换热塔板，使塔板数和塔高增大；相应地增设泵和换热器，工艺流程变得复杂些。对常压塔，中段回流取热量一般以占全塔回流热的 40%～60% 为宜。中段回流进出口温差国外常采用 60～80℃，国内则多用 80～120℃。

近年来炼油厂节能的问题日益受到重视，在某些情况下，为了多回收一些能级较高的热量，有的常压塔还考虑采用第三个中段循环回流。

中段循环回流出入塔的位置有许多种方式，对分馏塔的操作影响很大，见图 4-2-13。应从整个塔的负荷和塔板效率及热回收率来考虑。分别讨论如下：

如图 4-2-13(a)所示。取热，11～15 层塔板上内回流减少，使这几层塔板难以发挥作用，从而影响分馏效果。

如图 4-2-13(b)所示，除内回流取热导致整个精馏段内回流减少影响精馏效果外，过冷的循环回流如果换热不够充分导致抽出温度太低，侧线中轻馏分多，闪点低，对产品质量的影响很大。

如图 4-2-13(c)所示，跨越抽出侧线向下打中段循环回流，中段循环回流量受内回流量限制取热量不能太大。大量内回流量抽出之后，抽出线附近内回流量相对变化很大，侧线产品质量难以稳定控制。

如图 4-2-13(d)所示，在第 11 层抽出侧线，循环回流打入第 13 层塔板，从理论上来讲对塔内分馏效果影响是最小的，但在结构设计上难度很大。此种情况回流进到入口堰附近，离抽出口很近，很容易造成过冷的循环回流混到抽出口中，造成侧线产品温度降低，影响气体效果。

如图 4-2-13(e)是炼油厂最常见的循环回流取热方案，仅仅只有第 10 块板回流量少一些，影响分离效果不大。这种循环回流取热方式可以根据需要在较大范围内进行调节取热量，操作灵活性大。

图 4-2-13(f)所示对少量利用循环回流热、侧线产品不需要汽提的情况下是合理的。它对塔板分离效果不产生影响。如果侧线产品需要汽提，应有专门的抽出和换热设备。

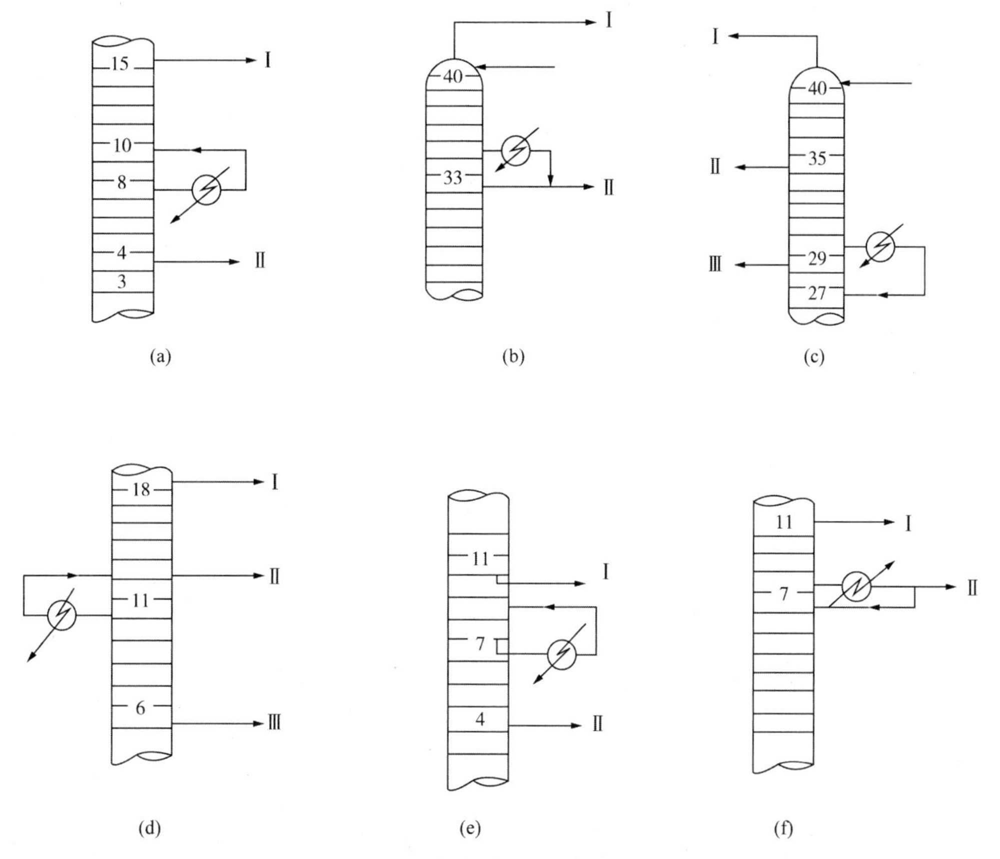

图 4-2-13　中段循环回流出入塔的位置

（Ⅰ、Ⅱ、Ⅲ表示塔顶或侧线抽出线）

由此可见，选用不同中段回流的形式对塔的分离效果及取热的数量影响是很大的。

第三节　石油蒸馏计算过程的主要工艺参数的选择

石油物性的复杂性导致石油蒸馏过程工艺计算中，相当部分工艺参数是靠经验选择确定的。一方面，在目前炼油厂设计中，电子计算机应用已十分普及，石油馏分可以借助于“假组分”的处理方案，利用三对角矩阵按多组分物系进行计算，确定所需的重要工艺数据(如抽出温度、气液相流量等)，但是计算获得的产品组成往往和生产现场产品的实际组成有一定距离，这些方法还有待进一步完善和提高。另一方面，对于石油蒸馏过程来讲，在20世纪初已建立了石油连续蒸馏装置，一百多年来装置生产能力得到了提高。常减压蒸馏装置的最大处理能力已经达到15Mt/a以上，尽管设计方法中有些还是属于经验或半经验的，但在工程设计中还在继续发挥其作用。作为石油化工的工程技术人员，对于这些方法还是需要掌握并应用到工作中去的。

一、塔板数的选择

由于多年来石油蒸馏经验的积累，蒸馏塔板数一般不是通过计算而是通过选择确定的。不同生产装置、不同油品分割所需塔板数见表4-3-1。某精馏段内如果要设置中段循环回流，每个中段循环回流一般要占用2~3块塔板作为换热板。

表4-3-1　国内某些炼油厂采用的塔板数

操作方法	分离的物质	塔板数(不包括换热塔板)			
		一	二	三	推荐
原油常压蒸馏及产品汽提	汽油与喷气燃料	11	9	9	9
	煤油与轻柴油	8	9	6	6~8
	轻柴油与重柴油(或轻润滑油)	8	7	6	4~6
	重柴油与裂化原料	3	5	6	4~5
	进口到最下一根侧线	3	3	3	3
	塔底汽提	4	4	4	4
	溶剂油汽提			6	5~6
	煤油汽提	8	6	6	5~6
	轻柴油汽提	4	6	6~4	4
	重柴油汽提	4	6	6~4	4
常馏压及残产油品减汽压提蒸[①]	塔顶油与裂化原料	4	4	4	4
	裂化原料与低黏度油	4	4	6~8	4
	低黏度油与中黏度油	4	4	4~6	4~5
	中黏度油与重黏度油		4	4	4
	重黏度油至进料段[②]	3	3	2~4	3
	塔底汽提	4	4	4	4
	低黏度油汽提	6	6		4~5
	中黏度油、重黏度油汽提	6	6		4~5

续表

操作方法	分离的物质	塔板数(不包括换热塔板)			
		一	二	三	推荐
催化裂化分馏塔及产品汽提	汽油与轻柴油	8	8		8
	轻柴油与重柴油	5	6		6
	重柴油与回炼油	8	8		8
	回炼油至进料段[3]	2	2		2
	轻柴油、重黏度油汽提	4	4		4
焦化分馏塔及产品汽提	汽油与焦化柴油	8~10			8~9
	焦化柴油与裂化原料	3~5			4~5
	焦化柴油汽提	5			4~5

① 这是生产润滑油料的减压分馏塔。对馏分分割精度要求不高的生产燃料的减压塔，则因侧线少，故塔板数可大大减少。

② 最好加一层金属泡沫网。

③不包括各层人字形换热挡板。

二、汽提蒸汽量的选择

汽提蒸汽主要用在提馏段降低油气分压使其中轻馏分汽化提馏出来，以起到改善精馏效果、使馏分范围变窄、提高闪点保证产品质量要求的作用。

汽提蒸汽用量应适当，用量过多不仅增加装置能耗、加大蒸馏塔的负荷，而且增加了含油污水的数量，加重了污水处理部门的负担。图 4-3-1提供了汽提蒸汽用量与汽提馏出量的关系。炼油厂汽提蒸汽的实际用量及推荐量见表 4-3-2。

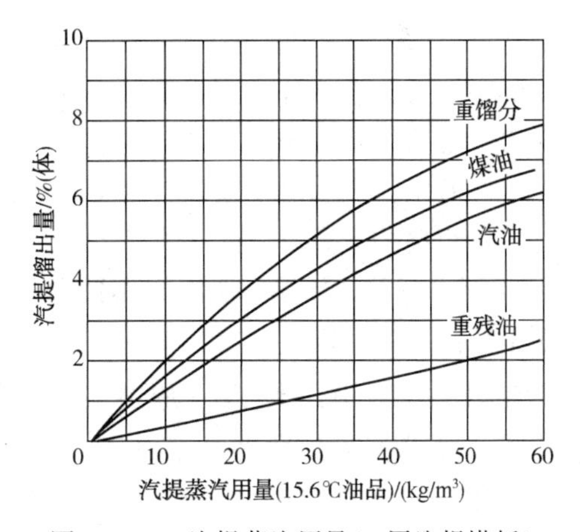

图 4-3-1　汽提蒸汽用量(4 层汽提塔板)

表 4-3-2　汽提蒸汽用量

操作方法	油品名称	蒸汽用量/(kg/100kg 产品油)						
		一[1]	二	三[1]	四	五	六[1]	推荐值
初馏塔	塔底油	约 1.12~2.37				1.04		1.2~1.5
常压塔	溶剂油					1.2		1.5~2
	煤油	2.16	2~3	3.16	2.35~3		2	2~3.2
	轻柴油	1.65	2~3	2.26	1.38~1.84		1~2	2~3
	重柴油		4	0.71	~1.39		2	2~4
	轻润滑油	5.7	4					2~4
	塔底重油	2.52	1.5~2.0	1.18	1.46~1.42	0.87	1.7	2~4
减压塔		2~4					2	2~4
			1.37	1~4.15	2.3			2~4
		~2.0					4.5	2~5

①为设计数据，其他为操作数据。

三、石油蒸馏塔的分馏精确度

（一）分馏精确度的表示方法

对于二元或多元系，分馏精确度可以容易地用组成来表示。例如对A（轻组分）、B（重组分）二元混合物的分馏精确度可用塔顶产物B的含量和塔底产物中A的含量来表示。对于石油精馏塔中相邻两个馏分之间的分馏精确度，则通常用两个馏分的馏分组成或蒸馏曲线（一般是恩式蒸馏曲线）的相互关系来表示。如图4-3-2所示，倘若较重馏分的初馏点高于较轻馏分的终馏点，则两个馏分之间有些“脱空”，则称这两个馏分之间有一定的“间隙”。间隙可以下式表示：

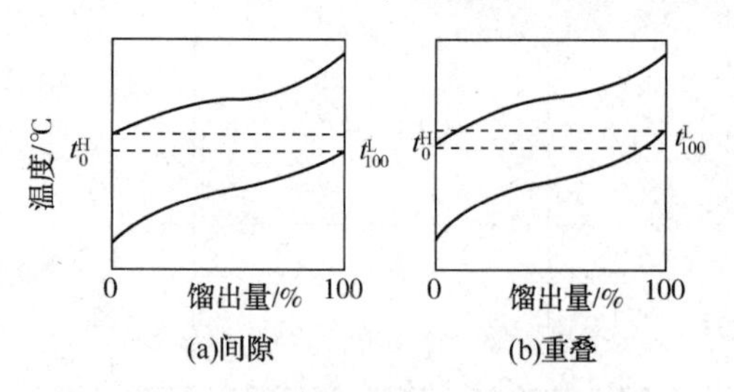

图4-3-2　相邻馏分间的间隙与重叠

$$\text{恩式蒸馏}(0\sim100)\text{间隙}=t_0^{\ H}-t_{100}^{L} \tag{4-3-1}$$

式中，$t_0^{\ H}$和t_{100}^{L}分别是重馏分的初馏点和轻馏分的终馏点。

间隙越大，表示分馏精确度越高。当$t_0^{\ H}<t_{100}^{L}$，即$(t_0^{\ H}-t_{100}^{L})$为负值时，则称为重叠，这意味着一部分重馏分跑到轻馏分中去了。重叠值（绝对值）越大，则表示分馏精确度越差。

乍一看来，相邻两个馏分“脱空”的现象似乎不可思议。其实，这只是由于恩式蒸馏本身是一种粗略的分离过程，恩式蒸馏曲线并不能严格反映各组分的沸点分布，因此才会出现这种“脱空”现象。如果用实沸点蒸馏曲线来表示相邻两个馏分的相互关系，则只会出现重叠而不可能发生间隙。

在图4-3-3中，1是某一原料馏分的实沸点曲线，要求在t_f温度处分馏切割为两个馏分。当分馏精确度很高以致达到理想的分离时，两个产品的实沸点曲线为2和3，它们之间刚好衔接，即$t_0^{\ H}=t_{100}^{L}=t_f$，既不重叠，也不可能出现间隙。当分馏精确度不很高时，则所得轻馏分的实沸点曲线5与重馏分的实沸点曲线4就出现了重叠，一直到分离效果最差的平衡汽化。所得到的轻、重馏分实沸点曲线7和6就完全重叠了。

在实际应用中，恩式蒸馏的t_0和t_{100}不易得到准确数字，通常使用较重馏分的5%点t_5^H与较轻馏分的95%点t_{95}^L之间的差值来表示分馏精确度，即：

$$\text{恩式蒸馏}(5\%\sim95\%)\text{间隙}=t_5^H-t_{95}^L \tag{4-3-2}$$

上式结果为负值时表示重叠。

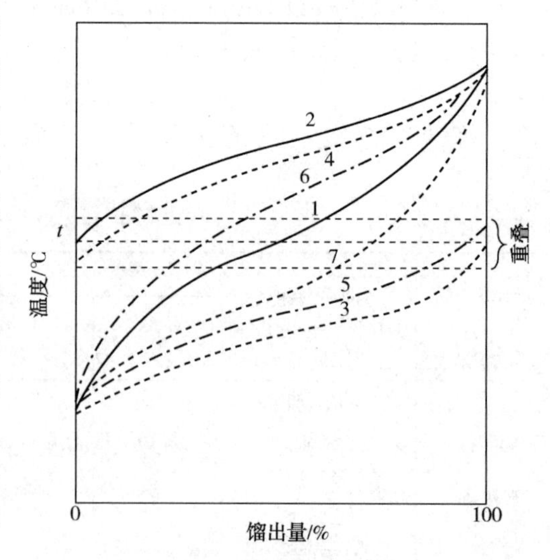

图4-3-3　实沸点蒸馏重的叠图

1—原料实沸点曲线；2—理想分馏后重组分的实沸点曲线；3—理想分馏后轻组分的实沸点曲线；4—正常分馏后重组分的实沸点曲线；5—正常分馏后轻组分的实沸点曲线；6—平衡汽化分离后液体组分的实沸点曲线；7—平衡汽化分离后气体组分的实沸点曲线

对常压塔馏出的几种馏分，由恩式蒸馏间隙($t_5^H-t_{95}^L$)换算为实沸点蒸馏重叠($t_0^H-t_{100}^L$)可用图 4-3-4 近似地估计。

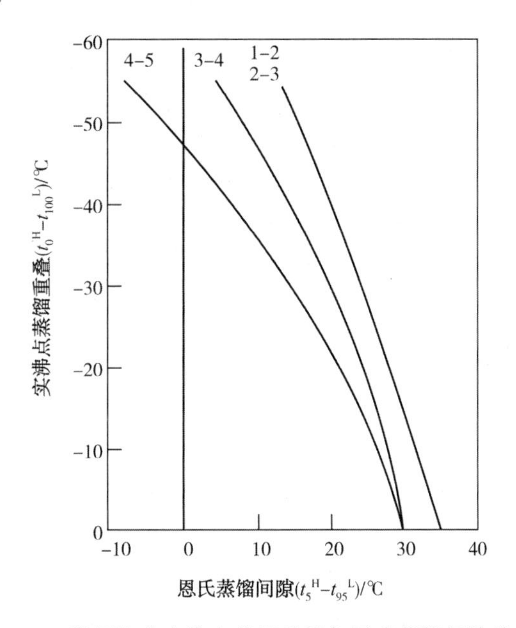

图 4-3-4　常压馏分实沸点蒸馏重叠与恩式蒸馏间隙关系图

1—轻汽油馏分(<150℃)；2—重汽油馏分(150~205℃)；

3—轻柴油馏分(205~302℃)；4—重柴油馏分-(302~370℃)；

5—常压重油(370~413℃)

常压蒸馏产品的分馏精确度的文献推荐值见表 4-3-3。

表 4-3-3　常压馏分分馏精确度推荐值

馏分	恩式蒸馏(5%~95%)间隙/℃
轻汽油-重汽油	11~16.5
汽油-煤油、轻柴油	14~28
煤油、轻柴油-重柴油	0~5.5
重柴油-常压瓦斯油	0~5.5

(二) 分馏精确度与回流比、塔板数的关系

影响分馏精确度的主要因素是物系中组分之间分离的难易程度、回流比和塔板数。对二元和多元物系，分离的难易程度可以用组分之间的相对挥发度来表示；对于石油馏分则可以用两馏分的恩式蒸馏 50%点温度之差 Δt_{50}来表示。对石油馏分的精馏，从理论上说，可以用虚拟组分体系的办法来计算所需的回流比和塔板数，但这种方法十分复杂。简捷法计算石油精馏塔的回流比是由全塔热平衡确定的，乃至石油馏分的分馏精确度一般不是要求非常高，因此，通常使用经验的方法来估计达到分馏精度要求所需的回流比和塔板数。图 4-3-5 和图 4-3-6 是用于估算常压塔中分馏精确度与回流比、塔板数的关系图。此二图也可以借用于减压塔，但准确性变差。图中纵坐标 F 为回流比与塔板数之乘积，表示是该塔段的分离能力；横坐标是相邻两馏分的恩式蒸馏间隙；图中等 Δt_{50}线在图 4-3-5 中表示塔顶产品与一线产品的恩式蒸馏 50%点温度之差，而在图 4-3-6 则表示第 m 板侧线的 $t_{50\%}$与 m 板以上

所有馏出物(作为一个整体)的 $t_{50\%}$ 之差。

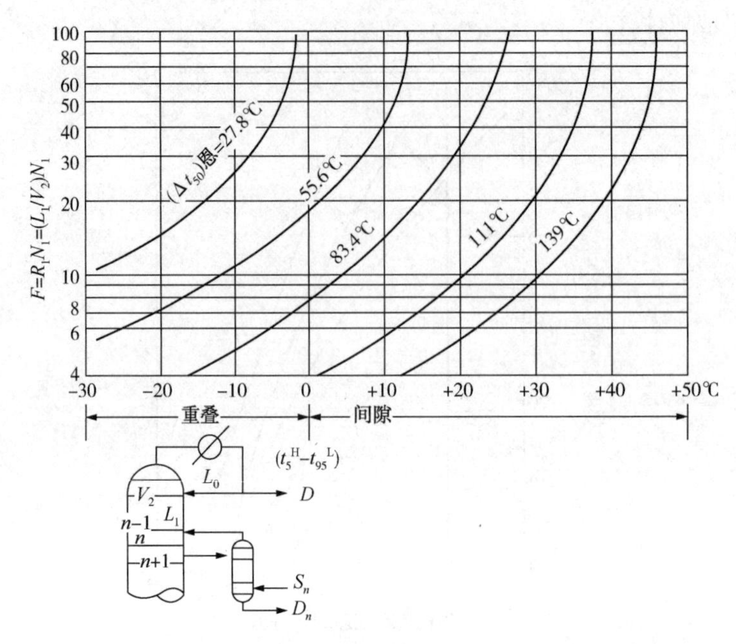

图 4-3-5 原油常压精馏塔塔顶产品与一线之间分馏精确度图

R_1—第一板下回流比=L_1/V_2，均按 15.6℃液体体积流率计算；N_1—塔顶与一线之间实际塔板数=n

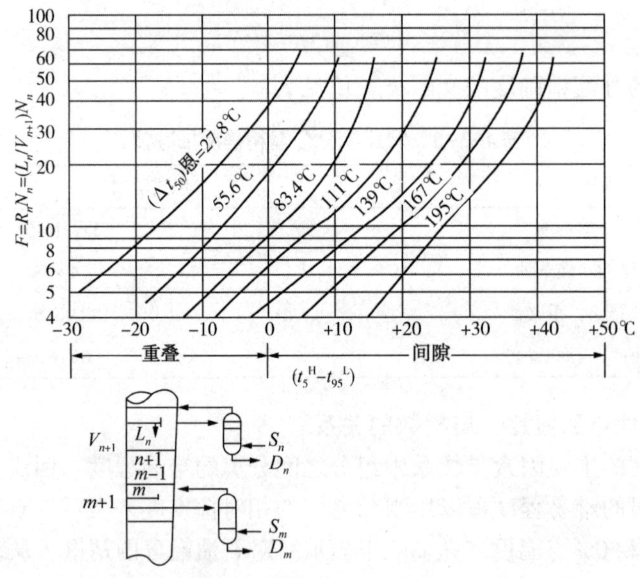

图 4-3-6 原油常压精馏塔侧线产品之间分馏精确度图

R_n—第 n 板下回流比=L_n/V_{n+1}，均按 15.6℃液体体积流率计算；N_n—该两侧线之间的实际塔板数=$m-n$

四、原油切割方案及相应的计算方法

(一) 原油切割方案的拟定

原油切割方案的拟定的主要依据是原油评价资料，原油的评价资料一般包括三个方面的内容：

1）原油的一般性质，如密度、黏度、含硫量、酸值、凝点、馏程、重金属含量、四组成分析等内容。

2）实沸点蒸馏及其窄馏分密度、凝点、黏度、硫含量等性质测定。

3）各产品（如汽油、煤柴油、催化裂化原料油、润滑油馏分、重油等）的质量指标测试数据。根据原油评价资料内容以及生产厂家需要产品的种类，大致确定各段馏分的用途，不过在原油评价方案中有些馏分切割的范围较宽，例如柴油馏分与厂家要求生产的产品相近的是实沸点180~350℃的馏分，设计人员在进行原油分割方案设计时，如果这么宽的馏分从一条侧线生产出来是否会影响到塔内气液相负荷的均匀？蒸馏装置生产的产品是否有灵活性？以此出发可以把该馏分切割成两个比较窄的馏分；例如180~230℃和230~350℃，轻馏分单独可以作喷气燃料馏分，与重馏分合并在一起可以作为柴油出厂，这样一来，产品的生产与销售就比较灵活了。原油评价中对催化裂化原料油往往只提供一个350~500℃馏分的性质数据，而减压塔至少有2~3条侧线，因此从设计减压塔的角度出发需要把整个催化原料馏分油切割成2~3个沸点范围稍窄一些的馏分，拟定切割方案时按实沸点蒸馏沸程范围由轻到重依次相连地切割，从而确定每个馏分实沸点馏程范围。

（二）原油切割方案相应的计算内容及方法

1）各馏分的收率：由于实沸点理论塔板数与炼油厂蒸馏塔的理论板数相距不远，以实沸蒸馏该沸程馏分的收率作为工业蒸馏塔该馏分收率其误差一般不是很大，以此可以作为进行生产装置以及单个设备的物料衡算的依据。

2）当对每个馏分进行物性计算时，如果与原油评价切割完全相同的馏分，可以利用与原油评价中对应该馏分测试的馏程、密度等数据进行关联计算，求取所需的物性数据。

3）设计选用的馏分范围与原油评价不同，密度的求取是根据切割沸程起点、终结的沸点温度，在对应的密度线以代表平均密度线的水平线与密度线相交后两线之间所包括面积相等的原则求得平均密度，实沸点曲线则参照切割点前后产品种类不同，按照对应的重叠范围调整其实沸点曲线，然后再进行其他物性的计算，具体示例见图4-3-7。其中对馏出油进行实沸点蒸馏曲线校正时，先按表4-3-3求得相邻馏分恩式蒸馏（5%~95%）间隙温度，再用图4-3-4求得实沸点重叠温度，再参照图中方法进行馏出曲线校正。

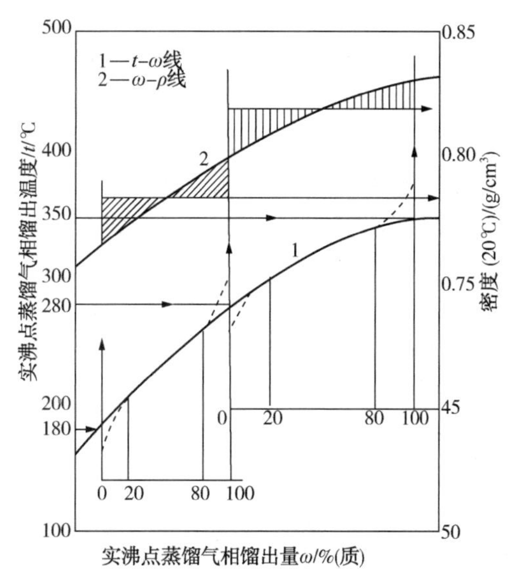

图4-3-7　馏分油实沸点蒸馏曲线的校正及密度的求取

第四节　石油蒸馏塔的简捷计算方法

在进行石油蒸馏塔设计计算之前要收集并提供以下数据：

1）原料油的数据（包括实沸点蒸馏数据、密度、相对分子质量、特性因数、含水量及平衡汽化数据等）；

2）原油处理量、年开工时数；

3）产品方案、产品规格及产品收率；

4）汽提蒸汽的温度及压力。

在此之后依次进行以下有关设计计算的工作。

一、主要参数的选择

1. 塔板种类和各塔板数

可参照表4-3-1提供的数据进行选择。画出塔的示意图。

2. 选定塔的操作压力

除了常压塔底重油作为原料的分馏塔为减压操作外，其他的分馏塔是在稍高于大气压下操作。在相同的塔直径下，适当地提高操作压力，可以提高塔的处理能力，同时，增加压力以后，整个塔的操作温度相应提高，也有利于各馏分与原油的换热。但提高操作压力也将使加热炉的出口温度提高、分馏效率有所降低、塔顶冷凝冷却器的负荷增加。

把原油初馏塔的操作压力提高到0.4~0.5MPa，常压塔的操作压力提高到0.2~0.3MPa，在某些特定情况下是可以在设计时加以考虑的。某些较重的油品在高温下易于裂解，为了从这些油品中分馏出较轻的组分，就必须使分馏塔在减压条件下操作。同时减压操作下组分之间的相对挥发度大，也有利于分馏。但压力降低将导致塔径增加，同时使抽真空设备的负荷增加。

总的来说，分馏塔内的最小操作压力应使馏出产品能克服冷换设备及管线、管件的压力降，顺利地流到回流罐、汽提塔或抽出泵的入口。塔内的操作压力可以这样决定：先假定塔顶产品罐的压力（当不使用塔顶二段冷凝冷却的流程时，就是回流罐的压力），因为油品分馏塔顶冷凝冷却器的冷却介质是水，一般原油初馏塔和常压塔产品罐的压力在0.11~0.13MPa下操作时，塔顶馏分可认为完全冷凝，即在这个压力下气体量很少，在计算时可忽略；原油初馏塔顶及常压塔顶空冷器的压力降可取为0.01MPa。炉出口到塔的汽化段之间的压力降为0.035MPa。通过分馏塔的压力降与分馏塔的塔板数及采用的塔板型式有关。表4-4-1为各种塔板的大致压力降范围，可供选择塔内各点操作压力时参考。

表4-4-1　各种塔板的大致压力降

塔板型式	压力降/Pa	
	常压下	减压下
泡罩	530~800	330~400
浮阀	400~670	230~270
舌型	270~400	170~200
浮动喷射	270~530	200~270

3. 选择汽提蒸汽量

根据原油处理量和年开工时数以及各产品收率，确定各产品10^4t/a、t/d、kg/h以及kmol/h数据并列出物料平衡表。在此基础上，参照表4-3-2选择各线汽提蒸汽量（kg/h、kmol/h），并将以上物料平衡数据标注到塔的示意图上。

二、主要操作温度及循环回流取热量的确定

(一) 操作温度

精馏塔内各处的操作压力一旦确定，就可以求定各点的温度条件。从理论上说，在稳定操作的条件下，可以将精馏塔内离开任一塔板和汽化段的气、液两相都看成是处于相平衡状态。因此气相温度是该处油气分压下的露点温度，而液相温度是其泡点温度。要计算油气分压，必须知道该部位的回流量，因此，石油精馏塔温度条件的求定方法无非是综合运用热平衡和相平衡两个工具，用试差计算的办法：先假定某处温度 t，作热平衡以求得回流量和油气分压，再利用相平衡关系——平衡汽化曲线，求得相应的温度(泡点、露点或一定汽化量在一定油气分压下的平衡闪蒸温度)，计算的温度与假设的温度误差应小于1%，否则须另设温度 t，重新计算直至达到要求的精度为止。

1. 进料温度

根据塔顶压力、塔板数及选择每块板的压力降，很容易确定进料段(汽化段)的压力 P_F，油品在进料段的汽化量除考虑塔顶和侧线产品应全部汽化之外，还应该增加一些汽化的油品数量以保证最下部位的产品的质量，增加汽化这部分油品的数量通常称为过汽化量，可参照表 4-4-2 选取。

表 4-4-2　石油精馏塔的过汽化油量(占进料的质量分数)　　%

塔	一	二	三	四	五	推荐值
初馏塔	5.3	2　6			1	2~5
常压塔	2.5	2　2	2　2	3　3	2	2~4
减压塔	1.2		2　3		3	3~6

利用平衡汽化坐标纸进行平衡闪蒸计算时，所采用的汽化率为体积汽化分率 e，进料段的汽化率 e_F 由下式确定：

$$e_F = \frac{\sum_i G_i/\rho_i^{20}}{G_F/\rho_F^{20}} \tag{4-4-1}$$

式中　G_i——各馏出油及过汽化油的流量，kg/h；

G_F——原料油流量，kg/h；

ρ_i^{20}——馏出油品 i 在 20℃的密度，g/cm³

ρ_F^{20}——原料油在 20℃的密度，g/cm³。

进料段的油汽分压 p_0 可由式(4-4-2)求取：

$$p_0 = p_F \frac{\sum_i \dfrac{G_i}{M_i}}{\sum_i \dfrac{G_i}{M_i} + \dfrac{S_W}{18}} \tag{4-4-2}$$

式中　M_i——馏出油及过汽化油 i 的相对分子质量；

S_w——塔底汽提水蒸气量，kg/h。

由 p_0 及 e_F 在进料段原料油的 $p-T-e$ 图上很容易求得对应的进料温度 t_F，具体示例见图 4-4-1。

以上求取的进料温度 t_F 应与其相对应的炉出口温度匹配，如果忽略炉出口到塔入口的转油线的散热损失，可以将炉出口至进料段内的降压汽化过程设为绝热闪蒸过程，也就是原料油在汽化段气液相的平均焓与炉出口油料的平均焓相等。进料段原料的平均焓计算如下：

$$h_F = \frac{\sum G_i H_{Fi} + (G_w - G_{\Delta E}) h_{FW}}{G_F} \tag{4-4-3}$$

式中　H_{Fi}——进料油中包括过汽化油在内各油品在进料温度条件下的气相焓，kJ/kg；

h_{FW}——塔底重油在进料温度条件下的液相焓，kJ/kg；

G_w——塔底重油流量，kg/h；

$G_{\Delta E}$——过汽化油质量，kg/h。

对于常压炉油品通常转油线的压力降约为 0.035 MPa、减压炉约为 13.3~26.7 kPa。如果炉管内未注入水蒸气，炉出口的压力应等于进料段压力加转油线阻力降，此时炉出口油气分压就是炉出口压力。根据汽化温度 t_F，另外再提高约 10~15℃作为两个假设的温度值，在炉出口压力条件下分别求得其汽化率以及对应的混合焓值 h_1 和 h_2，再用图解的方法即可求得相应的炉出口温度 $t_{出}$。以图 4-4-2 为例说明求取 $t_{出}$ 的方法。

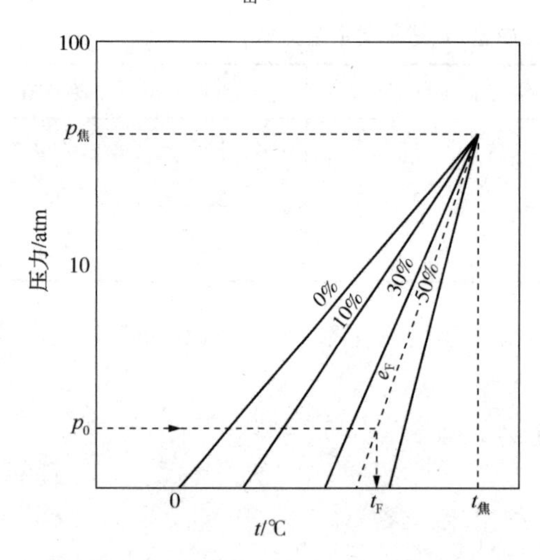

图 4-4-1　利用 $p-T-e$ 图求进料温度

（1atm = 1.01×10^5 Pa）

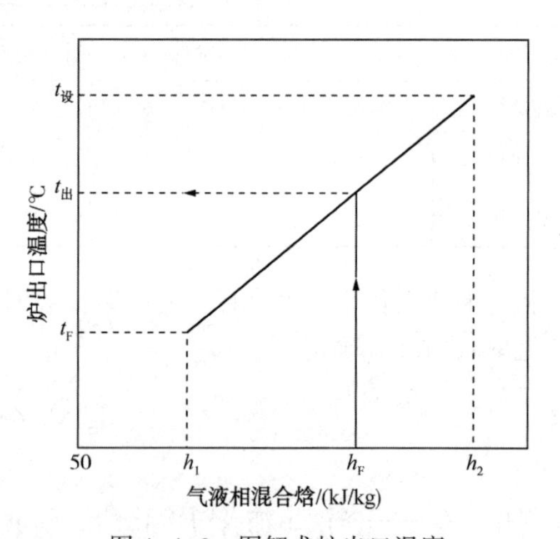

图 4-4-2　图解求炉出口温度

求得炉出口温度应当在适宜的温度范围内，如果不在适宜的温度范围之内可以调节塔底汽提蒸汽量，使温度处于合理范围中。当计算所得炉口温度过高时，可采用适当加大塔底汽提蒸汽用量的办法来进行调节。

不同蒸馏过程加热炉出口的适宜温度见表 4-4-3。

表 4-4-3　加热炉出口的适宜温度范围

原料	生产方案	适宜温度范围/℃
原油(常压蒸馏)	喷气燃料	360~365
	一般产品	265~370

续表

原料	生产方案	适宜温度范围/℃
常底重油	润滑油型	390~400
	燃料型	400~410

2. 塔底温度

进料在汽化段闪蒸形成的液相部分，会同精馏段流下来的液相回流(相当于过汽化部分)，向下流至汽提段。塔底通入过热水蒸气逆流而上与油料接触，不断地将油料中的轻馏分吹提出去。轻馏分汽化需要的热量一部分由过热水蒸气供给，一部分由液相油料本身的潜热提供。加上塔壁的散热损失，故而油料的温度逐板下降，塔底温度比汽化段温度低不少。文献资料中介绍有求定石油精馏塔塔底温度的计算式，但计算值与实际情况往往颇有出入，所以国内一般均采用经验数据。原油蒸馏装置的初馏塔、常压塔及减压塔，塔底温度一般比汽化段温度低5~10℃。

3. 侧线温度

严格地说，侧线抽出温度应该是未经汽提的侧线产品在该处的油气分压下的泡点温度，它比汽提后产品在同样条件下的泡点温度略低一点。然而往往手头拥有的是经汽提后的侧线产品的平衡汽化数据，按理应把它的平衡汽化曲线向前面推延，将被汽提掉的轻组分包括在内，延长后的平衡汽化曲线的0%点(在相应的油气分压下)才是侧线抽出板的温度。考虑在同样条件下汽提前后侧线产品的泡点温度相差不多，为了简化起见，可以按经汽提的侧线产品在该处油气分压下的泡点温度来计算。

计算方法仍是假设侧线温度 t_m，作适当的隔离体和热平衡求出回流量，计算出油气分压，再求得该油气分压下的泡点温度 t'_m，试差计算直至 t_m 与 t'_m 符合规定的误差为止。这里要说明两点：

1) 计算侧线温度时，最好从最低侧线算起，比较方便。因为进料段和塔底温度可以先行确定，则自下往上作隔离体和热平衡时，每次只有一个侧线温度是未知数。

2) 为了计算油气分压，需分析一下侧线抽出板上气相的组成情况。它是由下列物料构成的：通过该层塔板上升的塔顶产品和该侧线上方所有侧线产品的蒸汽，还有在该层抽出板上汽化的内回流蒸气和汽提水蒸气。可以认为内回流的组成与该塔板抽出的侧线产品组成基本相同，因此所谓的侧线产品的油气分压即指该处内回流蒸气的分压。国外书刊介绍的计算侧线温度方法，都将某侧线产品(如三线)的上一个侧线(如二线)的蒸气的存在予以忽略，而将更往上的侧线产品(如一线)蒸气、塔顶产品蒸气和水蒸气当作是降低分压的惰性气体来考虑。然后求取内回流蒸气分压下未经汽提的侧线油品的泡点作为该抽出板温度。这样做法的理由是：该侧线(如三线)抽出板温度接近于上一个侧线(如二线)的临界温度，所以认为它对分压没有影响而忽略之；而更上面的侧线(如一线)的临界温度低于该侧线(三线)抽出板温度，故而一线油品蒸气对三线油品起着和水蒸气一样的降低分压的作用，可看作不凝气。这种说法未免牵强，尽管算出来的结果可能与实际情况相近，但是当按汽提后的油品来计算侧线温度时，忽略上一个侧线的油品蒸气的做法，会使计算的侧线温度偏高。因此国内的算法是：一方面按汽提后侧线油品(即设计时要求的侧线产品)的平衡汽化数据，另一方面把除回流蒸气以外的所有油气都看作和水蒸气一样起着降低分压的作用，即计算时一个也不忽略。

4. 塔顶温度

塔顶温度是塔顶产品在其本身油气分压下的露点温度。塔顶馏出物包括塔顶产品、塔顶回流(通常和塔顶产品一样)的蒸气，以及不凝气(气体烃)和水蒸气。塔顶回流量须通过假设塔顶温度做全塔热平衡才能求定。算出油气分压后，求出塔顶产品在此油气分压下的露点温度，以校核所假设的塔顶温度。

当塔顶的不凝气量很少(如原油初馏塔、常压塔、减压塔)时，可忽略不计。忽略不凝气以后求得的塔顶温度较实际塔顶温度约高出3%，可将计算所得的塔顶温度乘以系数0.97，作为采用的塔顶温度。

在确定塔顶温度时，应同时校核水蒸气在塔顶是否会冷凝。若水蒸气的分压高于塔顶温度下水的饱和蒸气压，则水蒸气就要冷凝；此时应考虑减少水蒸气用量或减低塔的压力，重新进行全部计算。一般的原油常压分馏塔，只要汽提蒸汽不是用得很多，则只有当塔顶温度低于90℃时，才会出现水蒸气冷凝的情况。

5. 侧线汽提塔塔底温度

当用水蒸气汽提时，汽提塔塔底温度比侧线抽出温度大约低5~8℃，有的可能低17℃左右。

当侧线用再沸器提馏时，则其温度为该处压力下侧线产品的泡点温度。侧线再沸温度有时可高出抽出板10~20℃，提馏出来的气体返回精馏塔的温度可比抽出板温度高出10℃左右。

(二) 循环回流取热量

循环回流取热可以获得数量可观的热源用于和原油换热，循环回流取热还可以产生装置内部所需的水蒸气。适当多取出中段循环回流热可以提供更多高温热源，这对生产过程是十分重要的。如果中段循环回流取热量过多，其上部内回流量将明显减少，国外有些生产装置的工业试验表明，当中段循环回流取热超过内回流热的75%~80%后，就会显著地降低上段的塔板效率，影响塔的分离效果，因此中段循环回流取热以不超过内回流热的80%为宜。

塔顶循环回流取热增加，塔顶冷回流量就会减少，油气分压降低，水蒸气分压相应提高。在常压蒸馏装置生产喷气燃料时，汽油切割终点温度多在130~140℃范围，相应条件下塔顶温度较低。为避免顶部塔板、塔顶挥发线的腐蚀现象，在求取塔顶温度之后应检查此时相对应的水蒸气分压以及与该水蒸气分压对应的水的露点温度，希望塔顶温度比水蒸气分压对应的水的露点温度高出5℃以上，方能防止腐蚀现象发生。

三、石油精馏塔的操作弹性

石油精馏塔是一个复合精馏塔，塔内气液相负荷变化很大，最大的气相负荷往往出现在最下部位的中段循环回流抽出板的下方。如果各中段循环回流均按尽可能多地取出回流热，最上部的精馏段的气相负荷则往往是最小的。为使塔内不同截面都处于较适宜的操作区域，通常在一个塔内可以选用几种不同开孔率的塔板。对于每种塔板进行水力学计算，则可以分别得到各自的适宜操作区域图，如图4-4-3所示。实际情况中，淹塔线1和雾沫夹带线2的相对位置可能与图4-4-3中不完全一致，视具体情况而定。以坐标原点 O 与该板设计气、液流量的坐标点 P 所引连线一般称之为操作线，该线与泄漏线5的交点 N 确定了该截面的操作下限。由 O 经 P 向上绘制操作线时，与 1、2 线中任何一条线首先相交，该交点 H 即确定了塔的操作上限。实际上对每个截面进行计算时都有各自空塔气速的最高气速 u_H，操作气速 u_P 和下限气速 u_N，直观上难以判断该塔的上、下限处理能力。如果选用各自的设计气速 u_P 为基准，与 u_H、u_N 相比较以式(4-4-4)表示：

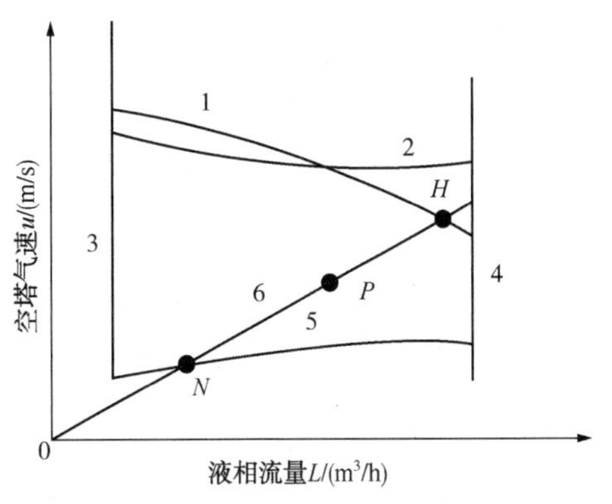

图 4-4-3　适宜操作区示意图

1—淹塔线；2—雾沫夹带线；3—液相负荷下线；4—降液管超负荷数；5—泄漏线；6—操作线

$$\eta_{上}=\frac{u_H}{u_P},\ \eta_{下}=\frac{u_N}{u_P} \tag{4-4-4}$$

将 $\eta_{上}$ 定义为比上限气速、$\eta_{下}$ 定义为比下限气速。可以把 $\eta_{上}$ 理解成该截面最大处理能力为设计能力的若干倍，可以把 $\eta_{下}$ 理解成为该截面最小处理能力的比率。全塔的最高操作能力只能由几个不同截面比上限气速最小者($\eta_{上min}$)限定；相反地，全塔的最低加工能力也只能由几个不同截面比下限气速最高者($\eta_{下max}$)限定，显然由此将得到多侧线石油精馏塔的操作弹性 F，见式(4-4-5)。

$$F=\frac{\eta_{上min}}{\eta_{下max}} \tag{4-4-5}$$

四、常压蒸馏塔简捷工艺计算例题

(一) 计算所需基本数据

1) 原料油性质，其中主要包括实沸点蒸馏数据、密度、特性因数、平均相对分子质量、含水量、黏度和平衡汽化数据等。

2) 原料油处理量，包括最大和最小可能的处理量。

3) 根据正常生产和检修情况确定的年开工天数或年开工时数。

4) 产品方案及产品性质。

5) 汽提水蒸气的温度和压力。

上述基本数据通常由设计任务给定。此外，应尽可能收集同类型生产装置和生产方案的实际操作数据以资参考。

(二) 设计计算步骤

1) 根据原料油性质及产品方案确定产品的收率，做出物料平衡。

2) 列出(有的需通过计算求得)有关各油品的性质。

3) 决定汽提方式，并确定汽提蒸汽用量。

4) 选择塔板的型式，并按经验数据定出各塔段的塔板数。

5) 画出蒸馏塔的草图，其中包括进料及抽出侧线的位置、中段回流位置等。

6) 确定塔内各部位的压力和加热炉出口压力。

7) 决定进料过汽化度，计算汽化段温度。

8) 确定塔底温度。

9) 假设塔顶及各侧线抽出温度，做全塔热平衡，算出全塔回流热，选定回流方式及中段回流的数量和位置，并合理分配回流热。

10）校核各侧线及塔顶温度，若与假设值不符合，应重新假设和计算。

11）作出全塔气、液相负荷分布图，并将上述工艺计算结果填在草图上。

12）计算塔径和塔高。

13）塔板水力学核算。

［例 4-4-1］ 设计一原油常减压蒸馏装置的常压蒸馏塔，根据原油评价资料确定的产品方案和物料平衡情况以及通过计算确定的油品物性如表 4-4-4、表 4-4-5 所示，该塔进料为初底油。图 4-4-4 为常压塔计算草图。

表 4-4-4　初底油及各线产品主要性质汇总表

项目	密度(20℃)/(kg/cm^3)	相对分子质量 M	特性因数 K	常压平衡汽化温度/℃							焦点参数	
				0%	10%	30%	50%	70%	90%	100%	温度/℃	压力/MPa
初底油	893.0		11.8	222	280	335	401	441			601	5.37
常顶汽油	741.1	97	12.0	81	83	88	94	101	104	106	321	5.67
常一	801.8	143	11.8	174.5	176.5	182	188.5	194.5	199.5	201	404	3.57
常二	848.5	180	11.5	251	254	256	258	260	262	264	458	2.58
常三	861.0	238	11.1	312	313	314	318	322	327	328	503.2	2.21
常四	865.0	304	11.9	376	381	384	386	387	391	393	534.2	1.55
常底	919.4		11.9									

表 4-4-5　按年开工日 330 天计算得进料及各线产品流量表

项目	收率		流量				汽提蒸汽量	
	%(质)	%(体)	10^4t/a	t/d	kg/h	kmol/h	kg/h	kmol/h
初底油	100	100	91.08	2760	115000			
常顶汽油	1.20	1.43	1.08	33.0	1375	14.18		
常一	5.00	6.50	4.55	138.00	5750	40.21	0	0
常二	9.02	9.40	8.22	249.00	10375	57.61	207.5	11.53
常三	14.02	14.40	12.77	387.00	16125	67.75	322.5	17.98
常四	4.56	4.66	4.16	126.00	5250	17.27	105.0	5.83
常底	66.20	63.61	60.29	1827.00	76125		1903.0	105.73
总计	100.00	100.00	91.08	2760	115000		2538.0	44.01

解：

（1）确定各段塔板数，参考表 4-3-1，确定中段循环回流抽出和返回塔板的位置，具体见图 4-4-4。

（2）确定塔顶及各抽出板压力：

1）塔顶压力 138.0 kPa。

2）各抽出板上方压力按每层板阻力降 0.53 kPa 计算，具体计算公式如下。

$$p_i = p_{顶} + (i-1) \times \Delta p$$

（3）确定冷回流温度为 40℃，汽提蒸汽压力为 0.31 MPa、温度为 400℃。

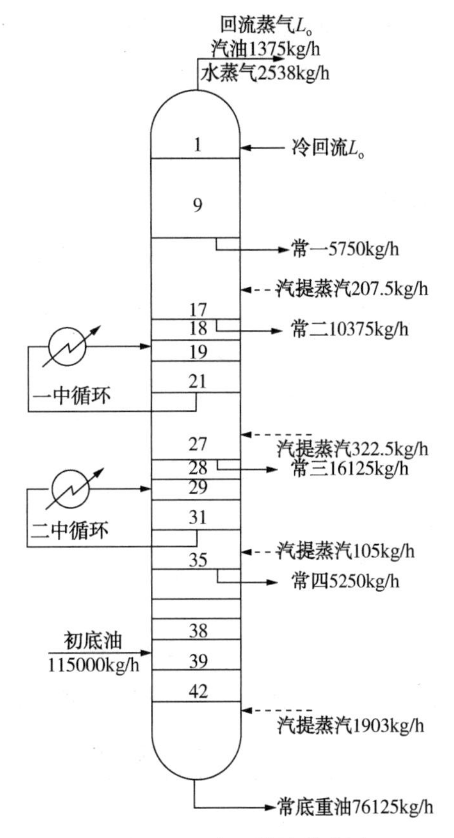

图 4-4-4　常压塔计算草图

(4) 确定进料段温度：取过汽化量占进料量的 2%(质)，其密度、相对分子质量近似取常四线之值，则过汽化量为：

$$\Delta E=115000\times 0.02=2300(\mathrm{kg/h})$$

过汽化油的摩尔流率为：

$$N_{过}=2300/304=7.57(\mathrm{kmol/h})$$

过汽化油占进料的体积分数：

$$e_{过}=0.02\times 893.0/865.0=0.0206$$

进料段初底油体积汽化率：

$$e_F=0.0143+0.065+0.094+0.1440+0.0466+0.0206=0.3845=38.45\%$$

进料段油气分压：

$$p_{油}=p_{39}\times\frac{N_{油}}{N_{油}+N_{水}}$$

$$p_{39}=p_{顶}+(39-1)\times\Delta p=138.0+38\times 0.53=158.1\mathrm{kPa}$$

$$N_{水}=1903/18=105.73(\mathrm{kmol/h})$$

$$N_{油}=14.18+40.21+57.64+67.75+17.27+7.57=204.62(\mathrm{kmol/h})$$

$$p_{油}=158.1\times 204.62/(204.62+105.73)=104.3(\mathrm{kPa})=1.029(\mathrm{atm})$$

将初底油的数据标绘在平衡汽化坐标纸上(图 4-1-27)，按 $p=104.3$ kPa 、$e_F=38.45\%$，求得进料段温度 $t_F=360$℃。

按上述计算过程得到的进料温度是否合理，还需要用等焓节流过程的计算方法求得炉出口温度来进行校验，油品带入进料段的热量见表 4-4-6。

表 4-4-6　初底油带入塔内热量计算表

项目	流量/(kg/h)	焓/(kJ/kg)		热量/(MJ/h)
		气相	液相	
汽油	1375	1179		1.621
常一	5750	1151		6.618
常二	10375	1140		11.820
常三	16125	1137		18.334
常四	5250	1129		5.927
过汽化油	2300	1129		2.597
重油	73825		911	67.255
合计	115000			114.182

进料初底油的平均焓；

$$h_F=114.182\times 10^6/115000=992.9(\mathrm{kJ/kg})$$

利用图解法确定常压炉出口温度。取加热炉出口转油线压力降为 36 kPa，炉出口压力为：

$$p_{炉}=158.1+36=194.1(kPa)=1.91(atm)$$

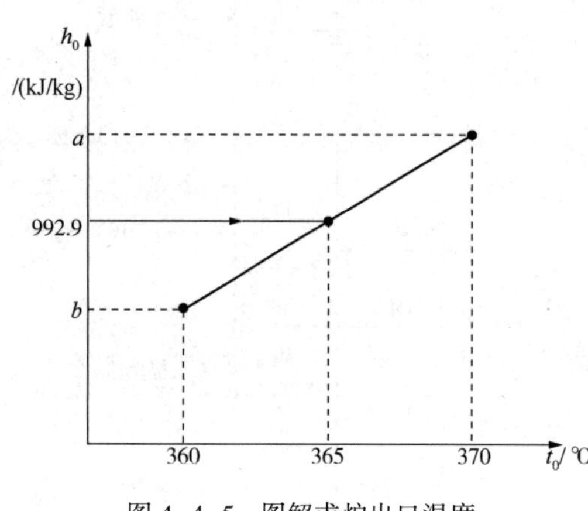

图 4-4-5　图解求炉出口温度

可分别假设炉出口温度为 370℃ 和 360℃，按 1.91atm 和这两个温度分别求取初底油炉出口的汽化率，进一步求得对应炉出口温度下的平均焓 h_0(a 和 b)，建立炉出口温度 $t_0 \sim h_0$ 关系曲线。按 $h_0=h_F$ 由图 4-4-5 解出炉出口温度 t_0，本题目对应炉出口温度约为 365℃。

图 4-4-5 中 365℃ 对应炉出口温度下的平均焓 h_0 计算方法如下：由炉出口压力 1.91atm 和 365℃ 按照初底油的 $p-T-e$ 图求得初底油的汽化率为 26.26%(体)。按各馏出油的体积收率推算可知常二线以上产品全部汽化，常三线是部分汽化，其中常三线汽化量为 11147kg/h、未汽化量为 4978kg/h，常四线及重油全部为液相，然后列表求得炉出口热量，见表 4-4-7。

表 4-4-7　炉出口温度 365℃初底油热量计算表

项目	流量/(kg/h)	焓/(kJ/kg)		热量/(MJ/h)
		气相	液相	
汽油	1375	1203		1.654
常一	5750	1182		6.797
常二	10375	1170		12.138
常三汽相	11147	1161		12.942
常三液相	4978		981	4.883
常四	5250		979	5.140
常底	76125		925	70.416
合计	115000			113.970

$$h_0=113.970\times10^6/115000=991.0\ kJ/kg$$

由于 $h_0 \approx h_F$，所以炉出口温度为 365℃，进料段温度 $t=360$℃、进料压力 $p=158.1$ kPa，符合工艺要求。

(5) 确定塔底温度：取塔底温度比进料温度低 8℃：

$$t_w=360-8=352(℃)$$

(6) 确定常四线抽出温度：设常四线(35 层塔板)抽出温度为 320℃，34 层向下流的内回流液体量为 L，自塔底至 35 层板上部进行热量平衡计算，确定内回流量，具体见表 4-4-8，热平衡框图见图 4-4-6。

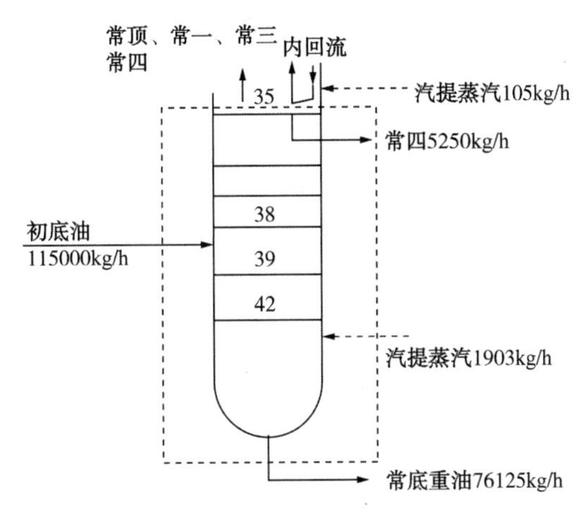

图 4-4-6　常四线抽出温度计算热平衡框图

表 4-4-8　常四线抽出温度热量计算表

项目		流量/(kg/h)	温度/℃	焓/(kJ/kg)		热量/(MJ/h)
				气相	液相	
进料	初底油	115000	360			114.182
	汽提蒸汽	1903	400	3275		6.232
	内回流	L	310		791	$791L\times10^{-6}$
	合计	$116903+L$				$120.412+791L\times10^{-6}$
出料	汽油	1375	320	1076		1.480
	常一	5750	320	1059		6.089
	常二	10375	320	1047		10.861
	常三	16125	320	1043		16.810
	常四	5250	320		829	4.354
	内回流	L	320	1038		$1038L\times10^{-6}$
	水蒸汽	1903	320	3112		5.924
	重油	76125	352		900	68.512
	合计	$116903+L$				$114.043+1038L\times10^{-6}$

内回流热：$\Delta Q=(120.412-114.043)\times10^6=6.369\times10^6(\mathrm{kJ/kg})$

内回流量：

$$L=\frac{6.369\times10^6}{1038-791}=25785(\mathrm{kg/h})$$

$$N_L=\frac{L}{M_L}=\frac{25785}{290}=88.92(\mathrm{kmol/h})$$

内回流量的油气分压：

$$p_{\mathrm{L}}=156.0\times\frac{88.92}{105.73+14.18+40.12+57.64+67.75+88.92}=37.05(\mathrm{kPa})=277(\mathrm{mmHg})$$

已知常压平衡汽化50%点温度为386℃，0%点温度376℃。50%点与0%馏出量的温差为 10℃。查图 4-1-23 求得 277 mmHg 下平衡汽化 50%点温度为 328℃，按常压、减压各段温度相等的假设，求得泡点温度为 318℃，与所假设的 320℃相近，所以基本正确。

常四线温度为 320℃。

(7) 确定第二中段循环回流取热量：设常三线温度为 290℃，按常三线和常四线的温度求得板间温差(扣除循环回流三块板)：

$$\Delta t=\frac{320-290}{5}=6(℃)$$

进一步求得 28 层和 29 层塔板温度为：

$$t_{28}=290+6=296(℃)$$

$$t_{29}=296+6=302(℃)$$

第 29 层塔板上部压力 $p_{29}=152.8$kPa

自塔底至 29 层板上部作热量平衡求取内回流热，列表计算见表 4-4-9。

表 4-4-9 第二中段循环回流热量计算表

项目		流量/(kg/h)	温度/℃	焓/(kJ/kg)		热量/(MJ/h)
				气相	液相	
进料	初底油	115000	360			114.182
	汽提蒸汽	2008	400	3275		6.577
	合计	113508				120.759
出料	汽油	1375	302	1034		1.422
	常一	5750	302	1022		5.877
	常二	10375	302	996		10.334
	常三	16125	302	984		15.867
	常四	5250	320		829	4.352
	重油	76125	352		900	68.512
	汽提蒸汽	2008	302	3053		6.130
	合计	113508				112.494

内回流取热：

$$\Delta Q=Q_{入}-Q_{出}=(120.759-112.494)\times10^{6}=8.265\times10^{6}(\text{kJ/h})$$

按中段循环回流取热占内回流热 73.6%(推荐范围 60%～80%)计算：

$$Q_{二中}=73.6\%\Delta Q=6.046\times10^{6}(\text{kJ/h})$$

(8) 确定常三线抽出温度：设常三线抽出温度为 286℃，从塔底至常三线抽出板上部进行热量衡算，见表 4-4-10。

表 4-4-10 常三线抽出温度热量计算表

项目		流量/(kg/h)	温度/℃	焓/(kJ/kg)		热量/(MJ/h)
				气相	液相	
进料	初底油	115000	360			114.182
	汽提蒸汽	2008	400	3275		6.577
	内回流	L	279		708	$708L\times10^{-6}$
	合计	$113508+L$				$120.759+708L\times10^{-6}$

续表

项目		流量/(kg/h)	温度/℃	焓/(kJ/kg)		热量/(MJ/h)
				气相	液相	
出料	汽油	1375	286	992		1.365
	常一	5750	286	980		5.635
	常二	10375	286	955		9.906
	常三	16125	286		729	11.755
	常四	5250	320		829	4.354
	水蒸气	2008	286	3045		6.113
	重油	76125	352		900	68.512
	二中回流					6.046
	内回流	L	286	947		$947L\times10^{-6}$
	合计	$11360+L$				$113.686+947L\times10^{-6}$

内回流热：$\Delta Q=(120.759-113.686)\times10^{6}=7.073\times10^{6}(\text{kJ/kg})$

内回流量：

$$L=\frac{7.073\times10^{6}}{947-708}=29594(\text{kg/h})$$

$$N_{\text{L}}=\frac{L}{M_{\text{L}}}=\frac{29594}{230}=128.67(\text{kmol/h})$$

内回流量的油气分压：

$$p_{\text{L}}=152\times\frac{128.67}{14.18+40.12+57.64+111.56+128.67}=55.52(\text{kPa})=416(\text{mmHg})$$

常三线常压平衡汽化馏出温度 0%为 312℃，50%为 318℃，温差为 6℃。查图 4-1-23 可知 416 mmHg 压力下 50%馏出温度为 291℃，取温差 6℃，可知 0%点为 285℃，与假设的 286℃相近，故常三线抽出温度为 286℃。

用同样方法求得：第一中段循环回流取热 4.187MJ/h；

第二线抽出温度 227℃；第一线抽出温度 170℃。

(9) 确定常压塔顶温度：

设常压塔顶温度为 102℃，通过全塔热量衡算求解塔顶冷回流量，见表 4-4-11。

塔顶内回流热：$\Delta Q=(122.493-110.688)\times10^{6}=11.805\times10^{6}(\text{kJ/kg})$

塔顶回流量：

$$L_{0}=\frac{11.805\times10^{6}}{586-121}=25387(\text{kg/h})$$

$$N_{\text{L}}=\frac{L_{0}}{M_{\text{L}}}=\frac{25387}{97}=261.7(\text{kmol/h})$$

塔顶油气分压：

$$p_{\text{L}}=138.0\times\frac{261.7+14.18}{261.7+14.18+141.01}=91.32(\text{kPa})=685(\text{mmHg})$$

表 4-4-11　常压塔顶温度热量计算表

项目		流量/(kg/h)	温度/℃	焓/(kJ/kg)		热量/(MJ/h)
				气相	液相	
进料	初底油	115000	360			114.182
	汽提蒸汽	2538	400	3275		8.311
	冷回流	L_0	40		121	$121L_0\times10^{-6}$
	合计	$117538+L_0$				$122.493+121L_0\times10^{-6}$
出料	汽油	1375	102	586		0.806
	常一	5750	170		418.7	2.407
	常二	10375	227		561	5.820
	常三	16125	286		729	11.755
	常四	5250	320		829	4.352
	水蒸气	2538	102	2680		6.802
	重油	76125	352		900	68.512
	一中循环					4.187
	二中循环					6.046
	回流蒸汽	L_0	102	586		$586L_0\times10^{-6}$
	合计	$117538+L_0$				$110.688+568L_0\times10^{-6}$

常顶汽油常压平衡汽化馏出 50%为 94℃，100%为 106℃，两点的温差为 12℃。按 685mmHg 查图 4-1-23 得 50%馏出温度为 93℃，100%馏出温度为 93+12=105(℃)。

由于常顶馏出物中含有惰性气体，塔顶温度计算值需作校正：

$$t_D=105\times0.97=102(℃)$$

与原假设塔顶温度 102℃一致，所以塔顶温度为 102℃。

(10) 确定塔内各主要截面气、液相负荷：

1) 各主要截面液相负荷：

① 第一板溢流量：

$$L_1=L_0\frac{H_1-h_0}{H_2-h_1}=25387\times\frac{586-121}{599-260}=34823(\text{kg/h})$$

式中　H_i——i 板的液相焓；

h_i——i 板的气相焓。

② 各抽出线下方的液相量近似等于抽出测线上方的液相量减去侧线抽出量。

③ 循环回流上下内回流的变化：

中段循环回流下部内回流量应比中段循环回流上部内回流量大ΔL，ΔL值计算如下：

$$\Delta L=\frac{Q_中}{\Delta h}$$

式中　$Q_中$——中段循环回流取热量，MJ/h；

Δh——中段循环回流抽出板下部塔板的气相焓与抽出板液相焓之差值，kJ/kg。

第一中段循环回流上、下方回流变化的数量：

$$\Delta L_1=\frac{Q_{一中}}{H_{22}-h_{21}}=\frac{4.1868\times10^6}{854-574}=149529(\text{kg/h})$$

第二中段循环回流上、下方内回流变化的数量：

$$\Delta L_2=\frac{Q_{二中}}{H_{32}-h_{31}}=\frac{6.046\times10^6}{984-745}=25329(\text{kg/h})$$

④ 进料板的液流量和进料板上一层塔板的液流量：以上流量可以通过物料衡算和热量衡算的方法解决。对于进料段以下油品的物料平衡关系可由图4-4-7表达，很容易得出以下关系式：

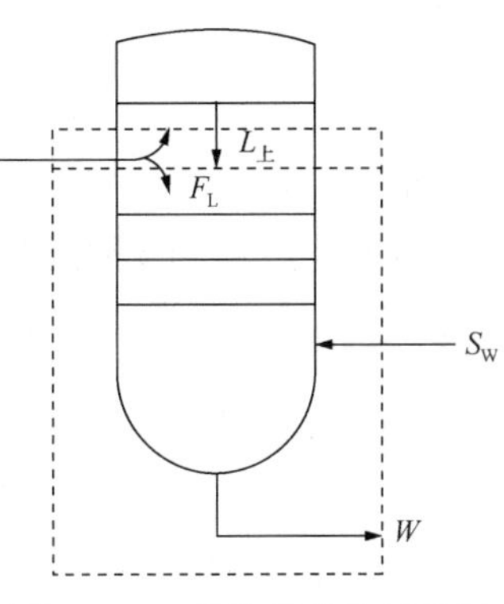

图4-4-7　提馏段的物料平衡

$$F_L+L_上=W+\Delta V \qquad (4-4-6)$$

$$L_上=\Delta E+\Delta V \qquad (4-4-7)$$

式中　ΔE——过汽化量，kg/h；

ΔV——提馏段汽化量，kg/h；

F_L——进料液相量，kg/h；

W——塔底产品量，kg/h；

$L_上$——进料段上层塔板液流量，kg/h。

原设计中选取的过汽化量 ΔE 是指原油进塔后在进料段水蒸气降低分压后，汽化总量超过塔顶和侧线产品馏出物总和之数量，而 $L_上$ 才是真正的过汽化量。$L_上$ 或 ΔV 可以通过热平衡求得。按本例题计算如下：

$$\Delta E=2300\text{kg/h}$$

$$L_上=2300+\Delta V(\text{kg/h})$$

$$F_L=W-\Delta E=76125-2300=73825(\text{kg/h})$$

自塔底至进料段进行热量计算，见表4-4-12。

表4-4-12　塔底至进料板热量计算表

项目		流量/(kg/h)	温度/℃	焓/(kJ/kg)		热量/(MJ/h)
				气相	液相	
进料	ΔE	2300	347		909	2.089
	ΔV	ΔV	347		909	$909\Delta V\times10^{-6}$
	F_L	73825	360		921	67.994
	汽提蒸汽	1903	400	3275		6.234
	合计	$78028+\Delta V$				$76.137+909\Delta V\times10^{-6}$
出料	ΔV	ΔV	360	1130		$1130\Delta V\times10^{-6}$
	重油	76125	352		900	68.515
	水蒸气	1903	360	3195		6.079
	合计	$78028+\Delta V$				$74.595+1130\Delta V\times10^{-6}$

$$\Delta V=\frac{(76.317-74.595)\times 10^6}{1130-909}=7792(\text{kg/h})$$

$$L_{上}=7792+2300=10092(\text{kg/h})$$

2）各主要截面的气相负荷：对任一截面而言，通过该截面的气相流量；

$$N=\sum N_i+N_L+N_S$$

式中　N_i——产品量，kmol/h；

N_L——内回流量，kmol/h；

N_S——水蒸气量，kmol/h。

由于在计算各侧线温度时已求得抽出板上方的内回流量，据此主要截面气、液相负荷计算结果(气、液相流量均指离开该板的数值)见表 4-4-13。

表 4-4-13　塔内主要截面气液相负荷表

板号	液相内回流			气相			
	流量/(kg/h)	密度/(kg/m^3)	体积流量/(m^3/h)	流量/(kmol/h)	温度/℃	压力/kPa	体积流量/(m^3/h)
塔顶	25387	720	35.26			138.0	
1	34823	630	55.27	416.88	102	138.0	9495
2				486.82	110	138.53	11284
8	30842	630	48.96				
9	25092	630	39.83	378.68	170	142.2	9826
16	18477	690	26.78	300.06	220	146.0	8453
17	8012	700	11.57	289.07	227	146.48	8230
21	31803	680	46.77	393.68	250	148.6	11408
26	29594	675	43.84	370.16	279	151.3	11004
27	13469	670	20.10	352.26	286	151.78	10842
31	38798	660	58.78	433.66	305	153.9	13522
34	25785	640	40.28	380.26	310	155.5	11843
35	20535	630	32.60	374.43	320	156.0	11822
38	10047	620	16.20	318.44	347	157.6	10411
39	83917	710	118.20	138.93	360	158.1	4623
42	76125	720	105.73	105.73	352	159.7	3440

将以上结果在图 4-4-8 中标绘出来，即得到沿塔气、液相负荷分布图。

图 4-4-8 虽然并不十分精确，但是对一般工艺计算而言，这样的精度能满足要求。

至于原油常压蒸馏塔还包括塔径和塔高的计算、塔板水力学核算等内容，请参阅气液传质设备有关书籍。

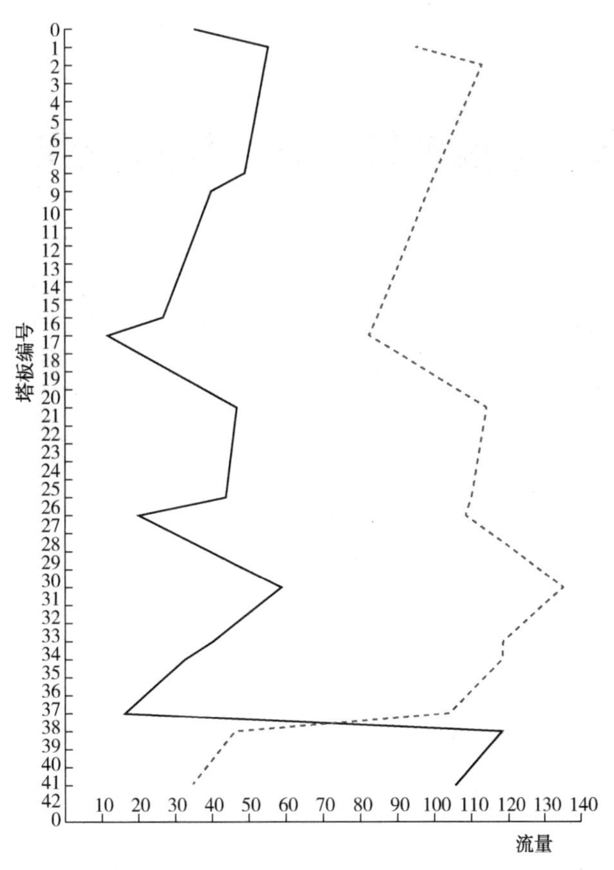

图 4-4-8　沿塔气、液相负荷分布图

—内回流液相量，m^3/h；—气相流量，$10^2m^3/h$

参 考 文 献

[1] 徐春明，杨朝合．石油炼制工程[M]．北京：石油工业出版社，2009.

[2] 沈本贤．石油炼制工艺学[M]．北京：中国石化出版社，2015.

[3] 李志强．原油蒸馏工艺与工程[M]．北京：中国石化出版社，2010.

[4] American Petroleum Institute . API Technical Data Book(Petroleum Refining 10th Edition. API Publishing Services. Washingtor DC，2016.

第五章　原油蒸馏工艺、流程及操作参数

原油蒸馏工艺是在蒸馏原理的指导下结合原油蒸馏过程逐渐形成的一系列工艺和技术，其中的原油初馏工艺、预闪蒸工艺、常压蒸馏工艺、燃料型减压蒸馏工艺、润滑油型减压蒸馏工艺等为大家所熟知。2000年以来，随着石油石化行业的迅猛发展，原油蒸馏工艺也呈现出多点开花的局面，凝析油加工工艺、减压深拔工艺、两段减压蒸馏工艺等多有发展。随着大家对炼油厂轻烃物料的重视，轻烃回收工艺也得到发展。

此外，局部的流程技术，例如常压塔顶部流程技术、减压塔一线生产柴油技术、常压塔增设常四线生产蜡油技术、负荷转移技术、原油电脱盐循环注水及反冲洗流程技术、常压塔顶部物料水洗技术、减顶气常压脱硫技术等，这些技术在装置节能降耗、工艺防腐、安全环保、提高目标产品产率和对加工原油的适应性、平稳装置操作等方面均起到了非常好的作用。

这些工艺技术在具体应用的过程中以不同的项目为载体，衍生出多种贴近生产实际的流程。对这些工艺和流程辅以不同的操作参数，就成为在炼油厂里呈现在我们面前的生产装置。

第一节　原油初馏与预闪蒸工艺

原油蒸馏装置采用预蒸馏工艺一般是在常压塔之前设置初馏塔或闪蒸塔，将通过换热即可汽化的轻质馏分及时分离出来，不再进常压炉，从而减少加热炉的热负荷，并使原油中的气体烃类和水分在进入常压塔之前就被除去，可起到稳定常压塔操作的作用。同时，设置初馏塔或闪蒸塔可以避免在原油预处理设施之后设置接力泵，有效缓解原油换热系统换热设备和工艺管道的压力等级，降低装置的投资。原油初馏及预闪蒸是典型的两类预蒸馏工艺。

一、原油的初馏

（一）蒸馏

原油初馏所依据的也是蒸馏原理。蒸馏是分离混合物料的有效手段，蒸馏操作通常是在蒸馏塔中进行。在蒸馏塔内装有提供气、液两相接触的塔盘或填料，在塔顶设置轻组分浓度很高而温度较低的液体作为塔顶回流。塔底设有再沸器，加热塔底流出的液体并送回到塔的底部，以便在塔的底部产生一定量的气相回流，此回流是轻组分含量较低而温度较高的气相，或者在蒸馏塔的进料设置加热设备，使蒸馏塔的进料呈气、液两相状态，在蒸馏塔内部的进料段，液相物料在重力的作用下向下流动，而气相物料则在压力的作用下向上流动。如此，在蒸馏塔内沿塔高建立了温度梯度和浓度梯度。气、液两相在塔内经多次逆流接触后，每一个气、液接触级内气、液相进行传质和传热，达到平衡，使气相中的轻组分和液相中的

重组分分别提浓，达到轻重组分分离的目的。

（二）典型的初馏工艺流程

典型的初馏工艺流程如图 5-1-1 所示，进装置的原油经过与装置内的热油品进行换热，脱盐脱水，并进一步与装置内的热油品换热到一定温度达到气、液两相状态，进入初馏塔的下部。在初馏塔内，原油中的较轻组分在进料段压力下进一步汽化，气相物料在压力的作用下沿塔高向上流动，初馏塔顶流出的物料经过塔顶冷凝冷却系统冷凝的液相油品，一部分作为石脑油产品，另一部分作为塔顶回流打回初馏塔顶部，在重力的作用下沿塔高往下流动，气、液两相在塔内逆流接触传热、传质。塔底液相经泵送往初底油换热网络系统加热。

因为设置初馏塔的主要目的是脱除原油中的轻组分和水汽，同时生产部分石脑油产品，并释放原油换热网络系统的压力。初馏塔的底部既不提供汽化的热源，也不提供汽提蒸汽。初馏塔进料段之下仅设置 4~6 层人字挡板，用以缓解自进料段倾泻而下的液体对塔底液面的冲击。

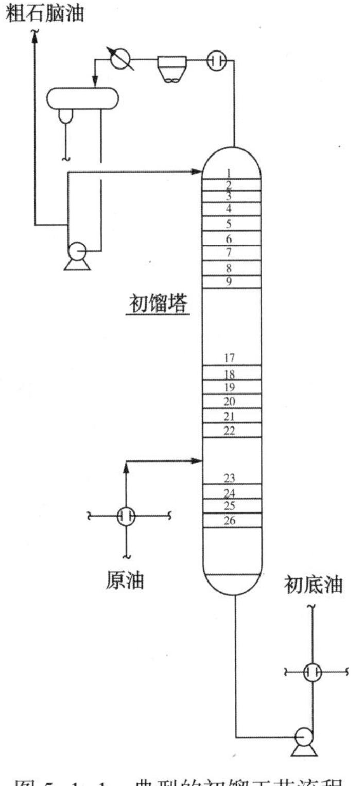

图 5-1-1　典型的初馏工艺流程

二、原油初馏流程与操作参数

（一）初馏流程简述

从电脱盐来的原油经换热后进入初馏塔，塔顶生产的石脑油与常压塔顶生产的石脑油一起送出装置。塔底馏分继续换热后进入常压炉，经加热后送入常压塔。出于装置的节能降耗需要，根据原油的性质和初馏塔的进料温度、汽化率，必要时还可抽出侧线，增加中段回流设施等。为避免装置流程过于复杂，除特殊需要外，一般初馏塔不出侧线产品，所抽出的侧线油品多直接送入常压塔馏分组成相近部位。主要设备有初馏塔、初馏塔顶油气换热器、空冷器、后冷器、塔底泵等。初馏塔方案的原油加工流程如图 5-1-2 所示。

（二）初馏塔流程的工艺特点

原油经盐脱水后继续换热至 220~240℃进入初馏塔，此操作温度的优点是：

1）原油中近 50%的石脑油可以从初馏塔分出，尤其是加工轻质原油时，将 220~240℃的原油送入初馏塔，可以有效降低常压炉和常压塔中下部的负荷，提高常压蒸馏部分的加工能力。

2）即便通过侧线抽出，较高的轻组分收率自初馏塔中分离出来，不论是渐次汽化理论，还是换热网络的夹点理论，都有利于降低装置的加工能耗。

3）初馏塔的进料温度不高于 240℃，可以避免因高温硫腐蚀而带来的初馏塔底油换热系统和之前的设备及工艺管道所用材质的升级，有利于控制装置的建设投资。

根据原油轻重的不同，初馏塔的产品量(不考虑侧线抽出)大约占原油的 5%~15% 。大部分的原油是以液体状态流到塔底，称为拔头原油或初底油。由于原油汽化会造成温降，因而初底油温度会低于进料温度。初底油经泵加压后再和高温重油换热至 260~320℃，经加热

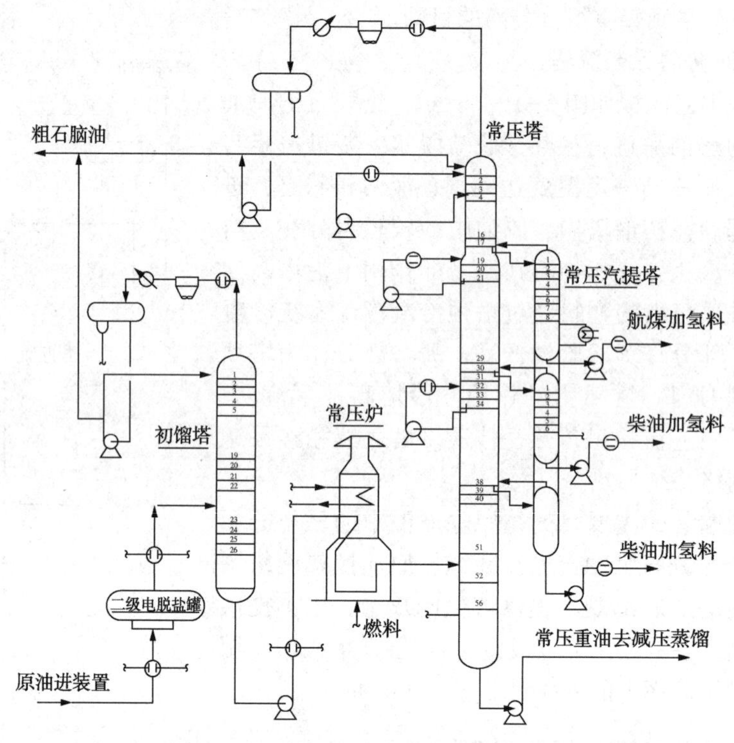

图 5-1-2　初馏方案原油蒸馏加工流程

炉加热后进入常压塔。

（三）初馏塔的操作压力选择

初馏塔顶的馏出物主要为石脑油组分、不凝气体和水蒸气。通过初馏塔顶的回流量控制初馏塔顶的温度，以满足石脑油组分的质量和收率要求。初馏塔顶的操作压力主要有以下三种考虑：

1. 常压操作

这种操作初馏塔顶的操作压力主要受背压决定，也就是由轻烃回收系统的吸入压力要求、初馏塔顶到轻烃回收系统入口的冷换设备和工艺管道等的压力降所决定。这种情况初馏塔的操作压力较低，一般在 0.05~0.08MPa(g)之间。较低的操作压力有利于在一定的进料温度下获得较高的汽化率。

2. 加压操作

这种操作初馏塔顶的操作压力取决于初馏塔顶产品罐的操作压力，而初馏塔顶产品罐的操作压力则系根据初馏塔顶轻烃产率和对轻烃回收系统压缩机负荷的影响综合考虑。

适当提高初馏塔顶产品罐的操作压力，初馏塔顶馏出的轻烃组分将大部溶解在初顶石脑油中，可以有效地降低轻烃回收系统压缩机的负荷。这对于石脑油和轻烃含量较高的轻质原油，可以有效地降低项目投资和加工能耗。而略高的操作压力，对加工轻质原油的初馏塔进料段的汽化率影响不大。这种情况，初馏塔的操作压力因原油中石脑油和轻烃的含量不同一般在 0.3~0.5MPa(g)。

3. 无压缩机回收初馏塔顶轻烃的操作压力

无压缩机回收初馏塔顶轻烃，也就是适当提高初馏塔顶产品罐的操作压力，使初馏塔顶产生的轻烃组分全部溶解在石脑油之中，通过石脑油稳定来回收这部分由初馏塔顶产生的轻烃，而不需要再通过压缩机压缩来回收轻烃的工艺技术。

这种情况一般适用于中质原油，初馏塔的操作压力一般也在0.3~0.5MPa(g)。原油过轻，轻烃组分的含量一般会相对较高，将过高的轻烃组分全部溶解在石脑油中，就会需要更高的操作压力，这将直接影响到初馏塔的进料温度，导致初馏塔的进料温度过高或者初馏塔的拔出率下降。原油过重，尽管轻组分含量相对较低，将较低含量的轻组分溶解在石脑油中不需要过高的操作压力，但原油较重，初馏塔的操作压力对初馏塔进料的温度或拔出率的影响也较大。

因此，初馏塔的操作压力和应该采用什么样的流程，应该根据原油的性质和项目的具体情况决定。

(四) 原油性质及进料条件对初馏塔的影响

原油性质变化，在初馏塔的各种参数上表现十分明显，然后才影响常压塔、减压塔。

1. 原油密度

若原油密度变小，轻油产量会增加，重油产量减少。由于电脱盐前原油主要和轻油换热，因而脱前温度会有所升高；初馏塔进料的汽化率增加，塔内气相负荷上升，初顶石脑油产量增加，干点可能降低。

基于此，原油变轻后应提高初馏塔的塔顶温度和侧线的馏出量，提高馏出物干点，增加初馏塔的产出率。如果初馏塔设置了中段回流，则应适当提高中段回流量，并稳定塔底液位和流量。如果原油变化太剧烈，可采用降低加工量的方式处理。

2. 进料温度

初馏塔的进料温度主要是和常压塔、减压塔的侧线产品和中段回流换热所获得的温度。进料温度的高低受装置的物料平衡和操作条件影响较大，通常也不具备自动调节控制功能。初馏塔进料温度的高低，主要影响进料段的汽化率、初馏塔内的气、液相负荷，造成产品质量或收率的变化。在这种情况下，通常是先调节塔顶温度以保证产品质量合格。例如，进料温度升高汽化率增加等原因导致塔顶温度升高，则初顶产品干点会升高，可以通过增加回流量或降低回流温度来降低塔顶温度；反之则相反处理。

与原油换热的热源流量或温度的变化，都会直接影响进料的换后温度，造成初馏塔进料温度的波动。因此，在进行换热网络优化设计时应充分考虑吸收这种波动，以尽可能使进料温度稳定。

3. 进料带水量

在换热过程中，原油中的水被加热汽化，会吸收大量的热量，造成初馏塔进料温度下降，同时也会增加常压炉热负荷。另外，水蒸气进入初馏塔会使塔内气相负荷大幅增加，塔顶压力上升，石脑油冷后温度升高，塔顶回流及产品罐界位迅速上升。带水严重时还可能会造成冲塔，使塔顶产品变黑，甚至安全阀启跳等严重后果。

操作中应随时注意观察初馏塔的进料温度和塔底温度是否偏低、塔顶压力是否升高、塔顶回流及产品罐界位和初底液位等参数的变化，以及初馏塔顶回流及产品罐排水量是否增大等。同时参照电脱盐压力、界位的变化来判断进料带水量的变化，及时发现原油带水超标问题，以避免事故的发生。

（五）初馏塔侧线的设置

开设初馏塔侧线，从初馏塔拔出一部分馏分送入常压塔与其馏分相接近的塔板上。这样不仅减轻了常压炉的热负荷，还有利于处理量和常压一线油收率的提高。初馏塔侧线油量过大时会使重组分油馏出，严重时可造成侧线油颜色变坏，影响常压塔的正常操作，使常一线干点超标，此时应降低侧线油抽出流量。

初馏塔塔底液位过高，气相介质携带的重组分油会引起侧线油颜色变深。如果侧线抽出量没有变化，应检查塔底液位是否控制在正常的范围，将过高的液位降到正常的位置，油颜色即可恢复正常。

当初馏塔进料含水过大时，水汽量增大，气相负荷变大，也可能携带重组分油引起侧线油颜色变深。

原油加工量过大或操作不正常、发生冲塔都可引起侧线油颜色变深，严重时会出黑油。初馏塔侧线油送常一中中段回流返塔管线进入常压塔，应小心操作，否则颜色变深的油会污染常压塔侧线油，影响常压塔产品质量。若处理量过大，应降低处理量，操作不正常发生冲塔时，应立即关闭初馏塔侧线，被污染的油应改送进不合格油罐。

（六）初馏塔的操作条件

1. 塔顶压力

初馏塔顶压力变化同样受进料的轻重、含水量、流量大小的影响。生产操作中造成初馏塔顶压力升高的主要因素有以下几个方面：初馏塔顶不凝气体后路憋压；初馏塔顶回流及产品罐满液位；初顶冷却系统出现故障。

初馏塔顶压力的高低影响到塔上部气相负荷的大小，由于进料温度相对较低，汽化率较小，塔顶压力变化对石脑油干点的影响比较小。

初馏塔顶压力主要影响塔顶轻烃的挥发度。如果塔顶压力提高至 0. 35MPa 以上，轻烃里的液化气组分基本可以全部以液态形式溶解到石脑油中，再送至轻烃回收单元进行分离。因此初馏塔提压操作有利于回收轻烃，但同时也带来一个问题，就是压力升高后进料的汽化率降低，起不到提高处理量的作用。有的装置就在初馏塔后又增加一级常压闪蒸塔，将其中的轻组分蒸出送至常压塔中部；还有一种做法是在初馏塔前增设闪蒸塔，其目的也是提高处理量。当装置改造扩能后，原油系统压力可能会升高，而一般的电脱盐设计压力不超过 2. 5MPa，限制了原油泵出口压力。因此，在电脱盐后脱后换热流程的中间部位(原油温度约 180℃左右)设置闪蒸塔，将电脱盐的背压降低，就可以适应系统压力的升高了。

塔顶压力如果快速下降，塔顶罐中的汽油大量汽化，会造成初顶回流及产品泵的抽空。这时应稳定压力，冷却泵体，使泵体里的油气冷凝。

2. 塔顶温度

塔顶温度主要是控制塔顶产品和侧线的质量。它不仅受原油的性质、含水量和温度的影响，还受控制方案的限制。

3. 初底液位

因初馏塔直径小，单位体积流率高，所以初底液位是初馏塔物料平衡的重要表现。

(1) 引起初馏塔塔底液位变化的主要原因

1) 初馏塔进料量、初底泵抽出量变化。提降处理量或调节初馏塔底液位时，进出塔流量没有平衡好，如进塔流量小，抽出塔的流量大，使液位下降。

2）原油性质变化引起塔底液位波动。例如原油性质变轻，塔底液位下降；原油性质变重，塔底液位上升。

3）初馏塔进料温度变化。进料温度高，进料汽化率上升，塔顶产品馏出量增加，塔底液位下降；反之，则液位升高。

4）塔顶压力、温度高低影响塔底液位变化。塔顶温度高、压力低，进料汽化率提高，多汽化的部分从初馏塔的上部拔出，使塔底液位下降；反之，则液位升高。

（2）初底液面的调节方法

1）固定原油泵流量，改变初馏塔底泵的抽出量来稳定初馏塔底液面。这种调节方法会使常压炉出口温度波动较大，且会影响常压塔的平稳操作，但是换热温度较为稳定，有利于初馏塔的平稳操作。

2）固定塔底泵流量，通过调节原油泵的流量来稳定初馏塔液面。这种调节方法使常压炉的进料量稳定，炉出口温度容易控制，有利于常压塔的平稳操作。但是换热温度稳定稍差，会影响初馏塔的操作。

这两种调节方法各有利弊，通常操作中应控制好初底液位，更要保持好初底油量的稳定，因为这关系着后续流程与装置的平稳运行。

初馏塔顶温度、压力、回流量及回流温度以及初侧抽出量等的变化与影响初馏塔操作的原油性质、进料温度、进料含水量、塔底液面及原油脱后含水量的变化等是相互影响、相互制约的，操作时应当抓住主要矛盾有针对性地加以调节。

三、原油的预闪蒸

（一）预闪蒸的原理

原油预闪蒸是指原油经过脱盐脱水预处理后，与高温油品换热升温进入闪蒸塔进行一次平衡闪蒸，闪蒸出部分轻组分和水蒸气的过程。其所依据的原理就是一次平衡汽化。

闪蒸，也即平衡汽化，是指混合物以某种方式被加热至部分汽化成为气、液混相物质，在一个容器（如闪蒸塔、蒸发塔、蒸馏塔的汽化段等）的空间内，于一定的温度和压力下，气、液两相迅速分离，得到相应的气相和液相产物的过程。在此过程中，如果汽液两相有足够的时间密切接触，达到了相平衡状态，则这种汽化方式称为平衡汽化。在实际生产过程中，并不存在真正的平衡汽化，因为真正的平衡汽化需要气、液两相有无限长的接触时间和无限大的接触面积。然而适当的条件下，气、液两相可以接近平衡，因而可以近似地按平衡汽化来处理。平衡汽化可以使混合物得到一定程度的分离，气相产物中含有较多低沸点轻组分，液相产物中则含有较多的高沸点重组分。但是在平衡状态下，所有组分都同时存在于气、液两相中，而两相中的每一个组分都处于平衡状态，因此这种分离是比较粗略的。

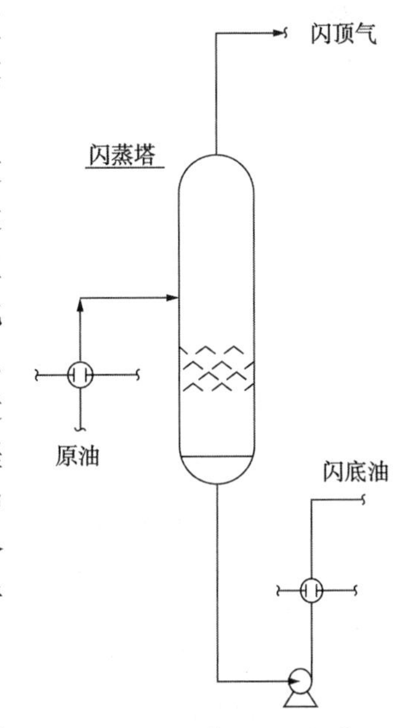

图 5-1-3　典型的预闪蒸工艺流程

（二）典型的预闪蒸工艺流程

典型的预闪蒸工艺流程如图 5-1-3 所示，经过换热的原油进入闪蒸塔（闪蒸罐），在闪蒸塔内进行一次平衡闪蒸，水蒸气和轻组分自塔顶出来进入常压塔的相应部位，塔底液相经泵送往闪底原油换热网络加热。

四、原油预闪蒸流程与操作参数

（一）原油预闪蒸流程简述

预闪蒸流程比较简单，即从电脱盐来的原油经换热后进入闪蒸塔，进行一次闪蒸。闪蒸塔顶出来的轻组分气体直接引入常压塔的合适部位，塔底产品则进一步换热，再经常压加热炉加热后进入常压塔。闪蒸塔顶不打回流，不需设置回流罐和回流泵。主要设备有闪蒸塔和闪蒸塔底泵。闪蒸塔方案的原油蒸馏加工流程如图 5-1-4 所示。

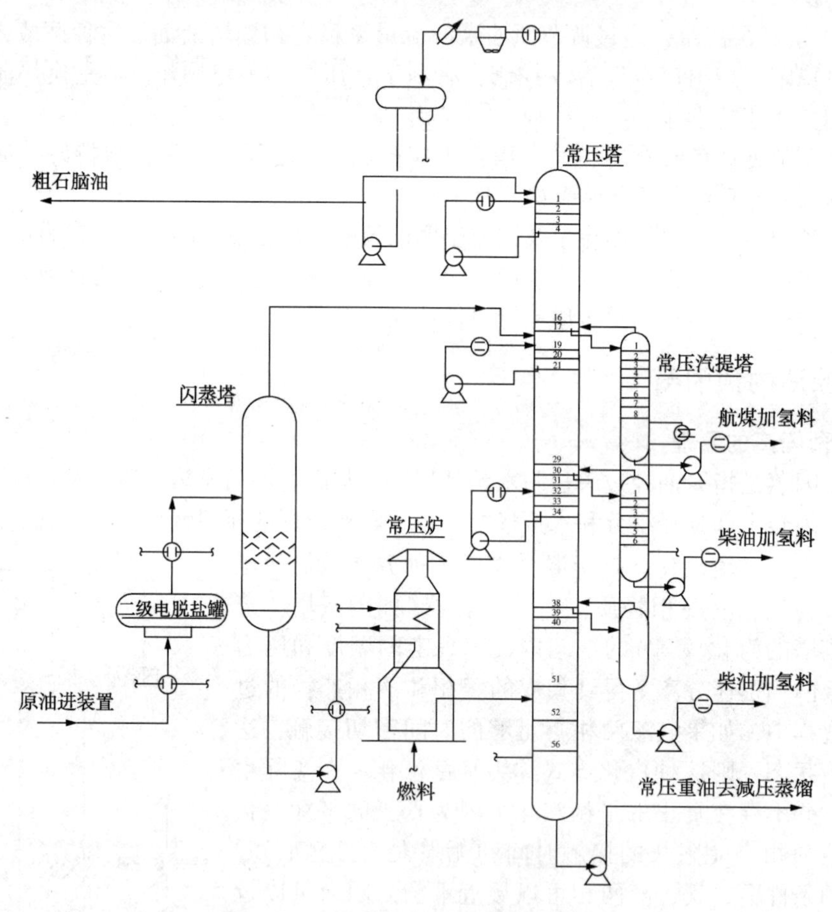

图 5-1-4　闪蒸方案原油蒸馏加工流程

（二）预闪蒸流程的工艺特点

1）流程简单，省去了初馏塔流程的塔顶冷凝冷却系统及回流系统，初顶不出产品。

2）由于闪蒸塔顶温度较高，故闪蒸塔不用考虑塔顶段的低温腐蚀。

3）由于闪蒸塔内没有设置塔盘，只是一次平衡闪蒸，也没有过汽化油，故在同样进料温度下，与初馏塔相比，可在塔顶闪蒸出更多的物料进入常压塔的适当部位，减少了常压炉的进料量，节省燃料消耗。

4）投资省。

（三）预闪蒸流程的操作参数

预闪蒸流程较初馏塔流程简单，操作也更为容易，影响闪蒸塔操作的因素与初馏塔流程大同小异，在此不再做详细阐述。需注意的是，操作闪蒸塔时，要特别注意原油性质及进闪蒸塔原油的温度变化，防止闪蒸量太大时对常压塔侧线的产品质量造成影响。

五、预蒸馏流程的选择

上述介绍的原油初馏与预闪蒸均属于原油预蒸馏流程的范畴，这两种流程各有所长，实际应用时需根据原油性质和产品要求等因素进行综合分析，选择更为经济合理的方案。影响流程选择的主要因素有以下几个方面。

1. 原油中轻质馏分含量

目前，绝大部分原油蒸馏装置均采用预蒸馏技术，特别是原油含轻质馏分较多时，如果不采用原油预蒸馏，原油在换热网络中逐渐被加热，轻质馏分随原油温度上升而汽化，致使原油混相体积增加，流速增大，压力降也增加，从而增大了原油泵所需扬程和换热网络（包括脱盐罐系统）中设备、管路、仪表的压力等级。采用原油预蒸馏，部分轻质馏分在初馏塔或闪蒸塔顶蒸出，拔头油再进初底油（闪底油）换热网络。由于拔头原油中轻质馏分减少，在初底油（闪底油）换热网络中汽化量减少，也就减少了原油在换热网络中的压力降。

一般来说，原油中含汽油、石脑油组分（实沸点小于 180 ℃）小于 20%（质），在条件许可的情况下，宜采用闪蒸塔流程；原油中含汽油、石脑油组分（实沸点小于 180 ℃）等于或大于 20%（质）时，宜采用初馏塔流程。

2. 原油中腐蚀性物质的影响

原油含硫、含盐量较高时，由于塔顶系统低温部位的 $H_2S-HCl-H_2O$ 型腐蚀较严重，虽然采取脱盐及三注（注氨、注缓蚀剂和注水）措施可以减轻腐蚀，但并不能彻底解决腐蚀问题。设置初馏塔流程后，将大部分腐蚀移至温度较低的初馏塔系统，减轻了常压塔顶的腐蚀，经济上是合理的。

3. 原油含砷量

原油含砷量较高时，原油经过加热炉，在高温下大部分砷化物被分解并随轻质馏分进入塔顶，致使塔顶产品的砷含量增高。如果塔顶产品用作铂重整装置原料时，直接影响该装置预加氢催化剂的使用寿命。此时需要设置初馏塔，从初馏塔顶蒸馏出砷含量小于 0.2μg/g 的初顶油，其余的轻馏分油则由常压塔顶分出。

4. 轻烃回收的影响

在加工轻质原油时，需回收原油中所含的大量轻烃。当前，轻烃回收流程有初馏塔提压和闪蒸塔加常顶气压缩机两大方式，全装置轻烃回收流程的选择将影响预蒸馏的流程。

5. 装置的灵活性

当原油来源不稳定或需要适应多种不同原油时，采用初馏塔流程可以调整初馏塔的参数，从而稳定常压塔的操作，以确保常压产品的质量。

第二节　原油常压蒸馏

一、原油常压蒸馏的基本流程

(一) 典型的常压蒸馏流程

典型的常压蒸馏工艺流程如图 5-2-1 所示，经过常压炉加热的闪底油(初底油)进入常压塔进料段，在进料段经过气、液分布器的作用完成气、液的粗分离。为回收装置余热，常压塔一般设有常顶循、常一中、常二中三个中段回流。根据产品方案，常压塔通常有三条侧线抽出，设有三个汽提塔。塔顶设置冷凝冷却系统，常底油经过常底泵送入减压炉。

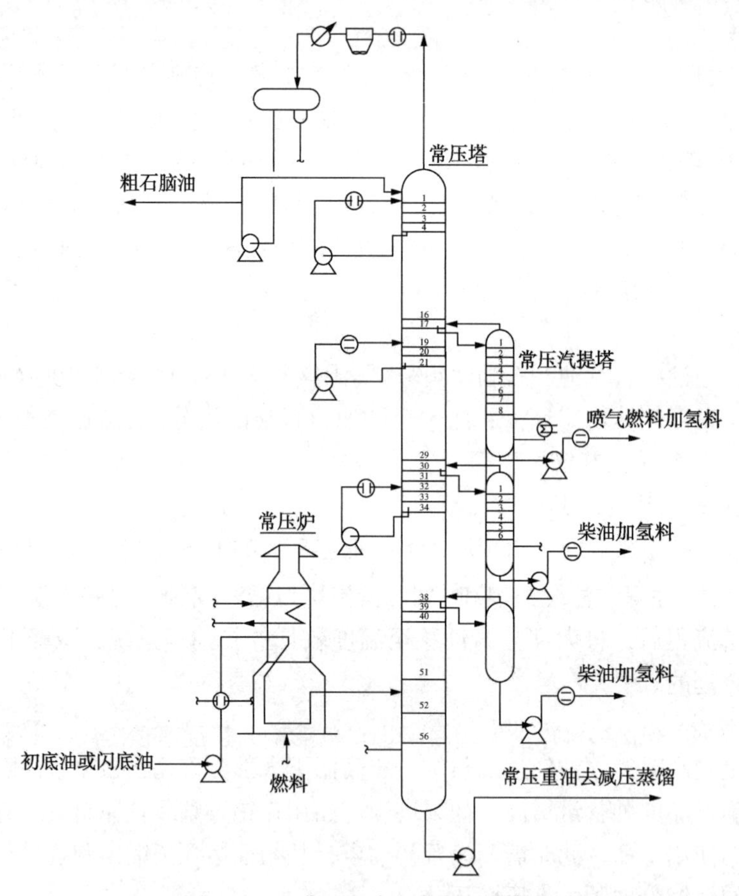

图 5-2-1　典型的常压蒸馏工艺流程

(二) 常压蒸馏的主要特点

常压蒸馏的主要设备是常压塔，其主要产品是从常压塔获得的。常压塔塔顶可分离出较轻的石脑油组分，塔底生产重质油品(常压重油)，侧线一般生产介乎这两者之间的煤油或柴油等组分。常压塔一般设 3~5 个侧线，侧线数的多少主要是根据产品种类的多少来确定的，等于常压塔的产品种类(n)减去塔顶和塔底这两种产品，即 $n-2$。同时，为了优化取热、均衡常压塔的气、液负荷及塔径，常压塔根据产品的数量不同设置 2~4 个中段回流，以回收全塔的过剩热量，用其加热原油、发生蒸汽或给轻烃回收装置重沸器提供热源。

（三）常压蒸馏的主要作用

所谓常压蒸馏，就是在接近大气压力的工况下完成原油的分馏，从而将原油切割成石脑油、溶剂油馏分、煤油馏分、柴油馏分和蜡油等不同产品。一个完整的原油蒸馏装置，在常压蒸馏前设有闪蒸塔或初馏塔，在常压蒸馏后设有减压蒸馏，故常压蒸馏在整个流程中起着“承前启后”的作用。其常压蒸馏操作的好坏不但影响常压侧线产品的质量，也会对减压蒸馏的操作造成直接的影响。

二、常压蒸馏的主要操作参数

原油常压蒸馏的主要操作参数包括温度、压力、产品收率、回流量及吹入蒸汽量等。这些参数对操作过程的影响和它们相互间的关系是装置设计和生产操作时所必须考虑的重要因素。

（一）操作压力

1. 塔顶压力

塔顶回流罐或产品罐的压力加上塔顶冷换系统的阻力即为塔顶压力。常压塔顶压力一般在0.07MPa(g)左右。

由于在一定的产品收率条件下，增高塔的操作压力，则需相应地提高常压炉油品的出口温度。不但增加了炉子的热负荷，过高的加热温度也会造成油品的裂解或结焦。因此，常压塔操作压力在允许范围内采用较低值是比较经济合理的。

塔顶压力低，蒸馏出同样组分的油品所需的温度就低，使整个塔的操作温度下降。塔顶压力低还可以提高进料段油品的汽化量，塔内的气、液相负荷上升，侧线的干点下降，有利于产品馏出。

塔顶压力升高，蒸出同样组分的油品所需的温度就高，使整个塔的操作温度上升，侧线和回流温度升高，有利于热量回收。同时，塔内正常操作所需的冷回流和中段回流量下降，进料段的汽化量也会下降，塔内的气、液相负荷下降，可以提高处理量，但影响了侧线产品收率。

塔顶压力的高低还会影响不同馏分之间的相对挥发度，从而影响两个馏分之间的分馏效果。一般来说，降低压力会提高两个馏分之间的分馏精度。

塔顶压力的变化受进料温度、回流量等因素的影响，还受塔顶冷凝冷却系统的能力的限制。塔顶压力的变化能够比较灵敏地反映塔内气、液负荷的变化情况。因此，在操作中要密切注意塔顶压力的指示变化情况，发现有波动要及时查找原因，进行调节。

2. 进料段压力

进料段压力是塔顶压力加上塔的精馏段压降而得出的。进料段压力和温度决定了进料在进料段汽化上去的产品量。实际装置设计与操作中，在保证收率的前提条件下，应尽可能地降低进料段的压力，从而降低进料段温度和加热炉出口温度。

（二）操作温度

1. 平衡汽化温度

在一定的原油性质和操作压力下，提高油品的平衡汽化温度，则油品汽化率增加，产品收率增多。如果要在汽化率增加的条件下仍然保持产品收率和质量不变，则需增加塔内回流量，通过在塔板上气、液间的质量和能量的交换，将那一部分已经汽化的重质馏分冷凝并压回塔底油品内。其结果是徒然浪费了能量，并增大了塔内的气、液负荷。因此设计的平衡汽化温度应与所要求的产品收率相适应(考虑一定的过汽化率)。同时，平衡汽化温度还受油品的允许极限温度所制约。因为油品超出此范围时，油料将在加热炉炉管内裂化，造成炉管结焦和产品质量变坏等不良后果。

油品的允许极限加热温度因原油性质及产品质量要求而异，一般常压炉出口温度的控制范围见表 5-2-1。

表 5-2-1　一般常压加热炉出口温度控制范围

项目	加热温度/℃
常压炉油品出口温度	
一般生产方案	≯375
煤油(喷气燃料)生产方案	≯365

在炉管平均热强度较低(例如小于 23.26 kW/m^2)且油品受热较均匀的条件下，允许的油品加热温度(炉出口油品温度)可以高于表中的数值，但炉管内油膜温度不宜超过 430℃。

2. 常压塔顶温度

常顶温度为常顶物流的露点温度，可以灵敏地反映塔内热平衡的状况，温度的变化也反映了塔内气、液相负荷的变化。塔顶温度必须控制平稳，才能控制好塔顶产品馏分的质量，才能使整个常压塔操作比较平稳。

3. 进料段温度

在常压蒸馏塔内，利用各种产品的沸点不同，通过连续的汽化、冷凝，使各种产品得到分离。而这种分离需要由加热炉提供足够的热量来使原油的温度升高，并且加热炉提供的热量还需足够保证塔内分馏段最低侧线以下的几层塔板上有足够的内回流以保证分馏效果。

进料段温度是进料在进料段汽化时的气相温度，它是由进料在进料段进一步汽化吸热和与塔内的过汽化油换热共同决定的，是真正决定产品收率的参数。由于加热炉出口温度有所限制，故实际生产中，进料段温度就由转油线的温降来决定。转油线压降、温降越大，其实际所能达到的塔进料段温度就越低。

实际生产中，加热炉出口温度及塔进料段温度均为装置的关键控制参数之一。只有维持进料温度处于平稳状态，才能提供稳定的汽化率，各侧线的抽出温度才不会波动，产品质量才能容易控制和保证。

4. 侧线抽出温度

侧线抽出温度是液相产品在抽出口所在塔板处油气分压下的泡点温度，与产品质量紧密相关。在进料温度及原油性质一定的情况下，侧线抽出温度的高低与塔内气、液相负荷的大小相关。侧线馏出量直接影响着塔内气、液相负荷的平衡，当侧线流量变化时，侧线抽出板以下的内回流量会发生变化，导致抽出板气相温度的变化，抽出板处液相温度也就随之变化。

实际操作中，根据侧线产品抽出温度可以判断产品质量的变化情况。

5. 塔底温度

塔底温度指常压渣油从常压塔底抽出的温度。此温度由于汽提段的汽提作用，要比进料段的温度略低。

实际操作中，根据塔底温度和进料段温度的差值，可以判断汽提效果的好坏。

（三）回流

回流的目的首先是取出进入塔内多余的热量，使分馏塔达到热量平衡。其次是在传热的同时使各塔板上的气、液相充分接触，实现传质的目的。另外，打入液相回流还可起到平衡塔内气体负荷的作用。

回流的方式有多种，就常压蒸馏来说，基本上有冷回流、内回流、循环回流三种。

1. 冷回流

一般用于塔顶。塔顶气相馏出物在冷凝器中被全部冷凝以后，再将其冷却至其泡点温度以下，称为过冷液体。将该过冷液体送回塔顶以取走回流热的操作称为塔顶冷回流。冷回流对控制塔顶温度较为灵敏，但因为回塔温度较低，故对同样的回流取热量，回流量较小。

顶回流是控制塔顶温度的主要手段，在操作中，顶回流不能任意大幅度地调节，否则会引起塔顶温度、压力和整个塔内气、液相负荷较大的变化。顶回流过大，会造成塔顶压力迅速上升，影响整个塔的气、液相变化，同时使塔顶冷凝冷却系统超负荷。

塔顶冷凝冷却系统分为一次冷凝和二次冷凝两种形式。塔顶油气直接被冷却到常温，回流和外送产品温度是相同的，这种方式是一次冷凝；首先将塔顶油气和水蒸气冷却到基本全部冷凝，即将冷凝液大部分送回塔顶作回流，剩下产品再进行二次冷却至常温出装置，这种方式是二次冷凝。与一次冷凝相比，二次冷凝方式的好处在于：在第一次冷凝时，由于油气和水蒸气基本全部冷凝，集中了大部分热负荷，此时传热温差较大，传热系数较高，所需传热面积就相应小些。到第二次冷凝时虽然温差较小，但需要冷却的产品也少，热负荷大为减少，所需传热面积也就小。因此，总的传热面积可以减少。但采用二次冷凝的流程较复杂，操作不简便。一般情况下，大型装置采用二次冷凝方法较有利。

2. 内回流

内回流是油品分馏的必要条件，它提供塔板上的液相回流，创造气、液两相充分接触的条件，达到传质、传热的目的。内回流的大小、温度随各种塔外回流的温度、流量和侧线抽出的温度、流量变化而变化。反过来，内回流的变化又影响侧线抽出温度、流量及外回流的流量和温度。抽出的侧线就是抽出塔板处的内回流，要提高精馏段的分离效果，在塔板数一定的条件下，可以增加回流量。塔内的内回流量一定要大于理论上的最小内回流量。

实际生产中，为了提高分馏效率，增加回流比是有限度的。对于精馏塔，当进料入塔温度和汽化率一定时，进料入塔热量就基本固定。根据全塔热平衡计算，塔顶的回流量和回流比也就确定了，它允许变动的范围很小。回流比过大，必然使轻组分来不及汽化，被带到下一层塔板，其结果影响了轻组分收率，也影响侧线产品及塔底产品的分馏效果。同时大量回流在塔内循环，大大降低了塔的处理能力。此外，由于塔内的循环量增大，塔内上升的蒸气量以及速度都有所增加，反而会造成雾沫夹带或液泛，使分离效果恶化，塔板效率下降。

3. 循环回流

从塔的某一层塔板抽出一部分液相馏分经冷却后重新打入塔内原来抽出层上一块或几块塔板作为回流即循环回流。这种回流取热方式，一方面，由于是通过液体的循环，也就是抽出和返回的温度差，而没有相变过程，对相同的回流热其循环量要大得多。另一方面，由于入塔的回流液比该塔板上的液体在组成上要重，且处于过冷状态，因而循环回流的几块塔板主要是起换热作用，也就是使上升蒸气中的重组分部分冷凝。因此，这几块塔板基本上不具备正常的精馏作用，影响了塔的分馏效率，但毕竟也还气相的较重组分向着液相转移的传质过程。因而，通常在传质计算上，每三块换热塔板按一块精馏塔板的传质效果计算。

一般而言，中段循环回流的数目越多，塔内的气、液负荷沿塔高越均衡，但装置的流程也就越复杂，一次投资也将相应提高。因此，中段回流应有一定适宜的数目。对有3~4个侧线的常压塔，一般采用2个中段回流；对有2个侧线的常压塔，一般采用1个中段回流为宜。理论上，中段回流数越多，对换热越有利。但工程上通常认为，采用3个以上中段循环回流的价值不大。当然，采用循环回流后，将随之减少返回点上方各塔板的内回流量，在塔板数不变的情况下，这对塔的分离效果会有一定影响。

常压蒸馏塔内的热量被中段回流取出后，分馏段从上到下形成了几个温度梯度，以满足产品质量的控制要求，同时取出来的热量需与原油或拔头油进行换热回收。为了充分利用中段回流的热量，一般来说要尽量多取常压塔中下部高温位的热量，但对于常压塔而言，温位越高，可取的热量就越少。

中段回流的取热分配比，应根据装置的能量综合优化利用情况和产品质量的要求来计算确定。塔顶宜尽量采用顶部循环回流，以减少塔顶冷凝热负荷并回收热量(此时塔顶回流比应为循环回流抽出塔板下的内回流量与塔顶产品之比)。至于中段各回流取热的分配比例，一般采用30%∶30%∶40%(对3个中段)或40%∶60%(对2个中段)为宜，具体的数值可根据所计算的塔径及产品质量适当调整。中段回流循环温差一般要求不超过95℃；塔板数应以不少于2块不多于4块为宜。

实际操作中，不应频繁地对中段回流进行调整，也不宜使用中段回流的大幅变化来调节产品质量，其原因是为稳定常压塔的气、液相负荷的分配平衡。实际生产中，只有当加工量大幅调整或原油性质发生大的变化或产品方案改变时，才可考虑调整中段回流。

(四) 过汽化率

过汽化量是超过物料平衡中进料段以上各产品总量所需要的附加汽化量。其主要作用是保证在闪蒸段与最低侧线产品抽出层之间的各层塔板上有足够的回流，以改善最后一个侧线的质量，并防止或减少在塔的这些部位产生结垢或结焦。过汽化率通常以进塔原料的百分数表示，由最后一个侧线的产量和质量所决定，对常压塔一般推荐不小于2%。

如果过汽化率太低，随同气相冲上精馏段的过重组分会因最低侧线以下的内回流量不足而将其带到最低的侧线中，造成该侧线产品的馏程变宽和污染物夹带严重，从而影响产品质量；如果过汽化率过大，相应进料温度也要提高，全塔取出的回流热也将增加，相应增加了加热炉的热负荷，使装置的能耗加大。因此在保证侧线质量的前提下，应尽量减少过汽化率。

(五) 汽提方式及水蒸气用量

常压塔侧线产品汽提的主要目的是去除抽出馏分中夹带的轻馏分，从而提高产品的闪点，同时，也可以改善初馏点和10%点温度。尽管这些都可以直接通过提高常压塔的分离精度来实现，但由于常压塔的直径大、材质要求高，会严重加大装置的投资。因此，适当降低常压塔的分离精度，将其侧线产品的闪点控制通过汽提的方式来实现，可以有效降低装置的投资。对润滑油馏分来说，通过汽提也可以使馏程范围得到改善。此外，常压塔底汽提则可以降低塔底重油中轻馏分含量，从而提高馏分油的收率，同时，可以降低蒸发段油气分压，进而提高常压塔侧线产品的收率。

汽提的方法有两种：一种是重沸器汽提，称为间接汽提；另一种是水蒸气汽提，称为直接汽提。水蒸气汽提虽然具有操作简便的优点，但近来随着环保水平的提高，人们逐渐重视并倾向于尽可能采用重沸器汽提。这主要是因为水蒸气的加入增加了塔顶冷凝器和冷却器的负荷，还加大了发生蒸汽和污水处理的规模。

对采用直接蒸汽汽提，通常采用0.3MPa(g)，约400℃的过热蒸气。对水蒸气汽提，液体从抽出层到汽提塔出口的温降为8~10℃；气体离开汽提塔的温度较进入的油温高5~6℃。经过汽提后的油品API度可按比进入汽提塔的未汽提油品API度低0.5~2计。

表5-2-2为国内原油蒸馏装置汽提蒸汽用量。

表5-2-2　国内汽提蒸汽用量

操作方法	油品名称	蒸汽用量/(kg蒸汽/100kg产品油)
常压塔	溶剂油	1.5~2
	煤油	2~3.2
	轻柴油	2~3
	重柴油	2~4
	轻润滑油	2~4
	塔底重油	2~4
初馏塔	塔底油	1.2~1.5
减压塔	中、重润滑油	2~4
	残渣燃料油	2~4
	残渣气缸油	2~5

表5-2-3为美国某公司推荐的汽提蒸汽用量。

表5-2-3　美国公司汽提蒸汽用量

油品名称	蒸汽用量/(kg蒸汽/m^3汽提产品)
石脑油	12~24
煤油	24~36
瓦斯油	36~60
残渣油	24~96

图5-2-2为在设有4层实际塔板的汽提塔中，石油馏分汽提蒸汽用量与被汽提出油品的关系。

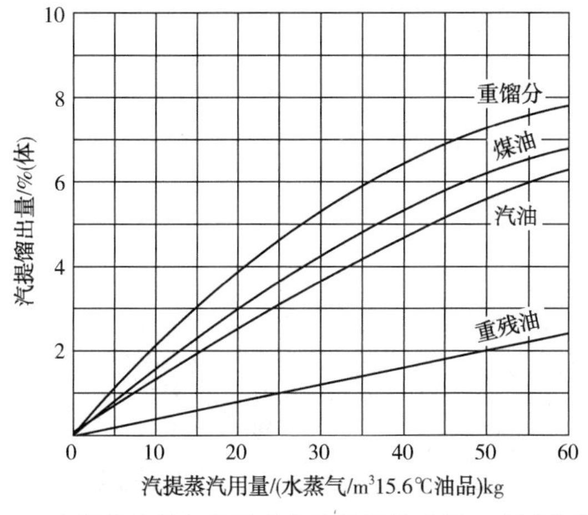

图5-2-2　汽提蒸汽量与汽提出的油品量关系图(4层实际板情况)

三、对预蒸馏的要求及预蒸馏与减压蒸馏的关系

常压蒸馏在原油蒸馏装置流程中起着“承上启下”的作用，为了稳定及操作好常压蒸馏，就要求预蒸馏部分要稳定操作，适应性强。一些原油量的波动及电脱盐操作的波动带来的干扰要在预蒸馏部分被吸收掉，使操作平稳下来，以防止造成常压蒸馏进料流量及性质的大幅波动，进而影响常压蒸馏操作的稳定性及常压产品的质量。

常压蒸馏处于减压蒸馏的上游，常压渣油作为减压蒸馏的进料需进行进一步的加工。这就要求至少对柴油和轻于柴油的馏分应在常压蒸馏部分尽量拔干净，否则将会造成减压塔顶部负荷的增加，影响减压蒸馏的操作。当然，减压蒸馏如操作不好，中段回流取热比例不合适也会反过来影响换热网络，影响预蒸馏塔底油进常压炉的温度，影响常压炉的稳定操作，进而影响常压蒸馏塔的稳定操作。因此，预蒸馏、常压蒸馏、减压蒸馏是一个完整的、有机联系在一起的整体。每个部分的操作好坏与稳定性均会影响整个原油蒸馏装置的操作好坏与稳定性。因而，在实际生产中，需对每个部分均进行适时调整和精心操作，以保证整个装置的正常操作和安全、平稳运行。

第三节　原油减压蒸馏

一、常压渣油的特点及性质

常压渣油是原油经常压蒸馏分出所需产品后剩余的物料。此物料与原油相比，轻组分极少，其≤350℃馏分的含量一般为5%~10%(质)，操作好的装置可以达到≤350℃馏分的含量为3%~5%(质)。其密度大、黏度高、残炭高、金属含量高。国内主要原油的常压渣油性质见表5-3-1，常用中东原油的常压渣油性质见表5-3-2。

表5-3-1　国内主要原油常压渣油性质

原油	大庆	胜利	辽河	华北	大港	中原	惠州	塔中
实沸点/℃	>350	>350	>350	>350	>350	>350	>350	>350
收率/%	71.40	70.44	74.40	70.92	73.11	56.92	50.67	41.85
密度/(g/cm^3)								
20℃	0.8875	0.9227	0.9805	0.9216	0.9213	0.9059	0.8795	0.9488
70℃	0.8562	0.8902	0.9500	0.8890	0.8918	0.8727	0.8478	0.9172
运动黏度/(mm^2/s)								
80℃	40.98	103.00	—	—	236.31	—	37.98	101.02
100℃	22.93	—	207.00	50.62	74.41	31.36	8.63	40.68
元素分析/%								
碳	—	85.98	—	—	—	86.19	—	86.79
氢	—	12.20	—	—	—	12.56	—	11.78
硫	0.15	0.83	0.31	0.82	—	1.00	—	1.08
氮	0.20	0.54	0.50	0.75	—	0.22	—	0.17
凝点/℃	41	42	28	48	30	47	44	15
残炭/%	4.20	7.70	12.24	6.27	8.50	4.20	4.41	7.03
钒/(μg/g)	<0.10	2.10	—	0.49	0.54	5.20	0.98	4.10
镍/(μg/g)	4.30	25.60	—	19.74	45.90	6.80	4.08	0.60

表 5-3-2　常用中东原油常压渣油性质

原油	阿曼	也门	沙特阿拉伯			伊朗		阿联酋		伊拉克	科威特
			轻质	中质	重质	轻质	重质	穆尔班	迪拜		
实沸点/℃	>350	>365	>350	>350	>350	>350	>350	>350	>350	>350	>350
收率/%	54.86	21.84	50.02	53.81	57.12	50.49	53.64	37.83	44.88	49.73	53.33
密度(20℃)/(g/cm³)	0.9324	0.9202	0.9551	0.9664	0.9848	0.9512	0.9663	0.9235	—	—	—
硫含量/%	1.78	0.34	3.20	4.00	4.32	2.32	2.73	1.56	2.94	3.52	4.12
镍/(μg/g)	12.4	7.5	10.5	19.5	38.5	36.4	51.9	4.0	28.9	9.2	17.6
钒/(μg/g)	9.2	0.8	36.7	58.8	122	119	166	1.4	132.4	1.5	73.9
凝点/℃	9	38	13	18	18	12	13	35	—	—	—
残炭/%	6.83	4.54	8.60	10.10	14.05	9.09	11.17	5.35	8.60	9.70	10.70

二、减压蒸馏的流程及作用

(一) 减压蒸馏的流程及特点

减压蒸馏按产品要求不同又可分为两种类型：燃料型减压蒸馏和润滑油型减压蒸馏。其流程分别见图 5-3-1 和图 5-3-2 。

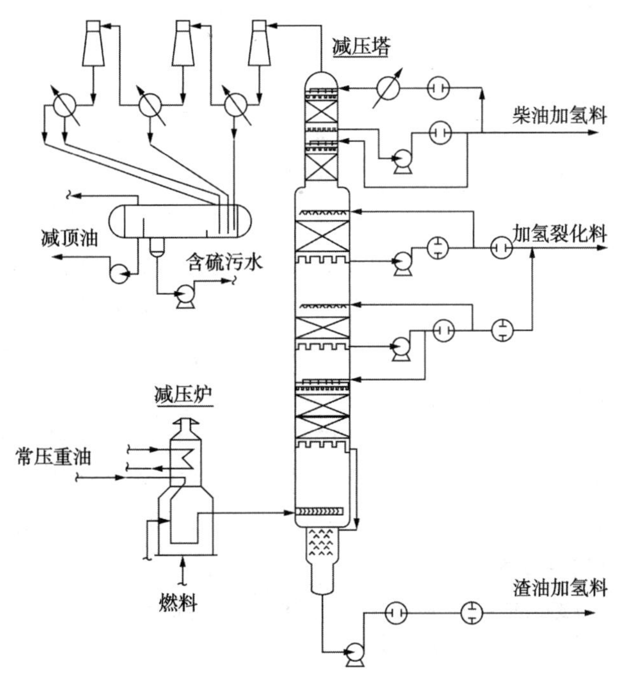

图 5-3-1　燃料型减压蒸馏流程

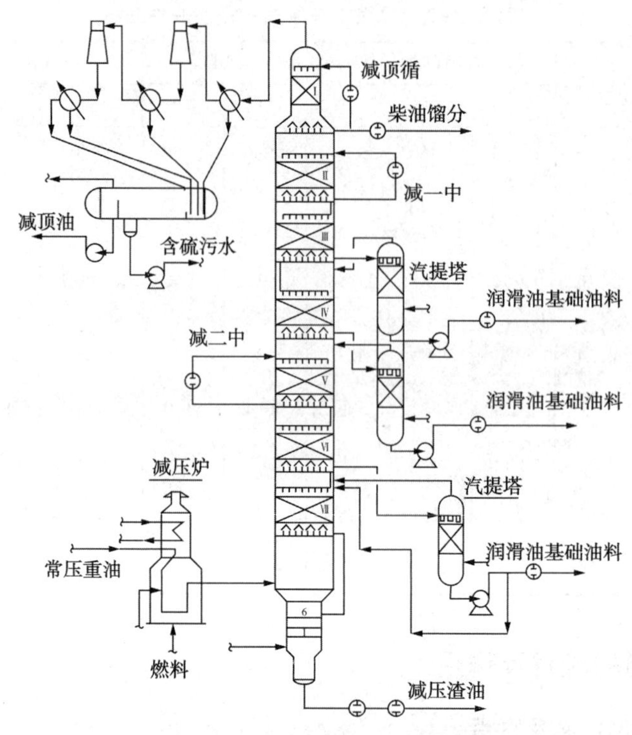

图 5-3-2　润滑油型减压蒸馏流程

减压蒸馏过程得到的高沸点馏分用作催化裂化或加氢裂化装置的原料时，宜采用燃料型减压蒸馏。此时馏分的分离精度要求较低，一般只需控制馏分的残炭值及重金属含量，而且塔的抽出侧线少，馏分可不经换热(或少换热)和冷却直接进入下游二次加工装置；如果高沸点组分用作润滑油装置的原料，则应采用润滑油型减压蒸馏。此时塔的抽出侧线较多(一般为 4 个侧线)，对每一侧线产品的分离精度均有要求，馏分的馏程范围应小(80~100℃)，并满足生产润滑油馏分的黏度要求。对于采用酮苯、糠醛和白土作为精制手段的润滑油基础油馏分，馏分的残炭值和颜色等指标均应达到一定的要求值，否则将直接影响润滑油基础油的质量或下游溶剂脱蜡装置的过滤速度和溶剂精制装置的溶剂比等。因此，润滑油型减压蒸馏塔需要有较多的理论塔板数和较大的回流比，以保证产品的分离精度要求。

减压塔底渣油可作为溶剂脱沥青、氧化沥青、焦化和渣油加氢等装置的原料，也可直接作为燃料油组分。同时，还可作为化工厂生产合成氨的原料。

减压蒸馏操作方式有“干式”、“湿式”和“微湿式”三种操作方式，它们之间的区别在于有无减压炉管注汽、减压塔有无汽提蒸汽。“干式”减压一般适用于燃料型减压蒸馏，“湿式”减压一般常用于润滑油型减压，减压深拔则一般采用“微湿式”减压蒸馏。

(二) 减压蒸馏的主要作用

原油中大于 350~370℃而小于 565℃的高沸点馏分是润滑油、催化裂化或加氢裂化等装置的原料。原油经常压蒸馏过程蒸出小于 350~370℃的馏分后，常压渣油如果再在稍高于大气压的常压条件下蒸出高沸点组分，其平衡汽化温度就需要大大超出油料热裂化的允许温度。

为了降低汽化温度，以确保高沸点组分的蒸出和产品质量，就需要降低汽化段的压力，使油品在低于大气压的条件下操作，使油品的汽化温度在最高允许温度以下，这种操作过程就是减压蒸馏过程。

三、减压蒸馏的主要操作参数

（一）操作压力

1. 塔顶压力

减压塔顶压力是由减顶抽真空系统消耗大量能量(水蒸气、电、循环水)来得到的，减顶压力越低，减顶抽真空系统所消耗的能量应越大；但减顶压力越高，同样的减压产品拔出率需越高的减压炉出口温度，同样也要消耗能量。

减压塔的塔顶压力是汽化段温度、塔顶冷却介质温度及水蒸气总消耗量的函数。定性地说，对于相同的拔出率，闪蒸段的烃分压越低，平衡汽化温度应越低，这不仅可以一定程度减少加热炉的负荷，还有利于馏分油的产品质量。而减压塔顶的压力越低，抽真空系统的能量消耗和设备投资也越大。因此，对于一定条件下的减压蒸馏，存在着一个比较经济合理的减压塔顶操作压力。一般情况下，在没有深冷水作为减压塔顶冷凝器冷却介质时，减压塔顶的操作压力干式减压蒸馏为1.3~2.0kPa(a)，湿式减压蒸馏为6~9kPa(a)，减压深拔操作为2.4~4kPa(a)是合理的。

2. 进料段压力

进料段压力是塔顶压力加上塔分馏段压降而得出的。进料段压力和温度决定了物料在进料段汽化上去的产品量。在实际装置设计与生产中，在可能的条件下，应尽可能地降低进料段压力，从而降低减压塔进料段温度。

（二）操作温度

1. 减压塔顶温度

减压塔顶温度通常控制在60~80℃，一般不高于100℃。减压塔顶温度过高，抽真空系统的负荷会因减压塔顶油的量增大而增大，低于60℃在没有深冷水的情况下也难于做到。减压塔顶温度是通过减压塔顶循环回流来控制的，而循环回流的温度通常在50℃左右。

2. 进料段温度

在减压蒸馏塔内产品分离的依据是各种产品的沸点不同，需要由加热炉提供热量使常压重油的温度升高、汽化，以保证减压塔的拔出率和各个侧线的收率。同时，加热炉提供的热量还需足够保证塔内进料段以上最低侧线以下的传质元件上有内回流以保证分馏效果。

进料段温度是常压重油在进料段汽化时的气相温度，它由常压重油在进料段进一步汽化吸热和塔内的过汽化油换热共同决定的，是真正决定产品收率的参数。由于减压加热炉在一定的条件下所能提供的热量受油品的裂解聚合结焦温度限制，所以减压蒸馏塔内进料段的操作温度和减压蒸馏的产品收率也要受到一定的限制。在这个前提下，减压塔进料段的操作温度是由减压蒸馏塔的产品收率和进料段的压力决定的。

生产操作中，要维持进料温度处于平稳状态，才能提供稳定的汽化率，各侧线的抽出温度才不会波动，产品收率和质量才能容易控制和保证。因此，需要严格控制减压加热炉的出口温度。

3. 侧线抽出温度

与常压蒸馏相类似，侧线抽出温度是产品在抽出口所在塔板处油气分压下的泡点温度。

在进料温度及原油性质稳定的情况下，侧线抽出温度的高低与塔内气、液相负荷的大小相关。侧线馏出量直接影响着塔内气、液相负荷的平衡，当侧线流量变化时，侧线抽出板以下的内回流量会发生变化，导致抽出板气相温度的变化，抽出板处液相温度也就随之变化。

实际操作中，根据侧线产品抽出温度可以判断产品质量的变化情况。

4. 塔底温度

塔底温度指减压渣油从减压塔底抽出的温度。此温度由于汽提段的作用，要比进料段的温度低。对于减压深拔装置，为防止减压渣油温度过高、在底部停留时间过长造成裂解，还需从塔外部打入冷减压渣油作为急冷油，控制减底温度在360℃左右。

（三）回流

减压蒸馏中使用的回流方式为内回流和中段循环回流，不采用塔顶冷回流。

1. 内回流

内回流是精馏的必要条件，它提供塔板上的液相回流，创造气、液两相充分接触的条件，达到传质、传热的目的。减压蒸馏设置内回流的地方，就是对产品质量有严格要求的地方。如减一线生产柴油时，需从减一线向塔内打入内回流；生产润滑油料时，其侧线之间也需有内回流来保证侧线润滑油料的质量；对于减压塔洗涤段，需以最下一条侧线产品作为回流即洗涤油，打入洗涤段上部以保证减压最下一条侧线产品的质量合格。这些内回流的量，需根据产品质量要求及分馏要求，通过模拟计算确定。

2. 循环回流

首先，对润滑油型减压塔，中段循环回流的作用与流程同常压塔中段回流，但对于燃料型减压塔则不同，因为其主要矛盾是如何提高拔出率。在一定的温度下，提高拔出率的主要手段是提高真空度，因而，为了最大限度地提高真空度，除了采用新型低压降塔内件外，根本的是要减少气相负荷。例如，采用顶循环回流使得减压塔顶逸出的气体只是塔顶产品、水蒸气及不凝气，从而使塔顶压降减至最小。其次，对于燃料型或化工型减压蒸馏，由于减压馏分油基本上没有严格的分馏质量要求，因此可尽量减少内回流或甚至无内回流。所以，减压塔的侧线抽出塔板采用只带升气管而不让上部液体下流的“盲塔板”。为了尽量减少蒸汽负荷，并有利于热回收，中段回流取热量应尽量大。在作热平衡时，可取塔顶温度比循环回流冷油温度高20~40℃。一般冷回流温度为50℃左右，故塔顶温度为70℃左右。在中段，循环回流的返塔温度一般比抽出温度低60~80℃。

（四）过汽化率及过汽化循环

如常压蒸馏部分所述，过汽化量是超过物料平衡中进料段以上各产品总量所需要的附加汽化量。其主要作用是保证在闪蒸段与最低侧线产品抽出层之间的各层塔板上有足够的回流，以改善最后一个侧线产品的质量，防止和减少在塔的这些部位产生结垢或结焦。过汽化率通常以进塔原料的百分数表示。

对于减压蒸馏来说，一般在减压塔进料段上部设置全抽出集油箱，将减压过汽化油全部抽出。减压过汽化油的最小量必须保证能够润湿减压洗涤段的填料，防止在这段填料中形成干区而结焦，这样就需要满足最小的填料喷淋密度要求。

减压过汽化油抽出后，根据全厂流程的不同，可以有不同的处理办法。对于生产加氢裂化原料和润滑油料的减压蒸馏装置，减压过汽化油可循环回减压炉或进入减压塔汽提段以回收其中的轻馏分。对于减压深拔操作，由于减压拔出程度很深，减压过汽化油性质更加恶劣，宜采用直接进入减压塔汽提段汽提回收其中的轻馏分，改善减压侧线产品的质量。

当总流程渣油为加氢处理(RDS)方案时，减压过汽化油可以直接抽出，经换热后作为RDS的原料去RDS装置进行处理。

(五) 汽提水蒸气用量

减压蒸馏根据操作方式的不同，可以采用不同的汽提蒸汽用量。若为“干式”燃料型减压操作，则不需要汽提蒸汽；若为润滑油型减压蒸馏，一般多采用“湿式”操作，则侧线及减压塔底部均需注入汽提蒸汽，汽提蒸汽的用量确定原则见常压蒸馏部分叙述；若为“微湿式”减压操作，则只有减压塔底部需汽提蒸汽，并且汽提蒸汽用量很小；若为减压深拔操作，为了改善减压侧线产品的质量，降低减压渣油的500℃之前或538℃之前馏分含量，最有效的办法之一也是在减压塔底采用汽提蒸汽，此时汽提蒸汽用量应根据精确的模拟计算确定。

四、减压蒸馏的生产方案

根据生产需求的不同，减压蒸馏通常采用不同的生产方案，体现在设计和生产操作上，各种不同的生产方案都会有各自不同的特点。

(一) 润滑油生产方案

以生产润滑油基础油原料为目的，大多加工石蜡基或环烷基原油的常压重油。其对减压馏分油质量要求严格，需重点控制馏分宽度、残炭和比色等。因此，减压蒸馏塔设有较多抽出侧线，塔内设有精馏段和换热段、洗涤段等，其结构在各类减压蒸馏塔中是最复杂的，通常设有减压汽提塔，用以帮助控制馏分油的馏分宽度。对减压加热炉要求低炉温操作，以降低油品的热裂解和缩合对产品质量的影响。操作模式既有“干式”操作也有“湿式”操作，“干式”操作有利于降低装置的加工能耗，控制难度较高；“湿式”操作流程相对较简单，设计和生产都有成熟的经验。

(二) 燃料(裂化原料)生产方案

以生产裂化(催化裂化、加氢裂化、加氢处理等)原料为目的，可以加工各类原油经过常压蒸馏得到的常压重油，对产品质量没有严格要求，根据二次加工装置对原料的限制，主要控制重质蜡油的残炭(沥青质、胶质或C_7不溶物)和重金属含量等，装置的主要技术目标是提高拔出率和降低加工能耗。这是最简单的一种减压蒸馏加工流程，目前，大多采用“干式”或“微湿式”减压蒸馏操作，以最大限度地降低装置的加工能耗。

(三) 沥青生产方案

以生产优质道路沥青为目的，主要加工特种(大多是重质环烷基原油)重质原油。对减压渣油的轻组分含量、针入度、延度和软化点有严格控制。通常采用“湿式”减压蒸馏或“微湿式”减压蒸馏生产操作模式。控制减压加热炉的操作，防止因高温裂解而造成结焦，减压塔底部的设计应在防止结焦的同时，考虑改善汽提效果。

沥青生产的特点是以减压塔底产品为目标产品，过汽化油作为蜡油和沥青质量的调节手段，通常作为燃料或加氢处理原料，不对其质量进行任何控制，其生产方案流程类似燃料(裂化原料)生产方案。

(四) 柴油生产方案

减压蒸馏生产柴油馏分，源于常压蒸馏难以将原油中的柴油组分全部分离出来。由于常压重油的溶解作用，一般情况下常压重油中都会夹带一定量的重质柴油组分，若将这部分柴油组分经过常压蒸馏全部分离出来，要消耗过量的能量，经济上不合理。

常压重油中的柴油组分在减压塔的进料段相对于减压蜡油还能起到分压的作用，有利于降低减压进料段的温度。通过在减一线和减二线之间设置精馏段，可以轻松地将这部分柴油分离出来，减一线生产的柴油馏分，凝点和馏程都能满足柴油组分的要求。

减压蒸馏生产柴油的关键是减一线馏分要满足柴油的凝点和干点要求，手段是在减一线抽出以下设置精馏段，提高减一线和减二线的分离精度。因此，一般多在燃料(裂化料)生产方案时采用。润滑油生产方案也有可能实现，关键在于要保证减二线的润滑油基础馏分的质量指标。

(五) 减压深拔生产方案

减压深拔的主要目标是最大限度地把减压渣油中的中、重质蜡油馏分分离出来，技术特点是高炉温、高真空度以获取高的减压拔出率。技术难点是在高炉温、高的塔操作温度下，如何避免油品过度裂解而产生结焦现象，以确保装置长周期平稳运行。在高减压拔出率的情况下，减压深拔技术还体现在对重质蜡油的质量能够有效控制，主要是降低重质蜡油中的重金属含量和胶质、沥青质含量。

减压深拔生产是在采取一系列相关技术的前提下，使原油的 TBP 切割温度达到不小于 565℃。减压深拔生产方案的典型工艺流程如图 5-3-3 所示。

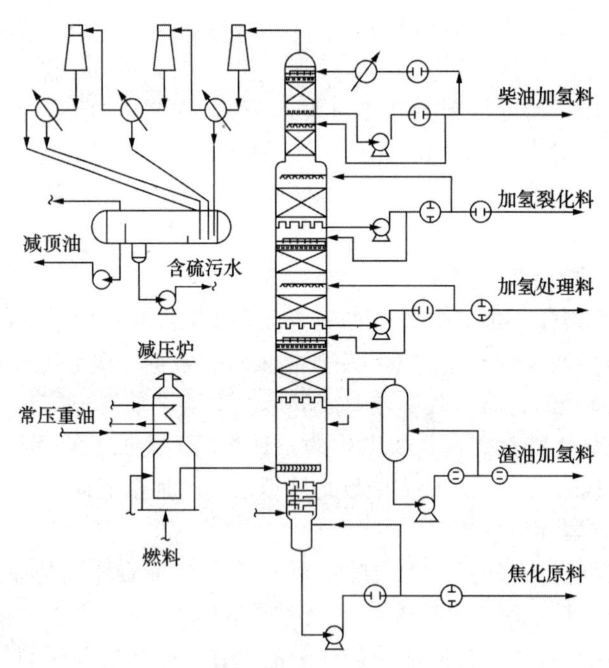

图 5-3-3　减压深拔生产方案的典型工艺流程

五、减压蒸馏的操作模式

减压蒸馏的生产操作模式主要有“湿式”“干式”和“微湿式”。

(一) “湿式”生产操作

“湿式”生产操作的主要特点是减压炉管注入一定量的水蒸气，减压塔底采用水蒸气汽提。减压加热炉炉管注入一定量的水蒸气的主要目的是提高炉管内的油品流速、改善流动状态，使减压加热炉的操作在较高炉出口温度下不发生结焦现象；减压塔底采用水蒸气汽提，一方面可以降低减压渣油中轻组分含量，另一方面水蒸气在减压塔的进料段可以起到降低油气分压的作用，在相同拔出率下，可以有效地降低减压塔的进料温度。不利的是，由于大量水蒸气进入减压塔内，在降低油气分压的同时，减压塔顶抽真空系统的负荷会大量增加，从而增加了抽真空的动力消耗。因此，“湿式”生产操作模式往往采用较高的减压塔顶操作压力，并在抽真空系统的首台设备采用冷凝器，将大量的水蒸气冷凝下来，以降低抽真空设备的能量消耗。

“湿式”生产操作模式的特点是减压蒸馏过程中有水蒸气存在，由于水蒸气分压的作用，完成减压蒸馏操作所需要的真空度不是很高，减压塔顶的残压通常在8kPa(a)左右。

(二)“干式”生产操作

“干式”减压操作是相对“湿式”减压操作而言的。随着减压蒸馏技术的发展，各种高效的传质元件相继问世，并广泛地应用于工业分馏塔中。金属塔填料技术的完善以及相应的气、液分布系统的开发与应用，给蒸馏技术的发展带来了一场革命性的变化。金属塔填料具有传质传热效率高、压降低的特点，特别适合于低压下的传质分离工艺过程。由于金属塔填料的应用，减压塔的全塔压力降由板式塔的13kPa左右下降到了2.5kPa以下，低的可以接近1.0kPa。全塔压力降的大幅度降低，可以使减压塔的进料段在高真空下操作。在保证减压塔顶高真空的前提下，使得在满足产品的质量和收率的前提下，取消减压加热炉炉管的注汽和减压塔底的汽提蒸汽成为现实。

“干式”减压蒸馏的特点是在减压蒸馏过程中不注入任何水蒸气，减压塔顶高真空操作，通常塔顶残压为1.3~2kPa(a)。减压加热炉的出口温度通常在390℃左右，减压塔全塔采用金属塔填料及相应的气、液分布系统结构。“干式”减压蒸馏由于取消了加热炉管注入水蒸气和减压塔底的汽提蒸汽，装置的加工能耗得到明显的降低。

(三)“微湿式”生产操作

目前，“微湿式”减压生产操作主要用于减压深拔生产工艺。所谓“微湿式”就是减压加热炉炉管注少量水蒸气，具体加注多少需要根据加热炉的结构设计来确定。既要提高炉管内介质的流速，降低油品在炉管内的停留时间，又要满足炉管内介质的流动状态要求。“微湿式”生产操作除了在减压加热炉的炉管内注入少量水蒸气外，在减压塔底也需要提供少量蒸汽作为汽提用，其主要目的就是脱除减压渣油中538℃之前的组分。“微湿式”减压操作的减压塔顶压力介于“干式”操作与“湿式”操作之间，一般为2.4~4kPa(a)。

由于微湿式减压操作的减压塔顶抽真空系统的吸入负荷中含有较多的水蒸气，负荷较大，抽真空系统的能量消耗较高。因此，减压深拔操作的抽真空系统多采用“蒸汽喷射+液环真空泵”的混合抽真空模式，抽真空系统的节能优化就更具意义和价值。

第四节　润滑油型减压蒸馏工艺技术

一、润滑油基础油生产及对减压馏分油的要求

润滑油是炼油工业重点发展的一大类石油产品。从20世纪50年代末期开始，就采用了

丙烷脱沥青、溶剂精制、溶剂脱蜡等工艺生产润滑油基础油。使用的溶剂主要有糠醛、酚和*N*-甲基吡咯烷酮，使用的脱蜡溶剂主要为甲基乙基酮-甲苯。为了生产高质量的润滑油基础油，又采用了提高黏度指数的润滑油高压加氢处理和异构脱蜡等技术，其生产的润滑油基础油符合 API Ⅱ、Ⅲ类润滑油基础油质量要求。

（一）润滑油基础油的基本分类与质量

几乎所有带有运动部件的机器都需要润滑剂。由于各种机械的使用条件相差很大，它们对润滑油的要求也大不一样。因此，润滑油按其使用的场合和条件的不同，分为繁多的牌号和品种。

要将每种润滑油单独生产显然是不胜其烦，不太现实。为了简化润滑油生产，目前世界各国均采取先制成一系列符合一定规格的、黏度不同的基础油，即润滑油基础油，然后根据市场需要，将不同牌号的若干润滑油基础油进行调和，并加入适量的添加剂，从而制得符合各种规格的润滑油商品。润滑油基础油又可分为矿物油、合成油和植物油基础油三大类。目前所指的矿物油，是指以来自原油的减压馏分或者减压渣油为原料进行加工而制得的润滑油基础油，是目前生产各种润滑油的主要原料。

我国 1980 年开始建立统一的润滑油基础油标准，根据原油属类及其性质分为低硫石蜡基、低硫中间基和环烷基基础油。但实际上基础油的性质还与加工方法有密切关系。目前，我国采用的润滑油基础油分类方法将润滑油分为超高黏度指数、很高黏度指数、高黏度指数、中黏度指数和低黏度指数 5 类。同时根据生产和使用的需要，每一类又分为通用基础油和专用基础油。中国石化润滑油基础油分类可参考 2013 年开始执行的《中国石化股份有限公司协议标准 润滑油基础油》，中国石油润滑油基础油分类可参考 Q/SY 44-2009《中国石油天然气集团公司企业标准 通用润滑油基础油》。

美国石油学会(API)将润滑油基础油分为 API Ⅰ、Ⅱ、Ⅲ、Ⅳ、Ⅴ共五类。API 基础油分类见表 5-4-1。其中，矿物基础油按饱和烃含量、硫含量和黏度指数分为 API Ⅰ、Ⅱ、Ⅲ类。API 分类主要是为内燃机所用基础油进行分类的，对于那些中低黏度指数的矿物油，由于不能生产高档润滑油基础油而未进行分类。

表 5-4-1　API 基础油分类

基础油类别	饱和烃质量分数/%	硫质量分数/%	黏度指数
Ⅰ	<90	和/或>0.03	80~119
Ⅱ	≥90	≤0.03	80~119
Ⅲ	≥90	≤0.03	≥120
Ⅳ	聚 α-烯烃油(PAO)		
Ⅴ	以上四类以外的所有其他基础油		

一般来说，这 5 类基础油的生产方法如下：

Ⅰ类基础油的生产过程基本以物理过程为主，不改变烃类结构，生产的基础油质量取决于原料中理想组分的含量和性质。因此，该类基础油在性能上受到限制。

Ⅱ类基础油是通过组合工艺(溶剂工艺和加氢工艺结合)制得，工艺主要以化学过程为主，不受原料限制，可以改变原来的烃类结构。因而Ⅱ类基础油杂质少(芳烃含量小于10%)，饱和烃含量高，热安定性和抗氧性好，低温和烟炱分散性能均优于Ⅰ类基础油。

Ⅲ类基础油是用全加氢工艺制得，与Ⅱ类基础油相比，属高黏度指数的加氢基础油，又称为非常规基础油(UCBO)。Ⅲ类基础油在性能上远远超过Ⅰ类基础油和Ⅱ类基础油，尤其是具有很高的黏度指数和很低的挥发性。某些Ⅲ类油的性能可与聚α-烯烃(PAO)相媲美，其价格却比合成油便宜得多。

Ⅳ类基础油指的是聚α-烯烃合成油。常用的生产方法有石蜡分解法和乙烯聚合法。PAO依聚合度不同可分为低聚合度、中聚合度、高聚合度，分别用来调制不同的油品。这类基础油与矿物油相比，无硫、磷和金属，由于不含蜡，所以倾点极低，通常在-40℃以下，黏度指数一般超过140。但PAO边界润滑性差。

除Ⅰ~Ⅳ类基础油之外的其他合成油(合成烃类、酯类、硅油等)植物油、再生基础油等统称Ⅴ类基础油。

(二) 润滑油基础油的生产技术方案

我国润滑油基础油的加工工艺，传统为溶剂精制、溶剂脱蜡和白土精制，即通常所称的"老三套"。"老三套"生产工艺对提供原料的减压蒸馏装置的产品质量提出了较高要求。如果采用加氢工艺生产润滑油基础油，同样减压馏分的质量高时可以为加氢工艺生产润滑油基础油创造有利条件。一般来说，润滑油型减压蒸馏指的是为"老三套"装置提供原料的减压蒸馏装置。

润滑油基础油的原料主要有两种：一是原油蒸馏装置的减压馏分油，是生产润滑油基础油的主要原料来源；二是原油蒸馏装置减压渣油经过丙烷脱沥青生成的脱沥青油。

溶剂精制的目的就是利用某些溶剂的选择性溶解能力，来脱除润滑油料中有害物质及非理想物质。溶剂精制是润滑油生产的重要步骤，润滑油基础油的黏温性能、抗氧化安定性等重要性质除受原油性质的制约外，主要取决于溶剂精制的深度。用于精制润滑油的溶剂有多种，工业上应用最广泛的是糠醛和苯酚，此外还有*N*-甲基吡咯烷酮。

润滑油原料中除含有各种有害物质及非理想组成外，一般还含有石蜡(或地蜡)。蜡的存在会影响润滑油低温条件下的流动性。溶剂脱蜡就是采用具有选择性溶解能力的溶剂，在冷冻条件下脱出润滑油料中蜡的过程。我国于20世纪50年代中期开始采用溶剂脱蜡，70年代由单一脱蜡发展为一套装置上同时生产脱蜡油和石蜡。脱蜡溶剂由丙酮-苯-甲苯混合溶剂逐渐全部改为甲乙基酮-甲苯混合溶剂。

经过溶剂精制及溶剂脱蜡后的润滑油组分中，残留有少量溶剂及有害物质，影响润滑油组分的颜色、安定性、抗乳化性、绝缘性和残炭值等。采用白土精制，可以改善润滑油组分的上述性能。

尽管"老三套"是我国润滑油基础油生产的重要加工方法，但其只能生产API Ⅰ类基础油，而以加氢处理、加氢裂化、异构脱蜡为代表的加氢法生产工艺，能生产API Ⅱ、Ⅲ类基础油，因此开始广泛应用。如中国石油大庆炼化总厂1999年采用美国雪弗隆(Chevron)异构脱蜡技术生产出APIⅡ、Ⅲ类基础油，中国石化荆门石化分公司采用石油化工科学研究院的加氢(催化脱蜡)技术于2002年生产出APIⅡ类基础油，中国石化高桥分公司采用美国雪弗隆(Chevron)公司的异构脱蜡技术于2004年生产出APIⅡ、Ⅲ类基础油等。

（三）润滑油基础油生产对原料（减压馏分油）的要求

为了获得良好的基础油产品，无论采用何种加工工艺，对原料均有一定要求。原料的馏程、残炭、黏度、色度等均对基础油生产有直接影响。尤其是采用“老三套”工艺时，对原料的依赖性就更大。改善基础油生产的原料质量是提高润滑油基础油生产水平的重要措施。从多年生产实践中总结出来的“高真空、低炉温、窄馏分、浅颜色”的我国润滑油型减压蒸馏技术，可以视为国内润滑油基础油原料生产技术的科学概括。

中国石化在总结经验后对原油蒸馏装置润滑油料曾提出了技术指标和奋斗目标，见表5-4-2。

表5-4-2　润滑油料生产技术若干指标

项目	减二线		减三线		减四线		减压渣油	
	要求值	争取值	要求值	争取值	要求值	争取值	要求值	争取值
2%~97%馏程宽度/℃	≯80	≯70	≯90	≯80	≯100	≯90		
比色/号			3.0(500SN)		(4.5600SN)			
100SN基础油蒸发损失/%			≯20					
150SN基础油蒸发损失/%			≯17					
小于500℃馏分含量/%					≯8			
小于538℃馏分含量/%							≯10	
转油线总温降要求≤15℃，争取≤10℃；								
转油线总压力降要求≤20.00kPa，争取≤13.33kPa								

下面以中国石化高桥石化分公司炼油厂1号蒸馏（处理能力2.8Mt/a）改造实例来说明减压蒸馏馏分生产对“老三套”生产基础油的影响。该厂于1996年对其1号蒸馏装置进行了全面改造。减压塔改造前后的产品切割方案见表5-4-3。

表5-4-3　改造前后切割方案

项目	改造前	改造后
减二线	变压器油料或75SN或100SN	100SN或150SN
减三线	250SN	250SN
减四线	500SN	500SN
减五线	750SN	650SN
减六线	无	催化裂化原料

减压塔分馏段改造为国内首个全填料塔，减压系统按照润滑油型减压要求进行了一体化设计，减压馏分油质量指标要求见表5-4-4。

表 5-4-4　质量指标

项目	减二线 100SN	减三线 250SN	减四减 500SN	减五线 650SN
2%~97%馏分宽度/℃	≤70	≤80	≤80	≤90
黏度/(mm²/s)				
50℃	9.4~10.4	19.5~22.1		
100℃			8.1~9.5	11.3~12.3
色度(ASTM D1500)/号	≤2.0	≤2.5	≤3.0	≤4.5
康氏残炭/%	—	≤0.05	≤0.1	0.25
挥发度(ASTM D2887)/%	≤17			

注：减压渣油中 500℃以前馏分油含量不大于 5%。

改造后，装置总收率提高了 0.75%；在常四线生产 75SN 原料的情况下，轻油收率提高了 3.29%；渣油中 500℃以前轻馏分含量为 3%~3.5%，565℃以前轻馏分含量为 10%~11%；产品质量达到了要求指标。

该装置改造后，对应用“老三套”工艺生产润滑油基础油的下游装置产生了明显影响。

1. 酮苯脱蜡装置

高桥石化分公司炼油厂润滑油加工采用先酮苯后糠醛的反序流程。1 号蒸馏装置技术改造以后，该厂 3 套酮苯脱蜡装置均加工过此蒸馏装置的原料，总体情况较好，尤其是 3 号酮苯脱油脱蜡装置的生产情况，明显优于 1 号蒸馏装置改造以前。

表 5-4-5 为原料变化对酮苯脱蜡装置生产的影响。

表 5-4-5　原料质量对酮苯脱蜡装置生产的影响(1 号、2 号酮苯脱蜡装置生产数据)

项目	改造前	改造后	改造前	改造后
原料	HVI250	HVI250	HVI500	HVI500
相对密度(d_4^{20})	0.8646	0.8635	0.8765	0.8739
水分	痕迹	痕迹	痕迹	痕迹
凝点/℃	46	46	>50	>50
黏度(40℃)/(mm²/s)	21.52	21.29	8.615	9.287
闪点/℃	236	236	263	271
蜡含量(-20℃)/%	36.42	30.50	38.85	37.53
2%~97%馏分宽度/℃	101	68	102	71
残炭/%			0.11	0.08
脱蜡油凝点/℃	-17	-15	-16	-16
原料冷点温度/℃	30	33	30	30
脱蜡油进料温度/℃	-20	-18	-22	-22
新鲜溶剂比	2.83	2.87	2.95	2.95
脱蜡油收率/%	57.43	58.33	55.20	59.84

从表 5-4-5 可以看出，对酮苯脱蜡装置生产而言，改造前后的原料性质有了明显的差别。改造后的质量明显优于改造前，具体为馏分变窄、残炭降低、闪点提高。由于馏分宽度明显下降，轻重组分分布均匀，这就有利于蜡的结晶，同时也有利于降低蜡中的油含量。

（1）溶剂比明显下降

3 号酮苯脱蜡装置是一套具有 0.35Mt/a 加工能力的脱蜡脱油联合装置。在 1 号蒸馏装置改造前，其总溶剂比为 9.05；改造后，总溶剂比下降为 8.2，新鲜溶剂比从 4.8 下降至 4.4。

（2）过滤速度加快

就生产 HVI 650 而言，过滤速度达到 170kg/m^2，比以前生产 HVI 750 时快了 20kg/m^2，使酮苯脱蜡装置的处理能力有所提高，也有利于降低装置能耗、溶剂单耗和生产成本。

（3）操作难度降低，操作弹性增大

从实际生产操作来看，滤机的温洗次数由 12 次/班降为 10 次/班，温洗次数明显降低。同时，蜡饼的颜色和结晶情况良好，蜡饼薄而白，背面带油少。冷点温度和一次稀释温度均有所下降（一般为 2℃），一次比、二次比、三次比以及冷洗比也同时下降。套管压力也降低，平均在 0.05~0.10MPa。所以，在具体生产操作中，同样的处理量生产 HVI 650 时，往往能比生产 HVI 750 少开一台滤机，或者根据生产需要提量或降量时，有较大的调节范围。

（4）生产水平、技术经济指标明显上升

首先，蒸馏装置改造以后，3 套酮苯脱蜡装置的脱蜡油质量均保持较高的合格率，1 号蒸馏装置改造前后，酮苯脱蜡装置馏出口合格率见表 5-4-6。

表 5-4-6　1 号蒸馏装置改造前后酮苯脱蜡装置馏出口合格率　%

项目	改造前（1995 年）	改造后（1996 年）
1 号酮苯脱蜡装置	98.74	99.25
2 号酮苯脱蜡装置	97.98	98.37
3 号酮苯脱蜡装置	80.18	99.31

其次，1 号蒸馏装置改造以后，其基础油收率普遍提高，见表 5-4-7。

表 5-4-7　3 号酮苯脱蜡装置加工不同原料时的收率变化情况　%

项目	HVI100		HVI250	
	基础油	精蜡	基础油	精蜡
改造前（1995 年）	48.65	24.95	53.73	23.05
改造后（1996 年）	57.44	28.20	59.72	28.31
改造后增加	8.79	3.25	5.99	5.26
改造前油、蜡收率		73.6		76.78
改造后油、蜡收率		85.64		88.02

注：3 号酮苯脱蜡装置加工的不同原料系指加工 1 号蒸馏装置改造前、后的同一侧线但性质不同的馏分油。

从表 5-4-7 可以看出，3 号酮苯脱蜡装置选用 1 号蒸馏装置改造后原料和改造前原料，分别进行 HVI 100 和 HVI 250 方案生产时，其油、蜡综合收率前者较后者分别提高了 12.04 个百分点和 11.24 个百分点。由于基础油、精蜡与蜡下油差价大，因此油、蜡收率提高所带来的经济效益是十分明显的。

2. HVI 150 *石蜡生产*

1 号蒸馏装置进行技术改造以后，减二线由生产 HVI 100 改为生产 HVI 150 基础油。因而减二线的石蜡原料也随之发生了变化。从石蜡生产来看，由于提供了 HVI 150 蜡膏而使石蜡方案有了更佳的选择性。蒸馏装置的技术改造给石蜡生产带来的最大好处是可利用 HVI 150 蜡膏直接生产 56 号半炼蜡和防水布蜡，且生产工艺简单。而在蒸馏装置改造以前，56 号半炼蜡和防水布蜡等生产均是靠 HVI 75 蜡膏与 HVI 250 蜡膏调和、发汗再精制成型的。所以，用 HVI 150 蜡膏就不需调和即可直接生产成品，能耗低，油罐周转快，加工成本低。

3. 溶剂精制装置

1 号蒸馏装置技术改造前后，润滑油溶剂精制装置虽不是直接的原料用户，但由于减压馏分的切割有了很大的改善，从而通过脱蜡油的质量改善而使溶剂精制装置受益。

糠醛精制装置生产数据表明：

1）1 号蒸馏装置技术改造后的减压塔 4 条侧线经过酮苯脱蜡和溶剂精制后，质量均能满足中国石化集团公司的 HVI 标准。

2）在处理量不变、原料色度和操作条件基本不变的情况下，虽产品色度等质量指标没有太大的变化，但由于馏分窄的原因，溶剂精制馏出口的黏度指数明显比改造前高。

以加氢工艺生产润滑油基础油时，对于原料同样有较严格的要求。某加氢工艺生产润滑油基础油时，对原料的要求指标见表 5-4-8。

表 5-4-8　加氢工艺生产润滑油基础油时对原料的要求

项目	要求指标	项目	要求指标
密度(20℃)/(kg/m³)	≯920	铁/(μg/g)	≯1.5
终馏点/℃	≯560	镍/(μg/g)	≯0.03
氯含量/(μg/g)	≯1	铜/(μg/g)	≯0.03
水分/%	≯0.05	钒/(μg/g)	≯0.10
机械杂质/%	≯0.20	氮/(μg/g)	≯1800
硫含量/%	≯1.3	沥青质/(μg/g)	≯100
残炭/%	≯0.16		

二、润滑油型减压蒸馏的基本特征

（一）润滑油型减压蒸馏的特点

其他章节已叙述了常压蒸馏的工艺特征和减压蒸馏的一般工艺特征，这里不再赘述。润滑油型减压蒸馏为后续的加工过程提供润滑油馏分油，其分馏效果的优劣直接影响到其后的加工过程和润滑油产品的质量。以生产润滑油基础油原料为目的，大多加工石蜡基或环烷基原油的常压重油，其对减压馏分油质量要求严格，需重点控制馏分宽度、残炭和比色等。因此，减压蒸馏塔设有较多抽出侧线，塔内设有精馏段和换热段、洗涤段等，其结构在各类减压蒸馏塔中是最复杂的，通常设有减压汽提塔，用以帮助控制馏分油宽度。对减压加热炉要求低炉温操作，以降低油品的热裂解和缩合对产品质量的影响。操作模式既有“干式”操作也有“湿式”操作，“干式”操作有利于降低装置的加工能耗，但流程较为复杂，控制难度较高；“湿式”操作流程相对较简单，设计和生产都有成熟的经验。

从蒸馏过程本身过程看，对润滑油料的质量要求主要是黏度合适、残炭值低、色度好、馏程窄，挥发分少。“低炉温、窄馏分、浅颜色”是我国在长期实践中对润滑油生产的高度概括。对加氢工艺生产润滑油料而言，还要求馏分油的金属含量低。因此，从总体上看，润滑油型减压塔分馏精度的要求较高，与常压分馏塔相近。

（二）与燃料型减压蒸馏的主要区别

1. 工艺流程

在侧线数量安排上，润滑油型减压蒸馏需根据馏分油生产不同牌号基础油的要求，设置相应数量的侧线；而燃料型减压塔生产减压瓦斯油，主要根据塔的负荷均匀性及有利于塔的分馏余热回收来考虑其侧线数量。

润滑油型减压蒸馏需要设置汽提塔来汽提侧线中的轻馏分，而燃料油型减压塔无须汽提塔。

在内回流的考虑上，润滑油型减压蒸馏需要像常压蒸馏一样按照馏分分割的要求计算出内回流，而燃料油型减压蒸馏无须内回流，即其内回流量为零。

由于两者分馏要求的不同、内回流设置的不同，润滑油型减压蒸馏塔与原油常压蒸馏塔类似。除各侧线需要设分馏塔板或填料进行侧线产品分馏外，还需要另外设置中段回流来均匀减压塔的负荷；而燃料型减压塔只需要设置冷凝段，按照热平衡将气相冷凝为所需要的各侧线液体。

由于上述流程差异，减压塔塔顶真空系统也有不同，润滑油型减压蒸馏真空系统一般不设置增压器，而燃料型减压蒸馏真空系统设置增压器，抽空系统的级数前者一般少一级。

图 5-4-1 是润滑油型原油蒸馏的流程。

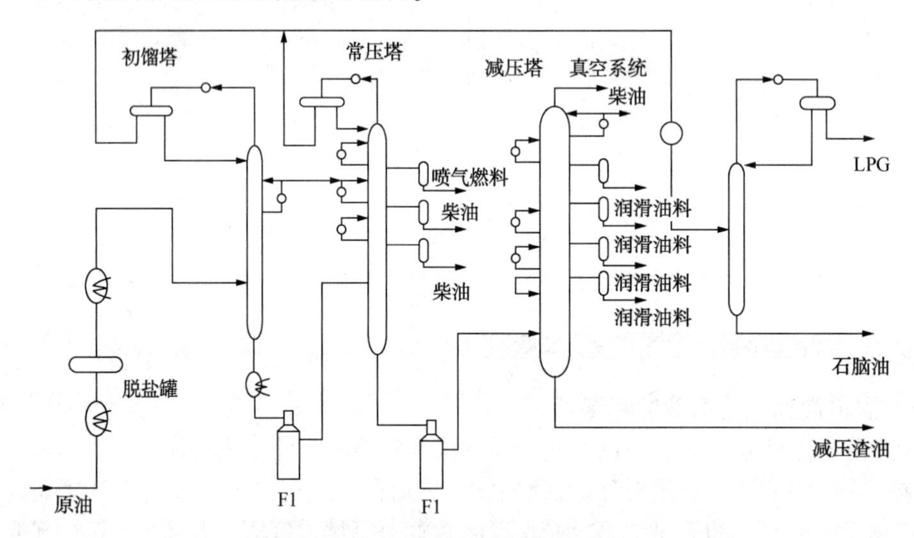

图 5-4-1　润滑油型原油蒸馏装置流程

2. 操作方式

减压塔操作方式，在我国目前通用的有三种操作方式，一是“湿式”，二是“干式”、三是“微湿式”。而对于润滑油型减压蒸馏主要是“湿式”操作，也曾进行过“干式”操作尝试。

传统的减压塔使用塔底汽提、加热炉炉管注蒸汽，其目的是在最高允许温度与汽化段能达到的真空度条件下，尽可能地提高减压塔的拔出率，这种操作称为“湿式”操作。

“湿式”操作塔顶真空度系统流程为两级抽空流程，典型流程如图 5-4-2 所示。从节能角度考虑，在一级抽空器前设置预冷器。设置预冷器后，减压塔顶真空度的极限就受水的饱和蒸气压制约。

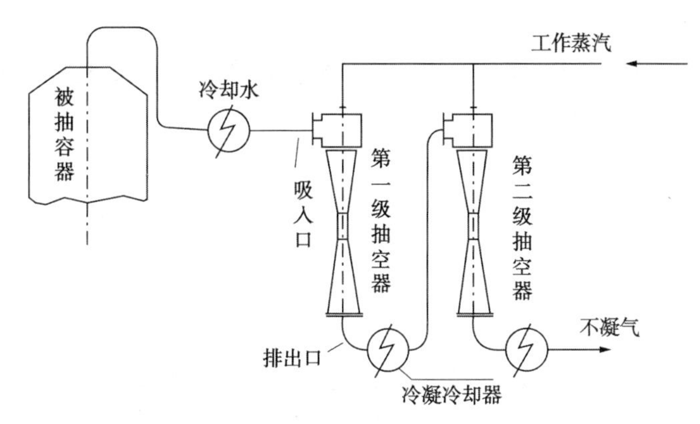

图 5-4-2　两级蒸汽真空系统典型工艺流程

"湿式"操作虽能起到提高拔出率的作用，但是水蒸气消耗大，塔顶冷凝负荷大、能耗高、含油污水量大。

为克服"湿式"操作的缺点，并保持其拔出率，需要进一步提高减压塔的真空度，降低全塔压力降，使减压塔的烃分压、温度与"湿式"操作相当，进而取消减压系统的注汽。这种取消减压系统注汽操作的方式称为"干式"操作。

取消注汽后，在减压塔塔顶与预冷器前设置增压器，真空系统成为三级抽空系统，增压器直接进行抽取减压塔塔顶的气体，从而打破了塔顶压力受水的饱和蒸气压的限制，进而塔顶能达到 10mmHg(绝)甚至以下的压力。我国于 20 世纪 80 年代在燃料型原油蒸馏中进行了大规模的"干式"减压蒸馏试验，开发、应用了低压降的填料塔、高效抽空器、低速转油线、新型减压炉等一系列的新技术，取得了显著的技术经济效果，并使原油蒸馏装置的能耗大幅降低。采用"干式"减压蒸馏的润滑油型减压蒸馏曾在济南炼油厂进行试验，并获得成功。

但由于"干式"减压蒸馏存在一些不足，主要表现在填料塔洗涤段对结焦的敏感、减压渣油蜡油含量较高、提馏段上方夹带增加，导致重蜡油质量变差等。

由于润滑油型减压蒸馏需要设置汽提塔，其侧线需要注入水蒸气来进行汽提以改善馏分的质量，若采用"干式"减压蒸馏，则汽提塔将需要设置单独的抽空系统产生真空，流程复杂，投资增加，因而"干式"减压蒸馏工艺未能在润滑油型减压蒸馏中得到推广应用。目前我国润滑油型减压蒸馏均采用"湿式"操作，即减压塔底、加热炉管、侧线汽提塔均注汽。

3. 主要操作参数

润滑油型减压塔与燃料油型减压塔的工艺操作参数的差异集中在塔顶压力、全塔压降不同，以及产品要求不同引起的差异。

润滑油型减压塔塔顶压力受水的饱和蒸气压影响，因而受减顶预冷器的介质冷后温度影响较大，一般在 30~55mmHg(绝)；而燃料型减压塔的塔顶压力不受水的饱和蒸气压影响，而是通过经济比较来确定，一般在 10~15mmHg(绝)之间。润滑油减压塔的理论板数远大于燃料型减压塔，因而在相同塔径下，压降比燃料型减压塔大，一般需通过适当增加塔径来降低压降，目前采用填料塔，从而使两者之间压降的差异较小。塔顶温度，两者没有显著的差别，均取决于减一线作为塔顶回流将塔顶物料冷凝冷却的程度；闪蒸段的温度由于设计方案的不同，烃分压有所差异，但差异较小。侧线抽出温度，一般来说，由于润滑油减压塔侧线数量多，产品馏分馏程窄，其最重的馏分抽出温度较燃料型减压塔要高，而最轻的馏分则稍低；润滑油型减压塔汽提段温降要高一些，约高2~5℃，其减压渣油中的轻馏分含量较低。

在通常情况下，燃料油型减压蒸馏可实施比润滑油型减压蒸馏更深拔的操作，以提高装置的拔出率。如中东中质原油，燃料油型常减压由于减压炉的出口温度可提高至420℃以上，故可将原油切割至565℃以上，而润滑油型常减压受馏分油质量的要求限制，难于实施深拔操作。

三、润滑油型减压蒸馏的关键设备

(一) 抽真空设备

国内减压塔高效蒸汽抽真空技术已十分成熟，“干式”和“湿式”操作的塔顶残压已分别达到1.33kPa和3.99kPa。使用蒸汽的压力为1.0MPa和0.3MPa均可。由于蒸汽抽空器结构简单，无运转部件，性能可靠，一直被广泛使用。

但是，蒸汽抽空器的能量利用效率很低，只有2%左右，而机械抽空器的能量利用效率一般比蒸汽抽空器高8~10倍，且排污水较少。随着节能环保的开展和机械抽空器性能的提高，以及工业应用的开展，进入21世纪后，机械抽空器在大型装置上逐渐开始推广应用。如高桥石化分公司炼油厂8.0Mt/a原油蒸馏装置，在2001年采用蒸汽抽空器+水环式真空泵组的抽真空系统，取得了圆满成功。

抽空系统的方案对比数据见表5-4-9。

表5-4-9　蒸汽抽空器及其与水环泵组合对比

项目	单位	一级蒸汽抽空器+水环泵	两级蒸汽抽空器
吸入压力	mmHg(绝)	45	45
排出压力	mmHg(绝)	810	810
蒸汽消耗	kg/h	5084	12452
	10^4t/a	4.3	10.6
能耗	10^4 kcal/t 原油	-0.56	基准
污水量	10^4t/a	-6.3	基准
冷凝负荷	10^4 kcal/h	444	946
循环水	t/h	-502	基准

注：1mmHg=133.3224Pa，1kcal=4.18kJ。

此外，使用低压蒸汽并不意味着节能。采用0.3MPa蒸汽达到同样的效果时，比采用1.0MPa蒸汽多耗蒸汽25%~30%，同时增加了相应的冷却负荷。因此，蒸汽压力的选择，应综合考虑工厂蒸汽的平衡等问题。

(二) 减压塔

既要提高润滑油料的质量，又要提高润滑油料的收率和总拔出率一直是改进减压塔的目标。

1. 塔盘

20世纪80~90年代中期的生产实践表明，在减压塔分馏段(包括最难分离的减四线)采用网孔塔盘，在适宜的操作条件下能生产质量较好的馏分油，并不比采用浮阀和大浮舌塔盘差，并且压力降明显较低。因此，当时润滑油型减压塔若选用塔盘，则多以低压降的网孔塔盘为主。

之后，由于高效填料塔的出现与迅速发展，目前减压塔传质、传热内件已经由填料代替了塔盘。但塔盘的历史作用仍是不可忽视的。

2. 填料

20 世纪 80 年代，我国燃料油型减压塔普遍采用高效乱堆填料及格栅填料，获得了良好的技术经济效果，但未在润滑油型减压塔中推广应用。究其原因，一是受填料性能影响，与塔盘相比，尽管乱堆填料每块理论板的压力降为其 1/3~1/2，处理能力也有所增加，但等板高度仍较高；格栅填料处理能力大、压力降小，但分离效果差，等板高度更高，均不能保障有好的分离效果。二是液体分布器的应用技术水平较低，应用的是压力式(喷头式)分布器，液体分布和弹性均不十分理想，尤其是重油分离部分易产生堵塞现象；此外，它还要占去较大空间。上述问题导致了减压塔塔体增高，造价提高。进入 90 年代后，规整填料及液体分布器等配套设施的应用成功，为我国润滑油型减压塔蒸馏技术上台阶创造了有利条件。250Y 麦勒派克规整填料与 50 号英特洛克斯散装填料相比，处理能力可提高 30%~100%，每米填料理论板数提高约 1 倍，每米填料压力降降低 50%左右，分离能力提高至少 3 倍以上。规整填料弹性也很大，当动能因子从 0.6 提高至 2.6 增加 3.3 倍、液体喷淋密度从 $0.2m^3/(m^2 \cdot h)$提高至 $20m^3/(m^2 \cdot h)$增加约 100 倍时，其每米理论板数仍有 2~3 块，这是一般板式塔和散装颗粒填料难以比拟的。济南炼油厂 1 号蒸馏装置减四线原采用 4 层网孔塔盘，在网孔塔盘的实际气速与上限网孔气速比达到 75.21%，即已无潜力的情况下，仅用 1.424m 高的 JBK(sh)/250Y 规整填料代替该 4 层网孔塔盘，就取得了良好的效果。即减压蒸馏强度从 $3.123t/(m^2 \cdot h)$增加到 $3.5t/(m^2 \cdot h)$；压力降由 934kPa 降至 467kPa；减压馏分油收率增加 2.28%；减四线的 2%~98%馏程宽度由 74℃降至 47℃；比色由 6 号降至 5.5 号；减三、四线重叠度由 48℃降至 28℃。大庆石化总厂 3 号蒸馏装置减四线采用格里希 GEMPAK 规整填料，填料高度 1.46m，减四线质量在加工大庆原油的同类装置中是较好的。比色为 5 号，残炭仅 0.276%，馏程宽度(2%~97%)102℃，尽管仍偏大，但上述数据已经能够反映该规整填料具有较好的分离能力。上海石化总厂 1 号蒸馏装置减压塔上部使用规整填料作精馏段，使减一线油(乙烯原料)收率由原来的 5.12%增加至 8%以上，干点由 453℃降至 420℃以下。抚顺石化公司石油二厂北蒸馏装置减压塔将网孔塔盘全部改为规整填料后，全塔压力降由 8kPa 降至 1.53kPa，炉出口温度由 423℃降至 410℃，拔出率仍提高 1.5%，减四线油残炭显著降低。上海高桥石化分公司炼油厂 1 号蒸馏装置、3 号蒸馏装置减压塔分馏段采用全规整填料后，也取得了明显的效果。

3. 液体分布器

液体的初始分布对规整填料尤为重要，因为规整填料固定的几何尺寸使其在操作中不可能纠正起始分配的不均匀性。

20 世纪 80 年代，我国燃料油型减压塔基本上都采用喷头式分布器，但它的缺点是：

1）喷头产生的喷淋圆，本身难以做到均匀；

2）弹性较小；

3）床层液体分配不均匀；

4）为了使有限的喷头将液体分布至整个床层表面，必须有一定的高度来形成较大的喷淋圆，其结果是，床层之间的距离增加，塔高相应增加；

5）对于温度较高、馏分较重的部位（如洗涤段），喷头旋芯易堵塞，甚至造成停工检修。

因此，液体分布器是制约润滑油型减压塔使用填料的重要因素。80 年代末开始，窄槽式分布器及槽盘式分布器的应用成功，为我国润滑油型减压塔的发展提供了新的途径。

采用窄槽式或槽盘式分布器时需特别注意以下几点：

1）由于液体以点的形式分布，因而要求分布器的点越多越好。一般说来，每平方米塔截面积上的分布点应不小于 100 个，且应均布。

2）分配孔孔径不宜过小，否则易产生堵塞，同时制造难以保证公差要求。一般孔径应不小于 5mm。

3）设计、制造与安装要有严格的要求，否则会导致液体分布不均。对小孔孔径公差、组装时的偏差和安装水平度等必须有严格的技术要求。

4. 闪蒸段

闪蒸段空间的大小和进料结构对减压油料质量有很大影响。尤其是采用填料使闪蒸段压力大幅度降低后，气相密度增大，雾沫夹带明显增加，必须采取相应措施。

目前我国采用的进料方式分为切向、径向进料，现多为双切环向。切向进料的不足之处是闪蒸气体中仍夹带相当多的液体和固体。大庆石化总厂 3 号蒸馏装置减压塔进料采用装有纵向隔板沿塔壁环形敷设的挡板，使气体转向后向上流动，强化气、液分离。该装置于 1993 年 4 月 9 日的标定表明，总拔出率达到 62. 259%（质），而过汽化油仅占 1. 551%（质），减四线油比色为 5 号，残炭为 0. 242%（质），过汽化油的残炭为 0. 815%（质），100℃黏度为 15. 51mm^2/s，这说明气相夹带的沥青质和胶质很少。高桥石化公司炼油厂 3 号蒸馏装置采用双切环向进料结构，取得显著成效。对于闪蒸空间，有关文献曾做过详细的讨论，可依此计算闪蒸段的截面积。至于闪蒸段高度，进料口以上及以下高度不宜小于进料管径的 1. 5 倍。

5. 洗涤段

洗涤段对底侧线产品的质量及收率的影响很大，故受到关注。

（1）内件

国内外在洗涤段皆使用了填料，一般采用规整填料组合床层（如上部 2/3 为 250Y，下部 1/3 为 125Y 麦勒派克填料），或规整与格栅填料混合床层（如 2/3 为 250Y 麦勒派克填料，1/3 为格栅填料）。液体分布器宜采用重力式分布器，如窄槽式分布器。

（2）洗涤流程

要不要重洗段，曾在一段时间内有不同的看法，通过实践，目前基本形成相同观点，即合理设计和操作，可以取消重洗段，只设置轻洗段就能达到良好效果。

6. 提馏段

“湿式”操作提馏段对提高馏分油收率的作用十分明显。关键是要选取合适的塔径、适宜的塔板类型、开孔率和塔板数量。为适应提馏段气相负荷的大幅变化，又保持较高提馏效果，目前我国基本选择固舌塔板且加大开孔率、塔板数量由传统的 4 层增加至 6 层等措施，以提高减压塔提馏段效率。

（三）汽提塔

除“干式”减压蒸馏外，“湿式”减压蒸馏均采用蒸汽汽提的方法来分离产品中的轻组分。所以，应把汽提塔作为减压塔的一部分来考虑。目前国内汽提塔值得注意的问题是：汽提塔水力学必须适宜；蒸汽汽提量不能过少(一般为产品量的2.6%~4%)；汽提后返塔管道的直径应足够大，汽提塔应与减压塔保持一定的压差，使汽提物流顺畅返塔。内件选择上，国内新设计或改造的汽提塔均采用填料。

（四）加热炉

减压炉既要提供馏分油高拔出率所需要的热量，同时为了不产生裂解，温度又不能过高，因而炉管注汽及逐级扩径是使油品处于等温汽化状态的良好措施。大量的理论计算与生产实践表明，既要保持馏分油较高的拔出率，又要使它们在减压炉内几乎不产生裂解，润滑油型减压蒸馏就应使减压塔进料温度达到385℃或390℃以上，减压炉炉管内任何一点的最高温度低于400℃。

国内生产实践表明，由于采用了卧管立式炉，炉管受热比较均匀，可以减少油料因局部过热而产生裂解。

有关研究工作证明，对于“湿式”减压蒸馏操作，为了防止常压重油进入减压塔后，在大量蒸汽的“减压”作用下迅速汽化，使之总温降的一半发生在塔内，从而导致必须提高炉出口温度，应向炉管注入一定量的蒸汽，使较轻馏分提前汽化，以提高炉出口物料的总热量。

（五）转油线

加热炉出口至塔进口的转油线，包括过渡段(分支段)和大(总)转油线。一方面要使减压炉出口油料气、液两相容易分离，并使气相雾沫夹带程度最小；另一方面，为了保持较高的汽化率，应使转油线温降限制在较小范围以内。国内在普遍采用减压炉炉管扩径的同时，大转油线多采用低速且在布置上的距离缩短至15m左右，使低速转油线温降降低至1~2℃。而降低转油线温降的关键在于过渡段，因为实测与计算都表明，过渡段压力降占转油线总压力降的80%以上。若将减压炉最后一根炉管并入转油线管系，利用减压炉炉管100%吸收转油线热膨胀量，从而可简化过渡段结构，并在取消炉出口阀门后，大大减少过渡段压力降，按这一思路设计的转油线，温降一般在10~15℃。

近年来，由于原油蒸馏装置的大型化和减压深拔技术的发展，在大型装置的设计中多采用减压深拔技术，馏分油切割点温度大大提高，致使减压炉出口温度随之大幅升高。为防止油品裂解，需适度提高炉出口压力，以使炉管内两相流流体在环雾流状态下。因而，转油线又需要保持有一定的压力降，甚至出现了采用高速转油线的方案与设计。总之，采用何种形式的转油线，这是减压蒸馏技术发展需要研究的新课题。

第五节　生产沥青减压蒸馏技术

石油沥青产品按用途分为道路石油沥青和建筑石油沥青。道路石油沥青主要用于道路路面或车间地面等工程，一般选用黏性较大和软化点较高的石油沥青。建筑石油沥青主要用作制造防水材料、防水涂料和沥青嵌缝膏，绝大部分用于屋面及地下防水、沟槽防水、防腐蚀及管道防腐等工程。

随着我国公路事业的快速发展，对道路沥青的需求也越来越旺盛。尽管在炼油厂中道路沥青可以由蒸馏法、溶剂脱沥青法、氧化法、调和法等方法生产，但蒸馏法是道路沥青生产中加工最简便、生产成本最低的一种方法。中国国家标准《重交通道路石油沥青》(GB/T 15180—2010)规定的道路沥青技术指标见表 5-5-1。

表 5-5-1　重交通道路石油沥青技术要求

项目		质量指标						试验方法
		AH-130	AH-110	AH-90	AH-70	AH-50	AH-30	
针入度(25℃，100g，5s)/(1/10mm)		120~140	100~120	80~100	60~80	40~60	20~40	GB/T 4509
延度(15℃)/cm	不小于	100	100	100	100	80	报告	GB/T 4508
软化点/℃		38~51	40~53	42~55	44~57	45~58	50~65	GB/T 4507
溶解度/%	不小于	99	99	99	99	99	99	GB/T 11148
闪点(开口杯法)/℃	不小于	230					260	GB/T 267
密度(25℃)(kg/m³)		报告						GB/T 8928
蜡含量/%(质)	不大于	3.0						SH/T 0425
薄膜烘箱试验(163℃，5h)								GB/T 5304
质量变化/%	不大于	1.3	1.2	1.0	0.8	0.6	0.5	GB/T 5304
针入度比/%	不小于	45	48	50	55	58	60	GB/T4509
延度(15℃)/cm	不小于	100	50	40	30	报告	报告	GB/T4508

注：报告必须报告实测值

从表 5-5-1 可看出，对每种重交通道路石油沥青产品都有严格的指标要求，因此正确地选择原油是采用蒸馏法生产优质道路沥青的先决条件。一般而言，环烷基原油和蜡含量较低的中间基原油或稠油是生产道路沥青的合适原料。用这类原油生产的道路沥青具有延度高、理想的流变性能、与石料结合能力强、低温时抗变形能力大、路面不易开裂、高温时不易流淌、不易出现拥包和车辙、具有好的抗老化性能等优点。而石蜡基原油和蜡含量较高的中间基原油则不适合用蒸馏法生产沥青。进口的阿拉伯重质原油、伊朗重质原油、科威特原油和国产的辽河欢喜岭稠油、新疆克拉玛依稠油、胜利单家寺稠油均适合用蒸馏法生产优质道路沥青。

尽管采用某些原油经过常压蒸馏即可生产出合格的道路沥青，但一般来说，蒸馏法生产道路沥青通常是通过减压蒸馏实现的。根据原油的性质采用“干式”“微湿”或“湿式”的操作方式，提高减压塔的拔出深度，增加减压渣油的稠度而实现道路沥青的生产。经验表明，用蒸馏法生产道路沥青，由于原油不同，得到针入度相同的道路沥青其蒸馏的切割温度是不同的。表 5-5-2 及图 5-5-1 列出了一些典型原油的分类及得到针入度 90(1/10mm)的道路沥青的切割点温度。从表 5-5-2 可看出，随着原油密度的降低，要得到针入度为 90(1/10mm)的残渣的切割温度也大大提高，因而采用不同性质原油生产道路沥青时的加工方案也会有所不同。

表 5-5-2 各种类型原油用蒸馏方法生产道路沥青时的切割点温度

分类	原油密度(15℃)/(g/cm³)	针入度 90(1/10mm)的残渣的切割点温度/℃
A	≤0.8454	560~600
B	0.8708~0.9340	520~550
C	0.9402~0.9561	470~510
D	0.9586~0.9796	430~460
E	>0.9861	380~420

与其他类型的原油蒸馏装置相比，直接生产道路沥青的原油蒸馏装置原理上是相同的，只是减压塔的设计及操作条件的选择有所区别。其关键是根据所加工原料的性质，把原油中轻质馏分分馏出去，从而在减压塔底得到指标合格的沥青产品。根据实际生产经验，生产道路沥青的减压蒸馏同样可采用“干式”“微湿”或“湿式”减压蒸馏，并且减压过汽化油一定要除去，不能混入减压渣油中，以控制沥青的质量和收率。用“干式”和“湿式”减压蒸馏生产道路沥青的典型操作条件分别如图 5-5-2 和图 5-5-3 所示。

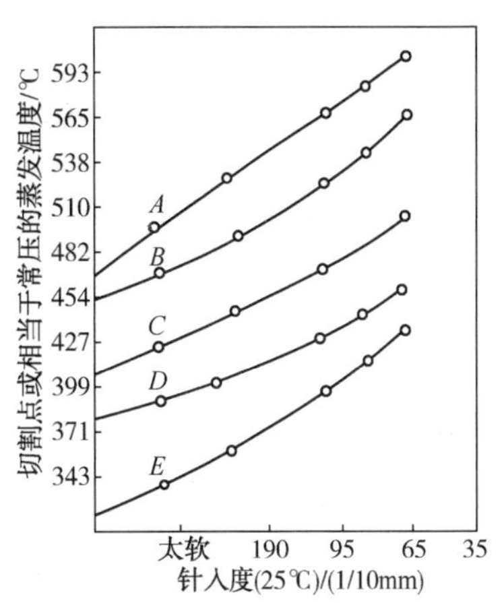

图 5-5-1 不同原油、不同拔出程度的残渣与针入度的关系

要生产优质的道路沥青，减压蒸馏的设计和操作是关键。减压塔的设计应采用低压降、高通量的塔内件以降低减压塔的全塔压降，从而尽量降低减压塔进料段的压力，在合适的减压炉出口温度下，提高减压拔出率，降低减压渣油中≤500℃馏分的含量。操作中，必须防止操作过程中在减压渣油中混入其他轻组分(如减渣泵的封油)，否则就会降低沥青薄膜烘箱后的针入度比；控制好减顶真空度，保证减压塔的拔出深度；控制好减压过汽化油集油箱的液位，以防过汽化油漏到减压渣油中。“湿式”减压操作时，可以在不影响减顶真空度的前提下，适当加大减压塔底汽提蒸汽量，减少减压渣油中减压蜡油的含量；操作中尽量减少减压塔底泵的封油注入量或用馏分重的油作为密封油，防止密封油用量过多或馏分过轻对道路沥青的质量造成影响。

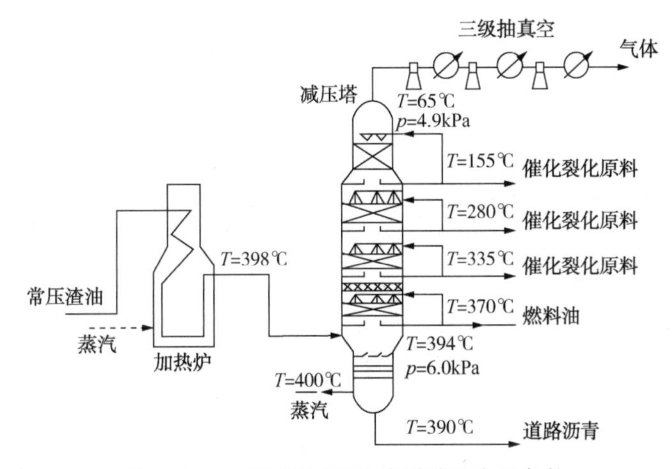

图 5-5-2 “湿式”减压生产道路沥青的条件

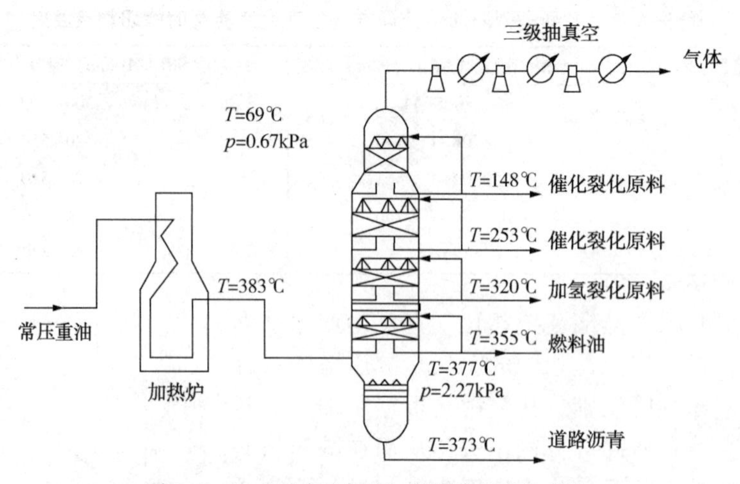

图 5-5-3　“干式”减压生产道路沥青的条件

实际生产中通过调节减压蒸馏的拔出率，可得到不同的道路沥青。但为了操作平稳，不经常变换工艺条件，有些炼油厂采用二级减压蒸馏的流程，分别从一级减压塔底和二级减压塔底得到软、硬沥青基础组分，然后调和得到不同针入度的沥青产品。美国博芒特炼油厂二级减压蒸馏生产沥青的流程见图 5-5-4。

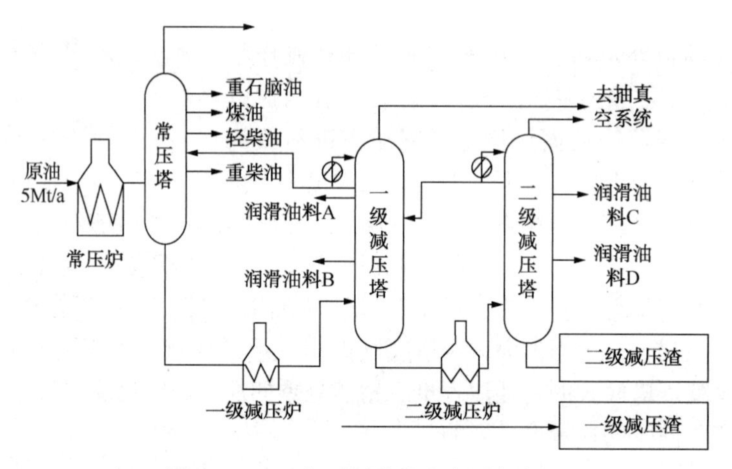

图 5-5-4　二级减压蒸馏生产沥青流程

第六节　减压深拔技术

常减压装置的减压渣油加工路线主要有以延迟焦化、溶剂脱沥青等为代表的脱碳路线和以渣油加氢为代表的加氢路线。如果减压渣油采用脱碳路线，减压蒸馏采用减压深拔技术具有重要的意义。

1）提供更多的催化裂化或加氢裂化原料。常规的常减压蒸馏装置的减压渣油切割点温度为 520℃左右，如果将其提高到 565℃，则可多产出直馏蜡油 3% ~4%(质)，这部分蜡油进入催化裂化或加氢裂化装置加工，将产生更大的经济效益。

2）减缓重油加工装置的负荷压力。根据我国原油资源的可获得性，我国加工的原油日益变重是不可避免的趋势，重油加工装置将面临增加负荷的压力。减压深拔可减少渣油产量，如果减压渣油的切割点温度由520℃提高到565℃，将可减少减压渣油产率3%~4%(质)，从而缓解渣油加工装置的负荷压力。

3）提高原油资源的利用率。一般地，延迟焦化装置的生焦率在25% ~30%(质)，而催化裂化装置的生焦率相对较低。采用减压深拔，将降低渣油产率，从而降低延迟焦化装置的加工量，进而可以减少焦炭生成量，提高资源的利用率。

一、减压深拔的定义

衡量常减压蒸馏装置总拔出深度通常采用减压渣油的切割点来表示，减压渣油的切割点是指减压渣油收率对应于原油实沸点(TBP)蒸馏曲线上的温度(见图5-6-1)。

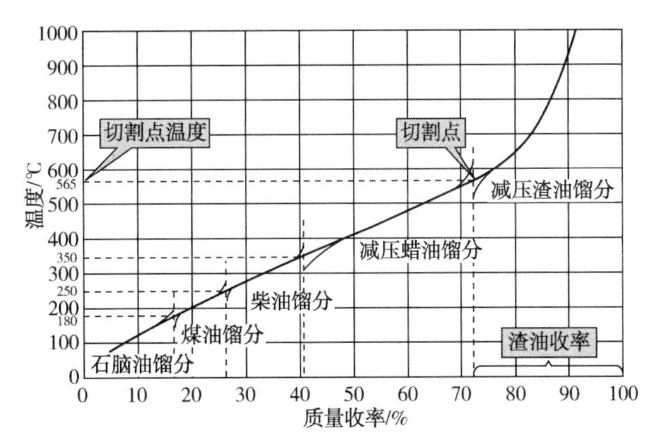

图5-6-1　原油TBP切割点

国外蒸馏装置减压渣油的切割点温度标准设计是1050℉，即565℃，只有减压渣油切割点温度超过565℃才称为深拔。Shell、KBC等公司结合其大量的数据库，根据油膜温度和在炉管中的停留时间能够较好确定炉管结焦倾向，深拔操作时避开炉管结焦和裂化区而在安全区域操作，从而保证加热炉在安全状态下长周期运转(一般为5年生产周期)。减压塔也具有一系列相应的高效低压降成套技术，其控制进料段的雾沫夹带技术及洗涤段的有关技术等均较先进，从而保证减压深度拔出的同时具有较高的蜡油质量。

国内目前大多数常减压蒸馏装置实际操作的减压渣油切割点温度一般在535~540℃，近期新设计的大型装置减压渣油的切割点在565℃，金陵石化8Mt/a常减压蒸馏装置的减压渣油切割点达到580℃。国内所指的深拔，有一个演变过程，在20世纪80~90年代，减压渣油切割点温度达到540℃就称为深拔，目前所称的深拔是指减压渣油切割点达到565℃及以上。

二、影响减压深拔的因素

影响常减压蒸馏装置深拔的关键因素有三个：第一，工厂因素，装置加工原油的性质以及减压蜡油和减压渣油的加工路线，也就是炼油厂加工的原油是否适合深拔？减压蜡油和减压渣油的加工路线是否需要深拔？第二，减压蒸馏装置本身的技术水平，也就是减压系统能否提供深拔所需要的能量？拔出的减压蜡油的质量能否满足下游装置进料的要求？相关设备能否满足深拔条件下对温度、压力和装置长周期安全运行的要求？第三，操作因素，也就是实际生产过程中，是否按减压深拔的要求进行操作？这三个因素中任何一个，尤其是第二和第三环节没有做好，都将影响装置的总拔出率。

（一）原油性质、减压蜡油和减压渣油加工路线对减压深拔的影响

1. 原油性质的影响

原油性质对减压深拔的影响主要表现在两个方面：第一是原油中蜡油馏分的重金属、沥青质、残炭等杂质的含量。如果蜡油中杂质含量过高，将影响下游催化裂化、加氢裂化等装置催化剂的寿命。第二是原油的临界裂化性能。因减压深拔条件下减压加热炉出口温度较高，如果原油(常压重油)的临界裂化温度低，则在加热炉炉管会形成大量裂化和缩合反应，形成炉管结焦，影响加热炉的运行周期。

几种蜡油和渣油加工装置对原料的典型控制指标见表 5-6-1。

表 5-6-1　几种蜡油和渣油加工装置对原料的典型控制指标

项目	加氢裂化	催化裂化	蜡油加氢	渣油加氢(固定床)
密度/(g/cm^3)		<0.92		
氯/(μg/g)	< 1			
硫/%(质)	0.5~3.0			
氮/(μg/g)	500~2000			
铁/(μg/g)	< 1			
矾+镍/(μg/g)	< 2	< 15		
总金属/(μg/g)				120~130
黏度(100℃)/(mm^2/s)				< 300
C_7不溶物/(μg/g)	< 200		< 1000	
康氏残炭/%(质)	< 2	< 5		
H 含量/%(质)		> 11.8		
干点(ASTM D1160)/℃	尾油作乙烯料：<560 尾油不作乙烯料：<610			

原油的性质是否适合深拔，就是原油评价报告中 350~565℃蜡油馏分中固有的金属、沥青质、残炭等含量是否超过下游加工装置对其含量的控制指标，如果不超过控制指标，则该原油适合深拔；如果超过控制指标，则该原油不适合深拔。部分原油的减压蜡油和减压渣油性质见表 5-6-2 和表 5-6-3。

表 5-6-2　几种原油的减压蜡油馏分质量分析

原油名称	进口混合		伊朗轻质		阿曼		沙中沙重		埃尔滨		沙轻		沙中		科威特
馏分沸程/℃	500~565	565~605	500~565	565~605	500~565	565~605	510~565	565~605	510~565	565~605	535~570	570~605	535~570	570~605	490~565
饱和烃/%	77.9	70.4	33.8	22.8	45.4	36.4	24.3	21.2	16.2	11.2	42.2	35.8	35.5	30.1	
芳烃/%	13.7	17.1	62.6	68.4	53.5	60.2	69.9	71.3	68.1	69.4	53.7	56.6	56.2	59.3	
胶质+沥青质/%	8.4	12.5	3.6	8.8	1.1	3.4	5.8	7.5	15.7	19.4	4.1	7.6	8.3	10.6	
C_7不溶物/%	0.39	0.48	0.19	0.74	0.17	0.27	0.19	0.30	0.32	1.12					

续表

原油名称	进口混合		伊朗轻质		阿曼		沙中沙重		埃尔滨		沙轻		沙中		科威特
Ni/(μg/g)	9.0	21.8	1.2	37.3	1.5	12.1	0.4	3.6	2.1	10.2	<0.1	0.5	0.5	1.2	0.3
V/(μg/g)	1.1	2.0	0.7	5.0	1.8	6.5	1.0	14.0	2.3	10.8	0.8	4.8	1.3	7.1	<0.05
Fe/(μg/g)	0.8	1.0	0.4	0.9	2.1	1.4	1.1	1.8	2.0	0.5	<0.05	<0.05			0.9
Cu/(μg/g)	0.1	<0.05	<0.05	<0.05	0.1	0.1	0.08	0.05	0.5	0.1	<0.05	<0.05			<0.05
Pb/(μg/g)	0.1	<0.05	<0.05	<0.05	0.1	<0.05	<0.05	<0.05	0.1	<0.05					<0.05
Na/(μg/g)	<0.05	<0.05	<0.05	<0.05	<0.05	<0.05	<0.05	<0.05	<0.05	<0.05					
Ca/(μg/g)	5.0	2.1	0.1	0.3	8.8	8.1	3.4	3.5	4.1	3.0					

表 5-6-3　几种原油的减压渣油质量分析

原油名称	进口混合		伊朗轻质		阿曼		沙中沙重		埃尔滨		沙轻		沙中		科威特
重油切割点/℃	>565	>605	>565	>605	>565	>605	>565	>605	>565	>605	>570	>605	>570	>605	>565
收率/%	45.00	42.09	15.86	13.51	24.20	21.11	29.44	24.30	27.59	23.69	17.55	14.90	24.88	21.77	27.10
密度(920℃)/(kg/m³)	975.3	985.5	1028.3	1040.7	982.8	990.1	1034.4	1047.6	1082.3	1090.3	1022.1	1034.0	1029.4	1035.4	1029.0
黏度(80℃)/(mm²/s)															20581
100℃					2057		5838								3760
135℃	746.2	910.5	650.8	1650	294.2	538.4	643.0	2975	5070	19908					
残炭/%	18.1	19.2	24.2	26.3	17.3	18.9	24.5	28.2	38.5	41.6	21.0	24.4	20.4	23.9	23.6
C/%	87.18	87.32	84.58	84.50	85.57	85.49	84.40	84.52	85.51	85.46	85.61	85.46	83.62	83.30	83.14
H/%	11.41	11.32	10.40	10.20	10.93	10.82	10.18	9.93	9.17	8.84	10.38	10.17	9.98	9.83	10.06
S/%	0.28	0.30	3.73	3.89	2.44	2.54	4.89	4.97	4.09	4.27	3.54	3.59	5.30	5.61	5.67
N/(μg/g)	4311	4550	8146	9077	4147	4570	2998	3220	6983	7218	3509	3787	3500	3800	3668
饱和烃/%	12.5	11.0	10.2	8.4	10.8	10.6	4.5	2.8	2.5	1.7	15.3	11.7	9.4	7.0	11.0
芳烃/%	30.0	29.3	63.6	63.8	64.3	63.2	50.3	54.1	53.6	50.8	56.2	54.8	58.9	57.0	58.9
胶质+沥青质/%	57.5	59.7	26.2	27.8	24.9	26.2	45.2	43.1	43.9	47.6	28.5	33.5	31.7	36.0	30.1
C_7 不溶物/%	1.34	1.44	10.41	12.20	2.86	3.17	12.31	14.95	26.5	31.8	7.4	8.7	7.3	9.3	12.5
Ni/(μg/g)	134.7	146.9	101.2	120.3	50.1	55.7	65.3	80.9	125.8	143.6	18.0	22.0	44.2	48.8	24.1
V/(μg/g)	11.0	12.4	332.0	386.5	48.6	51.2	185.7	225.2	231.1	264.9	90.9	98.5	129	148	92.2
Fe/(μg/g)	146.4	177.8	7.4	8.7	10.4	11.4	13.3	14.9	78.6	82.2	111	132	8.5	8.6	9.1
Cu/(μg/g)	0.6	1.0	0.6	0.7	0.2	0.2	0.07	0.08	0.22	0.28	1.1	1.2	0.4	0.5	<0.05
Pb/(μg/g)	0.4	0.6	<0.05	<0.05	0.1	<0.05	<0.05	<0.05	<0.05	<0.05			0.1	0.1	
Na/(μg/g)	38.5	43.6	2.2	2.5	1.9	2.3	12.0	13.9	19.2	21.4					
Ca/(μg/g)	98.1	106.2	6.5	7.4	14.1	14.6	11.3	17.6	14.1	18.1					

从表 5-6-2 和表 5-6-3 可以看出：

1）埃尔滨原油单独加工不宜减压蒸馏，更不宜深拔；进口混合原油和伊朗轻质原油的深拔切割点以565℃左右为宜；科威特原油、阿曼原油、沙特轻质原油、沙特中质原油以及沙中沙重混合原油可在保证常减压装置减压炉平稳、长周期运行的情况下，尽量提高深拔的切割点。

2）科威特原油、伊朗轻质原油、阿曼原油、沙特轻质原油、沙特中质原油和沙中沙重混合原油以及埃尔滨原油>350℃的馏分油，需加氢脱硫后方可作为催化裂化装置的原料油。

3）混合进口原油、科威特原油、阿曼原油、沙特轻质原油、沙特中质原油和沙中沙重混合原油的馏分油(350~530℃左右)可直接作为加氢裂化装置的进料，而伊朗轻质原油和埃尔滨原油的馏分油因氮含量高，不宜直接作为加氢裂化装置的进料，但可作为加氢裂化装置的掺兑料。

4）科威特原油、阿曼原油、沙特轻质原油的常压渣油可直接作为渣油加氢装置的原料，经加氢脱硫、脱金属和脱残炭后，其加氢重油再作为催化裂化装置的原料；而沙特中质原油、沙中沙重混合原油以及伊朗轻质原油的常压渣油因重金属 Ni+V 含量较高，仅可作为渣油加氢装置的掺兑料。

5）混合进口原油的深拔减压渣油作为延迟焦化装置的原料油，可生产市场急需的低硫焦炭；科威特原油、阿曼原油、伊朗轻质原油、沙特轻质原油、沙特中质原油、沙中沙重混合原油的深拔减压渣油以及埃尔滨原油的常压渣油作为延迟焦化装置的原料油，生产的焦炭硫含量高，需与 CFB 锅炉联合，以消化高硫焦，防止高硫焦销路不畅而影响到原油的加工。

6）进口混合原油的 Fe 离子含量高达 71. 3μg/g，这与该原油的酸值高(为 3. 46mgKOH/g)有必然联系，故在加工该种原油时，一次加工和二次加工装置均要有防腐措施，或该种原油与低酸值的原油按一定的掺兑比来加工。该原油的盐含量也很高，Na 为 19. 5μg/g，Ca 为 45. 5μg/g，故要加强电脱盐管理，并采用脱钙新技术等。

2. 减压蜡油和减压渣油加工路线的影响

一般地，减压蜡油主要有催化裂化、加氢裂化或蜡油加氢处理-催化裂化三条加工路线，减压渣油主要是通过延迟焦化、渣油加氢处理、渣油加氢裂化或溶剂脱沥青等四条路线进行加工。由于减压蜡油加工装置和减压渣油加工装置对其原料有不同要求(见表 5-6-1)，这就决定了常减压蒸馏装置的不同拔出深度，也就是决定了常减压装置是否需要深拔。

对于低硫低金属石蜡基原油，由于其减压渣油可以掺入蜡油中进入重油催化裂化装置进行加工，甚至可以不需要减压蒸馏，全部常压渣油都可以直接进入重油催化裂化装置加工，因此不必追求减压拔出率，也就是不需要深拔。如果为了生产喷气燃料或芳烃，采用减压蜡油加氢裂化路线，则切割点应根据使减压渣油的硫含量等满足重油催化裂化装置的进料要求酌情确定。

对于高硫或含硫原油，由于减压渣油中硫含量和金属含量较高，很难直接用催化裂化装置进行加工。如减压渣油采用溶剂脱沥青或延迟焦化的加工路线，无论减压蜡油是采用加氢处理-催化裂化路线还是采用蜡油加氢裂化路线，为了最大限度提高蜡油的转化率，减少渣油量和生焦量，采用深拔是必要的；如果减压渣油采用渣油加氢处理路线，由于较高的黏度会影响液膜厚度，增加渣油在催化剂活性中心的扩散阻力，为降低进料中的黏度，往往需要向减压渣油中兑入一定量的减压蜡油。因此，对于减压渣油采用渣油加氢处理路线，是否深拔，需根据原料的性质酌情决定。不同蜡油和渣油加工路线对深拔的要求见表 5-6-4。

表 5-6-4　不同蜡油和渣油加工路线对深拔的要求

加工路线	催化裂化	加氢裂化	蜡油加氢处理—催化裂化
催化裂化(低硫原油)	—	酌情	—
延迟焦化	—	深拔	深拔
溶剂脱沥青	—	深拔	深拔
渣油加氢(固定床)-催化裂化	—	酌情	酌情
渣油加氢(固定床)-催化裂化+焦化	—	深拔	深拔
渣油加氢裂化(沸腾床)	—	深拔	深拔
渣油加氢裂化(浆态床)	—	深拔	深拔

(二) 减压蒸馏装置的技术水平对减压深拔的影响

1. 减压塔闪蒸段温度和压力的影响

在减压塔内，所有要拔出的产品都必须在闪蒸段汽化。影响减压汽化率的工艺条件主要是减压塔闪蒸段温度、油气分压(总压和汽提蒸汽量)。根据闪蒸状态方程，较高的汽化率需要较低的闪蒸段压力和较高的闪蒸段温度。

对于某种特定的原油，在闪蒸段压力一定的条件下，温度和汽化率的关系近似为线性关系(图 5-6-2)并大致具有以下规律：

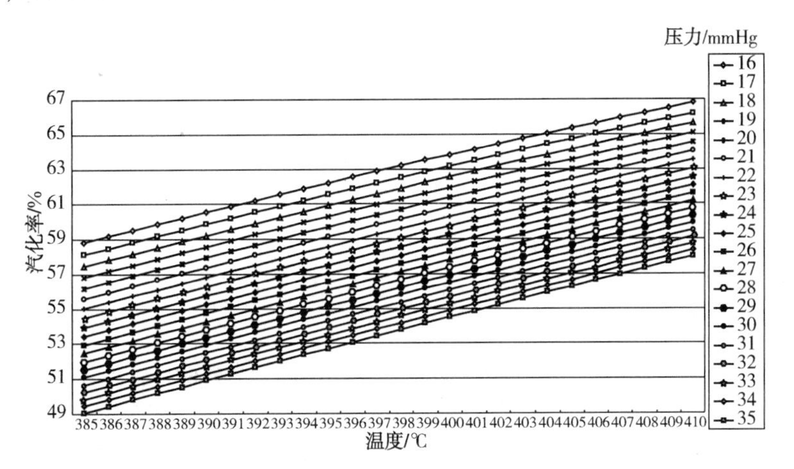

图 5-6-2　科威特原油常压渣油温度-压力-汽化率关系

注：1mmHg≈133.32Pa。

1) 在相同的压力下，当温度低于 400℃时，温度每升高 1℃，汽化率增加约 0.35%；当温度高于 400℃时，温度每升高 1℃，汽化率增加约 0.3%。也就是说，在较低的温度段下，提高温度对拔出率增加的效果明显。

2) 在相同的温度下，降低油气分压也可以提高汽化率。在低压下(小于 20mmHg)，压力每降低 1mmHg，汽化率增加约 0.5%～0.7%，与温度升高 2℃的作用相当；在 20～30mmHg 压力下，压力每降低 1mmHg，汽化率增加约 0.4%～0.6%；在大于 30mmHg 压力下，压力每降低 1mmHg，汽化率增加约 0.35%～0.45%。降低压力的作用还与温度段有关，在较低的温度段下，降低压力的效果比较高温度段下的效果好。

汽提蒸汽的作用实质上是降低闪蒸段的油气分压，因此，在总压一定的条件下，增加汽提蒸汽量，将提高减压塔闪蒸段的油气闪蒸量，增加拔出率。

对于工业装置，提高温度和降低压力(增加汽提蒸汽量)均受相关条件的制约。过高的闪蒸段温度必然要求较高的炉出口温度，这就容易引起减压炉的炉管结焦；过低的闪蒸段压力或过大的汽提蒸汽量不但使得减压塔直径增大，加大投资，也会引起能耗的增加。考虑到油品热稳定性和减压塔结构尺寸以及投资等因素的限制，减压塔炉出口温度宜控制在410~430℃，减压塔顶压力宜控制在10~20mmHg，塔底汽提蒸汽量一般为减压渣油的0.3%~0.5%。

2. 减压塔的操作模式和过汽化率的影响

减压塔的操作模式和过汽化率主要影响拔出的减压蜡油(VGO)的质量。实际操作中VGO中的残炭、沥青质、重金属等杂质来源于两个方面：一方面是VGO中固有的杂质，这些杂质的含量随减压蜡油切割点的提高而升高；另一方面是在减压塔蒸馏过程中携带的杂质。与VGO中固有的杂质含量相比，携带的杂质含量要高很多，因此减压塔携带的杂质是VGO质量变差的根本原因。因为原料中固有的杂质含量不可能降低，因此降低VGO中杂质含量的根本措施是降低减压塔中携带的杂质含量。

(1) 减压塔的操作模式

减压塔的操作模式有“干式”减压 、“湿式”减压和“微湿式”减压之分。“干式”减压的主要特征是减压炉管不注入蒸汽，减压塔底不吹蒸汽，减压塔闪蒸段压力较低，约10~20mmHg，采用三级抽真空系统；“湿式”减压的主要特征是减压炉管注入蒸汽，减压塔底吹汽提蒸汽，总蒸汽量达到减压进料的2%~3%(质)，减压塔闪蒸段压力较高，约60~80mmHg，采用二级抽真空系统；“微湿式”减压主要特征是减压炉管注入蒸汽，减压塔底吹汽提蒸汽，总蒸汽量较小，减压塔闪蒸段压力较低，约12~20mmHg，采用三级抽真空系统。

(2) 减压塔操作模式与减压重蜡油(HVGO)质量的关系

美国格里奇公司曾进行过减压操作模式对HVGO质量影响的研究(HP1991.11)，见表5-6-5和图5-6-3。

表5-6-5 减压塔操作模式对HVGO质量的影响

项目	三级抽空	二级抽空	三级抽空	
	干式	湿式	微湿式无汽提	微湿式有汽提
塔顶压力/mmHg	8	50	20	20
闪蒸段压力/mmHg	18	66	35	35
炉管注汽/%	0	0.51	1.02	0.51
塔底汽提/%	0	0.69	0	0.69

从表5-6-5和图5-6-3可以看出，“微湿式有汽提”模式减压HVGO质量最好，“湿式”模式次之，“干式”模式再次之，“微湿式无汽提”模式最差。因此减压深拔宜采用“微湿式有汽提”操作模式。

(3) 减压过汽化率与减压重蜡油(HVGO)质量的关系

在总拔出率(切割点温度)一定的条件下，提高过汽化率，HVGO中的杂质含量降低，

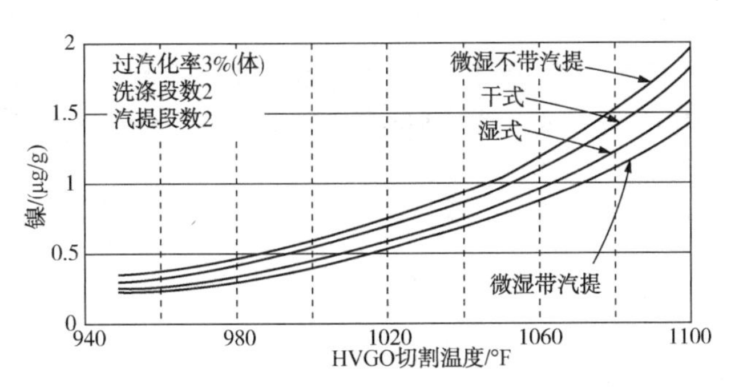

图 5-6-3　减压塔操作模式对 HVGO 质量的影响

VGO 质量提高。图 5-6-4 表明当采用带汽提的“微湿式”操作，洗涤段为 1 个理论级，汽提段为 2 个理论级时，在 571℃ 切割点下，进料过汽化率从 1%提高到 3%，HVGO 中 Ni 含量由 1.32μg/g 降至 1.07μg/g。但是，提高减压过汽化率将引起减压加热炉负荷的增加，从而增加装置能耗。

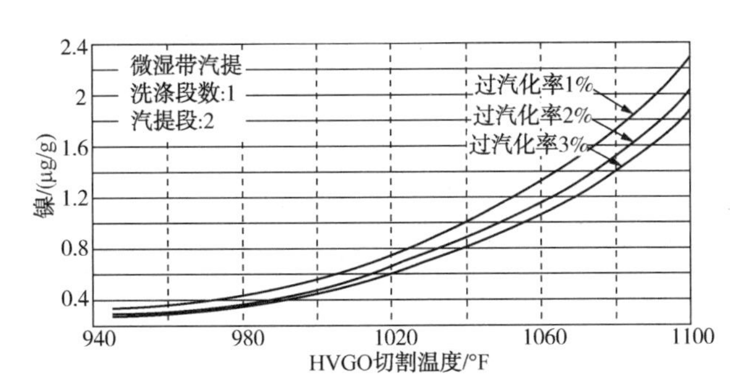

图 5-6-4　减压过汽化率对 HVGO 质量的影响

3. 减压塔进料分布器和洗涤段结构的影响

减压塔进料段的结构对深拔的影响主要体现在闪蒸段油气的雾沫夹带量大小和减压塔洗涤段效果的好坏，从而影响 HVGO 的质量和减压塔的运行周期。要实现减压深拔，减压塔进料段和洗涤段的结构至关重要。

(1) 进料分布器和洗涤段的作用

从减压炉加热的常压重油经减压转油线进入减压塔，转油线内的介质速度一般为 0.7~0.9 倍的声速，速度约 60~90m/s，转油线内的流型主要是环状流或泡状流，高速且处于环状流或雾状流的两相流体在减压塔进料闪蒸段会产生大量的夹带。从闪蒸区上来的气体夹带的减压渣油组分含有大量的残炭、金属 Ni 和 V，进入 HVGO 中造成重蜡油的质量变差。

减压进料分布器的作用是利用进料物流的惯性，对进料气、液进行分离，降低上升气体的夹带，同时对上升进入洗涤段的气体提供一个良好的初始分配，使洗涤段发挥良好的洗涤作用。洗涤段的作用是对闪蒸上来的油气进行洗涤，除去油气中夹带的重组分、重金属、残炭和沥青质，同时对油气中重组分进行冷凝，以保证减压蜡油的性质(尤其是重金属含量和残炭含量)满足下游装置的要求。

(2) 影响雾沫夹带的因素

影响闪蒸段气体雾沫夹带的主要因素有闪蒸段的气体速度、夹带液滴的尺寸大小以及闪蒸段空间高度。

1）气体速度和液滴的尺寸：闪蒸段上升的气体夹带的液滴，在上升的过程中会有一部分液滴因为重力的作用而沉降下来，根据斯托克斯沉降原理，夹带液体的粒径越大，液滴就越容易沉降。

油气速度的计算式如下：

$$u_0=\left[\frac{4gd(\rho_L-\rho_V)}{3\rho_V\xi}\right]^{0.5} \tag{5-6-1}$$

式中　u_0——油气速度，m/s；

d——液滴直径，m；

ρ_L，ρ_V——液体密度、气体密度，kg/m^3；

g——重力加速度，$9.8m/s^2$。

ζ——阻力因子，是雷诺数 Re 的函数；

雷诺数

$$Re=d\cdot u_0\cdot\rho_V/\mu_V \tag{5-6-2}$$

根据 Re 值的大小，可将球形粒子的沉降划分为三个区。

当 $Re=0.0001\sim2$ 时为滞留区域，此时：

$$\xi=24/Re$$

$$u_0=\frac{d^2g(\rho_L-\rho_V)}{18\mu_V} \tag{5-6-3}$$

当 $Re=2\sim500$ 时为过渡区域，此时：

$$\xi=18.5/Re^{0.60}$$

$$u_0=\frac{0.153g^{0.71}d^{1.14}(\rho_L-\rho_V)^{0.7}}{\rho_V^{0.29}\mu_V^{0.43}} \tag{5-6-4}$$

当 $Re=500\sim150000$ 时为湍流区域，此时：

$$\xi=0.44$$

$$u_0=1.74\left[\frac{gd(\rho_L-\rho_V)}{\rho_V}\right]^{0.5} \tag{5-6-5}$$

通过计算减压塔闪蒸段气速与液滴沉降的关系，将结果绘于图 5-6-5。

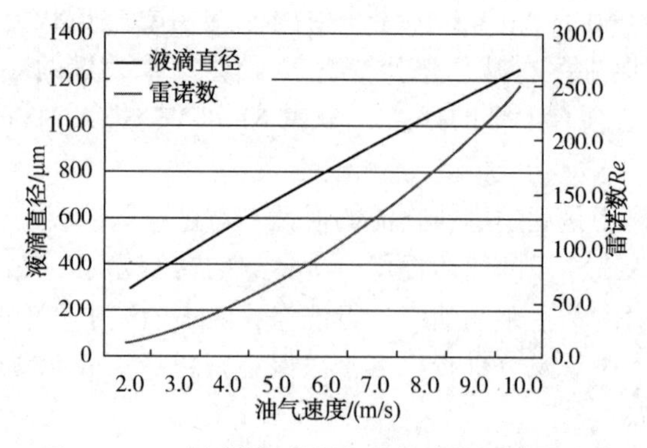

图 5-6-5　减压塔闪蒸段气速与液滴沉降的关系

一般地，减压塔进料段的气体速度在5~7m/s之间，根据上述公式计算，只有当液滴直径大于800μm时，液滴可以沉降，也就是说直径小于800μm的液滴将被上升的气流带走 。

2）闪蒸段空间高度：减压塔进料段雾沫夹带量的大小与气速 u_0、空高 H_t、液体表面张力 σ_L、气体和液体密度 ρ_V、ρ_L、液体黏度 u_L 等参数有关，即：

$$e=f(u_0,\ H_t,\ \sigma_L,\ \rho_L,\ \rho_V,\ \mu_L)$$

对于一定的介质，则：

$$e\propto(u_0/H_t)^n \quad n=3$$

令：$H_t/u_0=\tau$，则：

$$e\propto(1/\tau)^3 \tag{5-6-6}$$

从式(5-6-6)可知，减压塔雾沫夹带量的大小与油气在闪蒸段的停留时间有关，换言之，与减压塔闪蒸段的空间高度有关，增加油气在闪蒸段的停留时间可以减少雾沫夹带。从式(5-6-6)还可知，增加相同的停留时间对不同的时间起点，降低雾沫夹带的效果不同，停留时间从1s增加到2s与从2s增加到3s，雾沫夹带的减少量是不相同的。

（3）进料分布器

为了减少减压塔进料段的夹带，通常减压进料设置进料分布器对减压塔进料的气、液相进行分离，同时对上升的气体进行分配。工业上常用的几种进料分布器结构和性能比较见图5-6-6和表5-6-6。

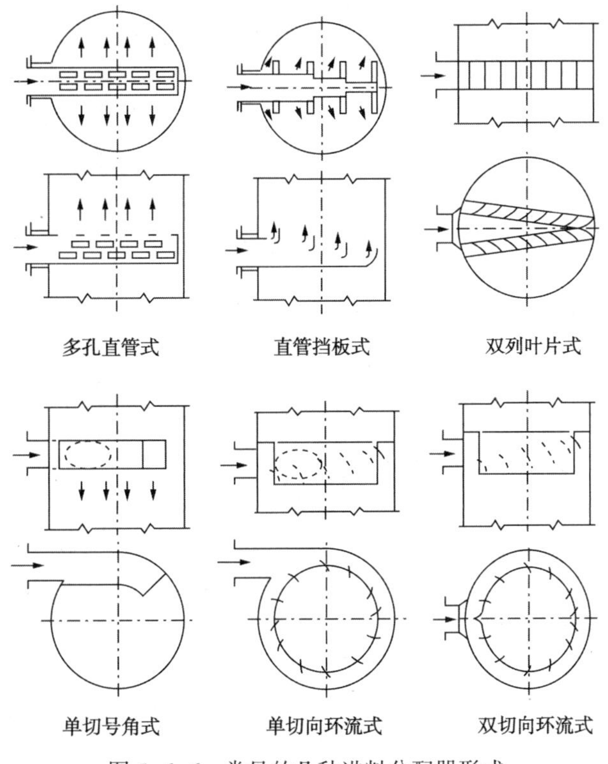

图5-6-6　常见的几种进料分配器形式

表 5-6-6　常见的几种进料分布器性能

进料分布器形式	气体分布不均匀度	雾沫夹带率/%	压降/Pa
多孔直管式	2.0	5.3	2740
直管挡板式	2.0	1.3	843
切向号角式	1.97	0.0	10
双列叶片式	1.8	0.6	30
单切向环流式	0.52	0.0	49
双切向环流式	0.37	0.1	15
轴径向式	0.18~0.31	0.1	23~31

良好的进料分布器要求具有上升气体分布均匀、雾沫夹带量小和较低的压降等特点。但是进料分布器的雾沫夹带量与气体分布均匀度并不是统一的关系，雾沫夹带量小的分布器往往气体分布不均匀度差，雾沫夹带量大的分布器往往气体分布不均匀度好。减压深拔最佳分布器的选择是平衡好气体分布不均匀度和雾沫夹带关系并且和性能良好的洗涤段配合作用。在考虑气体分布不均匀度与雾沫夹带的关系时，分布不均匀度比雾沫夹带更重要，因为气体分布不均匀，易引起洗涤段下部液泛，破坏洗涤效果，将引起减压塔洗涤段填料结焦。

（4）洗涤段

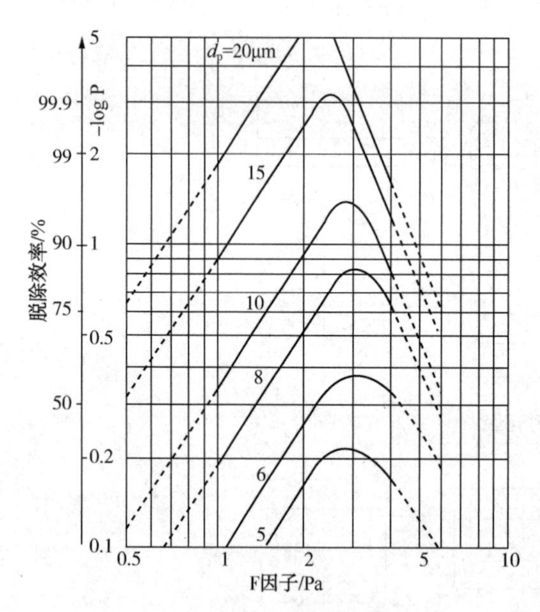

图 5-6-7　洗涤段洗涤性能效果图

洗涤段的作用是对闪蒸上来的油气进行洗涤，除去油气中夹带的重组分、重金属、残炭和沥青质，同时对油气中重组分进行冷凝，以保证减压蜡油的性质尤其是重金属含量和残炭含量满足下游装置的要求。洗涤段一般由洗涤段填料、液体分配器和液体集油箱等部件组成。洗涤段脱除雾沫夹带的性能与液体直径 d_p 和气体 F 因子有关，见图 5-6-8。从图 5-6-7 可知，性能良好的洗涤段对大于 20μm 的液滴脱除效率一般在 98%左右。

深拔条件下洗涤段操作条件比较苛刻，洗涤段的温度一般达到 390℃左右，比常规减压温度高 10~20℃左右，且气相负荷大、液相负荷小，易出现洗涤段填料床层结焦、液体分配器结焦，从而使洗涤段失去洗涤作用，造成减压蜡油残炭和重金属含量超高，同时洗涤段结焦将引起该段填料压降的升高，降低减压拔出率，有时还可引起非计划停工。因此，防止减压塔洗涤段填料结焦对减压深拔尤为重要。

防止洗涤段结焦的根本措施是保证洗涤段下部有最小的“干净”洗涤油流量来湿润填料下表面，即“干净”洗涤油量必须满足填料的最小喷淋密度的要求。填料的最小喷淋密度和所选择的填料形式及规格有关，对于比表面积在 125~200m^2/m^3的规整填料，洗涤油的喷淋密度应不低于 0.5$m^3/(m^2 \cdot h)$。为保证洗涤油量满足要求，应采用洗涤油量控制净洗油内回流量的控制方案，并设最小流量限制值。

1）液体分布器的选择：

洗涤段的分布器可以采用重力式分布器也可以采用压力式分布器，主要原则是分布均匀、抗堵塞性强，使填料表面能够充分润湿。

① 压力式液体分布器：洗涤段的特点是操作温度高，液体喷淋密度低，喷嘴的选择主要考虑避免过度雾化和提高抗堵塞、抗结焦能力。为保证填料表面的充分润湿，分布器的设计要采用较大的覆盖重叠度，通常应不小于100%。因此，对于压力式分布器，宜选择较大的喷淋夹角，以避免分布器的安装高度过高。同时，为防止堵塞，喷嘴个数和喷嘴通量应优化配置。

② 重力式分布器：重力式分布器的最大特点是，液体在重力作用下通过小孔流动均匀分布在填料的表面上。重力式分布器小孔直径、与液体流量和液位高度的关系可根据式(5-6-7)和图5-6-8计算。

$$Q=\frac{\pi}{4}\times d^2\times n\times C_d\times\sqrt{2gh} \tag{5-6-7}$$

式中　Q——液体流率，m^3/s；

d——布液孔直径是，m；

n——布液孔数量；

C_d——孔流系数，无因次，根据图5-6-9查得；

g——重力加速度，9.81m/s^2；

h——液位高度，m。

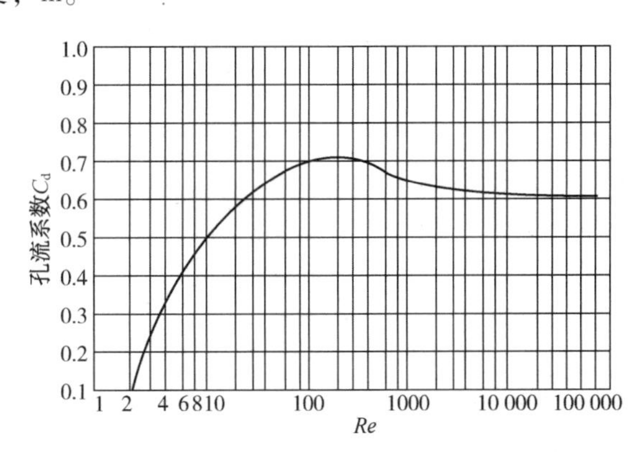

图5-6-8　孔流系数C_d随雷诺数Re的变化曲线

由于是小孔流动，孔径过小易发生堵塞，加大孔径会造成单位面积内孔分布过少而导致液体不能够很好地在填料床层内分布，导致填料表面出现不能被液体润湿而结焦。因此必须综合所有因素，统筹考虑抉择。此外，因液体温度较高，需避免在分布器内停留时间过长而发生结焦现象。同时，液体在窄槽内的流速也不可过高而产生液位梯度，影响液体分布效果。

2）填料床层的设计：

洗涤段填料床层操作温度高，因液体喷淋密度较小，易出现局部填料表面没有液体润湿的现象，易发生结焦。因此，应选择抗结焦能力强的填料，特别是填料床层的中下部，必须采用通量大、表面光滑的填料，一般在此处采用复合填料床层。

3）集油箱的结构形式：

集油箱的主要任务是收集来自填料床层的液体，同时也要对经过集油箱上升的气体有一个较好的分布。集油箱的气体通道一般采用方形、圆形和长槽形升气筒。集油箱对气体的分布取决于单个升气筒的形式、截面积的大小和布置情况。对气体分布要求严格的集油箱，可采用较小截面结构的升气筒并均匀布置在塔截面上，同时保持必要的气体通过压力降。

洗涤段的集油箱设置在进料段的上方，操作温度通常在370℃以上，集油箱内的液体介质重，胶质和沥青质含量高，常有沉积物产生并造成垢下腐蚀。集油箱内由于液体的存在，使集油箱的壁温较通过升气筒上升的气流温度低，也由于该集油箱设置在进料段的上方，冷壁使得上升油气中的重质馏分接触集油箱的冷壁产生冷凝聚结成大的液滴落下，降低了进料段的汽化率。

对于深拔减压塔，多采用一种底板倾斜结构的集油箱，俗称热壁式集油箱。这种集油箱可以加速底板上的液体流动，通常集油箱内没有液体停留，液体通过特殊结构的抽出斗用泵抽出。或在减压塔外设置过汽化油罐，过汽化油自流进入过汽化油罐中。过汽化油罐的设置需要考虑高温操作，通常设置急冷油设施，防止介质的裂解、结焦。

4. 减压加热炉的影响

减压加热炉是为减压蒸馏提供热量的核心设备。要深拔，必须提高加热炉的出口温度。对于一般的加热炉，短时间内也可以通过提高加热炉出口温度做到深拔，但是对于适合深拔操作的加热炉，要在深拔的同时还必须做到炉管不结焦，实现装置长周期安全运转。

要实现深拔条件下加热炉的长周期运转，除需考虑减压炉炉型和炉管布置方式、炉管平均辐射热强度、质量流速、油品压降、炉膛烟气温度等参数外，还必须考虑最高油膜温度和停留时间、炉管流型等因素，尤其最高油膜温度和停留时间等因素最为关键。

（1）减压炉的炉型及辐射管布置方式

目前工业上应用的减压加热炉的炉型和辐射炉管的布置，根据装置的能力可以分为单排单面和双排双面辐射组合式立管箱式炉、单排单面辐射和单排双面辐射组合式立管箱式炉和单排单面辐射水平管箱式炉三种形式。

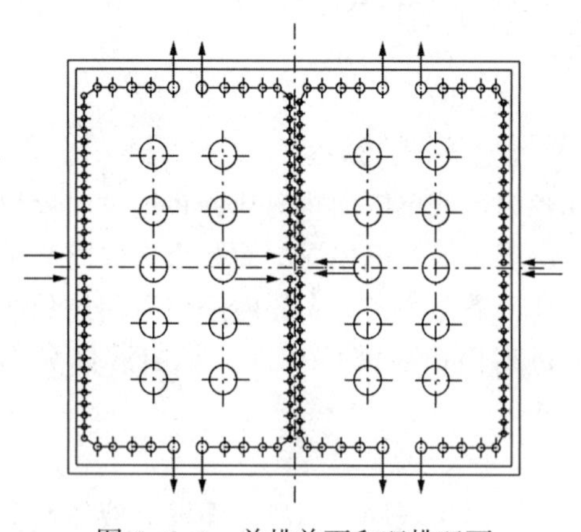

图5-6-9　单排单面和双排双面辐射组合式立管减压炉

单排单面和双排双面辐射组合式立管减压炉如图5-6-9所示，辐射炉管全部排在一个箱形框架内，框架内分多个炉膛，炉膛之间由2排炉管分开，靠墙炉管受单排单面辐射，炉膛之间的炉管受双排双面辐射。根据管程数和热负荷的大小，每个炉膛可以排放2程或4程炉管。在管心距相同时，单排单面辐射和双排双面辐射的热量有效吸收因数相差在4%以内，基本满足各程炉管水力学和热力学对称的要求。

单排单面辐射和单排双面辐射组合式减压炉如图5-6-10所示，根据其处理量大小由两个或两个以上的独立炉膛组成，炉膛呈方形，靠炉墙和炉膛中间均布置炉管，每个炉膛布置4管程，每程炉管的入口部分靠炉墙布置，受单排单面辐射，出口部分炉管位于炉膛中间，受单排双面辐射。该种结构可使各程炉管水力学和热力学完全对称。

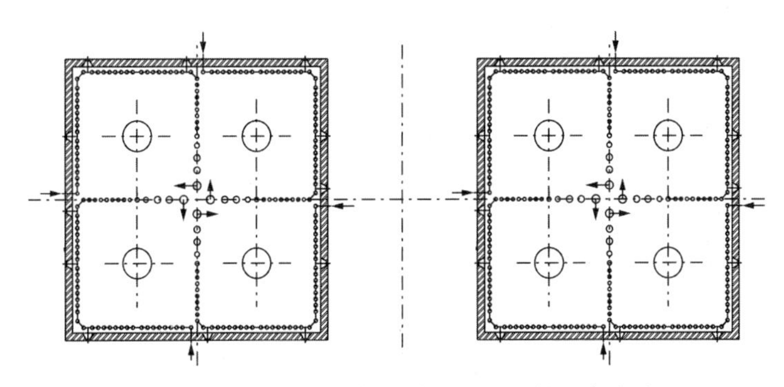

图5-6-10　单排单面辐射和单排双面辐射组合式减压炉

单排单面辐射水平管减压炉如图5-6-11所示，根据其处理量大小可采用单炉膛或多炉膛，炉管靠炉墙水平布置，炉管受单排单面辐射。对该种结构，如每个炉膛布置2程炉管，可以满足各程炉管水力学和热力学完全对称。如布置4管程，应采取特殊的措施，使各管程吸热对称。

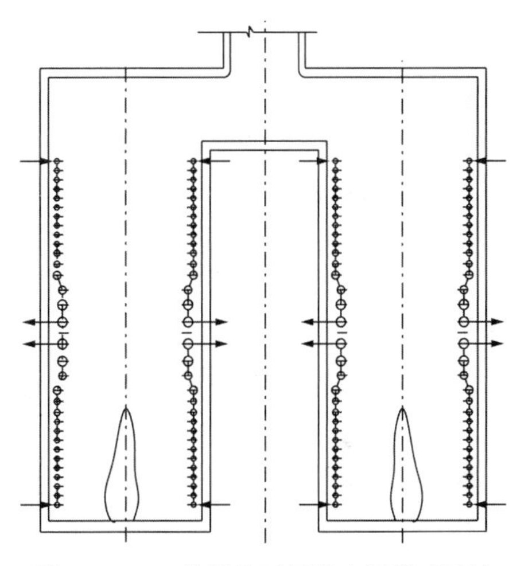

图5-6-11　单排单面辐射水平管减压炉

减压深拔装置的减压炉宜采用单排单面辐射与单排双面辐射组合式立管箱式炉或水平管箱式炉，如采用机械清焦方式，宜优先采用水平管箱式炉。

(2) 油品最高油膜温度和停留时间

减压炉加热的是常压塔底油，油品密度大、黏度高，易于结焦。油品结焦程度除了与油品的裂化性能有关外，还与油品在炉管内的油膜温度和停留时间有关，油品在炉管内的油膜温度越高，在炉管内的停留时间越长，则越容易结焦。为了防止或减缓减压深拔时油品在炉管内结焦，延长装置开工周期，必须限制炉管内油品的最高油膜温度和停留时间。最高油膜温度的高低是减压炉设计的一个主要技术参数。

炉管内油品油膜温度的高低与油品温度的高低、炉管布置方式、油品在炉管内的流型、炉管管外传热均匀性、炉管管外积垢程度有关。某大型蒸馏装置减压炉不同炉管布置方式的炉管主要参数对比见表5-6-7。炉管内油品温度高时，内膜温度高，因此，最高内膜温度大都发生在炉管出口部位。单排单面辐射和单排双面辐射组合式的立管加热炉炉管局部最高热强度低，周向传热均匀，故最高内膜温度最低。单排单面辐射水平管的最高热强度与单排单面辐射立管的最高热强度基本相同，但最高内膜温度相差较大，水平管内膜温度高于立管。可能是由于水平管的内膜传热系数低于立管，而外膜传热系数高于立管，所以水平管的最高内膜温度最高。

表 5-6-7　辐射段不同排管方式下主要计算参数对比

计算参数	水平管单排单面辐射	立管单排单面辐射和双排双面辐射组合	立管单排单面辐射和单排双面辐射组合
炉膛烟气温度(离开辐射段时)/℃	738	796	785
辐射段平均热强度/(W/m^2)	22399	22746	22555
辐射段局部最高热强度(遮蔽段)Q_{rmax}/(W/m^2)	48058	55471	52997
辐射段体积热强度/(W/m^3)	17981	30383	24024
最高内膜温度(发生在出口段 ϕ273 管径处)/℃	447.6	428	419
ϕ273 炉管段最高内膜传热系数/[W/(m^2·K)]	1155	2651	2730
ϕ273 炉管段，最高外膜传热系数/[W/(m^2·K)]	17	11.36	11.36
ϕ273 炉管段，最高传热系数/[W/(m^2·K)]	15.3	10.61	10.61
ϕ273 炉管段，最高局部热强度/(W/m^2)	38940	39061	33092
汽化段的主要流型	环雾状流	环状流	环状流

炉管受热不均匀，其最高局部热强度与平均热强度比值越大，越易结焦。炉管受热是否均匀与排管方式、炉膛结构、实际操作水平有关。单排双面辐射炉管的周向传热均匀性好于单排单面辐射和双排双面辐射。在管心距为 2 倍管外径、其他条件相同的情况下，单排单面辐射(或双排双面辐射)的热强度不均匀性是单排双面辐射炉管的 1.5 倍。同样的管心距和辐射方式，水平管和立管的传热均匀性也不同，底烧时，立管炉的立管与火焰平行，每一根炉管不可避免地都要通过炉膛高温区，最高油膜温度大多发生在出口管段的高温区。水平管的炉管与火焰垂直，只有部分炉管处在高温区，为避免油品油膜温度过高，在排管设计时可以把油品温度低的炉管放在炉膛高温区，温度高的、易于结焦的出口段炉管放在低温区。炉管外垢阻越大，其传热阻力越大，炉膛温度和管外壁温度就越高，导致与管壁接触的油品油膜温度就越高。操作时如发生火焰舔炉管或偏流现象，将会使油膜温度超高而引起结焦。

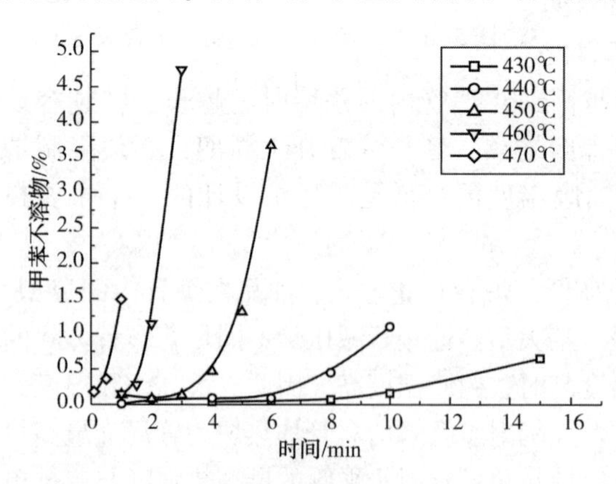

图 5-6-12　某种原油的减压渣油温度、停留时间和生焦率的关系

影响炉管结焦的另一个参数是油品在炉管内的停留时间。通常情况下减压炉炉管内油品从开始汽化到炉出口的停留时间在 10s 以内。试验数据表明，在油品静止情况下，把不同原油的深拔减压渣油加热到减压炉所要控制的油膜温度附近，其结焦的时间远大于油品在炉管汽化段内的停留时间。

如图 5-6-12 所示，如不发生火焰舔炉管、油品偏流等特殊情况，在减压炉内油品是不会结焦的。但通常所说的油品在炉管内的停留时间是指油品的平均停留时间，而实际上油品在炉管内同一截面上各点的流速是各不相同的，与管壁接触的油品流速低于管中间的油品流速，使得管壁附近油品的停留时间大于油品的平均停留时间。而流型不同、油品的黏度不同、炉管内壁粗糙度不同均会影响油品在炉管壁上的停留时间。对于深拔条件下减压炉的停留时间一般要求控制在 40s 之内。

(3) 油品在炉管内的流型

油品进入减压炉时是液相，在加热的过程中逐渐汽化，在炉管内形成两相流。在辐射段，热强度较大，为了避免油品局部过热发生裂解，要求汽化段油品保持较好的流型。如果流型不合适将会出现油品结焦、炉管振动的现象。

因柱塞流会产生水击，引起噪声和管排振动，严重时会损坏炉管，因此不管是立管还是水平管，炉管内不允许出现柱塞流。一般在设计时，希望汽化段炉管内的流型最好是雾状流，也允许出现环状流或分散气泡流。

在排管设计时对炉管进行适当的扩径，可使整个汽化段内避免出现不理想的柱塞流。表5-6-7计算表明，经适当的扩径，汽化段内立管的流型基本是环状流，水平管的流型是环雾状流。

5. 转油线的压降和流速

转油线的作用是将被加热的油品输送到减压塔进行分离，保温良好的转油线基本上是绝热的，因此从加热炉出口到减压塔的闪蒸段可以认为是一个绝热过程。人们希望在减压塔闪蒸段温度一定的情况下，尽可能降低转油线的压降和温降，从而降低减压炉的出口温度，进而降低油品的油膜温度，减少结焦。例如某减压炉辐射炉管出口处的压力由40kPa降低至25kPa，其最高油膜温度降低6℃。炉出口压力越低，油品的汽化率越大，油品在炉管内的流型和转油线的速度也将改变。因此转油线设计时除考虑结构设计、吸收热膨胀、降低压降和温降等因素外，还要考虑到油品在转油线内的流型和流速限制等因素，既不能出现柱塞流，也不能超过临界流速的90%，所以转油线内压降的降低是受到一定限制的。

(三) 操作因素对减压深拔的影响

对于已经按深拔要求设计的减压装置，生产过程中能否实现深拔，则与实际操作条件有很大的关系，如果不按深拔的条件进行操作，设计再好的装置也达不到深拔的目的。深拔减压装置在操作中要特别关注以下几点：

1. 加热炉出口温度和炉膛温度

实际生产过程中常见的是加热炉出口温度达不到设计要求，这点对于改造的生产装置较明显。这些装置过去是按非深拔设计，加热炉出口温度较低，相应炉膛温度也较低，炉膛的相关构件材质较低，工艺卡片往往规定加热炉炉膛温度不超800℃。当装置按深拔改造后，工艺卡片关于炉膛温度的指标没有及时更改，实际操作时如仍控制炉膛温度不大于800℃，则炉出口温度很难达到深拔要求。

2. 洗涤油流量

实际生产中最易忽视的是洗涤段的洗涤油量，这点对于装置在较低的生产负荷时比较突出。当装置在较低的处理量下生产时，如果维持加热炉出口温度不变，将侧线流量按比例降低，这就使得实际的洗涤油量不能满足填料的最小喷淋密度要求。对于规格一定的减压塔和洗涤段填料，要求的洗涤油量(体积流量)不随装置的实际加工量而变化。在减压塔中，洗涤油实质上是过汽化油，当减压塔的实际进料量降低时，如果仍然维持加热炉出口温度不变(过汽化率不变)，则实际的过汽化油流量将按进料量降低的比例减小，从而造成洗涤油量不能满足最小喷淋密度要求，引起减压蜡油的残炭超高，拔出的减压蜡油不能满足下游装置的要求。某减压装置，设计洗涤油流量为85t/h，装置开工后操作上较长时间将洗涤油流量控制在30~40t/h，减压重蜡油残炭高达3.08%，经调整操作，将洗涤油量增加到85 t/h，重蜡油残炭降至 2.37%，洗涤油流量增至 100 t/h，其残炭降至 1.73%，C_7 不溶物含量 0.0074%，满足下游装置进料要求。

因此，对于减压塔实际进料量低于设计进料量的深拔减压装置，在操作中要适当提高加热炉的出口温度，提高过汽化率，以保证洗涤油的流量满足要求。

必须注意，洗涤油的最小流量是指在洗涤段下部的最小“干净”洗涤油流量。因为在减压塔闪蒸段，闪蒸气体会夹带一部分的减压渣油组分，这部分渣油在洗涤段被洗涤下来，进入到洗涤油中，洗涤油管道上的流量计测得的“脏”洗涤油量已包括了夹带的减压渣油，因此，“干净”洗涤油流量应为实际测得的“脏”洗涤油流量减去夹带的减压渣油量。

“脏”洗涤油中夹带的减压渣油量可以通过金属平衡(如镍、矾)按式(5-6-8)求得，也可以通过残炭和 C_7 不溶物平衡求得，但是残炭和 C_7 不溶物平衡求得的精度比镍、矾平衡低，只可用来校对镍、矾平衡数据。

$$W = DWO\times(V_{DWO} - V_{HVGO})/(V_{SR} - V_{HVGO}) \tag{5-6-8}$$

式中 W——“脏”洗涤油中减压渣油含量，kg/h；

V_{DWO}——洗涤油中矾含量，μg/g；

V_{HVGO}——HVGO 中矾含量，μg/g；

V_{SR}——减压渣油中矾含量，μg/g；

DWO——“脏”洗涤油流量，kg/h。

洗涤段填料底部“干净”洗涤油量按式(5-6-9)计算：

$$WO = (DWO - W)/\rho_{DWO,act} \tag{5-6-9}$$

式中 WO——洗涤段填料下部“干净”洗涤油流量，m^3/h；

DWO——“脏”洗涤油流量，kg/h；

W——“脏”洗涤油中减压渣油含量，kg/h；

$\rho_{DWO,act}$——“脏”洗涤油在闪蒸段条件下实际密度，kg/m^3(一般取 800 kg/m^3)。

3. 其他因素

影响减压深拔的其他操作因素还有常压拔出率、减压塔底渣油温度、抽空蒸汽压力和温度、抽空器后冷凝器冷却水的压力和温度、真空系统的管路畅通情况等。

若常压拔出率低，则本应在常压塔拔出的柴油组分进入到减压塔中，除增加减压炉的负荷外，还增加减压塔气相负荷，使得闪蒸段和洗涤段的 F 因子加大，加重气体的雾沫夹带，增加全塔压降，从而降低闪蒸段压力和使蜡油质量变差。

减压塔底渣油温度、抽空蒸汽压力和温度、抽空器后冷凝器冷却水的压力和温度、真空系统的管路畅通情况等因素对减压深拔的影响主要表现在影响减压塔顶真空度。减压塔底温度过高，减压渣油在塔底部停留时间长，产生的不凝气体量增加，影响减压塔顶真空度。因此，减少减底裂解不凝气量，操作时应控制减压塔底温度不大于 360℃。

三、减压深拔和能耗

(一) 拔出率对能耗的影响

要提高减压拔出率，减压炉必然要提供更多的能量，虽然减压炉提供的能量可以在换热过程中予以回收，但由于“窄点”的限制，仍约有 20%的热量转化为低温热而无法回收。因此，深拔模式下装置的能耗要比不深拔模式下的能耗偏高。

中国石化《基准能耗》中提供了装置能耗与总拔出率的关系如下：

$$E=3.5132C+206.68 \tag{5-6-10}$$

式中　E——能耗，MJ/t 原油；

　　C——总拔出率，%(质)。

由式(5-6-10)可知，拔出率每增加1%，装置能耗增加约3.5132MJ/t 原油(折合0.084kgEO/t 原油)。因此，如果减压切割点温度由540℃提高到565℃，按减压拔出率提高2.5%~3%计算，则装置能耗应增加8.783~10.540MJ/t 原油(折合0.2~0.25kgEO/t 原油)。

(二) 闪蒸段压力(塔顶压力)对能耗的影响

闪蒸段压力越低或真空度越高，越有利于深拔。同时，随着压力的降低，减压炉的负荷也会减小，有利于降低燃料消耗，从这方面来说，闪蒸段压力或塔顶压力越低越好。但是，过低的闪蒸段压力会导致全塔压降的增加，使得闪蒸段的压力降低不明显；同时，由于减顶第一级抽空冷凝器出口处未凝蒸汽量增加，将导致抽空系统蒸汽消耗增加。试验数据表明，减压塔顶压力与全塔压降的关系呈图5-6-13所示对数关系。

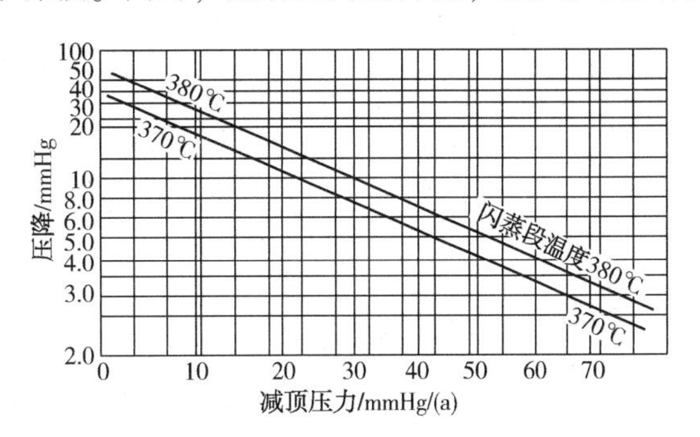

图5-6-13　塔顶压力与全塔压降的关系

随着压力降低，抽空蒸汽消耗增加较多，某大型蒸馏装置减压塔顶压力与抽空蒸汽耗量和减压炉的负荷计算结果见表5-6-8。

表5-6-8　减压塔顶压力与抽空器耗量和减压炉负荷的比较

塔顶压力	10mmHg	15mmHg	20mmHg	25mmHg	30mmHg
蒸汽耗量/(kg/h)	27763	22190	17813	16944	16537
蒸汽单耗/($\times10^4$kcal/t 原油)	2.77	2.21	1.78	1.69	1.65
燃料单耗/($\times10^4$kcal/t 原油)	6.35	6.51	6.59	6.67	6.74
总单耗/($\times10^4$kcal/t 原油)	9.12	8.72	8.37	8.36	8.39
节能/($\times10^4$kcal/t 原油)	-0.73	-0.33	0.02	0.03	0(基准)

由表5-6-8可知，减压塔顶压力在20~25mmHg时，加热炉燃料消耗和抽空蒸汽消耗之和的能耗最低。但是在此压力下，很难达到深拔对真空度和加热炉出口温度的要求。一般地，深拔条件下减压塔顶压力在12~17mmHg之间，也就是说，在减压深拔时，抽空蒸汽的能耗要比不深拔条件下增加0.2kgEO/t 原油左右。

第七节　轻烃回收技术

一、轻烃回收的作用

国产原油轻馏分含量低，而且几乎不含C_5以下的轻烃(典型国产原油轻烃组成见表5-7-1)，因此一般可不设塔顶气体回收设施，而将这一部分气体直接作为加热炉的燃料使用。但随着环境保护的要求越来越严格，当加工国产含硫原油时，原油蒸馏装置塔顶气需要进行提压送相关装置(如催化装置或者焦化装置的气压机入口)，回收其轻烃并脱硫处理后，方可作为清洁燃料。

表 5-7-1　典型国产原油轻烃组成[1]

项目	20℃密度/(g/cm^3)	硫含量/%	轻烃含量/%(质)					
			C_2	C_3	iC_4	nC_4	C_5	合计
大庆油	0.8611	0.09	0.01	0.07	0.08	0.19	0	0.35
胜利油	0.9082	1.0	0.01	0.06	0.06	0.15	0	0.28
长庆油	0.8511	0.11	0.05	0.26	0.12	0.21	0.10	0.74
青海油	0.8506	0.24	0.02	0.10	0.05	0.08	0.03	0.28
南疆油	0.8740	0.83	0.03	0.20	0.10	0.18	0.09	0.6
北疆油	0.08962	0.14	0.01	0.05	0.03	0.05	0.02	0.16

进口含硫原油，尤其是中东高含硫轻质原油，原油中的 C_5以下轻烃含量达到 1%～2%(典型中东等进口原油轻烃含量见表 5-7-2)，比国内原油高得多。如果不设轻烃回收设施，大量的含轻烃瓦斯气在炼油厂没有得到很好的利用，经济上不合理，还会造成原油蒸馏装置的塔压力波动，影响装置的平稳生产。

表 5-7-2　中东等进口原油轻烃组成[1]

项目	20℃密度/(g/cm^3)	硫含量/%	轻烃含量/%(质)					
			C_2	C_3	iC_4	nC_4	C_5	合计
阿曼油	0.8518	1.15	0	0.10	0.20	0.60	0	0.90
沙特(轻)	0.8565	2.07	0	0.20	0.10	0.70	0	1.00
沙特(中)	0.8664	2.64	0	0.30	0.20	0.7	0	1.20
沙特(重)	0.8871	2.85	0.08	0.46	0.19	0.86	0	1.59
伊朗(轻)	0.8498	1.56	0	0.40	0.90	0	0	1.30
伊朗(重)	0.8699	1.95	0	0.40	0.20	0.8	0	1.4

塔顶气是原油加工过程中的副产气体，大多是塔顶气经冷凝、冷却后在塔顶回流罐或塔顶产品罐中排出的。炼油厂各产气装置所产生气体产率和组成，随着装置加工原料性质、加工方案及工艺技术条件的不同而改变。其组成包括氢气、C_1～C_4烷烃、C_2～C_4烯烃及少量 C_5，还伴随着 H_2S、CO、CO_2、NH_3、N_2、O_2等杂质。原油蒸馏装置中的初、常顶气中含有较多的轻烃(C_3、C_4组分)，因而是轻烃回收部分的主要对象。而减顶气是常底重油经减压炉加热升温过程中产生的裂解气，和初、常顶气相比，不仅其量小，而且含 C_3、C_4的组分也很少，大都是由空气、氢气、二氧化碳、甲烷、乙烷、硫化氢等组成，轻烃回收价值不大。加工中东混合原油初顶气、常顶气、减顶气的典型组成分别见表 5-7-3、表 5-7-4 和表 5-7-5。

表 5-7-3 加工中东等进口混合原油初顶气的组成[1] %(体)

原油	CO_2	H_2	N_2	O_2	空气	CH_4	C_2H_6	C_2H_4	C_3H_8	C_3H_6	iC_4H_{10}	nC_4H_{10}	C_4H_8	C_5H_{12}	H_2S
沙特等混合油	2.28	9.52			5.42	4.10	11.48	0.04	39.95	0.06	11.74	19.40	0.04	3.87	1.61
阿曼等混合油	3.39	0.19	7.18			10.66	13.03		29.93		11.61	17.85		6.17	0.56
科威特等混合油	3.68	0.40			11.17	7.35	9.25	0.43	25.44	0.20	7.17	21.60		11.18	2.12
沙中	0.48		1.12	0.24		1.44	5.67		26.88		9.44	27.32		20.96	0.73
沙中、沙重混合油	0.5				2.50	0.50	1.30		44.50		15.00	35.10			0.60
伊轻等混合油	0.02	0.03	2.10	0.50		0.99	11.88		34.78		8.36	21.48		17.65	0.47
沙轻、沙重	6.01		23.72	3.02		14.64	7.35		14.71	0.11	4.88	9.41		5.14	6.5
卡宾达等混合油	3.73		22.41	5.00		12.99	9.19		21.61	0.04	5.96			0.97	0.08

表 5-7-4 加工中东等进口混合原油常顶气的组成[1] %(体)

原油	CO_2	H_2	N_2	O_2	空气	CH_4	C_2H_6	C_2H_4	C_3H_8	C_3H_6	iC_4H_{10}	nC_4H_{10}	C_4H_8	C_5H_{12}	H_2S
沙特等混合油	2.87	7.72			0.24	11.27	9.34	0.92	24.28	0.38	7.42	13.80	0.02	6.23	5.53
阿曼等混合油	4.46	11.03	4.88			19.58	6.62	1.06	12.04	0.52	4.27	13.16	0.24	4.64	12.40
科威特等混合油	0.99	0.98			1.08	5.11	5.47	0.51	24.08	0.33	8.51	29.25	0.06	17.95	5.68
古拉索等混合油	1.47	0.38	2.49			2.71	9.97		36.21		11.82	22.93		11.13	0.86
伊轻	0.60	0.04			6.99	1.15	14.66		43.00		18.26	8.96		5.97	0.36
沙特等混合油	1.55	13.55			16.17	10.80	6.02	0.69	19.04	0.18	4.78	13.53		3.75	6.71
管混、进口混合油		0.72	2.03	0.27		16.19	8.77	0.45	25.28	0.19	9.39	18.95		10.10	0.33
沙中	1.15	9.41	10.23	0.39		11.42	8.58	0.24	18.55	0.11	5.02	12.37		8.06	4.86

表 5-7-5 加工中东等进口混合原油减顶气的组成[1] %(体)

原油	CO_2	H_2	N_2	O_2	空气	CH_4	C_2H_6	C_2H_4	C_3H_8	C_3H_6	iC_4H_{10}	nC_4H_{10}	C_4H_8	C_5H_{12}	H_2S
吉拉索等混合油	1.82	4.75			13.28	24.53	8.89	1.84	9.39	2.85	2.03	3.37	1.79	1.80	17.22
阿曼等混合油	0.98	8.63		3.57		19.87	10.65	2.25	8.77	4.41	0.72	4.74	0.32	3.56	25.36
科威特等混合油	0.85	7.63			4.60	18.94	6.80	1.14	5.83	2.40	0.67	3.75	2.99	3.90	29.66
吉拉索等混合油	0.91	6.38	0.63			24.54	11.08	1.80	9.11	3.96	0.86	5.15	3.93	7.80	23.85
伊轻	0.19	3.62			11.30	20.84	17.99	2.44	9.79	5.29	2.90	1.12	2.23	2.48	17.89
马希拉等混合油	1.82	4.75			13.28	24.53	8.89	1.84	9.39	2.85	2.03	3.37	0.42	1.80	17.22

回收轻烃不仅是资源合理利用的需要，同时也是加工中东含硫原油生产平稳操作的要求。因此，回收原油中的轻烃，已逐渐成为原油蒸馏装置的一个重要组成部分。并且随着技术的发展，轻烃回收装置逐渐成为一套为全厂服务的装置，其进料包括各加氢装置和重整装置的气体及石脑油。由于各厂加工原油的不同、加工流程的特殊性、多样性，从而对轻烃回收方案的要求也是多变的，这就需要根据不同的条件，选择合适轻烃回收工艺，以达到下述三个目的：

1）使得初顶油、常顶油产品的质量合格，其饱和蒸气压满足质量控制标准要求。

2）生产出大量液化石油气(LPG)。

3）副产干气。

二、轻烃回收的流程设置

（一）原油蒸馏装置中设置轻烃回收的原则

原油中的轻烃在原油蒸馏装置加工过程中，分别存在于装置的塔顶气和塔顶油中，其含量随原油蒸馏装置的加工流程不同差别很大，除原油含有的轻烃外，还有在原油加热过程中加热炉的裂解产生的少部分轻烃气体。

轻烃回收主要是对原油蒸馏过程中的轻烃予以回收，即对装置的塔顶气及塔顶油中的轻烃进行回收。轻烃分别存在于气相和液相中，轻烃的含量在气、液两相中的差别很大，因此轻烃回收的工艺流程、设备及控制对轻烃回收率的大小及轻烃回收部分的能耗影响很大。轻烃回收的工艺流程一般需要根据以下几种不同情况合理设置。

1. 新建装置

对于新建的加工进口原油的蒸馏装置，如果原油中的轻烃含量较高，尤其是加工中东轻质原油时，应设置轻烃回收设置，其流程应根据全厂总流程的安排和对轻烃部分的产品要求来确定。

目前，国内加工进口原油的大型炼油厂和待建的加工进口原油的大型炼油厂，原油蒸馏装置在加工流程的选择上，都无一例外地设有轻烃回收设施，而且在工艺流程的选择上业已日趋完善，一般均采用较高轻烃回收率的回收流程。

2. 原有装置增设轻烃回收

国内原有的原油蒸馏装置在过去设计时，大多数未设轻烃回收部分，当要加工进口轻质原油时，在加工混炼或单炼进口油时，由于原油中的轻烃含量较高，应合理增加轻烃回收部分。此时，应根据装置的具体情况，充分利用炼油厂的原有设施，或依托其他装置回收轻烃，使之适应所加工原油的要求。如对中小型常减压装置，可改造初馏塔系统，提高初馏塔压力，使初顶气自压去下游装置进行回收轻烃，以达到原油中轻烃回收的目的。

3. 原有轻烃回收部分的改造

从目前国内加工进口原油适应性改造的实际情况看，在以下几种情况下，可考虑轻烃回收部分的改造。

（1）原装置设无压缩机的初馏塔加压轻烃回收流程

考虑到操作的平稳、加工原油轻烃量的变化及操作条件等因素的影响，初顶气、常顶气往往仍含有部分轻烃，可增设塔顶气压缩机部分，在回收塔顶气中部分轻烃的同时，将塔顶气增压，送下游装置干气脱硫以满足环保要求。

（2）原装置设单塔稳定回收轻烃的流程

为提高轻烃回收率，改善产品质量，可增设带有吸收塔或脱戊烷塔的多塔轻烃回收流程；而以提高液化石油气的收率、确保干气、液化石油气的质量为目标的轻烃回收部分改造，则往往多选择带有吸收、再吸收、解吸的完整的轻烃回收流程。

（二）轻烃回收工艺流程

1. 塔顶气送下游装置的轻烃回收流程

对原油蒸馏装置而言，最简单的从气相中回收轻烃的方法是适当提高初馏塔或常压塔的操作压力，将初顶气、常顶气引入催化裂化或焦化的气压机入口；或将常压下的初顶气、常顶气采用压缩机加压送催化或焦化装置，利用其吸收稳定系统的能力，回收原油蒸馏装置塔顶气中的轻烃。

(1) 带压缩机的气体轻烃回收流程

带压缩机的气体轻烃回收流程图见图 5-7-1。

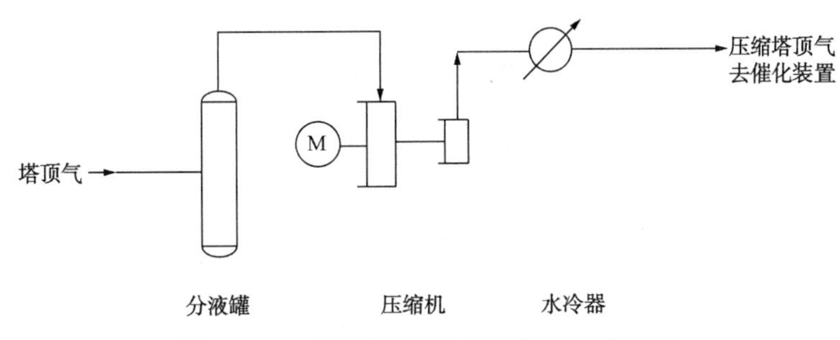

图 5-7-1　带压缩机的气体轻烃回收流程图

上述带压缩机的气体回收流程在多个炼油厂中已广泛使用。例如：

1) 延炼 3.0Mt/a 常压蒸馏装置，常顶气经常顶气压缩机加压后，送催化联合装置的分馏塔顶油气分离器。

2) 济南炼油厂 4.0Mt/a 常减压蒸馏装置，初顶气、常顶气通过塔顶气压缩机压缩后，送催化装置分馏塔气液分离器。

3) 广州石化炼油厂将初顶气、常顶气经两级压缩后送催化装置气压机入口，在催化裂化装置回收气体中的轻烃。

(2) 初馏塔提压的气体轻烃回收流程

初馏塔提压的气体轻烃回收流程见图 5-7-2。

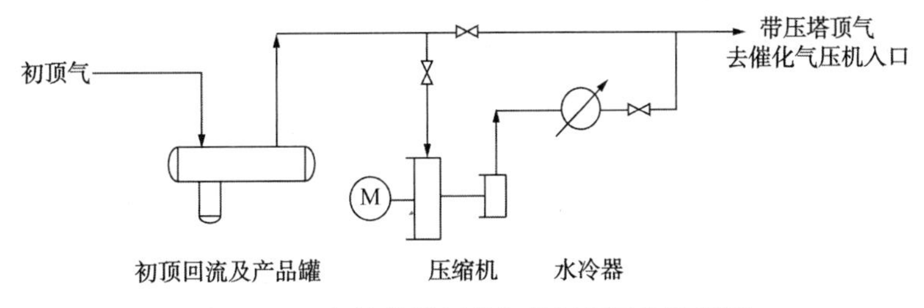

图 5-7-2　初馏塔提压的气体轻烃回收流程图

在操作中，可不使用压缩机增压，靠提高初馏塔系统的压力，初顶气自压去下游装置回收轻烃。

1) 金陵石化公司炼油厂Ⅲ套常压蒸馏装置，采用初馏塔提压，初顶气送重油催化裂化分馏塔顶分液罐，达到回收塔顶气中轻烃的目的。

2) 福建炼油厂常减压蒸馏装置对原初馏塔系统进行改造，采用初馏塔在升压下操作的措施，因初顶气压力较高，可直接进入催化裂化气压机入口，回收气体中的轻烃。

以上轻烃回收流程，在下游装置催化的吸收稳定系统能力有富余的情况下，方法简单可行，尤其是原油蒸馏与催化裂化构成联合装置时，采取这种方式回收原油中的轻烃，流程简单、投资少、效益高。由于与催化装置关系密切，只有在两装置同开、同停的情况下，才能实现连续回收轻烃。而当装置间不同步生产时，就容易出现问题，因而应充分考虑原油蒸馏装置的塔顶气在催化裂化装置出故障时的出路。

塔顶气送下游装置回收轻烃的流程中，选择的压缩机一般为中小型往复式单级压缩机，出口压力为0.15~0.3MPa，其结构简单，安装、操作、维护均方便。

2. 单塔稳定回收初、常顶轻烃的流程

在原油蒸馏装置对轻烃回收率要求不太严格、特别是炼油厂要充分考虑全厂及装置的燃料系统供应、对原油蒸馏装置塔顶气中的轻烃回收率不作较高要求时，可采用单塔稳定轻烃回收流程。

(1) 原油蒸馏装置采用闪蒸工艺时的单塔稳定流程

原油蒸馏装置采用闪蒸工艺，常顶气采用压缩机，常顶油去稳定塔的单塔稳定轻烃回收流程见图5-7-3。

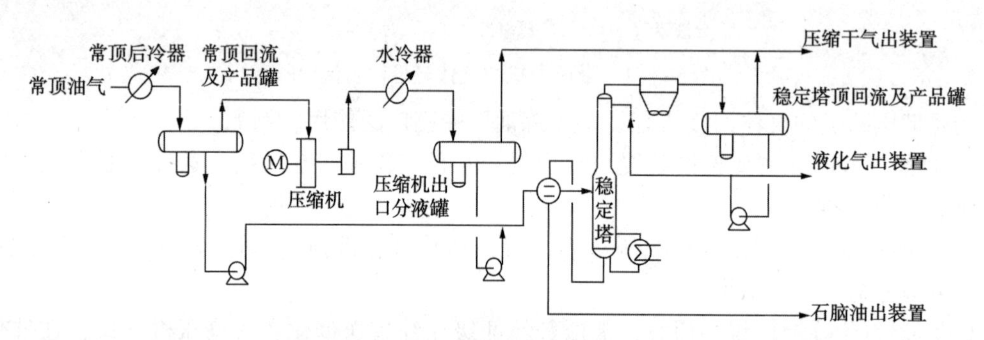

图5-7-3 常顶气压缩、常顶油去稳定塔的单塔轻烃回收流程图

原油蒸馏装置为闪蒸流程时，采用单塔稳定回收轻烃，可获得较高的轻烃回收率。例如：

国内某大型炼油厂，在只回收本装置原油中的轻烃时，用单塔稳定加常顶气压缩机流程，其液化石油气轻烃回收率（定义：液化石油气轻烃回收率 $=\dfrac{\text{液化石油气中}C_3\text{、}C_4\text{量}}{\text{液化石油气中}C_3\text{、}C_4\text{量}+\text{干气中}C_3\text{、}C_4\text{量}}\times100\%$）可达95.2%(质)，原油总轻烃回收率（定义：原油总轻烃回收率 $=\dfrac{\text{液化石油气中}C_3\text{、}C_4\text{量}}{\text{原油中}C_3\text{、}C_4\text{量}}\times100\%$ 可达91.3%(质)。

国内某另一大型炼化企业，采用图5-7-3中的单塔稳定加常顶气压缩机流程，除回收本装置原油中的轻烃外，还回收邻近装置塔顶气中的轻烃，装置的总轻烃回收率(定义：装置总轻烃回收率 $=\dfrac{\text{液化石油气中}C_3\text{、}C_4\text{量}}{\text{装置进料中}C_3\text{、}C_4\text{量}}\times100\%$）为71.6%(质)。

单塔稳定轻烃回收流程的不足之处：

1) 干气的品质不高，即干气中含 C_3、C_4 的量高。

2) 液化石油气中的 C_2 及 $\geqslant C_5$ 的含量易超标。

3) 塔顶气压缩机的气量由于原油蒸馏装置预分馏部分采用闪蒸流程而偏大，致使压缩机轴功率大，电耗高，造成轻烃回收部分能耗与操作费用较高。

(2) 原油蒸馏装置采用初馏塔工艺时的单塔稳定流程：

1) 初馏塔加压无压缩机的单塔稳定回收流程：初馏塔加压单塔稳定的轻烃回收流程见图5-7-4。

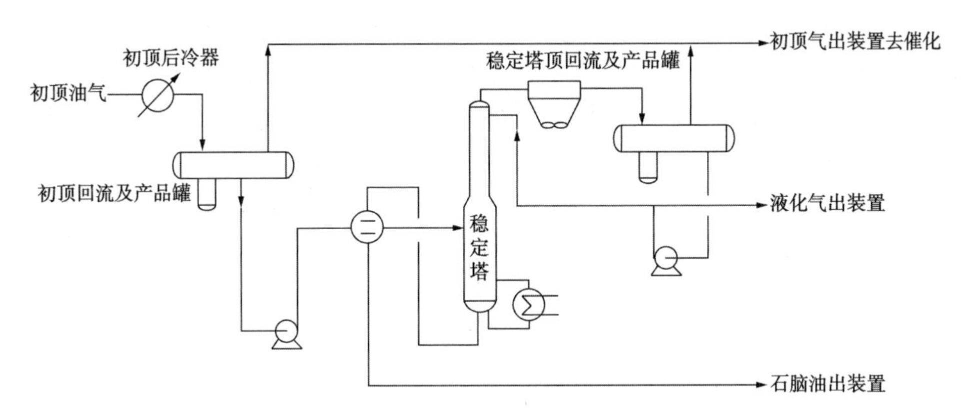

图 5-7-4　初馏塔加压单塔稳定轻烃回收流程图

该流程不含塔顶气的轻烃回收部分，流程中无压缩机，流程简单、占地少。

原油蒸馏装置采用初馏塔工艺，此时，可通过提高初馏塔的操作压力，使 C_3、C_4组分在较高的压力下被汽油馏分充分吸收，而把吸收 C_3、C_4后的汽油馏分送到稳定塔(或称脱丁烷塔)进行分馏，从而回收原油中的轻烃。因此，初馏塔的压力选择与初顶油中的轻烃含量直接相关，同时也决定了液化石油气的回收率。

初馏塔顶压力越高，初顶油中轻烃含量越大，但过高的初馏塔顶压力会降低塔的分馏精度，影响初馏塔的拔出率，增加能耗，同时也会增加设备投资和操作费用。

由于初顶回流罐内气体和液体处于相平衡状态，要使罐内气体大部分溶解于塔顶油中，就要提高系统压力或降低塔顶冷凝冷却系统的温度，来提高塔顶油中的轻烃含量。而由于塔顶冷凝冷却系统的温度循环水温的限制，不可能降低太多，因此，只能通过提高系统的压力和调整初顶油与常顶油的分配比，来最大限度地提高初顶油中的轻烃含量。

初馏塔顶压力与轻烃收率(此处的收率为初顶油中轻烃量与原油中轻烃量之比)的关系如图 5-7-5 所示。

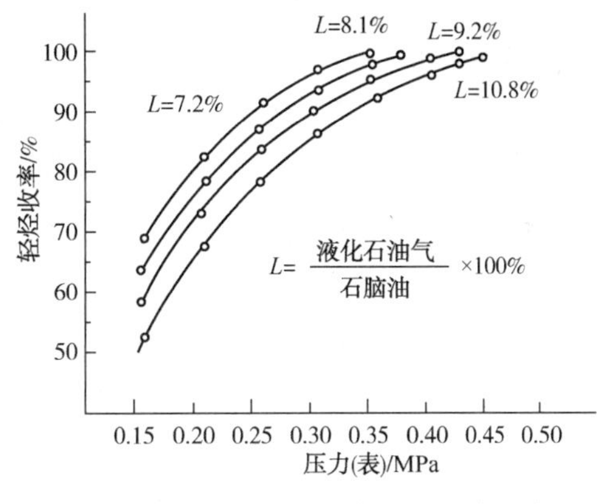

图 5-7-5　初馏塔顶压力与轻烃收率的关系

从图 5-7-5 可以看出，在不同轻烃含量与石脑油含量之比(即不同原油条件)下，初馏塔顶压力在 0.35~0.40MPa 时，轻烃收率大多大于 95%。

原油中轻烃含量越高，在达到相同的轻烃收率条件下，所需初馏塔的操作压力就越高。即原油越轻，就需要使初馏塔的操作压力更高。在实际工程设计中，当液化气与石脑油的比率在 8%~10%时，一般初馏塔的操作压力可取 0.2~0.3MPa(g)，则轻烃的实际总收率一般在 85%(质)左右。

如果初馏塔的操作压力过高，尽管可以提高初顶油中的轻烃含量，但同时初顶油中也溶入部分的 C_1、C_2的较轻组分，在初顶油进行稳定时，液化石油气产品经常不合格。要使液化石油气的饱和蒸气压合格，不得不在脱丁烷塔顶大量放空，从而使原油的总轻烃收率降低，故应合理选择初馏塔的操作压力。

2）初馏塔加压设压缩机的单塔稳定回收流程：在加工含硫原油或高硫原油时，尽管初馏塔可采用提压措施，以减少初顶气量，甚至按初馏塔顶油气全凝操作，无初顶气。但常顶、减顶不凝气仍需增设塔顶气压缩机送下游脱硫装置进行脱硫处理。压缩机的凝液则可送稳定塔进料线，以回收部分 C_3、C_4 轻烃，这样有利于提高装置的液化气回收率。这样，少量初顶气也可以送塔顶气压缩机。

因此，在流程设置上就有初馏塔加压设压缩机的单塔稳定轻烃回收流程，如图 5-7-6 所示。

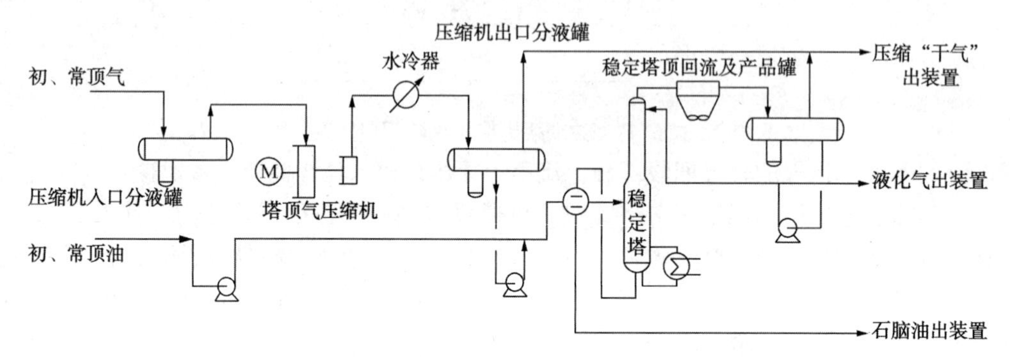

图 5-7-6　初馏塔加压设压缩机的单塔稳定轻烃回收流程图

在图 5-7-6 中，塔顶气压缩机系统的压力由下游装置需要的压力确定。另外，可在塔顶气压缩机进出口冷凝器前加入少量的常顶油，使压缩气中更多的 C_3、C_4 组分被吸收，以提高轻烃回收率。

3. 带有吸收、稳定的双塔轻烃回收流程

双塔流程是在原单塔稳定流程的基础上增加一个吸收塔，构成初馏、常压塔顶气吸收、塔顶油稳定的双塔轻烃回收流程，如图 5-7-7 所示。

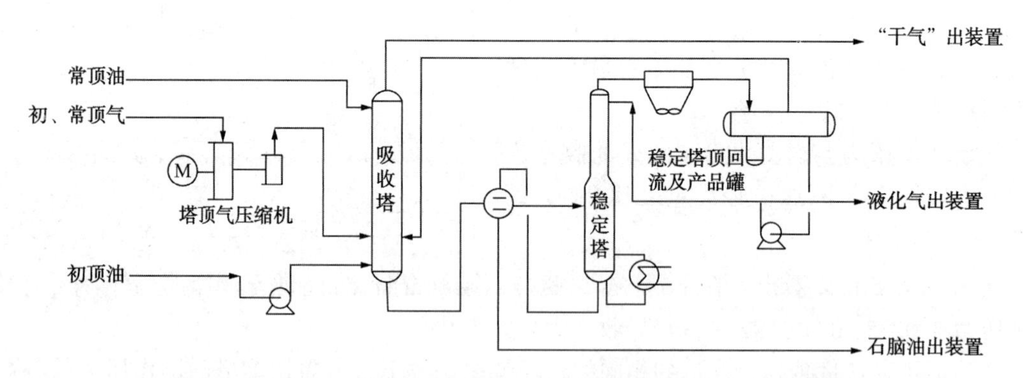

图 5-7-7　初馏、常压塔顶气吸收、塔顶油稳定的双塔轻烃回收流程

稳定塔的操作，由于塔顶回流罐中的 C_1、C_2 和其他 N_2、H_2、CO_2 等不凝气与液态烃中的 C_3、C_4 组分处于相平衡状态。为了保证液化石油气中 C_2 组分或饱和蒸气压符合质量要求，需要以损失部分 C_3、C_4 为代价，以达到质量标准要求。即稳定塔顶需要排放带有部分 C_3、C_4 的气体，这就不可避免地造成过量排放气体。

为了减少过量排放气体造成的 C_3、C_4 组分损失，需设吸收塔，用稳定汽油或用常顶油作吸收剂，吸收排放气体中的 C_3、C_4，这样吸收塔顶气中的 C_3、C_4 组分便会大为减少，从

而提高了 C_3、C_4的回收率。

虽然不设压缩机，初馏塔适度合理提压，可使 C_3、C_4等轻烃基本全部溶于初顶油中。但若采用单塔稳定回收流程，则其轻烃回收率仅在 77%~85%；而若在原单塔稳定流程的基础上，增加吸收塔和压缩机，形成吸收-稳定的双塔流程，则 C_3、C_4回收率可达到 88.2%左右。

双塔流程由于对稳定塔排放的不凝气中的 C_3、C_4进行了吸收，使得液化石油气的收率、液化石油气和“干气”的质量都有较大的提高。

4. 带有吸收、脱吸、稳定的三塔轻烃回收流程

为进一步提高液化石油气的收率，并使液化石油气质量稳定，$\leqslant C_2$和$\geqslant C_5$组分的含量符合要求，就需要控制稳定塔进料组成。即在吸收塔和稳定塔之间增加脱吸塔，形成吸收-脱吸-稳定的三塔轻烃回收流程，如图 5-7-8 所示。

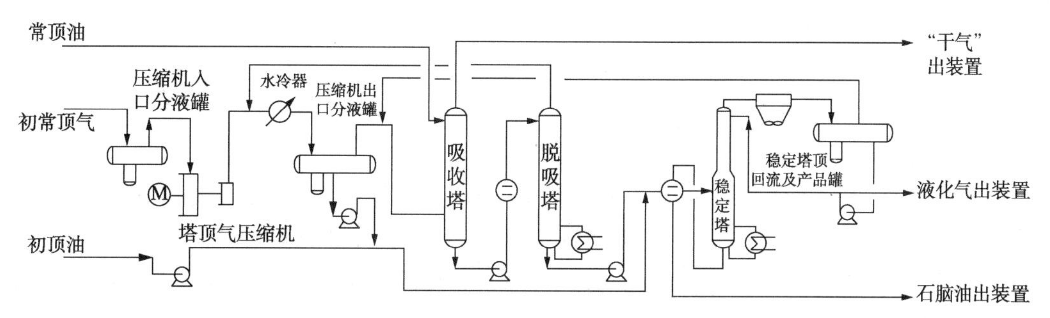

图 5-7-8　塔顶气压缩、吸收-脱吸-稳定的三塔轻烃回收流程图

以上三塔流程与催化裂化或延迟焦化装置吸收稳定部分的流程很相似。考虑到原油蒸馏装置与催化、焦化装置的不同特点，在工程设计中，需结合原油蒸馏装置所加工原油的不同特点和轻烃含量相对稳定等特点合理设计，以更有效地发挥装置的特点，提高轻烃回收率；还要在稳定液化石油气产品质量的同时，注意节能降耗，使这一流程发挥最大效益。

三塔流程的液化石油气收率及产品质量较高，但流程较复杂、设备投资高、操作费用大，适合于液化石油气价格高、产品质量要求严格、装置规模大的场合。

“干气”不“干”是一般轻烃回收流程中一个普遍存在的问题，尽管三塔流程中的吸收塔使“干气”中的 C_3、C_4含量大为减少，但仍高达 10.0%(摩尔)左右，“干气”不“干”，不仅降低了装置液化石油气的回收率，而且使下游“干气”脱硫装置的胺液易发泡，增加胺液耗量，增加了“干气”脱硫的成本，影响全厂的经济效益；严重时还可能恶化脱硫装置操作，甚至威胁装置长周期运行。为解决轻烃回收流程中的“干气”不“干”的问题，在原三塔流程基础上需增加一个再吸收塔，以构成完整的四塔流程。

5. 带有吸收-再吸收-脱吸-稳定的四塔轻烃回收流程

带有压缩、吸收-再吸收-脱吸-稳定四塔的轻烃回收流程如图 5-7-9 所示。

四塔流程中的再吸收塔一般采用柴油作为再吸收剂，在原油蒸馏装置中也可用组成近似的常一中作为贫吸收油，吸收后的富吸收油(常一中)仍返回常压塔。这样在进一步提高干气质量的同时，对常压塔的操作影响并不大，而流程可以简化，投资及操作费用可降低。

四塔流程可使“干气”中$\geqslant C_3$的组分含量符合指标要求，在提高原油中轻烃回收率的同时，还解决了“干气”不“干”的问题，可为下游“干气”脱硫装置提供合格的“干气”。

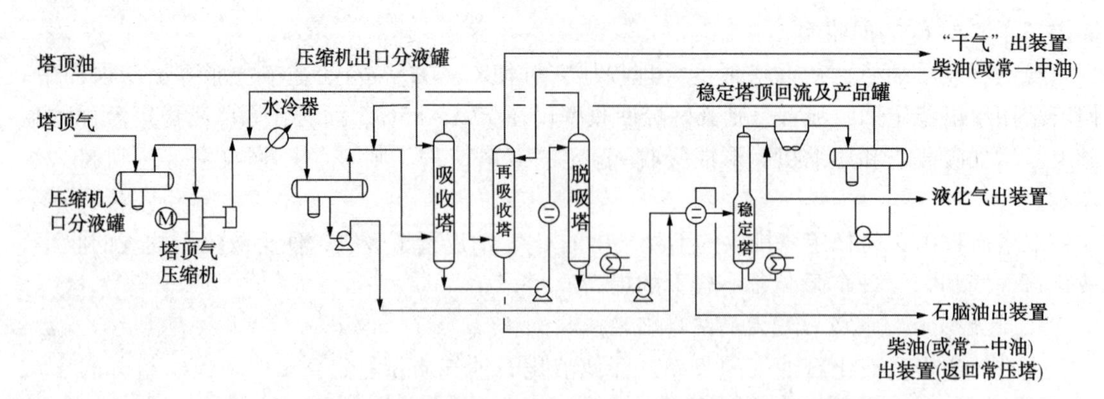

图 5-7-9　塔顶气压缩、吸收-再吸收-脱吸-稳定的四塔轻烃回收流程图

四塔流程在设计上较为完善，但设备多、流程长、能耗高，而且操作也较复杂。尤其是脱吸塔如何最优操作，对四塔流程的轻烃回收率、产品质量及装置的总能耗有至关重要的作用。

6. 其他流程

(1) 设置脱乙烷塔的双塔流程

单塔稳定轻烃回收流程中，稳定塔顶出不凝气(“干气”)和液化石油气。由于不凝气中常带有 C_3、C_4组分，往往会造成液化气的质量不稳定；而液化石油气中又带有 C_2组分，其含量直接影响液化石油气的蒸气压。就“干气”、液化石油气、石脑油三种产品而言，采用两塔分离就可以较好地满足产品质量要求。增加一个脱乙烷塔来提高分馏精度，就出现了单塔稳定流程的基础上后置脱乙烷塔的流程和在脱丁烷塔前置脱乙烷塔流程。后置脱乙烷塔流程可称为脱丁烷塔-脱乙烷塔流程，如图 5-7-10 所示；前置脱乙烷塔流程可称为脱乙烷塔-脱丁烷塔流程，如图 5-7-11 所示。

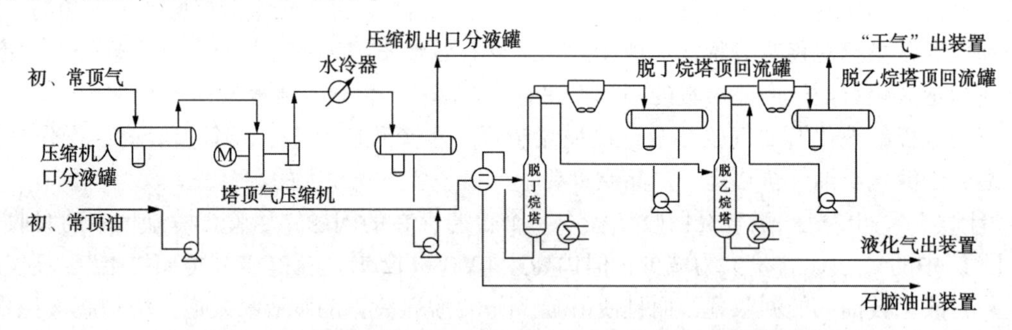

图 5-7-10　塔顶气压缩、脱丁烷塔-脱乙烷塔的轻烃回收流程图

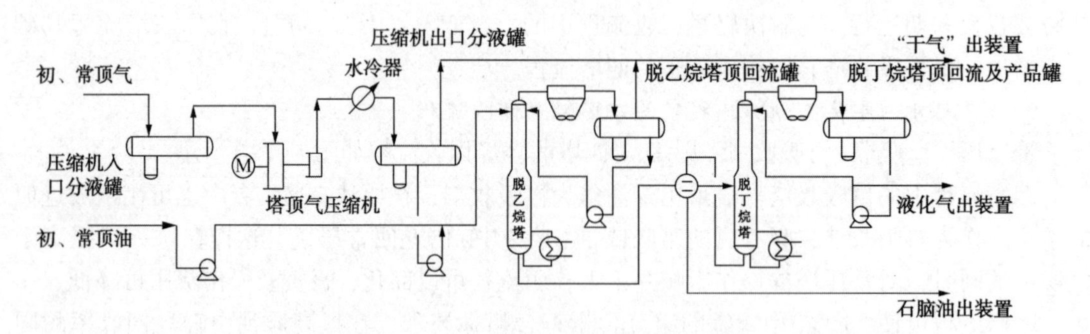

图 5-7-11　塔顶气压缩、脱乙烷塔-脱丁烷塔的轻烃回收流程图

这两种流程和前面的带有吸收塔、稳定塔的流程均可视为双塔轻烃回收流程。

1）脱丁烷塔-脱乙烷塔双塔流程：该流程可满足液化石油气的质量、收率要求，而且使装置在原油性质变化、操作波动时，具有灵活的调节手段。此外，还可以通过对操作条件如操作压力、塔底重沸器负荷、塔顶回流的调整，生产出车用液化石油气。

2）脱乙烷塔-脱丁烷塔双塔流程：该流程设备投资较大，操作费用亦较大，而液化石油气仍不能满足车用液化石油气的要求。如果要使液化石油气能满足车用要求，会使更多的C_3、C_4组分存留在石脑油中，造成一定量的液化石油气损失。此流程在生产民用液化石油气时可以考虑应用。

（2）设置脱戊烷塔的双塔流程

要求石脑油分成轻、重石脑油时，可通过在原单塔稳定轻烃回收的流程中增加脱戊烷塔（轻、重石脑油分离塔）来实现，这种双塔流程根据脱戊烷塔的前置或后置，又可分为脱戊烷塔前置的脱戊烷塔-脱丁烷塔流程，即前置脱戊烷塔双塔流程（见图5-7-12），以及脱戊烷塔后置的脱丁烷塔-脱戊烷塔流程即后置脱戊烷塔双塔流程（见图5-7-13）。

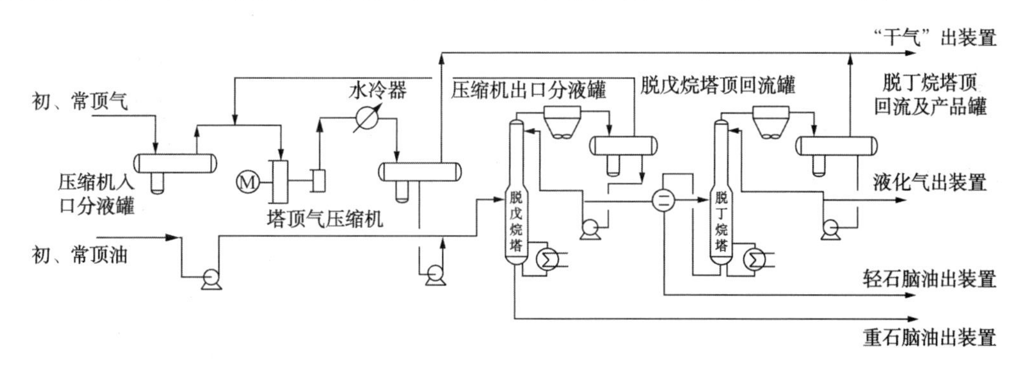

图5-7-12　塔顶气压缩、前置脱戊烷塔的双塔轻烃回收流程图

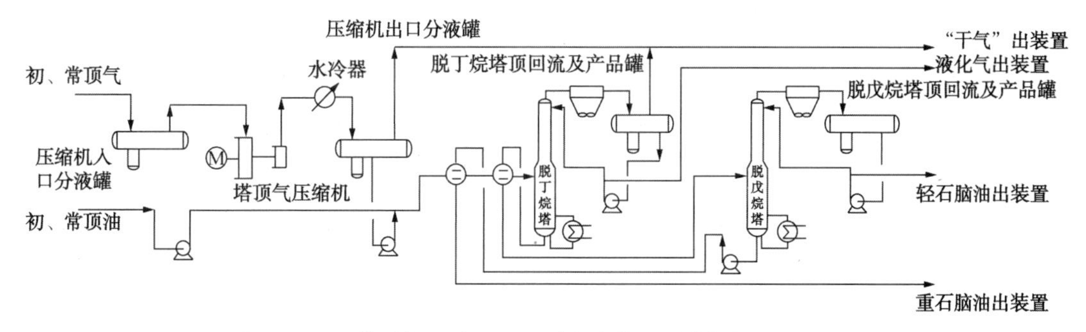

图5-7-13　塔顶气压缩、后置脱戊烷塔的双塔轻烃回收流程图

这两种带有轻、重石脑油分离的轻烃回收流程，由于两塔设置的顺序不一致，有不同的特点与作用。

按脱丁烷塔-脱戊烷塔排序的后置脱戊烷塔流程，是单塔稳定流程后接脱戊烷塔，这种流程不但可实现轻、重石脑油的分离，而且由于符合流程顺序，其压缩机的吸入气量要比按脱戊烷塔-脱丁烷塔排序的前置脱戊烷塔流程为小，因而，投资与能耗均较低。在对于液化石油气质量要求不高的条件下，可选择这种轻烃回收流程。目前国内大型炼油厂原油蒸馏装置中的轻烃回收和单独设置的轻烃回收装置，在有轻、重石脑油分离要求时，往往多选择脱丁烷塔-脱戊烷塔的流程。

7. 新型轻烃回收整合流程

壳牌石油公司整体原油蒸馏装置(Shell bulk crude distillation unit)首次提出了工艺整合流程的概念。即将常压蒸馏、加氢脱硫、高真空减压蒸馏和减黏装置作为一个整体蒸馏装置加以优化。整体原油蒸馏装置的常压部分分离出常压渣油、中间馏分油和石脑油以下的馏分；加氢脱硫部分将中间馏分油加氢脱硫并分离成煤油、轻、重柴油；高真空减压蒸馏部分将常压渣油分馏出蜡油和减压渣油，蜡油作为催化裂化和加氢裂化装置的原料；减黏部分则将减压渣油裂化成汽油、柴油和减黏渣油等产品。据报道，整体蒸馏装置可节省装置投资约30%左右。

国内某大型炼油厂在加工含硫原油工艺系统方案优选中，由壳牌石油公司全球解决方案国际性组织(Shell Global Solution International，SGSI)进行了工艺整合的流程规划，同时结合各方面的建议，形成了轻烃回收整合流程[8]。

在吸收国外某炼油厂工艺整合的设计理念和操作经验的基础上，进一步拓宽设计思路，提高设计质量，在总加工流程的方案选择上，根据加工原油的情况，充分考虑到所加工原油的适应性，以新建单元的规模定位成最经济、最适用、最有操作性的单元，能使总体生产运营模式定位成最高效、最具有竞争力的体系，并且必须能保证生产操作的可靠性不会因为工艺的整合而被削弱。

下面以国内某大型炼油厂有关轻烃整合流程为例，说明轻烃回收整合工艺。该厂加工的原油属于含硫原油，涉及轻烃整合的相关装置为原油蒸馏装置、催化重整装置、蜡油加氢裂化装置、柴油加氢精制装置、石脑油加氢装置、催化裂化装置等。轻烃回收整合工艺流程主要包括石脑油加氢处理、气体及液化气脱硫、石脑油吸收与柴油的再吸收、石脑油稳定、轻重石脑油分离及脱乙烷等部分。轻烃回收整合工艺流程见图 5-7-14。

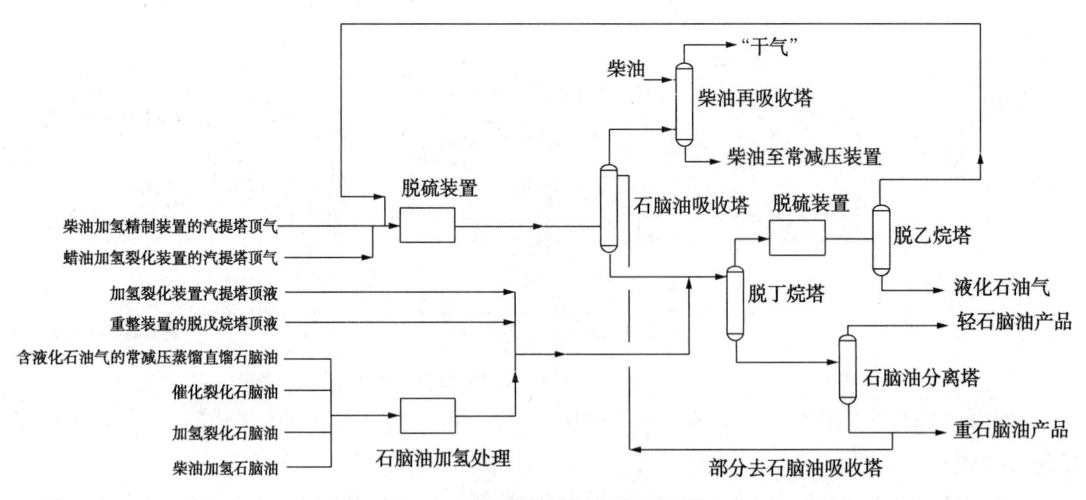

图 5-7-14　轻烃回收整合工艺流程示意图

(1) 气相流程——主要是塔顶气的脱硫与吸收

来自柴油加氢精制装置的汽提塔顶气、蜡油加氢裂化装置的汽提塔顶气和来自整合装置脱乙烷塔顶气，进入脱硫装置先进行气体脱硫，避免设备和管线腐蚀。脱硫后的气体进入石脑油吸收塔，用来自石脑油分离塔经冷却后的重石脑油进行吸收，以回收气体中的轻烃。吸收塔顶气进入柴油再吸收塔，与来自原油蒸馏装置的柴油进行再一次吸收，再吸收塔干气进入炼油厂燃料气管网，而再吸收塔底的柴油返回原油蒸馏装置。

（2）液相流程——主要是石脑油加氢稳定与分馏

来自含液化石油气的常减压蒸馏直馏石脑油（初馏塔加压操作，原油中的轻烃大部分溶于此）、催化裂化石脑油（催化裂化装置稳定汽油）、柴油加氢石脑油（柴油加氢精制装置的分馏塔顶石脑油）、加氢裂化石脑油（蜡油加氢裂化装置分馏塔顶的一部分石脑油，此部分石脑油的加入，主要是稀释石脑油加氢进料，以降低烯烃含量，避免石脑油加氢反应床层过热），共四部分石脑油经换热、加热炉加热后进入反应器进行加氢精制反应。反应产物经换热冷却后进入冷高压分离器，含氢气体进入循环氢压缩系统，反应生成油与来自催化重整装置的稳定液态烃、蜡油加氢裂化汽提塔顶液态烃合并，去脱丁烷塔（稳定塔）进行石脑油稳定，脱丁烷塔顶分液罐液体除部分返回塔顶回流外，其余进行液态烃的脱硫，脱硫后进入脱乙烷塔，脱乙烷塔底为洁净的液化石油气产品送出装置。

脱丁烷塔底液与部分蜡油加氢裂化装置分馏塔顶石脑油一起进入石脑油分离塔，塔顶产物作为轻石脑油出装置，塔底的重石脑油经冷却后，一部分循环到吸收塔作为吸收剂；另一部分直接作为下游重整装置反应部分的进料出装置。

（3）轻烃回收整合流程的优点

1）不稳定的石脑油在进脱丁烷塔之前，先进行石脑油的加氢处理。这种流程设置与把石脑油加氢处理部分安排在脱丁烷塔、石脑油分离塔之后流程相比的优点是：先进行石脑油加氢处理，后进行稳定，可在石脑油加氢装置中把反应后的产品分馏部分省去，而利用了轻烃整合部分的分馏系统。

2）塔顶气的集中脱硫安排在塔顶气体进吸收塔之前。其优点在于减轻了后续加工过程设备和管线的腐蚀。若将气体脱硫设置在再吸收塔之后，虽可减小气体脱硫装置的规模，但从保证装置的长周期运行等方面综合考虑，塔顶气先进行脱硫处理则更优。

3）轻烃回收整合流程，能够对轻烃进行集中处理回收液化石油气，不但可减少同类装置的重复建设，减少占地、节约投资，同时也能最大限度地回收液化石油气。另外，由于整合，可以对装置的换热进行优化合理配置，提高装置能量利用效率，降低操作费用。

（4）轻烃回收整合流程的效果及其局限性

如上所述，油轻烃回收整合流程具有节约投资、减少占地面积、实现高的能量利用效率、高的投资回报率等优势，是一种新型、高效的回收工艺。一般来说，目前整合流程仅适用于大型和特大型新建炼油厂，对于中、小型炼油厂或改造装置的使用还需要充分论证，慎重使用。

轻烃回收整合流程与全厂总加工流程、原油品种、产品方案紧密相关，尤其是原油中轻烃及硫含量对装置的经济效益影响甚大。轻烃回收整合流程长，涉及设备多，项目建设的难度大，装置内部之间各单元关联度高，操作复杂，一旦按此模式形成轻烃整合工艺，就需要全面考虑各种因素对生产操作的影响。由于整合工艺是在新理念指导下出现的一种新型工艺，因而，实际效果与工艺流程尚需经长期生产实践检验与不断完善。

三、轻烃回收的操作条件确定

尽管四塔轻烃回收流程和催化、焦化装置中的吸收稳定部分流程几近一致，但仍有其特点。如：吸收塔的吸收剂采用常顶油，而不采用稳定塔底的冷石脑油，可减轻稳定塔的负荷；吸收塔底油直接去脱吸塔脱吸而不返回压缩机出口分液罐，减少此部分的循环，降低能耗；在压缩机出口冷凝器前加入适量常顶油，以提高气体中轻烃的回收率；压缩机出口分液罐凝缩油直接去稳定塔回收轻烃，而不是返回脱吸塔，减少脱吸塔的负荷；再吸收塔采用常一中作为再吸收剂，而不用常压部分的柴油，对侧线产品干扰小；稳定塔顶不凝气不是直接去干气管网，而是返回吸收塔，使产品质量得以保证，并能使装置适应波动的能力增强；脱吸塔底再沸器采用蒸汽为热源，而不采用常压塔侧线或中段回流为热源，使脱吸塔操作更易于控制，减少对原油蒸馏装置操作的影响。

四塔轻烃回收流程所处理的气体，主要是原油蒸馏装置的塔顶气，也可以是邻近装置如煤油加氢、柴油加氢、蜡油加氢、渣油加氢原料预处理等装置中的塔顶气；可对原油蒸馏部分的直馏石脑油中轻烃进行回收，也可以对以上所述装置所产石脑油中的轻烃进行回收。这样不仅可以突显原油蒸馏装置轻烃回收部分的作用，使其利用效率更高，同时还可节省相邻装置的石脑油稳定部分，优化全厂总流程，充分发挥四塔轻烃回收流程的作用，提高轻烃回收系统的经济效益和社会效益。

轻烃回收的操作条件根据所加工的原料不同、产品要求不同会有差异，典型的四塔轻烃回收流程主要操作条件见表 5-7-6。

表 5-7-6 典型的四塔轻烃回收流程主要操作条件

项目	吸收塔	脱吸塔	再吸收塔	稳定塔
塔顶压力/MPa(g)	0.95	1.08	0.92	1.06
塔顶温度/℃	50	95	44	60
塔底温度/℃	48	172	51	205
重沸器温度/℃		200		218
压缩机出口压力/MPa(g)	1.0			

四、轻烃回收系统工艺的影响因素

轻烃回收流程中吸收-脱吸-稳定三部分之间是相互关联的，这正是轻烃回收部分的特点，对设计和生产操作影响较大。液化石油气产品质量不稳定、“干气”不“干”现象和如何提高产品回收率、节能降耗等问题，是轻烃回收工艺设计和实际生产中需解决的主要课题。

（一）影响吸收效果的因素及主要工艺参数

1. 影响吸收效果的主要因素

通过流程模拟及生产操作经验等相结合，对轻烃回收的影响因素进行分析，可得出以下结果：在影响吸收效果方面(以“干气”中 C_{3+} 含量表示)的各因素次序为：吸收压力>吸收剂中 C_3 含量>吸收温度>吸收剂量>脱吸塔理论板数>吸收塔理论板数；在影响能耗方面的各因素次序为：吸收压力>吸收剂中 C_4 含量>吸收剂量>吸收温度>脱吸塔理论塔板数>吸收塔理论塔板数。可以看出，降低“干气”中 C_{3+} 组分含量，往往是能明显增加能耗的因素；如提高吸收压力，吸收效果增加，但能耗也相应增大。

各因素的变化，在一定范围内对吸收效果影响显著；但超过一定值后，其影响就变小，甚至起反作用。如吸收剂量的增加，在一定范围内可降低“干气”中 C_{3+} 的组分含量，但超过某一定值后，吸收效果却不明显，而且能耗会大幅增加。

2. 影响吸收效果的主要工艺参数

(1) 吸收压力

吸收压力由吸收效果、下游干气脱硫装置压力、塔顶气压缩机的功耗等因素综合确定，一般为0.9~1.1MPa。

(2) 吸收剂量

吸收剂可根据原油蒸馏装置情况，最好首选常顶油，当然也可以用冷的稳定塔底油。但采用稳定塔底油时，会增加脱吸-稳定部分的负荷，而采用常顶油为吸收剂，流程简单，经济合理，因为常顶油本来就是需要进行稳定的物流。常顶油尽管比稳定塔底石脑油含C_4组分高，但因其有着较大的吸收塔操作液气比，吸收效果较好；进吸收塔吸收轻烃后，再脱吸、稳定，就可以省去部分稳定塔底油在装置中的循环，降低了能耗。一般吸收剂量与进吸收塔气体量之比为6(质量比)较为合适。

(3) 吸收温度

降低吸收温度，有利于提高吸收效果。对吸收塔而言，降低所有入塔物料温度，都对提高吸收效果有利。由于吸收过程的放热效应，使吸收效果变差，吸收塔往往设置中段冷回流，降低塔内温度，提高吸收效果。实际操作中，由于受循环水温度的限制，吸收塔的进料温度不可能降得很多，一般吸收剂和进料气的温度大多为40℃。

(4) 吸收塔塔盘数

由于吸收过程的原理及过程中产生的热效应，使得吸收过程中塔盘的效率不是很高，一般吸收塔理论板数为10~15块，实际浮阀塔盘为40~45块。

二、脱吸塔操作对轻烃回收的影响

1. 脱吸塔的工艺影响因素

脱吸塔的进料温度、脱吸塔压力、脱吸塔再沸器的热源及热负荷是脱吸塔操作的主要影响因素。

与吸收过程相反，低压高温有利于脱吸。但是在实际操作中，脱吸塔的压力取决于吸收塔或压缩机出口分液罐的气、液平衡压力，而不可能太低。

脱吸原则是在满足稳定塔顶液化石油气质量要求的条件下，尽可能控制好脱吸塔的脱吸度。脱吸塔脱吸不够，大量的C_2组分滞留在液相中，而被带入稳定塔，在实际生产操作中，为保证液化石油气质量合格，稳定塔顶往往泄放不凝气而带走大量的C_3、C_4，不仅影响液化石油气的收率，而且还会带来不安全因素和对环境造成污染；脱吸塔过度脱吸，解吸气中C_3、C_4含量增加，大量的C_3、C_4组分在吸收-脱吸系统间循环，加大了气体吸收系统的冷却和操作负荷，使吸收塔的操作温度升高，还降低了吸收塔的液气比，严重影响吸收塔的吸收效果，使“干气”不“干”倾向加剧。

在实际操作过程中，为了保证液化石油气中C_2组分含量，常常出现脱吸塔过度脱吸的现象。大量C_3、C_4组分从塔顶过度脱出而返回吸收塔循环，造成能量浪费。

根据液化石油气中C_2含量，调节脱吸塔底重沸器气相返塔温度来控制脱吸的操作，往往会导致过度脱吸。因而，应同时将脱吸气的组成作为脱吸操作的一个重要依据，即将脱吸塔顶气中C_2、C_3含量间接作为脱吸塔操作的参考，为脱吸塔脱吸率的调节提供更全面的支持。在保证液化石油气的 C_2 含量控制指标合格条件下，适当降低脱吸率，有助于控制吸收油中 C_3、C_4 过度脱吸，减少吸收塔负荷，又有利于提高“干气”质量。

脱吸塔的操作压力一般为 1.0~1.2MPa，脱吸塔底温度一般为 120℃。

2. 脱吸塔的进料方式

脱吸塔的进料温度与进料方式对脱吸塔操作影响较大。依据装置的不同情况，一般有三种进料方式：吸收塔底油由压缩机出口冷却器冷却后进入分液罐，再进入脱吸塔顶，温度 40℃，为冷进料；吸收塔底油经脱丁烷塔底油进行预热，温度由 40℃ 提高到 70~80℃，为热进料；脱吸塔进料分成冷、热两股进料，冷料直接进脱吸塔顶部，另一股与脱丁烷塔底油预热后，进入脱吸塔中部。

脱吸塔三种进料流程示意见图 5-7-15。

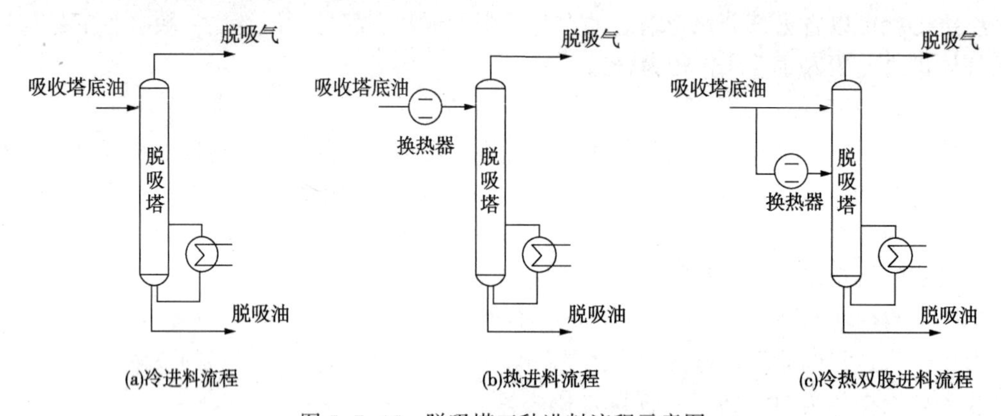

图 5-7-15 脱吸塔三种进料流程示意图

对某炼油厂催化裂化装置吸收稳定部分的脱吸塔按以上三种进料方式的操作进行模拟计算，模拟结果见表 5-7-7。

表 5-7-7 脱吸塔三种进料方式计算结果汇总表

序号	项目	冷进料	热进料	双股进料
1	脱吸塔冷进料量/(kg/h)	11427.5	0	4047.6
2	脱吸塔热进料量/(kg/h)	0	12967.1	8095.1
3	脱吸塔气量/(kg/h)	746.9	2290	1471.3
4	脱吸塔底油量/(kg/h)	10680	10677.1	10671.4
5	脱吸气 C_2 含量/%(摩尔)	48.01	13.32	26.48
6	脱吸气 C_3 含量/%(摩尔)	25.72	50.13	50.72
7	脱吸塔换热量/(GJ/h)	0	2.178	1.182
8	脱吸塔再沸器负荷/(GJ/h)	2.034	0.867	1.139
9	脱吸塔顶温度/℃	42.6	80.2	51.7
10	平衡罐前的冷却负荷/(GJ/h)	-1.322	-2.296	-1.566

从表 5-7-7 可以看出：冷进料流程未能利用稳定塔底油余热，脱吸塔再沸器负荷最高，塔顶温度最低，脱吸量最小，平衡罐前冷却器冷却负荷最低；热进料脱吸气量最大，使吸收部分的气量及吸收塔底油量最大，进脱吸塔前又被加热，使整个脱吸塔温度提高，脱吸易过度，增加了吸收负荷，但热进料能使塔底再沸器负荷最低，其冷却部分的负荷最大；双股

冷、热进料，则介于两者之间，因此较好地综合了两者的优点，有利于控制脱吸塔的脱吸度，在满足稳定塔顶液化石油气质量的前提下，可减小吸收塔的负荷，提高“干气”质量。

第八节　扩能、节能技术

自1978年改革开放以来，我国的国民经济取得飞速发展，石油消费量由不到100Mt快速增长到近700Mt。为满足这种需求，我国加工能力的增长采取了新建装置和扩能改造相结合的策略，在此期间不仅新建了几十套5.0~12.0Mt/a规模的常减压蒸馏装置，也对原有的2.5Mt/a规模的常减压装置进行扩建，使其加工能力增加50%~100%以上。伴随着装置规模的扩大，装置的节能降耗工作也取得了很大的进展，常减压装置的平均能耗由20kgEO/t以上降低到9kgEO/t左右。

在几十年的发展过程中，广大技术人员通过改变常减压装置的工艺流程，优化工艺操作参数，达到了装置脱瓶颈和减少工艺总用能的目的，形成了负荷转移、四级蒸馏、二级闪蒸、常底油闪蒸等扩大装置能力、降低装置能耗等实用技术，取得了投入少、见效快的效果。

一、负荷转移技术

20世纪90年代开始，我国的原油加工量开始大幅度增加，但是新装置建设速度远远不能满足生产的需求，为满足消费需要，只能对一些老装置进行改造，改造的目标大多为增加50%左右的原油加工能力。同时为了降低改造投资、减少改造工程量、缩短改造周期，这些改造都提出了不希望更换常压塔等主体设备的要求。为了满足这一要求，广大技术人员通过分析装置扩能改造的主要瓶颈，提出了负荷转移技术来消除分馏塔特别是常压塔的瓶颈。负荷转移技术的应用，在装置主体设备不变的条件下，使装置的加工能力得到较大的提高，取得了良好的效果。

(一) 负荷转移技术的原理

对于常减压装置，制约装置加工量提高的主要瓶颈通常是分馏塔直径以及加热炉负荷。从常压塔的气、液相负荷规律图可知，常压塔最大气、液相负荷部位通常在进料闪蒸段到最下一个中段回流(如常二中)之间，而常压塔中部及上部负荷相对较小(见图5-8-1)。对于直径确定的分馏塔，由于最大气、液相负荷处的塔内件水力学参数的限制，使得装置处理量难以进一步提高，而常压塔中部及上部由于气、液相负荷相对较小，塔径相对富裕。

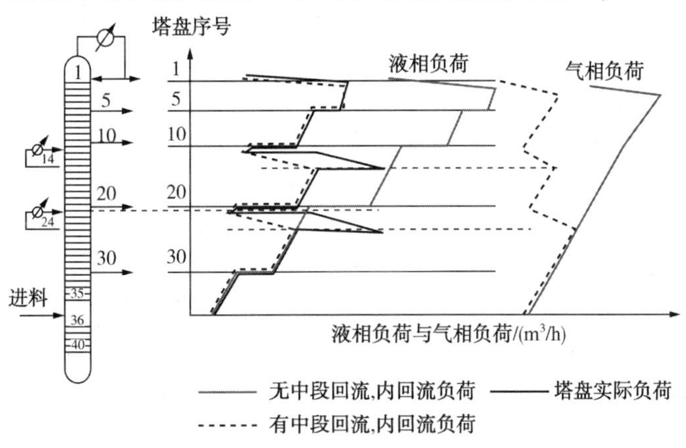

图5-8-1　常压塔内典型的气、液相负荷分布情况

负荷转移技术的原理是通过改变常压部分的工艺流程和操作参数，将常压塔进料闪蒸段至最下一个中段回流部位的气、液相负荷转移到常压塔的中部或上部负荷较小的部位，从而消减负荷较大部位的负荷，均匀常压塔负荷，达到常压塔塔径不变而提高装置处理量的目的。负荷转移技术实施前后常压塔内气相负荷变化见图 5-8-2 和图 5-8-3。

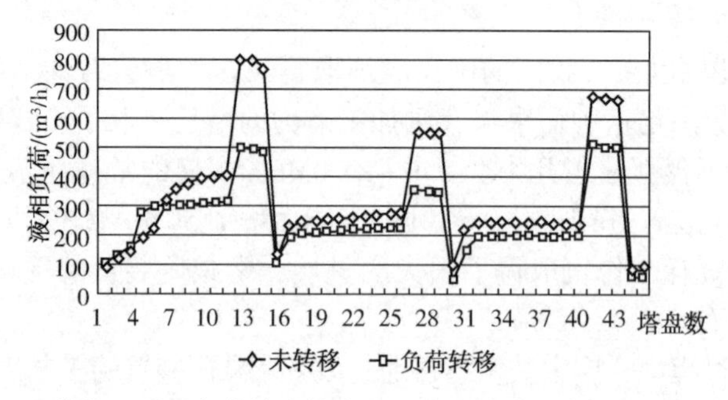

图 5-8-2　某装置采用负荷转移技术前后常压塔内液相负荷分布对比情况

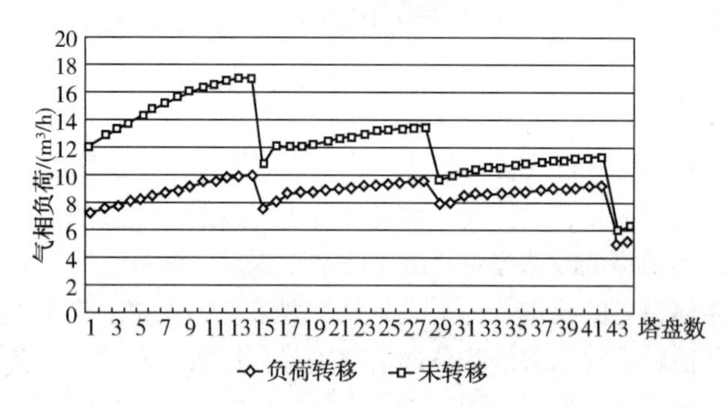

图 5-8-3　某装置采用负荷转移技术前后常压塔内气相负荷分布对比情况

（二）实现负荷转移技术的主要途径

常用的负荷转移技术手段主要有：①提高闪蒸塔的进料温度，增加闪蒸塔的闪蒸率，从而降低常压炉和常压塔的进料量，达到减少常压塔进料段至最下中段回流部位的气相负荷、降低常压炉负荷的目的。该措施由于闪蒸塔的闪蒸气体直接进入常压塔，过高的闪蒸率会造成闪蒸气体夹带较重的组分进入常压塔，从而影响常压侧线（通常为常一线）质量。为了避免过大的闪蒸量，保证常压塔产品质量，闪蒸塔进料温度必须控制在一定的限度之内，因此装置能力增加有限。②提高初馏塔的进料温度，在保证初顶油质量的前提下增加初顶油的拔出率（极限拔出率为石脑油潜含量），从而降低常压炉和常压塔的进料量，达到减少常压塔进料段至最下中段回流部位的气相负荷、降低常压炉负荷的目的。该措施因初馏塔具有一定的精馏作用，初顶油的质量控制有一定的保障，但是过高的初顶油收率需要更大的回流比和过汽化量，因而需要更高的初馏塔进料温度。该措施装置能力增加的幅度有限，而且造成能量的浪费。③提高初馏塔的进料温度，初馏塔增设一个或两个侧线，抽出的初侧线送入常压塔中部以上部位作为常压塔的内回流，从而降低常压炉和常压塔的进料量，达到减少常压塔进料段至最下中段回流部位的气相负荷、降低常压炉负荷的目的。该措施通过设置初侧线，大幅度提高了初馏塔的拔出率，减少了初底油的流量，降低常压炉负荷。④对于无压缩机回收轻烃流程的初馏塔，利用初馏塔的压力相对较高的特点，在初馏塔后增设闪蒸塔，使初底油进行降压闪蒸，闪蒸出的塔顶气进入常压塔中部以上部位，从而降低常压炉和常压塔的进料量，达到减少常压塔进料段至最下中段回流部位的气相负荷、降低常压炉负荷的目的。

（三）负荷转移技术的典型应用案例常减压装置

1. 福建炼油化工有限公司4.0Mt/a常减压装置改造

1997年福建炼油化工有限公司常减压装置改造，采用负荷转移技术路线，通过增设初馏塔顶循环回流、初一中回流、初侧一线和初侧二线等措施将初馏塔的拔出率由9.5%提高到20%，初侧油抽出TBP140℃以上的馏分送入常压塔二中以上液相组成相似的塔盘作为内回流，均匀常压塔负荷。同时常压塔通过更换高效塔盘等措施，将原设计能力为2.5Mt/a的蒸馏装置能力提高到4.0Mt/a，装置能力提高了60%，常压拔出量由1.275Mt/a提高到1.88Mt/a，提高了47.45%。

2. 大连西太平洋石化公司(WEPEC)10.0Mt/a常减压装置改造

WEPEC5.0Mt/a常减压装置于1992年开工建设，1996年建成投产，装置主要以加工含硫原油为主，装置采用“闪蒸-常压-减压”的二级蒸馏模式，闪蒸塔塔径4.6m，常压塔塔径6.6m，减压塔塔径6.1m。

“十五”期间，WEPEC提出了加工千万吨含硫原油的发展规划并委托中国石化洛阳工程有限公司(LPEC)承担装置的扩能改造任务。要求改造后装置加工沙轻和沙中混合原油(沙轻原油：沙中原油=7：3)，按年开工8000h计算，常压部分的能力需达到10.0Mt/a，减压可提供1.5Mt/a蜡油作为加氢裂化原料，同时在夏季加工沙中、科威特等原油时，减压渣油可以生产高等级道路沥青。

装置主要改造思路是在分馏塔主体设备壳体不变的前提下，通过优化操作参数、采用负荷转移技术、高效内件技术等，均匀分馏塔负荷，提高分馏塔的处理能力；通过优化换热网络，提高换热终温降低加热炉负荷；同时辅以新建或更换必要的设备、管道和仪表等，使装置的能力达到10.0Mt/a。主要改造方案有：

1）将闪蒸塔改为初馏塔，规格为ϕ4800mm×37773mm，内增设26层；初馏塔提压操作，塔顶操作压力为0.35MPa(a)。

2）初馏塔进料温度提高到248℃，初馏塔设置初侧线，初侧油泵送常一中返回口进入常压塔，初馏塔拔出率达到15%，其中石脑油拔出率达到石脑油总量的68%。

3）常压塔塔体保持不变，规格为ϕ6600mm×66430mm，拆除原有的51层JF浮阀塔盘，更换51层ADV微分浮阀塔盘。原四溢流降液管利旧，四液流与双液流的转换层由塔板改为集油箱型式。

4）适当提高塔顶压力，将减压塔顶操作压力由15mmHg(a)提高到45mmHg(a)，减小塔内气、液相负荷，降低减压塔的气速。减压塔设四个侧线，减一、减二和减三线为加氢裂化料，减四线混合入常压渣油中，均匀减压塔负荷。

5）减压塔壳体利旧不动，规格为ϕ4610mm/ϕ6140mm/ϕ4610mm/ϕ2000mm×36780mm，内件全部更换为高效金属板波纹填料、导板连通槽式液体分布器及双切向环流进料分布器，提高减压塔的处理能力，减压塔蒸馏强度达到5.563t/(m^2·h)。

6）采用窄点设计法优化换热流程，引进催化油浆进入装置与初底油换热，提高换热终温。

装置改造后，经生产标定，装置的实际处理量超过了设计指标，达到了10.5Mt/a，如果按照常规的8400h计算，则年处理量达到了11.0Mt/a，使我国的蒸馏装置规模第一次跃上千万吨级台阶。

二、四级蒸馏技术

进入21世纪以来，国内常减压装置的扩能改造大多是对20世纪70~80年代以及90年代初期建设的2.5Mt/a规模系列的常减压装置进行的改造，改造后的原油处理能力大多超过5.0Mt/a。虽然这些装置的主体设备(如塔、加热炉等)结构尺寸、公称能力大致相同，但由于受到总流程加工能力、加工油品的种类以及各厂具体情况等的影响，改造的方案也各有所不同。综合十几年来对不同炼油厂的改造设计的方案，将常减压装置规模由2.5Mt/a改造到5.0Mt/a以上的可行方案有以下几种：

方案一：维持单系列三级蒸馏流程不变，主要设备壳(炉)体利旧改造。这种改造方案主要适用于原常压塔、减压塔以及加热炉的能力都相对较大的装置，如常压塔塔径ϕ4200mm、减压塔塔径ϕ6400mm等。但由于受到常压塔塔径的限制，该方案需在初馏塔上做文章，即尽可能在初馏塔采用负荷转移技术，通过在初馏塔拔出较多的石脑油来减少常压塔的负荷。这种改造方案投资较小，但改造后的处理量提高有限，以加工沙轻油为例，采用该方案对类似的2.5Mt/a装置进行改造，装置的上限为4.3Mt/a左右。

方案二：维持单系列三级蒸馏流程不变，主要设备“换位”利旧。这种方案的改造方式较多，如在镇海Ⅱ套6.0Mt/a的改造中，采用了原ϕ6400mm减压塔壳体利旧、常压塔更新、加热炉利旧改造、初馏塔利用常压塔、汽提塔利用初馏塔的改造方案；也有的装置采用了减压塔更新、原减压塔用作常压塔、原常压塔用作初馏塔、常压炉更新、原常压炉用作减压炉等方案。这种改造方式由于仍是单系列流程，能耗较低，投资因改动量不同而差异较大，但缺点是由于主体设备“换位”利旧，装置停工周期较长，这种改造较适应于炼油厂有多套常减压装置，允许装置较长时间停工进行改造的炼油厂。

方案三：双系列常压流程。在原常减压流程的基础上，新增一套常压(包括初馏塔、常压炉、常压塔等)；通过改变减压塔操作模式和优化减压塔操作条件，辅以高通量塔内件，充分发挥减压塔的能力，保持减压塔塔径不变，从而形成2个常压1个减压的双系列常压流程，以达到处理量的要求。广州石化Ⅰ套常减压、上海石化Ⅱ套常减压采用这个流程。该流程较适用于常压塔塔径较小(Φ3800mm)、减压塔塔径较大(Φ6400mm)、改造后装置处理量小于6.0Mt/a的装置。该流程具有装置停工周期短、加工弹性大(最小可到2.5Mt/a，最大可到6.0Mt/a)、操作灵活等优点，但由于有两套常压系统，一次性投资相对偏大，能耗略高。

(一) 四级蒸馏技术的原理、流程

四级蒸馏技术就是在总结上述三种设计改造方案基础上，并在传统常减压流程的基础上，通过新增一级减压炉和一级减压塔，前后分别转移部分常压负荷和减压负荷至一级减压塔，即采用初馏塔-常压炉-常压塔-一级减压炉-一级减压塔-二级减压炉—二级减压塔的三炉四塔四级蒸馏的新工艺，以满足装置扩能改造的要求。

四级蒸馏与传统的三级蒸馏相比，主要差别在于增加了一级减压炉和一级减压塔，在一级减压塔拔出部分柴油和部分蜡油，以减轻原常压塔和减压塔的负荷。由于一级减压塔的主要目的是分离出柴油和蜡油，因此，一级减压塔的流程设置较为简单，典型的一级减压塔可设四段填料，出两个侧线，一级减一线拔出柴油，一级减二线拔出蜡油。由于在一级减压塔

拔出部分柴油，柴油段的理论板数增加，因此，柴油收率要略高于三级蒸馏。四级蒸馏典型流程示意图见图 5-8-4。

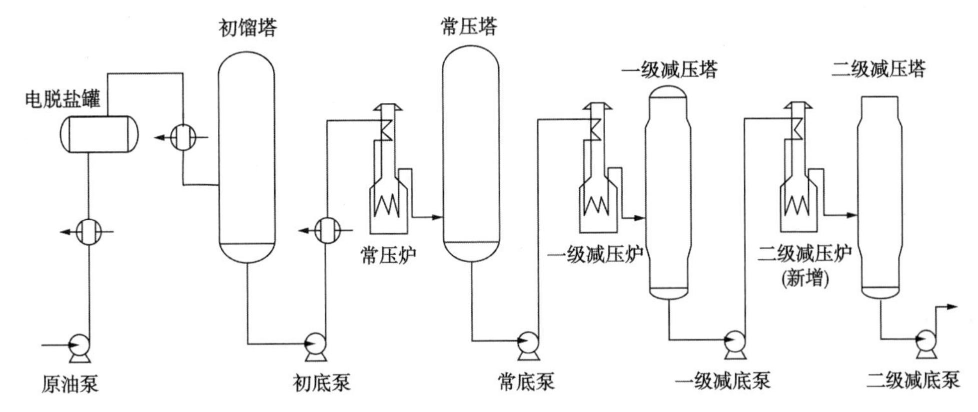

图 5-8-4　四级蒸馏典型流程示意图

与上述三种扩能改造方案相比较，四级蒸馏技术改造方案具有以下优点：

1）主体设备壳(炉)体都可利旧不变，设备利旧率高，节省投资。

2）新增的一级减压炉和一级减压塔都可以提前进行预制工作，缩短施工周期。

3）对原油品种、处理量即生产方案等变化具有一定的适应能力，装置的操作弹性较大。

4）相对于单系列常减压装置，装置加工流程虽然较长，但能耗增加不多。

5）由于新增的一级减压塔设立柴油分馏段，能提高柴油收率。

但是，如果装置要采用四级蒸馏工艺，使装置改造后的能力在原油的基础上扩大一倍左右，也需要具备以下条件：

1）装置原有的常压塔和减压塔以及常压炉和减压炉可以得到较好的利旧。

2）装置平面留有的位置可以布置新增的一级减压塔和一级减压炉。

3）装置现有布局总体不变，设备移位较小，尤其是利旧设备和炉等。

因此，装置的扩能改造是否采用四级蒸馏技术，在于其优点是否能够得到充分的发挥、客观条件能否满足，这需要根据装置现有设备的具体情况、改造后要达到的处理量以及装置的停工时间等多种情况来确定。

(二) 四级蒸馏技术对工艺参数的影响

1. 操作条件

如何确定一级减压炉、一级减压塔以及原有的常压炉、常压塔的操作条件是四级蒸馏工艺的关键所在，它的确定与装置现有主体设备的能力密切相关。由于增设一级减压系统主要是起到前后转移负荷的作用，如一级减压的能力过小，则转移负荷不够，对原主体设备还需做较大的改动；如一级减压的能力过大，则相对造成投资的浪费。此外，如何合理分配三个加热炉的燃料消耗，尽量减小燃料消耗，也是决定四级蒸馏操作条件的一个重要因素。

以扬子石化Ⅱ常减压蒸馏装置改造的设计为例(见表 5-8-1)，通过对操作条件的优化，新增的一级减压等措施较好地实现了负荷转移的功能，使装置的加工能力由 2.5Mt/a 提高到 6.0Mt/a。改造后，原常压塔除部分塔盘由于材质不能满足加工高含硫原油要求需更换外，大多可利旧。原减压塔内件也大部分得到利旧，拆除下的填料又利旧到新增的一级减压塔上，节省了投资。同时，加热炉的燃料单耗也较低，达到了节能的目的。

表 5-8-1　扬子石化Ⅱ常减压蒸馏装置四级蒸馏操作条件

项目	数据
初馏塔	
塔顶温度/℃	148
塔顶压力/MPa	0.25
进料温度/℃	240
常压塔	
塔顶温度/℃	137
塔顶压力/MPa	0.08
进料温度/℃	320~340
一级减压塔	
塔顶温度/℃	80~150
塔顶压力/kPa	15~40
进料温度/℃	360~380
二级减压塔	
塔顶温度/℃	80~100
塔顶压力/kPa	2.67~6.0
进料温度/℃	390~410

2. 四级蒸馏技术的能耗分析

通常认为，四级蒸馏由于新增一套减压炉和减压塔，其能耗肯定会远高于传统的三级蒸馏。但是，经优化设计，四级蒸馏的能耗可以与传统的三级蒸馏基本相当。

四级蒸馏与三级蒸馏在公用工程消耗上的比较见表 5-8-2。

表 5-8-2　四级蒸馏与三级蒸馏的能耗比较

序号	项目	四级蒸馏		三级蒸馏	
		单位耗量数据	单位能耗/(MJ/t 原料)	单位耗量数据	单位能耗/(MJ/t 原料)
1	燃料油/(kg/t)	7.93	332.01	8.49	355.46
2	电/(kW·h)	6.17	77.5	5.79	72.72
3	1.0MPa 蒸汽/(t/t)	0.0176	56.0	0.0174	55.37
4	0.6MPa 蒸汽/(t/t)	0.0076	21.10	—	—
5	新鲜水/(t/t)	0.05	0.38	0.05	0.38
6	循环水	1.44	6.04	1.20	5.03
7	软化水/(t/t)	0.066	0.69	0.066	0.69
8	热输出		-16.80		-16.80
	合计		476.92 (11.39kgEO/t 原料)		472.85 (11.29EO/t 原料)

具体单项能耗分析如下：

（1）电

由于新增了一级减压塔，侧线增多，造成泵增多，电耗增加。

（2）循环水

由于侧线增多，侧线冷却负荷增大，造成循环水耗量略有增加。

（3）蒸汽

由于在四级蒸馏中部分柴油在温位较低的一级减压塔上部馏出，使高温位的常二中和常三线量明显减少，造成四级蒸馏高温位的热量偏少、不太好利用的低温位热量相对偏多。通常，常减压装置的汽提蒸汽是可以在装置内自产的，但在四级蒸馏中，若达到同样的换热终温（加工沙轻油，290℃以上），则汽提蒸汽只能外供。但是，由于新增一级减压，柴油不必在常压塔完全拔出，常压塔底的汽提强度可降低，蒸汽用量可减少；对于抽空蒸汽，虽然增加了一级减压抽空蒸汽用量，但二级减压抽空蒸汽用量较三级蒸馏减少，因此，抽空蒸汽用量二者大体相同。综合比较，四级蒸馏的蒸汽消耗要小于三级蒸馏，但由于四级蒸馏不宜自产蒸汽，在外供蒸汽的单耗上，四级蒸馏要高于三级蒸馏。

（4）燃料

由于四级蒸馏增加了油品的渐次汽化次数，因此，燃料耗量较三级蒸馏有一定的降低。

总体来说，四级蒸馏的能耗略高于三级蒸馏，表5-8-2能耗对比结果也证明了这点。

3. 四级蒸馏技术的改造投资

相对于三级蒸馏，四级蒸馏在设备上增加了一炉一塔、一套减顶抽空系统，而且由于侧线产品增多，热源增多，换热器（包括空冷器、冷却器）以及机泵数量也较三级蒸馏增多，相应的工艺阀门管道、仪表回路、电气电缆以及土建等方面的工程量也随之增加。因此，对于一套新设计的装置，采用四级蒸馏其工程投资将明显高于三级蒸馏。但是，对于改造装置，如果适合采用四级蒸馏技术，则其改造投资反倒会有所减少，这主要是由于四级蒸馏在改造上的设备利旧率明显高于三级蒸馏。

以扬子石化Ⅱ常减压蒸馏装置改造为例，采用四级蒸馏，不仅装置的主体设备（常压塔、常压炉、减压塔、减压炉等）可以利旧，进行了负荷转移后，由于装置原有常二线、常三线以及减压各侧线的流量均增加不大，侧线机泵和侧线冷却器（包括空冷器）大部分都可以利旧，同时，工艺管道、仪表、电气等的利旧率也相应大大增加。此外，一些侧线热流流量增加不大，也使得一些直径较小的换热器可以在改造后得到利旧。

扬子石化Ⅱ常减压蒸馏装置第一阶段6.0Mt/a改造的设备利旧情况详见表5-8-3。

表5-8-3　扬子石化Ⅱ常减压蒸馏装置4.5Mt/a改造设备利旧情况

名称	改造共需设备	新增	原有	利旧	利旧率/%
塔类	7座	1座	6座	6座	100
容器类	27台	4台	28台	23台	82.1
冷换类	119台	53台	74台	66台	89.2
空冷类	40片	9片	32片	31	96.9
加热炉	3座	1座	2座	2座	100
机泵类	82台	28台	74台	54台	73
电机类	82台	22台	74台	60台	81

从表 5-8-3 可见，改造后装置的设备利旧率均在 70%以上，利旧率较高，为降低装置的改造费用创造了条件。

（三）四级蒸馏技术的典型应用案例

1. 扬子石化Ⅱ常减压蒸馏装置 6.0Mt/a 改造

扬子石化Ⅱ常减压蒸馏装置是国内第一套应用四级蒸馏技术进行扩能改造的常减压蒸馏装置。该装置原设计加工中东原油，装置规模为 2.5Mt/a。根据全厂总体规划要求，装置分二期改造，第一期改造为 4.5Mt/a，第二期改造至 6.0Mt/a，为乙烯装置提供原料。

在对扬子Ⅱ常减压蒸馏装置 4.5Mt/a 的改造设计上，若保持现有塔炉（体）不变，现有装置经改造后最大处理能力仅能达到 4.3Mt/a（8400h），无法满足总流程的总体加工要求。若更换主体设备，则改造工程量大、设备投资大，并且无法在 45 天左右的施工周期完成。此外，扬子石化对装置的能耗以及装置今后进一步发展还有较高的要求。因此，为减少投资，确保装置可以在较短的施工周期建成投产，同时满足装置加工能力的要求，该装置采用新增一级减压炉和一级减压塔进行负荷转移的四级蒸馏工艺路线，主要改造内容如下：

1）初馏塔、常压塔、脱丁烷塔和脱戊烷塔塔径不变，内件更换为 ADV 高性能塔盘。

2）初馏塔增设初侧线、初顶循和初中段，全塔设 24 层塔盘。

3）常压塔顶部加高 7.7m，增加 12 层塔盘，以满足装置对分子筛料的生产要求，全塔设 60 层塔盘。

4）新增一座 ϕ5800mm 一级减压塔，进料段以上设 4 段填料，塔顶换热段利旧原减压塔拆除的共轭环散堆填料，其他各段采用高效规整填料，一级减压塔设液体分布器及进料分配器。

5）二级减压塔减一线和减二线段基本利旧原塔填料并增加部分规整填料，减三线和洗涤油段更换为高效规整填料并利旧部分原塔格里希格栅，二级减压塔设液体分配器及进料分配器。

6）现常压炉由 4 路改为 8 路，二级减压炉基本利旧原减压炉，常压炉和二级减压炉利旧原余热回收系统，更换燃烧器。

7）新增一座负荷为 27300kW 的一级减压炉，新增一套余热回收系统。

8）增加一个 ϕ3800mm×22000mm 电脱盐罐作为一级电脱盐，原两个电脱盐罐利旧，并联作为二级电脱盐罐。新增一级电脱盐采用国产高速电脱盐技术。

9）换热流程进行全面的改造，由现有 2-2-2 流程改为 4-4-2 换热流程。换热器新增 56 台，利旧 67 台，空冷器新增 7 片，利旧 30 片。

10）新增机泵 38 台，利旧 49 台。

11）新增容器 4 台，利旧 23 台。

12）新增 1 根 *DN*1200 的一级减压转油线，原减压转油线作为二级减压转油线利旧不变。

该装置于 2002 年 8 月 15 日停工进行第一期改造，9 月 26 日装置改造实现中交，9 月 27 日投油，9 月 29 日实现全部产品合格。从设计到装置开汽成功，用了不到 10 个月时间，满足了用户的装置改造工期的要求。说明四级蒸馏技术减少改造施工量、缩短施工周期方面具有较大优势。

该装置于2003年3月29日至4月1日进行了满负荷标定，具体标定结果见表5-8-4。

表5-8-4　改造标定结果

项目	设计值	标定值
原料进料/(t/h)	562.5	566.3
电脱盐温度/℃	137	130.5
换热终温/℃	292	294.5
一级减压压降/kPa	1.33	1.06
二级减压压降/kPa	1.33	1.06
一级减一线95%(D86)/℃	365	365
二级减三线95%(D1160)/℃	532	530
能耗/(MJ/t)	489.11	489.89

标定结果表明，装置在处理量、产品质量和能耗等方面都达到或优于设计值，达到了扩能的目的。在顺利通过满负荷标定后，装置随后又将加工量提到了5.0Mt/a，除个别机泵电流达到最大值外，主要设备运转正常，产品质量合格，显示出四级蒸馏技术具有较大弹性，表明四级蒸馏技术在工业上首次应用是成功的。

2. 镇海炼化第二套常减压蒸馏装置6.0Mt/a改造

镇海炼化第二套常减压蒸馏装置原设计处理胜利原油2.5Mt/a，于1989年投产，其中初馏塔塔径2.6m，蒸馏常压塔塔径3.8m，减压塔塔径6.4m。2004年，镇海炼化决定采用四级蒸馏技术将其改造为处理能力达到6.0Mt/a，主要改造内容如下：

1）初馏塔塔体利旧，塔盘更换。

2）常压炉利旧，管程数由4管程改为8管程。

3）常压塔塔体利旧，塔盘更换，常二中以下采用二段规整填料。

4）新增一级减压炉，负荷33MW，6管程。

5）新增一级减压塔，规格为ϕ3600mm/ϕ5800mm/ϕ3600mm×39340mm。

6）二级减压炉利旧原减压炉。

7）二级减压塔为原减压塔，塔壳体利旧，更换备件填料。

装置改造于2004年大检修期间进行，共45天，并于2004年11月5日一次投产成功。自投产以来，装置运行平稳，产品质量合格。

经装置标定：装置加工卡宾达原油日加工量达到1.8176kt/d(即6.0Mt/a以上)，轻油收率45.04%，总拔出率69.95%，装置能耗10.22kgEO/t原油，比设计能耗低0.44kgEO/t原油。改造达到了预期效果。

三、初底油再闪蒸技术

常减压蒸馏装置是炼油厂的龙头装置，也是炼油厂最大的耗能装置之一，其能耗约占炼油厂总能耗的15%~25%，因此降低常减压装置的能耗对于炼油厂的节能降耗具有重要意义。近几年来，通过采用各种先进可靠的工艺技术和高效设备，有效降低了装置能耗。据统计，中国石化系统内常减压装置的总体平均能耗已经从2008年的10.19kgEO/t原油下降到2017年的9.27kgEO/t原油。

降低常减压蒸馏装置能耗的措施有很多，如有效利用窄点技术深度优化换热网络及装置间采用热联合技术、强化加热炉的传热提高加热炉的热效率、采用高效节能变频电机、加强装置内低温热的回收利用等技术，这些节能技术已经在近几年的常减压装置设计和改造中得到了很好的应用，有效降低了常减压装置的能耗水平。

从节能的本质和节能三环节理论出发，上述行之有效的节能措施均是属于能量回收环节和能量转换环节，而进一步节能需从工艺过程入手，通过调整工艺流程和优化操作参数，减少工艺总用能，形成耗能少的工艺过程。初底油再闪蒸技术是减少工艺总用能的实例之一。

(一) 初底油再闪蒸技术原理和流程

常减压蒸馏装置的常规流程一般为初馏或闪蒸-常压-减压三塔工艺流程。初底油再闪蒸技术是在采用初馏塔的基础上，设置初底油闪蒸罐，将初底油先进入闪蒸塔进行闪蒸，闪蒸出的油气进入常压塔，闪蒸后的闪底油与装置热源换热后进入常压炉加热，加热后送至常压塔进行分馏。由于闪底油流量比初底油流量小，因此常压炉所需负荷也相应地减少，从而达到减少工艺总用能的目的。

初底油再闪蒸技术的效果，与初馏塔的压力或初馏塔和常压塔压力差密切相关，初馏塔压力越高，初馏塔与常压塔压差越大，则初底油在初底油闪蒸罐闪蒸量就越大，节能效果就越显著。初底油闪蒸技术比较适合于与无压缩机回收轻烃技术结合使用，常规的初馏-常压-减压三塔工艺流程采用初底油闪蒸技术节能效果不明显。

典型的初底油闪蒸流程示意图见图 5-8-5。

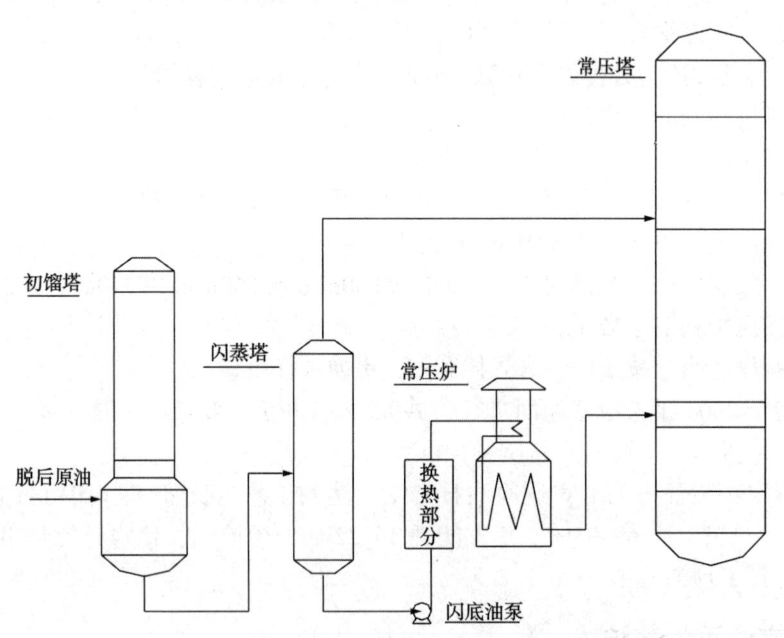

图 5-8-5　典型的初底油闪蒸流程示意图

(二) 初底油再闪蒸技术对工艺参数的影响

初底油再闪蒸流程与常规不闪蒸流程相比，由于增加了一个闪蒸塔，会影响到装置的换热流程、操作条件、产品质量及能耗等参数。为便于分析，结合国内某 15.0Mt/a 常减压蒸馏装置设计优化工作，分别就其与常规不闪蒸流程的差别进行深入比较和探讨，并得出结论。

1. 初底油再闪蒸对换热网络的影响

初底油闪蒸流程由于增加了一个闪蒸塔，参与装置换热网络的冷热物流的流量和进出温度都会变化，从而导致换热网络的换热分析结果也会变化。经过模拟计算，换热网络冷热物流流量及进出温度对比结果见表5-8-5，换热网络的窄点分析结果对比见表5-8-6。

表5-8-5　冷热物流进出温度对比

序号	名称	初底油不闪蒸方案		初底油再闪蒸方案	
		流量/(kg/h)	进出温度/℃	流量/(kg/h)	进出温度/℃
	冷流				
1	脱前原油	1773050	40~135	1773050	40~135
2	脱后原油	1773050	130~241	1773050	130~241
3	初底油	1607651	233~360	1607651	233
4	闪底油	—	—	1504353	224~368
	热流				
1	初顶油气	233598	165~82	233598	165~82
2	常顶油气	293602	142~90	229284	139~90
3	常顶循	712639	153~113	716206	150~110
4	常一线	162766	224~120	162766	222~120
5	常一中	500627	224~154	503701	219~149
6	常二线	199202	252~120	199202	254~120
7	常二中	723832	291~221	717976	295~225
8	常三线	97853	253~120	97853	260~120
9	减二线及二中	569683	224~160	580569	223~160
10	减三线及三中	1272660	287~207	1273410	286~206
11	减三线	210000	207~160	210000	206~160
12	减四线	104610	360~160	104610	360~160
13	减压渣油1	545004	365~250	545095	365~250
14	减压渣油2	457625	250~160	457625	250~160

表5-8-6　窄点分析结果对比

方案	窄点温差/℃	换热负荷/(MJ/h)	冷流换热终温/℃	热流冷却终温/℃	热流窄点温度/℃	冷流窄点温度/℃
初底油不闪蒸方案	30.0	921096	289.2	183.0	287.0	256.5
	28.0	930181	291.1	181.4	287.0	258.5
	26.0	939267	293.0	179.8	287.0	260.5
	24.0	948394	294.9	178.2	287.0	262.5
	22.0	957563	296.8	176.6	287.0	264.5
	20.0	966732	298.8	175.0	287.0	266.6
	18.0	975943	300.7	173.4	287.0	268.6
	16.0	985154	302.6	171.7	287.0	270.6
	14.0	994407	304.5	170.1	287.0	272.6
	12.0	1003702	306.5	168.5	287.0	274.6
	10.0	1012996	308.4	166.8	287.0	276.6

续表

方案	窄点温差/℃	换热负荷/(MJ/h)	冷流换热终温/℃	热流冷却终温/℃	热流窄点温度/℃	冷流窄点温度/℃
初底油再闪蒸方案	30.0	958024	293.7	175.8	286.0	255.6
	28.0	966439	295.6	174.3	286.0	257.6
	26.0	974938	297.5	172.8	286.0	259.6
	24.0	983437	299.4	171.3	286.0	261.6
	22.0	991937	301.4	169.8	286.0	263.6
	20.0	1000478	303.3	168.3	286.0	265.7
	18.0	1009061	305.2	166.8	286.0	267.7
	16.0	1017644	307.1	165.3	286.0	269.7
	14.0	1026268	309.0	163.7	286.0	271.7
	12.0	1034893	311.0	162.2	286.0	273.8
	10.0	1043560	312.9	160.6	286.0	275.8

通过分析表5-8-5和表5-8-6中的数据可以看出，由于初底油流程方案的不同，部分冷热流的流量和温位发生了变化，导致两个方案的换热网络也发生了变化。在相同的夹点温差下，采用初底油再闪蒸方案的换热终温均比初底油不闪蒸方案的换热终温高4.5℃。

2. *初底油再闪蒸对主要操作条件的影响*

由于换热终温的不同，会影响加热炉负荷的大小。为便于比较分析，假定换热网络夹点温差均为18℃，在此换热温差下，初底油不闪蒸方案的换热终温为300.7℃，初底油闪蒸方案的换热终温为305.2℃，分别以此为基准，对装置的流程进行模拟计算，具体的主要操作条件对比结果见表5-8-7。

表5-8-7 主要操作条件对比

序号	项目	单位	数值	
			初底油不闪蒸方案	初底油再闪蒸方案
	初馏塔			
1	初馏塔进料温度	℃	241	241
2	初馏塔顶温度	℃	165.4	165.4
3	初馏塔顶压力	MPa(a)	0.46	0.46
4	初馏塔底温度	℃	233	233
5	初馏塔底压力	MPa(a)	0.49	0.49
6	初底油流量	kg/h	1607651	1607651
	闪蒸塔			
1	闪蒸塔压力	MPa(a)	—	0.21
2	闪蒸塔温度	℃	—	224
3	闪顶油气流量	kg/h	—	103298
4	闪底油流量	kg/h	—	1504353
	常压炉			

续表

序号	项目	单位	数值	
			初底油不闪蒸方案	初底油再闪蒸方案
1	常压炉入口温度	℃	300.7	305.2
2	常压炉出口温度	℃	360	368
3	常压炉负荷	MJ	367325	345182
	常压塔			
1	塔顶温度	℃	141.8	138.5
2	塔顶压力	MPa(a)	0.18	0.18
3	进料温度	℃	360	368
4	塔底温度	℃	353.4	360.3
5	常顶循抽出/返回温度	℃	153/113	150/110
6	常一中抽出/返回温度	℃	224/154	219/149
7	常二中抽出/返回温度	℃	291/221	295/225
	减压炉			
1	减压炉入口温度	℃	353.4	360.3
2	减压炉出口温度	℃	410	410
3	减压炉负荷	MJ	221761	200698

从表5-8-7中主要操作条件对比数据来看，与不闪蒸方案相比，采用闪蒸方案的换热终温高了4.5℃，常压炉的出口温度升高了8℃(提高出口温度的主要目的是为了保证一定的过汽化率，从而保证侧线柴油的产品质量)，常压炉和减压炉的加热负荷分别减少了22143MJ和21063MJ，分别降低了约6.02%和9.50%的加热负荷。

3. 初底油再闪蒸对产品质量的影响

两种流程方案下的主要产品质量对比结果见表5-8-8。

表5-8-8　主要产品质量对比

760mmHg下ASTM D86馏出量/%(体)		馏出温度/℃		
		常一线	常二线	常三线
初底油不闪蒸方案	1	143.484	156.895	161.986
	5	174.201	224.324	233.706
	10	181.958	243.512	287.249
	30	191.542	259.549	313.996
	50	200.818	270.984	323.945
	70	211.804	284.491	333.758
	90	226.841	303.652	350.061
	95	234.636	312.184	356.259
	98	243.595	324.126	368.750

续表

760mmHg 下 ASTM D86 馏出量/%(体)		馏出温度/℃		
		常一线	常二线	常三线
初底油再闪蒸方案	1	137.391	169.045	176.907
	5	170.691	224.754	243.931
	10	180.288	242.363	287.276
	30	191.166	259.150	313.918
	50	200.630	270.920	324.335
	70	211.903	284.678	334.549
	90	227.877	304.303	351.097
	95	235.369	312.657	357.206
	98	245.182	326.317	369.963

从表 5-8-8 中常压各侧线的产品性质对比可以看出，与不闪蒸方案相比，采用闪蒸方案的常压各侧线的产品 D86 95%点的馏出温度高 0.47~0.95℃，对产品质量影响较小，能够满足全厂产品质量的要求。

4. *初底油再闪蒸对能耗的影响*

根据上述换热流程、操作条件、产品质量等参数对比情况，影响装置能耗的主要参数汇总于表 5-8-9 中。

表 5-8-9　初底油闪蒸对能耗的影响

方案	常压炉负荷/MJ	减压炉负荷/MJ	加热负荷降低/MJ	燃料能耗减少/(kgEO/t)	用电增加能耗/(kgEO/t)	合计能耗降低/(kgEO/t)
初底油无闪蒸	367325	221761	0	0	0	0
初底油再闪蒸	345182	200698	-43206	-0.63	+0.02	-0.61

注：炉效率暂按 92%考虑。

从表 5-8-9 可以看出，与初底油不闪蒸方案相比，初底油再闪蒸方案装置的能耗可以降低 0.61kgEO/t 原油，对于 15.0Mt/a 常减压蒸馏装置来说，一年可以节省 9150t 标油燃料，能够显著提高全厂的经济效益。

从以上分析可以看出：初底油闪蒸技术不但具有节能的效果，实质上也是一种负荷转移技术，也可以达到装置脱瓶颈扩大能力的目的。

对于不同类型的常减压蒸馏装置、不同的加工原油种类和不同的加工负荷，采用初底油闪蒸技术可降低的装置能耗也会随之变化。在实际设计和改造过程中，初底油闪蒸技术会影响到炼油厂装置具体的平面布置，因此在实施初底油闪蒸技术节能措施时，需要统筹考虑实施的可行性，通过系统的优化设计和经济分析，实现炼油厂的节能和提高经济效益。

(三) 初底油再闪蒸技术的应用

镇海炼化公司 8.0Mt/aⅢ套常减压蒸馏装置于 1999 年 11 月建成投产，该装置是利用原 1.5Mt/a 凝析油加工装置改造而成。装置设计加工沙特阿拉伯轻质和重质混合原油。由原油换热、原油电脱盐、常压蒸馏、减压蒸馏、轻烃回收和石脑油分离等部分组成。装置设计中采用了成熟、可靠、先进的工艺技术和工艺设备，关键设备实现了大型化，是我国第一套大型化装置。

该装置主要设计特点有：

1）采用无压缩机轻烃回收技术。初馏塔采用加压操作，初馏塔操作压力0.4MPa，初馏塔顶回流罐温度控制在泡点状态，控制初馏塔顶回流罐基本不排气体，使液化气组分被初顶油吸收，达到无压缩机回收液化气的目的，既可减少初顶油进脱丁烷塔的换热热量，也可收到提高分馏精度的效果。

2）采用初底油再闪技术。初底油自压进入闪蒸塔，闪蒸出部分油气，既减少常压塔下部气、液相负荷，也可降低加热炉负荷，降低装置能耗。

3）采用大型常压塔，常压塔采用热回流技术。常压塔直径ϕ6800mm，设54层双流塔盘。常压塔采用热回流，热回流罐分出的一级冷凝油直接与脱戊烷塔底的石脑油混合作为重石脑油，产品罐分出的二级冷凝油进脱丁烷脱戊烷塔，既可减少一级冷凝油脱丁烷脱戊烷所需热量，又可避免采用冷回流时因回流罐过大而带来的平面布置困难等问题。

4）减压塔采用深拔技术，减压渣油切割点达550℃。

5）采用大型化加热炉。采用一台负荷为93MW的常压炉和一台负荷为35MW的减压炉，简化流程，方便操作。

6）常压炉和减压炉烟气联合回收，提高炉效率。采用工艺介质(减一线及减一中油)先行预热空气，既消除了烟气的露点腐蚀问题，也提高了两炉的热效率，使两炉的计算热效率由90%提高到92.9%，节省燃料油250kg/h。

7）采用高效电脱盐技术。电脱盐采用美国Petrolite公司的Bilectric高速脱盐技术，使2只ϕ3600mm×19000mm电脱盐罐的处理能力提高到8.0Mt/a。

该装置自投料试车以来生产证明，装置生产平稳，产品质量合格，各项技术指标达到或基本达到设计要求，使装置总能耗(包括脱丁烷和脱戊烷部分)达到9.51kgEO/t原油，达到当时国内先进水平。

四、二段减压蒸馏技术

近年来，国内陆续新建了一批大型炼化一体化项目，在这些项目中，部分项目的渣油加工路线采用了大渣油加氢与小延迟焦化相结合的加工路线，目的就是分别充分利用渣油加氢和延迟焦化工艺各自的特点，采用大渣油加氢最大限度提高渣油深度转化的能力，提高经济效益，采用小延迟焦化增加工厂加工劣质原料的适应能力，提高工厂的适应性和操作灵活性。

减压渣油作为延迟焦化装置原料和作为渣油加氢装置的原料，对其性质的要求不尽一致。对于渣油作为延迟焦化装置的原料，工艺要求减压采用深拔操作，也就是希望减压渣油的切割点在565℃以上。而对于渣油加氢(尤其是固定床加油加氢)装置，为保证催化剂性能和运行周期，要求原料的黏度、金属含量控制在一定的范围内，这就要求减压渣油的切割点不能太高。

一套常减压蒸馏装置要同时满足为渣油加氢装置和延迟焦化装置提供原料，通常有三种途径：第一，外甩常压重油，常压重油自泵抽出后分为两部分，一部分直接作为渣油加氢原料，另一部分继续进入减压蒸馏进行深拔操作拔出减压蜡油，深拔后的减压渣油进入延迟焦化装置。这种方案渣油加氢装置原料性质好，焦化装置可发挥加工劣质原料的优点，但是外甩作为渣油加氢原料的常压重油仍含有6%~8%的柴油和20%左右可作为加氢裂化原料的轻蜡油，柴油和轻蜡油进入渣油加氢装置，不但徒增渣油加氢装置的负荷，还减少了加氢裂化的原料，降低了炼油厂效益。第二，减压按照深拔的模式进行操作，一部分深拔后减压渣油直接作为延迟焦化装置原料，另一部分深拔减压渣油兑入蜡油作为渣油加氢装置的原料，以满足渣油加氢装置对原料残炭、沥青质和金属含量的限制要求。这种方案需要将已拔出的部分蜡油重新回调到减压渣油当中，从节能降耗方面来讲，这样操作是不经济的，造成了能量的浪费。第三，减压按照不深拔的模式进行操作，生产的减压渣油在满足渣油加氢装置进料的同时，虽也可以进延迟焦化装置，但是这样没有充分发挥延迟焦化装置加工劣质渣油的功能，降低了炼油厂效益。

（一）二段减压蒸馏技术原理和典型流程

二段减压蒸馏技术是在上述背景下提出来的，它是指在常规的常减压蒸馏装置流程基础上，将原来一段减压蒸馏系统改为二段减压蒸馏系统串联操作，第一段减压系统按照浅拔操作，第一段减压渣油分为两部分，一部分作为渣油加氢原料，另一部分继续进入第二段减压系统；第二段减压系统采用深拔操作，拔出更多蜡油，第二段减压渣油作为延迟焦化装置原料。这样，只需要设置一套常减压蒸馏装置，就可以同时满足渣油加氢装置和延迟焦化装置的进料要求，充分达到了分别设置这两套蒸馏装置的目的，即充分发挥了渣油加氢装置的液收高、产品质量好的优点，又达到了延迟焦化装置加工劣质渣油的目的。

典型的二级减压蒸馏流程示意图见图5-8-6。

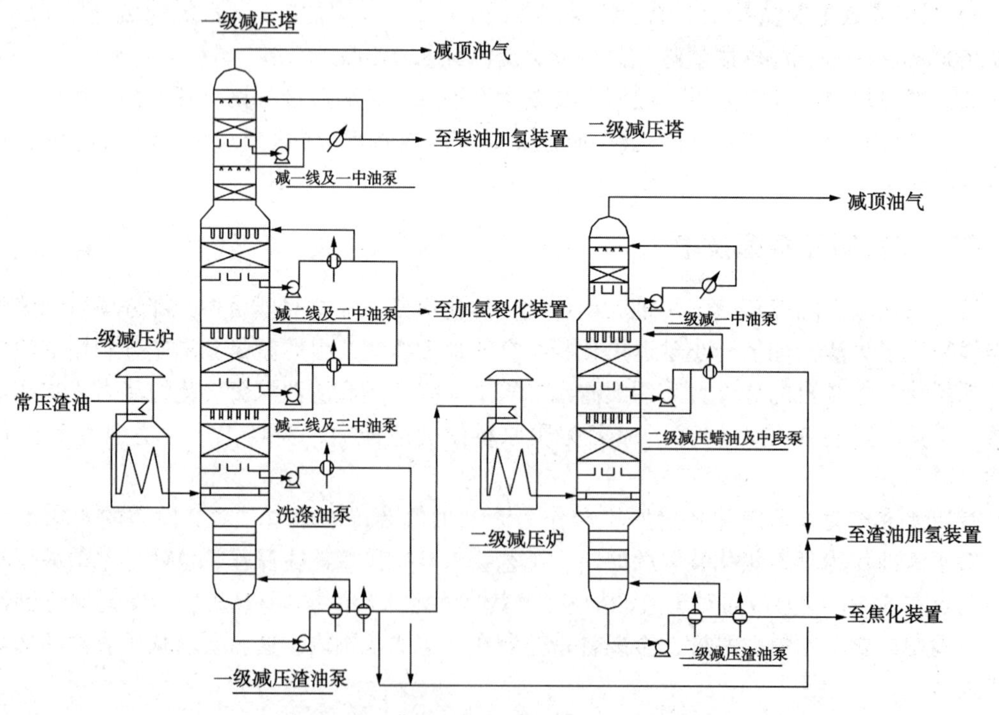

图5-8-6 典型的二级减压蒸馏流程示意图

（二）二段减压蒸馏对工艺参数的影响

与常规的一段减压蒸馏流程相比，二段减压蒸馏由于将减压分为二段完成，必将影响到装置的操作条件、产品质量、换热流程以及能耗等参数。为准确掌握二段减压技术对这些操作参数的影响，结合国内某15.0Mt/a常减压蒸馏装置设计优化工作，分别进行深入比较，并得出结论。

1. 二段减压蒸馏对换热网络的影响

二段减压蒸馏流程由于将减压蒸馏分为二段减压蒸馏完成，物流的流量和温度等参数都会发生变化，从而导致换热网络也会发生变化。利用换热网络专用模拟软件经过模拟计算，二段减压蒸馏技术与常规的一段减压蒸馏流程换热网络冷热物流流量及进出温度变化对比结果见表5-8-10，换热网络的窄点分析结果对比见表5-8-11。

表5-8-10　冷热物流进出温度对比

序号	名称	一段减压蒸馏		二段减压蒸馏	
		流量/(kg/h)	进出温度/℃	流量/(kg/h)	进出温度/℃
	冷流				
1	脱前原油	1773050	40~135	1773050	40~135
2	脱后原油	1773050	130~241	1773050	130~241
3	初底油	1620000	232~360	1620000	232~360
	热流				
1	初顶油气	236688	155~82	236688	155~82
2	常顶油气	345741	149~90	345741	149~90
3	常顶循	395088	160~120	395088	160~120
4	常一线	162766	224~120	162766	224~120
5	常一中	519354	226~156	519354	226~156
6	常二线	199080	255~120	199080	255~120
7	常二中	718107	293~223	718107	293~223
8	常三线	80050	255~120	80050	255~120
9	一级减二线及二中	1320384	248~160	517462	235~160
10	一级减三线及三中	422448	356~256	887827	297~197
11	一级减三线	104965	256~160	213000	197~160
12	一级减四线	—	—	62000	356~160
13	二级减二线及二中	—	—	111730	308~223
14	二级减二线	—	—	42970	223~160
15	一级减压渣油1	541613	365~250	346698	365~250
16	一级减压渣油2	457625	250~160	303600	250~160
17	二级减压渣油1	—	—	223029	365~250
18	二级减压渣油2	—	—	153665	250~150

表 5-8-11　夹点分析结果对比

方案	夹点温差/℃	换热负荷/(MJ/h)	加热负荷/(MJ/h)	冷却负荷/(MJ/h)	换热终温/℃	夹点温度/℃
一段减压蒸馏	10	1093261	233004	29870	315.9	237.0
	12	1080192	251999	43206	312.5	238.0
	14	1067078	271044	56587	309.2	239.0
	16	1053919	290138	70014	305.9	240.0
	18	1046443	302855	77643	303.7	239.0
	20	1038939	315602	85300	301.5	238.0
	22	1031408	328380	92985	299.3	237.0
	24	1023850	341190	100697	297.2	236.0
	26	1016264	354029	108438	295.0	235.0
	28	1008651	366900	116207	292.8	234.0
	30	1001010	379801	124003	290.6	233.0
二段减压蒸馏	10	1070477	259767	46010	311.3	288.0
	12	1064127	271224	52490	309.4	287.0
	14	1057751	282708	58996	307.4	286.0
	16	1051350	294221	65527	305.4	285.0
	18	1044925	305762	72084	303.5	284.0
	20	1038474	317331	78666	301.5	283.0
	22	1031999	328929	85274	299.6	282.0
	24	1025498	340554	91907	297.6	281.0
	26	1018972	352208	98566	295.6	280.0
	28	1012421	363889	105251	293.7	279.0
	30	1005845	375599	111961	291.7	278.0

通过分析表 5-8-10 和表 5-8-11 可以看出，由于流程方案的不同，部分冷热流的流量和温位发生了变化，导致两个方案的换热网络也发生了变化。在相同夹点温差 16℃下，采用常规一段减压蒸馏方案的换热终温为 305.9℃，采用二段减压流程方案的换热终温为 305.4℃，两个方案的换热终温比较接近。

2. 二段减压蒸馏对主要操作条件的影响

由于换热终温的不同，导致加热炉负荷的变化，为便于比较，暂假定夹点温差均为 16℃，在此换热温差下，一段减压蒸馏方案的换热终温为 305.9℃，二段减压流程方案的换热终温为 305.4℃，分别以此为基准，对装置的流程进行模拟计算，具体的主要操作条件对比结果见表 5-8-12。

表 5-8-12　主要操作条件对比

序号	项目	单位	数值	
			一段减压蒸馏	二段减压蒸馏
	常压炉			
1	常压炉入口温度	℃	305.9	305.4

续表

序号	项目	单位	数值	
			一段减压蒸馏	二段减压蒸馏
2	常压炉出口温度	℃	362	362
3	常压炉负荷	MJ	357137	359629
	常压塔			
1	塔顶温度	℃	149. 3	149. 3
2	塔顶压力	MPa(a)	0. 18	0. 18
3	进料温度	℃	362	362
4	塔底温度	℃	356. 3	356. 3
5	常顶循抽出/返回温度	℃	160/120	160/120
6	常一中抽出/返回温度	℃	225/155	225/155
7	常二中抽出/返回温度	℃	293/223	293/223
	(第一级)减压炉			
1	减压炉入口温度	℃	356. 3	356. 3
2	减压炉出口温度	℃	410	395
3	减压炉负荷	MJ	205557	163509
	第二级减压炉			
1	减压炉入口温度	℃		365
2	减压炉出口温度	℃		420
3	减压炉负荷	MJ		34731
	(第一级)减压塔			
1	塔顶温度	℃	75	75
2	塔顶压力	mmHg(a)	12	20
3	进料温度	℃	410	395
4	塔底温度	℃	365	365
5	减一中抽出/返回温度	℃	127/50	132/50
6	减二中抽出/返回温度	℃	248/160	235/160
7	减三中抽出/返回温度	℃	355/255	297/197
8	一级减压渣油至渣油加氢装置	kg/h		303604
	第二级减压塔			
1	塔顶温度	℃		75
2	塔顶压力	mmHg(a)		12
3	进料温度	℃		420
4	塔底温度	℃		365
5	减一中抽出/返回温度	℃		160/50
6	减二中抽出/返回温度	℃		308/223

从表 5-8-12 主要操作条件对比数据来看，与一段减压蒸馏方案相比，采用二段减压蒸馏方案的换热终温低了 0.5℃，但常压炉和减压炉的总加热负荷减少了 4826MJ。

3. 二段减压蒸馏对产品质量的影响

两种流程方案下的主要产品质量对比结果见表 5-8-13。

表 5-8-13　主要产品质量对比　℃

馏出量		馏出温度	
		一段减压蒸馏	二段减压蒸馏
加氢裂化原料			
ASTM D1160	IP	330. 466	324. 532
	5%	362. 590	361. 234
	10%	375. 125	374. 779
	30%	407. 580	407. 593
	50%	434. 313	434. 433
	70%	467. 687	468. 203
	90%	511. 747	514. 120
	95%	527. 903	533. 156
	EP	553. 984	560. 328
渣油加氢原料			
ASTM D1160	IP	410. 941	415. 397
	5%	504. 313	494. 734
	10%	533. 800	522. 856
	30%	584. 719	575. 946
	50%	624. 812	613. 630
	70%	724. 877	704. 570
	90%	972. 170	961. 099
	95%	1028. 16	1022. 632
	EP	1072. 967	1071. 85

从表 5-8-13 加氢裂化原料和渣油加氢原料性质对比可以看出，在满足加氢裂化原料和渣油加氢原料要求的同时，采用二段减压蒸馏流程方案下的渣油加氢的原料有较好的改善，可以有效延长渣油加氢装置的开工周期。

4. 二段减压蒸馏对能耗的影响

根据上述对换热流程、操作条件、产品质量等参数的对比情况，影响装置能耗的主要参数汇总对比见表 5-8-14。

表 5-8-14　主要参数汇总对比

方案	常压炉负荷/MJ	(一级)减压炉负荷/MJ	二级减压炉负荷/MJ	加热负荷减少/MJ	合计能耗减少/(kgEO/t)
常规三级蒸馏	357137	205557	0	0	0
二级减压流程	359629	163509	34731	-4826	-0. 07

注：炉效率暂按 92%考虑。

从表 5-8-14 主要参数对比可以看出，与常规三级蒸馏方案相比，采用二级减压流程方案装置的能耗可以降低 0.07kgEO/t 原油。

通过上述参数对比：二段减压蒸馏方案装置的换热终温、操作条件、产品质量及主要消耗参数，与一段减压蒸馏方案差别不大；采用二段减压蒸馏方案的能耗还略低，具有一定的优势。

二段减压蒸馏虽然增加了一个减压塔和一个减压炉，流程比常规一段减压蒸馏流程略显复杂。但是两段减压蒸馏能够避免外甩常渣造成的柴油和轻蜡油组分的损失；两段减压蒸馏各段生产目标单一、明确，产品质量和收率可依据后续加工装置的需要灵活调节；两段减压蒸馏技术的第一段减压蒸馏操作条件缓和，采用常规干式减压蒸馏技术，可以有效降低装置的加工能耗，第二段减压蒸馏的减压塔内仅设有 2~3 段填料床层，内部结构简单，全塔压力降低，更有利于实现减压深拔技术，提高减压蒸馏的拔出深度；二段减压蒸馏可共用一套抽真空系统，简化流程和降低投资。从全厂角度来看，采用二段减压蒸馏的装置，在实现炼油厂节能降耗的同时，能够更好地满足渣油加氢装置和延迟焦化装置不同的进料性质要求，从而提高炼油厂原料适应性和操作灵活性，最大化实现炼油厂的经济效益。

（三）二段减压蒸馏技术的应用

我国东部某石化炼油厂新建 12.0Mt/a 常减压蒸馏装置，由 SEI 设计，装置设计加工科威特原油，产品主要为重整装置、喷气燃料加氢装置、柴油加氢装置、加氢裂化装置、渣油加氢处理装置和焦化装置提供原料。主要生产石脑油 1.9Mt/a，作为 2Mt/a 重整装置的原料；煤油馏分 1.37Mt/a，作为 1.4Mt/a 喷气燃料加氢装置原料；柴油馏分 2.3Mt/a，作为 3.75Mt/a 柴油加氢装置原料；轻蜡油 2.2Mt/a，作为 2.6Mt/a 加氢裂化装置原料；重油 2.7Mt/a，作为 3Mt/a 渣油加氢处理装置原料；渣油 1.45Mt/a，作为 1.6Mt/a 焦化装置原料。相关产品控制指标为：轻蜡油（加氢裂化原料）ASTM D1160 98%点温度不大于 550℃；渣油（焦化原料，劣质减压渣油）538℃之前馏分不大于 5%。

设计采用了二段减压蒸馏流程，一段减压采用干式减压模式，一段减压蜡油作为加氢裂化装置原料，一段减压渣油一部分作为渣油加氢装置的原料，另一部分进入二段减压蒸馏拔出重蜡油，二段减压蒸馏采用减压深拔技术，拔出的重蜡油兑入一段减压渣油作为渣油加氢装置的原料，二段深拔减压渣油送延迟焦化装置作为原料。为减少流程的复杂型，一段减压和二段减压合用一套减顶抽真空系统。该项目的二段减压操作条件见表 5-8-15。

表 5-8-15　采用二段减压蒸馏技术的操作条件

项目	一段减压塔	二段减压塔
温度/℃		
塔顶/一线	70/145	120/210
二线/三线	250/300	
过汽化油	353	360
闪蒸段	363	408
塔底	363	365
顶循抽出	145	210
顶循返回	50	80

续表

项目	一段减压塔	二段减压塔
一中抽出/返回	250/179	318/228
二中抽出/返回	300/220	
汽提蒸汽		380
炉出口分支	382	421
压力/kPa		
塔顶	1.60	2.40
闪蒸段	2.93	3.20
吹汽量/(kg/h)		
塔底		1000
炉管注汽量/(kg/h)		800

该项目加工12Mt/a科威特原油，如采用一般的一段减压流程，装置需外甩常压渣油713.2kt/a，占原油量的5.94%；装置生产柴油馏分2.31Mt/a，加氢裂化原料2.24Mt/a，渣油加氢处理原料2.7Mt/a，焦化原料1.45Mt/a。柴油的95%点为359℃，满足柴油质量要求；加氢裂化原料的干点549℃，满足要求；渣油加氢处理原料的残炭15.13%，重金属质量分数Ni26μg/g，V82μg/g；焦化原料的残炭23.51%，ASTM D11605%点526℃，与小于538℃的轻组分质量分数不大于5%的要求还略有距离。采用两段减压蒸馏技术后，直馏柴油馏分产量提高了63.5kt/a，占一般流程外甩常压重油的8.9%；加氢裂化原料产量增加了43.5kt/a，第二段减压蒸馏深拔至565℃时，渣油加氢处理原料的产量减少了107kt/a，焦化原料的产量基本没变。采用两段减压蒸馏技术的焦化原料ASTM D1160 5%点的温度545.1℃，满足小于538℃的轻组分质量分数不大于5%的要求。渣油加氢处理原料的质量略有变差。

五、常底油闪蒸-减压蒸馏技术

一套常减压蒸馏装置要同时满足为渣油加氢装置和延迟焦化装置提供原料，采用二段减压蒸馏方案，不但装置的换热终温、操作条件、产品质量及主要消耗参数与一段减压蒸馏方案差别不大，而且具有能避免外甩常渣造成的柴油和轻蜡油组分的损失、产品质量和收率可依据后续加工装置的需要灵活调节、能耗还略低的优势。但是二段减压蒸馏方案毕竟增加了一个减压塔和一个减压炉，使得工艺流程复杂，投资增加。为了既简化工艺流程又达到同时为两个装置提供原料的目的，中石化洛阳工程有限公司(LPEC)开发了适合渣油加氢和延迟焦化双路线的常底油闪蒸-减压蒸馏技术。

(一) 常底油闪蒸-减压蒸馏技术工艺原理和典型流程

常减压蒸馏装置的常底油去向一般为经减压炉加热后直接送减压塔进行分馏，常底油闪蒸技术方案是在此流程上增加闪蒸塔，常底油自常压塔抽出后先进入闪蒸塔，利用常底油与减压塔的差压使常底油在闪蒸塔进行闪蒸，闪蒸出的油气直接进入减压塔。闪蒸后的闪底油一部分直接作为渣油加氢装置原料，另一部分进入减压炉加热然后送至减压塔，采用深拔技术进行分馏，减压塔拔出的蜡油作为加氢裂化原料，减压重蜡油作为渣油加氢原料，深拔后的减压渣油作为延迟焦化装置原料。典型的流程示意图见图 5-8-7。

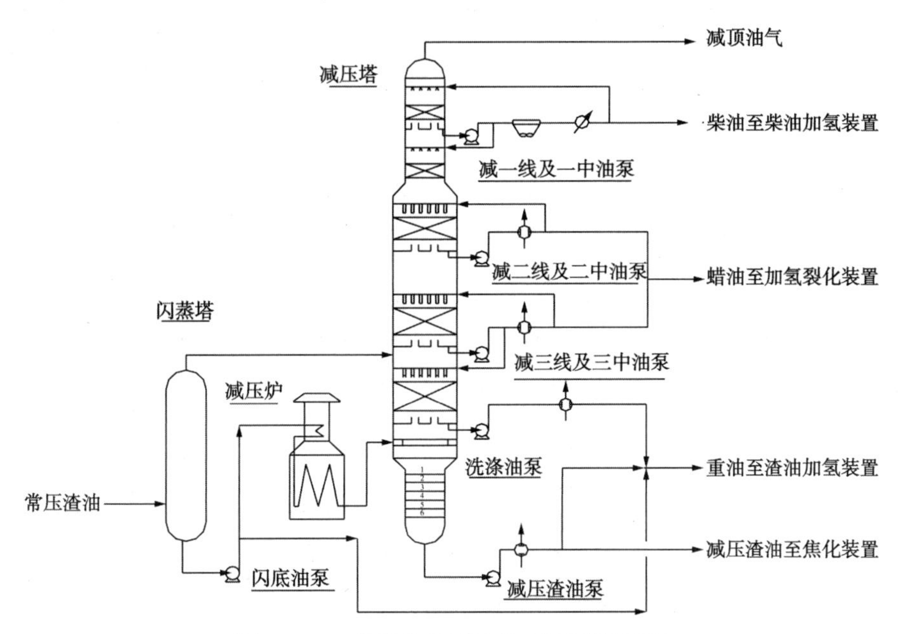

图 5-8-7　典型常底油闪蒸-减压蒸馏流程

常底油闪蒸-减压蒸馏流程与常规蒸馏流程相比，增加了一个闪蒸塔，闪底油外送作为渣油加氢装置原料，这将会影响到装置的换热流程、操作条件、产品质量及能耗等参数。下面结合国内某 15Mt/a 常减压蒸馏装置设计优化工作，对常底油闪蒸-减压蒸馏流程与其他流程的差别进行对比与分析。

（二）常底油闪蒸-减压蒸馏技术对工艺参数和能耗的影响

1. 对换热网络的影响

常底油闪蒸流程由于增加了一个闪蒸塔，参与装置换热网络的冷热物流的流量和进出温度都会变化，从而导致换热网络的换热分析结果也会变化。经过模拟计算，换热网络冷热物流流量及进出温度对比结果见表 5-8-16，换热网络的窄点分析结果对比见表 5-8-17。

表 5-8-16　冷热物流进出温度对比

序号	名称	常底油不闪蒸方案		常底油闪蒸方案	
		流量/(kg/h)	进出温度/℃	流量/(kg/h)	进出温度/℃
	冷流				
1	脱前原油	1773050	40～135	1773050	40～135
2	脱后原油	1773050	130～241	1773050	130～241
3	初底油	1608000	233～360	1608000	233～360
	热流				
1	初顶油气	233598	165～82	233598	165～82
2	常顶油气	293602	142～90	293602	142～90
3	常顶循	712639	153～113	712652	153～113
4	常一线	162766	224～120	162766	224～120

续表

序号	名称	常底油不闪蒸方案		常底油闪蒸方案	
		流量/(kg/h)	进出温度/℃	流量/(kg/h)	进出温度/℃
5	常一中	500627	224~154	500719	224~154
6	常二线	199202	252~120	199202	252~120
7	常二中	723832	291~221	723765	291~221
8	常三线	97853	253~120	97853	253~120
9	减二线及二中	569683	224~160	555682	227~160
10	减三线及三中	1272660	287~207	789196	287~187
11	减三线	210000	207~160	210000	187~160
12	减四线	104610	360~160	58570	365~160
13	闪底油	—	—	150000	333~160
14	减压渣油 1	545004	365~250	482482	365~250
15	减压渣油 2	457625	250~160	353665	250~160

表 5-8-17　窄点分析结果对比

方案	窄点温差/℃	换热负荷/(MJ/h)	加热负荷/(MJ/h)	冷却负荷/(MJ/h)	换热终温/℃	夹点温度/℃
常底油不闪蒸方案	30.0	974892	350812	253804	288.5	271.5
	28.0	984508	341727	244760	290.6	272.5
	26.0	994124	332641	235633	292.8	273.5
	24.0	1003784	323514	226506	294.8	274.5
	22.0	1013489	314345	217379	296.8	275.5
	20.0	1023193	305176	208210	298.8	276.6
	18.0	1032942	295965	198999	300.7	277.6
	16.0	1042691	286754	189746	302.6	278.6
	14.0	1052484	277501	180493	304.5	279.6
	12.0	1062322	268206	171198	306.5	280.6
	10.0	1072159	258912	161904	308.4	281.6
常底油闪蒸方案	30.0	962197	363507	75774	285.3	247
	28.0	971698	354536	65907	287.4	246
	26.0	981165	345600	56074	289.5	245
	24.0	990907	336391	49090	291.6	275
	22.0	997313	330521	42457	293.5	276
	20.0	1006750	321619	35849	295.5	277
	18.0	1016509	312398	29267	297.5	278
	16.0	1026182	303263	22710	299.4	279
	14.0	1035663	294322	16178	301.4	280
	12.0	1045367	285161	9673	303.3	281
	10.0	1055717	275354	3193	305.3	282

通过分析表 5-8-16 和表 5-8-17 中的数据可以看出，由于常底油流程方案的不同，部分冷热流的流量和温位发生了变化，导致两个方案的换热网络也发生了变化。在相同换热温

差下，常底油不闪蒸方案的换热终温均比常底油闪蒸方案的换热终温高 3.2℃。

2. 对主要操作条件的影响

由于换热终温的不同，会影响加热炉负荷的大小。为便于比较，暂假定换热温差均为 16℃，在此换热温差下，常底油不闪蒸方案的换热终温为 302.6℃，常底油闪蒸方案的换热终温为 299.4℃，分别以此为基准，对装置的流程进行模拟计算，具体的主要操作条件对比结果见表 5-8-18。

表 5-8-18　主要操作条件对比

序号	项目	单位	数值	
			常底油不闪蒸方案	常底油闪蒸方案
	常压炉			
1	常压炉入口温度	℃	302.6	299.4
2	常压炉出口温度	℃	360	360
3	常压炉负荷	MJ	358474	378037
	常压塔			
1	塔顶温度	℃	141.8	141.8
2	塔顶压力	MPa(a)	0.18	0.18
3	进料温度	℃	360	360
4	塔底温度	℃	353.4	353.4
5	常底油流量	kg/h	1000000	1000000
	闪蒸塔			
1	闪蒸塔压力	mmHg(a)	—	40
2	闪蒸塔温度	℃	—	333.7
3	闪顶油气流量	kg/h	—	276362
4	闪底油流量	kg/h	—	723638
	减压炉			
1	减压炉入口温度	℃	353.4	333.7
2	减压炉出口温度	℃	410	420
3	减压炉负荷	MJ	221761	157627
	减压塔			
1	塔顶温度	℃	75	75
2	塔顶压力	mmHg(a)	12	12
3	进料温度	℃	410	420
4	塔底温度	℃	365	365
5	减一中抽出/返回温度	℃	127/50	127/50
6	减二中抽出/返回温度	℃	223/160	224/160
7	减三中抽出/返回温度	℃	286/206	289/189

从表 5.8.5-3 主要操作条件对比数据来看，与不闪蒸方案相比，采用闪蒸方案的换热终温低了 3.2℃，常压炉加热负荷增加了 19563MJ，减压炉的加热负荷减少了 64135MJ。

3. 对产品质量的影响

两种流程方案下的主要产品质量对比结果见表 5-8-19。

表 5-8-19 主要产品质量对比

760mmHg 下 ASTM D1160 馏出量/%(体)		馏出温度/℃			
		减二线	减三线	减四线	减压渣油
常底油不闪蒸方案	1	317.064	372.476	391.683	452.706
	5	345.271	408.934	485.174	531.912
	10	354.322	420.632	510.505	560.686
	30	378.575	448.388	542.290	614.704
	50	395.351	468.555	563.438	677.564
	70	416.669	491.591	588.001	808.751
	90	453.355	521.036	622.512	1001.291
	95	467.511	536.520	639.425	1041.369
	98	500.781	553.816	682.791	1073.432
常底油闪蒸方案	1	312.15	368.527	373.641	485.476
	5	344.37	409.471	467.332	540.900
	10	353.42	421.505	499.803	567.981
	30	384.69	451.542	541.761	619.047
	50	398.47	474.943	565.897	684.971
	70	418.78	500.415	589.905	816.848
	90	454.38	537.237	622.083	1003.312
	95	468.48	551.474	638.840	1042.376
	98	503.11	580.270	682.320	1073.427

从表 5-8-19 减压各侧线的产品性质对比可以看出，与不闪蒸方案相比，采用闪蒸方案的减二线的 D1160 馏出温度变化不大；减三线油的 D1160 95%点的馏出温度偏差为+15℃，质量变差，但是对于加氢裂化进料，主要控制指标为进料中的 C_7 不溶物的含量，而蜡油中 C_7 不溶物的含量主要是进料夹带，因此，只要是 C_7 不溶物的含量控制在一定指标内，加氢裂化均可接受；减四线油(重蜡油)的 D1160 95%点的馏出温度变化不大，进渣油加氢装置可以接受；减压渣油的 D1160 5%点的蒸馏数据高 9℃，在满足下游装置对蜡油质量要求的同时，减压渣油中的蜡油组分更少，拔得更干净。

4. 对能耗的影响

根据上述换热流程、操作条件、产品质量等参数的对比情况，影响装置能耗的主要参数汇总对比于表 5-8-20 中。

表 5-8-20 主要参数汇总对比

方案	常压炉负荷/MJ	减压炉负荷/MJ	加热负荷减少/MJ	燃料能耗减少/(kgEO/t)	用电增加能耗/(kgEO/t)	合计能耗降低/(kgEO/t)
常底油不闪蒸方案	358474	221761	0	0	0	0
常底油闪蒸方案	378037	378037	-44571	-0.65	+0.02	-0.63

注：炉效率暂按 92%考虑。

从表5-8-20主要参数对比可以看出，与常底油不采用闪蒸方案相比，常底油采用闪蒸方案装置的能耗可以降低0.63kgEO/t原油，对于15Mt/a常减压蒸馏装置来说，一年可以节省9400t标油燃料，经济效益显著。

对于不同类型的常减压蒸馏装置，不同的加工原油种类和不同的加工负荷，采用常底油闪蒸技术可降低装置能耗的数值也会随之变化。在实际设计和改造过程中，常底油闪蒸技术会影响到炼油厂装置具体的平面布置，因此在实施常底油闪蒸技术节能措施时，需要统筹考虑实施的可行性，通过系统的优化设计和经济分析，实现炼油厂的节能和提高经济效益。

（三）常底油闪蒸-减压蒸馏技术的应用

常底油闪蒸-减压蒸馏技术（L-DVDU）已应用于宁波中金石化一联合3.8Mt/a减压蒸馏装置，该装置已于2015年投入生产。中国石化中科炼化10.0Mt/a常减压蒸馏装置也采用该技术。

参　考　文　献

[1] 张德义．含硫原油加工技术[M]．北京：中国石化出版社，2003.

[2] 王兵，胡佳，高会杰，等．常减压蒸馏装置操作指南[M]．北京：中国石化出版社，2006

[3] 石油工业部北京石油设计院．常减压蒸馏工艺设计[M]．北京：石油工业出版社，1982.

[4] 侯祥麟．中国炼油技术[M].2版．北京：中国石化出版社，2001.

[5] 李志强．原油蒸馏工艺与工程[M]．北京：中国石化出版社.2010.

[6] 李和杰，甘丽珠，彭世浩．不用压缩机回收轻烃的蒸馏装置设计[J]．炼油设计，1996，26(2)：16-20

[7] 陈淳．四蒸馏轻烃回收方案的优化[J]．茂名石油化工，1999，1：1-5.

[8] 王辰涯．常减压蒸馏装置轻烃回收系统工艺流程设计[J]．炼油技术与工程，2003，33(8)：10-13.

[9] 陈开辈．进口原油蒸馏过程轻烃回收流程设计[J]．炼油设计，1996，36(2)：21-26.

[10] 田永志，王继国，徐可新．催化裂化装置吸收稳定系统优化改造[J]．炼油设计，2001，31(3)：28-31

[11] 杜翔，王利东，杜英生．催化裂化吸收稳定系统解吸塔双股进料工艺的改进[J]．化学工程，1998，26(4)：46-50.

[12] 中国石油化工信息学会石油炼制分会．中国石油炼制技术大会论文集[M]．北京：中国石化出版社，2005.

[13] 严錞，祖超，李学诚．常减压蒸馏装置加工国外原油时采用初馏塔或闪蒸塔方案的探讨[J]．石油炼制与化工，1995，26(07)：29-33.

[14] 王亚彪，陈开辈10.0Mt/a常减压蒸馏装置初馏及闪蒸方案计算分析[J]．炼油技术与工程2014，44(1)：42-46.

[15] 袁义夫，尹文，王亚彪．劣质原油常减压蒸馏工艺技术探讨与实践[J]．炼油技术与工程，2014，44(05)：15-21.

[16] 李宁，常减压蒸馏装置设计方案对比[J]．炼油技术与工程，2004，34(07)：13-15.

[17] 袁毅夫，王亚彪，张成．国内外常减压蒸馏工程技术浅析[J]．石油炼制与化工，2014，45(08)：28-34.

[18] 庄肃清，畅广西，张海燕．常减压蒸馏装置的减压深拔技术[J]．炼油技术与工程，2010，40(05)：6-11.

[19] 陈春新．负荷转移技术应用于福炼蒸馏装置扩能改造[J]．福建化工，2002(03)：19-21.

[20] 俞仁明，胡慧芳．我国第一套千万吨级常减压蒸馏装置的设计与运行[J]．炼油设计，2000，32(04)：1-5.

第六章　原油预处理工艺及设备

原油是由不同烃类化合物组成的混合物。其中还含有少量其他物质，主要是少量金属盐类(如钠、镁、钙等)、微量重金属(如镍、钒、铜、铁及砷等)、固体杂质(如泥沙、铁锈等)及一定量的水。所含的盐类除少量以晶体状态悬浮于油中之外，大部分溶于原油所含的水中，形成含盐水并与原油形成乳化液。在这种乳化液中，一般含盐水为分散相，而原油则为连续相，形成油包水(W/O)型乳化液。这些物质的存在会对原油加工产生一系列的不利影响。因此，应在加工之前对原油进行预处理，以除去或尽量减少这些有害物质。本章主要论述目前在国内外炼油厂中广泛使用的以热破乳、化学破乳和电场破乳技术相集成的联合脱盐、脱水原油预处理技术，简称原油电脱盐工艺。

第一节　原油脱盐的原理及主要参数

一、原油含盐含水的危害

世界各地所产原油中都含有不同数量的盐、水和杂质，对原油的储存、运输、炼制、深加工和产品都有不利影响。这些杂质除了少量的泥沙、铁锈等固体杂质外，由于地层水的存在及油田注水等原因，采出的原油一般都含有水分，且这些水中都溶有钠、钙、镁等盐类。各地原油的含水、含盐量有很大不同，这与油田的地质条件、开发年限和开采的方式有关，含盐量则由几 mg/L 至几千 mg/L 不等。一般规定原油开采出来后，需要在油田就地进行脱盐脱水，达到含盐量≤50mg/L、含水量≤0.5%后外输到炼油厂。但实际上，受油田条件的限制，油田对原油的预处理大多是以脱水为主，原油脱盐主要在炼油厂进行。

(一) 增加原油储存和运输负荷

由于采出的原油中含有大量的水，增加了原油的重量和体积，需要更大的储存空间，提高了储运成本，同时增加了原油运输成本。若在油田将原油每降低1%的含水量，按中国目前的原油加工量计，每年可节省铁路、油轮和输油管几百万吨的运输量。这也是油田(包括陆地油田和海洋油田)采用电脱水设备对原油进行处理的最主要目的。

(二) 影响原油蒸馏平稳操作

原油中的少量水被加热汽化后体积会急剧增加，而占用了大量的管道、设备空间，相应地就减少了加工能力。另外，水的突然汽化还会造成系统压力降增加，泵出口压力升高，动力消耗增加。同时，也会使原油蒸馏塔内气体速度增加，导致操作过程波动，严重时还会引起塔内超压和冲塔事故。

(三) 增加原油蒸馏过程中的能量消耗

原油的汽化热约为350kJ/kg，水的汽化热为2600kJ/kg。如果原油含水量较高，势必增加燃料和冷却水的消耗量。例如，原油含水量增加1%，由于额外多吸收热量，可使原油换热温度降低10℃左右，相当于加热炉热负荷增加5%左右。以2.5Mt/a原油蒸馏装置为例，原油含水量每增加1%，蒸馏过程需要增加热能消耗约7GJ/h，对一个10.0Mt/a原油蒸馏装置而言，在同样条件下，则要增加热能消耗约28GJ/h，数量相当可观。

（四）造成设备和管道的结垢或堵塞

原油中所含的无机盐组分复杂，主要包括Na^{+}、K^{+}、Ca^{2+}、Mg^{2+}等阳离子和Cl^{-}、SO_4^{2-}、CO_3^{2-}、CH_3COO^{-}、R—COO^{-}等阴离子。在原油蒸馏加工过程中，这些盐类将沉积在炉管、换热管等设备中，在高温下将造成管壁结垢。换热管结垢会使传热系数下降而降低传热效率，增加流体阻力；炉管结垢后同样会使传热系数下降，压力降增大，结垢严重时甚至会使炉管烧穿或换热器堵塞，造成装置非计划停工。

（五）造成设备和管道腐蚀

原油蒸馏过程中所含盐类往往在塔顶的低温部位水解生成氯化氢，如：

$$MgCl_2+2H_2O \longrightarrow Mg(OH)_2+2HCl$$

氯化氢在有微量水存在时形成浓盐酸，会对设备产生严重的腐蚀。其反应式如下：

$$Fe+2HCl \longrightarrow FeCl_2+H_2$$

特别是当加工含硫量比较高的原油时，在硫化物的存在下，腐蚀会更为严重。这是因为：

$$Fe+H_2S \longrightarrow FeS+H_2$$

$$FeS+2HCl \longrightarrow FeCl_2+H_2S$$

生成的氯化亚铁溶于水，使铁被腐蚀剥离金属表面，而生成的硫化氢又与铁继续作用，造成更严重的腐蚀。

（六）造成后续加工过程催化剂中毒

近年来，随着原油深度加工技术的发展，重油催化裂化、加氢裂化和渣/重油加氢处理等重油轻质化技术得到广泛应用。原油脱盐已经不仅仅是为了原油蒸馏装置自身的防腐，而且成为对后续加工工艺所采用的催化剂免受污染的一种保护手段。在电脱盐脱除氯化物的同时，还能部分脱除如钠、镍等对催化裂化、加氢裂化、加氢处理等装置催化剂引起中毒的有害重金属化合物。如要进一步脱除原油中的不溶于水的有机化合物如有机钙、有机铁中的重金属，也可以加入相应的脱金属剂，发生化学反应，将不溶于水的有机金属化合物转化为溶于水的无机金属化合物，随排水脱除出来。

（七）影响产品质量

如果不将原油中含有的盐分脱除，过多的盐分将主要集中在重馏分和渣油中而影响下游装置产品的质量，例如石油焦的灰分增加、沥青的延度降低等。

炼油厂加工过程对原油中盐和水含量的要求，是随着防腐和减少二次加工装置催化剂损耗、降低能耗和提高产品质量等要求的逐渐严格而不断提高的。

例如，中国炼油厂在1984年前，对脱后原油的含盐量要求一般<10mg/L，含水量在0.1%~0.2%；1985年开始执行原油脱后含盐<5mg/L的规定，此时主要还是为了防止原油蒸馏装置的腐蚀及长周期运行；之后，随着重油深加工技术的发展，对原油脱后含盐提出了更高要求，现在一般要求脱后原油含盐量不大于3mg/L，脱后原油含水量不大于0.2%（质），排水含油量不大于200μg/g。为了检验脱盐的效果，有些厂还要求常压部分塔顶的冷

凝水中氯离子含量小于 20mg/L。

可以看出，原油电脱盐已不仅仅是一种单纯的防腐手段，伴随着脱盐、脱水、脱金属技术的日趋成熟，它已成为为后续装置提供优质原料所必不可少的原油预处理工艺，是炼油厂降低能耗、减轻设备结垢和腐蚀、防止催化剂中毒、减少催化剂消耗的重要工艺过程。基于此，原油电脱盐设备在炼油工艺中的地位及被重视程度也有了大幅提升。

二、原油电脱盐原理

将原油中的盐分(这里是指可溶于水的可溶性盐类)脱除出来，是随着原油乳化液中水的脱出而脱除出来的。简单地讲，电脱盐就是利用高压静电场破除原油和水的乳化液，实现油水分离，从而脱除原油中的盐分。在理解电脱盐原理之前，有必要了解油水乳化液的基本知识和特点。

(一) 油水乳化液的特点及破乳

生活中，油是不溶于水的，即使搅拌，油和水也会很快分离。油水难溶的本质原因是分子结构，也就是非极性分子的油难溶于极性分子的水。化学热力学认为：油与水不混溶是“因油分子和水分子之间形成的微弱的作用力释放的能量，不足以弥补水分子之间强有力的作用力(氢键)被破坏时所需的能量。”

实验室里，当需要制备一些乳化液时，可以通过加入乳化剂和剧烈搅拌来实现。剧烈搅拌提供的能量破坏了非极性油分子之间的范德华力和水分子之间的氢键，并扩散到水分子中。乳化剂分散到油水界面处，使界面膜的强度大于水分子之间氢键的强度，使水分子不会聚集在一起，形成油水乳化液。

乳化液形式多样，类型繁多，其形成也各不相同，也可以从不同学科解释，都无可厚非，这主要看该种乳化液以何种机理形成和存在为主。在污水处理中，往往向其中加入一定量的明矾以达到水质澄清的目的，这主要是因为该乳化液主要是以“同种电荷相斥”的原理形成的乳化液，加入明矾后改变了乳化液中的电荷平衡，达到破除乳化液的目的。

在这里，从化学热力学分子键能的角度对油水乳化液形成的解释，主要是引入能量对乳化液破除作用的概念，对于一种稳定的体系，要想破除它，必须对其施加能量，如电能、磁能、化学能等。

在此基础上，再来了解一下原油乳化液的形成及其特点。

1. 原油乳化液的形成条件

乳化液的形成需具有三种条件：两种互不相溶的液体和乳化剂，并有充分的动力搅动，原油乳化液的形成也正好满足了这三种条件：原油和水、表面活性物质以及原油开采时的搅动。

(1) 原油

原油的密度、黏度、沥青质和胶质含量、蜡及烃组成对乳化液的形成和性质会产生重大影响。密度高、黏度大的原油形成的乳化液，油、水分离的推动力小、阻力大，因此相对更加稳定。相当一部分学者认为原油中的沥青质和胶质具有一定的表面活性，包裹在油中水滴的表面形成坚硬的保护膜，对原油乳化液的稳定性具有重要作用，尤其是沥青质和胶质含量高的稠油。另有一些学者认为沥青质含量、胶质与沥青质的比例、老化时间及分散状态、溶剂等对乳化液稳定性具有重要影响。

（2）水

相对其他原油而言，水对含酸原油乳化液的影响更大。这是因为石油酸与石油酸盐的比例主要由水的pH值决定，水的pH值升高，石油酸盐的比例增加，由于石油酸盐具有更高的表面活性，因此油水界面张力降低。水的pH值对油水界面张力的影响如图6-1-1所示。David Arla等研究了油中水含量及水的pH值对含酸原油的乳化液类型及稳定性的影响，结果表明，含酸原油在高含水量及高pH值下，易形成稳定的O/W型乳化液。

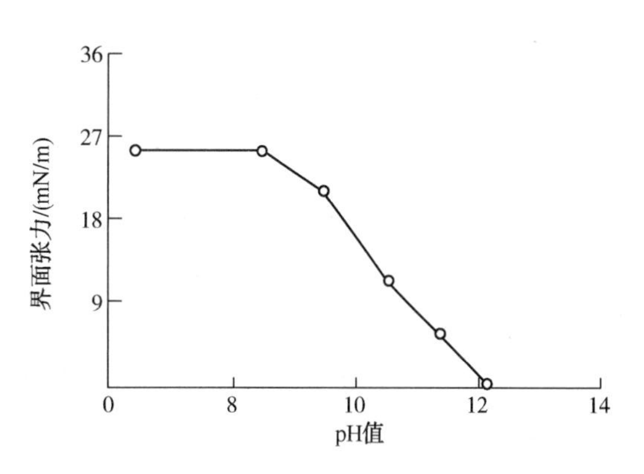

图6-1-1　水的pH值对油水界面张力的影响

原油乳化液是一个非平衡体系，其稳定性除受原油、水、表面活性剂的影响外，还受其他外部条件如温度、老化时间、剪切作用等的影响。这些因素和条件之间又相互交错、互相影响。人们在某种情形下研究某些体系所得的正确结果，往往难以应用于其他的体系，因而给原油乳化液性质研究带来困难。

（3）乳化物质

原油乳化液中起乳化作用的表面活性物质除沥青质和胶质外，还有固体颗粒、石油酸及其盐，有些在原油开采或集输过程中人为添加的助剂也可能成为乳化液剂。

1）固体颗粒：固体颗粒通常在界面形成刚性结构，对乳化液液滴的聚集起空间阻碍作用。Michael K. Poindexter等认为原油中的固体颗粒含量对乳化液的稳定性影响最大。固体颗粒驻留在界面上的能力取决于其大小、润湿性和分散状态。颗粒大小远小于乳化液液滴，直径一般在亚微米到几微米之间，才能保持在液滴的周围。一般来说，水润湿的颗粒倾向于稳定水包油（O/W）型乳化液，油润湿的颗粒倾向于稳定油包水（W/O）型乳化液。

2）石油酸及其盐：随着高酸原油产量不断增加，石油酸及其盐对原油乳化液稳定性的影响越来越引起人们的注意。石油酸及其盐具有表面活性，易吸附在油水界面膜上，增加原油乳化液稳定性。通常石油酸盐的表面活性远远高于石油酸。在无其他表面活性剂的情况下，石油酸或石油酸盐即可形成稳定W/O型乳化液。David Arla等将含酸原油进行馏分切割，研究不同馏分中的石油酸及其盐对原油乳化液稳定性的影响。结果表明，轻馏分中的石油酸及其盐不能形成乳化液，中质馏分中的石油酸及其盐在不同的pH值和水含量范围内可分别形成W/O或O/W型乳化液，其中形成O/W型乳化液的范围更宽。

3）采油助剂：越来越多的油田为提高原油的采收率，采用了三次采油技术，在采油过程中注入碱、表面活性剂和聚合物等化学剂，这些化学剂对原油乳化液的影响正在引起人们的关注。一些学者研究了碱、表面活性剂和聚合物对原油乳化液稳定性的影响，发现碱的加入使乳化液的稳定性增加，并且随着碱与油接触时间的延长稳定性增强，原因之一是碱与油中的酸性物质反应生成油溶性表面活性剂。三次采油过程中加入的表面活性剂通常是水溶性的，为O/W型乳化剂，与原油中的沥青质、胶质等极性物无协同作用，易吸附在油水界面，降低界面张力，形成稳定O/W型乳化液。而聚合物能与原油中形成界面膜的表面活性剂的亲水基团发生作用，增加界面膜间的排斥力及空间阻力，使膜强度增加。此外，聚合物可增加液膜黏度，对水滴的聚集有较大影响。碱、表面活性剂和聚合物之间存在协同作用，可使乳化液的类型及结构更加复杂。

(4) 搅动

原油开采时，油井来液从地下几十米至几十千米的地下采出，对于地层能量高、油气比大的油田，油、气、水高速通过油嘴喷出，使水滴喷得很细，形成油水乳化液。在这个过程中，乳化液的压力和温度都在急剧减小，油井来液中原油溶解气大量析出，产生内部剧烈紊流，对原油和水乳化液的形成起到搅拌作用。同时，随着压力和温度的变化，原油中的胶质、沥青质和蜡等乳化剂不断析出，聚积在油水界面膜上，增加了界面膜的稳定程度。随后通过输送泵、阀门和长距离管道运输，原油和水的乳化液进一步被搅动，乳化液稳定性增强。还有采油过程中的洗井作业，酸液及洗井液携带较多的固体杂质也增加了乳化液破乳难度，形成了难以破乳的原油乳化液。

2. 乳化液的稳定性

乳化液能够稳定存在，主要有以下三个方面的原因。

(1) 界面膜

在液滴表面存在着一层膜状物质，这些膜状物质多数是带有极性的有机化合物，有时混有固体颗粒，会增加膜的强度。当界面膜强度较高时，在液滴之间由于自由运动相互排斥碰撞的能量不足以破坏界面膜，液滴就无法聚集变大，从而难以沉降，这时需要针对形成的界面膜，研究改变和破除界面膜的方法。

(2) 界面电荷

当液滴外表面附集着带有相同电荷的物质时，液滴之间必然相互排斥，故而难以使液滴碰撞聚集长大。在这种情况下，可采用电解质来改变乳化液的性质，实现破乳，如向肥皂的乳化液中加入 $CaCl_2$ 或 $MgCl_2$ 等电解质，使生成硬脂酸钙和硬脂酸镁，改变了乳化液的性质，从而使肥皂的乳化作用失效。在油田污水处理时加入带有电荷的絮凝剂，能在很短的时间内破除因界面电荷存在形成的稳定乳化液，就是利用这个原理。

(3) 液体界面张力

乳化液中两种液体界面张力的存在，是造成乳化液稳定存在的热力学因素之一。虽然从经典热力学角度来说，乳化液的油水界面张力大小与乳化液稳定性的关系还存在争议，但是，华东理工大学的研究已经表明：破乳剂的破乳能力取决于它降低界面张力的能力，同时也可以理解成原油乳化液的稳定性随界面张力的降低而降低。也就是说，随着破乳剂的破乳能力增加，油水界面张力逐渐降低；随着破乳剂的破乳能力降低，油水界面张力逐渐增大。破乳剂的破乳能力取决于它降低界面张力的能力，一般使用小于 100×10^{-6}g/g 的浓度，可使原油的界面张力由 20~30mN/m 降至 2~4mN/m。这表明破乳剂具有强烈的吸附性能，在很低的浓度下也能将原油中油水界面上的成膜物质置换出来。

3. 破乳过程

从微观角度来看，破乳剂分子是由在原油中可溶的亲油基团和在水中可溶的亲水基团组成的，这些破乳剂分子在油、水相之间的界面处积聚，亲油基团溶解在原油中，亲水基团溶解在水滴中，破坏了油水界面膜，达到破乳目的。一般将该过程划分为三个步骤，分别为絮凝、聚结和沉降。将分散的小水滴黏附在一起形成含有多个小水滴的凝聚物，这个过程称为破乳过程中的絮凝作用；水滴彼此碰撞形成较大液滴，称为水滴的聚结作用；沉降作用指水滴达到一定程度足以靠自身重力从油相中沉降下来。

4. 破乳剂的使用

原油破乳剂的使用，是电脱盐过程的重要环节。特别是一些重质原油和环烷酸含量较高的原油，更容易发生乳化。如果一旦形成顽固乳化层，将增加电场中介质的导电性能，严重时会造成高压电场的短路或击穿，对电脱盐设备的平稳运行构成严重威胁。破乳剂的使用在两个环节上发挥了重要作用：一方面破乳剂分子可以改善降低油水界面层的稳定性，使油水两相在混合系统的作用下分散混合得更均匀，达到充分接触洗盐的效果；另一方面，在电场聚合作用下，分散水滴又更易聚结成大水滴而达到快速沉降的目的。破乳效果好的破乳剂，在水滴快速沉降分离过程中能使油水界面膜减薄，降低界面膜的稳定性，同时减少水中带油和油水乳化层的产生，消除罐内乳化现象，达到最佳脱盐、脱水效果。

破乳剂往往具有较强的针对性，而国内炼油厂所加工原油品种多，切换频繁，有的炼油厂不到三天就切换一种油品。据统计，每年中国加工原油品种达300多种，破乳剂评选工作很难与其同步。针对这种情况，一般采用两种或两种以上不同结构和不同性能的破乳剂相配合形成复配型破乳剂使用。实践证明，两种或两种以上的结构不同的破乳剂复配能达到增效、互相弥补各自性能缺陷、派生出新性能的作用，这就是表面活性剂的协同效应(synergistic effect)。

复配型破乳剂具有用量少、脱水速度快、排出污水质量好等特点，这在高速电脱盐成套设备上的应用已经被证实，引起了有关专家的关注。众多专家都认为，电脱盐成套设备技术必须和高效破乳剂的技术开发结合起来进行系统研究，才能显著提高电脱盐的脱盐效率。因此，国内电脱盐设备供货商已联合国内外专家进行复配型破乳剂技术的研发，将油溶性破乳剂定位在复配型破乳剂基础上，为用户提供电脱盐成套技术的服务和产品，使电脱盐技术达到更为理想的脱盐、脱水效果。

(二) 原油脱盐的原理

1. 两个基本公式

(1) 偶极聚结

虽然原油电脱盐的微观理论仍处在不断探索与发展中，但有一点是肯定的：一定强度的高压电场所提供的能量，对相关油水乳化液具有快速的破除作用。原油乳化液通过高压电场(高电位差)时，在分散相水质点上形成感应电荷，连续相(油相)形成绝缘介质。在感应电场的作用下，水质点一直保持电荷，其主要作用是偶极聚结。此外，在直流电场中尚有电泳聚结作用，在交流电场中尚有电振荡作用。

两个同样大小的微滴的聚结力可用式(6-1-1)计算：

$$F = 6KE^2r^2\left(\frac{r}{l}\right)^4 \tag{6-1-1}$$

式中　F——偶极聚结力，N；

K——原油介电常数，F/m；

E——电场梯度，V/cm；

r——微滴半径，cm；

l——两微滴间中心距，cm。

在水滴聚结作用的同时，高电场还会引起水滴的分散作用，其原因在于液滴的不稳定性。但是聚结作用是主要的，只有在电场强度过大及停留时间过长或操作条件选择不当时，才会较显著地降低脱盐效率。

由于原油乳化液分散相的含量决定着水滴中心距离(l)与其直径($2r$)的倍数关系，偶极聚结力 F 与$\left(\frac{r}{l}\right)^4$成正比，其近似关系见表6-1-1。

表6-1-1　偶极聚结力与乳化液中分散相含量关系

原油乳化液中分散相近似含量/%	$\frac{1}{2r}$	r/l	对应于$(r/l)^4$的偶极聚结力
52	1	$\frac{1}{2}$	—
7	2	$\frac{1}{4}$	F
2	3	$\frac{1}{6}$	$\frac{F}{5}$
1	4	$\frac{1}{8}$	$\frac{F}{16}$
0.1	8	$\frac{1}{16}$	$\frac{F}{256}$

随着脱盐过程的进行，分散相的含量逐渐减少，r/l 值则趋向于零，因而聚结力 F 也趋向于零。实际上当分散相含量小于0.1%时，两微滴间中心距 l 约为微滴直径($2r$)的8倍，偶极聚结作用变得很小并已不足以使水滴聚结，因此即以0.1%分散相含量为偶极聚结的限度。如需进一步减少原油中的含盐量，必须加入新鲜水增大分散相的含量，并重新进行聚结。

(2) 重力沉降

重力沉降是油、水分离的基本方法，原油中的含盐水滴与油的密度不同，可以通过加热、静置使之沉降分离，其沉降速度可以根据斯托克斯公式(6-1-2)计算。

$$u=\frac{d^2\times(\rho_w-\rho)g}{18u} \tag{6-1-2}$$

式中　u——水滴沉降速度，m/s；

d——水滴直径，mm；

ρ_w——水(或盐水)密度，kg/m^3；

ρ——原油的密度，kg/m^3；

g——重力加速度，$9.81m/s^2$；

μ——油的黏度，Pa·s。

斯托克斯沉降公式描述的是一个刚性小球在均匀介质中受力平衡的情况下所做的匀速运动，是一种理想状况。事实上，在水滴沉降过程中，沉降速度会越来越快，而且也不断地与周围水滴进行聚积合并，水滴本身也在不断地发生变化。

水滴直径越大，其沉降速度越快。但是在电脱盐罐中水滴的下降与原油的上升运动是同时进行的。当水滴直径小到使其下降速度小于原油的上升速度时，水滴将被油流携带上浮。因此，只有当原油的上升速度小于水滴的沉降速度时，水滴才能沉降到罐下部而排出罐外。

虽然斯托克斯沉降公式是在理想状况下的一个公式，但是从该公式中可以分析影响水滴沉降的各种因素，其中水滴直径、油水密度差、原油黏度都是影响水滴沉降速度的重要因素。在电脱盐设备设计和操作中，应尽量采取有效措施，促进水滴沉降和油水分离。

水滴能够从原油中沉降出来时，已经具备了斯托克斯沉降公式中油水分层的各种条件，事实上原油中的水是与原油乳化在一起的，水滴从原油中沉降出来之前，必须破除乳化液，高压电场就是破除乳化液的最有效的方法之一。

2. 高压静电分离原理

分离技术包括场分离、相平衡分离和反应分离等。其中场分离包括重力场、离心力场、电场、磁场等；相平衡分离包括吸收、蒸发、吸附、结晶等；反应分离包括可逆反应分离、不可逆反应分离和利用生物反应的分离等。原油脱盐、脱水过程即属场分离（电场）过程。

利用电压的场分离是一个破坏原油稳定乳化液的有效方法。原油乳化液通过电场时，其中的水滴中正负电荷受电场力作用而出现重新分布。虽然水滴本身表现出电中性，但由于水滴带电荷分布的不平衡而发生了变化，也就是水滴在电场中被感应形成偶极，它们受电场力后沿电场电力线方向排列，使水滴在电场中出现重新排列和运动，改变或破坏了乳化液的稳定状态，增加了水滴的聚积概率，促进了水滴的接触、聚结和沉降。

原油的电破乳可分为三个过程：电聚结、水滴沉降和水滴在水层上聚积。

（1）电聚结

含水量低的原油，其电导率及介电常数与油非常接近，可看作是不导电的绝缘油。原油乳化液在电场的作用下，首先含盐水滴沿受电场力方向进行排列，形成水链（并不一定造成短路）。然后因偶极力作用，两个相临水滴变形而聚结成一个大水滴，该大水滴再与其他周围水滴在偶极力作用下聚结成更大水滴。

（2）水滴沉降

当水滴聚结足以克服受到的各种阻力的情况下，水滴将开始沉降。水滴在电脱盐罐内沉降过程中，不断与其他水滴接触，水滴变得越来越大，所受的力也不断发生改变，沉降的加速度不断变大，且越来越快。

（3）水滴在水界面上的聚积

水滴下沉至油水界面处时，水滴大小及具有的动能等方面各不相同。若水滴相当大，水滴具有的冲量足以破坏油水界面的束缚，则冲破界面膜而直接进入到水相中；若水滴比较小，水滴具有的冲量难以破坏油水界面的束缚，则水滴将沉降在油水界面以上，再与其他沉降在周围的水滴聚积成大水滴，然后可能因受电场力作用和重力的增加而克服界面膜的阻力进入到水相，也可能难以进入到水相中而长期聚积在油水界面处形成顽固乳化层。

水滴间偶极聚结作用力和电场强度 E 的平方成正比，要想获得较好的脱水效果，必须建立较高的电场强度。但当电场强度过高时，椭球形水滴两端受电场拉力过大，导致将一个小水滴拉断成两个更小的水滴，产生电分散，使原油脱水情况恶化。产生电分散时的电场强度值与油水间的界面张力有关。电场力的方向背离水滴中心使水滴受拉，而界面张力的方向指向水滴中心，力求使水滴保持球形，两者方向相反能抵消一部分，当背离水滴的电场力大于界面张力时就发生了电分散。任何使油水界面张力降低的因素，如脱水温度的增高、破乳剂类型和用量等，均导致电场对水滴的相对作用增强，使产生电分散时的电场强度值降低。

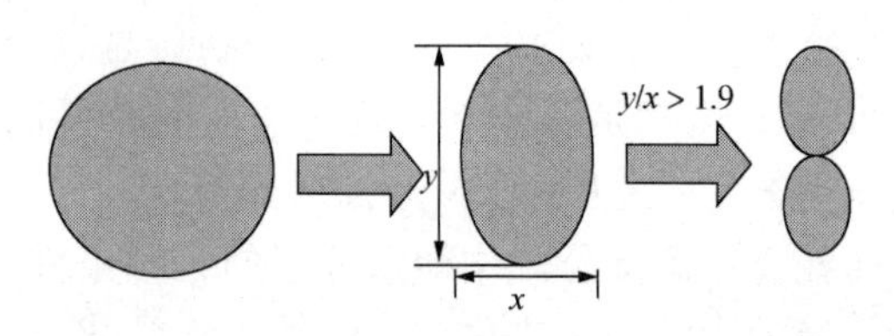

图 6-1-2　临界电场强度下的水滴电分散

产生电分散时的电场强度值与油水界面张力的平方根成正比。

当电场强度 E>4.8kV/cm 时，多数情况下将发生电分散，发生电分散时的电场强度称为临界电场强度 E_c。水滴的电分散过程如图 6-1-2 所示，电分散时的电场强度可按式(6-1-3)计算。

$$E_c=\varepsilon(\gamma/d)^{1/2} \tag{6-1-3}$$

式中　E_c——临界电场强度，V/m；

ε——介电常数，$C^2/(N\cdot m^2)$；

γ——界面张力，kg/s；

d——斯托克斯水滴直径，μm。

在电场中，水滴的电分散过程在一瞬间即可完成。若剩余的水滴仍有足够大的直径，经过一定时间后又会重复电分散过程。因而原油乳化液通过电场的时间和电场强度应该适当，盲目地增加电场强度或原油乳化液在电场中的滞留时间不会改善脱水效果。最优化的设计是使油水乳化液的细小水滴在高压电场中完成聚积后，尽快离开电场，否则往往因脱水后原油本身具有的导电率而造成电场做功产生能量的损耗。

(4) 不同电场区域的工作情况

现以最基本的两层极板卧式电脱盐罐为例，简要说明不同区域(罐内)的工作情况，电脱盐罐内分层区域示意图如图 6-1-3 所示。

图 6-1-3 中Ⅰ为净水层，含盐污水由此下沉汇入排水管，少量下降的细油滴在此聚结成较大油滴往上层浮升，极少量微细油滴随水排出。

图 6-1-3 中Ⅱ为水层，原油乳化液自分配管以自由滴状通过水层上浮，使原油在整个水平截面均布。

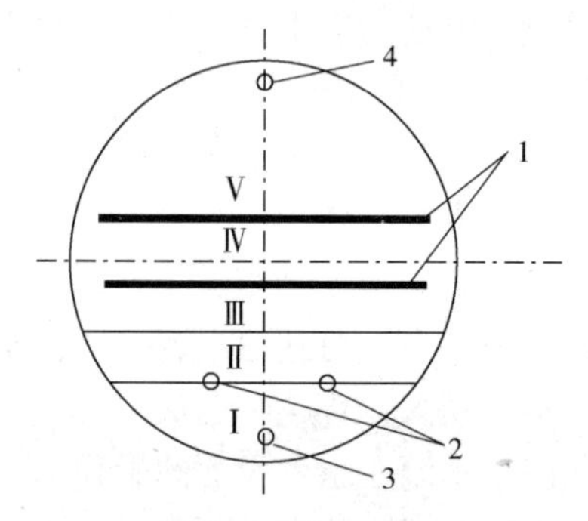

图 6-1-3　电脱盐罐内分层区域示意图

1—极板；2—油入口；3—排水口；4—油出口

图 6-1-3 中Ⅲ为油层，弱电场区。含微小水滴的原油向上运动，在整个脱盐罐中聚结而沉降的较大水滴也要通过该层向下至水层。由于高含水量和大水滴的存在使静电聚结力大大增强，同时较大的垂直运动速度也增加了水滴碰撞的概率和能量，因而使弱电场的聚结作用得到加强，使大部分水滴聚结下降。弱电场中自下向上的乳化液的含水量变化很大，其下部高含水乳化液的密度、黏度和导电性有显著的改变，通常称为乳化层，该层的状况对操作过程影响很大。

图 6-1-3 中Ⅳ为油层，强电场区。该层是决定脱盐率的关键区，也是主要耗电区。在强电场作用下，乳化液中微小水滴聚结成较大水滴，借重力作用沉降到下一区。

图 6-1-3 中Ⅴ为油层，上极板与壳体间的弱电场。在一般情况下，进入该层的原油含水量已很少，因而水滴的聚结作用也很小，仅起一个原油均匀导出的作用。

(三) 原油脱盐工艺流程

1. 油田脱水和脱盐工艺流程

无论陆地油田和海洋油田，开采出来的原油必须分离出其中的水分。首先，通过分离器脱出大量的自由水，然后利用电脱水器，在高压电场的作用下脱除原油中的乳化水，因此，一般在油田设置一级电脱水工艺进行脱水处理。当对油田外输原油的含盐量的要求较高时，也往往采用第一级进行脱水和第二级进行脱盐的两级脱水脱盐工艺流程。如中国海洋石油总公司西江 23-1 海洋油田开发项目，哈萨克斯坦北布扎齐油田开发项目就采用了第一级电脱水和第二级电脱盐的工艺流程。在第一级电脱水工艺中，因为要考虑加入破乳剂，也设计了由静态混合器和混合阀组成的混合系统。由于在电脱水中没有注入新鲜水，对混合强度的要求不高，也可以只采用单独静态混合器进行破乳剂与原油乳化液的混合。第一级进行脱水和第二级进行脱盐的两级脱水脱盐工艺流程如图 6-1-4 所示。

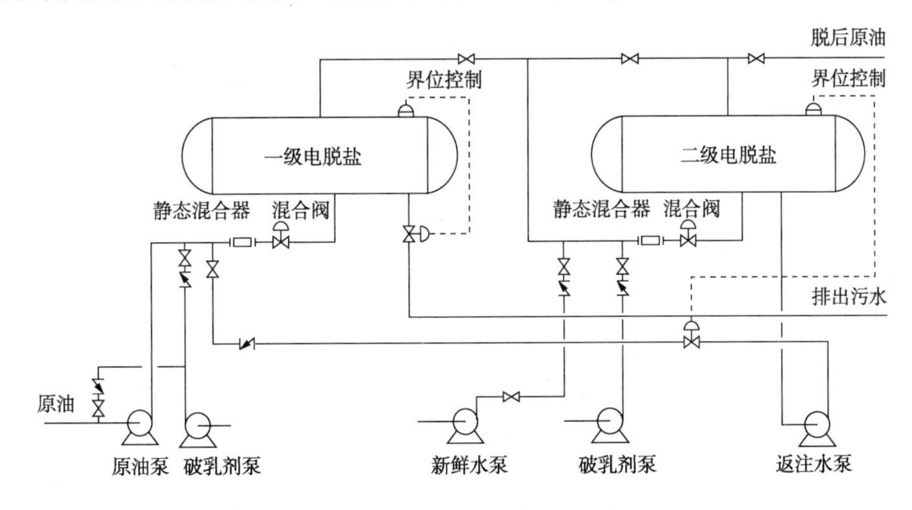

图 6-1-4　油田电脱水与电脱盐工艺原则流程图

2008 年 4 月，西江 23-1 海洋油田电脱水和电脱盐装置一次开车成功，并达到理想的运行效果。表 6-1-2 为西江 23-1 海洋油田开发项目电脱水和电脱盐装置运行效果。

表 6-1-2　西江 23-1 海洋油田电脱水和电脱盐装置运行效果

日期	时间	原油		电脱水 V-2002 后		电脱盐 V-2003 后	
		含盐量/(mg/L)	含水量/%	含盐量/(mg/L)	含水量/%	含盐量/(mg/L)	含水量/%
2008-04-08	08：00	705.2①	0.60	50.78	0.45	23.11	0.05
	13：00		0.40	23.30	0.05	12.33	0.05
	18：00		0.80	42.79	0.05	8.84	0.05
2008-04-09	08：00		0.20	21.97	0.05	10.56	0.05
	13：00		0.69	20.26	0.05	8.84	0.05
	18：00		0.19	21.39	0.05	10.27	0.05
2008-04-10	13：00		0.58	19.40	0.05	12.27	0.05
	18：00		0.40	19.97	0.05	7.70	0.05
2008-04-11	08：00		0.20	19.40	0.05	10.84	0.05
	13：00		0.20	19.69	0.05	5.99	0.05
	18：00		0.60	22.25	0.20	6.28	0.05

续表

日期	时间	原油		电脱水 V-2002 后		电脱盐 V-2003 后	
		含盐量/(mg/L)	含水量/%	含盐量/(mg/L)	含水量/%	含盐量/(mg/L)	含水量/%
2008-04-12	08：00		0.58	26.53	0.05	14.55	0.05
	13：00		1.74	27.67	0.05	11.98	0.05
	18：00		0.10	19.40	0.05	10.27	0.05
2008-04-13	08：00		0.30	37.66	0.05	9.13	0.05
	13：00		0.20	13.12	0.05	7.98	0.05
	18：00		0.30	13.40	0.05	5.40	0.05
2008-04-14	08：00		0.40	19.69	0.05	9.99	0.05
	13：00		0.35	16.55	0.05	10.84	0.05
	18：00		0.38	14.55	0.05	8.56	0.05
2008-04-15	08：00		0.38	20.83	0.05	11.70	0.05
	13：00		0.35	19.69	0.05	9.70	0.05
	18：00		0.30	18.54	0.05	9.99	0.05
2008-04-16	13：00		0.70	33.09	0.16	9.70	0.05
2008-04-17	08：00		5.80	145.80	0.80	85.90	0.40

① 原油的含盐量选自西江 23-1 海洋油田开发项目原油评价报告。

从表 6-1-2 可以看出，在电脱水工艺过程中虽然不加入新鲜水，但随着原油中水的脱出，原油中的盐含量也会有很大程度的下降。表 6-1-3 是中国为哈萨克斯坦北布扎齐油田开发项目提供的电脱水器，经过一级电脱水器后原油含水量和含盐量的分析数据。

表 6-1-3 原油经过油田一级脱水后含盐量和含水量变化情况

采样时间		电脱水器 V2001B 脱水前原油		电脱水器 V2001B 脱水后原油	
		含水量/%	含盐量/(mg/L)	含水量/%	含盐量/(mg/L)
2005-6-23	9：00	2.8	1850	0.3	207
	18：00	8.0	5928	0.25	173
	20：00	8.0	5874	0.25	212
2005-6-24	8：00	11.5	6120	0.5	294
	14：00	7.0	5440	0.5	296
2005-6-25	9：00	4.8	3510	0.5	318
	17：30	4.0	3008	0.2	152
2005-6-26	9：50	3.2	3200	0.3	145
	15：00	2.6	1730	0.4	182
2005-6-27	9：00	4.0	2670	0.1	96
	15：00	4.4	3384	0.2	103
2005-6-28	9：00	4.0	2417	0.3	95
2005-6-29	9：00	4.8	3610	0.2	103
2005-6-30	9：00	6.0	4200	0.2	109
2005-7-2	15：00	11.0	10490	0.4	164

2. 炼油厂两级脱盐工艺流程

原油脱盐脱水工艺流程级数的选定与原油的含盐量及对脱后原油的含盐量要求有关。当原油含盐量较高，或原油比重和黏度都比较大，脱盐脱水困难时，往往采用三级或四级脱盐脱水工艺流程。目前在炼油厂大多采用两级脱盐脱水的工艺流程。

（1）原油和注水流程

原油脱盐脱水过程，国外许多炼油厂都设置独立装置单元，而在中国一般都设在原油蒸馏装置内。原油自原油储罐由泵输送到炼油厂原油蒸馏装置，首先与装置的产品如汽油、柴油、煤油或其他馏分油产品进行换热，使原油达到脱盐脱水所需要的温度后进入一级电脱盐罐。在进入电脱盐罐前，原油与注入的洗涤水通过混合器和混合阀组成的混合系统进行混合，使洗涤水与原油中的盐分进行充分接触，原油中的盐分就被转移到洗涤水中。同时在这个过程中，也形成了原油与水的乳化液，然后进入一级电脱盐罐，在高压电场的作用下，进行油水分离脱盐脱水。

经过一级脱盐脱水后的原油再一次与注入的新鲜水进行混合，新鲜水对一级脱后原油进行第二次"洗涤"，进一步将原油中的盐分溶解到新鲜水中，然后再进入第二级电脱盐罐，在高压电场的作用下，进行第二次油水分离，完成两级脱盐过程。

在电脱盐工艺流程中为了节省新鲜水(酸性汽提水或软化水)用量，一般采用循环注水方案，即新鲜水注入第二级电脱盐罐前，对经过第一级脱盐的原油进行"洗涤"，二级脱盐罐排水经返注水泵升压后，注入到第一级电脱盐罐前，对原油进行"洗涤"，也可以考虑将部分洗涤水(20%左右)注入到换热器前。一方面通过若干台换热器和管道输送使原油中的盐分与洗涤水接触，促进盐分溶解到洗涤水中；另一方面将部分水注入到换热器有助于洗涤换热器中形成的积垢，防止换热器堵塞。为增加装置对高含盐原油的处理效果，也往往考虑两级电脱盐都注入新鲜水的方法。

（2）破乳剂注入流程

为提高破乳效果和增加装置的操作灵活性，特别是重质劣质原油加工，往往在流程中应设计多个破乳剂注入点。如原油泵入口处、换热器前、第一级混合系统前、第二级混合系统前和注水泵入口等。油溶性破乳剂的注入量非常少，在原油泵入口处注入破乳剂是非常关键的，这样可以通过原油泵叶轮的转动，使油溶性破乳剂与原油达到初步混合，再经过在原油泵到脱盐罐之间的管道输送，可以使破乳剂与原油进行更进一步的混合。由于油溶性破乳剂与原油具有亲和性，不会像水溶性破乳剂一样经过一级脱盐罐后就溶解到水中排出系统，经过一级脱盐罐后有部分油溶性破乳剂还会进入二级脱盐罐后继续起破乳作用。为增加装置操作的灵活性，通常在二级混合系统前预留一个破乳剂注入口，以便在加工性质较差原油发生乳化的情况下，采取灵活操作措施。图 6-1-5 为国内重质劣质原油加工两级电脱盐及破乳剂注入工艺原则流程图。

（四）电脱盐主要操作参数

1. 操作温度

操作温度会影响原油性质、油水界面、乳化液电导率及操作压力等，所以，操作温度是原油脱盐过程的最重要的工艺参数之一，对最终的脱盐脱水效果具有重要影响。

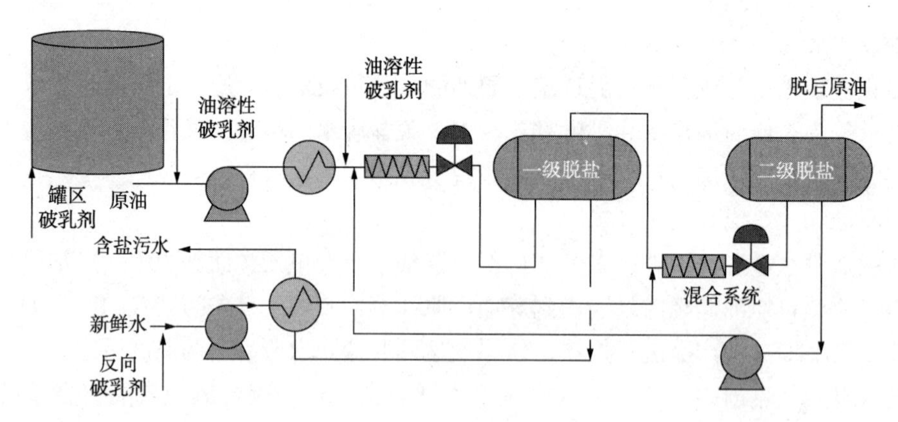

图 6-1-5　国内重质劣质原油加工两级电脱盐及破乳剂注入工艺原则流程图

(1) 对水滴聚结的影响

操作温度升高时，原油的黏度下降，因而减小了对水滴运动的阻力，加快了水滴运动的速度。同时温度升高后，分子的热运动加快，促使水滴热膨胀，减弱了乳化膜强度，从而减小了水滴聚结阻力，有利于细小水滴的破裂和大水滴的形成。

(2) 对水滴沉降的影响

从斯托克斯公式可知，水滴沉降速度与水滴直径 d 的平方及油水密度差 $\Delta\rho$ 的一次方成正比，与原油黏度 μ 成反比。对于所加工的某种原油，虽然基本性质已经确定，但是也可以通过操作参数的调整来改变，如通过提高操作温度来降低原油的黏度，这有助于水滴从原油中的沉降。根据油品和水的密度与温度的变化曲线可知，随着温度的变化，其密度也在发生变化，也就是说，斯托克斯公式中油水密度差 $\Delta\rho$ 是随着操作温度的变化而发生变化的。油水密度差 $\Delta\rho$ 在公式的分子上，应使油水密度差 $\Delta\rho$ 尽量大；原油黏度 μ 在公式的分母上，应使原油黏度 μ 尽量小，这并不是仅通过提高操作温度来实现。特别是重质原油加工过程中，应引起特别注意。

某石化公司曾加工委内瑞拉奥里乳化油(含水量 30%，密度 1.0024g/cm^3，20℃)，在开车投运调试初期，加工量不太稳定，常减压产量波动比较大，导致电脱盐操作温度有较大波动，在电脱盐罐内出现原油沉降在罐体底部，而脱出的水进入高压电场中从罐体顶部流出的情况，电脱盐高压电场发生短路，报警。表 6-1-4 为操作温度对水滴沉降的影响。

表 6-1-4　操作温度对水滴沉降的影响(奥利原油脱水)

操作温度/℃	100	110	120	130	135	140	150
原油密度/(g/cm^3)	0.9675	0.9537	0.9396	0.9196	0.9044	0.891	0.8859
水密度/(g/cm^3)	0.9902	0.9832	0.9708	0.9571	0.9289	0.8952	0.8781
油水密度差/(g/cm^3)	0.0227	0.0295	0.0312	0.0375	0.0245	0.0142	-0.0087
原油黏度/(mm^2/s)	421	339	213	152	120	96	72
相对沉降速度/u	u	1.6u	2.7u	4.6u	3.8u	2.7u	负值

从表 6-1-4 可以看出，对于重质原油并不是温度越高越有利于水滴的沉降，虽然随着温度的升高，原油的黏度在下降，但是随着温度的升高，水和油的密度差也在发生变化，而水和油的密度差是水滴沉降的推动力，如果没有了分子上密度差的推动力，分母上的黏度再

小，也不能实现油水分离。

(3) 对电耗的影响

原油乳化液电导率随温度升高而增加，且电耗也随电导率增加而增大。一般地，在温度小于120℃时，电耗因温度而变化的幅度较小；大于120℃时，电耗急剧增加。但对不同的原油，其变化的曲线有所不同。

为了平稳操作，脱盐温度应保持恒定。进料温度突然升高将会严重干扰电脱盐操作。这是因为进入电脱盐罐下部的热油密度较轻，容易造成热油置换电脱盐罐上部的冷油，引起所谓的“热搅动”。因此，在生产操作中应保持电脱盐系统的温度稳定，这就要求原油的换热系统稳定。

对于重质高黏度油品必须进行脱盐温度选择实验。因在较高温度下，重质原油的油水密度差会出现负值。在电脱盐罐内出现油沉在罐体底部，水漂在罐体上部电场，导致电场短路，扰乱电脱盐设备的正常平稳操作，甚至造成事故。

综上所述，在一定的温度范围内，选择较高操作温度有利于脱盐率的提高，但对高密度和高电导率的原油，过高的操作温度反而导致有害的结果。因此，应根据原油性质及脱盐罐的结构进行综合比较。在目前阶段，主要是根据炼油厂实际数据和试验结果来确定适宜的操作温度。

国外炼油厂脱盐温度在90~150℃之间，多为120℃左右；近年来，国内炼油厂由于加工重质原油的数量逐年增加，电脱盐操作温度已由原来的80~120℃提高至110~140℃左右，需要指出的是，在换热网络设计时，应保留充分的设计余量，避免热源不足，达不到所要求的脱盐温度。

2. 操作压力

操作压力对脱盐过程不产生直接影响，主要是用来防止水和轻油在电脱盐罐内汽化而引起装置操作波动。

电脱盐罐内最大压力不能超过电脱盐罐设备的设计压力。通常，电脱盐后部系统应设置背压阀，用以维持电脱盐罐的压力，其压力至少要比罐内油、水混合物饱和蒸气压高0.15~0.2MPa。这样可以防止油、水在罐内发生汽化膨胀形成气体。如果系统后部压力因某种原因减少，罐内可能发生“冒气”，在电脱盐罐顶部形成汽化区。过量“冒气”现象预示脱后原油含水量过多，且脱盐效果差。系统背压的正常操作值应能避免发生“冒气”现象。

电脱盐罐的操作压力确定时应考虑如下几个因素：操作温度下原油饱和蒸气压，每一级电脱盐罐的压降，后续工艺流程所需压力以及罐体的设计压力。

如果电脱盐罐内原油发生汽化，在电脱盐罐体顶部形成汽化区，则安装在罐体顶部的液位开关会自动切断变压器的一次供电回路，使电脱盐罐体内部解除高压电场。同时，汽化产生的小气泡在上升过程中会吸附在绝缘吊挂上，在高压电场的作用下，小气泡炸裂会对绝缘吊挂表面造成烧蚀，形成凹坑，类似于离心泵中有气体造成的“气蚀”。

3. 电场强度和停留时间

根据电场力公式，电场强度越高，对水滴间的聚积力越大，但电场强度过高会发生电分散现象，将水滴分散为更小的微小水滴，不利于水滴的聚结。同时电场强度过高，电耗也随之增加。一般地，电场强度设计为500~1800V/cm，对于重质劣质原油加工，因其易在油、水界位处形成高导电率的顽固乳化液，因此，在含水量较高和原油乳化严重的情况下，往往将弱电场的电场强度设计得更低。事实上，即使在较低的电场强度下，高压电场仍能够起到较好的分离效果。

在电脱盐罐体内，从底部到顶部，介质的导电率逐渐减小，因此，在高压电场设计时，宜采用不同梯度的电场强度，利用弱电场脱除大量的大水滴，用中、强电场脱除细小水滴。工业应用实践证明，采用不同梯度电场强度进行脱盐脱水时，能取得较好的脱盐效果。而如果将强电场设计在高导电率区，往往发生短路或跳闸，即使不短路或跳闸，运行电流也非常高，这种设计是不可取的。

(1) 电场强度

脱盐罐内电极板上加上高压电源后，在电极板之间和电极板与接地的罐壁(也包括其他金属附件)之间产生相应的静电场。电场强度对脱盐率的影响有两个方面：主要是微小水滴的聚结作用，另外也产生电分散作用。当电场强度超过一定范围(一般是 4. 8kV/cm)后电分散作用的趋势加强，影响脱盐率。国内外采用的电场强度不一，见表 6-1-5。

表 6-1-5 国内外电脱盐罐电场强度(强电场)

项　目	中　国	美　国	日　本	俄罗斯
应用电压/kV	20~35	16~35	13~15	26. 5~33
电场强度/(kV/cm)	1~2. 3	0. 8~2	0. 8~2	2~2. 7

电场强度还与电耗有关，电耗量与电场强度平方成正比。提高电场强度，电耗急剧增加。

某炼油厂电脱盐工业试验数据表明：在电场强度较大时，提高电场强度对脱盐率的好处不大，而电耗反而急剧增加。有关强电场中电场强度与停留时间对脱盐率的影响见图 6-1-6。

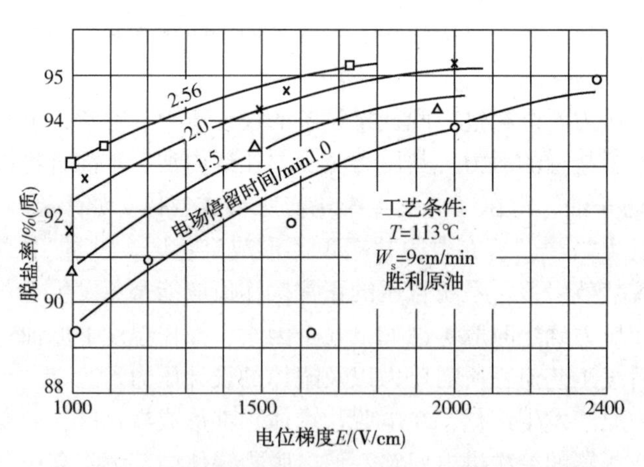

图 6-1-6 强电场中电场强度与停留时间对脱盐率的影响

W_s—原油通过水平极板上升速度；T—操作温度

由试验结果及图 6-1-6 各参数间的关系可以说明：脱盐率并不随电场停留时间和电场强度成正比增加。在停留时间小于或等于 2min 的条件下，脱盐率随电场强度的增加而增加的趋势较为显著；当停留时间大于 2min 时，脱盐率的增加就变得不明显了。因此，在目前国内技术条件下，建议采用电场强度值在 1. 2~1. 5kV/cm 范围内，可以获得较为理想的效果。

（2）原油在强电场的停留时间

该停留时间是影响水滴聚结的重要参数，与原油性质、水滴特性和电场强度等密切相关。但停留时间过长将产生电分散作用，增大电耗量。根据胜利炼油厂工业试验结果分析及国外资料介绍，原油在强电场的停留时间采用2min较为经济合理。

正确地选用停留时间和电场强度，应综合分析其与脱盐率和电耗之间的关系，表6-1-6数据为胜利原油数据。

表6-1-6　电场强度与脱盐率和电耗的关系

方案	电场强度/(V/cm)	停留时间/min	脱盐率/%(质)	电耗/(kW·h/t原油)
Ⅰ	1000	1.1	90.0	0.077
Ⅱ	1500	2.0	94.3	0.28
Ⅲ	2000	2.55	95.5	0.54

根据以上分析，建议设计中采用电场强度为1.2~1.5kV/cm时，原油在强电场的停留时间为2min左右。

电极板层数在很大程度上决定了强电场的体积，在同一脱盐罐内，当处理量不变时，减少电极板层数意味着减少了强电场中原油停留时间，降低了单位电耗。因此，国内外均趋向从多层改为两层水平式电极板结构，极板之间的距离较大，对处理含盐、含水量高的原油时适应性较好，操作比较稳定。

强电场中原油停留时间国外多采用1~2min，较长的为2.5~6min；国内原为5~9min。但南京、胜利和长岭等炼油厂的电脱盐罐改为两层电极板后，原油在强电场的停留时间约为2min。

（3）强电场范围和电极电压

两电极板间的电压可由式(6-1-4)确定。

$$U=E\times b \tag{6-1-4}$$

式中　U——两电极板间电压，V；

E——电场强度，V/cm；

b——两极板间距，cm。

而且

$$b=W_s\times\tau \tag{6-1-5}$$

式中　W_s——原油通过水平极板上升速度，cm/min；

τ——原油通过水平极板停留时间，min。

对卧式水平两层电极板脱盐罐，其强电场容积V(m^3)可近似地按式(6-1-6)计算：

$$V=F\times b/100 \tag{6-1-6}$$

式中　F——罐体最大横截面积，m^2。

原油通过强电场停留时间τ(min)可按式(6-1-7)计算：

$$\tau=G/V\times 60 \tag{6-1-7}$$

式中　τ——原油通过强电场停留时间，min；

V——强电场容积，m^3；

G——每台脱盐罐处理量，m^3/h。

（4）弱电场设计

从下电极板至水层上的油层区为弱电场区。但该区下段存在一乳化层，因其含水量相当高，它的电导和介电常数与原油乳化液相差较大，致使该乳化层无法保持较高的电场。对于重质原油，该乳化层往往是含水量逐渐减少的乳化液的分布，很难有一个清晰的油水界面；而对于轻质原油，油水界面比较明显，乳化层较薄，乳化层以上至下电极板间为含水量较小的油层，水滴聚结作用主要在这里发生，实际的弱电场强度 E' 可按式(6-1-8)计算。

$$E' = U_2/b' \tag{6-1-8}$$

式中　E'——实际弱电场强度，V/cm；

U_2——下电极板电压，V；

b'——实际弱电场高度，即弱电场区高度减去乳化层高度，cm。

根据工业装置的操作经验，推荐实际弱电场强度 E' 为 $500 \sim \frac{1}{2}E$/V/cm。而实验证明，当 E' 为 200V/cm 时便开始产生水滴聚结作用。

当确定了 E' 和 U_2 值后，便可由式(6-1-8)计算出 b' 的近似值。但是上述乳化层高度受原油性质、注水量、原油处理量、电压、操作温度和破乳剂注入量等因素的影响，波动范围较大，难以确定其恒定值，因此上述弱电场区的高度只能根据经验值确定。对直径为 3～4m 的卧式罐，弱电场区高度可采用 0.6～0.8m；对直径较小的卧式罐可采用较小值，如直径为 1.6m 的卧式罐，采用 0.5m 高度就可取得良好的弱电场。

当界面高度一定时，因乳化层的变化使实际弱电场 b' 随之波动。乳化层增高，b' 值相应地减小，原油在弱电场区停留时间缩短，但弱电场强度 E' 却增加(因为 b' 值减小)，因而部分补偿了原油在弱电场停留时间缩短的效应。但乳化层高度超过一定范围后，这种补偿效应就不足以避免操作状态的恶化。此时就需要调整油水界面高度，以保证实际弱电场水滴的聚结作用。

设计中考虑采用界面自控系统，其调节范围一般为 200mm 左右。

4. *破乳剂*

电脱盐过程很少单纯采用电场脱盐方法，而是加入一定量的化学破乳剂，用以取代和破坏乳化膜，并进一步降低油水界面张力，从而使水滴在电场中易于聚结。

破乳剂的用量和类型对脱盐效果影响很大，由于不同原油所需破乳剂的成分不同，因而要对破乳剂进行选择。破乳剂的类型和用量必须经过实验室筛选，并通过工业实践确定。

由于环保等因素，国内的破乳剂基本上完成了从应用水溶性破乳剂向应用油溶性破乳剂的转变，油溶性破乳剂与水溶性破乳剂不同，不需要用大量的水来稀释后注入，然后大量的破乳剂又随电脱盐排水进入后续的污水处理厂。但从实际应用效果来看，针对某些原油，水溶性破乳剂的效果要好于油溶性破乳剂。油溶性破乳剂多为含氧、含酰胺基、含胺的高分子化合物，是从原油中提炼出来的，可以看作是原油的一种组成，不存在使用油溶性破乳剂是否会对后续加工带来负面影响的问题。需要指出的是，油溶性破乳剂和水溶性破乳剂都有自己的特点和优势，对于重质劣质原油，水溶性破乳剂的破乳效果往往更好一些，因此，对于所炼制的原油性质较差或操作温度较低的工艺，建议同时设计油溶性破乳剂注入系统和水溶性破乳剂注入系统，正常运行时，可只注入油溶性破乳剂，必要时，注入水溶性破乳剂或两种破乳剂同时注入。

另外，由于国内原油品种多、性质复杂，在不同开采时段，原油产量和含水量等工艺条件变化大，乳化液性质也有很大差别。影响破乳剂用量的因素包括原油的基本性质、原油混炼、原油储罐预脱情况、实际操作条件和电脱盐设备的运行情况等。一般来说，国产水溶性的破乳剂注入量相当于原油量的20~40μg/g，通常为20~30μg/g，且浓度为1%~3%的水溶液；油溶性破乳剂注入量大致相当于原油量的5~12μg/g，通常为3~4μg/g。

5. 注水

在电场脱水效果一定时，提高注水量可降低脱盐后原油中残存水含盐浓度，以提高脱盐率。但注水量过多将会增加脱盐罐内乳化层厚度，导致电耗增加，同时也会增加注水费用。另外，注入水的质量、注水部位等都会对脱盐效果产生重要影响。

（1）注入水的质量要求

在电脱盐过程中需要注入一定量的洗涤水，其可以是新鲜水，也可以是净化水或酸性汽提水，如有条件，最好为软化水。

为了减少洗涤水用量和污水排量，可仅在最后一级供给新鲜水，然后利用后一级的排水洗涤前一级的原油。这种串级返回洗涤原油的流程可以大大减少新鲜水用量和污水排放量。

注入水的含盐、含氧及酸碱性物质含量均应有一定要求。含盐量高将增加脱后原油的含盐量或增大注水量，含氧量高会在脱盐温度下造成腐蚀，含酸碱性物质会改变原油乳化液的pH值，并与乳化液中的有机酸等物质形成具有表面活性的乳化剂，加剧乳化作用或排水带油现象。目前国内有些炼油厂采用脱氧软化水，质量较好，但价格高；有些厂采用新鲜水，含氧是其主要缺点。炼油厂某些工艺过程产生的冷凝水用于脱盐注水，国内外均有报道，取得了变废为利的良好效果。例如催化裂化装置汽提水和原油蒸馏装置塔顶冷凝水等的含盐、含氧量均很少，但由于其中含氨有导致生成氯化铵而造成腐蚀和积垢的因素，因而国内各厂意见不一，需要根据具体情况由实验或经验确定，现在一般规定氨含量要求不大于40μg/g。然而从发展趋势分析，利用工艺过程废水作为脱盐注水用是有益的。

（2）注入水量

过去，国内电脱盐注水量，一级脱盐一般为原油量的4%~10%，通常在5%左右；第二级脱盐一般为原油量的3%~5%，通常在3%左右。现在一般规定注水量为原油量的4%~8%，并可根据原油的具体性质及脱盐效果进行调整。

如果注水量过少，脱盐效率会降低，这是因为通过混合阀形成的乳化液中的水滴彼此间隔太大，在电场中彼此碰撞聚结的机会降低，只有少量的水从油中脱除。

如果注水量过大，经过混合系统后形成的乳化液导电率增加，引起极板间电流升高，导致电压梯度降低，水滴在电场中受到的电场力变小，从而不能充分聚集沉降，降低脱盐效率。从节能降耗角度出发，需要尽量降低原油注水量。

（3）注水位置

洗涤水通常在混合系统前注入原油中，在某些特定情况下，可将一部分洗涤水注入原油换热器前。因为原油含有具有相反溶解性的可溶性碳酸钙和其他盐类，在原油换热器中，随着原油温度升高，这些盐类可以从溶液中沉淀出来，在换热器中形成一层厚厚的污垢，这种垢层影响了换热器的传热，增加了换热器清扫费用。此时在换热系统前注入部分洗涤水，可以溶解部分垢层，减少了这些垢层沉积量，同时有助于脱除部分可能堵塞换热器的固体颗粒。另外，水注入在换热系统前，由于延长了水和油的接触时间，也有利于提高脱盐率。

注入的水分散在油中所需增加的表面自由能，一般可由原油泵叶轮的搅拌或混合设备的静压能所供给。供给的能量越大，注入水在油中分散得越细，脱盐率就越高。但也不宜过大，过大致使原油过度乳化，不仅脱盐率提高幅度减小，而且使能量耗量过大。

洗涤水不宜加入到原油泵入口，因为油水乳化液经过离心泵的剪切，会形成非常稳定的乳化液，很难破乳，影响电脱盐设备的脱盐脱水效果。

6. 混合强度

原油电脱盐工艺中，原油、水和破乳剂的混合程度一般用混合强度来表示。混合强度与混合系统(静态混合器+混合阀)的压差直接相关。因此，混合系统压差是电脱盐系统中的重要操作参数，直接影响到洗涤效率和油水分离能力。如果混合阀压差 Δp 控制太低，洗涤水和原油间的接触不充分，不能有效完成盐和固体的脱除；如果混合阀压差 Δp 控制太高，水和油形成过度乳化液而不易破乳，在电脱盐罐中很难完成油水分离。通常混合压差可在30~150kPa之间进行调整。

混合强度因原油品种和脱盐罐内部结构的不同而各异，较高密度原油(API度=15~24)的混合阀压差 Δp 采用30~80kPa；较低密度原油(API度=25~45)的混合阀压差 Δp 采用50~130kPa。

中国石化金陵分公司5.0Mt/a原油蒸馏装置曾对加工鲁宁管输原油掺炼20%伊朗轻油时的混合强度与脱盐、脱水率进行工业试验，以选择最优的混合压差，通过试验得出适合该装置的压差为55kPa。不同生产装置加工不同性质原油的最优混合强度有所不同，但混合强度与原油脱后含盐量的总趋势是相似的。应根据所加工的原油品种和脱盐罐内部结构的实际状况确定混合强度。

7. 油水界位和水冲洗

通常根据工程经验确定电脱盐罐体内最佳油水界面高度。对于交流和交直流电脱盐罐，水位通常宜控制在进油分配系统上方约100~300mm左右；对于高速电脱盐罐，水位宜控制在最下层极板下500~800mm左右。相对来说，高速电脱盐罐体内部的水位比交流和交直流电脱盐罐体要高，以利于增加水相停留时间，减少排出污水含油量。

电脱盐水位的控制非常重要。因为在电脱盐罐内部，水位可以与罐内极板的最下端形成弱电场，用来脱除原油中较大的水滴。水位过低，一方面会造成弱电场强度太低，无法脱除较小水滴；另一方面会减少水相在电脱盐罐体内部的停留时间，导致排水含油量过高。水位过高，则会导致电脱盐罐体运行电流升高，如果水层进入电极板之间，会导致电脱盐设备完全短路，无法建立电场。

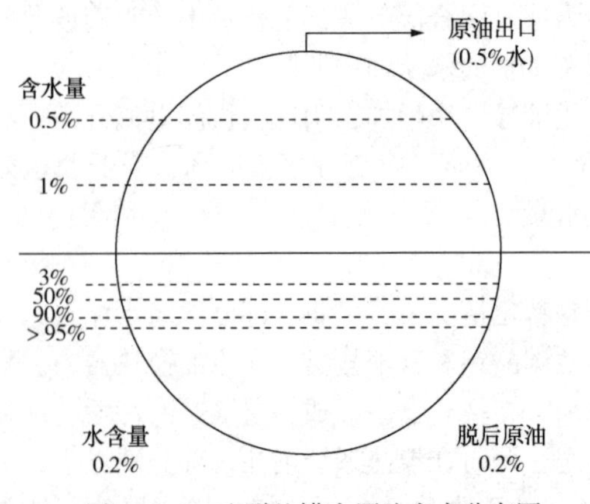

图6-1-7　电脱盐罐内原油含水分布图

原油的特性决定了油水界位不是一条线，而是一个区域，这个区域就是乳化带，在这个区域内都可以说是界位。图6-1-7为电脱盐罐内原油含水分布示意图。

对油水界位的测量一般采用射频导纳油水界位仪，当然也有其他类型仪表，但不同类型的仪表，其测量原理不一样，所以测量出来的界位值不尽相同。

乳化带越薄，不同仪表测量的界位值越接近，反之测量值相差越大。如果一套设备上装有不同类型的界位仪表，不建议用一种仪表去标定另一种仪表，可以做一些变化趋势或者变化量的比对和参考。

水冲洗操作对维持正常的油水界位具有重要作用。原油中通常含有泥沙等固体杂质，这些杂质往往会被带入到电脱盐罐体内沉积在罐体底部，越积越厚，造成罐体容积减小。若需保持油水界位，必然缩短水在罐体内的停留时间，这将导致排水含油量上升。若要控制排水含油量达标，保证油水分离时间，则需要提高油水界位。但油水界位过高会导致电极板间导电率增大或短路，影响装置的正常稳定运行，所以必须对沉积在罐体底部的泥沙进行定期冲洗。

第二节　不同脱盐技术的特点

随着我国常减压蒸馏装置大型化、所加工的原油重质劣质化，以及节能降耗等要求的发展，原油电脱盐技术也得到长足的进步，在消化吸收国外引进交流电脱盐技术的基础上，我国先后开发了交直流电脱盐、高速电脱盐、智能响应电脱盐、平流电脱盐、双进油双电场电脱盐等电脱盐技术等。

一、交流电脱盐技术

交流电脱盐技术是电脱盐的基础，是20世纪90年代以前广泛采用的电脱盐技术。交流电脱盐技术是在水平电极板之间施加交流高电压，形成交流高压电场。原油通过电场时，在电场作用下，水滴两端感应产生相反的电荷，并在交变电场中产生震荡，引起水滴的形状和电荷极性的相应变化，再加上水滴在运动中的相互碰撞，使得小水滴破裂而合并为大水滴，在重力的作用下，从原油中沉降下来。

根据原油处理量及罐体大小可设计为二层、三层、四层电极板结构。带电方式也有了变化，对于二层极板的电脱盐技术，下层极板通电，上层极板接地。这种设计方式，可使下层基本与油水界位之间形成交流弱电场，与上部的交流强电场的组合利用。设计两层水平极板的交流电脱盐罐内电场布置如图6-2-1所示。

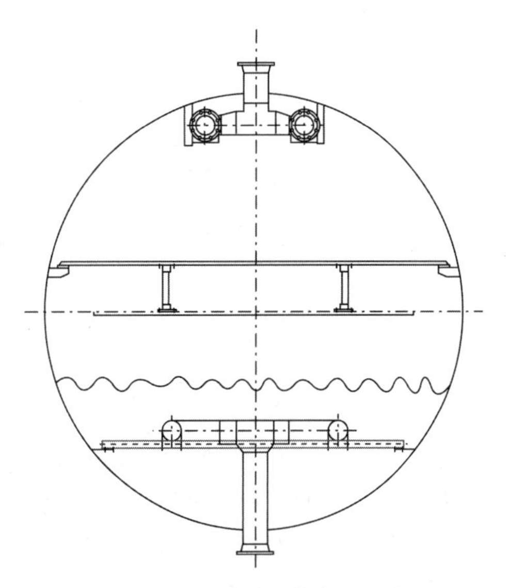

图6-2-1　交流电脱盐技术电场布置图

交流电脱盐的进油分配系统是由设计在电脱盐罐底部的双排进油分配管和倒槽式进料分配器组成的，进料位置在电脱盐罐的水层，进料分配器上出油孔的大小和数量根据原油性质和处理量进行合理设计，能够使乳化液在罐体内横向和纵向有一个均匀的分布，保证乳化液在罐体内均匀地平稳上升。也有进油和出油呈三角形分布的进油出油方式，两个进料分配器设计在罐体底部侧面，出油收集管设计在罐体顶部，流体流向呈三角形分布。

交流电脱盐技术是20世纪80年代从国外引进的电脱盐技术，当时中国炼油厂规模较小，而且像催化裂化、催化重整、加氢裂化等重油轻质化技术尚未发展，对原油脱盐的要求并不高，一般脱后原油含盐量为<5mg/L，基本上满足当时工艺技术要求。交流电脱盐技术的运行电耗也较高，每吨原油的电耗在0.5~0.7kW·h/t左右。

二、交直流电脱盐技术

交直流电脱盐技术是在交流电脱盐技术基础上发展起来的电脱盐技术。其主要特点是电脱盐罐内高压电场设计及供电方式发生了较大变化，即沿罐体轴线方向依次垂直悬挂若干块正负相间的电极板，通以半波整流的高压电，正、负两极同时引入罐内，使垂直极板间上部形成直流强电场，下部为直流中电场，垂直电极板的下端与油水界位又形成交流弱电场。原油、水、破乳剂组成的乳化液由水相进入电脱盐罐，自下而上先后通过交流弱电场、直流中电场和直流强电场。在交流弱电场中，电极上的电荷每秒变化若干次，就会引起水滴的形状和电荷极性的相应变化，这种振荡使包围水滴的乳化膜破裂，使大部分原油中较大的水滴在交流弱电场中脱除出来。同时乳化液的导电率大大降低，为进入上面的直流强电场提供了有利的电场条件，避免了电极板击穿或短路事故的发生。脱除较大水滴的乳化液继续上升进入直流电场。较小的含盐水微滴经过水平直流电场时产生横向“电泳”现象，使水滴碰撞概率增加，小或更小的水滴在具有更高电场强度的直流中电场和直流强电场中与油分离、沉降，实现脱盐、脱水目标。交直流电脱盐罐内电场布置如图6-2-2所示。

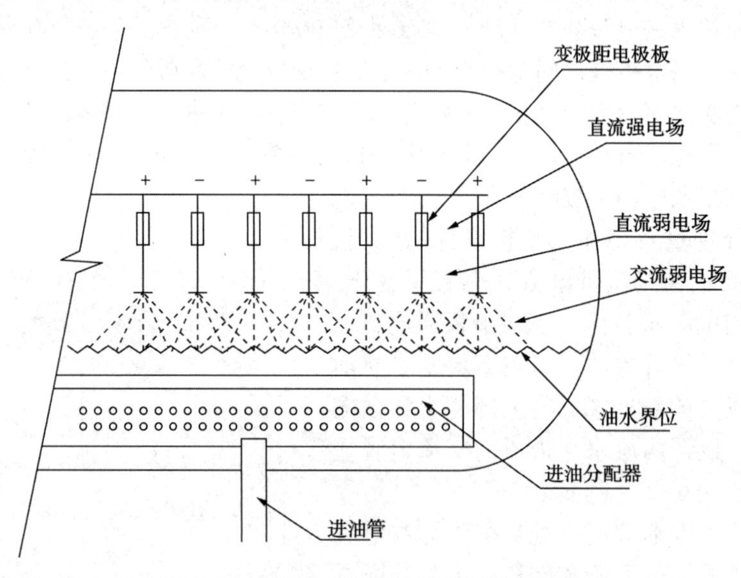

图6-2-2　交直流电脱盐技术电场布置图

第一套交直流电脱盐技术于1993年在金陵石化南京炼油厂投入运行，加工含盐在106.5mg/L以下的原油，采用一级电脱盐罐不送电，只作热沉降，二级电脱盐罐采用交直流送电的操作方案，原油脱后含盐达到了2.81mg/L的工艺技术指标。

交直流电脱盐技术电场布置合理，符合电脱盐罐体内水滴的分布状况，具有脱盐脱水率高、操作稳定、对油品适应性强、维修方便等优点。自1993年起，迅速在中国炼油厂得到推广和应用，无论新上电脱盐还是旧有电脱盐改造大都采用了交直流电脱盐技术。

交直流电脱盐技术综合了交流电场和直流电场二者的特点，电场的设计布置也更符合电脱盐工艺的要求。交直流电脱盐技术主要特点如下。

1. 在罐体内设计多种不同电场强度的电场

进入罐体的原油首先在交流弱电场中脱除大部分大水滴，降低原油的电导率，为原油进入中电场和强电场提供了好的电场条件，不至于发生电极板的短路、击穿和运行电流较大、能耗较高的情况。然后在直流中电场和直流强电场中脱除小的或更小的水滴。

2. 具有较高的脱盐效率

综合利用了交流电场频率交错变化对乳化液形成破乳作用和电场中极化的水滴在直流电场中形成电泳，增加细小水滴接触聚集概率的特点。交直流电脱盐技术具有较高的脱盐脱水率，达到了脱后原油含盐小于3mg/L、脱后原油含水小于0.2%、排水含油量小于200μg/g的技术指标。

3. 大大降低了电耗

由于乳化液的存在，正负极板之间不再是单纯的只具有阻抗或容抗的性质，而是极板间阻抗或容抗的性质同时存在，在正负极板之间形成电场，又不直接构成回路，电耗比传统的交流电脱水技术大大降低。交直流电脱盐电场的特殊设计及半波整流的供电方式，使相邻的正负极板之间存在电场，但不直接构成回路，大大节省了电耗，平均能耗仅为交流电脱盐设备的2/3。

4. 具有更强的适应性

根据罐体内原油的导电率布置电场的合理性设计，分别针对罐体内不同导电率介质设计不同的高压电场，对不同种类的原油和工艺参数的波动具有较强的适应性。适合中国炼油厂所加工原油切换频繁的特点，能够实现设备长周期稳定运行。

交直流电脱盐还是属于低速电脱盐技术，虽然对原油适应性强，运行效果好处理技术指标(盐含量)达到了3mg/L以下，但是受进油方式和电场设计的限制，在处理能力上还存在不足。

对于一个大型化炼油厂来说，如果采用低速交流和交直流电脱盐技术，设计的罐体就比较庞大，所需要的占地面积也很大，特别是对改扩建的炼油厂，往往在炼油厂初期不可能预留能够放置较大罐体的面积，在这种情况下，在大型化炼油厂建造中，往往首先采用高速电脱盐技术。

三、高速电脱盐技术

高速电脱盐技术最早是由美国Petreco公司开发的一种电脱盐技术，该技术被称为“bilectric desalter”。高速电脱盐成套技术的开发与应用应归结于对高压静电分离技术认识和研究的进步。在传统的低速电脱盐技术中，都将在电场中停留的时间作为关键的技术参数。美国Petreco公司的研究表明，在高压电场中原油乳化液在0.083s的时间内就完成了破乳过程，也就是在乳化液从进油喷嘴内喷出的一瞬间就完成了小水滴破裂并与周围水滴合并成大水滴的过程。因此，对高压静电分离技术认识和研究的进步，对高速电脱盐技术的成功开发与应用具有重要的意义。

1980年Petreco公司专利申请报告中提出：在高速电脱盐技术中采用了三层水平电极

板，形成两个相同的高压电场。原油乳化液进入两个高压电场中，在高压电场的作用下实现油水分离。该技术介绍的三层电极板中，上下两层都带电，中间一层接地，而且在其高速电脱盐装置中不设弱电场，上层极板与中层极板之间的距离和下层极板与中层极板之间的距离相同，均为强电场。1983 年 Petroco 公司对该技术进行了改进，将进油位置不设计在电脱盐罐体中央位置，而是在罐体侧面进油，经过水平高压电场后，在罐体另一侧设计了脱后原油收集管，将经过电场处理后的原油在收集管中进行收集后，再用一台泵抽出，然后再次返回到高压电场中，完成了二次高压电场的破乳分离。1985 年 Petroco 公司又改变了原油收集器的位置，脱后原油的收集不是在罐体侧面，而是在罐体顶部的原油收集管。由于高压电极都是采用的格栅电极，从罐体侧面进油和罐体侧面收集管出油或从罐体顶部的收集管出油都是很难控制的，目前还没有这种类型工业应用的文献报道。

1. 高速电脱盐技术特点

1）高速电脱盐技术突破了低速电脱盐技术在罐体底部水相进料的形式，而是通过特殊设计的进油喷嘴使一定含水量的原油乳化液直接进入到高压电场中。进油方式为油相进料，喷嘴设计在电场的中央。在高压电场作用下，乳化液中的极性微小水滴在很短的时间内聚积成大水滴，并从原油中沉降出来。

2）油流在罐体内的上升速度快，远远大于低速油流在罐体内的上升速度。同时，油相进料位置和方式的改进大大缩短了油流路径，原油不再是从罐体底部水相中慢慢上浮，而是直接进入罐体中上部电场。油流路径的缩短大大减小了油流在罐体内的停留时间，提高了进油速度。与低速电脱盐技术相比，在高速电脱盐中，原油在电场中的停留时间和在罐体内的总停留时间大大缩短。因而一个同样大小的电脱盐罐，采用高速电脱盐技术，罐体的处理能力是低速的 1.75~2.2 倍。

3）采用了油相进料，原油不再从水相中进入罐体，减少了进油对罐体内水层高度的限制，油水界位可以设计在一个较高的位置，能使排水含油技术指标达到一个更加理想的水平，减轻了污水处理的压力。

4）高速电脱盐配置的变压器容量相对较小，数量少，再加上较大的处理能力，使得高速电脱盐运行能耗较低，能耗降低到 0.1kW · h/t 原油以下，节能降耗特点明显。

2. 国产高速电脱盐的创新点

国外高速电脱盐技术在炼油厂的应用，引起了国内炼油技术专家、科技开发人员、工程设计人员的高度重视。在对高速电脱盐技术进行了研究和分析后，结合交直流电脱盐技术的优点和高速电脱盐技术的特色，建立了高速电脱盐实验装置，展开了高速电脱盐技术的研制和开发，历时三年成功开发出第一套国产化高速电脱盐成套设备。研发工程中申请了多项高速电脱盐技术专利，形成了自主知识产权。

研制成功的首套国产高速电脱盐技术于 2001 年 5 月在济南炼油厂一次开车成功，随后在中国炼油厂得到推广与应用。如中国石化扬子石化分公司处理量 6.0Mt/a 高速电脱盐、中国石化广州石化分公司处理量 8.0Mt/a 高速电脱盐、中国石油独山子石化分公司处理量 10.0Mt/a 高速电脱盐以及中国石化青岛炼化有限公司处理量 10.0Mt/a 高速电脱盐项目等。

国产高速电脱盐技术的研制和开发，特别针对了我国炼油厂加工原油品种多、油品切换频繁的特点，并继承了交直流电脱盐的设计理念，形成了独特的技术特点与良好的经济效益。

（1）国产高速电脱盐技术创新点

1）在高压电场作用下，乳化液中的极性微小水滴在很短的时间内聚积成大水滴，从原油中沉降出来。与传统电脱盐技术相比，在高速电脱盐技术设计中，原油在电场中的停留时间和原油在罐体内的总停留时间大大缩短。这是因为高速电脱盐进料分配器主要采用了等惯性设计原理和喷出原油区域与电场设计相吻合的设计思路，一方面确保喷出的原油全部经过电场，另一方面也不能使原油在电场中有太长的停留时间，以免增大电脱盐电源设备的负荷。

2）按电脱盐罐体内乳化液的分布状况设计电场，自下而上设计了一个弱电场、两个强电场和一个高强电场，形成了具有不同电场强度的复合型高压电场。不是仅通过延长原油在电场中的停留时间，而是根据电场力公式采用不同高压电场强度对微小水滴的聚积作用，实现原油与水的快速分离。

3）专用于高速电脱盐成套设备的变压器采用了导电性能好的新材料和绕组工艺设计，提高了变压器的容量，缩小了变压器的体积，同时降低了变压器温升。通过高压电场的合理设计，与低速电脱盐相比，降低了变压器的额定容量或变压器数量。

4）混合系统中的大型混合阀采用双座阀结构，阀体混合空间大，可以形成三个混合区域，以促进原油中的盐分与新鲜水充分接触，达到理想的混合效果。

在炼油厂实现大型化规模效益的背景下，随着对设备防腐的重视以及节能环保型炼油厂的建立，高速电脱盐技术具有广阔的应用前景。

由于高速电脱盐技术中原油在电脱盐罐内上升速度快，在电场中停留时间短，因而必须实现快速破乳，这就对高速电脱盐采用的破乳剂提出了更高的要求。采用与高速电脱盐技术相配套的高效复合型油相分散破乳剂，以使高速电脱盐成套技术达到理想的运行效果。

（2）高速电脱盐与低速电脱盐的比较

高速电脱盐成套技术是针对炼油厂大型化过程中在保证原油脱盐、脱水效果达标的前提下，为解决占地面积过大等问题而利用较小罐体实现大处理量的电脱盐技术。目前在国外大多数炼油厂也采用高速电脱盐技术，特别是一些大型化炼油厂，高速电脱盐技术更是被广泛地应用。

对年处理量为5.0Mt/a的高速电脱盐与低速电脱盐装置的设计参数进行对比，如表6-2-1所示。

表6-2-1　5.0Mt/a原油高速电脱盐与低速电脱盐设计参数对比

项　　目	低速电脱盐	高速电脱盐
电脱盐罐尺寸/mm	ϕ4000×26000	ϕ3600×14000
进料位置	罐体底部水层中	罐体中央高压电场中
进料部件形式	进油分配管，倒槽式 进料分配器	双层喷嘴
极板形式	垂挂式	水平
极板层数(水平)	2层或3层	3层或4层
供电形式	交直流	交流或交直流
变压器数量/台	3	1
相对处理能力	1	2

续表

项　目	低速电脱盐	高速电脱盐
油流在罐体内上升速度/(mm/s)	1.8	3.6
脱后原油含盐量/(mg/L)	≤3	≤3
脱后原油含水量/%	≤0.3	≤0.3
排水含油量/(μg/g)	≤200	≤150~100
电耗/(kW·h/t 原油)	0.18(交直流电脱盐)0.7(交流电脱盐)	0.05~0.10

可以看出，高速电脱盐在处理量、电脱盐罐体和电耗上有明显优势；在运行技术指标上，高速电脱盐与低速电脱盐没有太大差异。

四、平流电脱盐技术

平流电脱盐技术在原油在电脱盐罐内流动路径上与其他电脱盐技术不同，原油不是从罐体底部进入、从上部流出，而是从卧式罐体的封头一端进入罐体，经过罐体内电场脱水脱盐，脱后原油从罐体的另一端封头流出电脱盐罐。图 6-2-3 为平流电脱盐原理示意图。

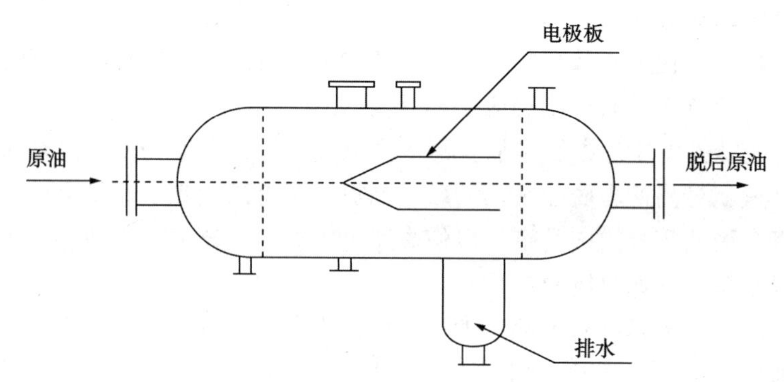

图 6-2-3　平流电脱盐原理示意图

平流电脱盐技术根据罐内高压电场的设计，一般分为两种不同形式，即鼠笼式平流电脱盐技术和垂直极板平流电脱盐技术。

鼠笼式平流电脱盐技术，电极板采用轴向鼠笼结构，原油罐体内设计鼠笼式电极板结构，在罐体长度方向上的平流入口段，原油含水量较高，导电率较大，设计鼠笼式弱电场，在罐体出口段设计鼠笼式强电场，弱电场和强电场都设计采用不同容量和高压输出的变压器。鼠笼式电极板布置板示意图如图 6-2-4 所示。

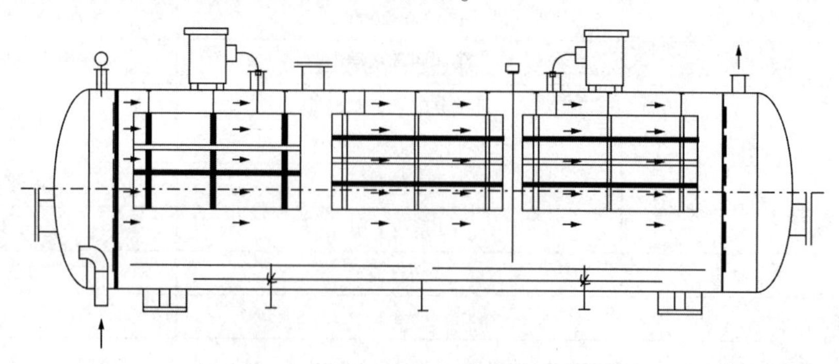

图 6-2-4　鼠笼式电极板布置板示意图

垂直极板平流电脱盐技术，则在罐体内设计若干垂挂式极板，垂挂式极板的电场强度不同，在罐体长度方向上的平流入口段，垂挂式极板设计为电场强度较小的弱电场，在罐体出口段，设计电场强度较大的强电场，弱电场和强电场都设计采用不同容量和高压输出的变压器。

平流电脱盐技术的优点是，由于是水平方向进料，在高压电场中分离后的水滴和油滴分别做向下和向上方向水平抛物线运动，减少了油流向上运动与水滴向下运动形成的“返混”，有利于油水分离。

从实际运行情况来看，平流电脱盐技术也存在一些问题，如经常出现原油进口段高压电引入棒的烧蚀事故，主要还是该处原油导电率比较高，而且在加工储罐底部原油时，对该处的冲击比较大，所以该技术对原油的适应性尚需提高。另外，虽然在罐体入口段设计了进油分配器，希望原油在电脱盐罐内水平方向上均匀流动，但由于电脱盐罐体直径比较大，很难通过进油分配器，使流体得到均匀流动，这样罐体上设计的变压器容量、所受的负荷和运行电流都不一样，在电脱盐装置设计时难以做到负载平衡，实际运行电流更是变化波动大，进口段也经常出现短路和击穿事故。

五、脉冲电脱盐技术

脉冲电脱盐技术采用脉冲方波电压，形成高压、脉冲电场，油水乳化颗粒在瞬间高压下极化、聚结。采用专用脉冲供电设备，可以输出瞬间高压，在电极板之间形成单向、高压、高频、窄脉冲电场。脉冲电脱盐供电系统采用微电脑和可控硅控制，也可以实现恒压运行，与传统全阻抗电脱盐变压器相比，减少了全阻抗带来的无功损耗。

脉冲电脱盐输出到极板上的电场波形不同于交流电脱盐和交直流电脱盐，它采用脉冲供电方式，脉冲宽度为30~1000μs，脉冲间隙为30~10000μs，脉冲频率为50~2000Hz，在电脱盐罐体内形成脉冲电场，场电压波形为单向脉冲方波。在极板上施加单向脉冲电压时，因单向脉冲电压可分解为直流电压与交流电压的叠加，即原油中的水滴既受到直流电场的偶极力聚结作用，又受到交流电场的振荡聚结作用，同时电脉冲可使原油中电场峰值提高很多，使脉冲电脱盐技术具有较好的破乳效果。

脉冲电脱盐技术在国内刚刚开始应用尝试，虽然已经总结了一些研制过程中的实验经验，但是工业应用效果和数据还比较少，特别是在大型化电脱盐装置及劣质原油的应用还需要进一步探索，以更好地完善该技术。

六、双进油双电场电脱盐技术

双进油双电场电脱盐技术是高速电脱盐技术的一种变通。该电脱盐技术设备的结构示意图如图6-2-5所示。原油、新鲜水和破乳剂组成的原油乳化液经过进油总管向两条进油支管进行原油分配，分别进入电脱盐罐内上部和下部的两个高压电场。

上部电场是由带电水平电极与接地水平组电极组成的交流高压静电场，在电场力的作用下，乳化液破乳分离，在电场底部设计水盘，分离出的水和泥沙沉积在水盘上，并通过所设计的落水管连通到罐体底部。为及时排出沉积在水盘上的泥沙，也设计了水冲洗系统。进入下部电场的原油乳化液也是经过进油总管和进油支管向下部电场进油的，通过进油分布器出来的乳化液呈层状缓慢进入下部电场，在电场力的作用下，水滴聚集沉降到电脱盐罐底部。

经过下部高压电场脱水后的原油向上浮升，通过上部电场单元两两之间的通道、上部电场单元与电脱盐罐内壁之间的通道，流入电脱盐罐上部净油层。由于上部电场聚集沉降的含盐污水通过落水管导入电脱盐罐底部水层，和下部电场脱水后的净油向上浮升各行其道，下部电场脱水后的净油和上部电场聚集沉降的含盐污水不接触不会反混，有利于脱后含水量等技术指标的实现。

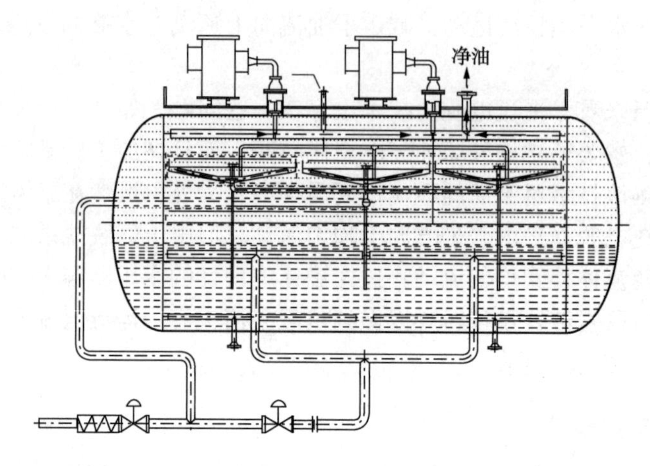

图 6-2-5　双进油双电场电脱盐设备结构示意图

双进油双电场电脱盐技术是对高速电脱盐技术的变形，相当于将电脱盐罐上下分成两个罐体，而且这两个罐体流体相互隔离，互不影响。虽然形式上实现了双层进料，但是高速电脱盐主要特点是利用相对较小的罐体实现较大的处理量，以双进油双电场下部电场来说，经过下部电场完成分离的原油经过上部电场单元两两之间的通道以及与电脱盐罐壁之间的通道流到罐体顶部，这个流速是非常快的，甚至成为罐体内的“沟流”，这种流动很容易将细小的水滴带走，难以达到更大处理量。从实际运行情况来看，上部电场水盘中沉积了大量泥沙，水冲洗很难将大量泥沙排出罐体，上部电场间距太小，水冲洗操作对电场的扰动影响较大，影响设备长周期稳定运行。

七、智能调压电脱盐技术

智能调压电脱盐技术是一种能耗低、破乳能力强、对劣质原油适应性强的新型电脱盐技术。它是吸收了交流电脱盐技术和交直流电脱盐技术的技术优势，并结合了动态响应电脱盐技术的特点，研制开发的一种新型高效节能的电脱盐技术。

智能调压电脱盐技术改变了输入到电脱盐罐内高压不能在线调整的缺点，是电脱盐技术的重大进步，是一种对各类复杂乳化原油具有适应性，特别是用于易发生乳化的高黏度、高酸值、高含水、高导电率重质原油的脱盐脱水技术。

智能响应电脱盐技术取消了传统变压器内部100%阻抗器和五个固定挡位的高压输出挡位，变为无极可调。电脱盐罐体内的运行电流被实时监控，并输送到智能响应控制柜中的PLC控制系统，PLC通过运算后将输出调整信号给可控硅控制器，通过改变可控硅的导通角，并对变压器的一次侧电压进行调整，从而改变输出到极板上的二次高电压，以使该输出高压适合罐体运行状况，增强破乳效果，实现原油的脱盐脱水。

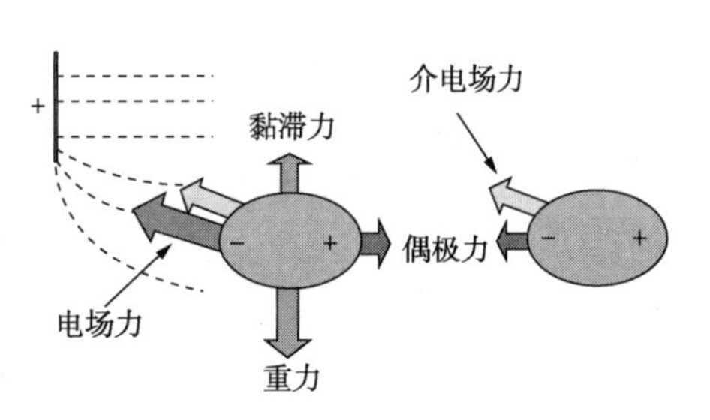

图 6-2-6　油水界面处的水滴在电场中的受力情况

重质劣质原油易在油水界面发生乳化，电脱盐变压器往往因电流过高而发生短路或跳闸，这主要是由于油水界面处的乳化液含水量比较高造成的。在固定输出高压的情况下，油水界面处的水滴受力处于平衡状态，如图 6-2-6 为油水界面处的水滴在电场中的受力情况。通常如果电脱盐罐运行时确保油水界面处的弱电场运行稳定，则整个电脱盐系统操作就平稳了。

智能响应电脱盐技术向电极板上输出可调高压电，由于高压是变化的，避免了该处细小水滴在某以固定高压电下形成的平衡状态，促进油水破乳和水滴沉降。

智能响应电脱盐技术可以根据不同原油的性质和特点，通过预先编程设定的波形曲线工作或通过控制器可以动态调整输出控制曲线和控制参数，在处理不同的油品时可以在线设定及修改动态调压曲线参数，以向不同的油品施加更适合该油品的电场强度和时间，改变了单一高压输出的情况，使各种原油都达到较好的脱盐脱水效果。

同时智能响应电源也可输出恒压直线，在此种工况下，类似于全阻抗变压器的一个固定挡位，但此种恒压是 0~25kV 之间任意一个点的恒压，比采取固定挡位的全阻抗变压器更有优势。如图 6-2-7 为智能响应电脱盐技术两种典型的高压输出曲线。

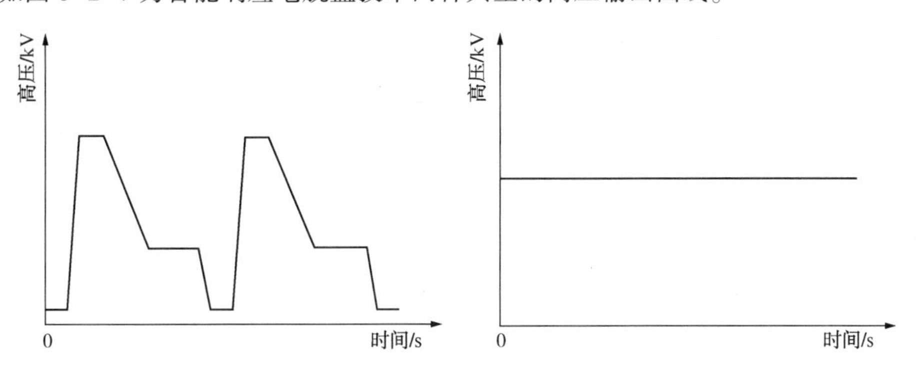

图 6-2-7　智能响应电脱盐技术两种典型的高压输出曲线（调压模式和恒压模式）

八、多频复合梯度电场电脱盐技术

多频复合梯度电场电脱盐技术，是利用了不同频率和不同电场强度对复杂原油乳化液的破乳脱盐脱水技术，特别针对重质劣质原油易在油水乳化层形成高导电率顽固乳化层的工况。

在多频复合梯度电场电脱盐技术中，在高压电场设计时，更注重各种频率高压及各种强度电场的设计。顽固乳化液的破乳效果与电压的波形密切相关，工频的正弦交流或近似正弦交流，属缓慢变化的电场，对乳化膜的穿透冲击力不强。采用高频（50~5000Hz 连续可调）增强对乳化膜冲击频次，这种较高频率的高压电场对油水乳化液界面膜破除具有较强的穿透力。而且在较高频率的高压电场中，即使乳化液的导电率增高，由于振荡加快，短路电弧尚未形成，已经进入下一个周期的送电运行，有利于抑制高压电场中电弧的产生。

在重质劣质原油电脱盐罐内易乳化的油水面处，设计具有一定频率的高频电场，采用专门的变压器进行供电。在罐体上部设计了交流弱电场、直流中电场、直流强电场和直流高强电场，也采用专门的变压器进行供电，集振荡聚结、偶极聚结和电泳聚结三种功能于一体。这种高压电场的设计，即使油水界面发生严重乳化，也不会影响上部具有较强电动力高效交直流电脱盐技术的平稳运行。图 6-2-8 为多频复合梯度电场布置示意图。

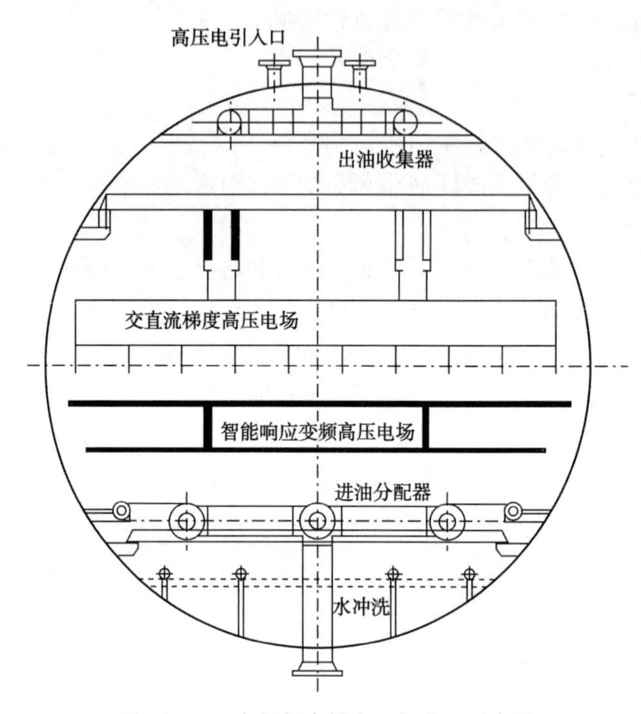

图 6-2-8　多频复合梯度电场布置示意图

九、电动态电脱盐技术

电动态电脱盐技术是美国 NATCO 公司研制开发的一种电脱盐技术，有两个显著特点：一是洗涤的新鲜水从电脱盐罐体内顶部设计的分配管进入电脱盐脱水器，新鲜水与原油成逆向流动；二是利用高压电场的电分散和电聚积作用，在高强电场作用下，淡化水通过电分散被破碎，分裂成许多细小颗粒与逆向而来的原油混合，使淡化水与盐水大面积密集接触，将原油中的盐分溶解到新鲜水中。然后极板间的电压降低，形成聚积高压电场，已经溶有盐分的细小颗粒又在高压电场作用下聚积结合在一起，并且不断增大，并从原油中沉降处理，达到脱水和脱盐的目的。较早时期，中海油南海某油田曾引进该技术，据说，该工艺操作实现起来比较困难，而且外方服务也不及时，实际运行时并没有实现逆行注水。电动态脱盐技术原理如图 6-2-9 所示。

1. 电动态脱盐脱水装置的主要构件

(1) 电载荷响应控制器

电载荷响应控制器是用来控制电压、调节电场强度的设备。由电抗变压器、可控硅整流器以及显示器和有关电子元件组成。对电场强度的调节，可通过可控硅整流器导通

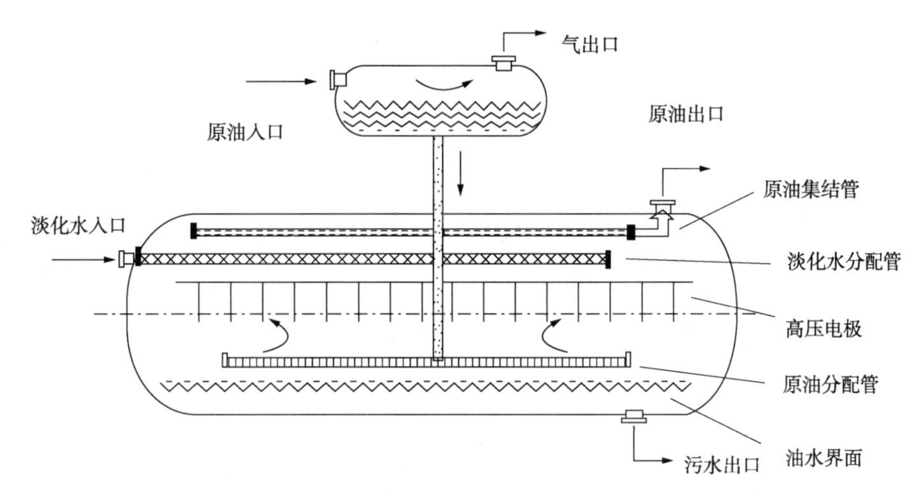

图 6-2-9　电动态脱盐技术原理图

角的调整来实现。电载荷响应控制器具有处理器的功能，可根据用户需要编程和设定值来调整电场。

（2）电极板

电极板采用高分子材料，具有导电性，可在板表面形成薄水层，成为沿板高度方向的导电媒介。采用高分子材料制成的电极板增加了电极板表面的耐水、耐腐性，对极板间水链放电有极好的抑制作用。

（3）绝缘衬套

绝缘衬套是一个技术上要求很高的设备，除了起高电压绝缘作用外，它还具备耐压密封、耐高温和防腐蚀等特点。绝缘衬套的中心部分为导电体，由铜线与不锈钢组成。导体外层为聚酰亚胺和特氟隆，耐高温、耐腐蚀，耐压超过 60kV。

（4）电极悬挂器

电极悬挂器由玻璃纤维、铸造纯特氟隆等材料组成。具有良好的绝缘性，耐高温性和抗拉性等特点。其显著的技术特点是洗涤水从罐体内顶部喷淋下来，通过高压电场电分散和电聚积实现脱盐脱水。

2. 电动态脱盐脱水技术的特性

电动态脱盐脱水技术主要包括电场强度控制、强静电混合、淡化水与原油的逆向流动等方面。

静电脉冲周期由颗粒扩散、混合、聚合和沉降四个处理阶段组成，电脱水和脱盐过程就是静电脉冲周期反复运动的过程。在滞留时间之内，将会经历多个循环周期，再加上淡化水不断地注入，就会形成淡水与原油中的盐水多层次的接触与结合。其中，颗粒扩散阶段电压急剧上升，直到混合阶段，大量的大颗粒水由于电场作用迅速减少，同时小颗粒水在增多；颗粒混合阶段电场强度最大，水颗粒被最大限度细分并扩散，此时被细分的淡化水与原油的接触面积达到最大化，大部分的淡水与油中的盐结合发生在这个阶段；水颗粒结合阶段为电场强度转弱阶段，使小颗粒水相互结合成较大的颗粒；颗粒聚结沉降阶段电场强度达到最低，最有利于已结合在一起的大颗粒水发生沉降。大颗粒水由于质量的原因很快沉到水层

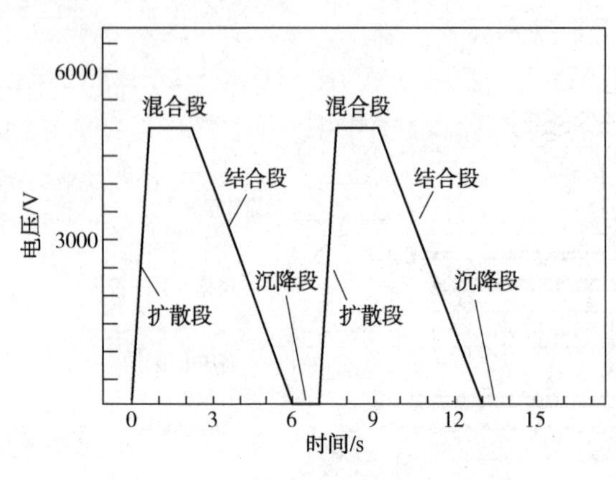

图 6-2-10　电动态脱盐电场变化图

区，部分小颗粒沉降速度慢，有可能仍处于电场区，进入下一个周期循环过程。一个静电混合周期如图 6-2-10 所示。

十、其他电脱盐技术

工业应用和实验室研究的原油脱盐脱水技术有多种，如油田利用储罐的重力沉降脱盐脱水技术、低温加热降黏脱盐脱水技术、添加破乳剂的化学破乳脱盐脱水技术、利用高压电场的电脱盐脱水技术、旋流分离脱盐脱水技术、过滤脱盐脱水技术、超声波破乳脱盐脱水技术、微波辐射脱盐脱水技术、生物脱盐脱水技术和变频脉冲电脱盐脱水技术等，其中电化学脱盐脱水法在工业生产中得到广泛的应用。

第三节　原油脱盐工艺计算

一、聚积水滴在罐体内的沉降

将新鲜水、破乳剂注入到原油中，在混合设备的充分混合下，使原油中的盐分与新鲜水充分接触，将原油中的盐分溶解到新鲜水中，同时也形成了原油和水的乳化液。乳化液进入电脱盐罐内，在罐内高压电场的作用下，乳化液破除，原油和溶有盐分的水分离，通过脱水实现了脱盐的目的。

下面主要介绍电脱盐罐内高压电场的布置分配、水滴的沉降和进油分配设施的设计原则等。

(一) 罐体、油相和水层停留时间

为便于理解，按照某炼油厂常减压电脱盐进行计算示例，计算基本条件为：原油处理量为 3.5Mt/a，年开工 8400h，所加工原油为高酸重质原油，原油 25℃ 的密度为 0.94g/cm^3，在操作温度 140℃ 下的密度为 0.8723g/cm^3。新鲜水注入量为原油加工量的 5%。电脱盐罐体尺寸为 ϕ5200mm×28000mm(T/T)。

在操作温度下，原油体积流量为：$3.50\times10^6\div8400\div0.8723=477.66$m^3/h

原油含水量按 1.5%进行计算，则原油中含水量为：$477.66\times1.5\%=7.16$m^3/h

注水量为原油流量的 5%：$477.66\times5\%=23.88$m^3/h

进入电脱盐罐内的水含量为：$7.16+23.88=31.04$m^3/h

在电脱盐设备运行过程中，绝大部分水滴在高压电场作用到的油水界面处进行了分离，也就是说，只有少量的水进入到电场中，以保证高压电场在低导电率的介质中平稳运行。

根据实验数据和工程经验，进入交流弱电场、直流中电场、直流强电场和直流高强电场的水分别按原油量的 2%、1.0%、0.6%、0.4%进行设计计算，则：

进入交流弱电场的水量为：$477.66\times2.0\%=9.55$m^3/h

进入直流中电场的水量为：477.66×1.0% = 4.78m^3/h

进入直流强电场的水量为：477.66×0.6% = 2.87m^3/h

进入直流高强电场的水量为：477.66×0.4% = 1.91m^3/h

最终达到脱后原油含水量小于 0.3% 的技术指标，原油含水量为：477.66×0.3% = 1.43m^3/h

罐体最大水平截面面积为：5.2×28 = 145.6m^2

罐体体积为：3.14×(5.2/2)^2×28+2×17.1479 = 628.64m^3

在油水界面设计时，在电场合理布置的情况下，尽量提高油水界面的设计位置，达到 1000mm 高度，使分离出的水在罐体内有更长的停留时间；同时，虽然采用了水相进料的进油方式，在设计时，也将进油分配器尽量提高，达到 900mm 高度，接近油水界面的位置。这样在进油分配器到罐体底部有一个比较大的静水层空间，避免了进油分配器设计在水层底部原油上升时对水滴沉降的影响，确保排水含油技术指标的实现。

油水界面设定高度为 1000mm 时，水层截面积为 2.86m^2，整个水层体积为：

$$2.86×28 = 80.08m^3$$

水在罐体内的停留时间取决于原油含水量、注水量和罐体内水层体积，水层停留时间为：80.08÷(23.88+7.16−1.43)×60 = 162.27min

罐体内除去水层后的油相体积为：628.64−80.08 = 548.56m^3

原油在罐体内停留时间为：548.56÷477.66×60 = 68.91min

（二）水滴在罐体内的沉降

原油中油包水的微小水滴必须在破乳剂及高压电场作用下聚积成大水滴所受的重力足够克服原油的黏滞阻力时，才能从原油中沉降分离出来。

1. 水滴沉降的理想状态模型和沉降速度计算

在水滴沉降的整个过程中，最初的沉降是最困难的，最初沉降启动是一个从零开始的过程，而电脱盐罐内水滴的沉降并不是一个匀速的过程。在研究过程中，往往将水滴设想为表面光滑的刚性球形水滴颗粒置于静止的黏性油水乳化液流体介质中。在垂直方向上，颗粒将受到重力、浮力和黏滞阻力的作用。重力向下，浮力和黏滞阻力向上，在这里水滴体积很小，所受浮力忽略不计。水滴沉降受力理想模拟如图 6-3-1 所示。

水滴所受黏滞阻力是水滴表面与乳化液摩擦时产生的，是原油乳化液对颗粒实施拖曳的力，与颗粒运动方向相反，作用方向是向上的。重力减去阻力，是促使水滴颗粒沉降的净力。在此净力的作用下，颗粒产生一定的加速度，水滴开始启动沉降过程，且在该力的作用下，沉降速度越来越快。随着水滴沉降速度的增加，水滴所受的阻力也在不断增大。当阻力增大到等于重力与浮力之差时，水滴受到的合力为零，此后，水滴开始匀速下降运动。这样分析下来，电脱盐罐内水滴的沉降过程可分为两个阶段：第一阶段为加速段，此时水滴受到重力减去浮力和阻力的合力的作用，使水滴呈加速运动，在这一阶段中，随着颗粒速度的增大而使阻力增大；第二阶段为匀速运动，速度越来越大的水滴所受的阻力增大与浮力的合力与重力平衡时，转为第二阶段的匀速运动。

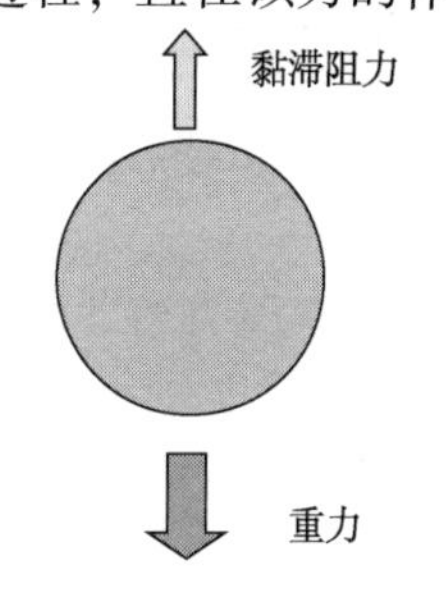

图 6-3-1　水滴沉降受力理想模型

实际上，水滴在下降沉降过程中，不断与下降路线周围的水滴发生碰撞及合并，该水滴不断增大，所受重力、浮力和阻力也不断增大，为便于计算，按照理想状态的物理模型进行考虑。

在电脱盐罐内水滴最初的开始沉降运动可以认为是一种遵循斯托克斯沉降公式(6-1-2)的理想状况。将达到沉降条件即将发生沉降的水滴看作一个在均匀介质中受力平衡的刚性小球，此时水滴在垂直方向上所受的重力、黏滞力处于受力平衡状态，其重力再增大一点点，就即将发生沉降。

$$u=\frac{d^2\times(\rho_w-\rho)g}{18\mu} \tag{6-3-1}$$

式中 u——水滴沉降速度，m/s；

d——水滴直径，μm；

ρ_w——水(或盐水)的密度，kg/m^3；

ρ——原油的密度，kg/m^3；

g——重力加速度，$9.81m/s^2$；

μ——油的黏度，Pa · s。

当然，要想使水滴从罐体内上升的油流中沉降出来，还必须使水滴的沉降速度大于油流的上升速度，否则快速上升的油流将把水滴带走，造成脱后原油含水超标。被油流带走的水滴，往往是那些还没有被聚积或者聚积不够大，不能沉降或者沉降速度太小的小水滴。因此还要确保罐体内的油流上升速度不能太快。这就是为什么电脱盐罐大都设计选用卧式罐，以便获得更大横截面积，减低油流上升速度，尽量使更小的水滴得到充分沉降。电脱盐罐体大小的选择及高压电场的设计等往往都以罐体最大横截面积为基础。

计算举例，某原油在20℃密度为916kg/m^3，电脱盐操作温度为125℃，经高压电场聚积后，求其中粒径为340μm的水滴沉降速度。

随着温度的升高，介质的密度和黏度都发生变化。在125℃下，水的密度为939kg/m^3，原油的密度为856kg/m^3，原油乳化液的黏度为3.5×10^{-3}Pa · s。

根据斯托克斯沉降公式：

$$u=\frac{d^2(\rho_w-\rho)g}{18\mu}=\frac{(340\times10^{-6})^2\times(939-856)\times9.81}{18\times3.5\times10^{-3}}$$

$$=1.49\times10^{-3}m/s=1.49mm/s$$

也就是说，粒径为340μm的水滴，在黏度为3.5×10^{-3}Pa · s下，其沉降速度为1.49mm/s，或者说，如果油流在罐体内上升速度为1.49mm/s，只有比340μm更大的水滴才能从原油中沉降处理。

2. 影响水滴沉降速度的因素分析

通过斯托克斯沉降公式可以了解和分析影响水滴沉降的各种因素，以及各种因素对水滴沉降影响的程度，以便探索和建立促进水滴沉降的操作条件和措施。

从公式中可以看出，其中作为推动力的油水密度差变化不会太大。根据《原油电脱水设计规范》，将原油分为轻质原油(20℃时密度小于或等于0.8650g/cm^3的原油)、中质原油(20℃时，密度为0.8651~0.9160g/cm^3的原油)和重质原油(20℃时密度大于0.9161g/cm^3的原油)。换算到 125℃的电脱盐操作温度，中质原油的密度区间为 0.8050~0.8563g/cm³，而液态水在该操作温度下的密度为 0.9390g/cm³，也就是说，根据斯托克斯沉降公式中量纲计算，属于中质原油的推动力油水密度差在 82.7~134kg/m³之间。而重质原油在电脱盐操作温度下，密度更大，更接近水在该操作温度下的密度 939kg/m³，其推动力会更小，同时，更为重要的是，重质原油的黏度更大，将对水滴沉降速度造成影响。

水滴的沉降速度与电脱盐操作温度下原油的黏度成反比，对于重质原油，希望在更高的温度下操作，主要目的就是降低原油乳化液的黏度，该黏度对水滴沉降速度产生较重要的影响。对某种原油在不同操作温度、不同黏度下，水滴沉降速度的单因素影响计算分析见表 6-3-1。

表 6-3-1 不同黏度对水滴沉降速度的单因素影响分析

原油密度/(kg/m³)	水密度/(kg/m³)	水滴直径/μm	运动黏度/(mm²/s)	动力黏度/($\times10^{-3}$Pa · s)	沉降速度/(mm/s)
856	939	340	3	3.50	1.49
856	939	340	4	4.67	1.12
856	939	340	5	5.84	0.90
856	939	340	6	7.01	0.75
856	939	340	7	8.18	0.64
856	939	340	8	9.35	0.56
856	939	340	9	10.51	0.50
856	939	340	10	11.68	0.45
856	939	340	11	12.85	0.41
856	939	340	12	14.02	0.37
856	939	340	13	15.19	0.34
856	939	340	14	16.36	0.32
856	939	340	15	17.52	0.30
856	939	340	16	18.69	0.28
856	939	340	17	19.86	0.26
856	939	340	18	21.03	0.25
856	939	340	19	22.20	0.24
856	939	340	20	23.36	0.22

虽然可以根据斯托克斯公式得出水滴沉降速度与黏度的一次方成反比例关系，但在这里需要指出的是，当所加工原油的黏度在操作温度下分别是 3mm²/s 和 9mm²/s 时，往往主观上认为对运行效果没有大的影响，实施上，沉降速度已经是 3 倍的关系了，从 1.49mm/s 降低到 0.50mm/s，对水滴的沉降速度有较大影响。

同理，对于水滴直径对沉降速度具有更显著的影响，从斯托克斯公式就可直接看出沉降速度与水滴直径的二次方成正比，其对沉降速度的影响可以从表 6-3-2 的对比中体现出来。

表 6-3-2 操作温度下水滴直径对水滴沉降速度的单因素影响分析

温度/℃	原油密度/(kg/m³)	水密度/(kg/m³)	水滴直径/μm	相对直径	运动黏度/(mm²/s)	动力黏度/(×10⁻³Pa·s)	沉降速度/(mm/s)	相对沉降速度
125	856	939	800	2.76	8	9.35	3.10	7.56
125	856	939	780	2.69	8	9.35	2.94	7.18
125	856	939	740	2.55	8	9.35	2.65	6.46
125	856	939	710	2.45	8	9.35	2.44	5.95
125	856	939	680	2.34	8	9.35	2.24	5.46
125	856	939	650	2.24	8	9.35	2.04	4.99
125	856	939	620	2.14	8	9.35	1.86	4.54
125	856	939	590	2.03	8	9.35	1.68	4.11
125	856	939	560	1.93	8	9.35	1.52	3.70
125	856	939	530	1.83	8	9.35	1.36	3.32
125	856	939	500	1.72	8	9.35	1.21	2.95
125	856	939	470	1.62	8	9.35	1.07	2.61
125	856	939	440	1.52	8	9.35	0.94	2.29
125	856	939	410	1.41	8	9.35	0.81	1.98
125	856	939	380	1.31	8	9.35	0.70	1.70
125	856	939	350	1.21	8	9.35	0.59	1.45
125	856	939	320	1.10	8	9.35	0.50	1.21
125	856	939	290	1	8	9.35	0.41	1.00

3. 乳化液中水滴和高压电场下的水滴聚积

液滴的聚积长大与原油的黏度有很大的关系：原油黏度越大，分散在原油中的液滴就越小，相邻的液滴聚积的难度就越大；原油黏度越小，分散在原油中的液滴就越大，相邻的液滴聚积的难度就越小。细小水滴在不同原油中的分布显微照片如图 6-3-2 所示。

(a)轻质原油

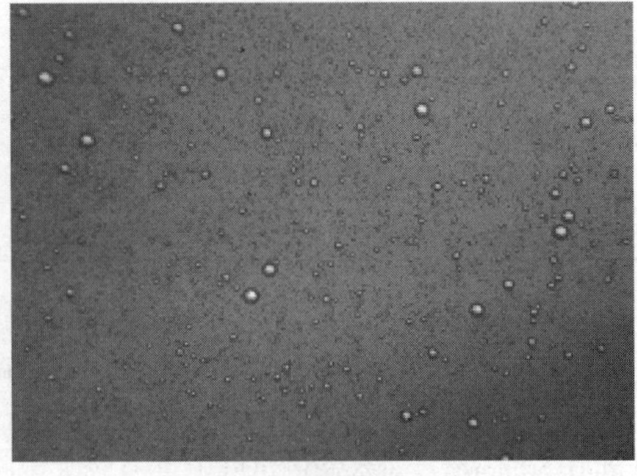

(b)重质原油

图 6-3-2 细小水滴在不同原油中的分布显微照片

分散在黏度较大的重质原油中水滴的粒径更小，主要是重质原油中胶质、沥青质含量较高，这些天然乳化液使得液膜更加牢固，稳定性强，难以与周围的细小水滴合并聚积成大水滴。

水滴在不同黏度原油中分散形成的水滴直径可参照如下公式：

$$d_m = 500(\mu)^{-0.675} \qquad (6-3-2)$$

式中　d_m——油中沉降出的水滴直径，μm；

μ——油相的黏度，cP。

分散在不同黏度原油中水滴直径的相关曲线如图6-3-3所示。

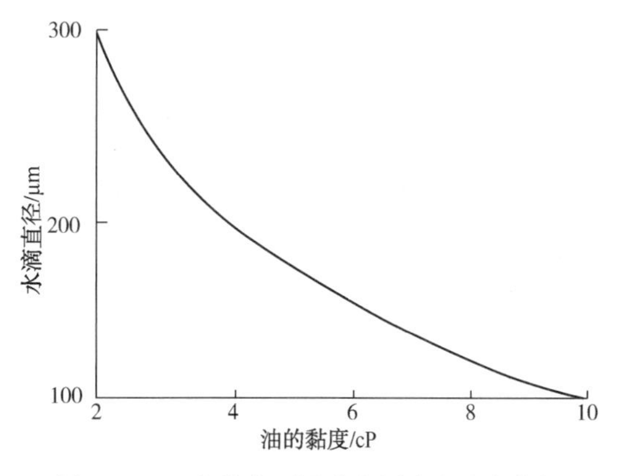

图6-3-3　分散在不同黏度原油中水滴直径

在高压电场作用下，乳化液中的细小水滴很多会聚积成大水滴，图6-3-4分别是在实验室通过显微镜下拍摄、在高压电场中聚积过程视频中剪辑的三张照片。

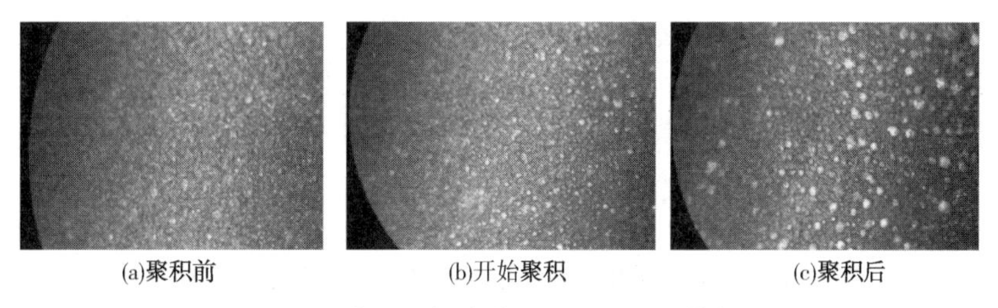

(a)聚积前　(b)开始聚积　(c)聚积后

图6-3-4　高压电场水滴聚积过程视频剪辑照片

高压电场提供电场力，作用在油水乳化液上，促进油水界面膜的破裂，使相邻的水滴聚积起来，成为大水滴，高压电场对界面膜的破坏明显，这个过程并不需要很长的时间，甚至是很短暂的。图6-3-5为PETRCO公司利用高速摄影显微镜拍摄的高压电场对油水界面膜的破除和水滴聚积过程照片。

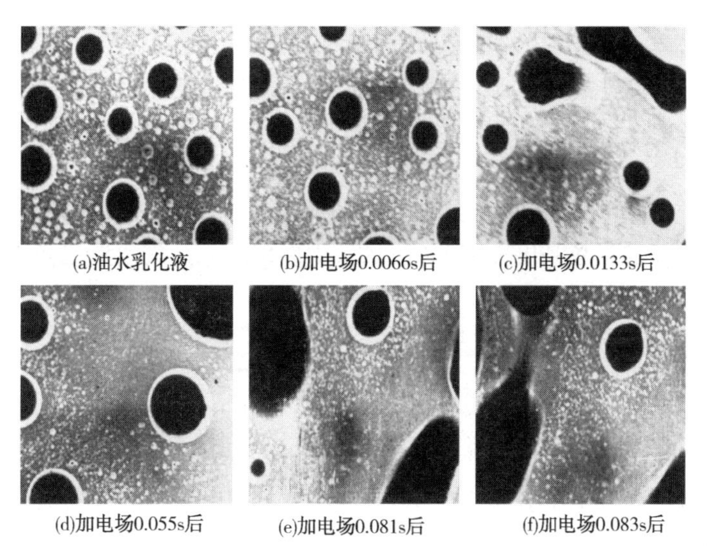

(a)油水乳化液　(b)加电场0.0066s后　(c)加电场0.0133s后

(d)加电场0.055s后　(e)加电场0.081s后　(f)加电场0.083s后

图6-3-5　快速摄影显微镜拍摄的高压电场作用下水滴聚积的显微照片

需要说明的是，细小水滴在高压电场的聚积时间与不同油品性质有一定的关系，而且虽然高压电场对油水界面膜的破除及聚合作用很强，但是水滴从原油中沉降分离出来，还是需要一个过程和时间的，特别对于黏度较大的中重质原油，而且是在与原油流动方向相反的流场中。

二、电场停留时间与电场强度

电场停留时间与电场强度的设计对于确保脱盐脱水效果具有重要意义。这是因为，根据原油乳化液中相邻水滴之间所受的电场力公式，水滴聚积的电场力 F 与电场强度 E^2 成正比，这就要求不仅要保证原油乳化液在高压电场中充分的停留时间，而且要采用电场强度不同的高压电场对油水乳化液进行聚积沉降。

现对具有梯度电场的交直流电脱盐技术电场停留时间计算举例进行说明。该案例仅用于介绍一种设计计算思路和步骤。一台规格为 $\phi5.2\times28$m(T/T)电脱盐罐，原油加工量为 350×10^4 t/a，年开工 8400h，原油在 140℃操作温度下密度为 0.8723g/cm^3，则原油体积流量：$350\times10^4\div8400\div0.8723=477.66$m^3/h，注水量为原油流量的 5%，$477.66\times5\%=23.88$m^3/h，总液量为：$477.66+23.88=501.54$m^3/h。

在 $\phi5200$mm×2800mm(T/T)电脱盐罐内，油水界面上方接近油水界面的位置处设计了一层水平电极板，该水平极板设计为接地极板。这是因为所设计加工的原油为高酸值、高密度、高黏度原油，很容易发生乳化，在电脱盐罐内很难形成明显的油水界面，大多是含水量逐级变化的乳化液。

在电脱盐设备运行过程中，绝大部分水滴在高压电场作用到的油水界面处进行了分离，也就是说，只有少量的水进入到电场中，以保证高压电场在低导电率的介质中平稳运行。

进入交流弱电场，直流中电场、直流强电场和直流高强电场的水分别按原油量的 2%、1.0%、0.6%、0.4%进行设计计算，则：

进入交流弱电场的水量为：$477.66\times2.0\%=9.55$ m^3/h；

进入直流中电场的水量为：$477.66\times1.0\%=4.78$ m^3/h；

进入直流强电场的水量为：$477.66\times0.6\%=2.87$m^3/h；

进入直流高强电场的水量为：$477.66\times0.4\%=1.91$ m^3/h；

最终达到脱后原油含盐小于 0.2%的技术指标。

接地水平极板的设计实质上是一种强制接地，接地极板与上部悬挂极板形成交流弱电场。该交流弱电场的设计目的是避免因含水量过高的乳化液进入上部的强电场，而造成高压电场短路。

接地极板与上部悬挂极板形成交流弱电场的高度为 610mm，其电场强度设计区间为 164~492V/cm。交流弱电场高度方向上中心弦长为 4555mm，交流弱电场中的平均油流上升速度为：

$$(477.66+9.55)\div(4.555\times28)=3.82\text{m/h}=1.06\text{mm/s}$$

交流弱电场停留时间为：$610\div1.06\div60=9.6$min

上部是垂直极板悬挂的导电杆之间形成的直流中电场，直流中电场正负电极板间距为 350mm，电场高度为 400mm，其电场强度设计区间为 286~857V/cm。

直流中电场高度方向上中心弦长为 4979mm，直流中电场中的平均油流上升速度为：

$$(477.66+4.78)\div(4.979\times28)=3.46\text{m/h}=0.96\text{mm/s}$$

直流中电场停留时间为：$350\div0.96\div60=6.1$min

上部是垂直悬挂的电极板之间形成的直流强电场，直流强电场正负电极板间距为250mm，强电场高度为450mm，其电场强度设计区间为400~1200V/cm。

直流强电场高度方向上中心弦长为5159mm，直流强电场中的平均油流上升速度为：

$$(477.66+2.87)\div(5.159\times28)=3.33\text{m/h}=0.92\text{mm/s}$$

直流强电场停留时间为：450÷0.92÷60=8.2min

由于该处含水量比较大，介质导电率高，两台容量为250kVA的100%全阻抗变压器将与弱电场和直流强电场相连，提供高压电能，形成交流弱电场、直流中电场和直流强电场。

在罐体的上端，设计一组高强电场，脱除原油中粒径<50μm的水滴。通过试验发现，高酸原油脱后仍存在较多的粒径<50μm的水滴，这些水滴必须施加更强的电场力才能聚集。

垂直悬挂的直流高强电场，正负电极板间距为200mm，高强电场高度为450mm，电场强度设计区间750~1750V/cm。

直流高强电场高度方向上中心弦长为5005mm，直流高强电场中的平均油流上升速度为：

$$(477.66+1.91)\div(5.005\times28)=3.42\text{m/h}=0.95\text{mm/s}$$

直流高强电场停留时间为：450÷0.95÷60=7.9min

直流高强电场处含水量比较小，介质导电率低，将由两台容量为160kV·A的100%全阻抗变压器与直流高强电场相连，提供高压电能，形成直流高强电场。

ϕ5200mm×2800mm(T/T)电脱盐采用变压器的设计参数及对应高压电场的电场强度如表6-3-3所示。

表6-3-3　ϕ5200mm×2800mm(T/T)电脱盐罐高压电场的电场强度设计对应表

容量/kV·A	阻抗/%	一次侧		二次侧		电场强度/(V/cm)			
		电压/V	电流/A	输出高压/kV	输出电流/A	交流弱电场	直流中电场	直流强电场	直流高强电场
160	100	6000	26.7	15	10.7	—	—	—	750
				20	8.00	—	—	—	1000
				25	6.40	—	—	—	1250
				30	5.33	—	—	—	1500
				35	4.57	—	—	—	1750
250	100	6000	41.7	10	25.00	164	286	400	—
				15	16.67	246	429	600	—
				20	12.50	328	571	800	—
				25	10.00	410	714	1000	—
				30	8.33	492	857	1200	—

三、进油分配器计算

对于电脱盐罐体内进油管的油流均匀分配，属于变质量多孔直管式液体分布器设计，流动规律比较复杂，它涉及有关流体力学中小孔流量分布及管内静压分布等，影响因素包含一些难以确定的参数(如管程阻力、开孔方式及阻力损失等)，对于这一流体模型所涉及的变量也没有相关经验参数可供参考，所以解决这一问题必须引入一些和实际参数尽可能接近的假设量。同时，对一些基本原理和必要的参数确定进行了插值计算，确保了进油分布设计的正确性，在保证流量均匀分布设计的同时，考虑降低分配器的制造加工难度。在这里只介绍一些计算原则公式，对计算思路进行简单介绍。

首先，在电脱盐罐内原油流量通过管式分配系统分布的原则是：

1）油流从分配孔流出的速度不宜过大，以免造成对罐内介质的过度冲击，扰乱罐内介质。

2）油流从分配孔流出的速度不宜过小，应保持油流有一定的喷出距离，使其在分配面上能达到均匀的流量分布。

根据以上原则的要求，并依据所加工原油在操作温度下的基本性质可以进行计算：

计算时把从分配孔流出原油看作一个直径为 d 的球形微元，以相对于流体的速度 v 在密度为 ρ、黏度为 η 的流体中流动，在流动中因受到来自流体的黏滞阻力 f 而速度不断减小，阻力 f 的大小与球形粒子的投影面积 $A=\frac{1}{4}\pi d^2$ 和相对于流体运动时的动能 $\rho\frac{v^2}{2}$ 成正比，其比例常数 C_f 即为阻力系数。用公式表示如下：

$$f=C_f\cdot\frac{\pi}{4}d^2\cdot\rho\frac{v^2}{2} \tag{6-3-3}$$

而阻力系数是 C_f 是粒子雷诺数 $Re=vd\rho/\eta$ 的函数。

假设油流以球状微元从管孔连续喷出后，受到罐内油相的黏滞阻力并运动一段距离 s 而停留下来，这时连续的球状微元的直径看成为开孔直径。

假设 $v=1\text{m/s}$，$d=16\text{mm}$，$\rho=872.3\text{kg/m}^3$，$\eta=4.88\times10^{-3}\text{Pa}\cdot\text{s}$，带入计算：

$$Re=(1\times16\times10^{-3}\times872.3)/(4.88\times10^{-3})=2860$$

根据阻力系数 C_f 与雷诺数 Re 的函数关系图表，可以查出对应雷诺数 2860 时的球形阻力系数 C_f 为 0.395。

同样，可以计算查表得出如表 6-3-4 中的数据。

表 6-3-4　C_f 与 Re 的关系

序号	v/(m/s)	d/m	ρ/(kg/m³)	η/(Pa·s)	Re	C_f
1	1	16×10^{-3}	872.3	4.88×10^{-3}	2860	0.395
2	0.5	16×10^{-3}	872.3	4.88×10^{-3}	1430	0.42
3					1000	0.50
4					2000	0.40
5		Re 在 0~40000 区间		C_f 最小值	4000	0.39
6					6000	0.398
7					8000	0.40
8					10000	0.405
9					800	0.51

根据计算查表，当 Re 在 0~40000 区间时，C_f 最小值出现在 $Re=4000$ 时，对应值为 0.39 左右。而 Re 在 800~10000 较宽范围内（基本属于开孔和流速控制设计讨论范围内），C_f 的变化并不大，其值在 0.4 左右。将 $C_f=0.4$ 带入公式（6-3-3）中：

$$f=0.4\cdot\frac{\pi}{4}d^2\cdot\rho\frac{v^2}{2}=0.1\pi d^2\cdot\rho\frac{v^2}{2} \tag{6-3-4}$$

根据能量守恒定律，确定球形微元在 Δs 距离内由速度 v 变为 v_1 的积分方程如下：

$$f \cdot \Delta s=\frac{1}{2}mv^2-\frac{1}{2}mv_1^2=\frac{1}{2}m(v+v_1)(v-v_1)=\frac{1}{2}m\times 2v\times\Delta v \tag{6-3-5}$$

即：$0.1\pi d^2 \cdot \rho\frac{v^2}{2} \cdot \Delta s=m\times v\times\Delta v$

将 $m=\frac{4}{3}\times\pi\times r^3\times\rho$ 带入，得：$\Delta s=\frac{10}{3}d\times v^{-1}\times\Delta v$

得积分式：$\int_0^s \Delta s=\int_v^0 \frac{10}{3}dv^{-1}\Delta v$

积分后：$s=\frac{10}{3}d(\ln v+c)$

式中，c 为一常数。

由上式可以看出：当雷诺数 Re 在一定范围内时，球形物体运动距离(喷出距离)与初速度 v 和开孔直径 d 有关，在公式中出现了一个常数 c。为确定常数 c 的值，以水流分配为试验介质，进行了相关试验和测定。常数 c 值一般取 7.86，则上式为：

$$s=\frac{10}{3}d\times(\ln v+7.86) \tag{6-3-6}$$

通过方程式(6-3-6)，可以得到开孔直径 d、初速度 v 以及油流喷射速度的一些关联参数如表 6-3-5 所示。

表 6-3-5　开孔直径 d 与初速度 v 关系

序号	开孔直径 d/mm	初速度 v/(m/s)	喷出距离 s/m
1	20	0.6	0.4899
2	20	0.8	0.509
3	20	1.0	0.524
4	20	1.2	0.536
5	18	0.6	0.441
6	18	0.8	0.4582
7	18	1.0	0.4716
8	18	1.2	0.483
9	22	0.6	0.5389
10	22	0.8	0.56
11	22	1.0	0.5764
12	22	1.2	0.7588

在电脱盐罐体每个进油接管进入罐体后，在罐体内长度方向上设计四排进油分配管，分配管两侧都设计出油孔，这样要求从出油孔流出的原油在 3934/8＝492mm 的距离的空间内分布，并要求流出的原油至少在 492mm 长度方向上，因受到介质的黏滞力，将速度降低为零，罐体内进油分布管如图 6-3-6 所示。

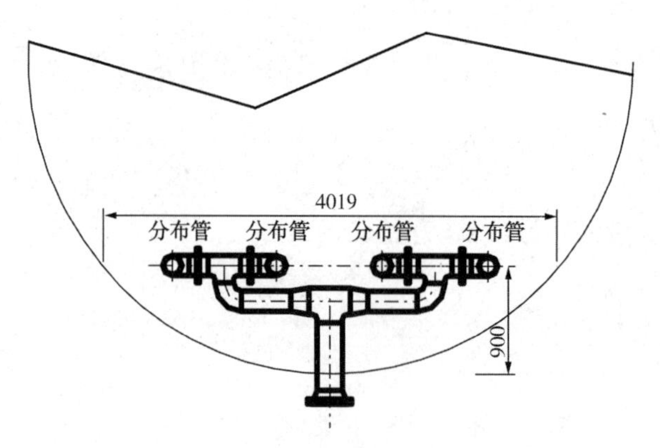

图 6-3-6　进油分布管布置图

在 ϕ5200mm×28000mm 电脱罐底部共设计 4 个进油接管，在罐体内每个进油接管处设计 4 根纵向直径为 *DN*80 的进油分配管，每根进油分配管的长度为 7000mm，且在进油分配管的中间进油。

在选取进油分配管进油口一端的分配管进行计算时，同时要考虑便于制造和操作中防止堵塞等因素，可将 3500mm 的进油分配管平均分成三段，每段为 1167mm，并使得三段的流出的介质流量相同。

根据表 6-3-6，当开孔直径为 18mm、喷出速度为 0.8m/s 时，设计处理的高温油相喷出距离为 0.4582m，接近 492mm，正好与设计的开孔平面均匀分布相吻合，所以确定第一段开孔直径为 18mm。

第四节　原油电脱盐罐及其他附属设备

电脱盐设备主要由主体设备脱盐罐和主要配套设备如专用电源、高压电场(罐内电极板)、高压电引入棒及保护装置、低液位开关和油水界面控制仪、混合设备、进料分配器、出油收集器、水冲洗系统设备和现场防爆操作盘等构成。

一、电脱盐罐

原油脱盐沉降分离的罐体通常设计为卧式容器。卧式罐体提供了较大截面积，降低了原油在罐体内的上升速度，便于水滴的沉降和油水分离。

电脱盐罐体的设计主要由原油蒸馏装置工艺过程及操作参数确定。电脱盐罐内主要介质是原油与水，通常电脱盐罐的材质选用 Q345R，对于某些含氯离子比较高的油田电脱水器，可采用复合板。设计温度一般由原油性质决定，设计压力由其在装置换热流程中的位置决定，同时满足大于操作温度下油水饱和蒸气压的要求，确保罐内介质全部为液态。电脱盐罐的设计压力一般在 1.5~2.2MPa，设计温度一般在 160~200℃。电脱盐罐内一般设有进料分配器、出油收集器、高压电场、水冲洗设施、排水系统、油水界面检测仪等，罐体顶部设有平台，用于安装变压器和便于操作人员操作。在外部进油管线上设有油水混合系统，同时电脱盐罐体上设有固定采样口、安全阀和退油系统。图 6-4-1 为两级电脱盐罐体平面布置图。

图 6-4-1　两级电脱盐罐体平面布置图

目前国内石化企业设计、制造的电脱盐罐规格直径系列主要有 ϕ3000mm、ϕ3200mm、ϕ3600mm、ϕ3800mm、ϕ4000mm、ϕ4200mm、ϕ4400mm、ϕ4800mm、ϕ5000mm、ϕ5800mm 等。

电脱盐罐筒体长度系列有 8000mm、10000mm、12000mm、15000mm、18000mm、20000mm、25000mm、28000mm、30000mm、46000mm 等。

国内单台最大的电脱盐罐体于 2008 年安装在中海油惠州 120.0Mt/a 原油蒸馏装置内，罐体规格为 ϕ5800mm×49076mm×48mm，单罐质量 378t，容积为 1280m^3。

通常卧式电脱盐罐两端封头处各设计一个 *DN*600 的人孔，为便于罐内件的安装、检修，有时在罐体顶部也设计一个人孔。电脱盐罐内件均为预组装结构，罐体就位后，将全部内件从人孔中进入罐内组装、调试，试验合格后封罐运行。图 6-4-2 为典型的电脱盐罐结构图。

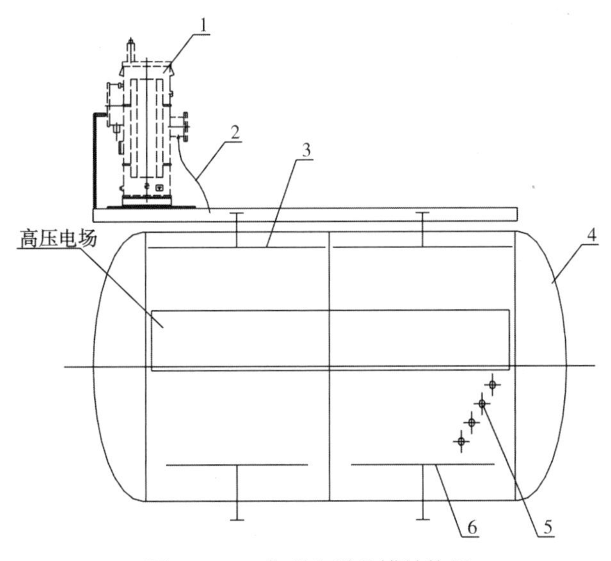

图 6-4-2　典型电脱盐罐结构图

1—变压器；2—高压软连接保护装置；3—原油收集管；4—电脱盐罐；5—固定采样口；6—原油入口管

二、电脱盐成套设备

（一）专用电源设备

在电脱盐系统中使用的电源设备有交流高压电源、交直流高压电源、智能响应高压电源、可调式可控硅高压电源和变频脉冲高压电源设备等。其中最常用的是油浸式 100%阻抗防爆电脱盐电源(变压器)，目前最新的是智能调压电脱盐电源设备，分别应用在重油电脱盐与复杂工况电脱盐过程。它们在电脱盐应用中突出的特点是较低的功耗和较好的效果。炼油厂原油预处理环节中的电脱盐工艺情况复杂，需要根据不同的原油性质和工艺条件选用相应的高压电源设备。

1. 交流高压电源

交流高压电源设备是电脱盐最常用的供电设备。它是一种专用的防爆全阻抗式变压器，对各种工况的原油处理都有一定的效果，是最早应用在电脱盐中的一种电源设备。交流高压电源如图 6-4-3 所示。

由于电脱盐电场应用的特殊性，电脱盐设备专用变压器需要适应设备在运行过程中经常发生电极板间短路情况下而不能损坏变压器，并保证设备可以连续运行。为此电脱盐变压器采用全阻抗式，阻抗值为 100%。将变压器二次侧短路，在一次侧通过调压器逐步提高变压器的输入电压，当一次电流达到额定值时，此时输入电压即为阻抗电压，表示为与变压器额定电压的比值，即在电脱盐电源应用中要求达到 100%的阻抗值。

实现全阻抗的方式是在电脱盐变压器的一次侧串接电抗器，变压器出厂时需要校验电抗器，使变压器整体达到 100%的阻抗值，一般要求电脱盐变压器与电抗器一体式安装。由于在变压器初级串联了高阻抗器线圈，即使在电脱盐罐体内发生严重乳化，甚至负载出现短路，也不会损坏电源设备，在保护电源和安全生产方面起到重要作用。100%全阻抗交流电脱盐变压器输出特性曲线如图 6-4-4 所示。

图 6-4-3　交流高压电源

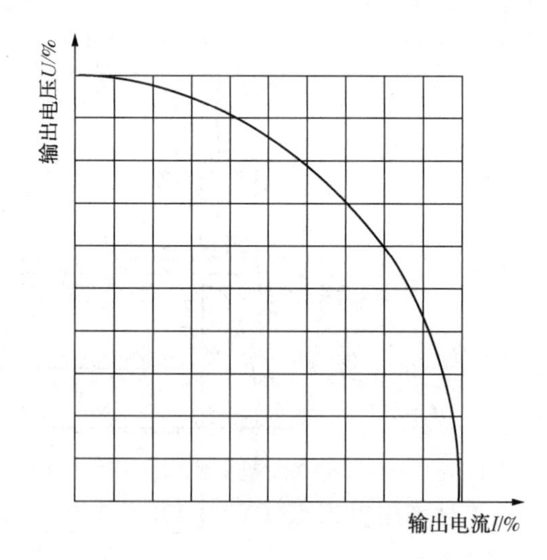

图 6-4-4　100%全阻抗交流电脱盐变压器输出特性曲线

在设备运行过程中，往往出现罐内乳化现象，变压器将在短路状况下运行，这时变压器的发热量大增，所以电脱盐专用变压器采用油浸式冷却方式并绝缘。变压器主体制成充油型防爆结构，接线箱制成增安型防爆结构。根据危险性气体场所划分规范，电脱盐变压器使用的场所一般在Ⅰ类Ⅱ区，属于易燃易爆区域。所以电脱盐变压器的防爆等级一般不低于ⅡB级，为 ExOeⅡBT5，防护等级不低于 IP56。

2. 交直流高压电源

交直流高压电源是在交流高压电源的基础上研制开发出来的，在变压器上配置了一个大功率整流箱，将交流电变为直流电，向电脱盐罐体内的电场输出正、负高压直流电，是与交直流电脱盐技术配套使用的电源设备。

对于容量比较小的交直流高压电源，往往将变压器与整流器整体安装，做成一体式结构；对于容量比较大的交直流高压电源，整流器与变压器分体安装，做成分体式结构。低压接线板与高压输出端分离安装。分体式交直流高压电源如图 6-4-5 所示。

图 6-4-5　分体式交直流高压电源

通过向电极输送经半波整流的正负直流电压，将正、负高压电同时引入罐内，使垂直极板间上部形成直流强电场，下部为直流弱电场，垂直电极板的下端与油水界面又形成交流弱电场。交直流电脱盐高压电源及形成的高压电场示意图如图 6-4-6 所示。

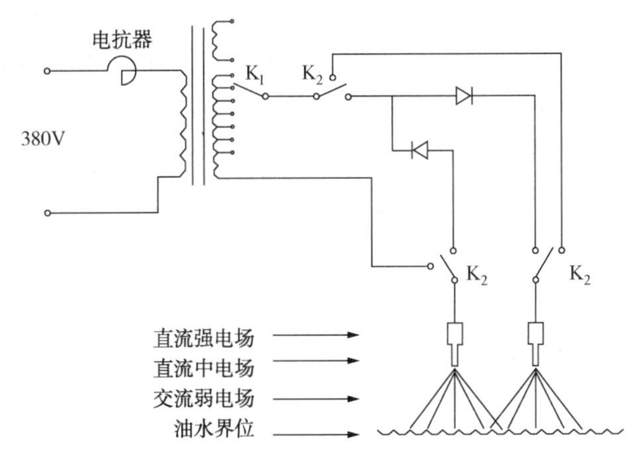

图 6-4-6　交直流电脱盐高压电源及形成的高压电场示意图

K_1—高压挡位切换开关；K_2—交直流切换开关

变流式高压电源输入分为低压和高压两种，使用低压电源时采用单相 380VAC 50Hz，使用高压电源时采用单相 6000VAC 50Hz 进线。

根据工艺要求，变流变压器输出交变电压有三种方式：一种是固定高压输出；一种是五挡 10~30kV 可调电压输出；另一种是五挡 13~25kV 可调电压输出。其中最常用的是五挡 13~25kV 可调电压输出。为了适应更多的运行工况，电脱盐变压器还可以切换至交流高压输出。

3. 智能调压电脱盐电源

智能调压电脱盐电源是一种新开发的不采用 100%全阻抗的电脱盐电源技术。当电脱盐设备内原油乳化时，如果采用 100%全阻抗防爆变压器，会因输出电极间的大电流得不到及时的抑制，增加了设备电耗，不利于节能。持续的大电流还会在短时间内迅速升高电源设备的温度，使设备的安全性能下降。

智能调压电脱盐电源除了对罐内电极板提供高压，形成高压电场外，还可以监控设备的运行，自动判断故障类别，并执行故障程序。可以带电无极调节高压输出，带有无人值守的自动运行模式，使设备的运行维护更加容易，特别是对重质劣质易乳化原油，智能响应高压电源具有明显的优势。

智能调压电脱盐电源是由电子调压器与油浸式防爆变压器组成。因电子调压系统能限制变压器的输出电流，在电脱盐罐内电极间充满乳化液出现高压电场短路时，可自动切断变压器输出高压，实现过流保护，限制变压器的电流输出，同时重新软启动电源，再次向罐内电极板平稳输出高压。即改变了传统的只能恒压控制或断电后才能调节电压的操作方式。可在 $(0.1\sim1.0)U_{max}$ 范围内平滑调节变压器输出电压，实现输出二次高压的无级可调。电子调压系统还可以在 $(0.1\sim1.0)I_e$ 范围内限制输出电流的有效值，在发生短路时，可以将变压器的额定电流作为最高运行限制电流。这样对变压器及调压模块都不会产生强电流冲击，提高了电源的可靠性，并节省了电能。因调压系统能平稳连续地调压，这样就避免了运行时因调整高压场强而必须停车才能进行调节，设备可以持续运行。使用这种智能电子调压系统极大方便了设备的运行操作维护，提高了操作的安全性。

电子调压系统是由电子触发控制回路、单相交流调压模块和控制测量显示仪表等构成。电子触发控制回路是由电压反馈回路、电流反馈回路和控制输出回路构成，主要功能是通过接收反馈回路的电流、电压信号进行系统预设程序的运算，输出控制信号控制单相交流调压模块的电压、电流输出，实现对电源变压器高压输出的控制调节。还可在系统程序中预先设定电压或电流值，确保变压器输出的最大电流不超过设定值，具有稳压、限流的作用。智能调压电脱盐电源原理示意图如图 6-4-7 所示。

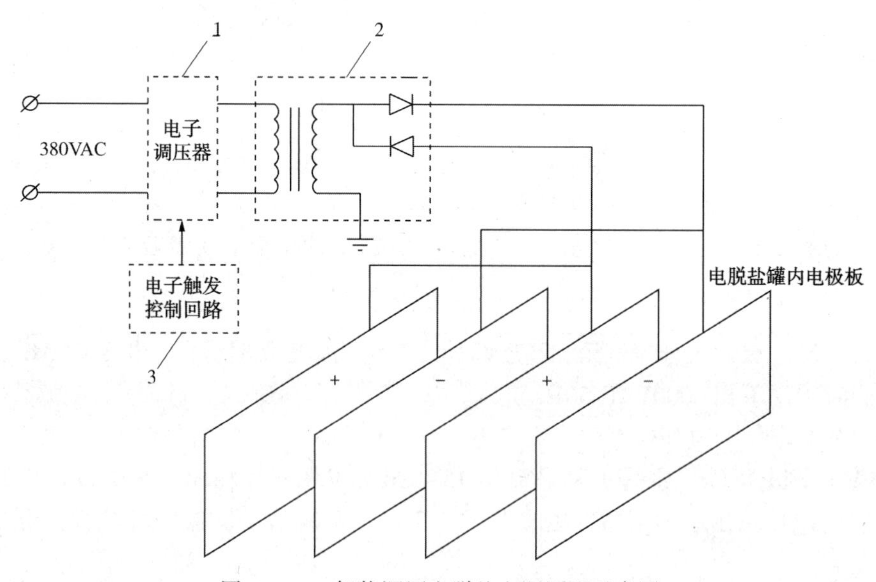

图 6-4-7　智能调压电脱盐电源原理示意图

1—电子调压器；2—变压器；3—电子触发控制回路

（二）高压电场——罐内电极板

电脱盐罐内高压电场通常指罐内电极板，主要由固定支架、框架梁、绝缘吊挂、紧固件及各种连接件组成。

电脱盐罐内电极板通常有水平结构与垂挂式结构两种形式。水平电极板可以由二层、三层或多层极板组成，如图6-4-8所示为水平电极板在罐体内的布置。垂挂式电极板由正负交替排列的极板组成，在罐内沿电脱盐罐体轴线方向依次排列。

图6-4-8　水平电极板在罐体内的布置

电脱盐罐高压电场中固定框架梁、接地梁、带电梁、绝缘吊挂、带电极板、接地极板通常为预组装结构形式。只有在罐体安装就位后，将所有零部件从人孔中进入电脱盐罐内进行组装，安装后应调整电极板的平面度及相邻电极板之间的间距，以确保罐内高压电场的均衡性，防止极板送电后在局部产生尖端放电或形成畸形电场。

(三)高压电引入棒及保护装置

电脱盐罐内高压电场电源是通过高压电引入棒及保护装置将变压器的高压输出端与罐体进行连接的。

通常电脱盐罐内使用的高压电源为20~30kV，罐体内操作温度一般为120~140℃，操作压力为0.8~2.0MPa。要解决高压电源的传输，其中高压电引入棒就必须满足能耐高电压、绝缘、密封及散热的要求。目前高压电引入棒普遍采用聚四氟乙烯为外层绝缘材料，中间使用由定向薄膜缠绕的高压四氟电缆，电缆外层设有环氧树脂绝缘套管。该结构形式的高压电引入棒耐电压能达到80kV，在出厂前每根高压电引入棒均经过50kV/5min的耐高压测试试验，试验合格后再进行密封性能测试。图6-4-9为几种典型的高压电引入棒。

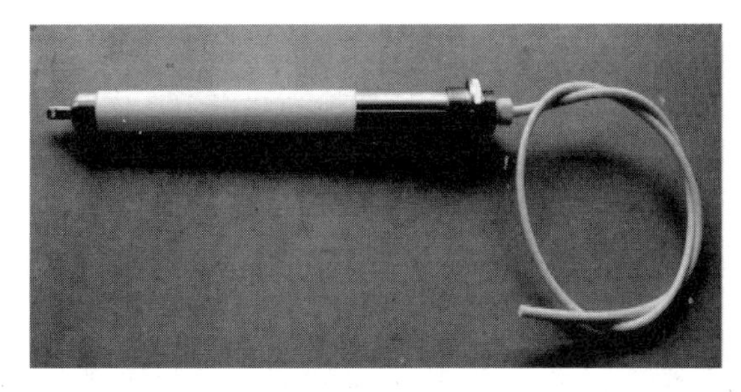
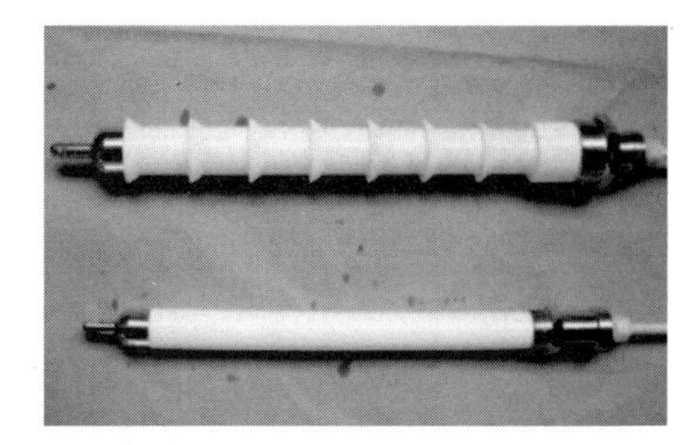

图6-4-9　几种典型的高压电引入棒

高压电引入棒棒体上直接由金属联座采用锥管螺纹与电脱盐罐体高压引入口接管法兰连接，安装方便、快捷，且易检查其密封的可靠性。高压电引入棒上端的聚四氟乙烯电缆穿过金属软管并采用绝缘固定支撑，使电缆保持在软管的中心位置，增加其绝缘性能。金属软管的另一端直接与变压器高压输出端相连接。在设备通电运行前，须将金属软管及变压器高压输出接线盒内充满合格的变压器油，以防止高压电缆受潮，增加高压保护装置的绝缘耐电压性能，同时降低高压电缆的工作温度，最大限度地延长其使用寿命。当变压器正常送电运行时，操作人员可直接与金属软管外壳接触，其结构设计安全可靠，操作维护便捷。

在某些特定的场所，如海上采油平台、FPSO（浮式生产储油轮）上的电脱盐装置，为了增加变压器到罐体高压电引入棒之间连接的稳定性及可靠性，通常将金属软管连接结构改为钢性十字套筒连接方式，以增强其结构的稳定性，防止设备随船体的摆动受撞击受损，尽量减少事故的发生。几种典型的高压电连接装置如图 6-4-10 所示。

(a) 金属软管连接保护装置

(b)钢性十字套筒连接保护装置(单极输出)

(c)钢性十字套筒连接保护装置(双极输出)

图 6-4-10　几种典型的高压电连接装置

高压电引入棒在电脱盐罐体内部与电极板之间的连接方式多种多样，通常有下列几种连接方式。

1. 弹簧压入式

高压电引入棒棒体端头与高压电连接器采用插接式接触，安装时应将高压电连接器弹簧压入 15~25mm，以确保其接触可靠。在设备检修时在不打开电脱盐罐体的情况下可直接拆卸更换高压电引入棒。

2. 钢丝绳电缆式

高压电引入棒棒体端头与电极板之间采用直径为 ϕ5~8mm 左右的耐腐蚀的钢丝绳连接，两端用接线鼻压紧，通过螺栓固定。其接触可靠、安装方便，有时更换高压电引入棒时，必须打开电脱盐罐人孔，进入到罐体内部将其断开才能进行施工。

3. 钢丝重锤式

在高压电引入棒棒体端头用一根 ϕ5~8mm 的耐腐蚀钢丝绳，下端连接一只金属重锤，重锤可直接摆放在电极板上专用的连接托盘上，使高压电源与电极板接触，达到通电的效果。该连接方式安装方便，更换高压电引入棒不需要打开电脱盐罐人孔，将重锤提起即可。

（四）绝缘吊挂

极板之间的电气绝缘采用增强复合型聚四氟乙烯绝缘吊挂，该吊挂采用复合材料制成，保证其拉伸强度达到 1200MPa 以上，且具有优异的绝缘性，在较高的温度下，也不会发生塑性蠕变。在一些比较苛刻的应用环境中，往往在绝缘吊挂的表面喷涂了一层特殊材料，使其具有更好的抗污染性能，原油中的导电杂质很难吸附在吊挂表面，最大限度地增强了其绝缘性能。几种常用的绝缘吊挂如图6-4-11所示。

（五）低液位安全开关和油水界面控制仪

1. 低液位安全开关

电脱盐罐在运行过程中，由于罐内存在高压电场，当罐内液位过低时，上部空间会出现可燃性气体，此时必须保证高压电场的电源断电，确保不会因为高压放电引发气体爆炸事故。使用液位开关后，电脱盐罐内出现低液位时，通过电气联锁回路会自动切断变压器的电源供电，罐内高压电极便不会出现火花放电现象，保证了设备运行安全。

低液位安全开关的动作是通过浮球开关系统（一般都配有辅助机构）执行，它是根据液体的浮力特性配套制作的。液位上涨时浮球跟随上涨，液面下降时也相应下降，当上涨或下降到设定的位置时，浮球系统就会碰到在设定位置的行程开关（或其他微电子设备），通过开关回路发出电信号，而电控设备在接到电信号时会马上动作，切断或接通电源，形成自动控制系统。图6-4-12为低液位安全开关外形图。

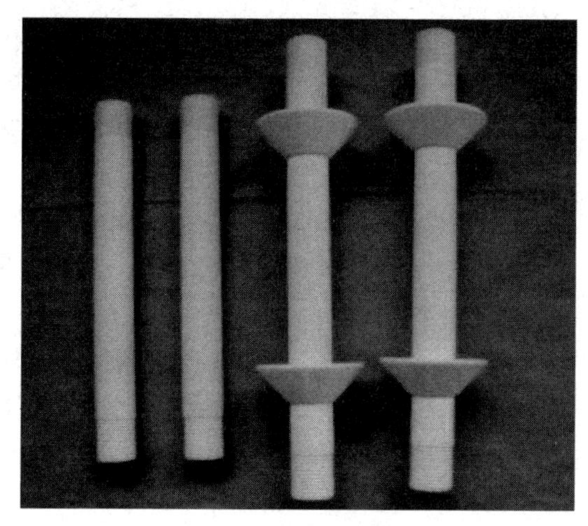

图6-4-11 几种常见的绝缘吊挂

图6-4-12 低液位安全开关外形图

2. 油水界面控制仪

电脱盐油水界面的控制是电脱盐设备运行的最重要的一项功能。因为油水界面与罐内电极板间存在着弱电场，合适的弱电场更适宜大水滴的聚集与沉降，一旦油水界面出现较大的波动，便会影响弱电场的稳定。

油水界面太高会引起罐内弱电场强度的提高，高电压会击穿水滴出现电分散现象，这种现象非常不利于脱水和脱盐效果。另外，当油水界面太高并接近高压电极时还会出现高压电极对地的短路，短路后不但使设备电耗剧增，罐内介质温度提高，尤其不利于设备的平稳运行。这是因为电流增大后变压器的全阻抗效应，高压电场会相应降低，强电场作用已经不再明显，脱盐效果会受到很大影响。

油水界面太低会引起罐内弱电场强度的减弱，对脱盐效果也会产生较大影响。这是因为弱电场强度减弱不利于大水滴的沉降，进而会影响到小水滴的聚集。同时，还会因乳化层下降，使电脱盐罐排水中的油含量增加，不能达到工艺指标要求，增加后续水处理设备的工作难度，甚至对整个系统的运行造成重大影响。

常规使用在电脱盐罐上的油水界面检测仪表有侧装双法兰微压差式、射频导纳式、磁致伸缩式等，这几种形式的仪表采用了不同的工作原理，都可以在电脱盐工艺中应用。它们的功能是将电脱盐罐内的油水界面控制在罐侧油品采样口范围内(工艺设计要求的范围内)。在这些界面仪表中，射频导纳式油水界面仪作为一种成熟的油水界面测量方式已成功应用在各种工况的电脱盐场所；双法兰微压差式油水界面仪作为一种辅助测量界面的仪表也成功应用于某些电脱盐过程；磁致伸缩式油水界面仪一般使用在原油黏度不高、油水密度差较大的轻质原油电脱盐，不建议使用在黏度大的原油脱盐和重质原油脱盐过程中。

各种油水界面检测仪表的功能描述与测量原理分类列出如下：

(1) 双法兰微压差式油水界面仪

1) 功能描述：压差变送器与一般的压力变送器不同的是它有 2 个压力接口，压差变送器一般分为正压端和负压端。一般情况下，压差变送器正压端的压力应大于负压端压力才能测量。通常压力变送器有压阻式和电容式两种。

图 6-4-13　双法兰微压差式油水界面仪

使用在电脱盐罐测量油水界面的微压差变送器是通过安装在脱盐罐上的远传膜盒装置来感应被测压力，该压力经毛细管内的灌充硅油(或其他液体)传递至变送器的主体。压差变送器主体通过测量两端(油水界面上侧法兰、下侧法兰)压力输入信号之差，输出标准信号(如 4~20mA，1~5V)。双法兰微压差式油水界面仪如图 6-4-13 所示。

2) 测量原理：压差变送器所测量的结果是压力差，由于电脱盐罐一般是圆筒形，压差变送器压力膜盒固定在罐侧上下法兰口，通过毛细管远传至压差变送器，使用时由于上下法兰间存在压差 $p_{max}=\rho_{水}gh$，$p_{min}=\rho_{油}gh$。当压差值为 p_{min}时输出 4mA，压差值为 p_{max}时满量程输出 20mA。

3) 注意事项：微压差式油水界面仪可以使用在所测原油与水有较大的密度差的场所。如果使用在重油脱盐脱水的场合，由于重油的密度较大，在高温时与水的密度差较小，使用压差式仪表的测量精度会受到影响。

目前压差变送器的应用成熟，技术完善，精度可达 0.075 级，性价比较高。一般在电脱盐罐上采用法兰式隔爆压差变送器，防止原油中的沉淀物堵塞引压管。变送器量程为 0~20kPa，可直接进入 DCS 系统，也可选用 WP 系列智能光柱显示报警仪，接收万能信号输入，用光柱显示液位。

(2) 射频导纳式油水界面仪

1) 功能特点：射频导纳是一种从电容式压力变送器发展起来的，具有防挂料功能、测量准确可靠、适用性更广的料位控制技术。导纳的含义为电学中阻抗的倒数，它由电阻性成分、电容性成分、感性成分综合而成。而射频即高频无线电波谱，所以射频导纳可以理解为用高频无线电波测量导纳。电容传感器由绝缘电极和装有测量介质的圆柱形金属容器组成。当料位上升时，因非导电物料的介电常数明显小于空气的介电常数，所以电容量随着物料高度的变化而变化。变送器的模块电路由基准源、脉宽调制、转换、恒流放大、反馈和限流等单元组成。采用脉宽调制原理进行测量的优点是频率较低，对周围无射频干扰、稳定性好、线性好、无明显温度漂移等。射频导纳式油水界面仪以及测量原理分别如图 6-4-14 和图 6-4-15所示。

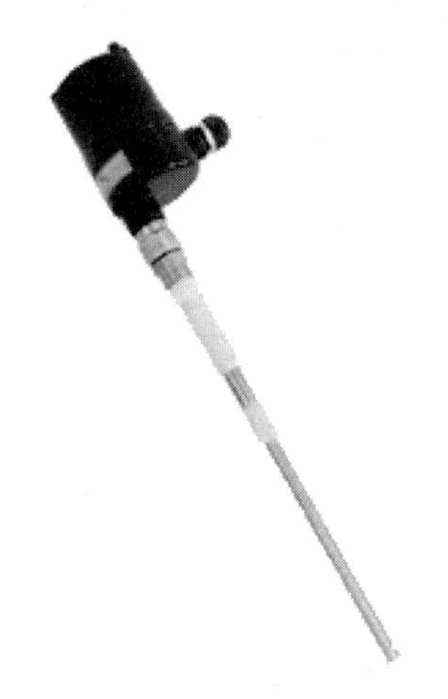

图 6-4-14　射频导纳式油水界面仪

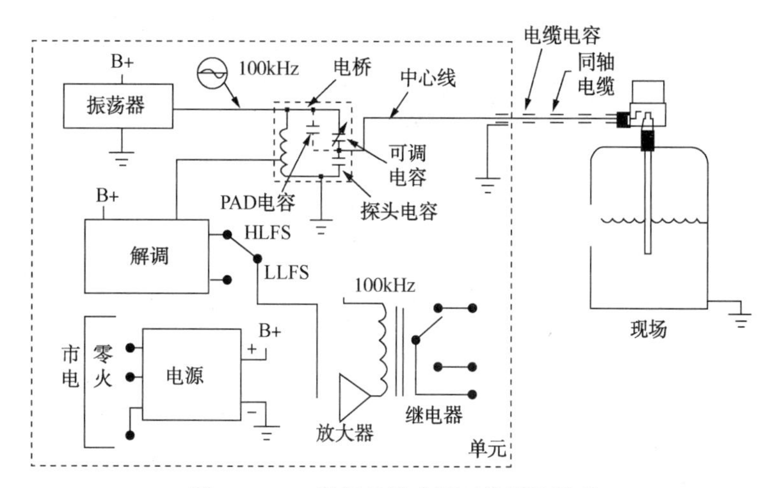

图 6-4-15　射频导纳式界面仪测量原理

利用检测桥路上的可调电容可以平衡掉初始电容，包括安装电容和线缆电容等，只剩下探头物料电容，该电容信号经放大后，输出一个与料位成正比的信号。这种电容式原理存在一个严重弱点，即物位升高淹没探头后又落下去时，探头可能会留有附着物即挂料，这会导致被测电容加大，如果是导电液体情况会更严重，产生很大的误差。另一个缺点是探头到电路单元之间的连接电缆，在这里相当于一个较大的电容，而且随温度变化。这个变化的电缆电容与物位电容叠加在一起会引起很大的误差，尤其在物料介电常数较低的场合，信号较小，这些误差将是很严重的，而射频导纳技术就能克服上述缺点。

2）连续射频导纳测量原理：对于连续物位测量，射频导纳技术与传统电容技术的区别除了上述介绍的以外，还增加了两个很重要的电路，这是根据对导电挂料实践中的一个很重要的发现改进而成的。连续射频导纳测量技术在这里同样解决了连接电缆问题，也解决了垂直安装的传感器根部挂料问题。所增加的两个电路是振荡器缓冲器和交流变换斩波器驱动器。连续射频导纳油水界面仪测量原理如图 6-4-16 所示。

对一个强导电性物料的容器，由于物料是导电的，接地点可以被认为在探头绝缘层的表面，对变送器来说仅表现为一个纯电容。随着容器排料，探杆上产生挂料，而挂料是具有阻抗的。这样以前的纯电容现在变成了由电容和电阻组成的复阻抗，从而引起两个问题：第一个问题是液位本身对探头相当于一个电容，它不消耗变送器的能量(纯电容不耗能)。但挂料对探头等效电路中含有电阻，则挂料的阻抗会消耗能量，从而使振荡器电压降下来，导致桥路输出改变，产生测量误差。现在振荡器与电桥之间增加了一个缓冲放大器，使消耗的能量得到补充，因而不会降低加在探头的振荡电压；第二个问题是对于导电物料，探头绝缘层表面的接地点覆盖了整个物料及挂料区，使有效测量电容扩展到挂料的顶端，这样会产生挂料误差，且导电性越强误差越大。

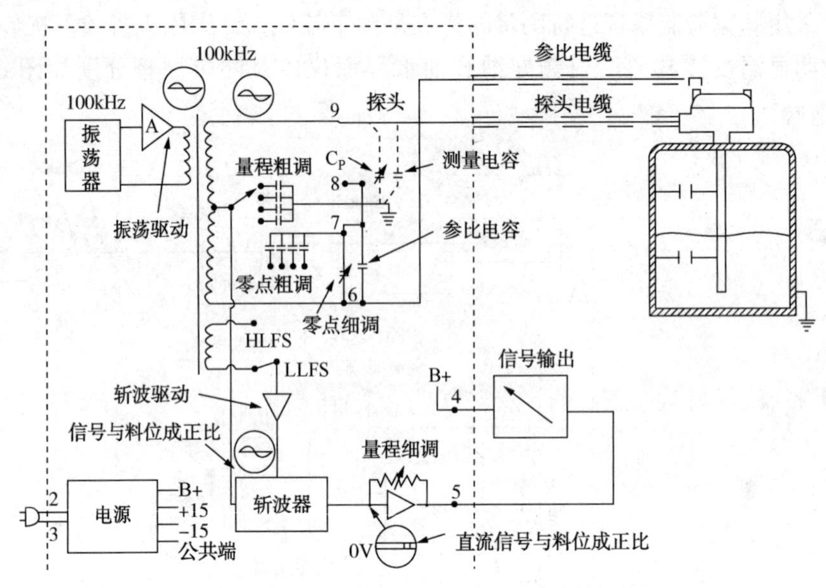

图 6-4-16　连续射频导纳油水界面仪测量原理

但任何物料都不是完全导电的。从电学角度来看，挂料层相当于一个电阻，传感元件被挂料覆盖的部分相当于一条由无数个无穷小的电容和电阻元件组成的传输线。根据数学理论，如果挂料足够长，则挂料的电容和电阻部分的阻抗相等，因此根据对挂料阻抗所产生的误差研究，又增加一个交流驱动器电路。该电路与交流变换器或同步检测器一起就可以分别测量电容和电阻。由于挂料的阻抗和容抗相等，则测得的总电容相当于 $C_{液位}+C_{挂料}$，再减去与 $C_{挂料}$ 相等的电阻 R，就可以实际测量物位真实值，从而排除挂料的影响，即：

$$C_{测量}=C_{液位}+C_{挂料} \tag{6-4-1}$$

$$C_{液位}=C_{测量}-C_{挂料}=C_{测量}-R \tag{6-4-2}$$

射频导纳油水界面仪防挂料原理如图 6-4-17 所示。

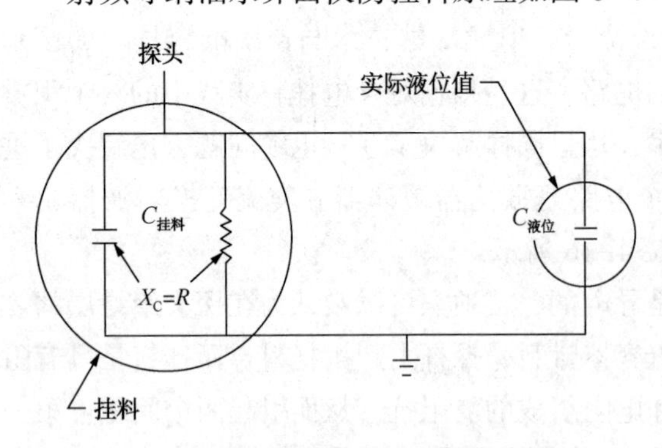

图 6-4-17　射频导纳油水界面仪防挂料原理

（3）磁致伸缩油水界面仪

1）功能描述：磁致伸缩是指一些金属（如铁或镍）在磁场作用下具有的伸缩能力。磁致伸缩的效果是非常细微的，一般的镍铁合金是 30×10^{-6}，但现在已设计出更新的物质，将磁致伸缩效果提升至 1500×10^{-6} 以上。

磁致伸缩油水界面仪由磁性浮球、测量导管、信号单元、电子单元、接线盒及安装件组成。它的测量原理是基于磁致伸缩技术进行工作，一般磁性浮球的密度小于 $0.5g/cm^3$，可漂浮于液面之上并沿测量导管上下移动，测量导管内含一条铁磁材料的测量感应元件波导管（waveguide），当采用浮球式液位变送器测量电脱盐罐内油水界面的高度时，浮球密度的精度应该小于 $0.05g/cm^3$，导管内装有测量元件，它可以在外磁作用下将被测液位信号转换成正比于液位变化的电阻信号，并将电子单元转换成 4～20mA 或其他标准信号输出。该变送器为模块电路，具有耐酸、防潮、防震、防腐蚀等优点，电路内部含有恒流反馈电路和内保护电路，可使输出最大电流不超过28mA，因而能够可靠地保护电源并使二次仪表不被损坏。

2）测量原理：磁致伸缩技术原理是利用两个不同磁场相交产生一个应变脉冲信号，然后计算这个信号被探测所需的时间周期，从而换算出准确的位置。这两个磁场一个来自在传感器外面的活动磁铁，另一个则源自传感器内波导管的电流脉冲，而这个电流脉冲其实是由传感器头的固有电子部件所产生的。当两个磁场相交时，所产生的一个应变脉冲（strain pulse）会以声音的固定速度运行回电子部件的感测线圈。从产生电流脉冲的一刻到测回应变脉冲所需要的时间周期乘以这个固定速度，便能准确地计算出磁铁位置的变动。这个过程是连续不断的，所以每当活动磁铁被带动时，新的位置很快就会被感测出来。由于输出信号是一个真正的绝对位置输出，而不是比例的或需要再放大处理的信号，所以不存在信号飘移或变值的情况，因此不必像其他位移传感器一样需要定期重标和维护。

MTS传感器的核心包括一个铁磁材料的测量感应元件（一般被称为“波导管”）一个可以移动的永磁铁，磁铁与波导管会产生一个纵向的磁场。每当电流脉冲（即询问信号）由传感器电子头送出并通过波导管时，第二个磁场便由波导管的径向方面制造出来。磁致伸缩油水界面仪及测量原理如图6-4-18所示。

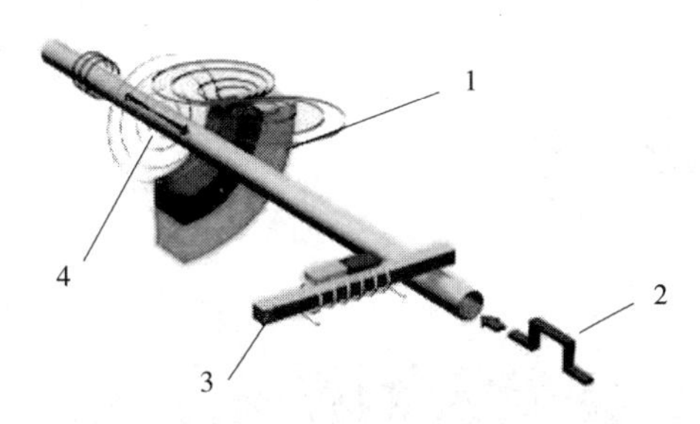

图6-4-18　磁致伸缩油水界面仪及测量原理

1—位置磁铁；2—询问脉冲电流；3—应变脉冲检测器（检测线圈带偏流磁铁）；4—当两个磁铁相交时所产生的应变脉冲信号迅速返回到电子头

当这两个磁场在波导管相交的瞬间，波导管产生磁致伸缩现象，一个应变脉冲即时产生。这个被称为返回信号的脉冲以超声的速度从产生点（即位置测量点）运行回传感器电子头并被检测器检测出来。准确的磁铁位置测量是由传感器电路的一个高速计时器对询问信号发出到返回信号到达的时间周期探测而计算出来，这个过程极为快速与精确无误。利用计算脉冲的运行时间来测量永磁铁的位置提供了一个绝对值的位置读数，而且永远不需要定期重标或担心断电后归零的问题。非接触式的测量消除了机械磨损的问题，保证了最佳的重复性和持久性。

（六）混合设备

设置混合设备的目的是为了提供充分的剪切能以克服油水界面张力，以保证注入的洗涤水及破乳剂可与原油充分接触，达到脱盐的目的。原油电脱盐的混合设备一般由静态混合器和混合阀串联组成。

1. 静态混合器

静态混合器为管状形式，两端法兰，中间接管内有若干组混合单元，混合单元通常有S型、X型、SX型等。根据静态混合器的型号不同，内部的混合单元形式、数量也不相同。当静态混合器内部的混合单元形式、数量确定之后，在原油流量一定的情况下，其混合强度是不可调整的。因此在设计静态混合器时，要根据原油性质、加工量等对静态混合器进行设计和选型。图6-4-19为几种静态混合器的混合单元。

2. 混合阀

混合阀外形和普通调节阀类似，但其内部为一半球形结构，通过上方的阀门定位器能够调整半球的角度，使原油在其内部的流通面积发生变化，从而改变混合强度。

在大型化电脱盐项目中，由于原油处理量和注水量都相对较大，对混合设备提出了更高的要求，要求原油中的盐分与洗涤水充分接触。目前国内外大都采用能够在阀体内形成两次混合区的大型双座混合阀。

通常在混合系统前后装有压差变送器，并能将混合压差传送到 DCS 系统，当脱盐效果需要调整时，可通过 DCS 系统控制混合阀内部半球的角度，从而调整混合压差到理想数值。与传统电脱盐技术相比，大型化电脱盐装置的混合强度要大得多，在大型化电脱盐工艺设计过程中，应该留有充分的混合强度操作余量。半球面混合阀截面结构如图 6-4-20 所示。

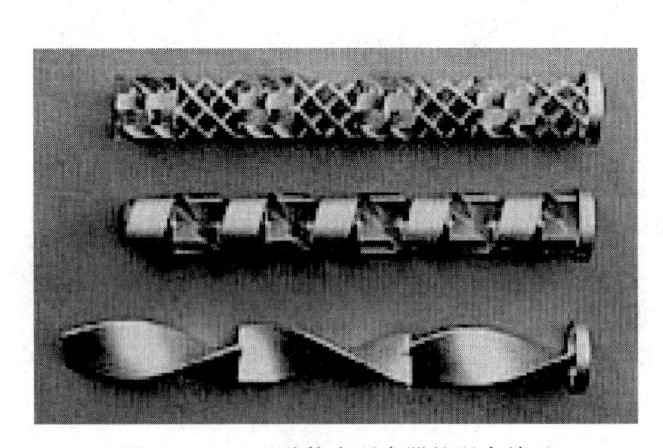

图 6-4-19　几种静态混合器的混合单元

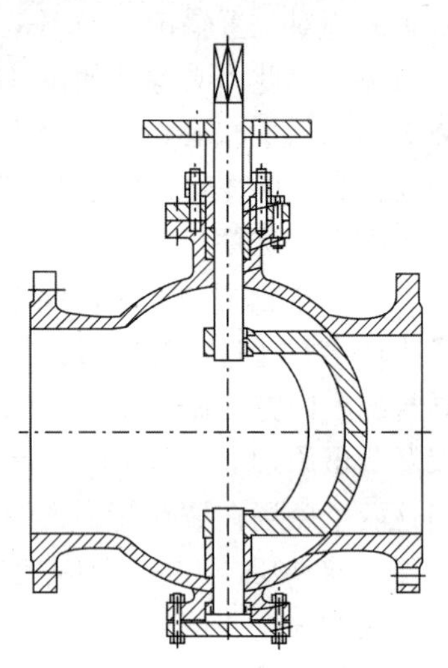

图 6-4-20　半球面混合阀截面结构

（七）进料分配器

电脱盐罐内原油进料方式通常有三种形式，分别为水相进料、油相进料及侧向进料。根据进料形式将进料分配器分为水相进料分配器、油相进料分配器和侧向进料分配器。

1. 水相进料分配器

水相进料主要用于交流、交直流电脱盐过程。原油进入电脱盐罐后首先与沉降水接触，经过水相洗涤过程，使原油中泥沙、固体杂质及部分大水滴直接与水结合在一起，在水相中分离出去。

水相进料分配器是电脱盐过程广泛采用的设备。在电脱盐罐体底部分别设计 2 个、4 个或 8 个原油入口，罐体外部管线采用“Y”形工艺配管方式，以确保每个原油进油口的流量均衡一致。在罐体内部距离罐底一定高度，沿电脱盐罐体轴线方向设计单排或双排水平分布管，每根分布管之间相隔间距应尽可能小于 150mm 以下，以确保分布管上出油孔的连续性。在分布管上沿水平方向两侧分别开设若干小孔，原油便从这些小孔中流出，进入电脱盐罐内。油流速度的设计应根据罐体直径大小，视分布管在罐体内距罐内壁水平方向的距离或两排分布管之间的距离确定。若从分布管中流出的油流速度太快，原油经过分布管流出后，就可能直接冲刷到罐体内壁，引起罐内油水界面的搅动，在罐内形成返混。若油流速度太慢，原油就不能到达整个罐体的最大水平截面，引起油流短路，不能充分利用罐体的有效空间。水相进料分配器的设计就是要使原油进入电脱盐罐体内部后，使原油在进油分布管高度截面上均匀分散到整个罐体，然后经过水洗，均匀上升进入电场，进一步分离沉降。

有时为了更好地让原油在罐内均匀分配，在每根进油分布管上，再增设倒槽式分配器。原油从分布管流出后再经过一个较大的倒槽分配器进一步均匀分布，并缓冲因油流速度太快对油水界面的影响。水相进料分配器在罐体内的设计如图 6-4-21 所示。

2. 油相进料分配器

油相进料主要用于高速脱盐或提速型交直流电脱盐设备。原油与水、破乳剂混合后通过喷射器或分配器直接喷射到高压电场中。油流向上运动，水滴向下沉降，加快了油水分离沉降速度，克服了因水滴沉降受油流上升速度的影响。这样相对提高了电脱盐罐体的使用效率，这也是高速电脱盐利用较小罐体实现大处理量的关键技术之一。图 6-4-22 为高速电脱盐技术中应用的油相进料分配器结构示意图。

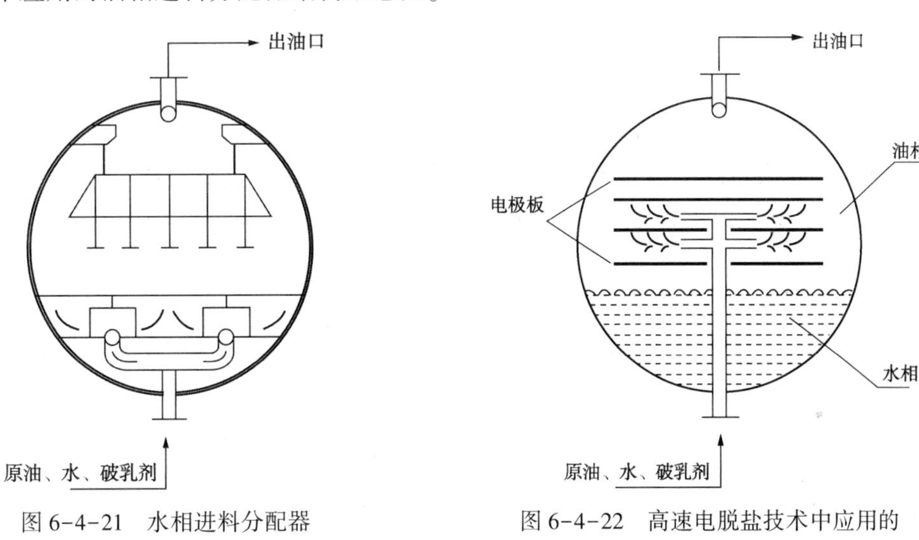

图 6-4-21　水相进料分配器在罐体内的设计

图 6-4-22　高速电脱盐技术中应用的油相进料分配器结构示意图

油相进料分配器，通常设计成双层喷嘴喷射的形式。设计安装时应尽可能保持油流从喷射器喷出后，油流喷射平面水平度偏差限制在规定范围内。在高压电场的设计上，不宜设计更大面积的电场，使完成脱水后的原油尽快离开电场，如果脱水后原油继续留在电场中，因原油本身具有电导率会继续消耗能量，造成设备运行能耗增加。原油流体流动与高压电场的优化合理设计，使完成脱水后的原油尽快离开电场是高速电脱盐设备能耗远远低于常规电脱盐技术的主要原因之一。

3. 侧向进料分配器

侧向进料方式指原油沿罐体轴线方向运动，即原油从罐体一端封头处进入，从另一端封头处流出，主要应用在水平流向的鼠笼式电脱盐过程中。在电脱盐罐体内部两端封头处，分别设计两块隔板，在隔板上开若干小孔，作为进料分配器挡板。罐体内水滴沉降方向与油流方向成 90°，减少了油水分离时水滴沉降受到油流上升的冲击力。事实上，如果原油在公称直径相对较小的工艺管线内湍流流动时，采用进油分配挡板，可能取得比较好的效果。而在罐体直径比较大的电脱盐罐体内水平流动时，采用进料分配挡板，并不会像在小管线中使原油和水乳化液得到有效的分配。因此，如果现场条件允许，尽量不宜采用侧向进料方式；如果一定要采用，也要合理设计分配挡板，以尽量改善乳化液在罐体内的分布和流动状况。侧向进料分配器如图 6-4-23 所示。

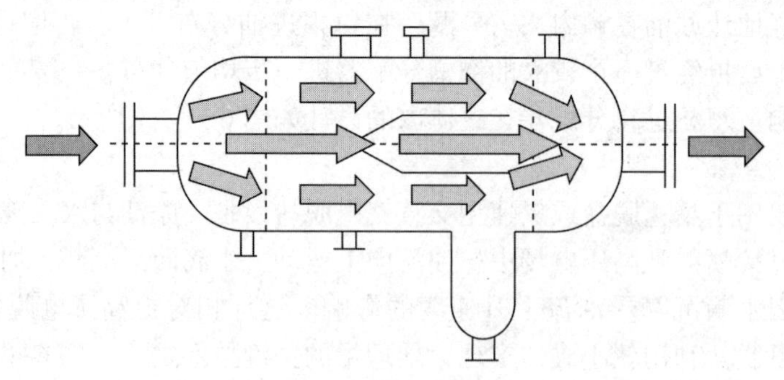

图 6-4-23　侧向进料分配器

（八）出油收集器

原油在电脱盐罐中经高压电场的作用完成水滴聚结、沉降分离后，油中含水应已达到脱后技术指标。当采用水相或油相进料形式时，则通常在罐上部出油。即在电脱盐罐内顶部，沿罐体轴线方向排布单排或双排原油出油收集管。在收集管上最高点或每根收集管斜向上45°处分别设计单排或双排小孔，经过电场处理后的原油就从这些小孔中进入出油收集管中，然后排出电脱盐罐体。

每只电脱盐罐上的出油收集器设计数量应为 2 的倍数较为合理，且外部工艺管线采用“Y”形结构形式，以确保每组出油管上的油流阻力相等，出油量一致。这样电脱盐罐内油流才能均匀上升，最大限度地发挥整个罐体的效率。

每根出油收集管的最低点应开设泪孔，以便设备停工检修时使出油收集管内原油完全彻底排出，减少设备检修时的安全隐患。

（九）水冲洗系统

在原油脱盐、脱水的过程中，原油中的泥沙、油泥、固体杂质及各种微生物、重金属盐分等会被新鲜水洗涤后沉降分离下来。虽然电脱盐罐排水是连续不断的，但大量的泥沙、油泥、固体杂质可能沉积到电脱盐罐体底部，若不能及时随脱后排水带出电脱盐罐体，经长期积累，就会影响罐内油水界面的实际高度，使罐体的水相空间大大缩小，水在罐内停留时间相应缩短，电脱盐的排水含油量就会超标，严重时可能直接影响到电脱盐设备的正常操作。为此在电脱盐罐内底部设计了水冲洗系统，用以定期对电脱盐罐内底部沉降的油泥、固体杂质进行冲刷、反冲洗，将这些固体杂质、油泥随排水一起排出电脱盐罐体外。水冲洗系统在罐体内布置示意图如图 6-4-24 所示。

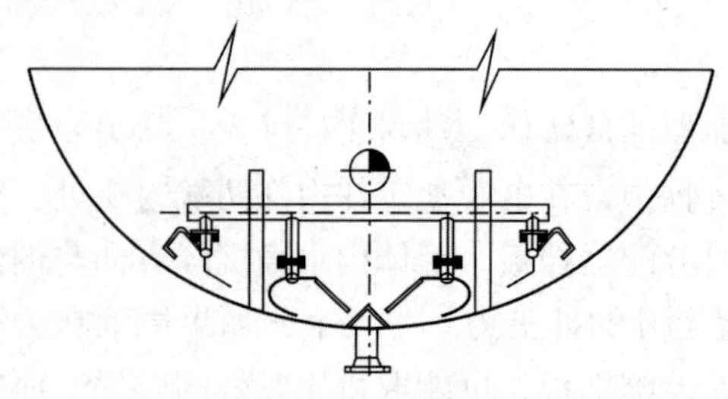

图 6-4-24　水冲洗系统在罐体内布置示意图

电脱盐罐内水冲洗系统设备通常包括分布管、喷嘴及排水口。在处理量较小的低速电脱盐设备中，水冲洗分布管一般由两排组成，在大型化电脱盐设备中，随着电脱盐罐体的不断增大，以及对油水界面要求的提高，有时在电脱盐罐底部设计四排交叉布置的水冲洗喷射管。在分布管上开设若干个扇形喷嘴，尽量确保喷嘴水流到达的位置能够覆盖整个罐体底部。

若电脱盐罐体较长，罐内喷嘴设计较多或冲洗水量受限制时，可以对电脱盐罐实施分段冲洗，这样冲洗更彻底，油泥、杂质排放更干净。

为配合水冲洗的冲洗效果，及时将经水冲洗冲刷起来的油泥、泥沙等杂质排出电脱盐罐体，电脱盐罐排水口应设计成带漏斗状的排水口，同时在排水口上设计防涡流挡板，以防止排水量太大、速度太快时形成涡流将油带出罐外。

为降低操作者劳动强度，增强水冲洗效果，可设计采用分段自动反冲洗工艺流程，如图6-4-25所示。

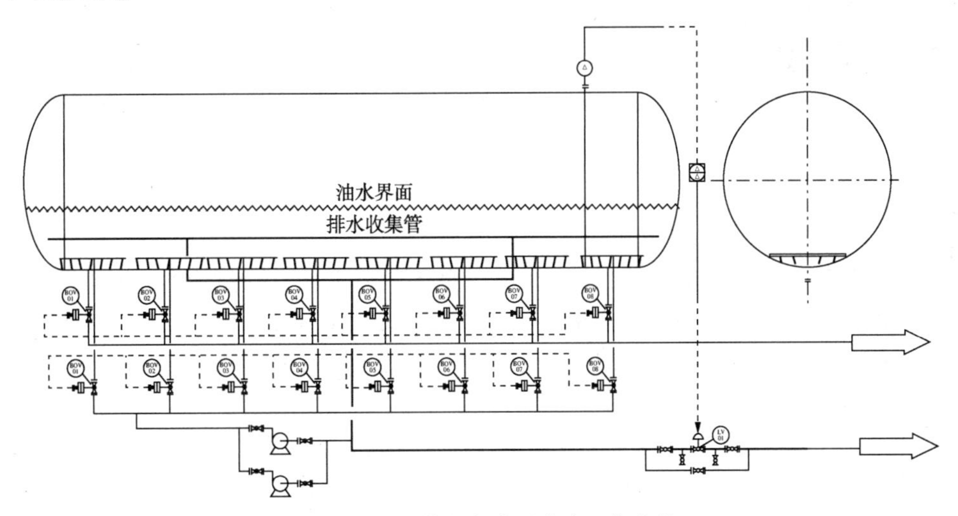

图6-4-25　分段自动反冲洗工艺流程

通过DCS或PLC(可编辑逻辑控制器)控制安装在冲洗水进口管道和冲洗水排水管道上的开关阀，利用专门设计的反冲洗泵进行自动反冲洗操作。每段有一个反冲洗水进口和一个反冲洗水出口，并在进口管道和出口管道上安装开关阀。当对某段进行冲洗操作时，该段反冲洗进口管道和出口管道上的开关阀打开，其他段的所有开关阀关闭，只对该段进行水冲洗操作。

(十) 现场防爆操作盘

电脱盐现场防爆操作盘的主要作用是，在现场了解电脱盐设备的运行状况或紧急启停等，防爆盘上应该只有指示仪表与控制按钮。这是因为防爆操作盘被安装在现场，是防爆区域，所以在满足上述功能的情况下，应尽量小。在国外，甚至只有一次电流表和启停按钮，而在国内往往设计得非常多，很多都是功能浪费，更不能将配电功能设计在现场防爆操作盘中。根据现场条件，防爆操作盘适用场所为爆炸性气体混合物危险场所1区、2区，爆炸性气体混合物Ⅰ、ⅡA、ⅡB、ⅡC。适应这些危险场所的电脱盐防爆操作盘的防爆类型有隔爆型、增安型、正压型等，但目前现场大多用隔爆型防爆操作盘。

智能电脱盐控制柜配带PLC控制系统，应设计在MCC(电动机控制中心)，不能设计在防爆区域现场，但可以通过增加通信模块作为下位机与DCS进行联络，在DCS上实现对输出高压的调整。

仪表防爆操作盘是通过控制电缆与安置在配电房的配电柜进行联络控制。电脱盐设备的

图 6-4-26　隔爆型现场防爆操作盘外形图

仪表信号通过仪表电缆进入 DCS 系统进行集散控制。根据使用场所的不同，现场防爆操作盘有海洋高盐雾环境(海洋石油平台或 FPSO 浮式生产储油轮)使用的 316SS 不锈钢外壳现场防爆柜、陆地炼油厂使用的外壳喷塑的铸铝或钢板焊接式防爆操作柜，它们的内部功能都是根据技术要求和相关规范配置。

隔爆型防爆操作盘可采用铸铝合金、压铸或钢板焊接成型后表面喷塑外壳。现场防爆操作盘的安装方式可分为挂式和落地式，挂式防爆柜在现场安装时需要提供挂壁支架，落地式防爆柜安装时需要根据底座尺寸浇注基础。防爆柜的进线一般设置为底部钢管穿线或电缆密封防爆接头进线。现场防爆柜的外形尺寸根据设计情况而定。图 6-4-26 为隔爆型现场防爆操作盘外形图。

三、大型化电脱盐

大型化电脱盐技术是指单套处理量达到 5.0Mt/a 及以上的电脱盐技术。随着国内近年来千万吨级大型炼油厂的大规模扩建和新建，大型化电脱盐技术得到快速发展，大型化电脱盐技术也越来越成熟。目前比较常用的大型化电脱盐工艺技术有交直流电脱盐、高速电脱盐以及交直流电脱盐和高速电脱盐串联工艺等技术。

大型化电脱盐技术成套设备是大型化电脱盐技术中最重要和最关键的部分之一。随着新型电脱盐工艺技术的不断发展与逐步成熟及装置规模的扩大，电脱盐过程中的各类设备日趋大型化。这些设备中最主要和最关键的是电脱盐罐体、电脱盐高压电场、混合系统及电源设备等。

(一) 大型化电脱盐罐体

大型化电脱盐罐体相对于普通电脱盐罐而言，从主观上有这样的概念，大处理量需要大罐体。大型化电脱盐罐体并不是直接在普通低速电脱盐罐体上的简单比例放大，既然采用大型罐体，必须充分利用罐体的面积和容积。大型化电脱盐罐体设计参数和单位处理能力已经远远超过普通低速电脱盐罐体的设计参数和单位处理能力，这与采用的电脱盐技术有直接关系。如图 6-4-27 所示为 2017 年 11 月浙江石化大型电脱盐设备进入现场安装阶段。

图 6-4-27　浙江石化大型电脱盐罐体 ϕ5200mm×37500mm(T/T)

在中国电脱盐技术发展进程中，随着对电脱盐技术的理解和认识，电脱盐罐体的选型曾出现了不同的设计依据。这些设计依据主要包括：原油在电场中的停留时间(τ, min)，原油在罐体内的停留时间(T, min)，原油在罐体最大横截面处的上升速度(u, mm/s)，单位体积的罐体在单位时间内处理的原油量[ψ, $m^3/(m^3 \cdot h)$]等。

在对电脱盐技术的研究过程中，高压电场对油水乳化液的破除的重要作用首先被大家认可，所以最初将油流在电场中的停留时间 τ 作为电脱盐罐体规格设计选型的主要依据。在当时的设计资料中，也常常看到“使原油在电场中的停留时间不少于××分钟”的设计要求，使原油必须在电场中保持充分的停留时间，使电场有足够的时间对细小水滴作功，使小水滴聚积成大水滴，然后从油相中沉降到水层中。在设计时，一般将原油在电场中的停留时间设计在2~6min之间。

以原油在电场中的停留时间 τ 作为罐体规格设计依据，这在当时装置的处理量很小、罐体内的油流上升速度不至于影响罐体内水滴的沉降速度的情况下，确实达到了理想的运行效果。但在处理量很大时，当油流在罐体内的上升速度很快时，罐体内的停留时间 τ 将不再是电脱盐罐体选型设计的主要依据了。特别是高速电脱盐技术的开发与应用，原油在电场中的停留时间 τ 仅为25~80s。Petrolite公司利用快速摄影显微镜拍摄的照片表明，细小水滴在电场力作用下聚合成大水滴的时间仅为0.083s。这些数据对电场停留时间 τ 作为罐体规格设计依据的设计思想是个严重的冲击。

从直观的角度来说，要使电脱盐罐体达到足够的处理量，必须采用较大的罐体。因此就出现了将原油在罐体内的总停留时间 T 作为电脱盐罐体规格设计的主要依据。但在处理量增大的情况下，因为影响罐体规格的主要因素是油流上升速度和水滴沉降速度的逆运动，因此，这种主要依据是不全面不合理的。

在电脱盐装置运行过程中，如果出现脱后原油含水量超标可能有两个方面的原因：一个原因是罐体内发生乳化，高压电场不能有效破乳脱水；另一个原因是原油处理量太大，罐体内的油流上升速度大于水滴的沉降速度，水滴来不及沉降，快速上升的油流将水滴带出罐体。因此，应将罐体内油流在最大截面处的上升速度 u 作为电脱盐罐体规格设计的主要依据。

现举一个例子来说明两个罐体的设计技术参数，即在罐体内的总停留时间 T 和罐体内的油流在最大截面处的上升速度 u，对脱盐脱水效果的影响。两个卧式电脱盐罐体都要求达到8.0Mt/a的处理量，1#罐规格为 Φ5200mm×27400mm(T/T)，2#罐规格为 Φ4400mm×39000mm(T/T)，两个罐体的总容积都是615m^3，也就是原油在罐体内的总停留时间 T 是相同的，都是32min。但是两个罐体的最大横截面积是不同的，1#罐的最大横截面积是149.24m^2，2#罐的最大横截面积是176.66m^2。在相同的处理量下，1#罐的最大横截面积处的油流上升速度为2.164mm/s，2#罐的最大横截面积处的油流上升速度为1.828mm/s。如果对于某种原油要求电脱盐罐中油流的上升速度必须小于1.9mm/s，以防止快速上升的油流将细小水滴带出，显然即使1#罐达到了所要求的原油在罐体内的总停留时间，但1#罐内较快油流上升速度使水滴来不及沉降而被带出罐体，出现脱后原油含水量超标的情况。

单位体积的罐体在单位时间内处理的原油量 ψ 也是电脱盐罐体规格设计的主要依据之一，俄罗斯专家特别看重该设计技术参数。事实上，该设计技术参数也是只考虑了原油在罐体总停留时间这一个因素，这从单位 $m^3/(m^3 \cdot h)$ 中可以看出，m^3/h 实际上就是原油的加工体积流量，分母上的 m^3 就是罐体体积的体现。单位体积的罐体在单位时间内处理的原油量[ψ，$m^3/(m^3 \cdot h)$]的倒数就是时间，这个时间实际上就是原油在罐体内总停留时间 T 的反映。

电脱盐罐体规格选型建议采取以下的设计原则：以原油在罐体最大横截面上的上升速度(u，mm/s)为主要设计依据，并参考原油在电场中的停留时间(τ，min)、原油在罐体内的总停留时间(T，min)、单位体积的罐体在单位时间内处理的原油量[ψ，$m^3/(m^3 \cdot h)$]等技术参数。同时，根据中国炼油厂加工原油品种繁多、原油切换频繁的实际情况，充分考虑设备的设计余量。

（二）大型化电脱盐高压电场

电脱盐罐尺寸的加大为电场的合理布置提供了更大空间，电场组件质量增加，对电场结构的轻型化设计也提出了较高的要求。因为随着电脱盐罐体直径的变大，电脱盐罐内电极梁长度有 5m 长，在其下方悬挂电极板后，如果电极板质量过大，将会导致电极梁发生变形，使极板间距不再均匀，发生放电。这就要求大型化电脱盐的电极板要采取轻型化设计，在保证机械强度的基础上，最大限度地减小其质量。

用于连接电极梁和电极板的绝缘吊挂也需要改进，以确保绝缘吊挂与万向结构的圆螺母配合。保证绝缘吊挂只受竖直方向的拉力，不会发生扭动和剪切力，从而延长了绝缘吊挂的使用寿命。

最关键的是，在大型化电脱盐电极板的设计上，特别注意电极板在高温油品中长期运行时可能造成的变形而出现电极板间距或电极板与罐壁之间间距太小，发生局部放电现象，这都需要在大型化电脱盐电极板的设计中给予高度重视。

（三）大型化混合系统

为实现大量原油与水更好的混合，使原油中的盐分充分溶解在原油中，混合系统的设计也必须符合大型化电脱盐工艺要求。大型化电脱盐装置中的混合器不宜采用单一混合单元组成的混合器，而采用多种不同混合单元组成的混合器；大型化电脱盐工艺中的混合阀彻底改变了传统混合阀的混合结构，其阀体的体积是传统低速电脱盐混合阀阀体体积的 10 倍以上，且在阀体内可形成两个混合区，以保证混合效果。同时对执行机构也要进行改型设计，以避免对混合阀进行开度调整时，阻力过大损坏混合阀。生产实践证明，带有多种混合单元的高效静态混合器和新型大型化混合阀串联组成的大型化混合系统可达到理想的混合效果。

无论多么高效的电场，没有油水的充分混合，脱后含盐指标也难以保证，因为盐分的脱除是靠水滴的脱除来实现的。在混合系统的设计上，采用了静态混合器与混合阀串联的方式。由于处理量较大，需要提供更多的动能促进原油和水的混合，使原油中的盐分溶解到洗涤水中，在研制和开发大型化电脱盐的初期，就针对大型化电脱盐操作工况同时开发了适合大处理量和大注水量的静态混合器和混合阀。

静态混合器改变了传统的一种混合单元组成的结构形式，改为具有两种不锈钢混合单元组成的高效混合器，通过不同混合单元所起到的旋转和切割等作用，达到理想的混合效果。

混合阀则改变了传统的半球面结构形式，采用了分别利用流向改变和湍流形成两种不同类型混合区域的双座式混合阀。而且在多次高速电脱盐的开车和调试中发现，高速电脱盐的混合强度与传统低速电脱盐的混合强度有很大的差别，已经积累了高速电脱盐静态混合器和混合阀调试的工程经验，以确保高速电脱盐设备达到理想的运行技术指标。图 6-4-28 为大型化电脱盐工艺研制开发的形成两个混合区的双座混合阀阀体结构示意图。

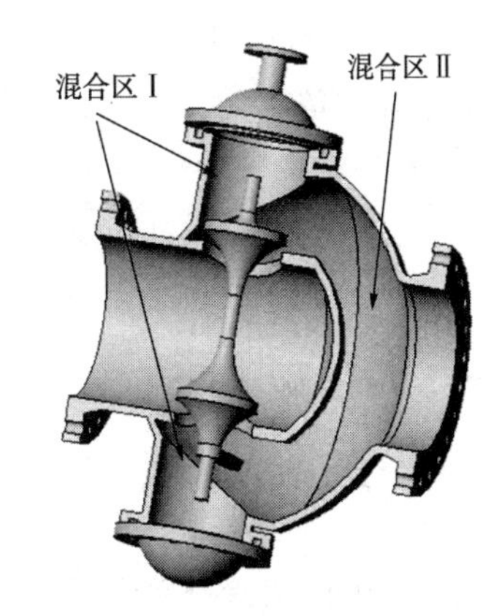

图 6-4-28　形成两个混合区的大型化双座混合阀阀体结构示意图

(四)大型化变压器

大型化变压器是大型化电脱盐设备的关键设备之一，具有以下特点。

1. 变压器的一次电源采用交流 6000V 或 10000V 供电

传统电脱盐变压器均采用交流 380V 供电，6000V 或 10000V 的高压电首先在炼油厂变电所降为 380V 输送到电脱盐变压器后需重新升压。如此一降一升，耗电多，变压器设备投资大。大型电脱盐成套设备中的变压器采用交流 6000V 或 10000V 供电，既可减少电气线路和设备损耗，又可降低炼油厂变电所降压变压器的容量，因而节省设备投资。

2. 采用变压和整流分开的分体式结构

变压器和整流器芯的最高允许温升不同，相差 25~30℃，在夏天相差更大。采用分体式结构设计，即温升较大的变压器端与温升较小的整流器端分开，使二者所充的干燥变压器绝缘油互不干扰。当因原油含水量大幅度增高等原因引起电气系统较长时间短路时，采用变压和整流分开的分体式结构有较高的安全性。另外，整流器检修的概率比变压器大，采用分体结构有利于减少检修工作量。当检修整流器时可不打开变压器箱盖，这样不仅降低了劳动强度，而且还可避免因打开变压器箱盖带进水分降低变压器绝缘油的绝缘等级等不安全因素。

3. 灵活性大

变压器箱内装有电抗器、升压变压器和电压调档开关等部件。为便于测量和保护，变压器内还装有电流互感器，如有需要，还可增加电压互感器直接测量交流输出电压，使变压器在各分档时不必再换算。经半波整流后，整流箱高压负输出端的电压可用分压电阻直接测量。整流箱内装有交直流电压转换开关和测量元件，万一整流元件损坏又不允许电脱盐设施停工时，可切换交直流电压转换开关，将交流电压直接输出到电极板上按交流电脱盐运行，这样就给电脱盐设备的操作带来了极大的方便。

4. 大型化电脱盐电源的设计与选型

电源设备的设计与选型在大型化电脱盐装置中是最关键的技术之一，必须通过大量的模拟实验和工程经验得出，主要涉及变压器数量和容量的设计和选型。变压器数量和容量的设计选型匹配与原油性质、处理量、罐体大小、电场面积、电场容积、节能设计都有密切的关系，其中很多都来自大型化电脱盐装置运行情况的工程经验积累。

1998 年，首套大型化交直流电脱盐在中国石化茂名石化分公司开车运行。开始运行中发现电流很小，甚至几乎没有电流，这是因为当时对大型化电脱盐装置的电源设计和选型还缺乏实验研究和工程经验，采用了三台 250kVA 变压器，变压器选型没有与原油性质、处理量、罐体大小、电场面积、电场容积等进行优化，所采用的变压器较大所致。目前，随着大型化电脱盐技术的完善和进步，对于 5.0Mt/a 的交直流电脱盐电源设备已经从最初选用的三台 250kVA 变压器降低到选用三台 125kVA 变压器。而对于高速电脱盐工艺，处理量 5.0Mt/a

的电脱盐电源设备，只选用一台 160kVA 的变压器就能满足装置安全平稳运行，同时还大大降低了电源设备容量，节省了投资。

第五节　破乳剂与脱金属剂

一、原油破乳剂

（一）破乳剂的作用机理

1. 原油乳化与破乳

随着原油的过度开采及采油技术越来越多地依靠油层注水和使用驱油剂（采油助剂），以及因原油从油田经过长途运输和多次泵的加压传送最后送至常减压蒸馏装置，其中的水被均匀地分散到原油中，和油滴过度混合形成牢固的乳化液。乳化液的状态分为水包油型（O/W）和油包水型（W/O）两种。原油乳状液是一种十分复杂的分散体系，以油包水（W/O）乳状液为主，混合强度和乳化剂的存在是原油乳状液形成的关键因素。引起原油乳化的乳化剂主要包括：①原油中含有的天然乳化剂，如沥青质、石油酸皂、胶质、石蜡；②为了提高石油产量加入的采油助剂。如表面活性剂、聚合物和碱等；③原油中含有的固体颗粒（无机盐）等。

针对原油乳状液的破乳方法一般可分为化学破乳、物理破乳、生物破乳。化学破乳主要是化学破乳剂法；物理破乳有加热破乳法、电破乳法、机械（离心）破乳法、超声破乳法、微波破乳法等；生物破乳是通过加入微生物发酵培养液而使原油乳状液破乳脱水的方法。目前最常用的破乳方法是将原油乳状液通过添加合适的破乳剂，经过加热升温，然后通过电场的联合作用方法，达到破乳的目的。

原油电脱盐过程就是在电场、破乳剂、温度、注水、混合强度等因素综合作用下，破坏原油乳化状态、实现油水分离的过程。电脱盐过程首先需要打破原油的乳化状态，主要是通过添加破乳剂改变原油乳状液体系的界面性质（消除乳化剂的有效作用），使乳状液由较稳定变为不稳定，从而达到破乳的目的。

2. 破乳剂的破乳机理与选用原则

原油破乳剂的破乳过程，就是利用破乳剂分子相对于原油中乳化剂的表面活性更强、表面张力更小的特点，通过吸附在油水界面取代原来的乳化剂，破坏原有乳化液牢固的界面膜并形成新的、不稳定的乳化液，进而使原油乳状液界面膜破裂。使水珠相撞、接触、合并，从原油中沉降下来。

化学破乳法的关键在于破乳剂的性能，其主要取决于破乳剂的亲水/亲油能力和破坏界面膜的能力。选择破乳剂的基本原则一般为：

1）具有良好的表面活性（强烈的界面吸附能力），能将乳状液中乳化剂从界面上置换下来。

2）破乳剂在油水界面上形成的界面膜强度较低，牢固性差，在外界条件作用下或液滴碰撞时易破裂，从而液滴易发生聚合。

3）相对分子质量大的非离子或高分子破乳剂溶解于连续相（油相）中，能因桥联作用使液滴聚集，进而聚合、分层和破乳。

4）对于因离子型乳化剂引起的乳状液，选用带反电荷的离子型破乳剂可使液滴表面电荷中和而破乳；对于因固体颗粒乳化剂引起的乳状液，可选择对固体颗粒具有良好润湿性的破乳剂，使固体颗粒完全润湿进入水相或油相而破乳。

（二）破乳剂的种类

破乳剂的破乳效果与原油性质有关，所以应该根据原油性质选择合适的破乳剂。破乳剂发展到目前，品种繁多，从化学类型上看，主要是以聚氧乙烯聚氧丙烯嵌段聚合物为主的非离子型聚醚类破乳剂。近年来，根据新发展的有机合成技术合成了特殊表面活性剂，使破乳剂在品种数量上迅速发展，复配共聚等手段的应用，使破乳剂的应用范围越来越宽。

1. 聚醚型破乳剂

目前大量使用的多支型聚酸破乳剂，主要是以酚醛树脂、酚胺树脂等含有大量羟基、胺基活性基团的化合物为起始剂，经过与环氧化物反应形成以聚环氧乙烷(PEO)、聚环氧丙烷(PPO)为代表的醚类破乳剂。

（1）脂肪醇为起始剂的嵌段聚醚

线型结构的聚醚型破乳剂主要是指以脂肪醇为起始剂的嵌段聚醚。该类型破乳剂以脂肪醇为引发剂，所用的醇有十八碳醇、丙二醇、丙三醇等，其产品品种多、生产量大，在20世纪70~80年代是中国油田原油脱水、炼油厂脱盐的主要破乳剂。主要产品有SP、BE、BP、GP等。

1）SP型：聚氧丙烯聚氧乙烯聚氧丙烯十八醇醚，化学式如下：

$$C_{18}H_{37}—O—(C_3H_6O)_m—(C_2H_4O)_n—(C_3H_6O)_p—H$$

2）BE型：聚氧乙烯聚氧丙烯丙二醇醚。化学式如下：

$$\begin{array}{l} CH_3—CH—O—(C_3H_6O)_{m_1}—(C_2H_4O)_{n_1}—H \\ \qquad\quad | \\ \qquad\quad CH_2—O—(C_3H_6O)_{m_2}—(C_2H_4O)_{n_2}—H \end{array}$$

3）BP型：聚氧丙烯聚氧乙烯聚氧丙烯丙二醇醚，化学式如下：

$$\begin{array}{l} CH_3—CH—O—(C_3H_6O)_{m_1}—(C_2H_4O)_{n_1}—(C_3H_6O)_{p_1}—H \\ \qquad\quad | \\ \qquad\quad CH_2—O—(C_3H_6O)_{m_2}—(C_2H_4O)_{n_2}—(C_3H_6O)_{p_2}—H \end{array}$$

4）GP型：聚氧丙烯聚氧乙烯聚氧丙烯丙三醇醚，化学式如下：

$$\begin{array}{l} CH_2—O—(C_3H_6O)_{m_1}—(C_2H_4O)_{n_1}—(C_3H_6O)_{p_1}—H \\ | \\ CH—O—(C_3H_6O)_{m_2}—(C_2H_4O)_{n_2}—(C_3H_6O)_{p_2}—H \\ | \\ CH_2—O—(C_3H_6O)_{m_3}—(C_2H_4O)_{n_3}—(C_3H_6O)_{p_3}—H \end{array}$$

（2）酚醛树脂类破乳剂

酚醛树脂系列破乳剂是由烷基苯酚与环氧乙烷(EO)、环氧丙烷(PO)发生共聚生成具有多支结构的嵌段聚醚的非离子表面活性剂，对原油具有较好的破乳脱水效果。常用的烷基苯酚包括对叔丁基苯酚、对庚基苯酚、对壬基苯酚、对十二烷基苯酚等。该类型破乳剂分为AR型(两段嵌段聚醚)和AF型(三段嵌段聚醚)。

（3）酚胺树脂类破乳剂

酚胺树脂系列破乳剂是以壬基酚、双酚A、稠环酚等为代表的酚类、乙烯胺为代表的胺类和甲醛的缩合产物为起始剂，分支上的羟基、胺基与EO、PO开环聚合后制得一系列多支状的嵌段聚醚。该类型破乳剂在20世纪70年代末研发成功，具有相对分子质量大、支化程度高等特点，其破乳效果好、适应性较广。目前大多数破乳剂的相对分子质量在$10^3 \sim 10^5$范围内，研究发现，随相对分子质量增加和支化程度增加，破乳剂脱水速度加快，脱出水含油量减少。

（4）多胺类破乳剂

多胺类破乳剂是以多乙烯多胺为起始剂，在碱性催化剂作用下，与环氧乙烷和环氧丙烷聚合而成。该类型破乳剂的产品有AE和AP两大类，其中AE型是两段嵌段聚醚，AP型是三段嵌段聚醚。

（5）共聚物类破乳剂

共聚物类破乳剂是以不饱和羧酸和酸酐等生成的二元或三元共聚物，再依次与醇、聚醚酯化形成的梳状聚醚化合物。Al-Sabagh等合成了以马来酸酐-苯乙烯共聚物为主链、以聚醚为支链的梳状聚醚破乳剂，研究发现，该破乳剂在60℃、100mg/L、150min条件下，原油乳状液的脱水率可达到96%，经复配后脱水率高达100%。Kang等人合成了基于丙烯酸和丙烯酸酯类三元共聚物为主链的嵌段聚醚破乳剂，张付生等人在苯乙烯-丙烯酸酯共聚物基础上，与PO、EO聚合得到了丙烯酸类梳状聚醚破乳剂。

2. 聚酰胺型破乳剂

聚酰胺型破乳剂是近年来开发的一种具有新型化学结构的功能高分子化合物。聚酰胺型高分子化合物多数是从官能团内核出发，向外重复生长，高度支链化的三维树枝状或星状大分子结构。聚酰胺型破乳剂具有较好的表面活性和抗剪切性能，以及增溶、破乳和稳定等作用。

3. 聚丙烯酸型破乳剂

聚丙烯酸型破乳剂是一种以丙烯酸类化合物为单体合成的另一种非聚醚类原油破乳剂。其工艺合成简单、扩链剂易于合成，具有较强的表面活性，以及增溶、絮凝、击破界面膜的能力。蒋明康等人以丙烯酸、甲基丙烯酸、丙烯酸丁酯、甲基丙烯酸甲酯为单体，过硫酸钾为引发剂，采用乳液法合成了一种水溶性四元共聚物破乳剂，当剂量为300mg/L时，原油脱水率为97.01%。

4. 硅油改性聚醚破乳剂

硅油具有强烈的疏水性，经过亲水的聚醚改性后含有硅氧烷烃或硅烷链的聚醚比烷烃链具有更高的表面活性，其破乳效果更好，因此有机硅聚醚破乳剂正逐渐受到人们的重视。王洪国等人利用含氢硅油改性了嵌段聚醚破乳剂，实验研究表明，与其他聚醚类破乳剂相比，硅油改性聚醚破乳剂在破乳剂用量、破乳温度、脱水效果、脱出水的水质等方面具有较明显的优点。

（三）原油破乳剂的研究进展

尽管中国W/O型原油破乳剂的应用效果较好，产品系列化，但是随着油田开发进入中晚期阶段以及原油劣质化趋势，原油乳状液的破乳脱水变得更为困难，使得原油破乳剂的发展必须有所突破。目前针对原油破乳剂的主要研究方向是提高破乳剂的相对分子质量、增加支化程度、增加油溶性、开发复配品种等，概括起来可归纳为“改头、换尾、加骨、扩链、复配”。

1. 新型起始剂(改头)

“改头”是指选择、设计、合成具有活泼氢的起始剂。如选择高碳醇为起始剂制成对应的SP型破乳剂；选择多乙烯多胺为起始剂制成对应的AP型和AE型破乳剂。起始剂化学结构的确定直接影响破乳剂的结构和性能，通常采用的起始剂有酚类、醇类、脂肪胺类、脂肪酸类、酚醛树脂等。现在随着研究的不断深入，人们采用的起始剂由原来的简单、单一化逐渐转为复杂多样化。

2. 端基改性(换尾)

“换尾”是指利用化学方法改变嵌段聚合物的端基，将同类或不同类的聚合物端基进行酯化，从而得到的一种新的破乳剂。该方法是提高破乳剂相对分子质量的有效方法之一。例如，用松香酸等作封尾剂对聚醚类破乳剂进行酯化改性，或者采用乙酸酐、苯甲酰氯和系列羧酸对聚醚类破乳剂进行酯化，对提高破乳效果有明显的作用。另外，也有利用马来酸酐和胺反应得到的聚合物或者用马来酸酐对聚醚进行酯化改性，得到的新破乳剂对油包水型原油乳状液具有优良的破乳效果。

3. 增加新链节(加骨)

“加骨”是指在破乳剂分子中加入新的骨架而生成的一种新的破乳剂，进一步提高原油破乳剂单剂的破乳性能。例如，以醇或胺类化合物为起始剂制得的嵌段聚醚，然后与聚甲基硅氧烷进行反应，生成新的破乳剂不仅具有降低破乳温度的功能，还具有一定的防蜡、降黏功能。

4. 增加分子链(扩链)

“扩链”是采用适当的化学方法，用双官能团活泼氢化合物作扩链剂，将相对分子质量较低的破乳剂分子连接起来，形成线型分子，使相对分子质量成倍或几十倍地增加，以增强破乳效果。当破乳剂分子具有三个以上的活泼官能团时，则可能发生交联，生成网状破乳剂。

通常采用二元羧酸或二异氰酸酯类化合物作扩链剂，得到的扩链产物对W/O乳液具有很好的破乳效果。例如，采用多乙烯多胺、山梨糖醇或甘油等作起始剂合成聚氧乙烯聚氧丙烯化合物，然后用多元醇或双环化合物作交联剂，合成破乳剂方法简单，破乳剂破乳效果很好。

5. 协同效应(复配)

“复配”是指应用表面活性剂的协同效应进行破乳剂的复配试验，即将两种或两种以上的破乳剂按适当比例复配，或在其中加入少量助剂，提高破乳脱水效果，改善脱出水的水质。复配在一定程度上克服了破乳剂专一性强的特点，扩大了破乳剂的适用范围，是一种提高破乳剂性能的经济、快捷和有效的方法。

(四) 高效破乳剂的评选

破乳的原则是除去乳化液稳定的因素，强化破乳的方法除采用破乳剂外，还有加热、外加能量场(电场、微波、振动场)、破坏乳化剂成分、加电解质、过滤、离心等方法。油水界面膜是乳化液稳定的最重要因素，作为破乳剂应用的表面活性剂一般具有较高的表面活性，能将乳化液中乳化剂从界面上顶替或部分顶替下来，同时形成比原先界面膜更不稳定的混合膜。由于乳化液性质十分复杂，对某种类型乳化液有效的破乳剂，对其他类型的乳化液可能不会同样有效，故针对不同原油乳化液采用模拟和试验的手段进行高效破乳剂的评选和工艺条件优化是十分普遍的做法。通常评选破乳剂的方法有以下几种。

1. 对原油乳化液稳定性的考察

原油乳化液特性是破乳过程必须首先考察的对象。原油乳化液中连续相(外相)与分散相(内相)的组成、比例、油水密度差、黏度-温度特性、分散相的分散度等因素，决定了原油乳化液的破乳特性。概括而言，与化学破乳相关的乳化液影响因素有：

(1) 原油

包括原油类型和原油中天然乳化物质的含量(沥青质、胶质、环烷酸、脂肪酸、氮和硫的有机物、石蜡、黏土、砂粒等)。

(2) 破乳剂

包括破乳剂类型、结构、相对分子质量、亲水亲油平衡值(HLB 值)、油水分配系数、扩散吸附性能、不同类型破乳剂的复配与协同作用等。

(3) 热力学、动力学基础

包括温度、压力与液相饱和蒸气压、界面吸附与解析、液滴表面荷电特性、油水界面张力、界面流变性、原油黏度和分散度、体积膨胀系数、微观分子热运动及分子间力的作用等。

(4) 其他

如无机盐、聚合物、固相粒子、混合分散条件、液相电导率、介电常数等。

2. 热化学沉降试验

热化学沉降试验是一种简单而有效的针对不同乳化液进行破乳剂评选的方法，一般采用瓶试法进行。具体的操作方法是将不同类型待测的破乳剂配制成溶液，加到原油乳化液中，经混合，在不同温度水浴条件下进行热化学沉降脱水试验，所考察的试验参数包括破乳剂类型(品种)、加入量、混合方式、热沉降温度、沉降时间及脱水量、界面及脱水含油状况等。图 6-5-1、图 6-5-2 分别为瓶试法破乳剂沉降脱水效果对比和不同破乳剂沉降脱水效率对比。

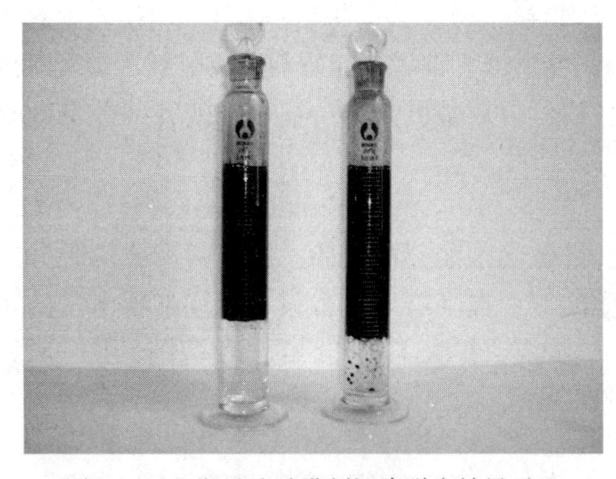

图 6-5-1　瓶试法破乳剂沉降脱水效果对比
[左瓶为添加了破乳剂后原油乳化液的破乳脱水效果；右瓶为没有添加破乳剂的原油乳化液的破乳脱水效果(空白样)]

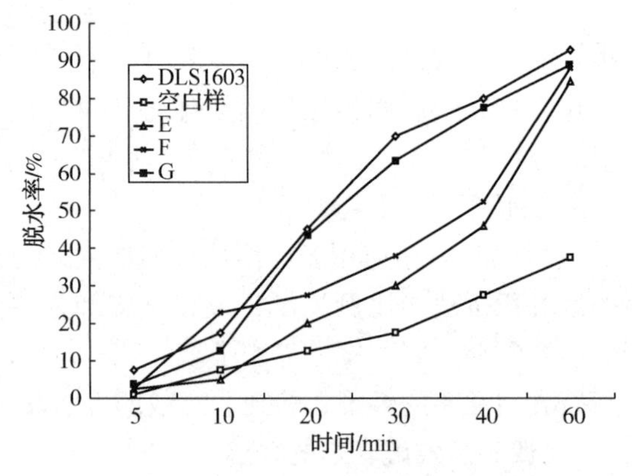

图 6-5-2　不同破乳剂沉降脱水效率对比

3. 静态电场工艺考察试验

实际工业生产中，针对原油乳化液破乳工艺，一般均广泛采用外加电场作用。针对 W/O 原油乳化液采用高压电场，可使分散水滴的聚结作用非常迅速地发生，而且是一步完成。对电场破乳工艺试验的考察，一般采用小型专用电场评选设备，这方面国内研发的如洛阳分析仪器厂 SH-1 型电脱盐试验仪、泰兴市分析仪器厂 DPY 型电场破乳剂评选仪，国外如美国 ETI 公司比较先进的 EST 设备(乳化液稳定性电场考察试验仪)。通过电场试验，可结合热化学破乳方法综合考察不同破乳剂品种、注入量、混合方式、试验温度、电场强度、电场停留时间、电场沉降脱水(脱盐)效果等，可使工艺参数得到优化。近年来，国内外科研机构还将显微摄影等技术应用到对乳化液破乳过程微观机理的考察和研究中，取得了很好的应用效果。

4. 动态破乳工艺条件试验

静态电场工艺考察试验一般是对热、化学电场破乳工艺的条件及参数的初步优化与考察，是一种非连续的运行过程。而动态破乳工艺条件试验可以在连续运转条件下模拟工业实际状况进行。采用专业设计的动态工艺破乳试验设备，可以模拟工业实际生产状况和工艺运行条件。在小试和中试的规模上，可做到对工艺条件的模拟和优化，为工业生产操作提供有益的数据。

图 6-5-3 为长江(扬中)电脱盐设备有限公司研发的 DTS30-Ⅱ型三级脱盐脱水动态模拟实验装置。

图 6-5-3　三级脱盐脱水动态模拟实验装置

二、原油脱金属剂

(一) 原油中金属元素及存在形态

原油中金属含量一般在 10^{-5}~10^{-9}，但其中部分金属元素在原油一次、二次加工过程中危害很大。随着原油劣质化趋势加剧，劣质原油中某些金属含量是常规原油的数倍，这给炼油厂原油电脱盐提出了更高的要求，因此原油中金属元素的危害及脱除技术越来越受到重视。

自 1922 年最早报道针对墨西哥原油中 12 种微量元素检测结果以来，已从原油中检测出 59 种微量元素，其中金属元素 45 种，主要分为变价金属、碱和碱土金属、卤素和其他元素三类。目前研究的重点是 Na、K、Ca、Mg 等碱和碱土金属，Fe、Ni、V 等变价金属。

1. 无机盐

金属元素的无机盐以两种形态存在于原油中：一种是以乳化状态分散于原油的水所含的无机盐类，包括碱和碱土金属的氯盐、硝酸盐或硫酸盐等水溶性盐类，主要是氯盐；另一种是以悬浮于原油中的极细的矿物质微粒，包括碱土金属碳酸盐、硫化亚铁、铁的氧化物等不溶于水的无机盐类。

2. 金属有机盐

金属元素的有机盐类主要以两种形态存在于原油中：一种是环烷酸盐或脂肪酸盐等形式存在于原油中，主要是钙和铁；另一种是以有机螯合物的形式存在于原油中，原油中镍和钒金属的有机螯合物可分为卟啉化合物和非卟啉化合物。

（二）脱金属剂的作用机理

原油电脱盐过程中，溶于水的无机盐通过脱盐脱水过程大部分随污水排出而脱除，不溶于水的无机盐也可以在电脱盐过程中被脱除。而对于金属有机盐，因其不溶于水且共溶于原油中，因此常规的电脱盐难以脱除。针对原油中金属有机盐的脱除，主要包括加氢脱金属、化学法脱金属、物理法脱金属和组合工艺法脱金属。从目前原油脱金属技术的工业应用来看，加氢脱金属效果最好，但存在投资大、催化剂难再生且难处理问题；物理法脱金属主要应用于油品中有机金属化合物的分离和鉴定，难以工业应用；化学法脱金属费用低、操作简便，但也存在剂量大、脱除对象单一、对设备发生腐蚀等缺点。

针对常减压装置电脱盐过程而言，化学法脱金属是技术较成熟、工业应用最广泛的脱金属方法。该方法主要是针对以环烷酸盐和脂肪酸盐形态存在的钙和铁金属元素，将原油与脱金属剂、破乳剂和水充分混合，油溶性钙和铁有机盐反应生成水溶性盐类溶于水相中，然后进行油水分离操作，达到脱金属的目的。化学法脱金属技术可以归结为化学酸处理法、化学螯合法和化学沉淀法。

1. 强酸作用机理

化学酸处理法是基于中强酸氢离子置换弱酸重金属离子的原理，利用有机或无机中强酸与原油中的石油酸钙/铁进行反应，将石油酸钙/铁还原为石油酸进而脱除原油中的钙/铁。因为钙和铁的羧酸或酚盐都是非常弱的酸性化合物，它们的盐遇到强酸时，便还原出相应的有机羧酸和酚类化合物，同时在水中游离出金属钙和铁离子。

$$(RCOO)_2M + 2H^+ \rightleftharpoons 2RCOOH + M^{2+}$$

$$\left[\text{(O)}C_6H_4\text{—R}\right]_2 M + 2H^+ \rightleftharpoons 2\left[\text{(OH)}C_6H_4\text{—R}\right] + M^{2+}$$

该方法的脱金属效果较好，尤其是对原油中的钙一次脱出率高达90%以上，缺点是采用的工业酸对环境不友好、对工业设备有腐蚀作用、脱金属后原油酸值升高等。

2. 螯合作用机理

化学螯合法是利用螯合剂能与金属钙/铁离子形成较强的螯合物，然后螯合物进入水相并随电脱盐排出水脱除。

$$(RCOO)_2M + Y \rightleftharpoons 2RCOO^- + [MY]^{2+}$$

$$\left[\text{(O)}C_6H_4\text{—R}\right]_2 M + Y \rightleftharpoons 2\left[\text{(O)}C_6H_4\text{—R}\right]^- + [MY]^{2+}$$

式中，Y 为螯合剂。

采用化学螯合法脱除金属(钙和铁)的效率较高，在药剂量充分的条件下，一般脱铁率达 80%以上，脱钙效率可达 90%以上。但其缺点亦较多：首先，其使用量大，成本较高；例如，脱钙效果最佳的 EDTA 剂钙比高达 9.3∶1，用量较少的剂钙比亦达到 3.3∶1。其次，有机羧酸或有机膦羧酸类螯合脱金属剂，在脱金属过程中，因其排水 pH 值偏低，造成电脱盐设备及排水管线严重腐蚀，给后续的污水处理系统增加了较大的处理难度。最后，化学螯合法的脱金属剂中一般都含有钠，在脱除金属离子的同时，会导致原油钠的升高，在原油二次加工过程中，钠对催化裂化催化剂的危害程度比钙和铁更为严重，所以该问题是不应被忽视的。

3. 沉淀作用机理

化学沉淀法主要针对原油中钙的脱除，该方法采用水溶性硫酸盐、磷酸盐与原油中的有机酸钙作用生成微溶或不溶于水的硫酸钙、磷酸钙沉淀物，在固体润湿剂的作用下，沉积于水相达到脱钙的目的。

$$(RCOO)_2Ca + X^{2-} \longrightarrow 2RCOO^- + CaX\downarrow$$

$$\left[\text{(O-C}_6\text{H}_4\text{-R)}\right]_2 Ca + X^{2-} \longrightarrow 2\left[\text{O-C}_6\text{H}_4\text{-R}\right]^- + CaX\downarrow$$

式中，X 为沉淀剂。

这类脱金属方法对环境和设备较为友好，且药剂价格较低，但其产生的钙沉淀物易堵塞设备管线，给操作带来不便，一般不会造成设备及管线的腐蚀，排水对后续污水处理装置影响不大。但其缺点亦较明显：首先，脱钙效果不高，以六偏磷酸钠为例，在剂钙比为 5.5∶1 的条件下，脱钙率仅为 50%。其次，沉淀类脱钙剂还存在电脱盐设备及排水管线二次结垢以及增加原油钠离子等问题。

(三) 脱金属剂的种类

1. 国内外脱金属剂的差异

目前，在原油脱金属方面，国内外主要研究较多并有较多工业应用的是脱钙技术，其技术原理集中在化学螯合法脱钙。国外在 20 世纪 80 年代、国内在 90 年代末期相继推出脱钙剂。

基于文献报道分析，国内外脱钙剂在脱钙效果、用量、实用性和安全性上基本上无差异，国内脱钙剂在用量和脱钙效果等方面即能达到国外水平。然而，对于长期使用脱钙剂的炼油企业而言，脱钙剂是否引起设备腐蚀加重、换热器结垢是否加剧以及电脱盐过程中外排废水是否乳化等，都是不可忽视的问题。相比于国外，国内缺乏对这些问题的系统研究，也缺乏解决这些问题的技术手段。

目前，尚未有某种脱钙剂在单独使用时能做到不出现上述问题。国外推出的脱钙剂都是复配型脱钙剂，其优势在于两点：一为提高脱钙效果，防止结垢出现；二为减轻脱钙剂对设备的腐蚀，同时预防乳化以及影响脱盐效果。在国内，脱钙剂的复配重点是提高脱钙率，着重于各种酸性物的搭配。另外，国外脱钙剂供应商往往还有相应配套的技术服务以减轻设备腐蚀，如提供高效破乳剂，以防止因脱水、脱盐不彻底带入脱钙剂而引起的设备腐蚀。相反，国内的配套服务显得很落后。

2. 脱钙剂的类型

目前已开发的脱钙剂主要有三大类：无机酸及其盐、有机酸及其盐、有机聚合物。早期脱钙剂以无机酸及其盐以及小分子有机酸及其盐为主，后来陆续开发出 EDDS(乙二胺二琥珀酸)、IDSA(亚氨基二琥珀酸)、MGDA(甲基甘氨酸二乙酸)等系列的可降解的环保型脱钙剂，以及 PAMAM(聚酰胺)、PAA(聚丙烯酸)等有机聚合物脱钙剂。

(1) 无机酸及其盐

国外 Chevron 公司自 20 世纪 80 年代相继开发了碳酸、硫酸、磷酸及其盐。该公司对每一种脱钙剂都进行了大量的实验室评价，并对各种影响因素进行了考察和优化。研究结果表明，在实验条件下，保持一定的剂钙比、油水比，原油的脱钙率可达到 80%以上。然而，由于实验室所用的剂钙比、油水比都较大，若用于工业装置成本太高。洛阳石化工程公司开发出一种含有三聚磷酸钠、六偏磷酸钠等无机磷螯合剂，可高效脱除原油中的钙，且能脱除镁、铁等金属杂质。该脱钙剂分为固态和液态两种，也可与其他具有螯合或沉淀作用的化合物混合使用。实验结果表明：当原油中钙含量大于 5μg/g 时，脱钙率可达 50%~95%。

Maxwell 等研究发现，氢氟酸是最有效的无机酸脱金属试剂，在高产率的液态馏分下，金属的脱除率可以达到 90%。Gould 等人描述了对沥青质和渣油氧化脱金属的方法，实验结果表明：次氯酸钠、过氧乙酸等试剂表现出极高的脱金属或者破坏金属卟啉的能力，然而，这些氧化反应并没有选择性，脱金属效果与加入脱金属溶剂的量正相关。

(2) 有机酸及其盐

20 世纪 80 年代末，Chevron 公司相继开发出有机酸及其盐类脱钙剂，如一元羧酸、二元羧酸、氨基羧酸、羟基羧酸以及它们的盐。其方法是：将原油或重油与有机酸及其盐类脱钙剂溶液混合，用碱调节 pH 值大于 2，最好在 5 左右，在一定的温度和摩尔比的条件下，钙很容易连接或螯合到酸的阴离子上，形成水溶性的离子型络合物，进而将水相和油相分离即可得到不含钙的油料。Reynolds 等研究发现，含有顺丁烯二酸的二甲基甲酰胺混合溶液含有蒙脱石的 1-甲基萘混合液以及含有三氟甲磺酸或氟代硫酸的 1-甲基萘混合液，可以通过置换反应除去重油中的镍和钒，然后利用水溶性液体除去其中的金属。

国外的学者研究发现了 EDTA(乙二酸四乙酸)对金属离子的螯合能力，然而随着人们的环保意识越来越强，却发现 EDTA 不具有可降解性。因此，近年来研究发现了 EDDS(乙二胺二琥珀酸)、IDSA(亚氨基二琥珀酸)、MGDA(甲基甘氨酸二乙酸)等系列的可降解的环保型螯合剂。由于螯合能力强且环保的螯合剂受到了人们的欢迎，并且逐渐取代 EDTA，成为 21 世纪螯合剂的发展方向。

(3) 有机聚合物

Mamadous 等人发现 PAMAM(聚酰胺)是一种较好的金属离子螯合剂，原因在于它具有许多氮原子，相互之间形成共价连接，这种纳米级的结构使其具有很强的络合能力；因此人们对于螯合剂的研究又有了新的认识，可以说为以后螯合剂的发展立下了一个风向标。后来，研究人员相继开发了聚丙烯酸(PAA)、水解聚马来酸酐(HPMA)、HEA(丙烯酸羟乙酯)、羧酸类聚醚大分子等有机聚合物类脱金属剂。因此，高羧酸含量、水溶性、环保性以及可降解性的聚合物成为现在金属螯合剂的主流研究对象。

3. *脱钙剂的选取原则*

化学法脱钙是利用脱钙剂与电离出的钙螯合形成稳定的水溶性化合物来达到脱钙的目的，所以脱钙剂对钙的螯合能力是至关重要的。通常在原油脱钙工艺流程中，脱钙剂首先与钙离子反应生成水溶性钙盐进入水相，然后利用电脱盐进行后续处理，这一特有的工艺流程决定了这类脱钙剂应该具备以下特点：

1）脱钙剂对钙、镁的螯合能力要强，对钙的螯合能力越强，脱钙效果越好。

2）脱钙剂螯合钙后形成的钙盐应具有水溶性，否则会对后续脱盐工艺造成影响，造成对石油的二次污染。

3）脱钙剂应该不具有太强的腐蚀性，这样能减少设备的维修费用，降低生产成本。

从衡量脱钙剂效果优劣与否的评价标准出发，理想的脱钙剂要求为：与原油中的钙迅速反应，在短时间内将钙从原油中置换出来；反应物易溶于水中，且不引起乳化；低腐蚀性和污染性。

三、原油含盐量的实验分析

（一）分析原理

电脱盐作为炼油厂防腐的重要工艺措施之一，主要防止在塔顶低温部位出现盐酸腐蚀，因此，将氯离子作为脱除目标，所以，电脱盐工艺中的“盐”，也是以可溶于水的氯离子作为衡量指标的。

氯离子的测量是以氯离子与银离子产生氯化银的化学反应作为理论基础的。

原油在极性溶剂存在下加热，用水抽提其中包含的盐，离心分离后用注射器抽取适量抽提液，注入含一定量银离子的乙酸电解液中，试样中的氯离子即与银离子发生反应：

$$Cl^- + Ag^+ \longrightarrow AgCl \downarrow$$

通过测量产生银离子消耗的电量，根据法拉第定律即可求得原油盐含量。可采用容量滴定和电化学两种操作方式。在中国炼油厂，微库仑盐含量测定方法被广泛应用。

微库仑滴定是一种电化学分析方法，与一般加入滴定溶液的容量法不同，它是用电解方法在一个电解池中产生滴定物质，根据法拉第电解定律以及电解消耗的电量来计算被测物质的含量。

与一般滴定容量法一样，微库仑滴定法也需要一种指示终点的方法，这就是电位，电位具有信号稳定和灵敏度高的优点，因此被作为用来指示滴定终点。在微库仑滴定中，电解电流是一个随着时间而变化的可变电流，电流的大小由样品进入电解池引起的信号来决定，这个信号通过放大后，被输送到电解池，进行电解，产生滴定物质。当被测物质逐渐减小时，信号和电解电流均将逐渐减小，直至达到电解平衡，通过测定电解反应过程的电流量，计算出盐含量。

（二）微库仑盐含量分析仪

微库仑盐含量分析仪由分析主机、计算机系统和滴定池等部分组成。库仑仪主机的后面有电源线、串口通讯线、电解线和信号线。信号线与电解线和滴定池的四个电极相连，串口通讯线和计算机的主机相连。

由于是电量的测量，整个系统的良好接线、避免电干扰、确保通讯正常是比较关键的。首先要接通库仑仪主机电源，然后接通计算机电源运行库仑软件，微机运行库仑软件后，如果接通搅拌器、温控仪和打印机电源，有时也会中断微机运行，因此最好最后才接通微机电源运行库仑软件。

串口信号有故障，微机将显示“通讯有误，请检查!!!”，如操作正常又无串口故障，屏幕将显示如图 6-5-4 所示的信息和图形，表示运行正常。

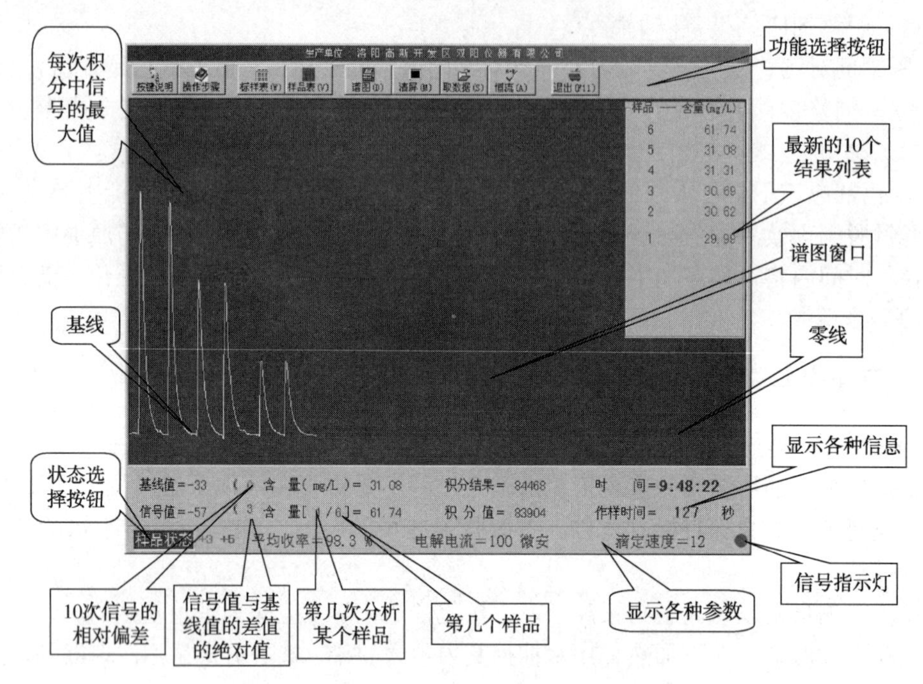

图 6-5-4 微库仑盐含量分析仪工作界面

(三) 试剂的配制和测试原油制样

1. 试剂的配制

分析测试所需要配制的试剂主要有电解液、醇-水溶液、混合醇溶液和氯化钠标样溶液等，这些溶液并不是每次测试都需要配制，只要一次性配制好，妥善储存，测试时根据需要取用。另外，氯化钠标样溶液也可以不配制，而在市场上购买。

电解液可由 700mL 冰乙酸和 300mL 蒸馏水于 1L 细口瓶中混合均匀备用。醇-水溶液是由 95%乙醇和水按 1∶3(体)的比例混合均匀配制的。混合醇溶液的配制是将正丁醇∶甲醇∶水按 630∶370∶3(体)的比例混合均匀。氯化钠标准储存溶液的配制可称取预先在(125±5)℃干燥，冷却至室温后的氯化钠 0.5000g 于 100mL 烧杯中，用 25mL 水溶液定量地转移至 500mL 容量瓶中(1000ng/μL)，再用混合醇溶液稀释至刻度，摇匀备用。配制标准溶液也可用蒸馏水配制。

2. 测试原油制样

从现场装置取回的原油样，需要处理后才能使用微库仑仪进行测定。其制样的原则是取少量原油，用大量的水去清洗溶解该原油中的盐分，将原油中的盐分全部溶解到水中，然后将分离出来的水注入到微库仑仪中，对含盐水溶液进行电解滴定。从这个角度讲，该仪器的测试原理也是模拟了电脱盐工业装置的基本原理，只是鉴于科学实验及精度分析的要求，在洗涤水用量、混合形式、分离形式上采取的措施不同。

制样时，把从现场取回的原油试样瓶加热至50~70℃，然后用力摇动使试样充分混合均匀。当试样瓶太大不可能加热或摇动时，可将试样转移到400mL烧杯中加热融化，再用玻璃棒剧烈搅拌使试样混合均匀，并迅速地称取约1g(精确至0.01g)试样于离心管中，加入1.5mL二甲苯、2mL醇-水溶液和1滴30%过氧化氢。将离心管放入控制在70~80℃的水浴中加热1min，取出后用快速混合器振动混合1min，再加热1min，再振动混合1min，然后放入离心机内，在2000~3000r/min速度下离心分离1~2min进行油水分离。

(四) 微库仑仪调试和测试

将库伦仪主机与滴定池连接起来，库仑仪主机输入信号线的红夹子夹住参比电极接线柱，黑夹子夹住指示电极接线柱；电解信号线的红夹子夹住电解电极接线柱，黑夹子夹住辅助电极接线柱，开动搅拌器，使电解液产生很深的漩涡，即可接通主机和计算机电源，运行操作程序。

每次测试前，将微库仑仪调试正常往往花费测试人员很多的时间和精力，也是令测试人员头疼的地方。需要指出的是，微库仑仪不能尽快调试到测试状态，90%以上的故障来自于滴定池。滴定池的故障通常有如下几种：

1）噪声大，信号波动大，可能是指示电极被污染，或者是参比电极有问题。

2）搅拌棒破裂，造成铁溶入电解液，污染指示电极，应更换新电解液和搅拌棒，并清洗指示电极。搅拌速度不匀，使信号不稳，应更换搅拌棒。

3）基线太高，终点电压调节不合适，或有被测物质逐渐进入滴定池。

4）分析标样时，结果太高或太低，应检查电解电流是否符合、标样浓度是否有改变。

5）峰形拖尾很厉害，以致一个样品分析时间超过5min，这可能是终点调节不合适，此时可反时针方向调节终点调节电位器，如果是电极不灵敏所引起，就要处理电极。

调好各项参数，并且信号稳定后，开始用标样测试整个分析系统的测试准确性，用与样品含量相近的标样检查仪器和操作是否正常。标样收率在90%~110%之间，标样收率只用来检查仪器，不参加样品计算，基线应在零附近才能进样。

将注射针头穿过油层插入离心管内，用吸有空气的注射器将针头内的油排出。再抽取少量抽提液冲洗注射器2~3次后(注射针头留在离心管内)，参考表6-5-1数据，抽取适量抽提液，采用其他针头通过滴定池试样入口注入池内，仪器即自动开始进行滴定直至终点，仪器自动停止滴定，按要求输入参数即可得出结果。

测定盐含量时，终点电压通常调至210~250mV之间，但在参比电极的电位不正常时，可能超出这个范围。

当测定高含量样品时，终点电压应调低一些；当测定低含量样品时，终点电压应调高一些。具体数值可用标样加入一小滴到滴定池中，根据峰形的“拖尾”或“过头”来判断。

在一定范围内，终点电压大时，信号的灵敏度提高，滴定速度加快；终点电压小时，信号的灵敏度降低，滴定速度减慢。

当峰形“拖尾”时，可以考虑适当增大终点电压；当峰形“过头”时，可以适当减小终点电压。

在一定范围内，终点电压不影响分析结果，但出现严重“拖尾”或“过头”时，将使分析误差增大。

当盐含量在1~200mg/L时，电流选择“2”档；当盐含量大于200mg/L时，电流选择“3”

档；当盐含量小于 1mg/L 时，电流选择“1”档。0、4、5 档不能用于盐含量的测定。

表 6-5-1　试样盐含量与取抽提液的关系

盐含量/(mg/L)	取抽提液/μL	电流选择
<1	500～100	1
1～200	100～10	2
>200	<5	3

(五) 电极处理及电镀

1. 测量电极

使用前先用 WT 金相砂纸及合成金刚石研磨膏抛光，再用水、丙酮清洗，放入 10%的氯化钠电镀液中，以银电极接库仑仪电解线的红夹子，铂电极接黑夹子，用 10mA 电流电镀 3min，电极插入深度为 3cm。镀好的电极插入蒸馏水中，注意避光保存。

2. 参比电极

可按测量电极进行处理和电镀。参比电极内加入约 0.5g 固体醋酸银，再加入电解液，用小玻棒赶走其中的气泡后，插入电镀好的电极，密封一天后再用。

3. 电解阳极

变黑时可用金相砂纸抛光。

与微库仑主机配套的滴定池结构如图 6-5-5 所示。

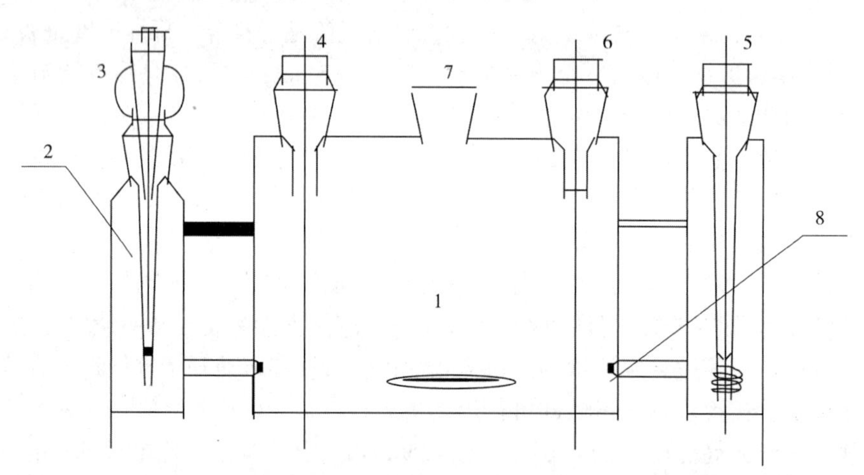

图 6-5-5　滴定池结构示意图

1—中心室；2—参比室盐桥；3—参比电极；4—指示电极；5—辅助电极；6—电解电极；7—进样口；8—砂蕊

(六) 影响盐含量测试准确度的因素

测试过程中，任何影响库仑仪主机、滴定池、环境条件和操作等因素都可能影响盐含量测试的准确性和精度，这些因素主要有：

1. 取抽提液的影响

当测试不同盐含量的原油样时，首先要对原油样进行预测，如该油样的大概含盐量范围，是脱盐原油，还是第一级脱后原油，还是第二级脱后原油。然后，在取抽提液时不能偷懒，要严格按照表 6-5-1 所规定的取样量进行取样测试。

对于测定预计盐含量小于3mg/L的标样和样品，应同时做醇水溶液的空白值，并在测试后减去该空白值，以消除系统误差。

2. 测试环境的影响

由于涉及感光电极，因此测试环境要求管线稳定。最好在暗室中，用固定的日光灯照明，操作者不要来回晃动。否则，逐渐升高的太阳和人员走动对测试结果的影响都会达到1mg/L左右。

3. 回路中电气负载的影响

由于是化学反应中移动电量的测量，与微库仑仪连接的回路中不允许有强的感性负载如马达等的运转，更不允许类似空气压缩机等不停地间歇性运行的电气负载设备，同时做到室外良好接地，以减少电气干扰。

第六节　原油脱盐设备操作、维护与故障分析

一、设备开车与投运

（一）设备安装后的检查

1. 高压电场组件的安装

1）安装高压电场组件时，必须有现场服务技术工程师的现场指导。并做好安装计划和安装前的技术准备。

2）进入罐体，检查出厂前已经安装在罐内的横梁是否因长距离运输出现松动。

警告：进入罐体前，应有HSE工程师确认具备罐内施工的安全条件后，方能开始进入罐内。罐内施工期间，人孔外应配置专门的安全配合人员。

3）在进入罐体前，先将螺钉穿过圆螺母并拧在绝缘吊挂上。

4）将绝缘吊挂固定在大梁上，罐内共48根吊挂，绝缘吊挂安装时应保持垂直。

5）每组电极板有4根与罐体轴向平行的电极梁。安装电极梁前，应在罐外排好后再送进罐。

6）将电极梁安装在绝缘吊挂下的螺丝上，顺序是从封头的一侧装到另一侧，共计24根电极梁。组与组之间安装连接件。

注意：电极梁安装后检验水平度，总长度方向上水平误差不得超过±5mm。

7）将极板通过吊杆安装在电极梁上，从封头的一侧安装到另一侧。以正和负相间安装，先正极板。安装垂挂式电极板时，每块极板应保持垂直，并旋紧螺母。

注意：正负两极板的间距应调整在设计值内，间距误差不得超过±5mm。

8）极板安装结束后，安装罐体内部的高压电连接器。高压电连接器按图安装在极板上，用导线将连接杆与电极棒连接，连接处的螺栓须旋紧。

9）内件安装结束后，进行核对和检查，包括极板间距和绝缘距离等。

注意：安装工作结束后，现场服务工程师将联合业主或监理方根据公司的“安装验收报告”中的各项进行安装质量的联合检查、签字，并由现场服务工程师带回公司，作为存档资料。

2. 变压器、配电柜、操作盘以及防爆接线箱的安装

变压器安装在平台上，变压器与平台采用螺丝固定，固定螺丝需要垫加平垫和弹垫，防止固定螺丝松动。变压器配有遮阳罩，在变压器安装完毕后需要将遮阳罩安装上。

防爆配电柜安装在靠近桥架一侧的撬边，需要在现场安装处做固定基础，配电柜采用螺丝固定，底部有 4 个 ϕ13mm 螺丝孔，尺寸为 590mm×300mm。在配电柜就位固定好后，将遮阳罩安装上。

防爆操作盘安装在撬内底座上，底座上已经焊接了固定底座，只需要将操作盘与底座用螺丝连接上即可。

每个撬上有两台仪表防爆接线箱，其中有一台是去 DCS 的，另一台是去 ESD(紧急关断)的，它们的安装底座也已经焊接好了，只需要现场用螺丝连接。

变压器、配电柜、操作盘以及防爆接线箱在安装就位完成后，都必须用接地线接地，而且要接地可靠。

警告：由于高压电的存在，接地错误或不良接地可能导致严重高压触电或人身死亡事故！

3. 仪表的安装

在安装仪表之前需要认真阅读各种仪表的安装使用说明书，防止安装不当对仪表造成损坏。

射频导纳界位仪、导波雷达液位变送器、压力表、压力变送器采用螺纹连接，在安装前需要在螺纹上缠绕聚四氟乙烯带，防止安装后泄漏。压力表及压力变送器下面需要安装一个球阀及一只两阀组表阀。在安装控制阀时需要注意阀门的流向要与液体的流向一致。压力变送器、差压变送器、导波雷达液位变送器均具有浪涌保护功能，无需再外接浪涌保护器，其余的温度变送器、射频导纳界位仪、阀门定位器需要安装浪涌保护器。所有变送仪表均配置了遮阳罩，仪表安装就位后需要在合适的位置将遮阳罩安装上。

4. 电缆接线

撬内电缆均采用铠装电缆，所有接头均使用铜质填料函，填料函均有聚氯乙烯(PVC)护套，接线前需要仔细阅读电气元件、仪表的图纸及使用说明书，防止接错、损坏设备。屏蔽层接地时不可以两端同时接地。

需要到平台上的电缆，将从梯式桥架内走，电缆需要排布整齐，近的电缆从桥架的内侧走，远的电缆从桥架的外侧走，尽可能电缆之间不交叉，动力电缆每 500mm 需要用金属扎带固定，其他电缆每 1000mm 需要用金属扎带固定，所有电缆安装捆扎完毕后，需要盖上桥架盖板。底座上的电缆从桥架槽盒内走，同样需要排布整齐。

在接线前必须对每一根电缆进行校验，校验后需要套上号码管，防止出错。在接到端子上时必须压紧压实，防止接触不可靠，尤其是动力电缆，压线鼻子时一定要压实，如果压不实，电流大时会产生局部高温，造成事故。

警告：错误的接线可能烧坏仪表，造成不可修复的永久性损坏！

(二) 开车前试验

1. 密封性试验

设备出厂前，在制造工厂内已经做过水压试验，并得到业主或第三方的现场见证。

设备现场安装完毕后，是否进行强度水压实验，将根据项目组的实际情况确定。

气密性实验将在所有设备安装完毕后进行，包括所有管线、管件、法兰盖、电极棒和仪表等。密封性试验主要是检查现场安装后法兰处垫片是否安装正确，螺栓是否旋紧而可能导致泄漏。

罐内操作介质含有硫化氢时，所有管线、法兰盖、电极棒和仪表安装结束后，橇体须进行气密性试验，试验压力为0.60MPa，检验方法可以用肥皂沫进行检验。

2. 空载试验

在进行电气试验之前，按电气原理图和控制柜接线图检查安装接线，确认无误后方可进行试验。在试验前，用户对下列安全检查是必须的：

1）检测并确认罐内没有任何易燃易爆性的混合气体。

2）确认罐内无任何工作人员。

3）确认在电脱盐罐内不存在任何未固定的导线、碎屑、破碎的缠绕垫片、搭脚手架材料以及使用的工具等。

4）ESD需要强制复位。

5）空载测试过程中，确保无任何人可能进入电脱盐罐内。在人孔外侧设置护栏。

警告：用户必须遵照执行有关低电压和高电压以及有关电脱盐容器内爆炸混合物的各项安全预防措施。

交直流变压器高压输出端必须与罐内电极板断开。这是因为在电脱盐罐内处于空罐情况下不允许高压直流电压送到罐内极板上，以防止反向电压击穿硅整流元件。如果变压器与高压软连接装置已接好，并已充满变压器油，此时可将变压器上转换开关切换到交流输出档上，这样送入罐内极板上的高压电将变为交流电。

试验时，应对变压器的每个电压挡位进行试验，并做好每个挡位的空载试验记录。

警告：做空载试验必须断开电极板或将高压输出改为交流档后再进行。直接向空罐内高压电场施加高压直流电，可能造成整流元件的永久性损坏！

3. 短路试验

将变压器高压输出端与地相接，给变压器送电，此时测量变压器输出电压的电压表指针应回零；电流表指示应为最大额定电流值，同时输出过流报警信号，报警指示灯将点亮。若控制柜或仪表盘上电流指示与理论值不符，应用钳形电流表做进一步检测，得出实际运行电流值。

上述试验内容和项目试验完毕，全部合格后，应及时整理好检查记录表格，并由相关人员签字确认以便存档，此时变压器已具备开车投运条件。

试验完毕后，应有二人进罐拆去短路接地线，然后再进行空载送电试验一次，正常后即可封罐备用。

（三）投运

1. 投运前的总体检查

1）确认所有的操作运行团队都经过了充分的培训，熟悉原油电脱盐的调试运作程序。

2）检查并确认参与操作运行的团队阅读并理解操作手册。

3）检查并确认所有的电脱盐设备文件和装箱单都完整地到达现场。

4）检查并确认电脱盐上所有管线、阀门、梯子、平台等都安装正确，检查并确认螺栓、螺母紧固到位，所有手动阀门启闭灵活。

5）检查并确认P&ID中所有仪表都是按照仪表数据表的要求准确安装，并且所有的仪表设备已经按照对应的校验程序或供应商的仪器操作说明书完成校验工作。

6）确认所有控制阀的过滤减压阀出口的压力。

7）检查并确认电脱盐罐水压试验已经完成，检查并确认所有渗漏已修复(如有)。

8）确认所有的电气系统是否正确安装，检查所有的电缆、电线是否连接完好，电缆接头有无松动。

9）确认变压器接线是否正确连接。确认变压器已经供电，断路器处于打开状态(off)，并且已经锁定在打开位置。

10）检查并确认所有的公用系统已经启用并可用。

11）检查并确认所有排污管线畅通，所有排污阀都是关闭的。

12）检查并确认所有仪表的隔离阀都是打开的。

13）检查并确认所有仪表的排污、放空、排气阀都是关闭的。

14）所有锁开锁关的阀门钥匙都必须挂在锁扣上，检查并确认可用。

15）检查并确认电脱盐橇所有8字盲板处于正确的位置，具体要求如下：

① 进油管线罐体入口处的8字盲板是开的。

② 出油管线罐体出口处的8字盲板是开的。

③ 排水管线罐体出口处的8字盲板是开的。

④ 安全阀管钱罐体出口处的8字盲板是开的。

⑤ 水冲洗管线止回阀进口处的8字盲板是关的。

⑥ 闭排管线球阀进口处的8字盲板是开的。

⑦ 乳化液排放口球阀进口处的8字盲板是开的。

16）检查并确认所有接地系统处于连接良好状态。

警告：由于高压电的存在，接地错误或不良接地可能导致严重高压触电或人身死亡事故！

2. 投运程序

参与投运的操作人员必须经过相应的培训，并已充分阅读和理解操作手册。

(1) 电脱盐罐进油

在常减压装置正常开工后，电脱盐罐开始进油。进油的操作步骤如下：

1）关闭电脱盐罐的排水管线。

2）打开电脱盐罐的放空管线。

3）打开原油进口阀门。

4）用蒸汽吹扫电脱盐罐，除去空气(如果用户不能利用蒸汽，就采用安全规程所规定的吹扫方法)。使少量蒸汽经由蒸汽吹扫接管上的节流阀慢慢地进入电脱盐罐内。

警告：超过150℃的蒸汽吹扫可能造成对高压电极棒和绝缘吊挂的损害！

5）启动原油泵，启动破乳剂注入泵。

6）电脱盐罐充满原油，关闭放空管线。

7）将安全阀前的手动阀打开，罐体顶部所有人员撤走。

(2) 变压器和油水仪表的投用

1）缓慢地调整系统压力，使电脱盐装置达到所必需的操作压力。

2）在操作压力下对设备进行全面检查后，逐渐开大电脱盐罐出油管线阀门，将电脱盐引入所需的流程。

3）给电脱盐变压器送电，记录电压表、电流表指示值，调整电压、电流在允许的范围内。如果变压器一次送不上电，应立即停止送电，联系电工检查电路，待发现故障并排除后方可进行再次送电。

4）在这种工况下操作电脱盐装置，直到充入电脱盐装置的原油达到其操作温度为止。

5）油水界面控制仪投入使用。

6）调节排水阀，使污水从电脱盐罐排出，稳定油水界面。

7）对经过脱水处理的原油取样，分析测定其含盐量、含水量以及排水含油量。如果脱水率不能令人满意，就按最佳脱水效率的要求调节注破乳剂量，以及合适的电场强度。

二、电脱盐设备操作

（一）电场强度的调整

电场强度的调整是通过改变电脱盐变压器的输出挡位，从而调整输入到罐体内的高压。

在变压器器身侧面有一个高压挡位调整开关，该开关用一个带有螺纹密封的金属罩保护，旋开金属罩后，可看到高压挡位调整开关，如图6-6-1所示。

图6-6-1　变压器高压挡位调整开关

变压器输出高压的调整步骤和注意事项如下：

1）旋开所有变压器器身侧面的挡位开关的金属罩。

2）观察每台变压器目前设定的高压挡位，并确定将调整后的目标挡位(升高或降低)。

3）用手触摸一台变压器外壳，感觉变压器震动及运行的声音。

4）发出切断变压器电源指令，停止向变压器供电。此时，应感觉到变压器停止震动，且运行声音消失。

5）打开目前挡位的位置销键，用手将变压器挡位调至目标挡位，并将挡位位置销键扣在目标挡位上。

6）然后迅速跑到其他变压器，重复上面第3)项操作。

7）所有变压器调整完毕，立即下达向变压器送电指令。

8）旋紧挡位开关的金属罩。

警告：变压器高压挡位的调整应在断电情况下进行，严禁带电时对变压器挡位进行调整。

注意：挡位调整应在尽可能短的时间内完成，不宜超过 2min，否则因电脱盐罐体高压电场的停止，来不及分离的水将被带出罐体。

在调整前后，应记录运行电流值，以便进行对比，一般情况下提高一个挡位，运行电流提高 20~30A 左右，当然也与所加工原油的导电性能有很大关系。

（二）混合强度的调整

混合强度是通过混合阀和混合器的压力降造成的，混合强度不足造成混合程度不充分而影响脱盐率，而混合器和混合阀的压力降过大将会产生难破乳的顽固乳化液。一旦形成顽固乳化液，高压电场破乳困难，部分没有被脱除的水会带出罐体，造成脱后含水超标。因此，需要对混合强度进行调整和优化。

由于每台装置油品性质、加工能力和洗涤水性质等各不相同，混合系统的混合强度最佳操作范围不仅对于不同的电脱盐装置有所不同，即使对同一电脱盐装置在加工不同油品时也是不一样的，这也需要在实际操作中进行调整、优化和寻找。当工艺条件发生变化时，必须重新建立寻找最优混合系统压差 Δp。

混合强度的调整步骤通常为：调整混合阀，将 Δp 调整到某计划值(如 405kPa)，在其他所有工艺条件不发生变化的情况下，稳定运行，确保将罐体内油品全部置换完毕后，对脱后油取样，检测盐、水含量并检测排水情况，然后再每隔 30min 重新取样，作为平行样至少三个。如果盐、水含量并检测排水情况仍然不符合技术要求，分析后，确定继续增大(或减小)混合强度，每次调整不宜范围太大，以 5kPa 为增大或减少的幅度基准，然后进行另一次取样分析。在取样间隔上，一定确保电脱盐罐内油品充分置换后才能再次取样，并且要多次取样，作为平行样，进行综合评价，不宜以某一个或某一次的数据作为调整效果判断的依据和最终结论。当所处理的原油及工艺条件发生变化时，应重新寻找最佳混合压差。

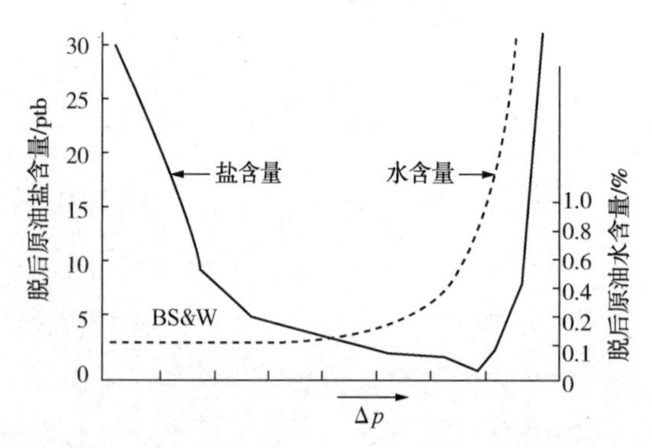

图 6-6-2　脱后原油盐含量、水含量与混合压差关系

在获得大量调整数据和运行效果后，根据调整的压差和对应的脱盐率，可以绘制混合压差和脱后原油盐含量和水含量的变化曲线，如图 6-6-2 所示。

在 Δp 处的混合压差是最佳操作混合区域，操作时应尽量使混合强度控制在该区域内，当然，由于装置、处理量、注水量和加工原油的不同，其最佳混合强度区域是不同的，在日常工作中必须不断摸索、优化，寻找最佳操作混合区域。

（三）破乳剂的优化

就像最先进的洗衣机需要高效能的洗衣粉才能把衣服洗干净一样，电脱盐设备同样需要针对性强的高效破乳剂。

原油破乳剂的使用是电脱盐过程的重要环节，特别是一些重质原油和环烷酸含量较高的原油，在较低的操作温度下，更容易发生乳化。如果一旦形成顽固乳化层，将增加电场中介质的导电性能，严重时会造成高压电场的短路或击穿，对电脱盐设备的平稳运行构成严重威胁。破乳效果好的破乳剂，在水滴快速沉降分离过程中能使油水界面膜减薄，降低界面膜的稳定性，同时减少水中带油和油水乳化层的产生，消除罐内乳化现象，达到最佳脱水效果。

破乳剂加入量或种类的变化对原油的影响更大。向原油加入过少或过多的破乳剂，都会降低设备的脱水率。如果用户因某种原因改变破乳剂化学药品的种类，则化学药品的注入量必须重新试验。

（四）水冲洗操作

在电脱盐设备的日常操作中，水冲洗的操作是最重要的内容之一，但是也往往被忽视。电脱盐设备投运后，需要调整的参数并不是很多，像输出的高压，往往一年半载都不需要调整，甚至有些炼油厂从未调整过。

不经常进行水冲洗操作，虽然几天之内看不出有多大的影响，但是时间长了，问题就会显现出来。在某加工轻质原油的炼油厂，大家普遍认为原油含泥沙杂质很少，而且在罐区进行了长时间的沉降，不重视电脱盐水冲洗操作，等周期检修时发现，泥沙已经堆积到人孔了，长期累积沉积在罐体底部的泥沙已经非常坚硬，清罐就非常困难，可以想象得出，如此多的泥沙沉积在罐体下部，根本没有设定油水界面的空间，没有油水界面，高压弱电场也名存实亡，严重影响上部电场的平稳运行。还有某加工重质原油的炼油厂，因不重视日常的水冲洗操作，运行不到一年，就发现不正常，先拆除一块罐体底部的保温层，发现罐体底部几乎没有温度了，造成非计划停车停工，开罐后，发现大量泥沙沉积在罐体底部。

电脱盐设备虽然目的是脱盐，但是其脱除泥沙的效果要远远比脱盐明显得多，因为有如下几个因素决定了大量细小泥沙会在电脱盐罐内沉积下来。进入电脱盐罐前，经换热网络后，原油温度第一次升高降低了原油黏度，过程中加入了洗涤水和破乳剂，有利于改变和破除原始的原油乳化液，电脱盐罐体是一个具有较大横截面积的卧式罐，原油在罐体内上升速度很慢，从罐体底部进油的原油经过了水层的洗涤，还有在高压电场作用下破坏了油水界面膜，聚集在界面膜上的杂质得到破除等，这些原因使得电脱盐设备应在原油炼制之前把泥沙等固体颗粒尽可能地脱除，避免进入后续炼制设备，影响石油加工产品质量。

鉴于此，可以看出，关于水冲洗的操作，每套装置都是不同的，因为其中含有的泥沙各异。建议每周冲洗一次或两次，每次维持30min左右，现在有些炼油厂非常重视水冲洗操作，要求每天都进行冲洗。冲洗时，冲洗水的压力一般要比电脱盐罐操作压力高0.3～0.6MPa，这在电脱盐系统设计时就要有充分的考虑和设计，否则很难提供足够的能量将沉积的泥沙冲起。冲洗水量则根据罐体大小、水冲洗喷嘴大小、数量和形式而不同。冲洗频率和冲洗时间则需要根据原油含沙量及泥沙在罐体内的沉降情况确定，在实际操作过程中摸索。

（五）日常维护

电脱盐设备正常运行过程中，需要操作的参数比较少，但应注重对日常运行过程中设备的检查，特别是变压器绝缘油是否发生泄漏等，确保设备处于良好的运行环境和状态中。电脱盐设备日常维护和检查见表6-6-1。

表 6-6-1 电脱盐设备日常维护和检查参考表

设备或组件	日常操作或检查
油水界位仪表	输出信号是否正常，是否发生泄漏，记录油水界面值，并判断是否根据需要进行调整
混合阀	输出信号是否正常，是否发生泄漏，记录混合强度值，并根据脱盐效果判断是否进行调整
原油和水样采样及分析	根据分析结果，判断是否需要对输出高压进行调整
水冲洗系统	定期对罐体内部泥沙进行冲洗
高位小油箱	是否有漏油现象，箱体内油位是否正常，绝缘油颜色是否正常
电脱盐变压器	表观检查箱体是否有任何外部损坏及漏油的迹象。运行声音和振动是否异常，温度是否正常
高压软连接装置	有无漏油迹象，是否发生严重锈蚀
现场防爆操作盘	记录各电脱盐变压器运行电流和电压值，确保电流电压表指示正确。变压器断电按钮正常
电脱盐罐	表观检查保温、油漆及腐蚀状况
管线	有无泄漏

三、停车和周期检修

(一) 停车

1. 停车步骤

以下仅列出电脱盐系统停车的主要参考步骤，在设计操作过程中，应根据各装置的实际情况制定详细的停工方案：

1）在控制盘上按下停止按钮，终止给变压器送电；

2）在配电间切断电脱盐变压器主电源；

3）利用排水调节阀排出电脱盐罐体内部的水，直至放出全是乳化液或原油；

4）通过退油口将电脱盐罐体内的原油排到指定储罐；

5）当脱盐罐压力降为常压时，可打开罐体顶部放空阀；

6）打开电脱盐罐体人孔，进行吹扫程序。

注意：若要进入人孔，罐体内的危险气体浓度必须满足安全要求；若有对电脱盐罐内部动火，必须满足动火条件要求。

警告：所有放空和排放的开启，应遵循国家和行业环保和安全法律法规要求。

2. 罐体吹扫

在电脱盐系统开车之前吹扫电脱盐罐，其目的在于减少存在容器内的烃蒸气爆炸混合物。当电脱盐罐被排空停止使用时，电脱盐罐也应进行吹扫。

建议用蒸汽作为吹扫介质。电脱盐罐应利用蒸汽吹扫，而蒸汽冷凝液和含油水(如有这种水)应被排到合适的处理场所。电脱盐罐吹扫蒸汽的总时间应能充分置换电脱盐罐内的空气和各种气体。在任何人进入电脱盐罐之前，用户应利用烃气检测仪确定，电脱盐罐内不含有可燃性空气-烃蒸气混合物。在未利用烃气检测仪确定之前，任何人不戴上呼吸防毒保护器具，都不得进入电脱盐容器内。通过分析测试，确定电脱盐罐内的大气含有充足的氧气，并且不含有达到危险程度的 H_2S 含量。

注意：不推荐任何一种具体吹扫方法，由用户本身根据现场实际情况进行选用。

用户凡是应用吹扫介质时，为了确保操作人员的人身安全，在采用所选用方法进行蒸汽吹扫过程中，都必须遵照执行其安全防护措施和允许的工作步骤。如果用户应用蒸汽吹扫电脱盐容器，电脱盐罐内的温度不得超过150℃。蒸汽吹扫温度必须予以限制，以免损坏高压电极棒、绝缘吊挂等，这些部件均由聚四氟乙烯制造，在高于该限制温度下将产生塑性变形、绝缘层破坏，从而引起绝缘吊挂损坏、高压引入棒击穿。

警告：超过150℃的蒸汽吹扫可能造成对高压电极棒和绝缘吊挂的损害!

如果蒸汽进入高压电极棒，就会发生冷凝，而冷凝液(水)是导电的，将引起高压引入棒发生永久性的损坏。

警告：在电脱盐罐内无任何可燃性蒸气、排空固体和介质并已冷却之前，任何人都不得进入电脱盐罐内进行工作。

(二) 周期检修

电脱盐设备周期检修主要是对备件的检查或更换。周期停车期间，对电脱盐设备运行周期后的检查和维护见表6-6-2。

表6-6-2　电脱盐设备运行周期后停车检车和维护参考表

设备或组件	系统停车期间的检查
电脱盐罐	检查罐体是否有腐蚀的迹象，并对罐体厚度进行检测。检查牺牲阳极的状况并更换
管线	检查有无泄漏、腐蚀程度等，并对管线厚度进行检测
电极组件	检查金属的腐蚀状况和电极板的水平度
分配器组件	检查各个孔和总管是否有任何堵塞、结垢或腐蚀
专用电源设备	检查箱体内各线圈的绝缘电阻及变压器油的耐压性能，更换变压器油
高压电极棒	检查引入棒与高压电联接器之间接触是否良好，是否有烧损迹象。更换高压电极棒
高压软连接装置	检查绝缘油耐电压性能。更换高压软连接装置
绝缘吊挂	检查吊挂有无弯曲、变形、断裂及表面裂纹。更换绝缘吊挂
静态混合器	检查混合单元是否有挤压、变形，是否有磨损、腐蚀
混合阀	检查阀芯是否有腐蚀，转动是否灵活
现场防爆操作盘	校验电流表和电压表测量精度
仪表和控制系统	检查功能是否正常，控制系统是否正常
沉积物冲洗系统	检查管线和喷嘴的腐蚀状况、更换任何磨损或损坏的零部件

(三) 备件更换

在电脱盐系统中，需要更换的周期性备件主要有高压电极棒和绝缘吊挂，有时变压器密封垫片也因时间过长老化，也需要更换。还有一些海洋平台或沿海炼油厂，变压器上的高位小油箱和高压软连接往往会腐蚀严重，视情况进行更换。

高压电极棒和绝缘吊挂长期承受高电压，虽然脱盐温度一般在120~145℃之间，不算太高，但是对于主要材质为聚四氟乙烯塑料的高压电极棒和绝缘吊挂来说，长周期运行还是有影响的。再加上开停工期间进行蒸汽吹扫作业时，不仅承受较高温度蒸汽，而且此时因为没有原油，电极板、电极梁又失去了原油产生向上的浮力，增加了绝缘吊挂的承重，具有较大的损伤。发生表面闪络及烧蚀的电极棒和绝缘吊挂如图6-6-3所示。

图 6-6-3　表面闪络及烧蚀的电极棒和绝缘吊挂

现在炼厂大都采用了 3 年、4 年或更长时间的检修周期，如果一个周期不更换备件，高压电极棒和绝缘吊挂将连续运行 6 年、8 年或更长时间，虽然有这样的案例存在，但这确实是一项巨大的考验，还是存在很多非计划停工风险的，也曾出现过因超长周期运行导致的绝缘吊挂烧蚀、断裂，高压电场坍塌事故。因此，要合理做好电脱盐设备的周期保养，避免因超周期运行出现非计划停工。

图 6-6-4　电脱盐罐内坍塌的高压电场

图 6-6-4 就是某炼油厂电脱盐罐内坍塌的高压电场。

由于每台罐体的高压电场结构设计都不相同，电极棒和绝缘吊挂等备件规格和型号都各异，在检修停车时间非常短的情况下，应提前准备更换备件，避免因停车时间短、来不及备件准备和加工，造成计划外延迟停车检修时间。

四、故障分析与排除

对电脱盐设备发生故障的情况进行比较，发现更多的是运行效果波动，对操作参数的优化实施上，每家炼油厂每套常减压装置的电脱盐工艺参数都略有差异，主要是加工原油性质、加工量、操作温度、原油储罐容积等，这些都会影响电脱盐设备最终的运行效果。表 6-6-3 根据脱盐脱水运行效果列出了电脱盐设备可能发生的故障分析及排除措施。

表 6-6-3　电脱盐设备运行过程故障排除指南

存在问题	问题的可能原因	排除措施
1. 脱后原油中含盐过多	(a)通过混合阀的压力降过低 (b)注入原油的洗涤水量不足 (c)操作温度过低	(a)增大通过混合阀的压力降 (b)增大洗涤水量，或更换清洁水 (c)提高原油的脱盐温度

续表

存在问题	问题的可能原因	排除措施
2. 脱后原油中含水过多	(a)通过混合阀的压力降过大 (b)注水量太大 (c)未脱盐原油中底部沉积物和水含量极高，发生的油水分离程度不足 (d)电极组件的电压过低 (e)加入的破乳剂化学药品量不足或破乳剂种类不正确 (f)油水界面过低	(a)减小通过混合阀的压力降 (b)减小注水量 (c)对原油取样分析其底部沉积物和含水量，改变新鲜水注入量或通过混合阀的压力降，也许有助于解决该问题 (d)检查电气系统是否有操作问题 (e)增加破乳剂化学药品注入量和/或重新进行破乳剂评选 (f)必要时调整设定点
3. 出口污水管线排出的污水脏	(a)加入未脱盐原油中的破乳剂量和类型都不正确 (b)油温对于脱盐装置良好运转来说过低 (c)通过混合阀的压力降过大或工艺水注入量过大 (d)油水界面传感器设定点调整得不正确，或者污水出口管线上的调节阀可能被卡住不能打开	(a)调整破乳剂注入量和/或重新进行破乳剂评选 (b)检查温度，必要时提高温度 (c)减少通过混合阀的压力降和/或工艺水注入量 (d)检查油水界面传感器设定点和调节阀动作，必要时进行调整
4. 电压表读数变化范围宽，而且持续变化	(a)电脱盐操作温度过高或者压力不足 (b)油水界面传感器控制或调节阀操作不正确 (c)加入未脱盐原油中的破乳剂量和类型都不正确 (d)通过混合阀的压力降过大	(a)检查电脱盐罐内温度，必要时调节温度。检查脱盐罐操作压力 (b)检查控制器和控制阀是否正确操作。必要时检查传感器并校准 (c)调整破乳剂注入量和/或改变破乳剂种类 (d)减小通过混合阀的压力降
5. 电压表读数持续的非常低	(a)稳定的(难以破乳)乳化液已在电脱盐罐内形成 (b)电脱盐罐内温度过高或过低 (c)加入未脱盐原油中的破乳剂量和类型都不正确 (d)高压电引入棒或高压软连接装置损坏 (e)电脱盐罐内绝缘吊挂已损坏 (f)通电的电极已接地 (g)油水界面传感器设定点调整得不正确	(a)停止注入工艺水，降低罐内乳化层 (b)检查油温 (c)调整破乳剂注入量和/或改变破乳剂种类 (d)检查高压电引入棒情况并将其更换。只有在测试结果表明，与该高压引入棒和软连接装置连接的电源设备不是问题的原因时才检查该套管。此外，对于(e)和(f)也要遵照这一要求 (e)将电脱盐罐停止使用。当允许进入时，就进入容器内，检查哪一个绝缘吊挂损坏，并更换 (f)使系统停车，检查电脱盐罐内部，确定电极的接地点位置，使电极不接地 (g)检查油水界面传感器设定点，必要时进行调整

参 考 文 献

[1] 谭丽，沈明欢，王振宇，等．原油脱盐脱水技术综述[J]．炼油技术与工程，2009，39(5)：1-7.
[2] 严忠，孙文东．乳液液膜分离原理及应用[M]．北京：化学工业出版社，2005.
[3] 康万利，董喜贵．表面活性剂在油田中的应用[M]．北京：化学工业出版社，2005.
[4] 石油工业部北京石油设计院．常减压蒸馏工艺设计[M]．北京：石油工业出版社，1982.
[5] 大失晴彦．分离的科学与技术[M]．北京：中国轻工业出版社，2001.

[6] Robe B, Martin. Plural parallel stage desalting and dehydration. United States. NO. 4, 209, 374, 1980.
[7] 赵法军，刘一臣，李春敏 . 原油深度脱盐脱水工艺研究[J]. 化学工程师，2004，107(8)：32-34.
[8] James R, Robinson. Plural stage desalting/dehydrating apparatus. United States. NO. 4, 373, 724, 1983.
[9] James R, Robinson. Plural stage desalting/dehydrating apparatus. United States. NO. 4, 511, 452, 1985.
[10] 陈士军，黄费喜 . 常减压蒸馏装置扩能改造新途径[J]. 石油炼制与化工，2004，35(7)：27-30.
[11] 汪华林 . 一种利用旋流分离技术进行原油脱盐的方法及其装置[P]. 中国，CN150033A，2004.
[12] 蔡永伟，谢伟，吕效平，等 . 驻波场原油破乳脱水研究[J]. 石油炼制与化工，2005，36(5)：15-16.
[13] 尹桂亮 . 微波辐射法原油脱水的研究[J]. 炼油技术与工程，2003，33(2)：6-8.
[14] 张怀峰 . 微机原油电脱水程控装置[P]. 中国 . CN2467794Y，2001.
[15] Kenneth W, Warran, Gary W, et al. AIChE Spring Meeting, Electrostatic Fields: Essential Tools for Desalting. New Orleans, 1998.
[16] 中国国家标准委员会 . 合金结构钢，GB/T 3077—2015[S]. 北京：中国标准出版社，2016.
[17] 中国国家标准委员会 . 高压锅炉用无缝钢管，GB/T 5310—2017[S]. 北京：中国标准出版社，2017：1-25.
[18] 中国国家标准委员会，石油裂化用无缝钢管，GB/T 9948—2013[S]. 北京：中国标准出版社，2013：1-18.
[19] 中石化洛阳工程有限公司 . SH/T 3193—2017. 湿硫化氢环境下设备设计导则[S]. 北京：中国石化出版社，2018.
[20] API Recommended Practice 581, Risk-Based Inspection Methodology, APRIL 2016.
[21] 中石化洛阳工程有限公司，SH/T 3096—2012，中国标准书号[S]. 北京：中国石化出版社，2013.
[22] 蒯晓明，郑立群 . 智能腐蚀电流测量仪[J]. 腐蚀科学与防护技术，1995，7(2)：162.
[23] 曹楚南，林海潮 . 溶液电阻对稳态极化曲线测量的影响及一种消除此影响的数据处理方法[J]. 腐蚀科学与防护技术，1995，7(4)：279.
[24] 李季，赵林，李博文等 . 304 不锈钢点蚀的电化学噪声特征[J]. 中国腐蚀与防护学报，2012，32(03)：235-240.
[25] Andrew P S, Nael N Z, Johan S. The stability of water-in-crude and model oil emulsions[J]. The Canadian Journal of Chemical Engineering, 2007, 85(12): 793-806.
[26] Sztukowski D M, Yarranton H W. Oilfield solids and water-in-oil emulsion stability. Journal of Colloid Interface Science, 2005, 285(2): 821-833.
[27] 王学会，朱春梅，胡华玮，等 . 原油破乳剂研究发展综述[J]. 油田化学，2002，19(4)：379-381.
[28] 康万利，李金环，刘桂范 . 原油破乳剂的研制进展[J]. 石油与天然气化工，2004，33(6)：433-437.
[29] 张志庆，徐桂英，王芳 . 新型酚胺聚醚破乳剂的原油脱水研究[J]. 山东大学学报(理学版)，2004，39(3)：84-87.
[30] 李仲伟 . 聚合物驱原油破乳剂的研究及应用[D]. 济南：山东大学，2017.
[31] Al-Sabagh A M, Noor M R, Morsi R E. Demulsification efficiency of some novel styrene/maleic anhydride ester copolymers[J]. Journal of Applied Polymer Science, 2008, 108(4): 2301-2311.
[32] Kang W L, Meng L W, Zhang H Y. Synthesis and demulsibility of the terpolymer demulsifier of acryl resin [J]. Chinese Journal of Chemical Engineering, 2008, 26(6): 1137-1140.
[33] 王兵，胡佳，高会杰 . 常减压蒸馏装置操作指南[M]. 北京：中国石化出版社，2006.
[34] 张付生，汪芳，张雅琴 . 三元复合驱采出液用破乳剂研究及现场试验[J]. 精细与专用化学品，2009，17(24)：30-32.
[35] 周几柱，张巍，赵玉竹，等 . 聚酰胺-胺星形聚醚原油破乳剂的合成与性能[J]. 精细石油化工，2008，25(5)：5-9.
[36] 蒋明康，郭丽梅，刘宏魏 . 丙烯酸类共聚物原油破乳剂的制备[J]. 精细石油化工，2007，24(6)：58-62.

第七章　气液传质设备

第一节　概　　论

一、概述

塔器是在炼油、化工、轻工等领域广泛应用的工艺设备，主要用来处理流体(气体或液体)之间的传热与传质，实现物料的净化和分离。气、液之间的相互传质过程，如蒸馏、吸收、解吸、汽提、增温等过程一般均在塔器中进行。

塔器之所以广泛用作流体物质分离和处理的重要设备，主要是它具有结构简单、效率高、操作方便和稳定可靠的特点。塔器通过它的壳体和壳体内的构件，实现物料分离所需的最佳压力、温度、气液流动、接触和分离的时间、空间和面积，达到所需要的传热与传质。因此塔器在炼油、化工中是量大面广的重要设备。

(一) 塔设备的基本功能和性能评价指标

1) 为获得最大的传质效率，塔设备应该满足两条基本原则：

① 使气、液两相充分接触，适当湍动，以提供尽可能大的传质面积和传质系数，接触后两相又能及时完善分离；

② 在塔内使气、液两相最大限度地接近逆流，以提供最大的传质推动力。

板式塔的各种结构设计、新型高效填料的开发，均是这两条原则的体现和展示。

2) 从工程目的出发，塔设备性能的评价指标如下：

① 通量：即单位塔截面积的生产能力，表征塔设备的处理能力和允许空塔气速；

② 分离效率：即单位压降塔的分离效果，对板式塔以板效率表示，对填料塔以等板高度表示；

③ 适应能力：即操作弹性，表现为对物料的适应性及对负荷波动的适应性。

塔设备在兼顾通量大、效率高、适应性强的前提下，还应满足流动阻力低、结构简单、金属耗量少、造价低、易于操作控制等要求。

一般说来，通量、效率和压降是互相影响甚至是互相矛盾的。对于工业大规模生产来说，应在保持高通量的前提下，争取效率不过于降低；对于精密分离来说，应优先考虑高效率，通量和压降则放在第二位。

(二) 塔设备的类型

根据塔内气、液接触构件的结构形式，塔设备可分为板式塔和填料塔两大类。

板式塔(图 7-1-1)是一种逐级(板)接触型的气、液传质设备，塔内以塔板作为基本构件，气体以鼓泡或喷射的形式穿过塔板的液层，进行传质与传热，气、液两相密切接触达到气、液两相总体逆流、板上错流的效果。气、液两相的组分浓度沿塔高呈阶梯式变化。板式塔主要包括传统的筛板塔、泡罩塔、浮阀塔、舌片塔板与浮舌塔板、穿流塔板和各种改进型浮阀塔板、多种传质元件混排塔板和造成板上大循环的立体喷射塔板等。

填料塔(图 7-1-2)内装有一定高度的填料层，液体自塔顶沿填料表面呈膜状向下流动，气体逆流向上(有时也并流向下)流动。气、液两相在填料表面作逆流微分传质，组分浓度沿塔高呈连续变化。填料分段安装，每段填料安放在支承装置上，上段下行的液体通过液体收集装置和(再)分布器重新分布。填料塔主要包括规整填料和散堆填料两大类。传统的规整填料分为板波纹和丝网型，散堆填料则有拉西环、鲍尔环、阶梯环、弧鞍环、矩鞍环和各种花环等。

塔板和填料复合型的塔内件类型很多，主要包括填料安装在塔板上方和塔板下方两大类。部分复合型塔板将填料安装在塔板下面，利用了塔板的分离空间，使气、液两相进行二次传质，提高塔板的分离效率。另外一些则将填料安装在塔板上面，起到细化气泡、增加泡沫层湍动的作用，可以降低雾沫夹带，提高传质效率。

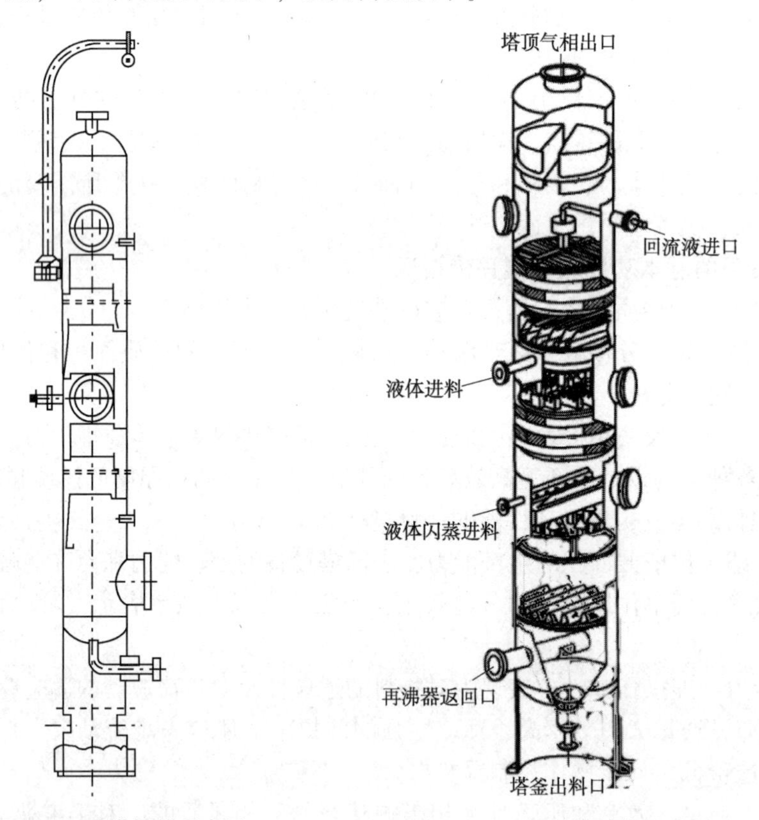

图 7-1-1　板式塔结构示意图　　图 7-1-2　填料塔结构示意图

二、塔的操作运行特点

在塔器发展的历史上，板式塔很长时间占统治地位，主要是板式塔具有结构简单、操作可靠、安装简便和投资较低的特点。对于种类繁多的塔板，总的共性要求是要有充分的气液接触和较大的处理能力，同时具有较小的压降、泄漏和夹带。塔板结构虽简单，但要实现优化设计却是很复杂的，它不仅需要有理论知识，还需要足够的实践经验。

20世纪60~70年代新型颗粒填料的大量开发，特别是自70年代末以来，各类性能优良的规整填料的迅猛发展，在许多场合填料有取代板式塔的趋势。这也使设计者在选用板式塔、填料塔时，必须寻找合理的方案。板式塔和填料塔都有着各自的运行特点，以下就从几个方面对比一下板式塔和填料塔的操作特点。

(1) 生产能力

板式塔与填料塔的流体流动和传质机理不同。板式塔的传质是通过上升的蒸气穿过板上的液层来实现。塔板的开孔率一般占塔截面积的8%~15%，其优化设计要考虑塔板面积与降液管面积的平衡，否则即使开孔率加大也不会使生产能力提高。填料塔的传质是通过上升的蒸气和靠重力沿填料表面下降的液体逆流接触实现。填料塔的开孔率均在50%以上，其空隙率则超过90%，一般液泛点都较高，其优化设计主要考虑与塔内件的匹配，若塔内件设计合理，填料塔的生产能力一般均高于板式塔。

(2) 分离效率

塔的分离效率决定于被分离物系的性质、操作状态(压力、温度、流量等)以及塔的类型及性能。一般情况下，填料塔具有较高的分离效率，但其效率会随着操作状态的变化而变化。操作状态可用流动参数表示，其定义为：

$$FP=\frac{L}{G}\sqrt{\frac{\rho_G}{\rho_L}} \tag{7-1-1}$$

式中　L——塔内液相流率，kg/h；

G——塔内气相流率，kg/h；

ρ_L——塔内液相密度，kg/m^3；

ρ_G——塔内气相密度，kg/m^3。

当$FP<0.03$时，塔的操作处于真空或低流量下，这时填料塔的分离效率明显高于板式塔；当$FP>0.3$时，塔的操作处于高压或高流量下，这时板式塔占有一定的优势，分离效率较高。

这就是说，真空或常压操作时，填料塔具有较高的分离效率；而在高压下操作时，板式塔具有较高的分离效率。但炼油厂大多数的分离操作还是处于真空及常压下，况且以FP的大小作为判断并不是绝对的。如果按高压操作的特殊性设计填料塔亦可获得较高的分离效率，在这方面有不少成功的例子。

应当指出，现有的各种板式塔包括最常用的筛板塔及浮阀塔，每米理论板数最多不超过2级，而工业填料塔每米理论级最多可达10级以上，因而对于需要很多理论级数的分离操作而言，填料塔无疑是最佳的选择。

(3) 压力降

填料塔由于空隙率较高，故其压降远远小于板式塔。一般情况下，塔的每个理论级压降，板式塔为0.4~1.1kPa(3~8mmHg)，散装填料为0.13~0.27kPa(1~2mmHg)，规整填料为0.01~1.07kPa(0.01~0.08mmHg)。通常情况下，板式塔压降高出填料塔5倍左右。压力降的减小意味着操作压力的降低，在大多数分离物系中，操作压力下降会使相对挥发度增大，这对于真空操作尤为重要。例如：某塔当操作压力(塔顶绝压)为 2.7kPa(20mmHg)、理论级数为20时，使用每个理论级为 0.7kPa(5mmHg)的板式塔，塔的平均压力为 9.3kPa(70mmHg)。当改用每个理论级压降为 0.1kPa(1mmHg)的填料塔时，则塔的平均压力只有 4kPa(30mmHg)，平均压力相差2倍，这将使相对挥发度大幅度提高，对分离十分有利。对于新塔可以大幅度降低塔高，减小塔径；对于老塔可以减小回流比以求节能或提高产量与产品质量。低压降的塔对于实现热泵精馏和双效蒸馏等节能操作更为有利。

(4) 操作弹性

操作弹性是指塔对负荷的适应性。塔正常操作负荷的变动范围越宽，则操作弹性越大。由于填料本身对负荷变化的适应性很大，故填料塔的操作弹性决定于塔内件的设计，特别是液体分布器的设计，因而可以根据实际需要确定填料塔的操作弹性。而板式塔的操作弹性则受到塔板液泛、雾沫夹带及降液管能力的限制，一般操作弹性较小。

(5) 持液量

持液量是指塔在正常操作时填料表面、内件或塔板上所持有的液量，它随操作负荷的变化而有增减。对于填料塔，持液量一般小于6%，而板式塔则高达8%~12%。持液量可起到缓冲作用，使塔的操作平稳，不易引起产品的迅速变化，但对于开工时间则有较大的影响，这对于难分离物系的分离、间歇蒸馏及经常处于开停工状态的分离操作是一个重要的问题。持液量大，对于难分离物系的分离，由于相对挥发度很小，达到塔的各部稳定组成的时间就更长，故开工时间很长。对于热敏物系的分离操作，持液量大意味着停留时间的加长，这对于防止热敏物料的分离或聚合也是不利的。

三、塔的适用范围

(一) 板式塔的适用范围

随着传质理论和传质技术的不断进步，板式塔作为重要的传质设备之一，在各种分离过程中的应用愈加广泛，板式塔的应用宜按如下原则进行：

1) 板式塔适用于较大塔径。板式塔的造价以单位塔板面积为基础，且随着塔径的增加而减少；而对于填料塔来说，塔的造价则与其体积成正比，小直径填料塔的造价一般都比板式塔低。板式塔直径大，其效率可提高，填料塔直径大则液体分布较难均匀，效率会下降；同时大塔板的检修比填料清理容易。

2) 当所需要的传质单元数或理论板数较多而且塔很高时，宜采用板式塔。因为此情况下填料塔为满足理论塔板的要求需要将塔内分成许多填料段，且需进行多次液体收集再分布，否则会造成液体分布不均匀，使流体或气体产生沟流，影响整体的传质效率。

3) 操作过程中当伴随有明显吸热或放热效应时(如反应精馏、化学吸收等)，宜采用板式塔。因塔盘上积有液层，抗温度波动好，且便于设置外循环加热/冷却或在塔板上安装加热/冷却盘管。此外板式塔还可根据工艺需要设置多个加料管与侧线出料口。如果安装在填料塔上则需加设液体分布器或液体收集器，使结构复杂化，同时也增加了费用。

4) 对于液相负荷很低的场合，宜选用板式塔，采用非喷射型塔盘以减少漏液和雾沫夹带，必要时可选择U形液流。液相负荷很低时，填料塔液体均布困难，填料不能很好地润湿，效率低，影响传质效果。而在板式塔中可增加溢流堰的高度以保持较高的持液量，使气、液相能充分接触，这对蒸馏、吸收或有化学反应的操作过程是有利的。

5）在处理易聚合、结焦、结晶或者含有固体颗粒的物料时，宜选用抗堵且便于清理的塔盘结构。板式塔中，气、液负荷都比较大，以高速通过塔板时有“清扫”的作用，可以防止堵塞，对于填料塔则容易造成堵塞。

（二）填料塔的适用范围

近年来，填料塔研究及开发成果在工业装置上获得了迅速的应用，下面仅以规整填料为代表举例典型的工业应用实例，评述当今填料塔的性能及其产生的经济效益，其应用领域主要在以下几个方面：

（1）石油炼制、石油化工及天然气加工

如原油常压蒸馏塔、为FCC装置提供原料的减压塔、润滑油减压塔、乙烯粗馏塔和急冷塔、碱/胺吸收器和提取器、乙烯/苯乙烯精馏塔、脱甲烷塔、脱丙烷塔、天然气去湿塔等的应用。

（2）化学工业

混合硝基甲苯、混合硝基氯苯、混合氯甲苯、混合二甲苯等混合异构体的分离，苯/甲苯、环己烷/环己醇、胺类、醇类等的分离；聚甲醛、一聚甲醛、硬脂酸等的合成；己二酸、己酸乙酯、吗啉、塑料单体、有机中间体、高沸点溶剂、液态空分和烃类分离等工艺中的分离塔。

（3）气体回收和净化

NO_x、HCl、H_2S、Cl_2、SO_2、CO、CO_2、NH_3、HF等气体的回收与净化。

（4）香料和医药工业

紫罗兰酮、薄荷醇、香兰素、橙花醇、维生素E等的生产。

（5）同位素的分离

D_2O、^{18}O等的分离。

综上，填料塔的应用范围越来越广泛，而相对于板式塔，填料塔更适用于以下工况：

1）对于气相传质阻力大（即气相控制系统，如低黏度液体的蒸馏、空气增湿等），宜采用填料塔，因填料层中气相为湍流，液相为膜状流，而气相湍动有利于减少气膜阻力。

2）对于真空及低压操作过程，应选择填料塔。填料塔的自由截面积一般大于50%，气体阻力小。

3）腐蚀性、热敏性、易起泡沫及黏性物料，宜选用填料塔。对于腐蚀性物料，填料材质选材广泛，可以采用耐腐蚀较好的非金属（塑料、陶瓷）填料；对于热敏物料，填料塔持液量比板式塔少，物料在塔内停留时间短，而且热敏物料通常要在真空下操作，填料塔压降低，更适宜；对于易发泡的物料，在板式塔中易引起液泛，而填料在多数情况下能使泡沫破裂，具有一定的消泡作用；对于高黏度物料，宜选用低比表面积的填料，而高黏度物料在板式塔中的效率一般都比较低。

4）当沿塔高气、液相负荷分布较为复杂或各种工况下气、液比变化较大时，宜选用填料塔。采用板式塔，即使分段采用不同的开孔率等参数，操作弹性也较难保证，且设计、制造、安装均较为复杂。

5）对于大多数情况，塔径小于800mm时，优先考虑选用填料塔。若采用板式塔，因不便于开设人孔，须采用整块式塔板，制造和安装都比较麻烦。

综上，填料塔和板式塔的适用范围都有各自的特点，而在实际工程应用中，对于不同工况、不同介质，需要对物料介质进行物性分析，根据物性特点结合工程设计要点，确定适宜的操作条件，进而选择合适的塔器类型。

四、塔的设计流程

（一）板式塔的设计流程

根据给定的操作条件及用户要求，由模拟软件计算或其他方法求得理论塔板数，选定或估算塔板效率，就可求得实际塔板数，再进行以下内容的设计或计算；

1）塔高的计算包括塔的主体高度、顶部与底部空间的高度，以及裙座高度。

2）塔径的计算。

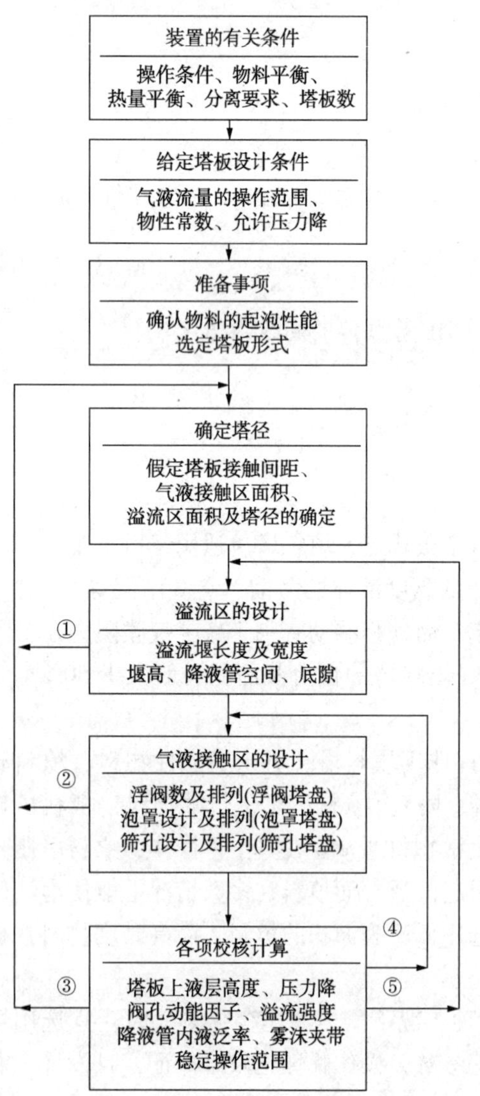

图 7-1-3　板式塔设计流程简图

3）塔内件的设计主要是塔盘的工艺和结构设计。此外还有塔的进出口、防冲挡板、防涡器、除沫器等的设计计算。

有下述情况时，须对图 7-1-3 板式塔设计流程中的①~⑤项，作重复计算。

① 溢流区设计算得的出口堰长度，使气体通道的面积不够或不在限定的范围内。

② 孔的排列间距及开孔面积不在限定的范围内。

③ 雾沫夹带量超过限度或发生液泛。

④ 允许压力降及漏液量超出限度。

⑤ 降液管内的液体高度超出限度。

（二）填料塔的设计流程

填料塔的设计流程：①塔的工艺模拟；②塔径的确定；③填料层高度的确定；④填料的选择。

（三）塔的工艺模拟

根据原料组成、分离要求、设计的工艺要求，进行塔的工艺模拟计算，确定最优的操作压力、回流比、进料状态、进料位置，侧线采出位置(如果有)以及所需的理论板数，并得到每块理论板上的气、液流量分布、温度分布及所需各种物性参数。

1. 热力学模型选择

热力学模型的选择至关重要，模型选取不同，模拟结果大相径庭。因此要根据物系特点、操作条件以及工程经验进行选择，选择过程如图 7-1-4所示。

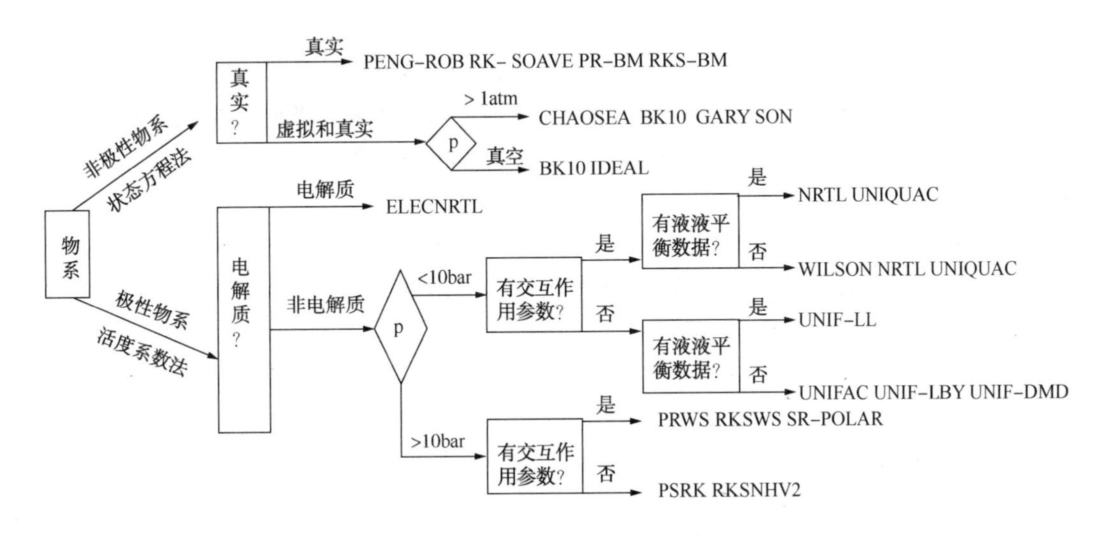

图 7-1-4　热力学方法选择示意图

对于常见的化工体系，推荐的热力学模型见表 7-1-1。

表 7-1-1　常见化工体系推荐的物性方法

化工体系	推荐的物性方法	化工体系	推荐的物性方法
空分	PR，SRK	石油化工中 LLE	NRTL，UNQUAC
气体加工	PR，SRK	化工过程	NRTL，UNQUAC，PSRK
气体净化	Kent-Eisnberg，ENRTL	电解质体系	ENRTL，Zemaitis
石油炼制	BK10，Chao-Seader，Grayson-Streed，PR，SRK	低聚物	Polymer NRTL
		高聚物	Polymer NRTL，PC-SAFT
石油化工中 VLE	PR，SRK，PSRK	环境	UNFAC+Henrry' Law

注：VLE 为汽-液平衡；LLE 为液-液平衡。

2. 计算模块选择

对于塔的计算模块，常用的模块为简捷设计模块和严格计算模块。简捷设计模块可以用来确定最小回流比、最小理论板数等。严格计算模块可以用来优化精馏过程和操作工艺并得到每块理论板的气、液流量分布、温度分布及所需各种物性参数。通常塔详细设计均须选择严格计算模块。

3. 精馏过程和操作工艺的优化

(1) 最佳回流比

在满足分离要求的前提下，设备费和操作费之和随着回流比的增大而先减小后增大，存在一个最小值，此最小值对应的回流比为最佳回流比。目前推荐的回流比一般为最小回流比的 1.2~1.3 倍。

(2) 最佳理论板数

一般随着理论板数的增加，所需的回流比减小，但当理论板数增加到一定程度时，回流比接近最小回流比时理论板数的增加并没有好处，应综合设备费和操作费，选择最优的理论板数。

（3）最佳操作压力

除非必须采用非常压操作外，一般宜用常压操作。操作压力的选择一般需要考虑工艺过程中前后设备的压力，如果允许不考虑前后设备，应从塔釜热源及塔顶冷源最经济有利的方面来选择操作压力。因为操作压力大幅度改变，温度水平也会改变，因此冷热介质的种类也相应改变。

（4）进料位置的优化

进料液相关键组分浓度应与进料板上液相中该组分浓度接近，尽量避免返混而造成的效率损失。

（5）最佳进料状态

进料热状况不同，塔中精馏段和提馏段的气、液流率发生变化，从而影响再沸器和冷凝器的热负荷。不同的进料热状况也影响最小回流比和理论板数，因而影响系统的投资和操作费用。

① 对于高温精馏，当塔顶产物与原料量之比(D/F)较大又有合适的低温热源时，宜采用气相或气液两相进料为宜；当 D/F 值较小时，以液相进料为宜。

② 对于低温精馏，以饱和液体进料或过冷进料为宜。

③ 中温精馏，应根据具体分离体系、分离要求计算冷凝器和再沸器热负荷随进料热状况的变化趋势，结合冷源、热源的价格及是否有废热可以利用等进行全面经济的评价，才能最终确定最佳的进料状态。

4. 选取数据

计算水力学时，不选取再沸器和冷凝器所在理论板上的气、液负荷数据，如果中间(非塔顶和塔釜)有进料或采出，要在进料和采出位置进行分段，分别计算每段的水力学数据。取该段最上一块理论板上 vapor from 和 liquid to 数据以及最下一块理论板上 vapor to 和 liquid from 数据，一般这两块理论板的数据要能包含该段气、液负荷数据；或与该段最大负荷或最小负荷相差不大，如果相差较大，要在最大或最小负荷处再分段计算。

（四）塔高

1. 板式塔高

板式塔的高度由主体高度 H_c、顶部空间高度 H_a、底部空间高度 H_b 以及裙座高度 H_s 等部分所组成。

（1）塔主体高度

板式塔的主体高度是从塔顶第一层塔盘至塔底最后一层塔盘之间的垂直距离。

首先确定塔板效率，从理论塔板数求得实际塔板数，再乘以塔板间距，即可求得塔的主体高度。在确定塔高时还要考虑设置人孔和手孔时的高度。人孔是安装或检修人员进出塔器的唯一通道，人孔的设置应便于人员进入任何一层塔板。由于设置人孔处的塔板间距增大，人孔设置过多会使制造时塔体的弯曲度难以达到要求，所以一般板式塔每隔 10～20 层塔板或 5～10m 塔段，才设置一个人孔。板间距小的塔按塔板数考虑人孔设置，板间距大的塔则按高度考虑人孔设置。

求取理论塔板数的方法很多，可分为解析法、图解法和逐板计算法等几类。现在一般都用模拟计算来求得理论板数，在此不赘述。

(2) 塔的顶部空间高度

塔的顶部空间高度是指塔顶第一层塔盘到塔顶封头切线的距离。为了减少塔顶出口气体中夹带的液体量，顶部空间一般取1.2~1.5m。有时为了提高产品质量，必须更多地除去气体中夹带的雾沫，则可在塔顶设置除沫器。如用金属除沫网除沫器，则网底到塔盘的距离一般不小于塔板间距。

(3) 塔的底部空间高度

塔的底部空间高度是指塔底最末一层塔盘到塔底下封头切线处的距离。当进料系统有15min的缓冲容量时，釜液的停留时间可取3~5min，否则须取15min。但对釜液流量大的塔，停留时间一般也取3~5min；对于易结焦的物料，在塔底的停留时间应缩短，一般取1~1.5min。据此，就可从釜液流量求出底部空间，再由已知的塔径求出底部空间的高度。

(4) 加料板的空间高度

加料板的空间高度取决于加料板的结构形式及进料状态。如果是液相进料，其高度可与板间距相同或稍大些；如果是气相进料，则取决于进口的形式。

(5) 支座高度

塔体由裙座支承。座的形式分为圆柱形和圆锥形两种。裙座高度是指从塔底封头切线到基础环之间的高度。以圆柱形裙座为例，可知裙座高度是出塔底封头切线至出料管中心线的高度 U 和出料管中心线至基础环的高度 V 两部分组成。U 的最小尺寸是由釜液出口管尺寸决定的；V 则应按工艺条件确定，例如考虑与出料管相连接的再沸器高度、出料泵所需的位头等。人孔通常用长圆形，其尺寸为510mm×(1000~1800)mm，以方便进出。

2. 填料层高度

通常采用传质单元法或理论板数法计算填料层高度 Z，或从理论上说，填料塔内的两相浓度沿塔高连续变化，属连续(微分接触)传质设备，故用传质单元法计算填料高度较为合理。但在工程上，特别是精馏和吸收，习惯用理论板数法。但由于计算会有与实际情况不符的情况，因此计算出的填料层高度与实际生产需要之间会有一定出入。为了保证安全生产，也为了使生产发生波动时留有适当的调节余地，故实际采用的填料高度还应乘上一个1.3~1.5倍的安全系数。

$$Z = H_{OG} \times N_{OG} = N_{OL} \times H_{OL} \tag{7-1-2}$$

$$Z = N_T \times HETP \tag{7-1-3}$$

式中　H_{OG}、H_{OL}——气、液相总传质单元高度，m；

N_{OG}、N_{OL}——气、液相传质单元数；

N_T——理论板数；

$HETP$——等板高度或当量高度。

(五) 塔径

1. 板式塔径

板式塔径的初算，可根据适宜的空塔气速和蒸气流量，按式(7-2-1)求出：

$$D = \sqrt{\frac{4V_S}{\pi u}} \tag{7-1-4}$$

式中　D——塔径，m；

V_S——塔内气体流量，m^3/s；

u——空塔气速，即按空塔截面积计算的气体线速度塔径，m/s。

空塔气速 u 的定义为：

$$u=\frac{4V_S}{\pi D^2} \tag{7-1-5}$$

空塔气速的极限 u_{max} 定义为(不适用于喷射塔盘)：

$$u_{max}=C\sqrt{\frac{\gamma_L-\gamma_G}{\gamma_G}} \tag{7-1-6}$$

式中　γ_L、γ_G——液相、气相的密度，kg/m³；

C——经验常数，也称蒸气负荷因子，m/s。

C 值可从图 7-1-5(Smith 图)查得。此图是按液体表面张力 $\sigma=2\times10^{-4}$N/cm 时的经验数据绘出，表面张力校正可按下式：

$$\frac{C_{2\times10^{-4}}}{C_\sigma}=\left(\frac{2\times10^{-4}}{\sigma}\right)^{0.2} \tag{7-1-7}$$

式中　$C_{2\times10^{-4}}$——表面张力 $\sigma=2\times10^{-4}$N/cm 时的 C 值，即从图 7-1-5 上查得的 C 值；

C_σ——表面张力 σ 的 C 值。

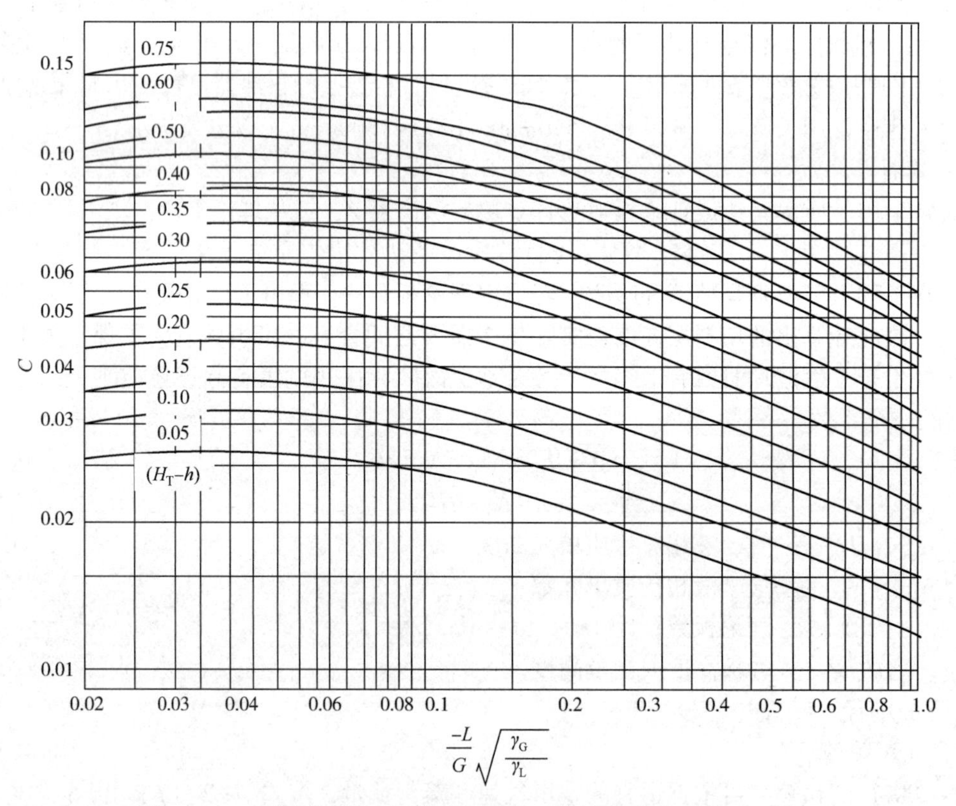

图 7-1-5　不同分离空间下负荷系数与动能参数的关系(Smith 图)

应用图 7-1-5 时，预先拟定塔板间距和板上液层高度。板间距可根据塔径尺寸选用，但应根据塔板流体力学计算结果予以调整。

求出 u_{max} 后，按下式确定设计的空塔气速：

$$u=(0.6\sim0.8)u_{max}$$

塔径的计算过程，每种塔盘计算公式都有不同，具体计算过程可以查阅相关书籍，下面以浮阀塔为例。

(1) 最大允许气体速度 $u_{v,max}$

按式(7-1-8)计算：

$$u_{v,max}=\frac{0.055\sqrt{gH_T}}{1+2\frac{L_S}{V_S}\sqrt{\frac{\rho_L}{\rho_G}}}\sqrt{\frac{\rho_L-\rho_G}{\rho_G}} \tag{7-1-8}$$

式中　g——重力加速度，9.81m/s^2；

$u_{v,max}$——塔板气相空间截面积(鼓泡面积)上最大的允许气体速度，m/s；

ρ_G——气相密度，kg/m^3；

ρ_L——液相密度，kg/m^3；

H_T——塔板间距，m；

V_S——气体体积流率，m^3/s；

L_S——液体体积流率，m^3/s。

式(7-1-8)适用于下列情况：

① 气、液系统完全不起泡或只是轻微起泡；

② 塔板间距 H_T为 0.3~1.2m；

③出口堰高 $h_w\leqslant0.15H_T$。

为了使式(7-1-8)能适应各种起泡系统，可用表 7-1-2 的系统因数进行校正。

表 7-1-2　各种体系下的系统因数

系统名称	系统因数 K_S	
	用于式(7-1-9)	用于式(7-1-11)、式(7-1-12a)、式(7-1-12b)
炼油装置较轻组分的分馏系统，如原油常压塔、气体分馏塔等	0.95~1.0	0.95~1.0
炼油装置重黏油品分馏系统，如常减压的减压塔等	0.85~0.9	0.85~0.9
无泡沫的正常系统	1	1
氟化物系统，如 BF_3、氟利昂	0.9	0.9
中等起泡系统，如油吸收塔、胺及乙二醇再生塔	0.85	0.85
重度起泡系统，如胺及乙二醇吸收塔	0.73	0.73
严重起泡系统，如甲乙基酮、一乙醇胺装置	0.6	0.6
泡沫稳定系统，如碱再生塔	0.15	0.3

(2) 适宜气体操作速度 u_a

适宜气体操作速度 u_a按式(7-1-9)计算：

$$u_a=KK_su_{v,max} \tag{7-1-9}$$

式中　u_a——塔板气相空间截面上的适宜气体速度，m/s，

K_s——系统因数，

K——安全系数，对于直径大于0.9m、H_T>0.5m的常压和加压操作的塔，K=0.82；对于直径小于0.9m、塔板间距H_T≤0.5m以及真空操作的塔，K=0.55~0.65（H_T大时K取大值）。

(3) 气相空间截面积A_a

气相空间截面积A_a按式(7-1-10)计算：

$$A_a=\frac{V_S}{u_a} \tag{7-1-10}$$

式中 A_a——相空间截面积，m²；

u_a——塔板气相空间截面上的适宜气体速度，m/s；

V_S——气体体积流率，m³/s。

(4) 计算的降液管内液体流速u_w

液体在降液管内的流速按式(7-1-11)和式(7-1-12a)或式(7-1-12b)计算，选两个计算结果中的较小值。

$$u_w=0.17KK_s \tag{7-1-11}$$

式中 u_w——降液管内液体流速，m/s；

K_s——系统因数；

K——安全系数，对于直径大于0.9m、H_T>0.5m的常压和加压操作的塔，K=0.82；对于直径小于0.9m、塔板间距H_T≤0.5m以及真空操作的塔，K=0.55~0.65（H_T大时K取大值）。

当H_T≤0.75m时：

$$u_w=7.98\times10^{-3}KK_s\sqrt{H_T(\rho_L-\rho_G)} \tag{7-1-12a}$$

当H_T>0.75m时：

$$u_w=6.97\times10^{-3}KK_s\sqrt{\rho_L-\rho_G} \tag{7-1-12b}$$

式中 u_w——降液管内液体流速，m/s；

H_T——塔板间距，m；

ρ_G——气相密度，kg/m³；

ρ_L——液相密度，kg/m³；

K_s——系统因数；

K——安全系数，对于直径大于0.9m、H_T>0.5m的常压和加压操作的塔，K=0.82；对于直径小于0.9m、塔板间距H_T≤0.5m以及真空操作的塔，K=0.55~0.65（H_T大时K取大值）。

(5) 计算的降液管面积A_d

降液管面积A_d取式(7-1-13)、式(7-1-14)中计算结果的较大值。

$$A'_d=\frac{L_S}{u_w} \tag{7-1-13}$$

$$A'_d=0.11A_a \tag{7-1-14}$$

式中　A'_d——计算的降液管面积，m^2；

u_w——降液管内液体流速，m/s；

A_a——相空间截面积，m^2；

L_S——液体体积流率，m^3/s。

（6）计算的塔截面积 A_t

$$A_t = A_a + A'_d \tag{7-1-15}$$

式中　A'_d——计算的降液管面积，m^2；

A_a——相空间截面积，m^2。

（7）计算的塔径 D_c

$$D_c = \sqrt{\frac{A_t}{0.785}} \tag{7-1-16}$$

式中　A_t——计算的塔截面积，m^2；

（8）采用的塔径 D 及采用的空塔气速 u_v

根据计算的塔径，按标准进行圆整，得出采用的塔径 D，按式(7-1-17)及式(7-1-18)计算采用的塔横截面积 A 及空塔气速。

$$A = 0.785D^2 \tag{7-1-17}$$

$$u_v = \frac{V_S}{A} \tag{7-1-18}$$

式中　A——采用的塔横截面积，m^2；

D——采用的塔直径，m；

u_v——采用的空塔气速，m/s。

塔径圆整后其降液管面积按式(7-1-19)计算：

$$A_d = \left(\frac{A}{A_t}\right)A'_d \tag{7-1-19}$$

式中　A_d——采用的降液管截面积，m^2；

A——采用的塔横截面积，m^2；

A_t——计算的塔截面积，m^2；

A'_d——计算的降液管面积，m^2。

塔径的计算过程，每种塔盘计算公式都有不同，具体计算过程可以查阅相关书籍，本小节中不再赘述。

2. 填料塔径

（1）散堆填料塔径的确定

计算散堆填料塔塔径，首先要计算泛点气速，以泛点气速为基准。对于不发泡物料，实际操作气速一般为泛点气速的60%~80%；对于发泡物料，实际操作气速一般为泛点气速的40%~60%。

$$D = 2\sqrt{\frac{G}{3600\pi\rho_G u_G}} \tag{7-1-20}$$

式中　D——塔径，m；

G——气相质量流量，kg/h；

ρ_G——气相密度，kg/m^3；

u_G——空塔气速，m/s。

（2）规整填料塔径的确定

规整填料通常按照下列公式求得：

$$A=\frac{G}{3600C_G\left[\rho_G(\rho_L-\rho_G)\right]^{0.5}} \tag{7-1-21}$$

$$D=\sqrt{\frac{4}{\pi}A} \tag{7-1-22}$$

式中 A——塔截面积，m^2；

G——气相质量流量，kg/h；

C_G——气体负荷因子，m/s；

ρ_G、ρ_L——气相、液相密度，kg/m^3；

D——塔径，m。

C_G通常取极限负荷C_{max}的75%~80%。C_{Gmax}查图7-1-6求得。

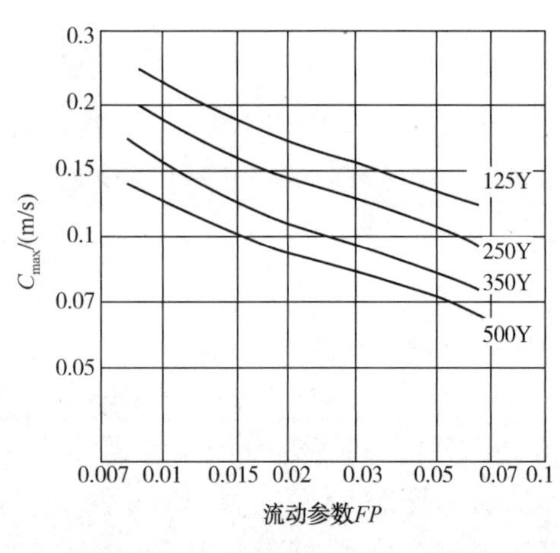

图7-1-6 几种填料的C_G因子曲线

关于常减压装置中板式塔和填料塔的压降、内件等其他详细设计参数，将在本章第二节、第三节中详细叙述，此节中不再赘述。

（六）塔盘及填料类型的选择

常压蒸馏技术发展至今，关于塔的内部结构、各种类型的塔盘、塔填料及分布器的应用与研究已经十分广泛。塔盘类型从最初的筛板塔、泡帽塔、固舌塔、浮舌塔、“V”形浮阀塔，到目前广泛应用的各类高性能塔盘，例如，各种条形类浮阀塔盘、各种固阀类塔盘、鼓泡和喷射相结合的各类改进型塔盘等。金属填料以其特有的高通量等性能，在常压蒸馏中也有所应用。目前应用较多的填料是孔板波纹规整填料，同时，相应的各类气体和液体分布结构也得到很好的应用。

由于各种高性能塔盘的发展应用，目前常压塔的塔盘形式已由之前的筛板塔盘逐步被浮阀塔盘所取代，浮阀塔盘具有操作弹性大、分离效率高、处理能力大、压降小等优点，在实际应用中常压塔汽提段也多采用固阀塔盘的形式；而在改造项目中，由于塔径的限制，常压塔换热段也采用过垂直筛板的塔盘形式。对于规整填料虽然有高通量的特性，但是目前实际应用中较少。

减压塔需要在满足减压分馏要求的前提下，尽量降低减压塔的全塔压力降以实现提高拔出率、降低能耗。例如，减压塔的内构件由板式塔发展成目前的填料塔，使全塔压力降大幅下降。与此同时，相应的填料技术、填料床层技术、空塔传热技术、液（气）体分布技术、液体收集技术、减压塔的进料分布技术等均取得了重大进展。

目前，减压装置中的填料主要为金属板波纹规整填料。按照减压塔内部结构划分，分离段多采用比表面积较高的规整填料；洗涤段由于存在堵塞的情况，洗涤段上段多采用抗堵塞、洗涤效果好的板波纹填料，下段多采用抗堵塞性能强的格栅填料；换热段多采用换热效率较高的板波纹填料；汽提段由于存在堵塞的可能性，现基本上采用的是固阀塔盘或固舌塔盘形式。

第二节　板式塔介绍

一、塔板水力学及传质性、影响参数及关联计算

(一) 塔板传质过程及影响因素

塔设备的操作目的是传质和传热。体系性质和塔内气、液动量传递决定了传质的效果。在满足传质要求的前提下，塔板上传质过程可以通过各种不同的气、液流动、接触构型来实现，但各种构型传质效果的优劣取决于塔内的动量传递和两相流动的“理想”性。

任何塔板上的相际传质过程都要经历如下三个基本步骤：

1) 气液分散，产生相界面；

2) 气、液相际传质、传热；

3) 气、液相分离。

相界面的大小是制约传质效率的主要因素，相界面的产生是需要消耗能量和/或人为提供。对于板式塔而言，相界面是依靠消耗气体的动能而产生的，其控制变量是动能因子，导致低压降的塔板传质效率不可能很高，因此板式塔更适于大液相负荷的常压、加压体系。

当体系确定后，除了相界面以外塔内返混降低了塔内的传质推动力，也是影响塔板上传热和传质过程的主要因素。塔板内返混是指塔内可降低塔内传质推动力梯度“逆方向”气、液扩散和流动，涉及塔板上返混和塔板间返混两方面。图 7-2-1 为溢流板式塔和穿流板式塔构型的气、液传质过程框图。

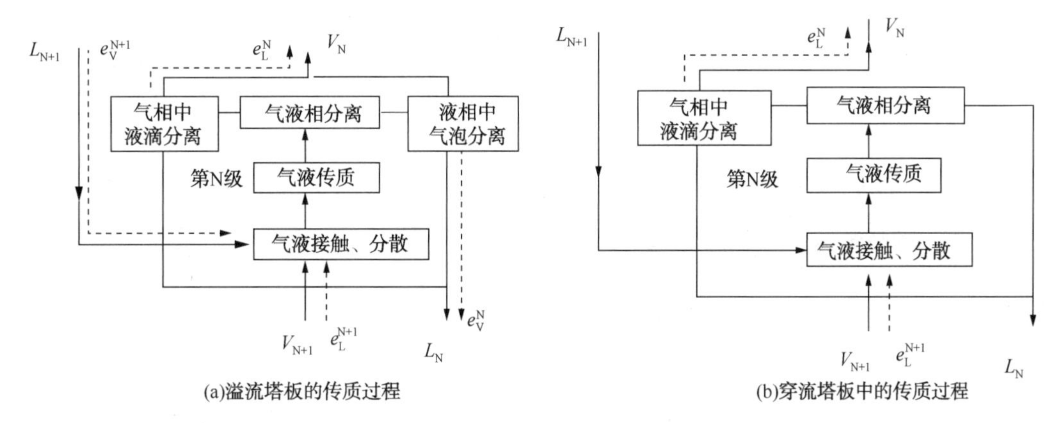

图 7-2-1　塔板上的传质过程

塔板上的返混是塔板上气、液接触产生相界面过程中造成的，指塔板上可降低塔内传质推动力梯度“逆方向”液体扩散。气、液湍动程度越大，产生的气、液相界面越高，塔板上的返混程度增加。因此塔板上返混的主要影响因素为塔内气、液负荷的大小，气、液接触方

式，体系性质和塔板结构等方面。

塔板间返混是气、液接触后相分离不完全和气相负荷低两方面引起的，主要与塔内动量传递相关，指塔内可降低塔内传质推动力梯度“逆方向”气、液流动。

对于溢流板式塔而言，塔板间返混是指雾沫夹带、降液管气体夹带、泄漏三方面，其中前两种情况是由于传质后相分离不完全造成的，而后者是由于气相负荷低引起的。塔板间返混不仅影响传质效果，同时，严重的塔板间返混将制约塔设备内的正常水力流动，如雾沫夹带将制约塔设备的操作上限，降液管气体夹带制约降液管的处理能力以及严重泄漏将引起塔设备操作波动和机械振动，甚至造成塔设备机械破坏。

穿流类塔板是一种塔板上全返混和完全泄漏的塔板类型，因此传质效果差。由于该类塔板无降液管，故该类塔板的塔板间返混仅为雾沫夹带。小规模穿流筛板的操作上限为泄漏点，故雾沫夹带极小，塔板间返混基本不存在。但由于该类塔板的开孔率极高，较大规模的穿流筛板容易出现气、液股流的问题，局部雾沫夹带较为严重。

图 7-2-2 为定性分析塔板操作对塔效率、处理能力和塔板压降影响的流程，由图可以看出，当体系确定后：①塔板结构和气、液负荷决定了塔板上的气、液接触方式和塔板上的两相流动操作状态。②两相流动状态决定了塔板的压降，塔内返混(塔板上返混和塔板间返混)及非理想流动(如泄漏等)，塔板上的气、液湍动程度(涡流扩散等)和塔板上的气、液相界面积大小，并与体系物性因素一起，直接影响塔板上的传质效果和塔板效率。因此影响塔板效率的因素主要涉及塔板结构、操作条件和体系三个方面。③塔板上的两相流动状态直接决定了塔板压降。④塔板间的返混也直接影响了塔板上的喷射液泛能力，并与塔板压降一起，直接影响了降液管的处理能力。

因此，当体系性质和塔板结构确定后，塔板上动量传递的效果决定了塔板的操作效果。

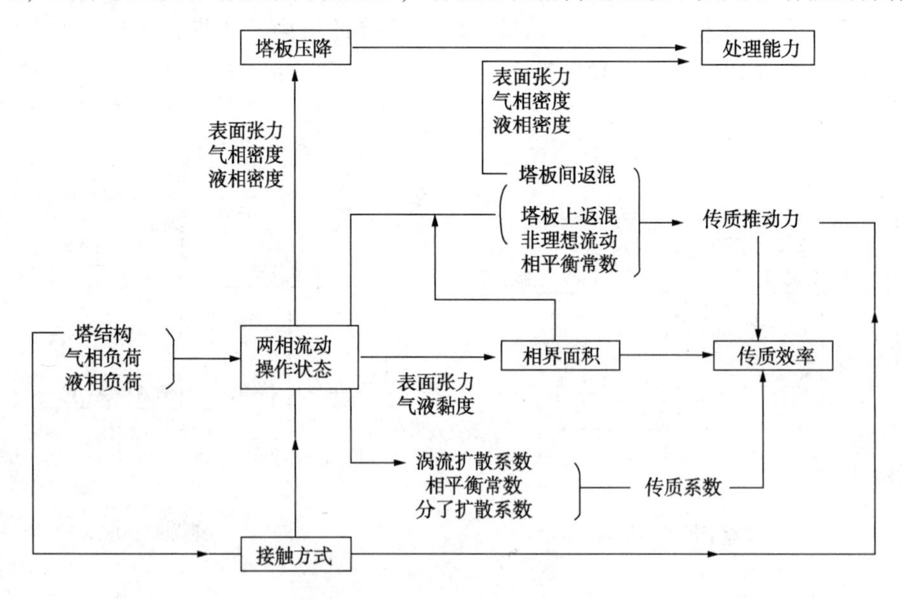

图 7-2-2 影响塔板上传质的因素

塔设备的操作不仅要维持正常的理想流动，同时也要保证正常的高效操作，因此塔设备的操作受塔板流体力学方面的限制，综合各种影响因素，归纳出板式塔的流体力学限制，详见表 7-2-1。

表 7-2-1　塔板流体力学操作限制

工质	属性	水力学限制	操作现象
气相	上限	喷射液泛	喷射液泛相当于 100%雾沫夹带，制约了塔内正常气、液流动
	下限	泄漏液噻点	操作在液噻点附近的塔板发生压力波动，引起机械振动
液相	上限	降液管入口液泛	高液相负荷将阻滞降液管气体的分离，造成降液管入口堵塞
	下限	最小堰上流动	最小液量限保证正常、均匀的堰上液体流动
气液两相	上限	降液管液泛	操作在高板压降下，压力平衡制约了降液管液体流动、降液管泡沫高度，否则将引起降液管液泛
	下限	降液管液封	太低气相流量或塔板压降和液相流量，不足以产生降液管液封，会使之短路

(二) 塔板上气、液流动状态

气、液两相在塔板上的接触、传热、传质，除受气、液两相物系性质影响外，主要取决于两相在塔板上的操作状态。当液体流量一定时，随着气速的增加，可以出现五种不同的接触状态：鼓泡状态、蜂窝状泡沫状态、泡沫状态、喷射状态和乳化状态，见图 7-2-3。

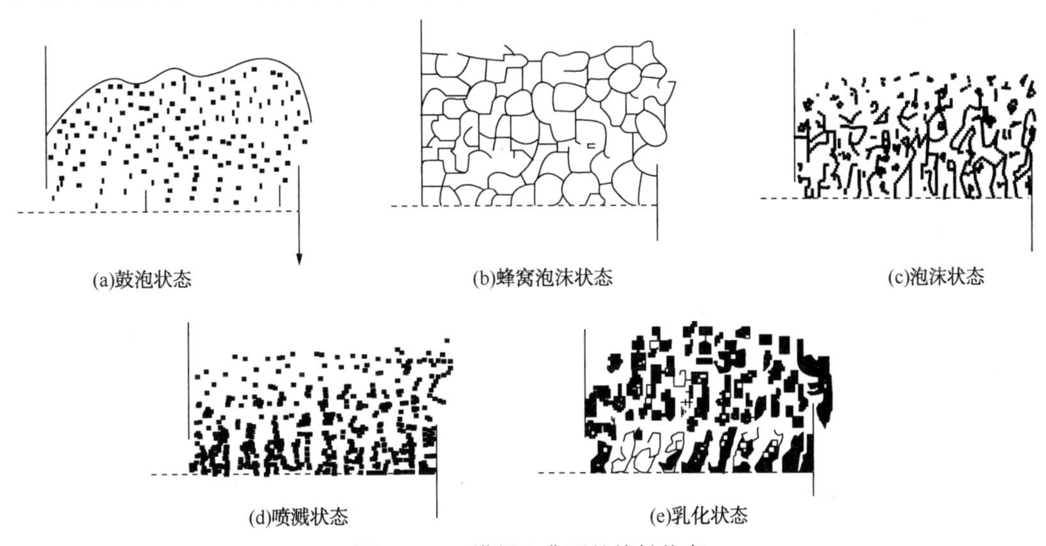

图 7-2-3　塔板上典型的接触状态

1. 鼓泡状态

当气速较低时，气相被分散成断续的气泡群以鼓泡的形式穿过板上液层，此时液层比较平静，有清晰的表面，气泡表面为气、液传质界面，见图 7-2-3(a)。这种状态只有当气体流量很小时才会出现。

2. 蜂窝泡沫状态

气速和液相中的气体滞留量增大会使小气泡聚合，但当气泡聚合受阻时则可能会产生各种类型的泡沫。当气、液负荷较低时所形成的气泡呈多面体、液体呈薄膜位于泡沫间，泡沫顶层会有些波动，但仍能维持一定的界面。这种状态易在小塔中当有水相存在时发生，见图 7-2-3(b)。

3. 泡沫状态

随气速的增加，上述两种状态将转化为泡沫状态。此时气体被分散成大小不同的气泡在液体中作不规则上升运动，而液体大多呈薄膜状存在于气泡之间。泡沫层的剧烈运动致使其上层界面不断波动，其高度难以测定，见图 7-2-3(c)。在某些情况下，如不易发泡的液体或较纯的液体，板上液层较高、环流较激烈时，泡沫状态也可由鼓泡状态直接转变成泡沫状态，而不经历蜂窝泡沫状态。泡沫状态是工业塔板上重要的接触状态之一。

4. 喷溅状态

上述三种接触状态所形成的分散体系是液相为连续相，气相被分散。当气速进一步增大而液相流率相对较低时，情况则正好相反，气相是连续相，液体被气流分散成小液滴，此时液体并不是连续地流经出口堰，而是被抛射入降液管，见图 7-2-3(d)。这种分散体系使液相的比表面积大大增加，为气、液传质创造了良好的条件，是工业塔板上理想的接触状态之一。

5. 乳化状态

当气速较低而液体负荷相对较大时，塔板上液体流动的剪切作用会将尚未形成正常尺寸的气泡切断，从而使气泡的尺寸变小，成为小气泡夹带在液流中，形成均匀的两相流体，呈现出某种“乳化”的特征，见图 7-2-3(e)。

在正常操作的塔板上，主要呈现为较低液相负荷、较高气相负荷操作的喷射状态和较高液相负荷、较低气相负荷下操作的乳化流动状态。

在一定气速下，溢流强度较小[$<3m^3/(m \cdot h)$]时，塔板上为喷溅状态；在大溢流强度[$>40 \sim 50m^3/(m \cdot h)$]下，塔板上达到完全泡沫状态。在以上两种液流强度之间，塔板上呈出现“泡沫+喷溅”的混合泡沫状态。在混合泡沫层的下部为类似于泡沫状态的泡沫层，而上部则为液滴大小不同的喷溅层。

(三) 塔板的基本布置

1. 塔板分区

针对图 7-2-4 定义如下面积：

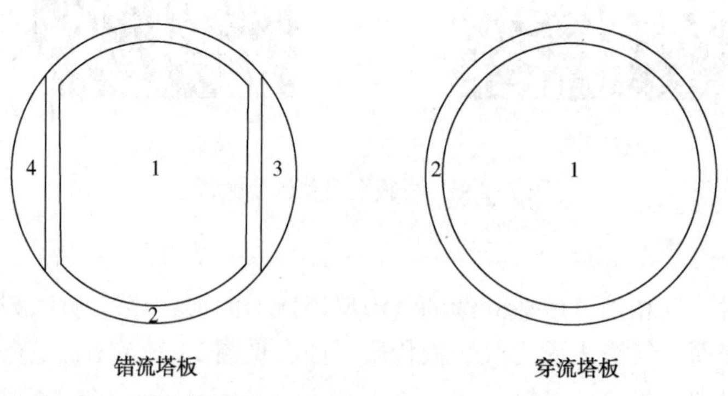

图 7-2-4　板式塔面积的定义

A_T——塔总截面积，m^2；图中所示[1+2+(3+4)]部分面积。

A_b——鼓泡面积，m^2；图中所示[1]部分面积。

A_d——降液管面积，m^2；图中所示[3]部分面积。

A_P——受液盘面积，m^2；图中所示[4]部分面积。

A_S——支撑区面积，m^2；图中所示[2]部分面积。

A_N——气体有效流通面积，m^2。图中所示[1+2+3]部分面积。

以溢流塔板为例，主要由塔板、受液盘、降液管等组成。塔板面积一般可分为五个区域，如图7-2-5所示。

(1) 鼓泡区

塔板上气、液两相进行接触的区域。它是塔板上最重要的区域，它的大小直接关系到塔的处理量、分离效率和产品质量。

(2) 溢流区

液体进入和离开塔板的区域，即受液盘和降液管所占的区域。

传统的溢流塔板在降液管下部需设置等面积的受液区，该区域起着接受、分配液体及液封的作用，不能布置阀体。因此，对一个面积一定的塔板来讲，在扣除了2倍的降液管面积后，所能用于布置阀体的面积有限，常常无法满足工艺需要，这也是制约溢流塔生产能力提高的因素之一。

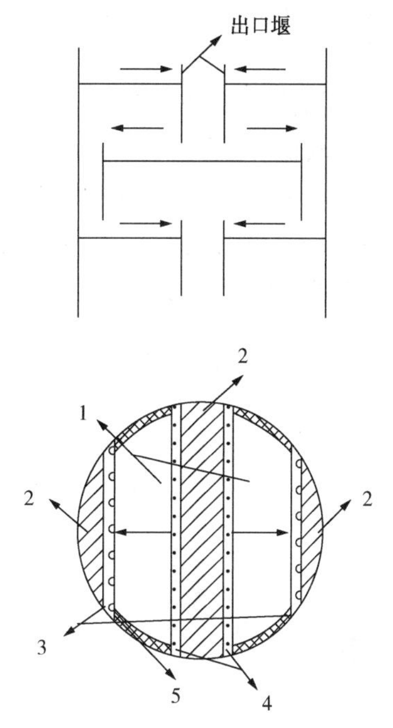

图7-2-5　浮阀塔板的面积分配图
1—鼓泡区；2—边降液管；3—破沫区；4—液体分布区；5—无效区

(3) 破沫区

处于鼓泡区和出口堰之间的部分，在此区域内不布置阀体。该区域起到部分分离流向降液管的液体所夹带的气体(泡)的作用。对圆盘形浮阀，一般出口堰与离它最近一排浮阀中心线的距离 d_o 大致如下：

$D>1.5m$，$d_o \geq 95mm$；

$D<1.5m$，$d_o \geq 70mm$；

$D<1m$，d_o 可适当减少，但应考虑留有足够的安装距离。

对顺排条阀塔板，该距离可适当减小。

(4) 以液体分布区

处于鼓泡区和进口堰(受液盘)之间的部分，这部分区域主要确保液体均匀地流向鼓泡区，也不布置阀体。

进口堰与离它最近一排浮阀中心线的距离 d_i 可等于 d_o，在安装距离足够时，也可稍小于 d_o。

(5) 无效区

塔壁与离它最近的阀体中心线的距离 d_n，这部分区域主要用来焊接支承圈，d_n 的大小可根据塔径及塔板安装要求而定。一般在70~110mm，直径大的塔 d_n 可适当加大。

2. 塔板流程数

径向流(单溢流)：如图7-2-6(a)所示。液体横流过整块塔板，这种塔板制造费用最经济。液体流道长，效率高，为最常用的塔板形式。

双向流(双溢流)：如图7-2-6(b)所示。适用于液/气比较大且塔径较大的塔板，主要是为了减小液面落差。双向流塔板造价较高，而且液体在塔板上流道较短，对塔板效率有影响。

多溢流：如图 7-2-6(c)所示。适用于直径极大的塔板。

回转流：如图 7-2-6(d)所示。当液/气比很小时，应采用此种形式。因流道过长，塔板上液面落差较大，所以只有在上述情况下才采用。

双向流(阶梯式)：如图 7-2-6(e)所示。当液相流量很大时，为了改善气相分布，进一步降低液面落差，可采用阶梯式双向流，在塔板上加设中间堰，使同一板面具有不同高度。

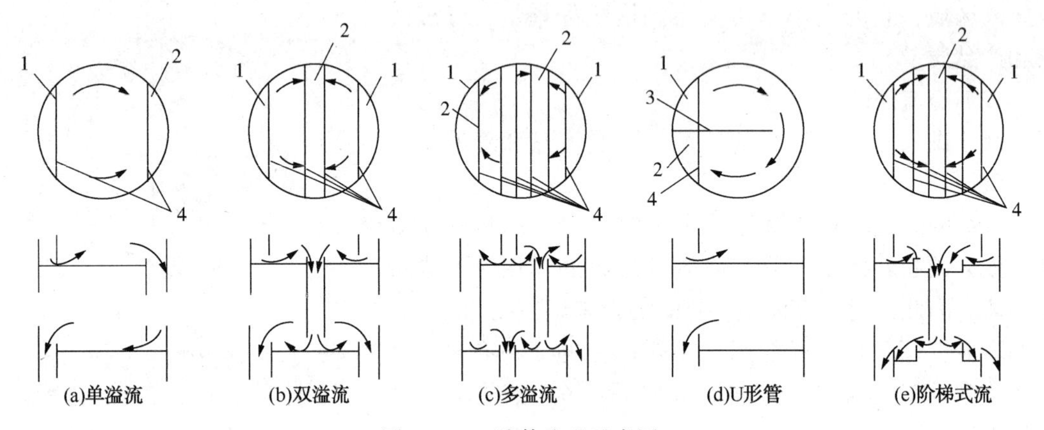

图 7-2-6　液体流程示意图

1—进口降液管；2—出口降液管；3—挡板；4—溢流堰

流程数的选用可按以下原则，即当其直径小于 2m 时，一般可用单溢流；直径在 1.8～2.7m 时，可用双溢流；直径大于 2.7m 时，用三溢流；直径大于 3.6m 时，则用四溢流。一般三溢流很少使用。

3. 多溢流设计

对于多溢流的设计，应合理分配降液管面积和位置，以保证各通道气/液比及液体溢流强度相等。在设计降液管面积和位置时，目前通用的方法有两种：等鼓泡面积法和等液流长度法。

(1) 等鼓泡面积法

以四溢流为例，运用等鼓泡面积设计时，可假设各通道的鼓泡面积相等，此时气体流量均匀地分成 4 等份。为了保证各通道内气/液比相等，液体流量也须均匀分成 4 等份。

由于同一层塔板上各降液管停留时间相等，且通过各降液管的液体流量正比于各通道鼓泡面积，则各降液管面积之比等于各通道面积之比，因此等鼓泡面积法中降液管的面积关系为：

中心降液管的面积=偏心降液管的面积=2 倍的边降液管的面积

据此可以求出其他相关的降液管参数。

(2) 等液流长度法

运用等液流长度法进行设计时，可假设各流道的流道长度相等，此时各流道的鼓泡面积不相等，由于通过各流道的气体流量正比于各流道鼓泡面积，为了保证各流道内气/液比一致，则液体流量应正比于各流道鼓泡面积。由于同一层塔板上各降液管停留时间相等，且通过各降液管的液体流量正比于各流道鼓泡面积，则各降液管面积之比等于各流道鼓泡面积之比。由以上条件进而可以求出各降液管面积、位置以及溢流区其他结构的尺寸。

(3) 两种方法对比

两者各有优缺点。等液流长度法设计的出口堰高较低，处理能力大，效率高，制造工艺简单，造价低；等鼓泡面积法塔板操作性能好，塔板坚固，效率和处理能力高，总板处理量大。

(四) 塔板设计参数

1. 开孔率

开孔率直接关系到动能因子。在相同的空塔气速下，开孔率大则动能因子就小。

筛板塔通常采用8%~10%的开孔率，在这个范围塔板具有最大的操作弹性。对那些压力降或降液管持液量受限的装置，开孔率最大可到15%。开孔率小于8%，雾沫夹带将大大增加，开孔率低于15%，漏液将大大增加。

浮阀塔板上开孔率一般为塔板总横截面积的10%~15%，通常为12%左右。

2. 孔径

对大多数装置，筛板塔优化的孔径大约为12mm。在开孔率、空塔气速和液相流量相同的条件下，增大孔径，漏液量加大，弹性降低，雾沫夹带增大。孔径越小越可能被堵塞或结垢。在液相负荷低的小塔中，选取孔径4~6mm；喷射态操作时，宜采用12~25mm。

3. 排列方式

阀孔的排列方式决定了塔板开孔率、气液流动方式和接触方式。

筛板塔一般可采用三角形或矩形排列，尤以三角形排列比较普遍。孔间距 t 一般取 $t=(2.5\sim5.0)d$（d 为孔径），而以 $t=(3\sim4)d$ 较为合适。当 $t/d<2.5$ 时，气流互相干扰，容易出现液面波动和倾流；若 t/d 过大，则鼓泡不均匀，建议孔间距不要大于64~76mm。孔间距过小或过大都会影响传质效率。

圆盘形浮阀在塔板上的排列有顺排和三角形叉排两种，如图7-2-7所示，而以三角形叉排用得较多。叉排时，相邻阀中吹出的气体搅拌液层较顺排显著，鼓泡均匀，液面落差不明显，雾沫夹带量也较小。

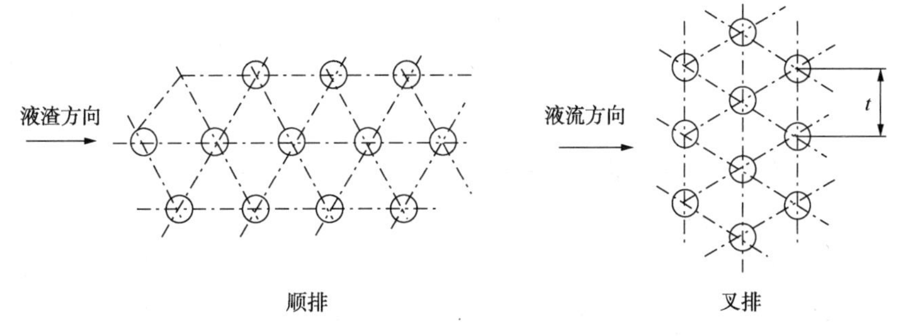

图7-2-7　圆盘形浮阀排列图

塔板上阀孔排列尺寸有 75mm×65mm、75mm×80mn、75mm×100mm 三种。

4. 塔板厚度

塔板厚度主要是考虑便于制造塔板，和材质有关。一般工业上采用比较厚的塔板，以便保证结构的强度和腐蚀裕量。对于筛板塔，在相同的孔径下，较厚的塔板往往使压力降较低、漏液较高、塔盘效率较低，冲孔加工难度可能会增加。对于浮阀塔，塔板厚度的增加会影响浮阀的开启高度。

5. 塔板间距

塔板间距大，对生产能力、塔板效率、操作弹性和安装检修都有利。但板间距增大后会增加塔的高度，从而增加塔的造价，但它不影响操作下限。在允许的负荷变化范围内，不同塔段的塔板间距可不相同，以使塔体高度最小化。最常用的塔板间距为 600mm，必要时也可采用较小的塔板间距 300~450mm。

板间距应通过塔板动力学的计算和经济核算合理确定。浮阀塔板间距参考数值见表 7-2-2。

表 7-2-2 浮阀塔板间距参考数值

塔径 D/m	0.3~0.5	0.5~0.8	0.8~1.6	1.6~2.0	2.0~2.4	>2.4
板间距 H_T/mm	200~300	300~350	350~450	450~600	500~800	≥600

影响板间距的因素如下：

(1) 雾沫夹带

在一定的气、液负荷和塔径条件下，塔板间距小则雾沫夹带量大，适当增加塔板间距，可使雾沫夹带量减少。但任一物系在一定的允许空塔速度下均有一个最大的塔板间距与之相对应，超过这个间距，雾沫夹带量将不随间距的增大而减少。因此，过大的塔板间距是不必要的。

(2) 物料的起泡性

对于易起泡的物料，塔板间距应选得大些；反之，塔板间距可取得小些。

(3) 操作弹性

当要求有较大的操作上限时，可选择较大的塔板间距。

(4) 安装和检修的要求

在确定塔板间距时，需考虑安装和检修塔板所需的空间。例如在开有人孔的地方，塔板间距应不小于 600mm。

6. 溢流堰

设溢流堰的目的是为了在塔板上维持一定高度的液层，并促使液流在板上均匀分布以保证气液接触良好。为保证液封，溢流堰可设在塔板的进口和出口。

出口堰是必须的。而在进口处是否设进口堰需根据具体情况确定，圆形降液管应设进口堰以保证液体沿板均匀流动；在高气相流率和低液相流率下需保持降液管的正常液封时，宜设进口堰；采用凹槽受液盘的塔板不设进口堰；采用平板受液盘一般亦可不设进口堰。

设进口堰的一个好处是进口堰对液流中的固体物有一定的阻挡作用，以减小筛孔被堵塞的机会，缺点就是易使沉淀物淤积造成阻塞。

生产装置中一般都用弓形溢流堰，只有在小型塔和小液量时才直接由圆形降液管上端升出板面以代替溢流堰。常见的弓形溢流堰有平直堰、三角形齿堰和栅栏堰三种，其形状如图7-2-8所示。溢流堰高度和长度是溢流堰的两个主要结构参数。

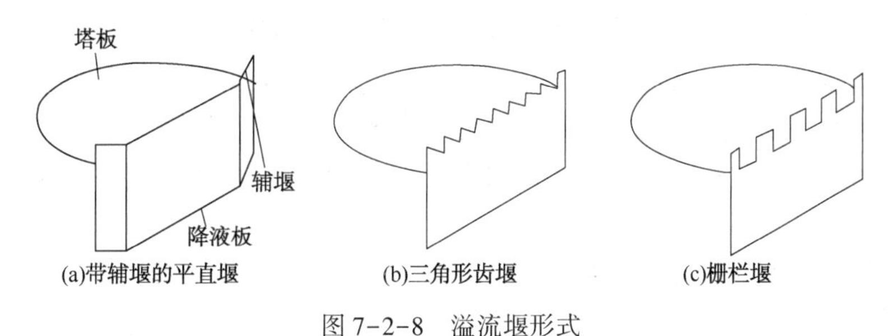

图7-2-8　溢流堰形式

（1）溢流堰的长度 l_w

溢流堰长度通常由堰上溢流强度决定，以至少维持堰上液层高度6~12.5mm为准。为了不使溢流强度超限，可采用设置辅堰或多液体流程的方法。工业用 l_w/D 值见表7-2-3。

表7-2-3　工业用 l_w/D 值

液流程数	l_w/D 溢流堰与塔径的比值	
	不带辅堰的弓形堰	带辅堰的弓形堰
单	0.6~0.8	0.8~1.0
双	1.2~1.4	1.8~2.0
四	3.4左右	3.8~4.0

注：双流和四流程的 l_w 为溢流堰的总长度。

（2）堰高 h_w

堰高影响塔板上的液层高度，从而也影响气、液接触时间和塔板效率。一方面，板上液层高度增加，气、液接触时间相应增长，板效率也随之提高；另一方面，液层高度的增加也使得板压降、降液管中液层高度、雾沫夹带量和漏液倾向均增加，从而又制约了板效率的进一步提高，甚至还会降低板效率。

堰高调节的范围可在25~50mm。在一般情况下可取堰高为50mm，对要求液体在塔板上有较长的停留时间，如伴有慢速化学反应的个别场合，堰高可高达150mm。通常堰高不宜超过50mm，否则，所增加的压降的不良后果将大于所提高的分离效果。

在常压及加压操作中，若系统传质的过程为气膜控制，应选择较高的堰，h_w一般取为50mm；若系统为液膜控制，h_w可取为20~40mmm。一般炼油工业的分馏系统，轻质油品为气膜控制，重质油品为液膜控制。

一般情况下采用平直堰，当液流强度大时，可以采用图7-2-8(a)所示的辅堰来增加堰长。当溢流强度小于3.5~4.5m^3/(m·h)时，或平直堰上液层高度小于6mm时，考虑到安装、制造误差，为保证溢流均匀，宜采用齿形堰。在低液体负荷的喷射态操作时，唯一有效的齿形堰是深矩形齿堰[常称为栅栏堰，如图 7-2-8(c)所示，齿深在 150~200mm 间，甚至更深]，三角形齿堰和浅的矩形齿堰(齿深为 25~50mm)仅当泡沫态操作时才有效。

7. 降液管

降液管作为错流塔板特有的结构，其操作性能直接影响着塔设备的操作特性。降液管的作用主要有三类：①为塔板间传输液体；②气、液相分离；③塔板入口液体初始分布。

降液管是塔板间液体流动的通道。过大的液相负荷将引起降液管液流的阻塞，造成降液管阻止液体的正常流动，从而使塔板发生液泛，俗称淹塔。但是当液相负荷太低时，降液管液封高度不足可能造成气相从降液管中短路而阻止了正常的液体流动。

(1) 降液管的基本形式

降液管的基本类型主要分圆形降液管、弓形降液管和倾斜降液管三类，见图 7-2-9。

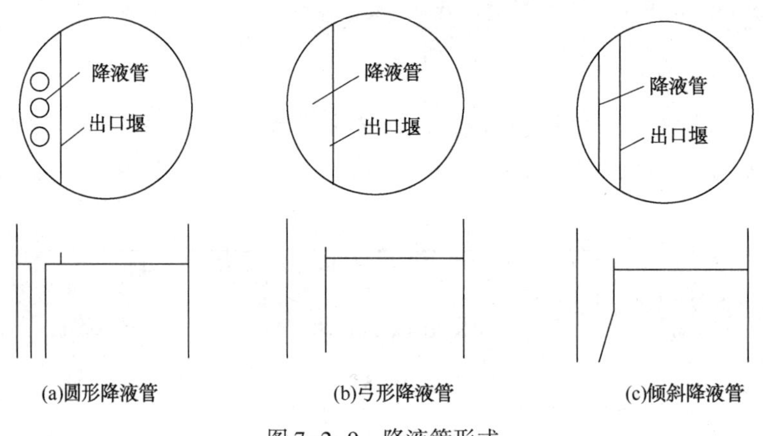

图 7-2-9　降液管形式

1) 圆形降液管：如图 7-2-9(a)所示，通常在液体负荷小或塔径较小时使用。根据流体力学计算，决定采用一根或几根、圆形或椭圆形降液管。为了增加溢流周边，并提供足够的分离区间，可在降液管前方设置溢流堰。由于整个弓形截面中只有一小部分用作降液截面，因而不宜用于大液量及易起泡物系。

2) 弓形降液管：如图 7-2-9(b)所示，应用最广泛，它是将堰板与塔壁之间的全部截面用作降液面积。对于采用整块塔板的小直径塔，又必须有尽量大的降液面积时，宜采用固定在塔板上的弓形降液管。弓形降液管适用于大液量及大直径的塔，塔板面积利用率高，降液能力大，气、液分离效果好，但用于小塔时，操作不是很方便。

3) 倾斜降液管：如图 7-2-9(c)所示，它是从简单的弓形降液管发展而来的，它的顶部提供足够大的空间供气、液分离之用，缩小的底部使下层塔板的截面积得到有效利用。对于降液管占有相当一部分塔截面(约 20%~30%)时的情形，这种形式的降液管显得比较经济。弓形倾斜降液管的顶部截面积与底部截面积之比推荐取 1.5~2.0，通常取 1.7。此种降液管尤其适用于大液量、易发泡或高压操作的情况。

(2) 降液管面积

在设计降液管时，通常使降液管流速 u_w 控制为 0.08~0.1m/s。对于性质和水相近的液体，u_w可适当提高。降液管流速计算请参照式(7-1-11)、式(7-1-12a)、式(7-1-12b)。

降液管应满足如下要求：

1）液体中的泡沫有足够的时间在降液管中进行分离。

2）确定降液管的尺寸后，还要检验降液管的容积。

3）液体在降液管中的停留时间，对不起泡物料一般可取 $t_D \geqslant 3.5s$；对微起泡或中等起泡物料可取 $t_D > 4 \sim 5s$；对严重起泡物料可取 $t_D > 7s$。通常保持降液管中的液体停留时间3~5s。

由于边降液管出口堰长小于塔径，会造成持液量过高和压力降过大。所以降液管截面积可在5%~25%截面积的范围内选取，但一般不宜小于塔截面积的5%~8%。选取时，需要综合考虑出口堰长、开孔率等。

(3) 降液管底端离板面的距离(简称底隙)h_o

决定h_o的因素是既要防止沉淀物堆积或阻塞降液管，使液体顺利流入下层塔板；同时又要防止上升气体由降液管通过形成短路而破坏塔板的正常操作。

弓形降液管的h_o按下式计算：

$$h_o = \frac{L_S}{l_w W_b} \tag{7-2-1}$$

式中　h_o——降液管底隙高度，m；

L_S——液体体积流率，m^3/s；

l_w——溢流堰堰长，m；

W_b——降液管底隙出口处流速，m/s，一般取0.1~0.3m/s(易发泡物料取小值)，不宜超过0.4m/s。

对较小的塔，h_o最小可到20~25mm左右，以免引起堵塞；对较大的塔，h_o的距离为35~150mm左右。

当降液管失去液封时，将出现干吹现象。为了避免这种情况发生，尤其是当低操作负荷时(如开工期间)，降液管出口底隙通常规定一个相对于出口堰的正液封(例如，出口底隙为37mm，出口堰为50mm)。对于很高的液体流率，为降低出口压头损失，常采用零液封或负液封。对低液体流率，为避免干吹造成的严重问题，应考虑采用入口堰。

8. 受液盘

为保证降液管出口处液封，在塔盘上设置受液盘。受液盘有平形及凹形两种。受液盘的形式对侧线取出、降液管的液封和液体流入塔盘的均匀性都有影响。

对于易聚合的物料，为避免在塔盘上形成死角，应采用平形受液盘。

当液体通过降液管与受液盘的压力降大于25mm时，应采用凹形受液盘。凹形受液盘对液体流向有缓冲作用，可降低塔盘入口处的液峰，使得液流平稳，有利于塔盘入口区更好地鼓泡。同时，将凹槽受液盘和斜的或阶梯式降液管结合在一起使用时，能在任一操作情况下形成正液封。但凹槽受液盘制作较复杂，易堵。

对于有侧线抽出，应采用深受液盘，并应加深受液盘深度(一般大于50mm，和管径有关)。

当 $h_w \geq h_o$ 时，无需液封；一般对应直降液管、平受液盘；

当 $h_w < h_o$ 时，需液封；可以加入口堰，为保证液体由降液管流出时不致受到很大的阻力，进口堰与降液管间的水平距离 h_1 不应小于 h_o，即 $h_1 \geq h_o$；或者采用斜降液管和凹受液盘形式保证液封。

9. 液封盘

在塔或塔段最底一层塔盘的降液管末端，应设液封盘，以保证降液管出口处的液封。液封盘上应开设排液孔(泪孔)。

(五) 水力学性能参数

水力学计算公式对于每种塔盘都不同，同一类型塔盘，例如浮阀塔，对于不同型号的浮阀，计算公式、关联因子等也不同。有些公式是通用的，有些需要具体型号具体分析。塔板结构参数示意图见图 7-2-10。

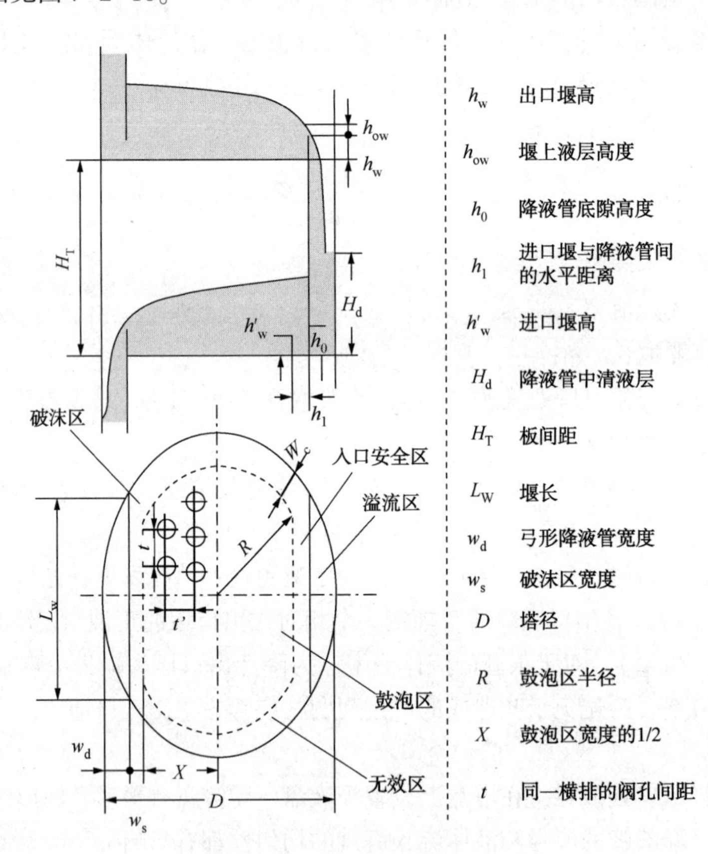

图 7-2-10 塔板结构参数示意图

1. 动能因子 F

(1) F 因子

将 F 因子定义为气速乘以气相密度的平方根：

$$F_H = u_H \sqrt{\rho_G} \tag{7-2-2}$$

式中 F_H——气相动能的平方根，$Pa^{0.5}$；

u_H——基于开孔面积，气体的操作流速，m/s；

ρ_G——气体密度，kg/m^3。

（2）C 因子或校正动能因子

是气速乘以气相密度与气、液密度差之比的平方根，是反映塔内最大气相处理能力的数组，用于对塔设备最大处理能力的分析。

$$C_S = u_H \sqrt{\frac{\rho_G}{\rho_L - \rho_G}} \tag{7-2-3}$$

其中，$u_H\sqrt{\rho_G}$ 相表示了气体的动能大小，$\sqrt{\rho_L-\rho_G}$ 相表示传质后重力相分离的难度。

注意：以哪个面积为基准非常关键(塔的截面积、鼓泡面积和孔面积等。)

塔内操作气速是最基本的操作变量，其大小直接影响塔设备的操作性能。针对不同的塔内气体流通面积，有多种定义方法。

（3）空塔气速

基于全塔总截面积 A_T：
$$u_S = V_G/A_T \tag{7-2-4a}$$

基于鼓泡面积 A_b
$$u_b = V_G/A_b \tag{7-2-4b}$$

对于穿流塔板：
$$u_S = u_b \tag{7-2-4c}$$

（4）孔气速

基于塔板开孔面积 A_H：
$$u_H = V_G/A_H \tag{7-2-5}$$

式中　V_G——气相体积流量，m^3/h。

动能因子一般基于开孔面积计算，称为孔动能因子。动能因子过小时，塔板上呈现鼓泡状态，漏液量大、塔板效率低。筛孔动能因子过高，板上则呈现部分喷射态，雾沫夹带量增加、塔板效率降低。一般浮阀塔的动能因子控制在 8～12，筛孔塔盘动能因子控制在 20～25。

2. 溢流强度(堰上负荷)L

单位堰长上的液体体积流率称为溢流强度，是确定塔板上液体压头的主要参数。溢流强度的大小制约了塔板清液高度和降液管液相负荷，是传统上有溢流塔板表征液相能力的主要变量。

$$L = V_L/l_w \tag{7-2-6}$$

式中　L——溢流强度，$m^3/(h\cdot m)$；

V_L——液体体积流量，m^3/h；

l_w——出口堰长，m。

推荐溢流强度的最大值为 $70m^3/(h\cdot m)$，最大值可达 $100\sim130m^3/(h\cdot m)$。

3. 降液管内的液层高度 H'_d

为防止发生液泛，在确定降液管有关尺寸时，常使降液管中清液层高度不超过塔板间距 H_T 的一半。在我国的设计中，控制降液管内清液层高度为塔板间距与堰高之和的一半，即：$H_d \leq 0.5(H_T+h_w)$。

液体从降液管流向塔盘，必须克服三项阻力：①液体通过降液管的压头损失(h_d)；②气体通过一层塔盘的总压力降(h_p)；③塔盘上的液层压头($h_w+h_{ow}+\Delta$)。此三项之和即液体通过一层塔盘所需的液位高度，称为降液管内的清液层高度 H_d。

实际上，降液管内是充气的液体，因此降液管内的实际液层高度 H'_d 应为：

$$H'_d = H_d/\phi \tag{7-2-7}$$

式中　H'_d——降液管内的液层高度，m；

H_d——降液管内的清液层高度，m；

ϕ——充气液体与清液的密度比值，对于易起泡物系，$\phi=0.3\sim0.4$；一般物系，$\phi=0.5$；对不易起泡物系，$\phi=0.5\sim0.7$。

为防止液泛，应使 $H'_d \leqslant (H_T+h_w)$

根据上述的阻力分析，降液管内清液层高度，可按式(7-2-8)计算：

$$H_d = h_d + h_p + h_w + h_{ow} + \Delta \tag{7-2-8}$$

式中　H_d——降液管内的清液层高度，m；

h_d——液流通过降液管的压头损失，m 液柱；

h_p——气体通过一层塔盘的总压力降，m 液柱；

h_w——溢流堰高度，m；

h_{ow}——堰上液层高度，m；

Δ——进口堰至溢流堰之间的液面落差，m，一般忽略不计。

以上各项中的参数均须根据塔盘类型而定。

以浮阀塔为例：堰上液层高度 h_{ow} 可按式(7-2-9)计算：

$$h_{ow} = 2.84\times10^{-3}E\left(\frac{V_L}{l_w}\right)^{\frac{2}{3}} \tag{7-2-9}$$

式中　h_{ow}——堰上液层高度，m；

V_L——液体体积流率，m^3/h；

l_w——溢流堰长度，m；

E——液流收缩系数，对圆形降液管，$E=1$；对弓形降液管，由图 7-2-11 查得，一般情况下可取 $E\approx1$，影响不大，此时堰上液层高度 h_{ow} 可由图 7-2-12 查得。

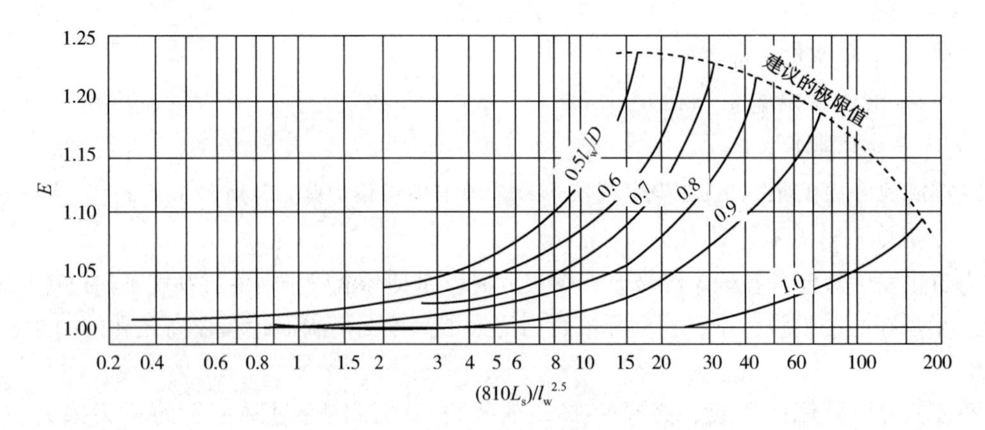

图 7-2-11　液流收缩系数

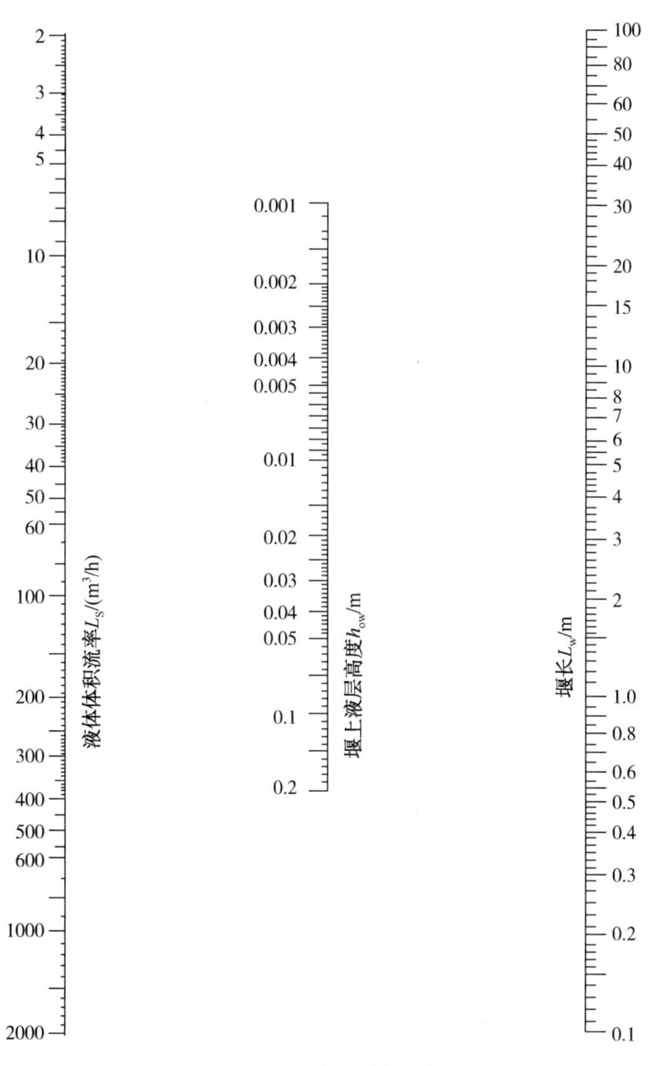

图 7-2-12　求 h_{ow} 的列线图

齿形堰上液层高度可由式(7-2-10)、式(7-2-11)计算：

当溢流层不超过齿顶时，由式(7-2-10)计算：

$$h_{ow}=1.17\left(\frac{L_S h_n}{l_w}\right)^{0.4} \tag{7-2-10}$$

当溢流层超过齿顶时，可由式(7-2-11)计算：

$$L_S=0.735\left(\frac{l_w}{h_n}\right)\left[h_{ow}{}^{2.5}-(h_{ow}-h_n)^{2.5}\right] \tag{7-2-11}$$

式中　h_{ow}——堰上液层高度，m；

L_S——液体体积流率，m^3/s；

h_n——齿深，m；

l_w——溢流堰长度，m。

4. 降液管底隙流速 W_b

在确定降液管底隙高度后，应使液体通过此截面的流速<0.4m/s，对于起泡物系取值低一些，从而保证液流通过此截面的压力降 h_{d1} 为 13~25mm 液柱。

W_b 可按式(7-2-12)计算：

$$W_b = \frac{L_S}{l_w h_o} \tag{7-2-12}$$

式中 W_b——降液管底隙流速，m/s；

L_S——液体体积流率，m^3/s；

l_w——溢流堰长度，m；

h_o——降液管底隙高度，m。

5. 降液管停留时间 t_D

降液管停留时间 t_D 按式(7-2-13)计算：

$$t_D = \frac{A_t H_T}{L_S} \tag{7-2-13}$$

式中 t_D——降液管停留时间，s；

A_t——降液管面积，m^2；

H_T——板间距高度，m；

L_S——液体体积流率，m^3/s。

6. 塔板压降

塔板压降是气相通过塔板的流动阻力。塔板压降不仅影响塔设备的操作性能，而且也直接决定了塔设备的生产能力和传质效率。过高的塔板压降不仅会引起减压塔高温位的塔下部发生热敏性物质裂解和聚合，产生固相而引起堵塞，而且也会增加塔设备的能耗、降低体系的相对挥发度，降低降液管的液相处理能力，同时过低的压降也易于引起塔板的操作稳定性变差，易于产生压力波动而引起塔设备振动，造成塔设备的机械破坏。

在保持塔板效率的前提下，希望塔板压力降尽可能低些，以减少操作费用。

塔板压降 Δp_W 理论上可划分为气体通过塔板的机械阻力和通过塔板上液层的阻力两部分，前者称为干板压降 Δp_d，而后者称为液层压降 Δp_L。

$$\Delta p_W = \Delta p_d + \Delta p_L \tag{7-2-14}$$

式中 Δp_W——塔板压降，Pa；

Δp_d——干板压降，Pa；

Δp_L——液层压降，Pa。

与无液体存在的干板状态不同，湿板状态下气体流道的形状会随塔板上液层的存在和气、液负荷而发生改变，同时由于液体润湿的作用，气体通过塔板上孔的阻力系数也将发生变化，这种情况下的压降测量值与塔板上无液体存在时的干板压降有一定的区别，同时液层压降并非是单纯的持液阻力，也涉及了表面张力等的影响，因此式(7-2-14)也可以写成如下形式：

$$\Delta p_W = \Delta p_d + \rho_L g(h_{CL} + h_R) \tag{7-2-15}$$

式中 Δp_W——塔板压降，Pa；

Δp_d——干板压降，Pa；

ρ_L——液体密度，kg/m³；

g——重力加速度，9.81m/s²；

h_{CL}——板上清液高度，塔板持液量，m；

h_R——塔板上的残余压降，m 液柱。

(1) 干板压降

干板压降是气体通过塔板上的机械开孔所产生的阻力损失。对于无浮动构件类塔板，如筛孔类塔板和泡罩类塔板，干板压降总是可以表示为式(7-2-16)：

$$\Delta p_d = \xi \frac{\rho_G \cdot u_H^2}{2} \tag{7-2-16}$$

式中　Δp_d——干板压降，Pa；

ξ——阻力系数，与开孔结构、板型、开孔率、塔板厚度及 Reynold 数相关；

ρ_G——气体密度，kg/m³；

u_H——基于开孔面积的气速，m/s。

对于有浮动构件的浮阀类塔板，则要分为三个阶段考虑。图 7-2-13 示出了干板状态下浮阀的三种操作状态，即浮阀开启前(阶段Ⅰ，全关)、浮阀歪斜(阶段Ⅱ)、浮阀开启后(阶段Ⅲ，全开)状态。图 7-2-14 示出了浮阀类塔板的压降示意图。由图 7-2-14 可以看出，这三种状态分别对应三段斜率不同的压降与阀孔动能因子关系。

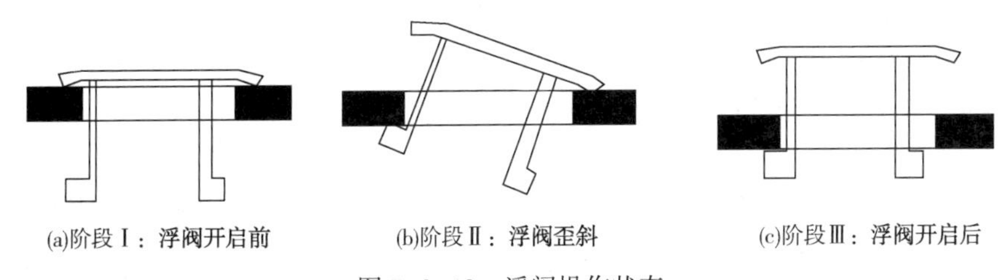

图 7-2-13　浮阀操作状态

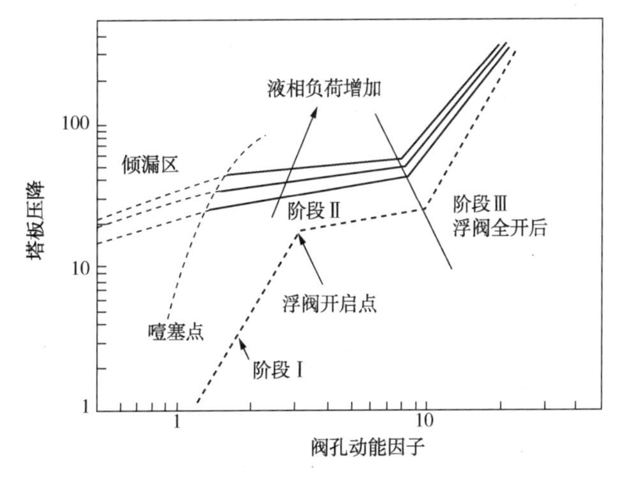

图 7-2-14　浮阀类塔板的压降与阀孔动能因子关系

——湿板压降；········干板压降

1）阶段Ⅰ：浮阀开启前阶段。压降也按式(7-2-16)的形式考虑。

2）阶段Ⅱ：浮阀开启阶段。干板压降可表示为式(7-2-17)：

$$\Delta p_{\mathrm{d}}=\xi_1\left(\frac{m_{\mathrm{V}}g}{A_{\mathrm{V}}}\right)+\xi_2\left(\frac{\rho_{\mathrm{G}}u_{\mathrm{H}}^2}{2}\right) \tag{7-2-17}$$

式中 Δp_{d}——干板压降，Pa；

ξ_1，ξ_2——阻力系数，与浮阀的升程、浮阀的加工质量和安装质量相关；

m_{V}——一个阀重，kg；

g——重力加速度，9.81m/s²；

ρ_{G}——气体密度，kg/m³；

u_{H}——基于开孔面积的气速，m/s；

A_{V}——安装状态下阀片的投影面积，m²。

3）阶段Ⅲ：浮阀完全开启后。该阶段的塔板压降主要为摩擦阻力，基本与开孔类塔板类似。

$$\Delta p_{\mathrm{d}}=\left(\xi_3+\frac{\xi_4}{L_{\mathrm{f}}^2}\right)\left(\frac{\rho_{\mathrm{G}}\cdot u_{\mathrm{H}}^2}{2}\right) \tag{7-2-18}$$

式中 Δp_{d}——干板压降，Pa；

ξ_3、ξ_4——阻力系数，其中 ξ_4 为具有 m² 的因次，与开孔结构、阀重、开孔率和塔板厚度相关；

L_{f}——浮阀升程，指浮阀由全关闭到全开后的最大垂直位移，m；

ρ_{G}——气体密度，kg/m³；

u_{H}——基于开孔面积的气速，m/s。

（2）液层压降

塔板持液量也称清液高度，其定义为塔板上持液的澄清高度。塔板上的持液量决定了塔板的压降、雾沫夹带、泄漏和传质效率。塔板上持液的不均匀分布是导致板式塔放大效应的主要原因。

关于塔板持液量模型的理论表征通常采用 Francis 堰流式的形式：

$$h_{\mathrm{CL}}=(1-\varepsilon_{\mathrm{G}})(h_{\mathrm{w}}+h_{\mathrm{ow}}) \tag{7-2-19}$$

式中 h_{CL}——板上清液高度，塔板持液量，m；

ε_{G}——塔板上的平均气含率；

h_{w}——出口堰高，m；

h_{ow}——堰上液层高度，m。

残余压降通常用于修正塔板压降测量中湿板压降与干板压降和持液量之和之间较大的差异，一般不考虑。

（3）F1 浮阀实例

对于 26~33g 的 F1 浮阀塔板：水力学计算压降如下：

1）干板压降 Δp_{d}：

① 阀全开前按式：

$$\Delta p_{\mathrm{d}}=0.7\frac{m_{\mathrm{V}}u_0^{0.175}}{a_0\ \ \rho_{\mathrm{L}}} \tag{7-2-20}$$

对于33g浮阀，式(7-2-20)可简化为：

$$\Delta p_{\mathrm{d}}=19.9\frac{u_0^{0.0175}}{\rho_{\mathrm{L}}} \tag{7-2-21}$$

② 阀全开后按式：

$$\Delta p_{\mathrm{d}}=5.37\frac{u_0^2\rho_{\mathrm{G}}}{2g\rho_{\mathrm{L}}} \tag{7-2-22}$$

式中　Δp_{d}——干板压降，Pa；

m_{V}——一个阀重，kg；

a_0——一个阀孔的面积，m^2；

ρ_{L}——液体密度，kg/m^3；

ρ_{G}——气体密度，kg/m^3；

g——重力加速度，$9.81m/s^2$；

u_0——基于阀孔面积的气速，m/s。

2）气体克服鼓泡表面张力的压降 h_0：

$$h_0=\frac{19.6\sigma_1}{h_{\mathrm{v,max}}\cdot\rho_{\mathrm{L}}} \tag{7-2-23}$$

式中　h_0——气体克服鼓泡表面张力的压降，m液柱；

σ_1——液体表面张力，N/m；

g——重力加速度，$9.81m/s^2$；

$h_{\mathrm{v,max}}$——浮阀最大开度，m。

一般 h_0 值很小，可忽略。

3）气体通过塔板上液层的压降 h_{L}：

$$h_{\mathrm{L}}=0.4h_{\mathrm{w}}+2.35\times10^{-3}\left(\frac{3600L_{\mathrm{S}}}{l_{\mathrm{w}}}\right)^{\frac{2}{3}} \tag{7-2-24}$$

式中　h_{L}——气体通过塔板上液层的压降，m液柱；

h_{w}——溢流堰高度，m；

l_{w}——溢流堰长度，m；

L_{S}——液体体积流率，m^3/s。

4）气体通过一块塔板的总压降 Δp_{w}：

$$\Delta p_{\mathrm{w}}=\Delta p_{\mathrm{d}}+h_{\mathrm{L}}+h_0\cong\Delta p_{\mathrm{d}}+h_{\mathrm{L}} \tag{7-2-25}$$

式中　Δp_{w}——气体通过一块塔板的总压降，m液柱。

Δp_{d}——干板压降，Pa；

h_{L}——气体通过塔板上液层的压降，m液柱；

h_0——气体克服鼓泡表面张力的压降，m液柱。

7. *液泛*

喷射液泛和降液管液泛是错流塔板的操作上限。前者是塔板上气相中的液滴相分离能力丧失而引起的，而后者则是液相中的气泡相分离能力不足和/或降液管尺寸不足引起的。

（1）喷射液泛

喷射液泛指塔板上气、液接触、传质后，气、液相分离失效引起进入塔板的液相全部被气体携带到上层塔板所引起的液泛，是塔设备气相操作的上限。喷射液泛意味着塔板上的操作气速对液体的携带能力大于进入塔板上的液体流率，导致塔板上发生“吹干”现象。喷射液泛的初始液泛点为100%雾沫夹带，因此也称为雾沫夹带液泛。

（2）降液管液泛

板式塔的液泛一般是由两个原因造成：一是由于气速提高，塔盘压力降增加，使降液管内液层增高；二是由于液体流量增加，通过降液管的流动阻力增大，也会使降液管内液层增高。当降液管内液面高到溢流堰顶时，就发生液泛。

普遍认为，当降液管泡沫高度超过降液管高度（塔板间距+堰高）时，发生降液管液泛，因此要预测降液管的液泛，首要工作就是预测降液管泡沫平均高度 ε_{Ld}。对于非起泡体系，降液管泡沫密度取0.5的设计是极为安全的；对于一般起泡体系，需要考虑起泡因子。

1）降液管中的泡沫高度 h_{fd} 按下式计算：

$$h_{fd}=\frac{h_{CLd}}{\varepsilon_{Ld}} \tag{7-2-26}$$

2）常规错流板式塔的降液管持液高度 h_{CLd}，按下式计算：

$$h_{CLd}=h_{CLi}+\Delta p_w+h_{udc} \tag{7-2-27}$$

$$h_{udc}=\frac{1}{2g}\left(\frac{L}{h_c\cdot C_d}\right)^2 \tag{7-2-28}$$

3）降液管平均泡沫高度 ε_{Ld} 可粗略用下式估算：

$$(\varepsilon_{Ld})_{max}=\frac{1}{1+9E_{MV}\cdot m\left(\frac{\rho_G}{\rho_L}\right)\left(\frac{\bar{M}_L}{\bar{M}_G}\right)} \tag{7-2-29}$$

式中　h_{fd}——降液管中泡沫高度，m液柱；

h_{CLd}——降液管持液高度，m液柱；

ε_{Ld}——降液管泡沫高度，m液柱；

h_{CLi}——塔板的入口清液高度，m液柱；

h_c——降液管入口阻力，m液柱；

h_{CL}——塔板的持液量，Pa，一般认为 $h_{CLi}=1.6h_{CL}$；

h_{udc}——降液管出口阻力，m液柱；

C_d——曳力系数，取值为0.54~0.6；

Δp_w——湿板压降，Pa；

E_{MV}——Murphree气相板效率，%；

ρ_L、ρG——液体、气体密度，kg/m^3；

$\bar{M}_L$、$\bar{M}_G$——液体、气体相对分子质量；

m——相平衡常数。

4）降液管液泛发生条件如下：

$$h_{fd}\leqslant(H_T+h_{ow}) \tag{7-2-30}$$

式中　h_{fd}——降液管中泡沫高度，m液柱；

H_T——板间距，m；

h_{ow}——堰上液层高度，m。

可以看出，影响降液管液泛的主要因素为：

① 塔板压降、塔板入口清液高度等塔板的操作性能；

② 降液管泡沫高度或泡沫密度等降液管的流体力学性能；

③ 降液管出口底隙高度、塔板间距、出口堰高、降液管类型和面积等结构参数；

④ 气、液密度和体系的起泡性等因素。

5）以条形浮阀塔板计算为例，介绍一套经验的设计方法，计算程序如下：

$$\text{蒸气泛点百分率}=\frac{\text{最小鼓泡面积 }A_{B,min}}{\text{由式(7-2-34)返算出的鼓泡面积}} \tag{7-2-31}$$

$$\text{液体泛点百分率}=\frac{\text{最小降液管面积 }A_{D,min}}{\text{由式(7-2-35)返算出的降液管面积}} \tag{7-2-32}$$

① 最小降液管面积 $A_{D,min}$，按下式计算。

$$A_{D,min}=1.25RL_S \tag{7-2-33}$$

式中　L_S——液体体积流率，m^3/s；

R——降液管的设计因数，可查图 7-2-15 获得。

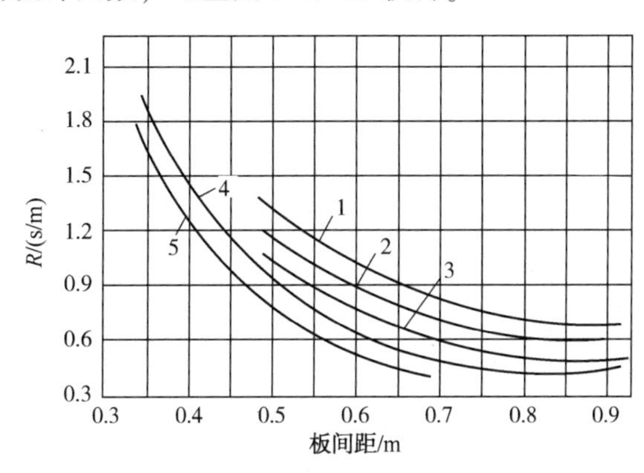

图 7-2-15　Nutter 条形浮阀塔板降液管的设计因数 R

② 最小鼓泡面积 $A_{B,min}$，按式(7-2-34)计算。

$$A_{B,min}=\frac{3.28V_S\sqrt{\dfrac{\rho_G}{(\rho_L-\rho_G)}}+3.023\times10^{-4}L_S}{F_t\cdot U_{BO}\sqrt{\dfrac{\rho_G}{(\rho_L-\rho_G)}}} \tag{7-2-34}$$

式中　$A_{B,min}$——最小鼓泡面积 $AB_{,min}$，m^2；

L_S、V_S——液体、气体体积流率，m^3/s；

ρ_L、ρ_G——液体、气体密度，kg/m^3；

U_{BO}——气速系数；

F_t——板距系数，应使 $F_t\cdot U_{BO}\leqslant0.5$。

$F_t \cdot U_{BO}$值公开的资料很少，关于板距系数 F_t可按照表 7-2-4 的数据。

表 7-2-4　求板距系数 F_t 的参考表

板间距/m	$\frac{\sigma}{\rho_G}=1.6\times10^4$①	$\frac{\sigma}{\rho_G}=1.6\times10^5$	$\frac{\sigma}{\rho_G}=1.6\times10^6$
0.3	0.77	0.705	0.64
0.45	0.93	0.885	0.825
0.6	1.0	1.0	1.0
0.76	1.0	1.055	1.12
0.91	1.0	1.09	1.129

① σ 为表面张力，N/m；ρ_G为气体密度，kg/m³。

③ 降液管所占面积百分比 DC：

$$DC=\frac{A_{D,min}}{(1.6A_{D,min}+A_{B,min})} \tag{7-2-35}$$

式中　DC——降液管所占面积百分比,%；

$A_{B,min}$——最小鼓泡面积 $A_{B,min}$，m^2；

$A_{D,min}$——最小降液管面积 $A_{B,min}$，m^2。

④ 最小塔截面积 A_{min}：

$$A_{min}=1.6A_{D,min}+A_{B,min}+A_X \tag{7-2-36}$$

式中　A_{min}——最小塔截面积，m^2；

$A_{B,min}$——最小鼓泡面积 $A_{B,min}$，m^2；

$A_{D,min}$——最小降液管面积 $A_{B,min}$，m^2；

A_X——塔板上无效面积，m^2。

⑤ 塔的设计截面积 A：式(7-2-36)所得的最小塔截面相应于泛点时的塔截面，所以塔的设计截面积(A)应是塔的最小截面积除以泛点负荷百分率。即：

$$A=\frac{1.6A_{D,min}+A_{B,min}+A_X}{FL/100} \tag{7-2-37}$$

式中　A——塔设计面积，m^2；

$A_{B,min}$——最小鼓泡面积 $A_{B,min}$，m^2；

$A_{D,min}$——最小降液管面积 $A_{B,min}$，m^2；

A_X——塔板上无效面积，m^2；

FL——泛点负荷百分率,%。

⑥ 塔径及其他尺寸的确定：由式(7-2-37)的塔设计面积可求得设计塔径，经圆整后取大一级的标准塔径，再按式(7-2-35)求降液管面积。同时，也可求出鼓泡面积和堰长，此时宜先估算液流程数。以泛点液流量的 90% 来试算堰的液流强度，如此值超过 71.4～89.3m³/(h·m)，则宜使用受液盘；如堰上的液流强度大于 134m³/(h·m)，则宜增加液流程数或调整堰长。

8. 雾沫夹带

雾沫夹带亦称液体夹带，它是指由下层塔板被气体夹带至上层塔板的液体量。雾沫夹带会降低塔板效率，甚至导致雾沫夹带液泛。液体夹带与操作状态相关。喷射状态操作时，液体夹带将明显增大。

在相同的分离物系中，雾沫夹带量随塔板间距的增大、空塔气速的降低而减少；塔板上清液层高度的降低使雾沫夹带量增大，在相同的塔板结构和操作条件下，雾沫夹带量随物系表面张力的增加而减少；气相密度增加，液滴不易沉降，雾沫夹带量增大。液体黏度对雾沫夹带影响不大。传质操作上限按雾沫夹带不超过10%来设计。

雾沫夹带量可用空塔液速与气体孔速之比的平方来表达：

$$\frac{L'}{L}=1.0\times10^{-8}\left(\frac{h_b}{H_T}\right)^3\left(\frac{u_{gh}}{u_l}\right)^2 \tag{7-2-38}$$

式中　L'——夹带的液体量；

L——液体负荷；

h_b——板上液层高度，m；

H_T——板间距，m；

u_{gh}——气相孔速，m/s；

u_l——鼓泡区面积上的液体速度，m/s。

不同塔板形式，雾沫夹带量计算方法不一样。

以浮阀塔为例，雾沫夹带量 e 可按式(7-2-39)计算：

$$e=\frac{q(0.052h_c-1.72)}{(1000H_T)^n\phi'^2}\left(\frac{u_V}{\varepsilon\cdot m}\right)^{3.7} \tag{7-2-39}$$

$$\varepsilon=\frac{A-2A_d}{A} \tag{7-2-40}$$

$$m=5.63\times10^{-5}\left(\frac{\sigma_l}{1000\rho_G}\right)^{0.295}\left(\frac{\rho_L-\rho_G}{0.8\mu_G}\right)^{0.425} \tag{7-2-41}$$

式(7-2-39)对表面张力较小($\sigma\leqslant0.035$N/m)的有机化合物系统适宜，对水或物理性质与水相近的液体，可用式(7-2-42)估算 e 值。

$$e=\frac{q(0.052h_c-0.206)}{(1000H_T)^n\phi'^2}u_V^{3.69} \tag{7-2-42}$$

式中　e——雾沫夹带量，kg(液体)/kg(气体)；

ε——除去降液管面积后的塔板面积与横截面积之比；

ϕ'——系数，在0.6~0.8间取值，当 $u_V=0.5u_{V,max}$ 时取小值；当 $u_V=0.5u_{V,max}$ 时取大值；

u_V——采用的空塔气速，m/s；

m——参数；

A——塔截面积，m^2；

A_d——降液管面积，m^2；

μ_G——气体黏度，Pa·s；

ρ_L、ρ_G——液体、气体密度，kg/m^3；

q、n——系数，当 $H<0.35$m 时，$q=9.48\times10^{-7}$，$n=4.36$；$H\geqslant0.35$m 时，$q=0.159$，$n=0.95$；

σ_1——液体表面张力，N/m；

H_T——塔板间距，m；

h_c——板上液层高度，mm。

9. 泄漏

浮阀塔板上的泄漏量一般是随阀重和阀孔速度的增加而减少，随塔板上液层高度的增加而增加。其中以阀重和阀孔速度影响较大。在气速达到阀孔临界速度以前，塔板上的泄漏量是较大的。在一定的空塔速度下，阀孔速度可用塔板开孔率来调节，使塔板上全部浮阀在刚全开时操作，于是阀重就成为影响塔板泄漏的主要因素。

过多的泄漏将使塔板效率下降，特别是在靠近进口堰的地方泄漏将使板效率下降更多。所以浮阀塔板安装时应不允许它向进口堰方向倾斜。塔板的泄漏量可控制在该塔板液体负荷的10%以下。

对30~33g的F1型浮阀，塔板开孔率在9%~11%时，可用式(7-2-43)、式(7-2-44)近似计算塔板泄漏量：

$h_w=0.05$m 时：

$$N_w \times 10^4 = 2.09(u_V \rho_G^{0.5})^{-5.95}\left(\rho_L \frac{L}{3600}\right)^{1.43} \tag{7-2-43}$$

$h_w=0.03$m 时：

$$N_w \times 10^4 = 1.26(u_V \rho_G^{0.5})^{-5.95}\left(\rho_L \frac{L}{3600}\right)^{1.43} \tag{7-2-44}$$

式中 N_w——泄漏量,%；

h_w——堰高,%；

u_V——采用的空塔气速，m/s；

ρ_L、ρ_G——液体、气体密度，kg/m^3；

L——堰上溢流强度，m^3/(h·m)。

当塔板的开孔率为其他数值时，对30~33g的浮阀一般可取阀孔动能因子 $F_o=5\sim6$ 作为操作的负荷下限值。当在真空操作而采用较轻浮阀时，负荷下限值将提高，故需适当提高 F_o的下限值。

10. 操作弹性和操作范围

操作弹性是能达到满意性能的最大和最小气、液负荷之比。有的学者提出将操作弹性定义为同样使塔板效率下降15%(也有定5%)的高负荷与低负荷之比。

操作弹性大的塔适应性好，但决不能认为操作弹性越大越好。以蒸馏为例，若操作范围很宽，势必要求再沸器、冷凝器等附属设备都很大，这是很不经济的。

板式塔的负荷性能图(图7-2-16)是用以表示塔盘上气、液两相能正常流通且保持相当板效率的稳定操作范围。塔板适宜操作范围可用气体流率(或者动能因子)为纵坐标，液体流率[或溢流强度，m^3/(h·m)]为横坐标作图。当塔的气、液负荷(操作点)位于该适宜操作区适中位置，则塔板的流体力学操作状态是正常和稳定的。

(1) 雾沫夹带线

也称最大气体负荷线。雾沫夹带是有害的液相级间返混，将降低传质效率，必须加以控制。一般控制雾沫夹带量不超过0.1kg液体/kg气体。由雾沫夹带量与气速间的关联式绘

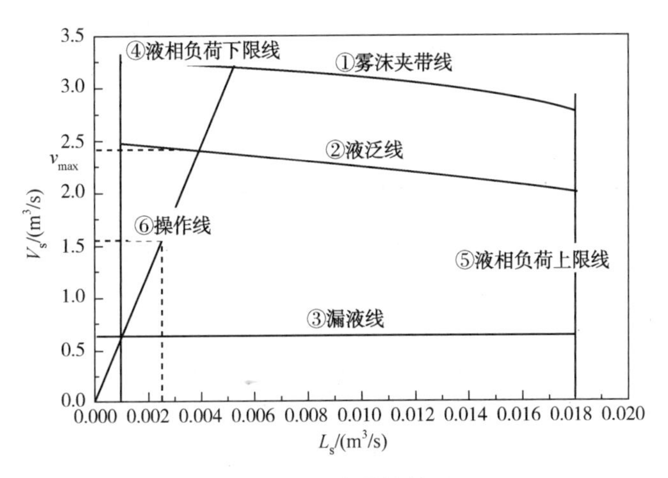

图 7-2-16 负荷性能图

出。因为由雾沫夹带允许值决定的最大气体负荷基本上与液体流量无关，故线①为一与横轴平行的直线。

（2）液泛线

当气、液负荷大到使降液管中液面升至超过上层塔板溢流堰顶时，液体不再经降液管逐板下流，而是满溢倒灌，产生降液管液泛。为避免液泛，降液管中的泡沫层高度必须小于板间距与溢流堰高之和，一般规定降液管中清液层高度不大于板间距的一半。线②即根据此规定，由泡沫层高度或清液层高度与气、液流量间的关联式给出。降液管中泡沫层高度或清液层高度与气、液流量有关，液量越大，达到液泛极限的气速就越低，从而形成线②所示的形状。

（3）漏液线

气体负荷过低时板上便出现漏液。线③表示不同液体负荷时维持板不漏的最小气速。即气体负荷的下限。随液体负荷的增加，维持液体不漏的气速也要相应提高，故线③随液体负荷的增大而上升。此线根据漏液点关联式给出，一般情况下，可把泄漏量 10%作为泄漏的下限。

（4）液相负荷下限线

为确保液流在板上均匀分布，溢流堰上液层应维持一定高度。最小堰上液层高度通常取 6mm，由 h_{ow}-L 关联式可估算出最小液体负荷。因为此值基本上与气速无关，故图中线④为一与纵轴平行的直线。

（5）液相负荷上限线

最大液体负荷是指板上清液层高度达到设计规定上限（通常取 0.1m）时的液体负荷，或者液体流量过大则降液管超负荷，液体在管中的停留时间不足（液体在降液管停留时间≥5s）以使所夹带的泡沫破碎，导致气体返混到下一层板。因堰高一定，故此时的堰上液层高度达最大，因该值与气速无关，故线⑤亦为垂线。

（6）操作线

操作线⑥是一通过原点 0、斜率为气液比值 V/L 的直线。操作点需要落在负荷性能范围内，图中的空白区域即操作范围。

二、常减压装置常用塔板类型

(一) 塔板分类

1. 按气液流动方式分类

板式塔按气、液流动方式分类可分为错流、逆流两种基本类型和复合类型三大类。

(1) 气液错流——有溢流式塔板

错流构型是板式塔的主流，由进行气、液传质的塔板和塔板间输送液体的降液管两部分构成。与穿流塔板相比，该类流型具有传质效率高、处理能力大、操作稳定、不易发生喘振问题等优点，最突出的结构优势是随着塔板上液流通道长度增加，塔板的 Murphree 板效率有超过 100%的趋势，但是过长的液体流道长度将导致塔板上的液面落差增加，易于引起放大效应。

(2) 气液逆流-穿流类塔板——无溢流式塔板

穿流塔板是最早的板式塔，气体和液体同时通过塔板上的开孔，是一种鼓泡类板式塔设备，具有塔板开孔率很大、处理能力很高、抗污能为较强、造价低廉等优点，但传质效率较低，操作弹性较小。在低气速下极易发生喘振问题，操作控制十分重要。主要适用于分离要求不高、液相负荷较大的解吸、水洗和换热体系等。

板式塔气、液流动状态见图 7-2-17。

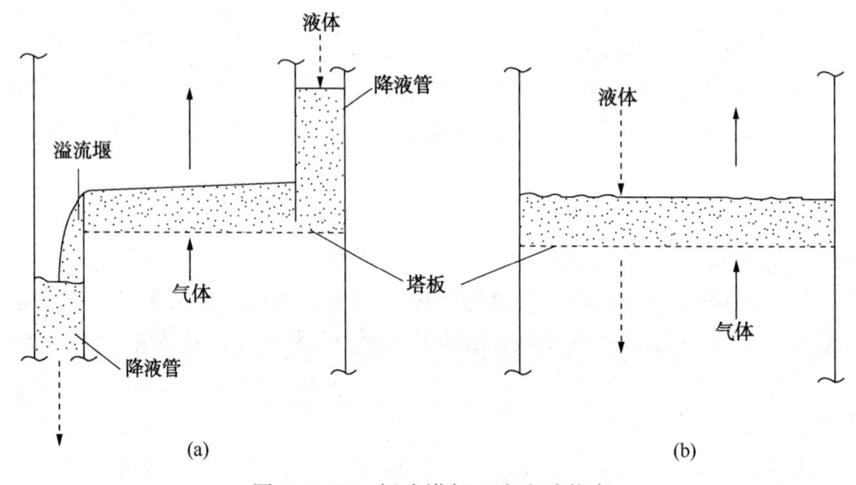

图 7-2-17　板式塔气、液流动状态

(3) 复合类型的塔板

多降液管塔板在国外也称 MD 塔板，在国内称 DJ 塔板，是针对大液量、低气相负荷体系而设计的，其流型介于常规错流构型和逆流构型之间，类似于穿流波纹筛板塔。MD 塔板和穿流波纹筛板都采用相邻塔板安装呈垂直 90°方向，两者区别可假想为：MD 塔板采用多根悬挂式降液管替代波纹筛板的“波谷”区，采用短溢流长度的塔板替代波纹筛板的“波峰”区，MD 塔板的传质效率较波纹筛板略高，塔板开孔需采用低压降的鼓泡类塔板构型，如筛孔、固阀等，而采用带浮动构件的塔板操作稳定性差。

2. 按塔板类型分类

板式塔按塔板类型可分为泡罩、筛孔、浮阀、舌形等。

（二）浮阀塔板

目前我国常减压装置中常用的塔板为浮阀塔板。浮阀塔有许多优异的性能，也有很多类型，详细介绍如下。

1. 浮阀塔的特点

(1) 操作弹性大

气体负荷在相当大的范围内变化时，浮阀开度相应变化，而缝隙气速几乎保持不变。因此，只要将浮阀的气体喷出口设计成使气流在液层中能很好地鼓泡，就可在较大的气体负荷范围内提供良好的传质条件，保持较高的分离效率。

(2) 分离效率高

对于各种物系，浮阀塔的效率都高于泡罩塔。在一般情况下，浮阀塔的效率可比泡罩塔高10%~15%，并且在低负荷时仍能保持高效。如不换塔体，将泡罩塔改为浮阀塔以改善分离操作过程，基本都是成功的。

(3) 处理能力大

在塔板上，浮阀安排的紧凑性比泡罩好，因此开孔率较大；加之气流在阀片下面以水平方向从阀周吹入液层(不像某些塔板，当气流从阀周喷出时有向上加速溅液的现象)，使鼓泡区的允许通气量可在不严重增加雾沫夹带的情况下有较大提高。一般浮阀塔的生产能力可比同样尺寸的泡罩塔高出20%~40%，接近筛板塔。

(4) 压降小

气体通过浮阀时只有一次收缩、膨胀及转弯，故干板压降较泡罩塔为小。在保持较高分离效率的情况下，可使每块塔板的压降小于400Pa，故可用于真空蒸馏。在常压操作的塔中，每块塔板的压降约为400~667Pa。由于阻力较小，降液管中的积液高度也小，加上雾沫夹带比泡罩塔少，所以板间距也可降低，相应增加了塔板数，提高了处理量或产品质量。由于浮阀塔的浮阀有浮动的功能，所以在相当宽的气体负荷范围内，压降几乎保持恒定。

(5) 液面落差小

浮阀塔的浮阀可自由浮动，不会像泡罩那样对塔板上的液流造成严重的阻碍，故液面落差较小，气流在两板间的压降在板面各处分布较均匀，气体在液层中能均匀地鼓泡，适于处理大液流量的系统。

(6) 使用周期长

由于浮阀大多为不锈钢制造，表面上不易沉积污垢，而且阀片的不断浮动也有自洁作用，积垢、堵塞情况比泡罩塔轻。

(7) 结构简单、造价低廉、安装方便

浮阀的结构较泡罩大为简化，浮阀基本是整体冲制的，安装时也很方便，无需螺钉，只需用工具将阀脚扳过一个角度即可。塔板可采用薄钢板，故质量轻，可不用或少用支梁。制造费、安装费和金属消耗量都比泡罩塔为低，其造价约为后者的60%~80%。

2. 浮阀塔板参数

(1) 浮阀阀片的结构

浮阀的阀片有多种形状，有圆形平面的、浅帽形的、条形的、波形断面的。圆形阀片冲有可供浮阀转动的叶片，阀面再冲有筛孔等。这些阀片结构都是为了改进气、液接触状况，或使浮阀运动稳定，或增加处理能力所采取的措施。在满足分离效率和操作弹性的前提下，结构简单、制造安装方便和造价低廉应是首先考虑的因素。

(2) 阀径

一般认为阀径在 ϕ50mm 左右时，传质效果较好，因此常用阀径一般为 ϕ48~50mm。阀径超过 100mm，传质效果不如泡罩。

(3) 阀孔直径

阀孔直径与阀径的比值与气流转向程度有关，因而影响到干板压力降，因此该比值一般取 0.75~0.85。

(4) 阀片的排列方式

对一定形状的阀片，排列方式的不同直接影响着浮阀塔板上两相流动、鼓泡状态，与传质效率和处理能力紧密关联。如对 F1 型浮阀塔板，浮阀叉排时，相邻阀中吹出的气体搅拌液层较顺排显著，鼓泡均匀，液面落差不明显，雾沫夹带量也较小；对条形浮阀，“T”形排列时，可完全避免气相对冲，减少雾沫夹带和提高传质效率。

(5) 浮阀质量

选用的浮阀过重，则使干板压降过分增大；选用的浮阀过轻，则由于惯性小而使浮阀在操作时产生频繁的上下脉动，并且在低气速下使阀的泄漏严重，降低塔板效率。因此，对于产品组成要求严格、负荷变化又大的情况，宜采用重阀；而对要求压降低(如减压精馏)或对产品的分割要求不高的场合，则宜采用轻阀。

浮阀的质量与阀的厚度有关，常用的阀厚为 1.5mm 及 2.0mm，在少数情况下也有用 1.3mm、1.75mm 和 2.6mm 的。控制阀重的方法是保证冲制浮阀用的板材厚度的公差在±0.1mm，而不是称每个阀的质量。

F1 型浮阀分为轻阀和重阀两种，直径为 48mm 的重阀约为 32~35g，同样尺寸的轻阀则约为 25g。

(6) 浮阀最小开度

在无气体通过，或通过的气量很小，浮阀没有开启时，浮阀阀片与塔板间的缝隙高度即为浮阀的最小开度。开度过小，对低流量下鼓泡不起作用；开度过大，则泄漏严重，一般采用 2.5mm。

(7) 浮阀最大开度

当浮阀被气流托起，阀脚勾住塔板的下缘时，浮阀升起的高度即为浮阀的最大开度。此开度对于板压力降有较大影响，但过大时就不会在出口处产生强烈的扰动。

(8) 浮阀材质

浮阀的结构材料须按介质的要求选用，但不能用碳钢。因为碳钢在运输或安装过程中易被锈蚀破坏，效率将降低 5%~10%。浮阀也可用铝合金、铜合金、蒙乃尔合金及钛合金制造。

3. F1 浮阀及改进

浮阀一般按阀片的形状分为圆盘形浮阀塔板和条形浮阀塔板两大类，见图 7-2-18。

圆盘形浮阀塔板的基本结构为在开有圆形阀孔的塔板上，覆以可随气量大小而自由升降的圆盘形浮阀所组成。

条形浮阀塔板的基本结构为塔板上开有条形阀孔，与之配合的是可随气量大小而上下浮动的条形浮阀。

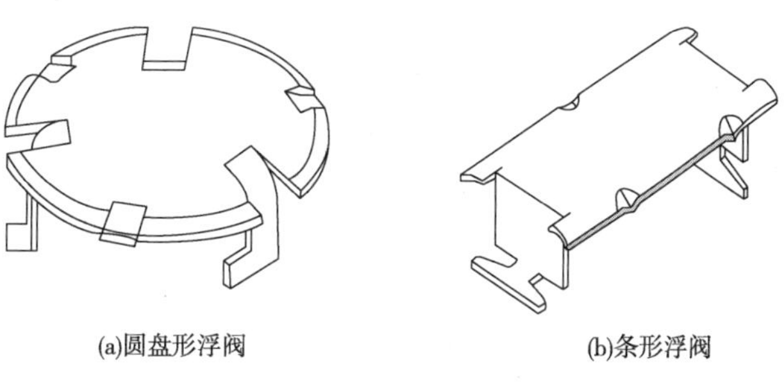

图 7-2-18 浮阀简图

F1 型浮阀结构简单，制造方便，性能良好。阀片与三个阀腿是整体冲成的，阀片周边有三个起始定距片，它能在阀片关闭时使阀片与塔板之间仍保留一定间隙，以便即使在气量很小时，气体也能通过所有阀片间隙均匀鼓泡。这不仅避免了小气量时阀片开闭不稳的脉动现象，而且能得到较宽的稳定操作范国。此外，起始定距片使得阀片与塔盘板之间的接触面很小，避免阀片粘在塔盘板上，因而当气量增大时，阀片能平稳地升起。阀片的周边向下倾斜，并具有锐边，在气、液接触时加强了湍动作用。最小开度约为 2.5mm，最大开度约为 8.5mm。

F1 型浮阀塔板有很多优点，但随着塔器技术的不断进步，发现 F1 型浮阀塔板也存在某些缺点：

1）塔板上的液面梯度较大，使气体沿塔板分布不均匀，当气速较小时，在塔板进口端易造成液体泄漏；当气速较大时，在塔板的出口端会导致气体喷射。二者均使塔板效率降低。

2）F1 型浮阀为圆形，从阀孔出来的气体向四面八方吹出，造成塔板上液体返混程度较大，降低塔板效率。

3）塔板两侧的弓形部位形成液体滞留区，液体无主体流动，液体在板上停留时间较长，传质作用较少，板效率明显下降。

4）操作过程中，F1 型浮阀不停转动，浮阀和阀孔易磨损，浮阀容易脱落，造成塔板效率下降。

为了克服 F1 型浮阀的缺点，清华大学(北京泽华化学工程有限公司)对传统 F1 型浮阀塔板做了改进，研发出了 ADV 微分浮阀(见图 7-2-19)。主要技术特点如下：

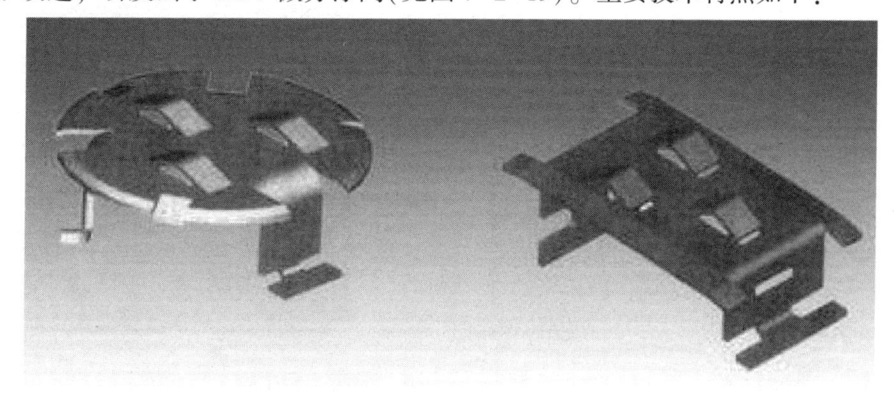

图 7-2-19 两种 ADV 微分浮阀简图

1）浮阀结构。第一是在传统的F1型浮阀表面上增加了切口，气流通过切口细碎分散，降低边缘气流的速度，消除顶部的传质盲区，降低雾沫夹带，可减少压降，增加操作弹性；第二是特殊的阀腿设计使浮阀具有一定的导向性，一定程度上降低了塔板液面梯度，减少返混和液体滞留，提高塔板效率。

2）液体入口区结构。ADV塔板在液体入口设置鼓泡促进装置，原理是：减薄液层，降低液体入口区的液体静压，使气泡更易形成。作用是：气流将降液管中流出的液体吹松，利于形成鼓泡；防止入口区漏液，使气流分布更加均匀，有利于提高效率和生产力。

3）阀脚采用了新的结构设计，使浮阀安装快捷方便，操作时浮阀不易旋转、不会脱落。

ADV微分浮阀较F1型浮阀相比，进一步优化了塔板上气、液两相的流动状态和接触状态，从而提高了塔板的处理能力和分离效率；塔板的压降可降低10%左右；雾沫夹带和泄漏都比F1型浮阀有很大的优化。

4. 导向浮阀

导向浮阀融合了条形浮阀和导向筛板的一些优点：

1）塔板上配有导向浮阀，浮阀上设有一个或两个导向孔，导向孔的开口方向与塔板上的液流方向一致。在操作中，从导向孔喷出的少量气体推动塔板上的液体流动，从而可明显减少甚至完全消除塔板上的液面梯度。

2）导向浮阀为矩形，两端设有阀腿，操作中，气体流出的方向垂直于塔板上的液体流动方向。因此，导向浮阀塔板上的液体返混是很小的。

3）塔板上的导向浮阀，有的具有一个导向孔，有的具有二个导向孔。具有二个导向孔的导向浮阀适当排布在塔板两侧的弓形区内，以加速该区域的液体流动，从而可消除塔板上的液体滞流区。

4）由于导向浮阀在操作中不转动，浮阀无磨损、不脱落。

导向浮阀塔板与F1型浮阀塔板相比，处理能力可提高20%～30%，塔板效率提高10%以上，塔板压降减小20%左右。

华东理工大学开发的技术使用导向矩形浮阀较多，也使用组合导向浮阀塔板，塔板上以一定的配比分布着矩形导向浮阀和梯形导向浮阀，如图7-2-20所示。

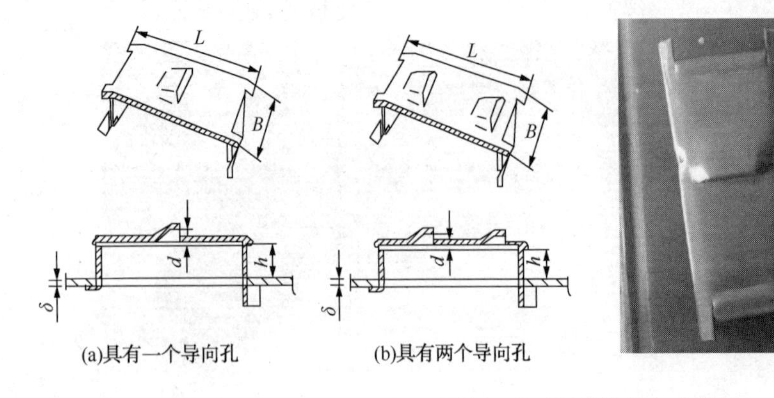

图7-2-20　导向矩形浮阀的结构和实体图

喷射型导向梯形浮阀(SGTV)是天津大学精馏技术国家工程研究中心在吸取国内外应用条形浮阀、固舌和导向筛板等塔板经验的基础上进行设计研发，由中心所属的北洋国家精馏工程技术发展有限公司生产的高性能浮阀塔板。阀片形状分为A、B两种型号，吸收了V形栅板的特点，将矩形阀片改为梯形阀片，使气流的推液作用得到了加强，特别是B型浮阀，在A型浮阀侧面开孔的基础上，阀体的前方增加一个开孔，在真正发挥导向作用的同时，加强了阀体的推液作用。在结构上，采用可上下浮动调节气体流通面积的浮阀结构，克服了V形栅板操作弹性小的缺点。试验研究和实际应用表明，采用喷射型导向梯形浮阀使塔板的性能得到了较大的改善，具体表现如下(主要指标与F1型浮阀比较)：

1）不易卡死和脱落，不对称结构不易装错方向，安装简便；

2）独特的液流推动机理大大降低了塔板上液面梯度和液相返混程度；

3）干板压降和总板压降大大降低；

4）漏液下限大大降低；

5）雾沫夹带量小；

6）板上清液层高度降低；

7）操作弹性和稳定性提高；

8）抗堵塞性能增强；

9）传质性能提高。

以下分项详述。

(1) 塔板压降

喷射型导向梯形浮阀塔板的干板压降较F1型浮阀塔板约低15%~25%。实际上，喷射型导向梯形浮阀(重阀)较F1型浮阀重，但由于阀孔尺寸较大，故其干板压降较小。由两种塔板总板压降的实测曲线比较可见，当阀孔动能因子F_o较低时，F1型浮阀的总板压降较小，当阀孔动能因子F_o较高时，喷射型导向梯形浮阀塔板总板压降要比F1型浮阀低15%~20%。具体见图7-2-21、图7-2-22。

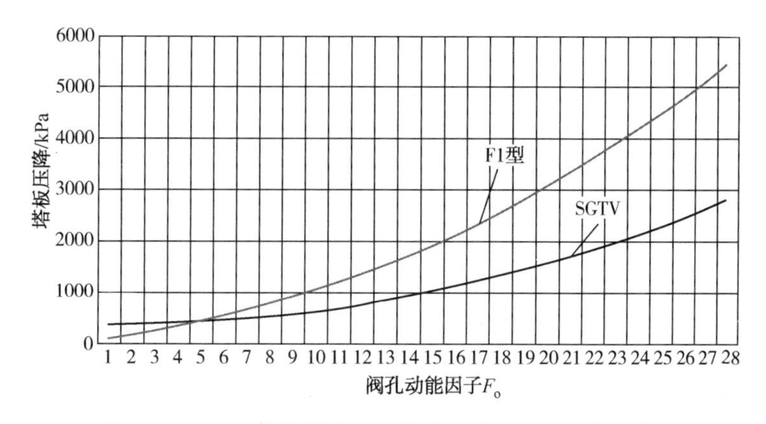

图7-2-21　两种浮阀干板压降对比图(水/空气体系中)

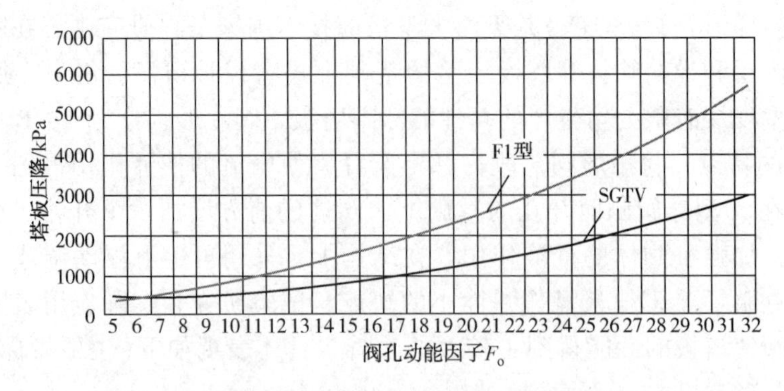

图 7-2-22　两种浮阀全塔压降对比图(水/空气体系中)

有效开孔率 10%；液体溢流强度 10~50m³/(m·h)

(2) 推液作用

喷射型导向梯形浮阀所特有的气流对液层的推动作用是这种浮阀所具有的诸多优良特性的结构基础。从 A 型导向梯形浮阀阀孔流出的气相沿浮阀两侧梯形形状的斜边法向方向喷出，给附近的液体一个同方向的推力，该推力在液体流动方向有一个分量，而该分量就是推液作用的源泉。而 B 型在此基础上增加了液体从阀体前方喷出的推力。此外，由于气体按照阀体结构规定的方向流动，而不是像 F1 浮阀那样向各个方向喷出。喷射型导向梯形浮阀有效地降低了塔板上的气液相返混、气流相互冲击和鼓泡程度，形成了液面梯度和更加静定的板上液体流场，减小了雾沫夹带。推液作用机理图见图 7-2-23。

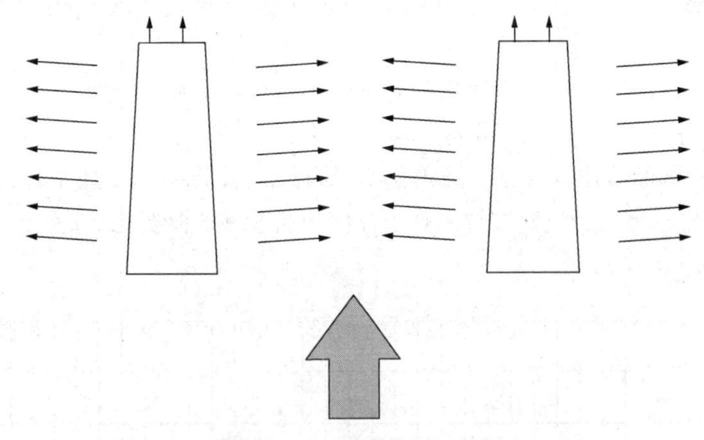

图 7-2-23　推液作用机理图

(3) 漏液下限

由图 7-2-24 比较喷射型导向梯形浮阀和 F1 浮阀两种塔板的相对漏液量随阀孔动能因子的变化规律可知，喷射型导向梯形浮阀的相对漏液量明显小于后者，故喷射型导向梯形浮阀的气相阀孔动能因子下限亦较低，若以 1%为塔板漏液限，则导向梯形浮阀塔板的阀孔动能因子的下限可降低 1/3 左右，这主要是导向梯形浮阀较重和最小开度较小的缘故。

(4) 雾沫夹带量

由图 7-2-25 比较喷射型导向梯形浮阀和 F1 浮阀两种塔板的雾沫夹带量随阀孔动能因子的变化规律可知，喷射型导向梯形浮阀的雾沫夹带量也明显小于后者，故喷射型导向梯形浮阀的气相阀孔动能因子雾沫夹带上限亦较高，若以 $e_V=10\%$ 为塔板气相负荷上限，则导向梯形浮阀塔板的阀孔动能因子上限可提高 10%～20%。

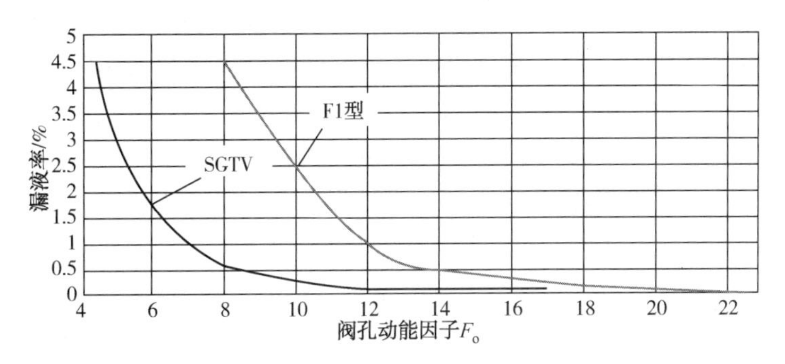

图 7-2-24　两种浮阀漏液比较图

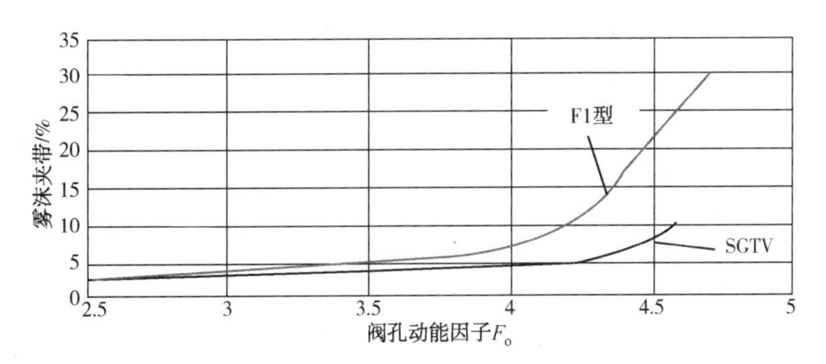

图 7-2-25　两种浮阀雾沫夹带比较图

（5）塔板负荷性能图

两种塔板负荷性能图如图 7-2-26 所示，其中，液相上、下限线是按照手册的推荐值作出的。F1 浮阀塔板的漏液线已对开孔面积和开孔率进行了校正。由图中可见，喷射型导向梯形浮阀塔板的稳定操作区域比 F1 浮阀塔板提高了 20%～30%，因而导向梯形浮阀塔板的操作更稳定。

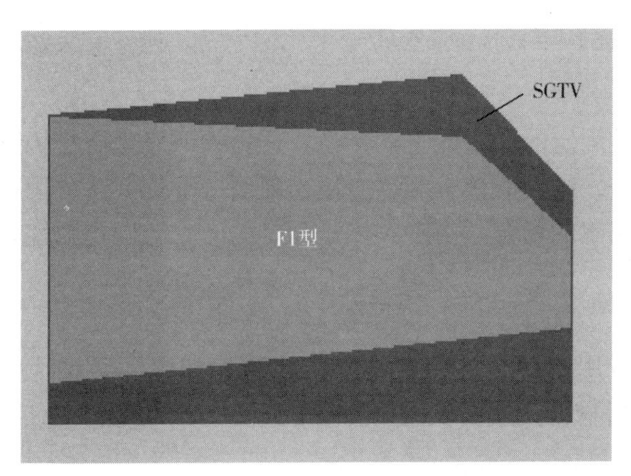

图 7-2-26　两种浮阀负荷性能比较图

高效组合导向梯形浮阀有 A、B、C、D 四种形式(见图 7-2-27)。A 型阀只在阀体上开有导向孔，在阀腿上没有开设导向孔，该型阀传质效率较高，适合于塔板上大部分鼓泡传质区；B 型阀除在阀体上开导向孔外，还在阀的前腿上开有导向孔，导向作用更强，适合在靠近受液盘鼓泡区和弓形鼓泡区附近采用；C 型阀不开导向孔，适合在靠近降液管的区域采用，能够减少液相对气相的夹带，促进降液管内气、液分离；D 型阀在阀体上开有侧向的斜孔，能够改善塔盘上的气、液接触状态，具有更高的传质效率，适合塔盘上大部分传质区域。导向梯形浮阀吸收了 V 形栅板的特点，将矩形阀片改为梯形阀片，使气流的推液作用得到了加强，真正发挥导向作用。

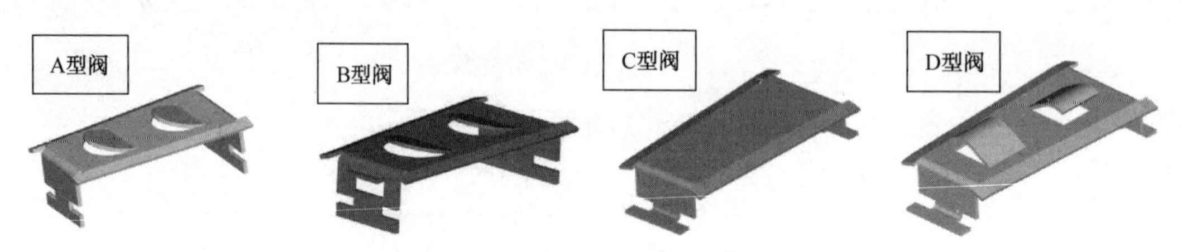

图 7-2-27 四种 SGTV 浮阀示意图

四种 SGTV 浮阀排布示意图如图 7-2-28 所示。

采用导向梯形浮阀，具有更高的传质效率。浮阀采用组合设置，在靠近受液盘鼓泡区采用 B 型喷射型阀，可以将液体在很短的流程内快速退出，从而降低受液盘出口处的液层高度；在弓形区鼓泡区也采用 B 型喷射阀并对阀的方向和喷射角度作调整排列，可以减小弓形区内液体返混，消除由于液体流道的扩大造成的液体分布不均；塔盘上大部分鼓泡区采用 A 型和 D 型阀，通过改变塔盘空间气、液分散状态来提高塔盘的传质效率；靠近降液管的区域采用 C 型阀，能够促进液体的平稳流动，减少液相中气相夹带，可以提高降液管内的气、液分离效率。

图 7-2-28 四种 SGTV 浮阀排布示意图

5. 固定浮阀

固定阀塔板，阀是固定的，不能上下浮动。这种阀一般是由塔板整体冲压的，也可以是采用浮阀固定在塔盘上，结构简单，制造方便，因而造价较低，应用也较广泛，特别适用于物系较脏、易堵塞、结焦的场合。由于阀体是固定的，它的操作弹性较小，不适用于负荷波动大的工况。

6. 其他浮阀

国内常减压装置应用中还有许多其他形式塔板，如中国石油大学开发的 SUPERV1 和 HTV 船阀、兰州石油机械研究所开发的 T 排条阀等。

(三) 舌形塔板

舌形塔板具有结构简单、塔板压降低、处理能力大等优点，广泛应用于常减压装置。

1. 舌形塔的适用工况

舌形塔是喷射型塔，它是在塔板上开有与液流同方向的舌形孔，蒸气经舌孔流出时，其沿水平方向的分速度促进了液体的流动，因而在大液量时也不会产生较大的液面落差。由于气、液两相呈并流流动，这就大大地减少了雾沫夹带。当舌孔气速提高到某一定值时，塔盘上的液体被气流喷射成滴状和片状，从而加大了气、液接触面积。

与泡罩塔相比，舌形塔优点是：液面落差小，塔板上液层薄，持液量少，压力降小(约为泡罩塔板的33%~50%)，处理能力大，塔板结构简单，钢材可省12%~45%，且安装维修方便。

舌形塔板的主要缺点是：液流在板上被舌孔气流不断加速，停留时间短促。当气液喷流在塔壁遇阻，在溢流口上方形成液沫浓集区。由于液沫夹带增大，降液管脱气过程不畅使传质过程减效。操作弹性小，塔板效率低，因而使用受到一定限制。

舌形塔板不适用于较低的气相负荷。当气速偏低时，舌孔气流只能从舌孔端部通过，但不足以推开两侧的液流，两相接触不良。舌形塔板在喷射工况条件下具有较高的板效率。

2. 舌形塔板参数

舌形塔板上舌孔按一定方式排布(图7-2-29)。舌片冲制成型，孔口与液流同向。

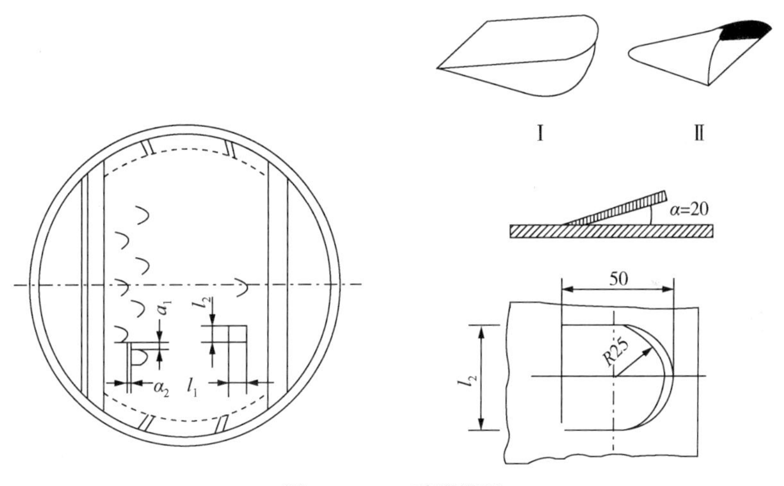

图7-2-29　舌形塔板

Ⅰ型舌片三面开口，气流可以从舌尖和两侧方向喷出。Ⅱ型舌片呈拱形，气流只能从孔口前方喷出，舌片与板面形成张角约为20°。舌片张角大小关系气流水平推力的强度。舌片的长宽有两种推荐值：$l_1 \times l_2 = 50\text{mm} \times 50\text{mm}$ 或 $l_1 \times l_2 = 25\text{mm} \times 25\text{mm}$。舌孔排布可按 a_1 和 a_2 定位，a_1 为相近两舌孔间隙，推荐 $a_1 = 15 \sim 20\text{mm}$；$a_2$ 为前后舌孔的间隙，推荐 $a_2 = 20 \sim 25\text{mm}$；如果需要扩大开孔面积，可将舌孔间隙调整为 $a_1 = a_2 = 10 \sim 15\text{mm}$。此外，改变开孔数目和舌片张角大小也可用以调节舌形塔板的开孔率。塔板上第一排舌孔距受液盘不小于30mm，下游最后一排舌孔离降液管100~150mm。

舌片形式对塔板传质性能影响不大，拱形舌片略高。三面切口舌片，因气流多向喷出，动能有效利用率降低，而且干板阻力增大，但加工简便。

推荐舌形塔板的开孔率为10%~17%。为使塔板上两相进入喷射工况，舌孔气速应大于12m/s。

3. 浮动舌形塔板

浮动舌形塔板是一种新型的喷射塔板，其舌片综合了浮阀及固定舌片的结构特点，因此既有舌形塔板的大处理量、低压力降、雾沫夹带小等优点，又有浮阀塔的操作弹性大、效率高、稳定性好等优点，缺点是阀片易损坏，没有固定舌片应用普遍。

4. 固定舌形塔板

固定舌形塔板工作原理如图 7-2-30 所示，标准固定舌形塔板结构简图如图 7-2-31 所示。

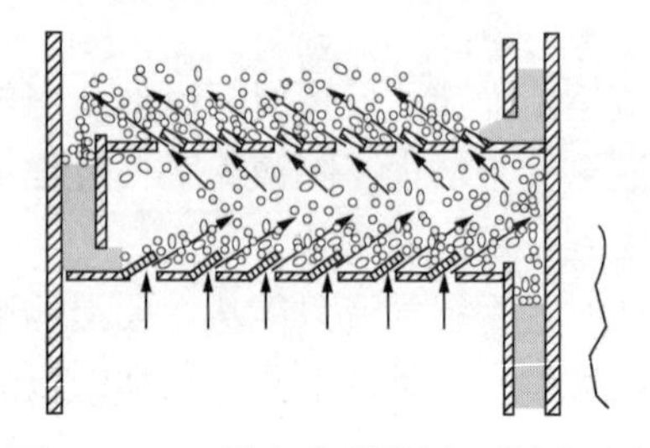

图 7-2-30　固定舌形塔板工作原理图

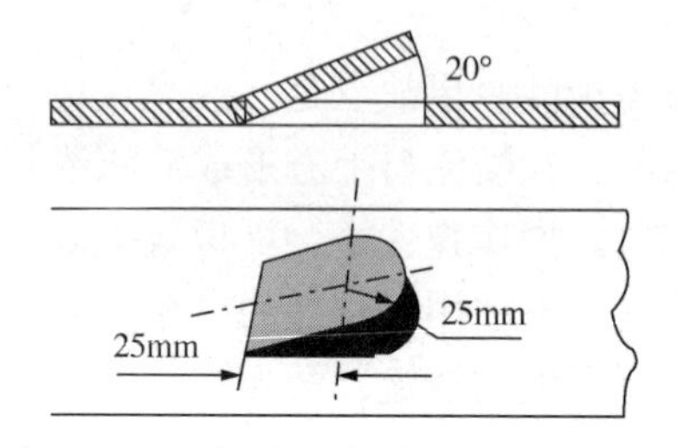

图 7-2-31　标准固定舌形塔板结构简图

固定舌形塔板的优点：生产能力大，板压降较小；不易结焦，不易堵塞；结构简单，造价低；制造、安装及维修方便。缺点：操作弹性小；低气速下操作时，泄漏量较大；不适用于塔径较小的塔；塔板传质效率较低。

(四) 其他塔板

泡罩塔板、筛孔塔板也都曾应用在常减压装置，但国内应用相对较少，不做过多介绍。河北工业大学开发的立体传质塔板(CTST)一般用于改造项目。

第三节　填　料　塔

一、填料的传质性能及流体力学

(一) 填料塔传质过程

填料塔作为气、液接触式传质设备，由于塔内气、液两相的流动状态十分复杂，因此关于填料塔中的传质机理，有过许多不同的假说，各国学者相继提出了许多传质理论模型，以力图更加完善地解释填料塔内复杂的传质现象，如双膜理论模型、渗透模型及表面更新模型等。

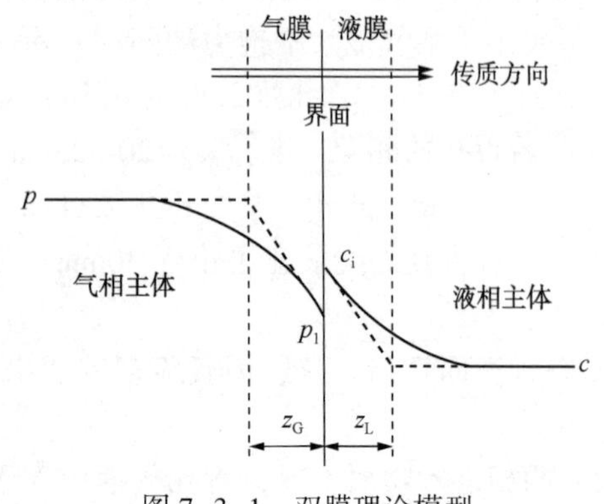

图 7-3-1　双膜理论模型

1. 双膜理论

双膜理论是在 20 世纪 20 年代由惠特曼(W. G. Whitman)通过研究气、液两相之间的吸收过程提出的传质理论。其要点是：当液体湍流流过固体溶质表面时，固、液间传质阻力全部集中在液体内紧靠两相界面的一层停滞膜内，此膜厚度大于滞流内层厚，该理论的物理模型如图 7-3-1 所示。

双膜理论有如下三点假设：

1）相互接触的气、液两相流间存在着稳定的相界面，界面两侧各有一个很薄的停滞膜，吸收质以分子扩散方式通过两膜层由气相主体进入液相主体。

2）在相界面处，气、液两相达到平衡。

3）在两个停滞膜以外的气、液两相主体中，由于主体充分湍动，物质浓度均匀。

双膜理论把复杂的相际间的传质过程用相际界面存在着“停滞膜”的概念来解释，尽管过于简化，但该理论对相际传质机理的研究和发展做出了重大贡献。按照这一理论的基本概念所确定的传质速率关系，至今仍是传质设备设计计算的主要依据。

2. *溶质渗透理论*

在许多实际传质设备里，气、液是在高度湍流情况下相互接触的，如果认为不稳定的两相界面上存在着稳定的停滞膜层，显然是不切实际的。为了更准确地描述这种情况下气相溶质经过相界面到达液相主体内的传质过程，Higbie 在 1935 年提出了溶质渗透理论，其传质模型如图 7-3-2 所示。

该理论假定液面是由无数微小的流体单元所构成，暴露于表面的每个单元都在与气相接触某一短暂时间(暴露时间)后，即被来自于液相主体的新单元取代，而其自身则返回液相主体内。按照溶质渗透理论，液相中溶质浓度分布与接触时间的关系曲线如图 7-3-3 所示。在每个流体单元到达液体表面的最初瞬间($\theta=0$)，在液面以内及液面处($Z=0$)，溶质浓度尚未发生任何变化，仍为原来的主体浓度($C=C_0$)；接触开始后($\theta>0$)，相界面处($Z=0$)立即达到与气相的平衡状态($C=C$)；随着暴露时间的延长，在相界面与液相内浓度差的推动下，溶质以不稳定扩散方式渗入液内，在相界面附近的极薄液层内形成随时间变化的浓度分布，但在液内深处则仍保持原来主体浓度($C=C_0$)。

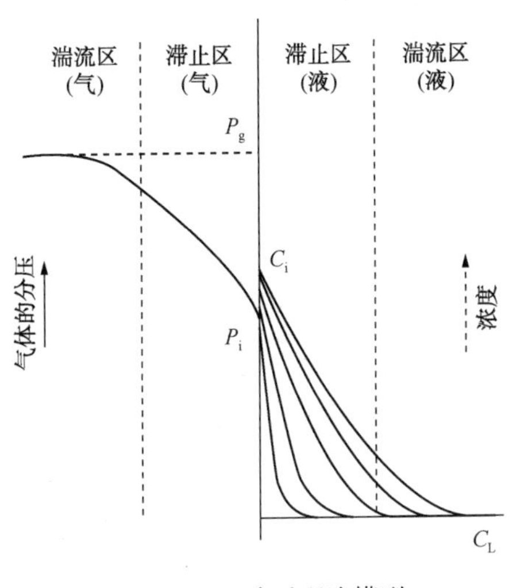

图 7-3-2　渗透理论模型

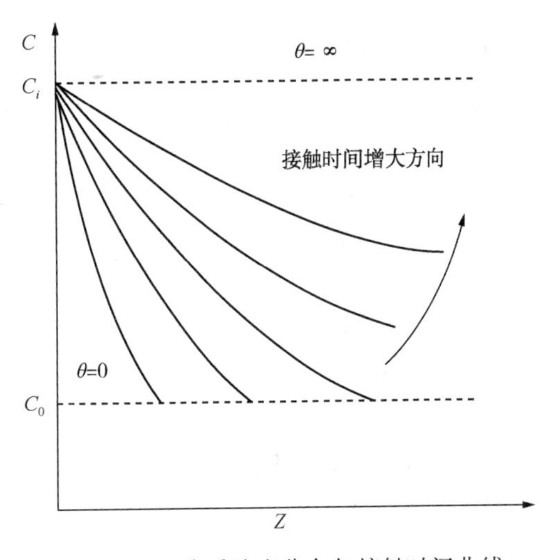

图 7-3-3　溶质浓度分布与接触时间曲线

气相中的溶质透过界面渗入液内的速度与界面处溶质浓度梯度成正比。由图 7-3-3 可见，随着接触时间的延长，界面处的浓度梯度逐渐变小，这表明传质速率也随之变小。所以，每次接触时间越短，则按时间平均计算的传质速率越大。根据特定条件下的推导结果，按每次接触时间平均值计算的传质通量与液相推动力($C-C_0$)间的关系为：

$$N_A=\sqrt{\frac{4D'}{\pi\theta_s}}(C_i-C_0) \tag{7-3-1}$$

式中　D'——溶质 A 在液相中的扩散系数，m^2/s；

θ_s——流体单元在液相表面的暴露时间，s。

溶质渗透理论建立的是溶质以不稳定扩散方式向无限厚度的液层内逐渐渗透的传质模型。与把传质过程视为通过滞留层的稳定分子扩散的双膜理论相比，该理论为描述湍流下的传质机理提供了更为合理的解释。

3. 表面更新理论

Danckwertsi 于 20 世纪 50 年代对 Higbie 的理论提出改进和修正。他否定表面上的液体微元有相同的暴露时间，而认为液体表面是由具有不同暴露时间(或称“年龄”)的液体微元所构成，各种年龄的微元被置换下去的概率与它们的年龄无关，而与液体表面上该年龄的微元数成正比。

表面液体微元的年龄分布函数为：

$$\tau=Se^{-S\theta} \tag{7-3-2}$$

式中　τ——年龄在 $\theta\sim\theta+d\theta$ 区间内的微元数在表面微元总数中所占的分率；

S——表面更新率，常数，可由实验测定。

据此理论，平均传质通量与液相传质推动力间的关系为：

$$N_A=\sqrt{D'S}(C_i-C_0) \tag{7-3-3}$$

式(7-3-3)说明，传质通量与扩散系数 D' 的平方根成正比，与渗透理论结果一致，但式中 S 难于求得，很难在实际中应用。

在上述三种基本传质理论之后，还有人提出一些其他模型，用以修正上述理论。直到目前为止，虽然提出了许多传质模型，各种新的传质理论也在不断研究和发展，但是，应用这些模型求算填料塔的传质系数时，计算值与实验值大多不相吻合，这可能是填料塔内的流体力学状况复杂之故。所以，目前仍没有一个统一的理论模型用以预测填料塔的传质速率，多数情况以经验关联式进行设计计算。

(二) 填料塔流体力学

对大多数气、液传质过程来说，填料塔中气、液呈逆流操作。决定填料层操作状态的条件如下：

1. 气体空塔气速

$$u=\frac{4V_s}{\pi D^2} \tag{7-3-4}$$

式中　u——气体空塔气速，m/s；

V_s——气体体积流量，m^3/s；

D——塔内径，m。

2. 液体喷淋密度

$$L=\frac{4L_h}{\pi D^2} \tag{7-3-5}$$

式中　L——液体喷淋密度，$m^3/(m^2\cdot h)$；

L_h——液体体积流量，m^3/h。

3. 填料的几何特性

（1）散堆填料几何参数

1）填料的公称尺寸及实际尺寸：公称尺寸表示填料的大小规格。环形、球形填料以外径为公称尺寸，鞍形填料及环鞍形填料以腰径为公称尺寸。实际尺寸表示填料特征的主要尺寸，如环形填料的实际尺寸为：外径(d_p)×高度(H)×厚度(δ)，以上尺寸均以 mm 为单位。

2）填料(层)比表面积 a：指单位体积填料层中填料几何表面积的总和，单位为 m^2/m^3 填料层。

3）填料层堆积个数 n：指堆积于单位体积填料层中的填料单体个数，单位为 $1/m^3$。填料层的比表面积一般为每个填料单体的面积与 n 的乘积。

4）填料层空隙率 ε：指单位体积填料层中空隙部分的体积，或空隙体积(自由空间)占填料层体积的分率。

5）堆积密度 ρ_p：指单位体积填料层的填料的质量，kg/m^3。

（2）规整填料几何参数

规整填实几何参数示意图见图 7-3-4。

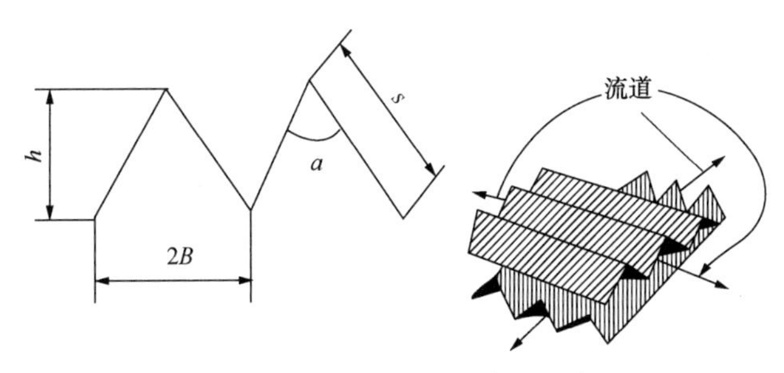

图 7-3-4　规整填实几何参数示意图

1）峰高 h：波纹片的波峰高度，mm。

2）峰距 $2B$：相邻两波峰之间的距离，mm。

3）波纹倾角 α：波纹通道与垂直方向的夹角。

4）板厚 δ：波纹片的厚度，一般为 0.1~0.2mm。

5）开孔率 σ：波纹片上开孔的面积除以波纹片一个面的表面积。

6）比表面积 a：即单位体积的表面积，m^2/m^3。

7）空隙率 ε：单位体积填料的空隙体积，m^3/m^3。

填料的流体力学性能主要包括压降 Δp、持液量、载点、泛点和有效传质面积等。这些参数均与填料塔的流体力学状态有关。

当气体通过干填料层时，由于存在填料层阻力，使气体压力下降，压降随气速的 1.8~2 次方上升(见图 7-3-5 中 $L=0$ 线)。当有液体喷淋时，由于液体附在填料上，故填料有一定持液量，随着喷淋密度的提高，持液量增加，液体所占空间加大，压降增加。在一定喷淋密度下，随着气速增至某一值，其摩擦阻力开始使液膜加厚，持液量增加，因而使 $\Delta p-u$ 线斜率增加，这一转折点称为载点。若气速继续增加至某一值，气体对液体的摩擦阻力使填料层中持液量足够多，从而使液体成为连续相，而气相由连续相转为分散相，以鼓泡方式通过液体，此时压降陡然增加，两相间流动的正常渠道遭到堵塞，因而使填料塔无法正常操作，

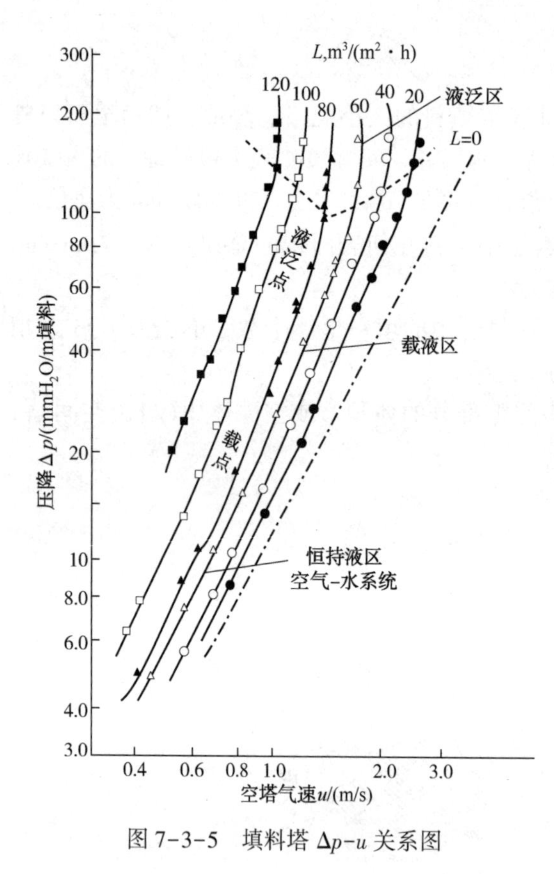

图 7-3-5　填料塔 Δp-u 关系图

Δp-u线出现另一转折点，称为液泛点，此时气速称为泛点气速，通常为填料塔中的最大允许气速。填料塔的正常操作一定要严格控制在泛点气速以下，一般控制为泛点气速的40%~80%。

故填料塔操作时有以下三种流体力学状态：

① 恒持液量状态：此时气速低于载点气速，气体对液体的曳力小，填料上液膜厚度基本不变，持液量不变。

② 载液状态气速在载点以上泛点以下，液膜加厚，且发生波动，持液量随气速上升，传质状况良好。

③ 液泛状态：液相转为连续相，气体呈鼓泡态，湍动强烈，填料层中返混剧烈，传质恶化，压降剧增。

对上述填料层内气、液两相流动状况的描述，适用于各种填料层内气、液两相逆流流动过程，但对不同类型、不同尺寸的填料，泛点气速及填料层压降要进行实测，通过对实测数据按一定的计算方法进行归纳整理，得出各种计算常数或系数。由于散堆填料是乱堆装填的，所以实测数据有一定的随机性，但这些数据在工程设计中还是可靠的，并已积累了几十年的经验数据和半理论关系。

（三）填料塔的泛点气速的计算

泛点气速是填料塔设计的一个重要参数，填料塔在泛点气速以下才可能稳定地操作，但如果气速太低，又会造成设备投资的浪费以及气、液分布的不均匀。所以填料塔设计的首要任务是根据所选用的填料类型，将其在操作条件下的泛点气速算出，再确定适宜的塔径和塔内实际操作气速下的填料层压降。

$$\lg\left[\frac{\mu_{\mathrm{Gf}}^{2}}{\mathrm{g}}\frac{a}{\varepsilon^{3}}\left(\frac{\rho_{\mathrm{G}}}{\rho_{\mathrm{L}}}\right)\mu_{\mathrm{L}}^{0.2}\right]=A-1.75\left(\frac{L}{G}\right)^{1/4}\left(\frac{\rho_{\mathrm{G}}}{\rho_{\mathrm{L}}}\right)^{1/8} \tag{7-3-6}$$

式中　u_{Gf}——泛点空塔气速，m/s；

g——重力加速度，9.81m/s²；

a/ε^3——干填料因子，m^{-1}；

ρ_{G}、ρ_{L}——气、液相密度，kg/m³；

μ_{L}——液相黏度，kg/(m·s)；

L、G——液体、气体的质量流量，kg/h；

A——系数，取决于填料类型和尺寸，见表 7-3-1。

表 7-3-1　填料 A 值

填料类型	常用 A 值	填料类型	常用 A 值	填料类型	常用 A 值
瓷拉西环	0.022	金属鲍尔环	0.942	金属板波纹(250)	0.291
瓷矩鞍	0.176	金属环矩鞍	0.06225	CY 金属丝网波纹	0.30
瓷弧鞍	0.26	塑料鲍尔环	0.0942	压延孔板波纹(4.5)	0.35
瓷阶梯环	0.2943	塑料阶梯环	0.204	压延孔板波纹(6.3)	0.49

(四) 填料层压降的计算

1. 载点以下压降

湍流条件下填料层压降计算公式如下：

$$\Delta p=\alpha 10^{\beta L}\frac{V^2}{\rho_G} \tag{7-3-7}$$

式中　Δp——压降，Pa；

α、β——常数；

ρ_G——气相密度，kg/m^3；

L、V——液体、气体的质量流率，$kg/(m^2 \cdot s)$。

虽然该式是以水-空气系统、用拉西环填料实验数据关联而来，但作为一种关联方法，具有普遍意义。

2. 液泛压降

各种填料的液泛特性表明，液泛压降取决于系统的物理性质，与气液比无关，如图 7-3-6、图 7-3-7 所示。

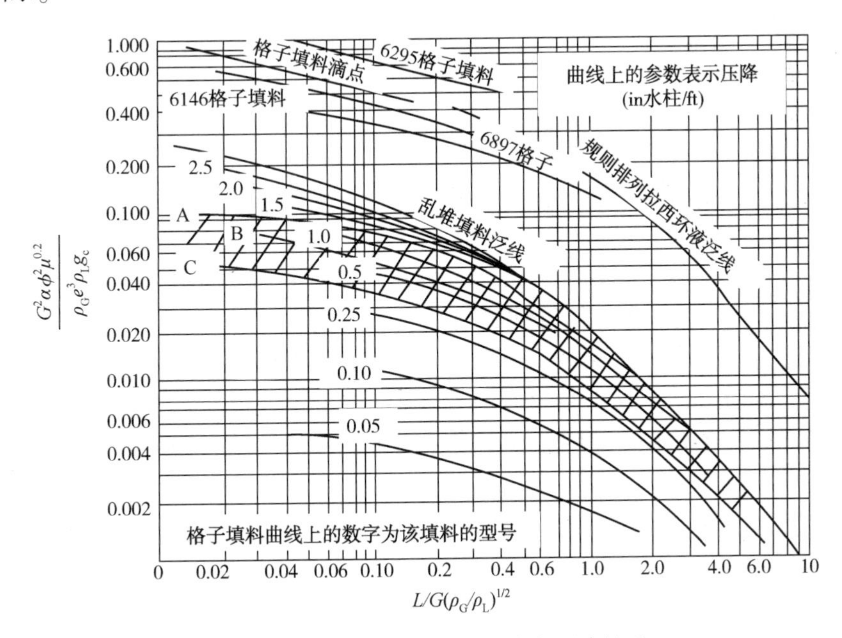

图 7-3-6　Leva 曲线载点、泛点与压降关系

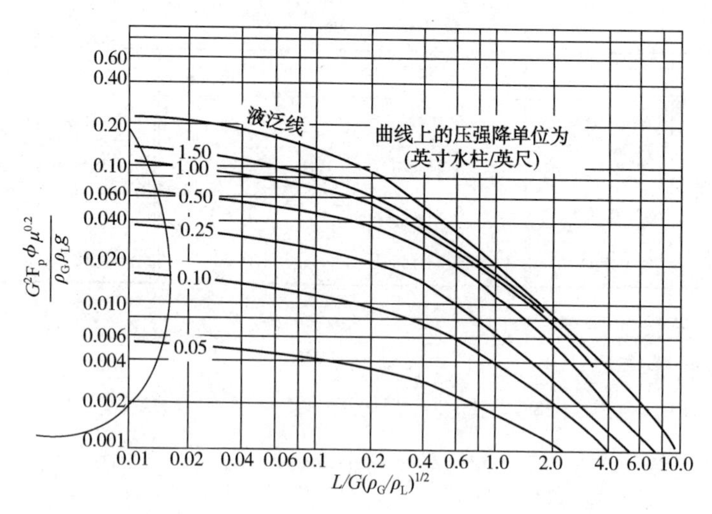

图 7-3-7　Ekert 泛点与压降计算的通用关联图

为了便于利用计算机进行计算，有人将 Eckert 图中的泛点线进行模拟关联，以解析式的形式表达，其形式为：

$$V=B\exp\{-3.845186+4.0444306[-0.4982244/n(AB^2)-1]^{0.5}\} \tag{7-3-8}$$

$$L=V/(\rho_G/\rho_L)^{0.5}\exp\{-4.03976+3.552134[-0.645854/n(AV^2)-1]\}^{0.5} \tag{7-3-9}$$

$$A=\frac{\psi\mu_L^{0.2}}{\rho_G\rho_L g_c} \tag{7-3-10}$$

$$B=L(\rho_G/\rho_L)^{0.5} \tag{7-3-11}$$

式中　L、V——液体、气体的质量流率，kg/(m² · h)；

ρ_G、ρ_L——气、液相密度，kg/m³；

ϕ——湿填料因子，m^{-1}；

ψ——ρ_{H_2O}/ρ_L，水的密度与液体密度之比；

g_c——重力加速度，$1.27\times10^8 m/h^2$；

μ_L——液相黏度，mPa · s。

图 7-3-7 中在泛点线下部是一簇等压线，用作计算各种不同操作条件下气体通过填料层的压降，由于还未对这一簇等压线性回归关联，可采用二元三点压差法对各种不同条件下的填料层压降进行试差计算，各条等压降的纵、横坐标对应点参照图 7-3-6 进行读取。

综上所述，应用图 7-3-7 Eckert 通用关联图，既可以进行泛点气速的计算，又可进行填料层压降的计算。在 Eckert 通用关联图中，纵坐标中的湿填料因子 ϕ 有泛点填料因子和压降填料因子的区别。泛点填料因子用 ϕ_F 表示，是用来计算填料泛点气速使用的湿填料因子，它是通过实测的泛点气速数据，利用 Eckert 通用关联图中泛点线反算出来的。压降填料因子用 ϕ_p 表示，是用来计算填料层压降所使用的湿填料因子，它是通过实测各种不同喷淋密度下填料层的气速与压降关系数据并利用等压降线反算出来的。

（五）持液量的计算

填料塔的持液量是指在一定操作条件下，单位体积填料层内，在填料表面和填料空隙中所积存的液体体积量，一般以 m³液体/m³填料表示。

填料的持液量是一个影响填料性能的重要参数，它对压降、效率和最大允许通量都有影响。实验证实，在不同的气、液负荷下持液量的变化规律是：载点以下，持液量大小几乎与气速无关；超过载点，气速增大，持液量则迅速增加。

持液量可分为静持液量 H_c、动持液量 H_o 和总持液量 H_t，总持液量为静持液量和动持液量之和。

影响填料层持液量的因素包括：①填料的形状和尺寸、填料的材质、表面特性及填料特性；②气、液两相的物理特性，如黏度、密度、表面张力；③塔的操作条件，如气、液两相流量及操作温度、塔内件的结构与安装等。

1. 载点以下持液量的计算

$$H_o = 1.295\left(\frac{du_L\rho_L}{\mu_L}\right)^{0.675}\left(\frac{d^3 g\,\rho_L^2}{\mu_L^2}\right)^{-0.44} ad \tag{7-3-12}$$

式中　H_o——填料层动持液量，m^3 液体/m^3 填料；

a——填料的比表面积，m^2/m^3；

d——填料的公称直径，m；

u_L——液相的空塔线速度，m/s；

ρ_L——液相的密度，kg/m^3；

μ_L——液相的黏度，mPa·s；

g——重力加速度，9.81m/s^2。

2. 泛点以下持液量的计算

$$H_t = \frac{C_0}{1+\left(\frac{\Gamma_G}{\Gamma_L}\right)^{1-n/4}\left(\frac{\rho_L}{\rho_G}\right)^{1/4}\left(\frac{\mu_G}{\mu_L}\right)^{2/4}\left(\frac{Re_G}{Re_L}\right)^{(2+n)/4}} \tag{7-3-13}$$

对于空气-水系统，上式可简化为：

$$H_t = \frac{C_0}{1+C_1(Re_G/Re_L)^{0.25}} \tag{7-3-14}$$

式中　H_t——填料层总持液量，m^3 液体/m^3 填料；

ρ_G、ρ_L——气、液相密度，kg/m^3；

μ_G、μ_L——气、液相黏度，mPa·s；

Re_L、Re_G——气、液相雷诺常数，m^2/m^3；

Γ_G、Γ_L——气、液相润湿周边长，m；

C_0、C_1——常数。

3. 载点到泛点之间持液量的计算

$$H = (H_{tf}-H_o)\left(\frac{u_G}{u_{Gf}}\right)^{10} + H_o \tag{7-3-15}$$

式中　H——两相流动时的持液量，m^3 液体/m^3 填料；

H_o——液体单相流动时的持液量，m^3 液体/m^3 填料；

H_{tf}——液泛下的总持液量，m^3 液体/m^3 填料；

u_G、u_{Gf}——空塔气速与泛点气速，m/s。

（六）填料塔的传质性能

填料塔传质性能的指标通常为传质单元高（*HTU* 或 *HOG*、*HOL*）和当量高度（或称等板高度 *HETP*），二者是计算填料层高度 Z 的重要参数。

影响填料塔传质性能的因素很多，可分为以下三个方面。

1. 几何或结构因素

1）填料的几何形状、尺寸、润湿性能、表面状况等，决定于填料的品种、规格。影响传质性能的主要是填料的比表面积 a，填料的形状也会影响两相的湍动、混合，液相的分散。填料的润湿性能影响传质的有效表面积，一般的，不上釉的陶瓷填料的润湿性较好，而塑料填料对水溶液的润湿性较差。为了改善填料的润湿性，通常在金属板片上压各种花纹或缝隙，也有用丝网或板网制成填料，对塑料填料则用化学法处理以提高润湿性。

2）填料塔的直径、填料层高度、填料塔的垂直度等。填料塔直径至少要比散堆填料的直径大 8 倍，否则壁效应将降低传质效率。塔径与填料层的高度之比过大，则端效应影响增大，尤其是喷淋点较少而影响顶端填料的润湿。塔径与填料层高之比过小，则填料层中的沟流、壁流发展严重，也对传质不利，填料塔的垂直度不高时也使壁流严重，影响传质。

3）填料的安装质量对传质也有一定的影响，如散堆填料局部有空隙，规整填料不水平，各板片间有间隙，使气、液分布不好。

4）塔内件的设计、安装，如液体分布器的喷淋点数、分布均匀性、液体再分布器的结构、填料高径比、填料层的气体分布均匀性等。

2. 两相的物性因素

物性因素主要是两相的密度、黏度、表面张力、扩散系数等。黏度大则流速慢、湍动弱，填料接触点间的液体混合差，使传质系数减少。

3. 操作条件因素

指操作温度、压力、两相流速、流量比（回流比）等。

压力对传质系数的影响较小，但压力增加时，体系相对挥发度下降，压力的变化也影响气液体积流量，间接影响两相的流体力学状态。

温度对气膜传质系数的影响可以忽略，对液膜传质系数的影响主要是通过液相黏度与扩散系数。

气、液速度对传质有显著的影响，气速高，湍动剧烈，气膜厚度下降。液速高，同时液体喷淋密度的提高，使填料表面的润湿分率增加，提高了有效传质表面。

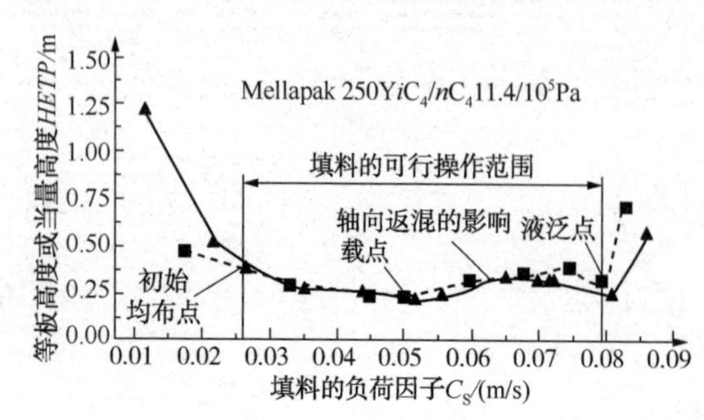

图 7-3-8　填料塔的操作弹性

气、液速度也影响两相的流体力学状态，如高气速时液体的喷射雾沫夹带，高液速时的气泡夹带，这些都造成气、液的返混，严重的会影响传质效率。

（七）填料塔操作弹性的确定

填料塔的操作弹性是指最高效率范围，即可行的高效操作范围，一般用上限气速和下限气速之比表示，如图 7-3-8 所示。

二、填料类型及在常压减装置中的应用

填料塔具有生产能力大、分离效率高、压力降小、操作弹性大、持液量小等特点，在增产、节能、降耗、提高产品质量等方面能发挥巨大作用，在国内外具有广阔的市场前景。

目前，在常减压装置中特别是减压塔采用填料塔，可以大幅度降低塔的压力降，这是原油节能的一项重要措施。在开发新型高效的填料的基础上，将化工热力学、现代传质理论、计算流体力学和流程模拟技术等基础理论的研究成果用于解决填料塔大型化问题上，在装置大型化和过程强化方面取得了重大技术突破，彻底扭转了填料塔只适用于小塔的概念。

填料在常减压装置中的应用，包括散堆填料和规整填料两大类。目前，常压蒸馏装置仍以板式塔为主，少数用填料进行改造；减压装置则主要以规整填料为主，目前正在运行的国内自行设计的第一个塔径超过 10m 的中国石化高桥石化分公司 ϕ10. 2m 原油减压蒸馏塔就是全规整填料塔。

(一) 散堆填料类型及在常减压装置中的应用

1. 散堆填料类型

散堆填料主要有环型填料、鞍型填料及环鞍型填料等，如图 7-3-9 所示。

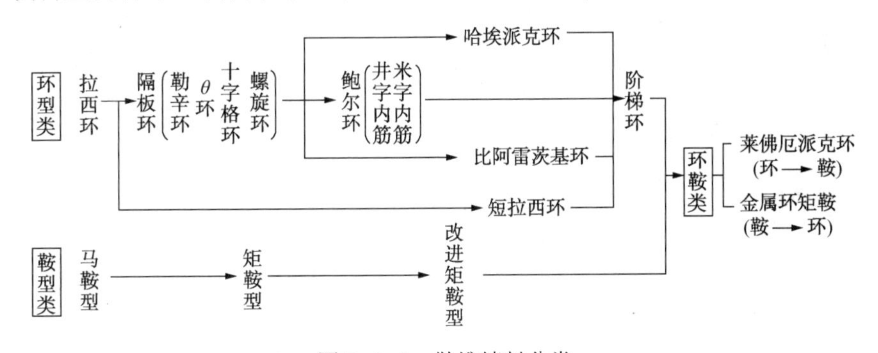

图 7-3-9　散堆填料分类

2. 散堆填料在常减压装置中的应用

散堆填料主要用在减压蒸馏上部的中段取热循环段。某炼油厂减压装置蒸馏塔塔顶油气冷凝段采用 *DN*50 碳钢阶梯环代替原三层圆泡帽塔盘，填料层高度 1. 36m。更换后压降仅为 0. 4kPa，为原来的 1. 5%，填料的取热量为$(92\sim133)\times10^4$kJ/(h · m^3)。塔顶温度调节灵敏，可稳定在 60~80℃。蒸发层的真空度比以前提高很多，每小时可节约蒸汽 4. 6t。目前，散堆填料很少应用在减压塔中，几乎被规整填料完全取代。

(二) 规整填料类型及在常减压装置中的应用

1. 规整填料类型

规整填料种类很多，根据其几何结构分类如图 7-3-10 所示。

21 世纪以来，塔器大型化促使规整填料逐步取代技术落后的散堆填料。以下介绍在常减压装置中常用的金属波纹填料和格栅填料。

2. 规整填料在常减压装置中的应用

(1) 金属波纹填料的应用

金属波纹填料是一种通用型的规整填料，具有压力降低、通量大、分离精度高等突出的优点，特别适用于沸点接近、热敏性难分离的物性。

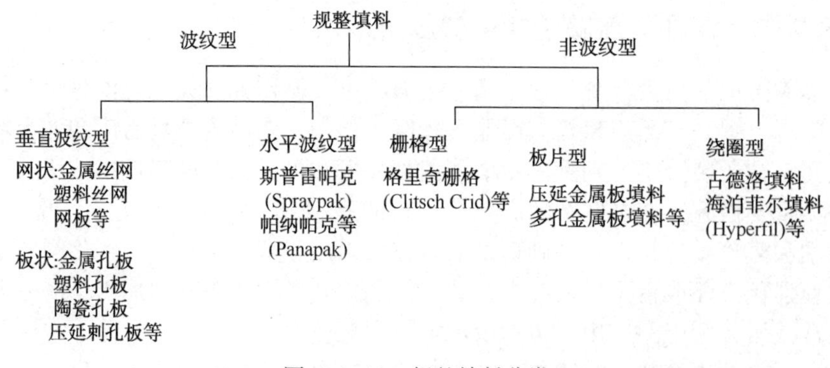

图 7-3-10　规整填料分类

1）金属孔板式波纹填料：如图 7-3-11 所示，是由若干波纹平行且垂直排列的金属波纹片组成，波纹片上开有小孔（拉小文、硌窝，根据需要选择），波纹顶角 α 约 90°，波纹形成的通道与垂直方向成 45°（Y 型）或 30°角（X 型）。

图 7-3-11　金属孔板式波纹填料

由于金属孔板式波纹填料具有整齐的几何结构和有规则的排列，规定了气液流路，改善了沟流壁流现象，压降很小，防堵性能好，却又可以提供较多的比表面积，与散堆填料相比，在同等比表面积时，金属孔板式波纹填料的空隙率更大，具有更大的通量，综合处理能力比板式塔和散堆填料塔大得多。

金属孔板式波纹填料几何特性参数及性能特点如表 7-3-2 所示。

表 7-3-2　金属孔板式波纹填料几何性能

型　　号	比表面积/(m^2/m^3)	波纹倾角/(°)	空隙率/%	塔高/mm
125X	125	30	96~98.5	25.4
125Y	125	45	96~98.5	25.4
250X	250	30	93~97	12.5
250Y	250	45	93~97	12.5
350X	350	30	95	9
350Y	350	45	95	9
450X	450	30	95	6.5
450Y	450	45	95	6.5
500X	500	30	91~93	6.3
500Y	500	45	91~93	6.3

注：常用的金属板片厚度：不锈钢 0.1~0.2mm，碳钢 0.3mm，铝片 0.6mm。

250 型填料与 125 型填料相比，有更好的传质性能，但填料的比压降有所提高，与 350 型、500 型填料相比分离能力显然要低，但填料的比压降亦较低，所以 250 型填料在板波纹填料各种特性中居于适中的地位，也是首选使用品种，具有广泛的应用范围。

① 常压蒸馏塔。某厂常压蒸馏采用金属孔板式波纹填料对原板式塔进行改造。压降从 20kPa 降到 5.87kPa，操作更灵活，可加工从轻质到重质各种原油。燃料油减少了 24%，生产能力从 2.5Mt/a 提高到 4.2Mt/a，增加了 67%，取得了显著的经济效益。

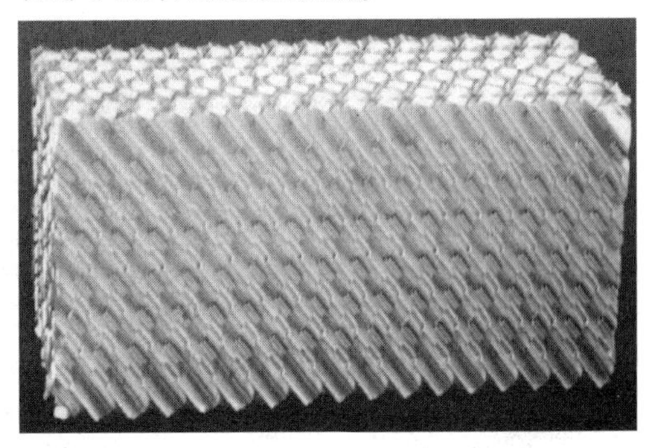

图 7-3-12　双向金属折峰式波纹填料

② 减压蒸馏塔。某厂年处理能力 2.8Mt 的 1 号常减压蒸馏装置减压蒸馏塔进行技术改造，在常一线精馏段应用孔板波纹填料，使原来只能从减一线生产约 5%加氢裂化原料油的 1 号减压塔成功产出 8%符合裂解要求的乙烯原料。压降与同理论板数的板式塔相比，下降一个数量级。

2）双向金属折峰式波纹填料：如图 7-3-12 所示，是由天津大学开发设计的，它是在普通波纹板规整填料和 Intalox 散堆填料的优良组合基础上开发出的一种综合性能优良的新型规整填料。ZUPAC 填料在结构上的优化使气、液流路得到优化、传质效率提高；开孔率加大使通量提高、压降更低；比表面积提高使理论板数有所增加，抗堵塞能力、填料刚度等方面均优于 Mellapak 填料。这些性能有助于提高减压塔的分离效率及处理量、降低减压塔的压降，保证实现减压塔提高侧线产品质量、拔出率及处理量的设计要求。同时，ZUPAC 规整填料具有良好的传热效果，塔顶顶循环、一中和二中循环段采用 ZUPAC 型填料可保证换热段取热要求。ZUPAC 系列规整填料的应用也将保证减压塔能在较大的操作弹性范围内正常操作，全装置设计的操作弹性为 60%～150%。ZUPAC 系列规整填料广泛应用于减压塔中，目前 5Mt/a 以上规模的新建或改造减压塔应用实例达三十多套。其中，广西石化减压蒸馏塔直径达 ϕ13.7m，是当时最大的减压塔。

（2）金属格栅填料的应用

格栅填料比表面积较低，具有高通量、低压降、抗堵塞性能好、成本低等特点，适用于物料较脏的场合。其中美国格里奇公司于 20 世纪 60 年代首先开发成功的格里奇格栅填料最具代表性，我国 90 年代研制的蜂窝状格栅填料以及近年来研制的垂直格栅填料也在原油蒸馏装置中得到广泛应用。

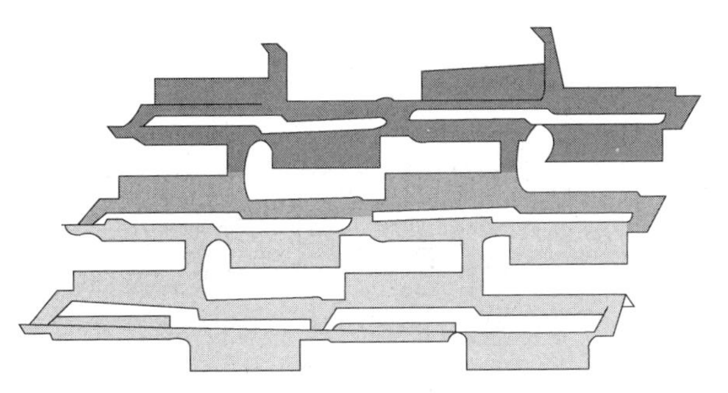

图 7-3-13　格里奇栅格填料

1）格里奇栅格填料：如图 7-3-13 所示，格栅填料的几何结构主要由条状单元结构、大峰高板波纹单元或斜板状单元为主进行单元规则组合而成，因此结构变化颇多，但其基本用途相近。在低气速下，液体沿着上、下舌片两侧形成一层很薄的液膜，在栅条壁面及舌片边缘部分，液膜逐渐增厚并形成小的液滴流至下层栅条，气体通过舌孔向上，气、液之间形成滴状或膜状接触。随着气速的增加，液体开始湍动，塔内出现液滴积累，气、液处于喷射接触状态。在压降线上出现转折点(又称喷射点)。转折点对应的气体负荷(或动能因子)作为该填料的操作负荷。负荷上限不是受液泛控制，而是由雾沫夹带量所控制。工业上认为气、液处在喷射接触状态下操作较好。

① 常压蒸馏塔。炼油厂的一座常压塔的闪蒸段上部洗涤段塔盘的改造，用格里奇格栅填料改造原浮阀塔板后，处理量增大，并增加了常压瓦斯油的收率。因填料为刚性结构及高开孔率，能避免意外气流的瞬间冲击而使格栅弯曲或被冲掉。

图 7-3-14　垂直格栅填料

② 减压蒸馏塔。某炼油厂燃油型减压塔改造，塔径 ϕ9.15m，洗涤段装格里奇填料，HVGO 与 LVGO 分馏段各装格里奇格栅和阶梯环填料，生产能力提高了 25%～65%，压降由 4kPa 降至 1.33～1.6kPa，改善了产品质量和色泽。

2）垂直格栅填料：如图 7-3-14 所示，是由天津大学开发的，适用于催化裂化主分馏塔、焦化分馏塔、乙烯装置汽油分馏塔、原油蒸馏装置减压塔等下部换热段或者洗涤段中部，具有换热效率高、洗涤效果好、通量大、抗堵塞等独特的优点。中国石化青岛炼油化工有限责任公司原油蒸馏装置的洗涤段底部采用的就是 900mm 高垂直格栅填料，能有效降低进料口上部填料层发生堵塞。

三、填料塔塔内构件的设计及其在常减压装置中的应用

塔内构件是填料塔的组成部分，它与填料及塔体共同构成一个完整的填料塔。所有的塔内件的作用都是为了使气、液在塔内更好地接触，以便发挥填料塔的最大效率和最大生产能力，故塔内构件设计的好坏直接影响填料性能的发挥和整个填料塔的性能。

填料塔内件设计一般包括液体分布器、液体收集器、液体再分布器、气体分布器、填料压圈、填料支承以及用于大塔的支撑梁。

（一）液体分布器的类型及应用

液体分布器置于填料上端，它将回流液或液相加料均匀地分布到填料表面上，形成液体初始分布。因为在填料塔的操作中，液体的初始分布对填料塔性能的影响最大，故液体分布器是最重要的塔内件。因此，从分布器的选型、设计到制造安装都要给予足够的重视。一般说来，需要理论级数较多的难分离的物系，性能优越的填料，大直径、浅床层的填料塔，要求液体分布越均匀，对液体分布器的要求越高。

液体的初始分布对填料塔效率的影响主要归结于它对填料层内液体的分布产生直接的作用。因为填料层内可能形成两种不良分布，即大尺度不良分布与小尺度不良分布。大尺度不良分布主要由填料塔安装、填料装填失误或液体分布器设计不好、安装严重不正及坏损造成；而小尺度不良分布则决定于填料的类型及尺寸，即填料的固有特性——自然流分布所形成的不良分布。

液体分布器的设计应考虑以下几点：液体分布点密度，分布点布液方式，分布点布液均

匀性及分布点组成均匀性。

设计液体分布器的要点是使液体初始分布均匀，消除大尺度不良分布。

液体分布器按出液推动力可分为重力型和压力型两种，按结构形式可分为槽式、管式、喷射式、盘式等。下面介绍几种在常减压装置中常用的液体分布器。

1. 槽式液体分布器

槽式液体分布器为重力型液体分布器。由于它靠液位(重力)分布液体，易于达到液体分布均匀及操作稳定等要求。槽式液体分布器如图7-3-15所示，又分为二级槽式液体分布器、单级槽式液体分布器、槽式溢流型液体分布器及多级全连通式槽式液体分布器。

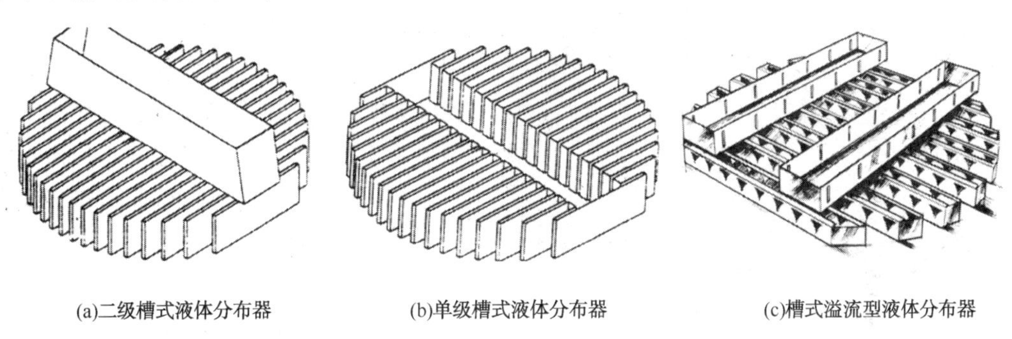

(a)二级槽式液体分布器　(b)单级槽式液体分布器　(c)槽式溢流型液体分布器

图7-3-15　槽式液体分布器

(1) 二级槽式液体分布器

如图7-3-15(a)所示，它由主槽(一级槽)及分槽(二级槽)组成。主槽置于分槽之上。回流液和加料液体由置于主槽上方的进料管进入主槽中，再由主槽按比例分配到各分槽中。主槽的作用是将液体稳定均匀地分配到各分槽，为此，主槽底部要设布液装置，主槽内部要有防冲装置、稳流装置，外部要有定位与固定装置。分槽的作用是将主槽分配的液体均匀地分布到填料表面上，因此分槽的设计至关重要，其布液结构分为底孔式布液结构(底孔式结构简单，制造容易，在液体分布要求不太严格的情况下使用)、侧孔导管式布液结构(流出的液体不易被气体夹带、结构复杂，不易加工制造)、侧孔挡板式布液结构(布液孔流出来的液体直接射到侧板上，使其呈膜状流下均匀地分布到填料表面上，把点分布变成线分布，抗堵性好)和复合式布液结构(在喷淋密度极小的条件下使用)。因其多级分布结构，在精馏塔中应用较为广泛，特别是在精密分离的减压塔中。此种结构形式多用于直径大于1m的塔中。

(2) 单级槽式液体分布器

如图7-3-15(b)所示，可以看出，它的结构紧凑，槽间相互连通，能保持所有槽处于同一水平液面，因而易于达到液体分布均匀。它的防冲装置同槽式分布器主槽的防冲装置相同，布液结构则只能采用底孔式。它常用于直径0.25~1m的小塔中，当塔的空间受到限制时大塔亦可采用。

(3) 槽式溢流型液体分布器

如图7-3-15(c)所示，槽式溢流型液体分布器与槽式孔流型液体分布器在结构上有相似之处。它是将槽式孔流型的底孔变成侧溢流孔，溢流孔一般为倒三角形或矩形。液体先流入主槽，依靠液位从主槽的矩形(或三角形)溢流孔分配至分槽中，有时也可从底孔流入分槽，然后也是依靠液位从三角形(或矩形)溢流孔流到填料表面。根据塔径大小，主槽可以设置为一个或多个。一般情况下，直径 2m 以下的塔可设置一个主槽，直径 2m 以上或直径虽小但液量很大的塔，可设置 2 个或多个主槽。它适用高液量或易被堵塞的场合。这种分布器常用于散装填料塔中，由于它的分布质量不如槽式孔流型分布器，因而高效规整填料或精密分离中用得不多。

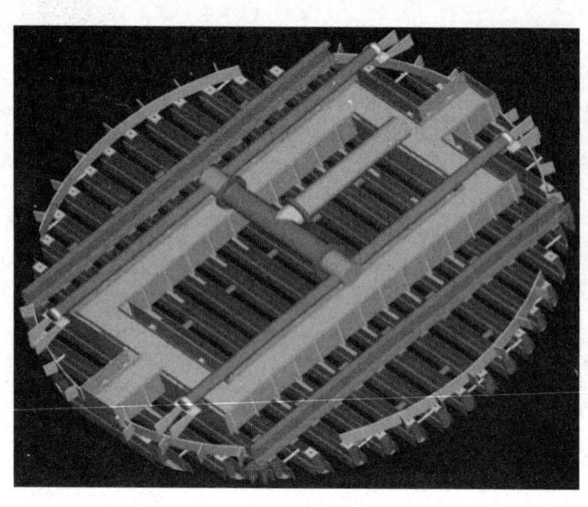

图 7-3-16　多级全连通式槽式液体分布器

（4）多级全连通式槽式液体分布器

如图 7-3-16 所示，广泛应用于减压塔中。天津大学以计算流体力学和分形几何为理论基础，结合大量工程实际经验，在传统槽式液体分布器基础上，开发了新型结构，采用三级分布：第一级为预分布管，第二级为一级槽，第三级为二级槽。一级槽采用全连通结构，能够消除液面落差和主槽之间的偏流，保证槽内水平度，使主槽液体更加均匀地分布到下面的二级槽中；二级槽加设整流挡板，可以使大型液体分布器在很低液位情况下(例如 50mm 以下)，单孔液体能被分布为 150mm 宽的一条线，实现了液体分布器的线分布，巧妙地解决了减压塔液体分布过程中分布点数、孔径和液位的突出矛盾，既保证了对液体分布质量的要求，又保证了长周期运行的工程要求。

多级全连通式槽式液体分布器的布液孔数量和孔径必须经过精确的计算，由公式(7-3-16)可得出。

$$Q=\frac{\pi}{4}d^2nK\sqrt{2gh} \tag{7-3-16}$$

式中　Q——液体流率，m^3/s；

D——布液孔直径，m；

n——布液孔数量；

g——重力加速度，$9.81 m/s^2$；

h——液位高度，m；

K——孔流系数。

其中，K 的取值较为关键，天津大学精馏中心经实验和多年工程经验对 K 系数进行总结和校核，使其反应用到工程项目设计中，使得每个分布点的流量具有一致性，增强了液体均匀分布的效果。

减压塔内液体流量很小、物料较脏容易堵塞，分布器的孔径要求和液位高度要求是较难解决的难题，从分布的角度要求分布点数多、分布槽液位高才能满足要求；从长周期运行角度又希望孔径尽量大以防止堵塞。较小的液体流量无法同时满足以上要求。

2. 盘式液体分布器

盘式液体分布器也属重力型液体分布器，分为盘式孔流型和盘式溢流型，较为常用的是盘式孔流液体分布器，如图 7-3-17 所示。它是在底盘上开布液孔与升气管，气体从升气管上升，而液体从小孔中流下。底盘固定在塔圈上，固定方法与塔板相同。根据所用填料类型及被分离物系的要求，布液孔数及排列要适当。升气管截面为圆形或矩形，其高度在200mm以下，由物系与操作弹性而定。对于组装式非焊接结构，为防止漏液，其操作弹性最大为1∶2；对于用法兰连接的小塔，可制成整体以防止漏液，用支耳固定于塔壁上。整体式分布器操作弹性可达1∶4以上。盘式分布器与槽式分布器相比，由于它的液面较低占用空间小，且布液孔处于同一液面高度(槽式分布器难以达到与各槽液面相同)，故液体分布较均匀。主要在液相量较高时应用，当填料段间高度较小时可用作再分布器，但其用作再分布器时难以达到浓度混合。

图7-3-17　盘式孔流液体分布器

在常减压装置中采用盘式液体分布器，可以在集油箱的基础上进行改造实现液体分布，以节省一套液体分布器，在老塔改造空间高度紧张的情况下应用有效。

3. 压力型液体分布器

压力型液体分布器是靠泵输送压力迫使液体从喷嘴或小孔流出，主要分为喷嘴式和多孔管式，下面分别介绍。

(1) 喷嘴式液体分布器

如图7-3-18(a)所示，由带有喷嘴的布液管组成，液体用泵送入布液管内通过喷嘴喷淋，喷嘴的内部结构决定了压头损失的大小。这种结构分布器的最大优点是结构简单，金属用量少，同时占用塔的空间小，检修方便；缺点是容易堵塞，操作弹性小，容易造成雾沫夹带。从喷嘴喷出的液滴覆盖面大多为圆形，为使液滴覆盖整个塔截面积，不可避免地相互重叠。因此，设计不当会造成分布不均匀。基于以上特点，这种分布器适用于一次性投资小，传质、传热要求不高的场合，如减压塔的泵循环段及水洗塔中。

(2) 多孔管式液体分布器

根据管的安排方式有排管式和环管式两种，如图7-3-18(b)和图7-3-18(c)所示，压力型管式分布器是靠泵的压头或高液位通过管道与分布器相连，将液体直接送到填料上。它的优点是结构简单，易于安装，占用空间小。但精馏塔一般不使用这种分布器，因为它必须严格控制，否则稳定性差，易受泵压头的变化及塔操作变化的影响，故分布质量较差，而且它不能用于气、液两相混合进料，所以一般不用于减压塔中。

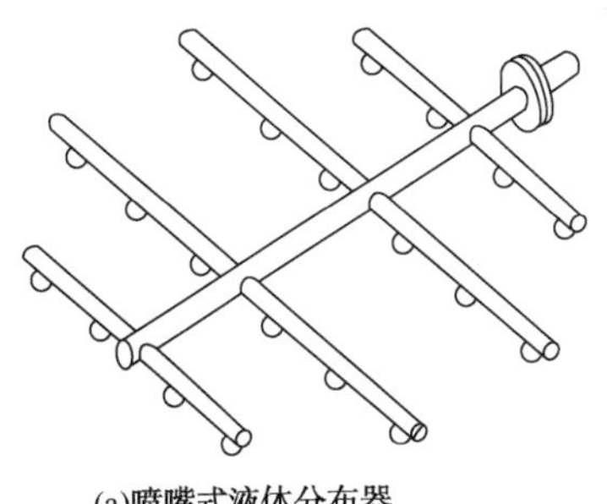

(a)喷嘴式液体分布器

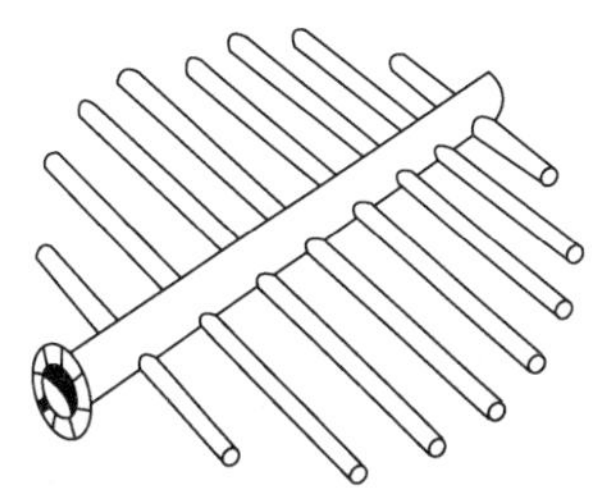

(b)多孔排管式液体分布器

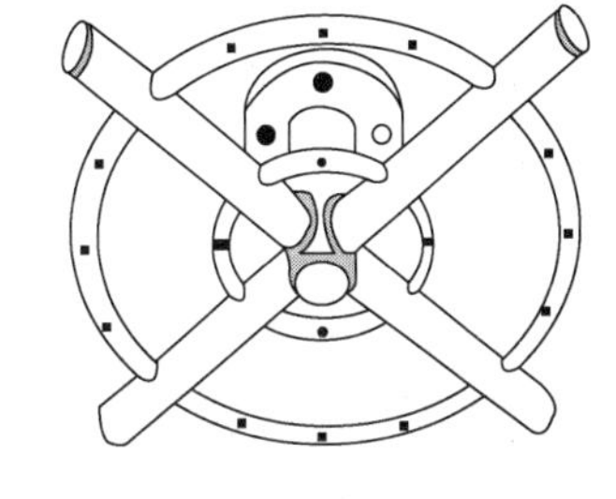

(c)多孔环管式液体分布器

图7-3-18　压力型液体分布器

（二）液体收集、再分布器

对于具有两段或两段以上填料的填料塔，液体收集器、液体再分布器及液体进（或出）料装置是必不可少的塔内件。

液体收集器的主要功能是将塔内不同径向位置流下来的液体加以混合，使进入下一层填料的液体有相同的组成。因为在操作过程中，气、液流率的偏差会造成局部液/气比小于最小液/气比（即在低于最小回流比下操作）而达不到应有的组成，这就造成塔截面出现径向浓度差，如果不及时混合，就会越来越坏。

1. 液体收集器

一般来说，常用的液体收集装置有百叶窗式液体收集器和盘式液体收集器。

（1）百叶窗式液体收集器

百叶窗式液体收集器用途较广，其特点为自由截面积大、压降小，金属耗量小，便于安装。但当液体喷淋密度较大时，易造成喷溅，导致雾沫夹带。另外，由于集液板是斜板式的，对气体有偏导作用，因此在液体收集器和填料支撑之间留有足够的空间，使气体充分混合。集液板的设计根据塔径和液体喷淋密度而定。当塔径小于2m时，集液板做成整体式，如图7-3-19(a)所示；当塔径大于2m时，集液板应断开，中间加明渠，以减小液面落差，如图7-3-19(b)所示。

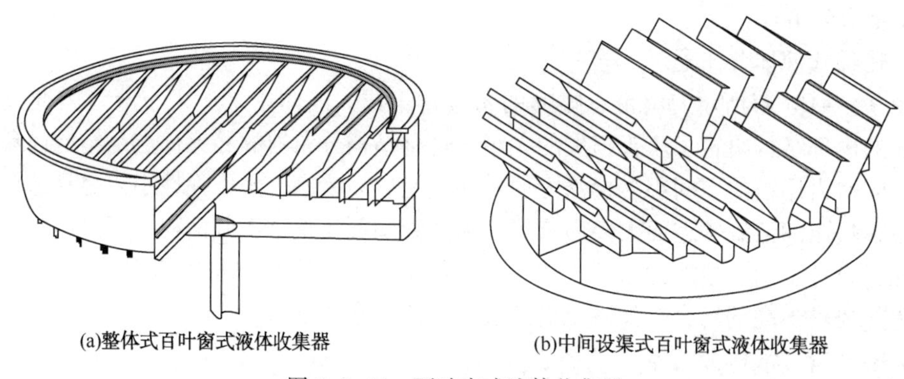

(a)整体式百叶窗式液体收集器　　(b)中间设渠式百叶窗式液体收集器

图7-3-19　百叶窗式液体收集器

（2）盘式液体收集器

盘式液体收集器自由截面积较百叶窗液体收集器小，约为30%左右。这种液体收集器能改善气体分布，液体收集比较完全，一般不会产生漏液，常用于全抽出场合，如减压塔中的集油箱。盘式液体收集器由底板、升气管和集液板组成，如图7-3-20所示。由于升气管可均匀排布，因此气体分布性能较好。分布板的结构形式由气体和液体的负荷、塔的直径等参数确定。

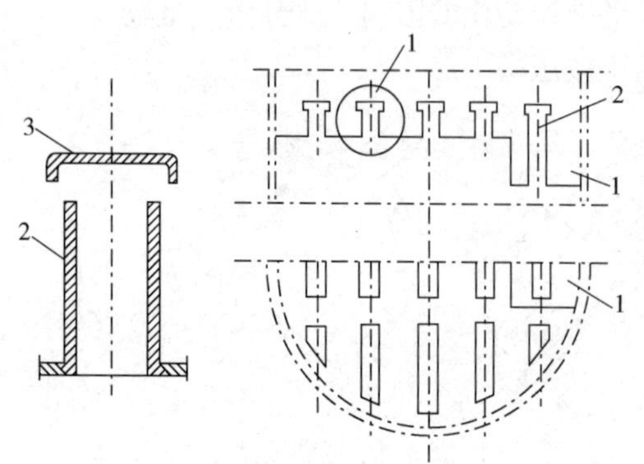

图7-3-20　盘式液体收集器

1—抽出斗；2—升气筒；3—集液板

2. 液体再分布器

液体再分布器必须兼有收集、混合和再分布流体的多种功能。因此，要比液体分布器复杂些，但从流体分布功能而言又是相近的，常用的液体再分布器也有管式、槽式、盘式等多种形式。

在常减压装置中，常将液体收集器和常规的液体分布器组合起来，形成诸如遮板式液体再分布器、支撑板式液体再分布器、盘式液体收集再分布器、壁流收集再分布器的多种组合式液体分布器，有时甚至将液体收集、液体采出、液体分布和气体分布结合起来，实现一体化。例如天津大学和SEI联合开发的新型热补偿式集油箱(如图7-3-21所示)和热壁式集油箱(如图7-3-22所示)。在大型减压塔中，由于塔体与塔内件材质不同，传统结构的槽盘式集油箱在高温操作条件下容易发生由热膨胀引起的变形甚至破坏，同时也由于其安装上的困难经常导致漏液现象。为了解决以上问题，开发了一种能吸收热膨胀的特殊结构的集油箱——热补偿式集油箱，特别适用于大直径以及操作温度很高的塔器中。

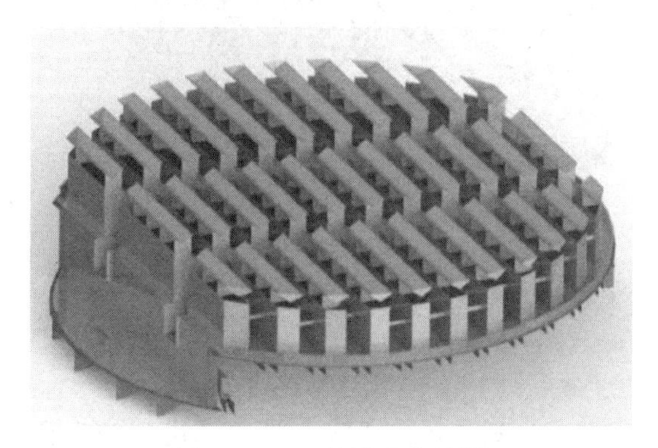
图7-3-21　补偿式集油箱

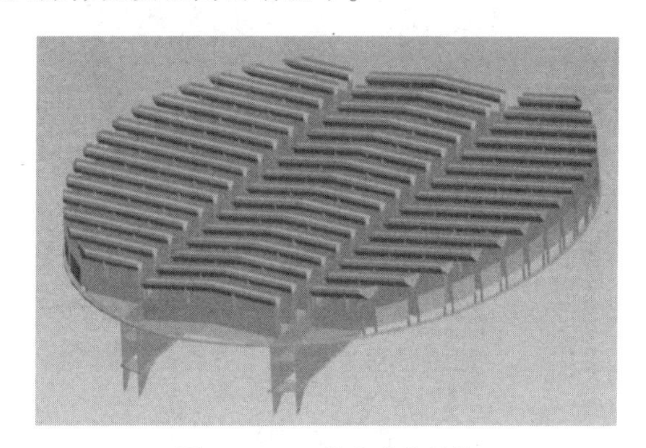
图7-3-22　热壁式集油箱

热补偿式槽盘集油箱上的液体主要通过集液槽和集液帽收集并由集液渠汇入抽出斗当中，气体通过集液槽之间的缝隙上升到集油箱的上方，集液槽通过自由端避免由于温度变化而引起的应力变形，这种结构形式既安装方便又可以有效地解决集油箱的受热膨胀问题。热补偿式槽盘集油箱具有优良的气体分布和液体收集功能，能够保证液体的停留时间，使气、液进一步充分分离，在高温下可以自由膨胀，不受操作温度的限制，保证塔器在高温操作工况下的正常运行。

另外，为了提高设计质量、提高设计效率、降低设计成本，通过可视化设计精确计算操作温度下和流场下的强度、刚度、稳定性和可靠性，从而能够优化塔内构件的结构，减少制造材料，改善工艺，节省工作量。

热壁式集油箱是专门用于过汽化油抽出的装置，具有热补偿式集油箱防止热膨胀的基本结构，并采用倾斜式的集液槽和集液渠，这种集液方式显著提高了液体的收集速度，避免形成高液位，大大减少了液体在集油箱内的停留时间，有效解决了高温结焦问题。

（三）气相分布器

为了获得填料塔的最佳性能，必须设计合理的气相入塔装置及分布装置。通常填料塔有两种气相入塔情况：一为塔底进料，包括气相进料与气、液两相进料；二为填料层间气相进料。气相进入及分布装置就是为了在不同情况下气相入塔达到稳定、均匀分布的目的。气相进入装置有多种形式，目前常见的气体分布器类型有多孔直管式、直管挡板式、切向号角式、切向环流式和双列叶片式。而对于常减压装置中的减压塔进料，常用的是双列叶片式和切向环流式。

1. 双列叶片式气体分布器

如图 7-3-23(a)所示，气液混合状态的物料经导流叶片被导向分布器两侧和下方，气体动能降低后均匀向上返至分布器上方的填料层，是一种性能比较优良的进气初始分布器。液相与气相充分分离，避免了液相夹带，压降更低，对塔壁冲蚀小。气体经多级叶片分流进入塔中，以达到气、液分离及气体均布的目的，它用于进气中含有大量的液体并需急速卸压的情况下，直径大于 2.5m 的炼油厂装置中。

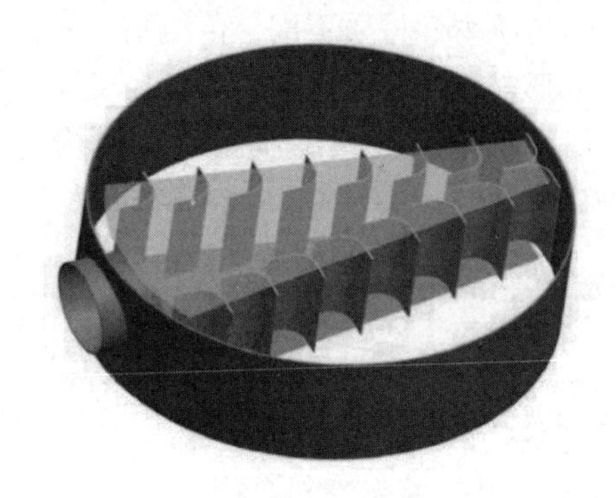

(a)双列叶片式气体分布器

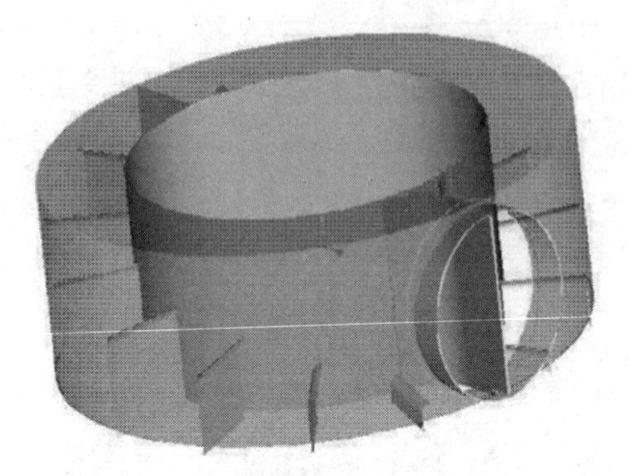

(b)切向环流式气体分布器

图 7-3-23　气体分布器

2. 切向环流式气体分布器

对于减压蒸馏过程，特别是减压塔的进料，气、液两相流动速度非常快，进料分布困难，计算流体力学是优化和设计复杂流动状况的有力工具。天津大学在计算机三维设计和流体力学计算的基础上，设计了带导流器和捕液吸能器的新型切向环流式气体分布器，如图 7-3-23(b)所示。此气体分布器综合性能颇为优良，主要由顶板、入口导流板、弧形导流板、内套筒和外套筒(塔壁)组成。弧形通道、弧形导流板、塔底空间和分布器上方均布空间的共同作用使进料气体在塔内均匀分布。其特点是改进了导流板的结构，多层倒锥式导流器使气流分布更均匀；捕液吸能器由栅板式框架与捕液填料所组成，其作用在于防止下部液体被气流产生严重的液沫夹带。这种新型切向环流式气体分布器已经成功地普遍应用于大型减压填料蒸馏塔中，例如，中国石化下属的茂名石化、高桥石化、齐鲁石化、上海石化、镇海石化和燕山石化等大型原油减压塔中，这些企业生产规模在 5~10Mt/a 水平。

(四) 填料压紧装置

正常操作时，填料塔的操作气速必须维持在泛点以下，填料床是一个固定床，不会因为气、液流动发生松动、流化和相互撞击，填料更不会被气流带出塔外。但生产上难免出现不正常，如因处理事故而紧急停车和开车，系统超负荷运转塔内产生液泛，工艺条件突然变化引起系统压力脉动、温度波动等。塔内工况的骤变对床层带来的冲击是常人难以想象的，它会导致床层膨胀、流化、填料变形或碎裂，甚至填料大量随气流带出，进入液体分布器冷凝器，直至塔外其他设备，对于规整填料，其规则排列会被破坏。经过多次“折腾”后的床层将面目全非，它的流体力学和传质性能都会下降。因此，为保持填料床的有效性和规整性，防止发生可能的意外事故，应根据各种床层的不同特性，在其顶面用不同方法加以固定，这些固定装置统称为填料床层压紧装置。

1. 散堆填料压紧器及床层定位器

(1) 填料压紧器

最常用的填料压紧器制成栅板形状，自由放置于填料层上端，靠自身重量将填料压紧，它适用于陶瓷、石墨制的散装填料，分为填料压紧栅板结构[如图 7-3-24(a)所示]和填料压紧网板结构[如图 7-3-24(b)所示]。线网要能防止填料上逸，所需的重量则由框架的设计来控制。栅板是用金属材料制成，可制成整体式，对于大直径的塔，需制成分块式，从塔的人孔装入后在塔内组装。

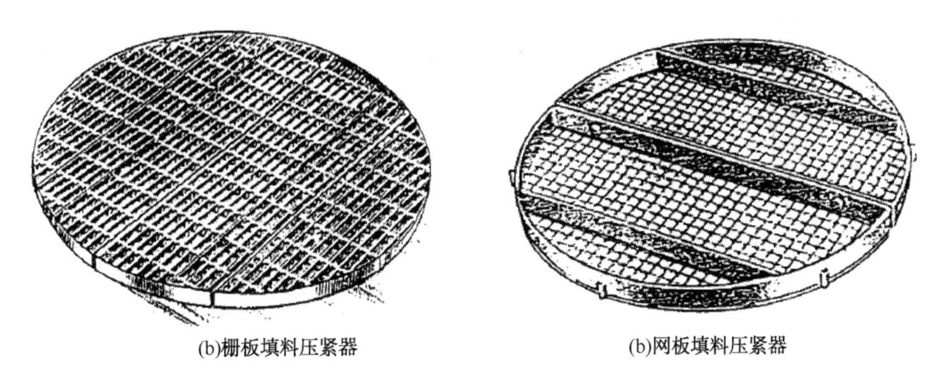

(b)栅板填料压紧器　　(b)网板填料压紧器

图 7-3-24　填实压紧器

(2) 散堆填料用床层定位器

制成栅板状，典型结构如图 7-3-25 所示。为防止小填料流失，在床层固定器底部加一层金属网，网孔大小由所用填料而定。目前多采用金属钢板网，即金属板冲拉而成的网，网孔呈菱形。为使孔隙率加大又不影响液体分布，金属网点焊在栅条上。对于筒体用法兰连接的小塔可制成整体式，而具有人孔的大塔则可制成分块式，分块的大小以能从人孔顺利进出而定。

2. 规整填料床层定位器

规整填料结构规整，所以它的床层定位器比较简单，用栅条间距为 100~500mm 的栅板即可，栅板圈用厚 4~6mm 的扁钢弯制而成，高度 50mm 左右。对于筒体用法兰连接的小塔，栅板圈周边均布打孔，在孔眼处焊接螺母，用螺钉顶住塔壁并用一螺母锁住，即可将床层定位器固定。对于从人孔装入的大塔如减压塔，栅板制成分块在塔内组装，如图 7-3-26 所示。

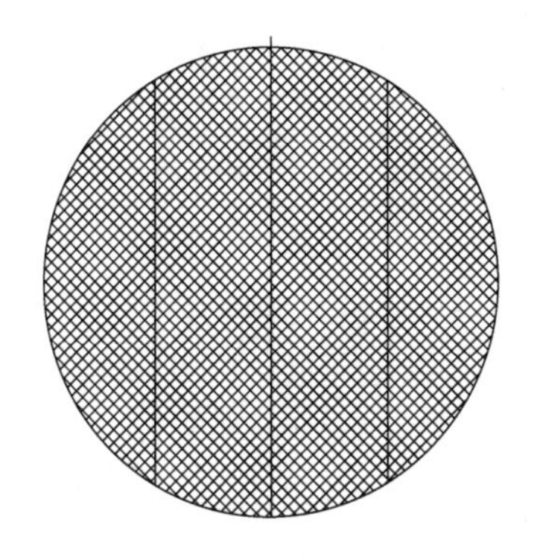

图 7-3-25　散堆填料床层定位器

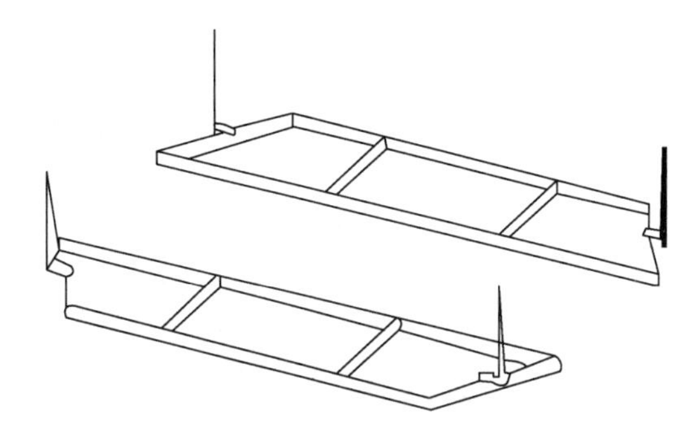

图 7-3-26　规整填料大塔分块式床层定位器

(五) 填料支承装置

填料支承装置必须可靠地承受施加于其上的各种负荷(持液量)及填料重量，确保气、液流畅通无阻，并防止填料颗粒或碎片从支撑板的开孔处漏出。

大量的事件证明液泛往往从支撑面开始，填料塔的液泛气速主要取决于支撑板与其上一层填料之间有效孔隙率的大小。确定填料支承装置开孔面积的原则是，支承装置开孔率必须大于填料层孔隙率，否则在支承区易构成“瓶颈”区，降低了整个填料塔的极限负荷。开孔面积与结构、材质、塔径等有关，推荐金属支承装置开孔率的下限值是 80%，最好大到 100%。

此外，支承装置还应满足一般的经济技术要求，如材料省、重量轻、结构简单且有利于气、液的均布、阻力小(压降不超过 20Pa，一般 10Pa 左右或更小)、安装维修方便等。

1. 散堆填料支承

散堆填料支承的形式有驼峰式支承装置、波纹式支撑以及规整填料式支承装置。其中，驼峰式支承装置又称梁型气体喷射式填料支承装置，是一种可根据塔径大小由一定单元数开孔波纹板组合而成的综合性能优良的散装填料支承装置，其结构如图 7-3-27(a)所示，在普通的填料塔中已得到广泛使用，但在大型的减压塔中应用较少。波纹式支承装置，如图 7-3-27(b)所示，为一种小直径、轻负荷的支承装置，使用塔径一般不超过 ϕ1200mm，所以不用在减压塔中。规整填料式支承装置是在一层规整填料上堆放散堆填料，即散堆填料以规整填料为支承。这层填料承担了支承和传质的双重作用，同时还会改善气体的初始分布。作为支承的规整填料，其开孔率要足够大，通量、抗堵塞和腐蚀能力应与所支承的散装填料相当，开口不能太大以防止填料颗粒漏下，同时要有足够的强度。大空隙率的格栅和波纹板填料很适合作为支承填料，常常用于浅床层填料塔，如炼油厂减压塔中。当底部易堵时，最好用格栅填料支承，因为这种填料有很强的抗堵塞能力。此外，规整填料一般难以清洗，故用于支承时必须经常更换。

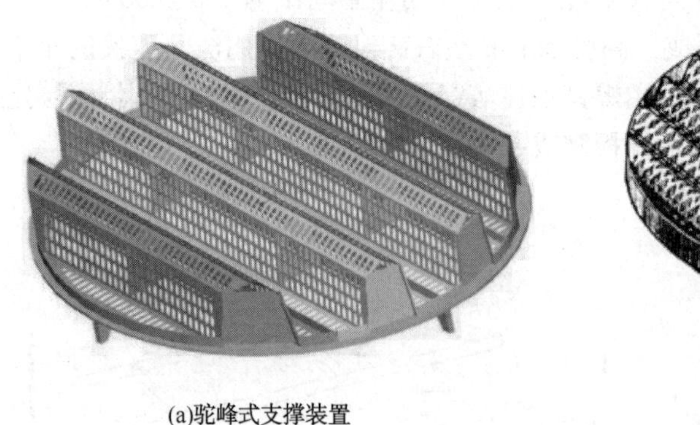

(a)驼峰式支撑装置　　(b)波纹式支承装置

图 7-3-27　散堆填料支承

2. 规整填料支承

规整填料一般采用格栅式支承结构，它是由一定数量的栅条平行排列而成，为便于安装和使用，常将栅条分组连接拼接成格栅块，再成块安装于支承面上，块的宽度宜小于人孔直径，以便从人孔送入塔内，塔径较大时栅条必须分段。其结构如图 7-3-28 所示。格栅式支承装置最适合规整填料的支承，其造价要较驼峰式支承装置低，格栅式空隙率也比较大。填料支承栅装置目前是结构最简单、最常用的规整填料支承装置，广泛地应用于减压塔中。

3. 支承梁

对于大型的填料塔，格栅支撑必须加梁辅助支承，常用的支承梁的形式有工字钢梁和桁架梁。工字钢梁应用较为广泛，但随着减压塔塔径的增大，工字梁的型号也要加大，这不仅使其难以从人孔进塔，而且工字梁型号越大则由此产生的气体旋涡越严重，气体分布的端效应也越大。

目前在国内的减压塔中，中国石化工程建设公司和天津大学共同开发的桁架支承梁已逐步取代工字钢梁，桁架支承梁如图 7-3-29 所示，借用铁路桥梁桁架的设计原理，桁架梁与支承构件之间形成三角形稳定结构。根据三角形的稳定性原理，这种结构可以有效地加强支承梁的强度，减小支承梁在负载时的挠度，同时这种结构提高了整个桁架支承梁的通透性，可以改善气流旋流的冲击。此外，桁架支承梁所占塔截面积较小，对塔的通量影响不大，桁架支承梁中间可以穿行，可以减少为检修、安装提供的预留空间。

图 7-3-28　栅板式支撑装置

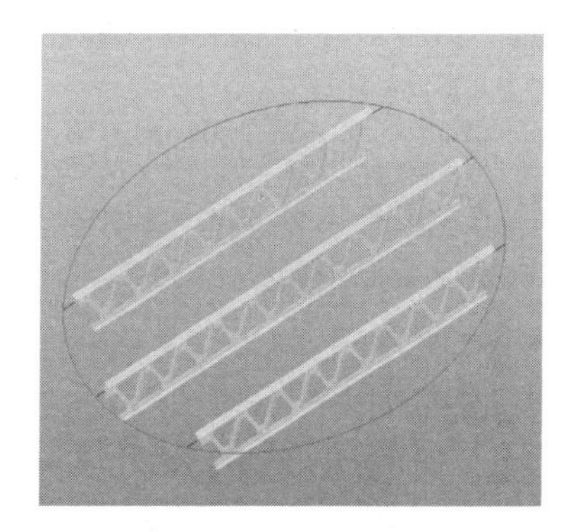

图 7-3-29　桁架支承梁

第四节　安装、检修及故障排查

一、安装

（一）水平度及椭圆度影响

无论对于板式塔还是填料塔，塔体的水平度和椭圆度对塔效率的发挥都至关重要，特别是大塔，放大作用更明显，所以要保证安装水平度和椭圆度。相关尺寸要求可参照 SH/T 3088—2012《石油化工塔盘技术规范》。

1. 塔的水平度

由于塔节的对接、塔节与裙座的对接、塔的基础及热变形等因素的作用，塔不可能做到绝对垂直，因此使塔产生了水平度的偏差。

（1）板式塔的水平度

板式塔在安装过程中，应保证塔内组装件相互位置的正确，其中最重要的是保证塔板安装的整体水平度。塔板水平度的偏差取决于塔盘支持圈与塔体组焊是否正确。

卧装塔板比立装塔板安全得多，基本上无高空作业，且可以分组同时安装，相互间影响也不大。但卧装塔板时，测量数据的处理比较麻烦，既有塔体本身的挠曲影响，又有日照的因素。

若塔板采用卧置安装，塔体应在制造厂标出准确的中心线才能交货，以便将此线和支持圈的基础环线作为测量塔内件的基准，塔盘的水平度可用直角尺和水平仪来检查。若塔板采用立装，应先对组焊件进行校正，塔体就位后再进行塔盘的安装。塔盘水平度用直尺和水平仪测量，但必须注意到因塔体阴阳面的线膨胀量不同。一般采用立式安装。

(2) 填料塔的水平度

在填料塔填料层内，液体受重力的作用趋于垂直下流，因此若塔有倾斜，液体将优先流向向下倾斜的一边，向上倾斜的一边液流小，气体则优先流向向上倾斜的一边，结果导致填料层内的气、液分布不均，分离效率下降。许多研究者的实验证明了这一点，每倾斜 1°，分离效率下降 5%~10%，规整填料由于塔倾斜而引起的效率下降较散堆填料小。

填料塔内重力型液体分布器的水平度要求很高，应在塔安装就位后现场安装，以避免塔垂直度对分布器等水平度的影响。

2. 塔的椭圆度

一般认为，塔体椭圆度并不影响板式塔和填料塔的性能，但影响塔板、填料及其他塔内件的安装。散堆填料的安装并不受椭圆度的影响，为了方便安装，填料塔及板式塔的塔体椭圆度误差应予以限制。

(二) 安装

1. 安装前的准备工作

1) 塔内件的安装应在塔体压力试验合格并清扫干净后进行。内件安装时，应严格按图样技术要求施工，以确保工艺指标要求。

2) 内件安装前，应对塔内安装表面进行清理，去除表面油污、焊渣、铁锈、泥沙及毛刺等杂物。

3) 对旧塔进行改造需将安装塔内件的部位按改造施工图要求磨平并打磨光滑。

4) 安装前应将各物流口用盲板盲死。

5) 塔内必须具备严格的防火措施及人身安全防护措施。

6) 人进塔前必须进行塔内空气质量检查，对于出厂时采用氮封的新塔和改造的旧塔尤其应特别注意。

7) 塔内衬里不应有裂纹、鼓泡和剥离等现象。

2. 板式塔的安装

安装工作应根据正确图纸按顺序依次进行，从塔底向塔顶安装。在开始塔盘装配前，参考点应在塔内标记好。每一块装配好的塔盘作为上层塔盘的工作面。安装最下面第一块塔盘时，通常应在塔内临时安装脚手架。如果需要应现场修整塔盘板(降液板)或连接板上的螺栓孔，以便螺栓顺利装入。

安装时单层塔盘承载人数不得超过表 7-4-1 规定。

表 7-4-1　单层塔盘允许承载人数

塔器公称直径 DN/mm	人数	塔器公称直径 DN/mm	人数
DN≤1500	2	4000<DN≤5000	6
1500<DN≤2000	2	5000<DN≤6300	7
2000<DN≤2500	3	6300<DN≤8000	8
25000<DN≤3200	4	DN>8000	9
3200<DN≤4000	5		

3. 填料塔的安装

填料塔的安装步骤如下：

1）焊接与塔体相焊的部件。

2）安装填料支承。

3）安装填料。

4）安装填料固定或压紧装置，并调水平。

5）安装液体分布器或再分布器，固定并调水平。

6）安装液体收集、采出装置。

7）安装完毕，检查和清理。

二、检修及故障排查

（一）检修

当整套装置运行一段时间后，应进行检修。检修分为中修和大修，对于易自聚、易腐蚀介质物系，通常 12 个月一次中修，24 个月一次大修；对于一般物系，每隔 24 个月一次中修，48 个月一次大修。

1. 中修内容

1）清理塔壁，检查塔壁腐蚀情况，测量壁厚。

2）做气密性试验或按规定做水压强度试验。

3）检查焊缝腐蚀情况。

4）检查修理填料支承装置、填料压紧装置、液体再分布器、喷淋装置、视镜。

5）检查清洗或更换填料。

6）检查、紧固或更换各连接件和管件。

7）检查、修理或更换密封件。

8）检查、修理或更换进出料管和回流管，清洗进料过滤器。

9）清洗喷淋孔、滤环。

10）检查安全阀、流量计、温度计、压力表。

11）修补保温层、涂漆。

2. 大修内容

1）包括中修内容。

2）塔体解体；检查，清理料垢和腐蚀层。

3）修理或更换易损件及附属设备。

4）校核加压塔壁厚强度。

5）检查找正塔体铅直度、直线度、紧固地脚螺栓。

6）检查修理塔裙座。

7）检查、修理塔基础的裂纹、下沉情况。

8）塔体除锈、涂漆、保温。

3. 检修塔内件时注意事项

检查塔板及填料、分布器等各部件的结焦、污垢、堵塞情况，检查塔板、鼓泡构件和支撑结构的腐蚀及变形情况。

1）检查塔板上各部件的尺寸是否符合图纸及标准。

2）对于浮阀塔板应检查其浮阀的灵活性，是否有卡死、变形、冲蚀等现象，浮阀孔是否有堵塞。

3）检查各种塔板、鼓泡构件、填料、分布器等部件的坚固情况，是否有松动现象。

4）检查各部连接管线的变形，连接处的密封是否可靠。

（二）故障排查

1. 塔故障起因

故障处理的目的在于尽快搞清楚塔出现故障的原因，并采取有效的治理措施，使塔恢复正常操作或达到设计指标。

塔的故障通常有以下几种：

1）塔没有达到预期的分离效率。

2）塔没有达到预期的气体或液体处理能力。

3）塔的压力降过高或过低。

4）塔的操作不稳定。

5）塔出现意想不到的腐蚀或材料问题。

塔故障诊断的首要任务是确定故障的起因，引起精馏塔故障的原因各种各样，是工艺问题还是相关的设备问题，这是两个大的判断方向。精馏塔发生故障的原因的分析如表 7-4-2 所示。

表 7-4-2　精馏塔发生故障的原因

故障原因	报告故障数	报告故障所占比例/%
仪表和控制	52	18
塔内件故障	51	17
开车和(或)停车困难	48	16
操作困难	38	13
再沸器、冷凝器问题	28	9
原始设计、气液平衡、塔尺寸、填料类型等	21	7
泡沫	18	6
安装问题	16	6
塔板及降液管布置	13	4
塔的过压排放	12	4

2. 故障诊断步骤

（1）陈述问题和目标

这似乎是一项简单的任务，但通常因为人们对实际问题的认识不同，陈述问题的角度和深度也会不同。

例如：某塔处于不合适的高流率下操作，因雾沫夹带引起的分离效率低下，如果操作者或装置工程师用提高回流比来弥补效率不足，则会导致液泛。因此故障报告可能陈述的是水力学上限问题，而实际上却是雾沫夹带引起的效率问题。纠正的目标不应是解决水力学能力问题，而是要解决雾沫夹带问题。

因此，要仔细听取现场操作人员及装置工艺、设备、仪表工程师，甚至维修人员和管理人员对异常症状的描述和判断意见，不要轻易否定，要逐条罗列，通过进一步深入研究逐一排查。

（2）问题的评估

主要是评估问题的严重性、危险性、经济损失情况。如果塔故障导致装置存在危险性，首先应采取应急措施排除危险。在问题存在的条件下，尽量采取一些临时性措施来维持生产，至少能为故障处理收集资料创造必要条件，取得尽可能完整可靠的资料，在有计划和准备的条件下停车，这样就可以缩短维修时间。

（3）收集现场数据及原始设计文件

完整的资料应包括下述几方面：

1）装置的工艺管路仪表流程图、平面布置图(竣工版)。

2）设计条件和设计说明书(设计条件下的物料平衡和热量平衡表或工艺流程模拟结果，工艺流程设计说明书，相关辅助设备、仪表设计说明书，塔内件水力学计算书，塔内件结构设计说明等)。

3）有关设备、塔内件、相关管口方位施工图(竣工版)。

4）历史正常操作和现在异常操作的现场工艺数据记录(实际的物料和热量平衡数据，实际塔压力降、温度、组成分布，异常过渡状态和开车过程记录等)。

5）操作手册。

6）塔及塔内件安装、检验、维修记录。

（4）资料的排查与分析

排查步骤如下：

1）检查工艺设计并对比实际情况(设计条件与操作工况对比；热力学；物性数据；理论板计算、最小回流比和再沸器汽化量；实际情况与设计工况下，有关塔与塔周边设备的热量和物料平衡等)。

2）检查设备设计并对比实际工况(能力估算、压力降估算、效率估算、各塔内件的水力学估算、分布效果、内件结构布置、换热器、泵等)。

3）检查仪表和控制方案设计及运行(原始控制方案，所有控制系统对某个改变产生正确的响应；进出塔的物流参数测量仪表读数的准确性)。

4）检查机械完整性，塔内件(塔盘、填料、分布器集液器等)是否有损坏。

（5）合理科学的诊断及处理

这是故障诊断过程的目标。做出的诊断通常不是单一的，而是多元的，不仅要对那些显而易见的原因进行诊断，对任何可能引发的原因诊断也绝不能轻易放过。解决方案通常也是多元的：紧急方案、临时方案及永久性的方案。永久性方案只能在下次停车时实施，这种方案需要足够充分的准备时间，要按故障处理的目标分步骤实施，而且还要充分考虑到实施的方案可能引发的相关的或新的问题。

(6) 实施结果的监测记录

追踪故障处理方案的实施结果是十分重要的。如果方案实施成功，方案中合理的理念能在新的设计规范和其他相关设计中得到应用，使业内装置取得更大效益。

3. 操作中常见故障原因分析

(1) 板式塔常见故障原因分析

1) 分离效率低，分离效率达不到预计值，可能是以下几方面出现了问题：

① 气液相平衡数据(VLE)偏差。

② 理论板、最小回流比、再沸器汽化量计算偏差。

③ 物料平衡偏差。

④ 传质效率预测偏差。

⑤ 塔内件设计、安装问题，包括：板式塔上可能出现的液体分布不良，液体分布器的设计和性能，塔盘、集液器、分布器上的雾沫夹带，塔盘、集液器、分布器上的泄漏和渗漏，气体分布性能等。

2) 水力学能力：当塔的能力不足时，可能是下列一种或多种情况引起：

① 关联式使用不正确或偏差。

② 塔操作中产生了没有预见到的起泡物质。

③ 塔内件设计、制造、安装失误。

④ 模拟计算结果不准确。

可以通过检查以下位置排查：

① 检查关联式适用的范围及准确度。

② 检查装置的实际热量和物料平衡数据是否和设计值有偏差。

③ 检查物系起泡性能。

④ 检查塔内件设计、制造、安装资料，查找气、液流动收缩点。

⑤ 检查塔盘和内件是否移位。

⑥ 检查结垢堵塔的可能性。

3) 塔操作不稳定，包括不稳定的流量、温度、压力、组成或这些参数的组合。可以检查的问题包括：一般的控制问题，压力控制问题，烃系统中是否带水，系统起泡性，进料条件的稳定性，再沸器的波动和稳定性，冷凝器放空和压力平衡等。

过高的压力降可以由下列问题引起：

① 气液流动有收缩/阻塞点。

② 预测模型偏差。

③ 塔内件设计、制造、安装失误。

④ 流动速率改变。

⑤ 过高的雾沫夹带。

可以通过检查以下位置排查：

① 检查塔盘、分布器、支撑板上的气、液流动收缩点。

② 检查压降关联式的可靠性。

③ 检查传质元件以外的其他塔内件的压力降设计。

④ 检查装置仪表的准确性以及物料平衡数据是否和设计值有偏差。

4）辅助的设备问题，如：再沸器液位控制和分布不合理，再沸器循环不足，设备结垢，放空系统过载，泄漏等。

5）腐蚀故障等。

（2）填料塔故障原因分析

填料塔常见故障及处理方法如表 7-4-3 所示。

表 7-4-3　填料塔常见故障及处理方法

原　　因	现　　象	处理方法
液体分布器分布不均匀： ①设计不合理； ②分布器堵塞、腐蚀漏液； ③安装水平度差； ④超过操作弹性； ⑤分布器入口分布不良	全塔效率低，塔压降和设计误差不大。一般可根据各段填料的分离效率判断是哪套分布器问题。由①或③引起的效率低，增大回流可使效率提高。而由②、④或⑤引起的，增大回流并不能使效率提高	①改进设计并重新制作分布器； ②清除堵塞、修补或更换分布器； ③重新安装，调整水平度； ④增大分布孔的密度或大小、减少分布孔的密度； ⑤改善液体入口
气体分布不均匀，通常是塔釜气相入口没有气体分布器	全塔效率低，但压降设计误差不大。一般减小气相负荷或增加回流可明显改善分离效率。另外，雾沫夹带现象严重，在高负荷操作时压降大	增加气体分布器
液体收集器漏液： ①降液管太小或入口阻力大，造成降液困难，液体从升气管漏液； ②密封不好，漏液或百叶窗式收集器漏液	塔的分离效率差，由于①造成雾沫夹带，使压力增加，通量下降，增加回流往往造成压力增高，效率下降。由于②压力降通常与设计差异大，增加回流一般可使分离效率提高，低负荷操作分离效率也不高	①增大降液管或降液管入口； ②改善密封，防止漏液，改变百叶窗角度或尺寸，防止漏液
多个液体分布器安装位置颠倒	低负荷分离效率较高，高负荷分离效率低	重新设计安装液体分布器
同一塔中选择多种填料，填料位置安装错误	达不到设计负荷，低负荷操作时某段填料分离效率低，高负荷操作时，低负荷效率高的那段填料效率下降、压降高	重新安装
填料安装不好： ①散堆填料填充太松，规整填料每块之间及与塔壁之间间隙大； ②填料变形大，散堆填料安装挤压太紧，陶瓷填料破碎多	由于①通常效率低、阻力小，增加回流可使分离效率提高； 由于②通常表现为阻力大、操作上限低，降低负荷时分离效率可提高	按要求进行安装
填料被堵塞、结焦，塑料填料软化	阻力大，分离效率低；操作上限低	在塔内清洗或拆除塔外清洗，更换填料
填料被腐蚀	分离效率差，压力降忽高忽低；有时效率很差，压降很大或很小	更换填料，采用耐腐蚀材质填料

续表

原　　因	现　　象	处理方法
填料支承开孔率低	达不到设计负荷，提前液泛，高负荷操作时分离效率低，低负荷操作时分离效率高	更换填料支承，采用开孔率足够高的支承
填料压圈开孔率低	高负荷操作时压降高、效率低，有时也会发生全塔液泛，低负荷操作时正常	采用开孔率足够高的填料压圈
设计错误气液平衡数据不准，有杂质	设备、控制、操作等均正常，但达不到预想的分离效率	重新核算、设计或增大回流(吸收剂液量)，限量生产
填料的传质效率数据不准，填料对各种物系的分离效率是不相同的，有时差异很大	设备、控制、操作等均正常，但达不到预想的分离效率	重新核算、设计，更换更高效率的填料或增大回流(吸收剂液量)，限量生产
液相发泡	达不到设计负荷，低负荷操作时分离效率高，压降较计算值大	加消泡剂，尽量使塔内气、液负荷稳定，减小波动
中间馏分积累，如甲醇、乙醇精馏中的杂醇	中间馏分在塔某处积累，产生周期性局部液泛，造成塔的操作不稳定	加侧线采出中间馏分，提高塔顶温度或降低塔釜温度，使中间馏分从塔顶或塔釜采出
缺少某组分使另一组分很难分离	产品中某一微组分很难分出，采用提高回流量、减少采出量等手段也很难将产品中这一组分分离出来，进料中若含另外一组分可除去产品中的这一杂组分	加少量水、汽或其他组分，使之与微组分形成共沸，以达到分离的目的
塔釜液位过高，淹没了气相入口，产生雾沫夹带	阻力大，分离效率下降，液泛	采用可靠的塔釜液位监控，若塔釜液位很高，应采用泵打出，试图将其快速蒸出，应保证再沸器加热平稳
对于理论级数很多的大直径分段填料塔，采用液体收集器、液体分布器、收集式再分布器，液体没有完全混合，浓度不均匀，影响分离效率	分离效率低	收集液体使液体充分混合再进行分配
再沸器加热效果不好： ①热虹吸式再沸器循环量太小，可能由于堵塞、液位偏低、管道阻力大等原因； ②热虹吸式再沸器循环量太大，可能由于液位太高； ③加热介质一方有不凝气积累； ④加热介质冷凝液排放不畅	加热量低	①清除堵塞，提高液位或降低再沸器位置； ②降低液位或提高再沸器位置或入口增设孔板、调节阀； ③排放不凝气； ④采取措施使冷凝液自由排放
塔顶冷凝器换热效果不好 ①冷凝一方有不凝气积累； ②冷却水一方结垢； ③冷却水流量小或温度偏高； ④冷凝液下流不畅	冷凝器换热量小	①排放不凝气； ②清除污垢； ③加大循环水流量； ④增大管径，使冷凝液排放通畅

续表

原　　因	现　　象	处理方法
进料以上温度控制点温度控制偏高或进料以下温度控制点温度控制偏低	塔顶重组分含量偏高，塔釜产品中轻组分含量小于设计值	改变温控点控制温度
进料以上温度控制点温度控制偏低或进料以下温度控制点温度控制偏高	塔顶重组分含量小于设计值，塔釜产品中轻组分含量偏高	改变温控点控制温度
塔顶产品采出过少，物料不平衡	塔顶重组分含量小于设计值，塔釜产品中轻组分含量偏高	增加塔顶产品采出量
塔顶产品采出过多，物料不平衡	塔顶重组分含量偏高，塔釜产品中轻组分含量小于设计值	减少塔顶产品采出量
控制方案不合适	波动大	改换合适的控制方案

4. 放射技术在故障处理中的应用

用于塔故障诊断的放射技术有四种，分别为：检测塔内温度分布的红外线扫描技术，检测塔内密度分布的γ射线扫描技术，检测塔内氢浓度(密度)分布的中子反向散射扫描技术，检测塔内物料沿流动方向停留时间分布的示踪技术。故障诊断工程师最常用的是γ射线扫描技术，以塔内介质密度分布图的形式提供扫描结果。

参　考　文　献

[1] 夏清，陈常贵．化工原理[M]．天津：天津大学出版社，2005.
[2] 俞晓梅，袁孝竞．塔器[M]．北京：化学工业出版社，2010.
[3] 王树楹．现代填料塔技术指南[M]．北京：中国石化出版社，1997.
[4] 路秀林．塔设备[M]．北京：化学工业出版社，2009.
[5] 李鑫钢．现代蒸馏技术[M]．北京：化学工业出版社，2004.
[6] 孙兰义．化工流程模拟实训-Aspen Plus 教程[M]．北京：化学工业出版社，2012.
[7] 兰州石油机械研究所．现代塔器技术[M].2 版．北京：中国石化出版社，2005.
[8] Fractionation Research Inc. Tray Design Handbook[M]．中国石化集团公司 F. R. I. 精馏技术协作组译，北京：中国石化出版社，2006.
[9] 李鑫钢．蒸馏过程节能与强化技术[M]．北京：化学工业出版社，2011.
[10] 王松汉．石油化工设计手册[M]．北京：化学工业出版社，2001.
[11] 姚玉英．化工原理(下)[M]．天津：天津科技出版社，1992.
[12] 李志强．原油蒸馏工艺与工程[M]．北京：中国石化出版社，2010.
[13] 刘乃红．工业塔新型规整填料应用手册[M]．天津：天津大学出版社，1993.

第八章　加热炉

第一节　管式加热炉

一、结构特征

石油炼制和石油化工使用的工艺加热炉通常是管式加热炉，又称一般炼油装置火焰加热炉。在火焰加热炉内，燃料放出的热量传热给管内的流动介质，介质为易燃易爆气体或液体。加热方式为直接受火，燃料为燃料油或燃料气。加热炉在一个周期内是不间断操作的。

管式炉和锅炉均是利用燃料燃烧的热量加热管内介质，管式炉加热的介质比锅炉加热的介质更易燃、易爆，比锅炉更危险；管式炉内介质与炉体外相连的管道内介质相同，但炉管直接受火焰和/或高温烟气辐射，炉管金属壁温远高于炉外相连的管道，且有外部烟气腐蚀，比管道使用条件更苛刻。但锅炉和压力管道都有相应的法规和规定，即《锅炉安全技术监察规程》(TSG G0001)和《压力管道安全技术监察规程——工业管道》(TSG D0001)。《固定式压力容器安全技术监察规程》(TSG 21)定义中不包含直接受火焰辐射的容器。截至目前，管式加热炉的设计、制造和操作还没有专门的机构监管。

炼油装置用加热炉专用的国内外主要权威标准有：《炼油装置火焰加热炉工程技术规范》(GB/T 51175)，《一般炼油装置火焰加热炉》(SH/T 3036)和 API 560(ISO13705) Fired Heaters for General Refinery Service。知名的工艺包商和工程公司都有自己的企业标准，企业标准大都是对 API 560 的修改补充。另外还有大量的用于加热炉各部位和部件的材料、制造、安装和验收的国家行业和企业标准。例如对于炉管有 ASTM、GB 和企业内部标准。

加热炉本体的典型结构见图 8-1-1。此外加热炉还有供风和烟气排放系统，见图 8-1-2。

二、设计目标

(一) 加热炉的设计要求

1）工艺过程要求。

2）先进、可靠、平稳、长周期。

3）投资小、占地面积少、回报率高，即性价比高。

4）安全、环保。

5）操作维修方便。

6）热效率高，节能。

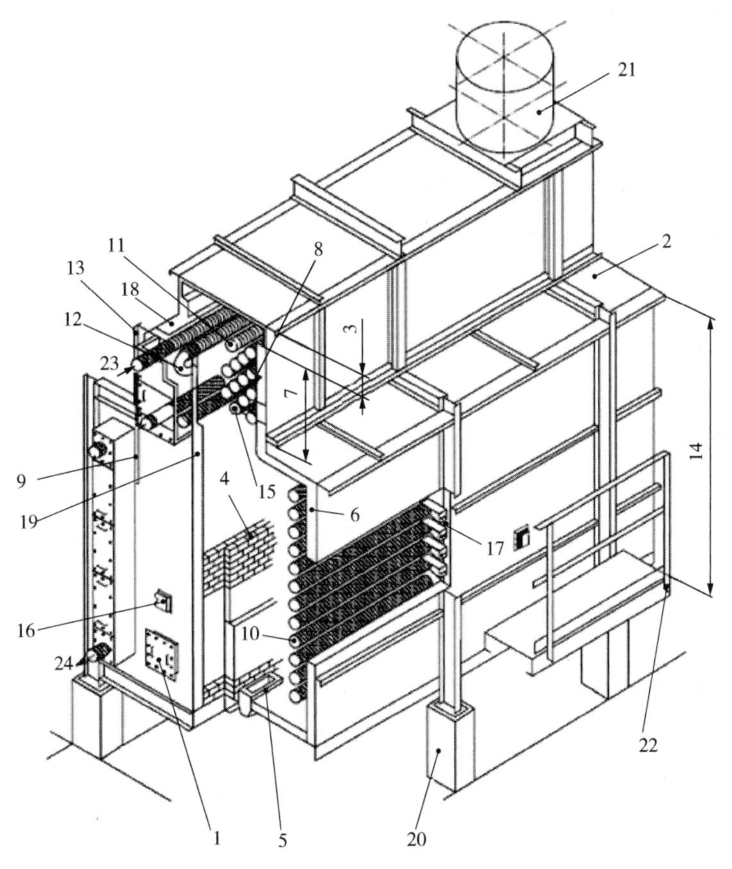

图 8-1-1　加热炉本体典型结构

1—人孔门；2—炉顶；3—尾部烟道；4—桥墙；5—燃烧器；6—壳体；7—对流段；8—折流体；9—转油线；10—炉管；11—扩面管；12—回弯头；13—弯头箱；14—辐射段；15—遮蔽段；16—看火门；17—管架；18—耐火衬里；19—管板；20—柱墩；21—烟囱；22—平台；23—工艺介质入口；24—工艺介质出口

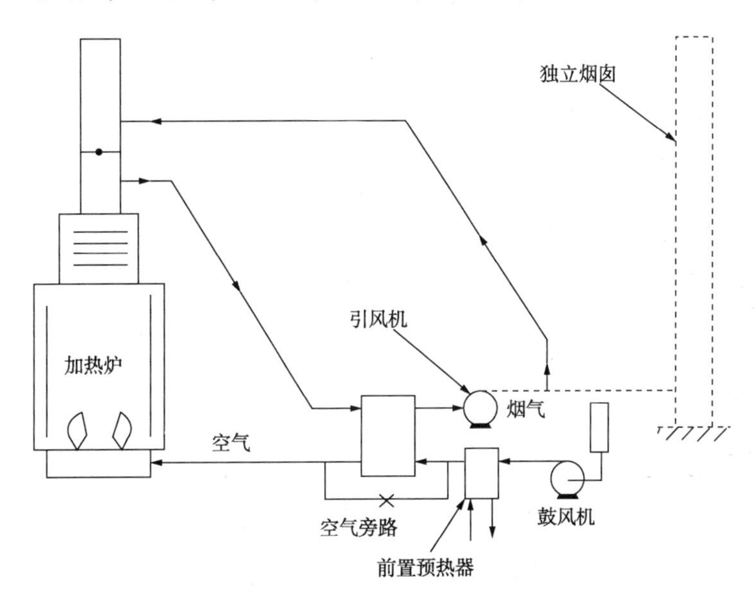

图 8-1-2　加热炉典型供风和烟气排放系统

(二) 设计应考虑的因素

为满足以上设计要求，加热炉设计应考虑环境条件、工艺条件、燃料性质和安全环保要求等，具体如下：

1. 环境条件

1）大气压力：烟囱高度、风机规格等与其有关。

2）环境温度：烟囱高度、风机规格、露点温度、结构材料选择等与其有关。

3）湿度：燃烧空气量、油漆、风机等配件的选用与其有关。

4）地震设防烈度：用于结构设计。

5）场地土条件：用于结构设计。

6）基本风压：用于结构设计。

7）装置所处位置：如城市、郊区，环保要求、结构设计等与其相关。

2. 工艺条件

1）介质出入口温度、出入口压力、压降、物性、有否腐蚀介质，工艺过程所需附加热负荷等。

2）预期条件：油品性质的变化(如S、酸含量的变化)、操作弹性要求等。

3. 燃料性质

1）加热炉燃烧用燃料种类：燃料气、燃料油或油-气联合；

2）燃料组成：燃料中是否含有S、V、Na等重金属；

3）是否有其他低压、低热值废气通入加热炉燃烧等。

4. HSE

1）环评报告及地方上所要求遵循的环保标准，如烟气排放标准、排放监测因子种类、监测方式等。

2）对噪声水平的特别要求。

3）对平台梯子设置的特别要求。

4）有关安全、消防的特别要求等。

5. 其他特殊要求

1）业主对自动控制水平的要求。

2）加热炉场地布置条件。

3）烧气时是否用吹灰器，对吹灰器型式的要求。

4）是否要求火焰监测、是否要求工业电视。

5）对平台梯子的要求：例如，平台板是采用花纹钢板、格栅板或是二者组合；防护栏杆是否经过热浸锌处理等。

6）在强制通风中断，自然通风期间要求的加热炉负荷。

7）是否要求模块化制造、模块化程度等。

三、主要工艺参数

(一) 热负荷

单位时间内向管内介质传递热量的能力称为热负荷，单位为MW或kW。加热炉的热负荷等于所有被加热的气体、液体、水蒸气等介质通过加热炉所吸收的热量之和，又称有效负荷。

(二) 炉膛烟气温度

指烟气离开辐射段进入对流段前的烟气温度，一般在辐射段顶部或对流段下部测量，它是衡量加热炉操作情况的一个关键参数，是加热炉炉衬、管架设计的基础数据。炉膛温度高说明辐射段传热强度大，但炉膛温度过高，表示燃烧太猛烈，容易烧坏炉管、炉衬和管架等。不同的装置、不同的炉型，其炉膛烟气温度相差较大，常规范围为600~850℃。

炉膛烟气温度也是车间操作的一个控制指标。制定炉膛操作温度工作卡片时，其数值应根据加热炉的设计操作温度和设计操作弹性来确定。

(三) 体积热强度

体积热强度指燃料燃烧的总发热量除以炉膛体积，单位为 kW/m^3。炉膛大小对燃料燃烧的稳定性有影响，如果炉膛体积过小，则燃烧空间不够，火焰容易舔到炉管和管架上，炉膛温度也高，不利于长周期安全运行，因此炉膛体积热强度不允许太高，一般烧油时控制在 $125kW/m^3$ 以下，烧气时控制在 $125kW/m^3$ 以下[1]。

(四) 表面热强度

表面热强度是指炉管每单位表面积、单位时间内所传递的热量，单位为 W/m^2。辐射表面热强度常指辐射段所有炉管热强度的平均值。

除非特别说明，平均热强度通常是指管心距为两倍、单排管受单面辐射单面反射时的外表面热强度。加热炉规划时，一般根据经验数据选取，实际控制的是炉管局部最高热强度。

由于辐射段内炉管受热不一样，不同的炉管以及同一根炉管上的不同位置，其局部热强度是不相同的。提高平均热强度控制局部最高热强度是加热炉设计和操作的目标。常减压加热炉的常规热强度值见表 8-1-1。

表 8-1-1　常减压炉辐射段炉管平均热强度推荐值

加热炉名称	炉管平均表面热强度/(W/m^2)	加热炉名称	炉管平均表面热强度/(W/m^2)
常压蒸馏炉	25000~37000	减压蒸馏炉	21000~34000

(五) 氧含量

为了保证燃料燃烧完全，实际进入炉内的空气量高于理论空气量，多出的那部分空气量为过剩空气，实际进入的空气与理论空气量之比用百分数表示，称为过剩空气系数 α。过剩空气量对应于烟气中的氧含量，通常采用位于辐射段的氧化锆检测氧含量，以此推断过剩空气量的大小。对于常规燃料气，当燃料燃烧完全时，两者之间的换算可按照式(8-1-1)和式(8-1-2)进行：

$$\alpha=\frac{21}{21-O_2} \tag{8-1-1}$$

或

$$O_2=\frac{21(\alpha-1)}{\alpha} \tag{8-1-2}$$

式中　α——过剩空气系数；

O_2——烟气中氧含量，%(体)。

加热炉的过剩空气量是由燃烧器的数量、空气分布、加热炉漏风量、所用燃料、燃烧方式、燃烧器性能以及工艺上对加热炉的特殊要求等决定的。

(六) 炉顶负压

炉顶负压的检测点在辐射段顶部或对流段下部。炉顶负压常规控制值为-20~-30Pa，负压太大将吸入太多空气，并可能引起火焰发飘。负压太小或出现正压时可能引起炉膛烟气外漏，造成安全隐患。

(七) 管内质量流速

管内介质的流速低，则炉管内壁边界层厚，传热系数小，管壁温度高，介质在管内的停留时间长，介质易结焦；但流速高时将增加管内压力降，增加能耗，应在经济合理的范围内尽量提高管内介质流速，常减压装置的常规流速见表 8-1-2。

表 8-1-2 常减压炉管内质量流速推荐值

加热炉名称	质量流速/[kg/(m^2·s)]	加热炉名称	质量流速/[kg/(m^2·s)]
常压炉	1000~1500	减压炉	汽化前 1000~1500

(八) 热效率

加热炉热效率为总吸热量除以总输入热量，总输入热量为燃料燃烧产生的热量加上空气、燃料和雾化介质的显热。热效率的值总小于 1。热效率不同于燃料效率，燃料效率是总吸热量除以燃料燃烧产生的总热量，以低发热量为基准，不包含燃料、空气和雾化介质的显热，燃料效率可能大于 1。

加热炉热效率计算的基准温度一般取 15℃。

四、炉型选择

(一) 炉型

加热炉的类型通常根据其结构外形、辐射盘管形式和燃烧器的布置来划分。按结构外形分，有圆筒炉、箱式炉、船型炉和多室箱形炉等；按辐射盘管形式分，有立管式、水平管式、螺旋管式和 U 形管式等；按照燃烧器的布置方式分，有底烧、顶烧和侧烧等。

常减压加热炉通常采用底烧圆筒炉或箱式炉，炉管的放置方式主要有立管和水平管，在炉膛里面的布置方式常用的有单排单面辐射、双排双面辐射和单排双面辐射等。

立式炉管采用上吊式结构，燃烧器底烧，所以立管式加热炉具有结构紧凑、燃烧器数量少、高合金管架用量少、占地面积少等优点。但炉管太长时，沿长度方向将造成炉管受热不均匀性加大。水平管式加热炉具有沿炉管长度方向传热均匀、炉管系统能完全排空、介质为气液两相时理想流型的区域范围可能较大等优点。

单排单面辐射炉管是靠炉墙布置，一面受火焰及高温烟气辐射，另一面受炉壁的反射和稍强的烟气对流传热；双面辐射炉管是布置在炉膛中间的一排或两排炉管，两面受火焰和高温烟气的辐射。单排双面辐射炉管比单面辐射炉管周向受热均匀，所以在最高热强度相同的条件下，可以提高平均热强度，所用炉管量较少，但需要炉膛的体积较大。双排双面辐射炉管和单排单面辐射炉管的周向传热均匀性相近。

各种排管方式的传热均匀性可以用最高局部热强度与平均热强度的比值来表示，即周向不均匀系数 F_{air}。图 8-1-3 为底烧加热炉周向不均匀系数的经验图[2]。

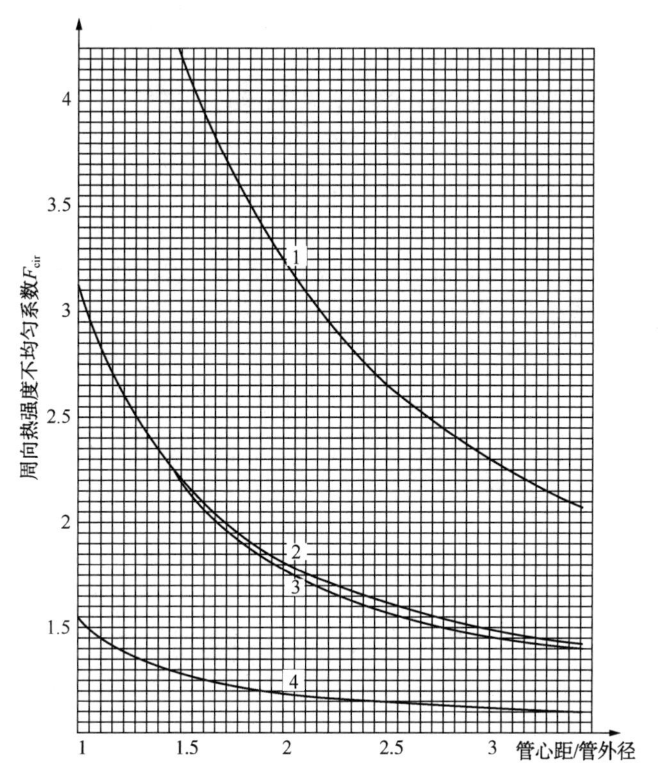

图 8-1-3　最高局部热强度与平均热强度比值

1—双排管靠墙三角形排列，一面辐射，一面反射；

2—双排管双面辐射，即排心距两倍直径，等边三角形排列；

3—单排管靠墙，一面辐射，一面反射；

4—单排管，双面辐射。

注：1. 这些曲线适用于管子中心距耐火墙的距离为 1.5 倍管子公称直径。如距离与此值相差较大，需另作考虑。

2. 这些曲线未考虑炉管的对流传热、管壁周向热传导或辐射段不同区域内热强度的变化。

从图 8-1-3 中可以看出，对于管心距为 2 倍管外径，管子中心距炉墙 1.5 倍公称直径的单排炉管，受单面辐射的立管或水平管(见曲线 3)，周向不均匀系数为 1.8 左右。单排管受双面辐射，周向不均匀系数为 1.18 左右(见曲线 4)，其辐射传热均匀性是单面辐射炉管的 1.5 倍。

同样的管心距和辐射方式，水平管和立管沿炉管轴向的纵向传热均匀性也不同，底烧时，立管炉的炉管与火焰平行，每一根炉管不可避免地都要通过炉膛高温区，如果炉管太长，炉膛又窄，不均匀系数将较大。立管的纵向不均匀系数通常在 1~1.5 之间[2]。底烧水平管的加热炉，沿炉底长度方向均匀地布置燃烧器，纵向不均匀系数较低。因水平炉管与火焰垂直，只有部分炉管处在高温区，为避免油品内膜温度过高，在排管设计时可以把油品温度低的炉管放在炉膛高温区，温度高的、易于结焦的出口段炉管放在低温区。据此分析，水平管因局部过热而造成被加热油品裂解的倾向比立管低。但如果辐射段水平管布置得太高，及因管排数量多或水平管加热炉由于结构等原因不能使油品温度高的出口部分放在低温区，其结焦倾向将不会降低。

(二) 炉型选择

炉型选择主要考虑以下几方面的因素：

1）炉型选择应满足工艺操作要求和设备长周期运转的需要。

2）炉型选择应结合场地条件及空气预热系统类型。

3）炉型选择应符合经济性的原则，应统筹考虑投资、运行和维护费用。

4）被加热介质相对密度大、易结焦、管内为气液两相的管式炉，宜选用水平管立式炉。

5）炉管价格昂贵，要求提高炉管表面利用率，或要求缩短流程长度，以减少压降、停留时间及管内结焦的管式炉(如焦化炉、沥青炉、减压炉等)，宜选用单排管双面辐射的炉型。

6）被加热介质为气相，流量大且要求压降小时(如重整反应进料炉)，宜选用U形或倒U形盘管结构的箱式炉。

7）对于常规管式炉，可按加热热负荷选择炉型，设计负荷小于1MW时，宜采用纯辐射圆筒炉；设计负荷为1~30MW时，应优先选用辐射-对流型圆筒炉；设计负荷大于30MW时，通过对比选用圆筒炉、共用一个对流段的双圆筒炉、箱式炉或其他炉型。

第二节　常减压加热炉特点

一、常压炉

(一) 炉型

常压加热炉加热的介质是初底油，为常压塔进料提供热量，一般情况下，介质从对流段进入，经过对流段、遮蔽段然后进入辐射段加热。介质入炉时一般为全液相，吸收的热量用来升温和汽化，出炉时介质有一部分汽化，其汽化率与油品性质和装置特点有关。

常压炉物性比较缓和，一般选用立管单面辐射加热炉，当设计热负荷小于30MW时，采用辐射—对流型圆筒炉；设计负荷大于30MW时，可选择共用对流段的双圆筒炉或箱式炉。

随着装置处理量的加大，加热炉负荷变大，同时需要管程数增加，为了便于操作控制，同时又减少投资和占地面积，大型常压炉通常采用多炉膛的结构，辐射段上部设置一个(或两个完全相同的)对流段，辐射段典型结构见图8-2-1。

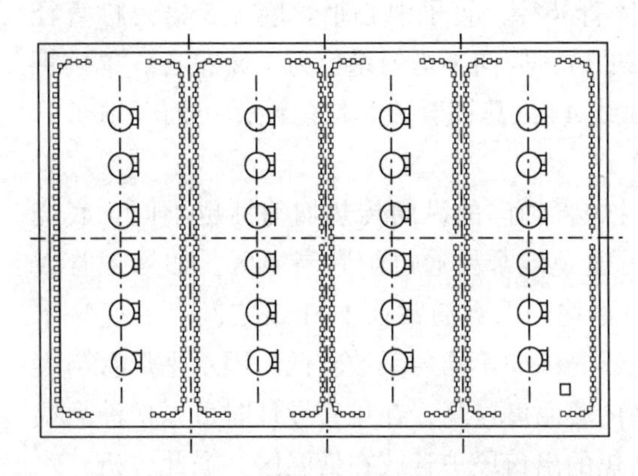

图8-2-1　大型常压炉典型辐射排管示意图

(二) 炉管材质

炉管材料选择应根据炉管设计壁温、设计压力、管内外介质腐蚀情况确定。随着环保要求的日益严格，所烧燃料越来越清洁，管外腐蚀的情况随之减少，管内的腐蚀占主导作用。

常压炉出口温度一般在365℃左右，炉内压力低于2.5MPa，正常情况下管壁温度不超过420℃，如果按照设计温度和设计压力进行选材，采用碳钢炉管即可。但进入常压炉炉管的介质通常含有硫及硫化物、环烷酸等，所以选择炉管材质时应根据介质的性质，结合腐蚀速率，按照经济性分段确定炉管材质。

1. 高硫低酸介质

当介质总硫含量(质量分数)大于或等于1.0%，按照GB 264—1983方法测定的酸值小于0.5mgKOH/g时属于高硫低酸原油，可以采用经过修正的McConomy曲线[3](见图8-2-2)选择腐蚀速率，根据设计使用寿命和腐蚀速率确定腐蚀裕量。当计算的腐蚀裕量大于4.0mm时，应进行综合经济评价，确定是否进行材料升级，以选用耐蚀性更好的材料。

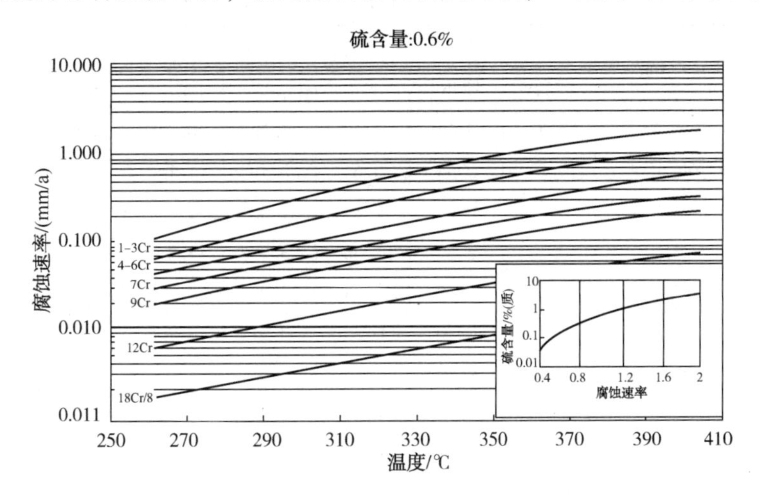

图8-2-2　各种钢在高温硫中的腐蚀速率及其不同硫含量的矫正系数
(经过修正的McConomy曲线)

对于炉管，图8-2-2中的横坐标温度应为炉管内壁温度而不是介质温度，当硫含量不是0.6%(质)时，应按图中右下小图进行修正。

对于加热介质为高硫低酸的常压炉，对流炉管材质通常为碳钢或/和12Cr5Mo，辐射炉管通常为12Cr5Mo或/和12Cr9Mo。

2. 高酸介质

高酸介质分为高酸高硫和高酸低硫。按照GB 264—1983方法测定的酸值大于或等于0.5mgKOH/g，且总硫含量(质量分数)大于或等于1.0%的油品为高酸高硫介质；按照GB 264—1983方法测定的酸值大于或等于0.5mgKOH/g，且总硫含量(质量分数)小于1.0%的油品为高酸低硫介质。

炉管选材应以正常操作条件下管内介质中的硫含量和酸值为依据，并考虑最苛刻操作条件下可能达到最大硫含量与最高酸值组合时对炉管造成的腐蚀。

可以按照表8-2-1~表8-2-6[4]和参考文献[5]选择腐蚀速率，根据设计使用寿命和腐蚀速率确定腐蚀裕量。

当计算的腐蚀裕量大于4.0mm时，应进行综合经济评价，以确定是否进行材料升级，选用耐蚀性更好的材料。

高温硫化物腐蚀发生在约200℃以上的温度范围，环烷酸腐蚀一般发生在200~370℃温度范围内，400℃以上时，环烷酸不是分解就是蒸馏成气相。硫腐蚀在液相和气相都发生，而环烷酸腐蚀仅发生在有液相存在的场合。在有环烷酸腐蚀存在的场合，介质的流速对腐蚀的影响很大，特别是在高速的气—液混合相系统中更明显。如果介质流速大于或等于 30m/s，从表 8-2-1～表 8-2-6 中查出的腐蚀速率应乘于 5。

对于加热介质为高酸的常压炉，对流炉管材质通常为 12Cr5Mo 或/和 06Cr18Ni10Ti（SS321），辐射炉管通常为 06Cr18Ni10Ti（SS321）或/和 022Cr17Ni12Mo2（SS316）。

如果介质流速大于或等于 30m/s，宜选用钼含量大于 2.5%的 022Cr17Ni12Mo2（SS316）或 022Cr19Ni13Mo3（SS317）。

表 8-2-1　碳钢高温硫和环烷酸腐蚀速率　　mm/a

硫含量/%（质）	TAN/（mg/g）	温度/℃							
		232	246	274	302	329	357	385	399
0.2	0.3	0.03	0.08	0.18	0.38	0.51	0.89	1.27	1.52
	0.65	0.13	0.38	0.64	0.89	1.14	1.40	1.65	1.91
	1.5	0.51	0.64	0.89	1.65	3.05	3.81	4.57	5.08
	3.0	0.76	1.52	1.52	3.05	3.81	4.06	6.10	6.10
	4.0	1.02	2.03	2.54	4.06	4.57	5.08	7.11	7.62
0.4	0.3	0.03	0.10	0.25	0.51	0.76	1.27	1.78	2.03
	0.65	0.13	0.25	0.38	0.64	1.02	1.52	2.03	2.29
	1.5	0.20	0.38	0.64	0.89	1.27	1.91	2.29	2.79
	3.0	0.25	0.51	0.89	1.27	1.78	2.54	3.05	3.30
	4.0	0.51	0.76	1.27	1.78	2.29	3.05	3.56	4.06
0.5	0.3	0.03	0.13	0.25	0.64	1.02	1.52	2.29	2.54
	0.65	0.13	0.25	0.38	0.76	1.27	2.03	2.79	3.30
	1.5	0.25	0.38	0.76	1.27	2.03	2.54	3.30	3.81
	3.0	0.38	0.76	1.27	2.03	2.54	3.05	3.56	4.32
	4.0	0.64	1.02	1.52	2.54	3.05	3.81	4.57	5.08
1.5	0.3	0.05	0.13	0.38	0.76	1.27	2.03	2.79	3.30
	0.65	0.18	0.25	0.51	0.89	1.40	2.54	3.30	3.81
	1.5	0.38	0.51	0.89	1.40	2.54	3.05	3.56	4.32
	3.0	0.51	0.76	1.40	2.16	2.79	3.81	4.32	5.08
	4.0	0.76	1.14	1.91	3.05	3.56	4.57	5.08	6.60
2.5	0.3	0.05	0.18	0.51	0.89	1.40	2.41	3.30	3.81
	0.65	0.18	0.25	0.76	1.14	1.52	3.05	3.56	4.32
	1.5	0.38	0.51	1.02	1.52	1.91	3.56	4.32	5.08
	3.0	0.51	0.89	1.52	2.29	3.05	4.32	5.08	6.60
	4.0	0.89	1.27	2.03	3.05	3.81	5.08	6.60	7.11
3.0	0.3	0.05	0.20	0.51	1.02	1.52	2.54	3.56	4.06
	0.65	0.20	0.38	0.64	1.14	1.65	3.05	3.81	4.32
	1.5	0.51	0.64	0.89	1.65	3.05	3.81	4.57	5.08
	3.0	0.76	1.52	1.52	3.05	3.81	4.06	6.10	6.10
	4.0	1.02	2.03	2.54	4.06	4.57	5.08	7.11	7.62

表 8-2-2　12Cr5Mo 高温硫和环烷酸腐蚀速率　mm/a

硫含量/%(质)	TAN/(mg/g)	温度/℃							
		232	246	274	302	329	357	385	399
0.2	0.7	0.03	0.03	0.05	0.10	0.15	0.20	0.25	0.38
	1.1	0.05	0.08	0.10	0.15	0.25	0.25	0.38	0.51
	1.75	0.18	0.25	0.38	0.51	0.64	0.89	1.14	1.27
	3.0	0.25	0.38	0.51	0.76	1.02	1.14	1.27	1.52
	4.0	0.38	0.51	0.76	1.02	1.27	1.52	1.78	2.03
0.4	0.7	0.03	0.05	0.08	0.13	0.20	0.25	0.38	0.51
	1.1	0.05	0.08	0.10	0.15	0.25	0.38	0.51	0.64
	1.75	0.05	0.10	0.15	0.20	0.38	0.51	0.64	0.76
	3.0	0.10	0.15	0.20	0.25	0.38	0.51	0.76	0.89
	4.0	0.15	0.20	0.25	0.25	0.51	0.64	0.89	1.02
0.75	0.7	0.03	0.05	0.10	0.15	0.25	0.38	0.58	0.64
	1.1	0.05	0.10	0.15	0.20	0.38	0.51	0.64	0.76
	1.75	0.10	0.15	0.20	0.25	0.38	0.51	0.76	0.89
	3.0	0.15	0.20	0.25	0.25	0.51	0.64	0.89	1.02
	4.0	0.20	0.25	0.25	0.38	0.51	0.76	1.02	1.27
1.5	0.7	0.03	0.05	0.13	0.20	0.38	0.51	0.76	0.89
	1.1	0.08	0.13	0.25	0.38	0.51	0.76	0.89	1.02
	1.75	0.13	0.25	0.38	0.51	0.76	0.89	1.02	1.14
	3.0	0.25	0.38	0.51	0.76	0.89	1.02	1.14	1.27
	4.0	0.38	0.51	0.76	0.89	1.02	1.27	1.52	1.78
2.5	0.7	0.03	0.08	0.15	0.23	0.38	0.51	0.89	1.02
	1.1	0.13	0.18	0.25	0.38	0.51	0.64	1.02	1.14
	1.75	0.18	0.25	0.38	0.51	0.64	0.89	1.14	1.27
	3.0	0.25	0.38	0.51	0.76	1.02	1.14	1.27	1.52
	4.0	0.38	0.51	0.76	1.02	1.27	1.52	1.78	2.03
3.0	0.7	0.05	0.08	0.15	0.25	0.38	0.64	0.89	1.02
	1.1	0.13	0.18	1.25	0.38	0.51	0.76	1.02	1.14
	1.75	0.18	0.25	0.38	0.51	0.64	0.89	1.14	1.27
	3.0	0.25	0.38	0.51	0.76	1.02	1.14	1.27	1.52
	4.0	0.38	0.51	0.76	1.02	1.27	1.52	1.78	2.03

表 8-2-3　12Cr9Mo 高温硫和环烷酸腐蚀速率　　mm/a

硫含量/%(质)	TAN/(mg/g)	温度/℃							
		232	246	274	302	329	357	385	399
0.2	0.7	0.03	0.03	0.03	0.05	0.08	0.10	0.13	0.15
	1.1	0.03	0.05	0.05	0.10	0.10	0.13	0.15	0.20
	1.75	0.05	0.10	0.13	0.20	0.25	0.38	0.38	0.51
	3.0	0.08	0.15	0.25	0.30	0.38	0.51	0.51	0.64
	4.0	0.13	0.20	0.30	0.38	0.51	0.64	0.76	0.76
0.4	0.7	0.03	0.03	0.05	0.08	0.10	0.15	0.18	0.20
	1.1	0.03	0.03	0.05	0.10	0.13	0.18	0.20	0.25
	1.75	0.05	0.05	0.08	0.13	0.20	0.20	0.25	0.25
	3.0	0.08	0.08	0.13	0.20	0.25	0.25	0.30	0.38
	4.0	0.10	0.13	0.20	0.25	0.25	0.30	0.38	0.38
0.8	0.7	0.03	0.03	0.05	0.08	0.13	0.20	0.23	0.25
	1.1	0.03	0.05	0.08	0.13	0.20	0.25	0.25	0.25
	1.75	0.05	0.08	0.13	0.20	0.25	0.25	0.25	0.38
	3.0	0.08	0.13	0.20	0.25	0.25	0.38	0.38	0.38
	4.0	0.13	0.20	0.25	0.25	0.38	0.38	0.51	0.51
1.5	0.7	0.03	0.03	0.05	0.10	0.15	0.25	0.25	0.38
	1.1	0.03	0.05	0.08	0.13	0.18	0.25	0.38	0.38
	1.75	0.05	0.10	0.10	0.15	0.20	0.30	0.38	0.51
	3.0	0.08	0.15	0.13	0.20	0.25	0.38	0.51	0.51
	4.0	0.13	0.20	0.25	0.30	0.38	0.51	0.51	0.64
2.5	0.7	0.03	0.03	0.08	0.13	0.18	0.25	0.38	0.38
	1.1	0.03	0.05	0.10	0.15	0.20	0.25	0.38	0.38
	1.75	0.05	0.10	0.13	0.20	0.25	0.38	0.38	0.51
	3.0	0.08	0.15	0.25	0.30	0.38	0.51	0.51	0.64
	4.0	0.13	0.20	0.30	0.38	0.51	0.64	0.76	0.76
3.0	0.7	0.03	0.03	0.08	0.13	0.20	0.25	0.38	0.38
	1.1	0.05	0.08	0.13	0.20	0.25	0.38	0.38	0.51
	1.75	0.08	0.13	0.25	0.30	0.38	0.51	0.51	0.64
	3.0	0.13	0.20	0.30	0.38	0.51	0.64	0.76	0.76
	4.0	0.18	0.23	0.38	0.51	0.64	0.76	0.89	1.02

表 8-2-4 不含钼奥氏体不锈钢高温硫和环烷酸腐蚀速率 mm/a

硫含量/%(质)	TAN/(mg/g)	温度/℃							
		232	246	274	302	329	357	385	399
0.2	1.0	0.03	0.03	0.03	0.03	0.03	0.03	0.03	0.03
	1.5	0.03	0.03	0.03	0.03	0.03	0.03	0.03	0.03
	3.0	0.03	0.03	0.03	0.03	0.05	0.08	0.10	0.10
	4.0	0.03	0.03	0.03	0.05	0.08	0.10	0.13	0.15
0.4	1.0	0.03	0.03	0.03	0.03	0.03	0.03	0.03	0.03
	1.5	0.03	0.03	0.03	0.03	0.03	0.03	0.03	0.03
	3.0	0.03	0.03	0.03	0.03	0.05	0.08	0.10	0.10
	4.0	0.03	0.03	0.03	0.05	0.08	0.10	0.13	0.15
0.8	1.0	0.03	0.03	0.03	0.03	0.03	0.03	0.03	0.03
	1.5	0.03	0.03	0.03	0.03	0.03	0.03	0.03	0.03
	3.0	0.03	0.03	0.03	0.05	0.08	0.10	0.13	0.15
	4.0	0.03	0.05	0.05	0.10	0.15	0.20	0.25	0.30
1.5	1.0	0.03	0.03	0.03	0.03	0.03	0.03	0.03	0.03
	1.5	0.03	0.03	0.03	0.03	0.03	0.03	0.03	0.03
	3.0	0.03	0.03	0.03	0.05	0.08	0.10	0.13	0.15
	4.0	0.03	0.05	0.05	0.10	0.15	0.20	0.25	0.30
2.5	1.0	0.03	0.03	0.03	0.03	0.03	0.03	0.03	0.03
	1.5	0.03	0.03	0.03	0.03	0.03	0.03	0.03	0.03
	3.0	0.03	0.05	0.05	0.10	0.15	0.20	0.25	0.30
	4.0	0.03	0.05	0.10	0.18	0.25	0.36	0.43	0.51
3.0	1.0	0.03	0.03	0.03	0.03	0.03	0.03	0.03	0.05
	1.5	0.03	0.03	0.03	0.03	0.03	0.05	0.05	0.05
	3.0	0.03	0.05	0.05	0.10	0.15	0.20	0.25	0.30
	4.0	0.03	0.05	0.10	0.18	0.25	0.36	0.43	0.51

注：不含钼不锈钢指 SS304、SS321、SS347 等。

表 8-2-5 022Cr17Ni12Mo2 高温硫和环烷酸腐蚀速率 mm/a

硫含量/%(质)	TAN/(mg/g)	温度/℃							
		232	246	274	302	329	357	385	399
0.2	0.2	0.03	0.03	0.03	0.03	0.03	0.03	0.03	0.03
	3.0	0.03	0.03	0.03	0.03	0.03	0.05	0.05	0.05
	4.0	0.03	0.03	0.03	0.05	0.10	0.13	0.18	0.25
0.4	0.2	0.03	0.03	0.03	0.03	0.03	0.03	0.03	0.03
	3.0	0.03	0.03	0.03	0.03	0.05	0.05	0.05	0.05
	4.0	0.03	0.03	0.05	0.08	0.10	0.13	0.18	0.25

续表

硫含量/%(质)	TAN/(mg/g)	温度/℃							
		232	246	274	302	329	357	385	399
0.8	0.2	0.03	0.03	0.03	0.03	0.03	0.03	0.03	0.03
	3.0	0.03	0.03	0.03	0.03	0.05	0.05	0.05	0.08
	4.0	0.03	0.03	0.05	0.08	0.13	0.13	0.18	0.25
1.5	0.2	0.03	0.03	0.03	0.03	0.03	0.03	0.03	0.03
	3.0	0.03	0.03	0.03	0.03	0.08	0.08	0.08	0.10
	4.0	0.03	0.03	0.08	0.13	0.13	0.13	0.18	0.25
2.5	0.2	0.03	0.03	0.03	0.03	0.03	0.03	0.03	0.03
	3.0	0.03	0.03	0.03	0.05	0.08	0.08	0.10	0.13
	4.0	0.03	0.03	0.08	0.13	0.13	0.15	0.20	0.25
3.0	0.2	0.03	0.03	0.03	0.03	0.03	0.03	0.03	0.05
	3.0	0.03	0.03	0.03	0.05	0.10	0.13	0.13	0.15
	4.0	0.03	0.05	0.08	0.13	0.13	0.15	0.20	0.25

注：适用于钼含量小于2.5%的SS316。

表8-2-6　022Cr19Ni13Mo3高温硫和环烷酸腐蚀速率　　mm/a

硫含量/%(质)	TAN/(mg/g)	温度/℃							
		232	246	274	302	329	357	385	399
0.2	4.0	0.03	0.03	0.03	0.03	0.03	0.03	0.03	0.03
	5.0	0.03	0.03	0.03	0.03	0.03	0.05	0.10	0.13
	6.0	0.03	0.03	0.03	0.05	0.10	0.13	0.18	0.25
0.4	4.0	0.03	0.03	0.03	0.03	0.03	0.03	0.03	0.03
	5.0	0.03	0.03	0.03	0.03	0.05	0.10	0.10	0.13
	6.0	0.03	0.03	0.05	0.08	0.10	0.13	0.18	0.25
0.8	4.0	0.03	0.03	0.03	0.03	0.03	0.03	0.03	0.03
	5.0	0.03	0.03	0.03	0.03	0.05	0.10	0.10	0.13
	6.0	0.03	0.03	0.05	0.08	0.10	0.13	0.18	0.25
1.5	4.0	0.03	0.03	0.03	0.03	0.03	0.03	0.03	0.03
	5.0	0.03	0.03	0.03	0.03	0.05	0.08	0.13	0.18
	6.0	0.03	0.03	0.08	0.13	0.13	0.13	0.18	0.25
2.5	4.0	0.03	0.03	0.03	0.03	0.03	0.03	0.03	0.03
	5.0	0.03	0.03	0.03	0.05	0.05	0.10	0.13	0.18
	6.0	0.03	0.03	0.08	0.13	0.13	0.15	0.20	0.25
3.0	4.0	0.03	0.03	0.03	0.03	0.03	0.03	0.03	0.05
	5.0	0.03	0.03	0.03	0.05	0.08	0.10	0.13	0.18
	6.0	0.03	0.05	0.08	0.13	0.13	0.15	0.20	0.25

注：适用于钼含量大于等于2.5%的SS316和SS317。

二、减压炉

（一）概述

减压加热炉加热的是重质油，炉出口温度高，常规为400℃左右，对于减压深拔加热炉，炉出口温度达420℃左右，介质易结焦。为了提高拔出率，要求减压炉出口压力低。由于这些特征要求减压炉(特别是深拔用减压炉)除考虑炉型、排管布置、平均热强度、体积热强度、质量流速、油品压降、炉膛烟气温度等参数外，更要考虑油品的特性、汽化段两相流的流型和流速、最高内膜温度、在高温汽化段的停留时间等。

（二）炉型

对于负荷较小的减压炉，例如小于10MW，可以采用平均热强度较低的单排单面辐射的圆筒型加热炉。但对于处理量较大的减压炉，特别是深拔减压炉，需要考虑的因素就比较多。大型减压炉炉膛/炉管的布置方式主要有：立管单排单面辐射与双排双面辐射组合式箱式炉、立管单排单面辐射和单排双面辐射组合式箱式炉及水平管单排单面辐射箱式炉三种，图8-2-3示意了8管程减压炉的三种炉膛布置方式。

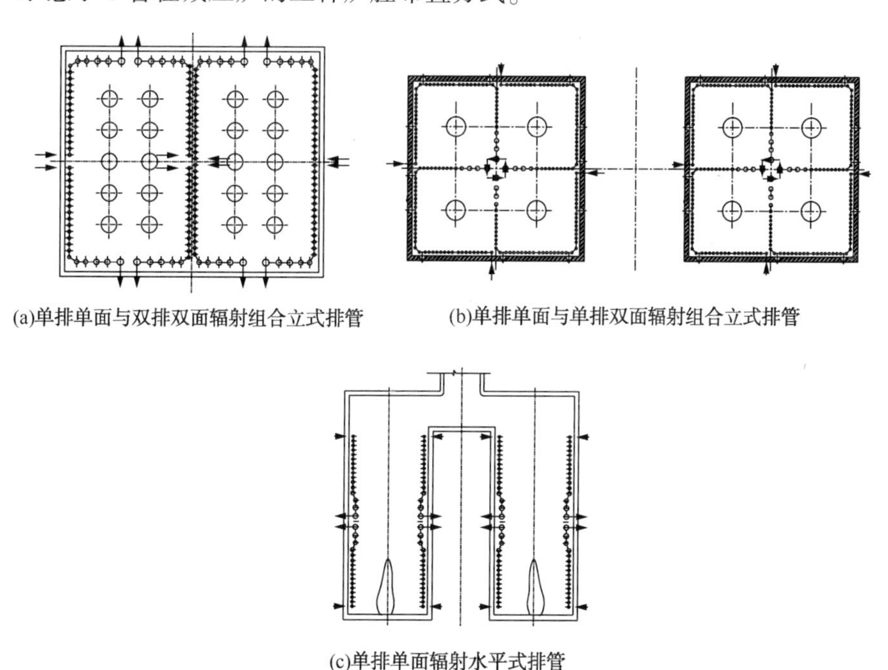

(a)单排单面与双排双面辐射组合立式排管　(b)单排单面与单排双面辐射组合立式排管

(c)单排单面辐射水平式排管

图8-2-3　大型减压炉辐射段典型排管方式

图8-2-3(a)所有炉管都是受单排单面辐射或与之相当的双排双面辐射，周向传热不均匀系数较大。但该种炉管结构紧凑，经济性好，对于介质不太重、结焦倾向不严重的减压炉可选用此种结构。图8-2-3(b)中每程炉管的入口部分靠炉墙布置，受单排单面辐射，出口部分炉管位于炉膛中间，受单排双面辐射。该种结构各程炉管水力学和热力学完全对称。炉管入口部分介质温度低，裂解倾向不大，处在传热不太均匀的单面辐射处，即使局部热强度高些也不会结焦。当介质加热到一定的温度后，随着内膜温度的提高，容易裂解，所以应控制局部产生超温，要求靠近出口部分的炉管传热均匀，此时采用双面辐射，在能保证局部不超温的情况下，提高平均热强度，节约投资，该种排管方式使得加热炉结构紧凑，出口处传

热均匀。图 8-2-3(c)是水平管布置，沿炉管长度方向可使传热均匀，但炉膛较高时，可能造成辐射段上部的管程炉管与下部的管程炉管吸热量不同，如果每侧炉膛布置 1 程炉管，将增加炉膛数量。对于装置处理量大的情况可以采用两路并联的方法，在每侧炉墙布置两程而使各管程吸热相等。因是单排单面辐射，所以周向传热和立管相同，但占地面积和投资将高于图 8-2-3(a)和(b)方案。具体到各装置中，哪种方案更合适，应结合各装置的物性特殊要求来确定炉型。

（三）流型及流速

油品进入减压炉时是液相，在加热的过程中逐渐汽化，在炉管内有两相流存在，气相和液相的比例以及物性沿炉管行程而变化。油品汽化大都发生在辐射段，辐射段热强度较高，为了避免油品局部过热发生裂解，要求汽化段油品保持较好的流型，管径或流速不合适将会产生不理想的流型，会造成油品结焦、炉管振动。

两相流在水平管内的流型主要有分层流、波状流、环-雾状流、长泡流、液节流和分散气泡流；在立管内的流型主要有气泡流、液节流、泡沫流和环—雾状流。一般根据流型图判别流型，由 PFR 公司编制的加热炉工艺计算程序中，对水平管内的流型采用 Baker 流型图判别，对立管内的流型采用 Fair 流型图进行判别。

好的流型能够改善传热和降低最高内膜温度，设计时汽化段炉管内的流型最好是雾状流或环雾状流，也允许出现分散气泡流。在雾状流情况下，靠近管壁侧是液相，液相的导热系数大，不易结焦。

无论是立管还是水平管，炉管内不建议出现液节流，因为液节流会产生水击，引起噪声和管排振动，严重时会损坏炉管。

从传热学考虑，管径越小，管内流速越大，越利于传热，但当管内流速接近临界流速时，会造成压降急剧增加，油品温度升高，管内油品超温，并引起管子振动。故对管内油品的最高流速有所限制，一般不超过临界流速的 80%～90%。

临界流速按式(8-2-1)计算：

$$\nu_{c}=1015.3\left(\frac{p}{\rho_{m}}\right)^{0.5} \tag{8-2-1}$$

式中　ν_c——临界流速，m/s；

p——计算截面的压力，MPa(a)；

ρ_m——计算截面的气液混合密度，kg/m^3。

所以设计时应使炉管逐级扩径，保持理想的流型和流速，使被加热介质接近等温汽化，防止油品结焦、炉管振动。

常减压装置是炼油厂的基础装置，操作弹性大，进料组分复杂，所以应对各种工况进行核算，保证在整个操作范围内汽化段介质有合适的流型和流速，使介质接近等温汽化。

（四）最高内膜温度

为了限制结焦，应该是限制介质内膜温度低于允许值。油品内膜温度的高低与油品温度的高低、局部热强度、内膜传热系数有关。

最高内膜温度 T_{fmax} 按式(8-2-2)计算：

$$T_{fmax}=T_{b}+\frac{q_{R,max}}{K_{f}}\left(\frac{D_{o}}{D_{i}}\right) \tag{8-2-2}$$

式中：　T_b——油品温度,℃

$q_{R,max}$——最高局部热强度，W/m^2；

K_f——内膜传热系数，$W/(m^2 \cdot K)$；

D_o——管子外径，m；

D_i——管子内径，m。

油品温度高时，内膜温度高，故最高内膜温度大都发生在炉管出口部位。但如果炉管扩径不合适，也可能造成最高内膜温度位置前移，增大结焦的概率。

(五) 安全操作曲线(参考论文)

不同的油品其结焦倾向是不同的。对深拔加热炉，为了保持长周期运行，应准确把握加热炉炉管内的油膜温度与结焦的关系。

中石化集团公司曾立课题对不同油品在不同温度下的结焦速率和临界结焦点进行了研究，图 8-2-4 为某重油在不同温度下的结焦曲线。

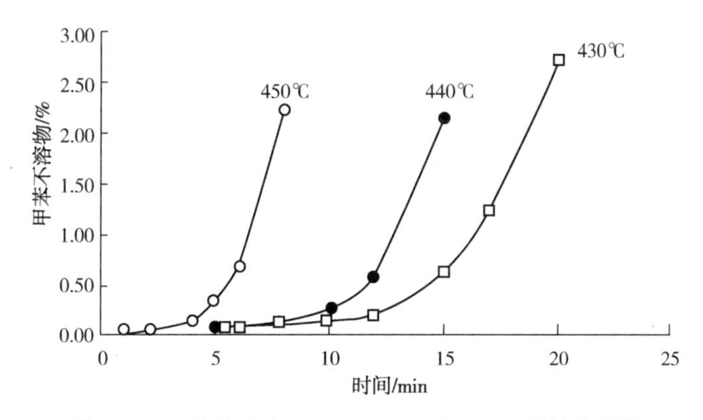

图 8-2-4　某重油在 430℃、440℃和 450℃的结焦曲线

由图 8-2-4 可见，油品的生焦量与油品温度和停留时间有关，重油温度为 450℃时，生焦量在 5min 以后急剧增加；440℃时，生焦量在 10min 以后急剧增加；430℃时，生焦量在 12min 以后急剧增加。图中生焦量急剧增加的时间点即为临界结焦点。故在深拔加热炉设计时，在较低的内膜温度下，可以有较长的停留时间；在较高的内膜温度下，则应采用较短的停留时间。把油品在不同温度下临界结焦点作成一个曲线，理论上在该曲线下的范围内操作是不会发生结焦的，该曲线称为安全操作曲线。

根据试验研究可以动态模拟出不同油品的安全操作曲线，减压炉设计时应使油品油膜温度与停留时间在安全操作范围内。图 8-2-5 为某减压炉辐射段炉管的模拟操作曲线与油品的安全结焦曲线。

一般情况下，减压炉炉管内油品从开始汽化到炉出口的停留时间在 10s 以内。理论上认为，如不发生火焰舔炉管、油品偏流等特殊情况，在减压炉内油品是不会结焦的。但油品在炉管内的停留时间是根据油品的平均流速计算出的，同一截面上沿径向的流速各点不同，其停留时间也不同，与管壁接触处的油品流速低于管中心的油品流速，其停留时间相对较长。流型、油品的黏度、炉管内粗糙度都会影响油品在炉管壁上的停留时间。设计时应根据具体情况和经验留出一定的裕量。还应特别注意装置在降量操作时介质在汽化段的停留时间及介质的流型。

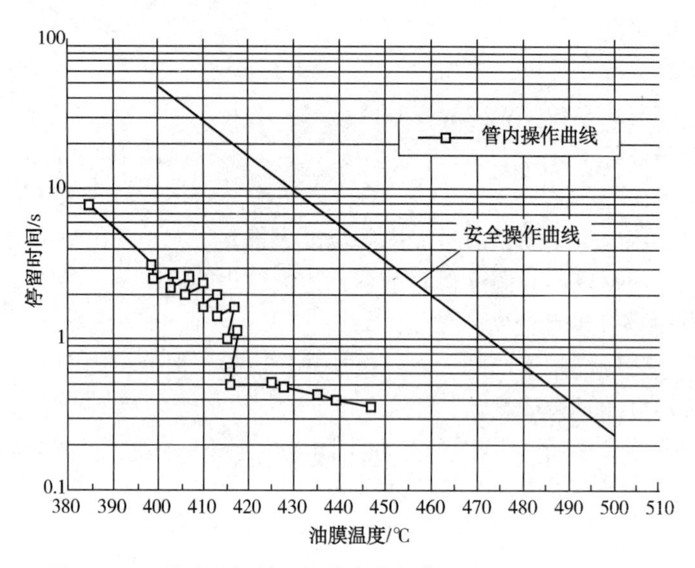

图 8-2-5　某油品辐射段炉管内的操作状态和安全操作曲线

（六）国外知名公司设计理念

有国外公司认为，油品在出炉前不宜过量汽化，需要控制炉出口汽化率，使油品在出炉前处于环雾状流的状态。他们认为，在环雾状流的情况下，靠近管壁侧是液相，液相的导热系数大，不易结焦。

另一公司利用自行研发的软件模拟减压炉在不同条件下的油膜温度、油品停留时间与结焦的关系曲线，预测加热炉炉管、转油线和塔内部构件因为油品温度、停留时间和流动性质而引起的裂解和结焦情况。只要油品在炉管内的停留时间和内膜温度在该曲线以下，则油品结焦的可能性较小，从而帮助判定加热炉盘管方案是否合适。

（七）炉管材质

减压炉出口温度和管内壁温度都高于常压炉，同一个装置中，减压炉的硫含量和酸含量将高于常压炉，所以减压炉的材质等级通常不低于常压炉。

对于加热介质为高硫低酸的减压炉，对流炉管材质通常为 12Cr5Mo 或/和 12Cr9Mo，辐射炉管通常为 12Cr9Mo 或/和 06Cr18Ni10Ti(SS321)。

对于加热介质为高硫高酸的减压炉，对流炉管材质通常为 06Cr18Ni10Ti(SS321)，辐射炉管材质通常为 022Cr17Ni12Mo2(SS316)。

如果介质流速大于或等于 30m/s，宜选用钼含量大于 2.5%的 022Cr17Ni12Mo2(SS316)或 022Cr19Ni13Mo3(SS317)。因减压炉管内介质压力较低、管内汽化段后线速较高，确定腐蚀裕量时应考虑管内各种工况下的介质流速对腐蚀速率的影响。

（八）深拔减压炉

对于深拔加热炉，应根据被加热油品的性质及安全操作曲线，最大限度地提高炉出口温度，增加拔出率，设计时应确保油品有适宜的内膜温度和停留时间，保证长周期运行。

深拔加热炉设计时，应对各种工况进行核算，保证油品在加热炉汽化段有合适的流型和流速，使油品接近等温汽化，避免油品结焦和炉管振动。

对于深拔加热炉，建议在高温汽化段采用单排管双面辐射的排管方式，低温段可采用单排管单面辐射，在保证最高内膜温度满足安全操作要求的前提下，提高平均热强度，充分利用炉管，节约投资。

第三节 工艺计算

一、热负荷

加热炉设计时的热负荷由三部分组成：

1）工艺过程计算时，由设计流量、设计进出口温度和设计进出口条件下计算出的焓升所需的热量。

2）装置加工原料性质及流量的预期变化可能引起的负荷变化。

3）装置换热网格的计算误差，对于反应炉，还包括催化剂的活性变化等引起的反应热量变化等。

本节所叙述的热负荷只包括加热炉内所有被加热的气体、液体、水蒸气等介质通过加热炉所吸收的热量之和，即上述热负荷的第一部分：

$$Q=\sum_{i=1}^{n}=1Q_i \tag{8-3-1}$$

通过加热炉无相变化的介质吸热量：

$$Q_i=W_i(I_{i2}-I_{i1})/3600 \tag{8-3-2}$$

通过加热炉的液体介质有汽化时的吸热量：

$$Q_i=W_i[eI_{iv}+(1-e)I_{il2}-I_{il1}]/3600 \tag{8-3-3}$$

式中 Q——加热炉热负荷，kW；

Q_i——各被加热介质通过加热炉所吸收的热量，kW；

W_i——被加热介质流量，kg/h；

I_{i1}、I_{i2}——被加热介质在进、出加热炉状态下的热焓，kJ/kg；

e——液体通过加热炉的汽化率，%（质）；

I_{il1}、I_{il2}——在进出炉状态下介质液相部分的热焓，kJ/kg；

I_{iv}——在出炉状态下介质汽相部分的热焓，kJ/kg。

混合物的热焓可按加合法计算：

$$I_{\mathrm{m}}=\sum_{i=1}^{n}X_iI_i \tag{8-3-4}$$

式中 I_{m}——混合物的热焓，kJ/kg；

I_i——i 组分的热焓，kJ/kg；

X_i——i 组分的质量分率。

通过加热炉有汽化的油品，应求出汽化后气、液两部分的相对密度，再分别查得其热焓。每种介质出、入炉时热焓的基准温度应相同。

二、炉体规划

（一）初定辐射管表面积

根据经验数据选取平均表面热强度，对于常减压加热炉，可根据表 8-1-1 推荐数值，初定辐射管传热面积。

辐射炉管加热表面积等于辐射段热负荷除以辐射炉管表面热强度：

$$A_R = \frac{1000Q_R}{q_R} \tag{8-3-5}$$

式中 A_R——辐射炉管加热总面积，m^2；

Q_R——辐射段热负荷，kW；

q_R——辐射段炉管平均热强度，W/m^2。

当急弯弯管位于炉膛内时，辐射炉管加热表面积应包括急弯弯管的表面积。

（二）管程数和管直径

根据：

$$\frac{\pi d_i^2}{4} = \frac{W_F}{3600NG_F}$$

推导出所需管内径，见式(8-3-6)：

$$d_i = \frac{1}{30}\sqrt{\frac{W_F}{\pi \cdot N \cdot G_F}} \tag{8-3-6}$$

式中 d_i——管内径，m；

G_F——管内介质质量流速，$kg/(m^2 \cdot s)$；

W_F——管内介质流量，kg/h；

N——管程数。

炉管内径大小、管程数多少的最终数据值是由管内介质压降的允许值来确定的。在压降允许的情况下，尽量采用较高的流速。在同样质量流速、同样热强度的情况下，炉管直径越大，管壁温度越高。

确定管径时除考虑其允许压降外，还应考虑其各个装置加热炉加热介质的特殊性及特殊要求，例如减压深拔加热炉，为了避免油品局部过热发生裂解，要求汽化段油品保持较好的流型，管径或流速不合适将会产生不理想的流型，会造成油品结焦、炉管振动[6]。

炉管外径可按以下尺寸选取：60mm，73mm，89mm，102mm，114mm，141mm，168mm，219mm，273mm。在特殊的工艺条件要求时，也可采用其他炉管尺寸，例如：127mm，152mm，194mm 等。

对一般炼油装置加热炉，辐射段炉管管径宜不大于 219mm。对于减压炉，由于扩径的需要，减压炉辐射段出口部分可采用直径为 273mm 和 325mm 的炉管。

（三）辐射段结构

影响到辐射段传热效果的主要是炉膛结构，如高度、宽度、高度和宽度的比值、炉管和燃烧器的布置等。

1. 辐射段高度

1）对于圆筒炉，辐射段净高(耐火层内表面)与炉管节圆直径的比值不宜大于 2.75。

2）对于炉管靠墙布置单面辐射的底烧箱式加热炉，炉墙的净高度与管排间宽度的比值(h/w)宜在 1.5~2.75 范围内。

3）对于立管底烧加热炉，辐射管直段长度不宜超过 18.3m。

4）对于底烧加热炉，炉膛高度宜为燃烧器设计放热量下的火焰长度的 1.5~2.5 倍。不同种类和放热量的燃烧器，其火焰长度相差较大，燃烧火焰的具体长度应根据燃料组成、燃烧器热负荷大小、供风条件和燃烧排放要求等条件咨询燃烧器供货商。

5）对于水平辐射管，从炉底耐火层上表面至下排炉管外壁的净空应不小于300mm。

6）对于立管加热炉，辐射段炉膛高度除应满足以上要求外，还应考虑到炉管的膨胀。炉管的膨胀量ΔL为：

$$\Delta L=(L+2H_{H})\times(1+\alpha t_{wmax}) \tag{8-3-7}$$

式中　ΔL——炉管膨胀量，m；

L——炉管直段长度，m；

H_{H}——弯头或急弯弯管长度，m；

t_{wmax}——最高管壁温度，℃；

α——炉管在最高管壁温度下的线膨胀系数，1/℃；对一般炼油厂管式加热炉可取$\alpha t_{wmax}=0.01$。

7）顶部支撑的炉管，任何工况下，炉管膨胀后，炉管端部外表面与炉底衬里上表面的间距应不小于100mm。

8）顶部弯头的上表面与炉顶炉衬间的净距应大于100mm和炉管外径的较大者。

2. *炉膛宽度*

1）为了火焰不舔炉管、不损害炉墙，且燃烧器之间的火焰不相互影响，确定炉膛宽度时，应考虑燃烧器与炉管、燃烧器与炉墙、炉管与炉墙、燃烧器之间间距；对于水平管，还应考虑炉管膨胀的距离。

2）对于立管加热炉，靠墙的辐射炉管从中心线至耐火隔热层表面的最小距离为1.5倍炉管公称直径，且净空应不小于100mm。

3）圆筒炉炉管节圆直径宜不大于10700mm。

4）对于水平管加热炉，位于炉膛内的弯头，任何工况下膨胀后，弯头的外表面与端墙炉衬的净间距应大于150mm和1.5倍的管外径的较大者。

5）燃烧器之间的最小间距应满足以下要求：对于常规和低NO_x燃烧器，燃烧器中心间距与燃烧器砖的外径之比为1.75，对于超低NO_x燃烧器为2.0。

（四）对流段规划

对流段主要是利用烟气与炉管间的对流传热，所以传热主要以对流的方式为主，但在对流段下部烟气温度比较高的区域，特别是遮蔽段，辐射传热也占有很大的比例。

由于以对流传热为主，为了提高传热效率，建议对流管径不要太大，一般工艺介质炉管外径不大于168mm，蒸汽或产汽炉管外径不大于114mm。

对流段的每排炉管数量宜是管程数的整数倍，根据对流段内的烟气流速，确定对流炉管的长度，烟气流速一般取1~3kg/(m^2·s)。在结构允许和烟气流速合理的条件下尽量采用较长的炉管，以减少弯管数量，降低管内压降。管子长度超过6m或35倍炉管外径的较小值时，应设置中间管板。

对流段采用三角形排列时，对流段净宽：

$$b=(n_{w}+0.5)S_{c} \tag{8-3-8}$$

式中　b——对流段净宽；

S_{c}——对流段管心距；

n_{w}——每排炉管根数。

对流段中部应预留检修空间。上部或中部应预留 2 排炉管空间。对流段上部与尾部烟道的倾斜角度及空间应合理。

三、燃烧计算

（一）燃料的发热量

1. 定义

燃料的发热量是指单位质量或单位体积的燃料完全燃烧时释放的总热量。燃料的发热量取决于燃料的成分。按照燃烧产物中水蒸气所处的相态（液态或气态），有高、低发热量之分。

以 15℃为基准，单位燃料燃烧释放的总热量为高发热量 Q_h，此时燃烧生成的水蒸气完全冷凝，其值可由测量得到。高发热量减去单位燃料中氢燃烧生成水的汽化潜热为低发热量 Q_l，此时水蒸气并不冷凝。目前多数情况下，实际燃烧中，排入烟囱时烟气中的水分并没有冷凝下来，而是以水蒸气状态排出，所以在通常计算中采用低发热量。

在高发热量和低发热量之间存在下列关系：

$$Q_l = Q_h - \gamma X_w \quad (8-3-9)$$

对于液体燃料：

$$Q_l = Q_h - 225H - 25W \quad (8-3-10)$$

对于气体燃料：

$$Q_l = Q_h - 20(H_2 + 1/2\sum n\mathrm{C}_m\mathrm{H}_n + \mathrm{H_2O}) \quad (8-3-11)$$

式中 Q_l——燃料的低发热量，kJ/kg；

Q_h——燃料的高发热量，kJ/kg；

γ——水蒸气的汽化潜热，kJ/kg，常压下取 $\gamma = 2500$kJ/kg；

X_w——每 kg 燃料燃烧生成水的数量，kg；

H、W——分别为燃料中氢和水分的质量分数；

n——C_mH_n 中 H 原子数；

H_2、C_mH_n 及 H_2O——气体燃料中氢气、碳氢化合物及水蒸气的体积分数。

2. 液体燃料的低发热量

可按燃料的相对密度、元素组成、成分组成或相对密度指数计算其低发热量。

（1）已知燃料的相对密度[7]

对于不含水、灰分的液体燃料，可按下式计算其低发热量 Q_l：

$$Q_l = 42245 - 8790\,d_{15.6}^2 + 3160d_{15.6} \quad (8-3-12)$$

式中 $d_{15.6}$——燃料在 15.6℃的相对密度。

（2）已知燃料的元素组成[7]

按下列公式估算燃料的低发热量：

$$Q_l = 340\mathrm{C} + 1030\mathrm{H} + 110(\mathrm{S}-\mathrm{O}) - 25\mathrm{W} \quad (8-3-13)$$

式中 C、H、O、S、W——燃料中的碳、氢、氧、硫和水分的质量分数。

3. 气体燃料的发热量

气体燃料可按下列公式计算其发热量：

$$Q_l = \sum Q_{li} X_i \quad (8-3-14)$$

或

$$Q_1' = \sum Q_{1i}' Y_i \tag{8-3-15}$$

式中　$Q_1(Q_1')$——气体燃料的低发热量，kJ/kg(kJ/Nm^3)；

$Q_{1i}(Q_{1i}')$——气体燃料中各组分的低发热量，kJ/kg(kJ/Nm^3)；

X_i——燃料中各组分的质量分数；

Y_i——燃料中各组分的体积分数。

（二）理论空气量

根据化学反应计算出的燃料完全燃烧时需要的空气量称为理论空气量。

1. *液体燃料*

液体燃料中一般包含碳、氢、氮、硫、氧五种元素，可根据燃料的元素组成计算理论空气量。碳燃烧时，其化学平衡式为：

$$\begin{array}{ccccc} C & + & O_2 & \longrightarrow & CO_2 \\ 12kg & & 32kg & & 44kg \end{array}$$

因此每1kg碳完全燃烧需氧32/12=8/3kg。

同理，1kg硫完全燃烧需1kg氧；1kg氢完全燃烧需8kg氧，因此1kg燃料所需理论用氧量为：

$$L_{O_2}^{o} = \frac{\left(\frac{8}{3}C + 8H + S - O\right)}{100} \tag{8-3-16}$$

假定空气中氮气与氧气的质量比为76.8∶23.2，则理论空气量为：

$$L_o = L_{O_2}^{o}/0.232 = (8/3C + 8H + S - O)/23.2$$

化简后：

$$L_o = 0.115C + 0.345H + 0.0431S - 0.04310 \tag{8-3-17}$$

或

$$L_o = \sum(L_{oi}X_i) - 4.31X_{O_2} \tag{8-3-18}$$

式中　$L_{O_2}^{o}$——1kg燃料所需理论用氧量，kg/kg燃料；

L_o——燃料的理论空气量，kg/kg燃料；

C、H、S、O——燃料中的碳、氢、硫、氧的质量分数；

L_{oi}——液体组分中各元素的理论空气量，kg/kg；

X_i、X_{O_2}——液体组分中各元素及氧气的质量分数。

2. *气体燃料*

对于气体燃料，其成分用干燥的气体中各种成分的体积分数表示，各种可燃气体所需氧的体积可用化学平衡式求出：

$$C_mH_n + \left(m + \frac{n}{4}\right)O_2 = mCO_2 + \frac{n}{2}H_2O \tag{8-3-19}$$

假定空气中氮气与氧气的体积比为79∶21，因此气体燃料的理论空气量为：

$$V_o = \frac{1}{21}(0.5H_2 + 0.5CO + \sum(m + n/4)C_mH_n + 1.5H_2S - O_2) \tag{8-3-20}$$

也可根据燃料中各元素燃烧所需理论空气量计算：

$$V_o = \sum (V_{oi} \cdot Y_i) - 4.76 Y_{O_2} \quad (8-3-21)$$

式中　V_o——燃料的理论空气量，Nm^3/Nm^3燃料；

V_{oi}——气体组分中各组分的理论空气量，Nm^3/Nm^3；

Y_i、Y_{O_2}——气体组分中各组分及氧气的体积分数；

H_2、CO、H_2S、O_2、C_mH_n——燃料中的碳、氢、氧、硫和水分的体积分数；

m——碳氢化合物中碳原子数；

n——碳氢化合物中氢原子数。

3. 理论空气量的估算

在缺少燃料组成时，可根据燃料的发热量近似估算理论空气量，按每 10000kJ 发热量需理论空气量 3.4kg 干空气，即：

$$L_o = 3.4 \times \frac{Q_1}{10000} \quad (8-3-22)$$

式中　L_o——燃料的理论空气量，kg/kg 燃料；

Q_1——燃料的低发热量，kJ/kg。

（三）过剩空气系数

为了保证燃料燃烧完全，实际进入炉内的空气量高于理论空气量，高出的那部分空气量为过剩空气，实际进入的空气与理论空气量之比用百分数表示，称为过剩空气系数 α。

$$\alpha = \frac{L}{L_o} = \frac{V}{V_o} \quad (8-3-23)$$

式中　α——过剩空气系数；

$L(V)$——实际空气量，kg/kg 燃料（Nm^3/Nm^3燃料）。

加热炉的过剩空气量是由燃烧器的数量、空气分布、加热炉漏风量、所用燃料、燃烧方式、燃烧器性能以及工艺上对加热炉的特殊要求等决定的。

（四）烟气量和烟气组成

燃料完全燃烧生成的烟气中有 CO_2、SO_2、水蒸气、氧气及氮气，还有一小部分氧化氮（NO_x）。燃烧不完全时，烟气中还有 CO、H_2、CH_4及游离碳等。

根据物质不灭定律，烟气中的碳量应等于燃料中的碳量，烟气中的水蒸气应等于空气带来的水蒸气、燃料中水分蒸发成的水蒸气及燃料中氢燃烧所生成水蒸气之和；同样，氧、氮等也有同样的平衡。可根据燃料组成，过剩空气系数及所用雾化蒸汽量计算完全燃烧后的烟气量及其组成。

1. 燃料油的烟气

燃料油燃烧后产生的烟气中各组分的质量按下列公式计算：

$$G_{CO_2} = 0.03667C \quad (8-3-24)$$

$$G_{SO_2} = 0.02S \quad (8-3-25)$$

$$G_{H_2O} = 0.09H + W_s + 0.01W \quad (8-3-26)$$

$$G_{O_2} = 0.232(\alpha - 1)L_o \quad (8-3-27)$$

$$G_{N_2} = 0.758\alpha L_o + G_{N_2} \quad (8-3-28)$$

燃烧产物烟气总重：

$$G_g = G_{CO_2}+G_{SO_2}+G_{H_2O}+G_{O_2}+G_{N_2} = \alpha L_o+1+W_s \tag{8-3-29}$$

式中　G_g、G_{CO_2}、G_{SO_2}、G_{H_2O}、G_{O_2}、G_{N_2}——烟气总质量及各组分质量，kg/kg 燃料；

W_s——雾化蒸汽用量，kg/kg 燃料；

C、H、S、W、N——燃料中碳、氢、硫、水、氮的质量分数。

烟气中各组分的体积按下列公式计算：

$$V_{CO_2} = 0.0187C \tag{8-3-30}$$

$$V_{SO_2} = 0.007S \tag{8-3-31}$$

$$V_{H_2O} = 0.112H+1.24W_s+0.0124W \tag{8-3-32}$$

$$V_{O_2} = 0.21(\alpha-1)V_o \tag{8-3-33}$$

$$V_{N_2} = 0.79\alpha V_o+0.008N \tag{8-3-34}$$

燃烧产物烟气总体积：

$$V_g = V_{CO_2}+V_{SO_2}+V_{H_2O}+V_{O_2}+V_{N_2} \tag{8-3-35}$$

式中 V_g、V_{CO_2}、V_{SO_2}、V_{H_2O}、V_{O_2}、V_{N_2}——烟气总体积及各组分体积，Nm^3/kg 燃料。

2. 燃料气的烟气

燃料气燃烧的烟气中各组分的体积按下列公式计算：

$$V_{CO_2} = 0.01[CO_2+CO+\sum m(C_mH_n)] \tag{8-3-36}$$

$$V_{SO_2} = 0.01H_2S \tag{8-3-37}$$

$$V_{H_2O} = 0.01\left[H_2+H_2O+H_2S+\sum\frac{n}{2}(C_mH_n)\right] \tag{8-3-38}$$

$$V_{O_2} = 0.21(\alpha-1)V_o \tag{8-3-39}$$

$$V_{N_2} = 0.01(N_2+79\alpha V_o) \tag{8-3-40}$$

烟气总体积：

$$V_g = V_{CO_2}+V_{SO_2}+V_{H_2O}+V_{O_2}+V_{N_2} \tag{8-3-41}$$

式中　V_{CO_2}、V_{SO_2}、V_{H_2O}、V_{O_2}、V_{N_2}及 V_g——烟气中各组分体积及总体积，Nm^3/Nm^3燃料。

(五) 根据烟气成分推算过剩空气系数[8]

在进行加热炉标定、核算或控制加热炉燃烧过程中，可由烟气组成分析结果(干烟气)推算过剩空气系数，即在燃料燃烧过程中，N_2是不参与燃烧的，因燃料中氮含量很小，可忽略，当燃料完全燃烧时，则为：

$$\alpha = \frac{21}{21-79\times\dfrac{O_2}{100-(R_{O_2}+O_2)}} \tag{8-3-42}$$

对于常规燃料：$79\times\dfrac{O_2}{100-(R_{O_2}+O_2)}\approx 1$，故式(8-3-42)可简化为：

$$\alpha = \frac{21}{21-O_2} \tag{8-3-43}$$

或

$$O_2 = \frac{21(\alpha-1)}{\alpha} \tag{8-3-44}$$

式中　α——过剩空气系数；

O_2——烟气中氧气的体积分数；

R_{O_2}——烟气中氧化物的体积分数。

四、辐射段传热计算

（一）概述

传热计算的目的是如何能高效、精确地使介质吸入所需热量。

介质的主要吸热量，大部分在辐射段完成，顾名思义，在辐射段热量主要是以辐射传热的方式传给炉管内介质，因烟气是流动的，还有一部分是通过对流的方式传热，但对流传热所占比例较小。

辐射段传热受很多因素影响，计算时进行了很多假定，要求计算的准确度不同，假定的内容也不同，计算的工程量和使用的工具也不同。常用的计算方法有：经验法、Lobo-Evans法、各种区域法，还有用计算动力学(CFD)模拟的方法等。

经验法是比较早的用作粗略的估算方法，使用范围有限；Lobo-Evans 法是炼厂加热炉用得最多的一种方法，属于半经验法；区域法属于多维的，根据炉膛的烟气温度分布、炉墙温度分布、管壁温度的变化等把炉膛分成多个区域，计算量较多，适于某些需特殊计算的场合；计算动力学(CFD)模拟更精确，常用于产品开发、工程问题的解决。

Lobo-Evans 法把管式炉辐射室内复杂的传热简化为一个受热面和一个反射面的传热模型。其基本假设为：辐射室内的气体是一个温度均匀的气体放热源，即炉膛平均烟气温度 T_g 与辐射段烟气出口温度 T_p 相等，烟气为灰体，吸热面为灰表面。

本节简要叙述 Lobo-Evans 计算方法。

火焰及烟气传给辐射炉管的热量Q_R由两部分组成：一是直接辐射和间接反射给炉管的热量Q_{Rr}；二是以对流的方式传给炉管的热量Q_{Rc}：

$$Q_R = Q_{Rr} + Q_{Rc} \tag{8-3-45}$$

$$Q_{Rr} = 5.72\alpha A_{cp} F\left[\left(\frac{T_g}{100}\right)^4 - \left(\frac{T_w}{100}\right)^4\right] \tag{8-3-46}$$

$$Q_{Rc} = h_{Rc} A_R (T_g - T_w) \tag{8-3-47}$$

式中　Q_R——辐射段吸热量，W；

Q_{Rr}——通过辐射传热吸收的热量，W；

Q_{Rc}——通过对流传热吸收的热量，W；

α——管排有效吸收因数；

A_{cp}——当量平面，m^2；

αA_{cp}——当量冷平面，m^2；

F——交换因数；

T_g——辐射段烟气平均温度，K；

T_w——辐射炉管外壁平均温度，K；

h_{Rc}——辐射段的对流传热系数，W/(m^2·℃)；

A_R——辐射管外部面积，m^2。

（二）当量冷平面

当量冷平面 αA_{cp} 等于管排当量平面 A_{cp} 乘以有效吸收因数 α。

1. 当量平面

管式炉辐射室中的管排是吸热表面，吸热表面是由互相平行的炉管按一定的间隔排列而成，当量平面 A_{cp} 指通过炉管轴线所在平面的投影面积，为假想的吸热表面。在设计中用当量平面 A_{cp} 来代替管排进行计算，简化了吸热过程的复杂状况。用下式计算当量平面 A_{cp}：

$$A_{cp}=n\cdot L_a\cdot S \tag{8-3-48}$$

对于炉管均布的圆筒炉的当量平面可用下式计算：

$$A_{cp}=\pi D'L_a \tag{8-3-49}$$

式中　A_{cp}——当量平面，m^2；

L_a——辐射管有效长度，m；

S——辐射管管心距，m；

n——辐射管根数；

D'——炉管所在的节圆直径，m。

2. 有效吸收因数 α[7]

火焰及高温辐射产生的辐射热只有一部分能够直接到达炉管的表面，其余从炉管之间的空隙通过。如果管排后面是耐火炉墙，则由炉墙反射回来的热辐射同样只有一部分落在炉管表面，余下部分再从炉管之间的空隙通过。射向当量平面的辐射能不可能被当量平面全部吸收，如果管排表面的吸收率等于1，则为全部吸收。所以计算时用有效吸收因数进行校正，有效吸收因数也叫作角系数、形状因数、辐射系数、有效面积率或吸收效率系数，是管心距与管外径之比的函数。

火焰和烟气对单排管直接单面辐射的有效吸收因数 α_D 可按下式计算[6]：

$$\alpha_D=1+\frac{d}{S}\arccos\frac{d}{S}-\sqrt{1-\left(\frac{d}{S}\right)^2} \tag{8-3-50}$$

如果单排管后面有反射墙，则由火焰及烟气辐射至管排的辐射能，除一部分落在炉管表面上，剩余部分将穿过炉管之间的空隙到达反射墙，从空隙到达反射墙的辐射能等于火焰及烟气辐射至管排的总辐射能减去落在管排上表面上的辐射能。假设总辐射能为1，则到达反射墙的辐射能为 $1-\alpha_D$。由反射墙反射出来的辐射能中又有一部分落在管排的表面上，其大小以 α_r 表示，则：

$$\alpha_r=(1-\alpha_D)\cdot\alpha_D \tag{8-3-51}$$

所以，对单排管单面辐射一面反射时，落在管排表面上的辐射能应等于由火焰及烟气对管排的直接辐射加上反射墙对管排的反射能和辐射能两部分之和，其有效吸收因数为：

$$\alpha=\alpha_r+\alpha_D \tag{8-3-52}$$

以此类推，对单排管，两面均受到火焰及烟气的辐射，有效吸收因数为：

$$\alpha=2\alpha_D \tag{8-3-53}$$

式中　α_D——单排管直接单面辐射的有效吸收因数；

α_r——单排管由墙反射的有效吸收因数；

α——管排有效吸收因数。

常规排管的有效吸收因数可从图 8-3-1 和图 8-3-2 中查得：

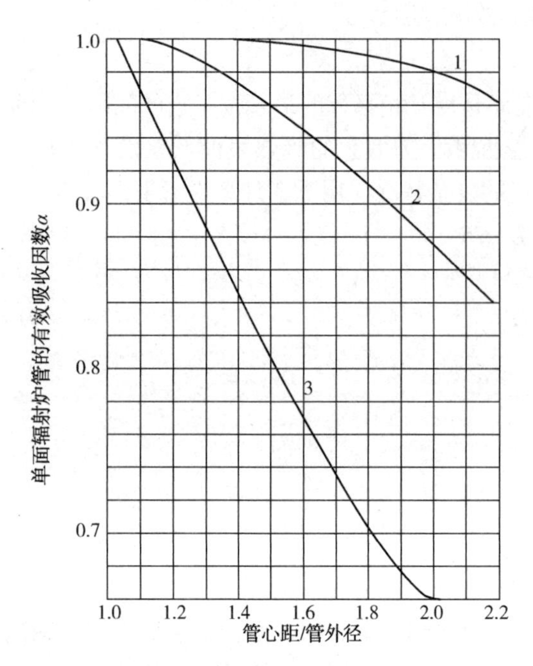

图 8-3-1　单面辐射炉管有效吸收因数 α

1—双排管的总有效吸收因数 α；

2—单排管的有效吸收因数 α；

3—第一排管受直接辐射的有效吸收因数 α_D

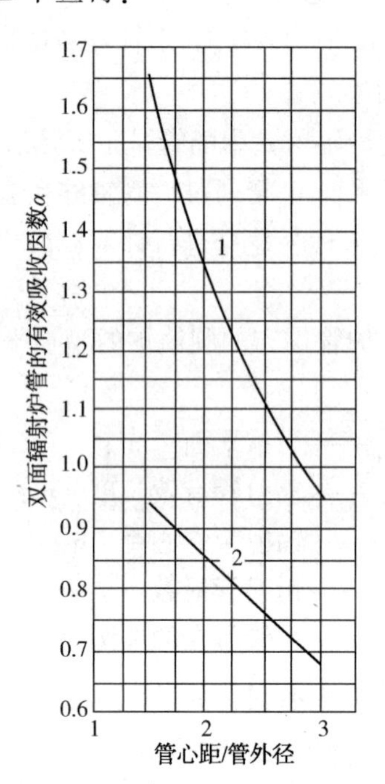

图 8-3-2　双面辐射炉管的有效吸收因数 α

1—单排管的有效吸收因数 α；

2—双排管每排管的有效吸收因数 α

当管心距 $S=2d$ 时，各种排管方式的有效吸收因数 α 见表 8-3-1。

表 8-3-1　常用排管方式的有效吸收因数(管心距 $S=2d$)

排管方式	有效吸收因数 α	排管方式	有效吸收因数 α
单排单面辐射管	0.883	单排双面辐射管	1.316
双排单面辐射管(总计)	0.977	双排双面辐射管(总计)	1.708

对流段中直接受到火焰及高温烟气辐射的炉管称为遮蔽管。为简化计算，假定辐射热全部落在对流室最下一排炉管上，取这排管的有效吸收因数 $\alpha=1$。

因为遮蔽管既接受辐射段的辐射传热，又受到对流段的对流传热，因此遮蔽管的热强度较大，设计时应注意该部位的炉管壁温和内膜温度是否超过允许值。

3. 当量冷平面

当量冷平面等于辐射段当量冷平面与遮蔽段当量冷平面之和：

$$\alpha A_{cp}=\alpha \cdot n \cdot L_a \cdot S+n_w \cdot L_c \cdot S_c \tag{8-3-54}$$

式中　n_w——遮蔽段每排炉管根数；

L_c——遮蔽段炉管有效长度，m；

S_c——遮蔽段炉管管心距，m。

(三) 烟气平均辐射长度

气体容积内的任何地方发出的辐射能总有一部分可以到达气体的界面上，因此气体界面上所感受到的气体辐射应为到达界面上整个容积气体辐射之总和。同样，气体界面上发出的辐射能可以射入到气体容积内的一切地方去，但辐射能在射线行程中被有吸收能力的气体分子所吸收而逐渐削弱。

所以，气体的辐射能力(黑度)、气体的吸收能力(吸收率)，除了与气体的性质有关外，还与气体所处的容器的形状和体积有关，亦即与气体的温度、压力和热射线通过的气层厚度(气体分子的多少)有关。

射线行程取决于气体容积的形状和尺寸。气体容积中不同部分的气体所发出的辐射能射到某壁面时所经历的路程是各不相同的。射线行程也称为有效辐射层厚度或烟气平均辐射长度。对于不同形状的炉膛，其烟气平均辐射长度见表 8-3-2，在缺少资料的情况下，可用下式计算：

$$L=3.6\frac{V}{F} \tag{8-3-55}$$

式中 L——烟气平均辐射长度，m；

V——炉膛空间体积，m^3；

F——炉膛内壁表面积，m^2。

表 8-3-2 常用炉形烟气平均辐射长度

炉形及尺寸比例	平均辐射长度 L/m	炉形及尺寸比例	平均辐射长度 L/m
长方形炉：长：宽：高(任何顺序)		1：2：5~1：2：∞	1.3×最小尺寸边长
1：1：1~1：1：3	$\frac{2}{3}V^{\frac{1}{3}}$	1：3：3~1：∞：∞	1.8×最小尺寸边长
		圆筒炉：直径：高	
1：2：1~1：2：4	$\frac{2}{3}V^{\frac{1}{3}}$	1：1	$\frac{2}{3}$×直径
1：1：4~1：1：∞	1×最小尺寸边长	1：2~1：∞	1×直径

(四) 烟气辐射率

烟气中通常含有 CO_2、H_2O、SO_2、N_2、O_2 等气体和悬浮于烟气中的细小炭黑粒子，其中 N_2H_2、O_2 等分子结构对称的双原子气体基本无发射和吸收热辐射的能力，辐射影响在工业上的温度范围内可以忽略。CO_2、H_2O、SO_2 等三原子、多原子及结构不对称的双原子气体具有相当大的辐射与吸收能力[6]。管式炉内燃烧产物中主要辐射成分是 CO_2 和 H_2O，所以这两种气体在传热计算中非常重要。

烟气辐射率的大小主要取决于三原子气体 CO_2、H_2O 的分压、炉型及尺寸、烟气温度、管壁温度、燃料性质及燃烧工况。气体辐射率随三原子气体 CO_2、H_2O 的分压增加而增加，随气体温度增加而降低。管壁温度在 315~650℃ 范围内对烟气辐射率的影响所产生的误差小于 1%[7]，故其影响可略去不计。

烟气中 CO_2 和 H_2O 的分压与过剩空气系数有关，可由燃料计算中求得。对于烧燃料油和燃料气的炼厂加热炉，CO_2 和 H_2O 的分压一般在 0.15~0.30 范围内。

烟气辐射率可根据烟气中 CO_2 和 H_2O 的分压 P_γ 与烟气辐射长度 L 的乘积 $P_\gamma L$ 及烟气温度，由图 8-3-3 查得。

(五) 交换因数

交换因数又称为总辐射能到达率或总辐射热吸收率。是烟气对吸热面的直接辐射传热及

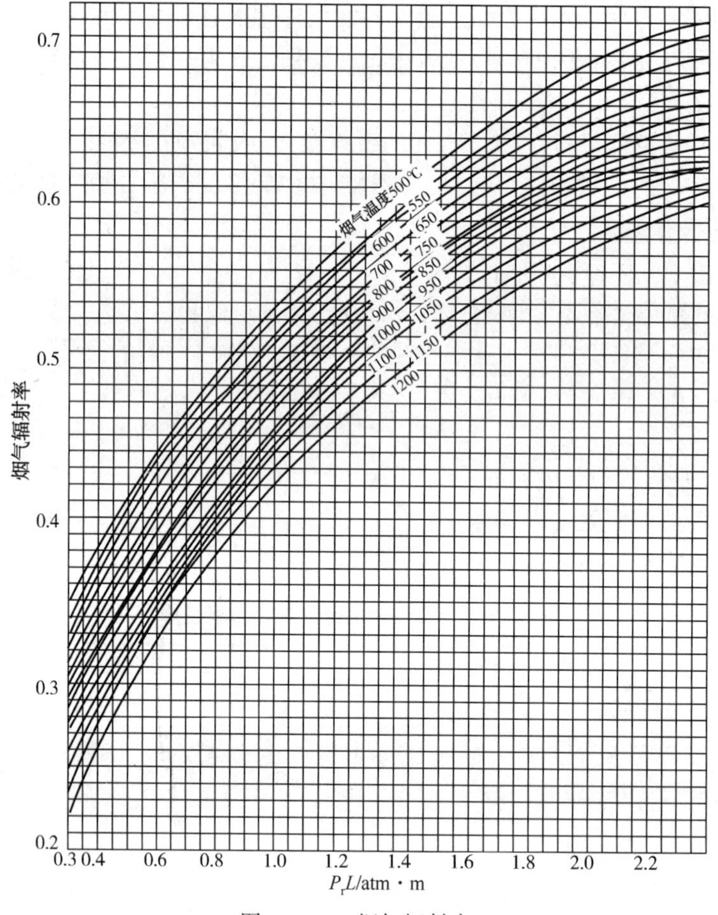

图 8-3-3　烟气辐射率

烟气通过反射面间接对吸热面传热的一个参数，其数值与有效暴露砖墙的反射面有关，与当量冷平面(及吸热面积)有关，与各个面的辐射率和吸收率有关。交换因数按下式计算：

$$F=\frac{1}{\frac{1}{\varepsilon_f}+\frac{1}{\varepsilon_s}-1} \tag{8-3-56}$$

其中：

$$\varepsilon_s=\varepsilon_g\left[1+\left(\frac{\sum F}{\alpha A_{cp}}-1\right)\Big/\left(1+\frac{\varepsilon_g}{1-\varepsilon_g}\cdot\frac{1}{F_{R_C}}\right)\right] \tag{8-3-57}$$

根据 Lobo-Evans 的研究总结：

当$\frac{\sum F}{\alpha A_{cp}}=1.0\sim1.5$时：

$$F_{R_C}=\frac{\alpha A_{cp}}{\sum F} \tag{8-3-58}$$

当$\frac{\sum F}{\alpha A_{cp}}=5\sim8$时：

$$F_{R_C}=\frac{\alpha A_{cp}}{\sum F-\alpha A_{cp}} \tag{8-3-59}$$

当$\dfrac{\sum F}{\alpha A_{cp}}=1.5\sim5$时，$F_{R_C}$为上列二数值的中间值。

式中　F——交换因数；

ε_s——炉膛有效辐射率，即当吸热面是黑体时，吸热面对烟气的总交换因数；

ε_g——烟气辐射率；

αA_{cp}——当量冷平面，m^2；

$\sum F$——炉膛总内表面积，m^2；

F_{R_C}——耐火砖墙到炉管表面的交换因数；

ε_f——炉管表面辐射率，常用炉管材料的辐射率如下：

带有氧化层的碳钢及铬钼钢管，$\varepsilon_f=0.85\sim0.9$；

氧化后呈褐色的不锈钢管，$\varepsilon_f=0.9\sim0.95$；

银白色的不锈钢管，$\varepsilon_f=0.36\sim0.45$。

当炉管表面辐射率ε_f为0.9时，可根据烟气辐射率及$\dfrac{\sum F}{\alpha A_{cp}}$值由图8-3-4直接查取交换因数。

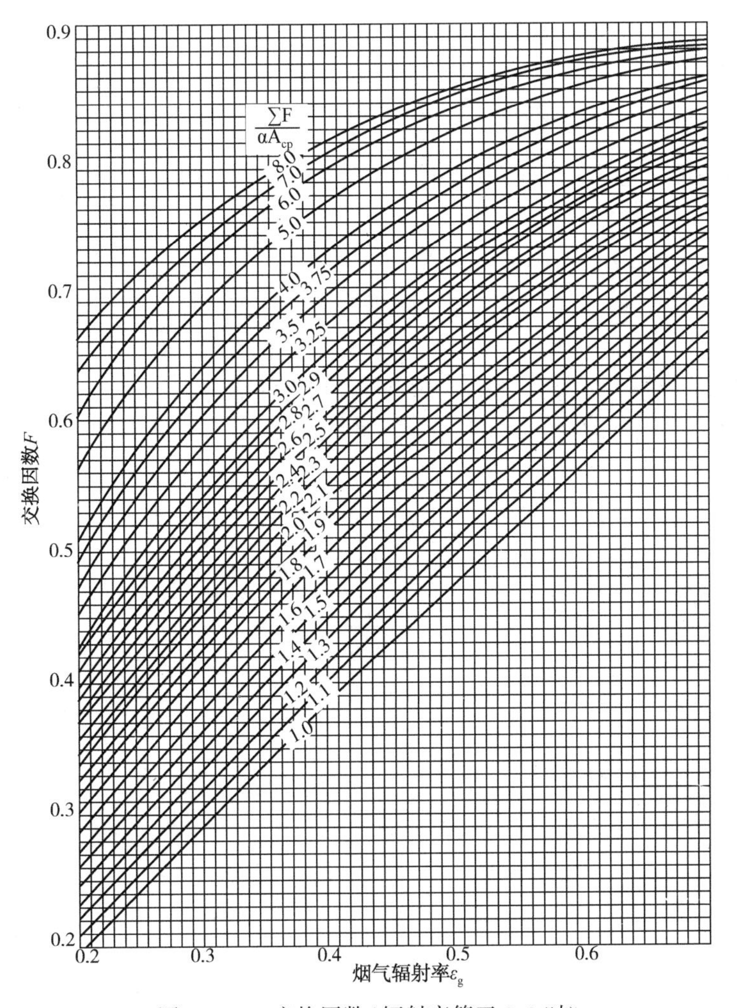

图8-3-4　交换因数(辐射率等于0.9时)

(六) 辐射段的对流传热系数h_{R_c}

辐射段内，由辐射方式传给炉管的热量是主要的，对流传热约占辐射传热量的5%~25%，其对流传热量与燃烧气体温度、燃烧器型式、炉膛结构有关。由于辐射段中对流为非主要传热，故做一些简化计算。

几种常用炉型辐射段的对流传热系数取值如下：自然通风箱式炉为11.4W/(m^2·℃)，自然通风圆筒炉为14.2W/(m^2·℃)，采用高强燃烧器的加热炉为23.3W/(m^2·℃)。

(七) 辐射段烟气放热量

输入辐射段的热量有：燃料的总放热量、燃烧空气的显热及燃料的显热。

输出辐射段的热量有：辐射段介质吸热(热负荷)、进入对流段烟气热量、辐射段炉壁散热损失热量和燃料的不完全燃烧损失热量等。

输入的热量被辐射段炉管内介质吸收后，烟气进入对流段，烟气在辐射段放出有效热，即为被介质吸收的热量。

介质在辐射段吸入的有效热量和燃料在辐射段放出的热量达到平衡时的烟气温度即为炉膛烟气温度。

热量平衡的具体计算参见本章第六节。

五、对流段计算

(一) 概述

在加热炉对流段，烟气主要以对流传热方式把热量传给炉管内介质，烟气中的辐射传热量所占比例较小。

对流段的任务是回收烟气中的部分热量。根据装置不同，对流段加热的介质种类也不同，有的和辐射段加热同一种介质，如常减压加热炉和大部分重沸炉；有的加热不同于辐射段的其他介质，如加氢反应炉、重整炉、制氢炉；有的利用产生蒸汽回收烟气余热。

对流传热计算方法见式(8-3-60)，这是个通用的计算公式，对不同的炉管外表面形式、内外壁结垢情况、烟气对炉管的冲刷方向等，传热系数和温差的计算方法不同。

本节只叙述管式炉常用三种炉管外表面形式：光管、翅片管和钉头管，只讨论烟气纵向冲刷炉管的计算方法。其他形式的排管和烟气流动方式可以参见文献[8]。

$$Q_c = K_c A_c \Delta t / 1000 \qquad (8-3-60)$$

式中 Q_c——对流段热负荷，kW；

K_c——对流管总传热系数，W/(m^2·℃)；

A_c——对流管外表面积(光管外表面)，m^2；

Δt——对数平均温差，℃。

(二) 热负荷及烟气温度的分段计算

对流段烟气温度由t_p到t_s，烟气放热量为：

$$Q_c' = B(q_{t_p} - q_{t_s} - q_{LC}) / 3600 \qquad (8-3-61)$$

对流段吸热量按下式计算：

$$Q_c = Q - Q_R \qquad (8-3-62)$$

或

$$Q_c=\sum_{j=1}^{n}W_{F_j}(I_{o_j}-I_{i_j}) \tag{8-3-63}$$

式中　Q'_c——烟气放出的有效热，kW；

B——燃料用量，kg/h；

q_{t_p}——烟气入对流段的热焓，kJ/kg；

q_{t_s}——烟气出对流段的热焓，kJ/kg；

q_{L_C}——对流段热损失，kJ/kg；

W_{F_j}——j 介质在对流段的流量，kg/h；

I_{o_j}、I_{i_j}——j 介质出、入对流段的热焓，kJ/kg；

Q_c——对流段热负荷，kW；

Q——加热炉热负荷，kW；

Q_R——辐射段热负荷，kW。

对于对流段每一段的介质，有：

$$Q_{c_j}=W_{f_j}(I_{o_j}-I_{i_j})/3600 \tag{8-3-64}$$

$$Q'_{c_j}=B(q_{t_i}-q_{t_o}-q_{L_{c_i}})/3600 \tag{8-3-65}$$

式中　q_{t_i}、q_{t_o}——烟气进、出此段的焓，kJ/kg 燃料；

$q_{L_{c_i}}$——i 段对流热损失，kJ/kg 燃料。

由q_{t_i}、q_{t_o}可计算烟气进、出该段的温度 t_i、t_o。如果已知烟气的比热容，也可用下列公式计算 t_i、t_o：

$$t_i=q_{t_i}/C_{t_i} \tag{8-3-66}$$

$$t_o=q_{t_o}/C_{t_o} \tag{8-3-67}$$

式中　t_i——烟气进此对流段的温度,℃；

t_o——烟气出此对流段的温度,℃；

C_{t_i}——烟气进此对流段的比热容，kJ/kg 燃料；

C_{t_o}——烟气出此对流段的比热容，kJ/kg 燃料。

(三) 对数平均温差

在对流段传热中烟气与介质的温差沿受热面总是在变化，因此应采用对数平均温差来计算传热量。对流段加热多种介质时，应分别计算每一段的对数平均温差。

对数平均温差用下式计算：

$$\Delta t=\frac{\Delta t_1-\Delta t_2}{\ln\dfrac{\Delta t_1}{\Delta t_2}} \tag{8-3-68}$$

式中　Δt_1、Δt_2——烟气与介质在受热面入口或出口处的温差,℃。

(四) 传热系数 K_c

对流传热系数 K_c，用式(8-3-69)计算：

$$K_c=\frac{1}{\varepsilon_i+\dfrac{1}{h_i}+\dfrac{\delta_b}{\lambda_b}+\dfrac{1}{h_o}+\varepsilon_o} \tag{8-3-69}$$

式中　ε_i——管内结垢热阻，(m^2·℃)/W，同介质的物性有关，见表 8-3-3；

h_i——管内膜传热系数，W/(m^2·℃)；

λ_b——管壁金属的导热系数，W/(m·℃)；

δ_b——管壁厚度，m；

h_o——管内膜传热系数，W/(m^2·℃)；

ε_o——烟气侧结垢热阻，(m^2·℃)/W。一般按经验选取，烧气时取0.004(m^2·℃)/W；烧油时取0.008(m^2·℃)/W。

表8-3-3 管内结垢热阻典型值

序号	加热炉名称	管内结垢热阻/[(m^2·℃)/W]
1	常压炉	0.0005
2	减压炉	0.0007
3	减黏加热炉	0.0009

1. 炉管内膜传热系数

在对流段内，管内膜传热系数 h_i 比管外膜传热系数 h_o 大很多倍，一般在600～1000W/(m^2·℃)范围内，对传热系数的影响较小，影响传热系数的主要是管内外垢阻和外膜传热系数，传热简算时内膜传热系数可按经验选取。

包括结垢热阻在内的内膜传热系数h_i^*可采用下式计算：

$$h_i^* = \varepsilon_i + \frac{1}{h_i} \tag{8-3-70}$$

式中 h_i^*——包括内垢热阻在内的管内膜传热系数，W/(m^2·℃)；

ε_i——管内结垢热阻，(m^2·℃)/W；

h_i——管内膜传热系数，W/(m^2·℃)。

2. 对流炉管外膜传热系数

烟气流过炉管的方式有两种：横向冲刷管束或纵向冲刷管束。加热炉对流段中，烟气大都是横向冲刷错列或顺列的炉管，为了提高对流段的传热系数，需增大外膜传热系数，故在对流排管外表面设置翅片或钉头以提高炉管外膜传热系数，所以对流炉管有翅片管、钉头管等。

炉管外膜传热系数包括三部分：烟气对流放热系数、烟气辐射放热系数和炉墙辐射传热系数。下面根据炉管的外表面形式分别叙述。

(1) 光管外膜传热系数

1) 烟气对流放热系数：炼厂加热炉的烟气组成变化范围较小，尽管不同类型的加热炉炉内烟气组成不同，但其密度、黏度、比热容等在压力一定的情况下，均可视为温度的函数，所以可利用简化公式(8-3-71)计算：

$$h_{oc} = 10.98\frac{G_g^{0.667}T_g^{0.3}}{d_c^{0.333}} \tag{8-3-71}$$

式中 h_{oc}——烟气对光管的对流传热系数，W/(m^2·℃)；

G_g——烟气通过排管的质量流速，kg/(m^2·s)；

T_g——烟气在该排管段的平均温度，K；

d_c——光管外径，mm。

2）烟气辐射放热系数h_{or}：可把烟气容积和排管近似地看成气体层和包围它的壳壁之间的辐射传热问题。对于管式炉对流段的烟气传热系数可按式(8-3-72)计算[7]：

$$h_{or}=\frac{5.74\times10-8\left(\frac{1+\varepsilon_f}{2}\right)(\varepsilon_g T_g^4-\varepsilon_f T_{wc}^4)}{T_g-T_{wc}} \tag{8-3-72}$$

式中　h_{or}——烟气辐射放热系数，W/(m^2·℃)；

ε_f——炉管表面辐射率；

ε_g——烟气辐射率；

T_{wc}——该段炉管平均管壁温度，K。

烟气辐射率ε_g与对流段烟气的有效辐射层厚度、烟气温度、烟气中三原子气体的分压等有关，可按辐射段所述方法计算。

对多数管式炉，在管心距约为2倍管外径，炉管表面辐射率ε_f=0.9、CO_2+H_2O分压变化不大的情况下，h_{or}值可由图8-3-5求得[7]。

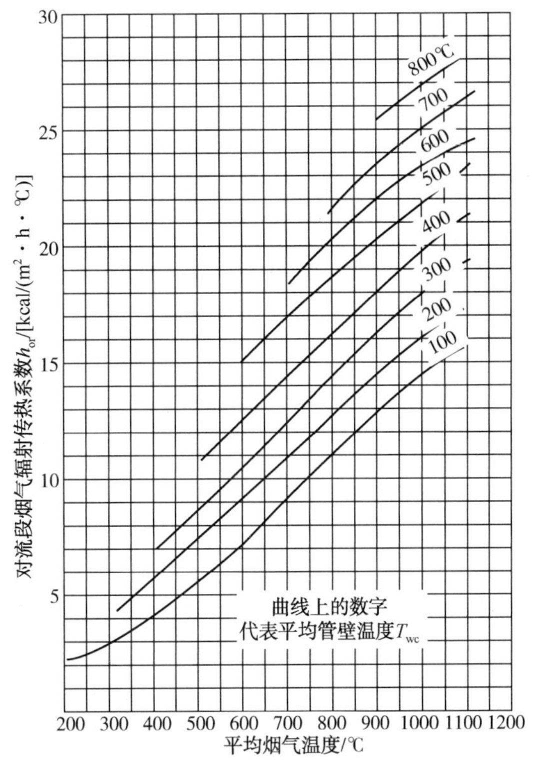

图8-3-5　对流段烟气辐射传热系数

注：1. 平均烟气温度为管内介质的平均温度加该段烟气和介质对数平均温度差，平均管壁温度可取管内介质平均温度加30℃；

2. 1kcal/(m^2·h·℃)=1.163W/(m^2·℃)。

3）炉墙辐射传热系数：在对流段，炉墙对炉管的辐射传热所占份额较少，可用下式表示：

$$h_{ow}=\beta(h_{oc}+h_{or}) \tag{8-3-73}$$

炉墙对炉管的辐射影响与每排炉管根数有关系，随着每排炉管根数的增加，炉墙辐射分数减少，当每排约为 8 根炉管时，以炉管外表面积为基准的炉墙辐射传热系数约为烟气辐射和对流传热系数的 10%，故在计算要求不高的情况下，炉墙辐射传热系数可用式(8-3-74)简化计算：

$$h_{ow}=0.1(h_{oc}+h_{or}) \tag{8-3-74}$$

式中　h_{ow}——以炉管表面积为基准的炉墙辐射传热系数。

4）光管总外膜传热系数：

$$h_o=h_{oc}+h_{or}+h_{ow} \tag{8-3-75}$$

简化为：

$$h_o=1.1(h_{oc}+h_{or}) \tag{8-3-76}$$

烧气体燃料或烧油采用有效吹灰设施时，炉管外结垢热阻可采用 0.004(m^2 · ℃)/W，对于烧油且没有吹灰设施时，结垢热阻取 0.008(m^2 · ℃)/W。

包括结垢热阻在内的光管总外膜传热系数h_o^*用式(8-3-77)计算：

$$h_o^*=\frac{1}{\dfrac{1}{h_o}+0.004(\text{或 }0.008)} \tag{8-3-77}$$

（2）翅片管或钉头管外膜传热系数

在计算钉头管或翅片管外膜传热系数时，由于烟气对翅片或钉头的对流传热系数很大，而烟气的辐射传热及炉墙的辐射传热相对很小，故一般计算时后两项可忽略不计。

翅片管和钉头管外膜传热系数的计算，可采用加德纳翅片效率的概念，即通过求光管的外膜传热系数的方法计算翅片管或钉头管的外膜传热系数，计算步骤如下：

1）光管表面外膜传热系数h_{oc}：采用式(8-3-71)计算，但计算烟气流通面积时应考虑翅片或钉头的投影面积，即烟气质量流速为烟气在最小自由截面处的质量流速。

包括结垢热阻在内的光管表面传热系数h_{oc}^*用式(8-3-78)计算：

$$h_{oc}^*=\frac{1}{\dfrac{1}{h_{oc}}+0.004} \tag{8-3-78}$$

式中　h_{oc}^*——包括结垢热阻在内的光管表面传热系数，W/(m^2 · ℃)。

2）翅片效率[7]：翅片效率 Ω_f为翅片单位表面积通过的平均热量与光管单位表面积通过的平均热量之比值，根据式(8-3-79)的计算结果，可从图 8-3-6 查出等厚环向翅片效率。

$$\text{翅片效率 }\Omega_f=X\sqrt{\frac{2h_{oc}}{\lambda_f Y}} \tag{8-3-79}$$

式中　X——翅片高度，m；

λ_f——翅片材质导热系数，W/(m · ℃)；

h_{oc}——翅片管的光管表面传热系数，W/(m^2 · ℃)；

Y——翅片厚度，m。

3）钉头效率Ω_s：钉头效率为钉头单位表面积通过的平均热量与光管单位表面积通过的平均热量之比值，根据式(8-3-80)的计算结果从图 8-3-7 查出：

$$钉头效率\Omega_s = h'\sqrt{\frac{2h_{oc}}{\lambda_s d_s}} \tag{8-3-80}$$

式中　h'——钉头高度，m；

λ_s——钉头材质导热系数，W/(m · ℃)；

h_{oc}——钉头管的光管表面传热系数，W/(m² · ℃)；

d_s——钉头直径，m。

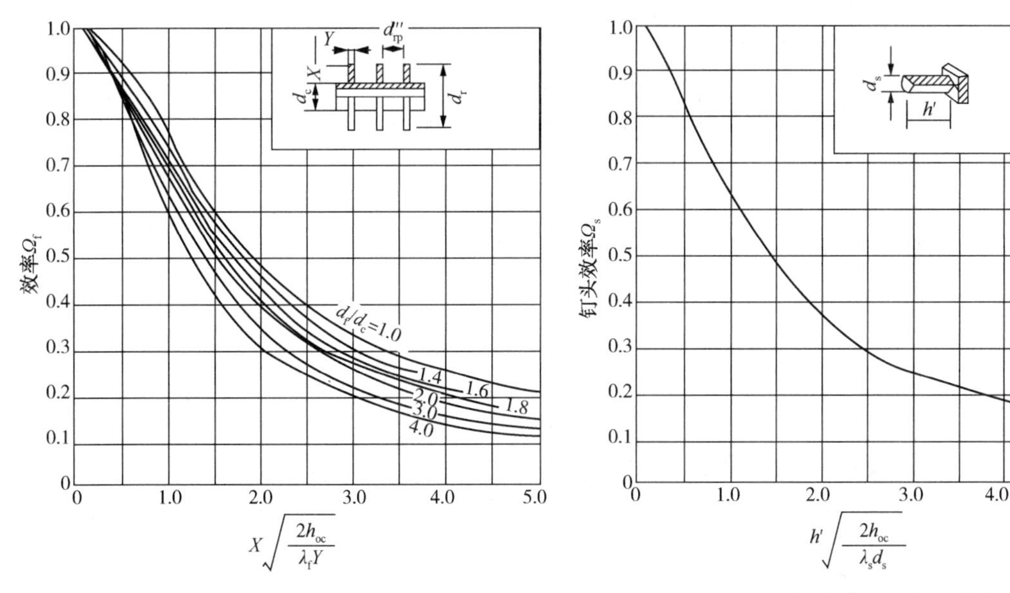

图 8-3-6　恒定厚度环向翅片的效率　　　图 8-3-7　恒定直径的钉头效率

4）翅片管或钉头管外膜传热系数：对于翅片管，其外膜传热系数采用式(8-3-81)进行计算：

$$h_{fo} = h_{oc}^{*}\frac{\Omega_f \alpha_f + \alpha_o}{\alpha_o} \tag{8-3-81}$$

对于钉头管，其外膜传热系数采用式(8-3-82)进行计算：

$$h_{so} = h_{oc}^{*}\frac{\Omega_s \alpha_s + \alpha_o}{\alpha_o} \tag{8-3-82}$$

式中　h_{fo}——翅片管外膜传热系数，W/(m² · ℃)；

h_{so}——钉头管外膜传热系数，W/(m² · ℃)；

h_{oc}^{*}——光管外膜传热系数，W/(m² · ℃)；

a_f——翅片表面积，m²；

a_s——钉头表面积，m²；

a_o——光管的外表面积，m²；

Ω_f——翅片效率，对于等厚度环形翅片查图 8-3-6 求得；

Ω_s——钉头效率，查图 8-3-7 求得。

3. 对流炉管总传热系数

$$K_c=\frac{h_o^* \cdot h_i^*}{h_o^*+h_i^*} \tag{8-3-83}$$

式中　K_c——总传热系数，W/(m² · ℃)；

h_o^*——管外膜传热系数，W/(m² · ℃)；钉头管时为h_{so}，翅片管时为h_{fo}。

(五) 对流管表面积及管排数

$$A_c=\frac{Q_c}{K_c\Delta t} \tag{8-3-84}$$

$$N_c=\frac{A_c}{n_w L_c \pi d_c} \tag{8-3-85}$$

式中　A_c——对流管外表面积(光管外表面)，m²；

Q_c——对流段热负荷，kW；

n_w——每排炉管根数，根；

L_c——对流炉管有效长度，m；

N_c——对流管排数。

对流管表面热强度：

$$q_c=\frac{Q_c}{A_c} \tag{8-3-86}$$

式中　q_c——对流管平均表面热强度，kW/m²。

当对流段加热多种物料时，各种物料的排管位置需根据温差烟气，分段合理安排，并需逐段进行计算。

六、烟囱

(一) 概述

设计烟囱要满足三个要求：一是在自然通风的加热炉中，烟囱应有足够的抽力以克服烟气通路中各部分阻力；二是要满足环保要求，如国家或当地的烟气排放要求；三是要满足安全排放的要求，即排出的高温烟气不能伤到有可能通行的人员，并符合相关要求。因此，烟囱的实际高度往往要高于按满足抽力设计的烟囱高度。本节主要叙述烟囱的抽力计算。

烟囱内流动的烟气温度比周围空气的温度高，热烟气的密度比冷空气小，且与大气相通，因此这种密度差就产生了自然通风力，即抽力。

在烟气上升的烟道中，产生的抽力推动烟气流动，在烟气向下流的烟道中，产生的抽力阻止烟气流动，成为阻力。

在自然抽风加热炉或是在有引风机的平衡式加热炉中，烟囱产生的抽力要克服对流排管阻力、对流段或烟道中的变截面阻力、挡板处阻力、烟道摩擦力、烟气出口处的动能损失等。如果预热器在对流段顶部，还要克服预热器烟气侧阻力。克服这些阻力后还要在辐射炉顶产生 13~25Pa 左右的负压。

对于辐射段内烟气上行的加热炉，辐射段有效抽力足以克服空气流过燃烧器调风器时的阻力。所以烟囱计算时基本不考虑辐射段的抽力和燃烧器空气侧的阻力。

为了了解其间的关系，现以自然通风的加热炉为例，绘出抽力与阻力的关系曲线，见图8-3-8。

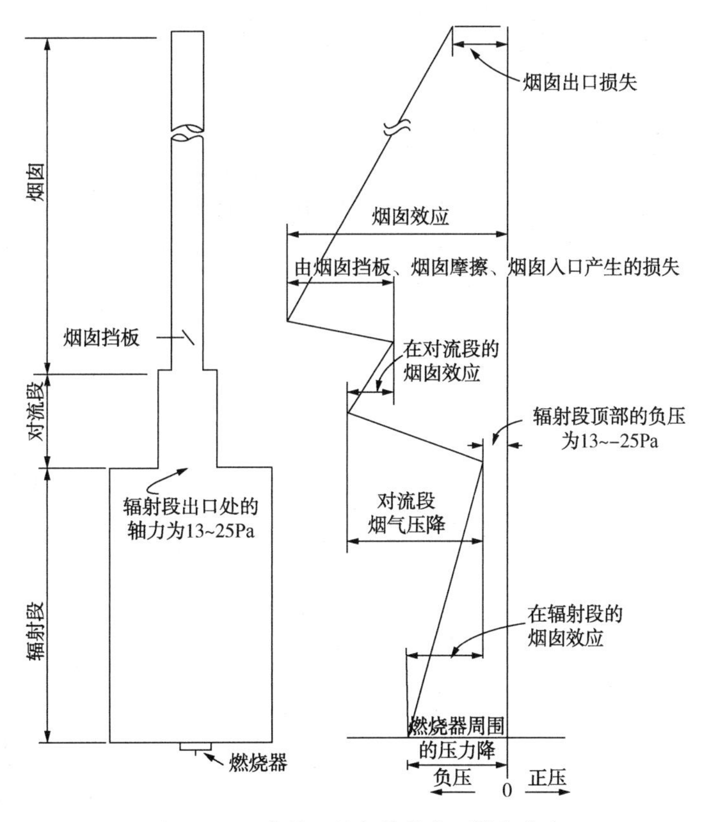

图 8-3-8　自然通风加热炉典型抽力分布

(二) 烟气流速及温降

烟气的流速高可以使烟囱直径变小，从而减少投资，但压降几乎与流速的平方成正比，压降大需要加高烟囱。因此，烟囱内的流速选择要从压降和一次投资两方面考虑。另外，烟囱出口处的烟气流速还有一个下限，以前是为了避免外界空气倒灌进烟气而确定的，目前也有个别项目环保要求有最低风速限制。表 8-3-4 是常规推荐的烟气流速。

表 8-3-4　烟囱出口处常规烟气流速

烟囱形式		烟气线速/(m/s)
自然通风的烟囱	最大负荷时	8~12
	最小负荷时	2.5~3
机械通风的烟囱	最大负荷时	18~20
	最小负荷时	4~5

注：1. 当环保规定烟囱出口的最低流速时，应以环保要求为准。如果烟囱摩擦阻力太大，可以采用加大烟囱直径而烟囱出口缩径的方法减小阻力。

2. 如果烟囱的高度远高于抽力的需要，可以提高烟气的流速，以减小烟囱直径。

烟气的温降与烟囱保温情况、烟气温度的高低和烟囱高度有关，可参照下列经验数据选取：混凝土烟囱为 0.1~0.3℃/m；无内衬的金属烟囱约 1℃/m；有内衬的金属烟囱约 0.2℃/m。

(三) 烟气通过对流管排的阻力

在管式炉中，烟气流动基本与对流排管垂直，即烟气横向冲刷对流排管。对流排管常规有三种方式：光管、钉头管和翅片管。下列计算方法只适用于烟气横向冲刷管排的流动方式。

1. 烟气通过交错排列光管管排的阻力

$$\Delta H_{1b}=\frac{G_g^2}{26\gamma_g}\cdot N_c\left(\frac{d_p G_g}{\mu_g}\right)^{-0.2} \tag{8-3-87}$$

式中　ΔH_{1b}——烟气通过交错排列光管管排的阻力，mmH_2O；

γ_g——烟气在对流段的平均密度，kg/m^3；

G_g——烟气通过光管管排的质量流速，$kg/(m^2\cdot s)$；

d_p——管子与管子之间的间隙，m；

μ_g——烟气的黏度，cP(mPa·s)。

烟气黏度可根据平均温度由图 8-3-9 查得。

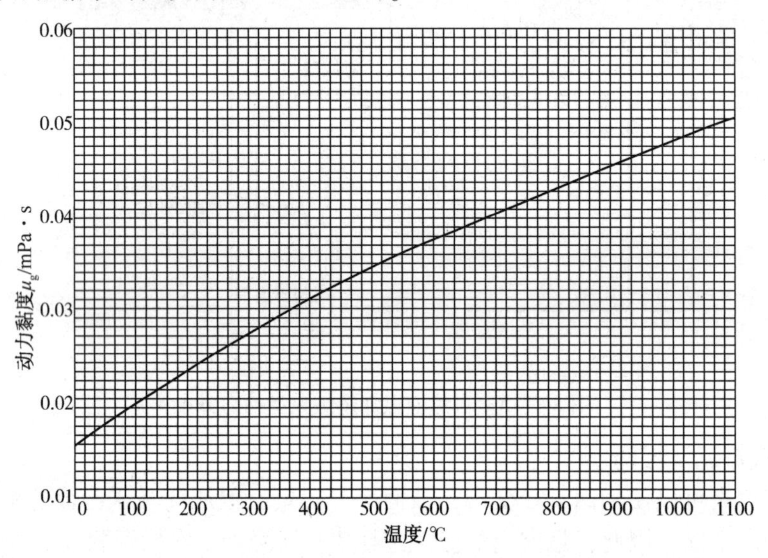

图 8-3-9　烟气的温度与黏度μ_g关系图

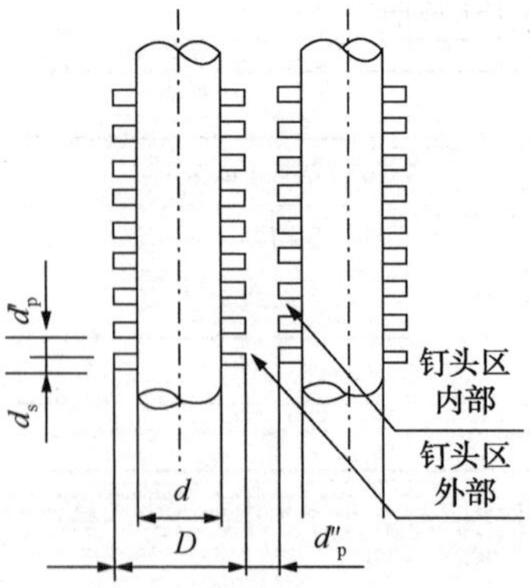

2. 烟气通过交错水平排列钉头管管排的阻力

当计算交错排列的钉头管管排阻力时，先按式(8-3-88)计算出钉头区域外部的烟气质量流速，再用式(8-3-91)计算管排阻力。钉头管示意图见图 8-3-10。

图 8-3-10　钉头管示意图

(1) 烟气质量流速计算

$$\left(\frac{W_g}{G_{gs}}-A_{so}\right)^{1.8}=\frac{(A_{si})^{1.8}}{N_s}\left(\frac{d'_p}{d''_p}\right)^{0.2} \tag{8-3-88}$$

式中　W_g——烟气流量，kg/s；

G_{gs}——烟气在钉头区域外部的质量流速，$kg/(m^2\cdot s)$；

A_{so}——钉头区域外部的流通面积，m^2；

A_{sj}——钉头区域内部的流通面积，m^2；

N_s——每一圈的钉头数；

d'_p——钉头与钉头之间的间隙，m；

d''_p——两邻管钉头端部之间的间隙，m。

钉头区域外部的流通面积按下式计算：

$$A_{so}=[S_c-(d_c+2h')n_w]L_c \tag{8-3-89}$$

式中　S_c——对流管管心距，m；

d_c——对流炉管直径，m；

n_w——每排管根数，m；

h'——钉头高度，m；

L_c——对流管有效长度，m。

钉头区域内部的流通面积按下式计算：

$$A_{si}=S_cL_c-d_cL_cn_w-L_cn_w\frac{1}{d'''_p}2d_sh'-A_{so} \tag{8-3-90}$$

式中　d'''_p——纵向钉头间距，m；

d_s——钉头直径，m。

（2）钉头管管排阻力

$$\Delta H_{1s}=\frac{G_{gs}^2}{26\gamma_g}N_c\left(\frac{d''_pG_{gs}}{\mu_g}\right)^{-0.2} \tag{8-3-91}$$

式中　ΔH_{1s}——钉头管管排阻力，mmH_2O。

3. 烟气通过环形翅片管管排阻力

对流管通常为正三解形排列，烟气通过正三角形排列的环形翅片管管排的阻力采用根特和肖公式计算：

$$\Delta H_{1f}=0.051f'\left(\frac{G_g^2}{D_v\gamma_g}\right)L'\left(\frac{D_v}{S_c}\right)^{0.2} \tag{8-3-92}$$

式中　ΔH_{1f}——烟气通过翅片管管排阻力，mmH_2O；

f'——烟气摩擦系数，由图 8-3-11 查得；

D_v——容积水力直径，m；

S_c——对流管管心距，m；

L'——烟气通过对流管管排的长度，m，管排长度按下式计算：

$$L'=S_b\cdot N_c \tag{8-3-93}$$

S_b——对流管排心距，m。

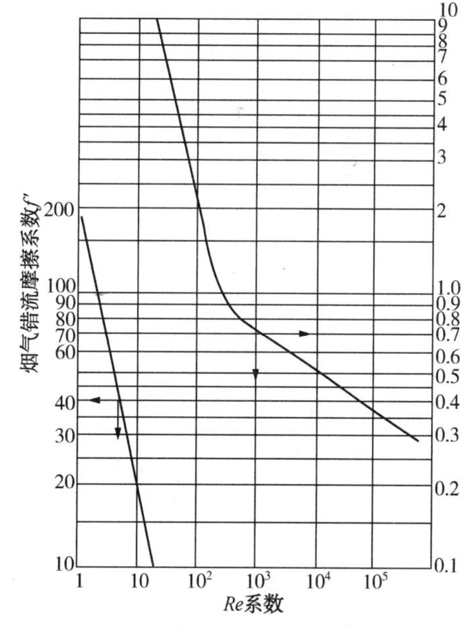

图 8-3-11　烟气通过错排翅片管摩擦系数f'

容积水力直径 D_V 用下式表示：

$$D_V=\frac{4\times\text{净自由体积}}{\text{摩擦表面积}} \tag{8-3-94}$$

图 8-3-12 为正三角形排列翅片管的示意图，其烟气通过翅片管每米长的净自由体积和摩擦表面积分别计算如下：

每米长的净自由体积为：

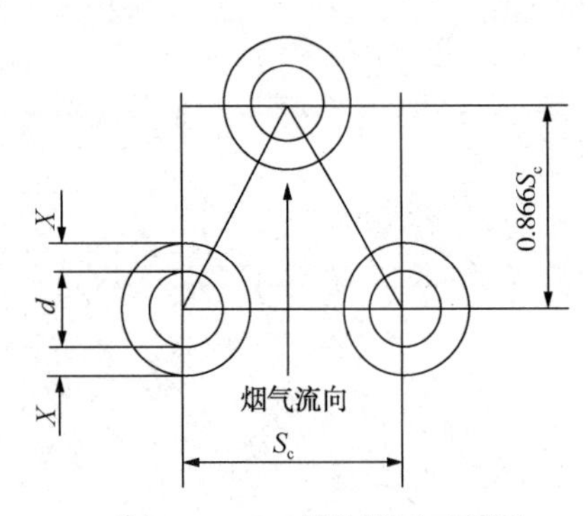

图 8-3-12　翅片管正三角形排列示意图

$$0.866S_c \times S_c - \frac{\pi d_c^2}{4} - \frac{\pi}{4}[(d_c+2X)^2 - d_c^2] \times \frac{Y}{d'''_p} \quad (8-3-95)$$

每米长摩擦表面积为：

$$\pi d_c - \frac{\pi}{4}[(d_c+2X)^2 - d_c^2] \times \frac{2}{d'''_p} \quad (8-3-96)$$

式中　D_V——容积水力直径，m；

X——翅片高度，m；

Y——翅片厚度，m；

d'''_p——翅片间距，m；

S_c——管心距，m。

4. 烟气通过对流段产生的净阻力

当对流段烟气向上时，烟气流动产生抽力，烟气向下时，抽力变为了阻力。故考虑到烟气流动产生的效应后，其净阻力为：

烟气上行时：
$$\Delta H_1 = \Delta H_{1b} + \Delta H_{1S} + \Delta H_{1f} - \Delta H'_1 \quad (8-3-97)$$

烟气下行时：
$$\Delta H_1 = \Delta H_{1b} + \Delta H_{1S} + \Delta H_{1t} + \Delta H'_1 \quad (8-3-98)$$

烟气水平流动时：
$$\Delta H_1 = \Delta H_{1b} + \Delta H_{1S} + \Delta H_{1f} \quad (8-3-99)$$

$$\Delta H'_1 = 1.18 H_c P_a \left(\frac{29}{T_a} - \frac{M_g}{T_{mc}}\right) \quad (8-3-100)$$

式中　$\Delta H'_1$——对流段烟气所产生的抽力，mmH_2O；

H_c——对流段高度，m；

P_a——当地地面处绝对大气压，kPa；

M_g——烟气的摩尔质量，kg/kmol；

T_a——大气温度，K；

T_{mc}——对流段中烟气平均温度，K。

（四）烟气通过各部分的局部阻力

从辐射段顶部开始，烟气通过的局部阻力依次为辐射段至对流段的截面变化段、过渡段、对流尾部烟道及尾部烟道的进出口、烟囱挡板处等。这些阻力的详细计算，见本章第五节。

（五）烟气在烟囱中的摩擦损失及动能损失

1. 烟气在烟囱中的摩擦损失

$$\Delta H_2 = 0.51 f G_g^2 \frac{H'_3}{\gamma_g D_s} \quad (8-3-101)$$

式中　ΔH_2——烟气在烟囱中的摩擦损失，mmH_2O；

D_s——烟囱内径，m；

G_g——烟囱中烟气的质量流速，kg/(m^2·s)；

γ_g——烟囱中烟气平均密度，kg/m^3；

f——Moody 摩擦系数，由图 8-3-13 查得；

H'_3——假设的烟囱高度，m。

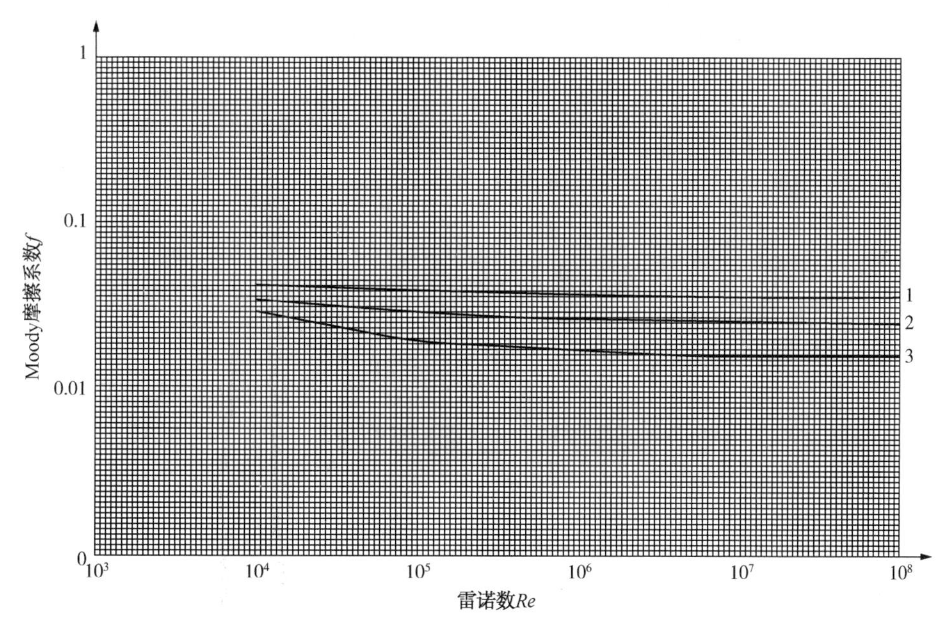

图 8-3-13　Moody 摩擦系数

1—非常粗糙，通常指内衬为砖或软质材料的烟风道；

2—中等粗糙，通常指内衬为轻质浇注料的烟风道；

3—光滑，通常指无内衬的烟风道

2. 烟气在烟囱出口处的动能损失

$$\Delta H_3=\frac{G_g^2}{2g\gamma_g} \tag{8-3-102}$$

式中　ΔH_3——烟气在烟囱出口处的动能损失，mmH_2O；

G_g——烟囱内的质量流速，$kg/(m^2 \cdot s)$；

g——重力加速度，m/s^2；

γ_g——烟气在烟囱出口处的密度，kg/m^3。

3. 烟囱需克服的总阻力

$$\Delta H_s=\Delta H_1+\Delta H_2+\Delta H_3+\Delta H_j+2 \tag{8-3-103}$$

式中　ΔH_1——烟气通过对流段产生的阻力，mmH_2O；

ΔH_2——烟气在烟囱中的摩擦损失，mmH_2O；

ΔH_3——烟气在烟囱出口处的动能损失，mmH_2O；

ΔH_j——烟气通过各部分的局部阻力，mmH_2O；

2——辐射炉顶应保持 $2mmH_2O$ 左右的负压。

自然通风时，对于烟气水平流动的辐射室，在式(8-3-103)中还需另加一项燃烧器的阻力 ΔH_p，即：

$$\Delta H_s=\Delta H_1+\Delta H_2+\Delta H_3+\Delta H_j+2+\Delta H_p \tag{8-3-104}$$

式中　ΔH_p——燃烧器调风器阻力，mmH_2O。

(六) 烟囱的抽力和高度

烟囱抽力应大于烟气总阻力。令烟囱最小抽力等于上述计算的总阻力，由下式计算烟囱最小高度：

$$\Delta H_D = 1.18 P_a H_s \left(\frac{29}{T_a} - \frac{M_g}{T_m} \right) \quad (8-3-105)$$

式中　ΔH_D——烟囱的抽力，mmH_2O；

H_s——烟囱高度，m；

T_a——大气温度，K；

T_m——烟囱内烟气平均温度，K；

P_a——当地地面处绝对大气压，kPa；

M_g——烟气的摩尔质量，kg/kmol。

第四节　结构及炉衬

一、钢结构

（一）设计

加热炉钢结构设计应遵循 SH/T 3070《石油化工管式炉钢结构设计规范》和 GB 50017《钢结构设计标准》，烟囱结构设计应符合 GB 50051《烟囱设计规范》的规定。

风、地震和平台活荷载等设计荷载应符合 GB 50009《建筑结构荷载规范》的规定。

烟风道的设计应符合 SH/T 3166《石油化工管式炉烟风道结构设计规范》的规定。

管式加热炉及其烟囱、烟风道系统的钢结构安全等级为二级。

结构设计时应考虑运输、安装和操作过程中遇到的各种荷载条件。特别是在加热炉整体运输时应考虑装船、水上运输和卸船时可能遇到的一些偶然荷载。应考虑到寒冷气候条件加热炉停工时的影响。

（二）材料

钢结构构件一般采用 Q235B 材料，也可采用 Q355，承重结构和构件及冬季技术温度低于-20℃时，不应采用沸腾钢。

（三）制造

钢结构常用制造标准有 SH/T 3086《石油化工管式炉钢结构工程及部件安装技术条件》和 HG/T 20659《化学工业管式炉对流段模块技术规范》。

二、管架或管板

用于支撑辐射段炉管的部件称为管架；支撑对流段炉管的部件称为管板；支撑对流炉管且两边与烟气直接接触的部件称为中间管板；支撑在炉管端部且下部支撑在横梁上的部件称为端管板。

辐射段的管架和遮蔽段的中间管板及其支撑中间管板的支撑件，其设计温度应不小于烟气温度加 100℃，且最低设计温度不小于 870℃，常用材质为 ZG40Cr25Ni20 或 ZG40Cr25Ni35；位于对流段中部和上部的中间管板和支撑件，其设计温度等于相接触的烟气温度加 55℃，常用材质为 ZG40Cr25Ni20 或 ZG35Cr25Ni12，有时也采用铸铁管板。

燃料中钒和钠的总含量超过 100mg/kg 时，对于设计温度≥650℃的辐射室管架和对流室中间管板应采用稳定化的 50Cr-50Ni。

对流端管板一般采用钢板焊接形式，如管板设计温度超过 425℃应选用合金材料，靠近辐射段的对流端管板可选用 15CrMo，其余可根据设计温度采用 15CrMo 或 Q235B。对流端部管板上的套管材质应为奥氏体不锈钢。

加热炉的管板和管架应进行强度计算，其荷载应按点支承连续梁的分析方法计算荷载。计算摩擦荷载时，摩擦系数至少应取 0.30，且按照所有炉管向相同的方向膨胀和收缩计算，不考虑管子反向移动引起的荷载抵消或减少。

铸造管架和中间管板的制造和检验应按照 SH 3087《石油化工管式炉耐热钢铸件技术标准》和 SH/T 3114《石油化工管式炉耐热铸铁件工程技术条件》的规定。铸造管架和管板上所有加强筋与主梁的交叉面及焊补面应 100%进行液体渗透检测，应对设计文件指明的危险部位进行射线检测，检验范围和判定标准应符合设计文件或指定标准的要求。

焊接管板的制造和检验应按照 SH/T 3086《石油化工管式炉钢结构工程及部件安装技术条》的规定。

安装时应注意管架或管板与硬质炉衬之间的膨胀间隙，以防膨胀受限出现质量事故。

三、加热炉炉衬

（一）设计温度

1）设计温度是选择耐火材料的基础温度；设计温度应为热面温度加上设计温度裕量。当隔热材料多于一层时，应为层间界面温度加上相同的设计温度裕量。

2）陶瓷纤维材料的设计温度裕量应至少为 280℃。

3）耐火砖和轻质浇注料的设计温度裕量应至少为 165℃。

4）热面温度是按照无风、环境温度为 27℃、所有操作条件下最高烟气温度计算出的耐火材料热表面温度。对于单层耐火材料，可取值为与耐火材料相接触的烟气温度。

5）采用多层结构时，界面温度是按照无风、环境温度为 27℃、所有操作条件下最高烟气温度计算出的层间交界面温度。

6）制造商产品数据表上所引述的最大连续使用温度应大于设计热面温度。

（二）炉衬选择

1. 炉外壁温度

按照目前的燃料和耐火材料价格，在无风、环境温度为 27℃条件下，建议辐射段、对流段和烟风道、风机、空气预热器和其他附属设备的外壁温度在 70℃左右。

2. 炉衬设计

1）炉衬设计时，应考虑以下因素：导热系数，结构形式，热膨胀系数，机械强度，燃料性质(腐蚀问题)，耐磨性，气体速度。

2）当炉衬中的浇注料直接接触壁板时，不需要其他腐蚀保护。如果保温块、陶纤毯或纤维板直接接触壁板，应满足以下要求：

① 如果燃料中含硫量超过 10mg/kg，在酸性露点温度下运行的壁板和锚固件应涂敷防腐蚀涂料。防腐涂层的连续使用温度应大于 175℃。防腐涂料应在锚固钉焊接到壁板后再涂。

② 如果燃料中含硫量超过 500mg/kg，除涂防腐涂料外，还应设置 0.05mm 奥氏体不锈

钢箔作为阻气层。阻气层的位置应使得在所有操作工况下，阻气层处的温度至少高出计算酸露点 55℃。阻气层边缘应至少重叠 175mm，边缘和穿(开)孔处应采用硅酸钠或胶体二氧化硅密封。

③ 保温层如采用有矿物棉板，则矿物棉板不应直接接触壳体。

3）为避免直接辐射，人孔门应采用至少与周围耐火层有同样隔热性能的耐火材料进行防护。

4）炉底热面层应有足够的强度，以便能支承脚手架。炉底炉衬的热面层可采用 65mm 厚的高强耐火砖或 75mm 厚的浇注衬里，衬里的最大连续使用温度应达到 1370℃或更高。炉底耐火砖不用抹灰浆，每隔 1. 8m 应留出一条宽 13mm 的膨胀缝，该缝填塞条状而不是散装的纤维质耐火材料。

5）在可能作为维修通道和搭建脚手架的位置，炉衬不应采用全部陶纤结构。

6）炉衬的设计应考虑部件在温度升降时的体积变化。

7）在加热炉中使用了多种炉衬结构。表 8-4-1 介绍了 8 种常用炉衬结构，并将它们相互对比，作为常规结构/材料的选择导则。

表 8-4-1　常用炉衬结构性能对比

炉衬系统	操作条件								
	抗灰性能	抗腐蚀	耐温性能	耐磨(冲刷)性能	易于维修	设计寿命	节能效果	结构重量减轻程度	安装速度
全陶纤结构	低	低	低	低	高	低	高	高	高
带有阻气层的陶纤结构	低	中等	低	低	高	低	高	高	中等
浇注料为背衬层的陶纤结构	低	高	低	低	高	低	中等	高	中等
双层浇注料	中等	高	中等	高	中等	中等	中等	中等	低
单层浇注料	中等	高	高	高	中等	高	低	中等	中等
用陶纤、砖或保温块作背衬的耐火砖	高	低	高	高	低	高	中等	低	低
浇注料作背衬的耐火砖	高	高	高	高	低	高	中等	低	低
全部耐火砖	中等	低	中等	中等	低	中等	高	中等	中等

（三）砖结构和重力墙

1）承重墙、炉底或立面墙的热面层、对流段折流体、门类内衬、燃烧器火道用材料等，可采用耐火砖结构。

2）砖墙应由附着在炉壁上的支承件支承，支承件间的垂直距离宜为 1. 8m 左右，最大不超过 3m，具体高度应根据计算荷载和热膨胀确定。支承件结构应便于热膨胀。支承件的材料根据计算工作温度按照表 8-4-2 选用。

3）在砖墙的垂直和水平两个方向上、在墙的边缘、燃烧器砖、门和接头的周围等均应留出膨胀缝。膨胀缝处应填充耐火陶瓷纤维，充分压缩以保持到位，但应能吸收所需的膨胀。

4）位于竖向壁板上的所有热面砖墙，背面应予牵拉，并支承在钢结构框架上。所有拉砖件应为奥氏体合金材料。至少应有15%的砖背面被拉住。对圆筒形壳体，如壳体的曲率半径能啮合耐火砖，可不用拉砖件或适当减少拉砖杆数量。拉砖件的详细要求见本节（七）。

5）辐射段承重力墙的高度应不超过7.3m，砖的耐火度和强度应满足其使用要求。底部的最小宽度应为墙高的8%，每段墙的高宽比应不超过5∶1，见图8-4-1。墙应是自支承式，墙基应直接置于炉底钢板上，不应置于其他耐火材料上。

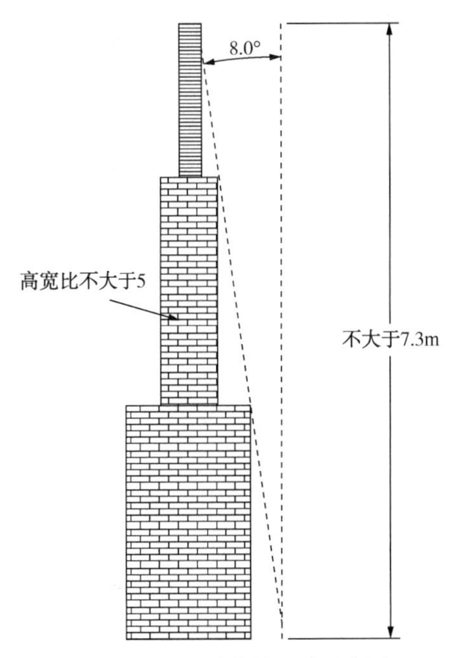

图8-4-1　重力墙结构尺寸示意图

6）承重墙在端部和所要求的中间位置应留竖向膨胀缝，所有的膨胀缝应是敞开结构且胀缩自由。膨胀缝处耐火砖采用插接形式时，应干砌，不得用耐火泥。

7）砌筑耐火砖的耐火泥应为空气硬化，不含熔渣，化学成分和等级温度应与耐火砖相匹配。耐火泥应覆盖所有接触面，灰缝最厚为3mm。

8）附墙火焰用砖墙、两侧有火焰且火焰与墙之间无吸热面遮蔽的砖墙（如辐射段中间火墙），应采用等级温度不小于1540℃的耐火砖砌筑，且宜为低铁材料[Fe_2O_3≤1.0%（质）]，例如，可采用型号为GB/T 3995—2006 DLG160-1.0L的低铁高铝质隔热耐火砖或YB/T 5106—2009 LZ-65的高铝砖，或ASTM C155的28级别的砖砌筑。膨胀缝应填塞等级温度为1400℃的条状耐火陶瓷纤维材料。

9）单侧有火焰且火焰与墙之间无吸热面遮蔽的砖墙，应采用等级温度不小于1430℃的耐火砖砌筑；单侧有火焰但火焰与墙之间有吸热面遮蔽的砖墙，应采用等级温度不小于1260℃的耐火砖砌筑。膨胀缝应填塞等级温度与砖相对应的条状耐火陶瓷纤维材料。

10）在检修耐火砖炉衬时，应注意支架、牵拉结构和膨胀缝是否能起到相应作用。炉衬维修通常是更换或翻修整个结构单元，例如耐火砖墙膨胀缝之间的整个支撑系统。

11）对流段折流体采用耐火砖时，伸入对流段部分的端头，宜为与管子半径相近的半圆形。

（四）浇注料结构

1）浇注料衬里适用于加热炉的所有部位，当用于拐角、开孔边缘等处时，表面应采用圆弧过渡。

2）单层浇注料结构的厚度不宜小于50mm。对于多层浇注料衬里，用作热面层时的厚度应不小于75mm。

3）厚度大于100mm的衬里，沿纵、横方向均应设置伸缩缝。

4）对于体积密度小于1600kg/m^3的浇注料，为了减少碱水解的可能性，在安装后45天内，应对用浇注料进行烘干，烘干温度按照热面温度测量，应至少烘干到260℃，恒温8h。用于烘干的加热/冷却速度最大为55℃/h。烘干前，浇注料应进行碱水解检查。受影响的材料应在烘干之前移除并更换。烘干后，衬里应防止受潮和机械损坏。

5）当燃料中包括钠的重金属总量超过 250mg/kg 时，热面层应采用低铁[Fe_2O_3 ≤1.0%(质)]的或重质的浇注料。重质浇注料的密度至少应为 1800kg/m³，且骨料中 Al_2O_3 的含量应不小于 40%，SiO_2 的含量不大于 35%。

6）管式加热炉炉衬用浇注料从采购到施工完毕需经过多次检验，其主要质量控制点为：原材料质量控制；施工工艺检验；施工质量检验；烘炉前的检查、过程监测及烘炉后检查。

7）管式加热炉使用的轻质耐火浇注料的材料、性能指标、施工要求等可按照 SH/T3115 执行。

（五）陶瓷纤维结构

1）当燃料中钠和钒混合物含量超过 100mg/kg 时，如果设计热面温度超过 700℃，热面层不应采用陶瓷纤维。

2）当气体速度超过 12m/s 时，纤维毯不得用作热面层。当速度大于 24m/s 时，湿毯、纤维板或模块不得用作热面层。

3）设有吹灰器、蒸汽喷枪或水洗设施的对流段，不得采用陶瓷纤维结构。

4）用于硫含量大于 10mg/kg 的燃料时，壳体的内表面应涂防露点腐蚀涂料，防露点腐蚀涂料的最低工作温度应不小于 175℃。

5）防露点腐蚀涂料应覆盖部分锚固件，特别要覆盖锚固件与壁板的焊缝处。未覆盖部分的温度应在酸露点温度以上 55℃。

6）对于层铺结构，应符合下列规定：

① 用于热面层的陶瓷纤维毯应是最小厚度为 25mm、最小体积密度为 128kg/m³ 的针刺材料。用作背衬的陶瓷纤维毯应是最小体积密度为 96kg/m³ 的针刺材料。层铺陶瓷纤维衬里宜使用幅面较大的陶瓷纤维针刺毯。

② 用于热面层的陶瓷纤维板，最小厚度应为 38mm 且最小体积密度应为 240kg/m³。热面层用纤维板时应采用紧密的对接接头结构。

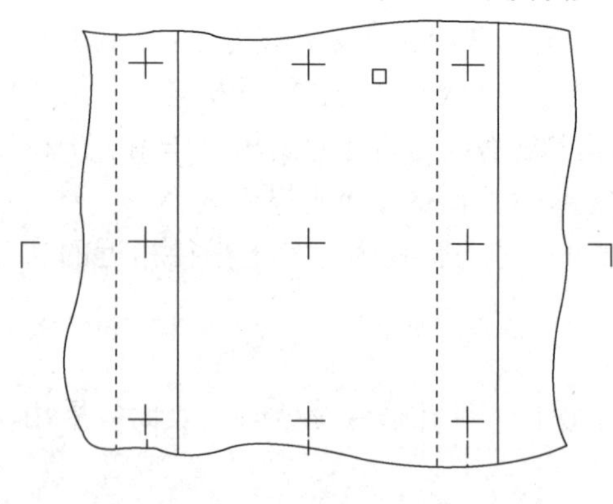

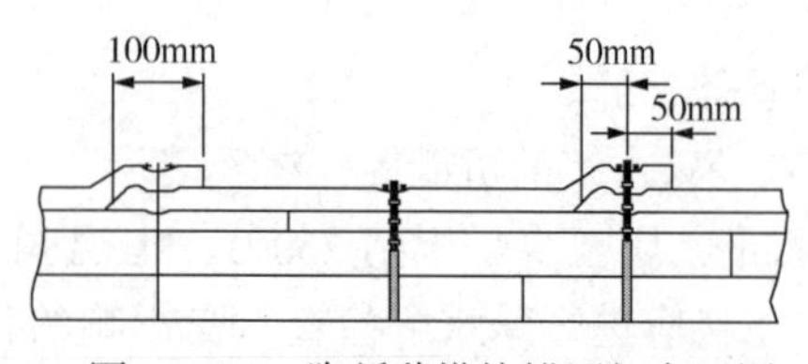

图 8-4-2　陶纤毯搭接锚固钉布置图

③ 热面层纤维毯最大尺寸方向应与气体流动方向一致。纤维毯的热面层应采用搭接结构，通常搭接 100mm，见图 8-4-2。搭接方向应为气流的方向。

④ 用于背层的陶瓷纤维毯应在接缝处采用压缩量至少为 13mm 的对接缝，相邻各层间的所有接缝应错开。层间错缝应不小于 100mm。

⑤ 锚固件按矩形布置，在炉顶处的间距应不超过 225mm×225mm，在炉壁处的间距应不超过 225mm×300mm。

⑥ 铺贴炉顶的陶瓷纤维毯时，应采用快速夹子或其他方式进行层间固定。

⑦ 陶瓷纤维毯热面层的锚固件至所有边沿的距离应小于 75mm。

⑧ 金属锚固件暴露于热面层外的部分，应覆盖保护。

7）对于采用折叠式陶瓷纤维块结构(下称“折叠块”)的炉衬，应符合下列规定：

① 立墙及斜面部位应采用竖向折叠缝排列，即立砌压缝法的折叠块结构，每排折叠块应沿折叠方向顺次同向，各排之间应填塞经对折压缩的纤维毯。交错镶嵌排列的折叠块结构仅适用于炉顶，且可以不用压缝条。两种结构示例见图 8-4-3。

② 折叠块与炉壁之间应背衬陶瓷纤维毯。

③ 折叠块内的锚固组合件应装在距折叠块冷表面小于 50mm 处。

④ 折叠块锚固件的布置，应根据折叠块结构及其尺寸确定。用于炉顶的折叠块内的锚固件，其锚固范围应大于折叠块宽度的 80%(见图 8-4-4)。

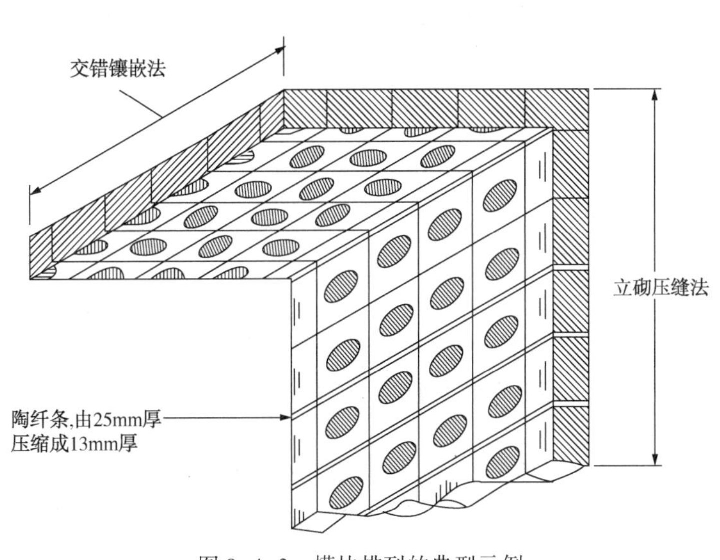

图 8-4-3　模块排列的典型示例

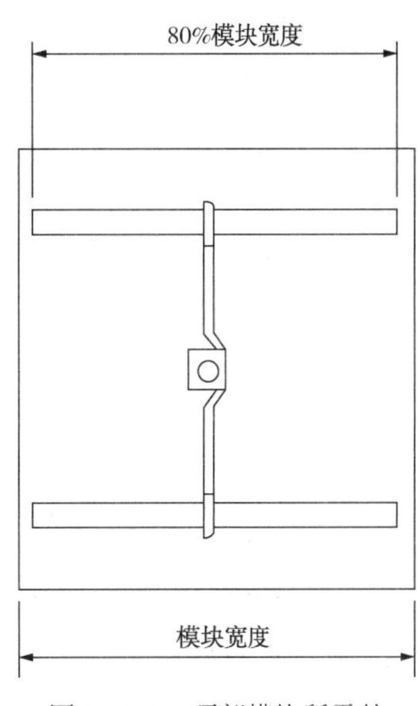

图 8-4-4　顶部模块所需的锚固跨度

⑤ 折叠块内的金属附件的材质应不低于奥氏体不锈钢，锚固钉最高顶部温度应符合表 8-4-2 的规定，每个部件按照最高计算温度选取。

⑥ 应在模块施工之前将锚固件固定在壁板上。

⑦ 内部金属制品和锚固钉应在壁板上的防腐涂料施工前安装好。

(六) 复合衬里结构

复合衬里结构是指由两种或两种以上不同的材质组成的炉衬，基本要求如下：

1）锚固系统应对每一层衬里都具有固定和支承作用。

2）每一层炉衬的最小厚度应为 75mm。

3）用作背衬保温层的纤维板、纤维块、保温块的密度应不小于 240kg/m^3。

4）任何与浇注料直接接触的其他炉衬层，如纤维毯、纤维板、纤维块、保温块等溶于水的材质，应采用憎水型材料，否则应做好密封以防止水迁移。

5）由硅酸钙或矿渣棉制成的保温块，只可以用作背衬材料，等级温度至少为 982℃，当液体燃料中的硫含量(质)超过 1%或气体燃料中硫化氢的含量超过 100mg/kg 时，不得采用该种材质。这种保温块不能用作炉底结构的背衬材料。

6）燃料中硫含量超过 10mg/kg，采用隔热块或陶瓷纤维作为背衬时，壳体的内表面应涂防露点腐蚀涂料，防露点腐蚀涂料的最低工作温度应不小于 175℃。

7）炉底、可能被踩踏或用于工装部位的热面层，应采用耐火砖或浇注衬里，耐火砖的最小厚度宜为 65mm、浇注料的最小厚度宜为 75mm。耐火砖或浇注料(经 110℃干燥后)的冷态耐压强度至少为 3.45MPa。

8）复合衬里中，如果相邻层都有接缝，则相邻层接缝应错开，且不得连续贯通。

（七）锚固钉和锚固组件

1）锚固材料应根据锚固钉或锚固件的顶部最高温度选择，锚固钉常用材质的使用温度见表 8-4-2。

表 8-4-2　锚固件使用最高温度

锚固件材质	锚固件最高温度/℃	锚固件材质	锚固件最高温度/℃
碳钢	455	25Cr-20Ni	927
18Cr-8Ni	760	16Cr-35Ni	1038
16Cr-12Ni-2Mo	760	Alloy601(UNS NO6601)	1093
23Cr-13Ni	815	陶瓷钉和垫片	>1093

2）除非运输需要，所有炉底均不需要锚固钉。当辐射侧壁采用耐火砖炉衬时，应将砖附到炉壁上，并使用砖架支撑和/或背部牵拉结构。对这些锚固系统要求如下：

① 水平支撑板的强度应能达到所支撑耐火砖荷载重量的 10 倍以上，支撑架应能支撑到至少 50%的热面衬里厚度。

② 支承板上应开槽以便于吸收不同的热膨胀。支承板的材料应根据计算的支承板的最高工作温度点确定。

③ 拉砖钩应至少延伸至 1/3 热面砖层厚度。

3）如果炉衬采用单层浇注料，对于辐射/对流顶部，锚固钉最大横向/纵向间距应为衬里厚度的 1.5 倍，不应超过 300mm。对于炉壁和尾部烟道，锚固最大间距应为衬里厚度的 2 倍，不应超过 300mm。

4）对于双层衬里，应安装“Y”形锚固钉以锚固到热面层。热面层上的“Y”形锚固钉最大横向/纵向间距应为热面层衬里厚度的 1.5 倍，不应超过 300mm。对于炉壁和尾部烟道，锚固最大间距应为热面层衬里厚度的 2 倍，不应超过 300mm。此外，在安装过程中，锚固系统应能锚固到背面保温层。

5）如果浇注料厚度大于或等于 75mm 时，锚固钉直径至少为 6.0mm。锚固钉长度应至少延伸至 2/3 热面衬里厚度，而距热表面的距离应不小于 12mm。

6）锚固钉应焊接到洁净的表面，表面应达到 GB/T 8923.1—2011《涂覆涂料前钢材表面处理表面清洁度的目视评定第 1 部分：未涂覆过的钢材表面和全面清除原有涂层后的钢材表面的锈蚀等级和处理等级》中规定的 St2 级或 Sa1 级。除锈后的金属表面，应采取防止雨淋和受潮的措施，并应尽快涂防腐蚀涂料或实施衬里。

7）焊缝金属应与锚固钉和壁板金属兼容。为保证锚固钉焊接质量，焊接前每个焊工应进行试焊样品测试。即在清洁的金属试板上焊接 5 个锚固钉，每个样品应进行锤击和弯曲试验，以确保牢固焊接。弯曲试验是把锚固钉从垂直向后弯曲 15°再返回原位，不开裂为合格。

8）对锚固钉进行100%的目视检查，并按照表8-4-3的频率进行锤击测试和/或弯曲试验，以确认它们焊接牢固，间距和外形满足要求。

表8-4-3　最小锤击测试/弯曲试验频率

锚固钉数量/个(每种类型/焊工)	锤击测试/弯曲试验比例	锚固钉数量/个(每种类型/焊工)	锤击测试/弯曲试验比例
<25	100%	50~500	25%
25~50	50%	500~3000	5%

(八) 炉衬传热计算

1. 炉墙散热损失

通过炉墙的散热损失按下式计算：

$$Q_2=qF=k(t_1-t_a)F \tag{8-4-1}$$

式中　Q——炉墙散热量，W；

q——炉墙散热强度，W/m^2；

F——炉墙面积(可取炉墙外表面积)，m^2；

k——总传热系数，$W/(m^2 \cdot K)$；

t_a——大气温度,℃；

t_1——炉墙内壁温度,℃；

（1）对于平壁炉墙

$$k=\frac{1}{\dfrac{\delta_1}{\lambda_1}+\dfrac{\delta_2}{\lambda_2}+\dfrac{\delta_3}{\lambda_3}+\cdots+\dfrac{\delta_n}{\lambda_n}+\dfrac{1}{\alpha_n}} \tag{8-4-2}$$

式中　k——总传热系数，$W/(m^2 \cdot K)$；

δ_1，δ_2，……δ_n——多层平壁由内向外各层的厚度，m；

λ_1，λ_2，……λ_n——相应各层材料的导热系数，$W/(m \cdot K)$；

α_n——炉墙外壁对空气的放热系数，$W/(m^2 \cdot K)$。

（2）对于圆筒壁炉墙(以单位直段长为基准)

$$k=\frac{1}{\dfrac{1}{2\pi\lambda_1}\ln\dfrac{d_2}{d_1}+\dfrac{1}{2\pi\lambda_2}\ln\dfrac{d_3}{d_2}+\cdots\cdots+\dfrac{1}{2\pi\lambda_n}\ln\dfrac{d_{n+1}}{d_n}+\dfrac{1}{\alpha_n\pi d_{n+1}}} \tag{8-4-3}$$

式中　k——总传热系数，$W/(m^2 \cdot K)$；

d_1，d_2，……d_{n+1}——多层圆筒壁的内径，m；

λ_1，λ_2，……λ_n——相应各层材料的导热系数，$W/(m \cdot K)$；

α_n——炉墙外壁对空气的放热系数，$W/(m^2 \cdot K)$。

当圆筒壁炉墙的$d_1/d_{n+1}>0.5$时，可近似按平壁炉墙计算。炼油厂圆筒形管式炉和烟囱等的圆筒壁炉墙，一般均为$d_1/d_{n+1}>0.5$，所以大都可按平壁炉墙计算。

2. 平壁炉墙的散热强度计算

通过平壁炉墙的散热强度按下式计算：

$$q=\frac{t_1-t_a}{\sum\frac{\delta_i}{\lambda_i}+\frac{1}{\alpha_n}}=\frac{t_1-t_w}{\sum\frac{\delta_i}{\lambda_i}}=\frac{t_1-t_2}{\sum\frac{\delta_1}{\lambda_1}}=\frac{t_w-t_a}{\frac{1}{\alpha_n}} \tag{8-4-4}$$

式中　q——炉墙散热强度，W/m^2；

δ_1，δ_2，……δ_n——多层平壁由内向外各层的厚度，m；

λ_1，λ_2，……λ_n——相应各层材料的导热系数，W/(m·K)；

$\sum\frac{\delta_i}{\lambda_i}$——炉墙热阻，$(m^2\cdot ℃)/W$；

α_n——炉墙外壁对空气的放热系数，$W/(m^2\cdot K)$；

t_a——大气温度,℃；

t_w——炉墙外壁温度,℃；

t_1——炉墙内壁温度,℃；

t_2——某中间层炉墙内侧壁温度,℃。

3. 炉墙外壁对空气的放热系数

炉墙外壁对空气的放热系数按式(8-4-5)计算：

$$\alpha_n=\alpha_{nc}+\alpha_{nr} \tag{8-4-5}$$

$$\alpha_{nc}=c\xi\sqrt[4]{t_w-t_a} \tag{8-4-6}$$

其中

$$\xi=\sqrt{\frac{u+0.348}{0.348}} \tag{8-4-7}$$

$$\alpha_{nr}=\frac{m\left[\left(\frac{t_w+273}{100}\right)^4-\left(\frac{t_a+273}{100}\right)^4\right]}{t_w-t_a} \tag{8-4-8}$$

式中　α_n——炉墙外壁对空气的放热系数，$W/(m^2\cdot K)$；

α_{nc}——炉墙外壁对空气的对流放热系数，$W/(m^2\cdot K)$；

α_{nr}——炉墙外壁对空气的辐射放热系数，$W/(m^2\cdot K)$；

t_a——大气温度,℃；

t_w——炉墙外壁温度,℃；

c——与炉墙表面散热形式有关的系数：竖直散热表面 $c=2.56$；散热表面向上(如炉顶)$c=3.26$；散热表面向下(如炉底)$c=1.63$；

ξ——风速系数；

u——风速，m/s；

m——与黑度有关的系数。当炉墙外壁黑度为0.8，外界空间黑度为1.0，绝对黑体表面辐射系数为5.67时，则 $m=5.67\times0.8\times1.0=4.536$，取4.54。

4. 炉墙内壁温度

(1) 无管排遮蔽的炉墙内壁温度

1) 辐射段：可取 t_1 为辐射段烟气平均温度。

2) 对流段：根据烟气向墙面同时进行对流和辐射传热进行计算，但考虑到墙面温度与烟气温度之差小于50℃，因此可以认为炉墙内壁温度与烟气温度相等。

(2) 有管排遮蔽的辐射段炉墙内壁温度

有管排遮蔽的炉墙内壁温度可按式(8-4-9)计算：

$$T_1=\sqrt[4]{2(1-\alpha)T_g^4+2(\alpha-1)T_w^4} \tag{8-4-9}$$

式中　T_1——炉墙内壁温度，K；

T_g——辐射段烟气平均温度，K；

T_w——辐射段管壁平均温度，K；

α——管排接受直接辐射的有效吸收因数，可从图 8-3-1 查取。

当管心距等于 2 倍管径时，$\alpha\approx2/3$，于是式(8-4-9)可改写为：

$$T_1=\sqrt[4]{\frac{2}{3}T_g^4+\frac{1}{3}T_w^4} \tag{8-4-10}$$

当已知炉墙结构，炉墙外壁温度 t_w 和大气温度 t_a 时，可由式(8-4-4)求出 α_n，并用式(8-4-4)导出炉墙内壁温度 t_1。

$$t_1=(t_w-t_a)\alpha_n\sum\frac{\delta_i}{\lambda_i}+t_w \tag{8-4-11}$$

反之，当已知炉墙内壁温度 t_1 和大气温度 t_a 时，也可导出式(8-4-12)求外壁温度 t_w。

$$t_w=\frac{t_1+t_a\alpha_n\sum\frac{\delta_i}{\lambda_i}}{\alpha_n\sum\frac{\delta_i}{\lambda_i}+1} \tag{8-4-12}$$

式中　$\sum\frac{\delta_i}{\lambda_i}$——炉墙热阻，(m² · ℃)/W；

α_n——炉墙外壁对空气的放热系数，W/(m² · K)；

t_a——大气温度，℃；

t_w——炉墙外壁温度，℃；

t_1——炉墙内壁温度，℃。

由于 $\sum\frac{\delta_i}{\lambda_i}$ 与 t_1(或 t_w)及各层间温度有关，因此各层间温度需进行猜算。

第五节　空气预热系统

一、概述

(一) 空气预热系统分类

通常按照空气和烟气流动形式和传热方式对空气预热系统的形式进行分类。

1. 按空气和烟气通过系统的流动形式分

(1) 抽力平衡式

这是最常用的形式，系统具有一台鼓风机和一台引风机。由鼓风机供给燃烧空气，燃烧的烟气被引风机抽走而使系统处于平衡状态。根据加热炉的热负荷控制鼓风机入口挡板开度或鼓风机转速，其设定值由加热炉的氧分析仪确定。根据辐射段炉顶压力控制引风机入口挡板开度或引风机转速。

(2) 鼓风式

空气预热系统内只有一台鼓风机供给加热炉燃烧用空气。所有烟气靠烟囱抽力抽出。因为排出烟气温度低，烟囱抽力较小，预热器烟气侧的压力降受限，这就会增加空气预热器的尺寸和费用。

(3) 引风式

空气预热系统内仅有一台引风机从加热炉中移走烟气并保持适当的系统抽力。燃烧用空气靠加热炉的负压吸入。这种情况下，预热器空气侧压力降受限于炉膛抽力。

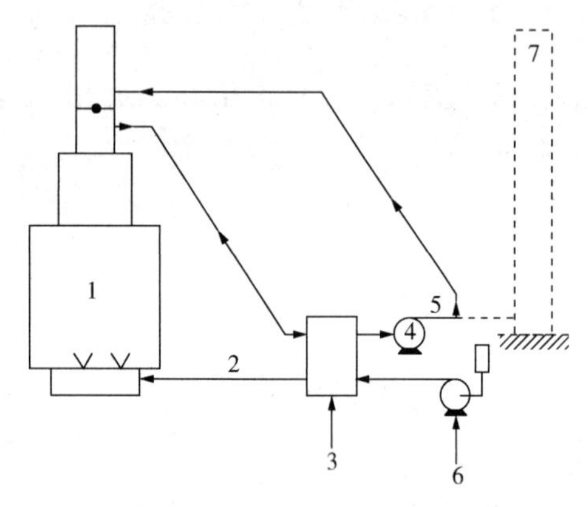

图 8-5-1　抽力平衡直接空气预热系统

1—火焰加热炉；2—空气；3—空气预热器；4—引风机；5—烟气；6—鼓风机；7—独立烟囱

2. 按传热方式即换热器形式分

(1) 直接式空气预热系统

系统内烟气和空气通过换热器直接换热，这是最常用的形式，主要有板式、管式、热管式或回转式，将热量从排出的烟气直接传给燃烧用空气。图 8-5-1 所示为一个典型的抽力平衡直接空气预热系统。

(2) 间接式空气预热系统

系统采用两个气体/液体换热器和一种中间导热介质，从排出的烟气中吸收热量，再将热量传给燃烧空气。因此，这种系统需要一个导热介质循环回路。多数间接式系统依靠强制循环(即导热介质靠泵进行循环)、自然循环或温差循环。图 8-5-2 所示为一个典型的抽力平衡间接空气预热系统。

(3) 外界热源式空气预热系统

系统采用一个外部热源(例如低压蒸汽)加热燃烧用空气，通常称为前置预热。这种形式的系统通常用于加热很冷的空气，它可以减少空气管道中积雪和下游烟气/空气换热器的“冷端”腐蚀。图 8-5-3 所示为一个典型的鼓风式外界热源空气预热系统。

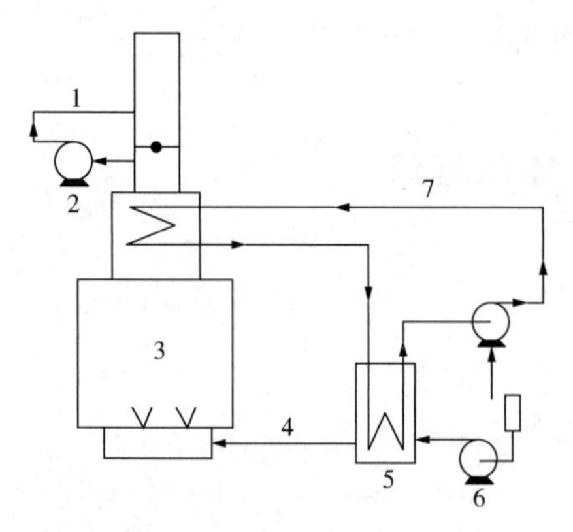

图 8-5-2　抽力平衡间接空气预热系统

1—烟气；2—引风机；3—火焰加热炉；4—空气；5—空气预热器；6—鼓风机；7—导热介质

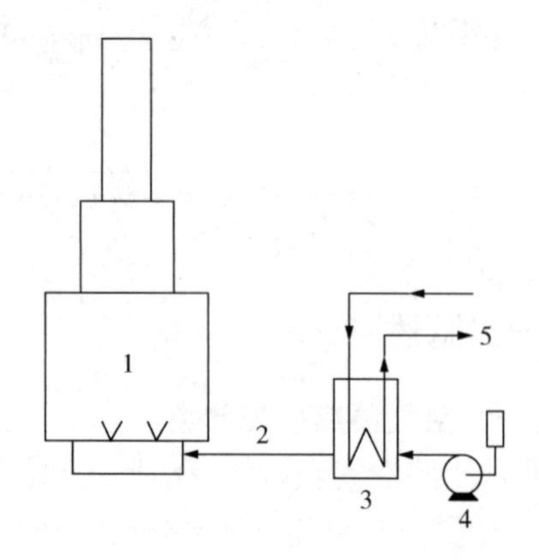

图 8-5-3　鼓风式外界热源空气预热系统

1—火焰加热炉；2—空气；3—空气预热器；4—鼓风机；5—工艺或公用工程物流

（二）空气预热系统的特点

1. 优点

与自然通风系统相比，采用空气预热系统通常有以下操作优点：

1）减少燃料消耗；

2）改进燃烧空气的流动控制；

3）减少油燃烧器的积垢；

4）更好地控制焰形；

5）使劣质燃料更完全地燃烧。

在某些条件下，采用空气预热可以增加加热炉的处理量或热负荷。例如，当由于火焰外形过大或焰形差（火焰冲击炉管），或由于抽力不够（烟气排出受阻）而使加热炉的操作受到限制时，增加空气预热系统可以提高加热炉的处理量。

2. 缺点

设置空气预热系统通常有以下操作缺点（针对自然通风加热炉）：

1）由于让空气温度提高，使得辐射段操作温度增加；

2）NO_x量可能改变；

3）空气预热器及下游部件烟气露点腐蚀风险增加；

4）机械设备维修量增加；

5）如果燃料硫含量高，会导致烟囱排烟形成酸雾；

6）烟囱排放速度和烟气扩散性能降低；

7）增加运行风机费用。

空气预热系统的使用既造成加热炉炉膛温度升高，又造成辐射传热热强度的升高。炉膛温度升高会导致管壁、炉管支撑、导向架温度升高，或造成工艺侧膜温度超过规定值。所以加热炉改造增加空气预热系统时都要重新进行机械设计和工艺设计。

（三）系统选择

1. 空气预热器系统的设计

应满足以下工况：

1）正常启动；

2）正常关闭；

3）紧急关闭；

4）对于具有自然通风能力的加热炉，应能平稳过渡到自然抽风；

5）对于有备用风机的空气预热器系统，平稳过渡到备用鼓风机或引风机。

2. 选择系统时需考虑的因素

选择系统时应从以下几个方面考虑：

1）空气预热系统可利用的占地面积；

2）加热炉燃料类型和质量，相应的清灰要求；

3）加热炉是否要考虑自然通风操作，采用自然通风时，所能满足的弹性范围；

4）可能产生的冷端腐蚀和减少冷端腐蚀的有效措施；

5）空气预热系统是否具备因未来工艺处理量增加而扩能的可行性；

6）系统的控制要求及自动化程度；

7）空气泄漏进烟气侧的负面影响；

8）空气预热器上游脱硝设备是否存在。

二、露点腐蚀

（一）烟气露点温度

烟气的酸露点温度是液体酸凝结/形成的初始温度。换言之，酸露点是烟气流中的气体酸开始凝结或形成液体酸的温度。

酸露点温度与燃料的种类、燃料的硫含量、烟气中水蒸气浓度、燃烧状态、过剩空气量有关。

烟气中的主要成分主要是 N_2、CO_2、O_2、SO_2、SO_3、NO_3、水蒸气和粉尘。随着烟气温度降低，首先凝结的是 H_2SO_4蒸汽，因此烟气酸露点的最主要影响因素是 SO_3和水蒸气的分压。

在典型的过剩空气量情况下，当燃料气中硫含量为 5~5000μg/g 时对应的烟气酸露点约为 90~150℃。当湿烟气温度降低到硫酸露点温度以下时，系统中有可能产生碳酸（H_2CO_3）、亚硫酸（H_2SO_3）、硝酸（HNO_3）、盐酸（HCl）和/或氢溴酸（HBr）露点，产生何种露点取决于燃料成分。

对于无硫燃料（例如，燃料中硫含量低于 5μg/g）最初开始的是碳酸（H_2CO_3）露点，也称为水结露点，在典型的过剩空气量情况下，碳酸露点温度约为 57~60℃。

（二）烟气酸露点温度的计算

温度计算包含多种反应的平衡变化，既不简单也不准确，所以计算烟气酸露点温度的方法很多，结果也不尽相同（烟气酸露点的测量与计算关联式的修正），不同的公式其计算结果变化为 10℃或更多。本节列出的露点温度计算公式（8-5-1）和式（8-5-2）来源于文献[10]，根据烟气成分计算露点温度的上下限。

1. 露点温度下限的计算式

$$t_{DP}=255+27.6\lg p_{SO_3}+18.7\lg p_{H_2O} \tag{8-5-1}$$

式中 t_{DP}——露点温度下限，℃；

p_{SO_3}——烟气中 SO_3 分压，kPa；

p_{H_2O}——烟气中 SO_3 分压，kPa。

2. 露点温度上限的计算式

$$t_{DP}=186+26\lg SO_3+20\lg H_2O \tag{8-5-2}$$

式中 t_{DP}——露点温度上限，℃；

SO_3——烟气中 SO_3体积分数，%；

H_2O——烟气中 H_2O 体积分数，%。

燃烧计算时，计算出的是 SO_2的体积分压或体积含量，SO_2只有一部分转化为 SO_3，SO_2至 SO_3的转化率是烟气氧含量、烟气内催化化合物的催化作用、加热炉和预热器内高温金属表面的催化作用的函数。典型的转化率是 2%~8%。通常按 3%估算（DL/T 5240）。

烟气酸露点温度也可以用仪器直接测量。烟气酸露点温度测量的理想位置是空气预热器下游且靠近空气预热器的烟道上。

对于低硫燃料(即燃料硫含量小于 50μg/g)，直接测量烟气酸露点温度通常比计算的结果更准确。硫含量超过 50μg/g 的燃料，这两种方法提供的结果比较合理、准确。

图 8-5-4 是气体燃料中硫浓度和烟气露点温度之间的一般关系曲线。图 8-5-5 是燃料油中硫含量和硫酸烟气露点温度之间的一般关系曲线。这两条曲线来源于 API560，不宜直接用于设计或操作限制。

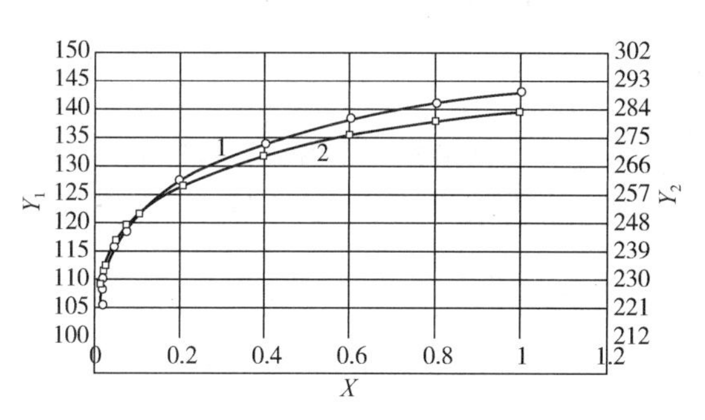

图 8-5-4　气体燃料中硫浓度和烟气露点温度之间的一般关系曲线

X—燃料气中硫含量(H_2S 的体积分数)(1.5% 的 SO_2 转化成 SO_3)；

Y_1—烟气硫酸露点温度,℃；

Y_2—烟气硫酸露点温度,℉；

1—Pierc 曲线；2—Totham 曲线

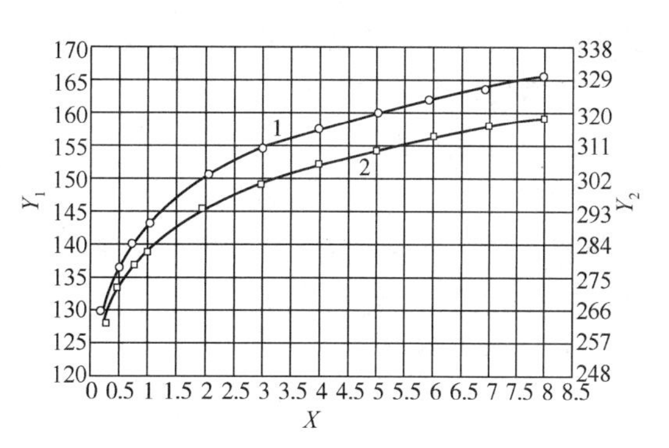

图 8-5-5　燃料油中硫含量和烟气露点温度之间的一般关系曲线

X—燃料油中硫含量(质量分数)(3%的 SO_2 转化成 SO_3)；

Y_1—烟气硫酸露点温度,℃；

Y_2—烟气硫酸露点温度,℉；

1—Pierc 曲线；2—Totham 曲线

(三) 露点腐蚀

保持冷端表面温度在烟气露点温度以上，除了避免冷端腐蚀以外，也有利于减少有害的悬浮灰粒沉积在空气预热器的湿表面上。悬浮的灰粒是各种物质聚集产生的，如灰尘、陶纤、燃烧副产物等。当烟气空气换热器表面温度在烟气露点温度以上表面干燥时，烟气中的悬浮灰粒将随烟气流一起通过换热器。可是，当空气预热器表面有露点产生时，悬浮灰粒的一小部分将沉积在湿表面上。被酸浸湿的表面对悬浮颗粒像一个“磁体”，经过一段时间后，悬浮灰粒的聚集将减少空气预热器的换热能力且增加烟气侧压力降。

空气预热器冷端表面的腐蚀通常是由于含硫燃料燃烧产物中的硫酸蒸气冷凝引起的。这种酸的冷凝形成了一层潮湿表面，使烟灰很容易积聚在空气预热器的传热表面上。一方面造成表面腐蚀，另一方面造成空气预热器烟气侧堵塞。由此造成预热器泄漏，排烟温度和压降升高，降低加热炉热效率、缩短预热器寿命。所以，当烟气侧金属温度等于或低于酸露点温度时，应通过采用以下一种或多种措施来减轻这种风险：

1）将换热器分离成冷热模块，使冷模块易于更换。同时设置低点排液，排放腐蚀性凝液。

2）预热器冷端表面使用耐腐蚀材料，常用的有玻璃管、玻璃涂层管、玻璃涂层板、涂层管、特殊不锈钢或其他一些特殊的耐腐蚀材料。这些材料各有其特点，例如：玻璃管易破，所以设计时应允许单根管更换；玻璃涂层易变得多孔，管/板基板会腐蚀；管涂层软且耐蚀。

3）使用较厚的管子和/或板材，以增加腐蚀余量。

4）控制冷端温度，即控制与烟气接触面的最低壁温，使最低壁温保持在烟气酸露点温度以上。

（四）冷端温度控制方法

冷端温度控制的主要措施是使烟气接触表面的温度保持在烟气酸露点温度以上，以避免露点腐蚀的损害，并可减少有害的酸盐和灰粒聚集在湿表面上，损害换热器的性能。冷端温度控制常用以下方法：

1. 冷空气旁路

冷端温度控制最简单的形式是将一部分冷空气不走空气预热器而走旁路，减少通过空气预热器的空气流量，降低空气侧传热系数，提高烟气接触表面的温度，这将保证其他条件变化时冷端表面温度维持在露点以上。

2. 冷空气外部预热

在空气进入空气预热器之前，先采用低压蒸汽或其他低温位热源来加热，即前置预热以维持要求的冷端金属温度。在这种系统设计中，应考虑以下几点：

1）前置预热器应有充分的表面积，以加热燃烧空气，其最低设计温度应为最低环境温度减去5~10℃；

2）防止大气粉尘(包括花粉和污染物)的污染和堵塞；

3）防止寒冷天气时中有雪、雨夹雪和/或冰冻雨的结垢和堵塞；

4）最大限度地减少腐蚀、空气的泄漏、凝结水的积聚和排水问题。

该方法减少了低温环境空气对换热器的热冲击，与冷空气旁路法相比，改善了冷端温度控制能力，并能利用低温热源提高燃料效率。

3. 热空气循环

将加热过的助燃空气循环进入鼓风机吸入口，使混合后的空气温度提高到足以使换热器冷端保持高于露点温度。该方法与冷空气旁路的方法相比改善了冷端温度控制的能力，但要选择更大的鼓风机以满足增加的循环空气流量。

4. 导热介质温度控制

在循环介质或间接式空气预热系统中，可以通过控制导热介质的入口温度来调节预热器的冷端温度。根据系统设计及配置情况，可以通过使一部分导热介质经预热器旁路或降低进预热器的流量来提高导热介质温度。

（五）监测冷端温度方法

监测冷端温度常用以下两种方法：

（1）测量空气预热器的出口烟气温度

其特点是测量技术简单，但不能直接测量冷端金属温度，因为冷端金属温度受许多因素影响而不是单一设计参数，所以设计时所取温度裕度较保守，从而导致效率降低。

（2）用管壁热电偶测量空气预热器冷端金属温度

其特点是能更准确地控制冷端金属温度，腐蚀的风险较低，又不牺牲传热效率。但热电偶须安置在预热器实际最冷区域。热电偶焊接故障会导致错误读数，难以识别，并可能导致使预热器在低于烟气露点温度的温度下运行。

三、风机选择

（一）概述

加热炉用风机组（包括辅助设备）的设计制造应满足最少 20 年使用年限和至少 3 年（或一个生产周期）连续运转的要求。

加热炉用风机本体设计有专门的要求，所有风机和驱动机应符合 SH/T 3036 附录 E 的规定。

风机是用来克服空气预热系统内的阻力（或抽力）损失，即静压损失，因此适宜的风机性能对空气预热系统获得理想的设计要求是至关重要的。

加热炉设计时，为了能安全操作、将来提高工艺处理量和/或根据装置特点和经验采用一定的附加量而采用一个较大的设计系数。因此相应的空气预热系统就可能比加热炉正常操作条件下需要量大得多。过大的空气预热系统可能难以降量操作或高效率操作。建议设计时考虑到加热炉的设计系数，以便空气预热系统的能力与加热炉的操作要求相匹配。

例如，如果加热炉负荷有 1.2 倍的设计系数（正常负荷的 120%），风机选型系数采用通常的 1.2 时，那么风机实际选型流量为加热炉正常用风量的 138%。不推荐两者都采用很大的设计系数，否则会导致风机选型过大，在加热炉正常操作范围内不能高效率操作。

（二）鼓风机选型

1. 鼓风机设计流量

鼓风机设计流量应为下列三项之和：

1）加热炉在设计条件和设计过剩空气量下的空气流量；

2）空气预热系统的设计泄漏空气流量；

3）最大热风循环量。

2. 选型流量

选型流量等于设计流量乘以流量选型系数。对于典型空气预热系统，推荐采用的流量选型系数（F_{tbf}）为 1.15。该 1.15 的流量选型系数考虑到以下方面：

1）加热炉空气需要量计算中有误差；

2）鼓风机额定值及尺寸的误差；

3）燃料成分和/或过剩空气百分数的变化；

4）其他不可预见漏风的裕量。

计算流量时通常采用质量流量，风机选型时应根据设计环境压力、设计环境温度和设计环境湿度（通常为 60%）转换为设计体积流量。

3. 设计静压力

送风机的设计静压力应为空气预热系统鼓风回路所有静压力损失。静压损失计算应包括鼓风区中下列部位的损失：

1）鼓风机进风管道，通常包括滤网、消声器、进风管、入口流量计（如果有）、蒸汽预热器（如果有）、风道和风机过渡段；

2）鼓风机到预热器的冷风道，通常包括出口过渡段、风道和预热器过渡段；

3）预热器空气侧损失，包括前置预热器、主预热器、空气流量计和平衡挡板（如果有）；

4）预热器到燃烧器的热风道，包括出口过渡段、风道和燃烧器风箱；

5）最大放热量时燃烧器静压损失；

6）流量控制装置，如控制挡板、密封挡板（如果有）、膨胀节等。

4. 选型静压力

选型静压力等于设计静压力乘以选型系数。静压力选型系数（F_{tbsp}）宜为流量系数的平方，例如：流量选型系数为1.15，则静压力选型系数宜为1.32。

鼓风机静压头应大于选型静压力，鼓风机静压头为鼓风机出口压力减去入口压力。

（三）引风机选型

1. 引风机设计流量

设计流量为下列四项之和：

1）加热炉在设计条件下的烟气流量；

2）空气预热器的设计泄漏空气流量；

3）加热炉的泄漏空气（通过炉壁板、烟道接缝及炉管出入口等）流量；

4）采用脱硝设备时的稀释空气流量；

5）为降低NO_x，燃烧器用的外部烟气循环量（如果有）。

2. 选型流量

上述设计流量应乘以流量选型系数获得选型流量。对于典型空气预热系统，一般采用的流量选型系数为1.2（120%）。该流量选型系数考虑到以下方面：

1）烟气量计算不准确和/或预热器泄漏量的潜在增加；

2）燃料成分和/或过剩空气百分数的变化；

3）不可预见漏风的裕量；

4）由于结垢引起加热炉效率的损失。

计算流量时通常采用质量流量，风机选型时应根据烟气相对分子质量、设计环境压力和烟气进入引风机的选型温度转换为体积选型流量。

选型温度是设计条件烟气离开空气预热器的温度加上一个小的温度裕量，对于典型的空气预热系统推荐温度裕量为28℃。

3. 设计静压力

引风机的设计静压力应为所有空气预热系统引风区及烟气返回回路的静压力或抽力损失，该设计还应包括由于系统组件结垢造成的损失。通常包括以下组件：

1）对流段盘管；

2）热烟道，包括空气预热器上下游烟道及过渡段；

3）预热器和排放控制设备的烟气侧损失；

4）引风机入口烟道，包括相连设备、过渡段、烟道和引风机入口；

5）冷烟道，包括引风机过渡段、冷烟道及烟囱入口；

6）其他如挡板、膨胀节等设备的压力损失；

7）由于海拔变化引起的烟囱效应（抽力变化）；

8）辐射段顶部的抽力。

4. 选型静压力

选型静压力等于设计静压力乘以一个静压力选型系数。对于常规空气预热系统，静压力选型系数（F_{tbsp}）宜为流量的平方，例如：流量选型系数为1.2，则静压力选型系数宜为1.44。

引风机静压头应大于选型静压力，引风机静压头为引风机出口压力减去入口压力。

第六节　加热炉效率的计算与测定

一、热效率定义

加热炉热效率为有效利用热量除以总输入热量；总输入热量为燃料燃烧产生的热量加上空气、燃料和雾化介质的显热。热效率的值总小于1。热效率不同于燃料效率，燃料效率是总吸热量除以燃料燃烧产生的总热量，以低发热量为基准，不包含燃料、空气和雾化介质的显热，燃料效率可能大于1。

加热炉热效率计算的基准温度一般取15℃，本手册及石化行业标准SH/T 3045均以此为准。

热效率的计算方法有两种：一种是工程设计时常用的方法，即正平衡方法，根据加热炉热负荷和总输入热量计算热效率；另一种是根据标定时测得的燃料用量、排烟温度、烟气组成、炉外壁温度等实际数据来计算加热炉效率，即反平衡方法。如果测量准确，这两种方式计算出的热效率应该相近或相等。

二、加热炉体系划分

为便于计算加热炉热效率，根据预热空气系统的类型，把加热炉分为三种体系：

1）无预热燃烧用空气体系：体系内仅有加热炉本体(图8-6-1)；

2）用外界热源预热空气的加热炉体系：体系内仅有加热炉本体(图8-6-2)；

3）用自身热源预热空气体系：体系内除了加热炉本体外，还包括用烟气直接或间接预热空气的换热设备(图8-6-3)。

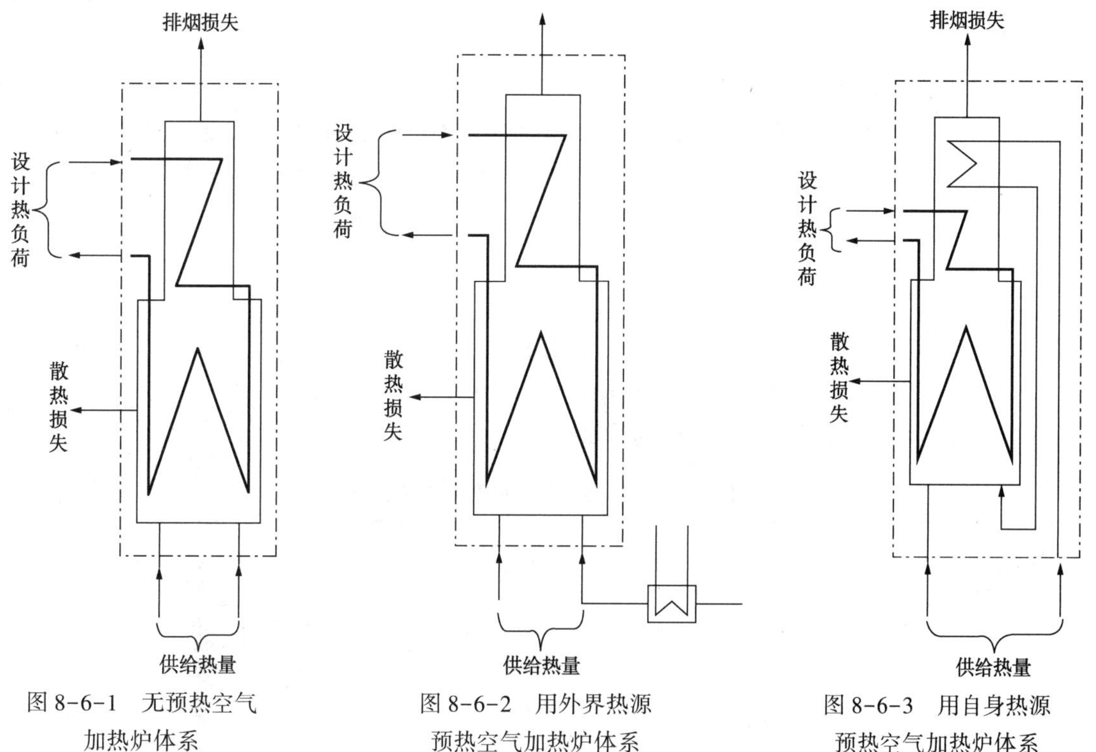

图8-6-1　无预热空气加热炉体系

图8-6-2　用外界热源预热空气加热炉体系

图8-6-3　用自身热源预热空气加热炉体系

三、总输入热量

总输入热量 Q_{in} 包括燃料的低发热量和燃料、空气和雾化蒸汽带入炉内的显热，即：

$$Q_{in}=Q_L+Q_f+Q_a+Q_s \tag{8-6-1}$$

式中　Q_{in}——总输入热量，kJ/kg 燃料；

Q_L——燃料的低发热量，kJ/kg 燃料；

Q_f——燃料入炉热量或显热修正值，kJ/kg 燃料；

Q_a——空气入炉热量或显热修正值，kJ/kg 燃料；

Q_s——雾化蒸汽入炉热量或显热修正值，kJ/kg 燃料。

（一）燃料的低发热量 Q_L

低发热量的详细计算见本章第三节"燃烧计算"。

（二）燃料入炉热量 Q_f

1）由燃料比热容按式(8-6-2)计算燃料入炉热量：

$$Q_f=c_{pf}\cdot(T_f-T_d) \tag{8-6-2}$$

式中　Q_f——燃料入炉热量，kJ/kg 燃料；

c_{pf}——燃料比热容，kJ/(kg·℃)；

T_d——热效率计算基准温度，15℃；

T_f——燃料入炉温度，℃。

燃料油的比热容可用式(8-6-3)估算：

$$c_f=1.74+0.0025t_f \tag{8-6-3}$$

式中　T_f——燃料油温度，℃。

燃料气的比热容可用式(8-6-4)估算：

$$c_f'=0.04[0.31(CO+H_2+O_2+N_2)+0.38(CH_4+CO_2+H_2S+H_2O)+0.5\sum C_mH_n] \tag{8-6-4}$$

式中　CO、H_2、O_2、N_2、CH_4、CO_2、H_2S、H_2O、C_mH_n——分别为燃料气中各组分的体积分数。

2）由焓值计算燃料入炉显热：

对于气体燃料：

$$q_f=\sum q_{f_i}X_i \tag{8-6-5}$$

式中　q_{f_i}——燃料中各组分的焓值，kJ/kg(查表 8-6-1)；

X_i——燃料中各元素或各组分的质量分数。

表 8-6-1　氢及纯烃理想气体在不同温度下的焓　　kJ/kg

气体	温度/℃							
	0	20	50	100	150	200	250	300
氢气(H_2)	-226.3	63.8	498.1	1220.8	1942.9	2665.3	3388.4	4112.8
甲烷(CH_4)	-35.9	10.3	82.2	208.4	342.6	484.4	633.6	790.2
乙烷(C_2H_6)	-27.2	7.9	63.9	165.6	277.4	398.7	529.2	668.5
乙烯(C_2H_4)	-25.6	7.4	60.4	157.6	265.3	382.8	510.0	646.2

续表

气体	温度/℃							
	0	20	50	100	150	200	250	300
丙烷(C_3H_8)	-25.4	7.3	60.1	156.6	263.6	380.4	506.5	641.6
丙烯(C_3H_6)	-25.4	7.3	59.9	155.9	262.2	378.2	503.4	637.4
丁烷(C_4H_{10})	-24.6	7.1	57.3	147.7	245.9	351.7	464.5	584.2
丁烯(C_4H_8)	-22.8	6.6	53.8	140.1	235.4	339.1	450.9	570.2
戊烷(C_5H_{12})	-23.4	6.8	55.2	143.4	240.8	346.8	461.0	583.0
戊烯(C_5H_{10})	-24.0	6.9	56.3	146.3	245.4	353.2	469.1	593.0
硫化氢(H_2S)	-13.9	3.9	31.1	77.3	124.5	172.5	221.3	270.9

注：焓的基准温度为15℃，气体。

对于液体燃料可由相对密度ρ_{20}直接由表8-6-2查得其焓值。

表8-6-2　燃料油在不同温度下的焓　kJ/kg

相对密度ρ_{20}	温度/℃											
	80	100	120	140	160	180	200	220	240	260	280	300
0.90	117.0	156.7	198.1	241.1	285.7	331.9	379.8	429.2	480.3	533.1	587.4	643.4
0.91	116.1	155.5	196.6	239.3	283.6	329.5	377.0	426.1	476.9	529.2	583.2	638.8
0.92	115.2	154.4	195.2	237.5	281.5	327.1	374.3	423.0	473.4	525.4	579.0	634.2
0.93	114.3	153.2	193.7	235.8	279.4	324.7	371.5	419.9	470.0	521.6	574.8	629.6
0.94	113.5	152.1	192.2	234.0	277.3	322.2	368.8	416.9	466.5	517.8	570.6	625.1
0.95	112.6	150.9	190.8	232.2	275.2	319.8	366.0	413.8	463.1	514.0	566.5	620.5
0.96	111.7	149.7	189.3	230.4	273.1	317.4	363.3	410.7	459.6	510.2	562.3	615.9
0.97	110.9	148.6	187.8	228.7	271.1	315.0	360.5	407.6	456.2	506.3	558.1	611.4
0.98	110.0	147.4	186.4	226.9	269.0	312.6	357.8	404.5	452.7	502.5	553.9	606.8
0.99	109.1	146.2	184.9	225.1	266.9	310.2	355.0	401.4	449.3	498.7	549.7	602.2

注：焓的基准温度为15℃，液体。

如果燃料常温入炉，则其显热可忽略不计。

(三) 空气入炉热量Q_a

空气入炉热量，可按式(8-6-6)计算空气入炉热量。

$$Q_a=\alpha L_o I_a \tag{8-6-6}$$

或

$$Q_a=\alpha L_o c_{pa}\cdot(T_f-T_d) \tag{8-6-7}$$

式中　Q_a——空气入炉显热，kJ/kg燃料；

α——过剩空气系数；

L_o——理论空气量，kJ/kg燃料；

I_a——空气入炉温度下的热焓，kJ/kg，由图8-6-4查得；

c_{pa}——空气比热容，kJ/(kg·℃)；

T_d——热效率计算基准温度，15℃；

T_a——空气入炉温度,℃。

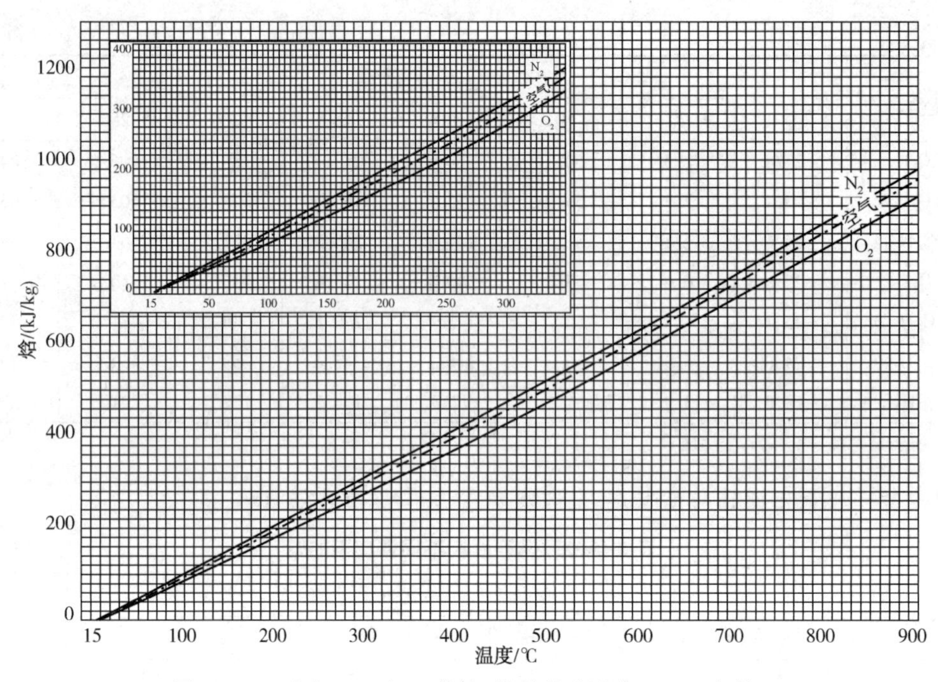

图 8-6-4　空气、O_2和 N_2的焓(焓的基准温度 15℃，气体)

(四) 雾化蒸汽入炉热量 Q_s

$$Q_s = W_s \cdot I_s \qquad (8-6-8)$$

式中　Q_s——雾化蒸汽入炉热量，kJ/kg 燃料油；

W_s——雾化蒸汽用量，kg/kg 燃料油；由所选用的燃烧器型式而定，一般取 W_s = 0.1~0.3kg/kg 燃料油；

I_s——雾化蒸汽热焓，kJ/kg 蒸汽，由表 8-6-3 查得。

表 8-6-3　过热蒸汽在不同压力不同温度下的焓　　kJ/kg

温度/℃	压力/mPa											
	0.10	0.15	0.20	0.25	0.30	0.40	0.50	0.60	0.70	0.80	0.90	1.00
120	2650.2	2646.1	2637.7	—	—	—	—	—	—	—	—	—
140	2690.0	2686.7	2682.5	2678.3	2674.5	—	—	—	—	—	—	—
160	2730.2	2726.9	2723.5	2720.2	2716.8	2709.7	2702.2	2695.0	—	—	—	—
170	2750.3	2747.0	2744.0	2741.1	2737.7	2731.5	2724.8	2718.1	2711.0	2704.3	—	—
180	2770.0	2767.1	2764.5	2761.6	2758.7	2752.8	2747.0	2740.7	2734.4	2728.1	2721.0	2713.9
190	2789.7	2787.2	2784.6	2782.1	2779.6	2774.2	2768.7	2763.3	2757.4	2751.7	2745.3	2739.0
200	2809.3	2807.2	2804.7	2802.6	2800.1	2795.1	2790.5	2785.5	2780.0	2774.6	2769.1	2763.7
220	2848.7	2847.0	2844.9	2842.8	2841.2	2837.0	2832.8	2828.6	2824.0	2819.8	2815.2	2810.6
240	2888.5	2885.8	2885.1	2883.4	2881.8	2878.4	2874.4	2870.9	2867.6	2863.8	2860.0	2856.2
260	2928.2	2927.0	2925.3	2923.6	2922.4	2919.5	2916.1	2913.2	2909.8	2906.5	2903.5	2899.8
280	2968.4	2967.2	2955.5	2964.3	2963.0	2960.5	2957.6	2955.0	2952.1	2949.2	2946.3	2943.3
300	3008.6	3007.4	3006.5	3005.3	3003.6	3001.5	2990.0	2996.5	2994.0	2991.5	2989.0	2986.4
400	3212.5	3211.7	3210.9	3210.4	3209.6	3207.9	3206.6	3205.0	3203.3	3202.1	3200.4	3198.7

注：1. 焓的基准温度为 15℃，水。

2. 水蒸气在基准温度下的焓值为 2530kJ/kg。

四、总输出热量

总输出热量 Q_{out} 包括加热炉有效利用热量 Q_e、排烟损失 Q_1、炉壁散热损失热量 Q_2 和燃料的不完全燃烧损失热量 Q_3 等，即：

$$Q_{out}=Q_e+Q_1+Q_2+Q_3 \tag{8-6-9}$$

式中　Q_{out}——总输出热量，kJ/kg 燃料；

Q_e——有效利用热量，kJ/kg 燃料；

Q_1——排烟损失，kJ/kg 燃料；

Q_2——炉壁散热损失热量，kJ/kg 燃料；

Q_3——燃料的不完全燃烧损失热量，kJ/kg 燃料。

（一）排烟损失 Q_1

排烟损失是出加热炉的烟气带出的热量，按下式计算：

$$Q_1=\sum(G_i \cdot I_i)+2500W_s \tag{8-6-10}$$

式中　Q_1——出炉烟气带出热量，kJ/kg 燃料；

G_i——单位燃料的烟气中各组分的质量，kg/kg 燃料；

I_i——排烟温度下烟气中各组分的热焓，kJ/kg，由图 8-6-5 查得；

W_s——雾化蒸汽用量，kg/kg 燃料油。

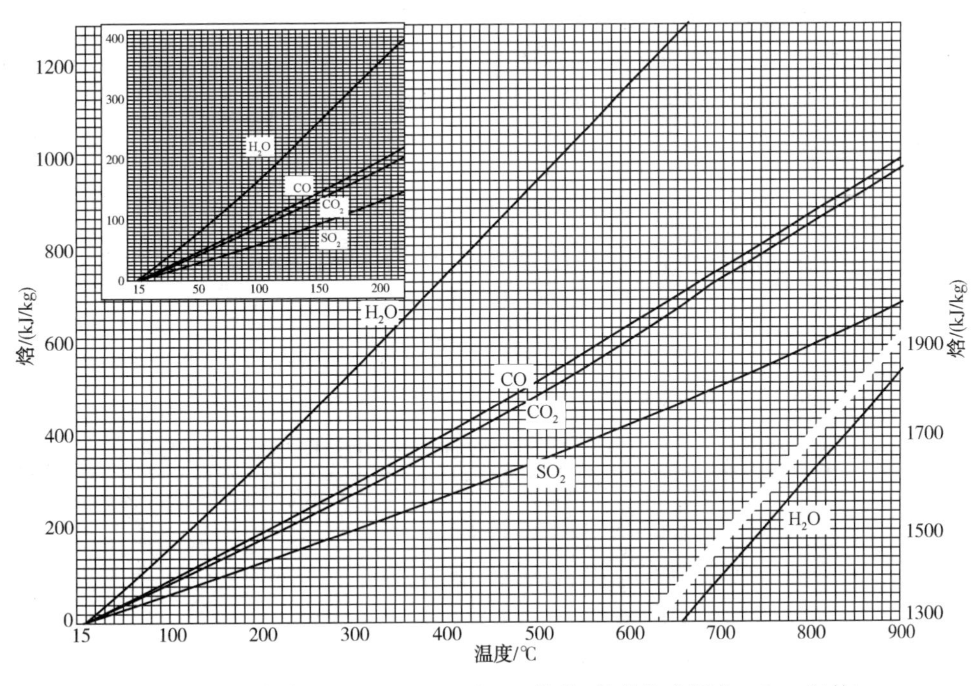

图 8-6-5　烟气中 H_2O、CO、CO_2 和 SO_2 的焓（焓的基准温度 15℃，气体）

（二）炉壁散热损失 Q_2

炉壁散热损失热量 Q_2（kJ/kg 燃料或 kJ/Nm³燃料）的详细计算见本章第四节“加热炉炉衬”。

常规设计时可按以下数值考虑[1]：对于没有空气预热系统的加热炉，不大于燃料低发热量的 1.5%；对于有空气预热系统的加热炉，不大于燃料低发热量的 2.5%。

（三）燃料的不完全燃烧损失热量 Q_3

燃料的不完全燃烧包括化学不完全燃烧和机械不完全燃烧，对于气体燃料和轻质燃料油可不考虑这一部分损失，在标定及操作中可根据烟气分析，按式(8-6-11)计算：

$$Q_3=(126CO+108H_2+358CH_4)V+3.3Vn\times10^{-2} \quad (8-6-11)$$

式中 Q_3——燃料的不完全燃烧损失热量，kJ/kg 燃料；

CO、H_2、CH_4——干烟气中各组分的体积分数，由烟气分析测得；

V——干烟气体积，Nm^3/kg 燃料；

n——干烟气中游离碳浓度，mg/Nm^3干烟气。

（四）有效利用热量 Q_e

$$Q_e=\frac{3600Q}{B} \quad (8-6-12)$$

或

$$Q_e=Q_{in}-(Q_1+Q_2+Q_3) \quad (8-6-13)$$

式中 Q_e——加热炉有效利用热量，kJ/kg 燃料；

Q——加热炉热负荷，kW；

B——燃料量，kg/h；

Q_1——排烟损失，kJ/kg 燃料；

Q_2——炉壁散热损失热量，kJ/kg 燃料；

Q_3——燃料的不完全燃烧损失热量，kJ/kg 燃料。

五、热效率计算

（一）计算公式

正平衡计算，按式(8-6-14)：

$$\eta=\frac{Q_e}{Q_{in}}\times100\% \quad (8-6-14)$$

反平衡计算，按式(8-6-15)：

$$\eta=\frac{Q_{in}-(Q_1+Q_2+Q_3)}{Q_{in}}\times100\%=\frac{(Q_L+Q_f+Q_a+Q_s)-(Q_1+Q_2+Q_3)}{(Q_L+Q_f+Q_a+Q_s)} \quad (8-6-15)$$

式中 Q_{in}——总输入热量，kJ/kg 燃料；

Q_e——有效利用热量，kJ/kg 燃料；

Q_1——排烟损失，kJ/kg 燃料；

Q_2——炉壁散热损失热量，kJ/kg 燃料；

Q_3——燃料的不完全燃烧损失热量，kJ/kg 燃料；

Q_L——燃料的低发热量，kJ/kg 燃料；

Q_f——燃料入炉热量或显热修正值，kJ/kg 燃料；

Q_a——空气入炉热量或显热修正值，kJ/kg 燃料；

Q_s——雾化蒸汽入炉热量或显热修正值，kJ/kg 燃料。

(二) 燃料量

已知热负荷，燃料量按下式计算：

$$B=\frac{3600Q}{Q_e}=\frac{3600Q}{Q_{in}\cdot\eta} \qquad (8-6-16)$$

式中　B——燃料量，kg/h；

Q——加热炉热负荷，kW；

Q_e——燃料的有效利用热量，kJ/kg 燃料。

(三) 燃料效率

燃料效率按式(8-6-17)或式(8-6-18)计算：

$$\eta_f=\frac{Q_e}{Q_L}\times100\% \qquad (8-6-17)$$

或

$$\eta_f=\frac{Q_{in}-(Q_1+Q_2+Q_3)}{Q_{in}}\times100\%=\frac{(Q_L+Q_f+Q_a+Q_s)-(Q_1+Q_2+Q_3)}{Q_L} \qquad (8-6-18)$$

六、热效率的测定

(一) 概述

本方法来源于文献[1]的附录 G，是一个测定加热炉热效率和燃料效率的标准方法，也是国际通用的一个方法。它给出一套全面的测试和报告测试结果的程序。

本测定程序仅考虑排烟损失、散热损失和总的输入热量。测量后，用反平衡方法计算热效率并评定加热炉操作情况。

(二) 仪表

用以下指定的温度测量设备和烟气分析设备，按图 8-6-6 指示的仪表和测量位置获取数据并进行必要的计算来确定加热炉的热效率。

1. 温度测量设备

测定烟气和大于 260℃的燃烧用空气应采用多层热屏蔽(高速)抽气式热电偶(见图 8-6-7)。当空气温度低于或等于 260℃时，可用带套管热电偶测量。环境空气、燃料和雾化剂的温度可用常规测温仪表测量。

2. 烟气分析设备

烟气中的氧气和可燃气体应采用便携式或固定式分析仪进行测量。烟气分析可按湿基或干基，但计算应与所用的基准一致。

(三) 测量

为了确定加热炉的操作条件，应测量每种工艺介质或附属介质的以下数据：

1) 燃料流率；

2) 工艺介质流率；

3) 工艺介质进口温度；

4) 工艺介质出口温度；

5) 工艺介质进口压力；

6) 工艺介质出口压力；

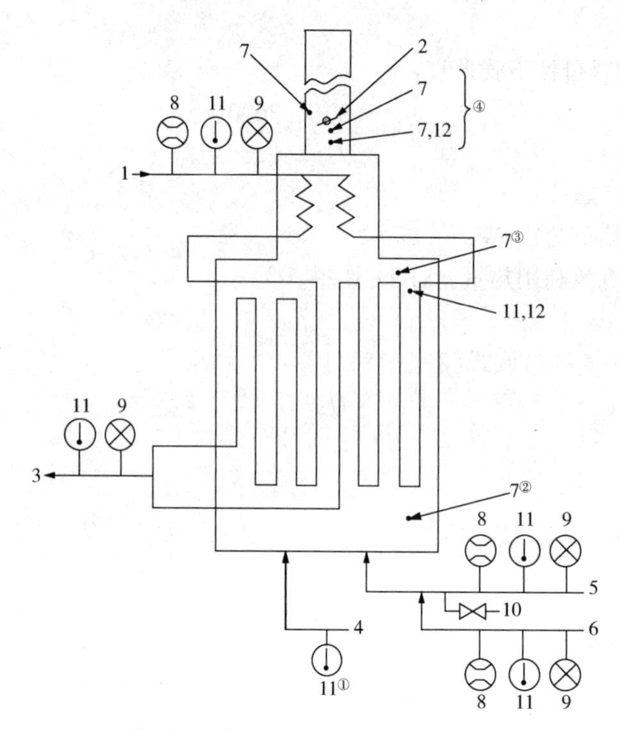

图 8-6-6　仪表及测量位置

1—物料入口；2—挡板；3—物料出口；4—空气入口；5—燃料入口；6—雾化剂入口；7—负压计；8—流量表；9—压力表；10—采样接头；11—温度表；12—氧含量的采样点

注：① 用内部热源预热空气的在其预热器之前，用外部热源预热空气的在其预热器之后；

② 在燃烧器附近；

③ 炉顶；

④ 用内部热源预热空气的在其预热器之后。

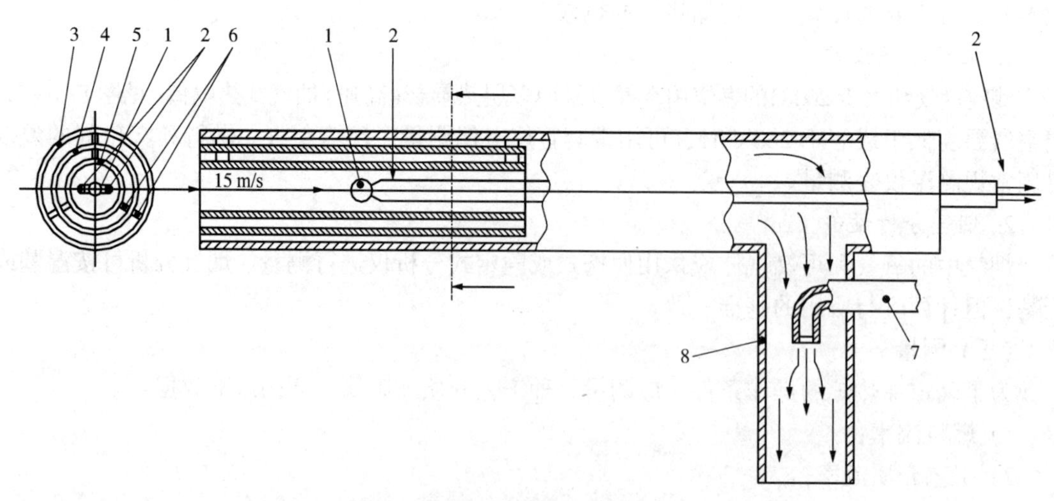

图 8-6-7　典型的(高速)抽气式热电偶

1—热电偶；2—至温度指示仪表的热偶线；3—外套管(薄壁 310 不锈钢管)；4—中间套管(薄壁 310 不锈钢管)；5—内套管(薄壁 310 不锈钢管)；6—中间支架；7—压力大于等于 0.6MPa 的蒸汽或空气，从 0.6MPa 开始递增，直至稳定；8—热气引射器

7）燃烧器处燃料压力；

8）燃烧器处雾化剂压力；

9）烟气抽力分布。

（四）测试准备

1）在实际测试开始前，应确定下列各项：

① 测试期间的操作条件；

② 评估测试条件和设计条件之间的差异；

③ 燃料是否合适；

④ 仪器类型、测量方法和具体测量位置的选择。

2）测试前应校准所有测试中要使用的仪表。

3）实际测试前应确认以下各项：

① 加热炉操作处于稳定状态；

② 燃料稳定、可用；

③ 加热炉火焰尺寸和形状、过剩空气、烟气抽力分布、吸热表面清洁程度和燃烧器燃烧稳定状况等方面操作正常。

（五）测试

1）在整个测试阶段，应保持加热炉介质流量平稳。

2）测试应至少持续 4h。数据应从测试开始时采集，且以后每隔 2h 采集一次。

3）测试过程应延续至连续采集的 3 组数据误差均在表 8-6-4 规定的数值范围内。

表 8-6-4　允许的测量数据偏差

项　　目	偏差值	项　　目	偏差值
燃料发热量/%	±5	工艺介质流率/%	±5
燃料流量/%	±5	工艺介质进口温度/℃	±5
烟气中可燃组分含量/%	<0.1	工艺介质出口温度/℃	±5
烟气温度/℃	±5	工艺介质出口压力/%	±5
烟气氧含量/%	±1		

4）数据应按如下方法采集：

① 每组所有数据尽可能快地采集，最好在 30min 内完成；

② 每组数据采集时，均应测量和记录气体燃料量。用于分析的燃料采样应同时进行；

③ 对于气体燃料，低发热量应通过组分分析和计算获得；

④ 每组数据采集时，均应测量和记录液体燃料量。在测量期间仅需要对液体燃料进行一次分析采样；

⑤ 对于液体燃料，低发热量应采用热量计测得。液体燃料还应分析确定其碳氢比、硫含量、水含量和其他组分的含量；

⑥ 应分析烟气样品以确定氧和可燃物的含量。样品应从最终换热(吸热)面的下游采集。当使用空气预热器时，样品应从预热器下游采集。采样点应横贯横截面以获得具有代表性的样品；

⑦ 烟气温度的测量位置应与抽取烟气分析样品的位置相同。对于设有空气预热器、又

可切换为自然通风操作的系统，应测量预热器在线时烟囱挡板上方的烟气温度。如果通过所测温度发现有泄漏(即排烟温度高于空气预热器出口温度)，则也应在该位置上采集烟气样品以确定正确的总热效率。采样点应横贯横截面以获得具有代表性的数据。

5）应按每组有效的数据分别计算热效率。以所有这些计算效率的算术平均值作为最终的计算结果。

6）所有数据记录在实验室数据表(表 8-6-5)和原始数据数据表(表 8-6-6)中。

表 8-6-5　实验室数据表

实验室数据表		报告日期：		第 1 页　共 2 页
Ⅰ. 一般数据				
业主：		工厂所在地：		
装置名称：		装置海拔高度：		
加热炉位号：		用途：		
	第一组	第二组	第三组	…
测试运行日期：				
测试运行时间：				
运行编号：				
Ⅱ. 燃料气取样				
取样人				
取样编号				
取样位置				
取样日期				
取样时间				
燃料气组分分析数据/%(体)				
氢气				
甲烷				
乙烷				
其余 C_2 组分				
丙烷				
其余 C_3 组分				
丁烷				
其余 C_4 组分				
戊烷以上组分				
CO				
H_2S				
CO_2				

续表

实验室数据表	报告日期:		第1页　共2页	
	第一组	第二组	第三组	…
N_2				
O_2				
其他惰性气体				
合计				
Ⅲ. 燃料油取样				
取样人				
取样编号				
取样位置				
取样日期				
取样时间				
取样温度/℃				
分析结果/%(质)				
C				
H				
碳氢比①				
硫				
灰分				
氮				
氧				
水				
其他				
合计				
热量计测定热值				
钒/(mg/kg)				
钠/(mg/kg)				
密度/(kg/m^3)(API°)				
所用添加剂				
Ⅳ. 工艺介质取样				
取样人				
取样编号				
取样位置				
取样日期				

续表

实验室数据表		报告日期：	第 1 页　共 2 页	
	第一组	第二组	第三组	…
取样时间				
取样测试条件				
温度/℃				
压力/kPa(g)				
流体名称				
液体密度/(kg/m^3)(API°)				
气相相对分子质量				
ASTM 蒸馏数据				
初馏点				
10%				
20%				
30%				
40%				
50%				
60%				
70%				
80%				
90%				
终馏点				
V. 其他条件				

注：① 可以在此输入数据以代替碳、氢含量。

表 8-6-6　原始测试数据表

原始测试数据表		报告日期：	第 1 页　共 2 页	
I. 一般数据				
业主：		工厂所在地：		
装置名称：		装置海拔高度：		
加热炉位号：		用途：		
	第一组	第二组	第三组	…
测试运行日期：				
测试运行时间：				
运行编号：				
记录人：				

续表

原始测试数据表	报告日期：		第1页　共2页	
	第一组	第二组	第三组	…
Ⅱ. 一般条件				
环境空气温度/℃				
风向				
风速/(km/h)				
装置处大气压/Pa				
散热损失/%				
相对湿度/%				
Ⅲ. 燃烧数据				
燃料气				
流量计读数				
流量计因子及相关参数				
流量计处压力/kPa				
流量计处温度/℃				
燃烧器处压力/kPa				
燃料油(供油)				
流量计读数				
流量计因子及相关参数				
流量计处压力/kPa				
流量计处温度/℃				
燃烧器处压力/kPa				
燃料油(返回油)				
流量计读数				
流量计因子及相关参数				
流量计处压力/kPa				
流量计处温度/℃				
雾化剂				
流量计读数				
流量计因子及相关参数				
流量计处压力/kPa				
流量计处温度/℃				
燃烧器处压力/kPa				
Ⅳ. 工艺介质数据①				
流体				
流量计读数				

续表

原始测试数据表					报告日期：				第 1 页　共 2 页				
	第一组				第二组				第三组				…
流量计因子													
进口压力/kPa													
进口温度/℃													
出口压力/kPa													
混合出口温度/℃													
注汽													
位置													
注汽量/kg/h													
Ⅴ. 空气和烟气数据													
压力/Pa													
燃烧器处负压													
辐射炉膛顶部负压													
温度/℃	运行编号				运行编号				运行编号				
	温度			平均	温度			平均	温度			平均	
空气入预热器温度													
空气出预热器温度													
烟气出预热器温度[②]													
烟气在烟囱中的温度[②]													
烟气分析(体积分数)													
氧含量[②]													
可燃物和 CO													
Ⅵ. 相关设备													
空气预热器													
铭牌标记的负荷													
类型													
旁通(开/关)													
外部取热(开/关)													
燃烧器													
运行中的燃烧器数量													
燃料类型													
燃烧器类型[③]													

注：① 应记录其他介质如锅炉给水、发生蒸汽和过热蒸汽的类似数据。

② 应在最后一个换热面之后读数。

③ 燃烧器类型应指明是 ND(自然通风)、FD(强制通风)还是 FD/PA(强制通风/预热空气)。

七、例题

以用自身热源预热燃烧空气的燃气加热炉(见图8-6-3)的测定数据作为例子，详述反平衡方法计算加热炉效率的具体步骤。为方便、清晰地进行热效率计算，可以采用标准格式的计算表进行计算，见表8-6-7(a)《燃烧计算表》、(b)《过剩空气和相对湿度计算表》及(c)《排烟热损失计算表》。

(一) 计算条件

在本例中(见图8-6-3)，环境空气温度是-2.2℃，即燃烧用空气温度T_a为-2.2℃，烟气出预热器温度T_e为148.9℃，燃料气温度T_f为37.8℃，相对湿度RH为50%。烟气分析得出氧含量(体积分数、湿基)为3.5%，可燃物含量为零。散热损失为燃料低发热量的2.5%。燃料气分析得出燃料气中各组分的体积分数：甲烷为75.4%，乙烷为2.33%，乙烯为5.08%，丙烷为1.54%，丙烯为1.86%，氮气为9.96%，氢气为3.82%。把以上数据填入标准格式计算表(见表8-6-7)中，得出该例题计算表，见表8-6-8(a)、(b)和(c)。

(二) 热损失计算

燃料低发热量Q_L，通过在标准格式中计算表8-6-7(a)《燃烧计算表》第1列中输入燃料分析[见表8-6-8(a)]，并将"燃烧总热量"(第5列)除以"燃料总质量"(第3列)来确定。因此，$Q_L=780539.4/18.52=42146$kJ/kg燃料。

低发热量Q_L乘以散热损失所占的百分比(取2.5%)，可得到散热损失量Q_2：

$$Q_2=0.025\times42146=1053.7\text{kJ/kg 燃料}$$

如果要对散热损失进行更详细的计算，可参考本章第四节三"加热炉炉衬"。

在烟气出口温度T_e下，根据各组分的总热焓[见表8-6-8(c)]《排烟热损失计算表》，确定排烟热损失量。因此，在148.9℃下，$Q_1=2747.4$kJ/kg燃料。

空气入炉热量按式(8-6-7)确定，其中，"每kg燃料所需的空气质量"为表8-6-7(b)中式b和式e计算结果之和：

$$\begin{aligned}Q_a&=C_{pa}\cdot(T_f-T_d)\times(\text{每 kg 燃料所需的空气质量 kg})\\&=1.005\times(-2.2-15)\times(14.344\times1.2+0.201)\\&=-301\text{kJ/kg 燃料}\end{aligned}$$

燃料入炉热量按式(8-6-2)确定：

$$Q_f=C_{pf}\cdot(T-T_d)=2.197\times(37.8-15)=50.1\text{kJ/kg 燃料}$$

(三) 热效率计算

热效率按式(8-6-15)计算：

$$\begin{aligned}\eta&=\frac{(42146-301+50.1+0)-(1053.7+2747.4)}{(42146-301+50.1)}\times100\\&=90.9\%\end{aligned}$$

燃料效率按式(8-6-18)计算：

$$\begin{aligned}\eta&=\frac{(42146-301+50.1+0)-(1053.7+2747.4)}{42146}\times100\\&=90.4\%\end{aligned}$$

表 8-6-7 标准格式计算表

(a)燃烧计算表

燃烧计算表		报告日期:				第1页 共2页
燃料	燃料组分或元素	1	2	3(1×2)	4	5(3×4)
		体积分数/%	相对分子质量	质量/kg	低发热量/(kJ/kg)	热量/kJ
燃料气	碳,C		12.0		—	
	氢,H_2		2.016		120000	
	氧,O_2		32.0		—	
	氮,N_2		28.0		—	
	一氧化碳,CO		28.0		10100	
	二氧化碳,CO_2		44.0		—	
	甲烷,CH_4		16.0		50000	
	乙烷,C_2H_6		30.1		47490	
	乙烯,C_2H_4		28.1		47190	
	丙烷,C_3H_8		44.1		46360	
	丙烯,C_3H_6		42.1		45800	
	丁烷,C_4H_{10}		58.1		45750	
	丁烯,C_4H_8		56.1		45170	
	戊烷,C_5H_{12}		72.1		45360	
	己烷,C_6H_{14}		86.2		45100	
	苯,C_6H_6		78.1		40170	
	甲醇,CH_3OH		32.0		19960	
	氨,NH_3		17.0		18600	
	硫,S		32.1		—	
	硫化氢,H_2S		34.1		15240	
	水,H_2O		18.0		—	
	合计					
	每kg燃料合计					
燃料油	碳(C)	—	12.0		33913	
	氢(H)	—	1.008		102995	
	氧(O)	—	16.0		-10885	
	硫(S)	—	32.1		10886	
	氮(N)	—	14.0		—	
	水(H_2O)	—	18.0		-2512	
	每kg燃料合计	—	—		—	

注:如果组分以体积分数(%)表示,则输入列1;如果组分以质量分数(%)表示,则输入列3。在每列的“合计”一栏中填入各列数值之和,然后,把所有列的“合计”值除以列3“合计”值得“每kg燃料合计”一栏的值。过剩空气和相对湿度计算表和排烟热损失计算表使用每kg燃料合计的数值来计算排烟热损失;例如,如果一个计算表需要“CO_2质量(kg)”,则该值可取列9“每kg燃料合计”一栏的数值。

表 8-6-7　标准格式计算表

(a)燃烧计算表(续)

燃烧计算表		报告日期:				第1页　共2页	
6	7(3×6)	8[a]	9(3×8)	10	11(3×10)	12	13(3×12)
理论空气量/(kg/kg 燃料)	理论空气量/kg	CO_2生成量/(kg/kg 燃料)	CO_2生成量/kg	H_2O 生成量/(kg/kg 燃料)	H_2O 生成量/kg	N_2生成量/(kg/kg 燃料)	N_2生成量/kg
11.51		3.66		—		8.85	
34.29		—		8.94		26.36	
-4.32		—		—		-3.32	
—		—		—		1.00	
2.47		1.57		—		1.90	
—		1.00		—		—	
17.24		2.74		2.25		13.25	
16.09		2.93		1.80		12.37	
14.79		3.14		1.28		11.36	
15.68		2.99		1.63		12.05	
14.79		3.14		1.28		11.36	
15.46		3.03		1.55		11.88	
14.79		3.14		1.28		11.36	
15.33		3.05		1.50		11.78	
15.24		3.06		1.46		11.71	
13.27		3.38		0.69		10.20	
6.48		1.38		1.13		4.98	
6.10		—		1.59		5.51	
4.31		2.00		—		3.31	
6.08		1.88		0.53		4.68	
—		—		1.00		—	
11.51		3.66		—		8.85	
34.29		—		8.94		26.27	
-4.32		—		—		-3.32	
4.31		—		2.00		3.31	
—		—		—		1.00	
—		—		1.00		—	
—		—		—		—	

表 8-6-7　标准格式计算表

(b) 过剩空气和相对湿度计算表

过剩空气和相对湿度计算表①	报告日期:	第 1 页　共 1 页
项　目	计算公式或数值	
雾化蒸汽/(kg/kg 燃料)	给定值或测量值	
环境温度下水的蒸汽压(a) P_{vapour}/mbar	查蒸汽表	
标准大气压 P_{air}/mbar	=1013.3	
相对湿度 RH	给定值	
空气中含水量/(kg 水/kg 空气)	$=\frac{P_{vapour}}{P_{air}}\times\frac{RH}{100}\times\frac{18}{28.85}=\frac{\cdots\cdots}{1013.3}\times\frac{\cdots\cdots}{100}\times\frac{18}{28.85}$	a
燃料需要的湿空气量/(kg/kg 燃料)	$=\frac{\text{理论空气量}}{1-\text{空气中的含水量}}=\frac{\underline{\qquad}(7)}{1-\underline{\qquad}(a)}$	b
理论湿空气量中的水分/(kg 水分/kg 燃料)	= 每 kg 燃料需要的湿空气量-理论空气量 = ________(b)-________(7)	c
燃料燃烧后生成的水分/(kg 水分/kg 燃料)	$=H_2O$ 生成量+kg 水分/kg 燃料+雾化蒸汽量 = ________(11)+________(c)+________	d
过剩空气量②/(kg/kg 燃料)	$=\frac{(28.85\times O_2\%)\left(\frac{N_2\text{生成量}}{28}+\frac{CO_2\text{生成量}}{44}+\frac{H_2O\text{生成量}}{18}\right)}{20.95-O_2\%\left[\left(1.6028\times\frac{H_2O\text{量(kg)}}{\text{理论空气量(kg)}}\right)+1\right]}$ $=\frac{(28.85\times\underline{\qquad})\left(\frac{\underline{\qquad}(13)}{28}+\frac{\underline{\qquad}(9)}{44}+\frac{\underline{\qquad}(d)}{18}\right)}{20.95-\underline{\qquad}\left[\left(1.6028\times\frac{\underline{\qquad}(c)}{\underline{\qquad}(7)}\right)+1\right]}$	e
过剩空气系数	$=\frac{\text{每 kg 燃料过剩空气量(kg)}}{\text{理论空气量}}\times 100=\frac{\underline{\qquad}(e)}{\underline{\qquad}(7)}\times 100$	f
燃烧产物的含水总量/(kg/kg 燃料)	$=\left[\frac{\text{过剩空气\%}}{100}\times\text{kg 水分/kg 燃料}\right]$+生成 kg 水分/kg 燃料燃烧后 $=\left[\frac{(f)}{100}\times\underline{\qquad}(c)\right]+\underline{\qquad}(d)$	g

① 以上所有计算数值均以“每 kg 燃料”为基准。括号中数字表示该项数值应从燃烧计算表“每 kg 燃料合计”一栏的对应列中取值，括号中字母表示应从本计算表的相应行中取值。

② 如果氧是干基取样，则式(e)中的(c)、(d)值为零。如果氧是湿基取样，则输入相应的计算值。

表 8-6-7　标准格式计算表

(c) 排烟热损失计算表

排烟热损失计算表	报告日期:	第 1 页　共 1 页	
排烟温度 T_e/℃			
组分	1 每 kg 燃料生成组分量/kg	2 温度 T_e 时的焓值/(kJ/kg 组分生成量)	3 热焓/(kJ/kg 燃料)
二氧化碳，CO_2			
水蒸汽，H_2O			

续表

组分	1 每kg燃料生成组分量/kg	2 温度T_e时的焓值/(kJ/kg组分生成量)	3 热焓/(kJ/kg燃料)
氮，N_2			
空气，AOR			
合计			

列3之“合计”值即为排烟热损失：

$h_s = \sum$ 各组分在T_e下的热焓 = ________ kJ/kg燃料

注：1. 列1中，二氧化碳和氮分别输入“燃烧计算表”中“每kg燃料合计”一栏中相应的二氧化碳(列9)和氮(列13)之数值；空气和水蒸汽栏内分别输入“过剩空气和相对湿度计算表”中式(e)和式(g)之计算值。

2. 列2中，分别输入各个烟气组分的焓值。

3. 列3中，对每种组分分别输入列1和列2相应数值之乘积。此数值即为烟气出口温度下的热焓值。

表8-6-8　例题标准格式计算表

(a)　燃烧计算表

燃烧计算表		报告日期：		第1页　共2页	
燃料组分	1	2	3(1×2)	4	5(3×4)
	体积分数/%	相对分子质量	质量/kg	低发热量/(kJ/kg)	热值/kJ
碳，C		12.0		—	
氢，H_2	0.0382	2.016	0.0770	120000	9241.344
氧，O_2		32.0		—	
氮，N_2	0.0996	28.0	2.7888	—	—
一氧化碳，CO		28.0		10100	
二氧化碳，CO_2		44.0		—	
甲烷，CH_4	0.7541	16.0	12.0656	50000	603280
乙烷，C_2H_6	0.0233	30.1	0.7013	47790	33306.16
乙烯，C_2H_4	0.0508	28.1	1.4275	47190	67362.78
乙炔，C_2H_2		26.0		48240	
丙烷，C_3H_8	0.0154	44.1	0.6791	46360	31484.93
丙烯，C_3H_6	0.0186	42.1	0.7831	45800	35864.15
丁烷，C_4H_{10}		58.1		45750	
丁烯，C_4H_8		56.1		45170	
戊烷，C_5H_{12}		72.1		45360	
己烷，C_6H_{14}		86.2		45100	
苯，C_6H_6		78.1		40170	
甲醇，CH_3OH		32.0		19960	
氨，NH_3		17.0		18600	
硫，S		32.1		—	
硫化氢，H_2S		34.1		15240	
水，H_2O		18.0		—	

续表

燃料组分	1	2	3(1×2)	4	5(3×4)
	体积分数/%	相对分子质量	质量/kg	低发热量/(kJ/kg)	热值/kJ
合计	1.0000		18.523		780556
每kg燃料合计	1.0000		1.000		42140

注：如果组分以体积分数(%)表示，则输入列1；如果组分以质量分数(%)表示，则输入列3。在每列的"合计"一栏中填入各列数值之和，然后，把所有列的"合计"值除以列3"合计"值得"每kg燃料合计"一栏的值。过剩空气和相对湿度计算表和排烟热损失计算表使用"每kg燃料合计"的数值来计算排烟热损失；例如，如果一个计算表需要"CO_2质量(kg)"，则该值可取列9"每kg燃料合计"一栏的数值。

表8-6-8　例题标准格式计算表

(a)　燃烧计算表(续)

燃烧计算表		报告日期:			第1页　共2页		
6	7(3×6)	8[①]	9(3×8)	10	11(3×10)	12	13(3×12)
理论空气量	理论空气量	CO_2生成量/(kg/kg)	CO_2生成量/kg	H_2O生成量/(kg/kg)	H_2O生成量/kg	N_2生成量/(kg/kg)	N_2生成量/kg
11.51		3.66		—		8.85	
34.29	2.641	—	—	8.94	0.688	26.36	2.030
-4.32		—		—		-3.32	
—		—	—	—	—	1.00	2.789
2.47		1.57		—		1.90	
—		1.00		—		—	
17.24	208.011	2.74	33.060	2.25	27.148	13.25	159.869
16.09	11.284	2.93	2.055	1.80	1.262	12.37	8.675
14.79	21.112	3.14	4.482	1.28	1.827	11.36	16.216
13.29		3.38		0.69		10.21	
15.68	10.649	2.99	2.031	1.63	1.107	12.05	8.184
14.79	11.581	3.14	2.459	1.28	1.002	11.36	8.896
15.46		3.03		1.55		11.88	
14.79		3.14		1.28		11.36	
15.33		3.05		1.50		11.78	
15.24		3.06		1.46		11.71	
13.27		3.38		0.69		10.20	
6.48		1.38		1.13		4.98	
6.10		—		1.59		5.51	
4.31		2.00		—		3.31	
6.08		1.88		0.53		4.68	
—		—		1.00		—	
	265.285		44.088		33.036		206.664
	14.322		2.380		1.784		11.157

① SO_2计入CO_2列。虽然这样做并不精确，但是一般其数量很少，并不影响最终的计算结果。

表 8-6-8　例题　标准格式计算表

(b) 过剩空气和相对湿度计算表

过剩空气和相对湿度计算表①	报告日期：	第1页　共1页
项目	计算公式或数值	
雾化蒸汽/(kg/kg 燃料)	0(给定值或测量值)	
环境温度下水的蒸气压(a)$p_{蒸气压}$/mbar	4.87(查蒸汽表)	
标准大气压 $p_{空气}$/mbar	=1013.3	
相对湿度 RH	50	
空气中含水量	$=\frac{p_{蒸气压}}{1013.3}\times\frac{RH}{100}\times\frac{18}{28.85}$ $=\frac{4.87}{1013.3}\times\frac{50}{100}\times\frac{18}{28.85}$ =0.0015kg 水/kg 空气	a
每 kg 燃料需要的湿空气量/kg	$=\frac{理论空气量}{1-空气中含水量}$ $=\frac{14.322(7)}{1-0.0015(a)}$ =14.344	b
每 kg 燃料中水分/kg	=每 kg 燃料需要的湿空气量-理论空气量 =14.344(b)-14.322(7) =0.022	c
每 kg 燃料中 H_2O/kg	=H_2O 生成量+每 kg 燃料所含的水分量(kg)+雾化蒸汽量 =1.784(11)+0.022(c)+0 =1.806	d
过剩空气修正值②：每 kg 燃料过剩空气量/kg	$=\frac{(28.85\times O_2\%)\left(\frac{N_2生成量}{28}+\frac{CO_2生成量}{44}+\frac{H_2O生成量}{18}\right)}{20.95-O_2\%\left[\left(1.6028\times\frac{H_2O量(kg)}{理论空气量(kg)}\right)+1\right]}$ $=\frac{(28.85\times3.5)\left(\frac{11.157(13)}{28}+\frac{2.380(9)}{44}+\frac{1.806(d)}{18}\right)}{20.95-3.5\left[\left(1.6028\times\frac{0.022(c)}{14.322(7)}\right)+1\right]}=3.201$	e
过剩空气	$=\frac{每kg燃料过剩空气量(kg)}{理论空气量}\times100$ $=\frac{3.201(e)}{14.322(7)}\times100=22.35$	f
每 kg 燃料燃烧产物的含 H_2O 总量/kg	$=\left[\frac{过剩空气}{100}\times kg水分/kg燃料\right]+kgH_2O/kg燃料$ $=\left[\frac{22.35(f)}{100}\times0.022(c)\right]+1.806(d)=1.811$	g

① 以上所有计算数值均以“每 kg 燃料”为基准。括号中数字表示该项数值应从燃烧计算表“每 kg 燃料合计”一栏的对应列中取值，括号中字母表示应从本计算表的相应行中取值。

② 如果氧是干基取样，则式 e 中的 c、d 值为零。如果氧是湿基取样，则输入相应的计算值。

表 8-6-8　例题标准格式计算表

（c）　排烟热损失计算表

排烟热损失计算表	报告日期：	第 1 页　共 1 页
排烟温度 T_e/℃	148.9	

组分	1 每 kg 燃料生成组分量/kg	2 温度 T_e时的焓值/(kJ/kg 组分)	3 热焓/(kJ/kg 燃料)
二氧化碳	2.380	116.3	276.8
水蒸气	1.811	244.2	442.3
氮	11.157	139.6	1557.1
空气	3.201	133.7	471.3
合计	18.549	—	2747.4

注：1. 列 1 中，二氧化碳和氮分别输入“燃烧计算表”中“每 kg 燃料合计”一栏中相应的二氧化碳(列 9)和氮(列 13)之数值；空气和水蒸气栏内分别输入“过剩空气和相对湿度计算表”中式 e 和式 g 之计算值。

2. 列 2 中，分别输入从图 G.5-1 和图 G.5-2 查得的各个烟气组分的焓值。

3. 列 3 中，对每种组分分别输入列 1 和列 2 相应数值之乘积。此数值即为烟气出口温度下的热焓值。

4. 列 3 之“合计”值即为排烟热损失 h_s：

$h_s = \sum$各组分在 T_e下的热焓 = 2747.4kJ/kg 燃料。

第七节　加热炉关键部件

一、承压部件

（一）概述

加热炉的承压部件主要指承受介质压力的盘管系统，包括直管、弯管和相关连接件，如集合管、大小头等。

炉管外部承受火焰和烟气的直接辐射和烟气的冲刷，管内为高温、高压介质，有时介质还含有硫化物、环烷酸、氯化物等腐蚀物质。对于超高温炉管还存在渗碳引起材料脆化的问题，所以炉管的操作条件十分苛刻。因此加热炉炉管的材质应根据介质的特性和操作条件适当选用，并根据管壁温度和承压情况计算炉管壁厚。

（二）炉管材料的选择

选择炉管材料时应考虑其可靠性、经济性和市场的货源情况。

因炉管长期在高温、高压条件下操作，所以应根据炉管设计壁温、设计压力、管内外介质腐蚀情况选择炉管材料。当温度范围或腐蚀情况变化较大时，应根据计算结果分段选取不同的材质。当遮蔽管和辐射管加热同一种介质时，直接受火焰辐射的遮蔽管应与相连的辐射管采用同样的材质和厚度。

炉管外部的腐蚀主要是高温钒腐蚀、低温露点腐蚀、高温氧化。管内的腐蚀产物主要有硫及硫化物、环烷酸、氢及硫化氢等。对于介质为气液两相或含有固体颗粒时，炉管还受到冲蚀或磨蚀。

在确定炉管厚度时，应加上材料的腐蚀裕量，腐蚀裕量是根据设计使用寿命和腐蚀速率确定的，计算腐蚀裕量时应考虑管内介质的流速、流态及相变等因素对材料腐蚀速率的影响。当计算的腐蚀裕量大于4.0mm时，应进行综合经济评价，以确定是否进行材料升级，选用耐蚀性更好的材料。

炉管选材应以正常操作条件下管内介质中的硫含量和酸值为依据，并考虑最苛刻操作条件下可能达到最大硫含量与最高酸值组合时对炉管造成的腐蚀。

对于没有明确管内介质腐蚀情况的炉管，按照国内外标准，如《炼油厂加热炉炉管壁厚计算方法》SH/T3037 和《Calculation of Heater-tube Thickness in Petroleum Refineries》API STD530，在计算炉管厚度时采用的最小腐蚀裕量如下：

1）碳钢-C-½Mo：3.0mm；

2）低合金钢-9Cr-1Mo：2.0mm；

3）高于9Cr-1Mo-奥氏体钢：1.0mm。

选择炉管材质时除考虑正常运行时的工况外，还应考虑工艺过程中的特殊要求，如对流蒸汽炉管的干烧等。

常用炉管的材料类别、国内标准牌号和ASTM标准牌号见表8-7-1炉管材料的极限设计金属温度、临界下限温度和抗氧化极限温度见表8-7-2。

表8-7-1　常用炉管材料及其标准

材料类别	国内标准GB 9948	ASTM标准公称管(Pipe)	ASTM标准钢管(Tube)
碳钢	GB 9948 10　20	A53，A106　Gr. B	A192，A210 Gr. A-1
11/4Cr-1/2Mo	12CrMo	A335　Gr. P11	A213Gr. T11
21/4Cr-1Mo	12Cr2Mo	A335　Gr. P22	A213Gr. T22
5Cr-1/2Mo	12Cr5MoI 12Cr5MoNT	A335　Gr. P5	A213Gr. T5
9Cr-1Mo	12Cr9MoI 12Cr9MoNT	A335　Gr. P9	A213Gr. T9
18Cr-8Ni	07Cr19Ni10	A312，A376 TP304，TP304H	A213TP304，TP304H
16Cr-12Ni-2Mo	022Cr17Ni12Mo2	A312，A376 TP316，TP316H和TP316L	A213TP316，TP316H和TP316L
18Cr-10Ni-3Mo		A312 TP317和TP317L	A213 TP317和TP317L
18Cr-10Ni-Ti	07Cr19Ni11Ti	A312，A376　TP321和TP321H	A213TP321和TP321H
18Cr-10Ni-Nb	07Cr18Ni11Nb	A312，A376　TP347和TP347H	A213TP347和TP347H

表8-7-2　炉管材料的极限设计金属温度、抗氧化极限温度和临界下限温度

炉管材质	极限设计金属温度/℃	临界下限温度/℃	抗氧化极限温度/℃
碳钢	540	720	565
1¼Cr-½Mo	650	775	590
2¼Cr-1Mo	650	805	635
5Cr-½Mo	650	820	650
9Cr-1Mo	705	825	705

续表

炉管材质	极限设计金属温度/℃	临界下限温度/℃	抗氧化极限温度/℃
18Cr-8Ni	815/677(低碳含量)	—	850~900
16Cr-12Ni-2Mo	815/704(低碳含量)	—	850~900
18Cr-10Ni-Ti	815	—	850~900
18Cr-10Ni-Nb	815	—	850~900
25Cr-20Ni	954	—	1050~1100
Ni-Te-Cr	815/900(高碳含量)	—	—

注：1. 极限设计金属温度是蠕变-断裂强度可靠值的上限。

2. 抗氧化极限温度是指金属氧化速率急剧上升开始时的温度。

3. 短期操作，如蒸汽-空气烧焦或再生期间，可允许炉管在低于临界下限 30℃ 的高温下操作，在较高温度下操作时会导致合金显微结构的变化。

（三）炉管及弯管厚度计算

1. 概述

本节只给出一些关键概念和炉管计算时应注意的问题，具体计算方法按照《炼油厂加热炉炉管壁厚计算方法》SH/T 3037 或《Calculation of Heater-tube Thickness in Petroleum Refineries》API STD530。

在不同温度下工作的管子其工作状态是有根本区别的。在较高温度下工作的钢材，当金属温度高到足以有显著的蠕变效果，即使应力低于屈服强度也会发生蠕变或永久变形。甚至在腐蚀或氧化还未起到作用时，管子最终也会由于蠕变断裂而失效。对于在较低温度下工作的钢材，蠕变效果不存在或可忽略。经验表明，在这种情况下，除存在腐蚀或氧化作用外，管子将可长期使用下去。

因为在这两种温度下两种材料的性能有着根本区别，所以炉管有两种不同的设计考虑方法：即弹性设计和蠕变-断裂设计。弹性设计是在较低温度下的弹性范围内的设计，如果不考虑腐蚀，则和服役时间无关，其许用应力是根据屈服强度确定的，例如铁素体钢的弹性许用应力(σ_{el})为相应温度下屈服强度的 2/3，奥氏体钢为相应温度下屈服强度的 90%。蠕变-断裂设计(以下简称“断裂设计”)是在较高温度下的蠕变-断裂范围内的设计，其许用应力是根据断裂强度和服役时间确定的，断裂许用应力(σ_r)等于给定设计寿命内最小断裂强度的 100%。

断裂设计压力是炉管在正常操作期间的最高操作压力，是一个能相对均匀地保持数年的长期荷载条件。弹性设计压力是加热炉盘管短期内可能承受的最高压力，典型的是数小时，也可能是数天。断裂设计压力总是小于弹性设计压力。

区分炉管弹性范围和蠕变-断裂范围时，温度不是单一的数值，而是根据合金确定的一个温度范围。对碳钢，该温度范围的下限约为 425℃。对 347 型不锈钢，该温度范围的下限约为 590℃。例如重整加热炉的 P9 炉管是断裂设计；加氢装置的反应进料加热炉大都采用 TP347/TP347H，基本是弹性设计。

钢材的许用应力是根据设计金属温度从应力曲线上查取的。弹性范围的设计采用弹性许用应力，蠕变-断裂范围设计采用断裂许用应力，当管子设计金属温度在接近或高于弹性许用应力和断裂许用应力曲线交叉点的温度范围内，应使用弹性设计和断裂设计两种方式，将计算出的厚度较大值作为设计值采用。

2. 壁厚计算方法的限制

采用 SH/T 3037 或 API STD530 的计算方法有以下的前提：

1）应力壁厚计算公式都是根据平均直径公式求管子应力推导来的。在弹性范围内采用弹性设计压力和弹性许用应力。在蠕变-断裂范围内采用断裂设计压力和断裂许用应力。

2）许用应力仅按屈服强度和断裂强度考虑，未考虑塑性应变或蠕变应变。在一些应用中采用这些许用应力可能会产生小的永久性变形，但这些小的变形不会影响炉管的安全或操作能力。

3）未考虑不利环境的影响，如石墨化、渗碳或氢浸蚀。

4）设计方法是根据无缝管推导出来的。不适用于有纵向焊缝的管子。对于中间有环焊缝的炉管，如果焊接焊缝满足相应标准的要求，不需再乘焊缝系数。

5）这些设计方法是用薄壁管（管子厚度与外径之比 δ_{min}/D_o 小于 0.15）推导出来的，对厚壁管的设计需另作考虑。

6）未考虑交变压力或交变热荷载的影响。

7）设计荷载仅包括内部压力。由质量、支架、端部连接等引起的应力限制未在本章节中讨论，弹性热应力限制见 SH/T 3037 附录 C，断裂范围内的热应力没有限制。

8）SH/T 3037 或 API STD530 的拉森-米勒参数曲线是由 100000h 断裂强度推导出来的。因此，这些曲线不适用于估算设计寿命小于 20000h 或大于 200000h 的断裂强度。炉管寿命一般按照 100000h 设计。

9）计算方法适用于加热炉炉管内压超过外压的情况。

3. 设计条件

炉管壁厚计算时，需要确定常用设计参数，如设计压力、设计流体温度、腐蚀裕量和炉管材质。另外，没有特殊规定，将按下列原则确定：

1）炉管设计寿命采用 100000h；

2）采用最高金属温度概念。如果采用当量温度概念，应提供操作初期和操作末期的操作条件；

3）温度裕量取 15℃；

4）腐蚀分数可选取 1（比较保守的设计）；

5）采用弹性范围热应力限制。

4. 设计压力的取值

（1）弹性设计基础

腐蚀裕量用尽之后，接近设计寿命末期时，防止在最高压力状态下因破裂而损坏。厚度计算时采用弹性设计压力，弹性设计压力为加热炉盘管短期内可能承受的最高压力。该压力与安全阀定压、泵的关闭压力等有关，由工艺专业根据工艺过程的运行工况确定。当此数据不能确定时，可按下式估算：

$$p_{el}=Xp_0 \tag{8-7-1}$$

式中　p_{el}——弹性设计压力，MPa；

p_0——管内介质最大压力，MPa；

X——系数，对于液相介质，$X=1.1$；对于气相 $X=1.1\sim1.25$。

(2) 断裂设计基础

在设计寿命期间，防止由于蠕变-断裂而损坏。断裂设计是盘管在正常操作期间的最高操作压力。

5. 最小厚度与平均厚度

新炉管(包括腐蚀裕量)的最小厚度(δ_{min})不应小于表8-7-3的规定。这些最小值是根据工业实践确定的。最小许用厚度不是在役管子的报废厚度或更换厚度。

表8-7-3　新炉管最小许用厚度

炉管外径/mm	最小厚度/mm		炉管外径/mm	最小厚度/mm	
	铁素体钢	奥氏体钢		铁素体钢	奥氏体钢
60.3	3.4	2.4	127	5.7	3.0
73.0	4.5	2.7	141.3	5.7	3.0
76	4.5	2.7	152	6.2	3.0
88.9	4.8	2.7	168.3	6.2	3.0
101.6	5.0	2.7	219.1	7.2	3.3
114.3	5.3	2.7	273.1	8.1	3.7

所有设计文件和采购询价时，应注明炉管的厚度是最小厚度还是平均厚度。如果采用的是平均壁厚，应根据所用标准的偏差，把最小厚度转换为平均厚度。

(四) 集合管

炉膛外的联箱(集合管)及进出口总管，在确保不受火焰直接加热时，可按GB/T 16507《水管锅炉》、GB 150《水管锅炉》或B31.3《Process piping》的规定进行。但应考虑管内介质的腐蚀情况。

二、燃烧器

燃烧器是为加热炉提供热量的部件，它的燃烧性能、调节范围、排放等直接影响到加热炉的性能。

根据燃烧器空气侧的压力降或抽力损失，把燃烧器分为自然通风燃烧器和强制通风燃烧器。抽力损失主要产生于穿过燃烧器喉口和其他元件，如调风器和入口损失。自然通风燃烧器用的燃烧空气是由炉膛内负压引入或由燃料气压力通过文丘里管引入；强制通风燃烧器用的燃烧空气通过机械手段如风机，以正压方式提供，空气侧压力通常超过50mmH_2O(表压)。利用空气压力使燃料与空气良好混合。

燃烧器设计应与加热炉的设计协调一致，在设计加热炉时，应根据所采用的操作模式选用所需要的燃烧器类型。

有时自然通风燃烧器被要求用于空气预热系统。当预热器、风机或电机故障时会要求自然通风。一旦出现上述情况时，风道上的风门应自动打开，依靠炉膛抽力供风。此种情况，燃烧器应按自然通风工况确定其大小。由于允许压力降低，空气温度降低，这种燃烧器尺寸需要大于强制通风燃烧器。应该仔细考虑燃烧器尺寸加大的各种因素，否则，该系统可能满足不了强制通风工况的弹性要求。

当自然通风燃烧器同时用于自然通风和强制通风两种工况时，必须仔细布置风道和快开风门。自然通风条件下，必须使从快开风门进来的空气均匀地进入各燃烧器。

强制通风燃烧器可增强燃料与空气的混合能力，使燃料在低的过剩空气量下也能完全燃烧，同样的排烟温度下，采用强制通风燃烧器的加热炉热效率可比自然通风的加热炉提高0.5%左右。采用强制燃烧器可以减少燃烧器数量，改善燃烧器助燃空气的分布。但高压降燃烧器要求鼓风机一直在线操作。

综上所述，一个成功的燃烧器设计应考虑以下方面：

1）在空气预热的条件下，燃烧器的放热量、烟气排放和噪声等应满足设计要求；

2）如果是自然通风或装有快开风门，燃烧器在自然通风条件下的放热量、烟气排放和噪声等应满足设计要求；

3）在所有操作条件下，每个燃烧器都应获得相等及均匀的空气流量；

4）对于配置有鼓风机的空气预热系统，应能保证强制供风的可靠性。

三、预热器

（一）概述

空气预热系统中烟气与空气换热的预热器，按照结构方式主要有管束式、板焊时、铸铁板翅式、玻璃管式、热管式、蓄热体式等，每种预热器都有其特点，应根据燃料的特点、烟气和空气温度范围、是否有露点腐蚀和垢阻产生、经济性和长周期运行等因素综合考虑。

（二）预热器泄漏

有些预热器由于结构问题，从使用初期就开始泄漏，有些是在腐蚀和结垢后产生泄漏，空气泄漏到低压烟气中是大多数空气预热器设计的一个潜在的问题。空气泄漏到烟气中，将造成下列三个严重的危害：

1）空气泄漏到烟气侧，将加速降低烟气温度，造成空气预热器下游的腐蚀；

2）空气泄漏可能要求鼓风机增加容量才能保持燃烧器有足够的空气流量；

3）空气泄漏将造成从预热器出来的烟气流量增大，可能要求引风机增加容量才能保持炉顶处要求的负压。

（三）如何判断预热器泄漏

1）根据预热器前后烟气氧含量的变化；

2）根据预热器前后空气烟气的温度变化，对于炼厂常规燃料气，烟气温度每降低1℃，能使空气升高1.2~1.25℃。

（四）空气预热器询价应包含的内容

1）烟气流量、空气流量、出入口温度等；

2）烟气组成等物性数据；

3）烟气和空气侧允许压降(很重要)；

4）结构型式；

5）安放位置及占地面积；

6）大气环境条件、场地土类别和地震设防烈度等。

此外还应明确以下要求：

1）预热器本体是进行内保温还是外保温，保温后外壁温度是多少；

2）连接管道施加到预热器上的荷载；

3）预热器结构计算应遵循的设计规范；

4）预热器的制造、检验、测试要求；

5）预热器烟气和空气进出口结构尺寸的要求；

6）建议的清灰措施及可以利用的清灰资源；

7）试验或操作期间允许的泄漏量。

四、挡板

（一）概述

在加热炉烟风道系统设计时，挡板的作用相当于工艺系统中的阀门，控制着炉膛的负压、燃烧器的供风量、烟气和空气的流动切换等，挡板的性能和设置应可靠、可控和易于维护。每个挡板都有其自己的特殊作用和要求，例如：位于高处的烟囱或烟道挡板难以更换；用于控制炉膛负压的烟囱或烟道旁路挡板，如调节不灵活，有可能造成炉膛出现较高的正压或较低的负压。

（二）分类

加热炉烟风道上常用的挡板有四种：

1）调节挡板：用于空气或烟气的流量控制或分配，对泄漏要求不太严格，但要求有良好的流量控制性能。流量控制挡板通常为多叶片、对开式多轴挡板。不宜采用顺开式或单叶片挡板。主要用于加热炉支风道上和支烟道(烟囱)上。

2）密封调节挡板：除了有调节挡板的各种性能外，还要求一定的密封性能，一般要求在操作条件下泄漏率不大于0.5%。制造和检验要求可以参照JB/T 8692—2013《烟道蝶阀》中，泄漏等级为A级的规定。主要用于烟道旁路挡板和冷风道旁路挡板。

3）闸板(滑板)：用于隔断烟气或空气的流动，要求零泄漏。因为该种挡板操作频率低，为了防止变形，要求安装在水平管道上。主要用于预热器前后风道和烟道上，有时也用在风机的进出口位置。当烟风道空间位置受限而没有水平段安装闸板且对密封要求不太严格时，可以用密封挡板代替，此时的密封挡板为两位式。

4）快开风门：也称为自然通风空气入口门，当鼓风机机械供风故障时，能快速打开为燃烧器提供空气。属于一种特殊的两位式挡板，在关闭时不应泄漏。快开风门的大小及在风道上的位置应使自然通风操作时助燃空气可以均匀无障碍地供给燃烧器。

（三）挡板选择

选择挡板时，应考虑以下因素：

1）设计压力及设计压差；

2）介质种类和设计温度；

3）设计泄漏率；

4）操作类型(手动、自动等)；

5）叶片、轴、轴承、框架等所使用的材料；

6）在线率；

7）就地仪表(限位开关、定位器等)；

8）所用执行机构的设计应考虑气候及在役轴承—摩擦负载；

9）挡板轴承和控制机构应外置；

10）调节挡板在控制信号或驱动力失灵时，挡板应能回到规定的位置；

11）在挡板轴和控制机构上应装有显示叶片开度的外部指示器；

12）轴承应为自调心且无油润滑的石墨轴承，安装在标准轴承架上，在工作条件下长期使用而不卡死、不抱轴；

13）挡板与烟风道一体供应时，应采用螺栓连接，以便更换零件；

14）挡板轴承不得保温；

15）挡板轴的材料应选用奥氏体不锈钢或其他适合于操作条件的耐腐蚀材料。

五、补偿器

具有热膨胀的管道应设置与烟风道内预计气体温度相适应，且抗气体内腐蚀和介质腐蚀的金属膨胀节或者柔性织物膨胀节。在膨胀节内部应设衬套以保护波节。在烟风道膨胀节端部设置加强圈以防止烟风道变形，或在膨胀节更换时容易扭曲的烟道部位设置加强圈。

两端带有膨胀节的烟风道都应很好地固定或限位，以保证膨胀节能按需要的方式吸收烟风道的热膨胀。

如果管道的热膨胀在膨胀节处产生横向位移，膨胀节需要设计为可以吸收横向位移或角位移，以免波节材料在设计温度下会产生超载应力。柔性织物膨胀节可防止其相连设备的变形和受力。为满足设计条件，这些膨胀节通常采用层叠结构材料。

当与柔性膨胀节相连的烟风道采用内保温时，一般不再对柔性织物金属膨胀节进行内保温，此时应注意：不能让膨胀节内没保温的金属部分与介质直接接触而使管道壳体出现热点，轻则造成局部超温，如果是管道内介质是烟气，将造成管壁温度低于露点温度而产生腐蚀泄漏。图 8-7-1 是有热点存在的结构。图 8-7-2 结构用于内保温的管道时，膨胀节本体无热点存在，不需要再进行内保温。

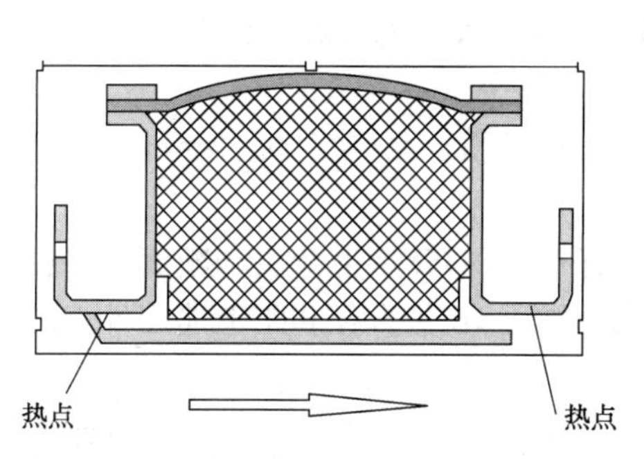

图 8-7-1　柔性织物金属膨胀节示意图(一)

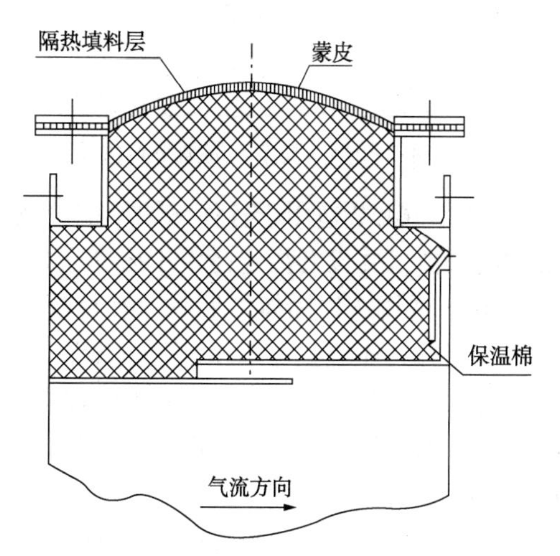

图 8-7-2　柔性织物金属膨胀节示意图(二)

第八节　安全环保

一、烟气排放

（一）概述

炼厂加热炉主要燃料是燃料油和燃料气，故燃烧产物的有害物质主要有 SO_2、NO_x 和燃烧产物中悬浮于烟气中的固体或液体颗粒物。

烟气排放应满足的国家规范主要是 GB 31570—2015《石油炼制工业污染物排放标准》和 GB 31571—2015《石油化学工业污染物排放标准》。这两个标准对工艺加热炉要求的内容和指标是一样的，即：颗粒物为 20mg/m^3，氮氧化物 150mg/m^3，二氧化硫 100mg/m^3；特限地区为：颗粒物为 20mg/m^3，氮氧化物 100mg/m^3，二氧化硫 50mg/m^3。因目前加热炉燃料主要为燃料气，颗粒物基本都低于 20mg/m^3，燃料通过脱硫后，其燃烧产生的二氧化硫基本都满足环保要求，所以主要受控的是 NO_x 的排放。

因地方标准远高于国家标准，所以具体设计时是以项目报批的环保评价和当地地方标准为控制指标。

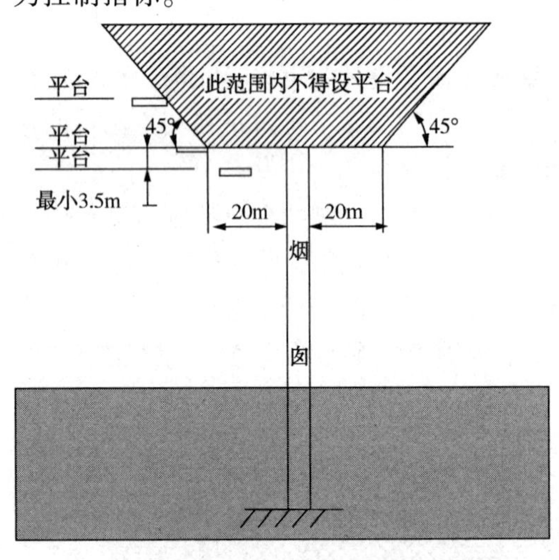

图 8-8-1　烟囱高度与周围平台关系

（二）烟囱高度

烟囱的高度应满足以下 3 个方面的要求：抽力；环保；平面布置。对于前两项都易考虑到，易忽略的是平面布置要求，即烟囱顶部应高出 20m 范围内的操作平台或建筑物 3.5m 以上；位于 20m 以外的操作平台或建筑物应符合图 8-8-1 的要求[12]。

（三）采样孔位置

对采样孔位置有具体规定的有两个标准：GB/T 16157《固定污染源排气中颗粒物测定与气态污染物采样方法》和 HJ75《固定污染源烟气（SO_2、NO_x、颗粒物）排放连续监测技术规范》。

GB/T 16157 适用于各种锅炉、窑炉及其他固定污染源排气中的颗粒物的测定和气态污染物的采样，并没有指定是人工采样还是连续监测，可以认为二者都适用。

HJ75 适用于以固体、液体为燃料或原料的锅炉、窑炉等固定源烟气排放连续监测系统。两者规定的具体位置也不相同，具体如下：

1）GB/T 16157 要求采样位置应优先选择在垂直管段。应避开烟道弯头和断面急剧变化的部位。采样位置应设置在距弯头、阀门、变径管下游方向≥6 倍直径和距上述部件上游方向≥3 倍直径处。

对于气态污染物，由于混合比较均匀，其采样位置可不受上述规定限制，但应避开涡流区。

2）HJ75 烟气测定位置安装要求如下：

① 应优先选择在垂直管段和烟道负压区域，确保所采集样品的代表性。

② 测定位置应避开烟道弯头和断面急剧变化的部位。对于圆形烟道，颗粒物的连续监测系统(CEMS)和流速连续监测系统(CMS)应设置在距弯头、阀门、变径管下游方向≥4倍烟道直径以及距上述部件上游方向≥2倍直径处，气态污染物CEMS，应设置在距弯头、阀门、变径管下游方向≥2倍烟道直径以及距上述部件上游方向≥0.5倍直径处。

3）HJ75对通往采样处的梯子有如下要求：

① 采样或监测平台长度应≥2m，宽度应≥2m，周围设置1.2m以上的安全防护栏。

② 当采用平台设置在离地面高度≥2m的位置时，应有通往平台的斜梯(或Z字梯、旋梯)，宽度应≥0.9m，当采用平台设置在离地面高度≥20m的位置时，应有通往平台的升降梯。

二、加热炉本体安全

加热炉本体设计安全主要包括以下几个方面：

1）辐射段炉膛下部设置吹扫(或灭火)蒸汽管，要求通过管接头的蒸汽量在15min内至少可充满3倍炉膛体积。

2）当管内介质为腐蚀性或可燃性介质时，其弯头箱内应设置灭火蒸汽管。

3）加热炉炉底钢结构应采用轻质耐火浇注料或防火涂料进行防火处理，但耐火极限不应低于2h。与炉底板连续接触的横梁不覆盖耐火层[13]。

4）对于高径比等于或大于8，且总重量等于或大于25t的空气预热器的承重钢构架、支架和裙座，应进行防火处理[13]。

5）烧燃料气的加热炉应设长明灯，并宜设置火焰监测器。

6）电气设备的防爆等级应符合防爆区域的要求，常减压加热炉用电气防爆等级通常为dⅡBT4，防护等级通常为IP65。

7）加热炉是否应设置防爆门没有标准强制性规定，但根据目前国内炼厂情况，设计时可根据结构及平面布置适当布置。

8）平台梯子的设置除满足加热炉的操作、维护要求外，对易泄漏、易燃部位的平台，应设置安全疏散通道，安全疏散通道的设置应符合《石油化工企业设计防火规范》GB 50160的规定，即：①构架平台应设置不少于2个通往地面的梯子，作为安全疏散通道；②相邻的构架、平台宜用走桥连通，与相邻平台连通的走桥可作为一个安全疏散通道；③相邻安全疏散通道之间的距离不应大于50m。

9）平台、梯子的设计、制造和安装应符合《固定式钢梯及平台安全要求》GB 4053的规定。

10）加热炉用承压部件和关键承载部件的强度计算应完善，如炉管、弯管厚度计算；管架和管板的强度计算；钢结构计算等。

11）加热炉本体的报警、连锁点设计应合理，应满足相关标准的规定。建议加热炉上设置能进行报警和联锁的火焰监测系统。有些只能观察火焰的设备达不到报警联锁的作用。

12）闸板结构及设置应合理，在加热炉运行中人员进入空气预热系统构部件内进行维修时，必须将其与火焰加热炉彻底隔断。

13）快开风门应装在适当位置，以免它们突然开启时热风喷出伤人。设置自动快开风门时要与人隔离，以免其运动部件(如配重)动作时碰伤人。

14）为确保加热炉及空气预热系统能准确应对“紧急情况”，推荐对自然通风风门(紧急空气入口)、烟囱挡板、备用风机或其他风机及其他安全相关的部件进行定期测试。

三、其他

1）随着热效率的提高和排烟温度的降低，空气预热系统中烟气可能低于露点温度，所以应考虑到污水排放问题。

2）对于需要定期进行冲洗的预热器应考虑到冲洗水的排放。

3）对于可能含有可燃成分或有害成分的气体，不得进入风道或烟道。

4）对于成分不明的可燃或不可燃气体，在不清楚对炉膛的温度场影响、不清楚对炉管材料是否有腐蚀的情况下，不得直接排入炉膛。

参　考　文　献

[1] 中华人民共和国工业和信息部. SH/T 3036—2012，一般炼油装置用火焰加热炉[S]. 北京：中国石化出版社，2013.
[2] 中华人民共和国工业和信息部. SH/T 3037—2016，炼油厂加热炉炉管壁厚计算[S]. 北京：中国石化出版社，2016.
[3] 中华人民共和国工业和信息部. SH/T 3096—2012 高硫原油加工装置设备和管道设计选材导则[S]. 北京：中国石化出版社，2013.
[4] API RECOMMENDED PRACTICE 581 Risk-based inspection technology（SECOND EDITION，SEPTEMBER 2008）[S]. 1220 L Stree，NW Washington，DC 20005-4070 USA .
[5] 中华人民共和国工业和信息部. SH/T 3129—2012 高酸原油加工装置设备和管道设计选材导则 [S]. 北京：中国石化出版社，2013.
[6] 钱家麟. 管式加热炉[M]. 2 版. 北京：中国石化出版社，2003.
[7] 中国石油化工总公司石油化工规划院. 炼油厂设备加热炉设计手册，1986.
[8] 冯俊凯，沈幼庭，杨瑞昌. 锅炉原理及计算[M]. 3 版. 北京：科学出版社，2003.
[9] 向柏祥等. 烟气酸露点的测量与计算关联式的修正[J]. 锅炉技术，2014，1(45).
[10] 国家能源局. DL/T 5420—2010 火力发电厂燃烧系统设计计算技术规程[S]. 北京：中国电力出版社，2011.
[11] API STANDARD 530 Calculation of Heater-tube Thickness in Petroleum Refineries（SEVENTH EDITION A-PRIL 2015）[S]. 1220 L Stree，NW Washington，DC 20005-4070 USA .
[12] 中华人民共和国工业和信息部. SH 3011-2011 石油化工工艺装置布置设计规范[S]. 北京：中国石化出版社，2011.
[13] 中华人民共和国住房和城乡建设部，国家市场监督管理总局. GB 50160-2008 石油化工企业设计防火标准(2018 年版)[S]. 北京：中国计划出版社，2019.